AF666465

EUL
VERLAG

Reihe: Rechnungslegung und Wirtschaftsprüfung · Band 42

Herausgegeben von Prof. (em.) Dr. Dr. h. c. Jörg Baetge, Münster, Prof. Dr. Hans-Jürgen Kirsch, Münster, und Prof. Dr. Stefan Thiele, Wuppertal

Dr. Stephan G. Schön

Praxis der IFRS 7-Berichterstattung bei Nicht-Finanzdienstleistern

Mit einem Geleitwort von Prof. Dr. Dirk Hachmeister, Universität Hohenheim

Bibliografische Information der Deutschen Nationalbibliothek

Die Deutsche Nationalbibliothek verzeichnet diese Publikation
in der Deutschen Nationalbibliografie; detaillierte bibliografische
Daten sind im Internet über <http://dnb.d-nb.de> abrufbar.

Dissertation, Universität Hohenheim, 2012, unter dem Titel: Praxis der IFRS 7-Berichterstattung bei Nicht-Finanzdienstleistern – Verhältnis zur Corporate Governance, Erhebung der Umsetzung im Rahmen des DAX-30 sowie Würdigung mit der Zielsetzung einer Standardisierung anhand von Benchmarks

D 100

ISBN 978-3-8441-0182-9
1. Auflage September 2012

JOSEF EUL VERLAG GmbH
Brandsberg 6
53797 Lohmar
Tel.: 0 22 05 / 90 10 6-6
Fax: 0 22 05 / 90 10 6-88
E-Mail: info@eul-verlag.de
http://www.eul-verlag.de

Bei der Herstellung unserer Bücher möchten wir die Umwelt schonen. Dieses Buch ist daher auf säurefreiem, 100% chlorfrei gebleichtem, alterungsbeständigem Papier nach DIN 6738 gedruckt.

Platon

Der Staat

(Politeia)

Inhalt

Erstes Buch

1. Ich ging gestern mit Glaukon, dem Sohne des Ariston, in den Piräus hinab, sowohl um zu der Göttin zu beten, als auch weil ich zugleich den Festzug anschauen wollte, auf welche Weise wohl sie ihn veranstalten würden, da sie ihn nemlich jetzt zum erstenmale aufführten. Schön nun schien mir zwar auch der Aufzug der Einheimischen zu sein, nicht weniger jedoch war offenbar jener sehr passend, welchen die Thrakier veranstalteten. Nachdem wir aber gebetet und zugeschaut hatten, gingen wir wieder fort gegen die Stadt zurück. Da sah uns nun, wie wir nach Hause zu aufgebrochen waren, von weitem Polemarchos, der Sohn des Kephalos, und hieß seinen Sklaven uns nacheilen und auffordern, auf ihn zu warten; und es ergriff mich der Sklave von hinten an dem Kleide und sagte: es heißt euch Polemarchos auf ihn warten. Und ich wendete mich um und fragte, wo jener selbst sei. – Hier hinter euch, sagte er, kömmt er heran; aber wartet nur auf ihn. – Gut, so wollen wir denn auf ihn warten, sagte Glaukon. – Und ein wenig später kam sowohl Polemarchos als auch Adeimantos, der Bruder des Glaukon und Nikeratos, der Sohn des Nikias, und einige Andere, eben wie von dem Festzuge her. Polemarchos nun sagte: O Sokrates, ihr scheint mir gegen die Stadt zu aufgebrochen zu sein, um wieder heimzugehen. – Nicht schlecht ja erräthst du es, sagte ich. – Siehst du also, erwiederte Jener, wie viele unser sind? – Warum sollte ich auch nicht? – Entweder demnach, sagte er, müßt ihr über uns Herr werden, oder ihr müßt hier bleiben. – Nicht wahr aber, sagte ich, Eins bleibt dabei noch übrig, der Fall nemlich, daß wir euch von der Nothwendigkeit überzeugen, uns willig fortzulassen. – Solltet ihr etwa gar, sagte er, uns hievon überzeugen können, wenn wir euch nicht anhören? – Dann sicher nicht, sagte Glaukon. – Stellt euch also, erwiederte er, die Sache nur so vor, als würden wir euch eben nicht anhören. – Und Adeimantos sagte: Wißt ihr also etwa nicht einmal, daß gegen Abend zu Ehren der Göttin ein Fackellauf zu Pferde sein wird? – Zu Pferde? sagte ich; das ist ja etwas ganz Neues; sie werden wohl Fackeln haben und dieselben der Reihe nach einander herumgeben, während sie mit den Pferden ein Kampfspiel aufführen, oder wie meinst du es sonst? – Eben so, sagte Polemarchos; und außerdem noch werden sie eine nächtliche Feier veranstalten, welche anzuschauen der Mühe werth ist; wir werden nemlich nach dem Abendessen uns wieder von demselben wegbegeben und der nächtlichen Feier zuschauen und dort selbst mit vielen jungen Männern beisammen sein und mit ihnen uns unterreden; aber bleibt ihr nur hier und thut es nicht anders. – Und

Glaukon sagte: Es scheint wohl, daß wir bleiben müssen. – Wohlan also, sagte ich, wenn es so gut dünkt, müssen wir es wohl thun. –

2. Wir gingen also in das Haus des Polemarchos hinein und trafen dortselbst auch sowohl den Lysias als den Eythydemos, die Brüder des Polemarchos, und auch den Chalcedonier Thrasymachos und den Paianienser Charmantides und den Kleitophon, den Sohn des Aristonymos. Es war aber in dem Hause auch der Vater des Polemarchos, nemlich Kephalos, und es schien mir derselbe schon sehr alt zu sein; ich hatte ihn nemlich erst seit langer Zeit wieder einmal gesehen. Er saß aber da bekränzt auf einem mit einem Kopfkissen versehenen Stuhle; nemlich er hatte so eben vorher in dem Hofe des Hauses ein Opfer dargebracht. Wir setzten uns also neben ihn, denn es standen rings im Kreise einige Stühle dort. Sogleich nun, als Kephalos mich sah, liebkoste er mich und sagte: O Sokrates, du kömmst aber auch gar nicht häufig zu uns herab in den Piräus: und doch solltest du; wenn nemlich ich noch bei Kräften wäre, um leicht zur Stadt zu gehen, so brauchtest allerdings du nicht hieher zu kommen, sondern wir kämen dann zu dir; nun aber mußt du häufiger hieher kommen; denn wisse wohl, daß bei mir in eben dem Maße, als die leiblichen Vergnügungen schwächer werden, die Begierde nach begründenden Reden und die hierauf bezüglichen Vergnügungen zunehmen. Also thue es nicht anders, sondern pflege sowohl mit diesen Jünglingen da einen Umgang, als auch besuche uns hier als deine Freunde und dir völlig Verwandte. – Und in der That, o Kephalos, sagte ich, ich habe ja meine Freude daran, mit den sehr alten Männern mich zu unterreden; denn es scheint mir, als müßte von ihnen, welche gleichsam irgend einen Weg schon vorausgegangen sind, welchen auch wir vielleicht wandeln sollen, es erfahren, welcherlei Art derselbe sei, ob rauh und schwierig, oder ob leicht und gangbar; und so möchte ich denn auch von dir gerne erfahren, was dir, da du bereits in diesem hohen Alter stehst, denn jenes zu sein scheine, wovon die Dichter sagen, daß es „an der Schwelle des Greisenalters" sei; ob du es nemlich als einen schwierigen Theil des Lebens, oder wie sonst du es bezeichnest. –

3. Ich will, erwiederte er, bei Gott es dir sagen, o Sokrates, welcherlei es mir scheine. Es kommen nemlich oft unser Einige, welche ungefähr das gleiche Alter haben, zusammen, indem wir hiemit das alte Sprüchwort bewahren; da jammern nun die meisten von uns, wenn wir beisammen sind, indem sie nach den in der Jugend genossenen Vergnügungen ein Verlangen haben und sich an dieselben zurückerinnern, sowohl betreffs des Liebesgenusses und der Trinkgelage und Schmausereien, als auch betreffs irgend anderer Dinge, welche an Derartiges

sich knüpfen, und sie fühlen sich gedrückt, als wären sie irgend großer Dinge beraubt, und als wäre es wohl damals ein gutes Leben gewesen, jetzt aber nicht einmal mehr ein Leben; Einige aber beklagen auch die Beschimpfungen des Greisenalters von Seite ihrer Angehörigen, und singen darauf hin stets das Lied über das Greisenalter, an wie vielen Uebeln es für sie Schuld sei. Mir aber, o Sokrates, scheinen diese nicht dasjenige als Ursache anzugeben, was die Ursache ist; denn wenn dieses die Ursache wäre, so würde auch mir eben dieß Nemliche von wegen des Greisenalters widerfahren, und auch sämmtlichen Uebrigen, welche in diesem hohen Alter stehen; nun aber traf ich wenigstens bereits sowohl Andere, welche nicht so sich verhielten, als auch war ich einmal bei dem Dichter Sophokles, wie er eben von Jemandem folgendermaßen gefragt wurde: Wie steht es bei dir, o Sophokles, in Bezug auf den Liebesgenuß? Bist du noch im Stande, einem Weibe beizuwohnen? Und Jener antwortete: Sprich, o Mensch, nichts Frevelhaftes; höchst gerne ja bin ich doch solchem entflohen, gleichsam wie irgend einem wüthenden und wilden Gebieter. Sehr richtig also schien mir sowohl damals Jener dieses gesagt zu haben, als auch jetzt scheint es mir nicht weniger richtig zu sein; denn ganz und gar ja entsteht in dem Greisenalter bezüglich derartiger Dinge viel Friede und Freiheit; nemlich wann die Begierden uns zu spannen aufgehört und überhaupt nachgelassen haben, entsteht ganz und gar jenes, was Sophokles sagte: es ist nemlich möglich, von sehr vielen rasenden Gebietern los zu sein. Aber sowohl betreffs dieser Dinge als auch betreffs des Verhältnisses zu den Angehörigen gibt es irgendeine Ursache, und zwar ist diese nicht das Greisenalter, o Sokrates, sondern der Charakter der Menschen; wann sie nemlich ordentlich und zufrieden sind, ist auch das Greisenalter nur in mäßigem Grade lästig; wann aber nicht, dann, o Sokrates, ergibt sich für einen Derartigen sowohl das Greisenalter als auch die Jugend als etwas Schwieriges. –

4. Und ich nun freute mich über ihn, wie er dieses sagte, und indem ich den Wunsch hatte, daß er noch ferner spreche, suchte ich ihn hiezu zu veranlassen und sagte: Ich glaube, o Kephalos, daß die Meisten, wann du solches sagst, es nicht willig von dir annehmen, sondern der Ansicht sind, daß wohl du das Greisenalter leicht ertragest, nicht wegen deines Charakters, sondern weil du großes Vermögen besitzest, denn von den Reichen sagt man, daß sie gar viele Beschwichtigungsmittel haben. – Du sprichst wahr, erwiderte er; sie werden es wenigstens nicht willig annehmen, und sie bringen allerdings ihrerseits etwas vor, aber nicht so Bedeutendes, als sie glauben, sondern das Wort des

Themistokles ist ganz richtig, welcher jenem Seriphier auf die Schmähung, daß er nicht wegen seiner selbst, sondern nur wegen seiner Vaterstadt ein berühmter Mann sei, antwortete, daß weder er selbst, wenn er ein Seriphier wäre, einen Namen bekommen hätte, noch Jener, wenn er ein Athener wäre. Auch für diejenigen denn nun, welche nicht reich sind, ihr Greisenalter aber schwer ertragen, ist eben der nemliche Ausspruch ganz richtig, daß weder der Süchtige gar leicht das Greisenalter verbunden mit Armuth ertragen dürfte, noch der Untüchtige, wenn er reich geworden, je in sich selbst zufrieden sein wird. – Hast du aber, o Kephalos, sagte ich, von demjenigen, was du besitzest, den größeren Theil schon überkommen oder ihn erst selbst erworben? – Was ich selbst erworben habe, sagte er, frägst du, o Sokrates? So ziemlich in der Mitte stehe ich bezüglich der Geldgeschäfte zwischen meinem Großvater und meinem Vater; mein Großvater nemlich, welcher ebenso hieß wie ich, hat ungefähr das gleiche Vermögen, welches ich jetzt besitze, überkommen, es aber dann vielmal so groß gemacht, als es war; hingegen Lysanias mein Vater machte es noch kleiner als das jetzige ist; ich aber bin es zufrieden, wenn ich es diesen da nicht kleiner hinterlasse, sondern um irgend ein Weniges größer, als ich es überkommen. – Weshalb aber ich dich fragte, sagte ich, liegt darin, weil es mir schien, als schätzest du das Geld nicht sehr außerordentlich; so machen es aber meistens jene, welche es nicht selbst erworben haben, hingegen diejenigen, welche es erwarben, lieben es doppelt so sehr als die Uebrigen; sowie nemlich die Dichter ihre Dichtwerke und die Väter ihre Kinder schätzen, so wenden diejenigen, welche sich Geld gemacht haben, sowohl in dieser Beziehung ihren Eifer auf das Geld als ihr eigenes Werk, als auch gemäß dem Bedürfnisse in der nemlichen Beziehung wie auch die Uebrigen. Schwierig ist daher mit ihnen umzugehen, weil sie nichts Anderes, als nur den Reichthum preisen wollen. – Da sprichst du wahr, sagte er. –

5. Allerdings wohl, erwiederte ich. Aber sage mir auch noch Folgendes: Welches ist das größte Gut, das du von dem Besitze eines großen Vermögens genossen zu haben glaubst? – Etwas, antwortete er, wovon ich vielleicht nicht Viele überzeugen könnte, wenn ich es ausspreche. Du weißt nemlich wohl, o Sokrates, daß wenn Jemand nahe daran ist, den bevorstehenden Tod zu erwarten, ihn Furcht und Bedenken über Dinge beschleichen, über welche sie ihn vorher nie beschlichen; denn sowohl die über die Verhältnisse im Hades allgemein verbreiteten Sagen, daß, wer hier Unrecht gethan, dort bestraft werde, über welche er bis dahin gelacht hatte, bringen dann nun in seiner Seele eine

Wendung hervor, ob sie nicht vielleicht doch wahr seien, als auch er selbst sieht, entweder in Folge der Schwäche des Greisenalters, oder weil er gleichsam dem dortigen schon näher ist, diese Dinge irgend in höherem Grade; von Besorgniß aber und Furcht wird er hiemit erfüllt, und er rechnet bereits zurück und erwägt, ob er Jemandem irgend Unrecht gethan habe. Derjenige also, welcher in seinem eigenen Leben vieles Unrecht findet, ist, indem er auch aus dem Schlafe, wie die Kinder, häufig erwacht, stets in Furcht und führt sein Leben mit schlimmer Erwartung; jenem hingegen, welcher sich nichts Ungerechtes bewußt ist, steht immer eine freudige und gute Erwartung zur Seite als Pflegerin seines Alters, wie auch Pindar sich ausdrückt; nemlich gar zierlich ja, o Sokrates, hat jener es ausgesprochen, daß, wer gerecht und heilig sein Leben geführt hat,

> „diesem eine süße Erwartung, sein Herz aufnährend, als Pflegerin des Greisenalters das Geleit gibt, welche auch zumeist den vielbewegten Sinn der Sterblichen lenkt;“ –

trefflich also sagt er dieß, wirklich in staunenswertem Grade. Im Hinblicke auf dieses demnach stelle ich die Behauptung auf, daß der Geldbesitz sehr viel werth sei, nicht jedoch für jedweden Mann, sondern nur für den tüchtigen; nemlich um auch nicht unfreiwillig Jemanden zu täuschen oder zu belügen, und um auch hinwiederum nicht in Furcht wegen einer Schuld, sei es an irgend Opfern gegen einen Gott oder sei es an Geld gegen einen Menschen, dorthin dann abzugehen, trägt der Geldbesitz gewiß einen großen Theil bei; derselbe hat aber auch andere vielfache Anwendungen; hingegen ja Eins gegen Eins gerechnet wäre eben jenes wenigstens nicht das unbedeutendste, bezüglich dessen ich für einen verständigen Mann, o Sokrates, den Reichthum als das nützlichste aufstellen möchte. – Sehr richtig, sagte ich, sprichst du, o Kephalos. Aber was eben dieses, nemlich die Gerechtigkeit, betrifft, sollen wir etwa in Wahrheit sagen, daß sie schlechthin gerade darin bestehe, Etwas wieder zu erstatten, wenn man es von Jemandem bekommen hat, oder kann man wohl auch selbst dieses bald in gerechter bald in ungerechter Weise thun? wie z. B. ich meine Folgendes: ein Jeder würde doch wohl sagen, daß, wenn Jemand von einem befreundeten, völlig bei Sinnen seienden Manne Waffen bekommen hat, er dieselben, falls jener im Zustande des Wahnsinnes sie zurückfordern würde, weder zurückerstatten solle, noch auch es gerecht wäre, sie zurückzuerstatten oder hinwiederum gegen den in einem solchen Zustande befindlichen die ganze Wahrheit sagen zu wollen. – Du hast Recht, sagte er. – Nicht also ist dieses die Begriffsbestimmung der

Gerechtigkeit, daß man sowohl die Wahrheit sage, als auch zurückerstatte, was man bekommen hat.

Allerdings doch wohl, o Sokrates, sagte Polemarchos in die Rede fallend, woferne man wenigstens irgend dem Simonides glauben soll. – Und in der That ja auch, sagte Kephalos, überlasse ich euch hiemit die Fortsetzung der Unterredung, denn bereits ist es Zeit, daß ich meine Opfer besorge. – Nicht wahr also, sagte ich, Polemarchos ist der Erbe des deinigen? – Ja wohl, sagte jener lachend, und zugleich ging er fort zu seinen Opfern–

6. So sprich denn nun, sagte ich, du Erbe der Unterredung, von welchem Ausspruche des Simonides betreffs der Gerechtigkeit behauptest du, daß er richtig sei? –"Daß", erwiederte jener, „das Zurückerstatten des einem Jeden geschuldeten gerecht ist", – mit diesem Ausspruche scheint er mir wenigstens Recht zu haben. – Aber allerdings ja, sagte ich, ist es nicht leicht, gegen einen Simonides ungläubig zu sein; denn weise und göttlich ist dieser Mann. Jedoch eben jenes, was er hiemit sagen wolle, erkennst vielleicht du, o Polemarchos, ich hingegen verstehe es nicht; denn klar ist, daß er nicht dasjenige meint, wovon wir so eben sprachen, daß man, wenn Jemand Etwas zur Aufbewahrung übergeben hat, man es Jedwedem, welcher auch nicht bei voller Besinnung es zurückfordert, zurückerstatten solle; und doch ist ja wohl, was er zur Aufbewahrung übergab, ein Geschuldetes; oder wie? – Ja gewiß. – Zurückzuerstatten aber ist es ja auch in keinerlei Weise, wenn Jemand nicht bei voller Besinnung es zurückfordert? – Dieß ist wahr, sagte er. – Irgend etwas Anderes demnach als das derartige meint, wie es scheint, Simonides unter dem Ausspruche, daß gerecht sei, das Geschuldete zurückzuerstatten. – Ja wahrlich bei Gott etwas Anderes, erwiederte er; er meint nemlich, die Freunde seien den Freunden schuldig, ihnen etwas Gutes zu thun, aber nichts Schlimmes. – Ich verstehe es nun, sagte ich, daß hiebei nicht derjenige das Geschuldete zurückerstattet, welcher Jemandem das zur Aufbewahrung übergebene Gold zurückerstattet, wann nemlich die Zurückerstattung und das Zurückerhalten schädlich ist und beide, nemlich der Zurückerhaltende und der Zurückerstattende, einander befreundet sind. Sagst du nicht, daß so es Simonides meine? – Ja wohl, allerdings. – Was aber nun? Müssen wir den Feinden zurückerstatten, was ihnen eben geschuldet wird? – Ja wohl durchaus, erwiederte er, nemlich eben, was man ihnen schuldet; geschuldet aber wird ja, glaube ich, dem Feinde von dem Feinde, was denselben auch gebührt, nemlich irgend Schlimmes. –

7. In einem Räthsel also, sagte ich, hat, wie es scheint, Simonides in dichterischer Weise angedeutet, was das Gerechte sei; nemlich er hatte dabei, wie sich nun zeigt, in Gedanken, daß das Zurückerstatten des einem Jeden Gebührenden gerecht sei, dieß letztere aber nannte er das Geschuldete. – Aber was meinst du hiemit? sagte er. – Bei Gott, erwiederte ich, wenn ihn also Jemand folgendermaßen fragen würde: Höre Simonides, wem und welches Geschuldete oder Gebührende muß denn nun eine Kunst erstatten, um Arzneikunst genannt zu werden? was glaubst du, daß er uns da wohl antworten würde? – Klärlich, sagte er, ist es jene Kunst, welche den Körpern sowohl Arzneien als auch Speisen und Getränke erstattet. – Wem aber und welches Geschuldete oder Gebührende muß eine Kunst erstatten, um Kochkunst genannt zu werden? – Es ist jene, welche den Speisen die Gewürze erstattet. – Weiter; wem und was muß eine Kunst erstatten, um etwa Gerechtigkeit genannt zu werden? – Wenn ich irgend, o Sokrates, sagte er, dem vorher Gesagten folgen soll, so ist dieß jene, welche den Freunden und den Feinden Nutzen und Schaden erstattet. – Den Freunden also Gutes zu thun und den Feinden Schlimmes, nennt er hiemit Gerechtigkeit? – So scheint es mir. – Wer nun hat die meiste Fähigkeit, den darniederliegenden Freunden Gutes und den Feinden Schlimmes zu thun in Bezug auf Krankheit und Gesundheit? – Der Arzt. – Wer aber den zur See fahrenden in Bezug auf die Gefahren des Meeres? – Der Steuermann. – Was aber nun? Bei welchem Thun und in Bezug auf welches Ding hat der Gerechte die meiste Fähigkeit, den Freunden zu nützen und den Feinden zu schaden? – In der gegenseitigen Kriegführung und Bundesgenossenschaft, scheint mir wenigstens. – Weiter; aber nun ja, wenn sie nicht krank sind, dann, o lieber Polemarchos, ist ihnen der Arzt unnütz. – Ja wahrlich. – Und wenn sie nicht zur See fahren, dann wohl der Steuermann? – Ja. – Also ist wohl auch denjenigen, welche nicht Krieg führen, der Gerechte unnütz? – Dieß scheint mir nicht völlig so. – Also nützlich ist auch im Frieden die Gerechtigkeit? – Ja, nützlich. – Denn es ist dieß ja auch die Landbaukunde, oder nicht? – Ja. – Neulich ja zum Besitze der Feldfrucht? – Ja. – Und doch wohl nun auch die Kunst des Schusters? – Ja. – Nemlich ja zum Besitze der Schuhe, würdest du doch wohl, glaube ich, sagen? – Ja, allerdings. – Was aber nun weiter? zu wessen Gebrauch oder Besitz würdest du die Gerechtigkeit als etwas im Frieden Nützliches bezeichnen? – In Bezug auf den Geschäftsverkehr, o Sokrates – Unter Geschäftsverkehr aber verstehst du irgend eine Theilnehmerschaft oder sonst Etwas? – Nun gut, eine Theilnehmerschaft. – Wird also nun der Gerechte ein guter und nützlicher Theilnehmer beim Brettspiele in Bezug auf Anordnung der Spielsteine sein, oder derjenige, welcher das Brettspiel

versteht? – Jener, welcher das Brettspiel versteht. – Aber in Bezug auf Anordnung der Backsteine und Bruchsteine, wird da der Gerechte ein nützlicherer und besserer Theilnehmer sein als der Baumeister? – Keinenfalls. – Aber zu welcher Theilnahme denn nun ist der Gerechte ein besserer Theilnehmer, als etwa der Citherspieler, sowie nemlich der Citherspieler zum Anschlagen der Saiten ein besserer ist als der Gerechte? – Zur Theilnahme am Gelde, scheint mir wenigstens. – Ja, nur vielleicht eben, o Polemarchos, nicht zur Verwendung des Geldes, wann man um Geld gemeinschaftlich ein Pferd kaufen oder verkaufen soll; denn dann ist, wie ich wenigstens glaube, der Pferdekundige der bessere; oder wie? – Ja, so zeigt sich's. – Und nun aber, wann ein Fahrzeug, dann ist es der Schiffbauer oder der Steuermann? – Es scheint so. – Also bei welcher gemeinschaftlicher Verwendung des Silbers oder des Goldes ist der Gerechte nützlicher als die Uebrigen? – Wann man es zur Aufbewahrung übergeben und unversehrt wissen will, o Sokrates. – Nicht wahr, also du meinst hiemit, wann man es zu weiter Nichts verwenden, sondern dasselbe ruhig liegen lassen soll? – Ja allerdings. – Also wann das Geld unnütz ist, dann ist in Bezug auf dasselbe die Gerechtigkeit nützlich? – Es kömmt darauf hinaus. – Und demnach, wenn man eine Hippe aufbewahren soll, dann ist die Gerechtigkeit sowohl bezüglich der Theilnahme als auch für den Einzelnen nützlich; hingegen wann man sie verwenden soll, ist die Kunst des Weinbauers nützlich? – Ja, so zeigt sich's. – Du wirst aber auch behaupten, daß wann man einen Schild und eine Leyer aufbewahren und zu Nichts verwenden soll, die Gerechtigkeit nützlich sei; wann man sie hingegen verwenden soll, die Kunst des Kriegers und die Tonkunst? – Ja, nothwendig. – Also auch bei dem sämmtlichen Uebrigen demnach ist die Gerechtigkeit für die Verwendung eines jeden einzelnen Dinges unnütz, für die Nutzlosigkeit desselben aber nützlich? – Es kömmt darauf hinaus. –

8. Also wohl nichts sehr Vorzügliches, mein Freund, dürfte ja die Gerechtigkeit sein, woferne sie eben für das Unnütze nützlich ist. Dieß aber wollen wir erwägen. Hat nicht derjenige, welcher in einem Kampfe, sei es in dem Faustkampfe oder in irgend einem anderen, die größte Gewandtheit hat, einen Streich zu führen, zugleich auch die größte, sich vor einem Streiche zu bewahren? – Ja, allerdings. – Wird also auch derjenige, welcher gewandt darin ist, sich vor einer Krankheit zu bewahren und sie nicht über sich kommen zu lassen, die größte Gewandtheit haben, sie einem Anderen einzupflanzen? – Ja, so scheint es mir wenigstens. – Nun aber ist ja auch der Nemliche ein guter Wächter eines Heerlagers, welcher auch die Gewandtheit hat, die Rathschläge

und das übrige Thun der Feinde zu erlauschen. – Ja, allerdings. – Also worin Jemand ein gewandter Wächter ist, in dem nemlichen ist er auch ein gewandter Schalk. – So scheint es. – Wenn also der Gerechte gewandt ist im Aufbewahren des Geldes, so ist er auch gewandt im Stehlen. – Unsere Begründung wenigstens, sagte er, deutet solches an. – Als ein Dieb also hat sich der Gerechte, wie es scheint, erwiesen, und es kömmt wohl darauf hinaus, daß du dieß von Homer gelernt hast, denn auch dieser ist mit Autolykos, dem mütterlichen Großvater des Odysseus, sehr zufrieden und sagt, „er habe alle Menschen übertroffen an Diebssinn und Meineid"; es scheint also die Gerechtigkeit sowohl nach deiner als auch nach Homers und des Simonides Ansicht eine Diebskunst zu sein, jedoch nur zum Nutzen der Freunde und zum Nachtheile der Feinde. Meintest du es nicht so? – Nein, bei Gott nicht, erwiederte er, sondern ich weiß eigentlich nicht mehr, was ich meinte; jedoch die Ansicht habe ich auch jetzt noch, daß die Gerechtigkeit den Freunden nütze, den Feinden aber schade. – Verstehst du aber dabei unter den Freunden diejenigen, welche einem Jeden wacker zu sein scheinen, oder jene, welche es wirklich sind, wenn sie es auch nicht scheinen, und ebenso unter den Feinden? – Wahrscheinlich ist es so, erwiederte er, daß Jemand jene, welche er für wacker hält, liebt, diejenigen hingegen haßt, welche er für schlechte hält. – Irren sich aber etwa die Menschen nicht in diesem Betreffe, so daß ihnen Viele wacker zu sein scheinen, während sie es nicht sind, und viele auch wieder gegentheilig? – Ja, sie irren sich. – Für diese also sind die Guten Feinde, die Schlechten aber Freunde. – Ja, allerdings. – Aber dennoch ist es dann eben für diese gerecht, den Schlechten zu nützen, den Guten aber zu schaden. – Ja, so zeigt sich's. – Nun aber sind ja die Guten gerecht und derartige, daß sie nicht Unrecht thun. – Dieß ist wahr. – Nach deiner Angabe demnach ist es gerecht, denjenigen, welche kein Unrecht verüben, Schlimmes zu thun. – Nein, keineswegs, o Sokrates, sagte er; nemlich meine Angabe scheint eine schlechte zu sein. – Also den Ungerechten zu schaden, sagte ich, ist gerecht, und den Gerechten zu nützen. – Diese Angabe scheint richtiger zu sein, als jene. – Für Viele also, o Polemarchos, nemlich für alle jene, welche sich an den Menschen geirrt haben, wird es sich ergeben, daß es gerecht sei, den Freunden zu schaden, denn diese sind für sie schlecht, und hingegen den Feinden zu nützen, denn sie sind für sie gut; und auf diese Weise werden wir gerade das Gegentheil von demjenigen sagen, was nach unserer Behauptung Simonides aussprach. – Und zwar in hohem Grade, sagte er, ergibt sich dieß. Aber laß uns die Sache anders stellen, denn es kömmt darauf hinaus, daß wir den Begriff des Freundes und Feindes nicht richtig gestellt haben. – Bei welcher Aufstellung des

Begriffes, o Polemarchos? – Daß derjenige Freund sei, welcher wacker zu sein scheine. – Wie aber wollen wir, sagte ich, ihn jetzt anders stellen? – Daß derjenige Freund sei, erwiederte er, welcher sowohl wacker zu sein scheint als auch es ist, hingegen jener, welcher es bloß zu sein scheint, aber nicht ist, bloß ein Freund scheine, nicht aber es sei; und betreffs des Feindes nun die nemliche Aufstellung. – Freund demnach wird, wie es scheint, nach dieser Angabe der Gute sein, Feind aber der Schlechte. – Ja. – Du heißest uns also, zu dem Gerechten Etwas hinzuzufügen im Vergleiche mit jenem, was wir zuerst sagten, als wir angaben, gerecht sei, dem Freunde Gutes zu thun, dem Feinde aber Schlimmes; außer diesem also es jetzt folgendermaßen anzugeben, daß es gerecht sei, dem Freunde als einem Guten Gutes zu thun, dem Feinde aber als einem Schlechten zu schaden? – Allerdings nun, sagte er, scheint es mir auf diese Weise wohl richtig angegeben zu sein. –

9. Ist es also wirklich, sagte ich, Sache eines gerechten Mannes, irgend Einem unter den Menschen zu schaden? – Ja, allerdings, sagte er, wenigstens den Schlechten und den Feinden soll man ja schaden. – Werden aber durch Schaden die Pferde besser oder schlechter? – Schlechter. – Etwa bezüglich der Vortrefflichkeit eines Hundes oder bezüglich jener eines Pferdes? – Bezüglich jener eines Pferdes. – Werden also auch Hunde durch Schaden schlechter bezüglich der Vortrefflichkeit eines Hundes und nicht bezüglich jener eines Pferdes? – Nothwendig. – Sollen wir aber nun von Menschen, mein Freund, nicht ebenso sagen, daß sie durch Schaden bezüglich der menschlichen Vortrefflichkeit schlechter werden? – Ja, allerdings wohl. – Aber die Gerechtigkeit, ist sie nicht eine menschliche Vortrefflichkeit? – Auch dieß muß nothwendig so sein. – Müssen also nothwendig, mein Freund, auch diejenigen unter den Menschen, welchen wir schaden, hiedurch ungerechtere werden? – Ja, so scheint es. – Können also etwa vermittelst der Tonkunst die Tonkundigen Jemanden zu einem in der Tonkunst Ungebildeten machen? – Dieß ist unmöglich. – Aber etwa vermittelst der Reitkunst die Reitkundigen Jemanden zu einem in der Reitkunst Ungebildeten? – Es ist nicht möglich. – Aber etwa vermittelst der Gerechtigkeit die Gerechten Jemanden zu einem Ungerechten, oder auch überhaupt vermittelst der Vortrefflichkeit die Guten Jemanden zu einem Schlechten? – Dieß ist ja unmöglich. – Nicht nemlich ist es das Werk der Wärme, glaube ich, kalt zu machen, sondern das ihres Gegentheiles. – Ja. – Und nicht Werk der Trockenheit, feucht zu machen, sondern das ihres Gegentheiles. – Ja wohl. – Und demnach auch nicht Werk des Guten, zu schaden, sondern das

seines Gegentheiles. – Ja, so zeigt sich's. – Aber der Gerechte ja ist gut? – Ja wohl. – Nicht also, o Polemarchos, ist es Werk des Gerechten, zu schaden, sei es dem Freunde oder sei es irgend einem Anderen, sondern Werk seines Gegentheiles, nemlich des Ungerechten. – Ganz und gar, sagte er, scheinst du mir wahr zu sprechen, o Sokrates. – Wenn also Jemand behauptet, gerecht sei, das einem Jeden Geschuldete zu erstatten, ihm aber hiebei dieß den Sinn hat, daß von Seite des gerechten Mannes den Feinden Schaden geschuldet werde und den Freunden Nutzen, so war derjenige, welcher so sprach, nicht weise; denn nicht das Wahre gab er an; es zeigte sich nemlich uns, daß es in keiner Weise gerecht sei, irgend Jemandem zu schaden. – Ich gestehe es zu, sagte jener. – Werden also, sagte ich, wir beide, nemlich ich und du, gemeinschaftlich dagegen kämpfen, falls Jemand behaupten würde, es habe jenes entweder Simonides oder Bias oder Pittakos oder irgend ein Anderer unter den weisen und gepriesenen Männern gesagt? – Ja, ich wenigstens, erwiderte er, bin bereit, bei dem Kampfe dein Theilnehmer zu sein. – Aber weißt du, sagte ich, von wem jenes Wort mir zu sein scheint, wenn man nemlich behauptet, gerecht sei, den Freunden zu nützen und den Feinden zu schaden? – Von wem nemlich? sagte er. – Ich glaube, es sei von Periander oder von Perdikkas oder von Xerxes oder von dem Thebaner Ismenias oder von irgend einem anderen sich mächtig dünkenden reichen Manne. – Völlig wahr sprichst du, sagte er. – Weiter, sprach ich; nachdem aber auch als dieses sich uns die Gerechtigkeit oder das Gerechte nicht erwiesen hat, was denn Anderes könnte wohl Jemand sagen, daß sie sei?

10. Und es hatte Thrasymachos schon öfters, während wir noch sprachen, einen Anlauf genommen, in die Unterredung einzugreifen, und war dann immer nur von den neben ihm Sitzenden, welche die Unterredung zu Ende hören wollten, hieran gehindert worden; als wir aber eine Pause machten und ich jenes gesagt hatte, konnte er sich nicht mehr ruhig halten, sondern nachdem er wie ein wildes Thier sich gleichsam in einen Knäul zusammengeballt, kam er auf uns los, als wolle er uns zerreißen; und ich und Polemarchos stoben in Furcht auseinander. Er aber schrie zwischen uns Alle hinein: Was für ein Geschwätz, o Sokrates, beschäftigt euch schon die ganze Zeit hindurch, und welch ein einfältiges Beginnen treibt ihr unter euch, indem ihr euch gegenseitig demüthig vor einander auf den Boden werft? Hingegen woferne du in Wahrheit wissen willst, was das Gerechte sei, so frage nicht bloß und setze nicht deinen Ehrgeiz darein, Andere zu überführen, sobald Einer Etwas geantwortet hat, wobei du allerdings die Gewißheit hast, daß es leichter ist zu fragen als zu antworten,

sondern antworte du auch selbst und gib an, was zufolge deiner Behauptung das Gerechte sei; und daß du mir dann nicht etwa sagest, daß es das Pflichtgemäße sei, und auch nicht, daß das Nützliche, und auch nicht daß das Vortheilhafte, und auch nicht daß das Gewinnbringende, und auch nicht daß das Zuträgliche, sondern deutlich und genau gib an, was du angibst, da ich es nicht werde gelten lassen, wenn du derartiges Gewäsche vorbringst. – Und ich erbebte, wie ich dieses hörte, und wenn ich auf ihn hinblickte, fürchtete ich mich, und ich glaube, daß wenn nicht eher ich ihn angeschaut hätte als er mich, ich sprachlos geworden wäre; nun aber blickte gerade in dem Zeitpunkte, als er durch das Reden in seine Wildheit versetzt wurde, zuerst ich ihn an, so daß ich im Stande war, ihm zu antworten, und ich sprach noch zitternd: Thue uns kein Leid an; denn wenn wir, ich und dieser da, bei der Erwägung der Begründungen irren, so wisse wohl, daß wir unfreiwillig irren; du wirst nemlich doch wohl nicht glauben, daß wir einerseits, wenn wir Gold suchen würden, sicher nicht freiwillig bei dem Suchen uns vor einander auf den Boden werfen und hiedurch das Auffinden desselben vereiteln würden, andererseits aber, wenn wir die Gerechtigkeit suchen, ein Ding, was doch schätzenswerther als vieles Gold ist, wir dann so unverständig einander nachgeben und nicht alle Mühe anwenden würden, daß sie sich in so hohem Grade als möglich zeige. Du magst wohl glauben, mein Freund, daß dir sie sich gezeigt habe, aber, meine ich, uns fehlt die Kraft hiezu; bemitleidet werden also sollten wir billiger Weise weit eher von euch, den Gewandten, als daß ihr böse auf uns seid. –

11. Und wie jener dieses hörte, brach er in ein Hohngelächter aus und sagte: Beim Herakles, da haben wir wieder jene übliche Ironie des Sokrates, und ich wußte dieß von vorneherein und sagte diesen auch im Voraus, daß du überhaupt eben nicht werdest antworten wollen, sondern deine Ironie üben und kurz alles Andere eher thun, nur aber nicht antworten würdest, wenn man dich um Etwas frägt. – Ja, sagte ich, denn du bist ein Weiser, o Thrasymachos; und wohl also wußtest du, daß wenn du Jemanden fragst, wie viel Zwölf sei, und du bei der Frage ihm vorher schon ankündigest, „daß du, Mensch, mir dann nicht etwa sagest, daß Zwölf zweimal sechs sei, und auch nicht, daß dreimal vier, und auch nicht daß sechsmal zwei, und auch nicht daß viermal drei, da ich es nicht werde gelten lassen, wenn du derartiges schwätzest“, – klar also, meine ich, war dir, daß Niemand dir auf eine solche Frage antworten werde. Aber wenn jener zu dir sagen würde: „höre, Thrasymachos, was fällt dir ein? Ich soll Nichts von jenem, was du vorher ankündigtest, antworten? etwa, du Wunderlicher, auch dann

nicht, wenn es wirklich eines von jenen ist, sondern soll ich dann etwas Anderes als die Wahrheit sagen? oder wie meinst du es denn?“ –, was würdest du ihm auf dieses erwiedern? – Nur fort so, sagte er; gerade als ob dieß dem Obigen ähnlich wäre! – Es steht wenigstens Nichts im Wege, sagte ich; aber wenn also auch es nicht wirklich ähnlich ist, es aber dem Gefragten so zu sein scheint, glaubst du, er werde irgend minder das, was ihm scheint, antworten, mögen wir es ihm verbieten oder nicht. – Wirst also auch du, sagte er, auf diese Weise etwas Anderes thun? wirst du wirklich Etwas von demjenigen, was ich mir verbeten habe, mir antworten? – Es sollte mich eben nicht wundern, sagte ich, woferne nemlich in Folge einer Erwägung es mir so zu sein schiene. – Was aber nun? sagte er, wenn ich zeigen werde, daß es betreffs der Gerechtigkeit eine anderweitige Antwort als alle jene gibt, und zwar eine bessere als jene, was verlangst du dann, daß dir geschehe? – Was Anderes, sagte ich, als was gebührend dem Nichtwissenden geschieht; es gebührt aber doch wohl, daß er von dem Wissenden lerne; und also auch ich verlange, daß mir dieß geschehe. – Ei du bist ja gar liebenswürdig, sagte er; aber außer dem Lernen bezahle auch Geld. – Nicht wahr wohl, wenn ich welches bekomme? erwiederte ich. – Aber du hast ja welches, sprach Glaukon; doch, was das Geld betrifft, o Thrasymachos, so magst du immerhin beginnen zu sprechen; denn wir sämmtliche werden dem Sokrates beisteuern. – Ja wohl, allerdings, meine ich, antwortete jener, damit ja Sokrates sein übliches Thun in's Werk setzen kann, nemlich er selbst Nichts antworte, aber wenn ein Anderer antwortet, er die Rede aufgreife und überführe. – Wie sollte ja aber auch, mein Bester, sagte ich, Jemand antworten, welcher erstens Nichts weiß und auch nicht behauptet, Etwas zu wissen, und welchem zweitens, falls er in solchem Betreffe auch nur eine Meinung hat, es von einem gar nicht verwerflichen Manne verboten ist, irgend Etwas von jenem zu sagen, was er dafür hält; hingegen weit eher ist es billig, daß du sprechest; denn du behauptest, es zu wissen und es angeben zu können. Thue es also nicht anders, sondern sei durch deine Beantwortung sowohl mir zu Gefallen, als auch enthalte diesem Glaukon da und den Uebrigen deinen Unterricht nicht bevor.

12. Nachdem ich aber dieses gesagt hatte, baten ihn sowohl Glaukon als auch die Uebrigen, es nicht anders zu thun. Und Thrasymachos hatte einerseits augenfällig eine Begierde, zu sprechen, um hiedurch Ruhm zu ärndten, weil er nemlich meinte, eine sehr schöne Beantwortung bereit zu haben; andrerseits aber zierte er sich eine Zeit lang mit einem Streite darüber, daß ich der Antwortende sein solle, zuletzt aber gab er nach und sagte: dieß demnach ist die

Weisheit des Sokrates, daß er selbst nicht lehren, von den Anderen aber, bei ihnen herumgehend, lernen und zwar hiefür nicht einmal Dank erstatten will. – Daß ich zwar von den Anderen lerne, erwiederte ich, sagst du der Wahrheit gemäß, o Thrasymachos; aber was du da behauptest, daß ich keinen Dank erlege, ist unwahr; denn ich erlege jenen, welchen ich kann; ich kann aber nur Lob spenden, denn Geld habe ich nicht, daß ich aber jenes bereitwillig thue, wann mir Jemand richtig zu sprechen scheint, wirst du augenblicklich sehr genau erfahren, sobald du deine Beantwortung aussprichst; denn ich glaube wirklich, daß du richtig sprechen werdest. – So höre denn, sagte er; ich behaupte nemlich, das Gerechte sei nichts Anderes als das dem Stärkeren Zuträgliche. Aber warum spendest du denn kein Lob? Du wirst wohl eben nicht wollen. – Ja, wann ich es vorerst verstanden habe, sagte ich, was du hiemit meinest; bis jetzt nemlich weiß ich es noch nicht. Du behauptest, das dem Stärkeren Zuträgliche sei gerecht; und was meinst du denn wohl hiemit, o Thrasymachos? Du behauptest nemlich doch wohl nicht Folgendes, daß wenn der Pankratiast Polydamas stärker als wir ist, und ihm für seinen Körper das Ochsenfleisch zuträglich ist, diese Speise dann auch für uns, die wir schwächer sind als er, zugleich zuträglich und gerecht sei. – Du bist unausstehlich, o Sokrates, sagte er, und du greifst es eben in jener Beziehung auf, in welcher du meinen Ausspruch am meisten mißhandeln kannst. – Keineswegs, mein Bester, erwiederte ich; sondern gib nur deutlicher an, was du meinst. – Weißt du dann etwa nicht, sagte er, daß von den Staaten die einen durch einen Gewaltherrscher, die anderen durch das Volk, die anderen durch die je Hervorragendsten regiert werden? – Wie sollte ich ja nicht es wissen? – Nicht wahr also eben dieses übt in jedem Staate seine Stärke aus, nemlich das je Herrschende? – Ja allerdings. – Es stellt aber ja jede Herrschaft die Gesetze im Hinblicke auf das ihr selbst Zuträgliche aus, nemlich die Volksherrschaft volkstümliche, die Gewaltherrschaft gewaltmäßige, und so auch die übrigen; nachdem sie dieselben aber aufgestellt, sprechen sie aus, daß dieses für die Beherrschten das Gerechte sei, nemlich das jenen selbst Zuträgliche, und sie bestrafen den dasselbe Uebertretenden als einen Widergesetzlichen und Unrechtthuenden. Dieß also ist es, mein Bester, was ich darunter meine, daß in sämmtlichen Staaten das Nämliche gerecht sei, nemlich das für die je bestehende Herrschaft Zuträgliche; diese Herrschaft aber ja übt ihre Stärke aus, und folglich ergibt sich, wenn man richtig schließt, daß überall das Nemliche gerecht sei, nemlich das dem Stärkeren Zuträgliche. – Jetzt, sagte ich, verstehe ich, was du meinst; zu verstehen aber, ob es wahr sei oder nicht, werde ich erst versuchen. Das Zuträgliche also nun hast auch du, o Thrasymachos, als Antwort betreffs des

Gerechten ausgesprochen, und doch verbotest du es mir, dieß zu antworten; es ist aber denn nun auch noch das dem „Stärkeren" hinzugefügt. – Ja, vielleicht nur eine unbedeutende Hinzufügung. – Dieß ist noch nicht klar, ob nicht etwa auch eine bedeutende; hingegen das ist klar, daß wir erwägen müssen, ob du hierin Recht habest. Da nemlich ja auch ich zugestehe, daß das Gerechte wenigstens irgend ein Zuträgliches sei, du aber Etwas hinzufügst und behauptest, es sei das dem Stärkeren Zuträgliche, ich aber dieses nicht verstehe, so ist es demnach nun zu erwägen. – Erwäge nur, sagte er. –

13. Dieß soll geschehen, erwiederte ich. Und sage mir hiemit: Behauptest du nicht doch auch, daß es gerecht sei, den Herrschern zu gehorchen? – Gewiß. – Sind aber die Herrscher in den einzelnen Staaten von allem Irrthume frei, oder sind sie derartig, daß sie auch irren können? – Durchaus wohl sind sie so, daß sie auch irgend irren können. – Nicht wahr also, bei dem Bestreben, Gesetze aufzustellen, stellen sie die einen richtig, andere nicht richtig auf? – Ich glaube gewiß. – In richtiger Weise aber sie aufstellen, heißt also doch wohl das ihnen Zuträgliche aufstellen, in unrichtiger Weise aber wohl das ihnen Unzuträgliche? Oder wie meinst du es? – Eben so. – Dasjenige aber, was sie aufgestellt, müssen die von ihnen Beherrschten thun, und dieß ist das Gerechte? – Wie sollte es anders sein? – Nicht bloß also ist es gemäß deiner Begründung gerecht, das dem Stärkeren Zuträgliche zu thun, sondern auch im Gegentheile das nicht Zuträgliche zu thun. – Was sagst du da? sprach er. – Eben, was du sagst, wie mir wenigstens scheint. Laß es uns aber noch besser erwägen. Ist nicht zugestanden, daß die Herrscher, indem sie den Beherrschten irgend etwas zu thun gebieten, bisweilen von ihrem eigenen Besten abirren, es aber für die Beherrschten doch gerecht sei, es zu thun? Ist dieß nicht zugestanden? – Ja gewiß, glaube ich, sagte er. – Glaube demnach, sagte ich, daß hiemit auch die Vollziehung desjenigen, was den Herrschern und den Stärkeren nicht zuträglich ist, von dir als etwas Gerechtes zugestanden sei, wenn nemlich die Herrscher unfreiwillig etwas für sie selbst Schlimmes gebieten, für die Anderen aber es zufolge deiner Behauptung gerecht ist, das zu thun, was jene geboten haben. Muß also dann, o weisester Thrasymachos, nicht nothwendig es sich eben auf diese Weise ergeben, daß es gerecht sei, das Gegentheil von jenem zu thun, was du sagst? denn es wird hiemit den Schwächeren geboten, das den Stärkeren Unzuträgliche zu thun, – Ja bei Gott, o Sokrates, sprach Polemarchos; ganz deutlich ja ist es. – Ja besonders dann, sagte Kleitophon, das Wort nehmend, wenn du ihm Zeuge bist. – Und was bedarf es auch, erwiederte jener, eines Zeugen? Denn

Thrasymachos selbst gesteht ja zu, daß die Herrschenden bisweilen etwas ihnen selbst Schlimmes gebieten, es aber für die Beherrschten gerecht sei, solches dann zu thun. – Ja, nemlich daß man dasjenige, o Polemarchos, was von den Herrschenden befohlen wird, vollziehe, dieß hat Thrasymachos als ein Gerechtes aufgestellt. – Ja, nemlich er hat auch, o Kleitophon, das dem Stärkeren Zuträgliche als das Gerechte aufgestellt; eben aber indem er dieß beides aufstellte, hat er zugestanden, daß hinwiederum zuweilen die Stärkeren das ihnen Unzuträgliche den Schwächeren und Beherrschten zum Vollzuge gebieten; in Folge dieser Zugeständnisse aber dürfte in nicht höherem Grade das dem Stärkeren Zuträgliche ein Gerechtes sein, als das jenem nicht Zuträgliche. – Aber, sagte Kleitophon, unter dem dem Stärkeren Zuträglichen meinte er dasjenige, wovon der Stärkere glaubt, daß es ihm zuträglich sei; dieß nemlich müsse der Schwächere thun, und dieß stellte er als das Gerechte auf. – Aber so, sprach Polemarchos, wurde es vorhin nicht ausgedrückt. – Es macht dieß, o Polemarchos, sagte ich, keinen Unterschied, sondern wenn Thrasymachos es jetzt auf diese Weise meint, so wollen wir es uns auf diese Weise von ihm gefallen lassen.

14. Und sage mir hiemit, o Thrasymachos, war es dieß, was du unter dem Gerechten verstanden wissen wolltest, nemlich das dem Stärkeren Zuträgliche, inwieferne es dem Stärkeren ein solches zu sein scheint, mag es dabei wirklich zuträglich sein oder nicht? Sollen wir sagen, daß du es so meinst? – Nein, durchaus nicht, sagte er; oder glaubst du, daß ich einen Stärkeren den Irrenden nenne, wann er irrt? – Ja, erwiederte ich, ich wenigstens glaubte, du meinest dieses, als du zugestandest, daß die Herrschenden nicht frei von allem Irrthume seien, sondern irgend auch irren. – Du bist ja ein Wortverdreher, o Sokrates, sagte er, in deinen Reden, denn alsogleich wirst du auf diese Weise denjenigen einen Arzt nennen, welcher betreffs der Kranken irrt, und zwar gerade in jener Beziehung, in welcher er irrt, oder einen Rechner denjenigen, welcher in einer Rechnung irrt, gerade dann, wann er irrt, und zwar in Bezug auf eben diesen Irrthum. Hingegen ja, glaube ich, sprechen wir wohl dem Wortausdrucke nach so, daß der Arzt irrte, und daß der Rechner irrte, und daß der Schreiber; aber, glaube ich, ein jeder von diesen irrt niemals, insoweit er eben wirklich dasjenige ist, als was wir ihn bezeichnen. Folglich wird nach dem genauen Begriffe, da ja auch du die Begriffe genau nimmst, keiner unter den Werkmeistern irren; denn indem ein Wissen ihn im Stiche läßt, irrt der Irrende, wobei er eben dann nicht Werkmeister ist. Folglich irrt kein Werkmeister oder kein Weiser oder kein

Herrscher gerade dann, wann er Herrscher ist; hingegen Jedweder wohl würde sich so ausdrücken, daß der Arzt irrte, und daß der Herrscher irrte. Derartiges also nun nimm jetzt an, daß auch ich dir antworte; hingegen das Genaueste ist eben jenes, daß der Herrscher, so weit er Herrscher ist, nicht irrt, aber als ein nicht Irrender dasjenige aufstellt, was für ihn das Beste ist, dieß aber der Beherrschte thun müsse. Folglich, wie ich schon zu Anfang sagte, bezeichne ich als gerecht das dem Stärkeren Zuträgliche. –

15. Nur weiter, o Thrasymachos, sagte ich; scheine ich dir wirklich ein Wortverdreher zu sein? – Ja wohl, gar sehr, erwiederte er. – Glaubst du nemlich, daß ich mit Hinterlist in meinen Reden böswillig verfuhr und dich fragte, um was ich dich eben fragte? – Ja ich weiß es sogar sehr wohl, sagte er; und es soll dir dieß wenigstens Nichts weiter mehr nützen; denn weder wird es mir entgehen, wenn du böswillig verfährst, noch auch wirst du wohl, insoferne es mir nicht entgeht, mich durch das, was du sagst, wider meinen Willen zu einer anderen Ansicht zwingen können. – Dieß möchte ich aber, o du Hochzupreisender, ja auch nicht einmal versuchen, sprach ich; aber damit uns nicht noch einmal ein derartiger Zwischenfall begegne, so stelle du nun fest, in welcher von den zwei Bedeutungen du hiebei den Herrschenden und den Stärkeren verstehest, ob nemlich jener, wie man es gewöhnlich so sagt, oder ob der nach dem genauen Begriffe, wie du jetzt eben sagtest, es sei, für welchen als den Stärkeren das ihm Zuträgliche in Folge der Gerechtigkeit der Schwächere thun müsse. – Jener, sagte er, welcher nach dem genaueren Begriffe der Herrscher ist; auf dieß hin nun verfahre böswillig und verdrehe die Worte, wenn du kannst; von dir erbitte ich mir gar keine Schonung; aber du wirst eben kurzweg nicht können. – Ja glaubst du denn, sprach ich, ich sei so wahnsinnig, daß ich etwa versuche, einen Löwen zu scheeren und einen Thrasymachos durch Wortverdrehungen zu überlisten? – Jetzt wenigstens aber, sagte er, hast du es versucht, und zwar noch dazu im Zustande deiner Nichtigkeit. – Genug nun der derartigen Worte, erwiederte ich; hingegen sage mir: ist jener Arzt, der es dem genauen Begriffe nach ist, und von welchem du eben sprachst, ein Gelderwerber oder ein Pfleger der Kranken? und daß du dabei ja von einem Arzte sprechest, welcher es in Wirklichkeit ist. – Ein Pfleger der Kranken, sagte er, ist er. – Wie aber beim Steuermanne? ist der eigentliche Steuermann ein Herrscher der Seefahrer oder ein Seefahrer? – Ein Herrscher der Seefahrer. – Nicht ja, glaube ich, ist jenes dabei in Anschlag zu bringen, daß er in dem Schiffe zur See fährt, und er darf darum nicht Seefahrer genannt werden, denn nicht bezüglich des

Seefahrens wird er Steuermann genannt, sondern bezüglich seiner Kunst und seiner Herrschaft über die Seefahrer. – Du hast Recht, sagte er. – Nicht wahr also, für einen jeden von jenen gibt es irgend etwas Zuträgliches? – Ja wohl, durchaus. – Besteht nicht auch, sagte ich, die Kunst eben dazu von Natur aus, daß sie das einem jeden Zuträgliche suche und herbeischaffe? – Ja, eben dazu, sagte er. – Gibt es also nun auch für eine jede der Künste wieder irgend etwas anderes Zuträgliches, dessen sie noch bedarf, oder genügt eine jede schon selbst sich selbst, so daß sie so sehr als möglich eine vollkommene ist? – Wie meinst du diese Frage? – Gerade so, erwiederte ich, wie, falls du mich fragen würdest, ob dem Körper es schon genüge, Körper zu sein, oder ob er noch irgend etwas bedürfe, ich dann antworten würde: durchaus bedarf er noch Etwas, und darum ist auch die Arzneikunst jetzt erfunden, weil der Körper etwas Unkräftiges ist, und es ihm noch nicht genügt, eben bloß ein solcher zu sein; dazu also, daß sie ihm das Zuträgliche verschaffe, wurde diese Kunst eingerichtet. Scheine ich dir etwa hierin Recht zu haben oder nicht, wenn ich so spreche? – Ja, Recht zu haben, sagte er. – Wie aber nun? ist die Arzneikunst selbst gleichfalls etwas Unkräftiges, oder ist überhaupt irgend eine andere Kunst noch einer anderweitigen Tüchtigkeit bedürftig, wie etwa die Augen des Sehens und die Ohren des Hörens bedürftig sind, und darum bei ihnen irgend eine Kunst nothwendig ist, welche das hiefür Zuträgliche erwägt und herbeischafft? wohnt also wirklich auch der Kunst selbst eine solche Kraftlosigkeit ein, und bedarf eine jede Kunst erst noch einer anderweitigen Kunst, welche für sie das Zuträgliche erwägen wird, und diese Kunst des Erwägens dann wieder einer anderen derartigen, und geht dieß in's Unbegränzte so fort? oder erwägt sie selbst für sich selbst das Zuträgliche? oder bedarf sie weder ihrer selbst noch einer anderweitigen zur Abhilfe gegen ihre Kraftlosigkeit, um das Zuträgliche zu erwägen? wohnt nemlich wirklich keiner Kunst weder irgend eine Kraftlosigkeit noch irgend ein Irrthum ein, und gebührt es sich auch für die Kunst überhaupt nicht, daß sie für irgend etwas Anderweitiges das Zuträgliche suche, als eben für jenes, dessen Kunst sie ist, sondern ist sie wirklich in sich selbst als eine richtige Kunst unversehrt und lauter, so lange nemlich eine jede in Genauigkeit ganz jene ist, welche sie ist? Und erwäge dieß also nach jenem genauen Begriffe, ob es sich wirklich so oder etwa anders verhalte. – Eben so, sagte er, zeigt sich's. – Nicht also, sagte ich, erwägt eine Arzneikunst für eine Arzneikunst das Zuträgliche, sondern für einen Körper. – Ja, sagte er. – Und also auch nicht eine Pferde-Kunde für eine Pferde-Kunde, sondern eben für die Pferde; und also erwägt auch keine andere Kunst es für sich selbst, denn sie bedarf dieß nicht erst noch, sondern eben für jenes, dessen Kunst sie ist? – Ja, es zeigt sich so, sagte er. – Nun aber, o Thrasymachos, herrschen ja die Künste über jenes, dessen Künste sie sind, und üben auf dasselbe ihre Stärke aus. – Er machte auch hierin das Zugeständniß, und zwar sehr mit Noth. – Also keine Wissenschaft erwägt oder gebietet das dem Stärkeren Zuträgliche, sondern das dem Schwächeren und von ihr Beherrschten Zuträgliche. – Er gab zuletzt auch dieses noch zu, versuchte aber, betreffs desselben zu streiten. – Jedoch nachdem er es zugegeben hatte, sprach ich: Verhält sich's also etwa anders, als daß auch ein Arzt, insoweit er Arzt ist, nicht das dem Arzte Zuträgliche erwägt oder gebietet, sondern das dem Kranken? Denn zugegeben ist, daß der eigentliche Arzt ein Beherrscher der Körper, nicht aber ein Gelderwerber ist. – Er bejahte es. – Nicht wahr also auch, daß der Steuermann im eigentlichen Sinne ein Beherrscher der Seefahrer, nicht aber ein Seefahrer ist? – Ja, zugegeben ist dieß. – Nicht also wird der derartige Steuermann und Herrscher das dem Steuermanne Zuträgliche erwägen und gebieten, sondern das dem Seefahrer und Beherrschten. – Er bejahte es mit Noth. – Nicht wahr also, o Thrasymachos, sagte ich, auch kein Anderer in irgend einer Herrschaft wird, insoweit er eben Herrscher ist, das für ihn selbst Zuträgliche erwägen oder gebieten, sondern das für den Beherrschten und für denjenigen Zuträgliche, welchem er selbst der Werkmeister ist; und indem er auf jenes und das für dieses Zuträgliche und Geziemende sieht, wird er sowohl Alles sagen, was er sagt, als auch Alles thun, was er thut.

16. Nachdem wir also bei diesem Punkte unserer Begründung angekommen waren, und es Allen augenfällig war, daß der Begriff des Gerechten in das Gegentheil des vorigen sich verwandelt hatte, sprach Thrasymachos, anstatt zu antworten: Sage mir, o Sokrates, hast du eine Amme? – Wie so? sagte ich. Hättest du nicht vielmehr antworten, als eine derartige Frage stellen sollen? – Weil sie, sagte er, es übersieht, wenn du eine rotzige Nase hast, und dich nicht schneuzt, wenn du es brauchst, der du ja von ihr aus nicht einmal Schaf und Hirt auseinander kennst. – In wieferne denn eigentlich? sagte ich. – Weil du glaubst, daß die Schäfer oder Rinderhirten das Beste der Schafe oder der Rinder erwägen und dieselben mästen und pflegen, indem sie hiebei auf etwas Anderes sähen als auf das Beste ihrer Herrn und ihrer selbst, und weil du so denn auch von den Herrschern in den Staaten, welche in Wahrheit herrschen, glaubst, daß sie anders gegen die Beherrschten gesinnt seien, als Jemand etwa auch gegen Schafe gesinnt sein dürfte, und daß sie irgend etwas Anderes Tag und Nacht hindurch erwägen, als nur, woher sie selbst Vortheil erhalten möchten. Und so weit noch

bist du betreffs des Gerechten und der Gerechtigkeit und des Ungerechten und der Ungerechtigkeit vom Ziele entfernt, daß du nicht einmal verstehst, daß wirklich die Gerechtigkeit und das Gerechte ein fremdes Gut, nemlich das dem Stärkeren und Herrschenden Zuträgliche, ist, selbst aber für den Gehorchenden und Dienenden nur ein Schaden ist, die Ungerechtigkeit hingegen auch wirklich über die in Wahrheit Einfältigen und Gerechten herrscht, die Beherrschten aber dabei nur das jenem als dem Stärkeren Zuträgliche thun, und jenen, indem sie ihm dienen, zu einem Glücklichen machen, sich selbst aber in keinerlei Weise. Erwägen aber muß man, o einfältigster Sokrates, in dieser Weise, daß ein gerechter Mann gegen einen ungerechten überall den Kürzeren zieht; erstens in dem gegenseitigen Verkehre wirst du, wo nur ein Solcher mit einem Solchen in Gemeinschaft trat, nirgends finden, daß bei der Auflösung der Gemeinschaft der Gerechte Mehr habe als der Ungerechte, sondern eben Weniger; ferner wird, was die Verhältnisse zum Staate betrifft, sowohl wenn es sich um Beisteuer handelt, von gleichem Vermögen der Gerechte mehr, der Ungerechte aber Weniger beisteuern, als auch wenn um Einnahmen, der Eine Nichts, der Andere aber Vieles gewinnen; denn wenn ein jeder von beiden ein Amt führt, so wird dem Gerechten, wenn auch keine andere Einbuße, so doch diese sich ergeben, daß seine eigenen Verhältnisse in Folge einer Vernachlässigung schlechter stehen, er aber von dem Staate eben keinen Vortheil zieht, weil er ja gerecht ist, und außerdem auch noch mit seinen Verwandten und Bekannten sich verfeindet, wann er ihnen nicht wider das Recht Dienste erweisen will. Hingegen für den Ungerechten ergibt sich von all diesem das Gegentheil; denn ich meine hiebei denjenigen, von welchem ich eben jetzt sprach, nemlich jenen, welcher seiner Unersättlichkeit Genüge zu thun fähig ist. Von diesem also erwäge es, woferne du beurtheilen willst, um wie viel mehr es ihm persönlich zuträglich sei, ungerecht zu sein, als gerecht zu sein; von Allem aber am leichtesten wirst du es einsehen, wenn du dich zu jener vollendetsten Ungerechtigkeit wendest, welche den Unrechtthuenden zum glücklichsten, diejenigen aber, welche solches Unrecht erleiden und selbst nicht Unrecht thun wollen, zu den unglücklichsten macht. Es ist aber dieß die Gewaltherrschaft, welche nicht etwa bloß allmälig das Fremde sowohl heimlich als auch durch Gewaltthat, mag es unter Tempel-Schutz oder unter Rechts-Schutz stehen, oder mag es Privat- oder öffentliches Gut sein, hinwegnimmt, sondern gleich Alles zumal; wann nemlich im Einzelnen in diesen Dingen Jemand Unrecht thut und hiebei entdeckt wird, so wird er bestraft und trägt die größte Schande, denn Tempelräuber und Seelenverkäufer und Räuber und Plünderer und Diebe heißt man jene, welche im Einzelnen durch eine derartige böse That Unrecht thun; hingegen wann Jemand neben dem Vermögen der Bürger auch noch diese selbst zu Sklaven macht und knechtet, so werden sie nicht mit jenen schändlichen Namen, sondern glückliche und selige genannt, und zwar nicht bloß von jenen Bürgern selbst, sondern auch von allen denjenigen, welchen es kund wird, daß Einer vermöge der umfassenden Ungerechtigkeit Unrecht gethan hat; denn nicht aus Furcht vor dem Ausüben des Unrechtes, sondern aus Furcht vor dem Erleiden desselben schmähen diejenigen die Ungerechtigkeit, welche sie schmähen. Auf diese Weise, o Sokrates, ergibt sich hinreichend, daß etwas Kräftigeres und Freieres und Herrischeres die Ungerechtigkeit ist, als die Gerechtigkeit, und, was ich zu Anfang sagte, das dem Stärkeren Zuträgliche ist das Gerechte, das Ungerechte aber ist ein für sich selbst Gewinnbringendes und zuträgliches. –

17. Nachdem Thrasymachos dieses gesprochen hatte, war er Willens fortzugehen, indem er gleichsam wie ein Bademeister über unsere Ohren herab aus einem Schöpfeimer seine gesammte und ausgiebige Rede gegossen hatte; nicht jedoch ließen dieß die Anwesenden zu, sondern nöthigten ihn, auszuharren und über das Gesagte Rechenschaft zu geben. Und auch ich selbst denn bat ihn sehr und sprach: O wunderlicher Thrasymachos, welche Rede doch hast du da hereingeschleudert und bist jetzt Willens, fortzugehen, noch ehe du hinreichend uns gelehrt oder selbst gelernt hast, ob es sich wirklich so oder anders verhalte; oder glaubst du, du habest die Feststellung eines kleinen Dinges unternommen, und nicht die der gesammten Führung des Lebens, vermöge deren wohl ein Jeder von uns das vorteilhafteste Leben durchleben könnte? – Glaube denn etwa ich, sagte Thrasymachos, daß dem nicht so sei? – Du scheinst ja, erwiederte ich, entweder um uns dich gar nicht zu bekümmern, oder auch das nicht zu beachten, ob wir in Folge der Unwissenheit über jenes, was du zu wissen behauptest, schlechter oder besser unser Leben führen werden. Zeige dich aber hingegen, mein Guter, bereitwillig, auch uns jenes vorzuführen, denn wahrlich nicht schlecht soll die Wohlthat bewahrt bleiben, welche du uns, die wir so viele sind, hiedurch erweisen wirst. Ich nemlich sage dir hiemit denn auch meinerseits, daß ich mich nicht davon überzeugen und es nicht glauben kann, daß die Ungerechtigkeit gewinnbringender als die Gerechtigkeit sei, auch dann nicht, wenn man sie gewähren läßt und nicht daran hindert, zu verfahren, wie sie nur will; sondern, mein Guter, gesetzt auch, es sei Einer ungerecht und habe auch die Fähigkeit, Unrecht zu thun, indem er entweder nicht entdeckt wird oder in offenem Kampfe es durchsetzt, so wird er dennoch mich wenigstens

nicht davon überzeugen, daß dieß gewinnbringender als die Gerechtigkeit sei. Ebenso also ergeht es vielleicht auch manchem Anderen unter uns, nicht bloß mir allein; also überzeuge uns, o du Hochzupreisender, davon, daß wir nicht richtig berathen sind, wenn wir die Gerechtigkeit höher als die Ungerechtigkeit schätzen. – Und wie soll ich, sagte er, dich überzeugen? denn wenn du durch dasjenige, was ich so eben gesagt habe, nicht überzeugt worden bist, was soll ich mit dir noch weiter anfangen? oder soll ich dir etwa meine Begründung in die Seele selbst hineintragen und dort sie niederlegen? – Nein, bei Gott, sagte ich, du wenigstens sicher nicht. Hingegen erstens bleibe nur bei jenem, was du sagst, fest stehen, oder wenn du es anders wendest, so wende es in augenfälliger Weise anders, und täusche uns nicht. Nun aber siehst du ja, o Thrasymachos, – wir wollen nemlich noch immer das Vorhergehende erwägen –, daß, nachdem du zuerst den Begriff des wahren Arztes festgestellt, du bei dem des wahren Hirten später es nicht mehr genau einhalten zu müssen glaubtest, sondern der Meinung warst, er müsse, insoweit er ein Hirt ist, die Schafe nicht im Hinblicke auf das Beste der Schafe hüten, sondern wie ein Esser und wie Jemand, welcher ein Mahl geben will, im Hinblicke auf üppigen Genuß, oder auch hinwiederum im Hinblicke auf das Verkaufen, wie ein Gelderwerber, eben nicht aber wie ein Hirt. Die Kunst des Hirten aber kümmert sich doch wohl nicht um etwas Anderes, als daß sie für dasjenige, wofür sie aufgestellt ist, das Beste herbeischaffe, da ja, was ihr eigenes bestes Sein betrifft, doch wohl schon hinreichendes herbeigeschafft ist, so lange sie nur es daran nicht fehlen läßt, daß sie eben die Kunst des Hirten ist. So aber glaubte wenigstens ich, daß jetzt wir es nothwendig auch bezüglich einer jeden Herrschaft zugestehen müssen, daß, insoweit sie herrscht, sie für nichts Anderes das Beste erwägt als für das von ihr Beherrschte und Gepflegte, sowohl in der staatlichen als auch in der von Einzelnen geübten Herrschaft. Du aber nun, glaubst du von den Herrschern in den Staaten, nemlich von den wahrhaft Herrschenden, daß sie freiwillig herrschen? – Bei Gott, sagte er, ich glaube es nicht bloß, sondern ich weiß es gewiß. –

18. Wie so aber, o Thrasymachos, sagte ich; bemerkst du denn nicht, daß auch bei den übrigen Uebungen einer Herrschaft Keiner freiwillig sie übernehmen will, sondern Alle einen Lohn fordern, eben als ergebe sich nicht schon für sie selbst aus der Herrschaft ein Nutzen, sondern gerade für die Beherrschten? denn sage mir nur so viel: bezeichnen wir nicht eine jede der Künste jedesmal darum als eine andere, weil sie eine andere Fähigkeit besitzt? und antworte mir, o du Hochzupreisender, nicht wider alles Erwarten, damit wir doch auch dem Ziele

näher kommen. – Nun ja, eben darum, sagte er, ist eine Kunst eine andere. – Nicht wahr also auch irgend einen eigenthümlichen Nutzen gewährt uns eine jede, und nicht einen bloß allen Künsten gemeinschaftlichen, nemlich z. B. die Arzneikunst gewährt uns Gesundheit, die Kunst des Steuermanns aber Rettung in der Seefahrt, und so auch die übrigen? – Ja wohl, allerdings. – Nicht wahr also auch die Lohnkunst ist es, welche Lohn verschafft, denn dieß ist ihre Fähigkeit? oder nennst du die Arzneikunst und die Kunst des Steuermanns Ein und die nemliche? oder, woferne du genau es feststellen willst, wie du ja voraussetztest, so wirst du doch wohl nicht in höherem Grade, falls Jemand als Steuermann gesund wird, weil ihm das Seefahren zuträglich ist, darum nun etwa seine Kunst als Arzneikunst bezeichnen? – Nein, sicher nicht, sagte er. – Und also auch nicht die Lohnkunst, sagte ich, falls etwa Jemand als Lohnarbeiter gesund wird? – Nein, sicher nicht. – Was aber nun? wirst du die Arzneikunst als Lohnerwerbs-Kunst bezeichnen, falls Jemand als Heilender Lohn erwirbt? – Nein, sagte er. – Nicht wahr also, daß ja der Nutzen einer jeden Kunst ein ihr eigenthümlicher sei, haben wir schon zugestanden? – Es sei so, sagte er. – Betreffs jenes Nutzens also, welchen gemeinsam sämmtliche Werkmeister genießen, ist klar, daß sie ihn nur dadurch genießen, daß sie auch noch irgend etwas allen Gemeinsames hiezu in Anwendung bringen? – Es scheint so, sagte er. – Wir sagen aber ja, daß der Genuß eines durch Lohnerwerb erreichten Nutzens für die Werkmeister sich dadurch ergebe, daß sie die Lohnkunst noch hiezu in Anwendung bringen? – Er bejahte es mit Noth. – Nicht also in Folge seiner eigenen Kunst hat ein Jeder diesen Nutzen, nemlich den Ertrag eines Lohnes, sondern, woferne man es genau erwägen soll, erzeugt die Arzneikunst Gesundheit, die Lohnerwerbs-Kunst aber Lohn, und die Baukunst ein Haus, die Lohnerwerbs-Kunst aber als eine sie begleitende den Lohn, und so bewirkt auch jede von allen übrigen ihr eigenes Werk und nützt jenem, wofür sie aufgestellt ist; wann aber nicht Lohn zu ihr noch hinzukommt, genießt dann der Werkmeister von seiner Kunst einen Nutzen? – Es zeigt sich, daß keinen, sagte er. – Stiftet er also etwa dann nicht einmal Nutzen, wann er unentgeltlich arbeitet? – Ich glaube doch wohl. – Nicht wahr also, o Thrasymachos, dieß ist uns bereits klar, daß keine Kunst oder Herrschaft ihren eigenen Nutzen bereitet, sondern, was wir schon längst gesagt haben, eben das dem Beherrschten Nützliche bereitet und gebietet, indem sie das jenem als dem Schwächeren Zuträgliche erwägt, nicht aber das dem Stärkeren Zuträgliche. Deswegen denn nun habe ich wenigstens, o lieber Thrasymachos, auch so eben gesagt, daß Keiner freiwillig eine Herrschaft ausüben und das fremde Uebel zur Aufbesserung in die Hand nehmen will, sondern einen Lohn fordert, weil derjenige, welcher richtig gemäß seiner Kunst verfahren will, niemals für sich selbst das Beste verübt oder gebietet, insoferne er der Kunst gemäß gebietet, sondern nur für den Beherrschten. Um Dessen willen demnach, wie es scheint, muß für diejenigen, welche eine Herrschaft ausüben wollen, ein Lohn bestehen, sei es Geld oder Ehre oder eine Einbuße für den Fall, daß sie dieselbe nicht ausüben. –

19. Wie meinst du dieß, o Sokrates? sagte Glaukon; nemlich die zwei Arten des Lohnes kenne ich; welche Einbuße aber du meinest und wie du sie in Geltung eines Lohnes anführtest, habe ich noch nicht verstanden. – Den Lohn der Besten also, sagte ich, verstehst du nicht, wegen dessen die Tüchtigsten herrschen, wenn sie herrschen wollen; oder weißt du nicht, daß Ehrliebend und Geldliebend zu sein, als Schande bezeichnet wird und auch eine Schande ist? – Ja gewiß, sagte er. – Darum demnach, sagte ich, wollen die Guten weder um des Geldes willen noch um der Ehre willen eine Herrschaft ausüben, denn weder wollen sie Miethlinge heißen, insoferne sie offenkundig um der Herrschaft willen Lohn einnehmen, noch Diebe, insoferne sie heimlich in Folge der Führung der Herrschaft einen Lohn sich selbst nehmen; noch aber auch um der Ehre willen, denn sie sind nicht ehrliebend. Es muß demnach für sie ein Zwang und die Gefahr einer Einbuße hinzukommen, woferne sie den Willen haben sollen, eine Herrschaft auszuüben; daher es auch darauf hinauskömmt, daß es als schimpflich gilt, sich freiwillig zur Führung einer Herrschaft zu begeben und nicht einen Zwang abzuwarten. Die größte Einbuße aber besteht darin, daß ein Solcher von einem Schlechteren beherrscht wird, sobald er nicht selbst die Herrschaft ausüben will, und aus Furcht hievor scheinen mir die Tüchtigen, wann sie eine Herrschaft ausüben, dieß zu thun; und sie begeben sich dann zur Führung derselben, nicht als ob sie zu etwas Gutem kämen und dabei es ihnen wohlergehen werde, sondern wie zu einem Zwange der Nothwendigkeit und nur weil sie keine Besseren als sie selbst sind, und keine gleich Guten finden, welchen sie die Herrschaft überlassen könnten. Denn es kömmt darauf hinaus, daß, wenn es einen Staat von nur guten Männern gäbe, das Nichtausüben einer Herrschaft ebenso der Gegenstand eines Wettstreites wäre, wie es jetzt das Ausüben ist, und es würde da wohl augenfällig werden, daß wirklich der wahre Herrscher seiner Natur nach nicht das für ihn selbst Zuträgliche erwägt, sondern das für den beherrschten, so daß jeder Einsichtige es vorziehen würde, von einem Anderen Nutzen zu genießen, als einem Anderen zu nützen und hiedurch mit Geschäften überhäuft zu sein. Dieß also räume ich dem Thrasymachos in keinerlei Weise

ein, daß das Gerechte das dem Stärkeren Zuträgliche sei; doch diesen Punkt werden wir später noch einmal erwägen. Viel bedeutender aber scheint mir dasjenige zu sein, was jetzt eben Thrasymachos sagte, indem er behauptet, das Leben des Ungerechten sei selbst stärker als das des Gerechten, Nach welcher von beiden Seiten also, o Glaukon, sagte ich, steht deine Wahl, und welches von beiden scheint dir mehr mit Wahrheit gesagt zu sein? – Ich wenigstens glaube, sagte er, daß das Leben des Gerechten gewinnbringender sei. – Hast du gehört, erwiederte ich, wie viele Güter so eben Thrasymachos für jenes des Ungerechten aufgezählt hat? – Gehört habe ich es wohl, sagte er, aber er überzeugt mich hiedurch nicht. – Willst du also, daß wir, wenn wir hiezu irgend Mittel finden, ihn davon überzeugen, daß er nicht das Wahre sagt? – Wie sollte ich ja nicht wollen? sagte er. – Wenn wir demnach, sprach ich, uns ihm entgegenstemmen und Rede gegen Rede vorbringen, wie viele Güter hinwiederum das Gerechtsein in sich enthalte, und dann wieder dieser eine Rede vorbringt, und noch eine andere wieder wir, so werden wir die Güter zählen und abmessen müssen, wie viele nemlich wir beiderseits an beidem anführen, und wir werden hiezu bereits irgend Richter bedürfen, welche das Urtheil fällen sollen; wann wir hingegen, wie so eben, in gegenseitig hervorgerufenen Zugeständnissen die Erwägung anstellen, werden wir selbst zugleich sowohl Richter als auch Redner sein. – Ja wohl, allerdings, sagte er. – In welcher von beiden Weisen also, sagte ich, gefällt es dir? – Eben in dieser, sagte er. –

20. So komm also, o Thrasymachos, sprach ich, und antworte uns wieder von Anfang an. Du behauptest, die vollendete Ungerechtigkeit sei gewinnbringender als die vollendete Gerechtigkeit? – Ja, allerdings, sagte er, behaupte ich es sowohl, als auch habe ich angegeben, warum. – Wohlan denn nun, wie meinst du es betreffs derselben in Folgendem: das eine derselben nennst du doch wohl eine Vortrefflichkeit und das andere eine Schlechtigkeit? – Wie sollte ich nicht? – Nicht wahr also, die Gerechtigkeit nennst du eine Vortrefflichkeit, die Ungerechtigkeit aber eine Schlechtigkeit? – Es sieht auch darnach aus, mein Süßester, sagte er, nachdem ich gesagt habe, daß die Ungerechtigkeit gewinnbringend sei, die Gerechtigkeit aber nicht! – Aber nun was denn sonst? – Gerade das Gegentheil, sagte er. – Also nennst du etwa die Gerechtigkeit eine Schlechtigkeit? – Nein, sondern eine gar edle Gutwilligkeit. – Die Ungerechtigkeit also nennst du eine Böswilligkeit? – Nein, sagte er, sondern eine Wohlberathenheit. – Scheinen dir etwa, o Thrasymachos, auch verständig und gut die Ungerechten zu sein? – Ja, sagte er, wenigstens diejenigen, welche im

Stande sind, in vollendeter Weise Unrecht zu thun, indem sie die Fähigkeit haben, sowohl Staaten als auch Volksstämme der Menschen unter sich zu bringen. Du aber meinst vielleicht, ich spreche hiebei von den Beutelschneidern; nun, gewinnbringend, sagte er, ist auch derartiges, wann es unbemerkt geschieht, aber solches ist nicht des Redens werth, hingegen eben jenes, wovon ich so eben sprach. – Dieß nun allerdings, sagte ich, sehe ich wohl ein, was du hiemit meinest; hingegen darüber wundere ich mich, wenn du wirklich die Ungerechtigkeit in der Geltung einer Vortrefflichkeit und Weisheit aufführst, die Gerechtigkeit aber unter dem Entgegengesetzten. – Aber allerdings ja führe ich sie so auf. – Dieß nun, sagte ich, ist bereits etwas Greifbareres, mein Freund, und es ist nun nicht mehr leicht Etwas zu finden, was man weiter noch sagen soll; denn wenn du die Behauptung aufgestellt hättest, daß die Ungerechtigkeit wohl gewinnbringend sei, du aber dabei wie gewisse andere Leute zugegeben hättest, daß sie eine Schlechtigkeit und etwas Schimpfliches sei, so fänden wir wohl noch Etwas zu sprechen, insoferne wir gemäß der allgemein gültigen Ansichten sprechen würden; nun aber ist klar, daß du behauptest, es sei jenes etwas Schönes und Kraftvolles, und daß du ihm auch alles Uebrige beifügst, was wir dem Gerechten beifügten, nachdem du ja einmal es gewagt hast, es zur Vortrefflichkeit und Weisheit zu rechnen. – Völlig richtig, sagte er, erräthst du es. – Nicht jedoch, erwiederte ich, darf ich ja davor zurückschrecken, es vermöge meiner Begründung erwägend durchzugehen, so lange ich nur annehmen darf, daß du sagst, was du dir denkst; denn du scheinst mir, o Thrasymachos, doch so ziemlich uns jetzt nicht zum Besten haben zu wollen, sondern zu sagen, was dir betreffs der Wahrheit dünkt. – Warum aber, sagte er, soll es dir denn einen Unterschied machen, ob es mir wirklich so dünke oder nicht, und warum hingegen überführst du nicht meine Begründung? – Keinen Unterschied allerdings macht es mir, sagte ich; aber Folgendes noch zu dem Bisherigen versuche mir zu beantworten: Scheint dir der Gerechte in irgend Etwas dem Gerechten es zuvorthun zu wollen? – In keiner Beziehung, sagte er; denn dann wäre er ja nicht jener köstliche Mensch, der er jetzt ist, und wäre ja nicht gutwillig. – Was weiter? will er es dem gerechten Handeln zuvorthun? – Nein, auch nicht dem gerechten Handeln, sagte er. – Aber würde er wünschen, dem Ungerechten es zuvorzuthun, und würde er solches für gerecht halten oder nicht? – Für gerecht halten, sagte er, und auch wünschen würde er es wohl, aber die Fähigkeit dazu würde er nicht haben. – Aber nicht darum, erwiederte ich, frage ich dich, sondern ob der Gerechte im Vergleiche mit dem Gerechten nicht den Wunsch und den Willen habe, es ihm zuvorzuthun, wohl hingegen im

Vergleiche mit dem Ungerechten? – Ja, so verhält sich's wirklich, sagte er. – Wie aber nun steht es mit dem Ungerechten? wünscht er wirklich dem Gerechten und dem gerechten Handeln es zuvorzuthun? – Wie sollte er nicht, sagte er, der ja Allem es zuvorzuthun wünscht? – Nicht wahr, also auch dem ungerechten Menschen und dem ungerechten Handeln wird es der Ungerechte zuvorthun, und er wird in die Wette kämpfen, um von Allem das Meiste selbst zu bekommen? – Ja, so ist es. –

21. Wir wollen es demnach, sagte ich, folgendermaßen ausdrücken: der Gerechte thut es dem ihm Gleichen nicht zuvor, wohl aber dem ihm Ungleichen, hingegen der Ungerechte thut es sowohl dem ihm Gleichen, als auch dem ihm Ungleichen zuvor. – Vortrefflich, sagte er, hast du es angegeben. – Es ist aber ja, sagte ich, verständig und gut der Ungerechte, der Gerechte hingegen keines von Beiden? – Auch dieß, sagte er, ist richtig. – Nicht wahr also, sprach ich, es gleicht auch dem Verständigen und dem Guten der Ungerechte, der Gerechte hingegen gleicht ihm nicht? – Warum sollte auch, sagte er, jener, welcher ein Derartiger ist, nicht eben den Derartigen gleichen, derjenige hingegen, welcher es nicht ist, ihnen ungleich sein? – Gut; also ein Derartiger ist jeder von beiden, wie diejenigen sind, welchen er gleicht. – Was steht denn im Wege? sagte er. – Weiter, o Thrasymachos; du nennst doch wohl Manchen einen musikalisch Gebildeten, einen Anderen aber einen musikalisch Ungebildeten? – Ja gewiß. – Welchen von beiden nennst du einen Verständigen und welchen einen Unverständigen? – Doch wohl den musikalisch Gebildeten einen Verständigen, den musikalisch Ungebildeten aber einen Unverständigen. – Nicht wahr, also in jenen Dingen, in welchen er verständig ist, nennst du ihn einen Guten, worin er aber unverständig ist, einen Schlechten? – Ja. – Wie aber ist es bei dem Arzneikundigen? nicht ebenso? – Ja, ebenso. – Scheint dir also, mein Bester, der musikalisch gebildete Mann beim Stimmen der Lyra es in dem Anspannen und Nachlassen der Saiten einem gleichfalls musikalisch gebildeten Manne zuvorzuthun oder den Wunsch hiezu zu haben? – Nein, mir scheint er es nicht. – Wie aber? thut er es einem musikalisch Ungebildeten zuvor? – Ja, nothwendig, sagte er. – Wie aber ist es bei dem Arzneikundigen? scheint er in Bezug auf Speise und Trank es einem arzneikundigen Manne oder einem arzneikundigen Verfahren zuvorthun zu wollen? – Nein, sicher nicht. – Aber einem nicht arzneikundigen? – Ja. – Hiemit aber betreffs eines jeden Wissens und Nichtwissens sieh zu, ob es dir scheine, daß jedweder Wissende mehr als ein anderer Wissender zu thun oder zu sagen wünsche, und nicht eben das

Nemliche wie jeder ihm Gleiche in Bezug auf das nemliche Verfahren. – Aber vielleicht ja, sagte er, muß dieß allerdings sich nothwendig so verhalten. – Wie aber? würde der Unwissende nicht in gleicher Weise sowohl dem Wissenden als auch dem Unwissenden es zuvorthun wollen? – Ja, vielleicht. – Der Wissende aber ist weise? – So behaupte ich. – Der Weise aber ist gut? – So behaupte ich. – Also der Gute und Weise wird es dem ihm Gleichen nicht zuvorthun wollen, wohl aber dem ihm Ungleichen und Entgegengesetzten? – So scheint es, sagte er. – Der Schlechte und Unkundige aber sowohl dem ihm Gleichen, als auch dem ihm Entgegengesetzten? – So zeigt sich's. – Nicht wahr also, o Thrasymachos, sagte ich, der Ungerechte ist es uns, welcher es sowohl dem ihm Ungleichen, als auch dem ihm Gleichen zuvorthut, oder sagtest du nicht so? – Ja gewiß, sagte er. – Der Gerechte aber ja wird es dem ihm Gleichen nicht zuvorthun, wohl hingegen dem ihm Ungleichen? – Ja. – Es gleicht also, sagte ich, der Gerechte dem Weisen und Guten, der Ungerechte aber dem Schlechten und Unkundigen? – Es kömmt darauf hinaus. – Nun aber haben wir ja zugegeben, daß jeder von beiden auch ein Derartiger ist wie jener, welchem er gleicht. – Ja, allerdings haben wir es zugegeben. – Also hat sich uns der Gerechte als ein Guter und Weiser, der Ungerechte aber als ein Unkundiger und Schlechter gezeigt.

22. Thrasymachos denn nun gab wohl all dieses zu, aber nicht in so leichter Weise, wie ich es jetzt erzähle, sondern mit Widerstreben und nur zur Noth mit erstaunlich vielem Schweiße, zumal da damals es eben Sommerszeit war, und ich sah da, wie früher noch nie, den Thrasymachos roth werden. Nachdem wir aber gegenseitig zugegeben hatten, daß die Gerechtigkeit eine Vortrefflichkeit und eine Weisheit sei, die Ungerechtigkeit aber eine Schlechtigkeit und Unkenntniß, sagte ich: Weiter nun; dieß also möge uns in dieser Weise feststehen, wir behaupteten ja aber auch, daß die Ungerechtigkeit etwas Kraftvolles sei, oder erinnerst du, o Thrasymachos, dich nicht mehr? – Ich erinnere mich dessen, sagte er; aber mir wenigstens gefällt auch dieß nicht, was du jetzt sagst, und ich hätte hierüber Etwas zu sprechen; würde ich nun wirklich sprechen, so weiß ich sehr wohl, daß du sagen würdest, meine Rede passe eben für eine Volksversammlung; entweder also laß mich sprechen, was ich will, oder, falls es dir zu fragen beliebt, so frage du nur, ich aber werde dir, wie man es bei alten Weibern thut, welche Geschichtchen erzählen, nur immer „Weiter“ sagen und mit dem Kopfe nicken oder ihn schütteln. – Nur ja nicht, sagte ich, gegen deine eigene Ansicht. – O ja, sagte er, nur um dir zu gefallen, nachdem du mich ja nicht sprechen läßst; und was willst du denn sonst noch? – Nichts, bei Gott,

erwiederte ich, sondern wenn du es so machen willst, so mache es so; ich aber werde dich fragen. – So frage denn. – Eben darum demnach frage ich, um was ich gerade jetzt fragte, damit wir auch im weiteren Verlaufe die Begründung erwägen, welcherlei denn die Gerechtigkeit im Vergleiche mit der Ungerechtigkeit sei. Es wurde nemlich dort gesagt, daß die Ungerechtigkeit etwas Mächtigeres und Kraftvolleres sei, als die Gerechtigkeit; nun aber wird sich ja, sagte ich, woferne die Gerechtigkeit eine Weisheit und Vortrefflichkeit ist, leicht, wie ich glaube, zeigen, daß sie auch kraftvoller, als die Ungerechtigkeit ist, nachdem ja eine Unkenntniß die Ungerechtigkeit ist. Niemand wohl dürfte hierüber im Unklaren sein. Aber nicht so schlechthin, o Thrasymachos, verlange ich dieß, sondern ich möchte es ungefähr folgendermaßen erwägen: Würdest du wohl von einem Staate sagen, daß er ungerecht sei und daß er es in ungerechter Weise versuche, andere Staaten zu knechten und geknechtet zu haben, und daß er auch schon viele in Knechtschaft sich unterjocht habe? – Wie sollte ich nicht? sagte er; und dieß ja wird eben der tüchtigste Staat thun und jener, welcher in der vollendetsten Weise ungerecht ist. – Ich verstehe sehr wohl, sagte ich, daß dieß damals deine Begründung war; aber ich erwäge in diesem Betreffe Folgendes: wird jener Staat, welcher im Vergleiche mit einem anderen der stärkere war, diese Macht ohne Gerechtigkeit behaupten, oder muß er es nothwendig mit Gerechtigkeit? – Falls, sagte er, wie du so eben angabst, die Gerechtigkeit eine Weisheit ist, dann allerdings mit Gerechtigkeit, falls hingegen es sich verhält, wie ich angab, dann mit Ungerechtigkeit. – Es freut mich ja sehr, o Thrasymachos, erwiederte ich, daß du nicht bloß mit dem Kopfe nickest oder ihn schüttelst, sondern auch ganz schön antwortest. – Ich will ja, sagte er, dir zu Gefallen sein. – Da thust du sehr gut daran; aber nun sei mir auch im Folgenden noch zu Gefallen und sage mir: Glaubst du, daß ein Staat oder ein Heerlager oder Räuber oder Diebe oder irgend eine andere Menschenmasse, welche gemeinschaftlich in ungerechter Weise an irgend Etwas sich macht, Etwas zu vollführen fähig sei, wenn sie sich gegenseitig Unrecht thun? – Nein, sicher nicht, sagte er. – Wie aber, woferne sie nicht Unrecht thun, werden sie da nicht in höherem Grade es fähig sein? – Ja, allerdings. – Nemlich Aufruhr doch wohl, o Thrasymachos, bringt ja die Ungerechtigkeit mit sich und Haß und wechselseitige Kämpfe, hingegen die Gerechtigkeit Eintracht und Liebe; oder wie sonst? – Es sei so, sagte er; damit ich mich mit dir nicht entzweie. –

23. Aber da thust du ja sehr gut daran, mein Bester. Folgendes aber sage mir noch: Wird also, wenn dieß die Wirkung der Ungerechtigkeit ist, daß sie Haß

erzeugt, wo immer sie sich findet, sie dann nicht bei ihrem Entstehen sowohl unter Freien, als auch unter Sklaven bewirken, daß sie gegenseitig einander hassen und in Aufruhr und unfähig sind, Etwas gemeinschaftlich mit einander zu vollführen? – Ja, allerdings wohl. – Wie aber nun? wann sie bloß zwischen Zweien entsteht, werden diese sich nicht entzweien und einander hassen und Feind sein sowohl unter sich, als auch gegen das Gerechte? – Ja, sie werden es sein, sagte er. – Wann aber denn nun, du Wunderlicher, in Einem Ungerechtigkeit entsteht, wird sie da etwa ihre eigene Geltung verlieren, oder sie dennoch ebenso behalten? – Nun, sie möge sie dennoch ebenso behalten, sagte er. – Nicht wahr also, es zeigt sich, daß sie hiemit eine derartige Geltung hat, daß, wo sie entsteht, sei es in einem Staate oder in einem Stamme oder in einem Heerlager, oder sonst in irgend Etwas, sie dasselbe erstens in Folge des Aufruhrs und der Entzweiung unfähig macht, Etwas in Verbindung mit sich selbst zu vollführen, und sodann auch zu einem Feinde es macht gegen sich selbst und gegen jedes Entgegengesetzte und gegen das Gerechte? – Ja, allerdings. – Und auch in einem Einheitlichen denn nun, glaube ich, wird sie, wenn sie in ihm sich findet, Alles thun, was sie ihrer Natur nach zu bewirken bestimmt ist; erstens nemlich wird sie es unfähig machen, Etwas zu vollführen, weil jenes dann in Aufruhr und nicht in Eintracht mit sich selbst ist, und sodann wird sie es zu einem Feinde gegen sich selbst und gegen das Gerechte machen; oder wie sonst? – Ja. – Gerecht aber, mein Freund, sind ja auch die Götter? – Sie mögen es sein, sagte er. – Also, o Thrasymachos, auch gegen die Götter wird der Ungerechte Feind sein, der Gerechte hingegen ihnen Freund. – Schwelge du nur ungestört im Genusse deiner Begründung, sagte er; denn ich wenigstens werde dir nicht entgegentreten, um mich bei diesen da nicht verhaßt zu machen. – So komm denn nun, sagte ich, und mache auch noch im Uebrigen meinen Schmaus vollständig, indem du mir antwortest, wie bisher jetzt. Einerseits nemlich zeigt sich allerdings, daß die Gerechten weiser und besser und fähiger sind, Etwas zu vollführen, die Ungerechten hingegen nicht im Stande sind, irgend Etwas gemeinschaftlich mit einander zu vollführen, und es ist hiemit aber auch nicht vollständig richtig gesagt, was wir betreffs derjenigen behaupten, welche irgend jemals als Ungerechte Etwas in kräftiger Weise gemeinschaftlich vollführen; denn diese würden dann, wenn sie gar sehr ungerecht wären, auch wechselseitig einander sich nicht verschonen, sondern klärlich wohnte ihnen irgend eine Gerechtigkeit ein, welche bewirkt, daß sie nicht zugleich sowohl gegen sich untereinander, als auch gegen die von ihnen Angegriffenen Unrecht thun, und durch solche Gerechtigkeit konnten sie es wirklich vollführen, sie selbst aber machten sich an das Ungerechte, indem sie bezüglich der Ungerechtigkeit nur Halbschlechte waren, denn die Ganzschlechten und in vollendetem Maße Ungerechten sind auch in vollendetem Maße unfähig, Etwas zu vollführen, – daß also nun einerseits dieß sich so verhält, verstehe ich, und daß es nicht so sich verhält, wie du zuerst es aufstelltest; aber andrerseits, ob nun auch ein besseres Leben die Gerechten führen und glücklicher seien, als die Ungerechten, diese Frage, welche wir hernach dann zur Erwägung aufstellten, ist nun eben erst zu erwägen. Es zeigt sich also, wie mir wenigstens scheint, auch in Folge des Gesagten, daß sie wirklich glücklicher sind; dennoch aber müssen wir es noch Besser erwägen, denn nicht um das nächste Beste handelt es sich bei dieser Begründung, sondern darum, in welcher Weise man das Leben führen müsse. – So erwäge es denn nun, sagte er. – Ja, ich erwäge es, erwiederte ich, und du sage mir: Scheint es dir eine Werkthätigkeit eines Pferdes zu geben? – Ja, gewiß. – Würdest du also nun dasjenige als die Werkthätigkeit sowohl eines Pferdes, als auch jedweden anderen Dinges bezeichnen, was man entweder nur durch jenes Ding allein, oder wenigstens im höchsten Grade durch dasselbe erreichen könnte? – Dieß verstehe ich nicht, sagte er. – Aber wohl folgendermaßen: Gibt es etwas Anderes, vermittelst dessen du sehen könntest, als die Augen? – Nein, sicher nicht. – Was weiter? könntest du vermittelst eines Anderen als der Ohren hören? – Keineswegs. – Nicht wahr also, mit Recht würden wir sagen, daß solches die Werkthätigkeit solcher Dinge sei? – Ja, allerdings. – Was weiter? eine Rebe eines Weinstockes könntest du wohl vermittelst eines Schwertes und eines Messers und vieler anderer Dinge abschneiden? – Warum auch nicht? – Aber vermittelst keines anderen Dinges, glaube ich, so gut, wie vermittelst einer Hippe, welche eigens hiezu gemacht ist. – Dieß ist wahr. – Wollen wir also nicht solches als die Werkthätigkeit eines Solchen bezeichnen?– Nun ja, wir wollen es. –

24. Jetzt denn nun, glaube ich, dürftest du wohl besser verstehen, um was ich so eben fragte, als ich wissen wollte, ob nicht dasjenige die Werkthätigkeit eines jeden Dinges sei, was entweder durch dasselbe allein, oder wenigstens von ihm am schönsten bewerkstelligt wird. – Aber ich verstehe es nun ja auch, sagte er, und zugleich scheint mir solches wirklich die Werkthätigkeit eines jeden Dinges zu sein. – Weiter, sagte ich; nicht wahr, also auch eine Vortrefflichkeit scheint es dir bei jedem Dinge zu geben, welchem irgend eine Werkthätigkeit obliegt? Wir wollen aber dabei auf die nemlichen Dinge zurückgehen. Gibt es, sagen wir nemlich, eine Werkthätigkeit der Augen? – Ja, es gibt eine solche. – Gibt es also

wohl auch eine Vortrefflichkeit der Augen? – Ja, auch eine Vortrefflichkeit. – Was weiter? gab es uns eine Werkthätigkeit der Ohren? – Ja. – Nicht wahr, also auch eine Vortrefflichkeit derselben? – Ja, auch eine Vortrefflichkeit. – Wie aber? verhält es sich nicht betreffs aller übrigen Dinge ebenso? – Ja, ebenso. – So halte dieß denn nun fest. Würden also wohl jemals die Augen ihre eigene Werkthätigkeit gut verrichten können, wenn sie nicht die ihnen eigenthümliche Vortrefflichkeit hätten, sondern Schlechtigkeit, statt der Vortrefflichkeit? – Und wie sollten sie dieß dann? sagte er; hiemit nemlich bezeichnest du wohl vielleicht das Blindsein an der Stelle des Sehens. – Welcherlei immer ihre Vortrefflichkeit sein mag, sagte ich; denn um dieß gerade habe ich noch nicht gefragt, sondern nur ob das Verrichtende vermöge der ihm eigenthümlichen Vortrefflichkeit seine ihm eigene Werkthätigkeit gut verrichte, und schlecht vermöge der Schlechtigkeit. – Dieß wenigstens, sagte er, ist gewiß wahr. – Nicht wahr also, auch die Ohren wenden, wenn sie ihrer eigenen Vortrefflichkeit entbehren, die ihnen eigene Werktätigkeit schlecht verrichten? – Ja, allerdings. – Werden wir also auch alles Uebrige der gleichen Begründung einreihen? – So scheint es mir wenigstens. – So komm denn nun und erwäge hiernach Folgendes: Gibt es irgend eine Werkthätigkeit der Seele, welche du vermittelst keines einzigen anderen von allen übrigen Dingen vollführen könntest? wie z. B. das derartige: Fürsorge zu treffen und eine Herrschaft auszuüben und Berathung zu pflegen und alles dergleichen, könnten wir solches mit Recht irgend einem anderen Dinge, als eben nur der Seele zuweisen und es als das ihm Eigenthümliche bezeichnen? – Nein, keinem anderen. – Wie aber hinwiederum ist es mit dem Leben? werden wir sagen, daß es eine Werkthätigkeit der Seele sei? – Ja, im höchsten Grade, sagte er. – Nicht wahr also, wir werden auch sagen, daß es irgend eine Vortrefflichkeit der Seele gebe? – Ja, wir sagen es. – Wird also wohl jemals, o Thrasymachos, die Seele, wenn sie der ihr eigenthümlichen Vortrefflichkeit entbehrt, ihre Werkthätigkeiten gut verrichten, oder ist dieß unmöglich? – Es ist unmöglich. – Nothwendig also ist es für eine schlechte Seele, daß sie in schlechter Weise eine Herrschaft ausübe und eine Fürsorge treffe, hingegen für die gute, daß sie all dieses gut vollführe. – Ja, nothwendig. – Nicht wahr also, wir haben ja zugestanden, daß eine Vortrefflichkeit der Seele die Gerechtigkeit sei, eine Schlechtigkeit aber die Ungerechtigkeit? – Ja, zugestanden haben wir es allerdings. – Also die gerechte Seele und der gerechte Mann werden gut ihr Leben führen, schlecht aber der ungerechte. – Ja, so zeigt sich's, sagte er, gemäß deiner Begründung. – Nun aber ist ja derjenige, welcher gut lebt, glückselig und glücklich, das Gegentheil hievon aber derjenige, welcher es nicht thut. – Wie sollte es auch nicht so sein? – Also der Gerechte ist glücklich, der Ungerechte aber unglücklich. – Sie mögen es sein, sagte er. – Nun aber unglücklich zu sein, ist ja nicht gewinnbringend, wohl hingegen, glücklich zu sein. – Wie sollte es auch nicht so sein? – Niemals also, o du hochzupreisender Thrasymachos, ist Ungerechtigkeit gewinnbringender als Gerechtigkeit. – Dieß demnach, o Sokrates, sagte er, sei dir an den Bendideen als dein Festschmaus aufgetischt. – Ja, und zwar von dir, o Thrasymachos, sagte ich, nachdem du mir wieder sanft geworden warst und uns zu bedrohen aufgehört hattest. Ich habe jedoch nicht gut geschmaust, und zwar durch meine eigene Schuld, nicht durch die deinige; sondern ähnlich wie die Leckermäuler, nur immer von demjenigen, was gerade herbeigetragen wird, schnell Etwas hinwegnehmen und es verkosten, noch ehe sie die vorige Speise gehörig genossen haben, so scheint mir, habe auch ich, noch ehe wir das zuerst Erwogene fanden, nemlich, was denn wohl das Gerechte sei, eben jenes bei Seite gelassen und mich zur Erwägung dessen gewendet, ob die Gerechtigkeit eine Schlechtigkeit und Unkenntniß oder eine Weisheit und Vortrefflichkeit sei, und da hinwiederum hernach jene Begründung dessen uns in den Wurf kam, daß die Ungerechtigkeit gewinnbringender sei, als die Gerechtigkeit, so könnte ich mich auch da wieder nicht enthalten, von jenem weg auf dieß überzugehen, so daß mir jetzt in Folge der Unterredung gerade das erwachsen ist, daß ich Nichts weiß; denn wann ich von dem Gerechten nicht weiß, was es ist, werde ich schwerlich wissen, ob es eine Vortrefflichkeit sei oder nicht, und ob der es Besitzende nicht glücklich oder glücklich sei.

Zweites Buch

1. Ich glaubte nun, nachdem ich dieß gesprochen, einer weiteren Begründung überhoben zu sein, es war aber, wie es scheint, das Bisherige nur die Einleitung zu derselben; denn Glaukon, welcher auch sonst immer zu Allem den meisten Muth hat, ließ sich denn nun auch damals jenes freiwillige Zurücktreten des Thrasymachos nicht gefallen, sondern sagte: Ist deine Absicht, o Sokrates, dir bloß den Schein zu geben, als hättest du uns schon überzeugt, oder ist deine Absicht, uns wirklich erst noch zu überzeugen, daß in jeder Weise es besser sei, gerecht zu sein, als ungerecht? – Euch wirklich zu überzeugen, sprach ich, würde ich wenigstens wohl vorziehen, wenn es bei mir stünde. – Du thust demnach nicht, was deine Absicht ist. erwiederte er; denn sage mir: Scheint es dir etwa irgend ein derartiges Gut zu geben, welches wir gerne besitzen möchten, ohne

hiebei seine weiteren Folgen zu verlangen, sondern wobei wir nur es selbst um seiner selbst willen lieben, wie z. B. die Freude und die unschädlichen Vergnügungen derartig sind, wann auch für die kommende Zeit durch dieselben gar Nichts weiter erwächst, als daß eben sich freut, wer sie hat? – Ja mir wenigstens, sagte ich, scheint es irgend ein Derartiges zu geben. – Was weiter? auch ein solches, welches wir sowohl um seiner selbst willen, als auch um dessen willen, was aus ihm erwächst, gerne wünschen, wie z. B. hinwiederum das Nachdenken und das Sehen und das Gesundsein; denn derartiges lieben wir doch wohl aus beiden Gründen? – Ja, sagte ich. – Siehst du aber auch eine dritte Art des Guten, sagte er, zu welcher die Leibesübung und die Krankenpflege und die ärztliche Thätigkeit und der Gelderwerb überhaupt gehört? von Solchem nemlich würden wir wohl sagen, daß es uns nützt, und um seiner selbst willen möchten wir es wohl nicht gerne besitzen, wohl aber um des Lohnes und der übrigen Dinge willen, welche aus ihm erwachsen. – Ja wohl, sagte ich, gibt es auch diese dritte Art; aber was soll's hiemit? – Zu welcher von diesen, sagte er, rechnest du die Gerechtigkeit? – Ich glaube, erwiederte ich, zu jener schönsten, welche sowohl um ihrer selbst willen, als auch um dessen willen, was aus ihr erwächst, derjenige gerne wünschen muß, welcher glückselig sein will. – Nicht jedoch, sagte er, scheint sie auch der Menge dahin zu gehören, sondern eher zu jener mühevollen Art, welche man um des Lohnes und um des in der allgemeinen Meinung beruhenden Ruhmes willen anstreben, um ihrer selbst willen aber als etwas Lästiges meiden soll. –

2. Ich weiß, sagte ich, daß sie den Leuten dahin zu gehören scheint, und längst ja auch schon wird sie von Thrasymachos als ein Derartiges getadelt, die Ungerechtigkeit hingegen gelobt; aber ich bin eben, wie es scheint, etwas schwerfällig im Verstehen. – So komm denn nun, sagte er, und höre auch mich, ob du etwa die nemliche Meinung habest. Thrasymachos nemlich scheint mir etwas voreiliger, als es hätte sein sollen, gleichsam wie eine Schlange von dir durch Zauber gebannt worden zu sein, hingegen für mich ist der Nachweis betreffs jener beiden Begriffe noch nicht so recht nach meinem Sinne geliefert worden; denn ich wünsche zu hören, was jedes von jenen beiden sei und welche Geltung, wenn es in der Seele sich findet, es an und für sich habe, dabei aber eben den Lohn und das aus ihnen Erwachsende bei Seite zu lassen. Ich werde es also folgendermaßen machen, woferne es auch dir so dünkt; ich werde die Begründung des Thrasymachos erneuern und erstens angeben, wie beschaffen nach der Behauptung der Leute die Gerechtigkeit sei und woher sie entstanden

sei, zweitens daß Alle, welche das Gerechte betreiben, es unfreiwillig als eine Nothwendigkeit und nicht als ein Gut betreiben, und drittens daß sie dieß aus guten Gründen thun, denn viel besser also ja ist das Leben des Ungerechten, als jenes des Gerechten, wie Jene sagen; nemlich mir wenigstens, o Sokrates, scheint es keineswegs so zu sein; jedoch fühle ich mich rathlos, wenn mir die Ohren voll sind von jenem, was ich von Thrasymachos und tausend Anderen höre; die Begründung aber zu Gunsten der Gerechtigkeit, daß nemlich dieselbe besser sei, als die Ungerechtigkeit, habe ich noch von Keinem so gehört, wie ich sie wünsche, ich wünsche aber dieselbe an und für sich gepriesen zu hören; am ehesten aber glaube ich solches von dir vernehmen zu können. Darum also werde ich meiner Rede den Lauf lassen und das ungerechte Leben loben, hernach aber, wenn ich gesprochen habe, dir zeigen, in welcher Weise hinwiederum ich von dir die Ungerechtigkeit getadelt und die Gerechtigkeit gelobt hören möchte. Sieh aber zu, ob bei dem, was ich eben sagte, auch dein Wille sei. – Im höchsten Grade von Allem, sagte ich; denn über welchen Gegenstand möchte ein verständiger Mensch in höherem Maße gerne sprechen und Gesprochenes hören? – Vortrefflich, sagte er, sprichst du da. – Und so höre denn nun betreffs dessen, was ich zuerst angeben zu wollen sagte, nemlich was wohl nach der Meinung der Leute und woher entstanden die Gerechtigkeit sei. Sie behaupten nemlich, von Natur aus sei das Unrechtthun ein Gut, das Unrechterleiden aber ein Uebel, dabei aber überwiege an der Menge des Uebels das Unrechtleiden noch weit über die Menge des Guten beim Unrechtthun, und nachdem nun die Menschen wechselseitig Unrecht thun und Unrecht erleiden und beides zu kosten bekommen, so scheine es folglich denjenigen, welche nicht fähig sind, dem einen hievon zu entgehen und das andere zu wählen, gewinnbringend, gegenseitig einen Vertrag zu machen, daß man weder Unrecht thun, noch Unrecht erleiden solle. Und von da an denn nun habe man begonnen, Gesetze und wechselseitige Verträge aufzustellen, und man habe das von dem Gesetze Gebotene sowohl ein Gesetzmäßiges, als auch ein Gerechtes genannt. Und dieß demnach sei die Entstehung und das Wesen der Gerechtigkeit, daß sie ein Mittleres sei zwischen jenem besten Falle, in welchem der Unrechtthuende straflos wäre, und jenem schlimmsten, in welchem der Unrechterleidende sich nicht rächen könnte; das Gerechte aber werde als ein Mittelding zwischen diesen beiden gerne gewünscht, nicht etwa weil es ein Gut sei, sondern weil man es wegen der Unfähigkeit des Unrechtthuns schätze, denn derjenige, welcher die Fähigkeit habe, Unrecht auszuüben und in Wahrheit ein Mann sei, werde niemals mit irgend Jemanden jenen Vertrag eingehen, weder Unrecht zu thun, noch Unrecht zu erleiden, denn wahnsinnig wäre es ja dann. Die Natur nun also der Gerechtigkeit, o Sokrates, ist diese und eine derartige, und die natürliche Quelle ihres Entstehens eben eine derartige, wie nemlich die Leute sagen.

3. Daß aber auch diejenigen, welche das Gerechte betreiben, nur aus Unfähigkeit des Unrechtthuns es unfreiwillig betreiben, möchten wir wohl am ehesten bemerken, wenn wir in Gedanken Folgendes veranstalten würden: wir würden nemlich jedem von beiden, sowohl dem Gerechten, als auch dem Ungerechten, volle Freiheit verleihen, zu thun, was jeder wolle, und dann würden wir ihnen zuschauend folgen, wohin jeden von Beiden die Begierde führen werde. Auf frischer That nun würden wir wohl den Gerechten ertappen, daß er den nemlichen Weg wie der Ungerechte in Folge der Unersättlichkeit gehe, denn dieß ist es, was als ein Gut jedwede Natur an sich zu verfolgen bestimmt ist, nur aber durch Gesetz und Gewalt wird jede zur Beachtung des Gleichmaßes hingelenkt. Es möchte aber wohl jene volle Freiheit, von welcher ich spreche, zumeist eine derartige sein, wenn ihnen jene Fähigkeit erwüchse, von welcher man sagt, daß sie einstens dem Sohne des Gyges, dem Vorfahren des Lyderköniges erwachsen sei. Es sei nemlich derselbe als Hirt bei dem damaligen Herrscher von Lydien in Dienst gewesen, und in Folge eines heftigen Platzregens und Erdbebens habe sich die Erde gespalten und eine Schlucht sei an dem Orte, wo jener eben weidete, entstanden. Derselbe habe dieß gesehen, und voll Erstaunen sei er hinabgestiegen und habe dort sowohl viel anderes Wunderbare, von welchem die Sage erzählt, gesehen, als auch ein hohles ehernes Pferd mit Flügelthüren, durch welche er hineingeschlüpft sei und dann darinnen einen, wie es schien, mehr als mannesgroßen Leichnam erblickt habe; dieser aber habe nichts Weiteres an sich gehabt, als nur an der Hand einen goldenen Ring, welchen jener abgezogen und dann sich wieder entfernt habe. Als aber die gewöhnliche Zusammenkunft der Hirten, um dem Könige den monatlichen Bericht betreffs der Heerden zu melden, stattfand, sei auch jener mit seinem Ringe gekommen. Und wie er nun mit den Uebrigen dasaß, habe er eben zufällig den Stein des Ringes gegen sich zu in das Innere der Hand gekehrt; sobald aber dieß geschehen, sei er den neben ihm Sitzenden unsichtbar geworden, und dieselben hätten über ihn wie über einen Weggegangenen gesprochen. Und jener nun habe sich hierüber gewundert, und indem er verstohlens den Ring berührte, den Stein desselben wieder nach Außen gedreht, und er sei, sobald er ihn gedreht, wieder sichtbar geworden. Und als er dieß bemerkt hatte, habe er den Ring auf die Probe gestellt, ob derselbe wirklich diese Kraft habe, und stets

sei es ihm so von Statten gegangen, daß er bei dem Einwärtsdrehen des Steines unsichtbar, beim Auswärtsdrehen aber sichtbar wurde. Sobald er aber dieß wahrgenommen, habe er sogleich es veranstaltet, daß er einer der königlichen Boten wurde; als er aber dorthin gekommen sei, habe er die Gemahlin des Königes zum Ehebruche verführt und in gemeinschaftlicher List mit jener den König getödtet und so die Herrschaft erlangt. Wenn es also nun zwei derartige Ringe gäbe, und den einen der Gerechte sich ansteckte, den anderen aber der Ungerechte, so dürfte wohl, wie es scheint, es keinen Einzigen geben, welcher so felsenfest wäre, um innerhalb der Gerechtigkeit zu verbleiben und es über sich zu gewinnen, von fremdem Gute sich zu enthalten und es nicht zu berühren, während er die Freiheit hat, sowohl auf dem öffentlichen Markt ungescheut, was ihm beliebt, wegzunehmen, als auch in die Häuser zu gehen und Beischlaf zu üben, mit wem es ihm beliebt, und zu tödten und aus dem Gefängnisse zu befreien, wen es ihm beliebt, und alles Uebrige zu vollführen, als ein den Göttern gleicher unter den Menschen. Indem er aber so handelte, würde er nichts Verschiedenes von jenem thun, was auch der anderweitige thut, sondern beide würden den nemlichen Weg gehen; und man möchte wohl sagen, daß dieß ein bedeutendes Kennzeichen dafür sei, daß Keiner freiwillig gerecht sei, sondern Jeder nur gezwungen, weil jenes für den Einzelnen eben nicht ein Gut sei, denn wo ein Jeder glaubt, im Stand zu sein, Unrecht zu thun, da thut er Unrecht; jeder Mann nemlich glaubt, daß für ihn als Einzelnen weit mehr die Ungerechtigkeit als die Gerechtigkeit gewinnbringend sei, und er meint dieß mit Recht, wie jeder sagt, welcher über die derartige Begründung spricht, denn woferne Jemand eine derartige volle Freiheit erlangt hätte und dann doch keinerlei Unrecht thun und fremdes Gut nicht berühren wollte, würde er denjenigen, welche dieß wahrnähmen, der unglücklichste und unverständigste Mensch zu sein scheinen, loben aber würden sie ihn allerdings gegenseitig einander in's Gesicht, indem sie sich aus Furcht, Unrecht zu erleiden, gegenseitig einander belügen würden. Dieß also denn nun verhält sich in dieser Weise.

4. Die Beurtheilung selbst aber des Lebens derjenigen, über welche wir sprechen, werden wir wohl richtig vorzunehmen im Stande sein, wenn wir den Gerechtesten und den Ungerechtesten auseinander halten, nicht hingegen, wenn wir jenes nicht thun. Wie also wollen wir sie auseinander halten? Folgendermaßen: wir wollen Nichts hinwegnehmen bei dem Ungerechten von der Ungerechtigkeit, und Nichts bei dem Gerechten von der Gerechtigkeit, sondern jeden von beiden bezüglich seines Bestrebens als einen vollendeten

hinstellen. Erstens also der Ungerechte soll es machen wie die gewandten Werkmeister, wie nemlich ein hervorragender Steuermann oder Arzt sowohl das Unmögliche, als auch das Mögliche in seiner Kunst wohl auseinander kennt, und das eine hievon versucht, das andere aber unterläßt, und ferner auch, wenn er irgendwo fehlgegriffen, tüchtig genug ist, es wieder gut zu machen, ebenso bleibe auch der Ungerechte, wenn er richtige Versuche zum Unrechtthun macht, dabei unentdeckt, woferne es in hohem Grade ungerecht sein soll; jenen hingegen, welcher sich ertappen läßt, muß man für einen Verächtlichen halten, denn die äußerste Ungerechtigkeit ist eben, gerecht zu sein scheinen, während man es nicht ist. Verleihen also müssen wir dem in vollendeter Weise Ungerechten auch die vollendetste Ungerechtigkeit, und nicht dürfen wir etwas hinwegnehmen, sondern wir müssen es zulassen, daß er, während er das größte Unrecht verübt, die höchste öffentliche Meinung bezüglich seiner Gerechtigkeit sich verschafft habe, und, falls er in irgend Etwas fehlgegriffen, die Fähigkeit hat, es wieder gut zu machen, indem er tüchtig genug ist sowohl im Reden bezüglich des Ueberzeugens, falls eine seiner unrechten Thaten zur Anzeige gebracht wurde, als auch im Anwenden der Gewalt, wo es Gewalt bedarf, sei es durch Tapferkeit und Stärke, oder sei es durch Bereithalten von Freunden und von Geld. Nachdem wir aber diesen als einen derartigen aufgestellt haben, wollen wir in unserer Rede den Gerechten neben ihn stellen, als einen schlichten und edlen Mann, welcher nach des Aeschylos Wort "nicht gut scheinen, sondern gut sein will". Hinwegnehmen demnach müssen wir von ihm das bloße Scheinen; denn woferne er gerecht zu sein scheinen würde, kämen ihm Ehren und Geschenke zu, weil er eben derartig zu sein schiene; ungewiß also wäre es, ob er um des Gerechten willen oder um der Geschenke und Ehren willen ein derartiger sei. Zu entblößen demnach ist er von Allem mit Ausnahme der Gerechtigkeit selbst, und gerade in dem entgegengesetzten Verhalten gegen den Vorigen ist er darzustellen. Nemlich er habe, während er kein Unrecht thut, die höchste öffentliche Meinung seiner Ungerechtigkeit, damit er bezüglich der Gerechtigkeit ein Erprobter sei, daß nemlich dieselbe in Folge übler Meinung und des hieraus Erwachsenden nicht befleckt werde; sondern unwandelbar verbleibe er bis zu seinem Tode, sein ganzes Leben hindurch ungerecht scheinend, wirklich aber gerecht seiend, damit jene beiden, fortgeschritten bis zum äußersten Punkte, der Eine in der Gerechtigkeit, der Andere aber in der Ungerechtigkeit, nun beurtheilt werden mögen, welcher von ihnen beiden nemlich der Glücklichere sei. –

5. Weh, o lieber Glaukon, sagte ich, mit welch kräftigen Zügen stellst du jeden jener beiden Männer, wie eine Bildsäule, zur Beurtheilung rein her! – Ja, sagte er, so sehr ich eben kann. Da aber beide die derartigen sind, so wird es, wie ich glaube, nichts Schwieriges mehr sein, in der weiteren Begründung durchzugehen, welcherlei Leben jeden von beiden erwarte. Dieß muß ich also hiemit angeben. Und wann dieß denn auch in etwas gröberer Weise ausgedrückt wird, so glaube nicht, o Sokrates, daß ich es sei, der spreche, sondern diejenigen, welche im Vergleiche mit der Gerechtigkeit die Ungerechtigkeit loben. Diese werden demnach Folgendes sagen, daß der Gerechte bei solchem Verhalten gegeißelt, gefoltert, in Ketten gelegt, durch Ausbrennen seiner Augen beraubt werden, und zuletzt, nachdem er all dieses erduldet, aufgehängt werden und hiemit erkennen wird, daß man nicht den Willen haben soll, gerecht zu sein, sondern nur es zu scheinen; jenen Spruch des Aeschylos aber müßte man also weit richtiger von dem Ungerechten anwenden, denn in der That wird man von dem Ungerechten sagen, daß er, indem er ein in sich wahrheitsgetreues Geschäft betreibt und nicht ein Scheinleben führt, „ungerecht nicht scheinen, sondern sein wolle“

> „eines tiefen Saatbodens Frucht in seinem Sinne genießend,
> aus welchem die sorgsamen Rathschlüsse entsprossen“.

und daß er dann erstens im Staate herrsche, weil er ja gerecht zu sein scheint, sodann auch heirathe, aus welcher Familie er will, seine Töchter verheirathe, an wen er will, Geschäftsverkehr und Gemeinschaft mache, mit wem es ihm beliebt, und außer all diesem auch noch durch Gewinn sich Nutzen verschaffe, weil er am Unrechtthun nicht Anstoß nimmt. Wenn er demnach in irgend Kämpfe eintrete, sei es im Privat-, oder sei es im öffentlichen Leben, so erringe er die Oberhand und thue es seinen Feinden zuvor, indem er aber es Allen zuvorthue, werde er reich und erweise seinen Freunden Gutes und seinen Feinden Schlimmes, und auch Opfer und Weihgeschenke für Götter veranstalte er in genügender und großartiger Weise, und verehre weit besser als der Gerechte die Götter und unter den Menschen diejenigen, welche er eben will, so daß er aus guten Gründen gebührender Weise auch weit mehr ein Gottgeliebter ist, als der Gerechte. So, o Sokrates, behaupten die Leute, daß seitens der Götter und der Menschen dem Ungerechten ein besseres Loos bereitet sei, als dem Gerechten. –

6. Als Glaukon dieß gesprochen, hatte ich im Sinne, Etwas hierauf zu erwiedern, aber sein Bruder Adeimantos sprach nun: Du wirst doch wohl nicht glauben, o Sokrates, daß schon genügend betreffs dieser Begründung

gesprochen worden sei? – Wie so denn aber nicht? erwiederte ich. – Gerade jenes, sagte er, ist noch nicht angegeben worden, was doch zumeist hätte angegeben werden sollen. – Nicht wahr also, sagte ich, es gilt das Sprüchwort „ein Bruder möge dem Manne zur Seite stehen", und sonach leiste denn auch du Hülfe, woferne Dieser eine Lücke gelassen hat; und doch ist ja schon auch das von diesem Vorgebrachte genügend, um mich niederzukämpfen und unfähig zu machen, der Gerechtigkeit beizustehen. – Und jener sprach: dieß bedeutet Nichts, was du da sagst; hingegen höre auch noch Folgendes; denn wir müssen auch die entgegengesetzten Begründungen gegen die von diesem vorgebrachten durchgehen, nemlich jene, welche die Gerechtigkeit loben und die Ungerechtigkeit tadeln, damit hiedurch deutlicher werde, was mir Glaukon eigentlich zu wollen scheint. Es sagen aber doch wohl die Väter ihren Söhnen und Alle ihren Pflegebefohlenen und ermahnen dieselben, daß man gerecht sein müsse, indem sie nemlich hiebei nicht die Gerechtigkeit an sich selbst loben, sondern den aus ihr erwachsenden guten Ruf, damit dem gerecht zu sein Scheinenden aus der öffentlichen Meinung Herrschaft und Ehe und all dasjenige erwachse, was Glaukon so eben als Folge des guten Rufes aufgezählt hat. Noch weiter aber erstrecken diese das Gebiet der Meinung; indem sie nemlich auch den bei den Göttern geltenden guten Ruf herbeiziehen, haben sie eine reichliche Menge von Gütern aufzuzählen, welche ihrer Behauptung zu Folge den Frommen die Götter verleihen, wie ja auch der edle Hesiodos und Homeros sagen, Ersterer nemlich, daß für die Gerechten die Götter die Eiche wachsen lassen

> „oben an der Spitze voll von Eicheln, in der Mitte aber voll von Bienen,
> und es strotzen ihnen die wolligen Schafe mit reichen Fellen",

und auch noch viele andere Güter seien es, welche hieran sich anschließen; Aehnliches aber sagt auch Letzterer, denn

> „wie einem wackeren Könige, welcher den Göttern ähnlich die Gerechtigkeit schützt, und welchem die dunkle Erde Weizen und Gerste trägt, und von Frucht die Bäume strotzen, leicht auch das Vieh Junge wirft, und das Meer Fische darbietet –".

Musäos aber und sein Sohn verleihen seitens der Götter den Gerechten noch spaßhaftere Güter als jene; nemlich indem sie in ihrer Erzählung die Frommen in den Hades hinabführen und sie dort auf Stühle setzen und ein Trinkgelage derselben veranstalten, lassen sie dieselben mit Kränzen auf den Häuptern die gesammte Zeit hindurch als Berauschte zubringen, in der Meinung, der schönste Lohn der Vortrefflichkeit sei ein ewiger Rausch. Wieder Andere aber erstrecken die Belohnungen seitens der Götter noch weiter hinaus; nemlich sie behaupten, Kindeskinder und das ganze Geschlecht verbleibe so nach dem Abscheiden des Frommen und Eidgetreuen. In solchen Dingen denn nun und in anderen derartigen preisen sie die Gerechtigkeit. Die Frevelhaften aber hinwiederum und die Ungerechten vergraben sie in irgend einen Schlamm des Hades und lassen sie gezwungen sein, in einem Siebe Wasser zu tragen. Und ferner indem sie dieselben auch bei Lebzeiten in schlimmen Ruf bringen, führen sie diejenigen Bestrafungen, welche Glaukon betreffs der Gerechten, welche als Ungerechte angesehen werden, aufzählte, nun betreffs der Ungerechten an; Anderes aber wissen sie nicht vorzubringen. Das Lob also und der Tadel gegen jene beiden ist dieß.

7. Hiezu aber erwäge auch, o Sokrates, wieder eine andere von Reden, welche betreffs der Gerechtigkeit und der Ungerechtigkeit sowohl von gewöhnlichen Leuten, als auch von Dichtern angewendet wird. Nemlich Alle singen stets wie aus Einem Munde das Lied, wie schön die Besonnenheit und die Gerechtigkeit sei, aber wie schwierig und mühevoll, daß hingegen Zügellosigkeit und Ungerechtigkeit süß und leicht zu erwerben, nur aber vermöge der öffentlichen Meinung und der je geltenden Gesetze schimpflich sei; gewinnbringender aber, sagen sie, sei meistentheils das Ungerechte als das Gerechte, und sie sind gleich bereit, schlechte Reiche und anderweitige Machthaber glücklich zu preisen und zu ehren, sowohl im öffentlichen, als auch im Privatleben, die übrigen hingegen, welche irgend schwach und arm sind, als Ehrlose zu behandeln und gering zu schätzen, während sie zugestehen, daß diese letzteren besser seien, als jene Anderen. Und von all diesem sind ihre Reden betreffs der Götter und der Vortrefflichkeit erst noch das Merkwürdigste, nemlich daß auch die Götter vielen Guten Unglück und ein schlimmes Leben, den Gegentheiligen aber das gegentheilige Loos verliehen hätten. Bettelpriester aber und Wahrsager kommen zu den Thüren der Reichen und suchen diese zu überzeugen, daß ihnen eine von den Göttern ausgehende Kraft zu Gebote stehe, durch Opfer und Gesänge sowohl ein Unrecht, falls etwa ein solches durch jenen Reichen selbst oder durch seine Vorfahren geschehen ist, mit Anwendung von Vergnügungen und Festzügen zu heilen, als auch, wenn jener irgend einem Feinde ein Leid zufügen will, dann vermittelst eines geringen Kostenaufwandes in gleicher Weise einem Gerechten, wie einem Ungerechten Schaden zuzufügen, da sie ja, wie sie

behaupten, durch irgend Beschwörungen und Bannflüche auf die Götter einwirken können, so daß diese selbst ihnen dienstbar sind. Für all diese Reden aber bringen sie Dichter als Zeugen bei, die Einen, indem sie betreffs der Schlechtigkeit die leichten Mittel und Wege angeben,

> „denn Schlechtigkeit kann man auch haufenweise leicht erfassen,
> glatt ja ist der Weg zu ihr, und sehr nahe wohnt sie;
> hingegen vor die Vortrefflichkeit hin pflanzten die Göttern den Schweiß“

und irgend einen langen und steilen Pfad. Andere aber rufen für den Einfluß der Menschen auf die Götter den Homeros als Zeugen an, da ja auch jener sagte:

„lenkbar aber sind auch die Götter selbst,
und diese können durch heilige Feste und beschwichtigende Gelübde
und durch Trank- und Brand-Opfer die Menschen umlenken
in flehendem Gebete, wann Einer gefrevelt und gefehlt hat“.

Und einen ganzen Schwarm von Schriften des Musäus und des Orpheus, den Abkömmlingen der Mondgöttin und der Musen, wie sie behaupten, zeigen sie vor, und nach dem Wortlaute dieser sind sie geschäftig mit Opfern, indem sie nicht bloß einzelne Leute, sondern auch ganze Staaten davon überzeugen, daß es eine Erlösung und eine Reinigung von unrechten Thaten vermittelst der Opfer und vergnüglicher Spiele, sowohl für die noch Lebenden, als auch für die Gestorbenen gebe, Dinge, welche sie Weihe-Sühnungen nennen, und welche von den Uebeln jenseits uns erlösen sollen; falls man aber nicht opfere, stehe Arges bevor.

8. All dieses Derartige und so Vieles, o Sokrates, was betreffs der Vortrefflichkeit und Schlechtigkeit gesagt wird, in welcher Weise nemlich Menschen und Götter sie schätzen, welche Wirkung, glauben wir, daß es beim Anhören auf die Seelen jener jungen Leute mache, welche begabt und tüchtig genug sind, bei Allem, was gesagt wird, gleichsam im Fluge daraus sich einen Schluß zu entnehmen, in welcher Beschaffenheit und bei welcher Richtung des Weges man wohl am besten das Leben durchwandern möge? Aus guten Gründen nemlich möchte Einer wohl jenes Wort des Pindaros zu sich selbst sprechen:

> „soll ich in Gerechtigkeit oder in krummem Betruge die hohe Mauer erklimmen, und so mich selbst beschirmend das Leben führen?“

Denn was man da sagt, enthält die Behauptung, daß, wenn ich gerecht bin, es mich Nichts nützt, falls ich es nicht auch zu sein scheine, hingegen enthält es augenfällige Mühe und Einbuße; wann ich aber als ein Ungerechter mir den Schein der Gerechtigkeit verschafft habe, dann wird mein Leben als ein göttliches bezeichnet. Also nachdem der Schein, wie die Weisen mir kundgeben, auch die Wahrheit bezwingt und Herr des Glückes ist, so muß ich mich denn nun vollständig zu ihm hinwenden. Als Vorhalle und als äußere Form muß ich rings um mich einen Schattenriß der Vortrefflichkeit beschreiben, aber jenen Fuchs des weisesten Archilochos, den gewinnbringenden und verschmitzten, muß ich stets hinter mir nachschleifen. Aber es ist ja, wird man einwenden, nicht leicht, stets beim Unrechtthun unentdeckt zu bleiben. Es ist ja aber, werden wir sagen, auch nichts anderes Großes leicht zu bewerkstelligen; hingegen dennoch müssen wir, woferne wir glücklich sein wollen, denjenigen Weg gehen, auf welchen uns die Spur jener Reden führt; nemlich um unentdeckt zu bleiben, werden wir Verschwörungen und Genossenschaften zusammenbringen, und dann gibt es ja auch Lehrer der Überredungskunst, welche uns eine für die Volksversammlung und für den Gerichtshof passende Weisheit verleihen, und in Folge hievon werden wir in einigen Fällen durch Ueberredung siegen, in anderen aber es mit Gewalt durchsetzen, so daß wir im Vortheile sind und nicht bestraft werden. Nun aber ja den Göttern gegenüber ist es weder möglich, unentdeckt zu bleiben, noch Gewalt anzuwenden. Wohl also werden, falls es keine Götter gibt, oder sie sich um die menschlichen Dinge nicht bekümmern, auch wir uns um das Unentdecktbleiben nicht bekümmern; falls es aber Götter gibt und sie jene Fürsorge hegen, so haben wir ja doch nirgend anderswoher eine Kenntniß von ihnen oder über so Etwas gehört, als eben aus jenen Reden und von den Dichtern, welche die Stammtafeln der Götter erzählen; aber eben diese sagen ja zugleich auch, daß jene derartig sind, daß sie durch heilige Feste und beschwichtigende Gelübde und durch Weihgeschenke überredet und umgelenkt werden können; wir müssen aber jenen entweder beides oder keines von beiden glauben; falls wir ihnen also glauben, so müssen wir Unrecht thun und dann aus dem Ertrage der ungerechten Thaten Opfer veranstalten; denn wenn wir gerecht wären, so würden wir bloß seitens der Götter straflos sein, aber den aus der Ungerechtigkeit fließenden Gewinn verabsäumen; hingegen wenn wir ungerecht sind, werden wir sowohl den Gewinn haben, als auch, indem wir in Folge des Frevels und Fehltrittes flehentlich beten, die Götter überreden und so straflos davonkommen. Nun aber ja im Hades werden wir bestraft werden für das hier gethane Unrecht, entweder wir selbst oder unsere Kindeskinder. Aber, o lieber Freund, wird jener fortschließend sagen, die Weihe-Sühnungen vermögen ja hinwiederum gar viel und auch die erlösenden Götter, wie uns dieß die größten

Staaten und auch jene Söhne der Götter berichten, welche Dichter und Verkündiger der Götter wurden, und welche ja kundgeben, daß dieß sich so verhalte.

9. Welch andere Begründung also gibt es noch, nach welcher wir der Gerechtigkeit den Vorzug vor der höchsten Ungerechtigkeit geben sollten? Denn wenn wir letztere in Verbindung mit einer verfälschten Güte der äußeren Form erwerben, wird es uns sowohl bei den Göttern, als auch bei den Menschen im Leben und nach dem Tode unserer Absicht gemäß ergehen, wie nemlich die Begründung lautet, welche sowohl von der Menge, als auch von den Hervorragenden ausgesprochen wird. Welchen möglichen Ausweg also, o Sokrates, gibt es in Folge von all diesem Gesagten, daß irgend Jemand noch den Willen habe, die Gerechtigkeit zu ehren, wer nemlich eine bedeutende Macht seiner Seele, oder seines Vermögens, oder seines Körpers, oder seiner Familie besitzt, und daß ein Solcher nicht lache, wenn er die Gerechtigkeit loben hört. Denn falls ja auch Jemand das von uns Gesagte als falsch nachweisen kann und genügend einsieht, daß das Beste Gerechtigkeit sei, so hat er jedenfalls doch große Nachsicht gegen die Ungerechten und zürnt ihnen sicher nicht, sondern ist sich dessen bewußt, daß mit der einzigen Ausnahme, wenn Jemand vermöge einer göttlichen Begabung das Unrechtthun verschmäht, oder in Folge eines erfaßten Wissens sich von demselben enthält, von allen Uebrigen ja kein Einziger freiwillig gerecht ist, sondern nur in Folge einer Feigheit, oder seines hohen Alters, oder irgend einer anderen Schwäche das Unrechtthun tadelt, weil er selbst unfähig ist, es zu verüben; daß dem aber so sei, ist klar, denn der erste Beste unter den derartigen ist, sobald er die Fähigkeit erlangt hat, gleich der Erste, welcher Unrecht thut, so viel er nur im Stande ist.

Und von all diesem ist nichts Anderes die Ursache, als eben jenes, wovon diese gesammte Begründung sowohl für Diesen da, als auch für mich selbst ausging, nemlich daß wir zu dir, o Sokrates, sagen müssen: Von euch Allen, du Wunderlicher, die ihr behauptet Lobredner der Gerechtigkeit zu sein, angefangen von jenen ersten ursprünglichen Helden an, deren Worte noch bis zu den jetzigen Menschen übrig geblieben sind, hat noch kein Einziger jemals die Ungerechtigkeit in anderer Weise getadelt oder die Gerechtigkeit in anderer Weise gelobt, als daß er eben die aus jenen erwachsende öffentliche Meinung und Ehren und Geschenke lobte. Was hingegen jedes von jenen beiden an sich betrifft, wie es vermöge der ihm eigenen Geltung in der Seele dessen, der es hat, sich findet und vor Göttern und Menschen unbemerkt ist, so hat noch Keiner jemals weder in dichterischer, noch in gewöhnlicher Rede auf eine für die Begründung genügende Weise es durchgegangen, daß das Eine das größte Uebel von allen sei, welche die Seele in sich hat, die Gerechtigkeit aber das größte Gut sei. Denn wenn es in dieser Weise von Anfang an von euch Allen gesagt worden wäre und ihr so von Jugend auf uns überzeugt hättet, so würden wir uns nicht gegenseitig voreinander wegen des Unrechtthuns hüten, sondern jeder Einzelne wäre für sich selbst der beste Wächter, weil er fürchten würde, durch Unrechtthun mit dem größten Uebel verflochten zu sein. Dieß, o Sokrates, und vielleicht auch noch mehr als dieß, möchte sowohl Thrasymachos, als auch wohl mancher Andere betreffs der Gerechtigkeit und Ungerechtigkeit sprechen, indem sie hiebei, wie mir wenigstens scheint, ziemlich plump die Geltung jener beiden Begriffe verdrehen würden. Aber ich nun habe, – denn ich wünsche dir Nichts zu verhehlen –, nur aus Begierde, von dir das Gegentheil zu hören, nach allen Kräften meiner Rede den Lauf gelassen. Weise uns also in deiner Begründung nach, nicht bloß daß die Gerechtigkeit besser sei, als die Ungerechtigkeit, sondern was jede von beiden selbst an und für sich in demjenigen, der sie hat, bewirke, und hiedurch die eine ein Uebel und die andere ein Gut sei. Die öffentliche Meinung aber laß hiebei weg, wie schon Glaukon verlangt hat; denn wenn du nicht von beiden Seiten die wahre weglässest und die falsche hinzufügst, so werden wir noch immer nicht sagen, daß du das Gerechte lobest, sondern eben nur den Schein desselben, und auch nicht sagen, daß du das Ungerechte tadelst, sondern eben nur den Schein desselben, und wir werden sagen, daß du hiemit den Rath ertheilest, beim Unrechtthun unentdeckt zu bleiben, und daß du mit Thrasymachos darin übereinstimmest, daß das Gerechte ein fremdes Gut, nemlich nur das dem Stärkeren Zuträgliche, sei, das Ungerechte aber eben für jenen selbst das Zuträgliche und Gewinnbringende, hingegen für den Schwächeren ein nicht Zuträgliches sei. Nachdem du also zugegeben hast, daß die Gerechtigkeit zu jenen größten Gütern gehöre, welche sowohl um ihrer weiteren Folgen willen besitzenswerth sind, als auch noch in viel höherem Grade um ihrer selbst willen, wie z. B. das Sehen, das Hören, das Nachdenken, das Gesundsein und welcherlei andere Güter sonst noch vermöge ihrer eigenen Natur, nicht aber bloß dem Scheine nach, zeugungsfähig sind, so lobe also nun eben dieses an der Gerechtigkeit, worin sie selbst an und für sich demjenigen, der sie hat, nützt und andrerseits die Ungerechtigkeit schadet. Lohn aber und öffentliche Meinung zu loben, überlaß Anderen, denn von den Uebrigen möchte ich es wohl ertragen, wenn sie auf diese Weise die Gerechtigkeit loben und die Ungerechtigkeit tadeln, indem sie nemlich die öffentliche Meinung über dieselben und den Lohn lobpreisen oder schmähen, von dir aber möchte ich solches nicht wohl ertragen, woferne es nicht du selbst mir gebietest, weil du ja dein ganzes Leben mit keiner anderen Erwägung, als eben mit dieser durchwandert hast. Nicht also weise uns in deiner Begründung bloß nach, daß die Gerechtigkeit besser, als die Ungerechtigkeit sei, sondern was eine jede der beiden selbst an und für sich in demjenigen, der sie hat, bewirke, und hiedurch, mag es vor Göttern und Menschen unbemerkt bleiben oder nicht, die eine ein Gut und die andere ein Uebel sei. –

10. Und als ich dieß angehört hatte, so war ich, der ich ja schon stets die Begabung des Glaukon und des Adeimantos bewundert hatte, nun damals erst höchlich erfreut und sprach: Nicht mit Unrecht wahrlich hat aus euch, ihr Söhne jenes trefflichen Vaters, der Liebhaber des Glaukon wegen eures Ruhmes in der megarensischen Schlacht den ersten Vers seiner Elegie gedichtet, welcher lautet:

„Söhne Ariston's, göttlich Geschlecht ruhmwürdiger Herkunft“.

Dieß, o Freunde, scheint mir sich richtig zu verhalten; denn wirklich etwas ganz Göttliches ist euch widerfahren, da ihr euch nicht davon habt überzeugen können, daß die Ungerechtigkeit besser, als die Gerechtigkeit sei, während ihr doch in seiner Weise zu Gunsten der ersteren zu sprechen die Fähigkeit habt. Ihr scheint mir denn nun in Wahrheit nicht davon überzeugt zu sein; ich entnehme dieß aber aus eurem übrigen Charakter, denn nach eueren Reden selbst wenigstens müßte ich euch mißtrauen. Je mehr ich aber wirklich auf euch vertraue, desto mehr bin ich rathlos, was ich mit der Sache anfangen solle; nemlich weder finde ich einen Ausweg, um Hülfe zu leisten, denn ich scheine mir hiezu unfähig zu sein; ein Zeichen hievon aber ist, daß ihr jenes, worin ich gegen Thrasymachos darzulegen glaubte, daß die Gerechtigkeit besser als die Ungerechtigkeit ist, mir nicht gelten lassen wollt; noch aber auch hinwiederum finde ich einen Ausweg, um nicht Hülfe zu leisten, denn ich fürchte, es möchte unerlaubt sein, bei Schmähungen gegen die Gerechtigkeit zugegen zu sein und dann Alles abzulehnen und nicht Hülfe zu leisten, so lange man noch athmet und einen Laut von sich geben kann. Das Beste also wohl ist, daß ich ihr in jener Weise, in welcher ich eben kann, rettend beistehe. – Glaukon also und alle Uebrigen baten mich, in jeder Weise zu Hülfe zu kommen und von der begründenden Rede nicht abzulassen, sondern aufzuspüren, sowohl was jedes von jenen beiden sei, als auch nach welcher Seite hin betreffs ihres Nutzens die Wahrheit liege. – Ich sagte also, was meine Ansicht war: die Untersuchung, an welche wir uns gemacht, ist, wie sich mir zeigt, nicht Sache eines schlecht

Sehenden, sondern eines scharf Sehenden. Da also wir nicht gewandt sind, sagte ich, so dünkt es mir gut, ein derartiges Verfahren bei dem Untersuchen einzuschlagen, wie etwa, falls Jemand uns, die wir nicht sehr scharf sehen, beföhle, kleine Buchstaben von Weitem zu lesen, und hierauf Einer auf den Gedanken käme, daß diese nemlichen Buchstaben auch schon irgendwo anders größer und an einem Größeren vorhanden seien, es dann wahrhaftig ein glücklicher Fund wäre, jene letzteren zuerst zu lesen und so dann betreffs der kleineren zu erwägen, ob sie wirklich die nemlichen seien. – Ja wohl, allerdings, sagte Adeimantos; aber welches Derartige denn, o Sokrates, erblickst du in der Untersuchung betreffs des Gerechten? – Ich will es dir sagen, erwiederte ich: die Gerechtigkeit ist, behaupten wir, theils Sache eines einzelnen Mannes, theils aber doch wohl auch Sache eines ganzen Staates? – Ja wohl, sagte er. – Nicht wahr also, ein Staat ist etwas Größeres, als ein einzelner Mann? – Ja, etwas Größeres, sagte er. – Vielleicht demnach dürfte in dem Größeren mehr Gerechtigkeit sich finden und dort leichter zu erkennen sein. Wenn ihr also wollt, so laßt uns zuerst untersuchen, welcherlei sie in den Staaten sei, und so dann es auch bei jedem Einzelnen erwägen, indem wir die Ähnlichkeit des Größeren in der Form des Kleineren erwägen. – Du scheinst mir aber, sagte er, hiemit Recht zu haben. – Wir würden also wohl, sagte ich, wenn wir in unserer Begründung schauten, wie der Staat entsteht, auch die Gerechtigkeit und Ungerechtigkeit desselben entstehen sehen? – Vielleicht wohl, sagte er. – Nicht wahr also, wenn jenes, was wir suchen, entstanden ist, werden wir hoffen dürfen, es leichter einzusehen? – Ja, bei Weitem. – Scheint es also so sein zu müssen, daß wir versuchen, an's Ende zu kommen? ich glaube nemlich, daß es keine kleine Arbeit sein werde. Erwägt dieß also. – Wir haben es schon erwogen, sagte Adeimantos; thue es nicht anders. –

11. Entsteht demnach, sagte ich, ein Staat, wie ich glaube, darum, weil jeder Einzelne von uns nicht für sich allein sich schon genügt, sondern Vieler bedarf; oder von welch anderem Anfange glaubst du, daß er die Bevölkerung eines Staates zusammenführe? – Von keinem anderen, sagte er. – Indem also so der Eine von uns den Anderen bald zu diesem, bald zu jenem Bedürfnisse zu Hülfe nimmt, und wir, weil wir Vieles bedürfen, viele Teilnehmer und Helfer zu Einer Bewohnerschaft versammeln, so geben wir diesem Zusammenwohnen den Namen „Staat“; oder was sonst? – Ja wohl, völlig. – Es theilt demnach der Eine dem Anderen mit, woferne er eben mittheilt, oder er empfängt seinen Antheil, weil er glaubt, es werde so für ihn besser sein. – Ja, allerdings. – Wohlan denn

nun, sagte ich, so wollen wir nun in unserer begründenden Rede den Staat von Anfang an entstehen lassen; es läßt ihn aber, wie es scheint, unser Bedürfniß entstehen. – Wie aber sollte es nicht so sein? – Nun aber ist ja das erste und größte unserer Bedürfnisse die Herstellung der Nahrung um des Daseins und Lebens willen. – Ja, durchaus. – Ein zweites aber das einer Wohnung, ein drittes aber das einer Kleidung und der derartigen Dinge. – Ja, so ist es. – Wohlan denn nun, sagte ich, wie wird ein Staat zur Herstellung so vieler Dinge sich selbst genügen? als ein Verschiedener nemlich ist der Eine ein Landbebauer, der Andere ein Häuserbauer, wieder ein Anderer ein Weber, oder sollen wir den Lederverarbeiter eben dort noch hinzufügen, oder irgend eine andere Kunst unter jenen, welche die Pflege des Leibes betreffen? – Ja, allerdings ist es so. – Es möchte also wohl der notdürftigste Staat wenigstens aus vier oder fünf Männern bestehen? – Ja, so zeigt sich's. – Was weiter also? muß ein jeder Einzelne von diesen seine Werkthätigkeit als eine für Alle gemeinschaftliche darbieten, wie z. B. der Landbebauer als ein Einzelner die Nahrung für Vier herstellen und die vierfache Zeit und Mühe auf Herstellung der Nahrung verwenden und sie dann den Anderen mittheilen, oder soll er um die letzteren sich nicht bekümmern und bloß für sich allein den vierten Theil jener Nahrung im vierten Theile der Zeit erzeugen, von den übrigen drei Viertheilen aber das eine mit Herstellung des Hauses zubringen, das zweite mit Herstellung der Kleidung, das dritte mit Herstellung der Schuhe, und hiemit nicht durch Mittheilung an Andere mit Geschäften überhäuft sein, sondern nur durch sich selbst allein seine eigenen Geschäfte betreiben? – Und Adeimantos sagte: Vielleicht ja aber, o Sokrates, ist es in jener ersteren Weise leichter, als in dieser letzteren. – Dieß ist bei Gott, sagte ich, auch nicht ungereimt; denn ich bemerke auch selbst, während du sprichst, daß erstens jeder Einzelne von uns von Natur aus nicht völlig gleich einem jedem anderen Einzelnen ist, sondern eben verschieden seiner Natur nach ein Jeder zur Vollführung einer anderen Werkthätigkeit tauglich ist; oder scheint es dir nicht so? – Ja, sicher. – Was weiter? würde Jemand es schöner vollführen, wenn er als ein Einzelner mit vielen Künsten sich beschäftigt, oder wenn ein Einzelner nur mit Einer? – Wenn ein Einzelner nur mit Einer, sagte er. – Nun aber ist ja, glaube ich, auch dieß klar, daß, wenn Jemand den richtigen Zeitpunkt einer Werkthätigkeit vorbeigehen läßt, dieselbe verdorben ist. – Ja, klar ist dieß. – Nicht nemlich, glaube ich, will das Vollführtwerdende darauf warten, wann es dem Vollführenden gelegen sei, sondern nothwendig muß der Vollführende an das Vollführtwerdende sich anschließen, und zwar nicht nach Geltung einer Nebensache. – Ja, nothwendig. – In Folge hievon demnach entsteht Jedes sowohl in größerer Menge, als auch schöner und leichter, wenn ein Einzelner naturgemäß nur Eines und im richtigen Zeitpunkte, ungestört von Anderen, vollführt. – Ja, völlig wohl. – Folglich sind, o Adeimantos, mehr Bürger als vier zur Herstellung des von uns Erwähnten nöthig; denn der Landbebauer wird, wie es scheint, nicht selbst sich den Pflug machen, wofern er gut sein soll, und auch nicht die Hacke und auch nicht die übrigen Werkzeuge zum Landbaue; und auch hinwiederum nicht der Häuserbauer; gar Vieles aber bedarf auch dieser; ebenso aber auch ist es beim Weber und beim Lederverarbeiter; oder etwa nicht? – Ja, dieß ist wahr. – Wenn aber Zimmerleute und Schmiede und viele derartige Werkmeister uns Theilnehmer des Städtchens werden, so machen sie es zu einem volkreichen. – Ja, allerdings wohl. – Jedoch dürfte es wohl noch nicht sehr groß sein, wenn wir zu jenen auch noch die Hirten und Schäfer und die Uebrigen hinzufügen, welche sich mit Viehweide beschäftigen, damit sowohl die Landbebauer Ochsen zum Ackern bekommen, als auch die Häuserbauer zu ihren Transporten neben den Landbebauern sich gleichfalls der Zugthiere, die Weber aber und die Lederverarbeiter sich der Felle und der Wolle bedienen können. – Aber ja auch kein kleiner Staat mehr, sagte er, wäre es, wenn er all dieses enthält. – Nun aber ist es ja, sagte ich, so ziemlich unmöglich, den Staat selbst in einem derartigen Orte zu gründen, wo er keine Einfuhr bedürfen wird. – Ja, unmöglich ist es. – Also werden auch noch anderweitige Leute nöthig sein, welche für ihn herbeischaffen, was er bedarf. – Ja, sie werden nöthig sein. – Und wenn nun der diesen Dienst Leistende leer fortgeht und Nichts mitbringt, was Jene bedürfen, von welchen sie ihren Bedarf herbeischaffen wollen, so wird er auch von dort wieder leer zurückgehen; oder wie sonst? – So scheint es mir. – Demnach müssen sie die einheimischen Dinge nicht bloß so anfertigen, daß sie ihnen selbst genügen, sondern auch in solcher Beschaffenheit und Menge, daß sie dieselben zu Jenen bringen können, welche ihnen mitteilen werden, was sie bedürfen. – Ja. sie müssen wohl. – Folglich noch mehrere Landbebauer und übrige Werkmeister sind uns nun für den Staat nöthig. – Ja wohl, noch mehrere. – Und also wohl auch ebenso von den übrigen einen Dienst Leistenden, nemlich von denjenigen, welche das Einzelne sowohl einführen, als auch ausführen; dieß aber sind die Kaufleute; oder wie sonst? – Ja. – Also auch Kaufleute werden wir nöthig haben? –Ja, allerdings. – Und wenn der Handel zur See stattfindet, werden auch noch zahlreiche Andere nöthig sein, welche sich auf die Thätigkeiten bezüglich des Seewesens verstehen. – Ja gewiß zahlreiche. –

12. Was aber weiter? in welcher Weise werden sie innerhalb des Staates selbst einander mittheilen, was die Einzelnen verarbeitet haben, um dessen willen wir ja eine Gemeinschaft veranstalteten und einen Staat einrichteten? – Es ist ja klar, daß sie dieß durch Kaufen und Verkaufen thun. – Ein Markt demnach und eine als Zeichen geltende Münze wird sich uns um des Verkehres willen in Folge hievon ergeben. – Ja, allerdings wohl. – Wann also der Landbebauer oder irgend ein anderer Werkmeister Etwas von demjenigen, was er macht, auf den Markt bringt und dabei nicht zur nemlichen Zeit kömmt, wie diejenigen, welche seine Sachen eintauschen wollen, wird er dann, ohne in seiner eigenen Werkthätigkeit Etwas zu thun, müßig auf dem Markte dasitzen? – Keineswegs, sagte er, sondern es gibt Leute, welche, wenn sie dieß sehen, sich selbst zu dieser Dienstleistung hinstellen; und zwar sind dieß in den richtig eingerichteten Staaten so ziemlich diejenigen, welche bezüglich ihrer Körper die schwächsten und überhaupt zur Verrichtung irgend einer anderen Werkthätigkeit unbrauchbar sind, denn sie müssen dort auf dem Markte selbst verbleiben und einerseits gegen Geld Etwas von jenen eintauschen, welche Etwas zu verkaufen wünschen, und andrerseits hinwiederum gegen Geld Etwas an jene austauschen, welche Etwas zu kaufen wünschen. – Dieß Bedürfniß also, sagte ich, bewirkt uns für den Staat das Entstehen der Krämer; oder werden wir nicht Krämer diejenigen nennen, welche zum Kaufe und Verkaufe dienstleistend festgebannt auf dem Markte stehen, jene hingegen, welche in den Städten umherwandeln, Kaufleute? – Ja, allerdings wohl. – Es gibt aber auch noch irgend andere Dienstleistende, welche zwar bezüglich ihrer Denkkraft nicht sehr würdige Theilnehmer der Gemeinschaft sind, aber eine für die Mühen hinreichende Körperkraft besitzen; diese denn nun verkaufen den Gebrauch ihrer Körperkraft und sind, indem sie diese ihre Würde einen Lohn nennen, hiernach, wie ich glaube, Lohnknechte genannt worden; oder wie sonst? – Ja, allerdings wohl. – Um demnach den Staat vollzählig zu machen, gehören, wie es scheint, auch noch Lohnknechte dazu. – Ja, so scheint es mir. – Ist uns also, o Adeimantos, jetzt der Staat so gewachsen, daß er ein vollendeter ist? –Ja, vielleicht. – Wo also wohl möchte in ihm die Gerechtigkeit und die Ungerechtigkeit sein, und mit welchem unter jenem, was wir jetzt erwogen haben, ist sie gleichzeitig in ihm entstanden? – Ich wenigstens, o Sokrates, sagte er, kann es mir nicht denken, wenn sie nicht etwa in irgend einem wechselseitigen Bedürfnisse eben dieser Leute beruht. – Aber vielleicht auch, sagte ich, hast du hierin Recht, und wir müssen dieß ja erwägen und dürfen hiebei nicht ermüden. Erstens also wollen wir erwägen, in welcher Art und Weise jene so Eingerichteten ihr Leben führen werden. Werden sie es irgend anders

machen, als daß sie eben Nahrung und Wein und Kleider und Schuhe herstellen und Häuser aufführen, und dann im Sommer größtenteils nackt und unbeschuht arbeiten, im Winter aber genügend eingehüllt und beschuht? nähren aber werden sie sich wohl, indem sie aus Gerste Graupe und aus Weizen Mehl bereiten, erstere kochen und letztere backen, tüchtige Kuchen und Brode auf Binsen oder reine Blätter legen, sich selbst auf hingestreute Taxus- und Myrthen-Zweige hinstrecken und dann mit ihren Kindern in solchem Genusse schwelgen und Wein dazu trinken, mit Kränzen auf dem Haupte und Loblieder auf die Götter singend, indem sie vergnügt mit einander beisammen sind, ohne eine ihr Vermögen übersteigende Zahl von Kindern zu erzeugen, vor Armuth oder Krieg sich wohl hütend? –

13. Und Glaukon nahm nun das Wort und sagte: Ohne Zukost ja läßst du, wie es scheint, deine Männer schmausen. – Du sprichst wahr, sagte ich; ich vergaß, daß sie auch Zukost haben werden, Salz nemlich, versteht sich, und Oliven und Käse; auch Wurzel- und Kraut-Gemüse, was es so auf dem Felde für die Küche gibt, werden sie kochen; und auch einen Nachtisch wollen wir ihnen aufsetzen, bestehend aus Feigen und Felderbsen und Bohnen; auch Myrthenfrüchte und Eicheln werden sie sich am Feuer rösten, und dazu mit Maß einen Schluck Wein trinken; und auf diese Weise werden sie ihr Leben in Frieden zubringen, in voller Gesundheit, wie es scheint, sehr alt werden, und bei ihrem Tode wieder ein anderes solches Leben ihren Nachkommen hinterlassen. – Und Jener sagte: Falls du etwa, o Sokrates, einen Staat von Schweinen einzurichten hättest, mit welch anderer Kost, als mit eben dieser, würdest du sie wohl füttern? – Aber wie soll ich es denn anders machen, o Glaukon? sagte ich. – Doch ja in einer Weise, wie sie allgemeingültig ist, sagte er; daß sie sich, meine ich, sowohl auf Stühlen niederlassen, wenn sie nicht ein klägliches Leben führen sollen, als auch an Tischen speisen, und auch eine Zukost und einen Nachtisch haben, wie eben die jetzigen Menschen. – Weiter! sagte ich; ich verstehe wohl; nicht von einem Staate bloß, wie es scheint, erwägen wir es also, wie er entstehe, sondern auch von einem üppigen Staate. Vielleicht nun ist dieß auch nicht ungehörig; denn bei der Erwägung desselben könnten wir ja etwa sowohl die Gerechtigkeit, als auch die Ungerechtigkeit erblicken, in welcher Beziehung nemlich sie sich wohl den Staaten einpflanzen. Der wahrhafte Staat nun scheint mir jener zu sein, welchen wir so eben durchgegangen haben, gleichsam nemlich ein gesunder Staat; wenn ihr aber hinwiederum wollt, daß wir auch einen entzündlich angeschwollenen Staat betrachten, so steht dem Nichts im Wege. Nemlich jenes

wird also, wie es scheint, Einigen nicht genügen, und auch jene Lebensweise nicht, sondern es werden Stühle und Tische und die übrigen Geräthschaften hinzukommen, und Zukost und Salben und Räucherwerk und Lustdirnen und Süßigkeiten und Jegliches all dieser Art. Und wir dürfen hiemit nicht mehr jenes, wovon wir zuerst sprachen, nemlich bloß das Nothdürftige, Häuser und Kleider und Schuhe, aufstellen, sondern müssen auch sowohl die Malerei und bunte Ausschmückung in Bewegung setzen, als auch Gold und Elfenbein und all derartiges uns erwerben; oder wie sonst? – Ja, sagte er. –

14. Nicht wahr also, größer hinwiederum müssen wir unsere Staat machen? nemlich jener gesunde ist nicht mehr genügend, sondern bereits mit einer Masse und einer Menge von Dingen müssen wir ihn anfüllen, welche nicht mehr um des Nothdürftigen willen in den Staaten sich finden, wie z. B. sämtliche Jäger und Alle, welche mit den nachahmenden Künsten sich beschäftigen, nemlich viele, welche dieß in Bezug auf die Formen und auf die Farben, und viele auch, welche es bezüglich der musischen Kunst thun, die Dichter und deren Diener, die Volkssänger, die Schauspieler, die Tänzer, die Theater-Unternehmer, und auch die Verfertiger mannigfacher Geräthe, sowohl anderer, als auch besonders betreffs des Schmuckes der Weiber; und wir werden denn nun auch mehrere Dienstleistende bedürfen, oder scheinen dir nicht Knabenaufseher, Ammen, Wärterinnen, Kammerzofen, Bartscheerer, und hinwiederum auch Feinbäcker und Köche nöthig? Ferner aber werden wir auch die Schweinhirten bedürfen; nemlich diese fanden sich in unserem früheren Staate nicht, denn sie waren dort nicht nöthig; in diesem jetzigen aber werden auch diese ebenso nöthig sein, wie gar viele andere Thiergattungen, woferne man sie verspeist; oder wie sonst? – Warum aber auch nicht? – Nicht wahr also, auch Aerzte zu bedürfen, werden wir bei dieser Lebensweise weit mehr in dem Fall sein, als früher? – Ja, bei weitem. – Und auch das Land doch wohl, welches damals noch genügte, die damaligen zu ernähren, wird nun aus einem genügenden schon ein zu kleines geworden sein? oder wie anders sollen wir sagen? – Ja, eben so, sagte er. – Nicht wahr also, wir müssen uns Etwas von dem Lande der Nachbarn abschneiden, woferne wir ein genügendes für Weide und Acker haben sollen? und jene hinwiederum Etwas von dem unsrigen, wann auch jene sich freien Lauf zu unbegränztem Erwerbe von Dingen lassen und die Gränze des Nothdürftigen überschritten haben? – Ja, dringend nothwendig ist dieß, o Sokrates, sagte er. – Krieg führen also werden wir hierauf, o Glaukon, oder wie anders soll es sein? – Eben so, sagte er. – Und wir wollen hiebei noch Nichts davon sprechen,

erwiederte ich, ob der Krieg ein Uebel oder ein Gut bewirke, sondern eben nur so viel, daß wir hiemit auch wieder die Entstehung des Krieges gefunden haben, woraus zumeist den Staaten sowohl für den Einzelnen, als auch für die öffentlichen Verhältnisse Uebel erwachsen, wenn eben welche daraus erwachsen. – Ja, allerdings wohl. – Ein noch größerer Staat also, o Freund, wird nun nöthig sein, und zwar nicht um ein Kleines, sondern um ein ganzes Heer, welches zum Schutze des gesammten Vermögens auszieht und zum Schutze von all jenem, was wir so eben angeführt haben, mit den Gegnern kämpfen wird. – Wie so aber? sagte jener; sind denn nicht jene selbst hiezu genügend? – Nein, erwiederte ich, woferne du und wir Alle in richtiger Weise Etwas zugestanden haben, als wir unseren Staat gestalteten; wir gestanden aber ja doch zu, wenn du dich dessen erinnerst, daß unmöglich Einer in vielen Künsten sich gut bethätigen könne. – Ja, du hast Recht, sagte er. – Wie nun also? sagte ich; scheint dir der Kampf im Kriege nicht Sache einer Kunst zu sein? – Ja wohl, sehr, sagte er. – Soll man also etwa um die Kunst der Lederbereitung mehr besorgt sein als um die Kriegskunst? – Keineswegs. – Aber den Lederarbeiter haben wir ja daran gehindert, daß er versuche, zugleich auch ein Landbebauer oder ein Weber oder ein Häuserbauer zu sein, damit nemlich eben die Werkthätigkeit der Lederbereitungskunst uns gut von Statten gehe, und auch jedem einzelnen der Uebrigen haben wir in gleicher Weise nur Eins zugetheilt, zu welchem nemlich Jeder von Natur aus geeignet ist, und welches er, ungestört von Anderem, sich angelegen sein lassen soll, und hiedurch, indem er sein Leben lang es treibt, keinen günstigen Zeitpunkt vorbeilassend, es gut bewerkstelligt. Gelten aber denn nun die Kriegsverhältnisse nicht am höchsten, wenn sie gut bewerkstelligt werdend oder ist dieß so leicht, daß auch irgend Einer ein Krieger sein wird, während er zugleich das Land bebaut und Leder verarbeitet und irgend eine andere Kunst betreibt; ein tüchtiger Brett- oder Würfel-Spieler aber könnte etwa doch kein Einziger werden, der sich nicht von Kindheit an hiemit beschäftigte, sondern als Nebensache es betrachtete? und bei dem Schilde oder irgend einer anderen kriegerischen Waffe oder einem solchen Werkzeuge würde derjenige, welcher es nur in die Hand nimmt, zur selben Stunde schon ein genügender Kämpfer für eine Schlacht der Schwerbewaffneten oder sonst irgend eine andere Kriegführung, von den übrigen Werkzeugen hingegen würde keines dadurch, daß es bloß in die Hand genommen wird, irgend Jemanden schon zu einem Werkmeister oder Kämpfer machen, ja dieselben nicht einmal brauchbar für denjenigen sein, welcher weder das Wissen eines Jeglichen erfaßt, noch genügende Uebung darauf verwendet hat? – Viel werth, sagte er, wären ja außerdem freilich schon die Werkzeuge. –

15. Nicht wahr also, sagte ich, je mehr die Werkthätigkeit jener Wächter die größte ist, um so mehr bedarf sie auch sowohl des meisten Zeitaufwandes unter allen übrigen, als auch andrerseits der größten Kunst und Sorgfalt? – Ich wenigstens glaube es wohl, sagte er. – Wohl also bedarf es auch einer zu diesem Betriebe tauglichen Begabung? – Wie sollte es auch nicht so sein? – Unsere Aufgabe demnach ist es, wie es scheint, woferne wir es im Stande sind, eine Auswahl zu treffen, welche und welcherlei Begabungen tauglich seien zur Bewachung eines Staates. – Ja, unsere Aufgabe wohl. – Wahrlich bei Gott, sagte ich, nicht ein geringes Geschäft also haben wir uns aufgeladen; dennoch aber dürfen wir den Muth nicht sinken lassen, so weit wenigstens unsere Kraft ausreicht. – Nein, allerdings nicht, sagte er. – Glaubst du also, sprach ich, daß irgend ein Unterschied sei in Bezug auf Bewachung zwischen der Begabung eines tüchtigen jungen Hundes und eines edlen Jünglinges? – Was meinst du hiemit? – Nemlich Jeder von beiden soll doch sowohl einen geschärften Sinn haben, um etwas wahrzunehmen, als auch soll er behend sein, um, wenn er Etwas wahrnimmt, es zu verfolgen, und dann auch wieder kräftig soll er sein, falls er, wenn er es ereilt hat, mit demselben kämpfen muß. – Ja allerdings, sagte er, ist all dieses nöthig. – Und nun aber tapfer soll er ja sein, woferne er gut kämpfen soll. – Wie sollte es auch nicht so sein? – Wird aber etwa dasjenige tapfer sein wollen, was nicht muthig ist, sei es ein Pferd oder ein Hund oder irgend ein anderes Thier? oder hast du nicht bemerkt, daß etwas Unbekämpfbares und Unbesiegbares der Muth ist, bei dessen Anwesenheit jede Seele gegen Alles furchtlos und unüberwindlich ist? – Ich habe es wohl bemerkt. – Wie also bezüglich des Körperlichen der Wächter sein solle, ist klar. – Ja. – Und nun ja auch bezüglich der Seele, nemlich daß er muthig sein soll. – Auch dieses. – Wie also, o Glaukon, sagte ich, soll es geschehen, daß Solche nicht unter sich und gegen die übrigen Bürger grimmig sind, da sie bezüglich ihrer Begabung derartige sind? – Bei Gott, sagte er, nicht leicht wird es anders sein. – Nun aber sollen dieselben ja doch gegen ihre eigenen Leute sanft, nur aber gegen die Feinde gefährlich sein; denn außerdem werden sie gar nicht darauf warten, daß Andere ihnen Verderben drohen, sondern sie selbst werden dieß als die ersten thun. – Dieß ist wahr, sagte er. – Was sollen wir also anfangen? sagte ich; woher werden wir einen Charakter finden, welcher zugleich sanft und sehr muthig ist? denn entgegengesetzt doch wohl ist der muthigen die sanfte Begabung. – Ja, so

zeigt sich's. – Nun aber wird er ja, wenn er irgend eines dieser beiden entbehrt, niemals ein guter Wächter werden; jenes aber gleicht den Unmöglichkeiten, und auf diese Weise ergibt sich daß unmöglich ein guter Wächter entstehen kann. – Es kömmt darauf hinaus, sagte er. – Und ich war rathlos und erwog das vorher Gesagte und sprach: Mit Recht ja wurden wir rathlos, mein Freund; denn wir haben uns von dem Gleichnisse entfernt, welches wir vorher aufstellten. – Wie meinst du dieß? – Wir haben nemlich nicht bemerkt, daß es also doch solche Begabungen gibt, wie wir glaubten, daß es nicht gebe, welche nemlich diese Gegensätze in sich enthalten. – Wo denn? – Man möchte es sowohl an anderen Thieren sehen, als auch wahrlich in keinem geringen Grade bei jenem, welches wir vorhin verglichen, nemlich bei dem jungen Hunde. Du weißt nemlich doch wohl, daß dieß von Natur aus in der Art der tüchtigen Hunde liegt, daß sie gegen diejenigen, an welche sie gewöhnt sind und welche sie kennen, so sanft als möglich sind, gegen die Unbekannten aber das Gegenteil. – Ja, ich weiß es allerdings. – Dieß also, sagte ich, ist hiemit etwas Mögliches, und nicht naturwidrig suchen wir darnach, daß der Wächter ein derartiger sei. – Es scheint nicht naturwidrig –

16. Scheint dir also wohl auch noch Folgendes der künftige Wächter zu bedürfen, daß er außer der muthigen auch eine weisheitsliebende Begabung erhalte? – Wie so? sagte er; denn ich verstehe dieß noch nicht. – Auch dieß, erwiederte ich, wirst du an den Hunden erblicken, was noch dazu bei einem Thiere bewunderungswürdig ist. – Nemlich was? – daß er demjenigen, welchen er als einen Unbekannten sieht, gefährlich ist, obwohl er vorher nichts Schlimmes von ihm erfahren hat; jenen aber, welchen er als einen Bekannten sieht, liebkost er, auch wenn er niemals von ihm irgend etwas Gutes erfahren hat; oder hast du dich darüber noch nie gewundert? – Ich habe, sagte er, eben nicht so weit meine Aufmerksamkeit erstreckt; aber daß er solches thut, ist wohl klar. – Nun aber zeigt sich ja dieser Vorgang in der Begabung desselben als ein gar Feines und in Wahrheit als ein Weisheitsliebendes. – Wie so denn? – Insoferne er, sagte ich, Freundes- und Feindes-Anblick nach nichts Anderem unterscheidet als darnach, daß er den einen kennen lernte und den anderen nicht kennt. Und doch wie sollte Etwas nicht ein Lernbegieriges sein, was die Gränze zwischen Angehörigem und Fremdem eben nur nach dem Kennen und Nichtkennen zieht? – Jedenfalls, sagte er, ist es ein Lernbegieriges. – Nun aber, sprach ich, ist doch das Lernbegierige und das Weisheitsliebende das Nemliche? – Ja wohl, das Nemliche, sagte er. – Nicht wahr also, auch bei dem Menschen

werden wir getrost die Behauptung aufstellen, daß er, woferne er gegen seine eigenen Leute und gegen die Bekannten sanft sein soll, weisheitsliebend und lernbegierig sein muß? – Ja, wir wollen sie aufstellen, sagte er. – Weisheitsliebend demnach und muthig und behend und stark wird uns bezüglich seiner Begabung derjenige sein, welcher dereinst ein trefflicher und tüchtiger Wächter eines Staates sein soll. – Ja wohl, völlig so, sagte er. – Dieser also nun möge uns hiemit auf diese Weise gefunden sein; aber auf welche Weise denn nun werden uns diese aufgenährt und herangebildet werden? Und wird also auch, wenn wir dieß erwägen, es uns förderlich sein zur Einsicht in jenes, um dessen willen wir Alles erwägen, nemlich auf welche Weise Gerechtigkeit und Ungerechtigkeit in einem Staate entstehe? damit wir nicht etwa eine zulängliche Begründung übergehen oder andrerseits zu Vieles durchgehen. – Und der Bruder des Glaukon sagte: Allerdings wohl erwarte ich, daß jene Erwägung zu diesem förderlich sein werde. – Nicht also, bei Gott, o Adeimantos, sagte ich, dürfen wir ablassen, auch dann nicht, wenn die Erwägung eine ziemlich lange sein sollte. – Nein, allerdings nicht. – Wohlan also, gleichsam wie in einer Dichtung Fabeln erzählend und die Erörterung uns angelegen sein lassend, wollen wir jene Männer nun heranbilden. – Aber es muß auch sein. –

17. Welches also ist die Heranbildung derselben? oder ist es schwierig, eine bessere zu finden, als jene, welche schon durch die Länge der Zeit gefunden wurde? diese aber ist doch wohl einerseits für den Körper die gymnische, andrerseits für die Seele die musische? – Ja, diese ist es. – Werden wir also nicht zuerst beginnen, sie musisch heranzubilden, und dann erst gymnisch? – Warum nicht? – Wenn du aber von der musischen sprichst, so rechnest du darunter die mündlichen Aussprüche; oder nicht? – Ja, ich wenigstens gewiß. – Der mündlichen Aussprüche aber gibt es eine doppelte Art, einerseits wahre und andrerseits unwahre? – Ja. – Bilden aber soll man jene in beiden, und zuerst in den unwahren? – Ich verstehe nicht, sagte er, wie du dieß meinst. – Du verstehst nicht, erwiederte ich, daß wir den Kindern zuerst Fabeln erzählen? diese aber sind doch wohl, um es im Ganzen zu sagen, etwas Unwahres, darin enthalten aber ist auch Wahres; zuerst aber wenden wir ja bei den Kindern Fabeln an, und dann erst Leibesübungen. – Ja, so ist es. – Dieß demnach meinte ich damit, daß die musische Bildung früher als die gymnische zu ergreifen sei. – Du hast hierin Recht, sagte er. – Nicht wahr also, du weißt, daß der Anfang eines jeden Dinges das Größte ist, zumal bei Allem, was jung und zart ist? denn zumeist ja in jener Zeit wird das Gepräge sich bilden und eindringen, welches man einem Jeden

aufdrücken will. – Ja wohl, gar sehr. – Sollen wir nun so leichthin es zulassen, daß die Kinder alle beliebigen von jedem Beliebigen gedichteten Fabeln hören und in ihren Seelen meistenteils entgegengesetzte Meinungen erfassen gegen jene, welche sie unserer Ansicht nach haben sollen, wenn sie erwachsen sind? – Nein, in keinerlei Weise werden wir dieß zulassen. – Erstens demnach müssen wir, wie es scheint, die Fabeldichter beaufsichtigen, und jede Fabel, welche sie gut dichten, auswählen, jene hingegen, welche nicht gut, ausscheiden; die von uns ausgewählten aber den Kindern vorzusagen, werden wir die Ammen und Mütter überreden, sowie daß sie die Seelen derselben weit mehr durch Fabeln bilden, als den Körper vermittelst der Hände; von jenen Fabeln aber, welche die Leute ihnen jetzt vorsagen, müssen wir die meisten verbannen. – Welche denn? sagte er. – In den größeren Fabeln, erwiederte ich, werden wir auch die kleineren erblicken; denn es sollen doch wohl das nemliche Gepräge und die nemliche Kraft sowohl die größeren als auch die kleineren haben; oder glaubst du nicht? – Dieß gewiß, sagte er; aber ich verstehe auch noch nicht, welche du unter den größeren meinest. – Diejenigen, sprach ich, welche Hesiodos und Homeros und die übrigen Dichter uns erzählten; denn diese doch wohl sind es, welche unwahre Fabeln zusammenstellten und erzählten und noch erzählen. – Ja welche denn? sagte er, und was tadelst du denn hiemit an ihnen? – Was man, erwiederte ich, zuerst und zumeist tadeln muß, zumal wenn Jemand in unrichtiger Weise Unwahres sagt. – Was soll dieses sein? – Wenn Jemand in seiner Rede schlechte Gleichnisse betreffs dessen gebraucht, wie beschaffen die Götter und die Heroen seien, gerade wie ein Maler, welcher Dinge malt, die demjenigen gar nicht gleichen, was er in einer Verähnlichung malen wollte. – Es ist ja auch völlig richtig, sagte er, Derartiges zu tadeln; aber in welchem Sinne denn und von welchen Dingen meinen wir dieß hier? – Erstens, erwiederte ich, die größte Unwahrheit und betreffs des Größten hat der sie Aussprechende in unrichtiger Weise gesagt, daß nemlich sowohl Uranos vollführt habe, was von ihm Hesiodos sagt, daß er gethan habe, als auch hinwiederum die Art und Weise, in welcher Kronos sich an ihm rächte; die Thaten aber eben des Kronos und was er wieder durch seinen Sohn erlitt, sollten nach meiner Meinung selbst dann nicht, wenn sie wahr wären, so leichthin von Unverständigen und jungen Leuten gesagt, sondern zumeist verschwiegen werden; falls aber eine Nothwendigkeit bestünde sie zu sagen, so sollten solches nur als Geheimniß so Wenige als nur möglich hören, nachdem sie ein Opfer, und zwar nicht etwa bloß ein Ferkel, sondern irgend ein großes und schwer herbeizuschaffendes Opfer dargebracht haben, damit eben so Wenigen als möglich es gelinge, solches zu hören. – Es sind ja auch wirklich, sagte er, wenigstens diese Erzählungen gefährlich. – Und nicht ja, o Adeimantos, sagte ich, darf man sie in unserem Staate vorbringen; und nicht darf man zu einem jungen Menschen, so daß er es hören könnte, sagen, daß er bei Verübung des äußersten Unrechtes oder wenn er etwa einen ihm Unrecht thuenden Vater auf jede Weise züchtigte, durchaus nichts Auffallendes verübe, sondern eben nur das Nemliche thue, wie auch die obersten und größten Götter. – Wahrlich, bei Gott, sagte er, auch mir selbst scheint solches nicht passend zu sein, um es zu sagen. – Und überhaupt ja, sagte ich, auch nicht, daß Götter mit Göttern Krieg führen und einander nachstellen und mit einander kämpfen (denn solches ist nicht einmal wahr), woferne ja bei uns die künftigen Wächter des Staates es für das Schimpflichste halten sollen, gegenseitig leicht sich zu verfeinden. Weit gefehlt also, daß man ihnen die Kämpfe gegen die Giganten und viele und mancherlei andere Feindschaften der Götter und der Heroen gegen ihre Verwandten und Angehörigen in den Fabeln erzählen und ausschmücken soll, sondern woferne wir irgend sie überzeugen wollen, daß noch kein Bürger jemals mit einem anderen Bürger sich verfeindete, und dieß auch nicht erlaubt ist, so müssen weit eher eben Derartiges von vorneherein zu den Kindern die Greise und die alten Frauen und überhaupt die Aelteren sagen, und die Dichter muß man nöthigen, sich in ihrer Sagendichtung nahe an Solches zu halten. Dinge aber wie die Fesselung der Hera durch ihren Sohn und wie das Herabschleudern des Hephästos durch seinen Vater, weil ersterer seiner Mutter, welche Schläge bekömmt, beistehen will, und all jene Götterschlachten, welche Homeros gedichtet hat, darf man in unseren Staat nicht aufnehmen, weder wenn sie mit einem tiefer liegenden Sinne gedichtet sind, noch wenn ohne einen solchen; denn der junge Mensch ist nicht im Stande, zu beurtheilen, was der tiefer liegende Sinn sei und was nicht, sondern dasjenige, was er in solchen Jahren in seinen Ansichten erfaßt, pflegt ein Unaustilgbares und Unwandelbares zu werden. Um dessen willen also ist es vielleicht über Alles hoch anzuschlagen, daß, was sie als erstes hören, in Bezug auf Trefflichkeit so richtig als möglich gedichtet sei. –

18. Ja, es hat allerdings seinen Grund, sagte er; aber wenn hinwiederum uns Jemand fragte, welcherlei Art eben dieß selbst und welche diese Fabeln sein sollen, welche würden wir angeben? – Und ich sprach: o Adeimantos, wir sind für jetzt keine Dichter, weder du noch ich, sondern Gründer eines Staates, für Gründer aber gebührt es sich, daß sie wohl das Gepräge wissen, in welchem die Dichter Fabeln erzählen sollen, so daß, wenn sie wider dasselbe verstoßen, dieß

nicht zu dulden ist, nicht jedoch müssen sie selbst auch Fabeln dichten. – Ganz richtig, sagte er; aber eben dieß nun meine ich, welches wohl jenes Gepräge betreffs der Göttersage sei. – Ungefähr folgendes, sagte ich: wie beschaffen Gott wirklich ist, so muß man ihn doch wohl stets angeben, mag ihn Jemand in epischer oder in lyrischer oder in dramatischer Poesie dichterisch aussprechen. – Ja, so soll es sein. – Nicht wahr also, Gott ist ja wirklich gut und so muß man es auch aussprechen? – Wie denn sonst? – Nun aber ist ja Nichts von demjenigen, was gut ist, schädlich; oder wie etwa? – Meiner Meinung nach Nichts. – Schadet also etwa jenes, was nicht schädlich ist? – In keiner Weise. – Thut aber dasjenige, was nicht schadet, irgend Schlimmes? – Auch dieß nicht. – Was aber nichts Schlimmes thut, dieß dürfte ja auch nicht die Ursache irgend eines Schlimmen sein? – Wie sollte es ja auch? – Was weiter? ist das Gute nützlich? – Ja. – Also Ursache des Wohlergehens ist es? – Ja. – Nicht also von Allem ja ist das Gute die Ursache, sondern nur von demjenigen, was sich wohl verhält, hingegen von dem Schlimmen ist es nicht Ursache. – Ja völlig so, sagte er. – Also dürfte wohl auch der Gott, sprach ich, da er gut ist, nicht von Allem die Ursache sein, wie die meisten Leute sagen, sondern nur von Wenigem ist er für die Menschen die Ursache, von Vielem hingegen ist er nicht Ursache; denn weit Wenigeres ist für uns das Gute, als das Schlimme; und von dem Guten dürfen wir keinen Anderen als Ursache bezeichnen, für das Schlimme aber soll man irgend andere Ursachen suchen, aber nicht den Gott. – Durchaus wahr, sagte er, scheinst du mir zu sprechen. – Nicht also, sagte ich, dürfen wir von Homeros oder von irgend einem anderen Dichter es uns gefallen lassen, wenn er in unverständiger Weise diesen Fehler betreffs der Götter begeht und sagt, daß

„zwei Fässer in der Schwelle des Zeus liegen,
voll von Lebens-Loosen, das eine von guten, das andere aber von schlechten“,

und daß, wenn Zeus mischend von beiden verleihe,

„bald Schlimmes diesen trifft, bald aber Gutes“,

wem hingegen nicht, sondern aus dem einen ungemischt,

„diesen treibt eine schlimme verzehrende Noth zur göttlichen Erde“,

und auch dieß dürfen wir uns nicht gefallen lassen, daß für uns

„Zeus der Schatzwalter des Guten und Schlimmen ist“,

19. Wenn aber Jemand von jener Verwirrung der Eide und Verträge, welche Pandaros anzettelte, behauptet, sie sei durch Athene und Zeus eingetreten, so

werden wir dieß nicht loben, noch auch daß jener Streit der Götter und dessen Entscheidung durch Themis und Zeus eingetreten sei, noch auch hinwiederum dürfen wir dulden, daß die jungen Leute hören, daß, wie Aeschylos sagt:

> „Gott erzeugt die Ursache für die Sterblichen,
> wann er ein Haus vollständig verderben will“,

sondern wenn Jemand als Stoff seiner Dichtung, in welcher diese Verse vorkommen, die Leiden der Niobe oder jene der Pelopiden und die Verhältnisse vor Troja oder irgend etwas Anderes derartiges behandelt, so dürfen wir entweder nicht dulden, daß er Solches als Werk eines Gottes bezeichne, oder, wenn sie es als eines Gottes Werk bezeichnen, so müssen sie so ziemlich jene nemliche Begründung auffinden, welche auch wir jetzt suchen, und müssen sagen, daß der Gott gerechtes und Gutes wirkt, jene aber durch ihre Bestrafung einen Nutzen erfuhren. Daß aber diejenigen, welche büßen, unglücklich seien, und dabei doch der dieß Bewirkende ein Gott sei, daß dieß der Dichter sage, dürfen wir nicht dulden; wenn sie hingegen sagen würden, daß die Schlechten als Unglückliche eine Bestrafung bedurften, durch ihr Büßen aber von dem Gotte ihnen Nützliches zu Theil wurde, dann dürfen wir es zulassen; bei der Behauptung aber, daß ein Gott, während er ein Guter ist, für Jemanden die Ursache von Schlimmem werde, müssen wir auf jede Weise kämpfen, daß weder irgend Einer dieß in seinem Staate ausspreche, woferne dieser als ein wohlgesetzlicher bestehen soll, noch auch irgend Jemand, sei es ein Jüngerer oder ein Aelterer, es höre, mag die Erzählung der Fabel in gebundener oder in ungebundener Rede sein, da ja Solches, wenn es ausgesprochen wird, weder eine bezüglich des Göttlichen erlaubte Rede, noch auch uns zuträglich, noch endlich mit sich selbst in Einklang ist. – Ich gebe zugleich mit dir, sagte er, diesem Gesetze meine Stimme, und es gefällt mir. – Dieß demnach, sprach ich, wäre hiemit Eines von den Gesetzen betreffs der Götter und von jenen Geprägen, demzufolge die Erzählenden und die Dichtenden nicht erzählen und dichten dürfen, daß der Gott von Allem die Ursache sei, sondern nur daß von dem Guten. – Ja, und zwar ein sehr genügendes, sagte er. – Welches aber nun ist das folgende zweite? Glaubst du etwa, daß der Gott ein Zauberer sei und derartig, daß er in hinterlistiger Absicht bald in dieser bald in jener Gestalt erscheine, indem er bisweilen selbst so sich umwandle und seine eigene Form in viele Gestaltungen verändere, bisweilen aber auch uns täusche und bewirke, daß uns Derartiges betreffs seiner scheine, oder glaubst du, daß er sowohl einfach sei als auch von Allem am wenigsten aus seiner eigenen Gestalt heraustrete? – Ich kann, sagte er, für den Augenblick jetzt es nicht so schlechthin beantworten. – Wie aber? vielleicht Folgendes? Muß nicht nothwendig, woferne Etwas aus seiner eigenen Form heraustritt, es entweder selbst durch sich selbst oder durch irgend ein Anderes umgeändert werden? – Ja, nothwendig. – Nicht wahr also, durch ein Anderes wird jenes, was sich am besten verhält, wohl am wenigsten geändert und in Bewegung gesetzt, wie z. B. wenn der Körper durch Speise und Trank und Anstrengungen, und jede Pflanze durch Sonnenhitze und Winde und die derartigen Vorkommnisse geändert wird, wird da nicht das Gesündeste und Kräftigste wohl am wenigsten geändert? – Wie sollte es nicht so sein? – Aber würde nicht auch auf die Seele selbst, wenn sie die tapferste und verständigste ist, wohl am wenigsten ein äußeres Ereigniß erschütternd und ändernd einwirken? – Ja. – Und nun ja auch von allen zusammengesetzten Gerätschaften und Baulichkeiten und Kleidungsstücken werden diejenigen, welche gut gearbeitet sind und sich gut verhalten, wohl am wenigsten durch die Zeit und durch die übrigen Vorkommnisse geändert? – Ja, es ist so. – Jedes demnach, was entweder vermöge der Natur oder vermöge der Kunst oder vermöge beider sich richtig verhält, läßt im geringsten Grade eine Veränderung durch irgend ein Anderes in sich zu. – Ja, so scheint es. – Nun aber verhält sich ja doch der Gott und das Göttliche in jeder Beziehung am besten. – Wie sollte es auch nicht so sein? – In dieser Beziehung demnach möchte wohl der Gott am wenigsten viele Gestaltungen annehmen. – Ja, sicher am wenigsten. –

20. Möchte also wohl er selbst es sein, welcher sich selbst verwandelt und ändert? – Klärlich, sagte er, bleibt dieß allein noch übrig, woferne er überhaupt verändert werden soll. – Würde er nun etwa in ein Besseres und Schöneres oder in ein Schlechteres und Häßlicheres, als er selbst ist, sich verwandeln? – Nothwendig in das Schlechtere, sagte er, woferne er sich verändert; denn wir werden ja doch wohl nicht behaupten, daß der Gott erst noch einer höheren Schönheit und Trefflichkeit bedürftig sei. – Völlig richtig, sagte ich, sprichst du; und wenn dieß sich so verhält, scheint dir dann, o Adeimantos, irgend Jemand freiwillig sich selbst schlechter machen zu wollen, sei es ein Gott oder ein Mensch? – Unmöglich, sagte er. – Unmöglich also, sprach ich, ist es auch für einen Gott, daß er sich selbst verändern wolle, sondern, wie es scheint, als der möglichst schönste und beste verharrt jeder derselben stets schlechthin in seiner Gestaltung. – Durchaus nothwendig, sagte er, scheint mir dieß zu sein. – Keiner also unter den Dichtern, mein bester, sprach ich, möge uns etwa sagen, daß

„Götter fremden Wanderern gleich
in mancherlei Gestalt die Städte durchziehen“,

und keiner möge Lügen verbreiten über den Proteus oder über die Thetis, noch auch führe Einer in Tragödien oder anderen Gedichten die Hera in eine Priesterin verwandelt ein, indem sie Gaben sammelt

„von den fruchtspendenden Söhnen des argivischen Flusses Inachos“,

und überhaupt auch viele andere derartige Lügen mögen sie uns nicht vorsagen. Und hinwiederum sollen auch nicht die Mütter Diesem Glauben schenkend ihre Kinder in Furcht setzen, indem sie in ungehöriger Weise Fabeln erzählen, daß irgend Götter des Nachts herumwandeln, vielen und mancherlei fremden gleichend, damit sie nemlich nicht einerseits gegen die Götter lästern und andrerseits zugleich ihre Kinder feig machen. – Nein, sie sollen es nicht, sagte er. – Sind aber etwa, sagte ich, die Götter wohl an sich selbst derartig, daß sie sich nicht verwandeln, und bewirken sie hingegen nur für uns durch Täuschung und Zauberei, daß sie uns in mancherlei Gestalten vorzukommen scheinen? – Vielleicht, sagte er. – Wie aber? sprach ich; möchte wohl ein Gott in Wort oder That durch Vorspiegelung eines Trugbildes täuschen wollen? – Ich weiß es nicht, sagte er. – Du weißt nicht, erwiederte ich, daß die wahrhaftige Täuschung, wenn es möglich ist, eben diesen Ausdruck zu gebrauchen, alle Götter und Menschen hassen? – Wie meinst du dieß? sagte er. – Ich meine es so, sprach ich, daß Niemand mit dem Eigentlichsten und betreffs des Eigentlichsten, was ihm gehört, freiwillig täuschen will, sondern es am meisten von Allem fürchtet, in jenem eine Täuschung mit sich herumzutragen. – Auch jetzt noch verstehe ich es nicht, sagte er. – Du meinst nemlich wohl, sprach ich, daß ich hiemit etwas gar Großartiges sage; ich sage aber ja nur, daß, wenn man in seiner eigenen Seele betreffs des Seienden täuscht und getäuscht ist und unwissend ist und dort selbst die Täuschung hat und mit sich herumträgt, dieß wohl Alle am wenigsten sich gefallen ließen und zumeist an Derartigem hassen würden. – Ja, bei Weitem, sagte er. – Nun aber möchte ja am richtigsten das, was ich jetzt gerade sagte, eben eine wahrhafte Täuschung genannt werden, nemlich die Unwissenheit des Getäuschten in seiner eigenen Seele selbst, da ja dasjenige, was in der Rede enthalten ist, nur irgend eine Nachahmung eines Vorganges in der Seele und ein späteres Abbild desselben, nicht aber selbst schon eine völlig unvermischte Täuschung ist; oder ist es nicht so? – Ja, allerdings wohl. –

21. Die wirkliche Täuschung demnach wird nicht bloß von Göttern, sondern auch von Menschen gehaßt. – So scheint es mir. – Wie aber nun? ist die in den Reden liegende Täuschung wohl zuweilen auch irgend etwas Nützliches, so daß sie nicht hassenswerth ist? wird sie etwa nicht gegen die Feinde und gegen manche der sogenannten Freunde, wenn sie aus Wahnsinn oder irgend einem Unverstande etwas Schlimmes zu vollführen versuchen, dann um der Abwendung willen wie eine Arznei etwas Nützliches? und machen wir denn nun nicht auch in jenen fabelhaftem Sagen selbst, von welchen wir jetzt sprachen, darum, weil mir betreffs der ältesten Dinge nicht wissen wie die Wahrheit stehe, nun durch möglichste Verähnlichung der Täuschung mit der Wahrheit dieselbe auf diese Weise wirklich zu einer nützlichen? – Ja, gar sehr, sagte er, verhält es sich so. – Nach welcher nun von diesen Beziehungen soll dem Gotte die Täuschung nützlich sein? sollte er etwa darum, weil er die ältesten Dinge nicht weiß, gleichfalls durch eine Verähnlichung eine Täuschung begehen? – Dieß wäre ja lächerlich, sagte er. – Ein solcher täuschender Dichter also ist im Gotte nicht vorhanden. – Mir scheint nicht. – Soll er aber etwa aus Furcht vor den Feinden eine Täuschung begehen? – Weit gefehlt. – Aber etwa wegen eines Unverstandes oder Wahnsinnes der ihm Befreundeten? – Es ist ja aber, sagte er, kein Unverständiger und Wahnsinniger ein Gottbefreundeter. – Also gibt es keinen Grund, um dessen willen Gott täuschen sollte. – Nein, es gibt es keinen. – Also in jeder Beziehung ist das Dämonische und Göttliche ohne Täuschung. – Ja, völlig wohl, sagte er. – Gar sehr also ist der Gott ein Einfaches und Wahres in That und Wort, und weder selbst verwandelt er sich, noch täuscht er Andere, weder in Truggebilden noch in Reden noch in Sendung von Zeichen, weder im Wachen noch im Traume. – So zeigt es sich, sagte er, nun auch mir selbst, während du sprichst. – Du gestehest also zu, sprach ich, daß dieß jenes zweite Gepräge sei, dem zufolge man über die Götter sprechen und dichten soll, daß nemlich dieselben weder Zauberer sind und sich selbst verwandeln können, noch auch uns durch Täuschungen in Wort oder That berücken? – Ich gestehe es zu. – Also während wir Vieles an Homeros loben, werden wir hingegen Solches nicht loben, wie nemlich die Sendung des Traumes durch Zeus an Agamemnon, noch auch an Aeschylos, wenn dort Thetis sagt, Apollo habe bei ihrer Hochzeit gesungen:

„er verleihe Kindersegen
und ein von Krankheit freies und langdauerndes Leben.
Und in Allem mein Geschick als gottgeliebt bezeichnend

sprach der Gott gnädige Worte, mich erfreuend;
und ich hoffte, des Phöbus göttlicher Mund sei täuschungslos,
sowie er von der Kunst des Wahrsagens überfließt;
er aber, der selbst jenes sang, der selbst beim Mahle war,
der selbst es sprach, er selbst ist es, der getödtet hat
meinen Sohn".

Wann Jemand Derartiges betreffs der Götter sagt, werden wir ihm zürnen und für seine Tragödie ihm keinen Chor bewilligen, und auch nicht zulassen, daß die Lehrer Solches zur Bildung der jungen Leute benützen, woferne unsere Wächter gottesfürchtig und, soweit es einem Menschen nur irgend möglich ist, göttlich werden sollen. – Ja, durchaus, sagte er, gestehe ich dir diese zwei Arten des Gepräges zu, und würde sie als Gesetze in Anwendung bringen.

Drittes Buch

1. Was demnach die Götter betrifft, sagte ich, so müssen ungefähr Derartiges, wie es scheint, sogleich von ihrer Kindheit an Diejenigen hören und nicht hören, welche dereinst die Götter und die Eltern ehren und die wechselseitige Freundschaft nicht gering achten sollen. – Ja, und ich glaube wenigstens, sagte er, daß dieß sich richtig uns so zeige. – Wie aber nun? wenn jene auch tapfer werden sollen, muß man ihnen dann nicht sowohl eben Solches als auch Derartiges sagen, was bewirken würde, daß sie den Tod am wenigsten fürchten? oder glaubst du, es könne Einer jemals tapfer werden, wenn er diese Furcht in sich trägt? – Nein, bei Gott, sagte er, gewiß nicht. – Wie aber? Meinst du, daß Jemand, welcher an die Dinge im Hades glaubt und sie für so fürchterlich hält, wohl furchtlos sein und in den Schlachten den Tod statt der Niederlage und Sklaverei wählen werde? – In keiner Weise. – Wir müssen demnach, wie es scheint, auch betreffs dieser Fabeln jene beaufsichtigen, welche hierüber zu sprechen versuchen, und wir müssen verlangen, daß sie nicht schlechthin über die Dinge im Hades schmähen, sondern weit eher sie loben, da sie ja außerdem weder Wahres noch für die künftigen Kämpfer Nützliches sagen würden. – Wir müssen dieß allerdings, sagte er. – Ausstreichen also, sagte ich, werden wir von folgendem Verse angefangen alles derartige:

„Lieber wollte ich als Ackerknecht bei einem Anderen im Dienste stehen, bei einem Unbegüterten, welcher nicht Viel zu leben hat, als über sämmtliche dahingeschwundene Todte Herrscher sein";

und auch die folgenden:

„ein Haus aber würde den Sterblichen und Unsterblichen sich zeigen, gräßlich, voll dumpfen Grauens, wovor selbst Götter es schaudert";

und auch:

„Weh! so gibt es also auch in den Gemächern des Hades eine Seele und ein Schattenbild, aber gänzlich ohne Besinnung";

und auch folgendes:

„er allein athmet, die übrigen sind unstete Schatten";

und auch:

„die Seele aber entflog aus den Gliedern und ging in den Hades, ihr Geschick beklagend, verlassend die Manneskraft und Blüthe der Jahre";

und auch folgendes:

„die Seele aber ging unter die Erde, wie ein Rauch, fort in schwirrendem Laufe";

und auch:

„wie wann Fledermäuse in einer Kluft einer wundersamen Höhle schwirrend flattern, wenn Eine derselben herabfiel aus dem Schwarme von Felsen nieder, und sie aneinander sich klammern, so gingen auch diese Seelen schwirrend miteinander".

Bei diesem und all derartigem werden wir den Homeros und die übrigen Dichter um Nachsicht bitten, daß sie uns nicht zürnen, wenn wir es durchstreichen, nicht, weil Solches etwa nicht dichterisch und nicht für die Menge vergnüglich zu hören wäre, sondern gerade je dichterischer es ist, desto weniger dürfen es Knaben und Männer hören, welche frei sein sollen, insoferne sie Sklaverei mehr als den Tod fürchten. – Ja, durchaus wohl. –

2. Nicht wahr also, auch die vielen fürchterlichen und erschrecklichen Namen betreffs jener Dinge sind zu verbannen, wie „Kokytos", „Styx", „die Unterirdischen", „die Kraftlosen", und alle Worte, welche sonst noch nach diesem Gepräge ausgesprochen werden und so sehr als möglich alle Hörenden

schaudern machen; und vielleicht wohl mögen sie in anderer Beziehung gut sein, wir aber fürchten unsere Wächter, sie möchten uns aus diesem Schauder in größerer Fieberhitze und mit mehr Erschlaffung, als nöthig ist, hervorgehen. – Und mit Recht ja, sagte er, fürchten wir dieß. – Also tilgen müssen wir jene? – Ja. – Aber das entgegengesetzte Gepräge von diesem müssen wir aussprechen und dichten? – Klärlich. – Und auch jene Wehklagen also und jenes Jammern der ruhmwürdigen Männer werden wir tilgen? – Ja, nothwendig, sagte er, woferne auch das Vorige. – So erwäge denn nun, sprach ich, ob wir mit Recht dieß tilgen werden oder nicht; wir behaupten aber demnach, daß der tüchtige Mann für den tüchtigen Mann, dessen Gefährte er wohl auch ist, den Tod nicht für etwas Fürchterliches halten wird. – Ja, wir behaupten es. – Nicht also würde er über jenen, als wäre ihm etwas Fürchterliches widerfahren, wehklagen. – Nein, sicher nicht. – Nun aber sagen wir ja auch noch Folgendes, daß der Derartige zumeist für sich allein schon sich genügt zu einem guten Leben und in einer vor den Uebrigen hervorragenden Weise am wenigsten eines Anderen hiezu bedarf. – Dieß ist wahr, sagte er. – Am wenigsten also ist es für ihn etwas Fürchterliches, eines Sohnes oder Bruders oder seines Vermögens oder anderer derartiger Dinge beraubt zu werden. – Allerdings am wenigsten. – Am wenigsten also würde er auch wehklagen, und so mild als möglich es ertragen, wenn ihn ein derartiges Geschick getroffen? – Ja, bei Weitem. – Mit Recht also möchten wir wohl jenes Weinen der berühmten Männer tilgen und den Weibern es überlassen, und nicht einmal unter diesen den tüchtigen, und unter den Männern den feigen, damit es für uns denjenigen verleidet werde, Aehnliches zu thun, welche wir ja zur Bewachung des Landes zu erziehen behaupten. – Ja, mit Recht, sagte er. – Abermals demnach werden wir den Homeros und die übrigen Dichter bitten, nicht zu dichten, daß Achilleus, der Sohn einer Göttin,

„bald auf der Seite liegend, bald wieder auf dem Rücken,
bald auf dem Gesichte, bald wieder aufrecht stehend,
seufzte umherirrend am Ufersande des öden Meeres“;

und auch nicht, daß er

„mit beiden Händen schwärzlichen Staub ergreifend
ihn streute über das Haupt“;

noch auch daß er sonst weinte und klagte, wie jener oft dichtete; und daß auch nicht Priamos, welcher doch den Göttern nahe ist, flehentlich bitte

„sich wälzend im Staube
und bei Namen rufend jeden einzelnen Mann".

Noch viel mehr aber als um dieses wollen wir sie bitten, daß sie ja doch nicht von Göttern selbst dichten, wie dieselben klagen und sagen:

„wehe mir Armen, wehe mir, der unglücklichen Mutter meiner Kinder".

Wenn sie es denn auch von Göttern dichten, so sollen sie sich doch nicht erkühnen, den größten der Götter so unähnlich darzustellen, daß er ruft:

„wehe mir, wie ein mir lieber Mann um die Mauer verfolgt wird,
sehe ich mit meinen Augen, und es wehklagt mein Herz",

und auch:

„wehe mir, daß mir den Sarpedon, den liebsten der Männer,
das Geschick durch die Hand des Patroklos, des Menötiaden, bändigt".

3. Denn wenn, o lieber Adeimantos, die jungen Leute Derartiges im Ernste anhören und nicht darüber lachen, da es in unwürdiger Weise ausgesprochen ist, so würde kaum irgend Jemand sich selbst, da er ja ein Mensch ist, für unwürdig solcher Dinge halten und es sich zum Vorwurfe machen, wenn auch ihm es in den Sinn käme, Derartiges zu sagen oder zu thun, sondern ohne sich zu schämen und ohne standhaft zu sein, würde er bei kleinen Vorkommnissen viele Thränen und Wehklagen ausgießen. – Du sprichst sehr wahr, sagte er. – Er darf es aber ja nicht, wie so eben unsere Begründung uns zeigte, welcher wir glauben müssen so lange, bis uns Jemand durch eine andere, bessere, überzeugt. – Also er darf ja nicht. – Nun aber sollen jene ja auch nicht lachlustig sein; denn wenn sich Jemand heftigem Lachen hingibt, so pflegt solches auch einen heftigen Rückschlag nach sich zu ziehen. – So scheint es mir, sagte er. – Weder also dürfen wir es uns gefallen lassen, wenn Jemand von Menschen, welche der Rede werth sind, dichtet, daß sie vom Lachen überwältigt wurden, noch aber viel weniger, wenn er es von Göttern dichtet. – Ja, noch viel weniger allerdings, sagte er. – Nicht wahr also, auch Derartiges werden wir uns von Homeros betreffs der Götter nicht gefallen lassen:

„unauslöschliches Gelächter aber entstand unter den seligen Göttern,
wie sie den Hephästos so emsig durch die Gemächer umhergehen sahen".

Nicht dürfen wir uns Solches gefallen lassen zufolge deiner Begründung. – Ja, wenn du sie als die meinige bezeichnen willst; also wir dürfen ja nicht es uns gefallen lassen. – Nun aber ist ja auch die Wahrheit hoch zu schätzen; denn wenn wir so eben richtig angaben, daß auch wirklich für Götter die Täuschung unbrauchbar ist, für Menschen aber gleichsam in Form einer Arznei brauchbar, so ist klar, daß ja das Derartige den Aerzten zuzuweisen ist, von den einzelnen gewöhnlichen Menschen aber nicht berührt werden darf. – Ja, klar ist dieß, sagte er. – Den Herrschern also eines Staates kömmt es, wenn je überhaupt irgend Jemandem, zu, Täuschungen zu begehen, entweder um der Feinde, oder um der Bürger willen zum Nutzen des Staates; die sämmtlichen Uebrigen aber dürfen das Derartige nicht berühren, sondern eine gegen solche Herrscher von einem Einzelnen begangene Täuschung werden wir als das nemliche und sogar als ein größeres Vergehen bezeichnen, wie wenn ein Kranker gegen einen Arzt, oder ein die Leibesübungen Lernender gegen einen Ringmeister betreffs der Zustande seines eigenen Körpers nicht die Wahrheit sagt, oder wenn gegen einen Steuermann Einer betreffs des Schiffes und der Schiffsgenossen nicht das wirklich Seiende sagt, wie es mit ihm selbst oder mit irgend einem der Mitfahrenden stehe. – Sehr wahr ist dieß, sagte er. – Wenn er also irgend einen Anderen in dem Staate auf einer Täuschung ertappt, Einen von denjenigen,

„welche da Werkmeister sind,
einen Seher, einen Arzt in der Noth, oder einen Baumeister“,

so wird er ihn züchtigen, da er ein Bestreben einführt, welches dem Staate, wie einem Schiffe, den Untergang bereitet und verderblich ist. – Ja, wenigstens dann, wenn zum Worte auch die vollendete That hinzukömmt. – Was aber weiter? wird uns nicht etwa für die Jünglinge auch Besonnenheit nöthig sein? – Wie sollte es anders sein? – Was aber eben Besonnenheit bezüglich der Menge des Volkes betrifft, ist da nicht Folgendes das Bedeutendste, daß sie einerseits den Herrschern gehorchen, andrerseits aber selbst eine Herrschaft ausüben über die Vergnügungen in Speise und Trank und Liebesgenuß? – So scheint es mir wenigstens. – Folgendes demnach werden wir, glaube ich, als richtig gesagt bezeichnen, was auch bei Homeros Diomedes sagt:

„Trauter, schweig stille, und folge meiner Rede“,

und die darauf folgenden Worte, sowie auch:

„es gingen dahin stillschweigend muthbeseelt die Achäer“,
„stillschweigend fürchtend ihre Gebieter“,

und was sonst Derartiges ist. – Ja, als richtig gesagt. – Wie aber nun? das folgende:

„Weintrunken, mit dem Auge eines Hundes und dem Herzen eines Hirsches“

und die darauf folgenden Worte, ist dieß etwa richtig gesagt, und aller andere jugendliche Uebermuth der Einzelnen gegen die Herrscher, welchen Jemand in ungebundener oder in dichterischer Rede erzählt? – Nein, nicht richtig. – Nicht ja, glaube ich, ist Solches wenigstens bezüglich der Besonnenheit für junge Leute tauglich, um es anzuhören; in wieferne es aber irgend ein anderes Vergnügen gewährt, ist es allerdings nicht zu verwundern; oder wie scheint es dir? – Eben so, sagte er. –

4. Wie aber? wenn man dichtet, daß der weiseste Mann sage es scheine ihm von Allem das Schönste zu sein, wenn

„die Tische dastehen voll
von Brod und Fleische, und Wein aus dem Mischkruge schöpfend
der Mundschenk trägt und in die Becher eingießt“,

scheint dir dieß tauglich zu sein für einen jungen Menschen bezüglich der Selbstbeherrschung, um es anzuhören? oder folgendes?

„durch Hunger zu sterben und sein Lebensende zu finden, ist das jammervollste“,

oder daß Zeus all dasjenige, was er während des Schlafes der übrigen Götter und Menschen als der allein Wachende beratschlagt hatte, gar leicht aus Begierde nach Liebesgenuß vergißt, und beim Anblicke der Hera so durchzuckt wird, daß er nicht einmal in das Schlafgemach sich begeben, sondern gleich dortselbst auf der Erde mit ihr in Liebe sich vereinigen will und sagt, er werde in solchem Grade von Begierde gefesselt, wie nicht einmal damals, als sie das erstemal „ohne Wissen der liebenden Eltern“ einander sich näherten; oder dann auch wohl nicht die Fesselung des Ares und der Aphrodite durch Hephästos aus anderen derartigen Gründen. – Nein, bei Gott, sagte er, Solches scheint mir nicht tauglich. – Aber wenn irgendwo, sprach ich, eine Selbstbeherrschung gegen Alles seitens ruhmwürdiger Männer entweder erzählt oder geübt wird, so muß man bei Solchem zusehen und es anhören, wie z. B. folgendes:

„an die Brust aber schlagend, redete er sein Herz mit den Worten an: dulde denn nun, mein Herz; auch anderes Härteres hast du geduldet“. –

Ja wohl, völlig, sagte er. – Und nicht bestechlich ja auch dürfen wir unsere Männer sein lassen, noch geldliebend. – In keiner Weise. – Also dürfen wir ihnen auch nicht singen:

„Geschenke wirken auf Götter, Geschenke auf ehrwürdige Könige“;

und auch den Erzieher des Achilleus, den Phönix, dürfen wir nicht loben, als hätte er nach richtigem Maße einen Rath ertheilt mir den Worten, jener solle nur, wenn er Geschenke erhalte, den Achäern beistehen, ohne Geschenke aber von seinem Grolle nicht ablassen, und auch von Achilleus selbst werden wir nicht erwarten, noch auch es zugestehen, daß er so geldgierig sei, Geschenke von Agamemnon anzunehmen, und nur, nachdem er ein Lösegeld für den Leichnam erhalten, ihn auszuliefern, außerdem aber dieß nicht thun zu wollen. – Nicht also ist es ja gerecht, sagte er, Derartiges zu loben. – Ja, und ich nehme auch nur, erwiederte ich, um des Homeros willen Anstand, zu sagen, daß es auch nicht einmal frevellos sei, Solches über Achilleus zu behaupten oder von Anderen sich glauben machen zu lassen, oder auch hinwiederum, wie jener zu Apollo gesagt habe:

„Benachtheiligt hast du mich, Fernhintreffer, verderblichster aller Götter;
Wahrlich, ich würde an dir mich rächen, wenn ich die Kraft hätte“,

und wie er gegen den Flußgott sich ungehorsam zeigte und bereit war, mit ihm zu kämpfen, und hinwiederum wie er von den einem anderen Flußgotte, dem Spercheios, geweihten Locken gesagt habe:

„dem Helden Patroklos möchte ich wohl das Haar mitgeben“,

ihm, dem Leichname, und wie er dieß dann wirklich ausgeführt habe, ist gleichfalls nicht zu glauben; und hinwiederum auch von dem Schleifen Hektor's um das Grabmal des Patroklos, und von dem Hinschlachten der Gefangenen an dem Scheiterhaufen, von all diesem werden wir nicht sagen, daß es wahr gesprochen sei, und wir werden den Unsrigen nicht gestatten, zu glauben, daß Achilleus, der Sohn einer Göttin und des Peleus, welcher der besonnenste Mann und noch dazu in der Abstammung von Zeus der dritte war, und der Zögling des weisesten Cheiron, von so großen inneren Wirren erfüllt gewesen sei, daß er in sich selbst zwei einander entgegengesetzte Krankheiten getragen habe, nemlich unfreien Sinn mit Geldsucht, und andrerseits hochmüthige Erhebung über Götter und Menschen. – Du hast Recht, sagte er. –

5. Nicht demnach, sprach ich, wollen wir auch Folgendes glauben oder erzählen lassen, daß Theseus, der Sohn des Poseidon, und Peirithoos, der Sohn des Zeus, auf so schreckliche Räubereien auszogen, oder daß irgend ein anderer Heros und Sohn eines Gottes es über sich gebracht habe, solch schreckliche und ruchlose Dinge zu verüben, wie man sie jetzt über jene lügt; sondern wir wollen die Dichter zwingen, entweder Solches nicht als die Thaten jener zu bezeichnen, oder jene nicht als Söhne von Göttern, beides verbunden aber eben nicht zu sagen und unsere jungen Leute nicht glauben machen zu wollen, daß die Götter Schlimmes erzeugen und die Heroen um Nichts besser als die Menschen seien; denn wie wir schon im Obigen sagten, Solches ist weder frevellos, noch wahr; wir zeigten nemlich doch wohl, daß unmöglich ans Göttern Schlimmes entstehen könne. – Wie sollte es auch nicht so sein? – Und nun ist es ja auch den Anhörenden schädlich, denn Jeder wird mit sich selbst, wenn er schlecht ist, Nachsicht haben, weil er nemlich glaubt, daß Derartiges auch verüben und verübt haben

„die Sprößlinge der Götter,
die nahen Verwandten des Zeus, von welchen im Idäischen Gefilde
hoch im Aether ein Altar des Ahnherrn Zeus ist,
und in welchen das Dämonenblut noch nicht versiegt ist“

Darum müssen wir die derartigen Fabeln von vorneherein abschneiden, damit sie uns nicht einen großen Leichtsinn zur Schlechtigkeit in den jungen Leuten erzeugen. – Ja wohl, gar sehr, sagte er. – Welche Gattung also, sprach ich, wäre uns nun betreffs der mündlichen Aussprüche noch übrig, um festzustellen, welcherlei man sagen dürfe und welcherlei nicht? Nemlich betreffs der Götter haben wir angegeben, wie man sich ausdrücken solle, und auch betreffs der Dämonen und der Heroen und betreffs der Dinge im Hades. – Ja wohl, allerdings. – Nicht wahr also, es wäre nun auch noch übrig betreffs der Menschen? – Ja, klärlich. – Unmöglich denn nun, mein Freund, ist es uns, hierüber im gegenwärtigen Augenblicke schon Vorschriften zu geben. – Wie so? – Weil, wie ich glaube, wir sagen müßten, daß sowohl Dichter, als auch Prosaiker in schlimmer Weise betreffs der Menschen das Wichtigste aussprechen, nemlich daß es viel Ungerechte, dabei aber Glückliche gebe, und viele gerechte Unglückliche, und daß das Unrechtthun gewinnbringend sei, wann man dabei unentdeckt bleibe, die Gerechtigkeit hingegen ein fremdes Gut und eine eigene Einbuße sei, und wir hiemit verbieten müßten, Derartiges zu sagen, das Gegentheil aber hievon für Poesie und Fabel-Erzählung vorschreiben müßten;

oder glaubst du nicht? – Ja, ich weiß es sogar ganz gewiß, sagte er. – Nicht wahr also, wenn du zugestehst, daß ich Recht habe, werde ich wohl behaupten, du habest bereits zugestanden, was wir schon längst suchen? – Deine Annahme, sagte er, ist richtig. – Nicht wahr also, darüber, daß man betreffs der Menschen derartige Aussprüche thun solle, werden wir uns dann verständigen, wann wir gefunden haben werden, wie beschaffen die Gerechtigkeit sei und daß sie von Natur aus für jenen, der sie hat, gewinnbringend sei, mag er ein Solcher zu sein scheinen oder nicht? – Ja, völlig wahr, sagte er. –

6. Was demnach die mündlichen Aussprüche selbst betrifft, so mögen wir es hiemit beschließen; was die Form des Ausdruckes betrifft, so ist dieß, wie ich glaube, nun im Folgenden zu erwägen, und wir werden dann vollständig erwogen haben, sowohl was man sagen müsse, als auch wie. – Und Adeimantos sagte: Dieß verstehe ich nicht, was du hiemit meinest. – Aber doch, sagte ich, sollst du es ja verstehen; vielleicht nun wirst du es folgendermaßen eher einsehen: Ist etwa nicht Alles, was von Fabel-Erzählern oder Dichtern gesagt wird, irgend eine Kundgebung entweder von Vergangenem oder von Gegenwärtigem oder von künftigem? – Was denn Anderes? sagte er. – Und vollbringen sie nun dieß etwa nicht entweder eben durch einfache Kundgebung oder vermittelst einer Nachahmung, oder vermittelst dieser beiden zugleich? – Auch dieß, sagte er, wünsche ich erst noch deutlicher zu verstehen. – Ich bin doch, sagte ich, wie es scheint, ein lächerlicher und unverständlicher Lehrer; also will ich wie Diejenigen, welche unfähig zu einer Rede sind, nicht im Ganzen es sagen, sondern irgend einen einzelnen Theil herausnehmen und an demselben dir klar zu machen versuchen, was ich dabei meine. Und sage mir also: Du kennst den Anfang der Ilias, in welchem der Dichter sagt, Chryses bitte den Agamemnon, seine Tochter ihm freizugeben, jener aber zürne, und der Erstere nun bete, da er jenes nicht erlangte, zu dem Gotte um Schlimmes für die Achäer. – Ja, ich kenne dieß. – Du weißt also, daß bis zu den Worten

„und er flehte zu allen Achäern,
zumeist aber zu den beiden Atriden, den zwei Lenkern der Völker“,

der Dichter sowohl selbst spricht, als auch es gar nicht versucht, unsere Gedanken anderswohin zu lenken, als spreche irgend jemand Anderer außer ihm selbst. Hernach aber spricht er, wie wenn er der Chryses selbst wäre, und er ist so sehr als möglich bestrebt zu bewirken, daß uns nicht Homeros, sondern der Priester, der alte Mann, der Sprechende zu sein scheine; und auf diese Weise denn nun hat er auch so ziemlich die gesammte übrige Kundgebung über die

Vorkommnisse bei Ilium und in Ithaka und in der ganzen Odyssee gemacht. – Ja wohl, allerdings, sagte er. – Nicht wahr also, eine Kundgebung wohl ist es, sowohl wenn er jedesmal die Reden angibt, als auch wenn das zwischen den Reden Stehende? – Wie sollte es auch anders sein? – Hingegen wenn er irgend eine Rede angibt, als wäre er ein Anderer, werden wir dann nicht sagen, daß er seine eigene Redeweise so sehr als möglich demjenigen ähnlich mache, welchen er vorher als den sogleich reden Wollenden bezeichnet hatte? – Ja, wir werden es sagen; warum auch nicht? – Nicht wahr also, sich selbst einem Anderen ähnlich zu machen, sei es in der Stimme oder in der Figur, heißt eben jenen nachahmen, welchem man sich ähnlich macht? – Was weiter? – In Derartigem demnach, machen, wie es scheint, dieser und die übrigen Dichter die Kundgebung vermittelst einer Nachahmung. – Ja wohl, allerdings. – Wann aber nirgends der Dichter sich selbst verbirgt, dann wohl ja ist ihm die ganze Dichtung und Kundgebung ohne Nachahmung entstanden. Damit du aber nicht hinwiederum sagest, daß du nicht verstehest, wie dieß geschehen könnte, so will ich es dir sagen: nemlich wenn Homeros, nachdem er angegeben, daß der Chryses mit dem Lösegelde für seine Tochter und als Bittender zu den Achäern, zumeist aber zu den Königen, kam, hernach nicht, als wäre er selbst Chryses geworden, sondern eben noch als Homeros sprechen würde, so weißt du hiemit wohl, daß es dann nicht eine Nachahmung, sondern eine einfache Kundgebung wäre; diese würde sich aber ungefähr folgendermaßen verhalten (ich will es aber ohne das Versmaß sagen, denn zum Dichten bin ich nicht fähig): es kam der Priester und betete für jene zu den Göttern, daß diese ihnen verleihen möchten, nach Einnahme von Troja unversehrt zurückzukehren, die Tochter aber sollten sie ihm freigeben, indem sie Sühnegeld für dieselbe annähmen und Scheu vor dem Gotte hätten; nachdem aber dieser Solches gesprochen, waren die Uebrigen fromm und stimmten ihm bei, Agamemnon aber geberdete sich wild, indem er ihm gebot, sowohl für jetzt sich zu entfernen, als auch hernach nicht wieder zu kommen, damit ihm nicht sein heiliger Stab und die Kränze der Götter ein ungenügender Schutz seien; ehe aber die Tochter ihm freigegeben werde, dürfte sie wohl, sagte er, in Argos bei ihm selbst alt werden; und er hieß ihn sich entfernen und ihn ja nicht reizen, damit er unversehrt nach Hause komme; der Alte aber hörte dieß an, fürchtete sich und entfernte sich stillschweigend; nachdem er aber aus dem Lager fortgegangen war, betete er viel zu Apollo, indem er die Beinamen des Gottes rufend aufzählte und ihn daran erinnerte und dabei beschwor, woferne er jemals irgend etwas ihm Gefälliges in Erbauung von Tempeln oder Darbringung von Opfern geleistet habe; zum Danke hiefür also, betete er, solle jener durch seine Geschosse die von ihm geweinten Thränen an den Achäern rächen. So also, mein Freund, sagte ich, entsteht ohne Nachahmung eine bloße einfache Kundgebung. – Ich verstehe es, sagte er. –

7. So verstehe demnach auch, erwiederte ich, daß hinwiederum die entgegengesetzte es ist, wenn Jemand das zwischen den Reden Stehende herausnimmt und bloß das Wechselgespräch übrig läßt. – Und auch dieß, sagte er, verstehe ich, daß nemlich, was in den Tragödien der Fall ist, ein Derartiges sei. – Ganz richtig, sagte ich, ist deine Annahme, und ich glaube, dir nun hiemit klar gemacht zu haben, was ich vorhin nicht im Stande war, nemlich daß innerhalb der Poesie und der Fabel Erzählung die eine gänzlich vermittelst der Nachahmung besteht, wie du selbst sagst, die Tragödie und Komödie, eine andere aber vermittelst des Berichtes des Dichters selbst (du möchtest aber diese wohl zumeist in den Dithyramben finden), wieder eine andere aber vermittelst dieser beiden zugleich, nemlich sowohl in der epischen Poesie, als auch sonst noch vielfach anderwärts, woferne du mich recht verstehst. – Aber ich begreife nun ja auch, sagte er, was du damals sagen wolltest. – Und nun erinnere dich auch an das diesem Vorhergehende, daß wir sagten, es sei bereits angegeben, welche Ansprüche nothwendig seien, hingegen erst noch zu erwägen sei, in welcher Weise sie sein sollen. – Aber ich erinnere mich ja auch. – Eben dieß demnach war es, was ich sagte, daß wir uns darüber verständigen müssen, ob wir den Dichtern verstatten sollen, uns die Kundgebungen durch Nachahmung zu machen, oder bei Einigem wohl durch Nachahmung, bei Anderem aber nicht, und welcherlei dieß beides sei, oder ob sie überhaupt nicht nachahmen sollen. – Ich errathe, sagte er, daß du erwägen willst, ob wir eine Tragödie und Komödie in unseren Staat aufnehmen sollen oder nicht. – Vielleicht, sagte ich, sogar auch noch Mehreres, als dieß; denn ich weiß es jetzt noch nicht, sondern wohin uns die Begründung gleichsam wie ein Wind trägt, dahin müssen wir gehen. – Ja, und du hast Recht, sagte er. – Betrachte demnach dieß, o Adeimantos, ob uns die Wächter gewandte Nachahmer sein sollen oder nicht. Oder folgt auch dieß dem Obigen, daß jeder Einzelne wohl Ein Ding gut betreiben dürfte, viele Dinge aber nicht, sondern, wenn er dieß versuchen würde, er bei dem Ergreifen von Vielem wohl in Allem es verfehlen würde, irgend nennenswerth zu sein? – Warum auch soll es nicht so sein? – Nicht wahr also, auch betreffs der Nachahmung gilt die nemliche Begründung, daß Ein und der Nämliche nicht fähig ist, Vieles so wie Eines nachzuahmen? – Nein, er ist es nicht fähig. – Schwerlich also wohl wird Einer irgend ein der Rede werthes Ding betreiben und

zugleich Vieles nachahmen und überhaupt ein gewandter Nachahmer sein können, da ja nicht einmal in zwei Gegenständen der Nachahmung, welche doch einander nahe verwandt zu sein scheinen, Ein und die Nemlichen zugleich gute Nachahmer sind, nemlich daß sie eine Komödie und eine Tragödie herstellen würden; oder nanntest du diese beiden nicht so eben Gegenstande der Nachahmung? – Ja gewiß, und du sprichst auch wahr, daß nicht die Nemlichen beides können. – Aber es sind ja auch nicht Volkssänger und zugleich Schauspieler die Nemlichen. – Es ist wahr. – Aber ja auch nicht die Schauspieler sind für die Komödien und die Tragödien die nemlichen; all dieses aber sind Gegenstande der Nachahmung; oder nicht? – Ja, Gegenstände der Nachahmung. – Und auch noch in kleinere Theile als diese, o Adeimantos, scheint mir die Begabung des Menschen gespalten zu sein, so daß er unfähig ist, Vieles gut nachzuahmen oder jenes selbst zu vollführen, dessen Verähnlichungen eben die Nachahmungen sind. – Sehr wahr, sagte er. –

8. Wenn wir also unsere ursprüngliche Begründung bewahrt wissen wollen, daß uns die Wächter, von allen übrigen Werkthätigkeiten entledigt, nur die Werkmeister der Freiheit des Staates in vollster Genauigkeit sein und nichts Anderes betreiben sollen, was nicht auf dieß hin führt, so dürfen sie wohl demnach nichts Anderweitiges vollführen oder nachahmen; wann sie aber Etwas nachahmen, so sollen sie gleich von Jugend an das hiezu Gebührende nachahmen, nemlich tapfere, besonnene, frevellose, freie Männer und überhaupt das Derartige, das Unfreie hingegen sollen sie weder ausüben noch gewandt sein, es nachzuahmen, und auch überhaupt nichts Schimpfliches, damit sie nicht von der Nachahmung das wirkliche Sein als Gewinn davontragen; oder hast du etwa nicht bemerkt, daß die Nachahmungen, wenn sie von Jugend auf weit hinaus fortdauern, in die Gewohnheiten und in die Begabung selbst eintreten, sowohl bezüglich des Körpers, als auch bezüglich der Stimme, als auch bezüglich der Gedanken? – Ja wohl, gar sehr, sagte er. – Nicht also werden wir es gestatten, sagte ich, daß diejenigen, um welche wir uns bekümmern und welche zufolge unserer Behauptung gute Männer werden sollen, ein Weib nachahmen, sie, die ja Männer sind, sei es ein junges oder ein älteres Weib, mag dasselbe den Ehmann beschimpfen oder mit den Göttern hadern und übermüthig sich geberden, weil es sich für glücklich hält, oder mag es in Unglück und Leiden und Thränen befangen sein; ein krankes aber, oder ein liebendes, oder ein in den Wehen liegendes Weib doch wohl noch weniger. – Ja, durchaus wohl, sagte er. – Und auch Sklaven oder Sklavinnen nicht, welche vollführen, was Sache von

Sklaven ist. – Nein, auch dieß nicht. – Und ja auch nicht schlechte Männer, wie es scheint, welche feig sind und das Gegentheil von jenem vollführen, was wir eben sagten, indem sie auf einander schmähen und spotten und, betrunken oder nüchtern, schimpfliche Reden führen, oder auch Anderes von all dem thun, was die Derartigen in Worten und in Thaten gegen sich selbst und gegen die Uebrigen verbrechen; aber auch nicht mit Wahnsinnigen, glaube ich, sich in Worten oder Thaten ähnlich zu machen sollen sie sich gewöhnen; denn kennen wohl muß man allerdings die wahnsinnigen und die schlechten Männer und Weiber, aber thun oder nachahmen darf man Nichts von Solchen. – Sehr wahr, sagte er – Was weiter? sprach ich, sollen sie Erzschmiede oder irgend andere Werkmeister, oder Solche, welche auf Kriegsschiffen rudern oder den Ruderern Befehle geben, oder irgend etwas Anderes dorthin Gehöriges nachahmen? – Und wie sollten sie dieß, sagte er, da ihnen ja auch nicht einmal erlaubt sein wird, auf irgend Etwas hievon ihre Aufmerksamkeit zu richten? – Was weiter? Werden sie etwa wiehernde Pferde und brüllende Stiere und rauschende Flüsse und das tobende Meer und Donnerschläge und all Derartiges nachahmen? – Aber es ist ihnen ja untersagt, sprach er, sei es zu rasen oder sei es Rasenden sich ähnlich zu machen. – Wenn also, sagte ich, ich recht verstehe, was du sagst, so gibt es irgend eine Art des Sprachausdruckes und der Kundgebung, in welcher der wirklich Gute und Treffliche Etwas kundgeben würde, wann er Etwas aussprechen soll, und hinwiederum eine andere, der ersten ungleiche Art, an welche sich wohl immer derjenige halten und in ihr Etwas kundgeben würde, welcher eine dem ersteren entgegengesetzte Begabung und Erziehung hat. – Welche sind denn diese zwei Arten? sagte er. – Einerseits, sprach ich, wird, wie mir scheint, der ordentliche Mann, wenn er in seiner Kundgebung auf eine Rede oder eine That eines guten Mannes gekommen ist, dieß berichten wollen, wie wenn er selbst jener wäre, und sich einer derartigen Nachahmung nicht schämen, zumeist ja, wenn er den Guten nachahmt, insoferne derselbe sicher und verständig handelt und seltener und in geringerem Grade in Folge von Krankheiten oder Liebesneigungen oder der Trunkenheit oder irgend einer anderen Zufälligkeit einen Fehltritt macht; hingegen wenn er auf einen seiner selbst Unwürdigen gekommen ist, so wir er nicht mit Eifer sich selbst dem Schlechteren ähnlich machen wollen, außer nur auf ganz kurze Zeit, wenn jener etwas Wackeres thut, sondern er wird sich schämen, indem er sowohl ungeübt in der Nachahmung der Derartigen ist, als auch zugleich Aerger darüber empfindet, sich selbst in das Gepräge der Schlechteren auszuprägen und in dasselbe sich hineinzufinden, da er dieß in seinem Denken verachtet, außer etwa, wenn es sich um einen Scherz handelt. – Ja, wahrscheinlich so, sagte er. – Nicht wahr also, er wird wohl einer Kundgebung sich bedienen, wie wir sie kurz vorher betreffs der epischen Gedichte des Homeros angaben, und es wird sein Sprachausdruck wohl an jenem beiden Theil haben, nemlich an der Nachahmung und auch an der einfachen Kundgebung, aber eben nur in irgend einem kleinen Theile an der Nachahmung während einer ganzen langen Darlegung oder Kundgebung; oder sage ich hiemit Nichtiges? – Gar sehr ja, sagte er, eben Solches, wie das Gepräge des derartigen Redners nothwendig sein muß. –

9. Nicht wahr also andrerseits, sprach ich, wird derjenige, welcher nicht so ist, gerade, je verwerflicher er selbst ist, desto mehr sowohl Sämmtliches kundgeben wollen und Nichts seiner für unwürdig halten, so daß er versuchen wird, Alles mit Eifer und in Gegenwart Vieler nachzuahmen, als auch wird er nachahmen, was wir so eben erwähnten, nemlich Donnerschläge und den Lärm von Winden und Hagelwetter, von Wagen-Achsen und von Haspeln, von Trompeten und von Flöten und von Pfeifen und aller Instrumente Stimmen, und auch die Laute von Hunden und von Schafen und von Vögeln; und es wird demnach der Sprachausdruck dieses Mannes insgesammt vermittelst der Nachahmung in Stimmen und Gestalten sich bewegen, oder nur irgend einen kleinen Theil an eigentlicher Kundgebung enthalten. – Ja, nothwendig, sagte er, ist auch dieses. – Dieß demnach, sagte ich, sind die zwei Arten des Sprachausdruckes, von welchen ich sprach. – Ja, sie sind es auch, sagte er. – Nicht wahr also, die eine der beiden enthält nur geringe Veränderungen in sich, und wenn Jemand diesem seinem Sprachausdrucke eine passende Tonweise und Rhythmus verleiht, so wird er, insoferne er sich richtig ausdrückt, fast immer in der nemlichen Weise sprechen können und nur in Einer Tonweise (denn gering ja sind die Veränderungen) und ebenso auch in irgend einem hiemit verwandten Rhythmus? – Gar sehr allerdings, sagte er, verhält sich's so. – Was weiter? wird die Art des Anderen nicht das Entgegengesetzte hievon bedürfen, nemlich sämmtliche Tonweisen und sämmtliche Rhythmen, woferne auch sie ihrerseits in der ihr eigenthümlichen Weise ausgedrückt werden soll, weil sie ja alle möglichen Gestaltungen von Veränderungen in sich enthält? – Ja, gewiß verhält sich's so. – Werden also wohl sämmtliche Dichter und Erzähler entweder auf das eine dieser beiden Gepräge des Sprachausdrucks verfallen, oder auf das andere derselben, oder auf ein aus beiden gemischtes? – Ja, nothwendig, sagte er. – Was also werden wir thun? sprach ich; werden wir in unseren Staat alle diese

zulassen, oder nur Eines von den ungemischten oder das gemischte? – Wenn meine Ansicht, sagte er, durchdringt, so werden wir jenes ungemischte Gepräge zulassen, welches eine Nachahmung des Tüchtigen ist. – Nun aber, o Adeimantos, ist ja auch schon das gemischte ein gar vergnügliches, bei weitem aber das vergnüglichste ist für Kinder und deren Aufseher das Entgegengesetzte von jenem, welches du meinst, und eben auch für den großen Haufen. – Ja wohl, das vergnüglichste. – Aber vielleicht ja, erwiederte ich, möchtest du sagen, daß dieses für unseren Staat nicht passe, weil es bei uns keinen zweifachen oder mehrfachen Mann gibt, sondern Jeder nur Eines vollführt. – Ja, allerdings paßt es darum nicht. – Nicht wahr also, darum werden wir ja allein in dem derartigen Staate den Lederarbeiter eben nur als Lederarbeiter und nicht zugleich als Steuermann neben seinem Ledergeschäfte treffen, und den Landbebauer nur als Landbebauer und nicht zugleich als Richter neben seinem Landbaue, und den Krieger nur als Krieger und nicht als Gelderwerber neben seiner Kriegskunst, und so auch alle Uebrigen? – Ja, in Wahrheit, sagte er. – Einen Mann demnach, welcher in Folge seiner Weisheit die Fähigkeit hat, ein Mannigfaltiger zu werden und alle Dinge nachzuahmen, würden wir, wie es scheint, wenn er zu uns in den Staat käme und sich selbst und seine Dichterwerke hören lassen wollte, wohl wie einen Gottgeweihten und Staunenswerten und Vergnügungsreichen verehren, aber ihm doch wohl sagen, daß es bei uns in unserem Staate keine derartigen Männer gibt und auch nicht erlaubt ist, daß Solche sich einfinden, und wir würden ihn daher fortschicken in einen anderen Staat, nachdem wir Salben über sein Haupt geträufelt und es mit Wolle bekränzt, wir selbst unter uns hingegen würden von dem herberen und weniger vergnügungsreichen Dichter und Fabel-Erzähler Gebrauch machen um des Nutzens willen, von jenem nemlich, welcher uns den Sprachausdruck des Tüchtigen nachahmen und auch den Inhalt seiner Rede in jenen Geprägen aussprechen würde, welche wir zu Anfang schon, als wir versuchten, die Krieger zu bilden, als Gesetze aufstellten. – Ja wohl, gar sehr würden wir es so machen, sagte er, woferne es bei uns stünde. – Jetzt demnach, mein Freund, sprach ich, kommt es darauf hinaus, daß wir, was innerhalb der musischen Bildung die mündlichen Ansprüche und die Fabeln betrifft, nun völlig zu Ende gekommen sind; wir haben nemlich hiemit angegeben, sowohl was ausgesprochen werden solle, als auch wie. – Ja, auch mir selbst scheint es so, sagte er. –

10. Nicht wahr also, sprach ich, hiernach ist noch übrig, was die Art und Weise des Gesanges und der Lieder betrifft? – Ja, klärlich. – Würde also nicht wohl

bereits ein Jeder es selbst finden, was wir betreffs der nothwendigen Beschaffenheit derselben sagen müssen, woferne wir nur im Einklang mit dem früher Gesagten bleiben wollen? – Und Glaukon lachte hiezu und sagte: Bei mir demnach, o Sokrates, kömmt es darauf hinaus, daß ich bei diesem „Jeder" nicht mitgerechnet bin; nicht genügend ja kann ich wenigstens im gegenwärtigen Augenblicke schon schließen, welche Beschaffenheit wir von jenem angeben sollen; nur vermuthen jedoch kann ich es. – Jedenfalls denn nun, sagte ich, kannst du doch wohl folgendes genügend angeben, daß das Lied aus drei Dingen besteht, nemlich aus den Worten und aus der Tonweise und aus dem Rhythmus. – Ja, sagte er; dieß wenigstens kann ich angeben. – Nicht wahr also, was an ihm die Worte sind, so unterscheidet es sich hierin doch wohl in Nichts von dem nicht gesungenen Worte bezüglich der Nothwendigkeit, in eben jenen Geprägen und in der gleichen Weise ausgedrückt zu werden, welche wir so eben im Vorigen angaben? – Dieß ist wahr, sagte er. – Und nun muß aber ja die Tonweise und der Rhythmus den Worten folgen. – Wie sollte es auch nicht so sein? – Aber von Thränen und Wehklagen haben wir wenigstens schon gesagt, daß wir sie bei den mündlichen Aussprüchen nicht bedürfen. – Allerdings bedürfen wir sie nicht. – Welche Tonweisen:

die streng lyrische	c	h	a	g	f	e	d	c
die gemischt lyrische (mixolydisch):	c	ais	gis	fis	f	dis	cis	c
die schlaff lydische (hypolydisch):	c	h	a	g	fis	e	d	c
die jonische, d. h. die hypophrygische:	c	ais	a	g	f	e	d	c
die phrygische:	c	ais	a	g	f	dis	d	c
die dorische:	c	ais	gis	g	f	dis	cis	c
hier nicht genannt ist die hypodorische	c	ais	gis	g	f	dis	d	c,

oder mit anderen Worten, wenn wir mit dem oberen Grundtone wechseln, ist

c	h	a	g	f	e	d	c	lydisch,
h	a	g	f	e	d	c	h	mixolydisch,
a	g	f	e	d	c	h	a	hypodorisch,
g	f	e	d	c	h	a	g	hypophrygisch,
f	e	d	c	h	a	g	f	hypolydisch,
e	d	c	h	a	g	f	e	dorisch,
d	c	h	a	g	f	e	d	phrygisch.

also sind wehklagend? sage du es mir, denn du bist ein Musiker. – Die gemischt lydische und die streng lydische, sagte er, und einige andere derartige. – Nicht wahr also, sagte ich, diese müssen wir tilgen; denn unbrauchbar sind sie selbst auch für Weiber, welche tüchtig sein sollen, geschweige denn erst für Männer. – Ja, allerdings. – Nun aber ist ja Trunkenheit und Weichlichkeit und Trägheit für Wächter das allerunpassendste. – Wie sollte es auch nicht so sein? – Welche unter den Tonweisen also sind weichlich und für Trinkgelage geeignet? – Die Jonische, sagte er, und unter den lydischen jene, welche man als die weniger strengen bezeichnet. – Wirst du also diese, mein Freund, für kriegerische Männer irgend anwenden können? – In keiner Weise, sagte er; aber es kömmt darauf hinaus, daß dir nur die dorische und die phrygische übrig bleiben. – Ich kenne, sagte ich, die Tonweisen nicht selbst; aber laß du nur eben jene Tonweise übrig, welche die Töne und die Ausrufe eines tapferen Mannes in passender Weise nachahmt, sowohl wenn dieselbe in kriegerischem Thun und in jeder anderen gewaltmäßigen Werkthätigkeit begriffen ist, als auch wenn er sein Ziel nicht erreicht und in Wunden und Tod geht oder in irgend ein anderes Mißgeschick geräth, bei all diesem aber fest auf seinem Posten bleibt und mit Ausdauer gegen das Geschick sich wehrt; und hinwiederum auch noch eine zweite Tonart für den Fall, daß er in friedlichem und nicht gewaltmäßigem, sondern freiwilligem Thun begriffen ist, indem er entweder irgend Einen überredet und bittet, sei es einen Gott durch Gebet, oder einen Menschen durch Belehrung und Ermahnung, oder im Gegentheile einem anderen ihn bittenden oder Belehrenden oder Ueberredenden sich selbst hingibt, und in Folge hievon nach seinem Sinne handelt, und nicht übermüthig sich verhält, sondern besonnen und mit richtigem Maße bei all diesem verfährt und bei dem Erfolge sich begnügt. Diese beiden Tonweisen, eine gewaltmäßige und eine freiwillige, welche die Töne der unglücklichen und der glücklichen Männer, welche besonnen und tapfer sind, am schönsten nachahmen, diese beiden also laß mir übrig. – Aber, sagte er, du willst hiemit keine anderen übrig gelassen wissen, als eben jene zwei, welche ich so eben nannte. – Nicht also, sprach ich, werden wir einen Reichthum an Saiten oder eine Vereinigung aller Tonweisen in den Gesängen und Liedern bedürfen. – Es zeigt sich mir, sagte er, daß wir Solches nicht bedürfen. – Die Verfertiger also jener Formen, welche wir Trigonon und Pektis nennen, und aller jener Instrumente, welche viele Saiten haben und zu mannigfaltigen Tonweisen passen, werden wir in unserem Staate nicht ernähren. – Es zeigt sich, daß wir dieß nicht thun werden. – Wie aber? wirst du etwa Flöten-Verfertiger oder Flötenbläser in den Staat aufnehmen wollen? oder ist dieß nicht eben das tonreichste Instrument, und sind nicht gerade jene Vereinigungen aller Tonweisen nur Nachahmungen der Flöte? – Dieß ist ja klar, sagte er. – Die Lyra demnach und die Kithara, sagte ich, bleiben dir übrig, und diese sind bezüglich des Staates brauchbar, und hinwiederum auf dem Lande für die Hirten möchte es wohl eine Art einfacher Rohrpfeifen geben. – Ja, sagte er, wie wenigstens unsere Begründung dieß ausspricht. – Nichts neues wenigstens, mein Freund, sprach ich, thun wir hiemit, indem wir dem Apollo und den Instrumenten des Apollo vor dem Marsyas und den Instrumenten desselben den Vorzug geben. – Bei Gott, sagte er, Nichts Neues scheinen wir hiemit zu thun. – Und ja wohl, beim Hunde, sprach ich, wir haben hiemit, ohne daß wir es selbst bemerkten, den Staat wieder gereinigt, welchen wir oben als einen üppigen bezeichnet hatten. – Ja wohl, sagte er, indem wenigstens wir die Besonnenen waren. –

11. Wohlan denn, sagte ich, so wollen wir nun auch das Uebrige reinigen; nemlich auf die Tonweisen dürfte uns zunächst folgen, was die Rhythmen betrifft, nemlich daß wir auch bei ihnen nicht nach Buntheit und nicht nach allen möglichen Taktschritten streben dürfen, sondern darauf sehen müssen, welches die Rhythmen eines ordentlichen und tapferen Lebens seien; und haben wir dieß gesehen, so müssen wir den Versfuß und das Lied nöthigen, den derartigen Worten zu folgen, nicht aber die Worte, dem Versfuße und dem Liede zu folgen. Welches aber diese Rhythmen seien, dieß anzugeben ist wieder wie bei den Tonweisen deine Aufgabe. – Aber bei Gott, sagte er, ich kann dieß nicht sagen; denn daß es irgend drei Grundformen gibt, aus welchen alle Taktschritte geflochten werden, wie bei den Tönen jene obigen vier es sind, aus welchen alle Tonweisen entstehen, könnte ich wohl, weil ich es beobachtet habe, anführen,

aber welche hievon die Nachahmungen von bestimmten Lebensweisen und von welchen sie es seien, kann ich nicht sagen. – Aber dieß ja, sprach ich, werden wir wohl mit Beiziehung des Damon berathen, welches die passenden Taktschritte für einen unfreien Sinn oder für Uebermuth und für Wahnsinn oder eine andere Schlechtigkeit seien, und welche Rhythmen man für das diesem Entgegengesetzte übrig lassen müsse; ich glaube aber, nicht völlig deutlich von ihm gehört zu haben, wie er irgend Einen als den zusammengesetzten Waffenschritt und als den Dactylus und als den heroischen Schritt bezeichnete, und ihn, ich weiß nicht wie, anordnete und als einen gleichen zu oberst und zu unterst stellte, so daß er sowohl in eine kurze, als auch in eine lange Silbe auslief; und sodann bezeichnete er, wie ich glaube, Einen als Jambus und wieder einen anderen als Trochäus, und fügte Längen und Kürzen hinzu; und von all diesem tadelte und lobte er, glaube ich, bei einigen die Bildung des Versfußes nicht weniger als die Rhythmen selbst, oder auch beides zusammen; ich kann dieß nemlich nicht so sagen. Aber dieß, wie gesagt, möge auf den Damon hinausgeschoben bleiben, denn es vollständig zu gliedern erfordert keine kleine Begründung; oder glaubst du es zu können? – Bei Gott, ich gewiß nicht. – Aber Folgendes ja kannst du wohl gliedern, daß die Wohlanständigkeit und die Unanständigkeit dem Rhythmischen und dem Unrhythmischen folgt? – Warum auch nicht? – Nun aber folgen ja das Rhythmische und das Unrhythmische wieder dem Sprachausdrucke, nemlich ersteres dem Schönen und letzteres dem Entgegengesetzten, weil sie jenen ähnlich sind, und ebenso auch das Harmonische und das Unharmonische, woferne ja, wie wir so eben vorhin sagten, Rhythmus und Tonweise den Worten folgen, nicht aber die Worte diesen. – Nun aber sollen hiemit, sagte er, auch wirklich diese den Worten folgen. – Wie aber? sagte ich; folgt nicht die Art und Weise des Sprachausdruckes und das Wort selbst dem Charakter der Seele? – Wie sollte es nicht so sein? – Dem Sprachausdrucke aber eben folgt das Uebrige? – Ja. – Die Wohlredenheit also und die richtige Harmonie und die Wohlanständigkeit und der richtige Rhythmus folgen der Gutmütigkeit, nicht aber in jener Bedeutung dieses Wortes, in welcher wir es mit milderndem Ausdrucke statt Einfältigkeit gebrauchen, sondern in der Bedeutung einer Gesinnung welche in Wahrheit bezüglich des Gemüthes gut und richtig beschaffen ist. – Ja, völlig so, sagte er. – Müssen also nicht etwa in allen Dingen die jungen Leute eben nach jenen Eigenschaften streben, woferne sie ihre Pflicht thun sollen? – Ja, sie müssen darnach streben. – Voll von jenen aber ist ja doch wohl die Zeichnungskunst und jede derartige Werkthätigkeit, voll auch die Weberkunst und die Buntfärberei und die Baukunst und hinwiederum jede Herstellung der übrigen Geräthe, ferner aber auch die Natur der Leiber und selbst anderweitig die der Pflanzen; denn in all diesem gibt es eine Wohlanständigkeit und eine Unanständigkeit, und die Unanständigkeit und schlechter Rhythmus und schlechte Harmonie sind Geschwisterte der schlechten Rede und des schlechten Gemüthes, die gegenteiligen Eigenschaften aber sind Geschwisterte und Nachahmungen des Gegenteiligen, nemlich des besonnenen und guten Gemüthes. – Ja, völlig so, sagte er. –

12. Müssen wir also nur die Dichter allein beaufsichtigen und dabei nöthigen, entweder das Bild des guten Charakters ihren Gedichten einzupflanzen oder bei uns sich der Dichtung zu enthalten, oder müssen wir auch die übrigen Werkmeister beaufsichtigen und sie hindern, daß sie jenes Bösartige und Zügellose und Sklavische und Unanständige etwa in Bildern von Thieren oder in Gebäuden oder in irgend einem anderen Werke ihrer Kunst einpflanzen, oder aber darf, wer nicht befähigt ist, bei uns zur Werkthätigkeit gar nicht zugelassen werden, damit nicht unsere Wächter in Bildern der Schlechtigkeit erzogen, gleichsam wie bei schlechtem Grasfutter jeden Tag Vieles allmälig von Vielem abpflückend und verzehrend, zulegt unbemerkt irgend Ein großes Uebel in ihrer eigenen Seele aufpflanzen; sondern müssen wir vielmehr jene Werkmeister aufsuchen, welche in guter Begabung die Fähigkeit haben, die Natur des Schönen und Anständigen aufzuspüren, damit die jungen Leute, gleichsam wie in einer gesunden Gegend wohnend, von Jeglichem Nutzen erfahren, woher nur an sie von schönen Thaten, sei es zum Anblicke oder sei es zum Gehöre, gleichsam eine Luftströmung herandringt, welche von trefflichen Gegenden her Gesundheit bringt, und sogleich von Kindheit an unvermerkt zur Aehnlichkeit mit den guten mündlichen Aussprüchen und zur Liebe zu denselben und zum Einklange mit ihnen führt? – Ja, bei weitem wohl am schönsten, sagte er, würden sie auf diese Weise erzogen. – Ist also wohl, o Glaukon, sprach ich, um dieser Dinge willen die Erziehung in musischer Bildung die bedeutendste, weil zumeist in das Innere der Seele der Rhythmus und die Tonweise eindringen und am stärksten sie ergreifen, wenn sie Wohlanständigkeit mit sich bringen, und sie selbst zu einer wohlanständigen machen, woferne Jemand richtig erzogen ist, woferne aber nicht, das Gegentheil bewirken; und weil hinwiederum auch dasjenige, was hinter dem Ziele zurückbleibt und nicht trefflich gearbeitet oder nicht trefflich von Natur aus entstanden ist, wohl Jener am schärfsten herausfühlt, welcher dort, wie es sein soll, erzogen wurde, und ein Solcher denn

auch in richtigem Mißbehagen über jenes das Schöne loben und, sich daran erfreuend und in seine Seele es aufnehmend, durch dasselbe erzogen und so selbst ein Guter und Trefflicher werden würde, das Schimpfliche aber in richtiger Weise tadeln und noch in seiner Jugend hassen würde, noch ehe er fähig ist, einen Vernunftgrund zu erfassen; wenn aber dann der Vernunftgrund kömmt, würde wohl der auf diese Weise Erzogene zumeist ihn lieben, weil er ihn vermöge einer Aehnlichkeit erkennt. – Mir wenigstes scheint, sagte er, um des Derartigen willen die Erziehung in der musischen Bildung zu beruhen. – Ebenso also, sprach ich, sowie wir ja auch betreffs des Lesens erst dann eine genügende Stufe einnehmen, wenn die Buchstaben des Alphabetes in ihrer geringen Anzahl in Sämmtlichem, was da vorkömmt, uns nicht entgehen, und wir sie weder im Kleinen, noch im Großen für werthlos halten, als dürfe man sie nicht wahrnehmen, sondern wir den Vorsatz haben, sie überall zu erkennen und zu unterscheiden, weil wir ja nicht eher tüchtige Leser sein werden, als wenn wir eben auf dieser Stufe stehen, – Dieß ist wahr. –, und nicht wahr also, auch die Abbilder von Buchstaben, falls welche sich im Wasser oder in Spiegeln zeigen sollten, werden wir nicht eher erkennen, als wenn wir jene selbst schon erkannt haben, sondern es gehört dieß eben zu der nemlichen Kunst und Betriebsamkeit, – Ja, völlig so. –, werden wir also wohl, was ich eben sagen wollte, bei Gott, in der nemlichen Weise, weder wir selbst, noch die Wärter, welche wir als die von uns zu erziehenden bezeichnen, auch nicht eher musisch gebildet sein, als wenn wir die Ideen der Besonnenheit und der Tapferkeit und der Freiheit und der Großartigkeit und alles dessen, was hiemit verschwistert ist, und hinwiederum auch ihre Gegenteile überall, wo sie vorkommen, erkennen und als ein in jenem, wo sie sind, Befindliches herausfühlen, sowohl sie selbst, als auch ihre Abbilder, und weder im Kleinen, noch im Großen sie für werthlos halten, sondern glauben, es gehöre dieß eben zu der nämlichen Kunst und Betriebsamkeit? – Ja, durchaus nothwendig ist es so, sagte er. – Nicht wahr also, sprach ich, wenn bei einem Menschen ein Zusammentreffen stattfindet zwischen einem schönen Charakter, welcher in seiner Seele ist, und zwischen Dingen, welche in seiner äußeren Form mit jenem übereinstimmen und in Einklang sind, weil sie an dem nemlichen Gepräge Theil haben, so würde dieß wohl der schönste Anblick für Jeden sein, der Solches schauen könnte? – Ja bei weitem. – Und nun ist aber ja das Schönste auch das Liebenswürdigste. – Wie sollte es anders sein? – Diejenigen Menschen demnach, welche so sehr als möglich Derartige sind, würde wohl der musisch Gebildete lieben; wenn hingegen Jener nicht in Einklang ist, würde er ihn wohl nicht lieben. – Allerdings, sagte er, dann nicht, wenn Jener bezüglich seiner Seele einen Mangel enthält; wenn hingegen bezüglich des Körpers, so würde er einen solchen wohl ertragen, um Jenen dennoch lieben zu wollen. – Ich verstehe wohl, sagte ich, daß du sicher Lieblingsknaben der letzteren Art hast oder einmal gehabt hast, und ich gebe dir dann zu, was du eben sprachst; aber sage mir Folgendes: Haben Besonnenheit und übermäßiges Vergnügen irgend eine Gemeinschaft mit einander? – Wie sollten sie auch, sagte er, da ja letzteres nicht weniger als die Betrübniß Besinnungslosigkeit erzeugt? – Aber hat es mit der übrigen Vortrefflichkeit eine Gemeinschaft? – In keiner Weise. – Wie aber? wohl mit dem Uebermuthe und der Ziellosigkeit? – Ja, zumeist von Allem. – Kannst du aber ein größeres und heftigeres Vergnügen nennen, als dasjenige, welches den Liebesgenuß betrifft? – Nein, ich kann nicht, sagte er, und auch keines, welches dem Wahnsinne mehr verwandt wäre. – Die richtige Liebe aber enthält es ihrer Natur nach in sich, einen Ordentlichen und Schönen in besonnener Weise und mit musischer Bildung zu lieben? – Ja wohl, gar sehr, sagte er. – Also Nichts mit dem Wahnsinne oder der Zügellosigkeit Verwandtes darf mit der richtigen Liebe in Verbindung gebracht werden? – Nein, es darf nicht. – Nicht also darf mit ihr das Vergnügen in Verbindung gebracht werden, und an demselben dürfen der Liebhaber und der Lieblingsknabe, soferne sie in richtiger Weise lieben und geliebt werden, keinen Theil haben? – Nein, bei Gott, o Sokrates, sagte er, nicht darf Solches mit ihr in Verbindung gebracht werden. – Demnach wirst du, wie es scheint, in dem von uns gegründeten Staate als gesetzliche Bestimmung aufstellen, daß zwar ein Liebhaber Lieblingsknaben lieben und mit ihnen beisammen sein und sie berühren dürfe, wie man einen Sohn berührt, nemlich all dieß nur um des Schönen willen, woferne er ihn hiezu überredet, daß er aber im Uebrigen in solcher Weise mit demjenigen, um dessen Liebe er sich bemüht, einen Umgang pflege, daß er niemals in weiterer Absicht, als in solcher, mit ihm beisammen ist, und ihn außerdem der Tadel eines Mangels an musischer Bildung und einer Unkenntniß des Schönen treffe. – Ja, eben in dieser Weise, sagte er. – Hiemit also nun, sprach ich, scheint wohl auch dir die Begründung betreffs der musischen Bildung ihr Ende erreicht zu haben? und sie endete wenigstens dahin, wohin sie enden soll; es soll aber das Musische auch wirklich in die Liebe zum Schönen enden. – Ich bejahe dieß mit dir, sagte er. –

13. Nach der musischen Bildung denn nun müssen die Jünglinge in der gymnischen erzogen werden. – Was soll auch im Wege stehen? – Es soll aber nun auch in dieser Beziehung die Erziehung eine genaue sein von Jugend an das

ganze Leben hindurch. Es verhält sich aber hiemit wohl, wie ich glaube, folgendermaßen; erwäge aber auch du es. Mir nemlich scheint es nicht so zu sein, daß, wenn ein Körper tüchtig ist, dieser durch seine Vortrefflichkeit die Seele zu einer guten mache, sondern im Gegentheile eine gute Seele durch ihre Vortrefflichkeit den Körper als einen so gut als möglichen zur Folge habe; wie aber scheint es dir? – Auch mir, sagte er, scheint es ebenso. – Nicht wahr also, wenn wir die Gesinnung hinreichend pflegen und ihr dann, was den Körper betrifft, zur genauen Fürsorge anvertrauen würden, wir aber hiezu nur bezüglich des allgemeinen Gepräges die Anleitung geben würden, so möchten wir wohl richtig verfahren? – Ja wohl, allerdings. – Daß nun jene sich der Trunkenheit enthalten müssen, haben wir schon angegeben; denn für jeden Anderen, nur nicht für einen Wächter, geht es noch eher an, daß er betrunken nicht wisse, wo in aller Welt er sei. – Lächerlich ja wäre es, sagte er, wenn der Wächter selbst eines Wächters bedürfte. – Wie aber denn nun verhält es sich betreffs der Speise? denn Kämpfer ja sind diese Männer, und zwar bezüglich des größten Kampfes; oder etwa nicht? – Ja. – Würde also wohl das Verhalten eben dieser, welche stets für das Kämpfen sich üben, jenen passend sein? – Ja, vielleicht. – Aber, sagte ich, das Verhalten dieser ist gewissermaßen zum Schlafe geneigt und bezüglich der Gesundheit unzuverlässig; oder siehst du nicht, daß diese ihr Leben verschlafen und, wenn sie nur ein klein wenig von der vorgeschriebenen Lebensweise abweichen, in lange und heftige Krankheiten verfallen, sie, die ja Kämpfer sind? – Ja, ich sehe es. – Eine feinere Uebung demnach bedürfen die kriegerischen Kämpfer, welche ja wie Hunde schlaflos sein und so scharf als möglich sehen und hören müssen, und, während sie bei den Feldzügen vielen Veränderungen in Getränken und anderweits in Speisen und auch in Sonnenhitze und Winterstürmen ausgesetzt sind, bezüglich der Gesundheit nicht empfindlich sein dürfen. – Ja, so zeigt sich's mir. – Möchte also wohl die beste gymnische Bildung irgend verschwistert sein mit jener einsamen musischen, welche wir kurz vorher durchgingen? – Wie meinst du dieß? – Einfach doch wohl und gediegen ist die gymnische Bildung, und zwar zumeist die kriegerische. – In wieferne denn? – Auch aus Homeros ja, sagte ich, möchte man Solches wohl kennen lernen; denn du weißt, daß er im Felde bei den Mahlzeiten der Heroen diese nicht mit Fischen bewirthet, obwohl dieselben sich doch am Meere im Hellesponte befinden, und auch nicht mit gesottenem Fleische, sondern nur mit gebratenem, welches ja auch für Krieger am leichtesten herbeizuschaffen ist; denn überall, so zu sagen, ist es doch leichter, von dem Feuer allein Gebrauch zu machen, als erst noch Kochgeschirre mit herum zu schleppen. – Ja wohl, gar sehr.

– Aber auch der Gewürze hat, wie ich glaube, Homeros niemals Erwähnung gethan; oder wissen dieß wohl vielleicht auch jene anderen Kämpfer, daß ein Körper, welcher sich gut verhalten soll, von all Derartigem sich enthalten muß? – Ja, völlig richtig, sagte er, wissen sie es, und enthalten sich hievon. – Eine Syrakusische Mahlzeit aber, o Freund, und sicilische Mannigfaltigkeit der Zuspeisen lobst du, wie es scheint, hiemit nicht, woferne dir jenes richtig zu sein scheint. – Ich glaube nicht. – Du tadelst also auch, daß ein Korinthisches Freudenmädchen die Geliebte jener Männer sei, welche körperlich sich gut verhalten wollen? – Ja, durchaus. – Nicht wahr also, auch von dem attischen Gebäcke dasjenige, was Leckerei zu sein scheint? – Ja, nothwendig. – Nemlich, glaube ich, wenn wir die gesammte derartige Speise- und Lebens-Weise mit jener Lieder-Komposition und jenem Gesange vergleichen würden, bei welchen eine Vereinigung aller Tonweisen und aller Rhythmen besteht, so möchten wir wohl einen richtigen Vergleich ziehen. – Warum auch nicht? – Nicht wahr also, dort erzeugte die Buntheit Ziellosigkeit, hier aber dann Krankheit, die Einfachheit hingegen erzeugt bezüglich der Musik in den Seelen Besonnenheit, bezüglich der Gymnastik aber in den Körpern Gesundheit? – Ja, völlig wahr, sagte er. – Sobald aber Zügellosigkeit und Krankheiten in einem Staate in vollem Gange sind, thun sich da nicht eine Menge Gerichtshöfe und ärztliche Anstalten auf, und machen sich da nicht Prozeßkunde und Arzneikunde breit, wann nemlich auch viele freie Männer in hohem Grade auf jenes ihr Streben gerichtet haben? – Warum sollte es auch nicht so sein? –

14. Könntest du aber von schlechter und schimpflicher Erziehung in einem Staate irgend ein größeres Kennzeichen erfassen, als wenn das Bedürfniß nach hervorragenden Aerzten und Richtern nicht bloß bezüglich der Geringen und der Handarbeiter, sondern auch bezüglich derjenigen besteht, welche Anspruch darauf machen, in den Formen des freien Mannes erzogen zu sein; oder scheint es dir nicht schimpflich und ein großes Zeichen eines Mangels an Erziehung zu sein, wenn man gezwungen ist, ein von anderen Leuten, wie von Gebietern und Richtern, erst herbeigebrachtes Gerechtes, und zwar aus Mangel an eigenem, anwenden zu müssen? – Ja wohl, von Allem, sagte er, ist dieß das Schändlichste. – Scheint dir aber etwa, sprach ich, noch schimpflicher als dieß es zu sein, wenn Jemand nicht bloß den größeren Theil seines Lebens in Gerichtshöfen als Beklagter oder als Kläger zubringt, sondern auch aus Unkenntniß des Schönen eben damit sich zu brüsten sich entschlossen hat, daß er gewandt sei im Unrechtthun und tüchtig genug, um sich in allen Windungen zu winden und bei

allen Hinterthürchen entschlüpfend sich wohlberechnet durchzuwinden, so daß er nie Buße zu bezahlen hat, und noch dazu all dieß um unbedeutender und nichtswürdiger Dinge willen, er, der nicht weiß, um wie viel schöner und besser es sei, sein Leben so einzurichten, daß man eines schlaftrunkenen Richters nicht bedarf? – Gewiß, sagte er, ist dieß noch schimpflicher als jenes. – Wenn man aber, sprach ich, die Arzneikunst nicht etwa wegen eingetretener Verwundungen oder irgend im Jahreswechsel beruhender Krankheiten bedarf, sondern in Folge des Müssigganges und einer Lebensweise, wie wir sie so eben durchgingen, man wegen eingetretener Strömungen und Winde gleichwie bei angeschwollenen Sümpfen die fein gebildeten Asklepiaden nöthigt, solchen Krankheiten neue Namen, wie z. B. Blähungen und Schnupfen, zu geben, scheint dieß nicht schimpflich? – Ja wohl, gar sehr, sagte er, da dieß ja auch wirklich neue und ungereimte Namen von Krankheiten sind. – Namen, sagte ich, wie sie es, glaube ich, zur Zeit des Asklepios noch nicht gab; ich schließe dieß aber daraus, daß die Söhne desselben vor Troja bezüglich des verwundeten Eurypylus jenen Trank von Pramnischem Weine, auf welchen viel Mehl gestreut und Käse geschabt war, was doch wohl Entzündung zu erregen scheint, weder gegen die Magd, welche ihm denselben reichte, tadelten, noch auch dem Patroklos, welcher jenen hiedurch heilen wollte, es zum Vorwurfe machten. – Und wirklich, sagte er, ist jener Trank ja auch ganz ungereimt für einen Menschen in solchem Zustande. – Nein, er ist es nicht, sprach ich, wenn du bedenkst, daß jener jetzigen förmlichen Erziehungskunst der Krankheiten seitens der Aerzte selbst in früheren Zeiten die Asklepiaden sich nicht bedienten, ehe nemlich, wie man sagt, Herodikos kam; Herodikos aber war ein Ringmeister, und als er kränklich wurde, mischte er die gymnische Kunst und die ärztliche, und quälte zuerst und zumeist sich selbst, dann aber später auch viele Andere. – In wieferne denn? sagte er. – Insoferne er, sagte ich, sich selbst das Sterben lang machte; indem er nemlich seiner Krankheit, welche tödtlich war, auf jedem Schritte folgte, war er einerseits, glaube ich, nicht im Stande, sich selbst zu heilen, und andrerseits curirte er, da er nichts Anderes zu thun hatte, sein ganzes Leben hindurch an sich herum und lebte so sich selbst quälend, so oft er irgend die gewohnte Diät überschritt, und gelangte, da er in Folge seiner Weisheit nur schwer sterben konnte, zu einem hohen Greisenalter. – Also eine schöne Ehrengabe, sagte er, trug dieser von seiner Kunst davon. – Ja, eine solche, sprach ich, wie man sie von demjenigen erwarten mußte, welcher nicht wußte, daß Asklepios nicht etwa aus Unkenntniß oder Unerfahrenheit in dieser Gattung der Arzneikunst seinen Nachkommen keine Anleitung in derselben gab, sondern wohl wissend, daß bei

Allen, welche guter Gesetze sich erfreuen, in dem Staate einem jeden Einzelnen irgend eine Werkthätigkeit aufgetragen ist, welche er nothwendig verüben muß, und daß keiner Zeit hat, sein Leben hindurch an sich herumzucuriren und daniederzuliegen, ein Umstand, welchen wir lächerlicher Weise bloß bei den Handwerkern bemerken, bei den Reichen aber und bei denjenigen, welche als Glückliche gelten, nicht bemerke. – Wie so denn? sagte er. –

15. Ein Werkmeister, sprach ich, verlangt, wenn er krank ist, von dem Arzte eine Arznei, um, nachdem er sie getrunken, die Krankheit durch Erbrechen wegzubringen, oder um nach Unten abzuführen, oder um durch Anwendung des Brennens oder des Schneidens von ihr loszukommen; wenn ihm aber Jemand jene im Kleinen wirkende Diät verschriebe, indem er ihm Käppchen auf das Haupt legte oder was sonst dergleichen ist, so würde er bald sagen, daß er keine Zeit habe, krank zu sein, und ein solches Leben ihm nicht gewinnbringend sei, wo er seine Gedanken auf die Krankheit richten, die ihm obliegende Arbeit aber vernachlässigen müßte; und hierauf würde er dem derartigen Arzte Lebewohl sagen und, nachdem er zur gewohnten Lebensweise zurückgekehrt, gesund werden und sein Geschäft vollführend leben; falls aber der Körper nicht stark genug wäre, dieß zu ertragen, würde er sterben und aller Plage überhoben sein. – Ja, und für einen Derartigen wohl, sagte er, scheint es zu passen, in dieser Weise von der Arzneikunst Gebrauch zu machen. – Wohl eben, sprach ich, darum, weil er ein Geschäft hatte, ohne dessen Betrieb ihm das Leben nicht gewinnbringend wäre. – Ja, dieß ist klar, sagte er, – Der Reich aber denn nun hat, wie wir sagen, kein derartiges ihm obliegendes Geschäft, bei dessen nothgedrungenem Aufgeben er nicht mehr leben könnte. – Sicher nicht; so sagt man wenigstens. – Auf den Spruch des Phokylides nemlich hörst du wohl nicht, wenn er sagt, man müsse, sobald man erst zu leben habe, Vortrefflichkeit üben, – Ich glaube aber ja, sagte er, wohl auch schon vorher. – Hierüber, sprach ich, wollen wir mit ihm nicht streiten, sondern darüber uns selbst belehren, ob Letzteres überhaupt der Reiche betreiben müsse und er, wenn er dieß nicht thue, nicht mehr leben könne, oder ob jenes förmliche Nähren der Krankheit wohl bloß für die Tätigkeit des Handwerkers und für die übrigen Künste ein Hemmniß der Aufmerksamkeit des Sinnes sei, dem Rathe des Phokylides hingegen durchaus nicht im Wege stehe. – Ja wahrlich, bei Gott, sagte er, darüber wollen wir uns belehren. – So ziemlich ja von Allem zumeist gilt dieß wenigstens von jener über die Gymnastik hinausgehenden und übermäßigen Sorgfalt für den Leib; denn dieß ist sowohl für Führung des Hauswesens, als auch für Feldzüge

und für sitzende Geschäfte im Staate etwas Mißliches; das Wichtigste aber denn nun ist, daß sie auch für jedwedes Lernen und Nachdenken und für jede innere Betriebsamkeit gefährlich ist, indem sie immer Kopfschmerzen und Schwindel befürchtet und hievon dem Weisheitsstreben die Schuld beimißt, so daß, wo sie waltet, sie ein Hemmniß dagegen ist, daß man in der Vortrefflichkeit sich übe und erprobe; denn sie bewirkt, daß man stets krank zu sein glaubt und niemals aufhört, bezüglich des Körpers voll Schmerzen zu sein. – Ja, wahrscheinlich wohl, sagte er. – Nicht wahr also, sprach ich, auch von Asklepios wollen wir sagen, daß er von dieser Einsicht durchdrungen wohl für Diejenigen und deren Beschaffenheit, welche von Natur aus und durch ihre Lebensweise körperlich gesund sind, aber irgend eine vereinzelte Krankheit in sich haben, seine Arzneikunst darlege und, indem er durch Arzneien und durch Schneiden die Krankheiten aus ihren Körpern wegbringe, ihnen wieder die gewohnte Lebensweise vorschreibe, um ja dem Staatlichen keinen Schaden zuzufügen, daß er hingegen an die innerlich durchaus kranken Körper gar nicht Hand anlege, um etwa durch Verhaltungsregeln allmälig immer Etwas abzuschöpfen und wieder hinzuzuträufeln und so dem Manne ein langes und zugleich schlimmes Leben zu bewirken, und hiedurch, wie zu erwarten ist, auch die Nachkommenschaft derselben wieder als eine derartige hervorzurufen, sondern daß er der Ansicht sei, man dürfe denjenigen, welcher einmal in dem jeweilig bestehenden Zeitalter nicht zu leben befähigt ist, überhaupt gar nicht pflegen, da dieß weder ihm selbst, noch dem Staate gewinnbringend sei. – Ein Staatsmann ja, sagte er, ist zufolge deiner Aeußerungen Asklepios. – Ja, klärlich, sagte ich; und auch seine Söhne möchten wohl zeigen, daß er ein solcher war; oder siehst du nicht, wie sie vor Troja als tüchtig im Kriege erschienen und von der Arzneikunst in der Weise, wie ich sage, Anwendung machten? oder erinnerst du dich nicht, daß sie auch dem Menelaos aus jener Wunde, welche ihm Pandaros versetzt hatte,

„das Blut aussogen, und dann lindernde Mittel auflegten“;

aber was jener hernach essen oder trinken solle, schrieben sie ihm ebenso wenig als dem Eurypylos vor, eben als seien die Arzneimittel genügend, um Männer zu heilen, welche vor der Verwundung gesund waren und eine ordentliche Lebensweise führen, selbst wenn sie dann sogleich nach der Verwundung jenen Mischtrank von Wein und Käse tränken; von jenem hingegen, welcher von Natur aus kränkelt und ein zügelloses Leben führt, glaubten sie, es nütze weder ihm selbst, noch den Uebrigen, wenn er lebe, und für diese sei die Arzneikunst gar nicht da, noch dürfe man sie pflegen, selbst wenn sie reicher als Midas wären. – Gar feine Leute ja, sagte er, sind zufolge deiner Aeußerungen die Aeskulap-Söhne. –

16. Dieß ziemt sich aber auch, sprach ich; und doch stimmen ja mit uns die Tragödiendichter und Pindaros nicht überein und behaupten, Asklepios sei zwar ein Sohn des Apollo, habe sich aber durch Gold bereden lassen, einen reichen, bereits dem Tode nahen, Mann zu heilen, und daher denn auch sei er durch einen Blitz getötet worden; wir hingegen werden gemäß dem früher Gesagten Jenen nicht zugleich beides glauben, sondern wenn er der Sohn eines Gottes war, so war er, werden wir sagen, nicht gewinnsüchtig, wenn aber gewinnsüchtig, so war er nicht eines Gottes Sohn. – Ja, völlig richtig wohl, sagte er, ist dieß wenigstens; aber, o Sokrates, was meinst du betreffs des folgenden: müssen wir etwa nicht in unserem Staate tüchtige Aerzte haben, und waren nicht solche zumeist diejenigen, welche die größte Anzahl Gesunder, aber auch die größte Anzahl Kranker unter ihren Händen gehabt, und hinwiederum ebenso auch tüchtige Richter diejenigen, welche mit gar mannigfaltigen Charakteren Umgang gehabt haben? – Ja wohl, gar sehr, sagte ich, bezeichne ich solche als tüchtige; aber weißt du, welche ich für derartige halte? – Wenn du es angibst, sagte er. – Aber ich will es versuchen, sprach ich; du jedoch fragtest in Einem Satze um Dinge, welche einander nicht ähnlich sind. – Wie so? sagte er. – Als Aerzte nemlich, sprach ich, möchten sie allerdings die größte Gewandtheit erlangen, wenn sie, von Jugend auf anfangend, neben dem Erlernen ihrer Kunst auch mit möglichst vielen und möglichst schlechten Körpern umgingen und auch alle Krankheiten sie selbst einmal erlitten und überhaupt keine sehr feste Gesundheit hätten; nemlich, meine ich, nicht vermittelst des Körpers heilen sie den Körper, denn außerdem ginge es ja eben nicht an, daß ihr eigener Körper jemals schlecht wäre oder würde, sondern vermittelst der Seele heilen sie den Körper, bei welcher es ja eben nicht angeht, daß sie schlecht wird oder ist und dabei doch eine gute Heilung bewirkt. – Dieß ist richtig, sagte er. – Hingegen der Richter ja, mein Freund, sprach ich, übt vermittelst der Seele eine Herrschaft über die Seele aus, für welche es nicht angeht, daß sie von Jugend auf unter schlechten Seelen aufgewachsen und mit ihnen umgegangen sei und alle ungerechten Thaten in eigener Ausübung selbst durchlaufen habe, so daß sie etwa von sich selbst aus mit scharfem Blicke die ungerechten Thaten der Uebrigen erkennen würde, wie bezüglich des Körpers die Krankheiten; sondern unerfahren in schlechten Sitten und unvermischt muß sie schon in ihrer Jugend

dastehen, woferne sie als treffliche und tüchtige in unverdorbener Weise das Gerechte beurtheilen soll; darum denn nun zeigen sich die Wackeren in ihrer Jugend auch als gutmüthig Einfältige und können von den Ungerechten leicht getäuscht werden, weil sie ja in sich selbst keine Vorbilder besitzen, welche einen dem Schlechten ähnlichen Zustand enthalten. – Ja wohl, sagte er, gar sehr auch widerfährt ihnen wirklich dieß. – Demnach also, sprach ich, darf der tüchtige Richter nicht jung, sondern muß bereits ein Greis sein, welcher spät erst gelernt hat, was Ungerechtigkeit sei, indem er nicht etwa eine ihm eigenthümliche und in seiner eigenen Seele befindliche wahrgenommen hat, sondern sich bemühte, betreffs einer fremden in fremden Seelen nach langer Zeit herauszufühlen, welch ein Uebel sie sei, dabei nemlich ein Wissen, nicht aber selbsteigene Erfahrung in Anwendung bringend. – Wohl der edelste Mensch wenigstens, sagte er, scheint also der derartige Richter zu sein. – Ja, und eben ein tüchtiger, sagte ich, um welchen du nemlich vorhin fragtest; denn wer eine tüchtige Seele hat, ist tüchtig. Jener Gewandte hingegen und überall Schlechtes Argwöhnende, welcher selbst viel Ungerechtes verübt hat und sich selbst für einen Gewaltigen und Weisen hält, wird, wenn er mit seines Gleichen umgeht, sich als einen Gewandten zeigen, weil er sich bei dem Hinblicke auf die in ihm befindlichen Vorbilder wohl in Acht nimmt; wann er hingegen in die Nahe von Tüchtigen und bereits Aelteren kömmt, dann hinwiederum zeigt er sich als einen Unausstehlichen, weil er zur Unzeit mißtrauisch ist und nicht weiß, was ein unverdorbener Charakter sei, insoferne er ja kein Vorbild eines Derartigen besitzt; weil er aber eben häufiger auf Schlechte als auf Gute trifft, so scheint es sowohl ihm selbst, als auch anderen, daß er mehr weise als unwissend sei. – Ja, durchaus ist dieß wahr, sagte er. –

17. Nicht einen Derartigen demnach, sagte ich, darf man als den tüchtigen und weisen Richter suchen, sondern eben jenen Vorigen; denn die Schlechtigkeit wird niemals zur Erkenntniß ihrer selbst und der Vortrefflichkeit gelangen, hingegen die Vortrefflichkeit einer durch die Erziehung geregelten Begabung wird mit der Zeit das Wissen über sich selbst und über die Schlechtigkeit erfassen; weise also wird, wie mir scheint, ein Solcher, nicht aber der Schlechte werden. – Auch mir, sagte er, scheint es ebenso wie dir. – Nicht wahr also, auch eine Arzneikunst, wie wir sie oben angaben, wirst du in Verbindung mit einer derartigen Richter-Thätigkeit in unserem Staate gesetzlich feststellen, indem beide dir unter den Bürgern jenen, welche eine gute Begabung haben, bezüglich ihrer Körper und ihrer Seelen eine Pflege angedeihen lassen, die nicht gut

Begabten aber theils, wenn sie bezüglich des Körpers so sind, sterben lassen, theils, wenn sie bezüglich der Seele schlecht begabt und unheilbar sind, sie selbst tödten? – Als das Beste wenigstens, sagte er, zeigt sich's auf diese Weise sowohl für die Betheiligten selbst, als auch für den Staat. – Die jungen Leute demnach, sprach ich, werden dir klärlicher Weise sich wohl in Acht nehmen, daß sie nicht die Richter-Thätigkeit bedürfen, da sie ja jener einfachen musischen Bildung sich bedienen, von welcher wir oben sagten, daß sie Besonnenheit erzeuge. – Warum auch nicht? sagte er. – Wird also nun nicht der musisch Gebildete, indem er nach der gleichen Spur auch die gymnische Bildung verfolgt, ebenso, sobald er will, es auch erreichen, daß er der Arzneikunst nicht bedarf, außer in Fällen der wirklichen Nothwendigkeit? – So scheint es mir wenigstens. – In den gymnastischen Uebungen selbst also und in den körperlichen Anstrengungen wird er weit mehr im Hinblicke auf das Muthige seiner Begabung und um dieß zu wecken sich anstrengen, als etwa im Hinblicke auf die bloße Starke; nicht ja wird er, wie die übrigen Kämpfer, um der bloßen Körperkraft willen die Diät und die Anstrengungen betreiben. – Völlig richtig, sagte er. – Es werden also, o Glaukon, sprach ich, auch diejenigen, welche die musische und die gymnische Bildung vorschreiben, nicht aus jenem Grunde, welchen Einige annehmen, dieß vorschreiben, nemlich damit sie durch die eine dem Körper und durch die andere der Seele eine Pflege angedeihen lassen? – Aber aus welchem Grunde denn sonst? sagte er. – Es kömmt darauf hinaus, sagte ich, daß sie beides gerade in der Hauptsache um der Seele willen vorschreiben. – Wie so? – Bemerkst du nicht, sagte ich, in welchen Zustand gerade bezüglich der geistigen Thätigkeit diejenigen versetzt werden, welche ihr Leben lang nur mit der Gymnastik sich beschäftigen, die musische Bildung aber gar nicht einmal berühren? oder auch diejenigen, welche in den entgegengesetzten Zustand versetzt wurden? – Betreffs welchen Zustandes, sagte er, meinst du dieß? – Betreffs der Wildheit und Härte, sagte ich, und hinwiederum betreffs der Weichheit und Sanftheit. – Hierüber, sagte er, glaube ich, daß, wer ganz allein untermischt die gymnische Bildung anwendet, wilder daraus hervorgeht, als nöthig ist, und wer hinwiederum nur die musische allein, weicher wird, als es schön ist. – Und in der That auch, sprach ich, möchte das Wilde eben das Muthige in der Begabung zur Folge haben und bei richtiger Bildung nichts Anderes als das Tapfere sein, hingegen bei einer mehr als nöthigen Anspannung wohl, wie zu erwarten ist, ein Hartes und Bedrohliches werden. – Ja, so scheint es mir, sagte er. – Was weiter? Möchte das Sanfte nicht in der weisheitsliebenden Begabung liegen und bei größerem Nachlassen weicher werden als nöthig ist, hingegen bei richtiger

Bildung eben ein Sanftes und Ordentliches? – Ja, so ist es. – Wir behaupten aber ja, daß unsere Wächter diese beiden Begabungen haben sollen. – Ja, sie sollen es. – Nicht wahr also, wechselseitig müssen dieselben in Harmonie stehen? – Wie sollte es anders sein? – Und die Seele desjenigen, welcher harmonisch so gebildet ist, ist besonnen und tapfer? – Ja wohl. – Die desjenigen hingegen, welcher nicht harmonisch, feig und roh? – Ja wohl, gar sehr. –

18. Nicht wahr also, wenn Jemand der musischen Bildung sich darbietet, daß sie durch die Ohren wie durch einen Trichter in seine Seele jene von uns so eben erwähnten süßen und weichen und weinerlichen Tonweisen hineinflöte und in ihr ausgieße, und wenn er sowohl in wehklagender, als auch in fröhlicher Stimmung in Folge des Gesanges sein ganzes Leben zubringt, so wird er allerdings beim ersten Anfange, woferne er ein Muthiges in sich trug, es wie Eisen erweichen und aus einem unbrauchbaren und harten zu einem brauchbaren machen; wenn er aber so fortfährt und, ohne hierin nachzulassen, es stets besänftigt, so wird er bald hernach es bereits zerschmelzen und flüssig machen, bis er den Muth herausgeschmolzen und die Sehnen aus der Seele herausgeschnitten und einen „weichlichen Kämpfer“ erzeugt hat. – Ja wohl, allerdings, sagte er. – Und wenn er, sprach ich, es hiebei von vorneherein mit einem Muthlosen zu thun hat, so ist er schnell damit fertig, wenn aber mit einem Muthigen, so wird er den Muth schwächen und zu einem unüberlegten machen, welcher von kleinen Veranlassungen schnell aufbraust und wieder gelöscht wird; also Jähzornige und leidenschaftliche, nicht aber Mutige, sind diese geworden, voll von Unverträglichkeit. – Ja wohl, gar sehr. – Wie aber nun? Wenn hinwiederum Jemand in gymnischer Kunst sich vielfach anstrengt und in derselben förmlich schwelgt, musische Bildung aber und Streben nach Weisheit gar nicht einmal berührt, wird er da nicht beim ersten Anfange allerdings sich körperlich wohl verhaltend mit Selbstvertrauen und Muth erfüllt und tapferer werden, als er selbst war? – Ja, sehr. – Was aber weiter? sobald er gar Nichts anderes betreibt und in keinerlei Gemeinschaft mit irgend Musischem tritt, wird dann nicht, wenn auch in seiner Seele ein Lernbegieriges sich fand, dasselbe, weil es weder irgend einen Lerngegenstand oder eine Forschung zu kosten bekam, noch auch der begründenden Reden oder der übrigen musischen Thätigkeit theilhaftig wurde, nicht sicher ein Schwaches und Taubes und Blindes werden, insoferne es nicht geweckt und nicht genarrt und seine Wahrnehmungen nicht gereinigt wurden? – Ja, ebenso, sagte er. – Also ein Feind der begründenden Rede, glaube ich, wird der Derartige und ein musisch Ungebildeter, und von der

Ueberzeugung durch Angabe der Gründe wird er keinerlei Gebrauch mehr machen, sondern mit Gewalt und Wildheit wird er wie ein Thier bei Allem seinen Willen durchsetzen, und in Unwissenheit und Unbeholfenheit verbunden mit Formlosigkeit und Garstigkeit wird er sein Leben führen. – Ja durchaus so, sagte er, verhält sich's. – Zum Behufe dieser beiden demnach, wie es scheint, hat diese beiden Künste, wie ich wohl behaupten möchte, irgend ein Gott den Menschen verliehen, nemlich die musische und die gymnische Kunst zum Behufe des Muthigen und des Strebens nach Weisheit, nicht aber zum Behufe der Seele und des Leibes, außer etwa nur nebenbei, sondern eben zum Behufe jener anderen beiden, damit nemlich dieselben durch wechselseitiges Anspannen und Nachlassen bis zum eigentlich Gebührenden sich harmonisch vereinigen. – Ja, so scheint es auch, sagte er. – Also von demjenigen, welcher am schönsten mit der musischen Bildung die gymnische mischt und im richtigsten Maße sie an die Seele heranbringt, möchten wir wohl am füglichsten behaupten, daß er in vollendeter Weise der am meisten musisch Gebildete und harmonisch Gestaltete ist, weit mehr als jener, welcher bloß die Saiten harmonisch zusammen stellt. – Ja, aus guten Gründen wohl, o Sokrates, sagte er. – Nicht wahr also, auch in unserem Staate, o Glaukon, bedürfen wir stets eines derartigen Vorstehers, woferne die Staatsverfassung bewahrt bleiben soll. – Ja allerdings, im möglichst höchsten Grade werden wir eines solchen bedürfen. –

19. Das Gepräge denn nun der Erziehung und der Pflege dürfte dieses sein; denn wozu sollte man noch die Reigentänze der derartigen und ihre Jagden mit oder ohne Hunde und ihre gymnischen Wettkämpfe und Pferderennen durchgehen? es ist nemlich so ziemlich klar, daß Solches mit dem Vorigen im Einklange sein muß, und es ist nicht schwer, es ausfindig zu machen. – Ja, vielleicht, sagte er, ist es nicht schwer. – Weiter, sagte ich, was also dürfte uns wohl nach diesem festzustellen sein? etwa nicht die Frage, wer denn nun von eben diesen der Herrschende und der Beherrschtwerdende sei? – Was denn sonst? – Daß nun wohl bejahrtere die Herrscher sein müssen, jüngere aber die Beherrschten, ist klar? – Ja, klar. – Und auch, daß es ja die besten unter ihnen sein müssen? – Ja, auch dieß. – Sind aber nicht unter den Landbebauern die besten jene, welche im höchsten Grade Landbebauer sind? – Ja. – Nun aber, da jene ja unter den Wächtern die besten sein sollen, müssen es nicht diejenigen sein, welche im höchsten Grade Wächter des Staates sind? – Ja. – Nicht wahr also, sowohl klug müssen sie in dieser Beziehung sein, als auch befähigt, und ferner auch muß ihnen der Staat ein Gegenstand ihrer Sorge sein? – Ja, so ist es.

– Gegenstand der Sorge aber ist zumeist jenes, was man liebt? – Ja, nothwendig. – Und nun aber möchte Jemand wohl jenes zumeist lieben, für welches er das Nemliche als zuträglich erachtet wie für sich selbst, und zwar auch, wenn er glaubt, daß bei dem Wohlergehen desselben auch für ihn selbst ein Wohlergehen sich ergebe, im entgegengesetzten Falle aber das Entgegengesetzte. – Ja, ebenso, sagte er. – Auszuwählen also sind aus den übrigen Wächtern derartige Männer, von welchen bei unserer Erwägung es sich zumeist zeigt, daß sie ihr ganzes Leben hindurch dasjenige, was sie für den Staat als zuträglich erachten, mit aller Bereitwilligkeit thun, was aber als nicht zuträglich, in keiner Weise vollführen wollen. – Solche sind allerdings tauglich, sagte er. – Mir scheint demnach, man müsse sie in allen Lebensaltern beobachten, ob sie gute Wächter dieser Ansicht seien und weder durch eine Bezauberung noch durch Gewalt jene Meinung, daß man thun müsse, was für den Staat das beste ist, je vergessen und aus sich verbannen. – Welches Verbannen, sagte er, meinst du hiemit? – Ich will es dir sagen, erwiederte ich. Es scheint mir eine Meinung aus der Denkthätigkeit zu entschwinden entweder in freiwilliger oder in unfreiwilliger Weise; in freiwilliger nemlich die falsche Meinung aus demjenigen, welcher sich eines Anderen belehren ließ, in unfreiwilliger aber jede wahre Meinung. – Was hiebei das freiwillige Verbannen betrifft, sagte er, so verstehe ich es, hingegen das unfreiwillige wünsche ich erst noch kennen zu lernen. – Wie aber? sprach ich; hältst nicht auch du dafür, daß des Guten die Menschen unfreiwillig beraubt werden, des Schlimmen aber freiwillig? oder ist es nicht etwas Schlimmes, betreffs der Wahrheit getäuscht zu sein, etwas Gutes aber, die Wahrheit zu besitzen? oder scheint es dir nicht ein Besitz der Wahrheit zu sein, wenn man das wirklich Seiende in seiner Meinung erfaßt? – Du hast aber hiemit Recht, sagte er, und es scheinen mir die Menschen nur unfreiwillig ihrer wahren Meinung beraubt zu werden. – Nicht wahr also, entweder durch Ueberlistung oder durch eine Bezauberung oder durch Vergewaltigung widerfährt ihnen dieß? – Auch jetzt noch, sagte er, verstehe ich es nicht. – Es kömmt ja darauf hinaus, erwiederte ich, daß ich dunkel wie ein Tragiker spreche; überlistete nemlich nenne ich diejenigen, welche eines Andern sich belehren ließen und jene, welche Etwas vergaßen, weil nemlich den Einen die Zeit, den Anderen eine begründende Rede ihre Meinung, ohne daß sie es bemerken, benimmt; nemlich jetzt doch wohl verstehst du es? – Ja. – Vergewaltigte hingegen nenne ich diejenigen, welche irgend ein Schmerz oder eine Qual auf eine andere Meinung brachte. – Auch dieß, sagte er, verstehe ich, und du hast Recht. – Als Bezauberte aber möchtest ja wohl auch du, wie ich glaube, diejenigen bezeichnen, welche ihre Meinung ändern, indem sie durch irgend ein Vergnügen eingelullt wurden oder durch irgend eine Furcht in Angst sind. – Es scheint ja auch, sagte er, all jenes bezaubernd zu wirken, was eine Täuschung enthält. –

20. Demnach müssen wir, wie ich so eben sagte, suchen, welche die besten Wächter ihrer eigenen Ansicht seien, nemlich daß sie jenes wirklich thun müssen, was sie stets für den Staat als das Beste erachten. Beobachten also müssen wir sie von Jugend auf, indem wir ihnen Aufgaben vorlegen, bei welchen man das Derartige am ehesten vergessen und darin getäuscht werden könnte; und denjenigen, welcher eingedenk bleibt und sich nicht leicht täuschen läßt, müssen wir auswählen, jenen hingegen, der nicht so ist, bei Seite stellen; oder wie sonst? – Ja. – Auch Anstrengungen hinwiederum und Qualen und Kämpfe müssen wir für sie veranstalten, in welchen wir eben Jenes beobachten müssen. – Dieß ist richtig, sagte er. – Nicht wahr also, sprach ich, auch von der dritten Art nun, nemlich von der Bezauberung, müssen wir ihnen einen Wettstreit bewerkstelligen und dabei zuschauen; sowie man die jungen Pferde zu Geräusch und Lärm hinführt und hiedurch erkennt, ob sie furchtsam seien, ebenso müssen wir jene in der Jugend zu irgend Gegenständen der Furcht bringen und dann hinwiederum in Vergnügungen sie versetzen, indem wir sie in weit höherem Grade als Gold im Feuer erproben, ob Einer als schwer zu bezaubernd und als wohlanständiger in Allem sich zeige, ein tüchtiger Wächter seiner selbst und der musischen Bildung, welche er gelernt hat, in schönen Formen und in harmonischem Einklang in all diesem sich bewährend, wie er denn auch sowohl für sich als auch für den Staat der brauchbarste wäre. Und denjenigen, welcher immer, im Knaben- und im Jünglings- und im Mannes-Alter erprobt wurde und ohne Makel daraus hervorging, müssen wir als Herrscher und Wächter des Staates aufstellen und ihm bei Lebzeiten und im Tode Ehren erweisen, indem er bezüglich des Begräbnisses und der übrigen Zeichen des Andenkens die größte Auszeichnung erlangt; jenen aber, welcher nicht derartig ist, müssen wir bei Seite stellen. Solcher Art, o Glaukon, sagte ich, scheint mir die Auswahl und die Aufstellung der Herrscher und Wächter zu sein, um sie hiemit bloß dem allgemeinen Gepräge nach, nicht aber in aller Genauigkeit, anzugeben, – Auch mir, sagte er, zeigt sich's ungefähr so. – Ist es also wohl in Wahrheit das Richtigste, diese als vollständige Wächter sowohl bezüglich der äußeren Feinde als auch bezüglich der Freunde im Innern zu bezeichnen, damit nemlich die letzteren nicht den Willen und die ersteren nicht die Fähigkeit haben, Böses zu

verüben, diejenigen Jünglinge hingegen, welche wir bisher jetzt Wächter nannten, als Helfer und Beiständer für die Ansicht der Herrschenden zu bezeichnen? – Ja, mir wenigstens, sagte er, scheint es so. –

21. Welche Möglichkeit also nun, sprach ich, möchte sich uns wohl ergeben, daß es noch etwas Edles sei, wenn wir mit irgend einer jener nothwendigen Lügen, von welchen wir schon sprachen, die Leute belügen und hiedurch vor Allem zwar die Herrscher selbst und, wenn dieß nicht gelingen sollte, den übrigen Staat überreden wollen? – Welche Lüge denn? sagte er. – Keine neue, erwiederte ich, sondern irgend eine Phönikische, welche zwar früher schon an vielen Orten vorkam, wie die Dichter behaupten und uns hievon auch überzeugt haben, in unseren Zeiten aber nie vorgekommen ist und vielleicht, was ich nicht weiß, auch nicht vorkommen wird, jedenfalls aber eine bedeutende Ueberzeugungskraft erfordert, um Jemanden davon zu überzeugen. – Es sieht ja aus, sagte er, als nehmest du Anstand, es zu sagen. – Ich werde dir aber auch, erwiederte ich, aus guten Gründen Anstand zu nehmen scheinen, sobald ich es nur wirklich gesagt habe. – So sprich es nur aus, sagte er, und habe keine Furcht. – So spreche ich es denn nun aus; und doch weiß ich nicht, mit welcher Kühnheit oder mit welchen Worten ich es sagen und versuchen soll, zunächst die Herrscher selbst und die Krieger, sodann aber auch den übrigen Staat davon zu überzeugen, daß sie all dasjenige, was wir bisher über ihre Pflege und Bildung sagten, gleichsam in einem Traume zu erleben und an sich zu erfahren schienen, sie aber damals in Wahrheit unter der Erde im Innern derselben geformt und gepflegt wurden, sie selbst und ihre Waffen und all ihre übrigen kunstvoll gefertigten Geräthe, und sie dann, nachdem sie vollständig ausgearbeitet waren, und ihre Mutter, die Erde, sie nach Oben an's Licht gesendet hatte, nun auch über das Land, in welchem sie sind, wie über eine Mutter und Pflegerin, sich berathen und dasselbe vertheidigen müssen, wenn Jemand es angreift, und sie ebenso auch über die übrigen Bürger wie über Brüder und gleichfalls Erdentsprossene denken müssen. – Nicht umsonst allerdings, sagte er, hast du schon von vorneherein dich geschämt, diese Lüge auszusprechen. – Allerdings, erwiederte ich, aus guten Gründen; aber dennoch höre auch noch das Uebrige dieser Fabel. Ihr alle nemlich, – so werden wir zu ihnen in Erzählung der Fabel sprechen –, seid Brüder im Staate; aber der Gott hat, als er euch formte, denjenigen von euch, welche tüchtig zum Herrschen sind, bei der Entstehung Gold beigemischt, daher diese auch die Ehrwürdigsten sind, Silber hingegen jenen, welche Helfer sind, Eisen aber und Erz den Landbebauern und den

übrigen Handwerkern. Insoferne ihr also sämmtlich mit einander verwandt seid, erzeugt ihr wohl meistenteils solche Nachkommen, welche euch selbst ähnlich sind, zuweilen aber kann auch aus einem Goldenen ein silberner Sprößling und aus einem Silbernen ein goldener Sprößling und ebenso auch bei allen Uebrigen wechselseitig entstehen. Den Herrschern also gebietet der Gott vor Allem und zumeist, daß sie in Nichts so gute Wächter sein und Nichts so sehr bewachen sollen, als eben ihre Sprößlinge, nemlich was in den Seelen derselben etwa beigemischt sei, und daß sie, wenn ihr Sprößling mit Erz oder mit Eisen versetzt zur Welt komme, in keiner Weise Mitleid haben, sondern die seiner Begabung gebührende Geltung ihm verleihen und ihn in die Handwerker und Landbebauer verstoßen, und hinwiederum auch, wenn von diesen Einer mit Gold oder Silber versetzt geboren wird, sie ihm seine Geltung anweisen und ihn entweder zu den Wächtern oder zu den Helfern hinaufbringen, da es ein altes Orakel ist, daß der Staat dann zu Grunde gehe, wann ihn das Eisen oder das Erz bewache. Weißt du also nun betreffs dieser Fabel irgend eine Möglichkeit, daß die Leute von ihr überzeugt werden? – In keiner Weise, sagte er, wenigstens, daß diese Jetzigen selbst es werden, vielleicht aber, daß deren Söhne und Nachkommen und überhaupt die späteren Menschen. – Aber auch dieß, sagte ich, wäre gut, damit sie dereinst mehr den Staat und wechselseitig sich selbst zum Gegenstande ihrer Sorge machen würden; ich verstehe nemlich so ziemlich, was du hiemit meinst. Und dieß denn nun wird sich wohl so verhalten, wie es der göttliche Ausspruch lenkt.

22. Wir aber wollen diese Erdgebornen nun bewaffnen und unter Anführung ihrer Herrscher ausrücken lassen. Nachdem sie aber ausmarschirt sind, sollen sie sich umsehen, wo im Staate sie am besten ein Lager schlagen werden, um von dort aus sowohl die Einwohner am meisten im Zaume zu halten, falls Jemand den Gesetzen sich nicht fügen wollte, als auch die Auswärtigen abzuwehren, falls Jemand als Feind wie ein Wolf zur Heerde herankäme; nachdem sie aber Lager geschlagen haben, sollen sie die nöthigen Opfer verrichten, und dann sich Schlafstätten bereiten; oder wie anders? – Eben so, sagte er. – Nicht wahr also, derartige Schlafstätten, daß dieselben sowohl im Winter Schutz gewähren, als auch für den Sommer genügend sind? – Warum auch nicht? Wohnungen nemlich, sagte er, scheinst du mir hiemit zu meinen. – Ja, erwiederte ich; nemlich eben Krieger-Wohnungen, nicht aber Wohnungen für den Gelderwerb. – Wie meinst du hinwiederum, sagte er, daß letztere von ersten sich unterscheiden? – Ich will es versuchen, dieß dir anzugeben. – Nemlich das Schrecklichste von

Allem und das Schimpflichste für Hirten ist doch wohl, wenn sie derartige Hunde in solcher Weise als Wächter der Heerde aufziehen, daß in Folge der Zügellosigkeit oder des Hungers oder irgend einer anderen schlechten Angewöhnung die Hunde selbst sich daran machen, den Schafen Böses zuzufügen, und so eher Wölfen als Hunden gleichen. – Ja, schrecklich, sagte er, ist es, und wie sollte es auch nicht? – Nicht wahr also, auf jede Weise muß man es verhüten, daß unsere Helfer nicht Derartiges gegen die Bürger, da sie denselben überlegen sind, verüben, nemlich daß sie nicht eher wilden Gebietern als wohlwollenden Bundesgenossen gleichen. – Ja, verhüten muß man dieß, sagte er. – Nicht wahr also, mit der größten Vorsicht hierin wären sie wohl schon ausgerüstet, woferne sie in Wahrheit gut erzogen sind? – Nun aber sind sie dieß ja schon, sagte er. – Und ich erwiederte: Dieß gerade soll man nicht zu sehr betheuern, mein lieber Glaukon; hingegen, was wir eben sagten, soll man betheuern, daß es nemlich nothwendig ist, daß jene die richtige Erziehung, welche immer sie sein mag, erlangen, woferne sie den wichtigsten Punkt dazu besitzen sollen, um sanft zu sein gegen sich selbst unter sich und gegen die von ihnen Bewachten. – Ja, und zwar mit Recht, sagte er. – Aber neben dieser Erziehung nun sollen sie, wie jeder Verständige wohl behaupten dürfte, auch derartige Wohnungen und eine derartige übrige Habe sich bereitet haben, welche weder den Wächtern selbst es unmöglich machen, daß sie die Besten sind, noch sie veranlassen, den übrigen Bürgern Böses zu thun. – Ja, und in Wahrheit wird man dieß behaupten. – Sieh also zu, sagte ich, ob sie etwa in folgender Weise leben und wohnen müssen, woferne sie eben Derartige sein sollen: Erstens nemlich daß Keiner irgend eine ihm eigenthümliche Habe besitze, wenn es nicht durchaus nothwendig ist; ferner daß Keiner eine Wohnung oder irgend eine Vorratskammer habe, in welche nicht ein Jeder, der will, eintreten kann; alles Nöthige aber, was besonnene und tapfere Kriegs-Kämpfer bedürfen, sollen sie nach bestimmter Feststellung von den übrigen Bürgern als Lohn für ihren Wachdienst erhalten, und zwar gerade so Viel, daß für den Zeitraum eines Jahres ihnen weder Etwas übrig bleibt, noch sie Mangel haben; gemeinschaftliche Mahlzeiten aber sollen sie besuchen und so, wie im Feldlager, gemeinschaftlich leben; was aber Gold und Silber betrifft, so soll man ihnen sagen, daß sie von den Göttern her stets in ihrer Seele göttliches Gold und Silber besitzen und das menschliche nicht bedürfen, und daß es nicht erlaubt sei, den Besitz des ersteren durch Mischung mit dem Besitze des sterblichen Goldes zu beflecken, weil ja viel Frevelhaftes betreffs des gewöhnlichen Geldes schon geschehen sei, das bei ihnen selbst befindliche aber makellos sei; hingegen ihnen allein unter den im Staate Lebenden soll es verpönt sein, Gold und Silber in die Hand zu nehmen und zu berühren, oder unter demselben Dache mit ihm zu wohnen, oder es als Schmuck umzuhängen oder aus silbernem und goldenem Geschirre zu trinken. Und auf diese Weise also möchten sie sowohl selbst bewahrt bleiben, als auch den Staat bewahren; wann hingegen sie selbst sowohl eigenes Land als auch Wohnungen und Geld besitzen, dann werden sie nicht Wächter, sondern Haushälter und Landbebauer sein und eher feindliche Gebieter als Bundesgenossen der übrigen Bürger werden, und hassend und gehaßt und Hinterlist übend und durch Hinterlist verfolgt werden sie ihr ganzes Leben hinbringen, da sie weit mehr und heftiger die Eingebornen als die äußeren Feinde fürchten müssen und hiemit bereits sogleich dem Verderben entgegenrennen, sie selbst sowohl als auch der übrige Staat. Wollen wir also, sagte ich, um all dieser Dinge willen behaupten, daß auf diese Weise die Wächter betreffs ihrer Wohnung und des sämmtlichen Uebrigen eingerichtet sein sollen, und wollen wir dieß gesetzlich feststellen oder nicht? – Ja, allerdings, sagte Glaukon. –

Viertes Buch

1. Und Adeimantos griff nun in die Unterredung ein und sagte: Wie aber, o Sokrates, wirst du dich verteidigen, wenn Jemand sagt, du machest diese Männer gar nicht sehr glücklich, und zwar durch sie selbst, sie, in deren Händen eigentlich der Staat liege, und welche dann doch nichts Gutes vom Staate genießen wie alle Uebrigen, welche Ländereien besitzen und sich schöne und große Häuser bauen und für dieselben eine passende innere Einrichtung sich anschaffen und Privat-Opfer für die Götter entrichten und Gastfreunde bewirthen und denn nun auch, was du vorhin erwähnst, Gold und Silber und alles Uebrige besitzen, was für jene allgemein als nothwendig gilt, welche glückselig sein sollen; sondern so ziemlich, möchte man sagen, wie um Sold gemietete Helfer scheinen sie in deinem Staate dazusitzen, indem sie nichts Anderes thun, als eben nur Wache halten. – Ja, sagte ich, und zwar sind sie noch dazu bloß um die Kost gedungen und erhalten außer der Kost keinen Lohn mehr wie die Uebrigen, so daß nicht einmal, wenn sie für sich allein eine Reise machen wollen, sie dieß können, und auch den Freudenmädchen nichts schenken können, noch auch, wenn sie auf irgend etwas Anderes Geld verwenden sollen, wie ja doch jene es verwenden, welche als die Glücklichen gelten; dieß nemlich

und viel anderes derartiges hast du bei deiner Einwendung ausgelassen. – Nun gut aber, sagte er, es sei hiemit auch dieß eingewendet. – Was wir also zu unserer Vertheidigung sagen werden, frägst du? – Ja. – Auf eben dem nemlichen Pfade fortschreitend, erwiederte ich, werden wir, wie ich glaube, auch finden, was wir sagen müssen. Wir werden nemlich sagen, daß es wohl gar nichts Wundersames sein dürfte, wenn auch auf diese Weise jene etwa doch noch die glücklichsten wären, und daß wir ja nicht im Hinblicke darauf unsern Staat gründen, daß uns irgend Eine Klasse in hervorragender Weise glücklich sei, sondern darauf, daß so sehr als möglich der ganze Staat es sei; denn wir glaubten ja auch in einem solchen zumeist die Gerechtigkeit finden zu werden und ebenso auch hinwiederum in dem am schlechtesten eingerichteten die Ungerechtigkeit, und dann wohl, wenn wir dieß erblickt hätten, auch beurtheilen zu können, was wir schon längst suchen. Jetzt also gestalten wir, wie wir glauben, den glücklichen Staat, und zwar nicht einen bloßen Theil desselben hervorhebend, indem wir etwa nur einige Wenige als glückliche aufstellen würden, sondern eben den ganzen; hernach aber dann werden wir den entgegengesetzten erwägen. Ebenso also wie wenn Jemand, während wir Bildsäulen bemalen, zu uns herzuträte und uns tadelte, daß wir den schönsten Theilen der ganzen Gestalt nicht auch die schönsten Farben geben, denn die Augen, die doch das schönste sind, seien nicht mit Purpur, sondern schwarz angestrichen, wir dann wohl ganz genügend uns gegen ihn durch die Worte zu vertheidigen schienen: „Du Wunderlicher, glaube doch nicht, es sei nothwendig, die Augen so schön zu malen, daß sie gar nicht einmal mehr als Augen erscheinen, und ebenso auch bei den übrigen Theilen, sondern beachte nur, ob wir jedem einzelnen das ihm Gebührende verleihen und hiedurch das Ganze zu einem schönen machen“, – ebenso zwinge uns jetzt auch nicht, den Wächtern einen derartigen Glückszustand beizumessen, welcher sie eher zu allem Anderen, nur nicht zu Wächtern machen wird; denn wir verstehen es allerdings sehr wohl, den Landbebauern den Rath zu geben, daß sie mit Prunkgewändern angethan und mit Goldschmuck behängt völlig nach Vergnügen ihr Land bestellen, und so auch den Töpfern, daß sie sich hinstrecken neben dem Feuer und der Reihe nach sich zutrinken und schwelgen und die Töpferscheibe dabei neben sich legend so viel verfertigen als sie eben Lust haben, und wir verstehen es, auch alle Uebrigen auf solche Weise zu beglücken, damit ja der ganze Staat glücklich sei; aber gib uns nur nicht solche Lehren, daß, wenn wir dir folgen, weder der Landbebauer mehr ein Landbebauer, noch der Töpfer ein Töpfer ist, noch irgend ein Anderer mehr jene ihm eigene Form hat, woraus zuletzt ein Staat entsteht. Aber jene Uebrigen kommen weniger in Betracht;

denn wenn Schuhflicker schlecht werden und zu Grunde gehen und sich als solche geberden, während sie es nicht sind, so ist dieß für den Staat nichts Arges; wenn aber Wächter der Gesetze und des Staates es nicht wirklich sind, sondern bloß zu sein scheinen, dann siehst du wohl, daß sie den gesammten Staat von Grund aus vernichten, und daß hinwiederum auch sie allein für die richtige Einrichtung und für das Glück desselben den Anhaltspunkt in Händen haben. Wenn also wir die Wächter in Wahrheit zu solchen machen, welche am wenigsten dem Staate Böses zufügen, der Urheber jenes Einwandes aber sie zu irgend Landbebauern und zu solchen macht, welche wie in einer Festversammlung und nicht wie in einem Staate die glücklichen Festgeber spielen, so meint er hiemit wohl etwas Anderes als einen Staat. Es ist also zu erwägen, ob wir die Wächter im Hinblicke darauf aufstellen sollen, daß ihnen selbst der größte Glücksstand ermöglicht werde, oder ob wir dieß im Hinblicke auf den ganzen Staat, ob nemlich ihm es ermöglicht werde, betrachten sollen, jene Helfer aber und die Wächter zwingen und überreden müssen, das zu bewerkstelligen, daß sie die bestmöglichen Werkmeister der ihnen eigenen Werkthätigkeit seien, und bei allen Uebrigen ebenso, und hiemit auf diese Weise, indem der gesammte Staat wächst und richtig eingerichtet wird, es eben so belassen müssen, wie den je einzelnen Klassen ihre innere Natur selbst eine Teilnahme an dem Glücksstande verleiht. – Aber du scheinst mir, sagte er, hierin Recht zu haben. –

2. Werde ich also wohl, sagte ich, auch das hiemit nahe Verwandte dir richtig anzugeben scheinen? – Was denn eigentlich? – Erwäge hinwiederum auch betreffs der übrigen Werkmeister, ob Folgendes sie verderbe, so daß sie gleichfalls schlechter werden. – Welcherlei soll dieß sein? – Reichthum und Armuth, sagte ich. – Wie so denn? – Folgendermaßen: Scheint es dir, daß ein reich gewordener Töpfer noch um seine Kunst sich bekümmern werde? – Keineswegs, sagte er. – Sondern träge wohl und sorglos wird er in höherem Grade werden, als er früher war? – Ja, bei Weitem. – Nicht wahr also, ein schlechterer Töpfer wird er? – Ja, bei Weitem auch dieß. – Und nun ja, wenn er in Folge von Armuth Werkzeuge oder irgend etwas Anderes, was zu seiner Kunst gehört, sich nicht anschaffen kann, so wird er sowohl seine Arbeit schlechter machen, als auch seine Söhne oder Andere, welche er heranbildet, zu schlechteren Werkmeistern heranbilden. – Warum nicht? – Durch beides demnach, nemlich durch Armuth und durch Reichthum werden schlechter die Werke der Künste, schlechter aber auch die Künstler selbst. – Ja, so zeigt sich's. – Also schon ein

Weiteres, wie es scheint, haben wir wieder für die Wächter gefunden, von welchen man auf jede Weise verhüten muß, daß es nicht, von ihnen unbemerkt, in den Staat eindringe. – Welches ist dieß? – Eben Reichthum und Armuth, sagte ich, da ersterer Ueppigkeit und Trägheit und Neuerungssucht erzeugt, letztere aber auch unfreien Sinn und schlechte Arbeit neben der Neuerungssucht. – Ja, allerdings wohl, sagte er; aber erwäge, o Sokrates, auch Folgendes: Wie wird unser Staat im Stande sein, Krieg zu führen, wenn er nicht Geld besitzt, zumal falls er genöthigt ist, gegen einen großen und reichen Staat Krieg zu führen? – Es ist klar, sagte ich, daß es gegen Einen solchen schwerer sein wird, leichter aber gegen Zwei derartige. – Was sagtest du da? erwiederte er. – Erstens ja, sagte ich, werden sie, wenn es zum Kampfe kömmt, doch wohl mit reichen Männern zu kämpfen haben, sie, die geübte Streiter im Kriege sind? – Ja, dieß gewiß, sagte er. – Wie also nun? o Adeimantos, sprach ich; scheint es dir nicht, daß Ein Faustkämpfer, welcher hiezu so trefflich als möglich gerüstet ist, mit Zweien, welche keine Faustkämpfer, wohl aber reich und fett sind, gar leicht kämpfen würde? – Nicht doch vielleicht, sagte er, wenigstens zu gleicher Zeit. – Etwa auch dann nicht, wenn er die Möglichkeit hätte, in verstellter Flucht jedesmal denjenigen von den beiden, welcher zuerst sich ihm naht, sobald er nach ihm sich umwendet, zu schlagen, und er dieß zu wiederholten Malen in der brennenden Sonnenhitze thäte? würde etwa ein Solcher nicht sogar auch mehrere Solche bändigen? – Ja, es wäre zuletzt, sagte er, dieß wohl kein Wunder. – Aber glaubst du nicht, daß die Reichen vermöge ihres Wissens und ihrer Erfahrung an der Kunst des Faustkampfes doch selbst noch mehr Antheil haben als an jener des eigentlichen Krieges? – Ja, sicher, sagte er. – Gar leicht also würden, wie es wahrscheinlich ist, unsere geübten Streiter gegen eine doppelt oder dreifach so große Anzahl, als sie selbst sind, kämpfen? – Ich will es dir hiemit zugeben, sagte er; denn du scheinst mir Recht zu haben. – Wie aber? wenn sie eine Gesandtschaft in jenen anderen Staat schicken und, was auch die Wahrheit ist, sagen würden: „Wir machen keinen Gebrauch von Gold oder Silber, und es ist dieß bei uns nicht erlaubt, bei euch hingegen wohl; vereiniget euch daher im Kriege mit uns und nehmt hiemit die Habe der Uebrigen" –, glaubst du da, daß irgend Jemand, wenn er dieß hört, es vorziehen würde, gegen abgehärtete und hagere Hunde zu kämpfen, als in Verbindung mit den Hunden gegen fette und weichliche Schafe? – Keiner, wie mir scheint; aber wenn ja in Einen Staat das Vermögen aller übrigen etwa vereinigt würde, so sieh doch zu, ob dieß nicht dem des Reichthumes entbehrenden Staate Gefahr bringe. – Du besitzest doch eine glückliche Unbefangenheit, sagte ich, daß du es der Mühe werth hältst, auch noch irgend etwas Anderes mit dem Namen „Staat“ zu bezeichnen, als denjenigen, welchen wir bisher einrichteten. – Aber was soll es denn sonst sein? sagte er. – Eine weit größere Bezeichnung, sprach ich, ist für die übrigen erforderlich; denn ein jeder einzelne derselben ist, wie man im Scherze sagen könnte, gar viele Staaten, nicht aber ein Staat; nemlich zwei sind es, mag es gehen wie es wolle, jedenfalls, und zwar gegenseitig feindliche, der eine der Staat der Armen und der andere der Staat der Reichen, und in jedem dieser beiden sind wieder sehr viele; wenn du aber all diesen wie einem Einzigen dich näherst, so greifst du überall Fehl, hingegen wenn du dich ihnen wie wirklich vielen näherst, indem du, was Sache der Verschiedenen ist, eben den Verschiedenen zutheilst, mag dieß das Geld oder die Macht oder die Personen selbst betreffen, so wirst du wenigstens immer viele Bundesgenossen, aber wenige Feinde haben. Und so lange dein Staat eben in jener besonnenen Weise, welche wir bisher feststellten, eingerichtet ist, wird er an sich der größte sein, ich meine aber hiemit nicht der Geltung bei den Leuten nach, sondern in Wahrheit der größte, und sollte er auch nur tausend Streiter zählen; denn einen einheitlichen Staat, welcher in eben diesem Sinne ein großer wäre, findest du überhaupt nicht leicht, weder bei den Griechen noch bei den Nichtgriechen, wohl aber sehr viele, welche groß und vielmal größer als der derartige zu sein scheinen; oder bist du anderer Meinung? – Nein, bei Gott nicht, sagte er. –

3. Nicht wahr also, sagte ich, dieß wäre wohl auch für unsere Herrscher das schönste Maß bezüglich der Größe, in welcher man den Staat anlegen, und wie viel Land man für den so oder so großen abgränzen, das übrige aber bei Seite lassen solle? – Welches Maß? sagte er. – Ich glaube, sprach ich, folgendes: so lange der Staat, während er wächst, noch ein einheitlicher bleiben kann, lasse man ihn wachsen, darüber hinaus aber nicht. – Ja, und so ist es recht, sagte er. – Nicht wahr also, auch diese Vorschrift hinwiederum wollen wir den Wächtern aufstellen, nemlich in jeder Weise zu verhüten, daß der Staat weder klein noch groß zu sein scheine, sondern eben irgend ein genügender und einheitlicher sei. – Ja, und eine sehr schlichte Vorschrift, sagte er, ist dieß, welche wir ihnen hiemit geben. – Und noch schlichter als diese, sprach ich, ist folgende, welche wir auch schon im Obigen erwähnten, wo wir sagten, man solle, sowohl wenn ein schlechter Sprößling der Wächter zur Welt komme, ihn zu den Anderen fortschicken, als auch wenn ein tüchtiger Sprößling der Anderen, zu den Wächtern. Dieß aber wollte uns damals besagen, daß man auch von den übrigen Bürgern einen jeden Einzelnen zu jener je einzelnen Werkthätigkeit, für welche

er begabt ist, hinbringen solle, damit jeder, indem er das ihm eigene Eine betreibt, nicht ein Vielheitlicher, sondern Einer werde, und so denn nun auch der gesammte Staat als Einer und nicht als vielheitlicher hervorwachse. – Ja, es ist auch wirklich diese Vorschrift noch kürzer gefaßt als die vorhergehende. – Nicht also, mein guter Adeimantos, sage ich, werden wir, wie wohl Mancher erwarten möchte, ihnen all jene vielen und langen Vorschriften geben, sondern lauter schlichte, woferne sie nur jene Eine von uns angegebene große, oder vielmehr nicht große, sondern nur genügende, bewahren. – Welche ist diese? sagte er, – Die Bildung und die Pflege, sagte ich, – Denn wenn sie in Folge richtiger Bildung geziemende Männer werden, so werden sie all dieses leicht selbst durchschauen, und auch alles Andere, was wir für jetzt übergehen, den Bestand der Frauen und der Ehen und der Kindererzeugung, daß man nemlich dieß Alles nach dem Sprüchworte so sehr als möglich zu einem für Freunde Gemeinsamen machen solle. – Am richtigsten wohl, sagte er, geschähe es so, – Und in der That auch, sprach ich, schreitet ein Staat, wenn er Einmal auf richtigem Wege ist, bei seiner Zunahme wie im Kreislauf fort; Pflege und Bildung nemlich, wenn sie wacker bewahrt werden, erzeugen eine gute Begabung, und hinwiederum eine wackere Begabung wird, wenn sie an derartiger Bildung theilnimmt, wieder noch besser als die der Früheren war, sowohl im Uebrigen als auch insbesondere bezüglich der Zeugung, ebenso wie auch bei den übrigen lebenden Wesen. – Ja, wie zu erwarten ist, sagte er. – Um es demnach kurz zu sagen, daran müssen die Fürsorger des Staates festhalten, daß nicht ihnen unbemerkt bleibe, wenn hierin Etwas verdorben wird, und daß sie in jeder Beziehung eine ordnungswidrig Neuerungssucht betreffs der gymnischen und musischen Bildung verhüten, hingegen so sehr als möglich dieselbe bewahren, befürchtend, es möchte bei den Worten:

> „auf jenen Gesang merken die Menschen lieber auf,
> welcher als der neueste beim Singen sie umschwebt“

gar oft Jemand meinen, der Dichter spreche hier nicht von neuen Gesängen, sondern von einer neuen Gesangsweise, und er möchte Solches dann loben; man darf aber das Derartige weder loben noch auch jenen Vers so auslegen; nemlich vor der Einführung einer neuen Art der Musik muß man sich hüten, da man dabei bezüglich des Gesammten Gefahr läuft, denn nirgends wird an den musikalischen Weisen gerüttelt, ohne daß dieß zugleich auch an den wichtigsten staatlichen Gesetzen geschehe, wie sowohl Damon behauptet, als auch ich es ihm glaube. – Rechne aber hiemit auch mich, sagte Adeimantos, zu jenen, welche es glauben. –

4. Den eigentlichen Wachposten also, sprach ich, müssen die Wächter, wie es scheint, wohl hier irgendwo, nemlich in der musischen Bildung, aufschlagen. – Wenigstens eine Widersetzlichkeit dieser Art, sagte er, dringt leicht, ohne daß man es bemerkt, tiefer ein. – Ja, sagte ich, eben weil sie in Geltung eines bloßen Spieles in einer Weise wirkt, als wäre sie gar kein Uebel. – Sie wirkt nemlich auch nichts Anderes, sprach er, als daß sie allmälig sich einnistet und gar stille in die Sitten und Bestrebungen überfließt, aus diesen aber schon in größerer Gestalt in den wechselseitigen Verkehr hinaustritt, aus diesem Verkehre aber bereits gegen die Gesetze und gegen die Staaten, o Sokrates, mit vieler Unverschämtheit sich wendet, bis sie zuletzt Alles im Privat- und im öffentlichen Leben umstürzt. – Gut, sagte ich; verhält sich dieß wirklich so? – Ja, mir scheint es, sagte er. – Nicht wahr also, es müssen, wie wir schon zu Anfang sagten, unsere Kinder sogleich schon an einem gesetzlicheren Spiele sich betheiligen, da, wenn jenes ein widergesetzliches ist und auch Kinder selbst ebenso beschaffen sind, unmöglich aus ihnen gesetzliche und tüchtige Männer heranwachsen werden? – Wie sollte es auch anders sein? – Wenn also die Kinder schon das Spielen richtig beginnen und so die Wohlgesetzlichkeit vermittelst des Musischen in sich aufnehmen, so begleitet sie dieß in entgegengesetzter Weise wie jene zu Allem und befördert ihr Wachsthum, indem es selbst wieder aufrichtet, was vorher im Staate darniederlag. – Dieß ist allerdings wahr, sagte er. – Und also auch jene für unbedeutend gehaltenen gesetzlichen Bestimmungen, sprach ich, werden diese leicht selbst finden, welche von den Vorigen sämmtlich waren vernichtet worden. – Welcherlei? – Die folgenden: Das Schweigen der Jüngeren in Gegenwart der Aelteren, wie sich's geziemt, und die Rangordnung im Sitzen und das Sicherheben vor den Aelteren und die Pflege von Vater und Mutter, und auch das Schneiden der Haare und des Bartes und die Kleidung und die Beschuhung und die gesammte Haltung des Körpers und was sonst dergleichen ist; oder glaubst du nicht? – Ja gewiß. – Gesetzliche Bestimmungen aber hierüber aufzustellen, halte ich für einfältig, denn weder läßt sich solches doch wohl als Gesetz in Worte und Buchstaben bringen, noch hätte es in denselben Bestand. – Wie sollte es auch? – Es kömmt also wohl darauf hinaus, o Adeimantos, sagte ich, daß, nach welcher Richtung hin Jemand in Folge seiner Bildung den Weg einschlägt, eben derartiges auch das hierauf Folgende sein wird; oder ruft nicht immer das Gleiche Gleiches hervor? – Wie denn anders? – Und wir könnten,

glaube ich, wohl behaupten, daß es zuletzt in irgend ein Einziges und Vollständiges und Uebersprudelndes, sei es ein Gutes oder dessen Gegentheil, auslaufe. – Warum auch nicht? sagte er. – Ich demnach, sprach ich, möchte deswegen es nicht mehr versuchen, über Derartiges gesetzliche Bestimmungen zu geben. – Ja, aus guten Gründen, sagte er. – Wie aber? bei Gott! sagte ich, dieses Alltägliche da, was den Marktverkehr betrifft, in welchem die Einzelnen wechselseitig stehen, und was, wenn du willst, auch den Handwerker-Verkehr betrifft und was die Schmähungen und die Beschimpfungen und das Anhängigmachen von Prozessen und das Aufstellen von Richtern betrifft, und wenn irgend das Eintreiben und Feststellen von Abgaben auf Marktplätzen oder an Häfen nöthig ist, oder überhaupt auch die sämmtliche Markt-, Stadt- oder Hafen-Polizei und was sonst derartig ist, – sollen wir es über uns gewinnen, irgend Etwas von Diesem gesetzlich festzustellen? – Aber es lohnt sich ja nicht der Mühe, sagte er, guten und tüchtigen Männern hierüber Vorschriften zu geben, denn das meiste hievon, was nemlich gesetzlich festgestellt werden soll, werden sie leicht selbst finden. – Ja, mein Freund, sagte ich, woferne ihnen ein Gott die Bewahrung jener Gesetze verleiht, welche wir im Vorigen durchgingen. – Wenn aber dieß nicht geschieht, sagte er, so werden sie mit fortwährendem Aufstellen und Wiederverbessern vieler derartiger Bestimmungen ihr Leben hinbringen, in dem Wahne, doch einmal das Beste treffen zu werden. – Du sprichst hiemit aus, sagte ich, daß die Derartigen ein Leben führen werden, wie jene Kranken, welche in Folge ihrer Zügellosigkeit ihre schlechte Lebensweise nicht aufgeben wollen. – Ja, allerdings. – Und in der That führen diese ja ein gar köstliches Leben; an sich herumcurirend nemlich bringen sie Nichts zu Wege, als daß sie ihre Krankheiten noch mannigfaltiger und größer machen und immer in der Erwartung sind, daß, sobald ihnen Jemand eine Arznei räth, sie durch diese gesund würden. – Gar sehr ja, sagte er, ist dieß wirklich der Zustand jener, welche auf solche Weise krank sind. – Wie aber nun? sprach ich; ist Folgendes an ihnen nicht gar köstlich, daß sie denjenigen für den ärgsten Feind von Allen halten, welcher ihnen die Wahrheit sagt, daß vor dem Aufhören ihrer Trinksucht und Völlerei und ihrer Liebesgenüsse und des Müßigganges weder Arznei, noch Brennen, noch Schneiden, noch Zauberformeln, noch Amulette, noch irgend sonst etwas Derartiges ihnen Etwas nützt? – Eben sehr köstlich ist dieß nicht, sagte er; denn demjenigen zu grollen, welcher Recht hat, ist nichts Köstliches. – Kein Lobredner, sagte ich, bist du, wie es scheint, der derartigen Männer. – Nein, bei Gott nicht. –

5. Und also auch, wenn der gesammte Staat Solches thut, wie wir so eben vorhin sagten, wirst du es nicht loben.. Oder scheinen dir nicht das Nämliche, wie jene, unter den Staaten alle diejenigen zu thun, welche, während sie schlecht verwaltet werden, den Bürgern das Verbot verkünden, irgend an der gesammten Verfassung des Staates zu rütteln, da die Todesstrafe den Thäter treffe, wobei aber derjenige, welcher die unter solcher Verwaltung stehenden am süßesten schmeichelt und ihnen zu Gefallen ist, indem er zuvorkommend eilt und ihre Wünsche vorher erräth, und diese zu erfüllen gewandt ist, als ein tüchtiger Mann und als ein Weiser in den wichtigsten Dingen gilt und von ihnen geehrt wird? – Ja wohl, sagte er, das Nemliche scheinen sie mir zu thun, und ich lobe sie in keinerlei Weise. – Wie aber hinwiederum? bewunderst du nicht diejenigen, welche den Willen und Eifer haben, derartigen Staaten zu schmeicheln, wegen ihres Muthes und ihrer Geschmeidigkeit? – Ja gewiß, sagte er, nur diejenigen nicht, welche von jenen sich täuschen ließen und in Wahrheit sich für Staatsmänner halten, weil sie vom großen Haufen gelobt werden. – Wie sagst du? keine Verzeihung also läßst du, sprach ich, solchen Männern angedeihen? oder glaubst du, es sei für einen Mann, welcher sich auf das Messen nicht versteht, irgend möglich, es nicht von sich selbst wirklich zu glauben, wenn andere Derartige ihm sagen, er sei vier Ellen groß? – Ja, dieß wenigstens, sagte er, möchte ich schwerlich glauben. – Also zürne ihnen nicht; denn es sind ja auch wohl von Allen die köstlichsten Diejenigen, welche gesetzliche Bestimmungen, wie wir sie so eben vorhin durchgingen, immer aufstellen und wieder verbessern, in dem Wahne, sie fänden irgend eine feste Gränze betreffs der Vergehen in dem Verkehre und betreffs der so eben erwähnten Dinge, dabei aber nicht wissend, daß sie in Wahrheit gleichsam nur einer Hydra die Köpfe abschneiden. – Und in der That ja, sagte er, sie thun wirklich nichts Anderes. – Ich demnach, sprach ich, möchte glauben, daß mit der derartigen Gattung betreffs der Gesetze und der Verfassung weder in einem gut, noch in einem schlecht verwalteten Staate der wahrhafte Gesetzgeber sich beschäftigen solle, in dem letzteren, weil da diese Bestimmungen nutzlos sind und Nichts fördern, in ersterem, weil die einen derselben Jedweder leicht selbst finden dürfte, die anderen aber in Folge früherer Bestrebungen ganz von selbst sich einstellen. – Was also, sagte er, möchte uns wohl von der Gesetzgebung jetzt noch übrig sein? – Und ich sprach: Uns selbst Nichts mehr, aber dem Apollo, dem Gotte in Delphi, noch die wichtigsten und schönsten und ursprünglichsten aller gesetzlichen Bestimmungen. – Welche sind dieß? sagte er. – Gründungen von Tempeln und Opfer und andere Dienstleistungen gegen Götter, Dämonen und Heroen, und hinwiederum

Bestattungen der Todten und welcherlei Dienstleistungen sonst noch wir den dort Befindlichen erstatten sollen, um sie uns gnädig zu erhalten. Nemlich das Derartige verstehen wir weder selbst, noch auch werden wir bei Gründung des Staates es irgend einem Anderen glauben, woferne wir verständig sind, noch werden wir uns hierin eines anderen Erklärers bedienen, als des schon von unsern Voreltern verehrten Gottes; denn dieser Gott ist doch wohl betreffs der derartigen Dinge für alle Menschen der von den Voreltern uns überlieferte Erklärer, und im Mittelpunkte des Erdenrundes am Nabel der Erde thronend erklärt er sie. – Ja, du hast Recht, sagte er, und wir müssen es so machen. –

6. Gegründet demnach, sagte ich, wäre dir hiemit, o Sohn des Ariston, unser Staat. Aber was denn nun hernach folgt, sollst du in demselben erwägen, irgendwoher genügendes Licht für die Untersuchung herbeischaffend, sowohl du selbst, als auch sollst du deinen Bruder hiezu zu Hülfe nehmen und den Polemarchos und die Uebrigen, ob wir wohl irgendwie erblicken mögen, wo denn in dem Staate die Gerechtigkeit und die Ungerechtigkeit sei, und worin sich beide unterscheiden, und welche von beiden derjenige, welcher glücklich sein soll, besitzen muß, mag er hiebei allen Göttern und Menschen unbemerkt bleiben oder nicht. – Nichtige Dinge sind es, die du da sprichst, sagte Glaukon; denn du ja warst es, der du versprachst, die Untersuchung führen zu wollen, da es für dich ein Frevel sei, wenn du nicht nach Kräften in jeder Weise der Gerechtigkeit Hülfe leisten würdest. – Mit Recht, sagte ich, erinnerst du mich daran, und ich muß es wohl so machen; aber auch ihr müßt mit Hand anlegen. – Aber wir werden es auch so machen, erwiderte er. – Ich hoffe demnach allerdings, sprach ich, jenes in folgender Weise zu finden: Ich glaube, daß unser Staat, woferne er richtig gegründet ist, vollkommen gut sein wird. – Ja, nothwendig, sagte er. – Klar demnach ist, daß er weise und tapfer und besonnen und gerecht sein wird. – Ja, klar ist dieß. – Nicht wahr also, welche immer von diesen Eigenschaften wir in ihm gefunden haben mögen, so ist stets die noch übrig bleibende die annoch nicht gefundene? – Was sonst? – Also ist es so, wie wenn wir von irgend anderen vier Dingen das Eine in einem beliebigen Gegenstande suchen würden, und wir dann, wenn wir es gleich auf den ersten Griff fänden, hiebei uns völlig begnügen würden, hingegen aber, wenn wir zuerst die übrigen drei fänden, eben hiedurch ja auch schon das Gesuchte gefunden wäre; denn klärlich konnte dies nichts Anderes mehr sein, als eben das übrig bleibende. – Ja, du hast Recht, sagte er. – Nicht wahr, also auch betreffs dieser Eigenschaften müssen wir, da sie ja vier sind, die Untersuchung ebenso führen.

– Ja, dieß ist klar. – Und zwar scheint mir nun unter jenen zuerst die Weisheit schon klar zu sein; und es zeigt sich in diesem Betreffe etwas Sonderbares. – Was denn? sagte er. – Weise nemlich scheint in Wirklichkeit jener Staat zu sein, welchen wir durchgingen; denn wohlberathen ist er; oder nicht? – Ja. – Und nun ist ja von eben diesem, nemlich von der Wohlberathenheit, klar, daß sie irgend ein Wissen ist; denn nicht vermöge einer Unkenntniß, sondern vermöge eines Wissens beräth man sich gut. – Dieß ist klar. – Aber ein vielheitliches und mannigfaltiges Wissen ja gibt es in dem Staate. – Wie sollte es auch anders sein? – Werden wir also wegen des Wissens der Baumeister den Staat einen weisen und wohlberathenen nennen müssen? – Keineswegs, sagte er, wegen dieses Wissens, sondern einen baukundigen würden wir ihn da nennen. – Nicht also wegen des Wissens betreffs der hölzernen Geräthe ist der Staat, wenn er sich etwa darüber beriethe, wie jene die besten seien, darum als ein weiser zu bezeichnen. – Nein, gewiß nicht. – Wie aber? wegen des Wissens betreffs des Erzes oder eines anderen Derartigen? – Nein, wegen keines Derartigen, sagte er. – Auch nicht wegen des Wissens betreffs der Erzeugung der Feldfrüchte aus dem Boden, sondern da ist er ein landbaukundiger zu nennen. – Ja, so scheint es. – Wie aber? sagte ich; gibt es irgend ein Wissen in dem von uns so eben gegründeten Staate bei irgend einigen Bürgern, welches nicht über etwas Einzelnes von dem im Staate vorkommenden sich beräth, sondern über den ganzen Staat, auf welche Weise er sowohl selbst mit sich selbst, als auch mit den anderen Staaten am besten in Verkehr sei? – Ja, es gibt ein solches. – Welches ist es, sagte ich, und bei welchen Bürgern? – Eben dieses Wissen des Wächters ist es, erwiederte er, und es ist bei diesen Herrschern, welche wir vorhin so eben die vollkommenen Wächter nannten. – Wie also nennst du wegen dieses Wissens den Staat? – Einen wohlberathenen, sagte er, und einen wirklich weisen. – Glaubst du also nun, sprach ich, daß in unserem Staate eine größere Anzahl von Erzschmieden oder von diesen wahrhaften Wächtern sein werde? – Bei weitem ja, sagte er, eine größere von Erzschmieden. – Nicht wahr also, sagte ich, auch von allen übrigen, welche irgend ein einzelnes Wissen besitzen und von ihm ihren Namen haben, möchten wohl diese Wächter die wenigsten sein? – Ja, bei weitem. – Also vermöge der kleinsten Klasse und Abtheilung und des in ihr befindlichen Wissens, nemlich vermöge desjenigen, was das Vorstehende und das Herrschende ist, möchte wohl der ganze Staat, wenn er naturgemäß gegründet ist, ein weiser sein; und es entsteht, wie es scheint, von Natur aus in geringster Anzahl jene Gattung, welcher es zukömmt, an diesem Wissen Theil zu nehmen, das allein von allem Wissen eine Weisheit genannt werden soll. –

Völlig wahr, sagte er, sprichst du da. – Also dieses Eine von den vieren haben wir, ich weiß selbst nicht, auf welche Weise hiemit gefunden, sowohl es selbst, als auch wo im Staate es sitze. – Mir wenigstens, sagte er, scheint es in hinreichender Weise gefunden zu sein. –

7. Nun aber ist es ja von der Tapferkeit, sowohl was sie selbst, als auch was den Theil des Staates betrifft, in welchem sie beruht und von welchem aus der Staat selbst als ein derartiger zu bezeichnen ist, durchaus nicht schwer einzusehen. – Wie so denn? – Wer möchte wohl im Hinblicke auf etwas Anderes einen Staat entweder einen feigen oder einen tapferen nennen, als im Hinblicke auf jenen Theil, welcher für ihn kämpft und in's Feld zieht? – Wohl Niemand, sagte er, im Hinblicke auf etwas Anderes. – Nicht nemlich, sagte ich, liegt es, wie ich glaube, in der Macht der übrigen in ihm Befindlichen, daß, wenn sie selbst feig oder tapfer sind, darum auch schon der Staat so oder so beschaffen wäre. – Nein, allerdings nicht. – Also auch tapfer ist ein Staat vermöge eines seiner Theile, weil er nemlich in ihm die derartige Kraft besitzt, welche in jeder Beziehung die richtige Meinung betreffs des Furchtbaren bewahren wird, daß dieses eben dasjenige und das Derartige sei, was schon der Gesetzgeber in der Erziehung als solches bezeichnet hat; oder nennst du das eben Gesagte nicht Tapferkeit? – Nicht völlig habe ich verstanden, sagte er, was du angabst, sondern gib es noch einmal an. – Als eine Bewahrung, sprach ich, bezeichne ich hiemit irgend die Tapferkeit. – Als welche Bewahrung denn? – Als die jener Meinung, welche durch das Gesetz in Folge der Erziehung betreffs des Furchtbaren entstanden ist, was und welcherlei das Furchtbare sei; in jeder Beziehung aber eine Bewahrung nannte ich sie darum, weil man sie, mag man in Trauer oder in Vergnügungen oder in Begierden oder in Furcht sich befinden, bewahrt und nicht verliert. Womit dieß aber mir Aehnlichkeit zu haben scheint, will ich, wenn du wünschest, durch ein Gleichniß ausdrücken. – Ja. ich wünsche es auch. – Nicht wahr also, sprach ich, du weißt, daß die Färber, wenn sie Wolle so färben wollen, daß sie purpurn wird, zuerst aus einer so großen Menge von Färbungen der Wolle die Eine natürliche Begabung, nemlich die der weißen Wolle, auswählen und dann mit nicht geringer Zurichtung sie so zurichten und sorgfältig behandeln, daß sie so sehr als möglich den Farbstoff in sich aufnehme, und so denn erst wirklich sie färben; und was auf diese Weise gefärbt ist, wird farbehaltig, und kein Auswaschen mit oder ohne Seife vermag aus ihm den Farbstoff wegzunehmen; was aber nicht so gefärbt ist, von dem weißst du ja, wie es wird, mag man es mit dieser oder mit irgend einer anderen Farbe ohne

vorhergehende Zurichtung färben. – Ja, ich weiß, sagte er, daß Solches im Waschen ausgeht und überhaupt sich lächerlich ausnimmt. – Etwas Derartiges demnach, sprach ich, nimm nun an, daß auch wir nach Kräften bewerkstelligen, wenn wir die Krieger auswählen und in musischer und gymnischer Bildung erziehen; stelle dir nemlich vor, daß wir hiemit nichts Anderes veranstalten, als daß sie uns so trefflich als möglich durch Ueberzeugung die Gesetze in sich aufnehmen wie eine Farbe, damit ihre Meinung farbehaltig werde, sowohl betreffs des Furchtbaren, als auch betreffs des Uebrigen, weil sie eine taugliche Begabung und Pflege erhalten haben, und daß ihr Färbestoff von jener zum Wegspülen so wirksamen Seife nie ausgewaschen werden könne, nemlich von dem Vergnügen, welches ja hierin wirksamer als alle Lauge und Asche ist, und von Trauer und von Furcht und von Begierde, welche wirksamer sind als alle Seife. Die derartige Kraft und Bewahrung also der richtigen und gesetzlichen Meinung in jeder Beziehung betreffs des Furchtbaren und nicht Furchtbaren nenne ich Tapferkeit und stelle dieß als ihren Begriff auf, woferne nicht du etwas Anderes aussprichst. – Aber ich spreche ja, sagte er, nichts Anderes aus; denn du scheinst mir jene richtige Meinung, welche betreffs eben dieser Dinge ohne Bildung entstanden ist, nemlich die bei Thieren und Sklaven sich findende, nicht gerade für eine sehr gesetzliche zu halten und daher als etwas Anderes, nicht aber als Tapferkeit zu bezeichnen. – Völlig wahr, sagte ich, sprichst du da. – Ich lasse es demnach gelten, daß dieß Tapferkeit sei. – Ja, allerdings, sagte ich, laß es dir wenigstens als die staatliche Tapferkeit gefallen, und du wirst hiemit in richtiger Weise dieß thun; später aber einmal werden wir, wenn du wünschest, diesen Punkt noch einmal besser besprechen; nemlich für jetzt suchen wir ja nicht diesen selbst, sondern die Gerechtigkeit; bezüglich also jener Untersuchung reicht das Bisherige, wie ich glaube, hin. – Aber du hast hierin, sagte er, auch Recht. –

8. Zwei Dinge hiemit, sagte ich, sind noch übrig, welche wir in dem Staate erblicken müssen, die Besonnenheit und dasjenige, um dessen willen wir ja Alles suchen, die Gerechtigkeit. – Ja wohl, allerdings. – In welcher Weise also möchten wir wohl die Gerechtigkeit finden, um nemlich mit der Besonnenheit nicht mehr weiter uns aufzuhalten? – Ich nun wohl, sagte er, weiß dieß weder, noch auch wünschte ich, daß es eher sich uns zeige, außer wenn wir vorher auch noch die Besonnenheit erwogen haben, sondern wenn du mir zu Gefallen sein willst, so erwäge vor jenem noch diese letztere. – Wohlan also, sagte ich, so will ich es denn thun, woferne es nicht Unrecht von mir ist. – So erwäge dieß denn nun,

sagte er. – Ja, erwägen müssen wir es, sprach ich; und zwar, so viel ich von hier aus sehen kann, gleicht sie weit mehr als die vorigen einem Einklange und einer Harmonie. – Wie so? – Eine Ordnung doch wohl, sagte ich, ist die Besonnenheit und eine Beherrschung irgend der Vergnügungen und Begierden, wie man sagt; als die Eigenschaft demnach, stärker zu sein, als man selbst ist, bezeichnet man sie zuweilen, ich weiß nicht, auf welche Weise, und auch andere derartige Ausrücke werden gleichsam als Spuren dessen, was sie ist, vorgebracht; oder etwa nicht? – Ja wohl, zumeist jenes, sagte er. – Nicht wahr also, der Ausdruck „stärker, als man selbst ist“, ist lächerlich; denn wer stärker ist, als er selbst ist, ist doch wohl zugleich auch schwächer, als er selbst ist, und umgekehrt, wer schwächer ist, ist auch stärker; denn Ein und der Nämliche ja ist es, von welchem bei all diesem die Rede ist. – Wie sollte es auch anders sein? – Aber, sagte ich, es will, wie sich mir zeigt, jene Redeweise das ausdrücken, daß in dem Menschen selbst bezüglich seiner Seele das Eine als ein Besseres, das andere als ein Geringeres sich findet, und wann nun das von Natur aus Bessere eine Herrschaft über das Geringere ausübt, so nenne man dieß das „stärker, als man selbst ist“, und lobe es, wann hingegen in Folge schlechter Pflege oder irgend eines Verkehres durch die Menge des Geringeren das wenigere bessere bewältigt wurde, dann tadle man dieß als eine Schande und nenne es das „schwächer, als man selbst ist“, und den derartig sich verhaltenden Menschen einen Zügellosen. – Ja, so scheint es auch, sagte er. – Blicke demnach, sprach ich, auf unsern jungen Staat hin, und du wirst finden, daß in demselben das eine von diesen beiden statthabe; du wirst nemlich sagen, daß er mit Recht ein stärkerer, als er selbst ist, genannt werde, woferne dasjenige, dessen tüchtigerer Theil über den geringeren herrscht, ein besonnenes und ein solches genannt werden muß, welches stärker ist, als es selbst ist. – Ja, ich blicke hin, sagte er, und finde, daß du Recht hast. – Und nun möchte man ja jene vielen und mannigfaltigen Begierden und Vergnügungen und Betrübnisse wohl zumeist bei fast Allen finden, und bei Weibern und Sklaven und unter den sogenannten Freien bei der großen Menge und bei den Verwerflichen. – Ja, allerdings wohl. – Jene einsamen aber und mäßigen, welche mit Einsicht und richtiger Meinung verbunden sind und durch eine vernünftige Erwägung geleitet werden, möchte man wohl nur bei Wenigen antreffen, und zwar bei denjenigen, welche am besten begabt und am besten gebildet sind. – Dieß ist wahr, sagte er. – Nicht wahr also, du siehst, daß auch dieß dir in deinem Staate sich vorfindet, und daß dortselbst die Begierden der Mehreren und Verwerflichen durch die Begierden und die

Klugheit der Wenigeren und Tüchtigeren bewältigt werden. – Ja gewiß, sagte er. –

9. Woferne man also von einem Staate überbauet die Bezeichnung gebrauchen soll, daß er stärker sei, als die Vergnügungen und Begierden sind, und stärker, als er selbst ist, so muß man dieß auch von diesem Staate sagen. – Ja, durchaus wohl, sagte er. – Müssen wir ihn also nicht auch einen besonnenen aus all diesen Gründen nennen? – Ja, in hohem Grade, sagte er. – Und nun wird auch hinwiederum, wenn in irgend einem anderen Staate den Herrschenden und Beherrschtwerdenden diese Meinung betreffs der Frage, wer der Herrschende sein solle, einwohnt, gewiß auch in diesem das Nemliche stattfinden; oder scheint es dir nicht? – Ja, in sehr hohem Grade, sagte er. – In welcher von beiden Arten von Bürgern wirst du nun sagen, daß das Besonnensein beruhe, in den Herrschenden oder in den Beherrschtwerdenden? – In beiden doch wohl, sagte er. – Siehst du also, sagte ich, daß wir es vorhin so ziemlich richtig ahnten, daß die Besonnenheit einer Harmonie ähnlich sei? – Wie so? – Weil nicht in der Weise, wie die Tapferkeit und die Weisheit je in einem bestimmten Theile des Staates befindlich ihn zu einem weisen und tapfern uns machte, etwa ebenso auch die Besonnenheit wirkt, sondern diese durch den ganzen Staat ausgespannt ist und so ziemlich wie in einer Ton-Octave ein Zusammenstimmen bewirkt zwischen den Schwächsten und den Mächtigsten und den Mittleren, magst du hiebei an Klugheit oder an Macht oder an Menge und Vermögen oder irgend etwas Anderes dergleichen denken; so daß wir wohl am richtigsten diese Eintracht als Besonnenheit bezeichnen mochten, insoferne sie ein Zusammenstimmen des von Natur aus Geringeren und Tüchtigeren darüber ist, welches von diesen beiden im Staate und in jedem einzelnen Menschen das Herrschende sein solle. – Ja, völlig ebenso, sagte er, scheint es auch mir. –

Weiter, sagte ich; diese drei Dinge also haben wir hiemit in dem Staate erblickt, wenigstens insoweit sie uns so zu sein schienen; aber wie nun mag es wohl mit jener vierten Art stehen, vermöge deren der Staat noch an Vortrefflichkeit Theil hat? daß nemlich diese vierte die Gerechtigkeit sei, ist uns schon klar. – Ja, klar ist dieß. – Nicht wahr also, o Glaukon, jetzt wohl müssen wir gleichsam wie Jäger ein Gebüsch rings im Kreise umstellen, wohl darauf achtend, daß uns nicht irgendwo die Gerechtigkeit entwische und, unseren Blicken sich entziehend, unsichtbar werde; denn offenbar muß sie da irgendwo stecken; sieh also zu und gib dir Mühe, sie zu erblicken, ob du sie vielleicht eher siehst, als ich, und mir es dann sagest. – Ja, ich wollte wohl, sagte er; aber weit eher wirst du mich dazu brauchen können, daß ich hinter dir darein gehe und allenfalls erblicken kann, was du mir zeigst, und du wirst so ganz richtig mich gebrauchen. – So geh denn hinter mir, sprach ich, und verrichte mit mir ein Gebet. – Ich werde dieß thun, sagte er, aber geh nur du voran. – Ja, und in der That, sprach ich, schwer zugänglich und stark umschattet scheint der Ort zu sein; er ist wenigstens gar dunkel und schwer zu durchspähen: dennoch aber müssen wir vorwärts dringen. – Ja wohl, vorwärts dringen, sagte er. – Und ich erblickte etwas und rief: Hier! Hier! o Glaukon; es kommt darauf hinaus, daß wir bereits eine Spur haben, und es scheint mir, sie solle uns nicht leicht entwischen. – Eine treffliche Botschaft, sagte er. – Ei, wahrlich, sprach ich, welch eine Tölpelei ist uns doch widerfahren! – Welche denn? – Schon längst, ja, o du Hochzupreisender, hat offenbar von Anfang an das Ding zu unseren Füßen sich herumgewälzt, und wir sahen es nicht, sondern waren wirklich höchst lächerliche Menschen, wie diejenigen, welche bisweilen suchen, was sie schon in Händen haben; und so haben auch wir nicht auf jenes hingeblickt, sondern weit in die Ferne hinaus irgendwohin gespäht, daher denn auch es wohl kam, daß jenes uns entging. – Wie meinst du dieß? sagte er. – So meine ich es, sprach ich, daß es mir vorkommt, als wenn wir, obwohl wir es schon längst gesagt und gehört haben, doch aus unseren eigenen Worten es nicht verstünden, daß wir es in gewisser Weise ja schon gesagt haben. – Lang, sagte er, ist dieses Vorspiel für denjenigen, der die Sache zu hören wünscht. –

10. Aber höre nun, sprach ich, ob ich auch das Richtige sage; nemlich jenes, wovon wir gleich zu Anfang, als wir unseren Staat gründeten, aufstellten, daß man es in jeder Beziehung thun müsse, ist entweder selbst, wie mir scheint, oder wenigstens irgend eine Art desselben die Gerechtigkeit. Aufgestellt aber haben wir ja damals und dann öfters noch es ausgesprochen, wenn du dich erinnerst, daß ein jeder Einzelne irgend Eines von demjenigen, was zum Staate gehört, betreiben solle, wozu nemlich seine Begabung von Natur aus am tauglichsten sei. – Ja. so sagten wir. – Und nun haben wir ja auch den Anspruch, daß Gerechtigkeit darin bestehe, das Seinige zu thun und nicht Vielgeschäftigkeit zu treiben, schon sowohl von vielen Anderen gehört, als auch selbst dieß häufig gesagt. – Ja wohl, wir sagten dieß. – Es kömmt demnach darauf hinaus, mein Freund, daß in gewisser Weise dieß, wenn es wirklich geschieht, nemlich wenn Jedes das Seinige thut, die Gerechtigkeit sei. – Und weißst du, woraus ich dieß abnehme?.– Nein, sondern sprich es aus, sagte er. – Es scheint mir, sprach ich, dasjenige, was im Staate außer dem bisher schon Betrachteten, nemlich außer

der Besonnenheit und der Tapferkeit und der Klugheit, noch übrig bleibt, eben jenes zu sein, welches allen diesen die Fähigkeit verleiht, daß sie entstehen, und wenn sie entstanden sind, ihnen das Bewahrtbleiben verleiht, so lange sie vorhanden sind; und wir sagten ja doch, daß Gerechtigkeit das übrig bleibende sein werde, sobald wir die anderen drei gefunden hatten. – Ja, nothwendig muß es auch so sein, sagte er. – Aber in der That, sprach ich, wenn wir ein Urtheil fällen müßten, welches von all diesen durch sein Eintreten am meisten den Staat zu einem trefflichen mache, so möchte es schwer zu beurtheilen sein, ob dieß jene Eintracht zwischen den Herrschenden und den Beherrschtwerdenden, oder ob es jene Bewahrung der gesetzlichen Meinung über das irgend Furchtbare und nicht Furchtbare sei, welche bei den Kriegern sich einstellt, oder ob es jene Klugheit und Bewachung sei, welche in den Herrschern sich findet, oder ob eben dieß den Staat zumeist zu einem trefflichen mache, wenn es in Kindern und in Frauen und in Sklaven und in Freien und in Handwerkern und in Herrschenden und in Beherrschtwerdenden sich findet, daß nemlich ein jeder Einzelner als Einer das Seinige thut und nicht Vielgeschäftigkeit treibt. – Ja, schwer zu beurtheilen ist dieß, sagte er; und warum auch nicht? – In einem Wettstreite also, wie es scheint, mit der Weisheit und mit der Besonnenheit und mit der Tapferkeit befindet sich bezüglich der Trefflichkeit eines Staates die Fähigkeit, daß jeder Einzelne in ihm das Seinige thue. – Ja, und zwar in hohem Grade, sagte er. – Nicht wahr also, du würdest hiemit Gerechtigkeit als dasjenige bezeichnen, was eben mit jenen bezüglich der Trefflichkeit eines Staates im Wettstreite ist? – Ja, durchaus wohl. – Erjage es demnach auch folgendermaßen, ob es dir so zu sein scheine: Wirst du den Herrschern im Staate auftragen, daß sie die Rechtshändel richterlich entscheiden? – Wem denn sonst? – Werden sie wohl nach irgend etwas Anderem bei ihrer richterlichen Entscheidung streben, als darnach, daß jeder Einzelne weder das Fremde habe, noch des Seinigen beraubt werde? – Nein, sondern eben darnach. – Und zwar als nach einem Gerechten? – Ja. – Also auch nach dieser Beziehung möchte wohl zugestanden werden, daß das Behüten und das Verüben des je Eigenthümlichen Gerechtigkeit sei. – Ja, so ist es. – So sieh denn nun zu, ob es dir auch so scheine wie mir: Wenn ein Baumeister die Arbeit eines Lederarbeiters oder ein Lederarbeiter die eines Baumeisters zu verfertigen versuchte, oder sie wechselseitig an ihren Werkzeugen oder ihrer Standes-Geltung Antheil nehmen würden, oder auch Ein und der Nemliche beides zu verüben versuchen würde und dabei alles Uebrige wechselseitig vertauscht wäre, schiene er dir ja einen großen Schaden dem Staate zuzufügen? – Hiedurch wohl noch keinen gar großen, sagte er. – Aber ja, glaube ich, wenn Einer, welcher von Geburt aus ein Handwerker oder irgend ein anderer Gelderwerber ist, hernach durch Reichthum oder durch die Zahl seiner Leute oder durch Kraft oder sonst etwas Derartiges sich selbst überheben und in die Klasse der Krieger einzutreten versuchen würde, oder einer der Krieger in die der Berathenden und Wächter, ohne solches zu verdienen, und wenn da diese wechselseitig an ihren Werkzeugen oder ihrer Standes-Geltung Antheil nehmen würden, oder wenn Ein und der Nemliche all dieß zu verüben versuchen würde, dann glaube, daß wohl auch dir dieser wechselseitige Uebergang und diese Vielgeschäftigkeit dieser für den Staat ein Verderben zu sein scheinen wird. – Ja, durchaus wohl. – Also die Vielgeschäftigkeit der drei Gattungen, welche es gibt, und ihr wechselseitiger Uebergang in einander ist sowohl der größte Schaden für den Staat, als auch möchte dieß wohl am richtigsten im höchsten Grade ein Verüben des Bösen genannt werden. – Ja wohl, gar sehr. – Das größte Verüben des Bösen aber gegen seinen eigenen Staat, wirst du dieß nicht als Ungerechtigkeit bezeichnen? – Wie sollte ich anders? – Dieß also ist die Ungerechtigkeit.

11. Hinwiederum aber wollen wir es folgendermaßen ausdrücken: Die eigenthümliche Tätigkeit der gelderwerbenden und der helfenden und der wachenden Klasse, wenn nemlich jede derselben im Staate das Ihrige thut, möchte wohl als das Gegentheil von jenem die Gerechtigkeit sein und den Staat zu einem gerechten machen? – Nicht anders, sagte er, scheint es mir sich zu verhalten, als eben so. – Wir wollen jedoch, sprach ich, hierüber noch nichts völlig Festes sagen, sondern erst, wenn diese Form, auch auf jeden einzelnen Menschen angewendet, dort gleichfalls in Uebereinstimmung hiemit als Gerechtigkeit sich zeigt, wollen wir es völlig zugestehen; denn was könnten wir dann auch Anderes sagen? wenn aber nicht, dann wohl werden wir etwas Anderes erwägen. Nun aber wollen wir eben jene obige Erwägung zu ihrem Ende führen, bei welcher wir der Ansicht waren, daß, wenn wir zuerst in irgend einem größeren die Gerechtigkeit enthaltenden Dinge versuchen würden, sie zu betrachten, wir sie dann leichter auch im einzelnen Menschen erblicken könnten, welcherlei nemlich sie sei; und es schien uns dieß ja damals der Staat zu sein, und so gründeten wir diesen als einen bestmöglichsten, da wir wohl wußten, daß nur in dem guten das Gerechte sein könne. Also was uns dort im Staate sich zeigte, wollen wir jetzt auf den Einzelnen zurückbeziehen, und wenn es da in Uebereinstimmung bleibt, wird es gut gehen; falls aber in dem Einzelnen etwas Anderes sich zeigen sollte, müssen wir wieder zum Staate zurück

hinausgehen und dort es erproben; und vielleicht möchten wir, wenn wir wechselseitig es erwägen und gegenseitig aneinander reiben, bewirken, daß wie aus zwei geriebenen Feuerholzen die Gerechtigkeit aufflamme, und wir sie dann als eine uns sichtbar gewordene auch bei uns selbst befestigen. – Du bezeichnest aber hiemit auch völlig den richtigen Weg, und wir müssen es so machen. –

Ist also nun, sprach ich, dasjenige, was man in seiner kleineren und auch in seiner größeren Gestalt als Ein und das Nemliche bezeichnet, eben in jener Beziehung, in welcher man es das Nemliche nennt, ein Unähnliches oder ein Aehnliches? – Ein Aehnliches, sagte er. – Also wird auch ein gerechter Mann von einem gerechten Staate eben bezüglich der Form der Gerechtigkeit sich nicht unterscheiden, sondern ihm ähnlich sein? – Ja, ähnlich, sagte er. – Ein Staat aber schien uns ja darum gerecht zu sein, weil von den drei in ihm befindlichen Gattungen verschiedener Begabungen jede einzelne das Ihrige that; besonnen aber hinwiederum und tapfer und weise war er uns vermöge jener nemlichen Gattungen in irgend anderweitigen Zuständen und Verhältnissen. – Dieß ist wahr, sagte er. – Also auch von dem einzelnen Manne, mein Freund, werden wir ebenso verlangen, daß er jene nemlichen Formen in seiner eigenen Seele habe und vermöge jener nemlichen Zustände auf jene nemlichen Bezeichnungen, wie der Staat, Anspruch mache. – Ja, durchaus nothwendig ist dieß, sagte er. – In eine gar schlichte Erwägung ja, du Bewunderungswürdiger, sprach ich, sind wir hiemit wieder hineingerathen betreffs der Seele, ob diese wirklich jene drei Formen in sich trage oder nicht. – Nun, in eine so gar schlichte, sagte er, glaube ich, doch wohl nicht; denn vielleicht, o Sokrates, ist das Sprüchwort richtig „Schwer ist das Schöne“. – Ja, so zeigt sich's, sprach ich; und wisse wohl, o Glaukon, daß, wie wenigstens meine Ansicht ist, wir in völlig genauer Weise diesen Punkt aus derartigen Erörterungen, wie wir sie jetzt bei unseren Begründungen anwenden, gar niemals erfassen werden; sondern ein längerer und weiterer Weg ist es, welcher hiezu führt; vielleicht jedoch können wir es wenigstens auf eine des bisher Gesagten und bisher Erwogenen würdige Weise. – Müssen wir uns also nicht schon damit begnügen? sagte er; denn für mich wenigstens möchte es für den jetzigen Augenblick wohl so hinreichend sein. – Aber wirklich, sagte ich, auch mir wird es völlig genügen. – Ermüde demnach nicht, sagte er, sondern beginn es zu erwäge. – Besteht also wohl für uns, sprach ich, eine bedeutende Nothwendigkeit, es zuzugestehen, daß ja in jedem Einzelnen von uns jene nemlichen Formen und Charaktere sich finden, wie in dem Staate? denn doch wohl nirgend anders woher sind sie dorthin gekommen;

nemlich lächerlich ja wäre es, wenn Jemand glauben würde, das Muthige habe sich in den Staaten nicht durch diejenigen Einzelnerer eingestellt, welche ja auch als die Veranlasser derartiger Erscheinungen bezeichnet werden, wie dieß von den Thrakern und Skythen und so ziemlich überhaupt den Bewohnern der nördlichen Gegenden gilt, oder auch das Lernbegierige, wovon man doch zumeist die Bewohner unserer Gegenden als die Veranlasser bezeichnen dürfte, oder das Geldbegierige, von welchem man behaupten möchte, daß es in hohem Grade in Phönikien und Ägypten sich finde. – Ja wohl, sicher, sagte er. – Dieß denn nun verhält sich so, sagte ich, und nicht schwierig ist es, dieß zu erkennen. – Nein, gewiß nicht. –

12. folgendes aber ist bereits etwas Schwieriges, ob wir vermittelst Ein und des Nämlichen jedes Einzelne von diesen verüben, oder ob, da jenes drei sind, vermittelst eines jeden ein Anderes, so daß wir nemlich vermittelst des Einen lernen, vermittelst des Anderen in uns aber muthig sind, und hinwiederum vermittelst eines dritten begehrlich sind in den die Nahrung und Zeugung betreffenden Vergnügungen und Allem, was hiemit verschwistert ist, oder ob wir vermittelst der gesammten Seele in jedem von diesen thätig sind, wann wir einmal in Bewegung gekommen sind. Dieß wird es sein, was schwierig in einer der Begründung würdigen Weise festzustellen sein dürfte. – Ja, auch mir scheint es so, sagte er. – Folgendermaßen demnach wollen wir versuchen, festzustellen, ob es das Nemliche oder gegenseitig verschieden sei. – In welcher Weise? – Klar ist, daß das Nemliche niemals in der nemlichen Beziehung und gegen das Nemliche zugleich das Entgegengesetzte wird thun oder leiden wollen, so daß, falls wir etwa finden sollten, daß Solches bei jenen stattfinde, wir gewiß wissen werden, daß sie nicht das Nemliche, sondern eben ein Mehreres seien. – Weiter. – Erwäge demnach, was ich sage. – Sage es nur. – Daß also, sprach ich, das Nemliche in der nemlichen Beziehung zugleich völlig ruhig stehe und bewegt werde, ist dieß wohl möglich? – In keiner Weise. – Noch genauer jedoch wollen wir uns hierüber verständigen, damit es uns nicht im weitern Verlaufe streitig werde; wenn nemlich Jemand von einem Menschen, welcher ruhig steht, aber die Hände und den Kopf bewegt, sagen würde, daß dann der Nemliche zugleich ruhig stehe und in Bewegung sei, so würden wir, glaube ich, wohl fordern, daß man nicht so sich ausdrücken solle, sondern derartig, daß das Eine an ihm stehe, das Andere aber in Bewegung sei; oder nicht so? – Ja wohl, so. – Nicht wahr also, auch wenn der Urheber jener Behauptung noch köstlicher in der feineren Wendung es ausdrücken würde, daß ja der Kreisel als ganzer zugleich ruhig

stehe und in Bewegung sei, wenn er an der nemlichen Stelle mit seiner Spitze feststehend sich dreht, oder auch daß irgend ein anderes Ding, welches an der nemlichen Stelle im Kreise herumgeht, dieß thue, so würden wir auch dieß uns nicht gefallen lassen, weil ja dann nicht in ihrer nemlichen Beziehung diese Dinge ruhig verharren und zugleich sich drehen; sondern wir würden sagen, daß sie in sich selbst sowohl ein Geradliniges, als auch ein Kreisliniges enthalten, und daß sie bezüglich des Geradlinigen ruhig stehen, denn mit diesem schwanken sie nach keiner Seite hin, hingegen bezüglich des Kreislinigen sich im Kreise herum bewegen; wann sie aber mit ihrer geraden Richtung zugleich auch, während sie sich drehen, nach Rechts oder Links oder nach Vornen oder Hinten hin schwanken, dann können sie in keiner Beziehung ruhig stehen. – Ja, so ist es richtig, sagte er, – Nichts Derartiges also wird, wenn man es vorbringt, uns erschrecken oder irgend in höherem Grade uns davon überzeugen, daß das Nemliche in der nemlichen Beziehung gegen das Nemliche etwa zugleich das Entgegengesetzte thun oder sein oder leiden könne. – Nein, mich wenigstens, sagte er, wird es nicht überzeugen, – Doch aber, sprach ich, um nicht genöthigt zu sein, alle derartigen Einwände durchzugehen und in ihrer Unwahrheit sicher nachzuweisen und hiedurch die Sache zu lange hinauszudehnen, wollen wir als Voraussetzung zu Grunde legen, daß es sich so verhalte, und hiemit weiter fortschreiten, mit der Uebereinkunft, daß, falls dieß sich etwa anders, als so, zeigen sollte, alles von diesem Punkte aus uns sich Ergebende sofort ungültig sein solle. – Wir müssen aber hiemit, sagte er, es auch so machen. –

13. Wirst du also, sprach ich, das Nicken mit dem Kopfe dem Kopfschütteln und das Verlangen, Etwas zu bekommen, dem Zurückweisen und das Ansichziehen dem Vonsichstoßen, und ebenso alles Derartige einander als entgegengesetzt bezeichnen, sei es, daß es zum Thun oder daß es zum Leiden gehöre, denn in dieser Beziehung macht es keinen Unterschied? – Aber gewiß, sagte er, als entgegengesetztes. – Was aber nun? sprach ich. Das Dürsten und das Hungern und überhaupt die Begierden, und hinwiederum das Wünschen und das Wollen, würdest du nicht all dieses unter jene erste hier erwähnte Art rechnen, wie z. B. wirst du nicht behaupten, daß immer die Seele des Begehrenden entweder jenes verlange, was sie begehrt, oder an sich ziehe, wovon sie will, daß es ihr werde, oder hinwiederum so weit sie wünscht, daß ihr Etwas verschafft werde, sie hiebei in sich selbst mit dem Kopfe nicke, wie wenn sie Jemand gefragt hätte, da sie ja darnach sich sehnt, daß jenes ihr werde? – Ja gewiß. – Wie aber? das Nichtwollen und das Nichtwünschen und das

Nichtbegehren, werden wir dieß nicht zu dem Vonsichstoßen und zu dem Hinwegtreiben und überhaupt zu jeglichem Gegentheile von jenem rechnen? – Wie sollten wir auch nicht? – Wenn demnach dieß sich so verhält, werden wir dann auch behaupten, daß es eine Art der Begierden gebe, und zwar dieß die schreiendsten unter ihnen seien, nemlich jene, welche wir als Durst und Hunger bezeichnen? – Ja, wir werden dieß behaupten, sagte er. – Nicht wahr also, die eine ist die Begierde nach Trank, die andere jene nach Speise? – Ja. – Wird also diese, insoweit sie Durst ist, als Begierde nach einem Weiteren, als was wir eben sagten, in der Seele sein? nemlich ist der Durst ein Durst nach einem warmen Tranke, oder nach einem kalten, oder nach vielem Tranke, oder nach wenigem, oder mit Einem Worte, ist er ein Durst nach einem irgendwie bestimmten Tranke? oder würde er wohl dann erst, wenn Wärme mit dem Durste verbunden ist, das Begehren nach Kaltem mit sich bringen, und wenn Kälte, das Begehren nach Warmem, und wenn wegen der Anwesenheit vielen Getränkes der Durst selbst ein großer ist, er das Begehren nach Vielem mit sich bringen, wenn aber ein kleiner, das Begehren nach Wenigem, hingegen das Dürsten selbst an und für sich würde wohl niemals die Begierde nach irgend einem Anderen sein, als nach welchem es von Natur aus die Begierde ist, nemlich eben nach Trank an und für sich, und hinwiederum ebenso das Hungern die Begierde nach Speise an und für sich? – Auf diese Weise, sagte er, ist jede Begierde selbst an und für sich eben nur die Begierde nach je jenem an und für sich, worauf sie von Natur aus gerichtet ist, hingegen nach einem so oder so beschaffenen ist sie es erst in Folge hinzutretender Umstände. – Ja, nemlich damit uns, sagte ich, Niemand als Unvorbereitete mit dem Einwande in Verwirrung bringe. daß ja Keiner bloß einen Trank begehre, sondern Jeder einen guten Trank, und Keiner Speise, sondern Jeder gute Speise; nemlich allerdings Alle begehren das Gute, und wenn also der Durst ein Begehren ist, so ist er auch das Begehren nach einem Guten, sei dieß nun ein Trank oder irgend etwas Anderes, und ebenso auch bei den übrigen Begierden. – Ja, allerdings, sagte er, könnte vielleicht Jemand glauben, mit diesem Einwende etwas Triftig zu sagen. – Hingegen ja, sprach ich, ist bei Allem, was derartig ist, daß es mit irgend etwas in Beziehung steht, das irgendwie Bestimmte nur mit einem irgendwie Bestimmten in Beziehung, das Ding an und für sich aber nur mit dem Anderen an und für sich in Beziehung. – Dieß habe ich nicht verstanden, sagte er. – Du verstehst nicht, fragte ich, daß das Größere derartig ist, daß es in Beziehung auf Etwas ein Größeres ist? – Ja, dieß allerdings wohl. – Nicht wahr, in Beziehung auf das kleinere? – Ja. – Das bei weitem Größere aber in Beziehung auf ein bei weitem Kleineres; oder wie? – Ja. – Also wohl das irgend einmal Größere in Beziehung auf ein irgend einmal Kleineres und das künftig Größere in Beziehung auf ein künftig Kleineres? – Aber was soll hiegegen im Wege stehen? sagte er. – Und auch das Mehrere im Vergleiche mit dem Wenigeren und das Doppelte im Vergleiche mit dem Halbsogroßen und all Derartiges, und hinwiederum auch das Schwerere im Vergleiche mit dem Leichteren und das Schnellere im Vergleiche mit dem Langsameren, und ferner ja auch das Warme im Vergleiche mit dem Kalten und Alles, was diesen Dingen ähnlich ist, verhält sich's nicht etwa ebenso? – Ja, durchaus wohl. – Wie aber verhält es sich mit den Zweigen des Wissens? ist es da nicht die nemliche Art und Weise? nemlich Wissen an und für sich ist ein Wissen eines Lerngegenstandes an und für sich (oder wie sonst man jenes ausdrücken soll, worauf sich das Wissen bezieht), hingegen ein einzelnes und irgendwie beschaffenes Wissen ist das eines einzelnen und irgendwie beschaffenen Lerngegenstandes; ich meine aber hiemit folgendes: unterscheidet sich nicht ein Wissen dann, wenn es das Wissen von der Herstellung eines Hauses geworden ist, von den übrigen Zweigen des Wissens so, daß es die Bauwissenschaft genannt wird? – Wie anders? – Etwa nicht dadurch, daß es ein irgendwie beschaffenes ist, wie kein anderes von den übrigen es ist? – Ja wohl. – Nicht wahr also, weil es das Wissen eines irgendwie beschaffenen Gegenstandes ist, darum ist auch es selbst ein irgendwie beschaffenes geworden? und ebenso also auch die übrige Künste und Zweige des Wissens? – Ja, so ist es. –

14. Dieß demnach, sprach ich, stelle dir vor, daß ich vorhin habe sagen wollen, woferne du nemlich jetzt es verstehst, daß bei Allem, was derartig ist, daß es mit irgend Etwa in Beziehung steht, das Ding an und für sich nur mit dem Anderen an und für sich in Beziehung stehe, das irgendwie Bestimmte aber nur mit einem irgendwie Bestimmten; und ich sage hiemit also nicht, daß Etwas eben so bestimmt beschaffen sei, wie jenes es ist, mit welchem es in Beziehung steht, so daß also etwa das Wissen über das Gesunde und Kranke selbst ein gesundes und krankes wäre, oder jenes über das Böse und Gute selbst ein böses und Gutes; sondern da jenes ein Wissen nicht über den Gegenstand des Wissens an und für sich, sondern über einen irgendwie Beschaffenen, nemlich über das Gesunde und Kranke, ist, so wurde es demnach auch selbst ein irgendwie Bestimmtes, und hiedurch wurde bewirkt, daß man es nicht schlechthin ein Wissen, sondern mit Hinzutreten des irgendwie Bestimmten eine Arzneiwissenschaft nannte. – Ja, ich verstehe es, sagte er; und es scheint mir so sich zu verhalten. – Wirst du aber denn nun den Durst, sprach ich, nicht unter jene Dinge rechnen, welche in

Beziehung auf irgend Etwas das sind, was sie sind? es gibt aber doch wohl einen Durst? – Ja gewiß, sagte er, und zwar ja in Beziehung auf einen Trank. – Nicht wahr also, auf einen irgendwie beschaffnen Trank ist auch ein irgendwie beschaffener Durst gerichtet, der Durst an und für sich aber nun ist weder auf einen vielen, noch auf einen wenigen, und weder auf einen wohlschmeckenden, noch auf einen schlechtschmeckenden, und mit Einem Worte, überhaupt nicht auf einen irgendwie beschaffnen Trank gerichtet; sondern nur auf Trank an und für sich bezieht sich von Natur aus der Durst an und für sich. – Ja, völlig so ist es. – Die Seele des Durstenden also will, insoferne sie dürstet, nichts Anderes, als eben nur trinken, und darnach verlangt sie und auf dieß hin steuert sie zu. – Ja klärlich. – Nicht wahr also, falls irgend Etwas sie, während sie dürstet, in entgegengesetzter Richtung zieht, so muß dieß wohl irgend etwas Anderweitiges in ihr sein, als dasjenige, was in ihr das Dürstende und gleich einem Thiere zum Trinken Hindrängende ist? denn nicht ja kann wohl, sagten wir, das Nemliche vermittelst seines Nemlichen betreffs des Nemlichen zugleich das Entgegengesetzte verüben. – Nein, allerdings nicht. – Sowie es nemlich auch, glaube ich, betreffs des Bogenschützen nicht richtig ist, zu sagen, daß seine Hände zugleich die Sehne abstoßen und zurückspannen, sondern eine Hand die abstoßende und eine hievon verschiedene die zurückziehende ist. – Ja wohl, völlig so, sagte er. – Werden wir denn nun behaupten, daß zuweilen Einige, welche dürsten, nicht trinken wollen? – Ja wohl, sagte er, von Vielen und in vielen Fällen. – Was also, sprach ich, möchte man wohl betreffs dieser behaupten? nicht etwa, daß in ihrer Seele das Antreibende sich befinde, aber auch das Verhindernde sich befinde, welches ein von dem Antreibenden Verschiedenes und dasselbe Bewältigendes ist? – So scheint es mir wenigstens, sagte er. – Stellt sich also nicht etwa bei Derartigem das Verhindernde, wenn es sich einstellt, in Folge einer Vernunftthätigkeit ein, das Hintreibende aber und das Hinziehende, stellt sich dieß nicht vermittelst leidenschaftlicher und krankhafter Zustände daneben hin? – Ja, so zeigt sich's. – Nicht unbegründeter Weise demnach, sprach ich, werden wir die Zumuthung aussprechen, daß jene ein doppeltes und gegenseitig verschiedenes seien, indem wir das Eine, vermittelst dessen sie vernünftig erwägt, eben das Vernünftige der Seele nennen, das Andere aber, vermittelst dessen sie liebt und hungert und dürstet und in den übrigen Begierden dahinflattert, das Unvernünftige und Begehrliche, welches ein Gefährte der Völlerei und der Vergnügungen ist. – Nein, nicht unbegründeter Weise, sondern aus guten Gründen, sagte er, möchten wir wohl dieser Ansicht sein. – Diese also, sprach ich, mögen uns hiemit als zwei in der Seele Befindliche

Formen festgestellt sein; aber nun der Muth und dasjenige, vermittelst dessen wir muthig sind, möchte dieß wohl etwa ein Drittes für sich sein, oder mit welchem von jenen beiden wäre es von gleicher Natur? – Vielleicht, sagte er, mit jenem anderen, nemlich mit dem Begehrlichen. – Aber ich habe einst, sprach ich, gehört und glaube es auch, daß Leontios, der Sohn des Aglaion, einmal vom Piräus an der äußeren Seite der nördlichen Mauer in die Stadt hinaufging und, als er bemerkte, daß dort Leichen bei der Wohnung des Scharfrichters lagen, habe er zugleich das Verlangen gehabt, hinzuschauen, zugleich aber habe es ihm widerstanden und er habe sich hinwiederum weggewendet, und eine Zeitlang nun habe er so mit sich gekämpft und sein Gesicht verhüllt, zuletzt aber sei er von dem Verlangen überwältigt worden, und seine Augen weit aufreißend sei er zu den Leichen hingelaufen und habe gerufen: Sieh da, ihr Unglücklichen, sättiget euch an dem herrlichen Anblicke. – Auch ich, sagte er, habe es gehört. – Diese Kunde, sprach ich, drückt nun doch aus, daß zuweilen der Muth gegen die Begierden kämpfe, wie ein Verschiedenes gegen Verschiedenes. – Ja wohl drückt sie es aus, sagte er. –

15. Nicht wahr also, auch anderwärts, sagte ich, nehmen wir häufig wahr, daß, wenn Jemanden gegen den Rath der Vernunft die Begierden mit Gewalt zwingen wollen, er über sich selbst schmäht und seinem Muthe Luft macht gegen dasjenige in ihm, was ihn mit Gewalt zwingen will, und daß gleichsam wie bei einer Parteiung der Muth eines Solchen zum Bundesgenossen der Vernunft wird? hingegen daß der Muth mit den Begierden gemeinschaftliche Sache mache, während die Vernunft betreffenden Falls das Unterlassen vorzieht, möchtest du wohl weder an dir selbst, noch auch, glaube ich, an einem Anderen als wirklich vorgekommen wahrgenommen haben. – Nein, bei Gott nicht, sagte er. – Wie aber? sprach ich; falls Jemand einem Anderen Unrecht gethan zu haben glaubt, wird er da nicht, gerade je edler er ist, um so weniger jenem zu zürnen fähig sein, selbst wenn er hungert und friert, oder irgend etwas Anderes derartiges durch jenen erleidet, von welchem er glaubt, daß er Solches mit Recht gegen ihn verübe, und wird dann nicht, was ich eben hiemit sagen will, der Muth desselben durchaus sich weigern, gegen jenen sich aufregen zu lassen? – Ja, dieß ist wahr, sagte er. – Wie aber? falls Jemand der Meinung ist, Unrecht erlitten zu haben, wird da in diesem nicht der Muth kochen und grollen und mitkämpfen mit dem für Recht Erachteten, trotz Hunger und Frost und trotz all derartiger Einwirkungen, und wird er da nicht ausharrend siegen und unablässig das Edle verfolgen, bis er es entweder durchgesetzt hat, oder selbst dahingestorben ist,

oder gleich einem Hunde durch seinen Herrn, nemlich durch die ihm beiwohnende Vernunft, zurückgerufen und beschwichtigt wurde? – Ja allerdings, sagte er, scheint es so zu sein, wie du sagst; und gerade ja jene Helfer in unserem Staate haben wir wirklich auch wie Hunde aufgestellt, insoferne sie den Herrschern gleichsam als Hirten des Staates gehorsam sind. – Völlig richtig, sagte ich, denkst du selbst an jenes, was ich hiemit sagen will; aber beherzige außerdem auch noch Folgendes. – Was? – Daß nun das Gegentheil des Vorigen sich uns betreffs des Muthigen zeigt; vorhin nemlich glaubten wir, es sei irgend ein Begehrliches; jetzt aber behaupten wir, dieß sei weit gefehlt, sondern dasselbe stelle bei dem Zwiespalte der Seele seine Waffen weit eher auf Seite des Vernünftigen auf. – Ja, durchaus so, sagte er. – Ist es also nun wirklich ein von letzterem Verschiedenes, oder ist es bloß eine Art des Vernünftigen, so daß dann nicht drei Formen in der Seele wären, sondern nur zwei, nemlich das Vernünftige und das Begehrliche? oder ist eben, sowie auch im Staate drei Klassen ihn zusammenhielten, die gelderwerbende und die helfende und die berathende, ebenso auch in der Seele dieses Muthige ein Drittes, welches von Natur aus dem Vernünftigen ein Helfendes ist, woferne es nicht durch schlechte Pflege verdorben wurde? – Ja, nothwendig, sagte er, ist es ein Drittes. – Ja wohl, sprach ich; woferne es nemlich als ein vom Vernünftigen Verschiedenes sich zeigt, sowie es sich schon als ein vom Begehrlichen Verschiedenes zeigte. – Aber nicht schwierig ja ist es, sagte er, daß es als solches sich zeige; denn ja auch an den Kindern könnte man dieß sehen, daß sie gleich nach der Geburt schon voll des Muthigen sind, der Vernunft hingegen Einige, wie mir wenigstens scheint, niemals theilhaftig werden, die Meisten aber erst sehr spät einmal. – Ja bei Gott, sagte ich, du hast Recht; ferner aber könnte man selbst auch an den Thieren sehen, daß es sich so verhält, wie du sagst; und außerdem wird es auch jenes Wort des Homeros, welches wir oben schon einmal anführten, bezeugen, nemlich

„an die Brust aber schlagend redete er sein Herz mit dem Worte an“;

denn dortselbst hat Homeros doch deutlich gedichtet, daß ein Verschiedenes gegen ein Verschiedenes den Tadel abspricht, nemlich dasjenige, was mit Vernunft über das bessere und Schlechtere eine Erwägung anstellt, gegen das in unvernünftiger Weise Zürnende. – Sehr richtig, sagte er, sprichst du da. –

16. Durch dieses also, sagte ich, sind wir nun zur Noth hindurchgeschwommen, und es gilt uns so ziemlich als zugestanden, daß die nämlichen Gattungen im Staate, und die nemlichen auch in der Seele eines jeden

Einzelnen sich finden, und daß auch die Zahl derselben die gleiche sei. – Ja, so ist es. – Nicht wahr also, hiemit ist ja nun nothwendig, daß in der nemlichen Weise wie der Staat und vermittelst des Nemlichen wie der Staat auch der einzelne Bürger ein weiser ist? – Warum nicht? – Und auch daß in der nemlichen Weise, wie der einzelne Bürger und vermittelst des Nemlichen wie der einzelne Bürger auch der Staat ein tapferer ist, und daß auch in allem Uebrigen bezüglich der Vortrefflichkeit beide sich völlig gleich verhalten? – Ja, nothwendig ist dieß. – Und auch als gerecht demnach, o Glaukon, werden wir, glaube ich, den einzelnen Mann in der nemlichen Weise bezeichnen, in welcher auch ein Staat ein gerechter ist, – Auch dieß ist durchaus nothwendig. – Aber noch haben wir es nicht vergessen, daß ja jener uns dadurch ein gerechter war, weil jede von den drei in ihm vorhandenen Klassen das Ihrige that. – Nein, sagte er, wir haben, wie mir scheint, es nicht vergessen. – Im Gedächtnisse also müssen wir nun behalten, daß auch jeder Einzelne von uns, bei welchem jeder der in ihm befindlichen Theile das Seinige thut, ein gerechter sein und selbst das Seinige thun wird. – Ja wohl, sagte er, gar sehr müssen wir dieß im Gedächtnisse behalten. – Nicht wahr also, für das Vernünftige gebührt es sich, daß es herrsche, da es ja weise ist und die Fürsorge für die gesammte Seele in sich enthält, für das Muthige aber gebührt es sich, daß es jenem gehorche und ein Bundesgenosse sei. – Ja wohl, völlig so. – Wird nun also nicht, wie wir schon sagten, die Mischung der musischen und gymnischen Bildung einen Einklang dieser beiden erzeugen, indem sie das Eine durch treffliche Reden und Kenntnisse anspannt und pflegt, das Andere aber herabspannt und beschwichtigt, durch Harmonie und Rhythmus es besänftigend? – Ja wohl, gar sehr, sagte er. – Und jene beiden demnach sollen, wenn sie so gepflegt wurden und in Wahrheit das Ihrige gelernt haben und ihre Bildung erhielten, dann die Vorsteher des Begehrlichen sein, welches ja in Jedem der größte Theil seiner Seele und von Natur aus in Bezug auf Geld das unersättlichste ist; und dieses sollen jene beobachten, damit es nicht durch Anfüllung mit den sogenannten leiblichen Vergnügungen ein ausgedehntes und mächtiges werde und hiedurch seinerseits es unterlasse, das Seinige zu thun, sondern im Gegentheile es etwa versuche, jene Formen zu knechten und eine ihm nicht gebührende Herrschaft über sie auszuüben, und sodann das gesammte Leben aller Formen umstürze. – Ja allerdings, sagte er. – Es werden also wohl, sprach ich, jene beiden auch vor den äußeren Feinden am trefflichsten die gesammte Seele und den Körper bewahren, indem das Eine das berathende ist, das Andere aber das vorkämpfende, welches zugleich auch dem Herrschenden folgt und mit Tapferkeit die Rathschläge vollführt? – Ja, so ist es.

– Und einen Tapferen demnach, glaube ich, werden wir jeden Einzelnen vermöge dieses seines Theiles nennen, wenn das Muthige trotz Schmerzen und Vergnügungen das von der Vernunft bezeichnete Furchtbare und nicht Furchtbare bewahrt. – Ja, mit Recht, sagte er. – Einen Weisen aber nennen wir ihn ja vermöge jenes kleinen Theiles, welcher in ihm herrscht und solches vorschreibt, indem dieser hinwiederum auch das Wissen in sich enthält über das jedem einzelnen Theile und dem aus den dreien gemeinsam vereinigten Ganzen Zuträgliche. – Ja, allerdings. – Wie aber? einen Besonnenen nennen wir ihn doch wohl vermöge der Liebe und des Einklanges zwischen eben diesen, wann nemlich das Herrschende und die beiden Beherrschtwerdenden darin übereinstimmen, daß das Vernünftige herrschen müsse, und sie nicht Aufruhr gegen dasselbe erheben. – Besonnenheit wenigstens, sagte er, ist nichts Anderes als dieses, sowohl beim Staate als auch beim einzelnen Bürger. – Aber nun ein Gerechter ja ist er vermöge desjenigen und in derjenigen Weise, wie wir dieß nun schon oft gesagt haben. – Ja, durchaus nothwendig ist dieß. – Wie aber nun? sprach ich; daß uns nicht etwa die Gerechtigkeit doch derartig abgestumpft wird, daß sie zuletzt uns etwas Anderes zu sein scheint, als wie sie sich im Staate uns zeigte? – Mir wenigstens, sagte er, scheint es nicht. – Folgendermaßen nemlich, sprach ich, könnten wir wohl, falls Etwas bei der Einzeln-Seele hierüber noch streitig sein sollte, es vollständig feststellen, wenn wir jene niedrigen Dinge hiezu beiziehen. – Welche denn? – Nemlich, wenn wir betreffs jenes Staates und betreffs desjenigen Mannes, welcher eine ihm gleichkommende Begabung und Bildung hat, uns darüber verständigen müßten, ob wohl ein Derartiger das von ihm zur Aufbewahrung überkommene Gold oder Silber unterschlagen zu wollen scheine, wer würde wohl deiner Meinung nach da glauben, daß Jener zu einer solchen That eher fähig sei, als die nicht so gesinnten Menschen? – Niemand wohl, sagte er. – Nicht wahr also, auch was Tempelraub und Diebstahl und Verrätherei, sei es im Einzelnen gegen Freunde, oder im Oeffentlichen gegen den Staat betrifft, dürfte wohl der Derartige gänzlich hievon fern sein? – Ja, fern. – Und nun ist er ja auch wohl in keiner Weise treulos, sei es in Eidschwüren oder in den übrigen Versprechungen. – Wie sollte er auch? – Ehbruch aber und Vernachlässigung der Eltern und Mangel an Dienstleistungen gegen die Götter würden wohl bei jedem Anderen eher als bei dem Derartigen sich finden. – Ja, bei Jedem eher, sagte er. – Nicht wahr also, von all diesem ist die Ursache, daß von den in ihm befindlichen Theilen jeder einzelne betreffs des Herrschens und Beherrschtwerdens das Seinige thut? – Ja dieß, und nichts Anderes. – Suchst du also unter der Gerechtigkeit noch irgend etwas Anderes, als eben diese Kraft, welche die Männer und die Staaten zu derartigen macht? – Nein, bei Gott, sagte er, ich gewiß nicht. –

17. Seine Erfüllung also hat jener Traum uns nun vollständig gefunden, welchen wir schon als eine Ahnung aussprachen, daß wir wohl gleich beim Anfange der Gründung unseres Staates darauf hinauskommen würden, mit eines Gottes Hülfe in den Ursprung und ein gewisses Gepräge der Gerechtigkeit einzutreten. – Ja, durchaus wohl. – Dieß also, o Glaukon, war ja hiemit wohl auch der Grund, warum es als ein Abbild der Gerechtigkeit nützlich ist, wenn der Lederarbeiter seiner Begabung nach sich richtig verhält bezüglich der Lederbearbeitung und er nichts Anderes verübt, und der Baumeister eben nur Bauten aufführt, und so auch bei allem Uebrigen. – Ja, so zeigt sich's. – In wahrer Wirklichkeit aber war, wie es scheint, die Gerechtigkeit ein Derartiges, und zwar nicht betreffs der äußeren Ausübung des eigenen Thuns, sondern in Wahrheit betreffs der inneren im eigenen Wesen und eigenen Thun, daß nemlich der Mensch jeden einzelnen seiner Theile nicht Fremdes verüben und die Gattungen seiner Seele nicht wechselseitig Vielgeschäftigkeit betreiben lasse, sondern in Wirklichkeit das ihm Eigenthümliche gut einrichte und sich selbst so beherrsche und ordne und sein eigener Freund werde und in Harmonie die drei Theile, so ziemlich wie drei Gränzen der musikalischen Töne, nemlich wie die höchste, tiefste und mittlere Saite der Lyra, nebst den noch etwa übrige Mittelgliedern, mit einander vereinige und all dieses zusammenbindend vollständig ein Einer aus Vielen werde, und als ein Besonnener und harmonisch Gestimmter so denn nun seine Thätigkeit verübe, sei es bezüglich des Gelderwerbes oder bezüglich der Körperpflege oder als Staatsmann oder betreffs des Einzeln-Verkehres, wobei er in diesem Sämmtlichen jene Handlung als gerecht und trefflich erachtet und bezeiget, welche eben diesen Zustand bewahrt und in's Werk setzt, als Weisheit aber jenes Wissen erachtet und bezeichnet, welches diesem Handeln vorsteht, hingegen als ungerechte Handlung jede, welche diesen Zustand auflöst, und als Unwissenheit hinwiederum die diesem Handeln vorstehende Meinung. – Ja durchaus wahr, o Sokrates, sagte er, sprichst du da. – Weiter, sprach ich; den gerechten Mann also und den gerechten Staat und die Gerechtigkeit selbst, was sie in ihnen sei, gefunden zu haben, möchten wir nun wohl behaupten, und schwerlich, glaube ich, hiemit eine Unwahrheit zu sagen scheinen. – Nein, wahrlich bei Gott nicht, sagte er. – Wollen wir es also behaupten? – Ja, wir wollen es behaupten. –

18. So sei dieß denn so, sagte ich; nach diesem nemlich müssen wir nun, glaube ich, die Ungerechtigkeit erwägen. – Ja, dieß ist klar. – Nicht wahr also, ein Aufruhr hinwiederum jener drei Theile muß sie sein und eine Vielgeschäftigkeit und eine Geschäftigkeit in fremden Dingen und eine Selbsterhebung irgend eines einzelnen Theiles gegen das Ganze der Seele, um in ihr wider Gebühr zu herrschen, während doch ein solcher Theil von Natur aus derartig ist, daß es ihm geziemt, dienstbar demjenigen zu sein, was zur Gattung des Herrschenden gehört; ungefähr Solches, glaube ich, und die Unordnung und Verwirrung von all diesem, werden wir sagen, sei die Ungerechtigkeit und Ziellosigkeit und Feigheit und Unwissenheit und überhaupt jedwede Schlechtigkeit. – Ja wohl, eben dieses, sagte er. – Nicht wahr also, sprach ich, auch das Verüben des Ungerechten und das Unrechtthun und hinwiederum auch das Rechtthun, all dieses ist uns jetzt in deutlicher Weise klar, woferne es uns die Ungerechtigkeit und die Gerechtigkeit ist? – Wie so? – Daß nemlich, sagte ich, dasselbe in Nichts sich von dem Gesunden und Kranken unterscheide, sondern wie jenes im Körper, so dieß in der Seele sich verhalte. – In wieferne? sagte er. – Das Gesunde erzeugt doch wohl Gesundheit, und das Kranke Krankheit? – Ja. – Nicht wahr also, auch die Ausübung des Gerechten erzeugt Gerechtigkeit und das des Ungerechten Ungerechtigkeit? – Ja, nothwendig. – Es besteht aber die Erzeugung der Gesundheit darin, daß man bezüglich der Dinge im Körper ein naturgemäßes wechselseitiges Herrschen und Beherrschtwerden herstellt, die Erzeugung der Krankheit aber in naturwidrigem gegenseitigem Gebieten und Gehorchen. – So ist es. – Nicht wahr also hinwiederum, sagte ich, die Erzeugung der Gerechtigkeit besteht darin, daß man bezüglich der Dinge in der Seele ein naturgemäßes wechselseitiges Herrschen und Beherrschtwerden herstellt, die Erzeugung der Ungerechtigkeit aber in naturwidrigem gegenseitigen Gebieten und Gehorchen? – Ja, gar sehr, sagte er. – Vortrefflichkeit also ist, wie es scheint, irgend eine Gesundheit und Schönheit und ein Wohlverhalten der Seele, Schlechtigkeit aber eine Krankheit und Schimpflichkeit und Schwäche. – Ja, so ist es. – Führen nun also nicht auch die trefflichen Bestrebungen zum Besitze der Vortrefflichkeit, die schimpflichen aber zu dem der Schlechtigkeit? – Ja, nothwendig. –

Uebrig demnach ist uns, wie es scheint, noch die Erwägung, ob es hinwiederum gewinnbringend sei, Gerechtes zu verüben und Treffliches zu betreiben und gerecht zu sein, mag man hiebei unbemerkt bleiben oder auch nicht, oder ob es gewinnbringend sei, Unrecht zu thun und ungerecht zu sein, falls man nemlich hiefür nicht Strafe büßt oder durch Züchtigung besser wird. – Aber mir wenigstens, o Sokrates, sagte er, scheint diese Erwägung bereits zu einer lächerlichen sich zu gestalten, woferne es ja schon bei einer Verderbniß der körperlichen Natur so zu sein scheint, daß man nicht mehr leben kann, selbst nicht in Verbindung mit allen Speisen und Getränken und allem Reichthume und aller Herrschaft, es aber dann bei einer Zerrüttung und Verderbniß der Natur desjenigen, vermittelst dessen gerade wir leben, es doch noch so stehen sollte, daß man leben könnte, wobei man nach Belieben alles Uebrige thäte, nur jenes nicht, wodurch man von Schlechtigkeit und Ungerechtigkeit befreit werden, Gerechtigkeit aber und Vortrefflichkeit erwerben könnte; denn es hat sich uns ja auch jedes von beiden eben als ein derartiges gezeigt, wie wir sie bisher durchgegangen haben. – Ja wohl, eine lächerliche Erwägung wäre es, sagte ich; aber dennoch dürfen wir, nachdem wir einmal zu diesem Punkte gekommen sind, darin nicht ermüden, so deutlich als möglich es einzusehen, daß es wirklich sich so verhalte. – Bei Gott, sagte er, am wenigsten von Allem dürfen wir hierin ermüden. – So komm denn hieher, sprach ich, damit du auch sehest, wie viele Formen, wie mir scheint, die Schlechtigkeit habe, so viele deren nemlich der Betrachtung würdig sind. – Ja, ich folge dir, sagte er; sprich nur. – Und nun zeigt sich mir ja, sprach ich, wie von einer Warte aus, nachdem wir auf diesen Höhepunkt der Begründung gelangt sind, daß es Eine Form der Vortrefflichkeit gebe, aber unbegränzt viele der Schlechtigkeit, hingegen unter diesen irgend vier, welche auch der Erwähnung werth sind. – Wie meinst du dieß? sagte er. – Es kömmt darauf hinaus, sagte ich, daß, so viele es Arten von Staatsverfassungen gibt, welche je eine eigene Form an sich haben, es auch eben so viele Arten der Seele gibt. – Wie viele denn? – Fünf Arten von Staatsverfassungen, sagte ich, und fünf Arten der Seele. – Sprich, sagte er, welche dieß sind. – Ich sage hiemit, sprach ich, daß Eine Art der Staatsverfassung wohl eben jene sein dürfte, welche wir bisher durchgegangen haben, benannt aber mag sie in doppelter Weise werden; wenn nemlich Ein Mann unter den Herrschern ganz besonders hervortritt, mag sie Königthum genannt werden, wenn aber Mehrere, Aristokratie. – Dieß ist wahr, sagte er. – Dieß demnach, sprach ich, nenne ich die Eine Art; denn weder wenn Mehrere auftreten, noch wenn es nur Einer ist, möchte wohl ein Solcher an den irgend nennenswerthen Gesetzen des Staates je rütteln, woferne er jene Pflege und Bildung genoß, welche wir durchgegangen haben. – Man sollte es wenigstens nicht erwarten, sagte er. –

Fünftes Buch

1. Einen trefflichen demnach nenne ich den derartigen Staat und diese Staatsverfassung und auch einen richtigen, und ebenso auch den derartigen Mann; schlechte hingegen und verfehlte die übrigen, woferne dieser der richtige ist, sowohl bezüglich der Staatsverwaltung, als auch bezüglich der Herstellung der Art und Weise der Einzeln-Seele; in vier Formen der Schlechtigkeit aber bewegen sich diese. – Welche sind diese? sagte er. –

Und ich war nun eben daran, sie der Reihe nach aufzuzählen, wie mir nemlich die einzelnen derselben wechselseitig ineinander überzugehen schienen; da streckte Polemarchos, – er saß nemlich ein wenig entfernt von Adeimantos –, seine Hand aus, und indem er das Gewand des Letzteren oben an dessen Schulter erfaßte, zog er jenen näher an sich und sagte, zu ihm sich vorstreckend, Einiges ihm in's Ohr, wovon wir Nichts weiter als bloß die Worte verstanden: Sollen wir es also gehen lassen, oder was wollen wir sonst beginnen? – O, durchaus nicht, sagte Adeimantos nun mit lauter Stimme. – Und ich sprach: Was denn eigentlich wollt ihr nicht gehen lassen? – Dich, sagte er. – Und wieder sprach ich: Warum denn eigentlich? – Es scheint uns, daß du leichtfertig loskommen wollest, sagte er, und eine ganze Gruppe der Begründung, und zwar gerade nicht die kleinste, unterschlagest, um sie nicht weiter durchgehen zu dürfen, und daß du der Meinung seist, wir hätten es nicht bemerkt, wie du jenes bloß so schlicht hinsagtest, es sei betreffs der Weiber und Kinder jedem klar, daß den Freunden Alles gemeinsam sei. – Ist dieß etwa nicht richtig, sagte ich, o Adeimantos? – Ja, erwiederte er; aber eben, daß es auch in richtiger Weise so sei, bedarf, wie bei allem Uebrigen, noch einer Begründung darüber, welches die Art und Weise der Gemeinschaftlichkeit sei; denn deren möchte es wohl gar viele geben; übergehe also das nicht, welche Art und Weise du meinest. Denn wir warteten schon längst darauf, in der Meinung du werdest irgendwo betreffs der Kindererzeugung eine Erwähnung machen, in welcher Weise die Menschen Kinder erzeugen und wie sie dieselben nach der Geburt pflegen sollen, und wie du überhaupt jene ganze Gemeinschaftlichkeit der Weiber und der Kinder verstehest; denn wir glauben, daß es Vieles und sogar das Ganze für den Staat beitragen werde, je nachdem dieß in richtiger oder in unrichtiger Weise stattfinde. Jetzt also, nachdem du dich bereits an eine andere Staatsverfassung machtest, ehe du noch dieses genügend erörtert hattest, beschlossen wir, was du so eben vernahmst, nemlich dich nicht eher loszulassen, bis du nicht all dieses ebenso, wie das Uebrige, durchgegangen hast. – Und rechnet also auch mich, sagte Glaukon, zu den für diesen Beschluß Stimmenden. – Glaube zuverlässig, o Sokrates, sprach auch Thrasymachos, daß dieß unser aller Meinung sei. –

2. Was habt ihr doch, sprach ich, damit angerichtet, daß ihr euch so an mich machtet? Welch lange Begründung ruft ihr hiemit gleichsam wieder von Anfang an betreffs jenes Staates hervor, welchen bereits nun durchgegangen zu haben, ich sehr vergnügt war, vollkommen damit zufrieden, wenn man es nur so gelten und beruhen lassen wollte, wie es damals erörtert wurde; indem ihr jetzt jenes wieder zum Vorschein bringt, wißt ihr gar nicht, welchen Schwarm von Begründungen ihr hiemit heraufbeschwöret, einen Schwarm, welchen ich damals schon sehr wohl sah und eben überging, damit er die Sache nicht gar zu massenhaft mache. – Wie aber? sagte Thrasymachos; glaubst du denn, alle Diese seien heute zum Metallgießen hieher gekommen, nicht aber, um begründende Reden zu hören? – Ja, dieß wohl, sagte ich, aber wenigstens mit Maß. – Das Maß aber ja, o Sokrates, sagte Glaukon, für das Anhören derartiger Begründungen ist bei verständigen Menschen das ganze Leben. Aber überhaupt, was dabei unsere Sache ist, so bekümmere dich nicht darum; du hingegen ermüde nicht, betreffs dessen, um was wir dich fragen, deine Ansicht auseinander zu setzen, welches nemlich für unsere Wächter jene Gemeinschaftlichkeit bezüglich der Kinder und Weiber sei und bezüglich der Pflege der Kinder in der Zwischenzeit zwischen der Geburt und dem Eintritte der Bildung, welche Zwischenzeit ja die mühseligste zu sein scheint. Versuche also, anzugeben, in welcher Weise die Gemeinschaftlichkeit stattfinden solle. – Nicht leicht, o du Glücklicher, sagte ich, ist dieß durchzugehen; denn es enthält viel Unglaubliches in noch weit höherem Grade in sich, als jenes, was wir im Früheren schon durchgingen; nemlich sowohl daß wir hiebei von etwas Möglichem sprechen, möchte schwerlich geglaubt werden, als auch daß es, falls es noch so sehr wirklich einträte, so am besten sei, wird man gleichfalls nicht glauben; darum denn nun nehme ich auch gewissermaßen Anstand, diese Dinge zu berühren, damit nicht, mein lieber Freund, die ganze Erörterung bloß ein frommer Wunsch zu sein scheine. – Nimm keinen Anstand, sagte er; denn weder stumpfsinnig noch ungläubig noch übelgesinnt gegen dich sind deine Zuhörer. – Und ich sprach: Sagst du dieß, mein Bester, etwa in der Absicht, um mir Muth einzuflößen? – Ja gewiß, sagte er. – Nun du erreichst, erwiederte ich, gerade das Gegentheil; denn wenn ich auf mich selbst das Vertrauen hätte, daß ich gewiß wisse, was ich sagen soll, wäre der Trostspruch ganz gut; denn unter verständigen und uns lieben Menschen über die wichtigsten und uns lieben Dinge mit dem vollen Wissen der

Wahrheit zu sprechen, ist ungefährlich und Muth einflößend, hingegen wenn man kein Vertrauen auf sich haben kann und, während man die Begründungen ausspricht, man sie selbst erst suchen muß, wie bei mir dieß der Fall ist, so ist dieß etwas Aengstliches und Gefährliches, nicht etwa daß man dabei sich lächerlich mache, – denn dieß wäre allenfalls noch ein Scherz –, sondern daß ich, abgleitend von der Wahrheit, nicht bloß allein zu Boden stürze, sondern auch meine Freunde im Sturze mit mir ziehe, in Dingen, in welchen man am allerwenigsten ausgleiten soll. Ich flehe aber, o Glaukon, zur Adrastea um dessen willen, was ich zu sagen im Begriffe bin; denn ich antworte, daß es ein geringeres Verbrechen sei, wenn man unfreiwillig Jemanden tödtet, als wenn mau ihn bezüglich des Trefflichen und Guten und Gerechten und Gesetzlichen betrügt; dieser Gefahr also sich auszusetzen, geht eher unter Feinden als unter Freunden an, und demnach passen deine Trostsprüche nicht. – Und Glaukon sagte lachend: Aber, o Sokrates, falls uns in Folge deiner Begründung irgend ein Fehlgriff widerfährt, so verfolgen wir dich nicht weiter, da du am Todtschlage unschuldig und kein Betrüger bist; also sprich nur getrost. – Aber in der That ja, sagte ich, als unschuldig gilt auch dort derjenige, welcher nicht weiter verfolgt wird, wie das Gesetz lautet; wahrscheinlich aber wird es, da es auf jenem Gebiete so ist, auch hier so gelten. – Was also dieß betrifft, sagte er, so magst du immerhin ungescheut sprechen. – Sprechen also, sagte ich, muß ich nun wohl abermals über Dinge, welche ich vielleicht damals gleich in ihrer Reihenfolge hätte besprechen sollen; doch vielleicht ist es auch auf diese Weise richtig, daß wir, nachdem das Drama der Männer vollständig zu Ende ist, nun auch das der Frauen zu Ende führen, zumal da auch du uns hiezu aufforderst.

3. Für Menschen nemlich, welche eine Begabung und Bildung haben, wie wir sie oben durchgingen, gibt es nach meiner Meinung keinen anderen richtigen Besitz und Gebrauch ihrer Kinder und Frauen, als wenn sie hiebei eben nach jener Richtung hinsteuern, nach welcher wir schon zu Anfang steuerten; wir haben ja aber in unserer Begründung es doch wohl versucht, die Männer gleichsam als Wächter einer Heerde aufzustellen. – Ja. – Wollen wir also diesem getreu bleiben, indem wir ihnen auch eine entsprechende Entstehung und Pflege verleihen, und erwägen, ob es so uns passe oder nicht? – Wie so? sagte er. – Folgendermaßen: Glauben wir, daß die weiblichen unter den wachenden Hunden das Nemliche, wie die männlichen, mit diesen gemeinschaftlich bewachen und jagen und auch das Uebrige mit ihnen zusammenthun, oder daß die ersteren nur drinnen im Hause bleiben, unfähig zu Weiterem wegen des

Gebärens der Jungen und ihrer Pflege, die letzteren aber allein sich plagen und alle Sorge betreffs der Heerden auf sich haben? – Gemeinschaftlich, sagte er, thun sie Alles; nur daß wir die ersteren als schwächere, die letzteren aber als stärkere benützen. – Ist es aber, sprach ich, möglich, irgend Thiere zu dem Nemlichen zu benützen, wenn du ihnen nicht auch die nemliche Pflege und Heranbildung angedeihen läßst? – Nein, es ist nicht möglich. – Wenn wir also die Frauen zu dem Nemlichen benutzen wollen, wie die Männer, so müssen wir sie auch das Nemliche lehren? – Ja. – Musische und gymnische Bildung aber wurde jenen verliehen? – Ja. – Auch den Frauen also müssen wir diese beiden Künste angedeihen lassen, sowie auch die kriegerische Thätigkeit, und zu eben dem Nemlichen müssen wir auch sie benützen? – So scheint es wenigstens, sagte er, demzufolge, was du angibst. – Vielleicht demnach, sprach ich, wird Vieles betreffs dessen, was wir jetzt sagen, im Vergleiche mit der bestehenden Sitte als lächerlich sich zeigen, wenn es so ausgeführt würde, wie wir es sagen. – Ja wohl, gar sehr, sagte er. – Was siehst du, sprach ich, hiebei als das Lächerlichste von Allem? gewiß ja das, daß nackt die Frauen in den Ringschulen in Gemeinschaft mit den Männern gymnische Uebungen vornehmen, und zwar nicht bloß die jungen, sondern auch die älteren Frauen, sowie auch die Greise in den Gymnasien lächerlich sind, wenn sie, als runzlige und gar nicht lieblich anzuschauen, dennoch ihre Lust zu Leibesübungen nicht aufgeben? – Ja, bei Gott, sagte er, als lächerlich würde sich dieß, wenigstens nach dem jetzigen Maßstabe, zeigen. – Nicht wahr also, sprach ich, nachdem wir einmal in unserer Begründung fortgesteuert sind, dürfen wir uns vor den Spöttereien der Witzlinge nicht fürchten, wie viele und welcherlei immer dieselben auch vorbringen möchten gegen die Verwirklichung einer derartigen Veränderung bezüglich der Gymnasien und bezüglich der musischen Bildung, und hauptsächlich bezüglich des Handhabens der Waffen und des Reitens zu Pferde? – Du hast Recht, sagte er. – Sondern da wir einmal begonnen haben, zu sprechen, so müssen wir auch auf die rauhe Seite des Gesetzes geraden Weges hinlenken, indem wir Jene bitten, nicht in ihrer gewohnten Weise zu verfahren, sondern ernsthaft zu sein, und indem wir sie daran erinnern, daß die Zeit noch nicht so lange her ist, in welcher es den Hellenen, ebenso wie jetzt noch den meisten der Nicht-Hellenen, schimpflich und lächerlich schien, daß Männer nackt sich sehen lassen; und damals, als zum ersten Male mit gymnischen Uebungen die Kreter einen Anfang machten, und hernach dann die Lakedämonier, hätten ja gleichfalls die damaligen witzigen Köpfe all Solches in Komödien darstellen können; oder glaubst du nicht? – Ja, gewiß. – Hingegen nachdem, glaube ich, durch den wirklichen Gebrauch sich das Entkleiden bei all Derartigem als besser zeigte, als das Verhüllen, da entschwand dann auch das Lächerliche im Anblicke in Folge des durch Gründe ausgesprochenen Besten, und es erwies sich, daß ein hohler Kopf derjenige sei, welcher etwas Anderes, als das Schlechte, für lächerlich hält und Lachen zu erregen sucht, indem er auf irgend einen anderen Anblick des Lächerlichen, als auf den des Sinnlosen und Schlechten, sein Augenmerk richtet, oder derjenige, welcher bei ernsthafter Besprechung nach irgend einem anderen Zielpunkte als den Guten hinsieht. – Ja wohl, völlig so, sagte er. –

4. Werden wir also nicht zuerst in diesem Betreffe uns darüber verständigen, ob die Sache überhaupt möglich sei oder nicht, und müssen wir nicht die Streitfrage eröffnen, falls Jemand aus Neigung zum Scherze oder in ernstem Bestreben hierüber streiten will, ob überhaupt die menschliche Natur des Weibes zu einer Gemeinschaftlichkeit mit dem männlichen Geschlechte für sämmtliche Werkthätigkeiten befähigt sei, oder ob für keine einzige, oder ob nur für einige derselben, für andere aber nicht, und zu welchem von letzteren beiden dann das Kriegerische gehöre? Möchte nicht, wenn Jemand auf diese Weise am richtigsten den Ausgangspunkt nimmt, er auch, wie man erwarten muß, es am richtigsten an's Ende führen? – Ja, bei Weitem, sagte er. – Willst du also, sprach ich, daß wir zunächst gegen uns selbst zu Gunsten unserer Gegner streiten, damit der Standpunkt der gegnerischen Begründung nicht als ein verlassener Posten von uns belagert werde? – Es steht Nichts im Wege, sagte er. – Laß uns also zu Gunsten Jener Folgendes sagen: „Hört ihr, o Sokrates und Glaukon, es ist nicht nöthig, daß gegen euch Andere streiten; denn ihr selbst habt im Anfange bei der Gründung eures Staates, welchen ihr gründetet, zugestanden, es müsse naturgemäß jeder Einzelne Eines, und zwar das Seinige, thun. – Wir haben es zugestanden, glaube ich; warum auch nicht? – Ist es nun anders, als daß das Weib vom Manne von Natur aus sich sehr weit unterscheidet? – Warum sollte es sich nicht unterscheiden? – Nicht wahr also, auch eine verschiedene Werkthätigkeit muß gebührender Weise einem jeden von beiden vorgeschrieben werden, nemlich die naturgemäße? – Wie denn anders? – Wie also, seid ihr nicht jetzt im Irrthume und sprecht das Gegentheil gegen euch selbst, da ihr nun hinwiederum behauptet, die Männer und die Frauen sollen das Nemliche thun, während sie doch eine so sehr von einander getrennte Natur haben? – Würdest du nun, o Wunderlicher, irgend Mittel haben, dich hingegen zu vertheidigen? – Sogleich im ersten Augenblicke, sagte er, ist dieß nicht leicht; sondern ich werde dich bitten und bitte dich hiemit bereits darum, du möchtest

auch der Begründung zu unseren Gunsten, welcherlei sie sein mag, Worte leihen. – Dieß ist es, o Glaukon, sprach ich, und noch viel Anderes dergleichen, was ich schon längst voraussah und daher nicht fürchtete und Anstand nahm, das Gesetz betreffs des Besitzes und der Pflege der Frauen und Kinder zu berühren. – Nein allerdings, bei Gott, sagte er, es scheint dasselbe nicht leicht zu behandeln zu sein. – Allerdings nicht, sprach ich; aber es verhält sich wohl folgendermaßen: mag Jemand in einen kleinen Teich oder mitten in das größte Meer gefallen sein, schwimmen muß er dennoch jedenfalls. – Ja. allerdings. – Nicht wahr also, auch wir müssen schwimmen und versuchen, uns aus der Begründung zu retten, indem wir hoffen, daß uns entweder irgend ein Delphin auf seinen Rücken nehme, oder eine andere wundersame Rettung eintrete? – Ja, so scheint es, sagte er. – Wohlan denn, sprach ich; vielleicht finden wir den Ausweg. Wir haben nemlich wohl zugestanden, daß verschiedene Naturen auch Verschiedenes betreiben müssen, und daß die Natur des Weibes und jene des Mannes verschiedene seien; von diesen verschiedenen Naturen aber behaupten wir jetzt, daß sie das Nemliche betreiben sollen. Dieß ist es, worüber ihr uns anklagt. – Ja wohl, gar sehr. – Gar wacker, o Glaukon, sprach ich, ist ja wahrlich die Kraft jener Kunst, welche sich aus Rede und Gegenrede versteht. – Wie so? – Weil es mir scheint, sagte ich, daß Viele in dieselbe auch wider ihren Willen verfallen und dabei nicht etwa bloß einen Wortstreit, sondern ein begründendes Gespräch zu führen glauben, weil sie nicht fähig sind, dasjenige, was gesagt wird, in Arten einzuteilen und so die Erwägung anzustellen, sondern an dem Wortlaute des Gesagten selbst den Gegensatz verfolgen und so eines Streites, nicht aber eines Gespräches, gegenseitig sich bedienen. – Es ist allerdings, sagte er, bei Vielen dieß eine gewöhnliche Erscheinung; zielt aber dieß etwa auch auf uns im jetzigen Augenblicke ab? – Ja, durchaus wohl, erwiederte ich; es kömmt wenigstens darauf hinaus, daß wir wider unseren Willen an Rede und Gegenrede hängen bleiben. – Wie so? – Den Satz, daß Naturen, welche nicht die nemlichen sind, auch nicht die nemlichen Beschäftigungen erhalten dürfen, verfolgten wir gar tapfer und streitsüchtig dem Wortlaute nach, erwogen aber dabei nicht im Geringsten, was denn der Begriff einer verschiedenen und einer nicht verschiedenen Natur sei, und auf was hin abzielend wir damals diesen Begriff aufstellten, als wir den verschiedenen Naturen verschiedene Beschäftigungen und den nemlichen die nemlichen zutheilten. – Allerdings, sagte er, erwogen wir dieß nicht. – Demnach, sprach ich, dürfen wir wohl, wie es scheint, uns selbst fragen, ob die Natur der Kahlköpfigen und der Langhaarigen die nemliche und nicht eine entgegengesetzte sei, und falls wir etwa zugestanden hätten, daß sie eine entgegengesetzte sei, dürfen wir, wenn Kahlköpfige mit Lederbearbeitung sich beschäftigen, von den Langhaarigen dieß nicht dulden, und wenn Langhaarige, es von den Andern nicht dulden? – Lächerlich aber wäre ja dieß, sagte er. – Etwa aus einem anderen Grunde lächerlich, sagte ich, als darum, weil wir ja damals nicht schlechthin in jeder Beziehung von einer nemlichen und von einer verschiedenen Natur sprachen, sondern nur jenen Begriff des Andersseins und des Aehnlichseins bewahrten, welcher eben gerade auf die Beschäftigungen abzielt? wie z. B. vom Arzte und von dem in seiner Seele zur Arzneikunde Befähigten sagten wir allerdings, daß sie die nemliche Natur haben; oder glaubst du nicht? – Ja, gewiß. – Der zur Arzneikunde Befähigte aber und der zur Baukunde Befähigte eine verschiedene? – Ja, durchaus wohl. –

5. Nicht wahr also, sagte ich, auch bei dem Geschlechte der Männer und der Frauen werden wir, wenn sie bezüglich irgend einer Kunst oder einer anderen Beschäftigung sich als verschieden zeigen, demnach behaupten, daß man eben diese je einem der beiden zutheilen solle; wenn sie sich aber bloß dadurch von einander verschieden zeigen, daß das Weibliche gebiert und das Männliche es befruchtet, so werden wir behaupten, daß darum noch um nichts mehr bewiesen sei, daß bezüglich dessen, wovon wir hier sprechen, das Weib vom Manne verschieden sei, und wir werden noch immer der Meinung sein, daß unsere Wächter und ihre Frauen das Nemliche betreiben sollen. – Ja, und mit Recht, sagte er. – Nicht wahr also, nach diesem werden wir jenem, welcher das Gegentheil sagt, auferlegen, uns eben darüber zu belehren, bezüglich welcher Kunst oder welcher Beschäftigung unter jenen, welche die Einrichtung eines Staates betreffen, die Natur des Weibes und jene des Mannes nicht die nemliche, sondern eine verschiedene sei. – Wenigstens ist dieß gerecht. – Vielleicht jedoch könnte, wie auch du kurz vorher einmal sagtest, ebenso auch ein Anderer sagen, daß sogleich im ersten Augenblicke dieß anzugeben nicht leicht sei, nach einiger Erwägung aber gar nicht schwierig. – Ja, allerdings könnte er dieß sagen. – Willst du also, daß wir jenen, welcher uns derartig widerspricht, nun bitten, er möge uns nachfolgen, woferne etwa wir ihm nachweisen können, daß es keine dem Weibe eigenthümliche Beschäftigung bezüglich der Staatsverwaltung gebe? – Ja, allerdings. – So komm denn, werden wir zu ihm sagen, und antworte uns. Meintest du es in diesem Sinne, daß der Eine von Natur aus zu Etwas begabt sei und der Andere nicht begabt sei, insoferne Ersterer Etwas leicht lernt, Letzterer aber schwer, und insoferne Ersterer von einem kurzen Unterrichte her weithin eine Erfindungsgabe in jenem, was er lernte, besitzt, Letzterer aber nach langem

Unterrichte und Fleiße nicht einmal behalten kann, was er lernte, und insoferne Ersterem die körperlichen Verhältnisse genügend zu seiner Denkthätigkeit dienstbar sind, Letzterem aber feindselig entgegentreten? ist es etwa irgend Anderes, als dieses, wornach du den wohl Begabten und den nicht Begabten bezüglich der einzelnen Dinge von einander unterschiedst? – Keiner, sagte er, wird Anderes anführen. – Weißt du also unter den Gegenständen des menschlichen Fleißes irgend einen, in welchem nicht in all diesen Beziehungen das Geschlecht der Männer gegenüber jenem der Weiber sich hervorthue? oder sollen wir weitschweifig von der Weberkunst oder von der Thätigkeit des Backens und Kochens sprechen, worin das weibliche Geschlecht irgend eine Geltung zu haben scheint, und wo es auch am allermeisten ausgelacht würde, wenn es hierin nachstünde? – Du sprichst wahr, sagte er, daß so zu sagen in sämtlichen das Eine Geschlecht von dem anderen weit übertroffen wird; jedoch sind viele Frauen bezüglich vieler Dinge besser als viele Männer; aber im Ganzen verhält sich's so, wie du sagst. – Also, mein Freund, keine Beschäftigung derjenigen, welche einen Staat verwalten, ist Sache des Weibes darum, weil es ein Weib ist, und keine ist Sache des Mannes darum, weil es ein Mann ist, sondern gleichmäßig sind die Begabungen in den beiderlei lebenden Wesen zerstreut, und an allen Beschäftigungen hat von Natur aus das Weib Antheil, an allen aber auch der Mann, hingegen bei allen ist das Weib ein schwächeres Wesen als der Mann. – Ja, allerdings. – Werden wir also etwa den Männern alle Beschäftigungen auftragen, dem Weibe aber keine? – Und wie sollten wir auch? – Hingegen ist wohl, glaube ich, zufolge unserer Behauptung auch ein Weib von Natur aus zur Arzneikunde befähigt, ein anderes aber wieder nicht, und auch ein Weib musisch gebildet, ein anderes nicht musisch gebildet? – Warum nicht? – Und also das eine auch zur gymnischen Bildung und zum Kriege befähigt, ein anderes aber unkriegerisch und gymnisch nicht gebildet? – Ja, ich wenigstens glaube es. – Wie aber? auch weisheitsliebend und andrerseits feindlich gegen Weisheit? und auch muthig, ein anderes aber muthlos? – Ja, auch dieß sind sie. – Ist also auch das eine Weib zum Wachen befähigt, ein anderes aber nicht? oder haben wir nicht eine derartige Begabung auch für die zum Wachen befähigten Männer ausgewählt? – Ja, allerdings eine derartige. – Also ist auch die Begabung eines Mannes und eines Weibes die nemliche bezüglich der Bewachung eines Staates, nur daß die des letzteren mehr schwach als stark ist? – Ja. so zeigt sich's. –

6. Also müssen wir auch derartige Weiber für die derartigen Männer auswählen, daß sie mit diesen beisammen wohnen und gemeinschaftlich Wache halten, da sie ja hiezu hinreichend begabt und von Natur aus mit ihnen gleichen Stammes sind. – Ja, allerdings. – Müssen wir aber nicht die nemlichen Beschäftigungen den nemlichen Naturen zuweisen? – Ja, die nemlichen. – Somit also sind wir im Kreise herum wieder auf das Obige gekommen und gestehen nun zu, daß es nicht naturwidrig sei, den Frauen der Wächter musische und gymnische Bildung angedeihen zu lassen. – Ja, völlig so. – Nicht Unmögliches also und nicht Dinge, welche frommen Wünschen ähnlich sind, haben wir als gesetzliche Bestimmung aufgestellt, da wir ja naturgemäß das Gesetz aufstellten; sondern weit eher geschieht, wie es scheint, dasjenige, was jetzt im Widerspruche gegen dieß geschieht, auf naturwidrige Weise. – So scheint es. – Nicht wahr also, unsere Erwägung war die, ob wir Solches als ein Mögliches und als das Beste aussprechen können? – Ja, diese war es. – Und daß es also möglich sei, ist hiemit zugestanden? – Ja. – Daß es aber nun das Beste sei, müssen wir jetzt hernach zugestehen? – Klärlicher Weise. – Nicht wahr also, in Bezug darauf, daß ein Weib zum Wachen begabt werde, wird uns nicht etwa eine verschiedene Bildung auf die Männer und eine verschiedene auf die Weiber wirken, zumal da dieselbe ja auf die nemliche natürliche Begabung stößt? – Nein, nicht eine verschiedene. – Wie steht es nun mit deiner Ansicht betreffs des folgenden Punktes? – Betreffs welches Punktes? – Betreffs dessen, ob du bei dir selbst annimmst, daß der eine Mann besser und ein anderer schlechter sei; oder hältst du Alle für gleich? – Keineswegs. – Glaubst du also, daß in dem Staate, welchen wir gründeten, zu besseren Männern die Wächter, wenn sie die von uns durchgegangene Bildung erhalten haben, gemacht worden seien, oder etwa die Lederarbeiter, wenn sie in der Lederbearbeitung gebildet wurden? – Eine lächerliche Frage, sagte er. – Ich verstehe dich, erwiederte ich; wie aber? sind nicht auch unter allen übrigen Bürgern diese die besten? – Ja, bei weitem. – Wie aber? werden nicht auch unter den Weibern diese Weiber die besten sein? – Ja, auch dieß bei Weitem, sagte er. – Gibt es aber für einen Staat etwas besseres, als daß sowohl Männer, als auch Weiber so gut als möglich werden? – Nein, nichts Besseres. – Dieß aber bewirken die musische und die gymnische Bildung, wenn sie sich so einfinden, wie wir sie durchgingen? – Warum auch nicht? – Nicht bloß etwas Mögliches also, sondern auch das Beste für den Staat haben wir als gesetzliche Bestimmung aufgestellt? – Ja, so ist es. – Entkleiden also müssen sich die Frauen der Wächter, da sie statt der Gewänder nun Vortrefflichkeit anziehen werden, und Theil nehmen müssen sie am Kriege und an der übrigen Bewachung

des Staates, und nicht anders dürfen wir es machen; von eben diesem aber müssen wir das Leichtere eher den Frauen, als den Männern zuweisen wegen der Schwäche des Geschlechtes; ein Mann aber, welcher über nackte Frauen, die sich um des Besten willen gymnisch üben, lacht, „genießt eine unreife Frucht seiner Weisheit des Lächerlichen", und weiß nicht, wie es scheint, worüber er lache, noch auch was er thue; denn am richtigsten sagt man doch wohl und wird auch stets sagen, daß das Nützliche schön, das Schädliche aber schimpflich sei. – Ja wohl, völlig so. –

7. Von diesem Einen Punkte also wollen wir hiemit sagen, daß wir ihm wie einer brandenden Woge betreffs des Gesetzes über die Weiber entgangen seien, so daß wir wenigstens nicht ganz überspült wurden, da wir aufstellten, es sollen uns Alles gemeinschaftlich die Wächter und die Wächterinnen betreiben, und daß hingegen die Begründung selbst mit sich selbst gewissermaßen darüber in Uebereinstimmung ist, daß sie Solches sowohl als ein Mögliches, als auch als ein Nützliches bezeichnet. – Ja wohl, sagte er, keiner kleinen brandenden Woge bist du entgangen. – Und doch ja wirst du sagen, erwiederte ich, daß es keine große sei, wenn du die hiernach zunächst kommende siehst. – Sprich, sagte er, damit ich sie sehe. – Nach diesem Gesetze nemlich, sprach ich, und nach den übrigen früheren kömmt nun, wie ich glaube, folgendes. – Welches? – Daß diese Frauen sämmtlich sämmtlichen diesen Männern gemeinsam sein sollen und keine mit irgend Einem einzeln zusammen wohne, und daß hinwiederum auch die Kinder gemeinsam sein sollen und keines der beiden Eltern ihren eigenen Sprößling kenne, noch auch ein Kind seine Eltern. – Ja, bei Weitem ärger noch als das Vorige, sagte er, ist dieses in Bezug auf Unglaublichkeit und betreffs seiner Möglichkeit und Nützlichkeit. – Doch wohl, sprach ich, betreffs der Nützlichkeit wenigstens glaube ich, es könne schwerlich streitig sein, daß es nicht das größte Gut sei, wenn die Weiber und die Kinder gemeinsam wären, woferne es so sein könnte; hingegen darüber, glaube ich, ob dieß möglich sei oder nicht, würde sich der größte Streit erheben. – Ei, doch über beides, sagte er, möchte wohl gar sehr gestritten werden. – Du meinst hiemit, erwiederte ich, eine Vereinigung beider Begründungen; ich aber glaubte, wenigstens aus der einen von beiden entrinnen zu können, daß mir nemlich, falls jenes dir ein Nützliches zu sein schiene, nur die Begründung betreffs der Möglichkeit oder Unmöglichkeit übrig bliebe. – Aber es entging uns nicht, sagte er, daß du entrinnen wollest; gib also nur über Beides Rechenschaft. – Ich muß wohl, sprach ich, die Strafe aushalten; aber wenigstens so viel sei mir zu Gefallen und gestatte mir einen Fest-Genuß, wie ja

auch diejenigen, welche in ihren Gedanken nicht sehr thätig sind, sich selbst einen Schmauß zu bereiten pflegen, wenn sie einsam ihren Weg wandeln; nemlich auch derartige Menschen lassen, noch ehe sie die Art und Weise gefunden haben, aus welche ihnen ein Gegenstand ihrer Wünsche zu Theil werden könne, diese Frage ganz bei Seite, um nemlich mit der Berathung über Möglichkeit oder Unmöglichkeit sich nicht abzumühen, und indem sie dasjenige, was sie wünschen, sofort als ein bereits Vorhandenes annehmen, ordnen sie schon alles Uebrige hübsch an und gehen mit großer Freude durch, was sie Alles, wenn jenes eingetreten ist, thun werden, wobei sie ihre ohnedieß nicht thätige Seele noch unthätiger machen. Bereits also bin auch ich nun weichlicher, und habe ein Verlangen darnach, jenes aufzuschieben und später zu erwägen, inwiefern es möglich sei; jetzt hingegen möchte ich es sofort als ein Mögliches annehmen und, wenn du es gestattest, gleich erwägen, in welcher Weise es die Herrscher als ein wirklich Geschehendes anordnen werden, und auch erwägen, daß es von Allem das Zuträglichste wäre für den Staat und für die Wächter, wenn es wirklich ausgeführt würde; dieß also werde ich versuchen, gemeinschaftlich mit dir zuerst zu erwägen, später aber jenes Andere, wenn du es so gestattest. – Aber ich gestatte es ja, sagte er; erwäge du nur. – Ich glaube demnach, sprach ich, daß, wenn die Herrscher dieses ihres Namens würdig sein werden und ebenso auch die ihnen Helfenden, dann Letztere das ihnen Aufgetragene vollziehen, Erstere aber Aufträge ertheilen werden, indem sie theils selbst den Gesetzen gehorchen, theils aber auch, wo wir es ihnen anvertrauen, selbst Gesetze in nachahmender Weise aufstellen. – Ja, so scheint es, sagte er. – Du demnach, sprach ich, wirst als ihr Gesetzgeber, sowie du die Männer auswähltest, ebenso nun auch die Weiber auswählen und jene so sehr als nur möglich solche von gleicher natürlicher Begabung zutheilen; die Männer aber werden, insoferne sie ja Wohnungen und Mahlzeiten gemeinschaftlich haben, einzeln für sich aber Keiner etwas Derartiges besitzt, mit den Frauen alle zusammen sein, und indem sie zusammen sich unter einander mengen, sowohl in den Gymnasien, als auch im übrigen Leben, werden sie wohl, glaube ich, durch eine von Natur ihnen eingepflanzte Nothwendigkeit zur geschlechtlichen Vereinigung geführt werden; oder scheine ich dir nicht etwas Nothwendiges hiemit abzusprechen? – Ja, wenigstens durch eine mathematische Nothwendigkeit, sagte er, werden sie nicht dazu geführt, wohl aber durch eine Nothwendigkeit der Liebe, bei welcher es so ziemlich darauf hinauskommt, daß sie weit dringlicher als jene ist, um die große Menge der Leute zu überreden und mit fortzuziehen. –

8. Ja wohl, gar sehr, sagte ich. Hernach aber nun, o Glaukon, ist eine unordentliche geschlechtliche Vereinigung derselben, sowie jedes andere unordentliche Thun, in einem Staate der Glücklichen weder gottgefällig, noch werden es die Herrscher zulassen. – Dieß wäre ja auch nicht Recht, sagte er. – Klar demnach ist, daß dieselben irgend Hochzeitsfeste veranstalten werden, welche in so hohem Grade, als es nur möglich ist, heilige sein sollen; heilige aber werden wohl die nützlichsten sein. – Ja, durchaus so; auf welche Weise also werden es demnach die nützlichsten Hochzeitsfeste sein? – Sage mir Folgendes, o Glaukon: Ich sehe nemlich in deinem Hause sowohl Jagdhunde, als auch gar viele edle Hähne; hast du also, bei Gott, auf die Begattung dieser und auf die Zeugung der Jungen bei denselben dein Augenmerk gerichtet? – Inwiefern denn? sagte er. – Erstens doch wohl gibt es ja auch unter diesen, obwohl sie alle edel sind, einige, welche die besten sind und als die besten zur Welt kommen? – Ja. – Läßst du also aus allen in gleicher Weise die Jungen hervorgehen, oder wünschest du, daß sie zumeist von den besten kommen? – Ja, aus den besten. – Wie aber? aus den jüngsten oder aus den schon älteren oder aus jenen, welche zumeist im schönsten Alter stehen? – Aus jenen im schönsten Alter. – Und wenn nicht auf diese Weise die Zeugung vor sich geht, so erwartest du, daß dir die ganze Race der Hunde und der Hähne weit schlechter werde? – Ja, gewiß. – Wie aber glaubst du, sagte ich, daß es mit den Pferden und den übrigen Thieren sei; oder daß es etwa anders sich verhalte? – Ungereimt ja wäre dieß, sagte er. – Weh, mein lieber Freund, sprach ich, wie sehr also bedürfen wir gar hervorragender Herrscher, wenn es auch bei der Gattung der Menschen sich ebenso verhält. – Aber es verhält sich auch wirklich so, sagte er; was soll's aber nun sein? – Daß dieselben nothwendig, erwiederte ich, gar viele Arzneimittel anwenden müssen; eben aber betreffs eines Arztes ja sind wir der Meinung, daß für Körper, welche noch keiner Arzneimittel bedürfen, sondern der bloßen Diät sich fügen, auch ein schlichterer Arzt genüge; wenn hingegen der Körper auch Arzneimittel einnehmen muß, wissen wir wohl, daß ein muthigerer Arzt erforderlich ist. – Dieß ist wahr; aber in welcher Beziehung meinst du dieß? – In folgender, sagte ich: es kömmt darauf hinaus, daß uns die Herrscher eine Menge von Unwahrheit und Täuschung zum Nutzen der Beherrschtwerdenden anwenden müssen; wir sagten ja aber doch wohl daß in Form eines Arzneimittels all Derartiges nützlich sei. – Ja, und mit Recht, sagte er. – Bei der Eingehung von Ehen demnach und bei der Kindererzeugung wird dieses Recht sicher nicht in geringem Grade eintreten. – Wie so? – Es sollen nemlich, sagte ich, in Folge des bisher Zugestandenen so oft als möglich die besten Männer den besten Frauen

beiwohnen, die schlechtesten aber den schlechtesten so selten als möglich, und die Sprößlinge der Ersteren soll man pflegen, die der Letzteren aber nicht, woferne die Heerde so ausgezeichnet als nur möglich sein soll; und nun daß dieß Alles geschieht, muß den Leuten, mit Ausnahme der Herrscher selbst, verborgen bleiben, woferne hinwiederum die Schaar der Wächter so sehr als möglich von Aufruhr frei bleiben soll. – Völlig richtig, sagte er. – Nicht wahr also, irgend Festmahle werden gesetzlich anzuordnen sein, bei welchen wir die Hochzeiter und die Hochzeiterinnen zusammenführen werden, und auch Opfer sind zu veranstalten, und Lieder müssen unsere Dichter dichten, welche für die stattfindenden Ehe-Feierlichkeiten passen; die Zahl der Ehen aber werden wir den Herrschern anheimstellen, damit sie so sehr als möglich mit Berücksichtigung von Kriegen und Krankheiten und all Derartigem stets die nemliche Anzahl der Männer bewahren, und der Staat uns nach Möglichkeit weder zu groß, noch zu klein werde. – Ja, richtig ist dieß, sagte er. – Irgend Loose demnach, glaube ich, müssen wir veranstalten, nemlich gar schlaue, so daß jener Schlechte bei jeder Paarung die Schuld dem Zufalle, nicht aber den Herrschern beimesse. – Ja wohl, gar sehr, sagte er. –

9. Und den trefflichen ja unter den jungen Männern müssen wir im Kriege oder auch anderwärts Ehren und Kampfpreise zutheilen, insbesondere aber auch eine reichlichere Befugniß zum Beischlafe mit den Frauen, damit zugleich auch in Verbindung mit einem täuschenden Vorwande die größtmögliche Anzahl von Kindern eben durch die Derartigen in die Welt gesetzt werde. – Ja, richtig ist dieß. – Nicht wahr also, auch die je entstehenden Sprößlinge wird die hiezu aufgestellte Behörde in Empfang nehmen, sei es, daß sie aus Männern, oder aus Frauen, oder aus beiden bestehe, denn gemeinschaftlich ja den Frauen und den Männern sind uns wohl die Behörden? – Ja. – Also die Sprößlinge der Guten, meine ich, werden sie nehmen und in die Krippen-Anstalt zu irgend Kinder-Wärterinnen bringen, welche abgesondert in einem Theile des Staates wohnen, die Sprößlinge der Schlechteren aber, und auch wenn von den Uebrigen ein verkrüppeltes Kind geboren wird, werden sie, wie sich's geziemt, an einem geheimen und Niemanden bekannten Orte verbergen. – Allerdings, sagte er, woferne das Geschlecht der Wächter rein erhalten werden soll. – Nicht wahr also, auch für Nahrung werden sie sorgen, indem sie die Mütter, wann dieselben von Milch strotzen, zur Krippen-Anstalt führen, wobei sie aber alle Vorsichtsmaßregeln ergreifen, damit keine ihr eigenes Kind erkenne, und indem sie andere Frauen, welche Milch haben, herbeischaffen, falls jene nicht

ausreichen sollten; und auch dafür werden sie sorgen, daß die Kinder nur eine mäßige Zeit hindurch gesäugt werden, alle Schlaflosigkeit aber und die übrige Plage werden sie auf die Ammen und Kinder-Wärterinnen hinüber wälzen. – Eine große Erleichterung des Kinderbringens, sagte er, gibst du hiemit für die Frauen der Wächter an. – Ja, es geziemt sich aber auch, erwiderte ich; aber wir wollen nun auch das zunächst Folgende, was wir wünschen, durchgehen. Nemlich wir behaupteten ja, daß die Sprößlinge aus Menschen in dem schönsten Alter hervorgehen sollen. – Ja, dieß ist wahr. – Scheint nun nicht auch dir die mittlere Zeitdauer des schönsten Alters beim Weibe zwanzig und beim Manne dreißig Jahre zu betragen? – Wie rechnest du da? sagte er. – Daß die Frau, erwiederte ich, von ihrem zwanzigsten Jahre angefangen bis zu ihrem vierzigsten für den Staat Kinder gebäre, der Mann aber, sobald die heftigste Periode des Ungestümes vorüber ist, von da an bis zum fünfundfünfzigsten Jahre für den Staat Kinder erzeuge. – Ja, allerdings, sagte er, ist für beide dieß das schönste Alter, sowohl körperlich, als auch geistig. – Nicht wahr also, mag ein Aelterer oder mag ein Jüngerer als diese sich an der gemeinsamen Zeugung betätigen, so werden wir dieses Vergehen als ein gegen göttliches und menschliches Recht verstoßendes bezeichnen, da er dem Staate ein Kind in die Welt setzt, welches, wann es unbemerkt bleibt, nicht unter jenen Opfern und Gebeten zur Welt kommt, welche jedesmal bei den Ehe-Festen die Priesterinnen und die Priester und der gesammte Staat dafür verrichten wird, daß die Nachkommen immer aus Guten noch bessere und aus Nützlichen noch Nützlichere werden, sondern ein Kind, welches im Dunkeln unter arger Unmäßigkeit geboren wird. – Ja, dieß ist richtig, sagte er. – Das nemliche Gesetz aber, sprach ich, gilt ja auch, wenn einer von denjenigen, welche zeugen dürfen, eine im gesetzlichen Alter stehende Frau berührt, ohne daß ein Herrscher sie ihm gepaart hat; wir werden nemlich sagen, daß ein Solcher ein unächtes und außer dem Verbande stehendes und ungeweihtes Kind dem Staate in die Welt setze. – Ja, völlig richtig, sagte er. – Wann aber nun die Frauen und die Männer das Alter des Zeugens schon überschritten haben, dann lassen wir ihnen volle Freiheit, den Beischlaf zu üben, mit wem sie wollen, nur die Männer nicht mit der Tochter und der Mutter und den Töchtern der Töchter, oder nach oben mit den Töchtern ihrer Mutter, und die Frauen nicht mit dem Sohne und dem Vater und den Söhnen dieser beiden, seien es die Söhne der Söhne oder die Söhne des Vaters; und nachdem wir dieß Alles deutlich vorgezeichnet, müssen wir zumeist dafür sorgen, daß diese bejahrteren Frauen, wenn sie empfangen haben, ihre Leibesfrucht ja nicht austragen, und sollte dieselbe wider ihren Willen fortbestehen, sie dann das Kind so behandeln, als gäbe es für ein derartiges keine Pflege. – Auch dieß zwar, sagte er, ist eine ziemlich mäßige Vorschrift; aber auf welche Weise werden sie denn ihre Väter und Töchter und was du da sonst noch nanntest, wechselseitig unter sich herauskennen? – In keiner Weise, erwiederte ich; sondern von dem Tage an gerechnet, an welchem Einer Hochzeiter geworden war, wird er alle Kinder, welche zwischen dem siebenten und zehnten Monate nach jenem Tage zur Welt kommen, wenn sie männlich sind, seine Söhne, und wenn weiblich, seine Töchter nennen, und sämmtliche jene Kinder ihn Vater nennen; und in der nemlichen Weise denn auch wird er die Nachkommen dieser seine Enkel, und diese hinwiederum einen Solchen ihren Großvater oder eine Solche ihre Großmutter nennen; alle jene Kinder aber, welche um jenen Termin nach jener Zeit zur Welt kommen, in welcher ihre Mütter und Väter sich paarten, werden sich Brüder und Schwestern nennen, so daß sie, wie wir so eben sagten, sich gegenseitig nicht geschlechtlich berühren; wohl aber wird den Brüdern und Schwestern das Gesetz den Beischlaf gestatten, wenn das Loos es so fügt und der Ausspruch der Pythia es bestätigt. – Völlig richtig, sagte er. –

10. Die Gemeinschaftlichkeit demnach der Weiber und der Kinder, o Glaukon, wäre dir für die Wächter des Staates hiemit diese und eine derartige; daß sie aber sowohl im Zusammenhange mit der übrigen Staatsverfassung, als auch bei Weitem das beste sei, müssen wir uns nun hernach durch unsere Begründung bekräftigen lassen; oder wie wollen wir es anders machen? – Eben so, bei Gott, sagte er. – Wäre also nun nicht etwa Folgendes der Ausgangspunkt unserer Verständigung, daß wir zunächst uns selbst fragen, was wir wohl als jenes größte Gut bezüglich der Einrichtung eines Staates bezeichnen können, wornach der Gesetzgeber hinzielen und sodann die Gesetze aufstellen muß, und was wohl das größte Uebel sei, und daß wir hierauf erwägen, ob, was wir so eben durchgingen, uns in die Spur des Guten passe, in jene des Uebels aber nicht passe? – Ja, am allermeisten so, sagte er. – Können wir also irgend ein größeres Uebel für einen Staat nennen, als dasjenige, was ihn zerreißt und aus einem Einen zu einem vielheitlichen macht, oder ein größeres Gut, als dasjenige, was ihn zusammenbindet und zu einem Einen macht? – Nein, wir können nicht. – Nicht wahr also, die Gemeinschaftlichkeit von Vergnügen und Schmerz wirkt zusammenbindend, wann nemlich in möglichst hohem Grade sämmtliche Bürger beim Eintritte und beim Verschwinden der nemlichen Dinge in der nemlichen Weise Freude und Schmerz empfinden? – Ja wohl, völlig so. – Die Vereinzelung aber in dieser Beziehung wirkt auflösend, wenn nemlich bei Ein

und denselben Vorkommnissen des Staates und der Staatsbürger die Einen voll Schmerz und die Anderen voll Freude sind. – Wie sollte es auch nicht so sein? – Entsteht also ein derartiger Zustand etwa nicht daraus, wenn im Staate die Worte „Mein“ und „Nicht mein“ nicht wie aus Einem Munde ertönen, und ebenso auch betreffs des Wortes „Freund“. – Ja wohl, gar sehr. – Ein Staat demnach, in welchem bei den nemlichen Dingen die Meisten in der nemlichen Weise die Worte „Mein“ und „Nicht mein“ aussprechen, wird wohl am trefflichsten verwaltet? – Ja, bei Weitem. – Und demnach auch jener Staat, welcher einem Einzeln-Menschen am nächsten kömmt, gerade wie, wenn Einem unter uns der Finger verwundet wurde, dann jene gesammte im Körper zur Seele hin ausgespannte Gemeinschaft bis zur einheitlichen Anordnung des Herrschenden hinauf es empfindet und als ganze sämmtlich den Schmerz zugleich mitfühlt, sobald irgend ein Theil leidend ist, so daß wir dann in diesem Sinne auch sagen „der Mensch fühlt Schmerz am Finger“; und auch betreffs eines jedweden anderen Theiles des Menschen gilt das Nemliche, mag ein Theil schmerzhaft leidend sein, oder vergnüglich Erleichterung fühlen. – Ja wohl, das Nemliche, sagte er; und auch, um was du fragst, ist so; nemlich Solchem zunächst steht wirklich ein Staat, welcher am trefflichsten verwaltet wird. – Wenn also, glaube ich, Einem der Bürger irgend Etwas, sei es ein Gut oder ein Uebel, widerfährt, so wird der derartige Staat am meisten sagen, daß jener, dem es widerfahren, ihm angehöre, und er wird als gesammter mit ihm sich freuen oder mit ihm trauern. – Ja, nothwendig ist es, sagte er, daß wenigstens der wohlgesetzliche Staat es so mache. –

11. Zeit also möchte es nun wohl sein, sprach ich, wieder zu unserem Staate zurückzukehren und diese Zugeständnisse der Begründung in ihm selbst zu erwägen, ob er sie im höchsten oder irgend ein Anderer in höherem Grade besitze. – Allerdings müssen wir dieß, sagte er. – Wie nun also? es gibt doch gewiß sowohl in den anderen Staaten, als auch in dem unsrigen Herrschende und Volk? – Ja. – Als Bürger werden sich demnach diese sämmtlich gegenseitig einander bezeichnen? – Warum auch nicht? – Wie aber nennt außer dieser gemeinschaftlichen Bezeichnung als Bürger in den anderen Staaten das Volk die Herrschenden? – In den meisten nennt es sie Gebieter, in den demokratischen aber eben mit diesem Namen, nemlich Herrschende. – Was aber wird in unserem Staate das Volk thun? wie wird es außer der Bezeichnung als Bürger da die Herrschenden nennen? – Retter und Helfer, sagte er. – Wie aber werden diese das Volk nennen? – Lohngeber und Ernährer. – Wie aber nennen in den übrigen

Staaten die Herrschenden das Volk? – Sklaven. – Wie aber nennen sich dort die Herrschenden gegenseitig? – Mitherrscher. – Wie aber die unsrigen sich? – Mitwächter. – Kannst du nun angeben, ob unter den Herrschenden in den anderen Staaten irgend Einer den Einen von seinen Mitherrschern als einen Verwandten und einen Anderen als einen Fremden bezeichnet? – Ja, von Vielen kann ich dieß. – Nicht wahr also, den Verwandten wird er als einen ihm Angehörigen ansehen und bezeichnen, den Fremden aber als einen ihm nicht Angehörigen? – Ja, so ist es. – Was aber werden deine Wächter thun? könnte irgend Einer unter ihnen einen von seinen Mitwächtern als einen Fremden ansehen oder bezeichnen? – In keinerlei Weise, sagte er; denn bei jedem Menschen, welchen er trifft, wird er glauben, daß er in ihm einen Bruder oder eine Schwester oder einen Vater oder eine Mutter oder einen Sohn oder eine Tochter oder Abkömmlinge oder Vorfahren von Solchen treffe. – Vortrefflich, sagte ich, sprichst du da; aber sage mir auch noch Folgendes: wirst du ihnen bloß diese Namen der Verwandtest gesetzlich feststellen, oder auch, daß sie alle Handlungen diesen Namen gemäß verüben, so gegen die Väter Alles, was gegen dieselben gesetzlich ist, betreffs der Scheu und der sorgsamen Pflege und der Pflicht des Gehorsams gegen die Eltern, da außerdem es ihm weder seitens der Götter, noch seitens der Menschen wohlergehen wird, da er ja, wenn er hiegegen handelt, weder nach göttlichem, noch nach menschlichem Rechte handelt; – werden also derartige Klänge oder etwa andere aus dem Munde aller Bürger sogleich um die Ohren der Kinder ertönen, sowohl betreffs der Väter, welche man ihnen nemlich als Väter bezeichnet, als auch betreffs der übrigen Verwandten? – Gewiß diese Klänge, sagte er; denn es wäre ja lächerlich, wenn sie ohne die Werkthätigkeit die bloßen Namen der Verwandtschaft im Munde führen würden. – Unter allen Staaten also werden sie in dem unsrigen am meisten im Einklange, wenn irgend Einer gut oder schlecht steht, jenes eben von uns erwähnte Wort aussprechen, nemlich: „das Meinige steht gut“ oder „das Meinige steht schlecht“. – Ja, völlig wahr, sagte er. – Nicht wahr also, im Gefolge dieser Ansicht und dieser Ausdruckweise sagten wir ja, sei auch die Gemeinsamkeit der Vergnügungen und der Schmerzen? – Ja, und mit Recht sagten wir so. – Nicht wahr also, im höchsten Grade werden unsere Bürger an demjenigen als Ein und demselben gemeinschaftlich Theil nehmen, was sie mit dem Worte „Mein“ bezeichnen? wenn sie aber an diesem gemeinschaftlich Theil nehmen, so werden sie auf diese Weise demnach auch im höchsten Grade eine Gemeinschaft des Vergnügens und des Schmerzes haben? – Ja, bei Weitem. – Ist also nun hievon neben der übrigen Einrichtung die Gemeinschaftlichkeit der

Weiber und Kinder für die Wächter die eigentliche Ursache? – Ja, bei Weitem im höchsten Grade, sagte er. –

12. Nun aber haben wir ja zugestanden, daß dieß das größte Gut für einen Staat sei, indem wir einen wohl eingerichteten Staat damit verglichen, wie sich ein Körper zu einem seiner Theile bezüglich des Schmerzes oder des Vergnügens verhält. – Ja, und mit Recht haben wir dieß zugestanden, sagte er. – Also als Ursache des größten Gutes für einen Staat hat sich uns die für die Helfer bestehende Gemeinschaftlichkeit der Weiber und Kinder gezeigt. – Ja wohl, gar sehr, sagte er. – Und nun stimmen wir ja auch mit Obigem überein; wir sagten nemlich schon einmal, daß sie einzeln für sich weder Wohnungen, noch Ländereien, noch irgend einen Besitz haben, sondern ihre Nahrung, welche sie von den Uebrigen als Lohn für die Bewachung empfangen, Alle gemeinschaftlich verzehren müssen, woferne sie wirklich Wächter sein sollen. – Ja, dieß ist richtig, sagte er. – Macht sie also nun nicht, wie ich eben sage, sowohl jenes früher Erwähnte, als auch das so eben Angegebene noch in höherem Grade zu wahren Wächtern, und hat dieß zusammen nicht die Wirkung, daß sie den Staat nicht dadurch zerreißen, indem sie das Wort „Mein" nicht bei dem Nemlichen, sondern jeder bei einem Verschiedenen gebrauchen, und der Eine in sein Einzeln-Haus zusammenraffen würde, was er getrennt von den Uebrigen besitzen zu können vermeint, und ein Anderer wieder ebenso in das seinige als ein verschiedenes Haus, und in gleicher Weise auch ihre Frauen und Kinder als verschiedene, wobei sie jedoch für sich einzelne Vergnügungen und Schmerzen über je Einzelnes hervorrufen würden, sondern im Gegentheil, daß sie in Einer Ansicht betreffs des ihnen Angehörigen Alle zu dem Nemlichen hinstreben und so nach Kräften im gleichen Zustande bezüglich des Schmerzes und der Trauer sich befinden? – Ja wohl, gar sehr, sagte er. – Wie aber? Prozesse und gegenseitige Anklagen werden bei ihnen wohl so zu sagen gar nicht vorkommen, da sie ja Nichts ihnen einzeln Eigenes außer ihrem Körper besitzen, alles übrige aber gemeinsam ist? daher denn nun es ihnen zukömmt, daß sie ohne Zwiespalt leben, so weit wenigstens wegen des Besitzes des Geldes oder der Kinder und Verwandten die Menschen in Zwiespalt kommen. – Ja, durchaus nothwendig ist es, sagte er, daß sie hievon frei sind. – Und nun möchten wohl auch mit Recht keine Prozesse wegen Gewaltthätigkeit oder Beschimpfung bei ihnen sich finden; denn wir werden es ja doch wohl als etwas Schönes und Gerechtes bezeichnen, daß der Altersgenosse dem Altersgenossen beistehe, zumal da ja wir die Pflege körperlicher Uebung mit Nothwendigkeit gebieten. – Ja, dieß ist

richtig, sagte er. – Es hat nemlich, sprach ich, dieses Gesetz auch folgendes Richtige in sich: falls nemlich auch Jemand auf einen Anderen erzürnt ist, so wird er, wenn er innerhalb der derartigen Gränze seinem Zorne Genüge thut, wohl weit weniger zu größerer Entzweiung fortschreiten. – Ja, allerdings. – Einem Aelteren wenigstens wird es ja ohnedieß übertragen sein, über alle Jüngeren zu herrschen und sie zu bestrafen. – Dieß ist klar. – Und nun ja auch darum, weil ein Jüngerer einen Aelteren, woferne es nicht die Herrscher gebieten, wohl, wie zu erwarten ist, weder in anderer Weise gewaltthätig zu behandeln, noch auch ihn zu schlagen versuchen wird; er wird ihn aber, glaube ich, auch in keinerlei anderer Weise unehrenhaft behandeln; denn um dieß zu hindern, genügen jene zwei Wächter, nemlich die Scheu und die Furcht, und zwar die Scheu, welche ihn abhält, an seinen Erzeugern sich zu vergreifen, die Furcht aber, es möchten dem Beleidigten die Uebrigen, seien es Söhne oder Brüder oder Väter, zu Hülfe kommen. – Ja, so ergibt es sich, sagte er. – In allen Beziehungen demnach werden in Folge dieser Gesetze die Männer gegenseitig Frieden halten? – Ja, einen tiefen Frieden. – Und wenn nun diese innerhalb ihrer selbst keinen Zwiespalt erheben, ist wohl nicht zu fürchten, daß der übrige Theil des Staates gegen sie oder unter sich Feindschaft üben werde. – Nein, allerdings nicht. – Jene kleinlichsten Uebel aber, von welchen sie hiemit auch befreit sein dürften, aufzuzählen, nehme ich Anstand wegen ihrer Ungeziemendheit, nemlich Schmeicheleien gegen die Reichen seitens der Armen, und jene Verlegenheiten und Betrübnisse, welche ihnen bei der Ernährung ihrer Kinder und bei geschäftlichem Verkehre wegen der Nothwendigkeit, Sklaven zu halten, auferlegt sind, da sie Geld theils borgen, theils geborgtes ableugnen, theils auch, wenn sie sich auf jede Weise Geld verschafft, es dann bei ihren Weibern und Sklaven zur Verwaltung hinterlegen, und überhaupt, mein Freund, wie Vieles und Mancherlei sie in diesem Betreffe zu dulden haben, ist sowohl an sich klar, als auch sind dieß unedle Dinge und nicht des Redens werth. – Sie sind ja, sagte er, auch einem Blinden klar. –

13. Von all diesem demnach werden sie frei sein und ein Leben suchen, welches seliger ist, als das selig gepriesene Leben der Sieger in den olympischen Wettkämpfen. – Wie so? – Wegen eines kleinen Theiles ja nur von Demjenigen, was unseren Wächtern zukömmt, werden jene Sieger glücklich gepriesen; denn sowohl der Sieg der Unsrigen ist ein schönerer, als auch der auf Staatskosten ihnen zu Theil werdende Unterhalt ein vollkommenerer; nemlich der Sieg, welchen sie feiern, ist die Bewahrung des gesammten Staates, mit Nahrung aber und Allem, dessen das Leben bedarf, werden sowohl sie, als auch ihre Kinder

geschmückt, und Ehrengaben erhalten sie von ihrem Staate sowohl bei Lebzeiten, als auch wird ihnen nach ihrem Tode eine würdige Bestattung zu Theil. – Ja wohl, sagte er, herrliche Ehrengaben. – Erinnerst du dich also, sprach ich, wie im Obigen einmal, ich weiß nicht, von wem, der Tadel gegen uns ausgesprochen wurde, daß wir unsere Wächter durchaus nicht zu Glücklichen machen, da ihnen ja der Besitz aller Güter der Bürger zu Gebot stehen könnte und sie doch Nichts besäßen, und wie dann wir ungefähr erwiederten, wir würden diesen Punkt, sobald er uns in den Weg käme, später einmal erwägen, für jetzt aber einmal die Wächter zu Wächtern machen, und den Staat zu einem möglichst glücklichen, nicht aber würden wir im Hinblicke bloß auf Eine Klasse in ihm diese allein als eine glückliche gestalten? – Ja, ich erinnere mich, sagte er. – Wie also nun? Jetzt wird uns hiemit das Leben unserer Helfer, welches ja weit herrlicher und besser uns erscheint, als jenes der olympischen Sieger, doch wohl nicht nach dem Maßstabe des Lebens der Lederarbeiter oder anderer Handwerker, oder der Landbebauer zu bestehen scheinen? – Nein, mir wahrlich nicht, sagte er. – Aber dennoch ja müssen wir, was ich auch damals schon sagte, hier mit Recht gleichfalls erwähnen, daß, wenn der Wächter in solcher Weise glücklich zu werden versucht, daß er gar nicht einmal mehr ein Wächter ist, und ihm jenes mäßige und sichere und, wie wir sagen, beste Leben nicht mehr genügt, sondern ihn eine unverständige und knabenhafte Vorstellung betreffs des Glücksstandes befällt und dazu antreibt, nach allen Kräften Sämmtliches im Staate zu seinem Eigenthume machen zu wollen, er wohl zur Einsicht kommen muß, daß Hesiodos wirklich ein weiser Mann war, als er sagte.

„Mehr, als das Ganze, ist die Hälfte“. –

Allerdings, sagte er, wenn er mich zum Rathgeber nimmt, wird er innerhalb dieser Lebensweise verbleiben. – Du gestehst also, sprach ich, jene Gemeinschaftlichkeit der Weiber mit den Männern zu, welche wir betreffs der Bildung und der Kinder und der Bewachung der übrigen Bürger durchgegangen haben? daß sie nemlich, mögen sie in der Stadt bleiben oder in den Krieg ausziehen, gemeinsam Wache halten und gemeinsam jagen sollen wie Hündinnen, und daß sie in Allem und in jeder Beziehung mit den Männern, so sehr es möglich ist, Gemeinschaftlichkeit haben, und daß, wenn sie so handeln, sie sowohl am besten handeln, als auch daß dieß nicht wider die Natur des Weiblichen im Vergleiche mit dem Männlichen sei, insoferne sie von Natur aus dazu bestimmt sind, gegenseitig Gemeinschaftlichkeit zu haben? – Ich gestehe es zu, sagte er. –

14. Nicht wahr also, sagte ich, jenes ist noch zu erörtern übrig, ob es also auch unter Menschen ebenso, wie bei den übrigen Thieren, möglich sei, daß diese Gemeinschaftlichkeit entstehe, und in welcher Weise es möglich sei. – Du kamst mir, sagte er, damit zuvor, daß du aussprachst, was ich so eben mir zu denken im Begriffe war. – Was nemlich, erwiederte ich, hiebei die Verhältnisse im Kriege betrifft, so ist, glaube ich, klar, in welcher Weise sie Krieg führen werden. – Wie nemlich? sagte er. – Daß sie gemeinschaftlich in's Feld ziehen, und auch von den Kindern jene, welche schon körperlich ausgewachsen sind, in den Krieg mit sich nehmen werden, damit sie, wie die Kinder der übrigen Werkmeister, bei demjenigen zuschauen, was sie dereinst nach ihrer vollständigen Reife selbst in's Werk setzen müssen; außer dem Zuschauen aber sollen sie in allen Dingen bezüglich des Krieges behülflich und dienstbar sein und ihre Väter und Mütter pflegen; oder hast du nicht bezüglich der übrigen Künste, z. B. bei den Kindern der Töpfer, bemerkt, wie lange Zeit hindurch sie bloß behülflich sind und zuschauen, bis sie erst selbst an die Uebung der Töpferkunst sich machen? – Ja wohl, gar sehr. – Müssen also etwa jene eifriger ihre Kinder heranbilden, als die Wärter die ihrigen in Erfahrung und Anschauung des ihnen Zustehenden? – Dieß wäre ja lächerlich, sagte er. – Nun aber kämpft ja auch jedes Thier ganz ausnehmend, wenn jene zugegen sind, welchen sie selbst das Leben gegeben haben. – Ja, so ist es wohl; aber, o Sokrates, es ist ja hiebei keine kleine Gefahr für den Fall einer Schlappe, wie Solches im Kriege vorzukommen pflegt, daß sie dann außer sich selbst auch noch ihre Kinder dem Untergange weihen und hiedurch es unmöglich machen, daß auch der übrige Staat sich wieder erhole. – Du sprichst wahr, sagte ich; aber erstens, glaubst du denn, man müsse es so einrichten, daß gar keine Gefahr bestehe? – Keineswegs. – Wie aber? wenn man denn doch Gefahren sich aussetzen muß, sollen es nicht solche sein, bei welchen ein glücklicher Erfolg die Leute besser macht? – Ja, dieß ist klar. – Glaubst du aber, daß es etwa einen kleinen Unterschied mache und der Gefahr sich nicht lohne, ob bei den Dingen im Kriege die Kinder, welche dereinst kriegerische Männer werden sollen, zuschauen oder nicht? – Nein, sondern es macht bezüglich dessen, was du sagst, allerdings einen Unterschied. – Dieß also muß stattfanden, daß wir die Kinder zu Zuschauern machen; aber Anstalten zu ihrer Sicherheit müssen wir treffen, und es wird dann wohl sich richtig verhalten; oder etwa nicht? – Ja. – Nicht wahr also, sagte er, es werden erstens ihre Väter, so weit es bei Menschen möglich ist, nicht unkundig sein, sondern es zu unterscheiden vermögen, welche Feldzüge gefahrdrohend seien und welche nicht? – So scheint es, sagte er. – In die einen also werden sie dieselben mit sich nehmen, in die

anderen aber nicht? – Ja, mit Recht. – Und dann werden sie ja, sagte ich, als Herrschende über sie nicht die Schlechtesten aufstellen, sondern diejenigen, welche durch Erfahrung und Alter tauglich sind, Anführer und Begleiter der Knaben zu sein. – Ja, so ziemt sich's. – Aber gar Vieles ja, werden wir hinwiederum sagen, ist schon Vielen wider alles Erwarten zugestoßen. – Ja wohl, gar sehr. – Im Hinblicke auf Derartiges demnach, mein Freund, müssen wir die Kinder von vorneherein beflügeln, damit sie, wenn es nöthig ist, auf und davon fliegen. – Wie meinst du dieß? sagte er. – Auf Pferde, sprach ich, müssen wir sie schon in ihrer frühesten Jugend setzen, und nachdem sie reiten gelernt, sie zu Pferde zum Zuschauen mitnehmen, und zwar nicht auf muthigen und für Schlachten tauglichen Pferden, sondern auf den behendesten und lenksamsten; so nemlich werden sie sowohl am besten bei ihrer künftigen Werkthätigkeit zuschauen, als auch nöthigen Falls am sichersten sich mit ihren älteren Anführern, diesen folgend, reiten. – Du scheinst mir Recht zu haben. –

Wie aber nun, sagte ich, steht es mit den Dingen im Kriege? Wie müssen sich dir die Krieger sowohl gegenseitig unter sich, als auch gegen die Feinde verhalten? Zeigt sich mir etwa Folgendes richtig oder nicht? – Sprich, sagte er, was du hiemit meinest. – Soll man unter ihnen, erwiederte ich, denjenigen, welcher die Schlachtreihe verläßt, oder die Waffen von sich wirft, oder etwas Derartiges thut, wegen seiner Feigheit nicht sofort unter die Handwerker oder Landbebauer einreihen? – Ja, allerdings. – Jenen aber, welcher lebend als Gefangener zu den Feinden kommt, müssen wir ihn nicht als ein Geschenk jedem überlassen, der dann mit dieser Beute eben anfängt, was er will? – Ja wohl, gar sehr. – Jener aber, welcher sich auszeichnete und Ruhm erlangte, soll dieser nicht erstens schon während des Feldzuges von allen mitziehenden Jünglingen und Knaben der Reihe nach von jedem Einzelnen bekränzt werden, oder etwa nicht? – Ja, gewiß. – Wie aber? auch ihm die Hände gedrückt werden? – Ja, auch dieß. – Aber erst Folgendes, glaube ich; scheint es dir nicht auch? – Was meinst du? – Daß er jeden Einzelnen lieben und von ihm geliebt werden dürfe. – Ja, dieß wohl von Allem am meisten, sagte er; und ich füge diesem Gesetze auch noch hinzu, daß, so lange sie auf diesem Feldzuge sich befinden, es Keinem erlaubt sei, sich loszusagen, woferne jener ihn lieben will, damit, mag Jemand ein männliches oder ein weibliches Wesen lieben, er hiedurch um so eifriger sei, sich um den Kampfpreis zu bewerben. – Recht so, sagte ich; denn daß ja für den Tüchtigen mehrere Ehefeste als für die Uebrigen bereit sind und diesen im Vergleiche mit den Uebrigen öfter die Wahl treffen wird, damit so Viele als möglich aus einem Solchen erzeugt werden, haben wir bereits angegeben. – Ja, allerdings, sagte er, haben wir es angegeben. –

15. Aber ja auch dem Homeros zufolge muß man mit Derartigem die Tüchtigen unter den jungen Leuten ehren – denn auch Homeros sagt, daß der im Kriege sich auszeichnende Ajas „mit langgestreckten Rückenstücken eines Rinderbratens erfreut worden sei", als wäre eine derartige Ehrenbezeugung dem jugendlich kräftigen und tapferen Manne völlig passend, durch welche er zugleich mit dem Empfang der Ehre auch seine Körperkraft erhöhe. – Völlig richtig, sagte er. – Wir werden also, sprach ich, dieß dem Homeros glauben; denn auch wir werden bei Opfern und all Derartigem die Tüchtigen, insoweit sie sich uns als Tüchtige zeigen, sowohl durch Lieder, als auch durch Dinge, wie wir so eben erwähnten, ehren, und außerdem „durch Vorsitz und Fleisch und vollere Becher", damit wir zugleich mit der Ehrenbezeugung auch eine Hebung der tüchtigen Männer und Frauen verbinden. – Vortrefflich, sagte er, ist, was du da sprichst. – Weiter; was nun die auf dem Feldzuge Gestorbenen betrifft, werden wir da nicht von demjenigen, welcher mit Ruhm sein Leben geendet, zunächst schon sagen, daß er zu dem goldenen Menschen-Geschlechte gehöre? – Ja gewiß, von Allen am meisten. – Werden wir aber nicht auch da dem Hesiodos glauben, daß, wenn Menschen von dem derartigen Geschlechte gestorben sind, dann wohl

> „sie als heilige Dämonen oben auf der Erde wandeln,
> als Wackere, als Unglücks-Abwehrer, als Wächter der redekundigen Menschen" –

Ja, wir werden es ihm glauben. – Nachforschen also werden wir bei dem Gotte, in welcher Weise und nach welchen Unterschieden man mit den dämonischen und göttlichen Menschen verfahren solle, und hiernach werden wir auch in dieser Weise verfahren, wie jener es erklärt. – Warum sollten wir auch nicht? – Und auch in Zukunft werden wir die Grabstätten derselben, wie jene von Dämonen, verehren und anbeten; und eben dieß Nemliche werden wir für gesetzlich halten, wenn im Greisenalter oder auf irgend andere Weise Einer von denjenigen stirbt, welche im Leben in hervorragender Weise als Tüchtige sich bewährten. – Ja, wenigstens gerecht ist dieß, sagte er. –

Wie nun weiter? Wie werden unsere Krieger gegen die Feinde handeln? – Was meinst du hiemit? – Erstens wohl, was die Sklaverei betrifft, scheint es da gerecht, daß Hellenen hellenische Staaten zu Sklaven machen, oder vielmehr, daß man es nicht anders gestattet und an nichts Anderes sie gewöhnt, als daß sie das eigene hellenische Geschlecht schonen, indem sie vor der Knechtung durch Nicht-Hellenen sich hüten? – Ja, für das Gesammte und in jeder Beziehung, sagte er, macht es einen Unterschied, daß man sie schone. – Also soll man auch sowohl selbst keinen Hellenen als Sklaven besitzen, als auch den übrigen Hellenen eben diesen Rath ertheilen? – Ja, allerdings, sagte er; weit eher ja möchten sie sich in solcher Weise gegen die Nicht-Hellenen kehren, von sich selbst aber unter sich Solches fernhalten. – Wie nun weiter? die Gestorbenen zu plündern, außer etwa, wenn sie gesiegt haben, ihnen die Waffen abzunehmen, ist dieß etwa schön? oder bietet dieß nicht selbst den Feigen einen Vorwand dar, nicht gegen den kämpfenden Feind vorrücken zu müssen, gerade als thäten sie schon ihre Schuldigkeit, wenn sie über Leichen sich hinbeugen; und sind nicht auch schon ganze Heere über eine solche Plünderung zu Grunde gegangen? – Ja wohl, gar sehr. – Scheint es aber nicht auch etwas Sklavisches und Geldgieriges, einen Leichnam zu berauben, und Sache einer weibischen und kleinlichen Gesinnung, für das Feindliche den Leib des Gestorbenen zu halten, wenn der Feind bereits aus demselben entflogen, nur aber dasjenige übrig geblieben ist, vermittelst dessen er als Feind kämpfte? oder glaubst du, daß, wer dieses thut, etwas Anderes verübe, als die Hunde, welche mit den Steinen, vermittelst deren sie getroffen wurden, sich herumzerren, jenen aber, welcher geworfen hat, nicht berühren? – Durchaus nichts Anderes, sagte er. – Bei Seite lassen also müssen wir jede Leichen-Plünderung und all jene Verhinderung der Bestattung? – Ja wohl, bei Gott, sagte er, bei Seite lassen müssen wir sie.

16. Und also werden wir wohl auch nicht in Tempel unsere Waffen bringen, um sie dort als Weihgeschenke aufzuhängen, zumal nicht in Tempel der Hellenen, woferne uns an dem Wohlwollen gegen die übrigen Hellenen Etwas liegt, sondern wir werden weit eher fürchten, es möchte eine Entweihung sein, in einen Tempel Derartiges seitens der eigenen Angehörigen zu bringen, falls nicht etwa der Gott es anders befiehlt. – Völlig richtig, sagte er. – Wie nun weiter? was die Verheerung hellenischen Landes und das Niederbrennen der Häuser betrifft, wie werden es damit deine Krieger gegen die Feinde halten? – Ich möchte gerne hören, sagte er, daß du deine Meinung hierüber aussprechest. – Mir demnach, sprach ich, scheint es, daß sie keines dieser beiden thun werden, sondern nur die eben stehende einjährige Aerndte wegnehmen werden; und warum so, willst du, daß ich es dir sage? – Ja, allerdings. – Es zeigt sich mir nemlich, daß, sowie dieß auch zwei Worte sind, nemlich „Krieg" und

„Zwiespalt", so es auch zwei Dinge seien, welche auf irgend zwei verschiedenen Verhältnissen beruhen; unter diesen zweien aber meine ich einerseits das Angehörige und Verwandte, und andrerseits das Fremde und Ausländische; bei der Feindschaft nun zwischen Angehörigen heißt man es Zwiespalt, bei jener aber gegen Fremdes Krieg. – Und wirklich, es ist nicht unpassend, sagte er, was du da sprichst. – Sieh demnach zu, ob auch Folgendes passend sei, was ich sage: ich behaupte nemlich, das Geschlecht der Hellenen sei in Bezug auf sich selbst ein Angehöriges und Verwandtes, in Bezug auf das Nicht-Hellenische aber ein Ausländisches und Fremdes. – Ja, und mit Recht, sagte er. – Also wenn Hellenen gegen Nicht-Hellenen und Nicht-Hellenen gegen Hellenen kämpfen, werden wir sagen, daß sie Krieg führen und von Natur aus kriegerische Feinde seien, und wir müssen diese Feindschaft einen Krieg nennen; hingegen wenn Hellenen gegen Hellenen Derartiges thun, werden wir sagen, daß sie zwar von Natur aus Freunde seien, aber hiebei Hellas krank und in einem Zwiespalte sei, und die derartige Feindschaft müssen wir Zwiespalt nennen. – Ich gestehe zu, sagte er, daß man es so für das Richtige halten müsse. – Erwäge demnach, sprach ich, daß bei demjenigen, was wir jetzt zugestandener Weise einen Zwiespalt nennen, falls nemlich etwas Derartiges eintritt und ein Staat in einem Zwiespalte sich befindet, bei einer von beiden Seiten gegen beide geübten Verheerung der Ländereien und Verbrennung der Häuser, der Zwiespalt wohl ein frevelhafter und keine der beiden Parteien eine Liebe zum Staate zu besitzen scheinen wird; denn sonst würden sie es ja nicht über sich gewinnen, die Ernährerin und Mutter zu mißhandeln; sondern daß es seitens der Siegenden noch mäßig sei, wenn sie den Besiegten die Aernte wegnehmen und über die Sache so denken, als würden sie gegenseitig sich wieder versöhnen und nicht immerwährend Krieg führen. – Ja, bei weitem sanfter, sagte er, ist eine solche Denkungsweise, als jene. – Wie aber nun? wird der Staat, welchen du gründest, nicht ein hellenischer sein? – Ja, er soll wenigstens, sagte er. – Nicht wahr also, auch Tüchtige und Sanfte werden deine Bürger sein? – Ja, in hohem Grade. – Werden sie aber nicht auch Hellenenfreunde sein, und werden sie nicht Hellas für ein ihnen Angehöriges halten, und werden sie nicht auch an den nemlichen heiligen Dingen Theil nehmen, wie alle übrigen Hellenen? – Ja, auch dieß in hohem Grade. – Nicht wahr also, eine Entzweiung gegen Hellenen als gegen Angehörige werden sie nur für einen Zwiespalt halten und nicht als Krieg bezeichnen? – Nein, allerdings nicht. – Und sie werden sich also in einer Weise entzweien, als würden sie sich wieder einmal versöhnen. – Ja, allerdings. – In milder Gesinnung demnach werden sie dieselben wohlmeinend bestrafen, nicht aber sie züchtigen, um sie zu knechten oder zu verderben, und werden eher ihre wohlmeinenden Bestrafer, nicht aber kriegerische Feinde sein. – Ja, so ist es, sagte er. – Hellenen also werden kein hellenisches Land verwüsten und nicht die Wohnungen niederbrennen, und auch gar nicht zugestehen, daß in jedem einzelnen Staate Sämmtliche ihnen feindselig seien, sowohl Männer, als Frauen, als Kinder, sondern daß immer nur Wenige die Feindseligen seien, nemlich die Urheber der Entzweiung; und aus all diesen Gründen werden sie weder das Land jener verwüsten, noch die Häuser zerstören wollen, da ja die Mehrzahl ihnen Freund ist, sondern nur so weit werden sie die Entzweiung ausdehnen, bis die Schuldigen von den bedrängten Unschuldigen gezwungen werden, ihre Strafe zu büßen. – Ich gestehe zu, sagte er, daß auf eben diese Weise unsere Bürger mit ihren Gegnern in Berührung treten sollen, mit den Nicht-Hellenen aber in jener Weise, welche jetzt unter den Hellenen gegenseitig die übliche ist. – Wollen wir demnach auch dieses Gesetz aufstellen, daß unsere Wächter weder das Land verheeren, noch die Häuser niederbrennen sollen? – Ja, wir wollen es aufstellen, sagte er, und auch sagen, daß sowohl Dieses, als auch das frühere sich gut verhalte.

17. Aber es scheint mir, o Sokrates, daß, wenn man dir gestattet, Derartiges zu sprechen, du niemals mehr dich an jenes erinnern wirst, was du im Obigen einmal bei Seite geschoben hast. um all das Bisherige zu sprechen, nemlich an das, daß dieser Staat überhaupt die Möglichkeit in sich habe, wirklich einmal zu entstehen, und in welcher Weise er wohl diese Möglichkeit habe. Denn daß ja, falls er wirklich entstünde, alles Gute für diesen Staat, insoferne er entstünde, erwachsen wurde, sage auch ich nebst demjenigen, was du übergangen hast, nemlich, daß sie wohl auch gegen die Feinde am trefflichsten kämpfen würden, weil sie einander darum am wenigsten im Stiche lassen möchten, da sie einander kennen und sich gegenseitig als Brüdern und Vätern und Söhnen einander mit diesen Namen zurufen würden; und auch wenn die Weiber mit im Felde stünden, sei es innerhalb der nemlichen Schlachtreihe, oder sei es, daß sie im Hintertreffen aufgestellt wären, um nemlich den Feinden Furcht einzuflößen und nöthigen Falls auch um Hülfe zu leisten, so weiß ich sehr wohl, daß sie dann auch in dieser Beziehung unbekämpfbar sein dürften; und auch die ihnen zu Hause erwachsenden Güter, welche du übergangen hast, so viele deren nur sein mögen, sehe ich gleichfalls; aber eben da ich dir gerne zugestehe, daß all dieses und auch noch unzähliges Andere stattfände, wenn dieser Staat einmal wirklich entstünde, so sprich nun über dieses nichts Weiteres mehr, sondern eben davon

nun wollen wir jetzt uns selbst überzeugen, daß es möglich sei und inwieferne es möglich sei, alles Uebrige aber wollen wir bei Seite lassen. – Urplötzlich ja, sprach ich, nimmst du da einen Anlauf gegen meine Begründung und willst mir keine Nachsicht schenken, daß ich ja mitten im Feldzuge begriffen bin. Vielleicht nemlich weißst du nicht, daß, nachdem ich gerade zur Noth jenen zwei brandenden Wogen entronnen bin, du jetzt das Größte und Schwierigste von der Verflechtung dreier Wogen herbeiführst, denn wenn du jenes siehst und hörst, so wirst du mir gar wohl Verzeihung angedeihen lassen, daß ich aus guten Gründen Anstand nahm und Furcht davor hatte, einen so auffallenden Ausspruch zu thun und die Erwägung desselben zu versuchen. – Je mehr du, sagte er, Derartiges sprichst, um desto weniger wird es dir von uns erlassen werden, anzugeben, inwieferne dieser Staat die Möglichkeit in sich habe, wirklich zu entstehen. Aber sprich nur und zögere nicht. –

Nicht wahr also, sprach ich, zuerst müssen wir uns daran erinnern, daß wir nur bei unserem Nachsuchen, welcherlei denn die Gerechtigkeit und die Ungerechtigkeit sei, eben bis auf diesen Punkt hier gelangten? – Ja, dieß müssen wir wohl, sagte er; aber was soll dieß? – Nichts weiteres; aber wenn wir gefunden haben, welcherlei die Gerechtigkeit sei, werden wir dann die Zumuthung aussprechen, daß auch der gerechte Mann durchaus nicht in irgend Etwas sich von jener unterscheide, sondern in allen Beziehungen ein Derartiger sei, wie eben auch die Gerechtigkeit selbst ist, oder werden wir es schon zufrieden sein, wenn er ihr nur so nahe als möglich kömmt und von Allem am meisten an ihr Theil hat? – Ja, so ist es, sagte er; wir werden es wohl zufrieden sein. – Also um eines Musterbildes willen, sprach ich, suchten wir sowohl, welcherlei die Gerechtigkeit selbst sei, als auch, inwieferne der vollkommen gerechte Mann entstehen könne, und welcherlei er sei, und ebenso auch bezüglich der Ungerechtigkeit und des ungerechtesten Mannes, um nemlich im Hinblicke auf jene und auf die Beschaffenheit, in welcher sie betreffs des Glücksstandes und seines Gegentheils sich uns zeigen würden, bezüglich unserer selbst zu dem Zugeständnisse genöthigt zu sein, daß, wer jenem am ähnlichsten sei, auch am meisten ein ähnliches Loos wie jenes haben werde, nicht aber suchten wir jenes in der Absicht, um zu beweisen, daß Solches die Möglichkeit in sich habe, wirklich zu entstehen. – Ja, hierin, sagte er, sprichst du wahr. – Glaubst du also wohl, es sei Einer weniger ein guter Maler, wenn er ein Musterbild, wie wohl der schönste Mensch gestaltet sein möge, gemalt und Sämmtliches zu seiner Zeichnung in genügender Weise beigebracht hat, dann aber doch nicht die

Möglichkeit beweisen kann, daß ein solcher Mensch wirklich entstehe? – Gewiß nicht, bei Gott, sagte er. – Wie also nun? behaupten nicht auch wir, daß wir in unserer Begründung ein Musterbild eines guten Staates entworfen haben? – Ja, allerdings. – Glaubst du also, daß wir dann deswegen es weniger gut begründet haben, weil wir nicht beweisen können, daß es möglich sei, einen Staat so zu gründen, wie wir angaben? – Wahrlich nicht, sagte er. – Das Wahre hierüber, sprach ich, ist hiemit dieß. Woferne aber nun ich um deinetwillen ja auch dazu bereitwillig sein soll, nachzuweisen, inwieferne und in welcher Beziehung es doch noch im höchsten Grade irgend möglich sei, so mußst du zum Behufe des derartigen Nachweises mir abermals das Nemliche zugestehen. – Was denn wohl? – Ist es wohl möglich, daß Etwas gerade so vollzogen werde, wie es ausgesprochen wird, oder liegt es in der Natur der Sache, daß der Vollzug immer in geringerem Grade die Wahrheit treffe, als der Wortlaut, auch wenn es nicht so zu sein scheint? Gestehst du es mir aber in dieser Weise zu oder nicht? – Ich gestehe es zu, sagte er. – Jenen Zwang demnach lege mir nicht auf, daß ich von Allem gerade so, wie wir es in der Begründung durchgingen, auch darlege, daß es völlig ebenso in der Verwirklichung eintrete; sondern falls wir im Stande sind, zu finden, in welcher Weise Jemand bei Gründung eines Staates dem Gesagten wohl am nächsten käme, dann möchten wir behaupten, wir hätten die Möglichkeit aufgefunden, daß wirklich entstehe, was du wünschest. Oder wirst du es nicht zufrieden sein, wenn du dieß erreichst? Ich wenigstens wäre es wohl zufrieden. – Ja, auch ich, sagte er. –

18. Hiernach aber müssen wir, wie es scheint, versuchen, zu erforschen und nachzuweisen, was denn wohl gegenwärtig in den Staaten schlecht stehe, dem zufolge sie nicht in dieser unserer Weise verwaltet werden, und durch welche möglichst geringe Veränderung der Staat eben zu dieser Art und Weise der Verfassung gelangen könnte, indem wo möglich nur Eines oder, wenn dieß nicht genügt, nur zwei Dinge, oder wenn dieß nicht genügt, jedenfalls nur die der Zahl nach wenigsten und der Geltung nach geringsten Dinge geändert würden. – Ja, durchaus so, sagte er. – Und allerdings, wenn nur Eines geändert würde, sagte ich, glauben wir den erforderlichen Umschwung nachweisen zu können; freilich wäre jenes nicht ein Geringes, noch auch ein Leichtes, aber ein Ausführbares. – Welches ist dieß? sagte er. – Nun komme ich, erwiederte ich, eben auf jenes, was wir vorher mit der größten brandenden Woge verglichen haben; aber gesagt muß es nun werden, selbst wenn es auch eben wie eine Woge des Lachens mich vollständig mit Gelächter und Hohn überspülen sollte. Erwäge aber, was ich im

Begriffe bin zu sprechen. – Sprich, sagte er. – Woferne nicht, sprach ich, entweder die Weisheitsliebenden in den Staaten als Könige herrschen, oder die jetzt sogenannten Könige und Herrscher in ächter und genügender Weise wirklich die Weisheit lieben, und woferne nicht so beides, nemlich staatliche Macht und Weisheitsliebe, in Eines zusammenfallen, und woferne nicht jene große Menge von Begabungen, welche gegenwärtig von einander getrennt je bloß den Einen dieser beiden Wege wandeln, nothwendig ausgeschlossen wird, gibt es, mein lieber Glaukon, kein Aufhören der Uebel für die Staaten und, glaube ich, auch nicht für das Menschengeschlecht, und es wird auch wohl nicht eher diese Staatsverfassung, welche wir jetzt in unserer Begründung durchgingen, je zur Möglichkeit des Entstehens gelangen oder das Licht der Sonne erblicken; sondern eben dieß war, was mich schon längst veranlaßte, Anstand zu nehmen, es auszusprechen, weil ich sah, daß dabei gar Vieles Auffallende gesagt werden würde; denn schwierig ist es, einzusehen, daß keine andere Staatsverfassung irgend beglückend wirken könne, sei es im Einzeln- oder im öffentlichen Leben. – Und er erwiederte: Du hast, o Sokrates, ein derartiges Wort und einen solchen Ausspruch hiemit hereingeschleudert, daß du auf dieß hin erwarten darfst, es möchten gar viele und nicht zu verachtende Leute jetzt augenblicklich, indem sie gleichsam ihre Gewänder von sich werfen und nackt jede nächste beste Waffe ergreifen, auf dich in gespannter Hast losrennen, um dir erstaunlich Arges anzuthun; und wenn du diese nicht vermittelst deiner Begründung von dir abwehrst und ihnen nicht entgehst, so wirst du wirklich mit Hohn überschüttet werden und so es büßen. – Nicht wahr also, erwiederte ich, daran ist Niemand schuld als du? – Ja, sagte er, und ich that gut daran; aber darum werde ich dich auch nicht im Stiche lassen, sondern dir beistehen, womit ich nur kann; ich kann dieß aber durch hingebendes Wohlwollen und durch Aufmunterungen, und vielleicht ja könnte ich dir auch geschickter, als mancher andere, in Antworten Rede stehen; aber jedenfalls versuche es, da du einen derartigen beistehenden Genossen hast, den Ungläubigen zu beweisen, daß es sich so verhalte, wie du sagst. – Versuchen, sprach ich, muß ich es wohl, nachdem auch du eine so bedeutende Bundesgenossenschaft mir anbietest. Nothwendig also scheint es mir, woferne wir den von dir erwähnten Leuten entgehen sollen, daß wir gegen jene vorerst feststellen, welche Männer denn wir unter jenen Weisheitsliebenden verstehen, welche unserer kühnen Behauptung zufolge die Herrschenden sein sollen, um nemlich, wenn dieß klar geworden, dann die Abwehr durch den Nachweis bewerkstelligen zu können, daß den Einen von Natur aus es gebührt, sowohl der

Weisheitsliebe zu pflegen, als auch die Führer im Staate zu sein, den Anderen hingegen, sowohl jene nicht zu pflegen, als auch den Führern bloß nachzufolgen. – Ja, es möchte Zeit sein, sagte er, dieß festzustellen. – So komm denn und folge mir in dieser Richtung, woferne wir es irgendwie genügend erklären können. – Wohlan also, sagte er. –

19. Werde ich also, sagte ich, dich erst daran erinnern müssen, oder erinnerst du dich selbst daran, daß von demjenigen, welchen wir als einen Etwas Liebenden bezeichnen, sich bei richtiger Anwendung dieser Bezeichnung zeigen müsse, daß er nicht bloß das Eine von jenem Gegenstande liebt und ein Anderes nicht, sondern daß er eben den ganzen mit Liebe erfasse? – Wohl erst daran erinnern, sagte er, mußst du mich, wie es scheint; denn ich verstehe es nicht völlig. – Für einen Anderen, o Glaukon, erwiederte ich, möchte sich wohl eher ziemen zu sprechen, wie du da sprichst; aber für einen dem Eros huldigenden Mann ziemt sich's nicht, aus dem Gedächtnisse zu verlieren, daß alle jene, welche in der Blüthe der Jahre stehen, den Knabenliebhaber und den dem Eros Huldigenden in irgend einer Weise zupfen und zerren, indem sie es zu verhindern glauben, daß jener sich um sie bekümmere und ihnen Liebe erweise. Oder macht ihr es nicht auch so gegen die schönen Knaben? Der Eine wird, weil er stumpfnasig ist, von euch ein Graziöser genannt und darum gepriesen, an den Anderen bezeichne ihr die Habichtsnase als etwas Königliches, von jenem aber, der zwischen beiden in Mitte steht, sagt ihr, er habe gerade das rechte Maß, von den Dunkelfarbigen hinwiederum sagt ihr, ihr Anblick habe etwas Männliches, von den Hellfarbigen, sie seien Göttersöhne; was aber die Honigfarbigen oder eben diese Bezeichnung selbst betrifft, glaubst du, sie sei die Erfindung irgend eines Anderen, als eben eines Liebhabers, welcher einen schmeichelhaften Ausdruck wählte und das Gelbliche, wenn es in der Blüthezeit der Jahre eintritt, sehr gerne sich gefallen ließ; und mit Einem Worte alle Vorwände bringt ihr vor und alle Sprechweisen laßt ihr ertönen, um nur keinen von jenen, welche in der Blüthe der Jahre stehen, zurückzustoßen. – Wenn du dieß Alles, sagte er, von mir willst gelten lassen, daß die dem Eros Huldigenden es so machen, so gestehe ich es dir um des bloßen Redens willen zu. – Wie aber? siehst du von den Trunkliebenden nicht gleichfalls, daß sie das Nemliche thun, indem sie jedweden Wein unter jedem Vorwande lieben? – Ja wohl, gar sehr. – Und nun ja auch bei den Ehrliebenden erblickst du, wie ich glaube, daß, wenn sie es nicht zum Feldherrn bringen, sie wenigstens über eine kleine Heeresabtheilung herrschen wollen, und wenn sie nicht von Mehreren und Bedeutenderen geehrt

werden, sie es schon zufrieden sind, von Wenigeren und Geringeren geehrt zu werden, da sie ja überhaupt Begierde nach Ehre haben. – Ja wohl, in hohem Grade. – Dieß also sage, ob es so sei oder nicht: werden wir von jenen, welche wir als irgend Begehrliche bezeichnen, behaupten, daß sie immer die ganze Gattung begehren, oder bloß das Eine, ein Anderes aber nicht? – Die ganze Gattung, sagte er. – Nicht wahr also, auch von dem Weisheitsliebenden werden wir sagen, daß er nicht bloß die eine Weisheit begehre, eine andere aber nicht, sondern eben die ganze? – Ja, dieß ist wahr. – Von demjenigen also, welcher mit Widerwillen an die Lerngegenstände geht, werden wir, zumal wenn er jung ist und noch keinen Begriff davon hat, was brauchbar sei und was nicht, gewiß nicht sagen, daß er lernbegierig oder weisheitsliebend sei, sowie wir auch von jenem, welcher einen Widerwillen gegen Speisen hat, nicht sagen, daß er hungere, oder daß er Speisen begehre, oder daß er eßlustig sei, sondern eben daß er appetitlos sei. – Ja, und mit Recht werden wir dieß sagen. – Hingegen von demjenigen, welcher gleich bereit ist, von jedem Lerngegenstande kosten zu wollen, und willig an das Lernen geht und hierin unersättlich ist, werden wir mit Recht sagen, daß er weisheitsliebend sei; oder wie denn anders? – Und Glaukon sprach: Da werden dir also auch gar viele ungereimte Menschen zu den Derartigen gehören, nemlich sowohl alle Schaulustigen scheinen mir darum, weil sie eine Freude daran haben, wenn sie Etwas kennen lernen, derartig zu sein, als auch die Hörlustigen scheinen mir doch gar zu ungereimte Menschen zu sein, als daß man sie unter die Weisheitsliebenden rechnen könnte, Leute, welche bei begründenden Reden und einer derartigen Unterhaltung gewiß nie freiwillig sich einfinden würden, aber wohl, gerade als hätten sie ihre Ohren vermiethet, um allen Chorgesängen zuzuhören, bei den dionysischen Festen herumlaufen und weder bei den in der Stadt, noch bei jenen auf dem Lande abgehaltenen fehlen. Sollen wir nun all diese und auch andere, welche dergleichen Dinge oder sonstige Kunststückchen lernen wollen, als Weisheitsliebende bezeichnen? – Keineswegs, sagte ich; aber als solche, welche den Weisheitsliebenden ähnlich sind. –

20. Welche aber, sagte er, verstehst du unter den wahrhaft Derartigen? – Jene, sprach ich, welche schaulustig bezüglich der Wahrheit sind. – Auch dieß, sagte er, ist richtig; aber wie meinst du dieß? – Keineswegs, erwiederte ich, könnte ich dieß in leichter Weise einem Anderen angeben, von dir aber glaube ich, daß du mir Folgendes zugestehen werdest. – Was denn wohl? – Daß, nachdem das Schöne dem Schimpflichen entgegengesetzt ist, dieß eben zwei Dinge seien. –

Ja, warum auch nicht? – Nicht wahr also, nachdem sie zwei sind, ist auch jedes von beiden ein Eines für sich? – Ja, auch dieß. – Und also auch betreffs des Gerechten und des Ungerechten und des Guten und des Bösen gilt der nemliche Ausspruch, daß jedes einzelne derselben ein Eines für sich sei, sie aber wohl vermöge ihrer Gemeinschaftlichkeit mit den Handlungen und mit den Körpern und wechselseitig mit sich selbst dann allerwärts erscheinen und so ein jedes sich als ein Vielheitliches zeige. – Ja, du hast Recht, sagte er. – In dieser Beziehung demnach, sprach ich, unterscheide ich, nemlich einerseits jene von dir so eben erwähnten Schaulustigen und Kunstliebenden und in den äußeren Handlungen sich Bewegenden, andererseits aber hinwiederum jene, von welchen hier die Rede ist, nemlich welche man allein mit Recht als Weisheitsliebende bezeichnen könnte. – Wie meinst du dieß? sagte er. – Jene Hörlustigen und Schaulustigen, sprach ich, lieben doch wohl die schönen Töne und Farben und Gestalten und Alles, was aus dergleichen angefertigt wird, hingegen die Natur des Schönen an und für sich zu sehen und zu lieben, ist ihre Denkthätigkeit unfähig. – Ja, es verhält sich allerdings so, sagte er. – Möchten aber eben jene, welche fähig sind, an das Schöne an und für sich hinzutreten und es in seinem eignen Sein zu schauen, wohl selten zu finden sein? – Ja wohl, gar sehr. – Scheint dir aber nur derjenige, welcher zwar an schöne Dinge glaubt, aber an die Schönheit an und für sich weder glaubt, noch auch, falls ihn Jemand zur Einsicht in dieselbe führen würde, ihm zu folgen fähig ist, ein wachendes oder ein träumendes Leben zu führen? Erwäge aber Folgendes: besteht etwa das Traumwachen nicht darin, daß man, sei es im Schlafe, oder sei es wachend, ein Ding, welches einem anderen ähnlich ist, nicht für ähnlich, sondern eben für das Nemliche wie jenes halt, welchem es gleicht? – Ja, ich wenigstens, sagte er, würde von einem Solchen behaupten, daß er in einem Traumwachen sei – Wie aber? wer im Gegensatze hievon sowohl irgend Etwas für das Schöne an und für sich hält, als auch fähig ist, es selbst und die desselben theilhaftigen Dinge zu erblicken, und dabei weder die theilhaftigen Dinge für es selbst noch es selbst für die theilhaftigen Dinge hält, scheint dir dieser hinwiederum ein wachendes oder ein träumendes Leben zu führen? – In hohem Grade ja, sagte er, ein wachendes. – Nicht wahr also, die Denkthätigkeit dieses Letzteren möchten wir wohl, da er es ja einsieht, mit Recht als Einsicht bezeichnen, hingegen als Meinung jene des Ersteren, weil er ja nur Etwas meint? – Ja wohl, allerdings. – Wie nun? wenn dieser, von welchem wir sagen, daß er wohl eine Meinung, nicht aber eine Einsicht habe, uns grollt und die Wahrheit unserer Behauptung bestreitet, werden wir Mittel haben, ihn zu beschwichtigen und ganz gelassen heimlich zu überzeugen, daß er eigentlich doch nicht recht bei Trost sei? – Wir sollen dieß ja wenigstens, sagte er. – So komm denn und erwäge, was wir zu ihm sagen werden; oder willst du, daß wir folgendermaßen ihn ausfragen sollen, indem wir vorher sagen, daß, falls er wirklich Etwas wisse, wir es ihm nicht mißgönnen, sondern recht gerne es sehen würden, daß er Etwas wisse, und dann also ihn fragen: „aber sage uns Folgendes: sieht der Einsichtige Etwas ein oder Nichts?" Antworte also du an seiner Statt. – So will ich denn antworten, sagte er, daß der Einsichtige Etwas einsieht. – Sieht er ein Seiendes oder ein Nichtseiendes ein? – Ein Seiendes; denn wie könnte ja ein Nichtseiendes irgend eingesehen werden? – Genügend steht uns also dieß fest, auch wenn wir es in mehreren Beziehungen erwägen, daß das schlechthin Seiende auch schlechthin eingesehen werden kann, ein durchaus Nichtseiendes aber schlechthin nicht eingesehen werden kann? – Ja, völlig genügend. – Weiter; woferne aber Etwas sich so verhält, daß es sowohl ist, als auch nicht ist, möchte Solches dann nicht in Mitte liegen zwischen dem in reiner Weise Seienden und zwischen dem durchaus Nichtseienden? – Ja, in Mitte. – Nicht wahr also, auf Seite des Seienden stand uns die Einsicht, und nothwendig auf Seite des Nichtseienden die Einsichtslosigkeit; auf Seite des Mittleren aber müssen wir nun wohl etwas Mittleres zwischen der Unkenntniß und dem Wissen suchen, woferne es etwas Derartiges gibt? – Ja, allerdings. – Sagen wir also etwa, daß die Meinung Etwas sei? – Wie sollten wir auch nicht? – Sagen wir, daß sie eine andere Fähigkeit sei, als das Wissen, oder die nemliche? – Eine andere. – Also auf Seite eines Verschiedenen steht die Meinung und auf Seite eines Verschiedenen das Wissen, jedes von beiden eben nach seiner eigenen Fähigkeit? – Ja, so ist es. – Nicht wahr also, das Wissen ist von Natur aus auf Seite des Seienden dazu bestimmt, einzusehen, daß das Seiende ist? Vielmehr aber scheint es mir nöthig, vorher in folgender Weise es zu erörtern. – In welcher? –

21. Wollen wir sagen, daß die Fähigkeiten überhaupt irgend eine Gattung des Seienden seien, vermöge deren sowohl wir zu Allem fähig sind, wozu wir es sind, als auch jedes andere Ding, welches zu Etwas fähig ist, ich meine z. B. daß das Sehen und das Hören zu den Fähigkeiten gehören, woferne du verstehst, was ich überhaupt unter diesem Artbegriffe meine. – Ich verstehe es aber ja, sagte er. – Höre aber, was sich mir in diesem Betreffe zeigt: an einer Fähigkeit nemlich erblicke ich weder eine Farbe noch eine Gestalt noch irgend etwas Derartiges, wie an vielen anderen Dingen, worauf hinblickend ich es bezüglich einiger Dinge bei mir feststellen kann, daß die einen dieß und die anderen jenes seien;

hingegen bei einer Fähigkeit blicke ich nur auf jenes, zu dessen Behuf sie da ist und was sie bewirkt, und in dieser Beziehung gebe ich jeder einzelnen Fähigkeit einen Namen, und jene, welche zum Behufs des Nemlichen besteht und das Nemliche bewirkt, nenne ich die nemliche, diejenige aber, welche zum Behufe eines Anderen da ist und Anderes bewirkt, nenne ich eine anderweitige. Wie aber hältst du es hierin? – Eben so, sagte er. – Noch einmal demnach, mein Bester, sprach ich, wende dich hieher zu mir. Behauptest du, daß das Wissen irgend eine Fähigkeit sei, oder in welche Gattung stellst du es? – Eben in diese, sagte er, da es ja unter allen Fähigkeiten die stärkste ist. – Wie aber? werden wir die Meinung unter die Fähigkeiten, oder unter irgend einen anderen Artbegriff unterbringen? – Keinenfalls unter einen anderen, sagte er; denn jenes, vermittelst dessen wir fähig sind, Etwas zu meinen, ist eben nichts Anderes als die Meinung. – Nun aber hast du ja kurz vorher zugestanden, daß Wissen und Meinung nicht das Nemliche seien. – Wie sollte ja auch, sagte er, jemals ein Verständiger das Unfehlbare als das Nemliche wie das nicht Unfehlbare bezeichnen? – Recht, sagte ich; und es ist hiemit klar, daß unserseits die Verschiedenheit zwischen Wissen und Meinung zugestanden ist? – Ja, die Verschiedenheit. – Also zum Behufe eines Verschiedenen ist jedes von diesen beiden als ein zu Verschiedenem Befähigtes von Natur aus bestimmt. – Ja, nothwendig. – Das Wissen nemlich doch wohl zum Behufe des Seienden, um einzusehen, wie das Seiende sich verhalte? – Ja. – Die Meinung aber, sagen wir. um eben zu meinen. – Ja. – Wird sie also etwa das Nemliche einsehen, was das Wissen einsieht? und ist dasjenige, was eingesehen werden kann, und jenes, was gemeint werden kann, das Nemliche? oder ist dieß unmöglich? – Ja, unmöglich, sagte er, in Folge des schon Zugestandenen, woferne nemlich zum Behufe von Verschiedenem verschiedene Fähigkeiten von Natur aus bestimmt sind, Fähigkeiten aber eben jene beiden, nemlich die Meinung und das Wissen, sind, jede aber, wie wir sagten, eine verschiedene; in Folge dessen demnach geht es nicht an, daß, was eingesehen werden kann, und was gemeint werden kann, das Nemliche sei. – Nicht wahr also, wenn das Seiende eingesehen werden kann, so möchte wohl etwas Anderes als das Seiende jenes sein, was gemeint werden kann? – Ja, etwas Anderes. – Wird also die Meinung etwa das Nichtseiende meinen, oder ist es unmöglich, das Nichtseiende ja auch nur zu meinen? Bedenke aber nur Folgendes: Richtet denn nicht der Meinende seine Meinung auf irgend Etwas? oder ist es hinwiederum möglich, bloß zu meinen und dabei Nichts zu meinen? – Dieß ist unmöglich. – Aber irgend Eines ja meint der Meinende? – Ja. – Nun aber würde es ja, wenn es ein Nichtseiendes wäre, nicht ein Eines, sondern am richtigsten ein Nichts genannt. – Ja allerdings. – Dem Nichtseienden aber haben wir ja nothwendig die Unkenntniß zugewiesen, und dem Seienden die Einsicht. – Ja, mir Recht, sagte er. – Also nicht ein Seiendes und auch nicht ein Nichtseiendes meint die Meinung. – Nein, allerdings nicht. – Also weder Unkenntniß noch Einsicht möchte die Meinung sein. – So scheint es. – Schreitet sie also etwa außerhalb dieser hinauf, nemlich entweder außerhalb der Einsicht vermöge einer Deutlichkeit, oder außerhalb der Unkenntniß vermöge einer Undeutlichkeit? – Keines von beiden. – Scheint also wohl hingegen, sprach ich, die Meinung Etwas zu sein, was dunkler als die Einsicht und heller als die Unkenntniß ist? – Ja, durchaus so, sagte er. – Innerhalb der beiden aber liegt sie? – Ja. – Also ein Mittelding zwischen diesen beiden möchte wohl die Meinung sein? – Ja wohl, gar sehr. – Nicht wahr also, wir sagten in dem Obigen, daß, falls sich uns etwas Derartiges zeigen würde, was zugleich ist und nicht ist, ein Solches in Mitte zwischen dem in reiner Weise Seienden und zwischen dem durchaus Nichtseienden liege, und daß weder Wissen noch Unkenntniß auf Seite desselben stehen werde, sondern hinwiederum jenes, was als Mittleres zwischen Unkenntniß und Wissen sich zeigen würde? – Ja, dieß ist richtig. – Nun aber hat sich uns ja ein Mittleres zwischen diesen gezeigt, welches wir so eben Meinung nannten? – Ja, es hat sich gezeigt. –

22. Es ist uns demnach, wie es scheint, noch übrig, jenes zu finden, was an jenen beiden, nemlich an dem Sein und an dem Nichtsein, Theil hat und als keines der beiden in voller Reinheit richtig bezeichnet wird, damit wir es, wenn es sich gezeigt hat, mit Recht als den Gegenstand der Meinung bezeichnen, den beiden Aeußersten das Aeußerste und dem Mittleren das Mittlere zutheilend; oder etwa nicht in dieser Weise? – Ja, in dieser. – Nachdem also dieses uns so zu Grunde liegt, möge mir jener Wackere Antwort geben, welcher ein Schönes an und für sich und eine immerwährend sich gleich bleibende Idee der Schönheit nicht annimmt, hingegen als eben jener Schaulustige an viele schöne Dinge glaubt und es niemals ertragen kann, wenn Jemand behauptet, ein Eines sei das Schöne und das Gerechte und das übrige Derartige. Gibt es also etwa, o Bester, werden wir zu ihm sagen, unter jenen vielen schönen Dingen irgend ein Einziges, welches nicht auch als schimpflich sich zeigen könnte, und unter den gerechten Dingen ein Einziges, welches nicht auch als ungerecht, und unter den heiligen Dingen ein Einziges, welches nicht auch als unheilig? – Nein, sagte er, sondern nothwendig müssen sie alle gewissermaßen sowohl als schöne, als auch als schimpfliche sich zeigen, und so auch bei dem Uebrigen, um was du fragst. –

Wie aber? zeigen sich nicht auch die vielen doppelten Dinge ebensosehr zugleich als halb?– Ja, ebensosehr. – Also auch die großen Dinge und die kleinen und die leichten und die schweren werden nicht mit größerem Rechte so genannt, als man sie auch mit dem gegentheiligen Ausdrucke bezeichnen kann? – Nein, nicht mit größerem, sagte er, sondern immer wird jedes nach beiden Seiten hin sich anklammern. – Gilt also nun bei jedem einzelnen unter den vielen Dingen das Sein dessen, was wir es nennen, mehr als das Nichtsein desselben?– Jenen zwitterhaften Dingen also, sagte er, wie wir sie bei Gastmählern vorbringen, gleichen sie, oder auch jenem Kinder-Räthsel von dem Wurfe eines Verschnittenen auf eine Fledermaus, mit welchem Dinge er sie dem Räthsel zufolge getroffen habe, und worauf sie dabei gesessen sei; denn zwitterhaft sind auch sie, und von keinem derselben kann man weder das Sein noch das Nichtsein, nemlich weder beides noch keines von beiden, irgend in fester Weise denken. – Weißt du also, sagte ich, was du mit ihnen anfangen müssest, und kannst du ihnen eine trefflichere Stellung anweisen, als jene zwischen dem Sein und dem Nichtsein? denn weder dunkler als das Nichtseiende zeigen sie sich, so daß sie etwa in noch höherem Grade ein Nichtseiendes sein könnten, noch auch heller als das Seiende, so daß sie in noch höherem Grade ein Seiendes wären. – Völlig wahr ist dieß, sagte er. – Wir haben also gefunden, wie es scheint, daß jene vielen geltenden Annahmen der großen Menge betreffs des Schönen und des Uebrigen irgendwo in Mitte zwischen dem Nichtseienden und dem in reiner Weise Seienden sich herumwälzen. – Ja, dieß haben wir gefunden. – Vorher aber haben wir ja zugestanden, daß, wenn sich ein Derartiges zeige, wir es als Gegenstand der Meinung, nicht aber als Gegenstand der Einsicht bezeichnen müssen, insoferne vermöge der mittleren Fähigkeit das Mittlere als ein Unstätes ergriffen werde. – Ja wir haben es zugestanden. – Von Denjenigen also, welche wohl viele schöne Dinge betrachten, das Schöne an und für sich aber nicht sehen und auch einem Anderen, der sie dahin führt, nicht zu folgen vermögen, und ebenso auch wohl viele gerechte Dinge sehen, das Gerechte an und für sich aber nicht, und bei dem Uebrigen in gleicher Weise, werden wir nun behaupten, daß sie Sämmtliches bloß meinen, Nichts aber von jenem, was sie meinen, einsehen. – Ja, nothwendig, sagte er. – Wie aber bei jenen, welche all dieses an und für sich und in seinem immerwährend gleichen Verhalten betrachten? werden wir von diesen nicht behaupten, daß sie es einsehen, nicht aber, daß sie es meinen? – Ja, auch dieß ist nothwendig. – Nicht wahr also, auch schätzen und lieben werden, wie wir nun wohl behaupten dürfen, die Einen jenes, worauf ihre Einsicht gerichtet ist, und die Anderen jenes, worauf ihre Meinung? oder erinnern wir uns etwa nicht mehr daran, daß wir sagten, daß solche Menschen schöne Töne und Farben und dergleichen lieben und betrachten, das Schöne an und für sich aber gar nicht als Seiendes dulden wollen? – Ja, wir erinnern uns daran. – Wir werden uns also wohl nicht vergreifen, wenn wir dieselben mehr Meinungsliebende als Weisheitsliebende nennen, und sie werden uns demnach nicht stark es verübeln, wenn wir uns so ausdrücken? – Nein, sagte er, wenigstens dann nicht, wenn sie mir folgen; denn die Wahrheit zu verübeln, ist unerlaubt. – Diejenigen also, welche jedes Seiende an und für sich hochschätzen, werden wir Weisheitsliebende, nicht aber Meinungsliebende nennen müssen? – Ja wohl, völlig so. –

Sechstes Buch

1. Wer demnach die Weisheitsliebenden seien, o Glaukon, sagte ich, und wer jene, welche dieß nicht sind, hat sich uns vermittelst einer ziemlich lang sich ausdehnenden Begründung hiemit zur Noth gezeigt. – Vielleicht auch, sagte er, wäre es vermittelst einer kurzen gar nicht leicht gewesen. – Allerdings nicht, wie sich gezeigt hat, sprach ich; mir wenigstens scheint, es würde jenes noch besser zu Tag treten, wenn man nur über dieses allein zu sprechen hätte, und nicht erst noch vieles Uebrige durchgehen müßte, woferne man erblicken will, worin sich ein gerechtes Leben von einem ungerechten unterscheide. – Was also müssen wir, sagte er, hernach jetzt durchgehen? – Was anderes, sprach ich, als das zunächst Folgende? Nachdem nemlich Weisheitsliebende diejenigen sind, welche das immerwährend in gleicher Weise sich Verhaltende zu ergreifen fähig sind, jene hingegen, welche dieß nicht können, sondern innerhalb der vielen und in jeder Weise sich verhaltenden Dinge umherirren, nicht weisheitsliebend sind, so fragt sich's, welche von beiden die Führer eines Staates sein sollen. – Durch welche Ausdrucksweise, sagte er, könnten wir nun dieß wohl gehörig ausdrücken? – Daß wir, sprach ich, diejenigen von beiden, welche sich als befähigt zeigen, die Gesetze und die Thätigkeiten der Staaten zu bewachen, als Wächter aufstellen. – Dieß ist richtig, sagte er. – Ist also Folgendes, sprach ich, klar, ob ein Blinder oder ein Scharfsichtiger jedes Ding als Wächter beobachten solle? – Und wie sollte dieß, sagte er, nicht klar sein? – Scheinen dir nun diejenigen irgend von Blinden sich zu unterscheiden, welche in Wirklichkeit der Einsicht in die Wirklichkeit eines jeden Dinges beraubt sind, und kein deutliches Musterbild in ihrer Seele besitzen, und nicht die Fähigkeit haben, gleichsam wie

Maler, im Hinblicke auf das Wahrste, und in steter Rückbeziehung auf dasselbe und in möglichst genauer Betrachtung desselben auf solche Weise dann auch die hier auf Erden geltenden Annahmen betreffs des Schönen und des Gerechten und des Guten sowohl aufzustellen, falls es nöthig ist, solche aufzustellen, als auch die bereits bestehenden zu bewachen und zu bewahren? – Nein, bei Gott, sagte er, sie scheinen mir nicht viel von Blinden sich zu unterscheiden. – Werden wir also diese eher zu Wächtern machen als jene, welche eine Einsicht in jedes Seiende haben, an Erfahrung aber hinter jenen nicht zurückbleiben und auch in keinem anderen Zweige der Vortrefflichkeit ihnen nachstehen? – Ungereimt ja, sagte er, wäre es, Andere zu wählen, woferne jene wenigstens im Uebrigen nicht zurückbleiben; denn eben an jenem Einen möchten sie wohl schon so ziemlich den größten Vorsprung voraus haben. – Nicht wahr also, dieß wollen wir denn nun angeben, auf welche Weise Ein und die Nemlichen im Stande sein können, zugleich sowohl dieß als auch jenes in sich zu tragen? – Ja allerdings. – Also, wie wir schon zu Anfang dieser Begründung sagten, die Begabung derselben müssen wir vor Allem kennen lernen, und wenn wir uns über diese genügend verständigt haben, werden wir, glaube ich, uns auch darüber verständigen, daß sie, Ein und die Nemlichen, im Stande sind, dieß Alles in sich zu tragen, und daß keine Anderen, als diese, die Führer des Staates sein dürfen. – In welcher Weise? –

2. Dieß denn nun möge uns betreffs der Begabung der Weisheitsliebenden zugestanden sein, daß sie stets jeden Lerngegenstand lieben, der ihnen Etwas von jener Wesenheit klar macht, welche immerwährend ist und nicht vermöge eines Entstehens und Vergehens unstät irrt. – Ja, dieß sei zugestanden. – Und nun ja auch, sagte ich, daß sie jene Wesenheit in ihrer Gesammtheit lieben und weder von einem kleineren noch von einem größeren und weder von einem vorzüglicheren noch von einem geringfügigeren Theile derselben freiwillig ablassen, wie wir ja in dem Obigen dieß auch betreffs der Ehrliebenden und der dem Eros Huldigenden durchgingen. – Du hast Recht, sagte er. – Erwäge demnach hierauf auch noch bezüglich des Folgenden, ob es außer dem Bisherigen in ihrer Begabung Diejenigen in sich tragen müssen, welche Derartige sein sollen, wie wir sie meinen. – Was denn wohl? – Daß sie ohne Lüge sind, und freiwillig in keiner Weise die Unwahrheit in sich aufnehmen, sondern sie hassen, die Wahrheit aber lieben? – Ja, es scheint so, sagte er. – Nicht bloß scheint es ja so, mein Freund, sondern es ist auch durchaus nothwendig, daß derjenige, welcher vermöge seiner Begabung dem Eros gegen irgend Etwas huldigt, alles mit dem Gegenstande seiner Neigung Verwandte und demselben Angehörige

liebe. – Dieß ist richtig, sagte er. – Könntest du nun wohl Etwas finden, was der Weisheit mehr angehört, als die Wahrheit? – Wie sollte ich auch? sagte er. – Ist es also etwa möglich, daß Ein und die nemliche Begabung weisheitsliebend und trugliebend sei? – Nein, in keiner Weise ja. – Wer also in Wirklichkeit lernbegierig ist, muß nach jeder Wahrheit sogleich von Jugend an so sehr als möglich ein Verlangen haben. – Ja, durchaus so. – Nun aber wissen wir ja, daß, wessen Begierden auf irgend Eines hin sehr heftig gerichtet sind, bei diesem sie gewiß bezüglich des Uebrigen schwächer sind, wie wenn ein Strom eben dorthin abgeleitet wäre. – Warum auch nicht? – Also bei wem sie auf die Lerngegenstände und all Derartiges hingeströmt sind, bei diesem werden sie sich, glaube ich, um das Vergnügen der Seele an und für sich drehen, bezüglich der körperlichen Vergnügungen aber abnehmen, woferne er nemlich nicht in erdichteter Weise, sondern in Wahrheit ein Weisheitsliebender ist. – Ja, durchaus nothwendig ist dieß. – Besonnen wenigstens wird gewiß der Derartige sein, und in keiner Weise geldliebend; denn dasjenige, um dessen willen mit so vielem Aufwande nach Geld gestrebt wird, dürfte gebührender Weise wohl jeder Andere eher als dieser anstreben. – Ja, so ist es. – Und nun mußt du doch wohl auch noch Folgendes erwägen, wenn du beurtheilen willst, welche Begabung eine weisheitsliebende sei, und welche nicht. – Was denn wohl? – Daß sie nemlich nicht, ohne daß du es bemerkst, an unfreiem Sinne Theil habe; denn Kleinlichkeit ist doch wohl der größte Gegensatz gegen eine Seele, welche stets nach dem ganzen und jedwedem Göttlichen und Menschlichen ein Verlangen haben soll. – Ja, völlig wahr, sagte er. – Bei einer Gesinnung also, welcher eine Großartigkeit und eine Betrachtung aller Zeiten und aller Wesenheit einwohnt, hältst du es da für möglich, daß Jemandem das menschliche Leben irgend etwas Großes zu sein scheine? – Nein, dieß ist unmöglich, sagte er. – Nicht wahr also, auch den Tod wird der Derartige nicht für etwas Furchtbares halten? – Gewiß am allerwenigsten. – Also eine feige und unfreie Begabung möchte wohl, wie es scheint, an Wahrheitsliebe keinen Theil haben? – Nein, wie mir scheint. – Wie nun aber? kann derjenige, welcher ordentlich und nicht geldliebend und nicht unfreien Sinnes und nicht ruhmredig und nicht feig ist, wohl in irgend einer Beziehung im Verkehre unverträglich oder ungerecht werden? – Nein, er kann es nicht. – Auch dieß demnach wirst du bei Erwägung der weisheitsliebenden und der nicht weisheitsliebenden Seele sogleich von Jugend auf bei den Menschen beachten, ob ihre Begabung eine gerechte und sanfte, oder eine unzuverlässige und rohe sei. – Ja allerdings. – Also auch Folgendes wirst du nicht übersehen, wie ich glaube. – Was denn wohl? – Ob sie gelehrig oder ungelehrig sei; oder erwartest du, daß jemals irgend Jemand Etwas mit Liebe ergreifen werde, was er nur mit Schmerzen und kaum mit einem geringen Erfolge ausüben würde? – Dieß möchte nicht leicht der Fall sein können. – Wie aber? wenn er Nichts von jenem, was er gelernt, zu behalten vermag, voll von Vergeßlichkeit seiend, sollte er da anders als leer an Wissen sein können? – Wie sollte er auch? – Indem er also nutzlos sich plagt, wird er da, glaubst du, nicht zuletzt genöthigt werden, sich selbst und die derartige Thätigkeit zu hassen? – Wie sollte er auch nicht? – Also eine vergeßliche Seele werden wir wohl niemals unter die hinreichend weisheitsliebenden rechnen, sondern wir wollen suchen, daß sie Gedächtnißgabe besitze. – Ja, durchaus so. – Nun aber von einer Begabung ja, welche dem Musischen feindlich und unanständig ist, wohin anders wollen wir sagen, daß sie hindränge, als zur Maßlosigkeit? – Warum auch nicht? – Glaubst du aber, Wahrheit sei mit Maßlosigkeit verwandt oder mit dem Maßhalten? – Mit dem Maßhalten. – Also außer dem Bisherigen wollen wir eine ihrer Begabung nach maßhaltende und wohlanständige Gesinnung suchen, welche zur Idee eines jeden Seienden vermöge ihrer inneren Natur leicht Eingeleitet werden kann. – Wie sollten wir auch nicht? – Wie nun? Scheinen wir dir nicht hiemit so ziemlich alles Einzelne, wie es auf einander folgt, durchgegangen zu haben, was nemlich nothwendig ist für eine Seele, welche an dem Seienden in genügender und vollendeter Weise Theil nehmen will? – Ja, gewiß das Nothwendigste, sagte er. – Wirst du also in irgend einer Weise eine derartige Thätigkeit tadeln, welche niemals Jemand genügend auszuüben vermag, der nicht seiner Begabung nach merksam, gelehrig, großartig, anständig, befreundet und verwandt mit der Wahrheit, der Gerechtigkeit, der Tapferkeit, der Besonnenheit, ist? – Nein, nicht Momos selbst, sagte er, könnte eine derartige Thätigkeit tadeln. – Würdest du aber also, sprach ich, den Derartigen, wenn sie durch Bildung und Alter ihre Vollendung erhalten haben, nicht ausschließlich den Staat anvertrauen? –

3. Und nun sprach Adeimantos: Auf dieses hin, o Sokrates, möchte allerdings Niemand im Stande sein, dir zu widersprechen; aber Folgendes ja widerfährt denjenigen, welche jedesmal das einzelne von dir Vorgebrachte hören: indem sie aus Unkunde des Fragens und Antwortens durch deine Begründung bei jeder einzelnen Frage wieder um ein Kleines abgelenkt werden, glauben sie, daß, indem sich diese kleinen Punkte summiren, am Schlusse der Begründungen ein großer Irrthum und ein Widerspruch gegen den Ausgangspunkt zu Tag trete, und daß, sowie beim Brettspiele von den hierin Gewandten die nicht Gewandten

zuletzt eingeschlossen werden und keinen Zug mehr machen können, so auch sie zuletzt eingeschlossen werden und kein Wort mehr vorbringen können in Folge dieses anderweitigen, nicht in Steinen, sondern in Reden bestehenden Brettspieles, während ja doch das Wahre deswegen durchaus nicht ihn höherem Grade sich so verhalte. Ich sage dieß aber im Hinblicke auf unsere gegenwärtige Untersuchung; nemlich jetzt könnte Jemand sagen, er könne bezüglich der Begründung bei jeder einzelnen Frage durchaus dir nicht entgegentreten, aber bezüglich der Wirklichkeit sehe er eben, daß von all denjenigen, welche zur Weisheitsliebe sich wendeten und nicht etwa, nachdem sie bloß um der Bildung willen in ihrer Jugend sie betrieben, sie wieder aufgeben, sondern längere Zeit in ihr verweilten, bei weitem die Meisten gar abenteuerliche, um nicht zu sagen, ganz schlechte Menschen werden. und jenen, welche noch die Tüchtigsten unter ihnen zu sein scheinen, in Folge der von dir gepriesenen Thätigkeit wenigstens dieß widerfährt, daß sie für die Staaten unbrauchbar werden. – Und als ich dieß hörte, sagte ich: Glaubst du also, daß diese die Unwahrheit sprechen? – Ich weiß es nicht, sagte er; hingegen möchte ich gerne deine Ansicht hierüber hören. – Dann magst du hören, daß sie mir wenigstens die Wahrheit zu sprechen scheinen. – Wie also, sagte er, kann es dann richtig sein, zu sagen, daß nicht eher die Staaten von ihren Uebeln werden befreit werden, bis nicht die Weisheitsliebenden in ihnen herrschen, von welchen wir doch zugestehen, daß sie für sie unbrauchbar seien? – Du stellst hiemit, sprach ich, eine Frage, welche einer bildlich ausgesprochenen Antwort bedarf. – Du bist aber ja, erwiederte er, doch sonst nicht, wie es scheint, gewöhnt, in Bildern zu sprechen. –

4. Gut, sagte ich; du spottest, weil du mich in eine so schwer nachzuweisende Begründung gestürzt hast, so höre aber nun auch jenes Bild, damit du noch mehr einsehest, wie sparsam ich mit Bildern sei. So schwierig nemlich ist der Zustand jener Tüchtigsten, in welchem sie sich den Staaten gegenüber befinden, daß es gar nicht einmal ein einzelnes anderes Ding gibt, welches in einem derartigen Zustande wäre, sondern man aus gar vielen Dingen das Bild zusammenstellen und so die Vertheidigung jener führen muß, wie ja auch die Maler Bockhirsche und andere derartige Mischlinge malen. Stelle dir nemlich vor, daß es einen derartigen Schiffs-Eigner, sei es vieler Schiffe, oder sei es eines einzigen, gebe, welcher an Größe und Stärke alle im Schiffe befindlichen übertrifft, aber halbtaub und in gleicher Weise kurzsichtig ist und eine diesen Eigenschaften entsprechende Einsicht in das Seewesen hat, hiebei aber die Bootsleute unter sich betreffs der Lenkung des Schiffes im Zwiespalte seien, indem jeder derselben

Steuermann sein zu müssen glaubt, welcher weder jemals diese Kunst gelernt hat, noch auch irgend einen Lehrer in derselben, oder eine Zeit, wann er sie gelernt habe, aufweisen kann, und noch dazu Alle behaupten, sie könne gar nicht gelehrt werden, und gleich zur Hand sind, jenen, welcher sie als eine lehrbare bezeichnet, in Stücke zu hauen, sie selbst aber den Schiffseigner immer mit Bitten und allem Uebrigen umlagern, damit er ihnen das Steuerruder anvertraue, und zuweilen, wenn nicht sie, sondern etwa irgend Andere dieses durchsetzen, sie dann diese Anderen tödten oder aus dem Schiffe werfen, jenen köstlichen Schiffseigner aber durch einen Schlaftrunk oder durch Weingenuß oder durch irgend ein anderes Mittel in Fesseln schlagen und die Herrschaft über das Schiff den Mitsegelnden überlassen und trinkend und schwelgend eben dahinfahren, wie es von Derartigen zu erwarten ist, dabei aber als Seemann und als befähigt zur Führung des Steuerruders und als Schiffskundigen überhaupt denjenigen bezeichnen und lobpreisen, welcher gewandt ist, Hand mit anzulegen, damit sie entweder durch Ueberredung oder durch Bewältigung des Schiffs-Eigners die Herrschaft ausüben, und denjenigen, der dieß nicht kann, als einen Unbrauchbaren tadeln, betreffs des wahrhaften Steuermannes aber nicht einmal eine Ahnung davon haben, daß er nothwendig seine Sorgfalt auf das Jahr und seine Zeiten und auf den Himmel und seine Gestirne und auf die Winde und überhaupt auf Alles zu jener Kunst Gehörige richten muß, woferne er in Wirklichkeit ein Herrscher des Schiffes sein soll, sondern es sogar für eine Unmöglichkeit halten, daß man betreffs der Art und Weise der Lenkung, mag dieselbe Einigen erwünscht sein oder nicht, irgend eine Kunst und regelrechte Uebung zugleich neben der eigentlichen Steuermannskunst erreichen könne. Wenn demnach es derartig betreffs der Schiffe steht, glaubst du nicht, daß der wahrhaft zum Steuerruder Befähigte wirklich ein Sterngucker und ein Schwätzer und ein Unbrauchbarer von den Bootsleuten genannt werde, welche in den so eingerichteten Schiffen sich befinden? – Ja wohl, gar sehr, sagte Adeimantos. – Ich glaube demnach, sagte ich, du wirst nicht das Bedürfniß haben, dieses Bild in näherer Prüfung zu betrachten, daß es nemlich den Staaten bezüglich ihres Verhaltens zu den wahrhaft Weisheitsliebenden wirklich gleiche, sondern du wirst verstehen, was ich meine. – Ja wohl, gar sehr, sagte er. – Erstens demnach magst du denjenigen, welcher sich darüber wundert, daß die Weisheitsliebenden in den Staaten nicht geehrt werden, über dieses Bild belehren und es versuchen, ihn davon zu überzeugen, daß es weit eher zu wundern wäre, wenn sie geehrt würden. – Ja, ich werde ihn hierüber belehren, sagte er. – Und also auch über die Wahrheit seines Ausspruches, daß für die Menge die Tüchtigsten unter den

Weisheitsliebenden unbrauchbar sind; aber die Schuld dieser Unbrauchbarkeit heiße ihn denjenigen beimessen, welche eben keinen Gebrauch von ihm machen, nicht aber jenen Tüchtigen selbst; denn es liegt nicht in der Natur der Sache, daß der Steuermann die Bootsleute bitte, sich von ihm beherrschen zu lassen, und nicht, daß „die Weisen zu den Thüren der Reichen gehen“, sondern wer diesen gar feinen Ausspruch gethan hat, sagte eine Lüge, die Wahrheit hingegen verhält sich von Natur aus so, daß, mag ein Reicher oder ein Armer krank sein, er zu den Thüren der Aerzte gehen muß, und ebenso jeder, der das Bedürfniß hat, beherrscht zu werden, zu den Thüren des zum Herrschen Befähigten, nicht aber daß der Herrschende die Beherrschtwerdenden bitte, sich von ihm beherrschen zu lassen, woferne hiebei in Wahrheit irgend ein Nutzen bestehen soll. Wenn du aber die jetzt in den Staaten herrschenden Männer jenen von uns so eben erwähnten Bootsleuten gleichstellst, wirst du nicht irren, und ebenso auch die von diesen als Unbrauchbare und als sternguckende Schwätzer Bezeichneten mit den wahrhaften Steuermännern. – Völlig richtig, sagte er. – In Folge hievon demnach und unter solchen Menschen kann es nicht leicht der Fall sein, daß jene schönste Thätigkeit bei denjenigen in Ansehen stehe, welche das Gegentheil hievon betreiben, sondern bei Weitem die größte und mächtigste Verleumdung erwächst der Weisheitsliebe gerade wegen jener, welche behaupten, daß sie Solches betreiben, Männer, von welchen ja, wie du angibst, die Ankläger der Weisheitsliebe sagen, daß die Meisten der zu ihr sich Wendenden ganz schlecht, und selbst noch die Tüchtigsten unter ihnen unbrauchbar seien, worin ich dir eben auch zugestand, daß du die Wahrheit sprechest; oder etwa nichts – Ja. –

5. Nicht wahr also, die Ursache der Unbrauchbarkeit der Tüchtigen haben wir hiemit durchgegangen? – Ja wohl, gar sehr. – Willst du aber, daß wir nun hernach bezüglich der Schlechtigkeit jener Meisten unter ihnen die Nothwendigkeit durchgehen und, wo möglich, zu zeigen versuchen, daß auch hieran nicht die Weisheitsliebe Schuld sei? – Ja, allerdings. – Wollen wir es denn nun hören und angeben, indem wir von jenem Punkte an es uns in's Gedächtniß zurückrufen, von welchem aus wir durchgingen, wie beschaffen die Begabung des künftig Guten und Trefflichen nothwendig sein müsse. Den Reigen aber eröffnete dort für ihn, wenn du es noch im Gedächtnisse hast, vor Allem die Wahrheit, welche er vollständig und in jeder Beziehung verfolgen mußte, oder außerdem als bloßer Prahler an der wahrhaften Weisheitsliebe keinerlei Antheil haben durfte. – Ja, so sagten wir. – Nicht wahr also, dieser Eine Punkt ist schon ein sehr

auffallender im Vergleiche mit den jetzt hierüber bestehenden Ansichten? – Ja wohl, gar sehr, sagte er. – Werden wir also nicht etwa in passender Weise ihn dadurch vertheidigen, daß der wirklich Lernbegierige von Natur aus begabt sei, nach dem Seienden zu ringen, und nicht bei den vielen einzelnen Dingen, welche durch die Meinung erfaßt werden, verbleibe, sondern seinen Weg gehe und nicht abgestumpft werde und von seiner Liebe nicht nachlasse, ehe er die Natur eines jeden, was es an und für sich ist, ergriffen hat, und zwar vermittelst jenes Theiles seiner Seele, welchem es gebührt, daß er das Derartige ergreife; es gebührt aber dem mit jenem verwandten Theile; und vermittelst dessen also wird er sich dem wirklich Seienden nähern und mit ihm sich paaren, und nachdem er so Verstand und Wahrheit gezeugt hat, würde er Einsicht besitzen und in Wahrheit leben und sich nähren, und auf diese Weise seine Geburtswehen enden, eher aber nicht. – Ja wohl, sagte er, so passend als möglich werden wir ihn hiedurch vertheidigen. – Wie nun? wird diesem es irgend zukommen, eine Unwahrheit zu lieben, oder vielmehr im Gegentheile sie zu hassen? – Sie zu hassen, sagte er. – Wenn demnach die Wahrheit den Reigen eröffnet, würden wir, glaube ich, wohl niemals sagen, daß ihr ein Reigen von Schlimmem folge. – Wie sollten wir auch? – Hingegen ein gesunder und gerechter Sinn, welchem dann auch die Besonnenheit folge. – Ja, mit Recht, sagte er. – Und demnach auch den übrigen Reigen der weisheitsliebenden Begabung, was braucht es, daß wir ihn wieder von Anfang an aufgreifen und hieher stellen? denn du erinnerst dich doch wohl, daß uns als etwas Gebührendes für Solche die Tapferkeit, die Großartigkeit, die Gelehrigkeit und die Gedächtnißgabe sich herausstellten. Und da dann du in die Rede fielst, daß ja Jeder wohl genöthigt sein werde, das von uns Gesagte zuzugestehen, aber abgesehen von den Begründungen er im Hinblicke auf die Menschen selbst, von welchen wir reden, behaupten müsse, er erblicke unter ihnen nur theils unbrauchbare, theils der größeren Zahl nach in jeder Beziehung schlechte, so haben wir dann sogleich die Ursache dieser Verleumdung erwogen und sind hiebei jetzt eben zu diesem Punkte gekommen, warum denn wohl die Meisten schlecht seien, und um dessen willen haben wir die Begabung der wahrhaft Weisheitsliebenden wieder aufgenommen und sie nothwendiger Weise festgestellt. – Ja, so ist es, sagte er. –

6. Von dieser Begabung also, sagte ich, müssen wir nun die Verderbnisse betrachten, wie sie nemlich bei den Meisten zu Grunde gehe, nur ein kleiner Theil aber davon unberührt bleibe, welche Leute eben nicht als schlecht, sondern als unbrauchbar bezeichnet werden; und hernach hinwiederum müssen

wir jene Begabungen betrachten, welche diese bloß nachäffen und in ihre Thätigkeit sich eindrängen, welcherlei nemlich sie seien, die ja in eine ihren Werth und ihre Fähigkeit übersteigende Thätigkeit hineingerathen und dort vielfach Mißgriffe machen, hiedurch aber allerwärts und bei Allen die Weisheitsliebe in jenen Ruf brachten, welchen du erwähnt hast. – Welche Verderbnisse aber, sagte er, meinst du hiemit? – Ich werde, erwiederte ich, falls ich es im Stande bin, versuchen, sie dir durchzugehen. Dieß einmal, glaube ich, wird uns jeder zugestehen, daß eine derartige Begabung, welche jenes Sämmtliche in sich trägt, was wir so eben vorschrieben, falls sie in vollendeter Weise eine weisheitsliebende werden soll, in wenigen Fällen und in geringer Anzahl unter den Menschen entstehen wird; oder glaubst du nicht? – Ja, gar sehr. – Und nun erwäge, wie viele und wie große Gefahren den Untergang dieser Wenigen drohen. – Welche denn wohl? – Was von Allem am wundersamsten zu hören ist, liegt darin, daß jedes Einzelne von demjenigen, was wir an dieser Begabung priesen, die es besitzende Seele vernichtet und von der Weisheitsliebe abzieht; ich meine nemlich die Tapferkeit und die Besonnenheit und all jenes, was wir durchgingen. – Dieß ist ja ungereimt, sagte er, zu vernehmen. – Ferner demnach, sprach ich, außer diesem wirken sämmtliche sogenannte Güter verderblich und abziehend, nemlich Schönheit und Reichthum und Körperkraft und eine im Staate mächtige Verwandtschaft und Alles, was sonst noch hieher gehört; du hast nemlich hiemit ungefähr das Gepräge dessen, was ich meine. – Ja, ich habe es, sagte er; und zwar gerne möchte ich von dir genauer erfahren, was du hiebei meinst. – Erfasse demnach, sprach ich, das Ganze in richtiger Weise, und es wird sich dir in Klarheit zeigen und das so eben hierüber Gesagte dir nicht ungereimt scheinen. – In welcher Weise also, sagte er, willst du, daß ich es mache? – Von jedem Samen oder Keime, sagte ich, sei es der in der Erde wurzelnden Pflanzen, oder sei es der Thiere, wissen wir, daß jeder, welchem nicht die ihm gebührende Nahrung oder Jahreszeit oder Oertlichkeit zu Theil wird, gerade, je saftiger er ist, desto mehrerer ihm zukommender Eigenschaften ermangelt; denn dem Guten ist das Schlechte wohl feindlicher entgegengesetzt als dem Nicht-Guten. – Wie sollte es auch anders sein? – Es hat demnach, glaube ich, seinen guten Grund, daß die beste Begabung bei einer ihr fremdartigeren Pflege schlechter wegkömmt als die geringe. – Ja, es hat seinen Grund. – Nicht wahr also, o Adeimantos, sagte ich, auch betreffs der Seelen wollen wir nun ebenso behaupten, daß die bestbegabten, wenn ihnen eine schlechte Erziehung zu Theil wird, ausnehmend schlecht werden; oder glaubst du etwa, daß die großen Vergehen und die unvermischte Schlechtigkeit aus einer geringen

Begabung und nicht aus einer übersprudelnden, welche aber durch die Art ihrer Pflege zu Grunde ging, erwachsen, sondern glaubst du, daß eine schwache Begabung von nichts Großem, weder Gutem, noch Bösem, jemals die Ursache sein werde? – Nein, sagte er, ersteres nicht, aber eben letzteres. – Jene Begabung demnach, welche wir als die des Weisheitsliebenden aufstellten, muß, glaube ich, wenn ihr der gebührende Unterricht zu Theil wird, nothwendig in ihrem Heranwachsen zu jeder Vortrefflichkeit gelangen, wenn sie aber nicht in dem gebührenden Boden gesät und gepflanzt ist und gepflegt wird, so muß sie hinwiederum zu allem Gegentheile hievon gelangen, falls nicht etwa irgend Einer der Götter ihr zu Hülfe eilt. Oder bist etwa auch du, wie der große Haufe, der Ansicht, daß irgend Jünglinge durch Sophisten verdorben werden, oder irgend einzelne zerstreut lebende Sophisten sie in einem Grade verderben, von welchem zu reden der Mühe werth wäre, nicht aber diejenigen, welche so sprechen, selbst die größten Sophisten seien und Jünglinge und Aeltere und Männer und Frauen vollständig in einer Weise heranbilden und zu solchen machen, wie sie dieselben wünschen müssen. – Wann thun sie denn dieß? sagte er. – Wann, sprach ich, ihrer Viele beisammen sitzen in Volksversammlungen oder Gerichtshöfen, oder Theatern, oder Feldlagern, oder in irgend einer anderen gemeinsamen Zusammenkunft der Menge, und sie dann mit vielem Lärmen das Eine von jenem, was gesprochen oder gethan wird, tadeln und das Andere loben, nach beiden Seiten mit Uebertreibung und Geschrei und Poltern, und außerdem auch die Felsen und der Ort, an welchem sie sich befinden, erdröhnen und den Lärm des Tadels und Lobes verdoppeln. In solcher Umgebung demnach, wie glaubst du, daß es da, nach dem gewöhnlichen Ausdrucke, in der Herzkammer des Jünglinges aussehen werde, oder von welcher Einzelerziehung glaubst du, daß sie ihm ein Gegengewicht halten werde, ohne daß sie durch derartigen Tadel oder Lob überspült und im Strudel dorthin fortgerissen werde, wohin eben dieser seine Richtung nimmt? und daß er also wohl das Nemliche, wie jene, als schön und als schimpflich bezeichnen, und das Nemliche, wie jene, betreiben, und überhaupt ein ihnen gleicher sein werde? – Ja, eine arge Nothwendigkeit, o Sokrates, sagte er, ist dieß. –

7. Und doch, erwiederte ich, haben wir die ärgste Nothwendigkeit noch nicht ausgesprochen. – Welche ist dieß? sagte er. – Jene, welche diese Erzieher und Sophisten noch durch die That dem Worte hinzufügen, falls sie mit diesem Jemanden nicht überreden; oder weißt du nicht, daß sie denjenigen, welcher sich nicht überreden läßt, durch Ehren, Geld und Todes-Strafen züchtigen? – Ja wohl,

gar sehr, sagte er. – Von welchem anderen einzelnen Sophisten oder von welchen zerstreut vorkommenden Reden glaubst du nun, daß sie diesen entgegenstrebend die Oberhand gewinnen werden? – Wohl von keinem glaube ich es, sagte er. – Allerdings nicht, sprach ich; denn auch der bloße Versuch schon ist eine große Thorheit; denn weder ist es der Fall, noch war es der Fall, noch wird es je der Fall sein, daß ein Gemüth bezüglich der Vortrefflichkeit irgend sich ändern lasse, insoferne es im Widerspruche mit der Erziehungsweise Jener erzogen würde, nemlich ein menschliches, mein Freund; ein göttliches jedoch wollen wir nach dem Sprüchworte von diesem Ausspruche ausnehmen; denn wir müssen wohl wissen, daß wenn es gerettet wird und in der derartigen Einrichtung der Staaten ein Derartiges wird, wie es sein soll, du nicht Unrecht haben wirst, wenn du sagst, ein Antheil eines Gottes habe es gerettet. – Auch mir, sagte er, scheint es nicht anders zu sein. – Ferner demnach, sprach ich, möge zu diesem auch noch Folgendes deine Zustimmung finden. – Was denn wohl? – Daß jeder von jenen um Lohn arbeitenden vereinzelten Leuten, welche von jenen als Sophisten bezeichnet und für Kunstnebenbuhler gehalten werden, nichts Anderes lehrt, als eben die Ansichten der Menge, welche sie hegt, wenn sie beisammen sitzt, und daß jeder dieß dann Weisheit nennt, gerade wie wenn er etwa die Leidenschaften und Begierden eines großen und starken Thieres, welches er füttert, studirt hatte, nemlich wie man sich demselben nähern und es anrühren dürfe, und wann es am gefährlichsten und am sanftesten sei und wodurch es dieß werde, und bei welchen Dingen es Töne von sich zu geben pflege, und bei welchen Lauten eines Anderen es zahm und wieder wild werde, und er also dann, wenn er all dieß in langem Zusammensein und vielem Zeitaufwande studirt hätte, dieß Weisheit nennen und nach Kunstregeln zusammenstellen und hiemit an das Lehren sich machen würde, ohne in Wahrheit irgendwie bezüglich jener Ansichten und Begierden zu wissen, was schön oder schimpflich, oder gut, oder bös, oder gerecht, oder ungerecht sei, sondern alle diese Bezeichnungen nur je nach den Meinungen des großen Thieres gebrauchen würde, etwas Gutes dasjenige nennend, woran jenes Freude hat, und etwas Böses, worüber jenes ungehalten ist, und er hiemit keinen anderen Begriff von solchen Dingen hätte, sondern das Nothwendige als das Gerechte und Schöne bezeichnen würde, die Natur aber des Nothwendigen und des Guten in ihrem wirklichen Unterschiede weder jemals erblickt hätte, noch einem Anderen sie zu zeigen befähigt wäre. Und wenn er demnach so beschaffen ist, scheint er dir da, bei Gott, nicht ein ganz ungereimter Erzieher zu sein? – Ja, gewiß, sagte er. – Scheint dir nun etwa von diesem sich jener zu unterscheiden, welcher die genaue Kenntnisnahme der Leidenschaft und der Gelüste jener vereinigten mannigfachen Menge für Weisheit hält, sei es in der Malerei oder in der Musik oder in der Politik? Denn wenn Jemand mit jenen Vielen umgeht und vor ihnen Poesie oder irgend eine andere Werkthätigkeit oder Dienstleistungen für den Staat zur Schau trägt, indem er sie, die Vielen, weit über die Gränze der Noth hinaus zu seinen Gebietern macht, so besteht für ihn gewiß die sogenannte Diomedeische Nothwendigkeit, all dasjenige zu thun, was jene loben; darüber aber, daß Solches in Wahrheit gut und schön sei, wirst du wohl bis jetzt noch nie von ihnen eine Angabe einer Begründung gehört haben, welche wenigstens nicht zum Lachen gewesen wäre. – Ich glaube aber, sagte er, daß ich wohl auch niemals eine andere hören werde. –

8. All dieses demnach bedenke und erinnere dich wieder an jenes Frühere: das Schöne an und für sich, nicht aber die vielen schönen Dinge, und überhaupt bei jedem Einzelnen das an und für sich Seiende, nicht aber die vielen einzelnen seienden Dinge, zu ertragen und daran zu glauben, ist dieß wohl Sache der Menge? – Gewiß am allerwenigsten, sagte er. – Also weisheitsliebend, sprach ich, kann die Menge unmöglich sein? – Ja, unmöglich. – Also müssen auch diejenigen, welche ihre Weisheitsliebe bethätigen, nothwendig von jenen Vielen getadelt werden. – Ja, nothwendig. – Und demnach auch werden sie von jenen einzeln zerstreut lebenden Mengen getadelt werden, welche im Umgange mit dem großen Haufen nur diesem zu gefallen wünschen. – Ja, dieß ist klar. – Welche Rettung demnach aus solchen Verhältnissen erblickst du für eine weisheitsliebende Begabung, so daß dieselbe in ihrer Thätigkeit verbleibe und an's Ziel gelange? Bedenke aber auch das Frühere; wir haben nemlich ja zugestanden, daß Gelehrigkeit und Gedächtnißgabe und Tapferkeit und Großartigkeit bei dieser Begabung sich finden. – Ja. – Nicht wahr also, in Allem wird der derartige Mensch unter allen der erste sein, zumal wenn er auch einen der Seele entsprechenden Körper hat? – Warum sollte er auch nicht? sagte er. – Es werden also, glaube ich, wenn er älter geworden ist, seine Angehörigen und Mitbürger von ihm zu ihren Geschäften Gebrauch machen wollen. – Warum auch nicht? – Zu seinen Füßen also werden sie mit Bitten und Ehrenbezeigungen liegen, indem sie schon im Voraus seine künftige Bedeutsamkeit festbannen und ihr schmeicheln. – Es pflegt wenigstens, sagte er, gewöhnlich so zu geschehen. – Was glaubst du also, sprach ich, daß ein Derartiger unter Derartigen thun werde, zumal wenn er einem großen Staate angehört und in diesem ein reicher Mann und von angesehenem Geschlechte ist, und außerdem auch von schöner Gestalt

und groß? glaubst du nicht, er werde von übermäßiger Hoffnung erfüllt werden, in der Meinung, er sei tüchtig genug, in alle Verhältnisse der Hellenen und der Nicht-Hellenen einzugreifen? und er werde darüber hoch sich selbst erheben, erfüllt von Großthuerei und eitlem Selbstvertrauen ohne Verstand? – Ja wohl, gar sehr, sagte er. – Und wenn denn nun zu einem Manne, welcher in diesem Zustande sich befände, ruhig Jemand hinträte und die Wahrheit spräche, daß Verstand ihm nicht einwohne, sondern er desselben erst noch bedürfe, ihn aber nicht erwerben könne, wenn er nicht völlig diesem Streben allein diene, glaubst du da, es werde wohl leicht geschehen, daß jener in Mitten so vieler Uebel ihn anhöre? – Ja, allerdings weit gefehlt, sagte er. – Falls aber, sprach ich, in Folge guter Begabung und eigener innerer Verwandtschaft doch Einer jene Gründe fühlt und sich lenken läßt und zur Weisheitsliebe hingezogen wird, was glauben wir, daß dann jene thun werden, welche meinen, es sei dieß für seine Brauchbarkeit und für den freundschaftlichen Verkehr mit ihm gefährlich? werden sie nicht in Wort und That alles Mögliche sprechen und thun, sowohl bezüglich seiner selbst, damit er sich nicht überreden lasse, als auch bezüglich des ihn überredenden, damit dieser hiezu nicht im Stande sei, indem sie nemlich sowohl im Privatleben Hinterlist üben als auch von Staatswegen Verfolgungen veranlassen? – Ja, durchaus nothwendig ist dieß, sagte er. – Wird also der Derartige seine Weisheitsliebe irgendwie bethätigen? – Allerdings nicht. –

9. Siehst du also, sprach ich, daß wir nicht unrichtig sagten, daß selbst ja auch die eigenen Theile der weisheitsliebenden Begabung, wann sie eine schlechte Pflege finden, gewissermaßen Ursache eines Abfalles von der Bethätigung derselben sind, und ebenso auch die sogenannten Güter, nemlich Reichtum und all die derartige äußere Einrichtung? – Allerdings nicht unrichtig wurde dieß von uns gesagt, sondern richtig. – Dieß demnach, du Wunderlicher, sagte ich, ist die Gefahr des Unterganges und derartig und so bedeutend ist das Verderbniß der besten Begabung bezüglich der trefflichsten Thätigkeit, einer Begabung, welche ohnedieß nur, wie wir sagen, in geringer Anzahl vorkömmt; und aus diesen Männern demnach entstehen sowohl jene, welche die größten Uebel sowohl den Staaten, als auch den Einzelnen zufügen, als auch diejenigen, welche das größte Gute, woferne nemlich ihre Strömung diese Richtung hat; eine unbedeutende Begabung aber leistet niemals irgend Großes weder für einen Einzelnen, noch für einen Staat. – Völlig wahr ist dieß, sagte er. – Indem denn nun diese auf solche Weise von jenem abfallen, was ihnen am meisten gebührt, lassen sie die Weisheitsliebe verödet und ohne Erreichung ihres Zweckes zurück, und sie

selbst führen ein Leben, welches ihnen nicht gebührt und keine Wahrheit in sich hat; in die Weisheitsliebe aber, welche gleichsam von allen ihren Verwandten verwaist ist, traten sofort dann Andere, ihrer Unwürdige, ein und schändeten sie und fügten ihr jene Schmach zu, welche, wie du behauptest, auch jene aussprechen, die sie darüber schmähen, daß ihre Anhänger theils ohne Werth, theils aber ihrer größeren Zahl nach an vielem Schlechten Schuld seien. – Es ist ja auch, sagte er, wenigstens was angeführt wird, wirklich dieß. – Ja, und aus guten Gründen, erwiederte ich, wird dieß angeführt; denn es erblicken hinwiederum irgend andere Menschlein, daß jener Platz leer geworden, dabei aber voll herrlicher Worte und Vorwände sei, und wie diejenigen, welche aus dem Kerker entlaufend in Tempel sich flüchten, so hüpfen auch diese gar bereitwillig aus ihren Kunstfertigkeiten in die Weisheitsliebe hinüber, nemlich gerade jene, welche in ihrem eigenen Künstlein immer die feinsten sind; denn dennoch bleibt ja im Vergleiche mit den übrigen Künsten die Geltung der Weisheitsliebe, wenn gleich es mit ihr so schlimm steht, immerhin eine großartigere, und hiernach eben streben viele, sind aber dabei in ihrer Begabung ohne allen Keim, durch den Betrieb aber ihrer Künste und Handwerksthätigkeit ebensosehr, wie sie körperlich verkümmert sind, auch in ihren Seelen gebrochen und aufgerieben in Folge ihrer niedrigen Beschäftigung; oder muß dieß nicht nothwendig so sein? – Ja wohl, gar sehr, sagte er. – Glaubst du also, sprach ich, daß sie sich ihrem Anblicke nach von einem kahlen und unansehnlichen Schmidgesellen unterscheiden, welcher irgend zu Geld gekommen ist und erst kürzlich aus dem Gefängnisse sich auslöste, in einem Bade dann sich wusch und ein neues Kleid anzog, angethan wie ein Bräutigam, indem er im Begriffe ist, die Tochter seines Herrn wegen ihrer Armuth und Verlassenheit zu heirathen? – Nicht sehr, sagte er, unterscheidet er sich von einem Solchen. – Welche Sprößlinge also ist zu erwarten, daß die Derartigen erzeugen werden? nicht sicher unechte und schlechte? – Ja, durchaus nothwendiger Weise. – Wie aber ist es mit jenen, welche der Bildung unwürdig sind, sobald sie derselben sich nähern und unverdienter Weise mit ihr Umgang pflegen? welcherlei Gedanken und Meinungen sollen wir von diesen sagen, daß sie erzeugen? nicht in Wahrheit solche, welche gebührender Weise als sophistische Reden sich hören lassen, aber durchaus nichts Aechtes und Nichts, was in würdiger Weise an wahrhaftes Nachdenken sich anreihen könnte? – Ja, völlig so, sagte er. –

10. Also ein ganz kleiner Theil, o Adeimantos, sprach ich, bleibt von denjenigen übrig, welche in verdienter Weise mit der Weisheitsliebe Umgang

pflegen, sei es, daß irgend durch Verbannung ein edler und wohlerzogener Charakter betroffen wird, indem er dann aus Mangel an Verderbern gemäß seiner Natur bei der Weisheitsliebe verharrt, oder sei es, wenn in einem kleinen Staate ein großer Geist geboren wird und derselbe die staatlichen Verhältnisse verachtet und über sie hinwegsieht; irgend ein kleiner Theil aber möchte es wohl auch sein, welcher von anderen Künsten hinweg in gerechter Verachtung derselben mit guter Begabung zur Weisheitsliebe sich wenden würde; es möchte aber vielleicht auch jener Zügel, welchen unser Freund Theages an sich trägt, im Stande sein, Jemanden festzubannen; denn auch bei Theages ist alles Uebrige in einem solchen Zustande, daß er von der Weisheitsliebe abfallen würde, aber die Pflege seines kränklichen Körpers hält ihn von staatlichen Dingen ferne und bannt ihn fest; von unserem eigenen Zustande aber zu sprechen, ist nicht der Mühe werth, nemlich von jener dämonischen Warnungsstimme; denn eine solche ist unter den Früheren entweder nur einigen Wenigen oder vielmehr gar keinem Anderen zu Theil geworden. Und wer denn nun unter diesen Wenigen wirklich kostet oder schon gekostet hat, wie süß und beseligend jener Besitz sei, und hinwiederum den Wahnsinn der Menge genügend durchschaut, sowie auch daß kein Einziger, so zu sagen, irgend etwas Gesundes bezüglich der staatlichen Verhältnisse verübt, und es auch nicht einmal einen Bundesgenossen gibt, mit welchem man zur Hülfeleistung für das Gerechte sich auf den Weg machen und dabei gerettet werden könnte, sondern daß er selbst wie ein Mensch unter Thiere gerathen sei und dort, weil er weder gemeinschaftlich mit ihnen Unrechtes thun wolle, noch auch er der Einzige allen Wilden das Gegengewicht zu halten vermöge, sicher noch eher, als er dem Staate oder den Freunden irgend genügt habe, selbst zu Grunde gehen werde, als ein Nutzloser für sich selbst und für die Uebrigen, – also all dieses wenn er in vernünftiger Erwägung erfaßt, so wird er Ruhe halten und das Seinige thun, gleichsam wie in dem Sturme eines vom Winde aufgeregten Staubwirbels und Unwetters an eine Mauer hintretend, und indem er sieht, wie die Uebrigen von Ungesetzlichkeit erfüllt sind, wird er sich dabei begnügen, wenn er selbst rein von Ungerechtigkeit und unerlaubten Thaten sowohl sein hiesiges Leben führt, als auch bei dem Abscheiden aus ihm mit herrlicher Hoffnung heiter und wohlgemuth abscheidet. – Wahrhaftig aber, sagte er, nicht Geringes ja hätte er auch vollbracht um dann abzuscheiden. – Aber ja auch nicht das Größte, erwiederte ich, woferne er nicht einen ihm gebührenden Staat gefunden hat; denn in einem Staate, welcher ihm wirklich gebührt, wird er sowohl selbst besser gedeihen, als auch mit seinen Einzel-Verhältnissen zugleich das Gemeinsame retten.

11. Was also nun die Weisheitsliebe betrifft, so scheint mir hiemit genügend angegeben zu sein, warum sie ein Gegenstand der Verleumdung wurde, sowie auch, daß dieß mit Unrecht geschah, woferne nemlich nicht du noch irgend Weiteres vorbringst. – Aber ich bringe auch, sagte er, in der That hierüber Nichts mehr vor; hingegen welche unter den jetzigen Staatsverfassungen meinst du denn unter jener gebührenden? – Nicht eine einzige, erwiederte ich, sondern eben hierin erblicke ich die Schuld, weil keine unter den jetzigen Einrichtungen eines Staates der weisheitsliebenden Begabung würdig ist; daß nemlich darum auch diese verdreht und verändert werde, sowie ein fremder Same in ein anderes Land gesät dahinschwindet und durch Ueberwältigung in die dort heimische Art überzugehen pflegt, und daß ebenso auch jene Gattung die ihr eigenthümliche Geltung nicht behaupten kann, sondern in eine fremde Art umschlägt; sobald sie hingegen auf den besten Staat trifft, so wird sie dann, sowie sie auch selbst die beste ist, sogleich zeigen, daß Solches wirklich etwas Göttliches, alles Uebrige aber nur menschlich ist, sowohl was die Begabungen, als auch was die Thätigkeiten betrifft. Klar also ist, daß du nun hernach fragen wirst, welcher denn dieser Staat sei. – Da irrst du, sagte er; denn nicht um dieß zu fragen, war ich im Begriffe, sondern ob jener Staat, welchen wir bisher in unserer Gründung durchgingen, es sei, oder ob ein anderer. – In allem Uebrigen, sagte ich, ist es schon dieser; aber eben jenes wurde auch damals schon angegeben, daß irgend Etwas in jenem Staate stets sich befinden müsse, was eben jenen nemlichen Begriff des Staates besitze, welchen auch du als Gesetzgeber besaßest, indem du deine Gesetze aufstelltest. – Ja, dieß wurde angegeben, sagte er. – Aber nicht genügend, sprach ich, wurde es damals klar gemacht, aus Furcht vor jenen eueren Angriffen, durch welche ihr kundgabt, daß der Nachweis hievon ein langer und schwieriger sei, da ja auch das noch Uebrige nicht gerade am leichtesten durchgegangen werden kann. – Was meinst du hiemit? – Auf welche Weise ein Staat die Weisheitsliebe in seine Hand nehmen müsse, um sie nicht zu verderben; denn alles Große ja ist dem Sturze ausgesetzt, und es ist wirklich, wie es im Sprüchworte heißt, „das Schöne schwierig". – Demnach aber, sagte er, möge unser Nachweis seinen Abschluß finden, wenn dieß deutlich geworden ist. – Nicht daß ich nicht wollte, erwiederte ich, sondern allenfalls daß ich nicht kann, ist das einzige Hinderniß; du sollst aber hier sogleich meine Bereitwilligkeit erfahren; erwäge aber auch jetzt, wie bereitwillig und aller Gefahr mich aussetzend ich es aussprechen will, daß gerade im Gegensatze gegen die jetzige Weise ein Staat diese Thätigkeit aufgreifen müsse. – Wie so? – Jetzt nemlich, sagte ich, pflegen jene Jünglinge, welche diese Thätigkeit

überhaupt ergreifen, sogleich noch als Knaben mitten unter häuslichen und Geld-Geschäften sich dem schwierigsten Theile derselben zu nähern und hierauf sogleich die Sache wieder aufzugeben (ich meine aber unter dem Schwierigsten dasjenige, was das Aussprechen der Begründungen betrifft); in der späteren Zeit aber, wenn sie etwa auch auf die Anforderung Anderer, welche solches betreiben, die bloßen Zuhörer derselben werden wollen, so halten sie dieß schon für etwas Großes, weil sie der Meinung sind, man dürfe nur nebenbei es betreiben; näher gegen das Greisenalter aber pflegen sie, mit Ausnahme einiger Weniger, zu verlöschen, und zwar noch mehr als die Heraklitische Sonne, insoweit sie nemlich nicht wieder entbrennen. – Wie aber muß man es anders angreifen? sagte er. – Ganz im Gegentheile hievon sollen sie, so lange sie noch Jünglinge und Knaben sind, auch eine bloß für Jünglinge passende Bildung und Weisheitsliebe zur Hand nehmen, und für ihren Körper, während er sich entwickelt und heranreift, sehr gut sorgen, indem sie hiedurch einen Beistand für ihre Weisheitsliebe sich erwerben; im weiteren Fortschreiten aber jenes Alters, in welchem die Seele sich zu vollenden beginnt, sollen sie die Uebungen eben jener stärker anspannen; wann aber die Körperstärke bereits nachläßt und sie der staatlichen Thätigkeit und der Feldzüge überhoben sind, dann sollen sie ihr freie Nahrung lassen und nichts Anderes, außer höchstens nebenbei, betreiben, woferne sie glücklich leben und nach ihrem Tode das vollbrachte Leben mit dem geziemenden jenseitigen Loose krönen wollen. –

12. Wie wahr scheint es mir doch zu sein, sagte er, daß du allerdings bereitwillig sprichst, o Sokrates; ich glaube jedoch, daß die Meisten von den dieß Hörenden noch bereitwilliger dir entgegenarbeiten und in keinerlei Weise überzeugt sein werden, vom Thrasymachos vor Allem angefangen. – Entzweie doch nicht, sagte ich, mich und den Thrasymachos, die wir so eben erst Freunde geworden sind und ja auch vorher keine Feinde gewesen waren; denn wir werden mit dem Versuchen nicht nachlassen, bis wir entweder ihn und alle Uebrigen überzeugt, oder wenigstens irgend Etwas für jenes Leben gefördert haben, wann sie zum zweitenmale geboren auf derartige Bedingungen stoßen werden. – Eine Kleinigkeit ja, sagte er, ist diese Spanne Zeit, von der du da sprichst. – Allerdings, erwiederte ich, ist sie so viel wie Nichts im Vergleiche mit der gesammten Zeit. Jedoch daß die Meisten durch das Gesagte nicht überzeugt werden, ist nicht zu wundern; denn sie sahen noch niemals, daß, was wir jetzt da sagen, wirklich eingetreten sei, sondern wohl weit eher, daß irgend derartige Worte absichtlich in ihrer Ähnlichkeit neben einander hingestellt wurden und nicht so ganz von

selbst, wie jetzt bei uns, in Eins zusammentrafen; hingegen daß ein Mann, welcher bis zur Gränze des Möglichen in Wort und That vollkommen der Vortrefflichkeit gleichkömmt und ihr ähnlich ist, auch der Herrscher in einem Staate von eben der nemlichen Beschaffenheit sei, haben sie noch niemals gesehen, weder bei Einem, noch bei mehreren Männern. – Gewiß in keiner Weise. – Aber ja auch Begründungen solcher Art, o du Hochzupreisender, nemlich so herrliche und so freie, haben sie nicht in genügender Weise mitangehört, welche nemlich den Gehalt haben, die Wahrheit in angespannter Aufmerksamkeit auf jede mögliche Weise um der Einsicht willen zu suchen, mit all jenem aber Nichts zu schaffen haben wollen, was fein gedrechselt und streitsüchtig ist und auf Nichts anderes, als auf die Meinung und auf den Streit sowohl in Gerichtshändeln, als auch im Verkehre der Einzelnen abzielt. – Allerdings auch diese haben sie nicht gehört, sagte er. – Um dessen willen, sprach ich, und in Voraussicht hievon haben wir auch damals zwar mit Furcht, aber dennoch, durch die Wahrheit selbst genöthigt, es gesagt, daß weder ein Staat, noch eine Staatsverfassung, noch auch in gleicher Weise ein einzelner Mann jemals zur Vollkommenheit gelangen könne, bevor diesen Weisheitsliebenden, welche jetzt als die Wenigen und nicht Schlechten, jedenfalls aber Unbrauchbaren bezeichnet werden, irgend durch einen Zufall eine Nothwendigkeit erwächst, mögen sie wollen oder nicht, für einen Staat zu sorgen und dem Staate ihr Gehör zu leihen, oder bevor in die Söhne der jetzigen Machthaber und Könige oder in diese selbst durch irgend einen göttlichen Hauch ein Streben nach wahrhafter Weisheitsliebe kömmt. Bei welchem von diesen beiden aber, oder ob bei beiden das wirkliche Eintreten völlig unmöglich sei, dafür behaupte ich keinen Grund zu finden; denn dann wohl würden wir mit Recht verlacht, daß wir zwecklos Dinge sprächen, welche frommen Wünschen ähnlich wären. Oder ist es nicht so? – Ja, es ist so. – Wenn demnach für die in der Weisheitsliebe Hervorragenden irgend eine Nothwendigkeit, daß sie für einen Staat sorgen, entweder irgend einmal in der unbegränzt langen vergangenen Zeit bestand, oder auch gegenwärtig in irgend einer nicht-hellenischen Gegend besteht, welche wohl weit außerhalb unseres Gesichtskreises liegt, oder etwa auch dereinst einmal bestehen wird, so sind wir bereit, hiefür in unserer Begründung zu kämpfen, daß dann dieser unser Staat bestand oder besteht oder bestehen wird, wann nemlich diese unsere Muse die Oberhand über einen Staat gewonnen haben wird; denn unmöglich ist es nicht, daß er entstehe, und auch wir sagen nicht Unmögliches, als etwas Schwieriges aber wird es auch von uns zugestanden. – Auch mir, sagte er, scheint es so zu sein. – Daß es aber der Menge, erwiederte ich, hinwiederum nicht so scheine, wirst du wohl sagen? – Ja, vielleicht, sagte er. – O du Hochzupreisender, sprach ich, klage doch die Menge nicht so sehr an; jene werden ja eine andere Meinung fassen, wenn du ihnen, und zwar nicht in Streitsucht, sondern in freundlicher Zusprache und mit Widerlegung der Verleumdung des Vielwissens, erst nachweisest, welche Menschen du Weisheitsliebende nennest, und die Begabung und Thätigkeit derselben, wie wir so eben thaten, feststellst, damit sie eben nicht mehr glauben, du sprechest von jenen, welche sie dabei im Sinne hatten. Wahrlich ja, wenn sie es auf diese Weise betrachten, wirst du selbst sagen, daß sie eine andere Meinung erfassen und uns anders antworten werden; oder glaubst du, daß Jemand zürnen werde dem nicht Zürnenden, oder mißgünstig sein werde gegen den nicht Mißgünstigen, woferne jener selbst ohne Mißgunst und sanftmüthig ist? Ich will nemlich mit der Antwort dir zuvorkommen und selbst sagen, daß ich glaube, es finde sich nur in irgend Wenigen, nicht aber in der Masse überhaupt eine so gefährliche Begabung. – Und ich nun, sagte er, glaube es zuverlässig gleichfalls. – Nicht wahr also, auch dieß glaubst du gleichfalls, daß an der gefährlichen Stimmung der Menge gegen die Weisheitsliebe eben Diejenigen die Schuld tragen, welche von Außen ungebührlich in dieselbe wie ein Schwarm Trunkener hereinstürmten und auf die Menschen schmähen und eine Freude an Gehässigkeit haben und immer nur über die Leute ihre Reden halten, eine Betriebsamkeit übend, welche am wenigsten der Weisheitsliebe ziemt. – Ja wohl, bei Weitem, sagte er. –

13. Es hat ja, o Adeimantos, Derjenige, welcher in Wahrheit seinen Sinn auf das Seiende richtet, keine Zeit, nach Unten hinab in die Geschäftigkeit der Leute zu blicken und im Kampfe mit ihnen sich mit Mißgunst und Feindseligkeit zu erfüllen, sondern indem er auf irgend feststehende und stets sich gleichmäßig verhaltende Gegenstände hinsieht und sie betrachtet, welche gegenseitig weder Unrecht thun, noch Unrecht leiden, sondern sämmtlich in Ordnung und vernunftgemäß sich verhalten, so wird er diese nachahmen und so sehr als möglich sich ihnen ähnlich machen; oder glaubst du, es könne vorkommen, daß Jemand dasjenige nicht nachahme, mit welchem er in Bewunderung stets verkehrt? – Nein, dieß ist unmöglich, sagte er. – Und wenn also der Weisheitsliebende mit Göttlichem und Geordnetem verkehrt, so wird er wohl auch selbst ein Göttlicher und Geordneter werden, so weit dieß einem Menschen möglich ist; Verleumdung aber gibt es allerdings bei Allem in hohem Grade. – Ja wohl, durchaus. – Wenn also, sprach ich, für ihn sich eine Nothwendigkeit

ergibt, daß er sich bemüht, was er dort gesehen, in die Sitten der Menschen sowohl im Einzelnen. als auch im Staate einzutragen und nicht bloß sich selbst auszubilden, glaubst du da, es werde derselbe ein schlechter Werkmeister der Besonnenheit und der Gerechtigkeit und der gesammten staatsbürgerlichen Vortrefflichkeit werden? – Nein, gewiß nicht, sagte er. – Wenn aber nun die Menge es bemerkt, daß wir die Wahrheit über ihn sagen, wird sie dann wohl den Weisheitsliebenden zürnen und unserer Behauptung mißtrauen, daß niemals in anderer Weise ein Staat glücklich sein könne, als wenn der Umriß desselben von jenen Malern entworfen wird, welche hiebei des göttlichen Musterbildes sich bedienen? – Nein, sie wird nicht zürnen, sagte er, wenn sie nemlich jenes bemerkt; aber welche Art und Weise dieses Umrisses meinst du denn hiemit? – Sie werden, sprach ich, den Staat und die Sitten der Menschen wie eine Tafel nehmen und vor Allem wohl dieselbe reinigen, was zwar nicht sehr leicht ist; aber du weißst nun wohl schon, daß sie eben darin von vorneherein von allen Übrigen sich unterscheiden dürften, daß sie nicht eher an einen einzelnen Menschen oder an einen Staat sich machen, oder Gesetze aufstellen wollen, als bis sie den Staat entweder als einen reinen überkommen, oder selbst dazu gemacht haben. – Ja, und mit Recht, sagte er. – Nicht wahr also, hernach, glaubst du, würden sie die Form der Staatsverfassung im Umrisse entwerfen? – Warum auch nicht? – Und sodann, glaube ich, würden sie bei dieser Arbeit wohl häufig nach beiden Seiten vergleichend hin und her blicken, nemlich sowohl auf das von Natur aus Gerechte und Schöne und Besonnene und all Derartiges, als auch hinwiederum auf das in den Menschen Befindliche, und würden in einer Mischung und Vereinigung der verschiedenen Thätigkeiten ihnen das Menschenähnliche einpflanzen, von jenem es entnehmend, was auch Homeros, wenn es bei Menschen sich findet, ein Gottartiges und Gottähnliches nennt. – Du hast Recht, sagte er. – Und das Eine also, glaube ich, würden sie ausstreichen und Anderes wieder hineinzeichnen, bis sie so sehr als möglich im höchsten Grade menschliche Sitte zu einer gottgefälligen gemacht haben. – Die herrlichste Zeichnung wenigstens, sagte er, möchte dieß werden. – Werden wir also, sprach ich, nun wohl jene überzeugen, welche, wie du sagtest, in gespannter Hast auf uns losrennen würden, daß nemlich wirklich ein Derartiger der Zeichner der Staatsformen sei, welchen wir damals ihnen gegenüber lobten, und um dessen willen sie uns zürnten, daß wir ihm die Staaten anvertrauen wollten, und werden jene, wenn sie es jetzt in noch höherem Grade hören, sich besänftigen? – Ja gewiß, sagte er, woferne sie besonnen sind. – Wie sollten sie ja auch es bestreiten können? etwa damit, daß die Weisheitsliebenden nicht wirklich Liebhaber des

Seienden und der Wahrheit seien? – Dieß wäre ja ungereimt, sagte er. – Aber etwa damit, daß die Begabung derselben, wie wir sie durchgingen, nicht dem an sich Besten angehöre. – Nein, auch mit diesem nicht. – Wie aber? etwa daß die derartige Begabung, wenn sie die ihr gebührenden Thätigkeiten findet, nicht in vollkommener Weise eine gute und weisheitsliebende sein werde, wenn je es überhaupt eine Begabung sein kann? oder werden sie etwa von jenen es eher behaupten, welche wir ausgeschieden haben? – Doch wohl hoffentlich nicht. – Werden sie also noch sich wild geberden, wenn wir behaupten, daß, ehe nicht das weisheitsliebende Geschlecht in einem Staate die Oberhand gewonnen hat, es weder für den Staat, noch für die Bürger ein Aufhören der Uebel gebe, noch auch jene Staatsform, welche wir dichterisch in unseren begründenden Worten darstellten, jemals tatsächlich ihre Vollendung finden werde? – Vielleicht, sagte er, werden sie weniger wild sich geberden. – Willst du etwa, erwiederte ich, daß wir nicht bloß sagen, sie seien weniger wild, sondern vollständig sanft geworden und hinreichend überzeugt. um, wenn auch aus keinem anderen Grunde, doch aus Scham es uns zuzugestehen? – Ja wohl, allerdings, sagte er. –

14. Diese demnach, sprach ich, mögen hievon als überzeugt gelten. Könnte aber dieß wohl Jemand bestreiten, daß nicht auch zufällig wohl Sprößlinge von Königen oder Machthabern vermöge ihrer Begabungen als weisheitsliebend geboren werden könnten? – Nein, Niemand, sagte er. – Wenn aber Derartige geboren sind, kann man dann behaupten, daß diese durchaus nothwendiger Weise zu Grunde gehen müssen? denn daß ihre Erhaltung wohl schwierig ist, gestehen auch wir selbst zu; aber daß in der gesamten Zeit unter Allen auch nicht ein Einziger erhalten bliebe, kann wohl Niemand streitend behaupten. – Wie sollte man auch? – Nun aber, sagte ich, genügt ja ein Einziger, wenn er da ist und einen ihm gehorchenden Staat besitzt, um all jenes bis jetzt Unglaubliche in's Werk zu setzen. – Ja, allerdings genügt er, sagte er. – Wenn Ja nemlich, sprach ich, ein Herrscher die Gesetze und die Thätigkeiten, wie wir sie durchgegangen haben, feststellt, so ist es doch wohl nicht unmöglich, daß die Bürger solches ausführen wollen? – Nein, in keinerlei Weise. – Daß aber denn nun dasjenige, was uns dünkt, auch Anderen dünke, soll dieß gar so sehr zu verwundern oder etwa unmöglich sein? – Ich wenigstens glaube nicht, sagte er. – Daß es aber ja das Beste wäre, woferne es möglich wäre, dieß haben wir, glaube ich, in dem Obigen genügend erörtert. – Ja, genügend. – Jetzt demnach ergibt sich uns, wie es scheint, daß bezüglich der Gesetzgebung jenes, was wir sagen, das Beste ist,

falls es wirklich eintritt, daß aber das wirkliche Eintreten wohl schwierig, nicht jedoch unmöglich ist. – Ja, dieß ergibt sich uns. –

15. Nicht wahr also, nachdem dieses zur Noth sein Ende gefunden, müssen wir hiernach nun das Uebrige angeben, auf welche Weise und in Folge welcher Unterrichtsgegenstände und Thätigkeiten uns jene Erhalter des Staates sich einfinden werden, und in welchen Altersstufen sie jedes Einzelne hievon ergreifen müssen? – Ja, allerdings, sagte er, müssen wir dieß angeben. – Nichts also, erwiederte ich, nützte mir jene Schlauheit, als ich in dem Früheren die Schwierigkeit bezüglich des Besitzes der Weiber und die Kinder-Erzeugung und die Aufstellung der Herrscher überging, wohl wissend, daß die gänzlich wahre Aufstellung derselben sowohl mißfällig, als auch bezüglich des wirklichen Eintretens schwierig sein würde; denn jetzt ja kam nichts desto weniger die Nothwendigkeit, dieß durchzugehen; und was nun hiebei die Weiber und Kinder betrifft, so haben wir es schon zu Ende gebracht, aber das die Herrscher Betreffende müssen wir gleichsam wieder von Vorne erörtern; wir sagten aber ja schon, wenn du dich dessen erinnerst, daß dieselben als Freunde des Staates sich zeigen müssen, erprobt in Vergnügungen und in Schmerzen, und daß sie diese ihre Gesinnung weder in Fällen der Anstrengung, noch in jenen der Furcht, noch bei irgend anderen Vorkommnissen verlieren dürfen, oder außerdem der hiezu unbefähigte ausgeschieden werden müsse, wohingegen jener, welcher überall ohne Makel daraus hervorging, wie Gold im Feuer erprobt, als Herrscher aufgestellt werden und ihm bei Lebzeiten und nach dem Tode Ehrengaben und Kampfpreise verliehen werden müssen; Derartiges ungefähr war es, was wir damals sagten, als unsere Begründung an diesem Punkte vorüberging und ihn gleichsam versteckte, aus Furcht, an jenem zu rütteln, was uns jetzt obliegt. – Ja, dieß ist völlig wahr, sagte er; denn ich erinnere mich gut daran. – Ich nahm nemlich Anstand, mein Freund, das jetzt kühn Gewagte auszusprechen; jetzt aber eben möge es gewagt sein, es zu sagen, daß wir die tüchtigsten Wächter als Weisheitsliebende aufstellen müssen. – Ja, dieß möge hiemit ausgesprochen sein, sagte er. – So bedenke denn nun, daß aus guten Gründen dir die Zahl jener eine geringe sein wird; denn jene Begabung, welche wir für dieselben als die bei ihnen vorhandene durchgingen, pflegt nur in wenigen Fällen aus ihren Bestandteilen so zusammen zu wachsen, meistens hingegen entsteht sie in zersplitterter Form. – Wie meinst du dieß? sagte er. – Du weißt gewiß, daß sie nicht zugleich gelehrig und auch mit Gedächtniß begabt und auch wieder gespannten Geistes und auch scharfsichtig zu sein pflegen, und auch nicht, wenn

sie jugendlich übersprudelnd und in ihrer Gesinnung großartig sind, eine derartige Beschaffenheit haben, daß sie ordentlich und in Ruhe und Festigkeit leben wollen, sondern daß die Derartigen durch die Schneidigkeit ihres Geistes nach allen beliebigen Richtungen hin fortgerissen werden und alle Festigkeit aus ihnen entschwindet. – Du sprichst wahr, sagte er. – Nicht wahr also, auch die festen und nicht leicht veränderlichen Charaktere, welche man in höherem Grade für zuverlässige halten muß, und welche im Kriege bezüglich der Furcht die ruhigsten sind, werden hinwiederum bezüglich des Unterrichtes das Nemliche thun, indem sie schwer in Bewegung zu bringen und ungelehrig sind, gleichsam wie im Krampfe erstarrt und von Schlaf und Gähnen erfüllt, sobald sie einer derartigen Mühe sich unterziehen sollen. – Ja, so ist es, sagte er. – Wir aber behaupteten ja, daß sie an diesen beiden Seiten gut und trefflich Theil haben sollen, oder daß man außerdem weder die höchste Bildung, noch auch Ehre oder Herrschaft ihnen zutheilen solle. – Ja, und mit Recht, sagte er. – Nicht wahr also, selten wohl glaubst du, daß Solches sich finden werde. – Wie sollte es auch anders sein? – Also erproben müssen wir sie, sowohl in den damals von uns angegebenen Müheleistungen und Gegenständen der Furcht und des Vergnügens, als auch ferner müssen wir, was wir damals übergingen, jetzt aussprechen, daß man sie in vielen Unterrichtsgegenständen üben soll, erwägend, ob ihre Begabung auch befähigt sei, die höchsten Unterrichtsgegenstände zu ertragen, oder ob sie feig zurückweiche, wie diejenigen, welche in anderen Dingen feig weichen. – Ja, es geziemt sich allerdings, sagte er, in dieser Weise es zu erwägen; aber welche meinst du denn unter jenen höchsten Unterrichtsgegenständen? –

16. Du erinnerst dich doch wohl, sagte ich, daß, indem wir drei Formen der Seele auseinander hielten, wir sie wieder bezüglich dessen zusammenführten, was die Gerechtigkeit und die Besonnenheit und die Tapferkeit und die Weisheit sei. – Ja, allerdings, wenn ich mich hieran nicht erinnern würde, sagte er, wäre ich auch nicht würdig, das noch Uebrige zu hören. – Erinnerst du dich also auch an das, was jenem vorherging? – Was meinst du denn hiemit? – Wir sagten ja, daß, um dieß so trefflich als möglich einzusehen, es einen anderen längeren Umweg gebe, nach dessen Durchwanderung jenes offenbar würde, daß es jedoch auch möglich sei, Nachweise dort anzuknüpfen, welche im Zusammenhange mit früher Gesagtem wären; und ihr sagtet dann, es genüge euch so schon, und es wurde hiemit auf diese Weise das Damalige bezüglich der Genauigkeit in einer, wie mir sich's zeigte, mangelhaften Weise gesprochen, falls aber in einer für euch

genügenden Weise, so mögt ihr hiemit dieß offen sagen. – Aber mir wenigstens, sagte er, schien es damals gerade das rechte Maß zu haben; und so zeigte sich's ja auch den Anderen. – Aber, mein Freund, erwiederte ich, ein Maß, welches bei Derartigem auch nur im geringsten hinter dem wirklich Seienden zurückbleibt, ist nicht leicht das rechte Maß, denn kein Unvollendetes ist ein Maß irgend eines Dinges; es scheint aber wohl zuweilen Einigen bereits genügend vorzuliegen und daher nicht mehr nöthig, weiter zu forschen. – Ja wohl, sagte er, gar Vielen begegnet dieß aus Leichtsinn. – Aber ein solches Begegniß ja, sagte ich, kann am wenigsten ein Wächter des Staates und der Gesetze brauchen. – So scheint es, sagte er. – Den längeren Umweg demnach, mein Freund, sprach ich, muß der Derartige durchwandern, und nicht weniger beim Lernen, als bei der Leibesübung muß er sich plagen, oder außerdem wird er in jenem von uns so eben erwähnten höchsten Unterrichtsgegenstande, welcher ihm auch am meisten gebührt, niemals an's Ende gelangen. – Ist denn also jenes, sagte er, nicht das Höchste, sondern gibt es noch etwas Höheres, als die Gerechtigkeit und all jenes, was wir durchgingen? – Ja, erwiederte ich, sowohl gibt es ein Höheres, als auch soll man von eben jenen nicht bloß einen Umriß betrachten, wie wir jetzt gethan, sondern man darf auch die vollendetste Verwirklichung derselben nicht übergehen; oder ist es nicht lächerlich, bei anderen Dingen von geringem Werthe alles Mögliche in gespannter Aufmerksamkeit zu thun, damit sie so genau und rein als möglich sich verhalten, bei dem Höchsten aber nicht auch die höchste Genauigkeit zu beanspruchen? – Gar sehr allerdings, sagte er, lohnt es sich des Nachdenkens; aber was du unter dem höchsten Unterrichtsgegenstande meinest und was er betreffe, darüber wirst du wohl nicht glauben, daß dich Jemand ungefragt entlasse? – Allerdings nicht, sagte ich, sondern frage auch nur du. Durchaus nicht selten zwar hast du es schon gehört, aber jetzt bedenkst du es entweder nicht, oder hinwiederum du gedenkst, mir durch Angriffe zu schaffen zu machen; ich glaube aber eher Letzteres, denn daß ja die Idee des Guten der höchste Unterrichtsgegenstand sei, hast du schon oft gehört, jene Idee nemlich, durch deren Beiziehung sowohl das Gerechte, als auch das Uebrige erst brauchbar und nützlich wird. Und auch jetzt weißst du so ziemlich schon, daß ich im Begriffe bin, eben sie zu nennen und auch hinzuzufügen, daß wir sie nicht genügend wissen; wenn wir aber sie nicht wissen, ist dir auch sehr wohl bekannt, daß, falls wir auch noch so sehr alles Uebrige wüßten, es uns Nichts nützen würde, sowie ja auch, wenn wir irgend ein Ding ohne das Gute besäßen; oder hältst du es für fördernd, allen möglichen Besitz erworben zu haben, nicht aber einen guten, oder alles Uebrige ohne das

Gute im Denken zu erfassen, dabei aber eben nichts Schönes und nichts Gutes im Denken zu erfassen? – Nein, bei Gott, sagte er, ich gewiß nicht. –

17. Nun aber weißt du ja auch das, daß der Menge das Vergnügen das Gute zu sein scheint, den feineren Leuten aber das Denken? – Warum auch nicht? – Und auch, daß ja, mein Freund, diejenigen, welche der letzteren Ansicht sind, nicht nachzuweisen vermögen, welches Denken das Gute sei, sondern zuletzt genöthigt werden, zu sagen, das des Guten sei es. – Ja wohl, in sehr lächerlicher Weise, sagte er. – Wie sollte es auch nicht lächerlich sein, sprach ich, wenn sie uns schmähen, daß wir das Gute nicht wissen, und dabei zugleich mit uns so sprechen, als wüßten wir es; sie sagen nemlich, es sei eben das Denken eines Guten, gerade als verstünden wir hinwiederum, was sie meinen, sobald sie nur den Namen des Guten aussprechen. – Völlig wahr, sagte er. – Wie aber nun? sind diejenigen, welche das Vergnügen als ein Gut aufstellen, etwa eines geringeren Irrthumes voll als jene Anderen? oder werden nicht auch diese genöthigt, zuzugestehen, daß es schlimme Vergnügungen gebe? – Ja, in hohem Grade. – Es ergibt sich ihnen also, glaube ich, daß sie zugestehen, das Nemliche sei ein Gutes und ein Schlimmes; oder wie sonst? – Warum auch nicht? – Nicht wahr also, daß große und viele streitige Punkte über das Gute bestehen, ist augenfällig? – Wie sollte es auch nicht so sein? – Wie aber? ist nicht auch dieß augenfällig, daß bezüglich des Gerechten und des Schönen gar Viele es vorziehen, bloß das Anscheinende, auch wenn es nicht wirklich so ist, dennoch zu verüben und zu besitzen und selbst in ihrem Wesen scheinbar zu haben, hingegen bezüglich des Guten es Keinem mehr genügen will, bloß das Anscheinende zu besitzen, sondern hier sie das Wirkliche suchen und ein Jeder den bloßen Schein verschmäht. – Ja wohl, gar sehr, sagte er. – Und wenn denn nun nach diesem eine jede Seele strebt und um dessen willen Alles thut, indem sie wohl ahnt, daß es Etwas sei, aber rathlos und ohne Mittel ist, genügend zu erfassen, was es sei, und hiefür auch nicht wie bei anderen Dingen eine Beglaubigung finden kann, und sie wegen desselben auch bei den übrigen Dingen des sich etwa ergebenden Nutzens verlustig geht, wollen wir dann etwa behaupten, daß betreffs des so beschaffenen und so wichtigen Dinges in solcher Weise auch jene Besten im Staate im Finstern wandeln sollen, in deren Hände wir ja Alles legen? – Nein, gewiß am allerwenigsten, sagte er. – Ich glaube wenigstens, sprach ich, daß das Gerechte und das Schöne insoferne an ihnen mißkannt würde, in welcher Beziehung sie ein Gut seien, dann wohl für sich einen Wächter von gar geringem Werthe besäßen, der nemlich dieß mißkennen würde; ich ahne aber sogar, daß

wohl Keiner auch jene anderen selbst eher genügend erkennen werde. – Richtig ja, sagte er, ist deine Ahnung. – Nicht wahr also, unser Staat wird erst vollständig geordnet sein, wenn der derartige Wächter, welcher das Wissen von diesem besitzt, der Aufseher ist. –

18. Ja, nothwendiger Weise, sagte er; aber wie steht es mit dir selbst, o Sokrates? behauptest du, daß das Gute ein Wissen, oder daß es ein Vergnügen sei, oder daß etwas Anderes außer diesen? – Wahrlich, ein Mann warst du in herrlicher Weise, sprach ich, und schon längst zeigte es sich offenkundig, daß dir über diese Dinge nicht genügen werde, was Anderen dünkt. – Es zeigt sich mir auch als ein Unrecht, o Sokrates, sagte er, wenn ich wohl bloß Ansichten der Anderen anzuführen hätte, eigene aber keine, nachdem ich doch so lange Zeit mich hiemit beschäftigte. – Wie aber? sagte ich; scheint es dir gerecht zu sein, über Dinge, welche man nicht weiß, wie ein Wissender zu sprechen? – Keineswegs, erwiederte er, wie ein Wissender; jedoch daß er wie ein Meinender jenes aussprechen wolle, was er meint. – Wie aber? sagte ich; hast du nicht bemerkt, daß die nicht mit Wissen verbundenen Meinungen sämmtlich schimpflich sind, unter welchen selbst die besten wenigstens blind sind, oder scheint dir ein Unterschied zu sein zwischen Blinden, welche richtig ihren Weg wandeln, und denjenigen, welche ohne Vernunft etwas Wahres meinen? – Allerdings keiner, sagte er. – Willst du also lieber Schimpfliches betrachten, welches blind und krumm ist, während du von Anderen Glänzendes und Schönes vernehmen kannst? – Nein, bei Gott, o Sokrates, sagte nun Glaukon, du sollst nicht jetzt, schon fast am Ziele, noch zurücktreten; denn es wird uns genügen, wenn du ebenso, wie du es betreffs der Gerechtigkeit und der Besonnenheit und des Uebrigen durchgingst, es nun auch betreffs des Guten durchgehst. – Allerdings auch mir, mein Freund, sagte ich, wird es gar sehr genügen; aber daß ich nur nicht unfähig hiezu bin, und bei meiner Bereitwilligkeit dann durch Verstöße mich lächerlich mache. Doch, o ihr Hochzupreisenden, was das Gute selbst an und für sich sei, wollen wir für jetzt beruhen lassen; denn es scheint mir für jetzt über den von uns gegenwärtig genommenen Anlauf hinauszugehen, wenn wir vollständig erreichen wollten, was mir hierüber dünkt; hingegen was mir ein Sprößling des Guten und ihm am ähnlichsten zu sein scheint, will ich angeben, woferne es auch euch erwünscht ist; wenn aber nicht, so will ich es bei Seite lassen. – Aber gib dieß nur an, sagte er; denn den Bericht über den Vater selbst wirst du uns wohl hernach einmal erstatten. – Ich wollte allerdings, erwiederte ich, daß ich euch diesen Bericht als

eine Schuld baar erstatten und ihr sie eincassiren könntet, nicht aber bloß die Zinsen derselben, wie jetzt der Fall ist; aber eben die Zinsen dieses Kapitales, nemlich bloß den Sprößling des Guten an und für sich, cassiret hiemit ein; nehmt euch jedoch in Acht, daß ich euch hiebei nicht wider meinen Willen betrüge, indem ich euch etwa in verfälschter Münze den Begriff jener Zinsen ausbezahle. – Wir werden uns, sagte er, nach Möglichkeit in Acht nehmen; aber sprich du nur. – Ja, sprach ich, indem ich mich mit euch über Dinge verständige und euch an dieselben erinnere, welche wir sowohl in dem Obigen sagten, als auch häufig schon anderwärts ausgesprochen haben. – Was meinst du hiemit? sagte er. – Wir sprechen, erwiederte ich, von vielen schönen Dingen und von vielen guten Dingen und von jedem Derartigen in solcher Weise und stellen dieß so in unserer Rede fest. – Ja, wir sprechen so. – Und nun sprechen wir auch von einem Schönen an und für sich und einem Guten an und für sich, und in dieser Weise fassen wir bei Allem, was wir dort als viele Dinge faßten, es hinwiederum dann nach Einer Idee eines jeden Dinges als einer einheitlichen, und nennen es hiemit dasjenige, was es an sich ist. – Ja, so ist es. – Und von jenen vielen Dingen nun sagen wir, daß sie gesehen, nicht aber gedacht werden, von den Ideen aber hinwiederum, daß sie gedacht, nicht aber gesehen werden. – Ja, völlig so. – Vermittelst welchen Dinges also in uns sehen wir, was gesehen wird? – Vermittelst des Gesichtssinnes, sagte er. – Nicht wahr also, sprach ich, auch vermittelst des Gehörsinnes hören wir, was gehört wird, und nehmen ebenso durch die übrigen Sinneswahrnehmungen das sinnlich Wahrnehmbare wahr? – Wie sollte es anders sein? – Hast du nun wohl, sagte ich, schon bemerkt, wie sehr der Werkmeister unserer Sinneswahrnehmungen die Fähigkeit des Sehens und Gesehenwerdens bei weitem als die kostbarste herstellte? – Nein, nicht völlig, sagte er. – Aber erwäge es folgendermaßen: bedarf das ganze Gebiet des Gehöres und des Lautes noch irgend ein anderweitiges dazu, damit ersteres höre und letzteres gehört werde, so daß, wenn jenes dritte nicht dazu käme, ersteres eben nicht hören und letzteres nicht gehört werden könnte? – Nein, es bedarf Nichts, sagte er. – Ich glaube aber ja, sprach ich, auch die vielen übrigen Wahrnehmungen bedürfen nichts Weiteres hiezu, um nicht sogleich zu sagen, daß keine Etwas bedarf; oder kannst du etwa eine nennen? – Nein, ich gewiß nicht, sagte er. – Bei dem Gesichtssinne aber und dem Sichtbaren, bemerkst du da nicht, daß diese noch Etwas hiezu bedürfen? – Wie so? – Wenn nemlich in den Augen Gesichtssinn vorhanden ist und der ihn Besitzende ihn anzuwenden versucht, und auch eine Farbe gegenwärtig vorliegt, so wird, wie du wohl weißst, falls nicht auch noch eine dritte eigens hiezu bestimmte Gattung hinzukömmt, sowohl der Gesichtssinn Nichts sehen, als auch die Farbe unsichtbar sein. – Was meinst du unter dieser dritten Gattung? sagte er. – Dasjenige, erwiederte ich, was du Licht nennst. – Ja, du sprichst wahr, sagte er. – Also nicht um ein geringes Ding ist jenes Band ein erhabneres, durch welches die Wahrnehmung des Sehens und die Fähigkeit des Gesehenwerdens im Vergleiche mit den übrigen dergleichen Verbindungen mit einander verbunden sind, woferne nemlich das Licht nicht etwas Unbedeutendes ist. – Aber weit gefehlt ja, sagte er, daß dieses etwas Unbedeutendes wäre. –

19. Welchen der himmlischen Götter also kannst du als die Ursache hievon bezeichnen, insoferne derselbe Gewalt über dasjenige habe, dessen Licht sowohl bewirkt, daß unser Gesichtssinn sieht, als auch, daß das Sichtbare gesehen wird? – Den nemlichen Gott, sagte er, welchen auch du und die übrigen Menschen als die Ursache bezeichnen; daß du nemlich um den Sonnengott fragst, ist klar. – Verhält sich also nun unser Gesichtssinn in folgender Weise zu diesem Gotte? – In welcher Weise? – Sonnengott ist nicht die Sehkraft, weder sie selbst, noch dasjenige, in welchem sie entsteht, was wir eben Auge nennen. – Nein, allerdings nicht. – Aber das sonnenartigste ja ist dieses, glaube ich, unter allen Werkzeugen unserer Sinneswahrnehmungen. – Ja, bei Weitem. – Nicht wahr also, auch die Fähigkeit, welche es hat, besitzt es nur, insoferne aus jenem sie ihm verschafft wird und gleichsam zuströmt? – Ja, allerdings. – Verhält sich's also auch so, daß die Sonne zwar nicht Gesichtssinn ist, aber, während sie die Ursache desselben ist, eben von ihm auch gesehen wird? – Ja, so ist es, sagte er. – Dieß demnach, sprach ich, verstehe ich unter jenem Sprößlinge des Guten, welchen das Gute für sich ganz in dem gleichen Verhältnisse gezeugt hat, so daß, was es selbst in dem Gebiete des Denkbaren bezüglich des Denkens und des Gedachten ist, eben das Nemliche die Sonne in dem Gebiete des Sichtbaren bezüglich des Sehens und des Gesehenen ist. – Wie so? sagte er; gehe dieß mir noch deutlicher durch. – Von den Augen, sprach ich, weißt du, daß, wann man sie nicht mehr auf jenes hinwendet, dessen Farben das Tageslicht umfaßt, sondern auf dasjenige, was nächtlicher Schimmer, sie dann stumpf sind und nahezu blind zu sein scheinen, eben als wäre in ihnen kein reiner Gesichtssinn. – Ja wohl, gar sehr, sagte er. – Wann hingegen, glaube ich, auf jenes, was die Sonne beleuchtet, dann sehen sie deutlich, und es zeigt sich, daß jenen nemlichen Augen Gesichtssinn einwohnt. – Warum auch nicht? – Auf diese Weise demnach denke es dir, was die Seele betrifft, folgendermaßen: Wann sie auf jenes hin gespannt sich richtet, was von der Wahrheit und dem Seienden beleuchtet ist, denkt sie und hat Einsicht und

zeigt sich mit Vernunft begabt; wann hingegen auf jenes, was mit Finsterniß gemacht ist, nemlich auf das Entstehende und Vergehende, meint sie bloß und ist stumpfsichtig, nach Oben und nach Unten ihre Meinungen hin und her werfend, und gleicht hinwiederum einem nicht mit Vernunft Begabten. – Ja, diesem gleicht sie. – Dieß also, was den Gegenständen des Erkennens ihre Wahrheit verleiht und dem Erkennenden diese Fähigkeit verschafft, magst du hiemit die Idee des Guten nennen, als Ursache aber des Wissens und der Wahrheit denke sie dir wohl, insoferne diese eben von uns erkannt werden, hingegen wenn du, während diese beiden, nemlich Erkenntniß und Wahrheit, schon etwas so Herrliches sind, sie selbst noch für etwas Anderweitiges und noch Herrlicheres hältst, so wirst du der richtigen Ansicht sein. Wissen und Wahrheit aber soll man, sowie auch dort es richtig ist, Licht und Gesichtssinn für etwas Sonnenartiges, nicht aber für die Sonne selbst, zu halten, ebenso auch auf diesem Gebiete wohl beide für etwas dem Guten Verwandtes, keines von beiden aber für das Gute selbst, halten, sondern noch höher den Zustand des Guten selbst stellen. – Eine unaussprechliche Herrlichkeit ja, sagte er, meinst du hiemit, wenn sie Wissen und Wahrheit uns verschafft, sie selbst aber an Herrlichkeit noch über diese erhaben ist; nemlich als Vergnügen ja bezeichnest du hiemit sie wohl nicht. – Sprich kein frevles Wort, sagte ich; sondern erwäge auf folgende Weise noch in höherem Grade den bildlichen Ausdruck des Guten. – Auf welche Weise? – Du wirst behaupten, daß die Sonne den sichtbaren Dingen nicht bloß die Fähigkeit des Gesehenwerdens verleiht, sondern auch ihr Entstehen und ihren Wachsthum und ihre Nahrung, jedoch ohne daß sie das Entstehen selbst ist. – Wie sollte sie auch dieß selbst sein? – Demnach sagen wir, daß auch für die Gegenstände des Erkennens nicht bloß das Erkanntwerden in Folge des Guten bestehe, sondern auch ihr Sein und ihre Wesenheit ihnen in Folge desselben zukomme, jedoch ohne daß das Gute die Wesenheit selbst ist, sondern noch jenseits der Wesenheit an Erhabenheit und Kraft dieselbe überragt. –

20. Und Glaukon sagte in gar lächerlicher Weise: beim Apollo, eine ungeheuere Ueberschwenglichkeit! – Du bist ja selbst hieran schuld, erwiederte ich, da du mich nöthigst, hierüber auszusprechen, was mir dünkt. – Du sollst ja auch keineswegs hierin aufhören, sagte er, wenigstens, wenn nichts Anderes, doch die Aehnlichkeit bezüglich der Sonne hinwiederum durchzugehen, falls du sie irgendwie mangelhaft gelassen hast. – Aber ich lasse ja in der That, sagte ich, gar Vieles mangelhaft. – Nein, auch keine Kleinigkeit, erwiederte er, sollst du übergehen. – Sogar Vieles ja, glaube ich; dennoch aber werde ich, so weit es im

gegenwärtigen Augenblicke möglich ist, Nichts absichtlich mangelhaft lassen. – Allerdings nicht, sagte er. – Denke dir demnach, sprach ich, daß, sowie wir angeben, es zwei seien, und zwar hievon das Eine über das Geschlecht und das Gebiet des Denkbaren herrsche, das Andere aber hinwiederum über das Sichtbare, damit ich nemlich nicht sage, über das Himmelsgebäude, und hiedurch dir etwa in der Namensbezeichnung eine Weisheit zu erkünsteln scheine; aber jedenfalls hältst du hiemit jene beiden Gattungen fest, nemlich das Sichtbare und das Denkbare. – Ja, ich halte sie fest. – Sowie man demnach eine in zwei ungleiche Theile getheilte Linie nimmt, so theile auch du wieder jeden von jenen beiden Theilen nach dem nemlichen Verhältnisse, nemlich sowohl das Geschlecht des Sichtbaren, als auch jenes des Denkbaren, und es wird dir bezüglich des gegenseitigen Verhältnisses der Deutlichkeit und der Undeutlichkeit innerhalb des Sichtbaren der Eine Theil aus Bildern bestehen; Bilder aber nenne ich hiebei erstens die Schatten und sodann die Spiegelbilder im Wasser und in Allem, was dicht und glatt und schimmernd und sonst derartig ist, woferne du mich verstehst. – Ich verstehe dich wohl. – Als den anderen Theil demnach stelle dir jene Dinge vor, welchen diese Bilder gleichen, nemlich die Thiere, welche es bei uns gibt, und die gesammte Gattung der Pflanzen und der Geräthe. – Ja, ich stelle sie mir so vor, sagte er. – Möchtest du nun wohl, sprach ich, auch das behaupten, daß bezüglich der Wahrheit und Unwahrheit diese beiden ebenso unterschieden sind, wie die Gegenstände der Meinung von jenen der Einsicht, nemlich ebenso auch das bloß ähnlich gemachte von jenem, dem es ähnlich ist? – Ja gewiß, in hohem Grade, sagte er. – Erwäge nun hinwiederum auch die Theilung des Denkbaren, inwieferne dieses getheilt werden kann. – Wie so? – Inwieferne nemlich die Seele genöthigt ist, den Einen Theil desselben mit Anwendung des dort in Geltung eines Bildes abgetrennten bloß in Folge von Voraussetzungen zu suchen, indem sie nicht zum Ausgangspunkte, sondern zum Endpunkte sich wendet, hingegen hinwiederum bei dem anderen Theile das in der Richtung zum Ausgangspunkte hin Voraussetzungslose sucht, indem sie aus der Voraussetzung heraustritt und ohne die dort befindlichen Bilder nur vermöge der Ideen selbst vermittelst derselben die Untersuchung anstellt. – Dieß, was du hiemit meinest, sagte er, habe ich nicht genügend verstanden. – Aber ich will es auch noch einmal sagen, erwiederte ich; denn leichter wirst du es verstehen, nachdem folgendes vorausgeschickt ist. Ich glaube nemlich, du weißst bereits, daß diejenigen, welche sich mit Geometrie und mit Rechnungen und Derartigem beschäftigen, das Gerade und das Ungerade und die Figuren der drei Arten von Winkeln und anderes hiemit Verschwistertes bei jeder

Untersuchung voraussetzen, und solches also, gerade als wüßten sie es, zu Voraussetzungen machen, dabei aber eben keinerlei Rechenschaft, weder sich selbst, noch einem Anderen über diese Dinge, als wären sie Jedem klar, zu geben für nöthig halten, und, aus Solchem dann ihren Ausgangspunkt nehmend, sofort das Uebrige durchgehen und zugestandener Weise bei jenem enden, aus dessen Erwägung sie ausgegangen waren. – Allerdings ja, sagte er, weiß ich dieß. – Nicht wahr also, dann weißst du auch, daß sie hiezu die sichtbaren Formen anwenden und über diese ihre Begründungen vornehmen, indem sie dabei aber nicht diese selbst im Sinne haben, sondern über jenes nachdenken, welchem diese sichtbaren Formen ähnlich sind, da sie ja um des Quadrates an und für sich willen die Begründungen vornehmen und um des Durchmessers an und für sich willen, nicht aber um desjenigen willen, welchen sie eben zeichnen, und ebenso auch bei den übrigen Figuren jene einzelnen, welche sie bilden und zeichnen, wovon es auch Schatten und Abbilder im Wasser gibt, eben nur als Abbilder benützen, weil sie ja jene anderen an sich selbst seienden zu schauen suchen, welche man wohl nicht in anderer Weise, als eben durch das Nachdenken schauen kann. – Du sprichst wahr, sagte er. –

21. Dieß demnach meinte ich unter der Einen Art des Denkbaren, und daß dabei die Seele genöthigt sei, bei Untersuchung desselben Voraussetzungen anzuwenden, indem sie nicht zum Ausgangspunkte sich wendet, weil sie nicht über die Voraussetzungen hinaus fortschreiten kann, sondern Abbilder anwendet, welche von dem niedrigeren Gebiete abbildlich entnommen sind, und zwar solche, die im Vergleiche mit diesem Niedreren als deutliche gelten und in Ehren stehen. – Ich verstehe, sagte er, daß du hiemit jenes meinst, was unter die geometrischen und die mit diesen verschwisterten Künste fällt. – So verstehe denn hiemit auch, daß ich unter dem anderen Theile des Denkbaren jenes verstehe, was die Vernunft vermöge der dialektischen Fähigkeit selbst ergreift, indem sie die Voraussetzungen nicht zu Ausgangspunkten, sondern wirklich zu Voraussetzungen macht, nemlich gleichsam zu Vorstufen und Anläufen, damit sie bis zum Voraussetzungslosen in den Ausgangspunkt von Allem vordringe und ihn ergreifend und hinwiederum an jenes sich anknüpfend, was an ihn sich anknüpft, auf diese Weise zu einem Endpunkte hinabsteige, ohne hiebei durchaus nur irgend ein sinnlich Wahrnehmbares anzuwenden, sondern nur die Ideen selbst vermittelst ihrer selbst und um ihrer selbst willen, und damit sie so eben in Ideen endige. – Ich verstehe es, sagte er; zwar nicht ganz genügend, denn du scheinst mir hiemit eine sehr ausgedehnte Thätigkeit

zu meinen; jedoch verstehe ich, daß du feststellen willst, es sei das durch das Wissen der Dialektik an dem Seienden und Denkbaren betrachtete deutlicher, als das durch die sogenannten Künste Betrachtete, bei welchen die Voraussetzungen die Ausgangspunkte sind und die Betrachtenden allerdings genöthigt werden, vermöge des Nachdenkens, und nicht vermöge der Sinneswahrnehmungen es zu betrachten, hingegen eben darum, weil sie nicht zum Ausgangspunkte aufsteigend, sondern aus bloßen Voraussetzungen es erwägen, dir bezüglich jener Dinge nicht das Denken der Vernunft zu besitzen scheinen, obwohl ihre Gegenstände zu dem mit einem Ausgangspunkte versehenen Denkbaren gehören; hingegen Nachdenken scheinst du mir den Zustand der in Geometrie und dergleichen Gewandten zu nennen, nicht aber Vernunft, insoferne ein Mittelding zwischen Meinung und Vernunft das Nachdenken wäre. – Völlig genügend ja, sagte ich, hast du es aufgefaßt; und nimm denn hiemit an, daß an den vier Theilen folgende vier Zustände in der Seele entstehen: Vernunft an dem obersten, Nachdenken an dem zweiten, dem dritten aber mögest du das Glauben zuweisen und dem letzten das Vermuthen; und ordne dieselben genau nach dem Verhältnisse, wie jene Theile, an welchen sie sind, an der Wahrheit Theil haben können, indem du der Ansicht bist, daß ebenso sie an der Deutlichkeit Theil haben. – Ich verstehe es, sagte er, und räume dir es ein und ordne sie so, wie du sagst. –

Siebentes Buch

1. Hiernach denn nun, sagte ich, vergleiche bildlich mit diesem Zustande unsere Begabung betreffs der Bildung und der Ungebildetheit. Stelle dir gleichsam Menschen vor in einer unterirdischen höhlenartigen Wohnung, welche einen gegen das Licht zu geöffneten langen Gang hat, welcher sich durch die ganze Höhle erstreckt, und daß sie in derselben von Kindheit an sich befinden, gefesselt an den Beinen und am Nacken, so daß sie ruhig bleiben müssen und nur nach ihrer Vorderseite hin schauen, ihre Köpfe aber in Folge der Fesseln nicht herumdrehen können, und daß das Licht eines Feuers von oben her und in weiter Ferne hinter ihnen brenne, zwischen dem Feuer aber und den Gefangenen befinde sich oben ein Weg; und an diesem, stelle dir vor, sei eine Mauer aufgeführt, wie bei den Taschenspielern vor den Zuschauern jene hölzerne Brüstung sich befindet, auf welcher sie ihre Wunderdinge zeigen. – Gut, ich stelle dieß mir vor, sagte er. – Stelle dir demnach auch vor, daß dieser

Mauer entlang Leute mancherlei Geräthe tragen, welche über die Mauer hinaufreichen, und auch Bildsäulen von Menschen und anderweitig steinerne und hölzerne Thiere und überhaupt allerlei Dinge, wobei, wie sich erwarten läßt, die Einen der vorbeitragenden Leute sprechen und Andere schweigen. – Ein ungereimtes Bild, sagte er, bringst du da vor, und ungereimte Gefangene. – O treffend ähnliche, erwiederte ich; glaubst du nemlich, daß die Derartigen vorerst von sich selbst und gegenseitig von einander irgend etwas Anderes je gesehen haben, als ihre Schatten, welche in Folge des Feuers auf die gegenüberliegende Wand der Höhle fallen? – Wie sollten sie auch, sagte er, woferne sie ja durch Gewalt gezwungen sind, ihre Köpfe unbeweglich ruhig zu halten? – Wie aber ist es mit den vorbeigetragenen Dingen? werden sie von diesen nicht das Nemliche sehen? – Wie sollte es anders sein? – Und wenn sie nun im Stande wären, mit einander zu sprechen, glaubst du nicht, daß sie es für üblich halten würden, eben die je anwesenden Dinge, welche sie sehen, mit Namen zu nennen? – Ja, nothwendig. – Wie aber? wenn die Höhle auch einen Widerhall an der gegenüber liegenden Wand von sich gäbe, so oft einer der außen Vorbeigehenden Etwas spricht, glaubst du, daß sie dann etwas Andres für das Sprechende halten würden, als den eben vorbeigehenden Schatten? – Bei Gott, gewiß nicht. – In jeder Beziehung also, sagte ich, würden die Derartigen nichts Anderes für das Wahre halten, als die Schatten jener Vorrichtungen. – Durchaus nothwendiger Weise, sagte er. – So erwäge denn nun, sprach ich, auch bezüglich ihrer Erlösung und Heilung von den Fesseln und von ihrem Unverstande, welcherlei dieselbe wohl sein möchte, ob sie nemlich nicht von Natur aus in folgender Weise sich ergeben würde: So oft einer derselben losgebunden und plötzlich genöthigt würde, aufzustehen und seinen Nacken herumzuwenden und zu gehen und gegen das Licht hinzublicken, und er bei all diesem Schmerz empfände und wegen des blendenden Schimmers unfähig wäre, jene Dinge zu sehen, deren Schatten er damals sah, was glaubst du dann wohl, daß er sagen würde, falls Jemand ihm erklärte, daß er damals nur eitle Possen gesehen, jetzt aber weit näher an dem Wirklichen und auch zu Wirklicherem hingewendet richtiger sehe, und wenn dieser denn nun ihm auch jedes Einzelne des Vorbeigehenden zeigen und durch Fragen ihn nöthigen würde, zu antworten, was es sei, – glaubst du da nicht, er werde sowohl in Verlegenheit sein, als auch glauben, das damals Gesehene sei ein Wahreres, als dasjenige, was man ihm jetzt zeige? – Ja bei Weitem, sagte er. –

2. Nicht wahr also, auch wenn jener ihn zwänge, in das Licht selbst zu schauen, so würde er Schmerz an den Augen empfinden und sich abwendend wieder zu jenem hinfliehen, was er anzuschauen vermag, und glauben, es sei dasselbe wirklich deutlicher, als was ihm nun gezeigt werde? – Ja, so ist es, sagte er. – Wenn aber, sprach ich, ihn Jemand mit Gewalt von dort hinwegzöge über den rauhen und steilen aufwärts führenden Pfad, und nicht nachließe, bis er ihn herausgezogen an das Licht der Sonne, würde er da nicht Schmerzen erdulden und nur mit Unwillen sich fortziehen lassen, und wann er an das Licht käme, dann die Augen voll des Lichtglanzes haben und auch nicht ein Einziges von demjenigen sehen können, was jetzt als wahr bezeichnet wird? – Allerdings wenigstens nicht plötzlich, sagte er. – Gewöhnung demnach, glaube ich, dürfte erforderlich sein, wenn er das oben Befindliche sehen soll, und zwar zuerst würde er wohl am leichtesten die Schatten erblicken, und hernach die im Wasser erscheinenden Spiegelbilder von Menschen und von den übrigen Dingen, erst später aber die Dinge selbst; nach diesen aber würde er die Dinge am Himmel und den Himmel selbst wohl leichter bei Nacht betrachten, auf das Licht der Sterne und des Mondes hinblickend, als daß er bei Tage auf die Sonne und ihr Licht hinblickte. – Wie sollte es auch anders sein? – Zuletzt aber erst, glaube ich, dürfte er im Stande sein, die Sonne, und zwar nicht ihren bloßen Widerschein in Gewässern oder überhaupt in einem ihr fremden Orte, sondern sie selbst an und für sich an der ihr eigenen Stelle zu erblicken und zu betrachten, wie sie beschaffen sei. – Ja, nothwendiger Weise, sagte er. – Und erst hernach nun würde er betreffs ihrer sich Schlüsse bilden, daß sie es sei, welche den Wechsel der Zeiten und Jahre herbeiführt und Sämmtliches in dem Gebiete des Sichtbaren lenkt und von all jenem, was man je sah, gewissermaßen die Ursache ist. – Es ist klar, sagte er, daß er zu diesem erst nach jenem gelangen würde. – Wie aber nun? wenn er sich seiner ersten Wohnung und der dortigen Weisheit und der damaligen Mitgefangenen erinnert, glaubst du nicht, er werde sich glücklich preisen wegen dieser Veränderung, jene Anderen aber bemitleiden? – Ja wohl, gar sehr. – Wenn es aber dort bei jenen irgend gegenseitige Ehren- und Lobsprüche und Belohnungen für denjenigen gäbe, welcher das je Vorüberkommende am schärfsten sieht und am meisten im Gedächtnisse behält, was von jenen Dingen zuerst, und was hernach, und was zugleich vorbeizugehen pflege, und in Folge hievon auch möglichst richtig das künftig Kommende erräth, glaubst du dann, er werde große Begierde hiernach empfinden und diejenigen beneiden, welche bei jenen dort geehrt werden und Machthaber sind, oder es werde ihm nach jenem Homerischen Ausspruche ergehen, und er werde

es gar sehr vorziehen, als Ackerknecht bei einem anderen unbegüterten Manne im Dienste zu stehen und Jedwedes zu erdulden, als jene Ansichten zu hegen und in jener Weise zu leben. – Ja, ebenso, sagte er, glaube auch ich, daß er eher sich gefallen lassen würde, Alles zu dulden, als in jener Weise zu leben. – Bedenke demnach auch Folgendes, sprach ich: Wenn der Derartige wieder hinab steigen und den nemlichen Sitz einnehmen würde, müßte er da nicht, indem er plötzlich aus dem Sonnenlicht käme, die Augen voll Dunkel haben? – Ja wohl, gar sehr, sagte er. – Und wenn er nun genöthigt wäre, wieder jene dortigen Schatten zu unterscheiden und dabei einen Wettstreit mit den für immer dort Gefangenen einzugehen, wobei er stumpfsichtig blinzeln müßte, bis er seine Augen zur Ruhe gebracht hätte, und die Zeitdauer dieser allmäligen Gewöhnung gerade keine kleine wäre, würde er dann wohl nicht Lachen erregen, und würde von ihm nicht gesagt, er komme in Folge seines Hinaufgehens in die obere Gegend nun mit verdorbenen Augen zurück, und es lohne sich demnach gar nicht des Versuches, nach Oben zu gehen? und jenen, welcher Hand anlegen würde, sie loszubinden und hinauf zu führen, würden sie wohl, falls sie ihn ergreifen und tödten könnten, wirklich tödten? – Ja gewiß, sagte er. –

3. Dieses gesammte Bild demnach, mein lieber Glaukon, sprach ich, mußt du mit dem vorher Gesagten verknüpfen, indem du das ganze durch den Gesichtssinn erscheinende Gebiet mit jener Gefängniß-Wohnung vergleichst, das Licht des Feuers aber in derselben mit der Kraft der Sonne; und wenn du dann das Hinaufgehen in die obere Gegend und den Anblick des dort Befindlichen als den Aufschwung der Seele in das Gebiet des Denkbaren bezeichnest, wirst du von meiner Erwartung nicht abirren, da du nemlich dieselbe von mir ausgesprochen zu hören wünschest; Gott aber wohl weiß, ob sie wahr sei. Was sich also mir zeigt, besteht darin, daß in dem Erkennbaren zuletzt die Idee des Guten, und zwar nur zur Noth erblickt werde, aber sobald sie erblickt wurde, von ihr geschlossen werden muß, daß sie ja für Alles die Ursache von allem Richtigen und Herrlichen ist, indem sie sowohl in dem Sichtbaren das Licht und den Machthaber des Lichtes gebiert, als auch in dem Denkbaren selbst die Machthaberin ist, Wahrheit und Vernunft zu verleihen, und daß auf sie Derjenige hinblicken müsse, welcher in verständiger Weise, sei es als Einzelner, oder sei es im Staate, handeln will. – Es bin auch ich, sagte er, so weit ich nur kann, der nemlichen Meinung wie du. – So komm demnach, sprach ich, und sei auch in Folgendem mit mir der nemlichen Meinung und wundere dich nicht darüber, daß jene, welche so weit gelangt sind, in die

Verhältnisse der Menschen nicht eingreifen wollen, sondern ihre Seelen immer darnach drängen, oben zu verweilen; denn es ist doch wohl zu erwarten, woferne es sich hinwiederum jenem Bilde gemäß verhält. – Ja allerdings, sagte er, ist es so zu erwarten. – Wie aber? glaubst du, sprach ich, man müsse über Folgendes sich wundern, wenn Jemand von göttlichen Anschauungen weg zu den menschlichen Uebeln kommend dort sich nicht zu helfen weiß und als gar Lächerlicher sich zeigt, indem er noch stumpfsichtig blinzelt und, ehe er genügend an die gegenwärtige Finsterniß gewöhnt ist, genöthigt wird, in Gerichtshöfen oder anderswo über die Schatten des Gerechten oder über die Bilder, deren Schatten jene sind, einen Kampf zu bestehen und einen Wettstreit darüber einzugehen, wie diese Dinge irgend von Denjenigen aufgefaßt werden, welche die Gerechtigkeit an und für sich niemals geschaut haben. – Allerdings, nicht im Geringsten, sagte er, ist dieß zu verwundern. – Aber, woferne Jemand Einsicht besitzt, sprach ich, möchte er sich wohl daran erinnern, daß durch zwei Dinge eine zweifache Störung für die Augen erwächst, nemlich sowohl wenn man aus Licht in Finsterniß tritt, als auch wenn aus Finsterniß in Licht. Und in der Ueberzeugung nun, daß dieß Nemliche auch bezüglich der Seele stattfinde, würde er beim Anblicke einer Seele, welche in Verwirrung und unfähig ist, Etwas zu erblicken, nicht unvernünftiger Weise in ein Gelächter ausbrechen, sondern erwägen, ob sie aus einem helleren Leben kommend nur durch die Ungewohntheit verdunkelt sei. oder ob sie aus größerer Unwissenheit in ein Helleres übergehend nun durch den glänzenderen Schimmer erfüllt sei, und auf diese Weise wird er die Eine glücklich preisen wegen ihres Zustandes und ihres Lebens, die andere aber bemitleiden, und wollte er etwa über sie lachen, so wäre sein Lachen weniger lächerlich, als jenes über eine Seele, welche von Oben her aus dem Lichte kömmt. – Ja, völlig nach dem rechten Maße, sagte er, sprichst du da. –

4. Wir müssen demnach, sagte ich, in diesem Betreffe, woferne das Bisherige wahr ist, auch in folgender Beziehung glauben, daß die Bildung der Seelen nicht wirklich eine derartige sei, wie Manche bei ihren Versprechungen sie darstellen; sie behaupten ja nemlich,. daß, während ein Wissen in der Seele gar nicht vorhanden sei, sie es ihr einpflanzen, wie wenn sie blinden Augen den Gesichtssinn einpflanzen würden. – Ja, so behaupten sie wenigstens, sagte er. – Hingegen unsere jetzige Begründung, sprach ich, deutet ja darauf hin, daß die in der Seele eines Jeden schon vorhandene Fähigkeit und das Werkzeug, vermittelst dessen Jeder lernt, gerade so, wie auch das Auge sich nur zugleich

mit dem ganzen Körper vom Dunkeln zum Hellen drehen kann, gleichfalls zugleich mit der ganzen Seele aus dem Werdenden hinüberführt werben müsse, bis sie befähigt wird, den Blick in das Seiende und in das Hellste unter dem Seienden zu ertragen; dieß aber ist, sagen wir, das Gute; oder wie anders? – Ja. – Also eben hievon, sagte ich, möchte es wohl auch eine Kunst geben, nemlich eine Kunst des Hinüberführens, auf welche Weise wohl Jemand am leichtesten und am raschesten herumgedreht werden könne, nicht daß man ihm das Sehen selbst einpflanze, sondern derartig, daß er dasselbe bereits besitzt, nur aber nicht richtig gewendet ist und nicht dorthin blickt, wohin er soll, und man also eben dieß bewerkstellige. – Ja, so scheint es, sagte er. – Es kömmt demnach darauf hinaus, daß die übrigen sogenannten Vortrefflichkeiten der Seele so ziemlich jenen des Körpers nahe sind, daß nemlich diese wirklich, nachdem sie vorher nicht vorhanden waren, später einmal durch Gewöhnung und Uebung eingepflanzt werden; hingegen die Vortrefflichkeit des Verstandes gehört vor allem Anderen, wie es scheint, irgend einem Göttlicheren an, welches seine Fähigkeit nie verliert, aber durch jenes Hinüberführen ein Brauchbares und Nützliches oder hinwiederum ein Unbrauchbares und Schädliches wird; oder hast du noch nicht bemerkt, wie bei Denjenigen, welche man als schlechte, aber kluge Leute bezeichnet, ihre Seelchen einen so durchdringenden Blick habe und so scharf Alles durchschaue, worauf es sich wendet, nicht also, daß es einen schlechten Gesichtssinn habe, sondern vielmehr daß es gezwungen ist, der Schlechtigkeit zu dienen, und daher, je scharfsichtiger es ist, desto mehr Unheil stiften wird. – Ja allerdings, sagte er. – Wenn hingegen gerade bei einer derartigen Begabung sogleich von Kindheit an jenes weggehauen würde, was mit ihrer Entstehung verwachsen ist, gleichsam wie Bleigewichte, welche an Völlerei und all derartige Vergnügungen und Leckereien sich anschließen und hiedurch den Gesichtssinn der Seele nach Unten ziehen, – und wenn sie von all diesem befreit zum Wahren herumgedreht würde, so möchte eben die nemliche Begabung dieser nemlichen Menschen wohl auch dieses ebenso im schärfsten Maße sehen, sowie sie nun jenes sieht, worauf sie jetzt hingewendet ist. – Ja, so scheint es, sagte er. – Wie aber? sprach ich; ist nicht auch Folgendes gemäß dem Bisherigen wahrscheinlich und nothwendig, daß weder die Ungebildeten und der Wahrheit Unkundigen jemals genügend einen Staat lenken dürften, noch aber auch jene, welchen man gestattet, in der Bildung bis zum Ende zu verweilen, die ersteren darum nicht, weil sie überhaupt nicht einen einzigen Zielpunkt im Leben haben, im Hinblicke auf welchen sie Alles thun sollen, was sie als Einzelne oder in staatlicher Beziehung thun, und die letzteren nicht, weil sie niemals mit Willen Solches thun werden, in der Meinung, sie seien noch stets bei Lebzeiten in den Inseln der Seligen wohnhaft. – Dieß ist wahr, sagte er. – Also unsere Aufgabe ist es, sprach ich, von jenen Bewohnern die besten Begabungen zu nöthigen, daß sie zu dem Unterrichtsgegenstande, welchen wir im Obigen als den höchsten bezeichneten, kommen und das Gute schauen – und jenen aufwärts führenden Weg emporschreiten, und dann aber, wenn sie nach dem Hinaufschreiten es genügend geschaut haben, ihnen nicht zu gestatten, was man ihnen jetzt gestattet. – Was meinst du hiemit? – Daß sie dortselbst verbleiben, sagte ich, und nicht mehr herabsteigen wollen zu jenen Gefangenen und nicht teilnehmen wollen an den dortigen Mühen und Ehren, mögen dieselben geringfügiger oder gewichtiger sein. – Dann aber, sagte er, werden wir ihnen ja Unrecht thun, und bewirken, daß sie ein schlechteres Leben führen, während sie die Möglichkeit zu einem besseren haben. –

5. Du hast wieder vergessen, mein Freund, sagte ich, daß dem Gesetzgeber nicht das am Herzen liegt, auf welche Weise bloß Einer Gattung im Staate es ganz hervorragend gut gehe, sondern daß er dieß für den gesammten Staat durch eine harmonische Vereinigung der Bürger, sei es durch Ueberredung oder durch Zwang, zu veranstalten sucht, indem er bewirkt, daß sie sich gegenseitig von dem Nutzen mittheilen, welchen die Einzelnen für das Gemeinsame beizutragen vermögen, und indem er selbst eben derartige Männer in den Staat bringt, nicht um sie frei zu lassen, wohin etwa jeder Einzelne sich wenden wolle, sondern um sie selbst zur Verknüpfung des Staates zu benützen. – Du hast Recht, sagte er; ich vergaß es nemlich wirklich. – Erwäge demnach, o Glaukon, sagte ich, daß wir den bei uns vorkommenden Weisheitsliebenden auch nicht Unrecht thun werden, sondern völlig Gerechtes zu ihnen sagen werden, wenn wir sie nöthigen, für die Uebrigen zu sorgen und sie zu bewachen; wir werden nemlich zu ihnen sagen: „Jene, welche in den übrigen Staaten als Derartige sich finden, nehmen aus guten Gründen an den Plagen in denselben keinen Theil; denn ganz von selbst entstehen sie ohne den Willen der Staatsform, in der Natur des Rechtes aber liegt es, daß, was ja von selbst gewachsen ist, Niemandem einen Dank für Pflege schuldet und daher auch nicht geneigt ist, irgend Jemandem die Verpflegungskosten zu ersetzen; euch aber haben wir für euch selbst und für den übrigen Staat, gleichsam wie in einem Bienenstocke als Weisel und Könige erzeugt, indem ihr besser und vollkommener als jene gebildet worden und in höherem Grade befähigt seid, an Beiderseitigem Theil zu nehmen; wieder herabsteigen also muß seinerseits jeder Einzelne von euch in die gemeinsame

Wohnung der Uebrigen und sich mit diesen daran gewöhnen, das Dunkle zu betrachten; denn wenn ihr euch mit ihnen daran gewöhnt, so werdet ihr unzähligemal besser als die dortigen erblicken und einsehen, was die Abbilder seien und wessen Abbilder, da ihr ja das Wahre betreffs des Schönen und des Gerechten und des Guten gesehen habt; und auf diese Weise wird von uns und von euch der Staat im Zustande des Wachens bewohnt werden, nicht aber in jenem des Schlafens, wie nemlich jetzt die meisten nur von Solchen bewohnt werden, welche gegenseitige Schattenkämpfe und Aufruhr über das Herrschen aufführen, wie wenn dasselbe ein großes Gut wäre; hingegen das Wahre verhält sich folgendermaßen, daß ein Staat, in welchem die zum Herrschen Bestimmten mit der wenigsten Bereitwilligkeit herrschen, nothwendiger Weise am besten und mit dem wenigsten Aufruhre bewohnt wird, jener hingegen, welcher gegentheilige Herrscher hat, in gegentheiliger Weise." – Ja allerdings, sagte er. – Werden uns also, glaubst du, unsere Zöglinge dieß nicht glauben, wenn sie es hören, und wird nicht Jeder seinerseits wieder bereitwillig in dem Staate mit den Uebrigen sich plagen wollen, sondern werden sie etwa die meiste Zeit bloß unter sich in dem Gebiete des Reinen mit einander wohnen wollen? – Dieß ist unmöglich, sagte er; denn Gerechtes ja schreiben wir Gerechten vor; im höchsten Grade ja wie zu einem Nothwendigen wird Jeder zur Ausübung einer Herrschaft gehen, ganz im Gegensatze gegen jene, welche jetzt in den einzelnen Staaten herrschen. – Ja, allerdings verhält sich's so, mein Freund, sagte ich; wenn du nemlich ein Leben ausfindig machst, welches für die zum Herrschen bestimmten besser ist als das Herrschen, so wird dir der Staat die Möglichkeit enthalten, in trefflicher Weise bewohnt zu werden; denn in einem solchen allein werden jene herrschen, welche wirklich reich sind, nicht an Gold, sondern daran, woran der Glückliche reich sein muß, an einem guten und verständigen Leben; wenn aber Bettler und solche, welche an eigenen Gütern Hunger leiden, an die staatlichen Verhältnisse sich machen, in der Meinung, sie müßten von dorther das Gute rauben, so ist jenes nicht möglich; denn indem das Herrschen dann Gegenstand eines Kampfes wird, vernichtet dieser häusliche und innere Krieg sowohl sie selbst, als auch den übrigen Staat. – Völlig wahr, sagte er. – Weißt du nun, sprach ich, irgend ein anderes Leben, welches die Uebungen staatlicher Herrschaft verschmäht, als eben jenes der wahrhaften Weisheitsliebe? – Nein, bei Gott nicht, sagte er. – Sie dürfen aber ja nicht als Liebhaber des Herrschens sich an die Herrschaft machen, denn außerdem werden ja die Nebenbuhler dieser Liebe mit ihnen kämpfen. – Wie sollte es auch anders sein? – Welche Anderen also wirst du nöthigen, sich an die Bewachung des Staates zu machen, als Diejenigen, welche bezüglich der Dinge, durch die der Staat am trefflichsten bewohnt wird, sowohl das meiste Verständniß haben, als auch anderweitige Ehrenbezeugungen und ein besseres Leben in sich tragen, als das staatliche ist? – Keine Anderen, sagte er. –

6. Willst du also, daß wir nunmehr jenes erwägen, auf welche Weise die Derartigen uns entstehen möchten, und wie man sie zum Lichte hinaufführen könne, gleichsam wie man von Einigen sagt, daß sie vom Hades aus zu den Göttern hinauf kamen? – Wie sollte ich dieß nicht wollen? sagte er. – Es wäre dieß demnach, wie es scheint, nicht ein Herumwenden einer Scheibe auf ihre Kehrseite, sondern ein Hinüberführen der Seele, wobei diese aus einem nächtlichen Tage in einem wahrhaften Aufschwung zum Seienden wandelt, welchen wir denn auch als die wahre Weisheitsliebe bezeichnen werden. – Ja allerdings. – Nicht wahr also, es muß erwogen werden, welcher unter den Unterrichtsgegenständen eine derartige Kraft habe? – Warum auch nicht? – Welcher Unterrichtsgegenstand also, o Glaukon, möchte wohl die Seele vom Werdenden weg zum Seienden hinziehen? Aber eben Folgendes fällt mir ein, während ich dieß sage: behaupteten wir denn nicht, daß jene nothwendig schon in ihrer Jugend Kriegskämpfer sein müssen? – Ja, wir behaupteten es. – Sie müssen also auch noch diesen Unterrichtsgegenstand, welchen wir eben suchen, zu jenem hinzu erwerben? – Ja, welchen meinst du denn? – Keinenfalls einen, welcher für kriegerische Männer unbrauchbar ist. – Allerdings soll es ein solcher sein, sagte er, wenn es möglich ist. – In gymnischer und musischer Bildung aber wurden sie uns ja schon im Obigen unterrichtet. – Ja, dieß geschah, sagte er. – Die gymnische Bildung nun verweilte doch wohl bei jenem, was entsteht und vergeht, denn sie waltet über Zunahme und Abnahme des Körperlichen. – Ja, so zeigt sich's. – Dieß also möchte der Unterrichtsgegenstand wohl nicht sein, welchen wir suchen. – Nein. – Besteht er also etwa in der musischen Bildung, wie wir sie im Obigen durchgingen? – Aber jene, sagte er, war ja, wenn du dich erinnerst, die Kehrseite der gymnischen, indem sie durch Gewöhnung die Wächter bildete und gemäß einer Harmonie eine harmonische Stimmung, nicht aber ein Wissen, und gemäß eines Rhythmus eine taktvolle Gesinnung ihnen verlieh und auch in den mündlichen Aussprüchen Anderes hiemit Verschwistertes enthielt, sowohl bei jenen, welche mehr fabelhaft waren, als auch bei denjenigen, welche der Wahrheit näher standen; ein Unterrichtsgegenstand aber bezüglich eines derartigen Gutes, wie du es jetzt suchst, war in jener Bildung nicht enthalten. – Auf's genaueste ja, sagte ich,

erinnerst du mich daran; denn wirklich enthielt jene nichts Derartiges; aber, o wunderlicher Glaukon, welcher Unterrichtsgegenstand wäre wohl ein derartiger; denn die Künste ja schienen uns sämmtlich niedrige Gewerbe zu sein? – Wie sollten sie auch nicht? und in der That aber, welch anderer Unterrichtsgegenstand bleibt noch übrig, welcher von musischer und gymnischer Bildung und von den Künsten getrennt wäre? – Wohlan also, sagte ich, wenn wir Nichts außerhalb dieser zu finden vermögen, wollen wir vielleicht Etwas aufgreifen, was auf alle diese sich erstreckt? – Was meinst du hiemit? – Ich meine Etwas, wie jenes Gemeinsame, von welchem alle Künste und jedes Nachdenken und alle Wissenschaften Gebrauch machen, was auch Jeder nothwendig schon unter den ersten Unterrichtsgegenständen lernt. – Was denn? sagte er. – Jenes Schlichte, erwiederte ich, die Unterscheidung des Eins und der Zwei und der Drei; ich nenne es aber im Ganzen das Zählen und Rechnen; oder verhält es sich betreffs dessen nicht so, daß jede Kunst und jede Wissenschaft genöthigt ist, desselben theilhaftig zu werden? – Ja wohl, gar sehr, sagte er. – Nicht wahr also, sprach ich, auch die Kriegskunst? – Ja, durchaus nothwendig. sagte er. – Als einen sehr lächerlichen Feldherrn wenigstens läßt in den Tragödien der Palamedes jedesmal den Agamemnon erscheinen; oder hast du nicht bemerkt, daß er immer behauptet, er habe durch Erfindung der Zahlen sowohl die Schlachtreihen in dem Heere vor Ilium hergestellt, als auch die Schiffe und alles Uebrige gezählt, als wäre dieß Alles vorher ungezählt gewesen und hätte, wie es scheint, Agamemnon nicht einmal gewußt, wie viele Füße er habe, woferne er ja nicht zu zählen verstand; und doch für welch einen Feldherrn müßte man ihn dann halten? – Für einen sehr ungereimten, sagte er, müßte wenigstens ich ihn halten, wenn jenes wahr wäre. –

7. Werden wir es also, sagte ich, anders machen können, als daß wir die Behauptung aufstellen, ein nothwendiger Unterrichtsgegenstand für einen kriegerischen Mann sei es, rechnen und zählen zu können? – Ja gewiß, von Allem am meisten, sagte er, woferne er nur irgend Etwas von Schlachtordnungen verstehen soll, ja vielmehr, wenn er überhaupt nur ein Mensch sein soll. – Bemerkst du also, sprach ich, betreffs dieses Unterrichtsgegenstandes das Nemliche wie ich? – Was meinst du hiemit? – Es kommt darauf hinaus, daß es von Natur aus zu jenen von uns hier gesuchten Dingen gehört, welche zur Denkthätigkeit leiten, daß aber Niemand ihn richtig anwende, insoferne er durchaus zur Wesenheit hinzieht. – Wie meinst du dieß? sagte er. – Ich will versuchen, erwiederte ich, klar zu machen, was mir scheint; du sollst nemlich

bezüglich jener Dinge, bei welchen ich in mir selbst den Unterschied aufstelle, ob sie zu der von uns angegebenen Richtung hinführen oder nicht, die Betrachtung zugleich mit mir anstellen und jenes dann bejahen oder verneinen, damit wir auch bei diesem es deutlicher einsehen, ob es sich so verhalte, wie ich ahne. – So zeige es mir, sagte er. – Ich zeige dir demnach, erwiederte ich, woferne du es erblickst, daß innerhalb der Sinneswahrnehmungen Einiges die Denkthätigkeit zu einer näheren Erwägung nicht auffordert, als wäre es schon genügend durch die Sinneswahrnehmung beurtheilt, Anderes aber durchaus ihr gebietet, es näher zu erwägen, als thue die bloße Sinneswahrnehmung nichts Richtiges. – Es ist klar, sagte er, daß du hiemit jenes meinst, was von ferne oder in bloßen Schattenumrissen sich zeigt. – Nicht völlig, erwiederte ich, hast du getroffen, was ich meine. – Was denn nun, sagte er, meinst du eigentlich? – Unter dem nicht Auffordernden, sagte ich, meine ich jenes, was nicht zugleich in die entgegengesetzte Wahrnehmung übergeht; dasjenige hingegen, was so übergeht, bezeichne ich als ein Aufforderndes, wann nemlich die Sinneswahrnehmung um Nichts mehr das Eine, als etwa auch den Gegensatz desselben ausspricht, mag sie von der Nähe oder von der Ferne aus auf das Ding treffen. In folgender Weise aber wirst du, was ich meine, deutlicher verstehen: Dieß da nemlich, wollen wir sagen, sind drei Finger, der kleinste und der Zweite und der mittlere. – Gut, sagte er. – Und stelle dir demnach vor, daß ich von ihnen spreche, als würden sie in der Nähe gesehen; erwäge mir aber betreffs derselben Folgendes. – Was wohl? – Als ein Finger zeigt sich ein jeder derselben in der gleichen Weise, und in dieser Beziehung ja macht es keinen Unterschied, mag er in der Mitte oder an der äußersten Stelle gesehen werden, mag er weiß oder schwarz, mag er dick oder dünn, und kurz all dergleichen sein; denn bei all diesem wird die Seele der Meisten nicht genötigt, die Denkthätigkeit erst zu fragen, was wohl ein Finger sei; denn nirgends hat hiebei der Gesichtssinn ihr kundgegeben, daß der Finger zugleich auch der Gegensatz eines Fingers sei. – Nein, allerdings nicht, sagte er. – Nicht wahr also, sprach ich, aus guten Gründen möchte das derartige wohl Nichts sein, was die Denkthätigkeit auffordern oder erwecken würde? – Ja, aus guten Gründen. – Wie aber nun? Was die Größe und Kleinheit derselben betrifft, sieht diese etwa der bloße Gesichtssinn schon genügend, und macht es ihm hiebei gleichfalls keinen Unterschied, ob Einer der Finger in der Mitte, oder an der äußersten Stelle liege? und ebenso bezüglich der Dicke und Dünne oder der Weichheit und Härte bei dem Tastsinne; und drücken nicht etwa überhaupt auch die übrigen Sinneswahrnehmungen all das Derartige nur mangelhaft aus? oder verfährt nicht vielmehr eine jede derselben in folgender Weise, daß vor Allem z. B. jene Sinneswahrnehmung, welche für das Harte aufgestellt ist, nothwendiger Weise auch für das Weiche aufgestellt sein muß, und sie hiemit der Seele in der Wahrnehmung kundgibt, daß das Nemliche hart und weich ist? – Ja, so ist es, sagte er. – Nicht wahr also, sprach ich, nothwendig muß bei derartigem hinwiederum die Seele rathlos sein, was ihr denn wohl die Sinneswahrnehmung als das Harte kundgebe, woferne sie ja das Nemliche auch ein Weiches nennt, und ebenso auch bei der Sinneswahrnehmung des Leichten und des Schweren, was denn das Leichte und das Schwere sei, woferne sie das Schwere als leicht und das Leichte als schwer bezeichnet. – Allerdings ja, sagte er, sind dieß Aussagen, welche für die Seele ungereimt sind und einer näheren Erwägung bedürfen. – Aus guten Gründen also, sagte ich, sucht bei Derartigem die Seele vor Allem mit Beiziehung eines Rechnens und einer Denkthätigkeit zu erwägen, ob jedes Einzelne, was ihr kundgegeben wurde, Eines oder Zwei sei. – Wie sollte sie auch nicht? – Nicht wahr also, wann es sich als Zwei zeigt, so zeigt sich jedes von diesen zweien als ein Verschiedenes und für sich als Eines? – Ja. – Wenn also jedes von beiden Eines ist, beide zusammen aber zwei, so wird sie ja die Zwei in ihrer Getrenntheit denken, denn in ihrer Ungetrenntheit würde sie ja nicht Zwei, sondern nur Eines denken. – Richtig. – Nun erblickte ja, wie wir behaupten, auch der Gesichtssinn ein Großes und Kleines, nur hingegen nicht in ihrer Getrenntheit, sondern als etwas in einander Verflossenes; oder etwa nicht? – Ja. – Wegen der Verdeutlichung hievon aber war nun auch hinwiederum die Denkthätigkeit genöthigt, gleichfalls ein Großes und ein Kleines zu erblicken, aber nicht als ineinander verflossen, sondern als abgegränzte, ganz im Gegensätze gegen den Gesichtssinn. – Dieß ist wahr. – Nicht wahr also, erst von da an also wohl kömmt es uns in den Sinn, zu fragen, was denn hiemit hinwiederum das Große und was das Kleine sei? – Ja, völlig so. – Und auf diese Weise denn nun nannten wir das Eine ein Denkbares und das Andere ein Sichtbares. – Völlig richtig, sagte er. –

8. Dieß demnach suchte ich auch so eben darin auszusprechen, daß das Eine eine Aufforderung des Nachdenkens enthalte und das Andere nicht, indem ich feststellte, daß, was an die Sinneswahrnehmung zugleich mit seinem eigenen Gegensatze hintritt, ein aufforderndes sei, dasjenige hingegen, bei welchem jenes nicht der Fall ist, die Denkthätigkeit nicht erwecke. – Ich verstehe es demnach bereits, sagte er, und es scheint mir so zu sein. – Wie aber nun? zu welchem von beiden scheint mir die Zahl und das Eins zu gehören? – Ich sehe es noch nicht ein, sagte er. – Aber aus dem vorher Gesagten, erwiederte ich, sollst

du es schließen. Wenn nemlich das Eins selbst an und für sich in genügender Weise durch den Gesichtssinn oder irgend eine andere Sinneswahrnehmung schon ergriffen wird, so möchte es wohl nicht zur Wesenheit hinziehend wirken, wie wir so eben bei dem Finger dieß angaben; hingegen wenn immer zugleich mit ihm auch eine Gegensätzlichkeit erblickt wird, so daß es um Nichts weniger ein Eines, als auch der Gegensatz hievon zu sein scheint, so möchte es wohl noch erst des entscheidenden Richters bedürfen, und die Seele hiebei genöthigt werden, in Rathlosigkeit sich zu befinden und eine Untersuchung anzustellen, indem sie in sich selbst das Denken in Bewegung setzt und sich frägt, was denn wohl das Eins an und für sich sei, und auf diese Weise möchte der auf das Eins bezügliche Unterricht wohl zu jenem gehören, was zur Anschauung des Seienden hinführt und hinüberlenkt. – Aber in der That ja, sagte er, enthält gerade dieß in dieser Beziehung in hohem Grade der Gesichtssinn; denn zugleich sehen wir das Nemliche als Eines und als ein der Zahl nach Unbegrenztes. – Nicht wahr also, sprach ich, wenn es dem Eins so ergeht, so ergeht es der gesamten Zahl überhaupt ebenso? – Warum sollte es auch nicht? – Nun aber betrifft jede Rechenkunst und Zahlenlehre eine Zahl. – Ja wohl, gar sehr. – Von dieser aber zeigt sich ja, daß sie zur Wahrheit hinleitet. – Ja allerdings in überschwenglicher Weise. – Also dürfte Solches, wie es scheint, zu jenen Unterrichtsgegenständen gehören, welche wir eben suchen; denn ein Krieger muß dieses nothwendig um der Schlachtordnungen willen lernen, der Weisheitsliebende aber darum, weil er von dem Werden sich losschälen und nur die Wesenheit ergreifen soll, oder außerdem niemals ein tüchtiger Rechner werden kann. – Ja, so ist es, sagte er. – Unser Wächter aber ist ja sowohl ein Kriegerischer als auch ein Weisheitsliebender. – Wie sollte er auch nicht. – Als einen gebührenden Unterrichtsgegenstand demnach, o Glaukon, müssen wir dieses gesetzlich aufstellen und jene, welche in dem Staate an dem Größten Theil haben sollen, dazu überreden, daß sie zur Rechenkunst sich wenden, und dieselbe nicht bloß stückweise betreiben, sondern so lange, bis sie zur Anschauung der Natur der Zahlen durch die Denkthätigkeit selbst gelangt sind, nicht um des Kaufens und Verkaufens willen wie Handelsleute und Krämer sie betreibend, sondern um des Krieges willen und darum, daß die Seele selbst eine Erleichterung finde und von dem Werden hinweg zur Wahrheit und Wesenheit hinübergewendet werde. – Vortrefflich, sagte er, sprichst du da. – Und in der That, sagte ich, nun bemerke ich auch, nachdem wir den auf das Rechnen bezüglichen Unterrichtsgegenstand erwähnt haben, wie fein derselbe sei und wie vielfach brauchbar zu dem von uns Beabsichtigten, wenn man ihn um des

Erkennens willen, nicht aber um des Krämergeschäftes willen betreibt. – Wie so? sagte er. – Eben darin ja, was wir so eben jetzt sagten, daß er nemlich gar sehr die Seele nach Oben führt und die Nöthigung enthält, über die Zahlen an und für sich zu sprechen, indem man es durchaus nicht duldet, wenn Jemand Zahlen vorschiebt, welche einen sichtbaren oder tastbaren Körper an sich haben, und etwa so dann von ihnen spricht; denn du weißst doch wohl, daß die in diesen Dingen Gewandten, wenn Jemand es unternimmt, noch von einer Theilung des Eins an und für sich zu sprechen, dann in ein Gelächter ausbrechen und Solches nicht gelten lassen, sondern, wenn du das Eins noch spaltest, so vervielfältigen Jene die von dir angenommenen Theile, davor sich in Acht nehmend, daß das Eins etwa nicht als Eins, sondern als eine Vielheit von Theilen erscheinen könnte. – Völlig wahr, sagte er, sprichst du. – Was also glaubst du wohl, o Glaukon, wenn man sie fragen würde: „Ihr Wunderlichen, von welchen Zahlen sprecht ihr denn, in welchen das Eins sich derartig finde, wie ihr es verlangt, so daß jedes ganz jedem gleich und ohne den geringsten Unterschied und ohne irgend einen Theil innerhalb seiner selbst wäre?" – was also glaubst du, daß sie antworten würden? – Ich glaube, sie würden antworten, daß sie über jene sprechen, welche man nur denken kann, in keiner anderen Weise aber zu ergreifen vermag. – Siehst du also, mein Freund, sagte ich, wie es uns in der That darauf hinauskömmt, daß jener Unterrichtsgegenstand ein nothwendiger ist, da er ja offenbar die Seele nöthigt, die Denkthätigkeit selbst zur Wahrheit anzuwenden? – Und wirklich ja in hohem Grade, sagte er, thut er dieß. – Wie aber? hast du auch das schon erwogen, daß sowohl die von Natur aus zum Rechnen Begabten so zu sagen für sämmtliche Unterrichtsgegenstände eine Schärfe des Geistes zeigen, als auch die Stumpfen, sobald sie in diesem Gegenstande gebildet und geübt wurden, wenigstens, wenn sie auch keinen andern Nutzen hievon haben, doch sämmtlich im Vergleiche mit ihnen selbst einen Zuwachs an Schärfe erfahren. – Ja, so ist es, sagte er. – Und wirklich möchtest du nicht leicht einen Gegenstand finden, welcher dem Lernenden und Einübenden mehr Anstrengung verursache, oder auch nicht viele Gegenstände, welche eine gleiche wie dieser verursachen. – Nein, allerdings nicht. – Aus all diesen Gründen demnach dürfen wir diesen Unterrichtsgegenstand nicht bei Seite lassen, sondern jene, welche die besten Begabungen haben, in demselben heranbilden. – Ja, ich behaupte dieß mit dir, sagte er. –

9. Dieß also möge uns nun hiemit, sagte ich, als das Eine feststehen; das Zweite aber, welches an dieß sich anreiht, wollen wir nun erwägen, nemlich, ob es etwa

gleichfalls für uns passe. – Was meinst du hiemit? sagte er; oder meinst du vielleicht die Geometrie? – Ja, eben diese, erwiederte ich. – So weit sie sich nemlich auf das Kriegerische erstreckt, sagte er, ist klar, daß sie passe; denn bezüglich des Lageraufschlagens und der Besetzung von Plätzen und der Zusammenziehung oder Ausbreitung der Truppen und bezüglich der übrigen Formirungen, welche man mit Heereszügen in den Schlachten oder auf dem Marsche vornimmt, möchte wohl ein Unterschied bestehen, je nachdem Jemand der Geometrie kundig ist oder nicht. – Aber nun bezüglich der derartigen Dinge, sagte ich, dürfte ein gar kleiner Theil der Geometrie und des Rechnens schon genügen; hingegen von dem größeren Theile derselben und jenem, was sich weiter erstreckt, müssen wir erwägen, ob es auf jenes hinziele, daß es eine leichtere Einsicht in die Idee des Guten bewirke; es zielt aber, wie wir behaupten, all dasjenige dorthin, was die Seele nöthigt, auf jenen Ort sich hinzuwenden, in welchem das Seligste unter dem Seienden sich befindet, was sie eben in jeder Weise erblicken soll. – Du hast Recht, sagte er. – Nicht wahr also, wenn die Geometrie nöthigt, die Wesenheit zu betrachten, so paßt sie, wenn aber, das Werden zu betrachten, so paßt sie nicht. – Ja, so behaupten wir. – Dieß nun wenigstens, sagte ich, werden alle jene, welche auch nur ein wenig der Geometrie kundig sind, nicht bestreiten, daß diese Wissenschaft ganz das Gegenteil desjenigen enthält, was in ihren Begründungen seitens der sie Betreibenden ausgesprochen wird. – Wie so? sagte er. – Sie sprechen ja eigentlich in einer gar lächerlichen und nothgedrungenen Weise; nemlich gerade als wären sie in einem Handeln begriffen und als gälte es eine Handlung, wählen sie ihre sämmtlichen Sprach-Ausdrücke und sprechen von einem Quadriren und einem Verlängern und einem Hinzufügen und all dergleichen in dieser Weise; nun aber wird doch wohl dieser ganze Unterrichtsgegenstand nur um der Erkenntniß willen betrieben. – Ja, durchaus so, sagte er. – Nicht wahr also, auch über Folgendes wollen wir uns noch verständigen? – Worüber? – Nemlich um einer Erkenntniß des immer Seienden willen, nicht aber desjenigen, was irgend einmal entsteht und vergeht, wird er betrieben? – Dieß ist wohl zuzugestehen, sagte er; denn die Geometrie ist eine Erkenntniß des immer Seienden, – Also zieht sie, du Wackerer, die Seele zur Wahrheit und bewirkt eine weisheitsliebende Gesinnung, so daß wir nach Oben richten, was wir jetzt wider Gebühr nach Unten gerichtet haben. – Ja wohl, im höchsten Grade, sagte er. – Also im höchsten Grade, sprach ich, müssen wir auch vorschreiben, daß die Bürger in deinem Musterstaate in keiner Weise sich von der Geometrie fern halten; denn selbst die Nebendinge dieses Gegenstandes sind nicht geringfügig. – Welche meinst du hiemit? sagte er. – Was du so eben selbst angeführt hast, erwiederte ich, nemlich was zum Kriege gehört; und wir wissen ja, daß auch für die übrigen Lerngegenstände bezüglich einer besseren Empfänglichkeit doch wohl im Ganzen und bei jedem einzelnen es einen Unterschied macht, ob Jemand sich mit Geometrie befaßt hat oder nicht. – Ja, bei Gott, allerdings, sagte er. – Wollen wir hiemit dieß als zweiten Unterrichtsgegenstand für die Jünglinge aufstellen? – Ja, wir wollen dieß aufstellen, sagte er. –

10. Wie aber? wollen wir als dritten die Astronomie bezeichnen? oder scheint es dir nicht so? – Ja, mir allerdings, sagte er; denn eine geübtere Wahrnehmung zu haben bezüglich der Jahreszeiten und der Monate und der Jahre, gebührt sich nicht bloß für den Landbau und die Schifffahrt, sondern auch in gleichem Grade für die Feldherrnkunst. – Ei, du bist ja gar liebenswürdig, sagte ich, daß du um der Menge willen den Schein fürchtest, unbrauchbare Unterrichtsgegenstände vorzuschreiben; hingegen jenes ist allerdings nichts Geringfügiges, sondern schwer zu glauben, daß in jedem einzelnen dieser Unterrichtsgegenstände irgend ein Werkzeug der Seele gereinigt und angefacht wird, welches in Folge der übrigen Thätigkeiten zu Grunde geht und erblindet, dessen Bewahrung aber wichtiger ist, als jene von tausend Augen; denn durch jenes allein wird die Wahrheit geschaut. Jenen nun, welche diese Ansicht theilen, wirst du unmöglich richtig zu sprechen scheinen; hingegen diejenigen, welche hievon keinerlei innerliche Erfahrung besitzen, werden wohl der Ansicht sein, daß du überhaupt Nichts hiemit gesagt habest; denn diese sehen auch keinen anderweitigen nennenswerten Nutzen von jenem ein. Erwäge also von hier aus, mit welchen von beiden du sprechest, oder ob vielleicht mit keinen von beiden, sondern du um deiner selbst willen größtenteils die begründenden Reden unternehmest, und dabei auch keinen Anderen beneidest, falls er etwa irgend einen äußeren Nutzen aus jenem zieht. – In letzterer Weise, sagte er, ziehe ich es vor, daß ich nemlich um meiner selbst willen das meiste sage und frage und antworte. – Thue also nun, sprach ich, einen Schritt rückwärts; denn so eben haben wir nicht richtig jenes erfaßt, was in der Reihenfolge nach der Geometrie kommt. – Wie so? sagte er. – Indem wir, erwiederte ich, nach den ebenen Flächen sogleich das Körperhafte als ein räumlich bewegtes erfaßten, noch ehe wir es selbst an und für sich erfaßten; das Richtige hingegen ist, in der Reihenfolge nach der zweiten Dimension die dritte zu erfassen; diese besteht aber doch wohl in der Dimension des Würfels und überhaupt demjenigen, was eine Tiefe hat. – Ja, so ist es, sagte er; aber dieß ja, o Sokrates, scheint noch nicht erfunden zu sein. – Aus einer

doppelten Ursache, sagte ich; nemlich sowohl weil kein Staat Solches in Ehren hält, wird es, indem es auch wirklich schwierig ist, nur schwach untersucht, als auch bedürfen jene, welche es untersuchen, eines Leiters, ohne welchen sie es nicht leicht finden dürften; ein Solcher aber dürfte erstens schwer sich finden, und sodann auch, wenn sich Einer fände, würden, wie es jetzt steht, die mit solchen Untersuchungen sich Beschäftigenden wohl aus Hochmuth ihm nicht gehorchen; hingegen wenn ein ganzer Staat die Leitung übernähme und jenes in Ehren hielte, so würden sowohl diese gehorchen, als auch durch fortwährende und angestrengte Untersuchung das ganze Verhältniß jenes Gegenstandes klar werden, da ja selbst jetzt, während die Meisten ihn mißachten und verstümmeln, die ihn Untersuchenden aber keinen Begriff davon haben, wozu er wahrhaft brauchbar sei, er dennoch gegen all diese Hindernisse mit Gewalt in Folge seiner Reize gedeiht, und es demnach nicht zu wundern wäre, wenn er wirklich einmal zu Tage träte. – Ja, allerdings etwas Reizendes, sagte er, hat er in ausnehmendem Grade. Aber gib mir nun deutlicher an, was du so eben sagtest; du hast nemlich doch wohl die Lehre von den Flächen als Geometrie bezeichnet? – Ja, sagte ich. – Hierauf aber hast du zuerst die Astronomie nach ihr gestellt, später aber bist du wieder zurückgegangen. – Ja, in meiner Eile, Alles schnell durchzugehen, sagte ich, bewirke ich nun sogar eher einen Aufenthalt; nemlich die Forschung über die Dimension der Tiefe, welche doch die nächstfolgende war, habe ich, weil sie vermöge der Führung der Untersuchung etwas Lächerliches enthält, übergangen und nach der Geometrie sogleich die Astronomie erwähnt, welche doch schon eine Raumbewegung des jene Dimension besitzenden Körpers betrifft. – Du hast Recht, sagte er. – Als vierten Unterrichtsgegenstand wollen wir also, sprach ich, nun die Astronomie aufstellen, gerade als wäre der jetzt übergangene schon wirklich vorhanden, falls nemlich ein Staat sich an ihn mache. – Ja, so scheint es, sagte er; und ich will nun hiemit, worin du, o Sokrates, mich betreffs der Astronomie tadeltest, daß ich sie in niedriger Weise gelobt, sie jetzt in jener nemlichen Beziehung loben, nach welcher du stets verfährst; es scheint mir nemlich, es sei Jedem klar, daß sie es ja ist, welche die Seele nöthigt, nach Oben zu schauen, und sie von dem Diesigen dorthin leitet. – Ja, vielleicht, sagte ich, ist dieß Jedem klar, nur mir nicht; denn mir scheint es nicht so zu sein. – Aber wie denn anders? sagte er. – So, wie sie jetzt diejenigen betreiben, welche sie auf die Weisheitsliebe zurückführen, scheint sie mir gar sehr zu bewirken, daß man nach Unten blicke. – Wie meinst du dieß? sagte er. – Gar nicht übel scheinst du mir, erwiederte ich, an dem Unterrichte, welcher das oben Seiende betrifft, in dir zu erfassen, was er sei; denn es kömmt darauf hinaus, daß, wenn

Jemand bei Betrachtung eines Decken-Gemäldes mit aufwärts gebeugtem Kopfe Etwas kennen lernt, du wirklich meinst, er betrachte es darum vermittelst der Denkthätigkeit, nicht aber vermittelst der Augen; vielleicht aber ist deine Meinung die richtige, und die meinige die einfältige. Ich nemlich kann hinwiederum von keinem anderen Unterrichtsgegenstande glauben, daß er den Blick der Seele nach Oben richte, als von jenem, welcher das Seiende und das Unsichtbare betrifft, mag ihn Jemand mit einem nach Oben aufgesperrten Munde, oder nach Unten gebeugt mit verschlossenen Augen lernen; hingegen wenn Jemand auch mit einem nach Oben aufgesperrten Munde irgend Etwas von dem sinnlich Wahrnehmbaren kennen zu lernen bemüht ist, so werde ich weder sagen, daß er überhaupt eigentlich lerne, denn ein Wissen finde sich in keinem Derartigen, noch auch werde ich sagen, daß seine Seele nach Oben, sondern daß sie nach Unten blicke, selbst wenn er, rücklings auf dem Boden liegend oder im Meere schwimmend, jenes kennen lernen würde. –

11. Ich habe meinen Lohn, sagte er; denn dein Tadel ist richtig. Aber in welcher Weise meintest du denn, daß wir Astronomie lernen sollen, und zwar anders, als wir sie jetzt lernen, woferne wir sie nemlich in einer Weise lernen sollen, daß sie zu dem von uns Gesagten uns nützlich ist. – In folgender Weise, sagte ich: Wir sollen zwar glauben, daß diese Gemälde in dem Himmelsgewölbe, insoferne sie in einem Sichtbaren gemalt sind, am schönsten und genauesten von all Derartigem sich verhalten, aber daß sie von dem Wahrhaften noch weit entfernt seien, nemlich von jenen Raumbewegungen, in welchen die wirkliche Schnelligkeit und die wirkliche Langsamkeit innerhalb der wahrhaften Zahl und aller wahrhaften Formen gegenseitig bewegt wird und auch die dort befindlichen Dinge bewegt; und all dieß sei nur durch den Begriff und das Nachdenken erfaßbar, durch den Gesichtssinn aber nicht; oder glaubst du etwa? – Nein, keineswegs, sagte er. – Nicht wahr also, sprach ich, jenes bunte Gemälde am Himmelsgewölbe müssen wir nur als Probebild zum Behufe des Unterrichtes, welcher auf jenes Andere abzielt, benützen, gerade wie wenn Jemand auf Zeichnungen stieße, welche von Dädalus oder irgend einem anderen Künstler oder Maler gezeichnet oder ausgearbeitet wären; denn es könnte auch da ein der Geometrie Kundiger, wenn er Derartiges sieht, wohl der Ansicht sein, daß sie auf das schönste bezüglich der Herstellung sich verhalten, aber lächerlich wäre es, sie allen Ernstes zu betrachten, als würde man an ihnen die Wahrheit des Gleichen oder des Doppelten oder irgend eines anderen Ebenmaßes erfassen. – Wie sollte dieß auch nicht lächerlich sein? sagte er. – Glaubst du aber nicht,

sprach ich, daß es dem wirklich der Astronomie Kundigen ebenso ergehen werde, wenn er auf die Bewegungen der Gestirne hinblickt; daß er nemlich wohl glauben werde, es sei in dem größtmöglichen Grade von Schönheit, in welchem man derartige Werke zusammenstellen könne, auch seitens des Werkmeisters des Himmelsgebäudes dieses selbst und was in ihm ist, zusammengestellt worden; hingegen bezüglich des Ebenmaßes zwischen Nacht und Tag und zwischen diesen und dem Monde, und zwischen Mond und Jahr, und zwischen den übrigen Gestirnen unter sich und mit diesen, glaubst du da nicht, er werde jenen für ungereimt halten, welcher meint, es gehe all dieses immerwährend gleichmäßig vor sich und weiche in keiner Weise hievon irgend ab, während es doch körperhafte und sichtbare Dinge sind, und man müsse auf jede Weise die Wahrheit dieser Dinge als solcher zu erfassen suchen? – Mir wenigstens, sagte er, scheint es, indem ich es jetzt von dir höre, so zu sein, wie du angibst. – Als Aufgaben also, sprach ich, werden wir, sowie die Geometrie, so auch die Astronomie anwenden und auf diese Weise uns an sie machen; hingegen die Erscheinungen am Himmelsgebäude selbst werden wir bei Seite lassen, woferne wir wahrhaft die Astronomie ergreifen und hiedurch die Verstandes-Begabung in unserer Seele aus einer unbrauchbaren zu einer brauchbaren machen wollen. – Wahrlich, eine vielmal größere Thätigkeit, sagte er, schreibst du vor, als jene ist, wie man jetzt Astronomie betreibt. –

12. Ich glaube aber ja, sprach ich, daß wir auch bei dem Uebrigen in der nemlichen Weise es vorschreiben werden, wenn wir als Gesetzgeber irgend Etwas nützen sollen. Aber welchen anderweitigen passenden Unterrichtsgegenstand kannst du nun erwähnen? – Sogleich auf der Stelle, sagte er, kann ich keinen erwähnen. – Aber nicht Eine Form ja, sondern mehrere Formen, erwiederte ich, bietet jene Raumbewegung dar, wie ich glaube; sie nun sämmtlich anzugeben, ist vielleicht jener im Stande, welcher schon ein Weiser ist; zwei aber sind es, welche auch uns deutlich sind. – Welche zwei wohl? – Außer dem so eben Angegebenen, sagte ich, auch noch seine Kehrseite. – Welche ist dieß? – Es kömmt wohl darauf hinaus, sagte ich, daß, sowie zur Astronomie hin unsere Augen festgebannt sind, ebenso zur harmonischen Raumbewegung hin unsere Ohren festgebannt seien, und hiemit dieß zwei mit einander verschwisterte Wissenschaften seien, wie sowohl die Pythagoreer behaupten, als auch wir, o Glaukon, dieß ihnen zugestehen; oder wie wollen wir sonst es machen? – Ja, eben so, sagte er. – Nicht wahr also, sprach ich, da dieß ein viel umfassender Gegenstand ist, so wollen wir eben von Jenen uns berichten

lassen, wie sie sich hierüber und auch sonst noch in anderen Dingen aussprechen, wir selbst aber wollen neben all diesem unseren Standpunkt bewahren. – Welchen? – Daß unsere Zöglinge niemals versuchen, etwas Zweckloses zu lernen, oder was nicht stets dorthin ausläuft, wohin ja Alles zuletzt sich erstrecken soll, wie wir dieß so eben betreffs der Astronomie angaben. Oder weißst du nicht, daß die Leute auch betreffs der Harmonie anderweitiges Derartiges thun; daß sich nemlich auch hier hinwiederum die durch das Gehör wahrgenommenen Akkorde und Klänge gegenseitig messen und hiebei ebenso, wie die Astronomen, sich erfolglos plagen? – Ja, bei Gott, sagte er, wirklich in lächerlicher Weise ja sprechen sie von irgend Häufungen der Schwingungen und recken die Ohren hin, wie wenn sie von einem Nachbar einen Laut erlauschen wollten, und dann sagen die Einen, daß sie noch in der Mitte zwischen zwei Tönen einen Schall unterscheiden können, und dieß sei dann das kleinste Intervall und daher als Maßeinheit zu gebrauchen, die Anderen hingegen bestreiten dieß, als seien die Töne bereits einander gleich, Beide aber machen hiebei die Ohren zu Vorstehern des Denkens. – Du sprichst hiebei, sagte ich, von jenen Wackeren, welche mit den Saiten gar schlimm verfahren und sie an den Wirbeln der Lyra auf die Folter spannen; um aber dieses Gleichniß nicht länger auszudehnen und nicht von Schlägen, welche die Saiten beim Anschlagen bekommen, und von Anklagepunkten gegen sie und von einem Leugnen seitens derselben und von prahlerischen Reden der Saiten zu sprechen, so setze ich dieses Gleichniß nicht weiter fort und sage hiemit, daß ich überhaupt nicht von diesen Leuten spreche, sondern von jenen, welche wir, wie wir so eben sagten, betreffs der Harmonie befragen wollen; sie thun nemlich eben dasselbe, wie jene Anderen in der Astronomie, denn sie suchen die Zahlen in diesen durch das Gehör wahrgenommenen Akkorden, schreiten aber dabei nicht höher zu Aufgaben hinaus, so daß sie erwägen würden, welche Zahlen zusammenstimmende seien und welche nicht und warum die beiden es seien. – Einen göttlichen Gegenstand, ja, sagte er, gibst du hiemit an. – Ja, einen Gegenstand, erwiederte ich, welcher brauchbar ist zur Untersuchung des Schönen und Guten, in anderer Weise betrieben aber unbrauchbar ist. – Ja, so scheint es, sagte er. –

Ich glaube aber ja, sagte ich, daß, wenn die Beschäftigung mit all diesem, was wir durchgegangen haben, zur wechselseitigen Gemeinschaftlichkeit und Verwandtschaft gelangt und dieses in jener Beziehung, in welcher es zu einander gehört, vereinigt wird, dann die ganze Thätigkeit wohl zu jenem führe, was wir beabsichtigen, und keine nutzlose Mühe aufgewendet werde, wenn aber nicht, eine nutzlose. – Auch ich, sagte er, ahne Solches; aber du bezeichnest hiemit, o Sokrates, einen außerordentlich viel umfassenden Gegenstand. – Meinest du hiemit jenen der bloßen Vorhalle, erwiederte ich; oder wissen wir nicht, daß all dieses nur die Vorhalle jenes eigentlichen Gesetzes ist, welches gelernt werden soll? denn es scheinen dir doch wohl jene, welche in den bisher angegebenen Gegenständen gewandt sind, nicht schon auch Dialektiker zu sein? – Nein, bei Gott nicht, sagte er, außer höchstens einige sehr Wenige von Allen, welche ich getroffen habe. – Aber scheint es dir etwa, sprach ich, daß Solche, welche nicht fähig sind, eine Begründung zu geben oder entgegenzunehmen, jemals bereits ein Wissen von demjenigen haben, was wir als nothwendig zu wissen bezeichnen? – Nein, sagte er, auch dieß hinwiederum nicht. – Nicht wahr also, o Glaukon, sprach ich, dieß erst ist jenes Gesetz, welches durch die Uebung der Dialektik zu Ende geführt wird, welches als ein Denkbares auch durch jene Fähigkeit des Gesichtssinnes nachgeahmt werden konnte, von der wir sagten, daß sie sich bemühe, bereits auf die Thiere selbst hinzublicken und auf die Sterne selbst und zuletzt dann auf die Sonne selbst; ebenso wird auch Jemand, wenn er in der Dialektik sich bemüht, und hiebei ohne alle Sinneswahrnehmung vermittelst des Begriffes auf jenes hinstrebt, was jedes Ding an und für sich ist, und nicht abläßt, bis er das Gute als ein an und für Seiendes vermöge der Denkthätigkeit erfaßt hat, dann gewiß bei dem Ziele des Denkbaren selbst angekommen sein, sowie jener Andere an dem Ziele des Sichtbaren. – Ja, völlig so, sagte er. – Wie aber nun? nennst du diese Wanderung nicht Dialektik? – Warum nicht? –

13. Eben aber jenes Losbinden von den Fesseln, sagte ich, und jenes Hinüberwenden von den Schatten hinweg zu den Bildern und zum Lichte hin, und jener Hinausweg von der unterirdischen Höhle zur Sonne, und dort auf die Thiere und die Pflanzen und auf das Licht der Sonne allerdings mit einer Unfähigkeit hinzublicken, hingegen auf jene Abbilder im Wasser wirklich hinzublicken, dortselbst aber eben auf göttliche Abbilder und auf Schatten des wirklich Seienden, wobei eben nicht Schatten wieder von bloßen Bildern es sind, welche in ihrer Abschattung durch eine im Vergleiche mit der wirklichen Sonne gleichfalls so unbedeutende Sonne Gegenstand unserer Beurtheilung wären, – all diese Thätigkeit also in den von uns durchgegangenen Künsten enthält diese Bedeutung in sich und einen aufwärts gehenden Zug, durch welchen der beste Theil unserer Seele zur Anschauung des besten unter dem Seienden geführt

wird, sowie damals dort der hellste Theil unseres Körpers zur Anschauung des Glänzendsten in dem Körperhaften und im Gebiete des Sichtbaren. – Ich will es in dieser Weise annehmen, sagte er; zwar scheint es mir allerdings schwer zu sein, es anzunehmen, in anderer Weise aber hinwiederum auch schwer, es nicht anzunehmen; dennoch aber wollen wir, – denn Solches soll nicht bloß bei dem jetzt uns obliegenden Gegenstande angehört werden, sondern man muß hierauf auch bei anderweitiger Veranlassung oftmals zurückkommen –, nun annehmen, daß es so sich verhalte, wie jetzt gesagt wurde, und hiemit auf jenes Gesetz selbst näher eingehen und es ebenso durchgehen, wie wir jene Vorhalle durchgegangen haben. Gib also an, welches die Art und Weise der dialektischen Fähigkeit sei, und in welche Arten sie zerfalle, und welches hinwiederum hiebei die Wege seien; denn diese ja möchten wohl, wie es scheint, es bereits sein, welche eben dorthin führen, woselbst, wenn man dahin gelangt ist, gleichsam ein Ruhepunkt des Weges und ein Ziel der Wanderung eingetreten sein dürfte. – Du wirst, o lieber Glaukon, sagte ich, nicht mehr im Stande sein, mir zu folgen; denn was mich betrifft, so würde es allerdings nicht an meiner Bereitwilligkeit fehlen, und du würdest auch nicht mehr bloß ein Gleichniß desjenigen, was wir hiebei meinen, sehen, sondern die Wahrheit selbst, wie sie wenigstens mir sich zeigt; ob sie es aber wirklich sei oder nicht, dieß zu betheuern, möchte wohl nicht mehr an der Stelle sein; aber daß sie ungefähr etwas Derartiges sei, wie wir sagten, müssen wir wohl betheuern; oder etwa nicht? – Was soll auch im Wege stehen? – Nicht wahr also, auch daß die dialektische Fähigkeit allein sie demjenigen zeigen kann, welcher der so eben durchgegangenen Gegenstände kundig ist, es in einer andern Weise aber keinenfalls möglich sei? – Ja, auch dieß zu betheuern, ist an der Stelle, sagte er. – Folgende Behauptung also wenigstens, sprach ich, wird uns Niemand bestreiten, daß das eigentliche Sein betreffs eines jeden einzelnen Dinges durch kein anderes Verfahren allseitig planmäßig erfaßt wird, sondern daß alle übrigen Künste entweder nur auf die Meinungen und Begierden der Leute sich beziehen, oder sämmtlich nur im Hinblicke auf ein Entstehen und ein Zusammensetzen, oder aus eine Pflege der von Natur aus entstehenden und der zusammengesetzten Dinge gefördert wurden, von den übrigen aber, von welchen wir sagten, daß sie das Seiende irgend erfassen, nemlich von der Geometrie und den auf sie folgenden, sehen wir, daß sie bezüglich des Seienden in einem Traum-Wachen sich befinden, in wirklichem Wachen aber Nichts erblicken können, so lange sie bloße Voraussetzungen anwenden und diese unerschütterlich belassen, eben unbefähigt, für dieselben eine Begründung zu geben; denn wo der Ausgangspunkt Etwas ist, was man nicht weiß, und auch das Ende und die Mittelglieder aus Etwas, was man nicht weiß, zusammengeflochten sind, wie soll da eine Möglichkeit sein, daß ein derartiges bloßes Zugeständniß jemals ein Wissen werde? – Allerdings ist keine Möglichkeit, sagte er. – Nicht wahr also, sprach ich, das dialektische Verfahren allein schreitet auf diesem Wege, indem es die Voraussetzungen aufhebt, zum Ausgangspunkte selbst fort, um ihn festzustellen, und in der That zieht sie das in einem Schlamme des Unverständnisses vergrabene Auge der Seele allmälig hervor und leitet es nach Oben, indem sie als Stützen und Mitführerinnen jene von uns durchgegangenen Künste benützt, welche wir zwar häufig aus Gewohnheit als Wissenschaften bezeichnen, aber eigentlich eines anderen Namens bedürfen, welcher an Deutlichkeit über das Meinen hinauf, an Dunkelheit aber unter das Wissen herunter geht; als ein Nachdenken aber bezeichneten wir dieß im Obigen irgendwo; es handelt sich aber hier, wie mir scheint, nicht um einen Streit betreffs des Samens, wenn man noch über so Vieles, wie uns obliegt, eine Erwägung anstellen muß. – Nein, allerdings nicht, sagte er, sondern nur um einen Namen, welcher bezüglich des Sprachausdruckes dasjenige deutlich bezeichnet, was er in unserer Seele bedeutet. –

14. Gefällt es uns also noch, sagte ich, wie dort im Obigen den ersten Theil als Wissenschaft, den zweiten als Nachdenken, den dritten als Glauben, und den vierten als Vermuthung zu bezeichnen, und daß die letzteren beiden zusammen das Meinen, die ersteren beiden zusammen aber die Denkthätigkeit seien, und daß das Meinen sich auf das Werden, das Nachdenken aber auf die Wesenheit beziehe, und daß ebenso wie die Wesenheit zum Werden, auch die Denkthätigkeit zum Meinen und die Wissenschaft zum Glauben und das Nachdenken zur Vermuthung sich verhalte; hingegen die nach eben diesem nemlichen Verhältnisse vorgenommene Doppeltheilung eines jeden von beiden, nemlich sowohl des Gegenstandes der Meinung, als auch des Gegenstandes des Denkens, wollen wir, o Glaukon, bei Seite lassen, damit sie uns nicht in noch vielmal mehrere Begründungen verwickle, als die bereits von uns durchgegangenen sind. – Aber ich wenigstens, sagte er, bin in allem Uebrigen, so weit ich folgen kann, der nemlichen Meinung. – Wirst du also auch einen Dialektiker denjenigen nennen, welcher den Grund der Wesenheit eines jeden Dinges erfaßt? und von jenem, welcher nicht im Stande ist, sich und Andern eine Begründung zu geben, eben insoweit er dieß nicht kann, dann sagen, daß er in diesem Betreffe keine Vernunft habe? – Wie sollte ich ja auch, erwiederte er, anders sagen? – Nicht wahr also, auch betreffs des Guten verhält sich's ebenso;

wer nemlich nicht im Stande ist, die Idee des Guten ihrem Grunde nach von allen übrigen loszutrennen und so festzustellen, und gleichsam wie in einem Kampfe durch alle Beweisgründe sich durchschlägt, wobei er nemlich nicht zufolge dem Scheine, sondern zufolge der Wesenheit den Beweis zu führen sich vornähme, und in all diesem nicht mit einer fehlerlosen Begründung bis an's Ziel kömmt, von diesem wirst du, wenn er so sich verhält, wohl behaupten, daß er weder das Gute an und für sich, noch irgend ein anderes Gutes wisse, sondern, falls er etwa irgend ein Abbild desselben ergreift, es vermittelst der Meinung, nicht aber vermittelst des Wissens ergreife, und daß er das jetzige Leben durchträumend und verschlafend, noch eher, als er hier erwache, in den Hades komme und erst vollends in tiefsten Schlaf versinke. – Ja, bei Gott, sagte er, gar sehr wohl werde ich all dieses behaupten. – Nun aber wirst du ja auch bei deinen Kindern, welche du vermittelst der Vernunft pflegst und bildest, wofern du sie in der That pflegst, es nicht geschehen lassen, daß sie unvernünftig wie todte Striche in dem Staate herrschen und Gewalt haben über das Größte. – Nein, gewiß nicht, sagte er. – Gesetzlich bestimmen wirst du ihnen demnach, daß sie im höchsten Grade an dieser Bildung Antheil nehmen, in Folge deren sie im Stande sein werden, in der wissenschaftlichsten Weise zu fragen und zu antworten. – Ja, ich werde es, sagte er, im Vereine mit dir gesetzlich bestimmen. – Scheint es dir also, sprach ich, daß gleichsam wie eine Mauerzinne über den Unterrichtsgegenständen uns die Dialektik oben sich befinde, und kein anderer Unterrichtsgegenstand noch höher, als sie ist, hinaufgelegt werden könne, sondern hiemit die Angabe der Unterrichtsgegenstände bereits ihr Ende erreicht habe? – Ja, mir wenigstens scheint es, sagte er. –

15. Eine Vertheilung demnach, sagte ich, ist dir nun noch übrig, nemlich wem wir diese Unterrichtsgegenstände zuweisen sollen und in welcher Weise. – Ja, klärlich, sagte er. – Erinnerst du dich also an unsere frühere Auswahl der Herrscher, wie beschaffene wir damals auswählten? – Wie sollte ich mich nicht erinnern? sagte er. – Im Uebrigen demnach glaube, daß man Begabungen folgender Art auswählen müsse; nemlich die zuverlässigsten und die tapfersten Männer müssen hiebei den Vorzug erhalten, und nach Möglichkeit auch die am schönsten gestalteten; außerdem aber muß man nicht bloß Solche suchen, welche in ihrem Charakter wacker und ehrwürdig sind, sondern dieselben müssen auch Alles an sich haben, was für diese Bildung ihrer Begabung förderlich ist. – Welcherlei Eigenschaften führst du hiebei an? – Einen durchdringenden Sinn, o du Hochzupreisender, sagte ich, müssen sie bezüglich

der Unterrichtsgegenstände besitzen, und nicht schwer darf ihnen das Lernen fallen, denn weit eher ja ziehen sich die Seelen bei heftigem Lernen feig zurück, als bei Leibesübungen, denn die Plage dabei geht mehr die Seele an, weil sie ihr eigenthümlich, nicht aber mit dem Körper gemeinsam ist. – Dieß ist wahr, sagte er. – Aber auch einen mit Gedächtniß begabten und unbeugsamen und in jeder Beziehung arbeitsliebenden müssen wir suchen; oder wie solltest du glauben, daß irgend Jemand sowohl körperlich sich anstrengen wolle, als auch eine so ausgedehnte Lernthätigkeit und Uebung zu Ende führen werde? – Allerdings Keiner, sagte er, wenn er nicht durchaus eine treffliche Begabung hat. – Der jetzt bestehende Fehlgriff wenigstens, sagte ich, und die Verachtung der Weisheitsliebe sind darum eingetreten, weil, wie wir auch schon oben sagten, man nicht in verdienter Weise sich an sie machte; denn unächt Geborne hätten sich nicht an sie machen sollen, sondern nur ächt Geborne. – Wie so? sagte er. – Erstens, erwiederte ich, darf, wer sich an sie macht, bezüglich der Arbeitsliebe nicht ein Hinkender sein, so daß er zur Hälfte arbeitsliebend und zur Hälfte arbeitsscheu wäre; es ist aber dieß Jemand dann, wenn er zwar Leibesübungen liebt und die Jagd liebt und in allen körperlichen Dingen die Anstrengung liebt, aber weder lernbegierig, noch hörbegierig, noch zu Untersuchungen aufgelegt ist, sondern in all diesem jede Anstrengung haßt; ein Hinkender aber ist auch jener, welcher bezüglich der Arbeitsliebe in das Gegentheil von diesem umgeschlagen hat. – Sehr wahr, sagte er, sprichst du da. – Nicht wahr also, auch bezüglich der Wahrheit, sagte ich, werden wir in gleicher Weise jene Seele als eine verstümmelte bezeichnen, welche zwar die freiwillige Lüge haßt und sowohl an sich selbst nicht dulden will, als auch bei den Lügen Anderer überaus entrüstet ist, hingegen die unfreiwillige gutwillig sich gefallen läßt und, wenn sie auf einer Unwissenheit ertappt wird, nicht entrüstet ist, sondern leichtfertig, wie ein zur Schweinehaltung gehöriges Thier, sich im Schlamme der Unwissenheit wälzt. – Ja, völlig so ist es, sagte er. – Und auch bezüglich der Besonnenheit, sprach ich, und der Tapferkeit und der Großartigkeit und aller Zweige der Vortrefflichkeit muß man nicht in geringem Grade den unächt und den ächt Gebornen beachten; denn wenn das Verständniß in Erwägung all der derartigen Dinge fehlt, sei es bei einem Einzelnen, oder sei es bei einem Staate, so gebrauchen sie, ohne es zu bemerken, eben Hinkende und unächt Geborne bei jeder beliebigen Verwendung derselben, ersterer als Freunde und letzterer als Herrscher. – Gar sehr ja auch, sagte er, verhält sich's so. – Wir demnach, sprach ich, müssen uns vor all dergleichen in Acht nehmen, da ja, wenn wir geradgliedrige und geradsinnige Menschen zu dem so ausgedehnten Unterrichte und der so ausgedehnten Uebung hinführen und hiedurch sie bilden, sowohl die Gerechtigkeit selbst uns keine Vorwürfe machen wird, als auch wir den Staat und die Staatsform bewahren werden, hingegen wenn wir anders beschaffene zu jenem anleiten, uns von all diesem das Gegentheil widerfahren wird und wir über die Weisheitsliebe ein noch größeres Gelächter herbeiführen werden. – Schimpflich ja wäre dieß, sagte er. – Ja, allerdings, erwiederte ich; aber lächerlich ist es mir selbst, wie es scheint, im gegenwärtigen Augenblicke ergangen. – Wie so? sagte er. – Ich vergaß, erwiederte ich, daß wir ja nur Scherz machten, und sprach daher in heftigerer Spannung; nemlich während ich redete, blickte ich zugleich auf die Weisheitsliebe hin, und indem ich da sah, daß sie in unwürdiger Weise mit Füßen getreten wird, scheine ich in Entrüstung gerathen zu sein und gleichsam im Zorne gegen die Schuldigen jenes, was ich sprach, allzu ernsthaft gesprochen zu haben. – O nein, bei Gott nicht, sagte er; wenigstens für mich, deinen Zuhörer, sicher nicht. – Aber für mich, den Redner, erwiederte ich. Aber Folgendes laß uns nicht vergessen, daß bei jener obigen Auswahl wir Aeltere auswählten, hier jetzt aber dieß nicht angeht; nemlich dem Solon darf man dieß nicht glauben, daß Jemand bereits alternd noch Vieles zu lernen fähig sei, sondern ein Solcher kann dieß noch weit weniger, als er laufen kann, hingegen Sache der Jüngeren sind alle großen und vielfältigen Anstrengung. – Ja, nothwendiger Weise, sagte er. –

16. Was demnach das Rechnen und die Geometrie und jene ganze Vorbildung betrifft, in welcher man vor der Dialektik gebildet werden soll, so müssen wir Solches ihnen, so lange sie Knaben sind, vorlegen, und zwar dabei die Form des Unterrichtes nicht als einen Lern-Zwang aufstellen. – Warum wohl? – Weil, sagte ich, keinen Unterrichtsgegenstand der Freie in Knechtschaft lernen soll; denn die körperlichen Anstrengungen machen, wenn sie auch in gewaltthätiger Weise durchgeführt werden, den Körper um Nichts schlechter, in der Seele aber bleibt kein gewaltmäßiger Unterrichtsgegenstand haften. – Dieß ist wahr, sagte er. – Also nicht mit Gewalt sollst du, mein Bester, sprach ich, die Knaben in den Unterrichtsgegenständen heranbilden, sondern im Spielen, damit du auch eher im Stande seist, zu durchschauen, nach welcher Richtung hin die Begabung eines Jeden stehe. – Es hat, was du sagst, sprach er, seinen Grund. – Nicht wahr also, du erinnerst dich, sagte ich, daß wir behaupteten, auch in den Krieg müsse man die Knaben zu Pferde als Zuschauer mitnehmen, und, falls es ungefährdet sei, sie nahe hinzuführen und Blut kosten lassen, wie junge Hunde? – Ich erinnere mich, sagte er. – Wer nun, sprach ich, bei all diesen Anstrengungen und

Unterrichtsgegenständen und Gefahren immer als der Behendeste sich zeigt, dieser muß in eine gewisse Anzahl aufgenommen werden. – In welchem Alter? sagte er. – Wann sie, erwiederte ich, aus den nothwendigen Leibesübungen entlassen werden; denn jene Zeit, mag sie zwei oder drei Jahre dauern, enthält keine Möglichkeit, irgend etwas Anderes zu betreiben, denn Müdigkeit und Schlaf sind dem Unterrichte feind; und zugleich ja handelt es sich da um eine eigene, und zwar sehr bedeutende, Probe, wie sich ein Jeder in den Leibesübungen zeige. – Wie sollte es auch anders sein? sagte er. – Nach dieser Zeit demnach, sprach ich, vom zwanzigsten Jahre an werden die Ausgewählten größere Ehren genießen, als die Uebrigen, und die Unterrichtsgegenstände, welche den Knaben bei ihrer Bildung durch einander zu Theil geworden waren, müssen nun für diese zu einer Uebersicht der gegenseitigen Verwandtschaft der Gegenstände und der Natur des Seienden zusammengeführt werden, – Allein nur ein derartiger Unterricht, sagte er, haftet wenigstens fest in jenen, welchen er zu Theil wird. – Und es ist ja, sprach ich, dieß die größte Probe einer dialektischen Begabung, denn wer zur Uebersicht befähigt ist, ist zur Dialektik befähigt, wer jenes nicht, auch dieß nicht, – Ich bin der gleichen Meinung, sagte er. – Auf dieß demnach, sagte ich, wirst du genau sehen müssen, wer unter jenen am meisten ein Derartiger sei, und wer Ausdauer habe bei den Unterrichtsgegenständen, Ausdauer aber auch im Kriege und dem Uebrigen, was die Gesetze vorschreiben, und Solche also hinwiederum mußst du, wenn sie das dreißigste Jahr überschritten haben, aus den Ausgewählten wieder auswählen und abermals in größere Ehren versetzen und durch eine Erprobung bezüglich der dialektischen Fähigkeit beachten, wer die Fähigkeit habe, von den Augen und aller übrigen Sinneswahrnehmung sich loszuschälen und auf das Seiende an und für sich mit Wahrheit sich hinzuwenden; und hier denn nun, o Freund, ist es Sache einer großen Behutsamkeit. – Worin zumeist? sagte er. – Bemerkst du nicht, sprach ich, welch großes Unheil so, wie es jetzt steht, bezüglich der dialektischen Uebung eintritt? – Was meinst du hiemit? sagte er. – Von einem den Gesetzen feindlichen Sinne, erwiederte ich, wird es ja jetzt erfüllt. – Ja wohl, gar sehr, sagte er. – Glaubst du also, sprach ich, es sei zu verwundern, was ihnen widerfährt, und läßt du ihnen nicht Verzeihung angedeihen? – In welcher Beziehung doch wohl? sagte er. – Wie wenn z. B., sprach ich, Jemand als unterschobenes Kind in großem Vermögen und in einem ausgedehnten und angesehenen Geschlechte und unter vielen Schmeichlern aufgenährt würde, er aber dann, Mann geworden, bemerken würde, daß er nicht von jenen angeblichen Eltern abstamme, seine wirklichen Erzeuger aber nicht finden könnte, kannst du von einem Solchen wohl ahnen, in welcher Stimmung gegen die Schmeichler und gegen die sich ihm fälschlich aufdrängenden Eltern er in jener Zeit sich befinde, in welcher er das Verhältniß der Fälschung nicht wußte, und dann hinwiederum in jener Zeit, in welcher er es wußte? oder wünschest du, wenn ich es ahne, es von mir zu hören? – Dieß wünsche ich, sagte er. – Ich ahne also, sprach ich, daß er zunächst diejenigen, welche ihm als sein Vater und als seine Mutter und als seine übrigen Angehörigen erscheinen, mehr ehren werde, als die Schmeichler, und bei ersteren es viel weniger übersehen werde, wenn sie irgend Mangel leiden, und viel weniger auch in großen Dingen ihnen ungehorsam sein werde, als den Schmeichlern, nemlich all dieß in jener Zeit, in welcher er das wahre Verhältniß nicht weiß. – Ja, so scheint es, sagte er. – Hat er aber demnach das Wirkliche bemerkt, so ahne ich hinwiederum, daß er dann in Bezug auf jene mit den Ehrenbezeugungen und dem Eifer nachlassen, gegen die Schmeichler aber solches stärker üben und diesen im Vergleiche mit der früheren Zeit ganz besonders gehorchen und bereits nach ihren Vorschriften leben werde, mit ihnen völlig unverhüllt in Verkehr tretend, aber eben um jenen Vater und die übrigen unächten Angehörigen sich, falls er von Natur aus nicht sehr tüchtig ist, gar Nichts mehr bekümmern werde. – All dieses, sagte er, möchte wohl, wie du es angibst, eintreten; aber in welcher Beziehung steht denn dieses Gleichniß mit jenen, welche sich an die Dialektik machen? – In folgender: Wir haben doch wohl von Kindheit an irgend Ansichten über das Gerechte und Schöne, in welchen wir gleichsam wie unter der Obhut von Eltern auferzogen wurden, indem wir ihnen gehorchen und sie ehren. – Ja, wir haben solche. – Nicht wahr also, auch anderweitige diesen entgegengesetzte Bestrebungen haben wir, welche Vergnügungen in sich enthalten, die unserer Seele schmeicheln und sie zu sich hin ziehen, aber die irgendwie Ordentlichen nicht zu überreden vermögen, sondern Letztere ehren nur jenes Väterliche und gehorchen ihm. – Ja, so ist es. – Wie aber nun? sagte ich; wenn den sich so Verhaltenden eine Frage überrascht, welche da fragt, was denn das Schöne sei, und ihn, da er zur Antwort geben wird, was er vom Gesetzgeber gehört hat, dann die Begründung selbst widerlegt und durch oftmalige und vielfache Widerlegung zuletzt zu der Ansicht bringt, daß Solches nicht in höherem Grade schön, als auch schimpflich sei, und ebenso betreffs des Gerechten und des Guten und alles desjenigen, was er zumeist in Ehren gehalten hatte, wie glaubst du, daß er dann wohl sich gegen jenes benehmen werde bezüglich einer Ehrenbezeugung und bezüglich des Gehorsames? – Nothwendiger Weise, sagte er, muß er sie weder in gleichem Grade ehren, noch ihnen gehorchen. – Wann er also, sprach ich, einerseits dieß nicht mehr wie vordem für ehrwürdig und ihm angehörig hält, und andrerseits das Wahre nicht finden kann, gibt es dann irgend eine anderweitige Lebensweise, welcher er sich wahrscheinlich nähern wird, als die ihm schmeichelte? – Nein, keine andere, sagte er. – Ein Feind des Gesetzes demnach, glaube ich, wird er allem Anscheine nach aus einem vordem Gesetzlichen geworden sein. – Ja, nothwendig. –

17. Nicht wahr also, sagte ich, erklärlich ist dieses, was denjenigen widerfährt, welche in solcher Weise sich an die Dialektik machen, und es verdient, wie ich so eben sagte, gar sehr Verzeihung. – Ja, und auch Mitleid, sagte er. – Nicht wahr also, eben davor, daß dieses Mitleid nicht bei jenen Dreißigjährigen dir eintreten müsse, sollst du in jeder Weise vorsichtig sein und so die Dialektik ergreifen? – Ja wohl, gar sehr, sagte er. – Ist also nicht dieses schon die Eine sehr ausgedehnte Vorsicht, daß sie nicht in der Jugend Solches zu kosten bekommen? denn ich glaube, es werde von dir nicht unbemerkt geblieben sein, daß die Jünglinge, wann sie zum ersten Male Begründungen zu kosten bekommen, sie wie im Spiele mißbrauchen, stets zu Rede und Gegenrede sie benutzend, und daß sie in Nachahmung derer, von welchen sie widerlegt werden, auch selbst wieder Andere widerlegen, indem sie wie junge Hunde eine Freude daran haben, stets ihren Nächsten mit einer begründenden Rede zu zupfen und zu zerren. – Überschwenglich wahr ist dieß, sagte er. – Nicht wahr also, wenn sie selbst Viele widerlegt haben und auch von Vielen schon widerlegt wurden, so verfallen sie hastig und schnell darauf, daß sie an Nichts von allem Früheren mehr in ihrer Meinung festhalten; und in Folge hievon kamen so wohl sie selbst, als auch das Ganze, was die Weisheitsliebe betrifft, bei den Uebrigen in schlimmen Ruf. – Völlig wahr, sagte er. – Hingegen der bereits Aeltere, sprach ich, wird an derartigem Wahnsinne sich nicht betheiligen wollen, sondern denjenigen, welcher dialektisch sich üben und die Wahrheit erwägen will, weit eher nachahmen als jenen, der um des Scherzes willen eben scherzt und gegen eine Rede die Gegenrede setzt, und er wird überhaupt sowohl selbst weit gemäßigter sein, als auch diese Bestrebung zu einer geachteteren, nicht aber zu einer mißachteteren, machen. – Dieß ist richtig, sagte er. – Nicht wahr also, auch was wir schon vor diesem gesagt haben, ist sämmtlich im Hinblicke auf eine Vorsicht gesagt worden, daß die Begabung derjenigen, welchen man Antheil an der Dialektik geben will, eine ordentliche und beständige sein müsse, nicht aber, wie es jetzt der Fall ist, der nächste Beste, welcher Nichts mit solchen Dingen zu schaffen hat, sich zu demselben wende? – Ja wohl, allerdings, sagte er. – Wird es

demnach hinreichend sein, wenn man bei der Beschäftigung mit Dialektik in kräftiger und angespannter Weise, ohne irgend etwas Anderes zu betreiben, sondern gerade in umgekehrt entsprechender Weise wie bei den Leibesübungen sich übend, doppelt so viele Jahre verweilt, als damals dort? – Meinst du sechs oder vier Jahre? sagte er. – Du magst immerhin fünf annehmen. Nemlich nach dieser Zeit werden sie wieder in jene Höhle hinabgebracht und dort gezwungen werden müssen, in den Verhältnissen des Krieges und wo es sonst noch Jüngeren zusteht, eine Herrschaft auszuüben, damit sie nicht an Erfahrung den Uebrigen nachstehen; und dann müssen sie auch hierin noch erprobt werden, ob sie, wenn man sie nach allen Seiten hinzieht, Beständigkeit haben oder irgend schwanken. – Wie viele Zeit aber bestimmst du hiefür? sagte er. – Fünfzehn Jahre, erwiederte ich; und wenn sie so fünfzig Jahre alt geworden sind, so muß man diejenigen unter ihnen, welche überall in jeder Beziehung in Werken und im Wissen bewahrt blieben und sich auszeichneten, nun bereits an das Ziel führen und sie nöthigen, daß sie den Glanzpunkt ihrer Seele aufwärts richten und auf jenes selbst hinblicken, was Allem Licht verleiht, und daß sie, nachdem sie das Gute an und für sich geschaut haben, es als Musterbild benutzen und einen Staat und die einzelnen Bürger und sich selbst für das übrige Leben zu schmuckvoller Ordnung herstellen, und zwar abwechslungsweise jeder Einzelne, indem sie meistenteils wohl der Weisheitsliebe sich widmen, aber, wenn die Reihe sie trifft, wieder in staatlichen Dingen sich mühen und jeder irgend eine Herrschaft ausübt um des Staates willen, nicht als thäten sie hiemit etwas Herrliches, sondern nur etwas Nothwendiges, und daß sie in solcher Weise wieder andere Derartige heranbilden und, indem sie Solche an ihrer Stelle als Wächter des Staates hinterlassen, in die Inseln der Seligen abgehen und dort wohnen; Gedächtnißfeierlichkeiten aber und Opferfeste soll der Staat ihnen in öffentlicher Weise veranstalten, und zwar, wenn die pythische Göttin es billigt, als wirklichen Dämonen, wenn aber nicht, als glückseligen und göttlichen Menschen. – Als überaus herrliche ja, sagte er, hast du, o Sokrates, hiemit die Herrscher, gleichsam als wärest du ein Bildhauer, vollendet hingestellt. – Ja, und auch die Herrscherinnen, o Glaukon, sprach ich; denn glaube nur nicht, daß ich irgend Etwas von jenem, was ich sagte, in höherem Grade von den Männern, als von den Frauen gesagt habe, so viele deren nemlich mit genügender Begabung geboren werden. – Es ist richtig, sagte er, woferne sie ja, wie wir durchgingen, in Allem den gleichen Antheil, wie die Männer, haben werden. – Wie also nun? sprach ich; gesteht ihr jetzt zu, daß wir betreffs des Staates und der Staatsform nicht durchaus bloß in frommen Wünschen gesprochen haben, sondern Dinge, welche wohl schwierig, dennoch aber irgend möglich sind, und zwar in keiner anderen, als in der von uns angegebenen Weise möglich, wenn nemlich die in Wahrheit Weisheitsliebenden als Herrscher, sei es als Mehrere oder als Einer, in einem Staate auftreten und die jetzigen Ehrenbezeugungen, indem sie dieselben für unfrei und werthlos halten, verschmähen, nur das Richtige allein aber und die hieraus fließenden Ehren über Alles schätzen, für das größte und nothwendigste aber das Gerechte halten, und diesem denn nun dienend und es fördernd, ihren eigenen Staat allseitig einrichten? – In welcher Weise? sagte er. – Wenn sie, sprach ich, alle Diejenigen, welche in dem Staate älter als zehn Jahre sind, auf das Land hinaus schicken, alle Kinder derselben aber an sich nehmen und außerhalb der jetzigen Sitten, welche auch die ihrer Eltern sind, nur in ihrer eigenen Art und Weise und nach ihren eigenen Gesetzen erziehen, welche eben derartig sind, wie wir sie bisher durchgegangen haben; und daß sie also auf diese Weise am schnellsten und am leichtesten einen Staat und eine Staatsform, wie wir sie angaben, in's Leben rufen und so den Staat beglücken, und dem Volke, in welchem er entsteht, den meisten Nutzen bringen. – Ja, bei Weitem, sagte er; und du scheinst mir, o Sokrates, nun auch die Art und Weise, in welcher es wirklich geschähe, woferne es einmal wirklich geschähe, richtig angegeben zu haben. – Nicht wahr also, sprach ich, genug sind es nun der Begründungen betreffs dieses Staates und des ihm gleichen einzelnen Mannes; denn klar hiemit ist ja doch wohl auch, wie beschaffen Letzterer zufolge unserer Behauptung sein soll? – Ja, klar ist es, sagte er; und jenes, um was du frägst, scheint auch mir hiemit seinen Abschluß erreicht zu haben. –

Achtes Buch

1. Weiter; dieß also nun ist zugestanden, o Glaukon, daß für einen Staat, welcher in hervorragender Weise bestehen soll, die Frauen und die Kinder und die gesammte Erziehung gemeinsam sein müssen, und ebenso auch alle Thätigkeiten im Kriege und im Frieden, Könige aber über diese Diejenigen sein müssen, welche in der Weisheitsliebe und bezüglich des Krieges die besten geworden sind. – Ja, dieß ist zugestanden, sagte er. – Aber auch dieß ja räumten wir ein, daß die Herrscher, wann sie eingesetzt sind, die Krieger in Wohnungen führen, wie wir sie angaben, und sie dort sich ansiedeln lassen, indem nemlich jene für Keinen irgend Etwas ihm Eigenthümliches enthalten, sondern allen gemeinsam sind; und außer den derartigen Wohnungen haben wir, wenn du

dich erinnerst, uns auch darüber verständigt, wie es bei ihnen bezüglich des Besitzes beschaffen sein solle. – Aber ich erinnere mich ja, sagte er, daß wir der Meinung waren, es solle Keiner irgend Etwas von jenem besitzen, was jetzt im Uebrigen die Menschen besitzen, sondern daß sie gleichsam als Kämpfer im Kriege und als Wächter zum Lohne für ihren Wachtdienst je auf ein Jahr die Nahrung von den Uebrigen erhalten und so für sich und den übrigen Staat Sorge tragen sollen. – Du gibst es richtig an, sagte ich; aber wohlan nun, da wir dieß zu Ende geführt haben, so wollen wir uns auch an jenen Punkt erinnern, von wo aus wir hieher ablenkten, damit wir nun den nemlichen Weg jetzt wieder betreten. – Dieß ist nicht schwierig, sagte er; du hattest nemlich so ziemlich wie jetzt betreffs des Staates es durchgegangen und entwickeltest deine Begründungen, indem du sagtest, daß du als einen guten Staat eben jenen, welchen du damals durchgingst, bezeichnen würdest und ebenso auch bezüglich des einzelnen Menschen, welcher jenem Staate ähnlich sei, und zwar, wie es schien, mit der Möglichkeit, noch herrlicher diesen Staat und diesen Menschen zu schildern; du bezeichnetest aber nun hierauf die übrigen Staaten als verfehlte, woferne dieser der richtige sei; von den übrigen Staatsverfassungen aber behauptetest du, wie ich mich erinnere, daß es vier Formen gebe, von welchen es sich nemlich der Mühe lohne, sie zu berücksichtigen und ihre Fehler, sowie hinwiederum die ihnen ähnlichen Menschen zu betrachten, um sodann, nachdem wir sie sämmtlich betrachtet und uns über den besten und den schlechtesten Menschen verständigt hätten, zu erwägen, ob wirklich der beste der glücklichste und der schlechteste der unglücklichste sei, oder es sich anders verhalte. Und als hiebei ich dich fragte, welche Staatsverfassungen du unter jenen vieren meinest, da fielen Polemarchos und Adeimantos in die Rede, und so denn faßtest du dort deine Begründung wieder von Neuem auf und gelangtest nun bis hieher. – Völlig richtig, sagte ich, behieltest du dieß im Gedächtnisse. – Biete mir also, wie ein Ringer, wieder jenen nemlichen Angriffspunkt dar und versuche auf meine jetzige Frage nun anzugeben, was du damals schon im Begriffe warst zu sagen. – Ja, allerdings, sagte ich, wenn ich es im Stande bin. – Und in der That nun, erwiederte er, ich bin auch wirklich begierig zu hören, welche Staatsverfassungen du unter jenen vieren meintest. – Nicht schwierig, sagte ich, ist es, dieß zu hören; denn diejenigen, welche ich meine, sind eben jene, welche auch eigene Namen tragen, nemlich die von Vielen gepriesene Kretische und Lakonische, die zweite und in zweitem Range gepriesene, welche man Oligarchie nennt, eine Staatsverfassung, welche von zahlreichen Uebeln strotzt; und dann jene, welche mit dieser im Streite liegt und in der Reihe nach ihr kömmt, die Demokratie, und sodann die wackere Gewaltherrschaft, welche von all diesen sich unterscheidet, die vierte und äußerste Krankheit eines Staates; oder weißst du irgend eine andere Gestaltung einer Staatsverfassung zu nennen, welche auch in einer deutlich sichtbaren Form beruht? nemlich die von Mehreren geübte Gewaltherrschaft und käufliches Königthum und irgend derartige Staatsverfassungen liegen wohl als Mittelglieder zwischen jenen, aber man möchte dieselben nicht in geringerer Anzahl bei den Nicht-Hellenen, als bei den Hellenen finden. – Ja, gar viele, und zwar ungereimte, sagte er, werden wohl angeführt. –

2. Weißst du also, sagte ich, daß es auch eben so viele Formen der Charaktere der Menschen geben muß, als es Formen der Staatsverfassungen gibt? oder glaubst du, daß irgend aus einer Eiche oder aus einem Felsen die Staatsverfassungen entstehen, nicht aber aus den in den Staaten bestehenden Sitten, wohin nemlich diese gleichsam wie in einer Wagschale das Uebrige nach sich ziehen? – Keineswegs anderswoher, sagte er, als eben von dort her. – Nicht wahr also, wenn die Formen der Staaten fünf sind, so möchten wohl auch der Beschaffenheiten der Seele der Einzelnen gleichfalls fünf sein? – Wie anders? – Jenen Einzelnen denn nun, welcher der Aristokratie ähnlich ist, haben wir bereits durchgegangen, von welchem wir ja mit Recht behaupten, daß er gut und gerecht sei. – Ja, wir haben ihn durchgegangen. – Müssen wir also nun auch die Schlechteren durchgehen, nemlich den Streitliebenden und Ehrliebenden, welcher auf Seite der Lakonischen Staatsverfassung steht, und hinwiederum den Oligarchischen und den Demokratischen und den der Gewaltherrschaft entsprechenden, damit, wenn wir so den Ungerechtesten betrachtet haben, wir ihn dem Gerechtesten gegenüberstellen und uns unsere Erwägung ihren Abschluß finde, wie sich wohl die unvermischte Gerechtigkeit zur unvermischten Ungerechtigkeit bezüglich des glücklichen oder unglücklichen Zustandes dessen, der sie an sich hat, verhalte, um entweder dem Thrasymachos folgend Ungerechtigkeit zu üben, oder der jetzt sich uns zeigenden Begründung folgend Gerechtigkeit. – Ja, durchaus, sagte er, müssen wir es so machen. – Müssen wir also, wie wir auch zu Anfang thaten, daß wir eher in den Staaten, als in den Einzelnen die Charaktere erwogen, weil es so deutlicher sei, eben so auch jetzt zuerst die ehrliebende Staatsverfassung erwägen – denn einen anderen Namen weiß ich für sie nicht anzugeben, oder wir müssen sie Timokratie oder Timarchie nennen –; und im Hinblicke auf diese dann werden wir den ebenso beschaffenen Mann betrachten, hernach die Oligarchie und den oligarchisch

beschaffenen Mann, hierauf aber auf die Demokratie hinblickend, werden wir den demokratisch beschaffenen Mann beschauen, an vierter Stelle aber werden wir uns zu dem unter Gewaltherrschaft stehenden Staate begeben und nachdem wir ihn gesehen, wieder auf die der Gewaltherrschaft entsprechende Seele hinblicken, und so versuchen, über jenes, was wir uns vorgenommen haben, ein genügendes Urtheil zu fällen. – In wohlbegründeter Weise ja, sagte er, möchte so unsere Betrachtung und unser Urtheil von Statten gehen. –

3. Wohlan demnach, sagte ich, laß uns versuchen, anzugeben, auf welche Weise eine Timokratie aus der Aristokratie entstehen dürfte; oder ist vielleicht dieß schon das Einfache, daß jede Staatsverfassung in Folge desjenigen, was eben in ihm die Herrschaft übt, umschlage, sobald in eben jenem ein Zwiespalt entsteht, hingegen wenn jenes einträchtig ist, mag es ein noch so Kleines sein, unmöglich Etwas gerüttelt werden kann? – Ja, so ist es allerdings. – Auf welche Weise also, o Glaukon, sagte ich, wird uns am Staate gerüttelt werden, und in welcher Beziehung werden unsere Helfer und unsere Herrscher gegenseitig und unter sich selbst in Zwiespalt gerathen? oder willst du, daß wir, wie Homeros, zu den Musen flehen, daß sie uns sagen, wie wohl zuerst Zwiespalt eingetreten sei, und wollen wir behaupten, daß sie in abenteuerlicher Weise, als wenn sie mit uns, wie mit Kindern, scherzten und uns neckten, gleichsam als meinten sie es ernsthaft, in hochtrabenden Worten sich ausdrücken? – Wie so? – Ungefähr folgendermaßen: „Schwer zwar ist es, daß ein auf diese Weise gestalteter Staat gerüttelt werde; aber da alles Entstandene auch einen Untergang hat, so wird auch die derartige Gestaltung nicht die gesammte Zeit hindurch bestehen bleiben, sondern irgend einmal aufgelöst werden. Diese Auflösung aber ist folgende: Nicht bloß für die der Erde entsprossenden Pflanzen, sondern auch für die auf der Erde lebenden Thiere entstehen Zeitpunkte einer Fruchtbarkeit und einer Unfruchtbarkeit, wann gewisse Perioden je mit den einzelnen Wesen irgend Kreis-Umläufe zusammentreffen lassen, nemlich mit den kurzlebenden kurzdauernde, mit den langlebenden aber langdauernde Umläufe. Was aber euer Menschen Geschlecht betrifft, so werden der Zeitpunkte einer richtigen Zeugung und einer Unfruchtbarkeit die von euch gebildeten Lenker des Staates, so weise sie auch sein mögen, doch darum durch nichts Anderes, als nur durch einen mit Sinneswahrnehmung vermischten Vernunftschluß habhaft werden können; ja, gerade entgehen werden ihnen diese Zeitpunkte, und sie werden dann einmal Kinder in einer Zeit erzeugen, in welcher sie nicht sollen. Es gibt aber für das Produkt einer göttlichen Zeugung eine Periode, welche von einer

schlechthin vollkommenen Zahl umfaßt wird, hingegen für das einer menschlichen eine ursprüngliche Zahl, in welcher irgend mächtige Multiplicirungen und drei allbeherrschende Abstände mit vier abgegrenzten Maßen des Aehnlichmachenden und Unähnlichmachenden und des Wachsenden und Abnehmenden zusammentreffen und so Alles gegenseitig zu einem proportionalen und rationalen machen, wovon eben das Vierdrittel-Verhältniß als Grundwurzel zu Accorden mit der Fünfzahl verbunden zwei Harmonien bewirkt, indem es zur Dreiheit der Dimensionen potenzirt wird, nemlich daß die Eine Harmonie immer ein gleichmal Gleiches, also eine Potenzirung vermittelst eines hundertfachen Hundertes ist, die andere Harmonie hingegen wohl einerseits ein Quadrat, andrerseits aber ein Rechteck enthält, nemlich erstens hundert Quadratzahlen der rationalen Diagonalzahl von Fünf, wobei von jeder Quadratzahl Eins abgezogen wird, und zwei Quadratzahlen der irrationalen Diagonalzahl von Fünf, und zweitens hundert Kubikzahlen von Drei

Erstens, was das Motiv und den Werth dieser Zahlen-Musik betrifft, so ist es das Verkehrteste von Allem, wenn man glaubt, Plato verspotte hier dergleichen Versuche, durch Zahlen-Verhältnisse das Wesen der Dinge ausdrücken zu wollen; denn zu solchem Spotte paßt weder die vorhergehende Berufung auf die Musen (da ja Plato im Falle eines Spottes sich eher auf die „ruhmvollen Fachgelehrten" oder dergl. berufen hätte), noch auch der nachfolgende äußerst schlichte Uebergang auf die weitere Entwicklung (denn würde es sich um ein Verspotten handeln, so müßte nach Plato's Sitte irgend eine Wendung, wie z. B. „ist dieß nicht herrlich gesagt?" oder sonst etwas dergleichen nachfolgen); hingegen liegt es im innersten Kerne der platonischen Ansichten tief begründet, daß er in der That eine über die gewöhnlichen Formen des Wissens hinausgehende Weisheit annimmt und dieselbe auch stets Personen in den Mund legt, welche gewissermaßen der unmittelbaren Gegenwart entrückt sind und den Charakter eines Sehers, oder Propheten, oder Priesters u. dgl. an sich tragen; und wie sehr Plato gerade bezüglich der Natur die Erkenntnis der letzten Principien in überschwenglicher Weise in eine gewisse mathematische Mystik verlegt habe, bezeugt vor Allem der „Timäus", welchen ganzen Dialog ja Plato selbst als einen „verständigen Scherz" bezeichnet, ein Ausdruck, an welchen jeder Kundige bei jenen Worten erinnert werden muß, die hier an unserer Stelle bezüglich der Musen gebraucht sind. Eben den Musen aber, als den höchsten Vertreterinnen all jener Wissenschaften, welche im Obigen waren aufgezählt worden, legt hier Plato eine letzte erreichbare Erklärung dessen in den Mund, wie das Wahre und Gute unter gewissen Bedingungen selbst im Wechsel der sterblichen Wesen bewahrt bleiben könne; d. h. Plato ist von der unverrückbaren Ueberzeugung durchdrungen, daß eine gewisse, wenn auch getrübte, Regelmäßigkeit und principielle Basis auch dem Gebiete des Vergänglichen einwohnen müsse, und ebenso unzweifelhaft schließt er sich in all derartigen Fragen an den Pythagoreismus an, indem er sicher glaubt, daß es eine mathematisch-astronomisch-musikalische Lösung all solcher Räthsel geben müsse, d. h. daß die in musikalischen Intervallen geregelten Umläufe der Gestirne in Verbindung mit arithmetischen und geometrischen Eigenthümlichkeiten der Dinge den letzten Erklärungsgrund im Gebiete des Wandelbaren ausmachen; und in solchem Sinne sucht er auch hier einen Zahlen-Ausdruck für den richtigen und wahren Zeitpunkt menschlicher Geburten, welcher ihm durch den Umlauf der Gestirne, sowie durch harmonische und stereometrische Verhältnisse bedingt ist. Ich möchte demnach etwa sagen, Plato habe sicher nicht um jeden Preis gerade jene zwei bestimmten Zahlen, welche wir nun sogleich entwickeln werden, festhalten wollen, aber wohl sei er der festesten Ueberzeugung gewesen, daß es irgend Zahlen geben müsse, welche in astronomischer und musikalischer und stereometrischer Beziehung den innersten Kern der wandelbaren, durch Zeugung entstandenen, Wesen ausdrücken; (ob ein solches Verfahren als ein philosophisches, und nicht vielmehr als ein mystisches bezeichnet werden müsse, ist eine andere Frage, deren Beantwortung hier überflüssig scheint; daß aber ein solches Verfahren wesentlich der platonischen Speculation eigentümlich ist, muß Jeder zugestehen, der von sich sagen will, daß er den Plato kenne; wer hingegen bei dieser Stelle einen Spott annimmt und von sokratischer Ironie spricht, ist kein Kenner Plato's. selbst wenn er alle Werke desselben übersetzt hätte).

Was nun zweitens den Inhalt der symbolischen Zahl selbst betrifft, so geht Plato davon aus. daß es für alle lebenden Wesen gewisse Zeitpunkte der Fruchtbarkeit gebe, welche periodisch wiederkehren, und er sucht dann (nachdem er die eigentlich göttlichen Geburten als schlechthin vollkommene von vornherein ausgeschieden hat) bezüglich der Eingehung von Ehen oder der Kindererzeugung seitens der Wächter oder Herrscher des Ideal-Staates die Wiederkehr dieses günstigen Zeitpunktes an eine Zahl zu knüpfen, neben welche aber zugleich eine zweite Zahl gestellt wird, unter deren Einguß gleichsam die ungünstigeren und für den Staat unglücklicheren Geburten stehen; beide Zahlen aber werden ausdrückt als „Harmonien“, d. h. als irgend musikalische Verhältnisse bezeichnet und mit Worten und Anschauungen gemischt, welche entschieden der Geometrie angehören; und wir dürfen wohl am wenigsten an die gewöhnlichen Zeitmaße, sei es Jahre oder Monate oder Tage oder Stunden, denken, so daß die beiden Zahlen bloß die Anzahl solcher Zeiteinheiten bedeuten würden, nach deren Ablauf immer wieder ein solcher für die Zeugung günstiger Zeitpunkt einträte, sondern gewiß müssen wir uns die Sache so vorstellen, daß nach Plato's Ansicht in sehr vielen und sehr verschiedenen Zeiten die eine oder die andere der beiden Harmonien obwalten könne; denn die Lenker des Staates sollen ja gerade das Wissen davon haben, ob ein bestimmter Zeitpunkt für Kindererzeugung günstig oder ungünstig sei, und aus Unkenntniß in dieser Beziehung folgt die Verschlechterung der Generation der Wächter. Daß die sog. Constellation der Gestirne am Himmel zur Berechnung dessen, welche Harmonie in einer bestimmten Zeit gerade obwalte, auch beizuziehen sein sollte, wollen wir nicht in Abrede stellen, aber sicher gehörte zu jener Berechnung noch eine Menge von Einzelnheiten betreffs der Verhältnisse des Staates und der Wächter selbst u. s. w., so daß, je näher wir uns ein solches berechnendes Verfahren in unserer Vorstellung ausmalen, wir um so entschiedener zur Ueberzeugung kommen müssen, daß wirklich nur eine mystische Anschauung musikalisch-geometrischer Zahlenverhältnisse das Maßgebende war.

Diese gesammte geometrische Zahl aber waltet eben über das Derartige, nemlich über die besseren und schlechteren Geburten, und wenn euch die Wächter aus Unkenntniß derselben zur Unzeit Hochzeiterinnen mit Hochzeitern vereinigen, so werden keine trefflich begabten und keine glücklichen Kinder hieraus entstehen. Allerdings werden die besten unter ihnen durch ihre Vorgänger als Herrscher aufgestellt werden, aber dennoch werden sie, weil sie eben als Unwürdige in die Macht ihrer Väter eintreten, zuerst damit beginnen, uns Musen zu vernachlässigen, indem sie, obwohl sie Wächter sind, die musische Bildung geringer anschlagen werden, als sie sollten, und hiernach ebenso auch die gymnische Bildung; hiedurch also werden euch die Jünglinge ungebildeter werden, und in Folge hievon werden sie als Herrscher aufgestellt werden, welche durchaus keine große Befähigung dazu haben, Wache zu halten im Hinblicke auf eine prüfende Einsicht in die bei Hesiodos erwähnten und bei euch sich findenden Geschlechter, nemlich das goldene und das silberne und das eherne und das eiserne Geschlecht. Wenn aber Eisen mit Silber und Erz mit Gold vermischt wird, so entsteht eine Ungleichheit und eine unharmonische Unregelmäßigkeit; sobald aber diese entstehen, erzeugen sie da, wo sie entstehen, stets Krieg und Feindschaft. Einem solchen Menschengeschlecht demnach, muß man behaupten, gehört stets der Zwiespalt an, wo immer er entsteht." – Ja, und wir werden wohl behaupten, sagte er, daß sie uns hiemit eine richtige Antwort gegeben haben. – Dieß muß allerdings nothwendig der Fall sein, sprach ich, da sie ja Musen sind. – Wie also nun? sagte er, was sprechen die Musen bezüglich des hiernach folgenden? – Sobald, erwiederte ich, Zwietracht entstanden ist, so drängen hiemit jene beiden Geschlechter, nemlich das eiserne und ehrne, zum Gelderwerbe und zum Besitze von Ländereien und Wohnungen und von Gold und Silber, hinwiederum aber das goldene und silberne, welche ja nicht arm, sondern ihrer natürlichen Begabung nach reich sind, ziehen die Seelen zur Vortrefflichkeit und zur ursprünglich alten Einrichtung hin. Indem sie aber so gegenseitig einander Gewalt anthun und sich entgegenstreben, verständigen sie sich zu dem Mittelwege, daß sie einerseits Ländereien und Wohnungen verteilen und so zu einem Einzeln-Besitze machen, andrerseits aber diejenigen, welche vorher von ihnen als Freie bewacht worden waren, nemlich ihre Freunde und Ernährer, jetzt in Knechtschaft bringen und als ihre Schützlinge und Untergebenen behandeln und nun sie selbst die Besorgung des Krieges und der Bewachung derselben übernehmen. – Es scheint mir, sagte er, dieser Uebergang wirklich von da aus stattzufinden. – Nicht wahr also, sprach ich, irgend ein Mittleres zwischen Aristokratie und Oligarchie dürfte wohl diese Staatsverfassung sein? – Ja, allerdings. –

4. Uebergehen demnach wird sie auf diese Weise; nachdem sie aber übergegangen, wie wohl wird sie dann eingerichtet sein? oder ist etwa augenfällig, daß sie in Einigem die frühere Verfassung, in Anderem aber die Oligarchie nachahmen wird, weil sie ja in Mitte zwischen beiden steht, und auch, daß sie irgend Etwas ihr selbst Eigenthümliches an sich haben wird? – Ja, so ist es, sagte er. – Nicht wahr also, darin, daß sie ihre Herrscher ehrt und daß der für sie kämpfende Stand sich des Ackerbaues und der Handwerke und des übrigen Gelderwerbes enthält, und daß sie gemeinschaftliche Mahlzeiten eingerichtet hat und für gymnische und kriegerische Wettkämpfe sorgt, in all diesem also wird sie die frühere Verfassung nachahmen? – Ja. – Aber daß sie eine Furcht davor hat, die Weisen zur Ausübung der Herrschaft zu führen, weil sie nemlich keine derartigen Männer mehr, welche schlechthin einfach und streng waren, sondern ja nur gemischte besitzt, und daß sie daher zu den Mutherfüllten und

denjenigen sich hinneigt, welche unter den übrigen noch die einfacheren sind, nemlich zu Männern, welche mehr für den Krieg als für den Frieden begabt sind, und daß sie die hierauf bezügliche List und Gewandtheit in Ehren hält und die ganze Zeit hindurch hinwiederum auch mit sich selbst im Kriege lebt, Derartiges also wird sie größtenteils als das ihr Eigenthümliche an sich haben? – Ja. – Aber eine Begierde ja, sagte ich, werden die Derartigen nach Geldbesitz haben, wie die Menschen in den Oligarchien, und im Dunkeln werden sie Gold und Silber unbändig ehren, weil sie ja Vorratskammern und ihnen gehörende Schätze besitzen, woselbst sie solches heimlich hinterlegen, und auch wieder Umfangsmauern um ihre Wohnungen, so ziemlich wie einzelne Nester, in welchen sie mit ihren Weibern und anderen Leuten, mit welchen sie eben wollen, ihre Schätze verzehren und vielen Aufwand machen können. – Völlig wahr ist dieß, sagte er. – Nicht wahr also, auch sparsam mit ihrem eigenen Gelde werden sie sein, weil sie es ja ehren und nicht offenkundig besitzen, hingegen mit fremdem werden sie gerne Aufwand machen wegen ihrer Begehrlichkeit, und heimlich Vergnügungen genießen, indem sie, wie Kinder vor dem Vater, so vor dem Gesetzgeber entlaufen, nicht durch freie Ueberredung, sondern durch Gewalt herangebildet, weil sie die wahrhafte Muse, welche mit begründenden Reden und mit Weisheitsliebe verbunden ist, vernachlässigt haben, und die gymnische Kunst in höheren Ehren halten, als die musische. – Ja, durchaus, sagte er, bezeichnest du hiemit eine aus Schlechtem und Gutem gemischte Staatsverfassung. – Ja, gemischt ist sie allerdings, erwiederte ich; aber irgend Eines wird in ihr in Folge der Herrschaft des Muthigen am deutlichsten hervortreten, nemlich Streitliebe und Ehrliebe. – Ja wohl, gar sehr, sagte er. – Nicht wahr also, sprach ich, diese Staatsverfassung möchte auf diese Weise entstanden und derartig beschaffen sein, um nemlich in dieser Begründung nur den Umriß ihrer Verfassung zu entwerfen und keine genaue Ausführung zu geben, da es ja genügt, aus dem Umrisse den Gerechtesten und den Ungerechtesten zu erblicken, hingegen es eine vermöge der Länge unmögliche Aufgabe wäre, sämmtliche Staatsverfassungen und sämtliche Charaktere, ohne irgend Etwas wegzulassen, durchzugehen. – Ja, dieß ist richtig, sagte er. –

5. Welcher also nun wird der dieser Staatsverfassung entsprechende Mensch sein? wie wird er entstehen und wie beschaffen wird er sein? – Ich glaube, sagte Adeimantos, er wird so ziemlich diesem Glaukon da nahe kommen, wenigstens was die Streitliebe betrifft. – Vielleicht, sagte ich, in diesem Betreffe wohl; aber in Folgendem scheint er mir seiner Begabung nach diesem nicht zu entsprechen.

– Welches ist dieß? – Er muß nemlich, sagte ich, ziemlich anmaßend sein und den Ungebildeten teilweise näher stehen, dabei aber doch Liebe zur Bildung haben, auch hörlustig sein, aber in keiner Weise Befähigung zu einem Redner besitzen; und gegen Sklaven dürfte der Derartige sich wild benehmen, ohne dabei, wie der vollkommen Gebildete thut, den Verkehr mit Sklaven überhaupt unter seiner Würde zu halten, gegen Freie aber wird er sich sanft benehmen, den Herrschern aber sehr unterthänig sein, dabei aber selbst herrschsüchtig und ehrliebend, nicht mit dem Wunsche, vermittelst begründender Reden oder irgend derartiger Dinge zu herrschen, sondern eben vermittelst kriegerischer und überhaupt den Krieg betreffender Thaten, indem er ja auch die gymnischen Uebungen und die Jagd liebt. – Ja, allerdings, sagte er, ist dieß auch der Charakter jener Staatsverfassung. – Nicht wahr also, auch das Geld, sprach ich, wird ein Solcher, so lange er jung ist, gering achten, hingegen je älter er wird, desto mehr wird er es lieben, weil er ja an der geldliebenden Begabung Theil hat und nicht schlechthin rein auf die Vortrefflichkeit gerichtet ist, da ihn der beste Wächter verlassen hat. – Welcher ist dieß? sagte Adeimantos. – Der mit musischer Bildung vermische Vernunftgrund, sagte ich, welcher allein, wenn er sich einfindet, als Gewährer der Vortrefflichkeit demjenigen, der ihn hat, Zeit seines Lebens einwohnt. – Du hast Recht, sagte er. – Und es ist also, sprach ich, der timokratische Jüngling derartig beschaffen, dem derartigen Staate gleichend. – Ja, allerdings. – Entstehen aber, sagte ich, wird er ungefähr auf folgende Weise: Zuweilen nemlich wird er als Kind der Sohn eines guten Vaters sein, welcher in einem nicht gut eingerichteten Staate wohnt, dabei alle staatlichen Ehren und jede Ausübung einer Herrschaft und alle Rechtshändel und die gesammte derartige Vielgeschäftigkeit meidet und lieber verkürzt werden will, um nur mit Solchem Nichts zu schaffen zu haben. – Wie aber eigentlich entwickelt er sich? sagte er, – Wenn er, erwiederte ich, erstens von seiner Mutter hört, wie dieselbe sich darüber ärgert, daß ihr Mann nicht zu den Herrschern gehört und sie sich deshalb unter den übrigen Weibern verkürzt fühlt, und sodann auch bemerkt, daß ihr Mann sich nicht sehr eifrig um Geldbesitz bemüht und nicht überall, im Einzel- Verkehre und in Gerichtshöfen und im öffentlichen Leben, kämpft und schmäht, sondern leichten Sinnes all Derartiges erträgt, und ferner wahrnimmt, daß er stets nur auf sich seine Aufmerksamkeit richtet, sie selbst aber weder sehr ehrt, noch sehr mißachtet, und wenn also diese in Folge von all dem sich ärgert und zum Sohne sagt, sein Vater sei unmännlich und lasse sich gar zu sehr gehen, und anderes Derartiges, wie viele und wie beschaffene Lieder in diesem Betreffe die Weiber ja zu singen pflegen. – Ja wohl, gar viele, sagte Adeimantos, und ihnen selbst ganz ähnliche. – Weißt du also, sagte ich, daß auch die Sklaven der derartigen Leute bisweilen heimlich Solches zu den Söhnen sagen, nemlich gerade diejenigen, welche es gut zu meinen scheinen, und daß sie, wenn sie irgend einen Schuldner wissen, gegen welchen der Vater nicht einschreitet, oder sonst einen anderweitigen Uebelthäter, dann den Sohn ermuntern, er solle, sobald er Mann geworden, sich an all den Derartigen rächen und überhaupt in höherem Grade ein Mann sein, als sein Vater es sei. Und geht er außer Hause, so hört und sieht er wieder Anderes dergleichen, daß nemlich jene, welche bloß das Ihrige thun, in der Stadt als einfältige Menschen bezeichnet werden und geringe Geltung genießen, hingegen diejenigen geehrt und gepriesen sind, welche nicht das Ihrige thun. Wenn also der Jüngling all das Derartige hört und sieht und hinwiederum auch die Reden seines Vaters und die Thätigkeit desselben in der Nähe hört und sieht, sie mit jenen der Uebrigen vergleichend, dann wohl wird er von diesem Beiderseitigen hin und her gezogen, und indem der Vater den vernünftigen Theil in seiner Seele befruchtet und fördert, die übrigen hingegen den begehrlichen und den muthigen, so wird er, weil er ja von Natur aus nicht von einem schlechten Manne stammt, aber des schlechten Verkehres mit den Uebrigen sich bedient, durch jenes beiderseitige zu einem Mittleren gezogen, und dort angelangt, überliefert er die Herrschaft in seinem Inneren eben den Mittleren und Streitliebenden und Muthigen, und wird so ein hochfahrender und ehrgeiziger Mann. – Gar sehr wohl, sagte er, scheinst du mir die Entstehung desselben hiemit durchgegangen zu haben. – Wir kennen also jetzt, sprach ich, die zweite Staatsverfassung und den ihr entsprechenden zweiten Menschen. – Ja, wir kennen sie, sagte er. –

6. Nicht wahr also, hernach nun wollen wir den Spruch des Aeschylos anwenden:

„bei einer jeden Stadt ein Anderer hingestellt“,

oder vielmehr gemäß unserer Voraussetzung zuerst den Staat angeben. – Ja, allerdings so, sagte er. – Es möchte aber wohl, wie ich glaube, die Oligarchie die zunächst nach einer solchen folgende Staatsverfassung sein. – Welcherlei Einrichtung aber, sagte er, nennst du Oligarchie? – Die auf Vermögensschätzung beruhende Staatsverfassung, erwiederte ich, in welcher die Reichen die Herrscher sind, die Armen aber keinen Theil an der Herrschaft haben. – Ich verstehe, sagte er. – Nicht wahr also, zuerst müssen wir den Uebergang von der Timarchie zur Oligarchie angeben? – Ja. – Und in der That, sagte ich, ist dieser Uebergang auch einem Blinden klar. – Wie so? – Jene Vorrathskammer, sagte ich, richtet dadurch, daß sie bei einem Jeden mit Gold gefüllt wird, jene so beschaffene Staatsverfassung zu Grunde. Erstens nemlich werden sie Gegenstände des Aufwandes für sich ausfindig machen und die Gesetze nach dieser Seite hinüber drehen, Ungehorsam gegen sie zeigend, sie selbst und ihre Weiber. – Ja, so scheint es, sagte er. – Sodann ja, glaube ich, sieht hiebei der Eine auf den Anderen und geräth in Eifersucht, und so machen sie die gesammte Masse ihrer selbst zu einer derartigen. – So scheint es. – Von da aus demnach, sagte ich, schreiten sie im Gelderwerbe vorwärts, und je ehrenhafter ihnen eben dieß gilt, desto unehrenhafter die Vortrefflichkeit; oder ist nicht auf diese Weise von Reichthum die Vortrefflichkeit getrennt, wie wenn beide in den Schalen einer Wage lägen und jedes von beiden stets nach der entgegengesetzten Seite zöge? – Ja wohl, gar sehr, sagte er. – Wenn demnach der Reichthum und die Reichen in einem Staate geehrt werden, so werden die Vortrefflichkeit und die Guten mißachtet sein. – Dieß ist klar. – Geübt aber wird ja immer, was man ehrt, vernachlässigt hingegen, was man mißachtet. – Ja, so ist es. – Aus streitliebenden und ehrliebenden Männern sind sie demnach zuletzt erwerbliebende und geldliebende geworden, und den Reichen preisen und bewundern sie und führen ihn zu den Ausübungen der Herrschaft, den Armen aber mißachten sie. – Ja, gewiß. – Nicht wahr also, dann stellen sie hiemit ein Gesetz als das Maß der oligarchischen Staatsverfassung auf, indem sie eine gewisse Menge Geldes festsetzen, und zwar eine größere, wo es in höherem Grade eine Oligarchie ist, und eine kleinere, wo in geringerem Grade, und sie sprechen es aus, daß an der Herrschaft keinen Theil habe, wer nicht ein Vermögen im Belange der festgesetzten Schätzung besitze. Solches aber setzen sie entweder mit Waffengewalt durch, oder sie haben schon vorher durch Erregung von Furcht die derartige Staatsverfassung eingesetzt; oder ist es nicht so? – Ja, allerdings so. – Die Herstellung derselben ist demnach, so zu sagen, diese. – Ja, sagte er; aber welches denn nun ist die Art und Weise dieser Verfassung, und welches sind die Fehler, die sie unserer Behauptung zu Folge enthält? –

Erstens, sagte ich, eben jenes, wie beschaffen ihr Maß ist; sieh nemlich nur zu; wenn Jemand auf diese Weise die Steuermänner von Schiffen in Folge der Vermögensschätzung einsetzen wollte, dem Armen aber, selbst wenn er mehr Geschick zum Steuern hätte, es nicht gestatten würde. – Wohl eine schlechte Schifffahrt, sagte er, würden sie dann vollbringen. – Nicht wahr also, auch betreffs jedweden anderen Dinges oder überhaupt irgend einer Herrschaft verhält es sich ebenso? – Ich wenigstens glaube es. – Etwa mit Ausnahme des

Staates? sagte ich; oder auch betreffs des Staates? – Gewiß ja zu höchsten Grade, sagte er, je mehr diese Herrschaft die schwierigste und größte ist. – Dieß demnach wäre der Eine so bedeutende Fehler, welchen die Oligarchie enthält. – Ja, so zeigt sich's. – Wie aber? ist der folgende etwa kleiner als Dieser? – Welcher? – Daß der derartige Staat nothwendig nicht Einer, sondern zwei sein muß, nemlich einerseits ein Staat der Armen und andrerseits ein Staat der Reichen, welche an der nemlichen Stelle beisammen wohnen und immer einander nachstellen. – Bei Gott, sagte er, kein kleinerer Fehler ist dieß. – Ist aber nun etwa Folgendes etwas Schönes, daß sie vielleicht unfähig sind, irgend einen Krieg zu führen, da sie ja genöthigt sind, entweder die Menge als eine bewaffnete beizuziehen und dann diese mehr als selbst die Feinde zu fürchten, oder sie nicht beizuziehen und dann in der That als ein Herrscherreich Weniger bei dem Kampfe sich zu zeigen, und dann auch, daß sie nicht den Willen haben, Geld beizutragen, weil sie ja eben geldliebend sind? – Allerdings nichts Schönes ist dieß. – Wie aber? was wir schon längst getadelt haben, nemlich jene Vielgeschäftigkeit, daß Ein und die Nemlichen zugleich Ackerbauer und Gelderwerber und Krieger sind, wie es bei der derartigen Staatsverfassung der Fall ist, scheint dir dieß sich richtig zu verhalten? – In keiner Weise. –

7. Sieh demnach zu, ob diese Verfassung nicht die erste sei, welche von all diesen Uebeln noch das größte im Folgenden enthält. – In welchem? – Daß es erlaubt ist, all das Seinige zu verkaufen, und jedem Andern, die Habe dessen, der sie verkauft, zu erwerben, und so nach dem Verkaufe Einer in dem Staate wohne, welcher kein Theil des Staates mehr ist, nemlich weder ein Gelderwerber noch ein Handwerker, noch ein Berittener, noch ein Schwerbewaffneter, sondern eben nur als Einer, welcher arm und mittellos genannt wird. – Allerdings die erste, sagte er, ist diese Verfassung. – Verhindert wenigstens wird Derartiges in den oligarchisch regierten Staaten nicht; denn sonst wären nicht die Einen übermäßig reich und die Anderen gänzlich arm. – Dieß ist richtig. – Sieh aber auch Folgendes: Hat etwa, wenn der Derartige als ein Reicher einen Aufwand gemacht hat, dieß dann dem Staate irgend einen größeren Nutzen in der eben angegebenen Beziehung verschafft, oder war es nur Schein, daß er zu den Herrschern gehöre, er selbst hingegen in Wirklichkeit weder ein Herrscher, noch ein Diener des Staates, sondern eben nur ein Aufzehrer des Bereitliegenden? – Ja, sagte er, es war ein Schein, er selbst aber war nichts Anderes, als ein Aufzehrer. – Willst du also, sagte ich, daß wir von ihm behaupten sollen, er sei, sowie in den Wachswaben eine Drohne als eine Krankheit des Bienenstockes

entsteht, in gleicher Weise in seinem Hause als Drohne und als eine Krankheit des Staates entstanden? – Ja, allerdings so, o Sokrates, sagte er. – Nicht wahr also, o Adeimantos, die geflügelten Drohnen hat der Gott sämmtlich ohne Stachel entstehen lassen, von diesen zweibeinigen aber Einige ohne Stacheln, Andere hingegen mit fürchterlichen Stacheln? und aus den Stachellosen werden zuletzt Bettler bis in ihr Greisenalter, aus den mit einem Stachel Versehenen aber alle Diejenigen, welche als Uebelthäter bezeichnet werden. – Völlig wahr ist dieß, sagte er. – Klar also ist, sagte ich, daß, wo du in einem Staate Bettler siehst, dort auch irgendwo in dieser Gegend versteckte Diebe und Beutelschneider und Tempelräuber und Verüber aller derartigen Uebel sein werden. – Ja, klar ist es, sagte er. – Wie nun? siehst du nicht, daß in den oligarchisch regierten Staaten sich Bettler finden? – Ja, beinahe Alle, sagte er, sind es, mit Ausnahme der Herrscher. – Sollen wir also nicht glauben, sprach ich, daß auch viele Uebelthäter, welche mit Stacheln versehen sind, in denselben seien, welche von den Obrigkeiten sorgfältig mit Gewalt im Zaume gehalten werden? – Wir werden es wohl glauben, sagte er. – Werden wir also nicht behaupten, daß in Folge eines Mangels an Bildung und einer schlechten Pflege und der Einrichtung der Staatsverfassung sich die Derartigen dortselbst einfinden? – Ja, wir werden es behaupten. – Also derartig beschaffen dürfte der oligarchisch regierte Staat sein und so viele Uebel dürfte er enthalten, vielleicht aber auch noch mehrere. – So ziemlich wohl, sagte er. – Erledigt demnach, sprach ich, sei uns hiemit auch diese Staatsverfassung, welche man Oligarchie nennt, und welche in Folge der Vermögensschätzung ihre Herrscher hat.

8. Aber von dem ihr ähnlichen Menschen wollen wir nun hiernach erwägen, sowohl wie er entstehe, als auch wie beschaffen, wenn er entstanden, er sei. – Ja, allerdings, sagte er. – Wird er also wohl in folgender Weise zumeist aus jenem timokratischen Menschen in einen oligarchischen umschlagen? – In welcher? – Wann ihm nemlich ein Sohn geboren wird und dieser vorerst seinem Vater nacheifert und die Spuren desselben verfolgt, dann aber plötzlich sieht, wie er an einer Felsenklippe an dem Staate strandete und all seine Habe und sich selbst über Bord warf, nachdem er entweder eine Feldherrnwürde oder ein anderes bedeutendes Amt geführt hatte, und dann dem Gerichtshofe anheimfiel, wo er, von Verleumdern benachtheiligt, entweder zum Tode oder zur Verbannung oder zum Verluste seiner Bürgerrechte und des gesammten Vermögens verurtheilt wurde. – Ja, so scheint es, sagte er. – Nachdem er aber dieß, mein Freund, gesehen und erduldet und seine Habe verloren hat, wird er aus Furcht, glaube

ich, sogleich kopfüber von dem in seiner Seele befindlichen Throne die Ehrliebe und jenes Muthige herabstoßen, und erniedrigt durch Armuth sich zum Gelderwerbe wenden und in filziger Weise und mit kleinlicher Sparsamkeit und Arbeitsamkeit sich Geld sammeln. Glaubst du etwa nicht, daß dann der Derartige auf jenen Thron das begehrliche und Geldliebende setzen und es in sich selbst zum Großkönige machen wird, es mit Stirnbinde und goldener Kette und Schwert umgürtend? – Ja, gewiß, sagte er. – Das Vernünftige aber und das Muthige wird er auf den Boden zu beiden Seiten unter dasselbe setzen und, indem er die beiden knechtet, wird er das Eine derselben nichts Anderes vernünftig betrachten und erwägen lassen, als durch welche Mittel aus kleinerem Vermögen ein größeres werde, das Andere aber nichts Anderes, als den Reichthum und die Reichen bewundern lassen, und in nichts Anderes seine Ehre setzen, als in den Geldbesitz und wenn irgend sonst Etwas eben dahin führt. – Es gibt, sagte er, keine andere so schnelle und mächtige Veränderung eines ehrliebenden Jünglinges in einen geldliebenden. – Ist also dieser, sprach ich, ein oligarchischer? – Seine Veränderung wenigstens ging aus einem Manne vor sich, welcher jenem Staate ähnlich war, aus dem die Oligarchie hervortrat. – Wollen wir demnach erwägen, ob er nun ihr ähnlich sei. – Ja, wir wollen dieß erwägen. –

9. Nicht wahr also, erstens darin, daß er das Geld am höchsten schätzt, dürfte er ihr ähnlich sein? – Wie sollte er auch nicht? – Und ja auch darin, daß er sparsam und arbeitsam ist, indem er unter seinen Begierden nur die nothwendigen befriedigt, weiteren Aufwand aber nicht macht, sondern die übrigen Begierden als eitle unterjocht. – Ja, allerdings. – Gewissermaßen schmutzig ja ist er, sagte ich, und indem er von Allem sich Gewinn macht, wird er ein Schätze sammelnder Mann, und diese ja preist dann auch der große Haufe; oder wäre nicht ein Solcher derjenige, welcher dem derartigen Staate ähnlich ist? – Mir wenigstens, sagte er, scheint es so; Geld wenigstens steht am meisten in Ehren bei einem solchen Staate und bei einem solchen Menschen. – Nicht auf Bildung ja, sagte ich, hat ein Solcher, wie ich glaube, seinen Sinn gerichtet. – Es scheint wenigstens nicht, sagte er; denn sonst würde er nicht einen Blinden als Führer seines Reigens aufstellen. – Und erwäge noch Folgendes, sprach ich, sehr genau: Sollen wir nicht behaupten, daß drohnenartige Begierden in Folge der Ungebildetheit in ihm entstehen, theils eben bettlerische, theils aber die eines Uebelthäters, welche mit Gewalt durch die übrige Sorgfalt im Zaume gehalten werden? – Ja wohl, gar sehr, sagte er. – Weißt du also, sprach ich, wohin du blicken mußt, um die Uebelthaten derselben zu sehen? – Wohin wohl? sagte er.

– Auf Vormundschaften über Waisen, und wenn ihnen sonst etwas Derartiges sich ergibt, daß sie eine reiche Möglichkeit des Unrechtthuns erlangen. – Dieß ist wahr. – Ist also nicht hiebei klar, daß der Derartige bei dem übrigen Verkehre, wo er ein Gerechter zu sein scheint und in gutem Rufe steht, eben nur durch eine ziemlich starke Gewalt über sich selbst andere in ihm befindliche Begierden im Zaume hält, nicht durch Ueberredung, daß es so nicht besser sei, und nicht durch Beschwichtigung vermittelst eines Grundes, sondern nur aus Nothwendigkeit und Furcht, indem er wegen seines übrigen Vermögens zittert? – Ja wohl, allerdings, sagte er. – Und bei Gott ja, mein Freund, sprach ich, bei den Meisten derselben wirst du finden, daß, wenn es sich darum handelt, fremdes Gut aufzuzehren, eben jene mit den Drohnen verwandten Begierden in ihnen sind. – Ja wohl, in sehr hohem Grade, sagte er. – Wohl nicht ohne Zwiespalt also möchte ein Solcher in sich selbst sein, und nicht ein Einer, sondern ein Zweifacher, und er möchte wohl Begierden in sich enthalten, welche als die besseren zumeist über die schlechteren die Oberhand gewinnen. – Ja, so ist es. – Darum demnach, sagte ich, wird der Derartige wohl anständiger als Viele sein, aber die wahrhafte Vortrefflichkeit einer einträchtigen und harmonisch gestimmten Seele flieht wohl weit von ihm. – So scheint es mir. – Und in der That ja auch ein schlechter Wettkämpfer als einzelner Mann im Staate ist der Sparsame, wenn es irgend einen Sieg oder sonst einen Wetteifer im Schönen gilt, denn er will um des Ruhmes und der derartigen Kämpfe willen kein Geld aufwenden, weil er sich ja scheut, die auf Aufwand bezüglichen Begierden zu wecken und zu irgend einer Bundesgenossenschaft und einem Wetteifer des Streites herbeizurufen, sondern nur vermittelst einiger weniger Dinge, welche in ihm liegen, führt er in oligarchischer Weise den Kampf, mit der Mehrzahl derselben aber unterliegt er und bleibt dabei reich. – Ja wohl, gar sehr, sagte er. – Werden wir also, sprach ich, es noch bezweifeln, daß entsprechend dem oligarchisch regierten Staate vermöge einer Aehnlichkeit der Sparsame und der Gelderwerber seine Stelle habe? – Nein, keineswegs, sagte er. –

10. Betreffs der Demokratie demnach müssen wir, wie es scheint, es nun erwägen, sowohl auf welche Weise sie entstehe, als auch, welche Art und Weise sie, wenn sie entstanden, an sich habe, damit wir hinwiederum auch die Art und Weise des derartigen Menschen erkennen und ihn zur Beurtheilung aufstellen. – Wir würden dann wenigstens, sagte er, uns bei unserem Wege, welchen wir gehen, gleich bleiben. – Nicht wahr also, sprach ich, es schlägt wohl irgend auf folgende Weise aus einer Oligarchie in eine Demokratie um, in Folge einer

Unersättlichkeit in jenem, was als Gut gilt, nemlich daß man so reich als möglich werden solle? – Wie so? – Weil die Herrscher in derselben wegen ihrer großen Besitzthümer bei ihrer Herrschaft es nicht gesetzlich verwehren wollen, daß diejenigen unter den Jünglingen, welche zügellos sind, ihre Habe aufwenden und durchbringen dürfen, damit nemlich sie selbst dann die Habe Solcher käuflich an sich bringen und durch Geld-Darlehen an sie noch reicher und hiedurch noch angesehener werden. – Ja, um jeden Preis. – Nicht wahr also, dieß ist von vorneherein in diesem Staate klar, daß es bei den Bürgern eine Unmöglichkeit ist, zugleich den Reichthum zu ehren und Besonnenheit in genügender Weise zu erlangen, sondern daß sie nothwendig entweder das eine oder das andere von diesen beiden vernachlässigen müssen. – Ja, so ziemlich klar ist dieß, sagte er. – Indem sie demnach in den Oligarchien zuweilen gar nicht unedle Naturen auf diese Weise vernachlässigen und in Ziellosigkeit leben ließen, nöthigten sie dieselben, arm zu werden. – Ja, gar sehr. – Diese dann sitzen nun, glaube ich, im Staate da, mit Stacheln versehen und zugleich entwaffnet, die Einen als Schuldner, Andere der Bürgerrechte verlustig, Andere beides zugleich, in Haß und Tücke gegen jene, welche ihre Habe an sich gebracht haben, sowie gegen alle Uebrigen, stets nach Neuerung strebend. – Ja, so ist es. – Die Gelderwerber hingegen sind eben auf dieß erpicht und scheinen dieselben gar nicht zu bemerken, sondern schleudern auf jeden der Uebrigen, welcher immer sich ihnen darbietet, wieder Geld als verwundenden Pfeil, und indem sie die Zinsen als Sprößlinge des Kapitales in vervielfachtem Maße eintreiben, erzeugen sie im Staate eine große Menge Drohnen und Bettler. – Wie sollte auch, sagte er, nicht eine große Menge derselben entstehen? – Und weder durch jenes Verfahren, sagte ich, wollen sie das auflodernde derartige Unheil löschen, daß sie die beliebige Veräußerung der Habe verhindern, noch auch durch folgendes, durch welches hinwiederum gemäß eines anderen Gesetzes derartiges abgeschnitten würde. – Gemäß welchen Gesetzes? – Gemäß eines Gesetzes, welches nach jenem das zweite wäre und die Bürger nöthigen würde, der Vortrefflichkeit sich hinzugeben; nemlich wenn es vorschriebe, daß man auf seine Gefahr hin den größten Theil der freiwilligen Contracte abschließe, so würde man wohl weniger unverschämt Geldgeschäfte im Staate machen, und in geringerer Zahl würden die derartigen Uebel, von welchen wir so eben sprachen, hervorsprossen. – Ja, bei Weitem, sagte er. – Nun aber, sprach ich, führen ja durch all Derartiges die Herrscher einen solchen Zustand der Beherrschten in dem Staate herbei; was aber sie selbst und die Ihrigen betrifft, werden sie nicht die Jünglinge üppig und arbeitsscheu bezüglich des Körpers und bezüglich der Seele machen, und weichlich betreffs der Selbstbeherrschung in Vergnügen und Schmerz, und überhaupt thatenlos? – Wie sollte es anders sein? – Sie selbst aber werden Alles mit Ausnahme des Gelderwerbes vernachlässigen und auf die Vortrefflichkeit eben so wenig Sorgfalt verwenden, wie auch die Armen? – Allerdings keine. – Wenn demnach in solchem Zustande die Herrscher und die Beherrschten zusammentreffen, sei es auf Reisen oder in anderer Gemeinschaft oder bei Festgesandtschaften oder in Feldzügen oder als Schiffs- oder Zelt-Genossen oder als gegenseitige Beobachter im Augenblicke einer Gefahr, dann werden wohl keineswegs die Armen von den Reichen verschmäht werden, sondern wenn häufig ein armer, hagerer, sonnverbrannter Mann im Kampfe neben einem Reichen steht, welcher in behaglichem Schatten aufgewachsen und von fremdem Schweiße gar wohl beleibt geworden ist, und er das Keuchen und die Unbeholfenheit desselben sieht, glaubst du dann nicht, er werde der Ansicht sein, daß die Derartigen nur durch ihre Schlechtigkeit reich seien, und es werde, wenn sie einzeln zusammenkommen, der Eine dem Anderen zuflüstern: „unsere Herren sind Nichts werth“? – Ich weiß allerdings sehr wohl, sagte er, daß sie dieses thun. – Nicht wahr also, sowie ein krankhafter Körper nur einen kleinen Anstoß von Außen zu erhalten braucht um krank zu werden, bisweilen aber auch ohne die äußeren Dinge selbst in sich selbst zerrüttet wird, ebenso wird nun auch ein Staat, welcher in einem diesem entsprechenden Zustande ist, durch eine geringe Veranlassung, wenn von Außen her entweder die Eine Partei aus einem oligarchischen Staate oder die andere aus einem demokratischen Bundesgenossenschaft herbeiführt, sofort erkranken und gegen sich selbst kämpfen, zuweilen aber auch ohne die äußeren Ereignisse in sich in Zwiespalt sein. – Ja wohl, gar sehr. – Eine Demokratie demnach, glaube ich, entsteht, wenn die Armen den Sieg über die Anderen davon tragen und die Einen derselben tödten, Andere verbannen, und allen Uebrigen nach gleichen Theilen am Staate und an den Ausübungen der Herrschaft Antheil geben, und daher zumeist durch das Loos die Beamtungen in dem Staate eintreten. – Es ist auch wirklich, sagte er, dieß die Herstellung einer Demokratie, mag sie durch Waffengewalt vor sich gehen, oder in Folge der Furcht, da die Uebrigen selbst vom Platze weichen. –

11. Auf welche Art und Weise denn nun, sagte ich, leben diese im Staate, und wie wird hinwiederum diese Staatsverfassung beschaffen sein? denn klar ist, daß in eben solcher Beschaffenheit sich uns der demokratische Mensch zeigen wird. – Ja, klar ist dieß, sagte er. – Nicht wahr also, erstens sind sie frei, und von Freiheit im Handeln und von Redefreiheit ist der ganze Staat erfüllt, und Jeder

hat in demselben die Unbeschränktheit, zu thun, was er will? – So sagt man ja wenigstens, sprach er. – Wo aber diese Unbeschränktheit ist, wird klärlich Jeder eine ihm einzeln eigenthümliche Einrichtung seines Lebens treffen, welche ihm eben gefällt. – Ja, klärlich. – Menschen aller Art demnach, glaube ich, werden zumeist bei dieser Staatsverfassung entstehen. – Wie sollte es auch anders sein? – So kömmt es darauf hinaus, daß diese die herrlichste von den Staatsverfassungen ist; sowie ein Kleid, welches mit allen Farben bunt gefärbt ist, so möchte wohl auch dieser Staat, da er mit allen Charakteren gefärbt ist, als der herrlichste sich zeigen. – Warum auch nicht? sagte er. – Und wirklich dürften vielleicht auch, sagte ich, Viele das Urtheil fällen, er sei der herrlichste, sowie Kinder und Weiber beim Anblicke bunter Dinge urtheilen. – Ja wohl, gar sehr, sagte er. – Auch ist es, sprach ich, o du Hochzupreisender, ganz passend, in ihm überhaupt eine Staatsverfassung zu suchen. – Wie so? – Weil er ja alle Gattungen von Staatsverfassungen in Folge jener Unbeschränktheit in sich enthält, und für jenen, welcher einen Staat einrichten will, was ja doch wir jetzt thaten, es darauf hinauskömmt, daß er nothwendig in einen demokratisch regierten Staat sich begeben und dort die Art und Weise, welche ihm eben gefällt, auswählen muß, gerade wie wenn er in ein Waarenlager von Staatsverfassungen käme und sich eine auswählte und so den Staat dann gründete. – Vielleicht wenigstens, sagte er, an einer wahren Musterkarte würde es ihm nicht gebrechen. – Ferner aber, daß in diesem Staate, sprach ich, kein Zwang besteht, eine Herrschaft auszuüben, selbst wenn du tüchtig genug bist, sie auszuüben, und hinwiederum auch kein Zwang, dich beherrschen zu lassen, wenn du nicht willst, noch auch Krieg zu führen, wenn man Krieg führt, oder Frieden zu halten, wenn die Uebrigen ihn halten, falls nicht etwa du selbst ein Verlangen nach Frieden hast, und hinwiederum auch, daß du, wenn ein Gesetz dich hindert, eine Herrschaft auszuüben oder zu Gericht zu sitzen, du nichts desto weniger sie eben doch ausübst und zu Gericht sitzest, sobald es dir nur in den Sinn kömmt, ist dieß Alles nicht etwa eine göttliche und reizende Lebensweise für den Augenblick? – Ja, vielleicht, sagte er, für den Augenblick. – Wie aber? ist jene zarte Gesinnung einiger Verurtheilter nicht etwas gar Feines? oder hast du es in einem derartigen Staate noch nie gesehen, daß Menschen, welche zum Tode oder zur Verbannung verurtheilt waren, nichts desto weniger ungestört dort blieben und vor Aller Augen sich herumtrieben? und gerade als bekümmere sich Niemand darum und sähe es Niemand, stolzirt ein Solcher wie ein Heros umher. – Ja, gar Viele, sagte er. – Und jene Nachsicht dann eines solchen Staates und jener wahrlich von Kleinigkeitskrämerei freie Sinn, ja vielmehr daß man all jenes unter seiner

Würde hält, was wir anführten und womit wir uns groß machten, als wir unseren Staat gründeten, nemlich daß Keiner, woferne er nicht eine überaus tüchtige Begabung habe, jemals ein guter Mann werden könne, wenn er nicht schon sogleich als Kind im Schönen sein Kinderspiel betreibe und all Derartiges bereits übe, – in wie großartiger Weise tritt dieser Staat dieß Alles mit Füßen und bekümmert sich durchaus nicht darum, aus welcherlei Thätigkeit Jemand zu den staatlichen Verhältnissen sich wende und in diesen thätig sei, sondern er ehrt ihn schon, sobald er nur von sich behauptet, daß er gegen den großen Haufen wohlgesinnt sei. – Ja, wahrlich, sagte er, ein wackerer Staat. – Diese Dinge demnach, sprach ich, und noch andere hiemit verschwisterte enthält die Demokratie, und sie ist wohl, wie es scheint, eine reizende und herrscherlose und buntfärbige Staatsverfassung, welche ja die Gleichheit in gleicher Weise unter Gleiche und Ungleiche vertheilt. – Ja wohl, sagte er, gar sehr verständlich sprichst du. –

12. So sieh denn nun zu, sagte ich, wer als einzelner Mensch der so beschaffene sei; oder müssen wir zuerst erwägen, wie wir es auch beim Staate erwogen, auf welche Art und Weise er entstehe? – Ja, sagte er. – Etwa nicht auf folgende Weise: Jenem Sparsamen und Oligarchischen dürfte wohl, glaube ich, ein Sohn geboren werden, welcher dann von dem Vater in dem Charakter desselben auferzogen wird. – Warum auch nicht? – Mit Gewalt demnach wird auch dieser über jene in ihm befindlichen Begierden herrschen, welche auf den Aufwand, nicht aber auf Gelderwerb gerichtet sind, nemlich über jene, welche als die nicht nothwendigen bezeichnet werden. – Dieß ist klar, sagte er. – Willst du also, sprach ich, daß wir, um nicht in dunkler Weise die Erörterung zu führen, vorerst feststellen, welches die nothwendigen Begierden seien und welches die nicht nothwendigen? – Ja, ich will es, sagte er. – Nicht wahr also, diejenigen, welche wir nicht im Stande sind, abzuwenden, möchten wohl mit Recht die nothwendigen genannt werden, und alle jene, welche bei ihrer Erfüllung uns einen Nutzen bringen; denn daß wir nach diesen beiden streben, ist eine von Natur uns angeborene Nothwendigkeit; oder nicht? – Ja wohl, gar sehr. – Mit Recht demnach werden wir bei solchen von einer Nothwendigkeit sprechen. – Ja, mit Recht. – Wie aber? diejenigen, welche man losbringen könnte, woferne man von Jugend auf sich bemühte, und welche in uns befindlich zu nichts Gutem, zuweilen sogar zum Gegentheile wirken, möchten wir wohl sämmtlich als nicht nothwendige bezeichnen, und sodann wohl den richtigen Ausdruck gebrauchen. – Ja, allerdings den richtigen. – Wollen wir denn nun irgend ein Beispiel der

beiderseitigen, welche sie eben sind, vornehmen, um sie hiedurch in einem allgemeinen Gepräge zu erfassen? – Wir müssen wohl. – Wäre also nicht die Begierde nach Essen bis zur Gränze der Gesundheit und des Wohlverhaltens und jene nach Brod und Zuspeise eine nothwendige? – Ich glaube wohl. – Jene wenigstens nach Brod ist nach den beiden Seiten hin eine nothwendige, insoferne sie Nutzen schafft und insoferne sie auf die Fortdauer des Lebens einen Einfluß hat. – Ja. – Jene nach Zuspeise aber, woferne sie irgend einen Nutzen bezüglich des Wohlverhaltens mit sich bringt. – Ja wohl, allerdings. – Wie aber? die hierüber hinausgehende und auf anderweitige Speisen oder dergleichen sich erstreckende Begierde, bei welcher aber die Möglichkeit besteht, daß durch Züchtigung von Jugend auf und durch Bildung sie aus den Meisten sich entfernt, und welche schädlich ist für den Körper, schädlich aber auch für die Seele bezüglich der Einsicht und der Besonnenheit, möchte also diese nicht wohl mit Recht als eine nicht nothwendige bezeichnet werden? – Ja, allerdings völlig mit Recht. – Nicht wahr also, auch Begierden des Aufwandes wollen wir diese nennen, jene aber Begierden des Gelderwerbes, weil sie zur äußeren Thätigkeit brauchbar sind? – Wie anders? – In dieser Weise demnach wollen wir es auch bezüglich des Liebesgenusses und der übrigen Begierden behaupten? – Ja, in dieser Weise. – Und von jenem also, welchen wir so eben jetzt als Drohne bezeichneten, sagten wir, daß er von derartigen Vergnügungen und Begierden strotze und durch die nicht nothwendigen beherrscht werde, daß hingegen, wer von den nothwendigen beherrscht werde, ein Sparsamer und Oligarchischer sei. – Wie sollte es aber auch anders sein? –

13. Von vorne demnach, sagte ich, wollen wir wieder angeben, wie aus einem Oligarchischen ein Demokratischer entstehe; es zeigt sich mir aber, daß er meistenteils in folgender Weise entstehe. – In welcher? – Wenn er als Jüngling, wie wir so eben angaben, ohne Bildung und in Sparsamkeit aufgewachsen den Honig der Drohnen zu kosten bekommen hat und in Verkehr mit flammenden und fürchterlichen Thieren tritt, welche die Fähigkeit haben, allerlei bunte und mannigfaltige Vergnügungen zu bereiten, glaubst du dann, daß da wohl der Anfang davon sei, daß die in ihm befindliche oligarchische Richtung in eine demokratische umschlägt? – Ja, durchaus nothwendig, sagte er, muß sie es. – Wird also wohl, sowie der Staat dann umschlug, wenn der einen der beiden Parteien von Außen her eine Bundesgenossenschaft, nemlich eine gleiche der gleichen, zu Hülfe kam, ebenso auch jener Jüngling umschlagen, wenn hinwiederum von Außen her eine Gattung von Begierden dem einen der in ihm

befindlichen Theile zu Hülfe kömmt, nemlich eine mit diesem verwandte und ihm gleiche? – Ja, durchaus wohl. – Und wenn ja nun, glaube ich, wieder eine Bundesgenossenschaft dem Oligarchischen in ihm Gegenhülfe leistet, sei es von Seite des Vaters oder der übrigen Angehörigen, welche ihn belehren oder schelten, dann entsteht Partei und Gegenpartei und ein Kampf in ihm gegen sich selbst. – Warum nicht? – Und irgend einmal, glaube ich, weicht das Demokratische vor dem Oligarchischen zurück und die einen der Begierden gehen dabei zu Grunde, andere werden verbannt, da ein Schamgefühl sich in der Seele des Jünglinges einstellte, und er ist wieder ein Ordentlicher geworden. – Ja, bisweilen geschieht dieß, sagte er. – Hinwiederum aber, glaube ich, sind andere Begierden, welche mit den so eben verbannten verwandt sind, neuerdings herangezogen worden und durch die Unkenntniß des Vaters bezüglich der Erziehung in großer Anzahl und Macht entstanden. – Es pflegt wenigstens, sagte er, so zu geschehen. – Nicht wahr also, diese ziehen ihn zu eben jenem nemlichen Umgangs hin und erzeugen in geheimer Uebung dieses Verkehres wieder eine Menge. – Warum nicht? – Zuletzt denn nun, glaube ich, besehen sie die Burg der Seele des Jünglinges, da sie bemerkten, daß dieselbe leer sei von Unterrichtsgegenständen und von schönen Bestrebungen und von wahren Begründungen, welche ja die besten Beschützer und Wächter in den Gedanken gottgeliebter Männer sind. – Ja, bei Weitem wohl, sagte er. – Unwahre und prahlerische Reden und Meinungen, glaube ich, sind demnach anstatt jener hinaufgedrungen und haben eben diesen Ort des derartigen Menschen besetzt. – Ja, in hohem Grade, sagte er. – Ist er also nicht wiederum offenkundig zu jenen Lotophagen gekommen und hat sich bei ihnen niedergelassen? Und wenn von Seite der Angehörigen irgend eine Hülfe für das Sparsame in seiner Seele kömmt, so schließen jene prahlerischen Reden die Thore der königlichen Schutzmauer in ihm und lassen weder die Bundesgenossenschaft selbst herzu, noch auch empfangen sie die begründenden Reden einzelner Aelterer als Gesandte, sondern sie selbst gewinnen im Kampfe die Oberhand, und indem sie das Schamgefühl als Einfältigkeit bezeichnen, stoßen sie es ehrlos hinaus in die Verbannung, die Besonnenheit aber nennen sie Unmännlichkeit und jagen sie mit Beschimpfungen fort, die Mäßigkeit hingegen und einen nicht ungebührlichen Aufwand stellen sie als bäuerischen und unfreien Sinn dar, und bringen sie, unter Beihülfe vieler und nutzloser Begierden, über die Gränze. – Ja, in hohem Grade. – Nachdem sie aber all dieß fortgeschafft und die Seele des von ihnen festgehaltenen und eingeweihten Menschen mit großen Einweihungskosten gereinigt haben, so führen sie hiernach sogleich den

Uebermuth und die Unordnung und die Schwelgerei und die Unverschämtheit in glänzenden Gewändern und bekränzt mit einem zahlreichen Reigen zurück, indem sie Loblieder singen und milde Schmeichelnamen gebrauchen; Uebermuth nennen sie Wohlgezogenheit, Unordnung Freiheit, Schwelgerei Großartigkeit, Unverschämtheit Tapferkeit. Wird also nicht ungefähr auf diese Weise ein Jüngling, welcher in den nothwendigen Begierden auferzogen wurde, zur Freiheit und Schlaffheit der nicht nothwendigen und nutzlosen Vergnügungen übergehen? – Ja wohl, sagte er, und zwar in sehr deutlicher Weise. – Es lebt denn nun, glaube ich, hernach der Derartige, indem er nicht in höherem Grade auf die nothwendigen Vergnügungen, als auf die nicht nothwendigen, sein Vermögen und seine Mühe und seine Zeit aufwendet; aber wenn er vom Glücke begünstigt ist und in bacchantischem Toben nicht allzu weit ging, sondern älter geworden nach Verlauf des ersten argen Getümmels einige von jenen verbannten Theilen wieder aufnimmt und den Eindringlingen sich nicht völlig hingibt, so wird er in irgend ein Gleichgewicht die Vergnügungen bringen und so fortleben, indem er immer dem je ihn überkommenden, gerade als wäre dieses durch das Loos dazu bestimmt, die Herrschaft über sein Wesen übergibt, so lange bis er an ihm sich gesättigt hat, und hierauf wieder einem anderen, keines dabei mißachtend, sondern sämmtliche in Gleichberechtigung pflegen. – Ja wohl, allerdings. – Und eine wahrhafte Begründung, sagte ich, nimmt er nicht an und läßt sie in seine Burg nicht ein, falls Jemand sagen würde, daß unter den Vergnügungen die Einen zu den schönen und guten Begierden gehören, die anderen aber zu den schlechten, und daß man die ersteren betreiben und ehren, die letzteren aber züchtigen und knechten solle; sondern bei all diesem wird er den Kopf schütteln und behaupten, sie seien sämmtlich einander gleich und in Gleichberechtigung zu ehren. – Ja, in hohem Grade, sagte er, ist er in einem solchen Zustande und thut Solches. – Nicht wahr also, sprach ich, er bringt sein Leben dahin, indem er so Tag für Tag der ihn je überkommenden Begierde zu Gefallen ist, bald sich betrinkend und dem Flötenspiele lauschend, bald wieder Wasser trinkend und sich abmagernd, dann hinwiederum Gymnastik betreibend, zuweilen Nichts thuend und Alles vernachlässigend, dann auch wieder gleichsam mit Weisheitsliebe sich die Zeit vertreibend; häufig aber übt er staatliche Thätigkeit aus und springt auf die Rednerbühne und spricht und thut da, was ihm eben einfällt; und wann er irgend Kriegerischen nacheifert, stürmt er in dieser Richtung hin, oder wann Gelderwerbern, hinwiederum dorthin; und weder irgend eine Ordnung noch eine Nothwendigkeit leitet sein Leben, sondern ein reizendes und freies und glückseliges nennt er dieses Leben und bedient sich desselben fortan stets. – Ja, durchaus wohl, sagte er, hast du hiemit das Leben eines Mannes der Gleichberechtigung durchgegangen. – Ich glaube aber ja, sprach ich, daß er auch ein buntes Allerlei und mit der größten Menge von Charakteren erfüllt sei, und daß der Herrliche und Buntgefärbte, wie jener Staat, auch eben dieser Mensch sei, welchem viele Männer und viele Frauen wegen seines Lebens nacheifern dürften, weil er ja die reichste Musterkarte von Staatsverfassungen und von Sinnesarten in sich enthält. – Ja, so ist es allerdings, sagte er. – Wie also nun? soll uns hiemit entsprechend der Demokratie der derartige Mensch hingestellt sein, welcher mit Recht auch der demokratische genannt werden dürfte? – Ja, sagte er, er soll uns hiemit hingestellt sein. –

14. Also die herrlichste Staatsverfassung und der herrlichste Mensch, sagte ich, sind uns noch übrig, daß wir sie durchgehen, nemlich die Gewaltherrschaft und der Gewaltherrscher. – Ja gewiß, sagte er. – Wohlan denn nun, mein lieber Freund, welches wird die Art und Weise der Alleinherrschaft sein? denn daß sie aus der Demokratie umschlägt, ist so ziemlich klar. – Ja, dieß ist klar. – Entsteht also wohl gewissermaßen auf die nemliche Weise aus einer Oligarchie eine Demokratie und aus einer Demokratie eine Gewaltherrschaft? – Wie so? – Was jene, sagte ich, als das Gut aufstellte und wodurch sie eben zur Oligarchie wurde, das war das Uebermaß des Reichthumes; oder wie? – Ja. – Die Unersättlichkeit im Reichthume demnach und die Vernachlässigung des Uebrigen richtete in Folge des Gelderwerbes jene Staatsverfassung zu Grunde? – Dieß ist wahr, sagte er. – Wird also auch in jenem, was die Demokratie als ihr Gut bezeichnet, eben die Unersättlichkeit nun diese zur Auflösung bringen? – Was aber meinst du hiemit, daß sie als Gut bezeichne? – Die Freiheit, sagte ich; denn von ihr doch wohl möchtest du in einem demokratisch regierten Staate stets hören, daß sie am herrlichsten sich verhalte, und daß es um derentwillen allein in diesem Staate zu wohnen sich für jeden lohne, der von Natur aus frei sei. – Ja, so sagt man wenigstens, sprach er, und ein gar häufiges ist dieses Wort. – Wird also nun, sagte ich, was ich ja so eben auszusprechen im Begriffe war, die Unersättlichkeit in dem Derartigen und die Vernachlässigung des Uebrigen auch diese Staatsverfassung zu einer Aenderung bringen und es herbeiführen, daß sie der Gewaltherrschaft bedarf? – Wie so? sagte er. – Wenn, glaube ich, ein demokratisch regierter Staat nach Freiheit dürstend schlechte Mundschenken als Vorsteher bekömmt und weit über das richtige Maß hinaus an untermischter Freiheit sich berauscht, dann wird er wohl seine Herrscher, falls dieselben nicht

sehr sanftmüthig sind und ein großes Maß von Freiheit gestatten, zur Strafe ziehen, sie als Verbrecher und oligarchisch Gesinnte anschuldigend. – So machen sie es wenigstens, sagte er. – Jene aber, sprach ich, welche den Herrschern gehorsam sind, wird er als sklavisch Gesinnte und Nichtswürdige beschimpfen, die Herrscher aber in gleicher Weise wie die Beherrschten und die Beherrschten in gleicher Weise wie die Herrscher im Einzeln-Verkehre und in staatlichen Dingen loben und ehren. Muß es also nicht nothwendig in einem derartigen Staate bis zu jedem möglichen Grade der Freiheit kommen? – Wie sollte es auch anders sein? – Und daß also auch, mein Freund, sagte ich, diese Unordnung sich in die Wohnungen der Einzelnen hineinzieht und zuletzt selbst in die Natur der Thiere sich einpflanzt? – Wie meinen wir, sagte er, dieß letztere? – Wie z. B., erwiederte ich, daß der Vater sich gewöhnt, dem Kinde gleich zu werden, und vor seinen Söhnen sich fürchtet, die Söhne aber dem Vater gleich und weder Scham noch Scheu vor den Eltern haben, damit man eben frei sei, und daß der bloße Insasse dem Bürger und der Bürger dem Insassen gleichgestellt werde, und ebenso auch der Fremde. – Allerdings geschieht dieß, sagte er, auf solche Weise. – Ja, sowohl Solches, sprach ich, als auch noch andere Kleinigkeiten dieser Art geschehen; der Lehrer fürchtet bei solchem Zustande seine Schüler und hätschelt sie, und die Schüler mißachten den Lehrer, sowie auch den Knabenaufseher, und überhaupt machen sich die Jungen den Aelteren ähnlich und wetteifern mit ihnen in Wort und That; die Greise aber lassen sich zu den Jungen herab, und sind voll Zuvorkommenheit und Liebenswürdigkeit gegen sie, indem sie die Jungen nachahmen, damit sie ja nicht als unangenehme und herrische Leute erscheinen möchten. – Ja wohl, allerdings, sagte er. – Der äußerste Grad aber ja, sprach ich, jener Freiheit der Masse, welcher überhaupt in dem derartigen Staate entsteht, ist es, wenn die gekauften Sklaven und Sklavinnen um Nichts weniger frei sind als ihre Käufer; welche Gleichberechtigung und Freiheit aber unter den Weibern gegen die Männer und unter den Männern gegen die Weiber entstehe, hätte ich fast vergessen anzugeben. – Nicht wahr also, sagte er, wir werden hiebei zufolge einem Worte des Aeschylos aussprechen, „was uns eben in den Mund kömmt“. – Ja, allerdings, erwiederte ich, und auch ich werde nun so sprechen; nemlich um wie viel freier auch die unter den Menschen stehenden Thiere dortselbst im Vergleiche mit anderen Staaten seien, dürfte derjenige wohl nicht glauben, der keine Erfahrung hierin hat; so ziemlich nemlich werden sowohl die Hündinnen, wie das Sprüchwort sagt, ihren Herrinnen ähnlich werden, als auch die Pferde und die Esel werden sich gewöhnen, in gar freier und stolzer Weise einherzuschreiten, und auf der Straße gegen jeden, der ihnen begegnet, ausschlagen, wenn er nicht aus dem Wege geht; und ebenso werden auch alle übrigen Thiere von Freiheitsschwindel erfüllt sein. – Hiemit sprichst du nur aus, sagte er, was mir selbst schon träumte; denn gar häufig ja ergebt es mir so, wenn ich auf der Landstraße wandle. – Was aber nun die Hauptsache von all diesem zusammengenommen ist, sprach ich, bemerkst du wohl, wie weichlich nemlich es die Seele der Bürger mache, so daß, wenn man auch nur den geringsten Grad von Sklaverei ihnen zumuthet, sie entrüstet werden und es nicht ertragen; denn du weißt doch gewiß, daß sie zuletzt auch um die Gesetze, seien es geschriebene oder ungeschriebene, sich nicht bekümmern, nur damit in keiner Weise irgend Jemand über sie Herr sei. – Ja wohl, sagte er, gar sehr weiß ich es. –

15. Dieß demnach, mein Freund, sagte ich, ist der so herrliche und jugendlich übersprudelnde Anfang, aus welchem die Gewaltherrschaft erwächst, wie mir wenigstens scheint. – Ja wohl, ein jugendlich übersprudelnder, sagte er; aber was ist es, das hernach kömmt? – Jene nemliche Krankheit, sprach ich, welche in der Oligarchie eintrat und sie zu Grunde richtete, tritt auch in diesem Staate in größerer Menge und mit mehr Macht in Folge der Unbeschränktheit ein und knechtet so die Demokratie; und in Wahrheit ja pflegt das Uebermaß eines Thuns den Umschlag in das Gegentheil herbeizuführen, sowohl in den Jahreszeiten und in den Pflanzen und in den Körpern, als auch denn nun in den Staaten in einem nicht geringeren Grade. – Aus guten Gründen, sagte er. – Nemlich das Uebermaß der Freiheit scheint in nichts Anderes als in ein Uebermaß der Sklaverei umzuschlagen, sowohl für den Einzelnen, als auch für einen Staat. – Allerdings scheint es so. – Wahrscheinlich demnach, sagte ich, wird nicht aus einer anderen Staatsverfassung die Alleinherrschaft hergestellt, als aus der Demokratie, nemlich, glaube ich, aus der äußersten Freiheit eben die höchste und härteste Sklaverei. – Allerdings, sagte er, hat es seinen Grund. – Aber nicht darum ja, sprach ich, fragtest du, wie ich glaube, sondern welcherlei Krankheit es sei, welche in der Oligarchie hervorsprosse und als die nemliche nun auch in der Demokratie entstehe und die Knechtung derselben herbeiführe. – Es ist wahr, was du sprichst, sagte er. – Nemlich jenes Geschlecht ja, sprach ich, meinte ich damals, das der thatenlosen und auszehrungssüchtigen Männer, wovon das eine das muthigste ist und vorangeht, das andere aber das unmännlichste ist und nachfolgt, jene Männer, welche wir oben mit den Drohnen verglichen, deren die einen Stacheln haben, die anderen aber ohne Stachel sind. – Ja, und zwar mit Recht meintest du diese, sagte er. – Diese beiden

denn nun, sprach ich, verursachen in jeder Staatsverfassung, sobald sie entstehen, Verwirrung, wie Schleim und Galle im Körper; und vor diesen beiden ja muß sich der gute Arzt und Gesetzgeber eines Staates nicht weniger als ein weiser Bienenzüchter schon von Weitem in Acht nehmen, vor Allem, daß sie von vorneherein sich nicht einfinden, und sodann, wenn sie sich doch eingefunden, daß sie so schleunig als möglich mitsammt den Wachswaben herausgeschnitten werden. – Ja, bei Gott, sagte er, durchaus so. –

16. Folgendermaßen demnach, sagte ich, laß es uns erfassen, damit wir deutlicher einsehen, was wir beabsichtigen. – Wie meinst du? – In drei Theile wollen wir in unserer Begründung den demokratisch regierten Staat theilen, wie es auch wirklich sich verhält; Ein Theil nemlich ist doch wohl eben das derartige Geschlecht, welches in ihm in Folge der Unbeschränktheit nicht weniger, als in dem Oligarchien, hervorsproßt. – Ja, so ist es. – Aber ein viel eindringlicheres ist es in diesem, als in jenem. – Wie so? – Dort nemlich ist es, weil es nicht in Ehren steht, sondern von den Ausübungen einer Herrschaft weggetrieben wird, ungeübt und wird nicht kräftig; in der Demokratie aber hat ja gerade dieses die Vorsteherschaft, mit wenigen Ausnahmen, und jener Theil desselben, welcher der eindringlichste ist, spricht und handelt, der Rest aber sitzt um die Rednerbühne herum und summt und duldet es nicht, wenn Jemand Anderes spricht, so daß Alles in dieser Staatsverfassung durch das derartige Geschlecht geleitet wird, eben mit wenigen Ausnahmen. – Ja wohl, gar sehr, sagte er. – Folgendes anderweitige Geschlecht nun scheidet sich immer aus dem großen Haufen aus. – Welches wohl? – Während alle auf Gelderwerb sinnen, werden die Ordentlichsten doch wohl von Natur aus meistenteils die Reichsten sein. – Aus guten Gründen. – Also der meiste Honig für die Drohnen, glaube ich, und auch der zugänglichste fließt eben von dorther. – Wie sollte auch Jemand, sagte er, von denjenigen Honig ziehen, welche nur wenig haben? – Die derartigen Reichen demnach, glaube ich, werden auch Drohnenfutter genannt. – Ja wohl, so ziemlich, sagte er. – Das Volk selbst aber dürfte wohl das dritte Geschlecht sein, alle jene, welche nur ihren Bedarf sich selbst bereiten und ohne weitere Geschäfte sind, auch nicht viele Habe besitzen, ein Geschlecht, welches in der Demokratie, wann es in Eins vereinigt ist, der Zahl nach das größte und der Bedeutung nach das wichtigste ist, – Ja, so ist es auch, sagte er; aber nicht häufig ja will es so auftreten, wenn es nicht auch seinen Antheil am Honige bekömmt. – Nicht wahr also, es bekömmt ihn auch, sagte ich, stets, insoweit die Vorsteher es vermögen, bei Plünderung der Reichen die Habe derselben an das Volk zu

vertheilen, für sich selbst aber den größten Theil zu behalten. – Einen Antheil also bekömmt es jedenfalls, sagte er, in dieser Weise. – Genöthigt also, glaube ich, werden Diejenigen, welche man plündern will, sich zu wehren, indem sie vor dem Volke sprechen und thun, was sie nur können. – Wie sollten sie auch nicht? – Irgend eine Beschuldigung demnach wird seitens der Anderen auf ihnen, auch wenn sie gar kein Verlangen nach Neuerung haben, haften, als stellten sie dem Volke nach und seien oligarchisch gesinnt. – Wie sollte es anders sein? – Nicht wahr also, zuletzt, wenn sie sehen, daß das Volk nicht freiwillig sondern aus Unkenntnis und durch Verleumder getäuscht ihnen Unrecht zu thun versuchte, werden sie dann erst wirklich, mögen sie wollen oder nicht, oligarchisch gesinnt werden, nicht freiwillig, sondern eben dieses Uebel hat jene Drohne, indem sie dieselben stach, selbst erzeugt. – Ja wohl, gar sehr. – Also gegenseitige Vorladungen, Urtheilssprüche und Gerichtsverhandlungen stellen sich nun ein. – Nicht wahr also, irgend Einen pflegt stets das Volk in hervorragender Weise zu seinem Vorsteher zu machen, und diesen groß zu ziehen und zu fördern? – Ja, dieß pflegt es zu thun. – Dieß also, sagte ich, ist nun klar, daß, wenn ein Gewaltherrscher hervorsproßt, er aus der Wurzel einer solchen Vorsteherschaft und nirgend andersher hervorkeimt? – Ja, sehr klar ist dieß. – Welches also ist nun der Anfang der Verwandlung eines Vorstehers in einen Gewaltherrscher? oder ist klar, daß dann, wenn der Vorsteher das Nemliche zu verüben beginnt, wie in dem Mythus betreffs des Heiligthumes des lykäischen Zeus in Arkadien berichtet wird? – Welcher ist dieß? sagte er. – Daß Derjenige, welcher menschliches Eingeweide gekostet hat, das unter jenes anderer Opferthiere hineingeschnitten worden war, nothwendig in einen Wolf verwandelt werden muß; oder hast du diese Sage nicht gehört? – Ja gewiß. – Derjenige also, welcher als Vorsteher eines Volkes einen ihm sehr gefügigen Pöbel findet und sich des Blutes der Stammgenossen nicht enthält, sondern mit ungerechten Anschuldigungen, wie man sie gewöhnlich liebt, Einen vor Gericht zieht und ihn tödtet, das Leben eines Mannes vernichtend, und mit seiner Zunge und frevelm Munde stammverwandtes Blut kostet, und Bürger verbannt und hinrichtet und dabei auf Schuldenverminderung und Ländervertheilung hinweist, – muß also ein Solcher nicht nothwendig und durch Fügung des Schicksales hernach entweder durch seine Feinde zu Grunde gehen oder als Gewaltherrscher auftreten und aus einem Menschen ein Wolf werden? – Ja, durchaus nothwendig, sagte er. – Dieser demnach, sprach ich, wird es werden, der den Zwiespalt gegen die Besitzenden erzeugt. – Ja, dieser. – Wird er also, wenn er verbannt wurde und wider Willen seiner Feinde zurückkehrt, als vollendeter Gewaltherrscher zurückkehren? – Dieß ist klar. – Wenn sie aber nicht die Möglichkeit haben, ihn zu verbannen, oder dadurch, daß sie ihn vor dem Staate anklagen, ihn zu tödten, so werden sie wohl ihm nachstellen, um heimlich durch gewaltsamen Tod ihn aus dem Leben zu schaffen. – Es pflegt wenigstens, sagte er, so zu geschehen. – So wird denn nun jene vielberühmte Forderung der Gewaltherrscher von all denjenigen, welche einmal so weit vorgeschritten sind, erfunden, daß sie von dem Volke eine Leibwache fordern, damit ihnen ihr Retter des Volkes unversehrt bleibe. – Ja wohl, gar sehr, sagte er. – Und sie geben sie ihm denn auch, glaube ich, weil sie wegen seiner in Furcht, wegen ihrer selbst aber voll Hoffnung sind. – Ja wohl, gar sehr. – Nicht wahr also, wenn dieses ein Mann sieht, welcher Vermögen besitzt und zugleich mit dem Vermögen auch mit der Anschuldigung behaftet ist, ein Feind des Volkes zu sein, so wird dieser dann wohl, mein Freund, entsprechend dem Orakelspruche, welcher dem Krösus zu Theil ward,

„zum kieselreichen Flusse Hermos fliehen,
und nicht mehr bleiben, noch auch sich scheuen, als Feigling zu gelten“. –

Allerdings möchte er schwerlich, sagte er, ein zweitesmal in den Fall kommen, sich scheuen zu können. – Wer hingegen, sagte ich, ergriffen wird, dieser wird wohl, glaube ich, dem Tod überliefert. – Ja, nothwendig. – Jener Vorsteher selbst aber wird kläglich nicht „als ein Riese riesig hingestreckt am Boden liegen“. sondern Andere gar viele wird er zu Boden strecken und auf dem Streitwagen des Staates stehen, nunmehr ein vollendeter Gewaltherrscher, nicht ein Vorsteher, – Warum sollte er auch nicht? sagte er. –

17. Wollen wir denn nun, sagte er, jene Glückseligkeit durchgehen, sowohl des Mannes, als auch des Staates, in welchem ein derartiger Sterblicher sich findet? – Ja, allerdings, sagte er, wollen wir sie durchgehen. – Wird er also nicht, sprach ich, in den ersten Tagen und der ersten Zeit gegen Alle, mit welchen er zusammentrifft, lächeln und sie liebkosen, und sowohl sagen, er sei kein Gewaltherrscher, als auch gar Vieles den Einzelnen und dem Staate versprechen, von Schulden sie befreien und Ländereien unter das Volk und unter seine eigene Umgebung vertheilen, und gegen Alle sich sanft und mild stellen? – Ja, nothwendiger Weise, sagte er. – Wann er hingegen in Bezug auf die äußeren Feinde mit den einen derselben Frieden geschlossen und andere auch wirklich vernichtet hat, und hiemit seitens jener es ruhig geworden ist, dann wird er vorerst immer irgend Kriege anregen, damit das Volk stets das Bedürfniß nach einem Führer habe. – Ja, so scheint es. – Nicht wahr also, auch damit sie durch

Geldbeiträge arm werden und hiemit genöthigt seien, beim Erwerbe des täglichen Unterhaltes zu verbleiben, und demnach ihm selbst weniger nachstellen. – Ja, klärlich. – Und ja auch, falls er, glaube ich, bei einigen argwöhnen muß, daß sie Selbstvertrauen besitzen und ihm die Herrschaft nicht belassen wollen, damit er dann diese unter einem scheinbaren Vorwande verderbe, indem er sie den Feinden preisgibt; – aus all diesen Gründen also muß ein Gewaltherrscher nothwendig stets Krieg anzetteln. – Ja, nothwendig. – Und wenn er dieses thut, wird er hiemit stets geneigter werden, sich mit den Bürgern zu verfeinden? – Wie sollte er auch nicht. – Nicht wahr also, nothwendig müssen auch Einige von denen, welche bei seiner Einsetzung thätig waren und nun in hoher Geltung stehen, sich freimüthig sowohl gegen ihn, als auch unter sich äußern, indem sie, was geschieht, tadeln, jene nemlich, welche noch die tapfersten sind. – Ja, so scheint es. – Aus dem Wege räumen muß also der Gewaltherrscher, woferne er seine Herrschaft behaupten will, alle diese, so lange bis er unter Freunden und Feinden keinen mehr übrig hat, der irgend etwas nütz ist. – Ja, klärlich. – Einen scharfen Blick also muß er darüber haben, wer tapfer, wer hochherzig, wer verständig, wer reich sei; und in so hohem Grade beglückt ist er, daß er nothwendig gegen alle Diese, mag er wollen oder nicht, Feind sein und ihnen nachstellen muß, so lange, bis er den Staat gereinigt hat. – Gewiß eine herrliche Reinigung, sagte er. – Ja, allerdings, erwiederte ich, die entgegengesetzte derjenigen, welche die Aerzte bei dem Körper vornehmen; denn jene nehmen das Schlechteste weg und lassen das Beste zurück, dieser aber umgekehrt. – Wie es scheint, sagte er, muß er nothwendig so, woferne er herrschen will. –

18. Also in einer glückseligen Nothwendigkeit, sprach ich, ist er gebunden, welche ihm gebietet, entweder mit der Masse der Schlechten zu hausen und dabei von ihr gehaßt zu werden, oder überhaupt nicht zu leben. – Ja, in einer solchen Nothwendigkeit, sagte er. – Wird er also nicht, je mehr er durch solche Handlungen sich mit den Bürgern verfeindet, desto mehrere und getreuere Schildträger bedürfen? – Wie sollte er auch nicht? – Wer also sind ihm die Getreuen, und woher wird er sie sich kommen lassen? – Ganz von selbst ja, sagte er, werden Viele im Fluge herbeikommen, wenn er ihnen Sold gibt. – Wieder Drohnen ja, beim Hunde, sagte ich, scheinst du mir hiemit zu meinen, Fremdlinge und Leute aller Art. – Mit Recht, sagte er, scheine ich dir diese zu meinen. – Die Eingebornen aber, sollte er etwa diese nicht wollen? – Wie so? – Die Sklaven wird er den Bürgern nehmen, sie freilassen und unter die ihn

umgebende Leibwache aufnehmen. – Ja wohl, gar sehr, sagte er, weil ja diese ihm auch die getreuesten sind. – Wahrlich ein glückseliges Wesen, sprach ich, bezeichnest du hiemit im Gewaltherrscher, wenn er sich derartiger Freunde und getreuer Männer bedient, nachdem er jene obigen Anderen zu Grunde gerichtet hat. – Aber er bedient sich ja, sagte er, auch wirklich derselben. – Und diese seine Genossen nun bewundern ihn und diese neuen Bürger bilden seine Umgebung, die Tüchtigen aber hassen und meiden ihn.. – Warum sollten sie auch nicht? – Nicht umsonst also, sagte ich, scheint sowohl die Tragödie überhaupt etwas sehr Weises zu sein, als auch Euripides hierin noch besonders sich hervorzuthun. – Wie so? – Weil er auch dieß in Folge seines tiefen Nachdenkens aussprach, daß „weise die Gewaltherrscher sind durch Umgang mit Weisen", und hiemit in klaren Worten sagte, daß jene, mit welchen der Gewaltherrscher in Umgang steht, weise seien. – Und als eine „göttergleiche" preist er ja, sagte er, die Gewaltherrschaft und auch noch viel Anderes, er sowohl, als auch die übrigen Dichter. – Demnach, sprach ich, werden die Tragödien-Dichter, weil sie ja weise sind, es uns und allen jenen, welche ähnlich wie wir den Staat einrichten wollen, wohl verzeihen, daß wir sie in unseren Staat nicht aufnehmen werden, weil sie eben die Gewaltherrschaft besingen. – Ich glaube, sagte er, daß wenigstens die Feineren unter ihnen es uns verzeihen werden. – Aber in den übrigen Staaten ja gehen sie umher und versammeln den Pöbel, und verführen, indem sie gar herrliche und hochtrabende und glaubhafte Sprüche zu leihen nehmen, die Staaten zur Gewaltherrschaft und Demokratie. – Ja wohl, gar sehr. – Nicht wahr also, auch Lohn bekommen sie noch dazu und werden geehrt, zumeist wohl, wie es kaum anders sein kann, von Gewaltherrschern, und zweitens auch von Demokratien; je höher aber sie in dem aufwärts gehenden Wege der Verfassungen nach Oben kommen, desto mehr läßt sie diese Ehre im Stiche, indem dieselbe gleichsam aus Beklemmung des Athems nicht mehr gehen kann. – Ja, allerdings. –

19. Aber wir sind ja hiemit, sagte ich, auf einen Nebenweg gekommen; wir wollen aber nun wieder von Vorne in Bezug auf jenes Heerlager des Gewaltherrschers, jenes herrliche und zahlreiche und bunte, welches niemals das nemliche ist, angeben, woher es denn erhalten werde. – Klar ja ist, sagte er, daß wenn Tempel-Vermögen sich im Staate findet, er dieses verwenden werde, so weit nemlich immer das Veräußerte reichen wird, indem er dann dem Volke weniger Geldbeiträge auferlegt. – Wie aber, wenn dieses nicht reicht? – Dann ist klar, sagte er, daß aus dem Vermögen seines Vaters sowohl er selbst, als auch

seine Trinkgenossen und seine Gefährten und Gefährtinnen werden erhalten werden. – Ich verstehe, sprach ich, daß dann das Volk, welches der Erzeuger des Gewaltherrschers ist, ihn und seine Gefährten ernähren wird. – Ja, durchaus nothwendig, sagte er, ist dieß für ihn. – Wie meinst du aber dann? sagte ich, wenn das Volk hierüber entrüstet wird und sagt, es sei nicht gerecht, daß der in der Kraft der Jahre gehende Sohn von seinem Vater ernährt werde, sondern umgekehrt von dem Sohne der Vater, und es habe ihn nicht deshalb erzeugt und eingesetzt, um, wenn er groß geworden, dann ein Sklave seiner Sklaven zu sein und ihn nebst den Sklaven und anderem Gesindel zu ernähren, sondern nur um von den Reichen und von denjenigen, welche im Staate als die"Guten und Trefflichen" bezeichnet werden, unter seiner Vorsteherschaft befreit zu werden; und dann nun heißt das Volk ihn und seine Genossen aus dem Staate sich entfernen, sowie auch ein Vater seinen Sohn nebst lästigen Trinkgenossen desselben aus dem Hause jagt. – Zur Einsicht, bei Gott, sagte er, wird dann das Volk kommen, welch ein Ungethüm es erzeugt und liebkost und gefördert habe, und daß es als der Schwächere den Stärkeren fortjagen will. – Wie sagst du da? sprach ich; wird er es wagen, dem Vater Gewalt anzuthun, und, wenn er ihm nicht Folge leistet, ihn zu schlagen, er der Gewaltherrscher? – O ja, sagte er, indem er es entwaffnet. – Als einen Vatermörder, sprach ich, bezeichnest du hiemit den Gewaltherrscher und als einen gefährlichen Pfleger des Greisenalters, und, wie es scheint, möchte nun bereits zugestanden sein, daß solcher Art die Gewaltherrschaft sei, und daß nach dem Sprüchworte das Volk, indem es schon vor dem Rauche einer Knechtschaft unter Freien flieht, in das Feuer der Herrschaft von Sklaven gerathen ist, indem es statt jener reichhaltigen und unvermischten Freiheit in die drückendste und bitterste Sklaverei unter Sklaven sich schmiegt. – Ja wohl, gar sehr, sagte er, findet dieß auf diese Weise statt. – Wie nun also? sprach ich, werden wir nicht passend sprechen, wenn wir behaupten, wir hätten es nun genügend durchgegangen, auf welche Weise eine Gewaltherrschaft in ihrem Uebergange aus der Demokratie entstehe und wie sie beschaffen sei? – Ja wohl, durchaus genügend, sagte er. –

Neuntes Buch

1. Jener Mensch selbst demnach, sagte ich, welcher der Gewaltherrschaft entspricht, ist uns noch übrig, daß wir betreffs seiner erwägen, sowohl wie er aus dem demokratischen Menschen hervorgehe, als auch wie beschaffen er sei, wenn

er entstanden ist, und in welcher Art und Weise er lebe, ob unglücklich oder glückselig. – Ja, allerdings, sagte er, dieser ist uns noch übrig. – Weißt du also, sprach ich, wornach ich noch ein Verlangen habe? – Wornach wohl? – Was die Begierden und deren Beschaffenheit und Zahl betrifft, scheint es mir, als hätten wir sie noch nicht erschöpfend eingetheilt; so lange aber dieß noch mangelhaft ist, wird die Untersuchung, welche wir vornehmen, etwas unklar sein. – Ist es also nicht noch an der Zeit, sagte er, dieß nachzuholen? – Ja, allerdings; und erwäge demnach, was ich betreffs derselben noch zu betrachten wünsche. Es ist dieß aber Folgendes: Von jenen nicht nothwendigen Vergnügungen und Begierden scheinen mir einige gesetzwidrig zu sein, von welchen einem Jeden die Gefahr droht, daß sie in ihm entstehen, welche jedoch durch die Gesetze und die besseren Begierden mit Beiziehung der Vernunft im Zaume gehalten werden können und dann aus einigen Menschen entweder ganz sich entfernen, oder nur in geringer Anzahl und schwach in ihnen zurückbleiben, bei anderen aber stärker und in größerer Anzahl. – Welche aber meinst du hiemit? sagte er. – Jene, erwiederte ich, welche zur Zeit des Schlafes erwachen, wann nemlich jener übrige Theil der Seele, welcher vernünftig und zahm ist und über den anderen herrscht, in Schlaf gesunken ist, der thierische und wilde Theil aber, von Speise oder Trank erfüllt, üppig sich bäumt und den Schlaf abschüttelnd fortzustürmen und seinen eigenen Sinn zu befriedigen sucht; weißt du wohl, daß in solchem Zustande er Alles zu thun wagt, wie wenn er von allem Schamgefühle und aller verständigen Einsicht entblößt und losgeschält wäre; daß er nemlich, wie es ihm dünkt, keinen Anstoß daran nimmt, seine eigene Mutter oder jedweden anderen Menschen oder einen Gott oder ein Thier zu seiner geschlechtlichen Lust zu mißbrauchen, daß er Jedweden mordet, daß er von keinem Gegenstande seiner Eßbegierde sich enthält, und mit Einem Worte es an Unverstand und Unverschämtheit in Nichts fehlen läßt. – Sehr wahr, sagte er, sprichst du da. – Wann hingegen, glaube ich, Jemand in sich selbst durchaus gesund und besonnen sich verhält und zum Schlafen sich begibt, nachdem er den vernünftigen Theil seiner selbst erweckt und mit trefflichen Reden und Erwägungen bewirthet hat, und so zu einer Einkehr des Nachdenkens in sich selbst gelangt ist, das Begehrliche aber weder Mangel leiden, noch sich überfüllen ließ, damit es sich zur Ruhe begebe und dem besten Theile keine Störung durch seine Freudigkeit oder seine Traurigkeit bereite, sondern ihm gestattet, daß es für sich allein in seiner Reinheit etwas betrachte und ein Verlangen nach Wahrnehmung eines noch nicht Gekannten habe, sei es eines Vergangenen oder eines Gegenwärtigen oder eines Zukünftigen, und wenn er ebenso auch das Muthige besänftigt hat und ohne durch Leidenschaftlichkeit gegen irgend Jemanden seinen Muth erregt zu haben, einschläft, wohl hingegen jene zwei Formen seiner Seele zur Ruhe gebracht, die dritte aber, in welcher die verständige Einsicht entsteht, in Bewegung gesetzt hat, – weißt du, daß er dann in solchem Zustande zumeist die Wahrheit erfassen wird und am wenigsten gesetzwidrige Traumgesichte erscheinen werden? – Ja, durchaus, sagte er, bin ich dieser Meinung. – Dieß denn nun etwas weiter auszuführen, ließen wir uns fortreißen; hingegen was wir hiebei erkennen wollen, ist das, daß eine arge und wilde und gesetzlose Art von Begierden einem Jeden einwohnt, und selbst Einigen von uns, welche gar mäßige Menschen zu sein scheinen, dieß aber ja eben im Schlafe deutlich werde. Erwäge also, ob dir, was ich sage, einen Werth zu haben scheine und ob du es zugebest. – Ich gebe es aber ja zu. –

2. Erinnere dich demnach, wie beschaffen wir behaupteten, daß der demokratische Mensch sei. Er war uns aber ja von seiner Geburt an unter Leitung eines sparsamen Vaters gestanden, welcher nur die auf Gelderwerb gerichteten Begierden ehrte, diejenigen hingegen mißachtete, welche nicht nothwendig sind, sondern um eines Spieles und um einer Verschönerung willen sich einstellen; oder wie anders? – Ja. – Kömmt er aber nun mit jenen feineren Männern zusammen, welche voll sind von den so eben durchgegangenen Begierden, so stürmt er in allem Uebermuthe eben zu jener Art von Begierden hin, da ihm des Vaters Sparsamkeit verleidet ist, und weil er doch noch eine bessere Begabung, als seine Verführer, hat, so treibt es ihn nach beiden Seiten und er bleibt in der Mitte beider Sinnesarten stehen, und ganz mäßig, wie er glaubt, ein Jedes genießend, führt er weder ein unfreies, noch ein gesetzwidriges Leben, nachdem er aus einem Oligarchischen ein Demokratischer geworden. – Ja, dieß war auch und ist noch, sagte er, unsere Meinung betreffs des Derartigen. – Stelle dir demnach vor, sagte ich, daß hinwiederum von Diesem, wenn er älter geworden, ein junger Sohn da ist und in den Sitten desselben auferzogen wurde. – Ja, ich stelle es mir vor. – So stelle dir demnach auch vor, daß jenes Nemliche mit ihm, wie mit seinem Vater vorgehe, daß er nemlich zu aller Widersetzlichkeit hingeleitet werde, welche ja von den ihn Verleitenden sämmtlich als Freiheit bezeichnet wird, und daß seinen in der Mitte sich befindenden Begierden der Vater und die übrigen Angehörigen zu Hülfe kommen, die Anderen aber hinwiederum Gegenhülfe leisten, daß aber jene argen Zauberer und Heranbildner von Gewaltherrschern, wenn sie in keiner anderen Weise den Jüngling zu fesseln hoffen, es veranstalten, daß sie irgend

einen Liebesdrang als Vorsteher jener Begierden, welche unthätig sind und nur das Bereitliegende verarbeiten, nemlich eben eine beflügelte und große Drohne ihm einpflanzen; oder hältst du den Liebesdrang solcher Menschen für irgend etwas Anderes? – Nein, für nichts Anderes, sagte er, sondern eben für dieß. – Nicht wahr also, wann ihn auch die übrigen Begierden nun umsummen, strotzend von Räucherwerk und Salben und Kränzen und Wein und überhaupt jenen ausgelassenen Vergnügungen solcher Zusammenkünfte, und durch eine Steigerung und Pflege bis zum äußersten Grade den Stachel der Sehnsucht in jene Drohne einpflanzen, dann wohl umgibt sich dieser Vorsteher der Seele in Folge des Wahnsinnes mit einer Leibwache und schwärmt wie besessen dahin, und wenn er in sich selbst noch irgend einige Ansichten und Begierden trifft, welche als tüchtig gelten und noch ein Schamgefühl enthalten, so tödtet er sie und stößt sie außerhalb seiner hinaus, bis er sich von Besonnenheit gereinigt, hingegen mit einem von Außen herbeigezogenen Wahnsinne erfüllt hat. – Durchaus, sagte er, gibst du hiemit die Entstehung eines der Gewaltherrschaft entsprechenden Menschen an. – Heißt ja nicht wohl auch, sprach ich, eben deswegen schon von Alters her der Liebesdrang ein Gewaltherrscher? – Es kömmt darauf hinaus, sagte er. – Nicht wahr also, mein Freund, sprach ich, auch der Betrunkene hat gewissermaßen die Gesinnung eines Gewaltherrschers? – Ja, er hat sie wirklich. – Der Rasende aber und Halbverrückte vergreift sich nicht bloß an Menschen, sondern auch an Göttern und hofft, er werde fähig sein, über sie zu herrschen. – Ja wohl, gar sehr, sagte er. – Ein der Gewaltherrschaft entsprechender Mensch aber wird er, o du hochzupreisender Freund, genau dann, wenn er entweder durch seine Begabung oder durch seine Thätigkeiten, oder durch beides zu einem dem Trunke und dem Liebesdrange Ergebenen und zu einem Menschen wird, welcher in Folge der schwarzen Galle wahnsinnig ist. Ja, durchaus so. –

3. Er entsteht also, wie es scheint, auf diese Weise und als ein so beschaffener Mensch; wie aber nun führt er wohl sein Leben? – Da gebt es wie bei den Sprech-Spielen, und wohl du wirst es mir sagen. – So sage ich es denn, erwiederte ich. – Es werden nemlich hernach Festlichkeiten und nächtliches Herumschwärmen und Schmausereien und Verkehr mit Dirnen und all dergleichen bei jenen sich einstellen, in deren Innerem der Liebesdrang als Gewaltherrscher wohnt und Alles lenkt, was die Seele betrifft. – Ja, nothwendig, sagte er. – Sprossen nun nicht gar viele arge Begierden bei Tage und in jeder Nacht hervor, welche Vieles bedürfen? – Ja wohl, viele. – Schnell also werden die Einkünfte, welche etwa da

sind, aufgezehrt? – Wie sollten sie auch nicht? – Und hierauf demnach wird geborgt und das Vermögen angegriffen. – Warum auch nicht? – Wann aber denn nun Alles nicht mehr reicht, müssen da nicht nothwendig die Begierden, welche in dichten Reihen und mit großer Heftigkeit sich eingenistet haben, zu schreien beginnen, er selbst aber wie von Stacheln getrieben durch die übrigen Begierden und insbesondere durch den Liebesdrang selbst, welcher allen anderen wie einer Leibwache vorausschreitet, als ein besessener dahinschwärmen und spähen, wer Etwas besitze, den er durch Trug oder Gewalt plündern könnte? – Ja wohl, in hohem Grade, sagte er. – Nothwendig demnach muß er entweder von allen Seiten her herbeischleppen oder von argen Wehen und Schmerzen ergriffen sein. – Ja, nothwendig. – Wird also wohl ebenso, wie die in ihm neu entstandenen Begierden mehr an sich rissen, als die alten gehabt hatten, und diesen das ihrige nahmen, nun auch er selbst, als der Jüngere, Mehr zu besitzen verlangen, als sein Vater und seine Mutter besitzen, und es ihnen nehmen, indem er nach Verbrauch seines Anteiles von der väterlichen Habe zehrt? – Aber wie sollte es auch anders sein? sagte er. – Wann jene aber ihm dieß nicht gestatten, wird er da nicht erstens es versuchen, Etwas zu stehlen und seine Eltern zu betrügen? – In jeder Weise. – Wann er aber dieß nicht kann, so wird er hernach wohl rauben und Gewalt brauchen. – Ich glaube wohl, sagte er. – Und wenn dann, du Wunderlicher, der Greis und die alte Frau sich widersetzen und gegen ihn kämpfen, würde er da wohl sich hüten und dessen sich enthalten, etwas Gewaltherrscherisches zu verüben? – Allerdings, sagte er, hege ich für die Eltern eines Derartigen eben keine große Hoffnung. – Aber, bei Gott, o Adeimantos, scheint es dir nicht, daß ein Solcher um einer erst kurz gewonnenen Freundin und um einer nicht unentbehrlichen Dirne willen seine längst vorhandene Freundin und unentbehrliche Mutter, oder um eines blühenden Jünglings willen, welcher erst kurz sein Geliebter geworden und nicht unentbehrlich ist, seinen verblühten und unentbehrlichen greisen Vater, welcher der älteste unter seinen Freunden ist, sogar den Schlägen preisgeben und unter die Herrschaft jener Anderen knechten würde, falls er jene unter Ein Dach mit diesen brächte? – Ja, gewiß, bei Gott, sagte er. – Etwas außerordentlich Glückseliges ja, sprach ich, scheint es zu sein, einen gewaltherrscherischen Sohn zu erzeugen. – Doch nicht gar zu sehr, sagte er. – Wie aber? wenn dann die Habe des Vaters und der Mutter einem Derartigen nicht mehr ausreicht, aber in ihm der Bienenschwarm der Vergnügungen bereits in großer Menge sich angesammelt hat, wird er dann nicht zuerst einmal an der Mauer eines Hauses sich vergreifen, oder spät des Nachts an dem Kleide eines Vorübergehenden, und hernach etwa auch einen

Tempel rein fegen; und bei all diesem nun werden über die älteren Ansichten, die er von Kindheit an für das Schöne und das Schimpfliche als gerecht sich zeigende hatte, jene neuen erst kürzlich aus der Sklaverei freigelassenen Schildträger des Liebesdranges in Verbindung mit ihm selbst die Oberhand gewinnen, jene nemlich, welche vorher nur im Traume beim Schlafen freigelassen wurden, als er selbst noch unter Leitung der Gesetze und seines Vaters ein demokratischer Mensch gewesen war; jetzt aber steht er unter der Gewaltherrschaft des Liebesdranges und wird nun ein Derartiger, wie er vorher selten im Träumen gewesen war, im Wachen immerwährend sein; und keines argen Mordes und keines Gegenstandes seiner Eßbegierde und keiner That überhaupt wird er sich enthalten, sondern nach Art eines Gewaltherrschers lebt in ihm der Liebesdrang in aller Unordnung und Gesetzlosigkeit, da er ja der Alleinherrscher ist, und er wird den von ihm Besessenen ebenso wie einen Staat zu jedem Wagniß treiben, woher nur Nahrung zu bekommen ist für ihn selbst und für das Getümmel um ihn herum, von welchem der Eine Theil von Außen durch schlechten Umgang eingedrungen ist, der andere aber eben durch die nemlichen Sitten und durch ihn selbst losgelassen und befreit worden war. Oder ist dieses nicht das Leben eines so Beschaffenen? – Ja, dieses ist es, sagte er. – Und wenn nun, sprach ich, einige Wenige dergleichen in einem Staate sind und die übrige Masse besonnen ist, so wandern sie aus und werden zur Leibwache irgend eines anderen Gewaltherrschers, oder leisten um Sold Hülfe, wenn es Krieg gibt; finden sie sich aber im Zustande des Friedens und der Ruhe ein, so verüben sie dortselbst in dem Staate viel kleines Unheil. – Was meinst du hiemit? – Z. B. sie stehlen, brechen ein, sind Beutelschneider, Kleiderdiebe, plündern Tempel, treiben Menschenverkauf, zuweilen aber, wenn sie gewandte Redner sind, treten sie als Angeber auf, legen falsche Zeugnisse ab und leben von Bestechung. – Ein kleines Unheil, sagte er, ist dieß allerdings, woferne die Zahl der Derartigen gering ist. – Das Kleine aber, sprach ich, ist nur im Vergleiche mit Großem klein, und all dieses trifft im Vergleiche mit einem Gewaltherrscher bezüglich der Schlechtigkeit und des Unglückes eines Staates, wie es im Sprüchworte heißt, nicht einmal in die Nähe des Zieles, geschweige denn das Ziel selbst. Wann nemlich viele Derartige in einem Staate sich einfinden und andere ihnen sich anschließen und sie ihre Anzahl fühlen, dann sind diese es, welche in Verbindung mit dem Unverstande des Volkes den Gewaltherrscher erzeugen, jenen nemlich, welcher unter ihnen selbst im höchsten Grade in seiner Seele den größten und umfassendsten Gewaltherrscher enthält. – Ja, so scheint es, sagte er; denn dieser wäre wohl zum Gewaltherrscher der geeignetste. – Nicht wahr also, wenn sie freiwillig ihm nachgeben; wenn es hingegen der Staat nicht zuläßt, dann wird er, sowie er damals Mutter und Vater züchtigte. nun wohl ebenso hinwiederum, wenn er es im Stande ist, sein Vaterland züchtigen, indem er junge Genossen herbeiruft und unter der Herrschaft dieser sein ehemals befreundetes Vaterland oder, wie die Kreter sagen, Mutterland in Sklaverei hält und so es hegt und pflegt; und dieß demnach möchte wohl das Endziel der Begierde des derartigen Menschen sein. – Ja, durchaus dieses, sagte er. – Nicht wahr also, sagte ich, diese werden von solcher Beschaffenheit auch schon als Einzelne sein, noch ehe sie herrschen? Sie wenden vor Allem in ihrer Umgebung, sei es, daß sie mit Schmeichlern und in jeder Beziehung Dienstfertigen umgehen, oder daß sie, falls sie Jemanden brauchen, sich selbst ihm so unterwerfen, jedenfalls die Stirne haben, in allen möglichen Galten sich als Freunde zu zeigen, wenn sie aber ihren Zweck durchgesetzt haben, als Fremde. – Ja wohl, gar sehr. – Also ihre ganze Lebenszeit hindurch leben sie niemals mit Jemandem in Freundschaft, sondern stets entweder als Herren oder als Knechte eines Anderen; Freiheit und wahrste Freundschaft aber hat die Begabung eines Gewaltherrschers noch nie gekostet. – Ja, allerdings noch nie. – Werden wir also nicht auch mit Recht die Derartigen als unzuverlässig bezeichnen? – Wie sollten wir auch nicht? – Und nun doch wohl als Ungerechte im höchsten Grade, woferne wir im Früheren uns in richtiger Weise über die Gerechtigkeit und deren Beschaffenheit verständigt haben. – Aber wir haben dieß ja, sagte er, in richtiger Weise. – Wollen wir demnach, sprach ich, diesen Schlechtesten nun zusammenfassen; er ist aber hiemit wohl jener, der im Wachen so beschaffen ist, wie wir als träumend ihn dargestellt hatten. – Ja, allerdings. – Nicht wahr also, zu einem Solchen wird derjenige, welcher mit der größten Begabung eines Gewaltherrschers wirklich als Alleinherrscher auftritt, und je längere Zeit er in der Gewaltherrschaft lebt, in desto höherem Grade wird er ein so Beschaffener? – Ja, nothwendig ist es so, sagte Glaukon, welcher nun das Wort nahm. –

4. Wird also nun, sagte ich, derjenige, welcher als der Schlechteste sich zeigte, auch als der Unglücklichste sich zeigen? und wird jener, welcher die längste Zeit und im höchsten Grade Gewaltherrscher ist, auch im höchsten Grade und die längste Zeit in Wahrheit in solchem Zustande sein? die Menge hingegen hat freilich eine Menge verschiedener Ansichten. – Aber nothwendig wenigstens, sagte er, muß jenes sich so verhalten. – Wird es also anders sein, sprach ich, als daß der Gewaltherrscher bezüglich einer Aehnlichkeit dem durch Gewaltherrschaft regierten Staate entspricht und der demokratische Mensch

dem demokratisch regierten, und ebenso auch bei den übrigen? – Wie sollte es auch anders sein? – Nicht wahr also, was ein Staat im Vergleiche mit einem anderen Staate bezüglich der Vortrefflichkeit und des Glücksstandes ist, das ist auch ein Mensch im Vergleiche mit einem anderen Menschen? – Warum auch nicht? – Wie also verhält sich der durch Gewaltherrschaft regierte Staat zu dem königlich regierten, wie wir ihn oben zu Anfang durchgingen? – Gerade entgegengesetzt, sagte er; denn der eine ist der beste und der andere der schlechteste. – Ich werde dich hiebei nicht fragen, welchen von beiden du je meinest, denn dieß ist an sich klar, aber urtheilst du auch betreffs des Glückes oder Unglückes in der nemlichen oder in anderer Weise? Und lassen wir uns hiebei nicht erschrecken, indem wir auf den Gewaltherrscher als auf Einen hinblicken, auch dann nicht, wenn einige Wenige ihn umgeben, sondern, sowie es nothwendig ist, in den ganzen Staat einzutreten und ihn zu betrachten, indem wir uns in den gesammten vertiefen und ihn anschauen, so wollen wir auf diese Weise auch unsere Meinung abgeben. – Aber mit Recht ja, sagte er, ermunterst du uns; und es ist somit klar, daß es keinen unglücklicheren Staat als jenen durch Gewaltherrschaft regierten gibt und keinen glücklicheren, als jenen königlich regierten. – Wenn ich dich also, sagte ich, auch bezüglich der Menschen zu dem nemlichen Urtheile ermuntere, werde ich dann richtig handeln, indem ich verlange, daß über dieselben jener urtheilen solle, der durch sein Nachdenken sich in den Charakter eines Menschen vertiefen und ihn durchschauen kann, nicht aber wie ein Kind beim äußerlichen Anblicke in Folge jenes Glanzes erschrickt, welchen der Gewaltherrscher den Außenstehenden gegenüber als Form an sich trägt, sondern eben in genügender Weise hindurchblickt; und wenn ich also der Meinung wäre, wir Alle sollten denjenigen anhören, welcher die Fähigkeit zu einem Urtheile hat, aber auch an dem nemlichen Orte wohnte und zugegen war sowohl bei den häuslichen Handlungen desselben, wie er dort gegen jeden seiner Angehörigen sich benehme, wo er am meisten von jenem Bühnen-Gewande entblößt gesehen werden kann, als auch hinwiederum in den Gefahren des Staates, und wenn ich dann diesen, der all dieß gesehen, auffordern würde, es auszusprechen, wie sich der Gewaltherrscher zu den Uebrigen bezüglich des Glückes und Unglückes verhalte. – Durchaus richtig, sagte er, würdest du uns auch hiezu ermuntern. – Willst du also, sprach ich, daß wir uns selbst so benehmen, als gehörten wir zu denjenigen, welche die Fähigkeit zu einem Urtheile haben und auch mit derartigen Menschen schon zusammengetroffen sind, um nemlich Einen zu haben, der auf unsere Frage antworten könnte? – Ja, allerdings will ich es. –

5. Wohlan denn nun, sagte ich, erwäge es folgendermaßen. Indem du an die Aehnlichkeit zwischen Staat und Mensch dich erinnerst, sollst du auf diese Weise bei Jedem seinerseits es betrachten und so die Zustände eines jeden von beiden angeben. – Welche meinst du hiemit? sagte er. – Erstens, erwiederte ich, um vom Staate zu sprechen, wirst du den durch Gewaltherrschaft regierten als einen freien, oder als einen sklavischen bezeichnen? – Im höchsten Grade, sagte er, als einen sklavischen. – Nun aber siehst du ja in ihm doch Herren und Freie. – Ich sehe allerdings, sagte er, wenigstens irgend eine kleine Anzahl von diesen; aber das Ganze in ihm, so zu sagen, und der tüchtigste Theil ist in ehrloser und unglücklicher Weise ein Sklave, – Wenn also, sprach ich, der Mensch dem Staate ähnlich ist, so muß wohl nothwendig auch im Menschen die gleiche Stellung sich finden, und seine Seele von arger Sklaverei und Unfreiheit strotzen, und noch dazu jene Theile derselben, welche die tüchtigsten sind, in Sklaverei sich befinden, ein geringer Theil aber, welcher der schlechteste und wahnsinnigste ist, Herr sein. – Ja, nothwendig, sagte er. – Wie nun? wirst du von einer so beschaffenen Seele behaupten, daß sie sklavisch oder daß sie frei sei? – Ich wenigstens gewiß, daß sie sklavisch sei. – Nicht wahr also, ein Staat ja, welcher sklavisch ist und unter einer Gewaltherrschaft steht, wird am wenigsten thun, was er will? – Ja, bei Weitem. – Also auch die unter einer Gewaltherrschaft stehende Seele wird am wenigsten thun, was sie will, insoferne man hiebei von der gesammten Seele spricht, sondern von einem Stachel stets mit Gewalt fortgetrieben, wird sie voll Unruhe und Reue sein. – Wie sollte sie auch nicht? – Muß aber ein durch Gewaltherrschaft regierter Staat nothwendig reich oder arm sein? – Arm. – Also auch die gewaltherrscherische Seele muß nothwendig stets armselig und ungesättigt sein? – Ja, so ist es, sagte er. – Wie aber? muß nicht nothwendig ein derartiger Staat und ein derartiger Mann von Furcht erfüllt sein? – Gewiß in hohem Grade, – Glaubst du wohl Wehklagen und Stöhnen und Thränen und Schmerzen in einem anderen Staate in größerer Menge zu finden? – Keinenfalls. – Meinst du aber, daß in einem anderen Menschen Derartiges in größerer Menge vorhanden sei, als eben in diesem von Begierden und Liebesdrang wahnsinnigen Gewaltherrscherischen? – Wie sollte es auch möglich sein? sagte er. – Auf dieß Alles demnach, glaube ich, und auf anderes Derartiges blicktest du hin und urtheiltest, daß unter den Staaten dieser Staat der unglücklichste sei. – Und that ich nicht Recht daran? sagte er. – Jawohl, gar sehr, erwiederte ich; aber hinwiederum bezüglich des Menschen, welcher der Gewaltherrschaft entspricht, was wirst du da sagen, wenn du auf dieses Nemliche hinblickst? – Daß er bei Weitem, sagte er, der Unglücklichste von allen

Uebrigen ist. – Hierin aber, sprach ich, hast du nicht mehr Recht. – Wie so? sagte er, – Noch nicht, erwiederte ich, ist, wie ich glaube, im höchsten Grade dieser der Derartige. – Aber wer denn dann? – Der Folgende wird vielleicht auch dir noch unglücklicher, als dieser, zu sein scheinen. – Welcher? – Derjenige, sagte ich, welcher befähigt zur Gewaltherrschaft ist und nicht das Leben eines Einzel-Menschen führt, sondern das Unglück hat, daß ihm durch irgend ein Geschick zu Theil wird, wirklich Gewaltherrscher zu werden. – Ich entnehme aus dem früher Gesagten, sprach er, daß du Recht habest. – Ja, erwiederte ich; aber nicht bloß meinen soll man dergleichen, sondern sehr genau es durch eine Begründung folgender Art erwägen; denn die Begründung betrifft ja das Größte, nemlich das gute und das schlechte Leben. – Völlig richtig, sagte er. – Erwäge demnach, ob wohl einen Werth habe, was ich sage; nemlich es scheint mir, als müsse man es erkennen, wenn man von Folgendem aus hierüber die Erwägung anstellt. – Von welchem aus? – Von einem jeden Einzelnen unter den Leuten aus, welche in den Staaten reich sind und viele Sklaven besitzen; denn diese haben die Aehnlichkeit mit einem Gewaltherrscher, daß sie über Viele herrschen; einen Unterschied aber macht nur die Anzahl derselben. – Ja, diese macht allerdings einen Unterschied. – Weißt du also, daß jene Leute ohne Angst sind und sich vor ihrem Gesinde nicht fürchten? – Warum sollten sie sich auch fürchten? – Allerdings nicht, sagte ich; aber bemerkst du auch die Ursache davon? – Ja, weil nemlich der ganze Staat einem jeden der Einzelnen zu Hülfe kömmt. – Du gibst dieß richtig an, sagte ich; wie aber? wenn irgend Einer der Götter einen einzelnen Mann, welcher fünfzig oder mehr Sklaven hat, aus dem Staate entrücken und ihn selbst und sein Weib und seine Kinder in eine Wüste versetzen würde nebst seiner übrigen Habe und auch dem Gesinde, woselbst Keiner unter den Freien ihm je zu Hülfe kommen könnte, in welch großer Furcht glaubst du da wohl, daß er sich betreffs seiner selbst und seiner Kinder und seines Weibes befinden werde, sie möchten durch das Gesinde ihren Untergang finden? – Gewiß in aller möglichen Furcht, sagte er. – Nicht wahr also, er wäre wohl bereits genöthigt, Einige seiner Sklaven zu hätscheln und ihnen Vieles zu versprechen und ohne Noth sie freizulassen, und er selbst würde als ein Schmeichler seiner Diener sich zeigen? – Ja, durchaus nothwendig, sagte er, muß er entweder dieß, oder er muß zu Grunde gehen. – Wie aber? sprach ich; wenn der Gott auch andere rings um ihn als Nachbarn in großer Menge ansiedeln würde, welche es nicht duldeten, wenn Jemand über einen Anderen Herr zu sein sich erlaubt, sondern jeden Derartigen, dessen sie habhaft würden, mit den äußersten Strafen belegten? – Dann, sagte er, würde er noch in höherem Grade, glaube ich, vollständig im Unglücke sein, da er rings von sämtlichen Feinden bewacht würde. – Ist also nun nicht in derartigen Banden der Gewaltherrscher gefesselt, seiner Begabung nach ein Solcher, wie wir ihn durchgegangen haben, und dabei von vieler und mannigfacher Furcht und Liebesneigung erfüllt; während er aber lüstern ist, darf er allein unter allen im Staate Wohnenden weder irgendwohin eine Reise machen oder einer Fest-Gesandtschaft sich anschließen, wornach doch alle Uebrigen eine Begierde haben, sondern versteckt in seiner Wohnung lebt er meistenteils wie ein Weib, auch die übrigen Bürger darum beneidend, wenn Einer nach Außen eine Reise macht und irgend Gutes sieht. – Ja, durchaus ist es so, sagte er. –

6. Nicht wahr also, bezüglich derartiger Uebel bekömmt jener Mann, welcher ohndieß schon in sich selbst in schlechter Verfassung ist, und welchen du so eben als den Gewaltherrscherischen für den Unglücklichsten erklärt hast, noch mehr daran zu genießen, daß er nicht als Einzelner sein Leben führt, sondern durch ein Geschick genöthigt wird, wirklich Gewaltherrscher zu werden und, während er nicht seiner selbst mächtig ist, über Andere zu herrschen versucht; gerade wie wenn Jemand mit einem kranken und seiner selbst nicht mächtigen Körper nicht einzeln für sich lebte, sondern genöthigt würde, in Wettkämpfen und im Streite gegen andere Körper sein Leben zu verbringen. – Durchaus, o Sokrates, sagte er, ist treffend ähnlich und höchst wahr, was du da angibst. – Nicht wahr also, o lieber Glaukon, sprach ich, schlechthin unglücklich ist dieser Zustand, und der wirkliche Gewaltherrscher hat ein noch mißlicheres Leben als jener, dessen Leben du als das mißlichste bezeichnetest? – Ja wohl, in hohem Grade, sagte er. – Es ist also in Wahrheit, auch falls es Jemandem nicht so scheinen sollte, der wirkliche Gewaltherrscher ein wirklicher Sklave vermöge der ärgsten Kriecherei und Dienstbarkeit, und ein Schmeichler der Schlechtesten, und ein Mensch, welcher in keiner Weise seine Begierden sättigen kann, sondern den höchsten Mangel leidet und in Wahrheit als arm sich zeigt, woferne es Jemand versteht, die ganze Seele zu betrachten, und ein Mensch, welcher Zeit seines Lebens von Furcht beseelt und voll von Zuckungen und Schmerzen ist, falls er nemlich dem Zustande des Staates gleicht, über welchen er herrscht; er gleicht demselben aber wirklich; oder etwa nicht? – Ja wohl, gar sehr, sagte er. – Nicht wahr also, nebst all diesem wollen wir dem so beschaffenen Menschen auch noch zutheilen, was wir schon früher angaben, daß er nemlich nothwendig bereits sein und auch noch in höherem Maße als vorher in Folge seiner Herrschaft werden müsse: ein Neidischer, ein Unzuverlässiger, ein Ungerechter,

ein Frevler, ein Aufbewahrer und Pfleger jeder Schlechtigkeit, und daß in Folge von all diesem im höchsten Grade zunächst er selbst unglücklich sei, sodann aber seine Nebenmenschen zu eben solchen mache. – Kein Verständiger, sagte er, wird hiegegen widersprechen. – Wohlan also, sprach ich, nun sollst auch du, sowie der Alles umfassende Richter sein Urtheil abgibt, ebenso jetzt urtheilen, welcher nach deiner Meinung bezüglich des Glückes der erste, und welcher der zweite sei, und so der Reihe nach bei jenen Fünf, nemlich dem Königlichen, dem Timokratischen, dem Oligarchien, dem Demokratischen, dem Gewaltherrscherischen. – Aber leicht ja, sagte er, ist das Urtheil; denn sowie sie eben jetzt hereintraten, ebenso ordne ich sie wie Chöre nach meinem Urtheile bezüglich der Vortrefflichkeit und der Schlechtigkeit und des Glückes und seines Gegentheiles. – Wollen wir nun also einen Herold dingen, sprach ich, oder soll ich selbst es ausrufen, daß der Sohn des Ariston in seinem Urtheile den Besten und Gerechtesten als den Glücklichsten bezeichnete, dieser aber der Königlichste sei und als ein König über sich selbst herrsche, daß hingegen der Schlechteste und Ungerechteste der Unglücklichste sei, dieser aber hinwiederum der Gewaltherrscherischeste sei und im höchsten Grade als Gewaltherrscher über sich selbst und über den Staat herrsche. – Ja, verkündet, sagte er, soll dieß hiemit von dir sein. – Soll ich also auch noch hiezu es aussprechen, sagte ich, daß dieß so sei, sowohl wenn alle die Derartigen in ihrem Sein allen Menschen und Göttern unbemerkt bleiben, als auch wenn nicht? – Ja, sagte er, sprich auch dieß noch hiezu aus. –

7. Weiter also, sagte ich; dieß wäre uns wohl der Eine Nachweis, ein zweiter aber muß, wenn es uns so richtig dünkt, folgender sein. – Welcher? – Nachdem, sagte ich, ebenso, wie der Staat in drei Formen getheilt ist, auch die Seele eines jeden Einzelnen dreifach getheilt ist, so wird die Sache, wie mir scheint, auch noch eines anderweitigen Nachweises fähig sein. – Welchen meinst du hiemit? – Folgenden: Da es drei sind, so zeigen sich mir auch drei Vergnügungen, für jedes je Ein ihm eigenthümliches, und dann auch eben so viele Begierden und Arten des Herrschens. – Wie meinst du dieß? sagte er. – Das Eine war gemäß unserer Behauptung dasjenige, vermittelst dessen der Mensch lernt, das andere jenes, vermittelst dessen er muthig erregt ist, das Dritte aber können wir wegen seiner Vielartigkeit nicht mit Einem ihm eigenthümlichen Namen bezeichnen, sondern wir benannten es nach demjenigen, was in ihm das Größte und Mäßigste ist; ein Begehrliches nemlich nannten wir es wegen der Heftigkeit der Begierden, welche sich auf Speise und Trank und Liebesgenuß und alles sonst

hieran sich Knüpfende beziehen, und dann auch ein Geldliebendes, weil vermittelst der Gelder zumeist die derartigen Begierden befriedigt werden. – Ja, und mit Recht nannten wir es so, sagte er. – Wir würden also wohl auch, wenn wir von dem Vergnügen und der Liebe des Letzteren sagen würden, daß sie auf Gewinn gerichtet seien, uns hiemit in unserer Begründung zumeist auf Einen Hauptpunkt stützen, so daß uns hiedurch es klar würde, so oft wir von diesem Theile der Seele sprechen; und wir ihn mit Recht als das Geldliebende und Gewinnliebende bezeichnen würden. – Ja, mir wenigstens, sagte er, scheint es so. – Wie aber bei dem Muthigen? sagen wir nicht, daß es sämmtlich immer auf Bewältigung und auf Sieg und auf das Ruhmvolle hinstrebe? – Ja wohl, gar sehr. – Wenn wir es also als ein Streitliebendes und Ehrliebendes bezeichnen würden, wäre dieß dann passend? – Ja, höchst passend. – Nun aber von demjenigen, vermittelst dessen wir lernen, ist es ja Jedem klar, daß es stets in gespannter Thätigkeit auf das Wissen der Wahrheit, wie sich nemlich diese bei Allem verhalte, gerichtet ist, und daß diesem unter den Teilen der Seele am wenigsten an Geld und Ruhm liegt. – Ja, bei Weitem. – Wenn wir es demnach ein Lernbegieriges und Weisheitsliebendes nennen, so wäre dieß wohl sachgemäß? – Wie sollte es auch nicht so sein? – Nicht wahr also, sagte ich, es übt nun auch in den Seelen der Einen dieser Theil die Herrschaft aus, in jenen Anderen aber ein anderer, je nachdem sich's eben trifft? – Ja, so ist es, sagte er. – Darum also wollen wir auch bezüglich der Menschen sagen, daß es drei ursprüngliche Gattungen derselben gebe, eine weisheitsliebende, eine streitliebende, eine gewinnliebende. – Ja, gewiß. – Und daß es also auch drei Arten von Vergnügungen gebe, deren je Eine einer jeden von jenen zu Grunde liege. – Ja, allerdings. – Weißt du also, sagte ich, daß, wenn du drei derartige Menschen, der Reihe nach jeden Einzelnen, fragen würdest, welche von diesen Lebensweisen die vergnüglichste sei, gewiß ein Jeder die seinige am meisten preisen wird? Der Gelderwerber wird sagen, daß im Vergleiche mit der Erreichung eines Gewinnes das Vergnügen der Ehre oder des Lernens Nichts werth sei, woferne nemlich man sich hieraus nicht Geld macht. – Dieß ist wahr, sagte er. – Wie aber ist es bei dem Ehrliebenden? sagte ich; wird er nicht der Ansicht sein, daß das aus Geld fließende Vergnügen ein niedriges, hinwiederum aber das aus dem Lernen fließende, insoweit der Lerngegenstand nicht Ehre bringt, nur Dunst und Geschwätz sei? – Ja, so verhält es sich, sagte er. – Was aber den Weisheitsliebenden betrifft, sprach ich, welche Meinung sollen wir glauben, daß er von den übrigen Vergnügungen habe im Vergleiche mit jenem, wenn man das wirkliche Verhalten des Wahren weiß und in Derartigem stets als ein

Lernender sich bewegt? sollen wir nicht glauben, daß er dieselben, da sie von seinem wahren Vergnügen weit entfernt sind, in der That nur als nothwendige bezeichnen wird, weil er eben jene übrigen nicht bedarf, außer nur so weit es nothwendig ist? – Allerdings, sagte er, sollte man dieß sehr wohl wissen. –

8. Da also demnach, sagte ich, die Vergnügungen und die Lebensweise einer jeden jener drei Arten Gegenstand eines Streites sind, und zwar nicht in Bezug auf den höheren Grad eines schönen oder schimpflichen, noch den eines guten oder schlechten Lebens, sondern gerade in Bezug auf den höheren Grad des Vergnüglichen und Schmerzlosen, so fragt sich's, wie wir wohl wissen können, welcher von Jenen am meisten Recht habe. – Ich wenigstens, sagte er, bin nicht völlig im Stande, es anzugeben. – Aber erwäge es folgendermaßen: Wodurch muß man Alles beurtheilen, was richtig beurteilt werden soll? nicht etwa durch Erfahrung und durch Verstand und durch begründende Rede? oder könnte man einen besseren Maßstab des Urtheiles als diese anführen? – Wie sollte man auch? sagte er. – So erwäge denn: Welcher ist unter jenen drei Menschen der Erfahrenste in allen von uns angegebenen Vergnügungen? Scheint dir der Gewinnliebende bei dem Erlernen des Wesens der Wahrheit mehr Erfahrung über das aus dem Wissen fließende Vergnügen zu haben, als der Weisheitsliebende über das aus dem Gewinn fließende? – Da besteht allerdings, sagte er, ein großer Unterschied; denn der Letztere muß nothwendig auch die anderweitigen Vergnügungen von Jugend angefangen zu kosten bekommen, hingegen der Gewinnliebende, inwieferne er etwa dazu begabt ist, das Seiende zu lernen, muß nicht nothwendig die Süßigkeit dieses Vergnügens zu kosten bekommen, oder hierin Erfahrung erlangen, ja vielmehr würde ihm dieß, auch wenn er hiezu bereitwillig wäre, nicht leicht sein. – Also besteht, sagte ich, ein großer Unterschied zwischen dem Gewinnliebenden und dem Wahrheitsliebenden in Bezug auf Erfahrung in den beiderseitigen Vergnügungen. – Ja, gewiß ein großer. – Wie aber ist es im Vergleiche mit dem Ehrliebenden? Wird etwa der Weisheitsliebende unerfahrener in dem aus der Ehre fließenden Vergnügen sein, als jener in dem aus der Verstandesthätigkeit fließenden? – Aber die Ehre ja, sagte er, folgt Sämmtlichen selbst, sobald sie nur in's Werk setzen, worauf Jeder hinstrebt; denn sowohl der Reiche wird von Vielen geehrt, als auch der Tapfere und der Weise, so daß seitens der Ehre, wie sie ist, Sämmtliche in dem aus ihr fließenden Vergnügen erfahren sind; welcherlei Vergnügen hingegen die Anschauung des Seienden enthalte, kann unmöglich irgend ein Anderer gekostet haben, als nur der Weisheitsliebende

allein. – Also von Seite der Erfahrung, sprach ich, wird unter jenen Menschen dieser das schönste Urtheil fällen. – Ja, bei Weitem. – Und nun wird er allein ja auch im Besitze der mit Verstand verbundenen Erfahrung sein. – Wie sollte es anders sein? – Nun aber ist ja auch jenes Werkzeug, durch welches das Urtheil stattfinden soll, nicht ein Werkzeug des Gewinnliebenden, noch des Ehrliebenden, sondern nur des Weisheitsliebenden. – Welches meinst du? – Durch begründende Reden ja, sagten wir, solle das Urtheil stattfinden; oder etwa nicht? – Ja. – Begründende Reden aber sind doch zumeist ein Werkzeug zu jenem. – Wie sollte es auch nicht so sein? – Nicht wahr also, wenn vermittelst des Reichthumes und Gewinnes der Gegenstand der Beurtheilung am besten beurtheilt würde, so müßte nothwendig jenes das Wahrste sein, was der Gewinnliebende in Lob und Tadel ausspricht? – Ja gewiß, nothwendig. – Wenn hingegen vermittelst der Ehre und des Sieges und der Tapferkeit, so müßte es jenes sein, was der Ehrliebende und Streitliebende ausspricht? – Klärlich. – Da aber vermittelst der Erfahrung und des Verstandes und der begründenden Rede, was nun? – Nothwendig, sagte er, muß dann jenes das Wahrste sein, was der Weisheitsliebende und Redeliebende in Lob ausspricht. – Also, da es drei Vergnügungen gibt, so wird die desjenigen Theiles der Seele, vermittelst dessen wir lernen, die vergnüglichste sein, und auch jenes Leben, in welchem dieser Theil über uns die Herrschaft hat, das vergnüglichste. – Wie sollte es auch nicht so sein, sagte er; als ein sachverständiger Lobredner wenigstens lobt sein eigenes Leben der Verständige. – Welches Leben aber, sprach ich, und welches Vergnügen bezeichnet dieser Richter als das zweite? – Klärlich das des Kriegerischen und Ehrliebenden; denn näher an jenem ist es, als das des Gelderwerbers. – Als das letzte aber das des Gewinnliebenden, wie es scheint. – Wie sollte es anders sein? sagte er. –

9. Dieß demnach wären zwei so auf einander folgende Punkte, und zweimal schon hätte hiemit der Gerechte den Ungerechten besiegt. Als dritten Punkt aber sollst du in olympischer Weise für den rettenden und olympischen Zeus noch betrachten, daß das Vergnügen der übrigen außer jenem des Verständigen gar nicht einmal durchaus wahr oder rein, sondern nur gewissermaßen ein Schattenbild ist, wie ich von irgend Einem der Weisen einmal gehört zu haben glaube. Und dieß wäre doch wohl die größte und entscheidendste Niederlage. – Ja, bei Weitem; aber wie meinst du dieß? – Folgendermaßen, sagte ich, werde ich es ausfindig machen, es gleichzeitig suchend, während du mir antwortest. – So frage nur, sagte er. – So sprich denn, erwiderte ich; behaupten wir nicht, daß

Schmerz dem Vergnügen entgegengesetzt sei? – Ja wohl, gar sehr. – Nicht wahr also, auch daß irgend ein Zustand es sei, sich weder zu freuen, noch Schmerz zu empfinden? – Ja, gewiß. – Ein Zustand in Mitte jener beiden, gewissermaßen eine Ruhe der Seele in dieser Beziehung; oder meinst du dieß nicht in dieser Weise? – Ja, so ist es, sagte er. – Erinnerst du dich also nicht an die Aussprüche der Kranken, welche sie thun, wenn sie eben krank sind? – An welche? – Daß es also wirklich nichts Angenehmeres gebe, als gesund zu sein, hingegen sie selbst, ehe sie erkrankten, nicht bemerkt hätten, daß jenes das angenehmste sei. – Ja, ich erinnere mich, sagte er. – Nicht wahr also, auch von denjenigen, welche von irgend heftigen Schmerzen gequält sind, hörst du den Ausspruch, daß es nichts Angenehmeres gebe, als das Aufhören der Schmerzen? – Ja, ich höre ihn. – Und ja auch in vielen anderen derartigen Fällen, glaube ich, bemerkst du bei den Menschen, daß, wenn sie Schmerz empfinden, sie eben die Schmerzlosigkeit und die Ruhe vor solchem als das Angenehmste lobpreisen, nicht aber die Freude. – Dieß eben, sagte er, ist ihnen dann vielleicht schon ein Angenehmes, und sie sind es zufrieden, wenn nur Ruhe eintritt. – Also wird auch, sprach ich, wenn Jemand aufhört, sich zu freuen, diese Ruhe des Vergnügens ihm schmerzlich sein? – Ja, vielleicht, sagte er. – Also jenes, was wir als ein Mittleres zwischen beiden bezeichnen, nemlich die Ruhe, ist hiemit zuweilen beides, sowohl Schmerz, als auch Vergnügen. – So scheint es. – Ist es nun etwa auch möglich, daß, was keines von beiden ist, beides werde? – Mir dünkt es nicht möglich. – Und nun ist ja beides, sowohl das Angenehme, als auch das Schmerzliche, wenn sie in der Seele entstehen, irgend eine Bewegung, oder etwa nicht? – Ja. – Jenes hingegen, was weder schmerzlich, noch angenehm ist, zeigte sich uns dieß nicht so eben als eine Ruhe und als ein Mittleres zwischen diesen? – Allerdings zeigte es sich so. – Wie kann man also in richtiger Weise die Schmerzlosigkeit für etwas Angenehmes und die Freudelosigkeit für etwas Widerwärtiges halten? – Keineswegs wohl. – Also ist es dieß nicht wirklich, sagte ich, sondern es scheint nur so die Ruhe im Vergleiche mit dem Schmerzlichen ein Angenehmes und im Vergleiche mit dem Angenehmen ein Schmerzliches zu sein, und keine von diesen Erscheinungsweisen ist bezüglich des wahren Wesens des Vergnügens stichhaltig, sondern eine bloße Vorspiegelung. – Ja, sagte er, wenigstens wie unsere Begründung andeutet. – So blicke denn nun, sprach ich, auf Vergnügungen hin, welche nicht in Folge von Schmerzen vorhanden sind, damit du für die gegenwärtige Untersuchung nicht öfters in die Meinung verfallest, es sei dieß von Natur aus das Wesen dieser beiden, daß das Vergnügen ein Aufhören des Schmerzes und der Schmerz ein Aufhören des Vergnügens sei. –

Wo sind solche, sagte er, und welcherlei meinst du hiemit? – Sowohl gar viele andere, sprach ich, gibt es, als auch insbesondere wenn du die den Geruchssinn betreffenden Vergnügungen bedenken willst; denn diese ergeben sich, ohne daß man vorher Schmerz empfunden hat, in außerordentlicher Heftigkeit, und sie lassen nach ihrem Aufhören keinerlei Schmerz zurück. – Sehr wahr ist dieß, sagte er. – Nicht also können wir uns davon überzeugen, daß ein reines Vergnügen die Befreiung von Schmerz, und Schmerz die Befreiung von Vergnügen sei. – Allerdings nicht. – Aber wirklich ja, sagte ich, sind die vermittelst des Körpers an die Seele hin sich erstreckenden sogenannten Vergnügungen so ziemlich größtenteils und gerade die größten derselben eben solcher Art, nemlich nur Befreiungen von Schmerzen, – Allerdings sind sie dieß. – Nicht wahr also, auch was sich bezüglich künftiger solcher Dinge in Folge einer Erwartung als Vorfreude und als Vorgefühl des Schmerzes ergibt, verhält sich in gleicher Weise? – Ja, in gleicher Weise. –

10. Weißt du also, sagte ich, von welcher Beschaffenheit sie sind und welchem Dinge sie am meisten gleichen? – Welchem? sagte er. – Glaubst du, sprach ich, daß es in der Natur ein Oben und ein Unten und eine Mitte gebe? – Ja, gewiß, – Glaubst du also, daß, wenn Jemand von Unten gegen die Mitte zu sich bewegt, er etwas Anderes glauben werde, als er werde nach Oben bewegt, und wenn er in der Mitte, steht und dorthin hinabblickt, von wo hinweg er sich bewegt hatte, er irgendwo anders zu sein meinen würde, als eben oben, indem er das wahrhaft oben Seiende nicht sieht. – Ich wenigstens, sagte er, glaube bei Gott nicht, daß ein Derartiger eine andere Meinung haben werde. – Aber wenn er wieder in entgegengesetzter Richtung sich bewegte, so würde er wohl der Meinung sein, nach Unten bewegt zu werden, und hiemit die richtige Meinung haben? – Wie sollte er auch nicht? – Nicht wahr also, dieß Alles würde ihm darum begegnen, weil er keine Erfahrung hat über das wahrhaft Oben und in der Mitte und Unten Seiende? – Ja, klärlich. – Würdest du dich also wundern, wenn sie ohne Erfahrung der Wahrheit sowohl in vielen anderen Dingen keine gesunde Meinung haben, als auch in Bezug auf Vergnügen und Schmerz und das Mittelding derselben in diesem Zustande sind, daß, wenn sie zu dem Schmerzlichen hinbewegt werden, sie die richtige Meinung haben und wirklich Schmerz empfinden, hingegen wenn vom Schmerze hinweg zum Mitteldinge, sie bereits bei einer Erfüllung ihres Verlangens und bei einem Vergnügen sich zu befinden glauben, und gerade wie man im Vergleiche mit dem Schwarzen das Graue aus Unkenntniß des Weißen betrachtet, sie ebenso auch im Vergleiche

mit dem Schmerzlosen auf den Schmerz hinblicken und aus Unkenntniß des Vergnügens getäuscht werden? – Nein, bei Gott, sagte er, nicht wundern würde ich mich hierüber, sondern weit eher darüber, wenn es sich nicht so verhielte. – Bedenke es also wenigstens folgendermaßen, sagte ich; sind nicht Hunger und Durst und das Derartige ein gewisses Leersein bezüglich des körperlichen Zustandes? – Wie sollte es anders sein? – Unkenntniß aber und Unverstand, sind diese nicht hinwiederum eine Leerheit bezüglich des Zustandes der Seele? – Ja wohl, gar sehr. – Nicht wahr also, ein Vollwerden träte sowohl bei jenem ein, welcher Nahrung bekömmt, als auch bei demjenigen, welcher verständig wird? – Wie sollte es anders sein? – Ist aber in höherem Grade ein wahrhaftes Erfüllen jenes mit einem geringeren Sein, oder jenes mit einem höheren Sein? – Klärlich jenes mit einem höheren Sein. – Welche von beiden Gattung nun ist nach deiner Meinung in höherem Grade der Wesenheit theilhaftig, die Gattung, zu welcher Brod und Getränke und Zuspeise und überhaupt die gesammte Nahrung gehört, oder jene, zu welcher die wahre Meinung und das Wissen und im Allgemeinen die gesammte Vortrefflichkeit? Beurtheile es aber folgendermaßen: Scheint dir dasjenige, was an das stets Gleiche und an das Unsterbliche und an die Wahrheit sich anreiht und selbst ein Derartiges ist und in Derartigem entsteht, in höherem Grade ein Sein zu haben, oder jenes, was an das niemals Gleiche und an das Sterbliche sich anreiht und eben ein Derartiges ist und in Derartigem entsteht? – Bei Weitem ja, sagte er, ragt jenes hervor, was an das stets Gleiche sich anreiht. – Ist aber die Wesenheit des stets Gleichen etwa in höherem Grade der Wesenheit als der Wahrheit theilhaftig? – Keineswegs. – Wie aber? etwa der Wahrheit in höherem Grade theilhaftig? – Auch dieß nicht. – Falls sie aber etwa in geringerem Grade der Wahrheit theilhaftig wäre, würde sie dann nicht auch in geringerem Grade der Wesenheit theilhaftig sein? – Ja, nothwendiger Weise. – Nicht wahr also, überhaupt ist jene Gattung, welche die Pflege des Leibes betrifft, in geringerem Grade der Wahrheit und der Wesenheit theilhaftig, als diejenige, welche die Pflege der Seele betrifft? – Ja, bei Weitem. – Glaubst du aber nicht das Nemliche auch vom Körper selbst im Vergleiche mit der Seele? – Ja, gewiß. – Nicht wahr also, dasjenige, was mit einem in höherem Grade Seienden erfüllt wird und selbst ein in höherem Grade Seiendes ist, wird auch in höherem Grade wirklich erfüllt, als jenes, was mit einem in geringerem Grade Seienden erfüllt wird und selbst ein in geringerem Grade Seiendes ist? – Wie sollte es auch nicht so sein? – Wenn es also etwas Angenehmes ist, mit dem von Natur aus Verwandten erfüllt zu werden, so wird jenes, was in höherem Grade wirklich und mit Seiendem erfüllt wird, auch in höherem Grade wirklich und wahrhaftiger eine Freude durch wahrhaftes Vergnügen erzeugen, hingegen dasjenige, was an dem in geringerem Grade Seienden Theil nimmt, wird auch in geringerem Grade wahrhaft und fest erfüllt werden und an einem unzuverlässigeren und weniger wahren Vergnügen Theil nehmen. – Ja, höchst nothwendig, sagte er. – Jene also, welche an Verstandesthätigkeit und Vortrefflichkeit keine Erfahrung haben, sondern stets mit Schwelgerei und Derartigem verkehren, werden, wie es scheint, nach Unten und wieder bis zum Mittelpunkte hin bewegt und irren ihr Leben hindurch in dieser Gegend umher, über diese Stufe hinauf aber zum wahrhaft oben Seienden blickten sie weder jemals hin, noch wurden sie je dorthin bewegt, noch auch wurden sie mit dem Seienden wirklich erfüllt, oder bekamen je ein festes und reines Vergnügen zu kosten, sondern wie Thiere stets nach Unten blickend und zur Erde und auf volle Tische hingebeugt weiden sie sich an Fraß und Liebesgenuß, um der Bereicherung in diesen Dingen willen schlagen und stoßen sie sich gegenseitig mit eisernen Hörnern und Hufen und tödten sich einander aus Unersättlichkeit, weil sie nicht mit Seiendem dasjenige, was an ihnen selbst das Seiende oder dessen Schutzwehr ist, erfüllen. – Durchaus, o Sokrates, sagte Glaukon, verkündest du hiemit die Lebensweise der Menge. – Ist es also nun nicht auch nothwendig, daß sie mit Vergnügungen verkehren, welche mit Schmerzen vermischt sind, mit Abbildern und Schattenrissen des wahrhaften Vergnügens, welche durch ihre wechselseitige Lage eine Färbung erhalten, so daß sie nach beiden Seiten sehr heftig erscheinen und einen rasenden Liebesdrang zu ihnen in den Unverständigen erzeugen und Gegenstand vieler Kämpfe sind, wie Stesichoros sagt, daß das Abbild der Helena seitens der vor Troja Versammelten Gegenstand vieler Kämpfe gewesen sei, in Folge der Unkenntniß der wahren Helena. – Durchaus nothwendig, sagte er, ist es, daß Derartiges stattfinde. –

11. Wie aber? muß nicht nothwendig auch betreffs des Muthigen Anderweitiges dergleichen eintreten, wenn Jemand nur eben dieses verwirklicht, entweder vermittelst des Neides aus Ehrliebe, oder vermittelst der Gewalt aus Streitliebe, oder vermittelt des Zornes aus Unwillen, indem er dabei eine Sättigung in Ehre und Sieg und Zorn ohne Vernunft und Verstand verfolgt? – Ja, Derartiges, sagte er, muß nothwendig auch bei diesem der Fall sein. – Wie also nun? sprach ich; wollen wir es jetzt getrost aussprechen, daß auch unter den das Gewinnliebende und das Streitliebende betreffenden Begierden alle diejenigen, welche dem Wissen und der Vernunft folgen und in Verbindung mit diesen den Vergnügungen nachstreben und nur die von dem verständigen Theile

vorgezeichneten Vergnügungen ergreifen, noch am meisten wahre ergreifen werden, so weit ihnen Solches überhaupt möglich ist, weil sie eben der Wahrheit folgen, und daß sie hiemit auch die ihnen eigenthümlichen ergreifen, weil ja, was für ein Jedes das Beste ist, diesem auch das Eigenthümlichste ist. – Aber es ist dieß, sagte er, ja auch wirklich das ihm Eigenthümlichste. – Wenn also dem Weisheitsliebenden die gesammte Seele folgt und nicht in Zwiespalt ist, so wird bei jedem einzelnen Theile derselben es der Fall sein, daß er sowohl in den übrigen Beziehungen das Seinige thut und hiemit gerecht ist, als auch bezüglich der Vergnügungen jeder nur die seinigen und die besten und nach Möglichkeit die wahrsten genießt. – Ja wohl, in hohem Grade. – Wann aber Einer der anderen Theile die Oberhand hat, so wird es der Fall sein, daß er sowohl selbst nicht das ihm eigenthümliche Vergnügen findet, als auch die übrigen Theile nöthigt, einem fremden und unwahren Vergnügen nachzustreben. – Ja, so ist es, sagte er. – Nicht wahr also, dasjenige, was am weitesten von Weisheitsliebe und Vernunft entfernt ist, würde wohl am meisten Derartiges thun? – Ja, bei Weitem. – Ist aber nicht am weitesten von Vernunft jenes entfernt, was von Gesetz und Ordnung am weitesten entfernt ist? – Ja, klärlich. – Zeigten sich uns aber nicht als am weitesten entfernt jene Begierden, welche auf Liebesdrang und Gewaltherrschaft sich beziehen? – Ja, bei weitem. – Am wenigsten aber jene königlichen und ordentlichen? – Ja. – Am weitesten also, glaube ich, wird von dem wahren und eigenthümlichen Vergnügen der Gewaltherrscher entfernt sein, jener Andere hingegen am wenigsten. – Ja, nothwendig. – Also auch am wenigsten angenehm, sagte ich, wird der Gewaltherrscher leben, jener König aber am angenehmsten. – Ja, durchaus nothwendig ist dieß. – Weißt du also, sagte ich, um wie viel der Gewaltherrscher unangenehmer als der König lebt? – Sobald du es angibst, sagte er. – Da es drei Vergnügungen sind, wie es scheint, nemlich Eine ächte und zwei unächte, so wird der Gewaltherrscher, indem er selbst noch über die unächten hinausgeht und dem Gesetze und der Vernunft sich entzieht, mit sklavischen und auf die Leibwache bezüglichen Vergnügungen verkehren, und es ist hiebei nicht leicht, anzugeben, um wie viel eben er hiedurch verkürzt werde, außer etwa in folgender Weise. – In welcher? – Von dem Oligarchischen ist der Gewaltherrscher in dritter Entfernung, weil zwischen ihnen noch der Demokratische in Mitte steht. – Ja. – Nicht wahr also, auch bezüglich des Vergnügens wäre es im Verhältnisse zur Wahrheit nur ein Abbild in dritter Linie, mit welchem er im Vergleiche mit dem Oligarchischen verkehrt, woferne das vorhin Gesagte wahr ist? – Ja, so ist es. – Der Oligarchische aber ja steht hinwiederum gleichfalls in dritter Linie vom Königlichen entfernt, wenn wir den

Aristokratischen und den Königlichen als Einen zählen?– Ja, in dritter Linie. – Um ein dreimal Dreifaches also ist der Zahl nach der Gewaltherrscher vom wahren Vergnügen entfernt. – Ja, so zeigt sich's. – Also eine Flächenzahl, sagte ich, welche der ersteren Längen-Zahl entspricht, ist, wie es scheint, das Bild des gewaltherrscherischen Vergnügens selbst. – Ja wohl, gar sehr. – Entsprechend aber dann der Potenzirung und der dritten Dimension ist es ohnedieß klar, in welchem Abstande er entfernt sei. – Ja, klar ist dieß, sagte er, wenigstens dem des Rechnens Kundigen. – Nicht wahr also, wenn man es umkehrt und bezüglich der Wahrheit des Vergnügens es bei dem Könige angibt, wie weit dieser von dem Gewaltherrscher entfernt sei, so wird man durch wirklichen Vollzug jener Vermehrung finden, daß Ersterer siebenhundertneunundzwanzigmal angenehmer lebt, der Gewaltherrscher hingegen um eben diesen Abstand unglücklicher ist. – Eine unaussprechlich schöne Berechnung, sagte er, hast du hiemit vorgebracht bezüglich des Unterschiedes jener beiden Männer, nemlich des Gerechten und des Ungerechten, was das Vergnügen und den Schmerz derselben betrifft. – Und in der That, sprach ich, eine Zahl, welche wahr ist und zu den Verhältnissen des Lebens derselben gehört, woferne zu denselben auch Tage und Nächte und Monate und Jahre gehören. – Aber diese gehören ja, sagte er, wirklich zu denselben. – Nicht wahr also, wenn bezüglich des Vergnügens um so viel der Gute und Gerechte den Schlechten und Ungerechten übertrifft, so wird er ihn wohl auch um unaussprechlich Mehreres bezüglich der Wohlanständigkeit des Lebens und bezüglich der Schönheit und Vortrefflichkeit übertreffen. – Ja, bei Gott, sagte er, um unaussprechlich Vieles. –

12. Weiter nun, sagte ich. Nachdem wir bis zu diesem Punkte in unserer Begründung gekommen sind, wollen wir das zu Anfang Gesagte, durch welches wir bis hieher kamen, wieder auffassen. Es wurde nemlich dort die Ansicht angeführt, gewinnbringend sei das Unrechtthun für jenen, welcher in vollendeter Weise ungerecht sei, aber gerecht scheine; oder wurde nicht so gesagt? – Ja, allerdings so. – Jetzt demnach, sagte ich, wollen wir mit dem Vertreter jener Ansicht sprechen, nachdem wir uns darüber verständigt haben, welche Geltung ein jedes von beiden, nemlich das Unrechtthun und die Uebung des Gerechten, besitze. – In welcher Weise? sagte er. – Indem wir in unserer Begründung ein gleichnißweises Bild der Seele gestalten, damit, wer jenes sagt, einsehe, was er sage. – Welches Bild? sprach er. – Eines von jener Art, erwiederte ich, wie der Sage nach vor Alters Naturgebilde entstanden sein sollen, eine Chimära und eine Scylla und ein Kerberos, und wie man von zahlreichen

anderen sagt, daß viele Formen zusammengewachsen und Eins geworden seien. – Allerdings sagt man so. – Gestalte demnach als die Eine Form die eines bunten und vielköpfigen Thieres, welches ringsum Köpfe von zahmen und von wilden Thieren hat und die Fähigkeit besitzt, sich zu verwandeln und all Solches aus sich selbst hervorwachsen zu lassen. – Eines gar gewandten Bildners Aufgabe ist dieß, sagte er; dennoch aber möge, da die Rede bildsamer als Wachs und all derartiges ist, es hiemit wirklich gebildet sein. – Demnach bilde nun noch Eine andere Form eines Löwen und Eine eines Menschen; bei Weitem aber die größte sei die erste, und die zweite an Größe die zweite. – Dieß, sagte er, ist schon leichter, und sie sind hiemit gleichfalls gebildet. – Nun füge die Drei in Eins zusammen, so daß sie irgendwie mit einander zusammengewachsen sind. – Sie sind schon zusammengefügt. – Und nun gestalte rings um sie von Außen herum das Bild eines Einzigen, nemlich das eines Menschen, so daß demjenigen, der das Innere nicht zu sehen vermag, sondern nur die äußere Scheide sieht, es als Ein lebendes Wesen erscheint, nemlich als ein Mensch. – Es ist so ringsum gestaltet, sagte er. – Und nun wollen wir zu jenem, welcher behauptet, es sei für diesen Menschen gewinnbringend, Unrecht zu thun, und Gerechtes zu üben bringe ihm keinen Nutzen, jetzt sagen, daß er hiemit nichts Anderes behauptet, als es sei ihm gewinnbringend, in aller Ueppigkeit jenes buntgestaltete Thier stark zu machen und ebenso auch den Löwen in allem Löwenartigen, den Menschen aber Hungers zu tödten und schwach zu machen, so daß er dahin gezogen wird, wohin jedes von jenen beiden ihn führt, und er keines derselben an das andere gewöhnt oder befreundet macht, sondern es zuläßt, daß sie unter sich einander beißen und im Kampfe auffressen. – Ja, durchaus wohl, sagte er, möchte Solches derjenige aussprechen, welcher das Unrechtthun lobt. – Nicht wahr also, jener hinwiederum, welcher sagt, daß das Gerechte gewinnbringend sei, würde hiemit behaupten, man solle Solches thun und Solches sprechen, wodurch der im Innern des Menschen befindliche Mensch die größte Macht erhalte und für das vielköpfige Unthier sorgen könne wie ein Landmann, indem er das Zahme an ihm nährt und pflegt, das Wilde aber nicht wachsen läßt, und hiebei als Bundesgenossen die Begabung des Löwen benützt, und daß er für alle Theile gemeinsam sorgend sie unter sich und mit ihm selbst befreundet mache und so sie ernähre. – Ja, in hohem Grade hinwiederum spricht Solches jener, welcher das Gerechte lobt. – In jeder Weise demnach möchte wohl der das Gerechte Lobpreisende wahr sprechen, hingegen unwahr der das Ungerechte Preisende; denn wenn man es sowohl bezüglich des Vergnügens, als auch bezüglich des guten Rufes und des Nutzens erwägt, spricht der Lobredner des

Gerechten die Wahrheit, hingegen der Tadler desselben bringt nichts Gesundes vor und weiß auch bei seinem Tadel gar nicht, was er tadelt. – Allerdings, sagte er, scheint er mir dieß in keiner Weise zu wissen. – Wollen wir ihn demnach in sanfter Weise überzeugen, denn nicht freiwillig ja irrt er, und wollen wir ihn fragen: „O du Hochzupreisender, dürfen wir nicht behaupten, daß auch dasjenige, was als schön und als schimpflich gilt, eben durch das Derartige entstanden sei? nemlich daß das Schöne jenes sei, wodurch das Thierische in der Natur unter die Leitung des Menschen, oder vielmehr vielleicht unter die Leitung des Göttlichen gebracht wird, schimpflich hingegen dasjenige, wodurch das Zahme unter die Leitung des Wilden geknechtet wird?" Wird er dieß bejahen, oder wie meinst du? – Ja wohl, sagte er, wenn er von mir sich überzeugen läßt. – Gibt es also wohl, sprach ich, Jemanden, dem es in Folge dieser Begründung gewinnbringend sein könnte, in ungerechter Weise Gold zu empfangen, woferne ja irgend Derartiges eintreten muß, daß, sobald er das Gold empfangen, er zugleich das Beste in ihm unter die Herrschaft des Schlechtesten knechtet? oder wenn Jemand auf den Empfang des Goldes hin seinen Sohn oder seine Tochter in Sklaverei brachte, und noch dazu in das Haus wilder und schlechter Männer, so würde es ihm doch wohl nicht gewinnbringend sein, selbst wenn er unter solcher Bedingung gar viel Gold empfinge; wenn er aber nun das Göttlichste in ihm selbst unter die Herrschaft des Gottlosesten und Verwerflichsten knechten würde und kein Erbarmen damit hatte, würde er da nicht unglücklich sein und zu einer weit ärgeren verderblichen Handlung durch Gold sich bestechen lassen, als Eriphyle, welche für das Leben ihres Mannes jenen Halsschmuck empfing. – Allerdings bei Weitem etwas Aergeres, sagte Glaukon; nemlich ich will anstatt desjenigen, den du fragst, antworten. –

13. Nicht wahr also, du glaubst wohl auch, daß die Zügellosigkeit eben deswegen schon von Alters her getadelt werde, weil bei Derartigem jenes Arge, nemlich jenes große und vielgestaltige Unthier, mehr als es sein sollte, freigelassen wird? – Ja, klärlich, sagte er. – Wird aber nicht die Anmaßung und Unverträglichkeit eben dann getadelt, wenn das Löwenartige und Drachenartige in unharmonischer Weise wächst und schroffer gespannt wird? – Ja wohl, allerdings – Hingegen Ueppigkeit und Weichlichkeit, werden diese nicht bezüglich einer Schlaffheit und eines Nachlassens eben dieses Theiles getadelt, wann sie in ihm Feigheit erzeugen? – Warum auch nicht? – Schmeichelei aber und unfreier Sinn, werden diese nicht dann getadelt, wenn Jemand eben diesen Theil, nemlich das Muthige, unter die Herrschaft jenes pöbelhaften Thieres

bringt, und um des Geldes willen und aus solcher Unersättlichkeit ihn mit Füßen tritt und von Jugend an daran gewöhnt, statt eines Löwen ein Affe zu werden? – Ja wohl, gar sehr, sagte er. – Warum aber, glaubst du, bringen niedriger Erwerb und Handarbeit Schande? Werden wir hiefür einen anderen Grund angeben, als daß Jemand vermöge seiner natürlichen Begabung die Form des besten in sich als eine schwache besitzt, so daß er über jene Unthiere in ihm selbst nicht zu herrschen vermag, sondern ihnen dient, und nur Schmeicheleien gegen sie zu lernen im Stande ist. – Ja, so scheint es, sagte er. – Nicht wahr also, damit auch der Derartige durch ein Gleiches wie der Beste beherrscht werde, sagen wir, er solle ein Sklave desjenigen sein, welcher der Beste ist und in sich selbst das Göttliche als Herrschendes besitzt, und zwar indem wir nicht glauben, er müsse zum Schaden des sklavisch Dienenden beherrscht werden, wie Thrasymachos von den Beherrschten meinte, sondern daß es für einen Jeden besser sei, durch ein Göttliches und Verständiges beherrscht zu werden, zumeist wenn er dasselbe als ein ihm Eigenthümliches in sich selbst besitzt, oder, falls dieß nicht, wenn es von Außen her sein Vorsteher ist, damit wir Alle nach Möglichkeit einander gleich und befreundet seien, indem wir durch Ein und das Nemliche gelenkt werden. – Ja, und mit Recht, sagte er. – Es drückt ja aber, sprach ich, auch das Gesetz es aus, daß es etwas Derartiges beabsichtigt, indem es sämtlichen im Staate Befindlichen ein Bundesgenosse ist, und ebenso auch die Herrschaft über die Kinder, nemlich daß wir denselben nicht Freiheit gestatten, bis wir in ihnen wie in einem Staate eine Verfassung hergestellt und durch Pflege des Besten in ihnen für jenes, was in uns so ist, einen entsprechenden ähnlichen Wächter und Herrscher in ihnen eingesetzt haben, und eben dann erst sie frei lassen. – Ja, auch dieses drückt es uns aus, sagte er. – In welcher Beziehung demnach, o Glaukon, und nach welchem Grunde sollen wir behaupten, daß es gewinnbringend sei, Unrecht zu thun oder zügellos zu sein oder irgend Schimpfliches zu verüben, in Folge dessen man wohl schlechter wird, aber mehr Geld oder sonstige Macht erwirbt? – In keiner Beziehung, sagte er. – Oder in welcher Beziehung, daß es gewinnbringend sei, beim Unrechtthun unbemerkt zu bleibe und nicht bestraft zu werden? Oder wird nicht der unbemerkt Bleibende noch schlechter, wohingegen bei jenem, welcher nicht unbemerkt bleibt und bestraft wird, das Thierische beschwichtigt und gezähmt, das Zahme aber befreit wird; und gewinnt nicht überhaupt die ganze Seele, wenn sie zur besten Begabung sich hinwendet, indem sie Besonnenheit und Gerechtigkeit in Verbindung mit Verständigkeit erwirbt, eine vorzüglichere Haltung, als der Leib, wenn er Kraft und Schönheit in Verbindung mit Gesundheit gewinnt, und zwar um so mehr, je vorzüglicher die Seele im Vergleiche mit dem Leibe ist? – Ja, durchaus so, sagte er. –

Nicht wahr also, der Verständige wird Alles, was in ihm ist, auf dieses hin anspannen und so sein Leben führen, indem er erstens die Unterrichtsgegenstände ehrt, welche seine Seele zu einer derartigen machen, alle übrigen aber mißachtet? – Ja, klärlich, sagte er. – Sodann aber, sagte ich, wird er das Verhalten und die Pflege des Körpers keinenfalls dem thierischen und unvernünftigen Vergnügen preisgeben und etwa dorthin gerichtet sein Leben führen, aber auch nicht auf Gesundheit wird er hinblicken, oder jenes hoch in Ehren halten, daß er stark oder gesund oder schön sei, falls nicht auch Besonnenheit hieraus ihm erwächst, sondern stets wird es sich zeigen, daß er die Harmonie seines Körpers nur um des Einklanges in seiner Seele willen harmonisch herstellt. – Ja, durchaus so, sagte er, woferne er in Wahrheit musisch gebildet sein will. – Nicht wahr also, sprach ich, ebenso auch bezüglich der Ordnung und des Einklanges im Gelderwerbe? und er wird die massenhafte Menge desselben nicht etwa betäubt durch die Lobpreisungen seitens des großen Haufens in's Unbegrenzte vermehren, dabei unbegrenzt viele Uebel besitzend. – Ich glaube sicher nicht, sagte er. – Sondern hinblicken, sprach ich, wird er auf die in ihm befindliche Staatsverfassung, und wohl sich davor bewahren, daß er nicht an irgend einem der dortigen Verhältnisse wegen der Menge oder des Mangels des Vermögens rüttle, und auf diese Weise es lenkend, wird er das Vermögen vermehren und verwenden, so weit er es im Stande ist. – Ja wohl, gar sehr, sagte er. – Aber auch bezüglich der Ehre ja wird er, auf das Nemliche hinblickend, an jenen einen freiwillig theilnehmen und sie kosten, von welchen er glaubt, daß sie ihn besser machen, diejenigen aber wird er als Einzelner und im Staate fliehen, von welchen er glaubt, daß sie das bestehende Verhalten zerstören. – Also eine staatliche Thätigkeit, sagte er, wird er nicht ausüben sollen, woferne er auf jenes bedacht ist. – Beim Hunde, sprach ich, wahrlich in seinem eigenen Staate in hohem Grade, hingegen vielleicht nicht in seinem Vaterlande, wenn nicht irgend eine göttliche Fügung eintritt. – Ich verstehe, sagte er; du meinst nemlich, in jenem Staate, welchen wir bisher so eben gründeten und durchgingen, in jenem, welcher in den begründenden Reden vorliegt, da er ja, glaube ich, auf Erden wenigstens nirgends besteht. – Aber vielleicht ja, sprach ich, ist im Himmel irgend ein Musterbild aufgestellt für denjenigen, der es sehen und, wenn er es sieht, seinen Staat in sich selbst hiernach gründen will; jenes aber macht keinen Unterschied, ob dieser Staat irgendwo bestehe oder bestehen werde; denn Jener richtet seine Handlungen nur nach diesem, und nach keinem anderen ein. – Ja, so scheint es, sagte er. –

Zehntes Buch

1. Und in der That, sprach ich, sowohl in vielen anderen Beziehungen denke ich über jenen Staat nach, daß wir ihn auf das richtigste einrichten, als auch insbesondere erwäge ich es betreffs der Dichtkunst und sage – Was denn? sprach er. – Daß man in keiner Weise alle diejenige unter derselben aufnehmen solle, welche nachahmend ist; es wird sich nemlich, wie mir scheint, jetzt noch viel deutlicher zeigen, daß man sie um keinen Preis aufnehmen soll, nachdem wir ja die Formen der Seele einzeln von einander getrennt aufgestellt haben. – Wie meinst du dieß? – Unter uns gesagt, – denn ihr werdet mich nicht den Tragödiendichtern und übrigen Künstlern der Nachahmung verrathen –, eine Makel scheint mir all das Derartige für die Denkthätigkeit jener Hörenden zu sein, welche nicht ein Heilmittel hiegegen in dem Wissen des wirklichen Seins der Dinge besitzen. – In welcher Beziehung, sagte er, betrachtest du dieses, um so zu sprechen? – Ich muß es wohl sagen, erwiederte ich, obwohl mich eine gewisse Liebe und Scheu, welche ich von Kindheit an gegen Homeros hege, daran hindert, es auszusprechen; denn er scheint der erste Lehrer und Führer all dieser herrlichen Tragiker geworden zu sein; aber höher als die Wahrheit darf ein Mensch nicht geschätzt werden, und ich muß demnach sagen, was ich meine. – Ja wohl, allerdings, sagte er. – So höre denn nun, oder vielmehr antworte mir. – Frage du nur. – Könntest du mir im Ganzen sagen, was wohl Nachahmung sei? denn ich selbst sehe es nicht völlig ein, was ihr eigentliches Sein wohl sein möge. – Werde dann etwa ich, sagte er, es einsehen? – Dieß wäre ja, erwiederte ich, nichts Unbegreifliches, denn viele Dinge sehen Stumpfsichtigere eher als Scharfsichtigere. – Allerdings, sagte er, ist es so; aber in deiner Anwesenheit dürfte ich nicht einmal den Muth haben können, es auszusprechen, falls sich mir wirklich Etwas zeigen würde, sondern sieh du nur selbst. – Willst du also, daß wir die Erwägung von folgendem Ausgangspunkte aus in Folge unseres gewöhnlichen Verfahrens beginnen? Wir sind nemlich doch wohl gewohnt, irgend Eine einzelne Idee betreffs des vielheitlichen Einzelnen, welches immer mit dem nemlichen Namen bezeichnet wird, aufzustellen oder verstehst du dieß nicht? – Ja, ich verstehe es. – So wollen wir denn auch jetzt, welches von den vielen Dingen du irgend willst, aufstellen; so etwa, wenn dir

dieses Beispiel gefällt, gibt es ja gewiß viele Stühle und Tische. – Warum auch nicht?– Aber Ideen gibt es bezüglich dieser Geräthe nur zwei, nemlich Eine ist die des Stuhles, und Eine die des Tisches, – Ja. – Nicht wahr also, wir sind auch gewohnt, zu sagen, daß der Verfertiger eines jeden dieser beiden Geräthe auf die Idee desselben hinblickt und so der Eine Stühle, der Andere aber Tische verfertigt, deren wir uns dann bedienen; und so auch bei allem Uebrigen; denn die Idee selbst ja verfertigt Keiner der Verfertiger; oder wie? – Nein, in keiner Weise. – Aber sieh zu, welchen Namen du wohl folgendem Verfertiger gebest. – Welchem? – Demjenigen, welcher Sämmtliches macht, was alle einzelnen Handarbeiter machen. – Einen gar gewandten und wundersamen Mann meinst du hiemit. – Noch nicht ja, sondern sogleich erst wirst du dieß in noch höherem Maße sagen; denn dieser nemliche Handarbeiter ist nicht bloß im Stande, sämmtliche Geräthe zu machen, sondern er macht auch alle aus der Erde hervorwachsenden Pflanzen und verfertigt alle lebenden Wesen, sowohl die übrigen, als auch sich selbst, und zudem noch Erde und Himmel und Götter, und Alles, was im Himmel und unter der Erde im Hades ist, verfertigt er. – Einen sehr wundersamen Tausendkünstler, sagte er, meinst du hiemit. – Du glaubst es etwa nicht? sprach ich; und doch sage mir, scheint es dir schlechthin überhaupt keinen derartigen Verfertiger zu geben, oder glaubst du, daß er nur in gewisser Weise zum Hervorbringer all dieser Wesen geworden sei, in gewisser Weise aber hinwiederum auch nicht? oder bemerkst du nicht, daß sogar du selbst im Stande wärest, all Jenes wenigstens in gewisser Weise zu machen? – Und welches, sagte er, soll diese gewisse Weise sein? – Nicht schwierig ist sie, sagte ich, sondern vielfach und schnell ausführbar; am schnellsten aber doch wohl würdest du, wenn du einen Spiegel nehmen und ihn nach allen Seiten umhertragen wolltest, alsbald die Sonne und was am Himmel ist, machen, alsbald aber auch die Erde, alsbald auch dich selbst und die anderweitigen lebenden Wesen und alle Geräthe und Pflanzen, welche wir so eben anführten. – Ja, sagte er, als erscheinende wohl, hingegen ja doch wohl nicht als wahrhaftig seiende. – Recht, erwiederte ich; und ganz passend für unsere Begründung gehst du hierauf ein; nemlich gerade zu den derartigen Verfertigern, glaube ich, gehört auch der Maler; oder wie anders? – Wie sollte es auch nicht so sein? – Du wirst aber eben behaupten, glaube ich, daß er nicht als ein Wahres mache, was er macht; und doch ja macht in gewisser Weise auch der Maler einen Stuhl; oder nicht? – Ja, sagte er, wenigstens einen erscheinenden Stuhl macht auch dieser. –

2. Wie aber ist es mit dem Stuhl-Verfertiger? Sagtest du nicht so eben, daß er nicht jene Idee macht, welche wir als das eigentliche Sein des Stuhles bezeichnen, sondern eben nur einen einzelnen Stuhl? – Ja, so sagte ich. – Nicht wahr also, wenn er nicht dasjenige macht, was eigentlich ist, so macht er wohl nicht das Seiende, sondern Etwas, was irgend derartig, wie das Seiende, nicht aber ein Seiendes ist; hingegen wenn Jemand behaupten würde, das Werk des Stuhl-Verfertigers sei vollständig ein Seiendes oder überhaupt das irgend eines anderen Handarbeiters, so kömmt es wohl darauf hinaus, daß er Unwahres spräche? – Allerdings Unwahres, sagte er, wie wenigstens Jenen scheinen muß, welche mit derartigen Begründungen sich beschäftigen. – Durchaus also wollen wir uns nicht wundern, wenn auch Solches im Vergleiche mit der Wahrheit irgend ein Dunkles ist. – Nein, allerdings nicht. – Willst du also, sagte ich, daß wir an eben diesen Beispielen untersuchen, wer wohl hierin der Nachahmer sei? – Ja, wenn du willst, sagte er. – Nicht wahr also, irgend drei Stühle sind dieses: Einer ist der in der natürlichen Wesenheit vorhandene, von welchem wir, wie ich glaube, wohl behaupten würden, daß ihn Gott verfertigt habe; oder wer wohl sonst? – Niemand anderer, glaube ich. – Einer aber ist jener, welchen der Handwerker verfertigt? – Ja, sagte er. – Einer aber jener, welchen der Maler macht; oder wie? – Ja, so sei es. – Also Maler, Stuhl-Verfertiger, Gott, sind die drei Vorsteher für die drei Arten von Stühlen. – Ja, drei. – Der Gott also hat, sei es, daß er nicht anders wollte, oder daß für ihn irgend eine Nothwendigkeit vorlag, selbst nicht mehr als Einen Stuhl in der natürlichen Wesenheit zu verfertigen, auf diese Weise eben nur jenen Einen allein gemacht, welcher der eigentliche Stuhl ist; zwei oder mehrere derartige aber sind von Gott weder gepflanzt worden, noch dürften sie jemals hervorsprossen. – Wie so? sagte er. – Weil, erwiederte ich, wenn er auch nur zwei gemacht hätte, doch wieder ein Einer sich zeigen würde, dessen Form hinwiederum jene beiden hätten, und dann eben jener der eigentliche Stuhl wäre, nicht aber die zwei. – Dieß ist richtig, sagte er. – Dieß also wußte der Gott, glaube ich, und da er der wirkliche Verfertiger eines wirklichen Stuhles sein wollte, nicht aber irgend eines einzelnen Stuhles und auch nicht irgend ein einzelner Stuhl-Verfertiger, so ließ er eben jenen Einen von Natur aus hervorsprossen. – Ja, so scheint es. – Willst du also, daß wir diesen als den Natur-Urheber desselben, oder als sonst einen Derartigen bezeichnen? – Ja, gerecht wenigstens ist dieß, sagte er, da er ja von Natur aus sowohl dieses Ding, als auch alles Uebrige gemacht hat. – Wie aber? den Handwerker nicht etwa als den Verfertiger des Stuhles? – Ja. – Also etwa den Maler gleichfalls als einen Verfertiger und Hervorbringer von Derartigem? –

Keineswegs. – Aber als was bezüglich des Stuhles wirst du ihn denn bezeichnen? – Eben dieß, sagte er, scheint mir die passendste Benennung, daß er ein Nachahmer desjenigen sei, dessen Verfertiger jene Anderen sind. – Gut, sprach ich; denjenigen also, welchem als dritten von der natürlichen Wesenheit aus gezählt das Erzeugniß angehört, nennst du einen Nachahmer? – Ja wohl, allerdings, sagte er. – Dieß also wird auch der Tragödiendichter sein, woferne er ein Nachahmer ist, in dritter Linie vom Königlichen und von der Wahrheit entfernt hervorgewachsen, und ebenso auch alle übrigen Nachahmer. – Ja, es kömmt darauf hinaus. – Was also den Nachahmer betrifft, so haben wir uns hiemit über ihn verständigt. Sage mir aber betreffs des Malers Folgendes: Scheint er dir eben jenes, was jedes Einzelne nach seiner natürlichen Wesenheit an und für sich ist, nachahmen zu wollen, oder die Werke jener Verfertiger? – Die Werke der Verfertiger, sagte er. – Etwa so, wie sie sind, oder so, wie sie sich zeigen? dieß nemlich sollst du mir noch entscheiden. – Wie meinst du dieß? sagte er. – Folgendermaßen: Wenn du einen Stuhl von der Seite her und wenn du ihn gerade gegenüber oder sonst in irgend einer Richtung betrachtest, unterscheidet er sich dabei selbst von sich selbst, oder ist es so, daß er sich von sich nicht unterscheidet, hingegen nur dem Scheine nach von anderer Beschaffenheit ist; und ebenso auch bei den übrigen Dingen? – Ja, so ist es, sagte er; er scheint wohl ein anderer zu sein, unterscheidet sich aber in sich nicht. – Eben dieß nun erwäge. Nach welchem von diesen beiden hin ist die Malerei bei jedem Einzelnen gerichtet? etwa darauf, das Seiende, wie es sich verhält, nachzuahmen, oder auf das Erscheinende, wie es erscheint, und ist sie eine Nachahmung einer Erscheinung, oder einer Wahrheit? – Einer bloßen Erscheinung, sagte er. – Also weit von dem Wahren entfernt ist die nachahmende Kunst, und dadurch, wie es scheint, bewerkstelligt sie Alles, daß sie nur ein Kleines an jedem, und zwar nur ein Abbild ergreift; wie z. B. der Maler, sagen wir, wird uns einen Lederarbeiter, einen Baumeister, und alle übrigen Handwerker malen, ohne betreffs der Kunst irgend Eines derselben Etwas zu verstehen; aber dennoch wird er, wenn er ein guter Maler ist, Kinder und unverständige Menschen dadurch, daß er einen Baumeister malt und von Weitem ihnen zeigt, so täuschen, daß sie glauben würden, es sei wirklich ein Baumeister. – Warum auch nicht? – Aber dieß ja, mein Freund, glaube ich, müssen wir betreffs all des Derartigen bedenken, daß, wenn jemand uns erzählt, er habe einen Menschen getroffen, welcher alle Handwerke und alles Uebrige, was Jeder als Einzelner weiß, sämmtlich genauer als jeder Sachverständige gewußt habe, man hiernach annehmen müsse, es habe irgend ein einfältiger Mensch, wie es scheint, einen Zauberer und Nachahmer getroffen, und sei von ihm so getäuscht worden, daß jener ihm als ein Allweiser erschien, weil er eben selbst nicht im Stande war, Wissen und Nichtwissen und Nachahmung prüfend zu unterscheiden. – Sehr wahr, sagte er. –

3. Nicht wahr also, sprach ich, hiernach nun müssen wir es betreffs der Tragödie und des Homeros, ihres Führers, erwägen, da wir ja von Einigen hören, daß diese es seien, welche alle Künste verstehen, und alle menschlichen Verhältnisse bezüglich der Vortrefflichkeit und der Schlechtigkeit, und auch alle göttlichen Dinge. Nothwendig nemlich muß der gute Dichter, woferne er jenes, worüber er dichtet, schön dichten will, als ein Wissender es dichten oder außerdem zum Dichten unfähig sein. Demnach also müssen wir erwägen, ob Jene etwa gleichfalls nur auf Wahrsager gestoßen und von diesen getäuscht worden seien und beim Anblicke der Werke derselben nicht bemerkten, daß diese in dritter Linie vom wirklich Seienden entfernt sind und gar leicht von Einem verfertigt werden können, welcher die Wahrheit nicht weiß, denn nur Erscheinungen, nicht aber wirklich Seiendes verfertigen Jene, oder ob dieselben Etwas sagen, was Grund hat, und ob wirklich die guten Dichter ein Wissen betreffs desjenigen haben, worüber sie der Menge gut zu sprechen scheinen. – Ja, allerdings, sagte er, muß man dieses prüfen. – Glaubst du also, es würde Jemand, falls er die Fähigkeit hätte, Beides zu verfertigen, nemlich sowohl den Gegenstand der Nachahmung, als auch das Abbild, sich selbst der Anfertigung von Nachbildern mit allem Eifer hingeben, und dieß als seine Lebensaufgabe sich stellen, gerade als wäre er hiemit schon in dem besten Zustande? – Nein, gewiß nicht. – Sondern, er würde, glaube ich, wenn er je in Wahrheit ein Wissen über jenes hätte, was er nachahmt, doch weit eher seinen Eifer auf die Dinge selbst, als auf deren Nachahmungen verwenden, und es versuchen, viele herrliche Dinge als Werke seiner selbst zu hinterlassen, und würde es vorziehen, der Gepriesene, nicht aber der Preisende zu sein. – Ich glaube es allerdings, sagte er: denn nicht in gleichem Maße besteht in beiden Fällen Ehre und Nutzen. – Betreffs der übrigen Dinge also wollen wir von Homeros oder irgend anderen Dichtern keine Rechenschaft fordern, indem wir etwa fragen, falls Einer von ihnen wirklich ein Arzneikundiger oder nur ein Nachahmer arzneikundiger Reden war, welche Menschen denn Einer von den Alten oder von den Neueren eben als Dichter gesund gemacht habe, wie Asklepios, oder welche Schüler der Arzneikunde er hinterlassen habe, wie jener seine Nachkommen; und auch hinwiederum betreffs der übrigen Künste wollen wir sie nicht fragen, sondern dieß bei Seite lassen; hingegen betreffs des Größten und Schönsten, worüber

Homeros zu sprechen versuchte, betreffs der Kriege und Feldherrnwürde und Staatsverwaltung und Menschenbildung dürfen wir doch wohl gerechter Weise fragen, indem wir zu ihm sprechen: „Lieber Homeros, wenn du nicht als Dritter, von der Wahrheit aus gezählt, betreffs der Vortrefflichkeit nur ein Verfertiger eines Abbildes bist, wie wir eben den Nachahmer bezeichneten, sondern wenn du auch nur ein Zweiter und zu erkennen im Stande warst, welche Thätigkeit die Menschen als Einzelne und im Staate besser und schlechter mache, so sage uns, welcher unter allen Staaten durch dich eine bessere Einrichtung erhalten habe, wie ja Lakedämon durch Lykurgos und viele andere große und kleine Staaten durch viele andere Männer; welcher Staat hingegen schreibt dir das Verdienst zu, daß du ein guter Gesetzgeber gewesen seist und den Bürgern Nutzen gebracht habest? dem Charondas schreibt Italien und Sicilien dieses Verdienst zu, und wir dem Solon; wer aber dir?“ Wird er dann wohl irgend einen Staat nennen können? – Ich glaube nicht, sagte Glaukon; es wird wenigstens auch selbst von den Homeriden keiner genannt. – Aber wird etwa ein Krieg erwähnt, welcher zur Zeit des Homeros unter seiner Leitung oder auf seinen Beirath hin gut geführt wurde? – Nein, keiner. – Aber etwa solche Werke eines weisen Mannes, wie gar viele erfinderische Gedanken bezüglich der Künste oder anderweitigen Thuns berichtet werden, wie z. B. von dem Milesier Thales und dem Skythen Anacharsis? – Keineswegs irgend Etwas dieser Art. – Aber wenn denn nicht in staatlichen Dingen, wird Etwa betreffs Einzelner erwähnt, daß ihnen Homeros bei Lebzeiten ein Führer der Bildung geworden sei, welche ihn dann wegen des Verkehres mit ihm liebgewonnen und den Nachkommen einen homerischen Pfad des Lebens hinterlassen hätten, sowie Pythagoras sowohl selbst ausnehmend deswegen geliebt wurde, als auch die Späteren noch jetzt in einer Lebensweise, welche sie als die pythagoreische bezeichnen, besonders unter den Uebrigen hervorzuleuchten scheinen. – Auch Derartiges hinwiederum, sagte er, wird Nichts erwähnt; denn Kreophylos, der Freund des Homeros, möchte vielleicht, o Sokrates, noch lächerlicher, als sein Name schon ist, bezüglich der Bildung sich zeigen, woferne wahr ist, was über Homeros gesagt wird; man sagt nämlich, daß er, so lange er lebte, eben unter dem Einflusse Jenes sehr vernachlässigt wurde. –

4. Allerdings sagt man wenigstens so, sprach ich; aber glaubst du, o Glaukon, daß, wenn Homeros wirklich im Stande gewesen wäre, Menschen zu bilden und besser zu machen, insoferne er in dieser Beziehung nicht bloß zur Nachahmung, sondern auch zur Einsicht befähigt gewesen wäre, er sich dann nicht gar viele

Freunde erworben hätte und von diesen geehrt und gelabt worden wäre, wohingegen ja Protagoras von Abdera und Prodikos von Keos und gar viele Andere befähigt sind, ihren Gefährten durch Einzel-Umgang so beizustehen, daß jene weder ihr eigenes Haus, noch ihren Staat einzurichten vermögen, wenn nicht sie über die ganze Bildung wachen, und sie dann wegen dieser Weisheit so sehr geehrt werden, daß ihre Genossen sie fast auf den Köpfen herumtragen; den Homeros aber, oder auch den Hesiodos hätten etwa seine Zeitgenossen, wenn er im Stande gewesen wäre, den Menschen bezüglich der Vortrefflichkeit Nutzen zu bringen, als Volksänger herumziehen lassen, und nicht in weit höherem Grade, als an Gold, sich an ihn angeklammert und ihn nicht genöthigt, bei ihnen zu Hause zu bleiben, oder falls sie ihn nicht hiezu überreden konnten, nicht selbst sich auf den Weg gemacht und dort die Erziehung veranstaltet, bis sie in genügender Weise Bildung erreicht werden? – Durchaus, o Sokrates, sagte er, scheinst du mir wahr zu sprechen. – Nicht wahr also, nun wollen wir die Behauptung aufstellen, daß von Homeros angefangen alle Dichter nur Nachahmer von Abbildern der Vortrefflichkeit und der übrigen Dinge, welche sie dichten, seien, aber die Wahrheit gar nicht berühren, sondern daß, wie wir so eben sagten, der Maler einen Lederarbeiter eben als einen Scheinbaren malen wird, wobei sowohl er selbst von der Lederverarbeitung Nichts versteht, als auch für Leute malt, welche gleichfalls Nichts davon verstehen, hingegen nur aus den Farben und Formen es betrachten. – Ja wohl, allerdings. – Auf diese Weise demnach, glaube ich, werden wir behaupten, daß auch der Dichter irgend einige Farben der einzelnen Künste vermittelst der Namen und Worte hinstreiche, ohne selbst Etwas zu verstehen, sondern er eben nur es nachahme, so daß anderen eben so Beschaffenen, welche es aus den Sprachausdrücken betrachten, es ganz gut gesagt zu sein scheint, mag von der Lederverarbeitung oder von Feldherrnwürde oder irgend etwas Anderem in Versmaß und Rhythmus und musikalischer Composition die Rede sein, und daß dann auf diese Weise Solches von Natur aus einen gewissen mächtigen Zauber-Reiz ausübe; denn was die Produkte der Dichter betrifft, wenn sie von den musischen Farben entkleidet sind und bloß an und für sich ausgesprochen werden, so glaube ich wohl, du wissest bereits, wie sie dann sich zeigen; denn du hast sie wohl schon gesehen. – Ja, gewiß. – Nicht wahr also, sagte ich, sie gleichen den Gesichtern derjenigen, welche nur jugendlich frisch, aber nicht schön sind, wie nemlich Dieselben später dann anzuschauen sind, wenn die Jugendblüthe sie verlassen hat. – Ja wohl, durchaus so, sagte er. – So komm denn und betrachte nun Folgendes: Der Verfertiger des Abbildes, nemlich der Nachahmer, sagen wir, versteht von dem wirklich Seienden Nichts, wohl aber Etwas von dem Erscheinenden; oder sagen wir nicht so? – Ja. – Wollen wir also nicht in halber Weise dieß bloß sagen und dann liegen lassen, sondern genügend es betrachten? – Sprich nur, sagte er. – Der Maler, sagen wir, wird das Lederwerk und das Gebiß eines Zügels malen? – Ja. – Verfertigen aber wird dieß ja der Lederarbeiter und der Metallarbeiter? – Ja, allerdings. – Versteht es nun der Maler, wie beschaffen jenes Lederwerk und das Gebiß sein müsse, oder versteht dieß auch nicht einmal der Verfertiger, nemlich der Metallarbeiter und der Lederarbeiter, sondern nur derjenige, welcher des Gebrauches jener Dinge kundig ist, nemlich der Reitkundige? – Dieß ist sehr wahr. – Werden wir also nun nicht sagen, daß es bei Allem sich ebenso verhalte? – Wie? – Daß bezüglich eines jeden Dinges es drei Künste gebe, eine gebrauchende, eine verfertigende und eine nachahmende? – Ja. – Nicht wahr also, Vortrefflichkeit und Schönheit und Richtigkeit eines jeden Geräthes und jeden lebenden Wesens und jeder Handlung beziehen sich auf nichts Anderes, als auf den Gebrauch, zu welchem jedes einzelne verfertigt oder von Natur entstanden ist? – Ja, so ist es. – Durchaus nothwendig also muß betreffs eines Jeden der Gebrauchende der Erfahrenste sein und dem Verfertiger es angeben, welcherlei jener als Gutes und als Schlechtes für jenen Gebrauch, den er davon macht, verfertige; wie z. B. der Flötenspieler gibt dem Flöten-Verfertiger betreffs der Flöten es an, welche tauglich seien zum Flötenspielen, und er trägt ihm auf, von welcher Beschaffenheit er sie verfertigen solle, jener aber wird das Taugliche in's Werk setzen. – Wie sollte es auch anders sein? – Nicht wahr also, der Wissende gibt es betreffs der guten und schlechten Flöten an, Jener aber glaubt ihm und verfertigt sie so? – Ja. – Also der Verfertiger Ein und des nemlichen Geräthes wird den richtigen Glauben betreffs der Schönheit und Schlechtigkeit haben, indem er mit dem Wissenden beisammen ist und genöthigt wird, es vom Wissenden zu hören; der Gebrauchende hingegen wird das Wissen haben? – Ja, allerdings. – Wird aber der Nachahmer etwa in Folge des Gebrauchens ein Wissen über dasjenige haben, was er malt, ob es schön und richtig sei oder nicht, oder wird er eine richtige Meinung darüber haben, weil er etwa nothwendig mit dem Wissenden beisammen ist und von ihm die Befehle erhält, welcherlei er malen soll? – Keines von beiden. – Weder ein Wissen also, noch eine richtige Meinung wird der Nachahmer betreffs dessen, was er nachahmt, in Bezug auf Schönheit oder Schlechtigkeit desselben haben. – Es scheint nicht. – Ein gar köstlicher Mensch also möchte wohl der vermöge der Nachahmung Nachahmende bezüglich der Weisheit bei jenem sein was er verfertigt. – Wohl nicht gar zu köstlich. – Aber dennoch ja nun wird er eben nachahmen, obwohl er bei dem Einzelnen nicht weiß, in welcher Beziehung es schlecht oder brauchbar sei; hingegen gerade das wird er, wie es scheint, nachahmen, was der Menge und den Nichtwissenden als schön erscheint. – Wie sollte er auch etwas Anderes nachahmen? – Darüber demnach haben wir uns, wie sich zeigt, nun so ziemlich verständigt, daß der Nachahmende Nichts der Rede Werthes über dasjenige weiß, was er nachahmt, sondern daß die Nachahmung irgend ein Spiel, nicht aber ein Ernst ist, und daß alle Diejenigen, welche an die hochtrabende Dichtkunst in jambischen oder in epischen Versen sich machen, im höchst möglichen Grade Nachahmer seien. – Ja wohl, allerdings. –

5. Bei Gott aber, sagte ich, steht eben dieses Nachahmen nicht in dritter Linie entfernt von der Wahrheit? Oder wie? – Ja. – Auf welchen Theil des Menschen nun übt es seine Macht aus? – Was meinst du wohl hiemit? – Folgendes: Ein und die nemliche Größe erscheint uns doch wohl vermittelst des Gesichtssinnes von Nahe und von Ferne nicht gleichgroß? – Nein, allerdings nicht. – Und Ein und das Nemliche erscheint gebogen und geradlinig, wenn wir es im Wasser und außerhalb desselben sehen, und auch wiederum hohl und erhaben erscheint Etwas wegen des die Farben betreffenden Irrthumes des Gesichtssinnes, und es ist klar, daß diese gesammte Verwirrung in unserer Seele sich einfindet; diesem Zustande unserer Natur bereitet dann die Kunst der Schattenrisse Nachstellungen und bleibt hierin hinter einer Zauberei nicht zurück, und ebenso auch die Taschenspielerkunst und viele andere derartige Veranstaltungen. – Dieß ist wahr. – Haben sich nun nicht das Messen und das Zählen und das Wägen als die köstlichsten Hilfsmittel hiegegen gezeigt, so daß in uns nicht der bloße Schein des Größeren oder Kleineren oder des Mehreren oder des Schwereren eine Herrschaft ausübe, sondern eben das Rechnende und Messende und Wägende? – Warum auch nicht? – Aber dieß ja nun wäre doch wohl ein Werk des vernünftigen Theiles in der Seele? – Ja, allerdings. – Häufig aber wird diesem, während er mißt und von irgend Dingen es ausspricht, daß sie größer oder kleiner als andere oder gleichgroß seien, zugleich betreffs der nemlichen Dinge das Gegentheil erscheinen. – Ja. – Nicht wahr also, wir behaupteten, es sei unmöglich, daß Ein und der nemliche Theil über das Nemliche zugleich entgegengesetzte Meinungen habe? – Ja, und mit Recht behaupteten wir es. – Also jener Theil der Seele, welcher eine dem Messen widersprechende Meinung hat, ist nicht der nemliche, wie jener, welcher eine dem Messen entsprechende hat? – Nein, allerdings nicht. – Nun aber möchte wohl jener Theil, welcher dem Messen und Rechnen vertraut, das Beste in der Seele sein. – Wie sollte es auch

anders sein? – Also dürfte wohl dasjenige, was diesem sich widersetzt, zu dem Schlechten in uns gehören. – Ja, nothwendig. – Dieß demnach ist es, worüber ich eine Verständigung erzielen wollte, als ich sagte, daß die Malerei und überhaupt die Kunst des Nachahmens weit von der Wahrheit entfernt ihr Werk vollbringt, und hinwiederum auch mit jenem in uns, was weit von der Verständigkeit entfernt ist, umgeht und mit ihm verbunden und befreundet ist zu keinem gesunden und keinem wahren Zwecke. – Ja, durchaus so, sagte er. – Also als eine schlechte mit Schlechten verkehrend erzeugt schlechte Dinge die Kunst der Nachahmung. – Ja, so scheint es. – Etwa nun bloß jene, sagte ich, welche sich auf den Gesichtssinn bezieht, oder auch die auf das Gehör bezügliche, welche wir als Dichtkunst bezeichnen? – Es scheint wenigstens, sagte er, daß auch diese. – Wir wollen demnach nicht bloß jenem Wahrscheinlichen vertrauen, welches sich uns aus der Malerei ergibt, sondern auch gerade zu jenem Theile der Denkthätigkeit uns wenden, mit welchem die nachahmende Dichtkunst in Verkehr steht, und sehen, ob derselbe schlecht oder tüchtig sei. – Dieß müssen wir wohl. – Folgendermassen denn nun wollen wir uns dieß vor Augen stellen: Handelnde Menschen, behaupten wir, ahmt diese Kunst der Nachahmung nach, welche entweder in gewaltmäßigen oder in freiwilligen Handlungen sich betätigen und in Folge hievon sich gut oder schlecht zu befinden glauben und bei all diesem entweder Schmerz oder Freude empfinden, oder etwa außer diesem auch noch anderes? – Nein, nichts Anderes. – Verhält sich nun bei all diesem der Mensch in seinem Denken einstimmig, oder wird er, sowie er bezüglich des Gesichtssinnes in Zwiespalt war und in sich selbst zugleich entgegengesetzte Meinungen betreffs des Nemlichen hatte, ebenso auch in den Handlungen in Zwiespalt sein und selbst mit sich selbst kämpfen? ich erinnere mich aber, daß es uns jetzt nicht mehr nöthig ist, uns hierüber zu verständigen, denn in den obigen Begründungen haben wir uns hinreichend über all dieses verständigt, daß unsere Seele von unzähligen derartigen Gegensätzen, welche zugleich eintreten, strotze. – Dieß ist richtig, sagte er. – Ja, allerdings richtig, sprach ich; aber was wir damals übergingen, müssen wir, wie mir scheint, jetzt nothwendig durchgehen. – Was meinst du hiemit? sagte er. – Daß ein tüchtiger Mann, sprach ich, wenn er eines derartigen Geschickes theilhaftig wird, indem er einen Sohn oder irgend etwas anderes hoch Geschätztes verliert, wohl am leichtesten unter allen Uebrigen solches ertragen wird, gaben wir auch damals schon an. – Ja, allerdings. – Jetzt aber wollen wir Folgendes erwägen, ob er überhaupt über Nichts sich betrüben wird, oder ob dieß wohl unmöglich sei, er aber bezüglich des Schmerzes irgend Maß halten werde. – In letzterer Weise, sagte er, ist es wohl eher das Wahre. – Sage mir aber Folgendes betreffs desselben: glaubst du, daß er eher mit dem Schmerze kämpfen und ihm widerstehen werde, wenn er von Seines Gleichen gesehen wird, oder wenn er in Einsamkeit allein bei sich selbst sich befindet? – Einen großen Unterschied doch wohl, sagte er, wird es machen, wenn er gesehen wird. – Hingegen ja in der Vereinsamung, glaube ich, wird er Vieles auszusprechen wagen, worüber er sich schämen würde, wenn es Jemand hörte, und Vieles auch thun, wovon er wohl nicht gerne hätte, daß man es ihn verüben sähe. – Ja, so verhält sich's, sagte er. –

6. Nicht wahr also, dasjenige, was ihn entgegenstreben heißt, ist die Vernunft und das Gesetz, hingegen was ihn zu dem Schmerze hinzieht, ist die Leidenschaft selbst? – Dieß ist wahr. – Wenn aber ein entgegengesetztes Ziehen stattfindet, so müssen in dem Menschen nothwendig betreffs Ein und des Nemlichen zugleich irgend zwei Dinge da sein. – Wie sollte es auch anders sein? – Nicht wahr also, das Eine ist bereit, dem Gesetze zu folgen, wie es eben das Gesetz ausspricht. – Wie so? – Es sagt doch wohl das Gesetz, daß es am schönsten sei, so sehr als möglich im Unglücke sich ruhig zu verhalten und nicht Unwillen zu zeigen, da weder das Gute und das Schlechte von solchen Dingen klar sei, noch auch dem Unmuthigen hiedurch irgend Etwas gefördert wird, noch auch irgend Etwas unter den menschlichen Dingen eines großen Eifers werth ist, und auch demjenigen, was in uns selbst so schleunig als möglich eintreten soll, das Schmerzgefühl hinderlich ist. – Welchem, sagte er, meinst du, daß es hinderlich sei? – Der Berathung, sagte ich, über das Geschehene, und dem, daß man, wie im Würfelspiele je nach dem gefallenen Wurfe, seine Verhältnisse einrichte, wie die Vernunft sie als die besten vorzieht, und daß man hingegen nicht noch einen Fehltritt hinzufügend gleich den Kindern, welche nach der verwundeten Stelle greifen, mit Schreien die Zeit zubringe, sondern die Seele stets daran gewöhne, so schleunig als möglich zur Hand zu sein, das Gefallene und das Erkrankte aufzurichten und zu heilen, indem man durch Heilkunde den Klagegesang verscheucht. – Am richtigsten wenigstens, sagte er, würde man so gegen die Wechselfälle des Glückes sich benehmen. – Nicht wahr also, das Beste, behaupten wir, will diesem Vernünftigen folgen. – Ja, dieß ist klar. – Hingegen dasjenige, was zur Rückerinnerung an den Unfall und zu Wehklagen führt und hierin unersättlich ist, werden wir von diesem etwa nicht behaupten, daß es unvernünftig sei und thatenlos und mit der Feigheit befreundet? – Dieß werden wir allerdings behaupten. – Nicht wahr also, das Eine enthält eine vielfache und bunte Nachahmung, nemlich das den Unwillen Erregende; hingegen der

verständige und ruhige Charakter wird, weil er stets sich selbst ähnlich ist, weder leicht nachzuahmen, noch auch durch Nachahmung rasch zu erkennen sein, zumal für eine Volksversammlung und für jenes bunte Allerlei von Menschen, welches in Theatern sich einfindet, denn für Solche wird es zur Nachahmung eines ihnen fremden Zustandes. – Ja wohl, durchaus so. – Der nachahmende Dichter aber besteht klärlicher Weise von Natur aus nicht für den derartigen Theil der Seele, und seine Weisheit ist nicht darauf erpicht, diesem zu gefallen, woferne er ja bei dem großen Haufen Ruhm erreichen will, sondern auf den zum Unwillen geneigten und bunten Charakter ist er gerichtet, weil dieser leicht nachzuahmen ist. – Ja, klärlich. – Nicht wahr also, mit Recht wohl möchten wir ihn jetzt aufgreifen und als Gegenstück ihn dem Maler gleichstellen? denn sowohl darin gleicht er ihm, daß er Dinge macht, welche im Vergleiche mit der Wahrheit schlecht sind, als auch darin ist er ihm ähnlich, daß er mit einem andern ihm entsprechenden Theile der Seele in Verkehr ist, nicht aber mit dem besten. Und auf diese Weise demnach möchten wir wohl berechtigt sein, ihn in einen Staat, welcher guter Gesetze sich erfreuen soll, nicht aufzunehmen, weil er eben jenen Theil der Seele erweckt und nährt und indem er ihn stark macht, den vernünftigen zu Grunde richtet, gerade wie wenn in einem Staate Jemand die Schlechten mächtig machen und ihnen den Staat übergeben, die Liebenswürdigsten aber vernichten würde; ebenso, werden wir behaupten, pflanze der nachahmende Dichter eine schlechte Verfassung der Seele eines jeden Einzelnen ein, indem er dem unverständigen Theile derselben zu Gefallen sei und Demjenigen, welcher weder das Größere, noch das kleinere unterscheidend zu erkennen vermag, sondern Ein und das Nemliche bald für groß und bald für klein hält, Abbilder von Abbildern verfertigt, und von der Wahrheit sehr weit entfernt steht. – Ja wohl, allerdings. –

7. Aber noch haben wir nicht die größte Anklage gegen die Kunst der Nachahmung ausgesprochen; nemlich daß sie Kraft genug hat, selbst den Tüchtigen eine Makel anzuheften, mit Ausnahme irgend sehr Weniger, ist doch wohl etwas gar Arges. – Wie sollte es auch nicht so sein, woferne sie wirklich Solches thut? – So höre denn und erwäge. Nemlich selbst wenn die Besten unter uns von Homeros oder auch irgend einem Anderen der Tragödiendichter die Nachahmung eines Helden hören, welcher in einem Leiden sich befindet und eine lange Rede in seinen Wehklagen hinausdehnt, oder auch wie die Helden singen und sich die Brust zerschlagen, so weißt du wohl, daß wir dabei Freude empfinden und uns dem Eindrucke hingeben und ihm folgen und in Mitgefühl

und eifriger Theilnahme jenen Dichter loben, welcher uns im höchsten Grade in einen solchen Zustand versetzt. – Ja, ich weiß es; wie sollte ich auch nicht? – Wann hingegen Einem von uns ein ihm eigener Kummer erwächst, so bemerkst du hinwiederum, daß wir gerade mit dem Gegenteile hievon uns brüsten, nemlich wenn wir im Stande sind, uns ruhig zu verhalten und auszuharren, eben als wäre dieß Sache eines Mannes, jenes aber, was wir damals lobten, Sache eines Weibes. – Ja, ich bemerke es, sagte er. – Ist also wohl, sprach ich, ein solches Lob richtig, wenn man beim Anblicke eines derartigen Mannes, wie man selbst nicht zu sein wünscht, sondern im Gegentheile sich schämen würde, nicht von Verachtung erfüllt wird, sondern Freude an ihm hat und ihn lobt? – Nein, bei Gott, sagte er, solches scheint nicht wohlbegründet zu sein. – Allerdings nicht, erwiderte ich, wenn du es in folgender Beziehung erwägst. – In welcher? – Wenn du bedenkst, daß dasjenige, was bei eigenen Unfällen im Zaume gehalten wird und darnach dürstet, weinen zu können und hinreichend Wehklagen aufzuschütten und hieran sich zu sättigen, weil es eben derartig beschaffen ist, daß es hiernach ein Verlangen hat, gerade von den Dichtern gesättigt und in Freude versetzt wird; wohingegen der von Natur aus beste Theil in uns, weil er nicht hinreichend durch Vernunft und Gewöhnung gebildet ist, die Aufsicht über jenes Weinerliche schlaffer führt, indem es bloß fremde Leidenschaften und Etwas, was keine eigene Schande ist, betrachte, so daß es, falls ein sich als einen Guten bezeichnender Mann zur Unzeit über Leiden klagt, ihn lobt und bemitleidet, dabei aber an eben jenem, nemlich an dem Vergnügen, Etwas zu gewinnen glaubt und es nicht sich gefallen ließe, Desselben beraubt zu werden, wobei es dann das ganze Dichtwerk unter seiner Würde hielte; denn jene vernünftige Erwägung, glaube ich, findet sich nur bei einigen Wenigen, daß man nothwendig von Fremden den Erfolg für das Eigene verspüren müsse; nemlich wenn man in jenem das Mitleidige stark werden läßt, so ist es nicht leicht, bei eigenen Leiden es im Zaume zu halten. – Sehr wahr, sagte er. – Gilt also nun der nemliche Grund nicht auch betreffs des Lächerlichen? während man selbst wohl sich schämt, nur Lachen erregen zu wollen, ist man, wenn man Solches in der Nachahmung in der Komödie, oder auch bei Einzelnen hört, gar erfreut darüber und haßt es durchaus nicht, und man thut hiemit wohl das Nemliche wie auch bei dem Mitleide; denn dasjenige, was man vermöge der Vernunft in sich selbst im Zaume hält, sobald es Lachen erregen will, indem man hiebei den Ruf der Possenreißerei scheut, läßt man dann frei schießen, und wenn man dort Solches häufig in jugendlich übersprudelnder Weise gethan hat, wird man häufig, ohne es zu bemerken, auch in seinen eigenen Verhältnissen dahin gebracht worden sein, daß man zu einem Komödiendichter geworden ist. – Ja wohl, gar sehr, sagte er. – Und auch betreffs des Liebesgenusses und des Zornes und aller Erregungen der Begierde und des Schmerzlichen und Angenehmen, wovon wir sagen, daß es bei jeder Handlung uns begleite, bewirkt die dichterische Nachahmung eben Derartiges in uns; sie nährt es nemlich, indem sie es gleichsam befeuchtet, während man es vertrocknen lassen sollte, und sie pflanzt es uns als Herrscher auf, während es beherrscht werden sollte, damit wir nemlich Bessere und Glücklichere, nicht aber Schlechtere und Unglücklichere werden. – Ich kann wohl nicht anders sagen, sprach er. – Nicht wahr also, o Glaukon, sagte ich, wenn du auf Lobredner des Homeros triffst, welche behaupten, dieser Dichter habe Griechenland herangebildet, und es lohne sich bezüglich der häuslichen Einrichtung und Fortbildung der menschlichen Verhältnisse irgend der Mühe, ihn wieder aufzunehmen und kennen zu lernen und nach diesem Dichter sein gesammtes eigenes Leben einzurichten, so mußt du solche Leute wohl gern haben und lieben, da sie nach Kräften die Besten sind, und mußt ihnen zugestehen, daß Homeros wohl eben im höchsten Grade ein Dichter und der erste in der Reihe der Tragödiendichter sei, aber du mußt dabei wissen, daß man unter der Dichtkunst nur Hymnen auf die Götter und Loblieder auf die guten Männer in den Staat aufnehmen dürfe; hingegen wenn du jene gewürzte Muse in lyrischen Liedern oder epischen Gesängen aufnehmen wirst, werden dir in dem Staate das Vergnügen und der Schmerz die Könige sein, nicht aber das Gesetz und die gemeinsam stets für das Beste geltende Vernunft. – Sehr wahr, sagte er. –

8. Dieß demnach, sagte ich, möge uns hiemit zur Vertheidigung bei Erwähnung der Dichtkunst darüber gesprochen sein, daß wir wohl aus guten Gründen sie damals aus dem Staate fortschickten, weil sie eine so beschaffene ist. Unsere Begründung nemlich fügte es so. Wir wollen aber noch hinzufügen, damit sie uns nemlich nicht einer gewissen Harte und Ungebildetheit beschuldige, daß die Entzweiung zwischen Weisheitsliebe und Dichtkunst schon eine alte ist; denn Aussprüche, wie „der gegen den eigenen Herrn klaffende und keifende Hund“, oder“groß in dem leeren Geschwätze der Unverständigen“, oder „die herrschende Schaar der in Bezug auf Zeus so Weisen“, oder „die Feinspinner im Denken, weil sie eben die Noth treibt“ und unzähliges Anderes dergleichen sind Anzeichen eines alten Gegensatzes zwischen jenen beiden. Dennoch aber möge hiemit gesagt sein, daß wir wenigstens, sobald die dem Vergnügen dienende Dichtkunst und Nachahmung

irgend einen Grund dafür anführen kann, daß sie in einem wohlgesetzlichen Staate nothwendig sei, sie bereitwillig aufnehmen würden, da wir uns gewiß dessen bewußt sind, daß auch wir selbst von ihr bezaubert werden; hingegen was uns hierüber als das Wahre erscheint, preiszugeben, wäre ein Frevel. Oder wie, mein Freund? wirst nicht auch du von ihr bezaubert, und zwar zumeist, wenn du sie vermittelst des Homeros betrachtest? – Ja, bei Weitem. – Nicht wahr also, auf diese Bedingung hin mag ihr mit Recht die Rückkehr gestattet werden, daß sie nemlich sich vertheidige, sei es in lyrischem, oder in einem anderen Versmaße? – Ja wohl, allerdings. – Wir möchten aber wohl auch ihren Beschützern, welche zwar nicht selbst Dichter, aber Freunde der Dichtkunst sind, verstatten, in ungebundener Rede zu ihren Gunsten anzuführen, daß sie nicht bloß etwas Vergnügliches sei, sondern auch wirklich Nutzen bringe für den Staat und für das menschliche Leben; und wir werden wohlwollend Solches anhören, denn wir können doch wohl nur dabei gewinnen, wenn es sich zeigen würde, daß sie nicht bloß vergnüglich, sondern auch wirklich nützlich sei. – Wie sollten wir auch, sagte er, hiebei nicht gewinnen? – Wenn aber jenes sich nicht zeigt, mein lieber Freund, so werden, wie diejenigen, welche einmal in Etwas verliebt waren, bei erlangter Einsicht, daß diese Liebe nicht nützlich sei, von ihr sich, wenn auch mit Gewalt, enthalten, ebenso auch wir in Folge der Liebe, welche zu einer derartigen Dichtkunst durch die Erziehung in unseren herrlichen Staatsverfassungen uns eingepflanzt wurde, zwar wohlmeinend uns dabei verhalten, daß sie als die beste und wahrste sich gezeigt habe, hingegen werden wir, so lange sie nicht im Stande ist, sich zu vertheidigen, sie nur anhören, indem wir uns selbst die von uns angeführte Begründung als zauberbannendes Lied vorsingen und uns davor hüten, wieder in jene kindische und dem großen Haufen zustehende Liebe zu verfallen. Wir wollen also hiemit fühlen, daß man um die derartige Dichtkunst nicht im Ernste sich bemühen solle, als enthielte sie Wahrheit und als sei sie eine ernste, sondern daß man vor ihr beim Anhören sich in Acht nehmen müsse, indem man um die im eigenen Inneren bestehende Staatsverfassung besorgt ist, und daß man überhaupt für wahr halten müsse, was wir betreffs der Dichtkunst gesagt haben. – Ja, durchaus, sagte er, bejahe ich dieß. – Groß allerdings, sprach ich, ist der Kampf, o lieber Glaukon, groß, wie man sich ihn nicht vorstellt, da es sich darum handelt, entweder gut oder schlecht zu werden, so daß weder durch Ehre, noch durch Geld, noch durch irgend eine Ausübung der Herrschaft, noch aber auch durch Dichtkunst sich verleiten zu lassen sich's lohnt, so daß man Gerechtigkeit und die übrige Vortrefflichkeit vernachlässigen würde. – Auch dieß bejahe ich, sagte er, in Folge dessen, was wir durchgegangen haben; ich glaube aber auch, daß jedweder Andere es bejahen würde. –

9. Und in der That nun, sprach ich, den größten Lohn ja und die großen für Vortrefflichkeit ausgesetzten Kampfpreise haben wir bisher noch nicht durchgegangen. – Eine unaussprechliche Größe derselben, sagte er, deutest du hiemit an, wenn es noch anderes Größeres, als das bisher Gesagte, gibt. – Wie aber, sprach ich, sollte auch in kleiner Zeit Großes entstehen? denn diese ganze Zeit, vom Kinde an bis zum Greise gerechnet, ist im Vergleiche mit der gesammten Zeit überhaupt doch wohl eine kleine. – Ja, allerdings so viel wie Nichts, sagte er. – Wie also nun? Glaubst du, ein unsterbliches Wesen müsse um einer so unbedeutenden Zeit willen sich eifrig bemühen, und nicht um der gesammten willen? – Ich glaube gewiß Letzteres, sagte er; aber was meinst du hiemit? – Hast du denn nicht bemerkt, sprach ich, daß unsere Seele unsterblich ist und niemals zu Grunde geht? – Und er schaute mich an und sprach verwundert: Nein, bei Gott, ich gewiß nicht; kannst aber du vielleicht dieß behaupten? – Ja, sagte ich, woferne ich hiemit kein Unrecht begehe; ich glaube aber, auch du werdest es können, denn es ist nichts Schwieriges. – Für mich gewiß, sagte er; von dir aber möchte ich sehr gerne dieses nicht Schwierige hören. – Allerdings magst du es hören, erwiederte ich. – So sprich nur, sagte er.

Bezeichnest du, sprach ich, Etwas als ein Gutes und Etwas als ein Schlechtes? – Ja, gewiß. – Denkst du über dieselben auch ebenso wie ich? – In wieferne? – Daß alles Zerstörende und Verderbende das Schlechte sei, das Bewahrende und Nutzenbringende aber das Gute? – Ja gewiß, sagte er. – Wie aber? sagst du, daß es für jedes Einzelne ein Schlechtes und ein Gutes gebe? Wie z. B. für die Augen eine Augenentzündung und überhaupt für den ganzen Körper eine Krankheit, für das Getraide den Mehlthau, Fäulniß für das Holz, für Erz und Eisen aber den Rest, und, wie ich eben sagte, so ziemlich für alle Dinge ein einem jeden von Natur aus eigenthümliches Schlechtes und eine Krankheit? – Ja gewiß, sagte er. – Nicht wahr also, wenn irgend einem Dinge Etwas von diesen zustößt, so macht es dasjenige, welchem es zustößt, zu einem schlechten und löst es zuletzt ganz auf und richtet es zu Grunde? – Wie sollte es auch nicht so sein? – Also das von Natur aus eigenthümliche Schlechte eines jeden Dinges und seine eigene Schlechtigkeit richtet es zu Grunde, und wenn nicht Solches es zu Grunde richtet, so möchte wohl nichts Anderes mehr es verderben; denn das Gute ja wird es doch wohl niemals zu Grunde richten, und hinwiederum auch jenes nicht, was weder schlecht, noch gut ist. – Wie sollte es auch? sagte er. – Falls wir also Etwas unter dem Seienden finden sollten, für welches es zwar ein Schlechtes gibt, wodurch es untauglich wird, dieß aber nicht im Stande ist, jenes Ding durch Auflösung zu Grunde zu richten, würden wir dann nicht hiemit bereits wissen, daß es für das von Natur aus so beschaffene Ding keinen Untergang gibt? – Allerdings, sagte er, scheint es auf diese Weise. – Wie also nun? sprach ich; gibt es etwa für die Seele Nichts, was sie zu einer schlechten macht? – Ja wohl, gar sehr, sagte er; eben alles dasjenige, was wir vorher durchgingen, Ungerechtigkeit und Zügellosigkeit und Feigheit und Unwissenheit. – Führt also nun irgend Etwas von diesen ihre Auflösung und ihren Untergang herbei? und zwar bedenke es wohl, damit wir nicht durch die Meinung getäuscht werden, es gehe der ungerechte und unverständige Mensch, wann er beim Unrechtthun ertappt wird, eben durch die Ungerechtigkeit, welche eine Schlechtigkeit der Seele ist, zu Grunde; sondern mache es folgendermaßen: sowie den Körper die Schlechtigkeit des Körpers, welche eine Krankheit ist, dahinschwinden macht und zu Grunde richtet und dahin bringt, daß er nicht einmal mehr ein Körper ist, und sowie Sämmtliches, was wir vorhin so eben nannten, durch die ihm eigenthümliche Schlechtigkeit, welche durch das bloße Anwohnen und Vorhandensein verderbend wirkt, zum Nichtsein gelangt, – soll es nicht ebenso sein? – Ja. – Wohlan also, erwäge es auch bei der Seele in der nemlichen Weise. Wirkt die in ihr vorhandene Ungerechtigkeit und übrige Schlechtigkeit durch das bloße Vorhandensein und Anwohnen verderbend auf sie und macht sie abzehren, bis sie zuletzt dieselbe zum Tode führt und vom Körper trennt? – Nein, in keiner Weise, sagte er, findet wenigstens dieß Statt. – Aber jenes wäre ja gewiß unbegründet, daß die Schlechtigkeit eines anderweitigen Dinges Etwas zu Grunde richte, und die eigene des Dinges selbst nicht dieß thue. – Ja, unbegründet. – Bedenke nemlich, o Glaukon, sagte ich, daß ja auch nicht durch die Schlechtigkeit des Getraides, welche an ihm es eben geben mag, sei es Schimmel oder Fäulniß, oder irgend eine jedwede andere, nach unserer Meinung der Körper zu Grunde gehe; sondern erst, wenn die Schlechtigkeit des Getraides dem Körper eine Schlechtigkeit des Körpers einpflanzt, werden wir sagen, daß derselbe durch jenes in Folge seiner eigenen Schlechtigkeit, welche eine Krankheit ist, zu Grunde gegangen sei; hingegen werden wir niemals die Zumuthung aussprechen, daß durch die Schlechtigkeit des Getraides, welches etwas Anderes ist, der Körper, welcher ein anderer ist, und hiemit nemlich durch ein fremdes Schlechtes, ohne daß dieses das von Natur aus eigenthümliche Schlechte ihm einpflanzte, er verdorben werde. – Völlig richtig, sagte er, sprichst du da. –

10. Nach dem nemlichen Grunde demnach, sagte ich, werden wir auch, falls nicht die Schlechtigkeit des Körpers der Seele die Schlechtigkeit einpflanzt, niemals die Zumuthung aussprechen, daß durch ein fremdes Schlechtes ohne die eigene Schlechtigkeit eine Seele zu Grunde gehe, nemlich ein Anderweitiges durch das Schlechte eines Anderweitigen. – Es hat dieß allerdings sagte er, seinen guten Grund, – Entweder demnach wollen wir dieß widerlegen, da es nicht richtig gesagt sei, oder, so lange es nicht widerlegt ist, wollen wir niemals behaupten, daß durch Fieber oder hinwiederum durch eine andere Krankheit, oder durch Hinschlachten, oder auch nicht, wenn Jemand den ganzen Körper in die kleinsten Stücke zerschnitte, darum irgend in höherem Grade jemals die Seele zu Grunde gehe, bis uns nicht Jemand bewiesen hat, daß durch diese Zustände des Körpers eben jene selbst eine ungerechtere und frevelhaftere werde; so lange hingegen ein fremdes Schlechtes in einem Anderweitigen entsteht, das einem jeden eigenthümliche Schlechte aber nicht entsteht, wollen wir weder von einer Seite, noch von irgend einem anderen Dinge die Behauptung gelten lassen, daß ein Zugrundegehen stattfinde. – Aber dieß ja, sagte er, wird wohl niemals Jemand beweisen, daß die Seelen der Sterbenden eben durch den Tod ungerechter werden. – Falls aber Jemand, sagte ich, wirklich auf diese Begründung einzugehen und es auszusprechen wagen sollte, es werde der Sterbende ein Schlechterer und ein Ungerechterer, um nemlich nur nicht zu dem Geständnisse, daß die Seelen unsterblich seien, gezwungen zu werden, so müssen wir doch wohl die Zumuthung machen, daß, wenn der Vertreter dieser Behauptung Recht habe, die Ungerechtigkeit für den sie Besitzenden gerade so wie eine Krankheit tödtlich sei, und daß eben durch eine solche den Tod herbeiführende Ursache die mit ihr Behafteten vermöge ihrer eigenen Natur sterben, nemlich schneller die am meisten und langsamer die weniger mit ihr Behafteten. nicht aber daß, wie es jetzt der Fall ist, durch eine solche Ursache erst von Seite Anderer, welche ihnen die Strafe auferlegten, die Ungerechten den Tod erleiden. – Als nichts sehr Arges also, bei Gott, sagte er, würde sich dann die Ungerechtigkeit zeigen, woferne sie dem mit ihr Behafteten tödtlich ist; denn eine Befreiung ja von allen Uebeln wäre sie dann; sondern vielmehr glaube ich, daß sie gerade als das Gegentheil hievon sich zeigen werde, da sie den Tod Anderer herbeiführt, sobald dieß möglich ist, denjenigen aber, der mit ihr behaftet ist, gar sehr mit einem zähen Leben ausrüstet, und noch außer dem zähen Leben ihm Schlaflosigkeit verleiht; in so großer Entfernung davon, daß sie tödtlich wäre, hat sie, wie es scheint, ihr Zelt aufgeschlagen, – Du sprichst richtig, sagte ich; denn wann die eigene Verdorbenheit und das eigene Schlechte nicht

genügende Kraft hat, um eine Seele zu tödten und zu Grunde zu richten, so möchte wohl schwerlich ein Schlechtes, welches auf das Verderben eines Anderen hingewiesen ist, die Seele oder irgend etwas Anderes zu Grunde richten, außer eben jenes, auf welches es hingewiesen ist. – Ja wohl, schwerlich, sagte er, wie es wenigstens scheint. – Nicht wahr also, da sie nicht durch ein einziges Schlechtes, weder durch eigenes, noch durch fremdes, zu Grunde geht, so ist klar, daß sie nothwendig ein immerwährend Seiendes sein muß; wenn aber ein immerwährend Seiendes, so auch ein Unsterbliches. – Ja, nothwendig, sagte er, muß sie dieß sein. –

11. Dieß demnach, sagte ich, möge so sich verhalten; wenn es sich aber so verhält, so bemerkst du wohl, daß hiemit die Seelen immer die nemlichen sein müssen; denn weder wenigere können sie werden, da keine zu Grunde geht, noch auch hinwiederum mehrere; nemlich wenn irgend Eines von den unsterblichen Dingen ein Mehreres würde, so weißt du doch wohl, daß es ja nur aus dem Sterblichen es werden könnte, und hiemit zuletzt Alles unsterblich wäre. – Du sprichst wahr. – Aber, sagte ich, weder diese Meinung wollen wir hegen, denn unsere Begründung läßt dieß nicht zu, noch auch hinwiederum, daß ihrer wahrsten Natur nach die Seele derartig sei, daß sie selbst an und für sich von vieler Buntheit und Ungleichheit und Verschiedenheit strotze. – Wie meinst du dieß? sagte er. – Nicht leicht, sprach ich, kann es sein, daß Etwas ein Immerwährendes sei, was aus Vielem zusammengesetzt ist und dabei nicht der schönsten Weise der Zusammensetzung sich erfreut, wie sich uns dieß jetzt betreffs der Seele zeigte. – Allerdings scheint es so nicht. – Daß demnach die Seele unsterblich sei, ergibt sich mit Nothwendigkeit sowohl aus der so eben gegebenen Begründung, als auch aus den übrigen; von welcher Beschaffenheit aber sie in Wahrheit sei, hiezu dürfen wir sie nicht mit jenen Makeln, welche ihr in Folge der Gemeinschaft mit dem Körper und in Folge anderer Uebel anheben, betrachten, wie wir jetzt thun, sondern in jener Beschaffenheit, in welcher sie rein entsteht, genügend vermittelst der Vernunft durchschauen; und weit herrlicher ja wird unsere Vernunft sie dann finden und weit deutlicher die Gerechtigkeiten und Ungerechtigkeiten und all dasjenige erblicken, was wir bisher durchgegangen haben. Jetzt aber sprechen wir die Wahrheit über sie ebenso aus, wie sie sich für den gegenwärtigen Augenblick uns zeigt. Wir haben sie aber hiebei ja in einem Zustande geschaut, wie etwa auch diejenigen, welche den Meergott Glaukos sehen, wohl nicht leicht die ursprüngliche Beschaffenheit desselben erblicken würden, da ja die älteren Theile seines Körpers theils

ausgebrochen, theils zermalmt und überhaupt durch die Wellen voll von Makeln geworden sind, hiefür aber Anderes an ihn hingewachsen ist, nemlich Muscheln und Seegras und Steine, so daß er jedem Thiere eher ähnlich ist, als seiner ursprünglich natürlichen Beschaffenheit; in einem eben solchen Zustande befindet sich in Folge unzähliger Uebel auch die Seele, wie wir sie nemlich betrachten; aber wir müssen, o Glaukon, eben nothwendig auch dorthin blicken. – Wohin? sagte er. – Auf die Weisheitsliebe der Seele; und wir müssen erkennen, was sie ergreife und mit welchen Dingen sie in Umgang zu stehen wünsche, da sie verwandt ist mit dem Göttlichen und Unsterblichen und immerwährend Seienden, und welche Beschaffenheit sie wohl erlange, wenn sie in ihrer Gesammtheit dem Derartigen nachfolgt und durch dieses Bestreben aus dem Meerwasser, in welchem sie sich jetzt befindet, sich erhebt und die Steine und Muscheln rings von sich streift, welche ihr jetzt, da sie von der Erde lebt, als viele erdige und steinigte und häßliche Dinge in Folge jener glücklich gepriesenen Tafelgenüsse angewachsen sind. Und dann wohl möchte man ihre wahre Natur erblicken, mag dieselbe vielartig oder einartig sein, und in welcher Weise oder Beziehung sie immer sich verhalten mag. Jetzt aber haben wir hiemit, wie ich glaube, die Zustände und Formen derselben, welche sie im menschlichen Leben hat, genügend durchgegangen. – Ja wohl, durchaus so, sagte er. –

12. Nicht wahr also, sagte ich, sowohl das Uebrige haben wir in unserer Begründung abgestreift, als auch brachten wir insbesondere nicht jene Belohnungen und jenen äußeren Ruhm der Gerechtigkeit bei, wie ihr sie aus dem Munde des Hesiodos und Homeros anführtet, sondern die Gerechtigkeit an und für sich haben wir für die Seele an und für sich als das Beste gefunden, sowie daß sie das Gerechte üben müsse, mag sie jenen Ring des Gyges besitzen oder nicht, und etwa außer diesem Ringe auch noch die Hades-Kappe. – Du sprichst sehr wahr, sagte er. – Mag es also, o Glaukon, sprach ich, wohl jetzt hiemit uns unverwehrt sein, außer jenem Bisherigen der Gerechtigkeit und der übrigen Vortrefflichkeit auch jene Belohnungen zuzutheilen, welche und wie viele sie der Seele seitens der Menschen und der Götter zutheile, sowohl so lange der Mensch noch lebt, als auch wenn er gestorben ist? – Ja wohl, durchaus so, sagte er. – Werdet ihr mir also zurückerstatten, was ihr in der Begründung von mir als Darlehen erhieltet? – Was soll dieß wohl sein? – Ich habe euch es hingegeben, daß der Gerechte allerdings ungerecht zu sein scheine und der Ungerechte gerecht; ihr nemlich waret der Ansicht, daß, wenn man auch in Solchem den Göttern und den Menschen nicht verborgen bleiben könne, dieß dennoch um

der Begründung willen zugegeben werden müsse, damit die Gerechtigkeit an und für sich im Vergleiche mit der Ungerechtigkeit an und für sich beurtheilt werde; oder erinnerst du dich nicht mehr? – Ich würde ja sehr Unrecht thun, sagte er, wenn ich mich nicht erinnerte. – Da demnach das Urtheil über beide gefällt ist, so fordere ich hinwiederum von euch es zu Gunsten der Gerechtigkeit zurück, daß ihr, wie es sich bezüglich ihres Ruhmes bei Göttern und Menschen wirklich verhält, es ebenso auch betreffs dieses ihres Scheines zugesteht, damit sie auch jenen Siegerpreis davontrage, welchen sie seitens des Scheines erwirbt und den mit ihr Behafteten verleiht, nachdem sich ja gezeigt hat, daß sie seitens des wirklichen Seins in der That Güter verleiht und die wirklich mit ihr Behafteten nicht täuscht. – Ja, eine gerechte Forderung, sagte er, stellst du hiemit. – Nicht wahr also, sprach ich, erstens werdet ihr mir dieß zurückerstatten, daß Keiner der Beiden in seiner Beschaffenheit den Göttern unbemerkt bleibt? – Ja, wir erstatten dieß zurück, sagte er. – Woferne sie aber nicht unbemerkt bleiben, wird wohl der Eine ein Gottgeliebter und der andere ein Gottverhaßter sein, wie wir auch zu Anfang dieß zugestanden. – Ja, so ist es. – Werden wir aber nicht zugestehen, daß dem Gottgeliebten Alles, was ihm seitens der Götter zu Theil wird, als das möglichst Beste zu Theil werde, woferne ihm nicht irgend ein nothwendiges Uebel in Folge eines früheren Fehltrittes anklebt? – Ja wohl, allerdings. – Also diese Annahme müssen wir betreffs des gerechten Mannes hegen, mag er in Armuth oder in Krankheit oder in irgend einem anderen der scheinbaren Uebel sich befinden, daß nemlich diesem all Solches zuletzt bei Lebzeiten oder nach seinem Tode zum Guten ausschlagen werde; denn seitens der Götter wird ja doch wohl derjenige niemals vernachlässigt, welcher sich darnach bemühen will, gerecht zu werden und durch Bethätigung in der Vortrefflichkeit, so weit es nur einem Menschen möglich ist, sich dem Gotte ähnlich zu machen. – Ja, es scheint wohl, sagte er, daß der so Beschaffene von dem ihm Gleichen nicht vernachlässigt werde. – Nicht wahr also, betreffs des Ungerechten müssen wir wohl das Gegentheil hievon denken? – Ja, in hohem Grade. – Also seitens der Götter möchte wohl der Siegerpreis für den Gerechten irgend ein derartiger sein. – Ja, wenigstens nach meiner Meinung, sagte er. – Wie aber, sprach ich, seitens der Menschen? Verhält es sich da nicht, woferne man das Wirkliche aufstellen will, folgendermaßen: Thun nicht jene, welche in der Ungerechtigkeit gewandt sind, das Nemliche wie jene Wettläufer, welche von den Schranken hinweg gut laufen, von der Mitte der Bahn an aber nicht gut? Anfangs nemlich sprengen sie gar hitzig ab, zuletzt aber werden sie zum Gespötte, indem sie die Ohren bis auf die Schultern herabhängen lassen und unbekränzt ihren Lauf beschließen; hingegen diejenigen, welche in Wahrheit Wettläufer sind, kommen an das Ziel und erhalten den Kampfpreis und werden bekränzt. Ergeht es nun nicht ebenso meistentheils auch betreffs der Gerechten? Am Ziele einer jeden Handlung und eines jeden Verkehres und des ganzen Lebens erhalten sie Ruhm und empfangen die Kampfpreise von den Menschen? – Ja wohl, gar sehr. – Wirst du es also ertragen können, wenn Jemand über Dieselben das Nemliche sagt, was du über die Ungerechten sagtest? Ich werde nemlich behaupten, daß die Gerechten, wann sie älter geworden, in ihrem Staate herrschen, sobald sie eine Herrschaft auszuüben wünschen, und Ehen schließen werden, aus welchen Familien sie wollen, und ihre Töchter ausheirathen werden, an wen sie nur wünschen, und überhaupt Alles, was du damals über Jene sagtest, sage ich jetzt über diese. Und auch hinwiederum betreffs der Ungerechten, daß die meisten derselben, auch wenn sie in ihrer Jugend unbemerkt blieben, zuletzt am Ziele des Laufes erwischt werden und man sie verlacht, und daß sie als Greise unglücklich sind und von Fremden und Bürgern mit Füßen getreten und gegeißelt werden und auch, was du dort mit Recht als ein Gröberes bezeichnetest, sie gefoltert und durch Ausbrennen ihrer Augen beraubt werden. Stelle dir hiemit vor, du habest nun auch von mir gehört, daß Diesen all Jenes widerfahre, und sieh nun zu, ob du, wenn ich dieß sage, es ertragen könnest. – Ja wohl, allerdings, sagte er; denn du sprichst Gerechtes. –

13. Dasjenige demnach, sprach ich, was dem Gerechten bei seinen Lebzeiten seitens der Götter und Menschen als Kampfpreis und als Lohn und als Geschenk noch außer jenen Gütern zu Theil wird, welche die Gerechtigkeit an und für sich ihm schon verschaffte, möchte wohl Derartiges sein. – Ja wohl, sagte er, sehr herrliche und sichere Güter. – Dieß jedoch, sprach ich, ist an Zahl und Größe Nichts im Vergleiche mit demjenigen, was Jeden von beiden noch nach dem Tode erwartet. Wir müssen aber auch dieses hören, damit vollständig Jeder von Beiden bekomme, was unsere Begründung ihm schuldet, daß er es höre. – Du wirst es wohl sagen, sprach er, da ich nicht vieles Andere lieber hören möchte, als dieses. – Nicht jedoch werde ich dir eine Erzählung berichten, wie sie Alkinous zu hören bekam, sondern die eines wackeren Mannes, nemlich des Er, des Sohnes des Armenios, seiner Geburt nach eines Pamphyliers. Dieser war einst im Kriege gestorben und wurde, als man am zehnten Tage die bereits verwesten Leichen aufhob, noch unverwest aufgehoben, und als er, in seine Heimat gebracht, eben beerdigt werden sollte, lebte er am zwölften Tage wieder

auf und erzählte hierauf, was er dort gesehen hatte. Er berichtete aber, er sei, nachdem seine Seele den Leib verlassen, in Gemeinschaft mit Vielen gewandert, und sie seien in irgend einen dämonischen Ort gekommen, in welchem zwei sich aneinander reihende Oeffnungen der Erde und hinwiederum oben gegenüber zwei Oeffnungen des Himmels waren. Richter aber seien zwischen diesen inmitten gesessen, und diese hätten, nachdem sie jedesmal das Urtheil gefällt, den Gerechten befohlen, den Weg rechts und nach Oben durch den Eingang des Himmels zu gehen, wobei sie ihnen Zeichen der Urtheilssprüche an der Vorderseite anhefteten, den Ungerechten aber hatten sie befohlen, den Weg links und nach Unten zu gehen, indem auch diese auf ihrer Rückseite Zeichen alles desjenigen, was sie verübt, trugen. Da aber er selbst gekommen sei, hätten Jene gesagt, er müsse als Verkündiger der dortigen Dinge zu den Menschen gehen, und sie hätten ihm ausdrücklich befohlen, Alles an jenem Orte zu hören und zu beschauen. Gesehen habe er nun, wie einerseits an je einer von den beiden Oeffnungen des Himmels und der Erde die Seelen fortgingen, nachdem über sie geurtheilt war, andrerseits aber an den beiden anderen sie aus der einen von der Erde her voll Schmutz und Staub emporstiegen, aus der anderen aber wieder andere vom Himmel her rein herabkamen. Und alle immer, welche ankamen, seien offenbar wie von einer weiten Wanderung angelangt, und hätten sich vergnügt auf jene Wiese begeben und dort wie bei einer Festversammlung sich niedergelassen, und jene, welche sich kannten, hätten sich liebkosend gegenseitig begrüßt und die von der Erde her Kommenden hätten sich bei den anderen um die dortigen Verhältnisse erkundigt, sowie die vom Himmel her Kommenden um die Dinge bei jenen. Und sie hätten es sich gegenseitig erzählt, die einen unter Wehklagen und Thränen, indem sie sich erinnerten, Welcherlei und wie Vieles sie bei ihrer Wanderung unter der Erde, – es sei aber diese Wanderung eine tausendjährige –, gesehen und geduldet hätten, jene aber hinwiederum, welche aus dem Himmel kamen, hätten von wohlthuenden Zuständen und unaussprechlich herrlichen Anblicken erzählt. Der größte Theil nun hievon, o Glaukon, würde zu lange Zeit erfordern, um es zu erzählen; die Hauptursache aber davon, berichtete er, habe darin bestanden, daß für Alles, was jeder Einzelne jemals Unrecht übte und gegen wie viele er es übte, jeder der Reihe nach Buße gethan, und zwar zehnmal für jedes Einzelne: dieß aber trete je in einem Zeitraume von hundert Jahren wieder ein, weil dieß die Dauer eines menschlichen Lebens ist, damit nemlich die Buße, in welcher sie büßen, eben eine zehnfache sei, und damit z. B. wenn Einige an vielen Mordthaten die Schuld tragen oder Staaten oder Heerlager verrieten und in Sklaverei brachten, oder an irgend anderen schlechten Thaten Mitschuldige waren, sie für jedes Einzelne von all diesem zehnfache Schmerzen davontragen, und hinwiederum auch, wenn Einige treffliche Thaten geübt haben und gerecht und frevellos gewesen waren, sie in der nemlichen Weise den verdienten Lohn davontragen. Betreffs derjenigen aber, welche eben erst neu geboren waren und nur kurze Zeit gelebt hatten, erzählte er noch Anderes, was der Erwähnung nicht werth ist. Aber für Frevel und für Ehrerbietung gegen die Götter und die Eltern und für eigenhändig geübten Mord erzählte er noch größere Wiedervergeltungen. Er sagte nemlich, er sei auch zugegen gewesen, wie Einer einen Anderen fragte, wo wohl der große Ardiäos sei; es war aber dieser Ardiäos in irgend einer Stadt Pamphyliens Gewaltherrscher gewesen, gerade im tausendsten Jahre von jener Zeit, und hatte seinen greisen Vater und seinen älteren Bruder getödtet und noch vielen anderen Frevel verübt, wie man sagte.

14. Und da habe nun, erzählte er, der Gefragte geantwortet: „Dieser ist nicht mitgekommen, und wird wohl auch schwerlich hieher kommen; wir haben wenigstens selbst bei folgendem schrecklichen Anblicke zugeschaut. Als wir nahe an jener Oeffnung und bereits im Begriffe emporzusteigen waren und alles Uebrige überstanden hatten, erblickten wir plötzlich Jenen und auch so ziemlich die meisten übrigen Gewaltherrscher; es waren aber darunter auch einige Einzel-Bürger, welche nemlich zu jenen gehörten, die großes Unrecht verübt hatten. Und wie nun diese bereits glaubten, emporsteigen zu können, ließ die Oeffnung sie nicht herauf, sondern brüllte, so oft Einer von denjenigen heraufzukommen versuchte, welche in solchem Grade bezüglich der Schlechtigkeit unheilbar waren oder noch nicht genug gebüßt hatten. Und da standen denn nun wilde feurige Männer daneben, und indem sie die brüllende Stimme verstanden, ergriffen sie Jene und führten sie fort, nemlich den Ardiäos und die Uebrigen, gefesselt an Händen und Füßen und am Nacken, warfen sie zu Boden und zogen ihnen die Haut ab und schleiften sie seitab vom Wege über Dorngebüsche und peinigten sie, und deuteten es den jedesmal Vorübergehenden an, warum Jene solches dulden müßten, und daß dieselben fortgeführt würden, um in den Tartarus gestürzt zu werden.“ Und da nun, erzählte er, sei für Jeden, obwohl ihnen vieles und mannigfaches Fürchterliche begegne, jene Furcht bei Weitem die überwiegende, es möchte beim Emporsteigen jene brüllende Stimme sich vernehmen lassen, und höchst vergnügt steige ein Jeder empor, wenn jene Stimme schweigt. Und die Arten der Buße und Strafe seien hiemit irgend derartige, und hinwiederum auch die wohltuenden Belohnungen diesen

entgegengesetzt entsprechend. Nachdem aber für jeden von den auf der Wiese Befindlichen sieben Tage verflossen sind, müssen sie von dort am achten sich wieder erheben und weiter wandern, und nach vier Tagen kamen sie an einen Punkt, von wo aus sie von Oben herab ein durch den ganzen Himmel und die Erde in gerader Linie wie eine Säule gespanntes Licht erblicken, welches die meiste Ähnlichkeit mit einem Regenbogen hat, aber viel heller und reiner ist. Zu diesem selbst hin seien sie nun gekommen, nachdem sie noch eine Tagereise gewandert seien, und hätten dann dortselbst in der Mitte des Lichtes gesehen, wie von dem Himmel aus die Enden seiner Bande gespannt seien; es sei nemlich dieses Licht die Binde des Himmels und halte so, wie der Plankengürtel der Dreiruderer, den ganzen Umkreis zusammen. Von den beiden Enden aus aber sei die Spindel der Nothwendigkeit gespannt, vermittelst deren alle Umläufe gedreht werden; und ihre Spitze und ihr Widerhaken seien aus Diamant, der Wirbelring aber gemischt aus Diamanten und anderen Steinarten. Die Beschaffenheit aber dieses Wirbelringes sei folgende: die Gestalt zwar sei dieselbe, wie auch hier bei uns; aber man muß ihn sich in Folge dessen, was Jener erzählte, ungefähr so vorstellen, wie wenn in Einem großen hohlen und inwendig geglätteten Wirbelringe mitten durch ein zweiter derartiger kleinerer stäke und in ihn hineinpaßt, wie etwa auch bei jenen Bechern, welche ineinander passen; und ebenso denn nun auch noch ferner ein dritter und wieder ein vierter und noch vier andere; denn acht Wirbelringe seien es im Ganzen, welche ineinander stecken, und deren Ränder von Oben her gesehen als Kreise erscheinen, Eine zusammenhängende Rückenfläche des Wirbelringes um die Spitze der Spindel herum bildend; diese letztere aber sei mitten durch den achten Wirbelring hindurchgetrieben. Der erste und äußerste Wirbelring nun habe als seinen Rand den breitesten Kreis, der nächste bezüglich dieser Breite sei der Rand des sechsten Wirbelringes, als dritter folge dann der des vierten, als vierter der des achten, als fünfter der des siebenten, als sechster der des fünften, als siebenter der des dritten, als achter der des zweiten. Und zwar sei der Kreis des größten Wirbelringes buntfarbig, der des siebenten der hellste, der des achten erhalte seine Farbe von dem ihn beleuchtenden siebenten, die Kreise des zweiten und des fünften seien einander ähnlich, mehr rothgelb als jene, der des dritten habe die weißeste Farbe, der des vierten sei röthlich, der des sechsten aber sei an Uebermaß der Weiße der zweite. Im Kreise aber drehe sich die ganze Spindel in Ein und der nemlichen Bewegung; in dem gesamten Umschwunge aber drehen sich die sieben inneren Kreise ruhig in einer dem Ganzen entgegengesetzten Bewegung herum, und von allen diesen gehe am schnellsten der achte Kreis, die nächsten bezüglich der Schnelligkeit und gleichen Schritt haltend seien der siebente und der sechste und der fünfte, als dritter bezüglich der Bewegung rolle, wie ihnen scheine, der vierte, als vierter aber der dritte und der fünfte und der zweite. Es drehe sich aber die Spindel in dem Schooße der Nothwendigkeit; oben aber auf den Kreisen desselben stehe auf jedem eine Sirene, welche mit herumgedreht werde, jede Einen scharfen lauten Ton von sich gebend, aus all diesen acht Tönen aber erklinge Eine Harmonie:

1	die	Fixsternsphäre		
2	die	Sphäre	des	Saturnus
3	"	"	"	Jupiter
4	"	"	"	Mars
5	"	"	der	Venus
6	"	"	des	Mercurius
7	"	"	der	Sonne
8	"	"	des	Mondes.

Drei andere Frauen aber säßen ringsum in gleichen Abständen, jede auf einem Throne, nemlich die Töchter der Nothwendigkeit, die Parcen, in weißen Gewändern, mit Kränzen auf den Häuptern, Lachesis und Klotho und Atropos, und sängen zur Musik der Sirenen, nemlich Lachesis das Vergangene, Klotho das Gegenwärtige, Atropos das Zukünftige, und Klotho greife zuweilen nach gewissen Zeitabschnitten mit der rechten Hand zu und helfe, den äußeren Umschwung der Spindel herumzudrehen, Atropos hinwiederum mit der linken Hand ebenso bei den inneren Umläufen, Lachesis aber greife abwechslungsweise mit jeder der beiden Hände in jede der zwei Drehungen helfend ein.

15. Sie selbst also nun hätten, sobald sie angekommen wären, sogleich zur Lachesis gehen müssen, und irgend ein Herold habe sie zuerst in der Reihe aufgestellt und dann aus dem Schoße der Lachesis Loose und Probebilder von Lebensweisen genommen, sei dann auf eine hohe Rednerbühne gestiegen und habe gesagt: „Ausspruch der Lachesis, der Tochter der Nothwendigkeit: Ihr Eintagsseelen, es ist jetzt der Anfang eines neuen Kreislaufes des sterblichen

Geschlechtes, welcher dereinst wieder den Tod bringen wird. Nicht euch wird ein Dämon durch das Loos bekommen, sondern ihr werdet euch einen Dämon wählen. Wen aber als ersten das Loos hiezu trifft, dieser wähle als erster sich eine Lebensweise, mit welcher er aus Nothwendigkeit verbunden bleiben wird. Die Vortrefflichkeit aber ist herrenlos, und je nachdem sie Einer ehrt oder mißachtet, wird er einen größeren oder kleineren Antheil an ihr haben. Die Schuld trägt der Wählende. Gott trägt keine Schuld." Nachdem Jener dieß gesprochen, habe er auf Alle hin Loose geschleudert, und jeder Einzelne habe das neben ihn hingefallene aufgehoben, nur er, der Pamphylier, nicht; ihn nemlich habe Jener dieß nicht thun lassen. Jedem aber, welcher das Loos aufgehoben, sei hiemit klar gewesen, der wievielste er in der Reihe sei. Hernach aber hinwiederum habe Jener die Probebilder der Lebensweisen vor ihnen auf die Erde hingelegt, und zwar weit mehrere, als die Anwesenden waren, und es seien dieselben sehr mannigfaltig gewesen, nemlich sowohl Lebensweisen von Thieren, als auch sämmtliche der Menschen; denn sowohl Gewaltherrschaften seien unter denselben gewesen, die einen dauernde, andere inmitten zerstört und in Noth und Verbannung und Bettlerstand endigend, als auch Lebensweisen angesehener Männer, bei deren einigen der Grund des Ansehens in Gestalt und Schönheit und anderer Kraftäußerung und solchem Wetteifer beruhte, bei anderen aber in Geschlechtsadel und vortrefflichen Eigenschaften der Vorfahren, und auch wiederum Lebensweisen von Männern, welche in diesen nemlichen Beziehungen ohne Ansehen sind; ebenso aber auch von Frauen. Aber eine Rangordnung der Seele sei hierin nicht enthalten gewesen, weil es sich ja nothwendiger Weise schon so verhält, daß sie durch die Wahl eines anderen Lebens auch eine andere Beschaffenheit erhält. Die übrigen Verhältnisse aber seien sowohl unter sich, als auch mit Reichthum und Armuth, und die einen mit Krankheit, die anderen mit Gesundheit gemischt gewesen, andere aber inmitten zwischen diesen gestanden.

Und hier denn nun, mein lieber Glaukon, besteht alle Gefahr für einen Menschen, und deswegen müssen wir am meisten Sorge tragen, daß jeder von uns die übrigen Unterrichtsgegenstände vernachlässige und nur ein Nachforscher und Schüler dieses einzigen Unterrichtsgegenstandes werde, falls er nemlich irgendwoher im Stande ist, zu lernen und ausfindig zu machen, wer ihm die Fähigkeit und das Wissen verleihen könne, um eine gute und eine schlechte Lebensweise zu unterscheiden und nach Kräften stets überall die bessere zu wählen, indem er all dasjenige wohl erwägt, was jetzt gesagt und gegenseitig zusammengestellt und unterschiedlich auseinander gehalten wurde bezüglich des Verhältnisses zur Vortrefflichkeit der Lebensweise, und um ein Wissen davon zu haben, was die Schönheit, mit Armuth oder mit Reichthum vermischt, und mit welcher Seelen-Beschaffenheit verbunden sie Gutes oder Schlechtes erzeuge, und ebenso was hohe und niedere Geburt und zurückgezogenes Leben und Ausübung einer Herrschaft und Kraft und Schwäche und Reichthum an Kenntnissen und Unwissenheit und all das derartige, was der Seele durch natürliche Begabung anhaftet und von Außen dazu erworben wird, was denn dieß Alles durch seine gegenseitige Mischung zur Folge habe, so daß er aus all diesem einen Schluß zu ziehen und im Hinblicke auf die natürliche Begabung der Seele die Wahl zu treffen befähigt sei zwischen schlechterem und besserem Leben, indem er als schlechteres dasjenige bezeichnet, welches ihn dorthin führen wird, ungerechter zu werden, als besseres aber jenes, welches dazu führt, gerechter zu werden, alles Uebrige aber hiebei bei Seite zu lassen. Denn wir haben gesehen, daß für den Menschen bei Lebzeiten und nach seinem Tode dieß die beste Wahl ist. Felsenfest demnach muß man diese Ansicht haben und so auch in den Hades kommen, damit man auch dort sich nicht blenden lasse durch Reichthum und derartige Uebel und nicht, auf Gewaltherrschaften und andere derartige Handlungen verfallend, vieles und unheilbares Uebel stifte und selbst noch viel größeres erdulde, sondern daß man die Einsicht habe, immer die mittlere Lebensweise unter den derartigen zu wählen und das Übermaß nach beiden Seiten zu meiden, sowohl in diesem Leben nach Kräften, als auch in dem gesammten künftigen; denn auf diese Weise wird der Mensch der glücklichste werden.

16. Und so habe denn nun auch damals, berichtete jener Verkündiger, der dortige Götter- Herold folgende Worte gesprochen: „Auch für jenen, welcher zuletzt herbeikömmt, liegt, wenn er mit Verstand wählt und in gespannter Thätigkeit sein Leben führt, eine annehmbare, und nicht eine schlechte Lebensweise bereit. Weder jener, welcher als der Erste im Wählen den Anfang macht, sei sorglos, noch auch jener, welcher den Schluß macht, trostlos.“ Nachdem aber Jener dieß gesprochen, habe der Erste, welchen das Loos traf, sogleich, als er hintrat, die höchste Gewaltherrschaft sich gewählt und so aus Unverstand und Gier nicht Alles genugsam erwägend, die Wahl getroffen, sondern es sei ihm entgangen, daß als Fügung des Schicksales das Aufzehren seiner eigenen Kinder und noch anderes Unheil darin enthalten war. Nachdem er aber in Muße es hernach erwog, habe er sich die Brust zerschlagen und die

Wahl bejammert, den Worten nicht getreu bleibend, welche der Herold vorher verkündet hatte; nemlich er maß sich nicht selbst die Schuld dieser Uebel bei, sondern dem Zufalle und den dämonischen Wesen und überhaupt allem Anderen eher, nur sich selbst nicht. Es sei aber dieß einer von denjenigen gewesen, welche aus dem Himmel kamen, nachdem er sein früheres Leben in einem wohlgeordneten Staate zugebracht hatte, bloß durch Gewöhnung ohne Weisheitsliebe an der Vortrefflichkeit Theil nehmend; und es seien, so zu sagen, die aus dem Himmel Kommenden überhaupt nicht die geringere Anzahl derer, welche auf Solchem sich ertappen ließen, weil sie nemlich in Anstrengungen nicht geübt sind; wohingegen die meisten der von der Erde her Kommenden, da sie sowohl selbst sich anstrengten, als auch von Anderen dieß sahen, nicht auf den ersten Anlauf die Wahl träfen. Daher denn auch den meisten der Seelen ein Wechsel bezüglich des Guten und Schlechten sich ergebe, und dieß auch vermittelst des Zufalles des Looses eintrete; denn wenn Jemand, so oft er in das hiesige Leben gelangt, in gesunder Weise an der Weisheitsliebe festhält und ihn das Loos zum Wählen dort nicht unter den letzten trifft, so kömmt es in Folge des von dorther uns berichteten wohl darauf hinaus, daß er nicht bloß hier auf Erden glücklich sein wird, sondern auch die Wanderung von hier dorthin und wieder von dort hieher zurück ihm keine unterirdische und rauhe, sondern eine glatte und himmlische sein werde. Und diesen Anblick denn nun zu sehen, erzählte er, lohne sich der Mühe, wie nemlich die einzelnen Seelen damals ihre Lebensweisen gewählt hätten; denn bemitleidenswert und lächerlich und wunderbar sei es zu sehen gewesen; sie hätten nemlich meistens in Folge der Gewöhnung aus dem früheren Leben die Wahl getroffen. So habe er gesehen, wie die Seele, welche einst die des Orpheus gewesen war, das Leben eines Schwanes wählte, indem sie aus Haß gegen das Geschlecht der Weiber wegen ihres durch jene erfolgten Todes nicht aus einem Weibe geboren werden wollte; gesehen aber habe er auch, wie die Seele des Thamyras das Leben einer Nachtigall wählte, und auch gesehen, wie ein Schwan bei der Wahl in das Leben eines Menschen sich verwandelte und ebenso, wie sich erwarten läßt, auch andere musikliebende Thiere; eine andere Seele aber habe, nachdem sie das Loos getroffen, daß Leben eines Löwen gewählt, es sei aber dieß jene des Telamoniers Ajas gewesen, welche es vermied, ein Mensch zu werden, indem sie jenes Urtheilspruches bei der Waffenvertheilung gedachte; hierauf habe jene des Agamemnon gewählt, aus Feindschaft aber gegen das Menschengeschlecht habe auch diese wegen dessen, was sie erduldet hatte, das Leben eines Adlers eingetauscht; ungefähr in der Mitte der Uebrigen aber habe die Seele der

Atalante das Loos getroffen, und dieselbe habe, da sie große Ehren eines im Wettkampfe siegenden Mannes erblickte, nicht vorübergehen können, sondern dieses Leben gewählt; hernach aber habe er gesehen, wie die Seele des Epeios, des Sohnes des Panopeus, in die Natur eines kunstreichen Weibes sich begab; weit zurück aber unter den Letzten habe die Seele des lachenerregenden Thersites das Leben eines Affen angenommen; zufällig aber habe das Loos von allen Seelen zuletzt die des Odysseus getroffen, um zum Wählen sich zu begeben; in Erinnerung aber an die früheren Leiden sei seine Seele vom Ehrgeize abgestanden und habe lange Zeit umhergehend das Leben eines zurückgezogenen geschäftslosen Mannes gesucht und mit Mühe habe sie es irgendwo liegend und von allen Uebrigen bei Seite gesetzt gefunden und, als sie es erblickt, habe sie gesagt, daß sie das Nemliche auch dann gethan hätte, wenn das Loos sie als erste getroffen hätte, und vergnügt habe sie es gewählt. Und auch anderweitig unter den Thieren seien einige in Menschen und gegenseitig unter sich in Thiere eingegangen, die ungerechten in wilde, die gerechten aber in zahme sich verwandelnd, und in allen möglichen Mischungen hätten sie sich vermengt. Nachdem aber nun sämmtliche Seelen ihre Lebensweisen gewählt hätten, seien sie in der nämlichen Reihenfolge, in welcher sie das Loos getroffen, zur Lachesis hingetreten; diese aber habe einem Jeden den Dämon, welchen er gewählt hatte, als Wächter des Lebens und als Vollstrecker des Gewählten mitgegeben; und dieser habe die Seele zuerst zur Klotho unter die Hand derselben und unter die Drehung des Wirbels der Spindel hineingeführt, um dem Schicksale Gültigkeit zu verleihen, welches Jeder nach dem Loose sich gewählt hatte; nachdem er aber diese berührt hatte, habe er sie hinwiederum zum Rocken der Atropos geführt, um das Zugesponnene unabwendbar zu machen. Von da hinweg dann sei er, ohne sich umzuwenden, unter den Thron der Nothwendigkeit hingegangen, und nachdem er unter demselben durchgegangen und hernach auch alle Uebrigen das Gleiche gethan hatten, seien sie sämmtlich in die Ebene der Lethe gewandert durch fürchterliche Glut und Stickhitze hindurch; es sei nemlich dieselbe leer von Bäumen und überhaupt Allem, was der Erde entsproßt. Niedergelassen nun hätten sie sich, als es bereits Abend geworden, am Flusse Ameles, dessen Wasser kein Gefäß gedeckt zu halten vermöge; und ein gewisses Maß nun von diesem Wasser zu trinken, sei für Sämmtliche eine Nothwendigkeit, wer aber durch Verständigkeit sich nicht bewahre, trinke mehr als jenes Maß, ein Jeder aber stets, welcher trinke, vergesse Alles. Nachdem sie aber sich zur Ruhe begeben hatten, und es Mitternacht geworden war, sei Donner und Erdbeben entstanden, und sofort seien plötzlich der Eine dahin, der Andere dorthin nach Oben zur neuen Geburt fortgetragen worden, blitzend wie Sternschnuppen. Er selbst aber sei gehindert worden, von jenem Wasser zu trinken. Wie aber und auf welche Weise er in seinen Körper gekommen sei, wisse er nicht, sondern plötzlich habe er die Augen geöffnet und des Morgens gesehen, wie er bereits auf dem Scheiterhaufen liege.

Diese Kunde denn nun, o Glaukon, ist bewahrt worden und ging nicht verloren, und sie möchte wohl auch uns bewahren, wenn wir ihr Folge leisten, und dann werden wir den Fluß der Lethe glücklich durchschreiten und unsere Seele nicht beflecken; sondern wenn wir dem von mir Gesagten folgen und daran festhalten, daß die Seele unsterblich und befähigt sei, alles Schlimme und alles Gute über sich ergehen zu lassen, so werden wir immer dem nach Oben führenden Wege folgen und in Gerechtigkeit, verbunden mit Verständigkeit, auf jede Weise uns bethätigen, damit wir sowohl uns selbst, als auch den Göttern befreundet seien, mögen wir hier auf Erden verweilen, oder nach Empfang des Kampfpreises hiefür wie die Sieg-Gekrönten Lohn einsammeln, und damit es auch bei jener tausendjährigen Wanderung, welche wir durchgegangen haben, uns wohl ergehe.

Meinen Eltern, meinem Bruder, meiner Amela

Geleitwort

Die Bilanzierung von und die Berichterstattung über Finanzinstrumente zählen zu den anspruchsvollsten Themen im Rahmen der Rechnungslegung. Dies resultiert zum einen aus den vielfältigen Gestaltungen der Finanzinstrumente, zum anderen aus den Erfahrungen, die während der Finanzkrise 2008 gesammelt wurden. Ein weiteres Moment resultiert aus der Grundsatzentscheidung, keine speziellen Offenlegungsvorschriften für Finanzdienstleister zu schaffen, sondern einheitliche Anforderungen für alle Unternehmen zu formulieren. Somit müssen Nicht-Finanzdienstleister mittlerweile anspruchsvolle Vorgaben erfüllen, wenn sie Finanzinstrumente einsetzen. Diese Gemengelage führt dazu, dass die Offenlegungsvorschriften oft mehr verwirren als Klarheit schaffen und auch über eine adäquate Erfüllung der Standards bei Abschlusslesern, Abschlusserstellern und Wirtschaftsprüfern große Verwirrung herrscht. Dr. Stephan Schön entwickelt ein Anforderungsprofil, bei dem er sich zum einen an dem Sinn und Zweck der Offenlegung orientiert, zum anderen die tatsächliche Übung der Unternehmen systematisch und akribisch analysiert. Mit der Entwicklung von Benchmark-Tableaus und insbesondere eines „Musterberichts“ steht Erstellern und Analysten ein umfassendes Werk zur Verfügung, das die Angaben nach IFRS 7 systematisiert. Ich bin überzeugt, dass die Arbeit wichtige Impulse für die Informationspflichten beim Einsatz von Finanzinstrumenten liefert und auch Möglichkeiten und Grenzen der Berichterstattung aufzeigt.

Hohenheim, im August 2012 Dirk Hachmeister

Vorwort

Die vorliegende Arbeit entstand in den Jahren 2007-2010 während meiner Zeit als externer Doktorand am Lehrstuhl für Rechnungswesen und Finanzierung der Universität Hohenheim von Herrn Prof. Dr. Dirk Hachmeister und als Doktorand bei der Daimler AG in Stuttgart. Sie wurde im Sommersemester 2012 von der Fakultät Wirtschafts- und Sozialwissenschaften der Universität Hohenheim als Dissertation angenommen.

Mein herzlicher Dank gilt meinem Doktorvater, Herrn Prof. Dr. Dirk Hachmeister, für die wissenschaftliche Betreuung der Arbeit und die uneingeschränkte Unterstützung. Er hat mir während des Entstehungsprozesses stets den notwendigen Freiraum eingeräumt und mit wertvollen Diskussionen zum Gelingen der Dissertation maßgeblich beigetragen. Herrn Prof. Dr. Holger Kahle danke ich für die rasche Erstellung des Zweitgutachtens sowie Frau Prof. Dr. Christina Escher-Weingart für die Übernahme des Prüfungsvorsitzes im Rahmen des Promotionskolloquiums.

Für die Unterstützung durch die Daimler AG bedanke ich mich stellvertretend bei meiner früheren Abteilungsleiterin, Frau Kathrin Daecke, die nicht nur die Anstellung als Doktorand bei der Daimler AG, sondern in diesem Rahmen auch die einjährige Entsendung zum Deutsches Rechnungslegungs Standards Committee e.V. (DRSC) ermöglicht hat. Ein Dankeschön geht auch an all die anderen ehemaligen Kollegen in der Methods Group - Accounting bei Daimler. Für die ebenfalls sehr interessante und lehrreiche Zeit beim DRSC danke ich ferner Frau Dr. Liesel Knorr und meinen ehemaligen Kollegen beim DRSC.

Neben den akademischen Wegbegleitern trägt jedoch insbesondere auch das private Umfeld zum Gelingen einer Dissertation bei. Daher möchte ich zunächst all meinen Freunden danken, die die vorliegende Arbeit unterstützt haben und stets für die nötige Abwechslung zu Sorgen wußten. Für die gemeinsame Veröffentlichung etlicher wissenschaftlicher Fachartikel sowie die Unterstützung in Sachen Literatur verdient Herr Benjamin Cortez an dieser Stelle besondere Erwähnung.

Dank aus tiefstem Herzen gebührt meinen Eltern Gisela und Siegfried Schön, die meinem Bruder und mir eine wundervolle Kindheit geschenkt haben. Ihre uneingeschränkte Förderung meiner Ausbildung und ihre liebevolle Unterstützung haben die Anfertigung vorliegender Dissertation erst ermöglicht. Meinem Bruder Thomas Schön danke ich für die hilfreichen Diskussionen und wertvollen Anregungen, zuvorderst jedoch für den steten brüderlichen Rückhalt.

Meine Freundin Amela Causevic hat mich durch sämtliche Höhen und Tiefen der Promotion begleitet. Mit ihrem liebevollen Wesen, ihrer unnachahmlichen Lebensfreude und ihrem bedingungslosen Rückhalt hat Sie mir jeden Tag aufs Neue die notwendige Kraft für die Anfertigung vorliegender Arbeit gegeben und mich durch die nicht minder wichtige Ablenkung stets an die Leichtigkeit des Seins erinnert. Dafür möchte ich ihr von ganzem Herzen danken. Ohne sie wäre die Dissertation kaum möglich gewesen. Ihr, meinen Eltern und meinem Bruder ist diese Arbeit gewidmet.

Echterdingen, im August 2012 — Stephan G. Schön

Inhaltsverzeichnis

Abbildungsverzeichnis

Abkürzungsverzeichnis

a.F.	alte Fassung
Abb.	Abbildung
Abs.	Absatz
Abs.	Absatz
AG	Aktiengesellschaft, Die Aktiengesellschaft (Zeitschrift) oder Application Guidance
AktG	Aktiengesetz
Anm. d. Verf.	Anmerkung des Verfassers
Aufl.	Auflage
BAR	The British Accounting Review (Zeitschrift)
BB	BetriebsBerater (Zeitschrift)
BBK	Buchführung, Bilanzierung, Kostenrechnung (Zeitschrift)
BC	Basis for Conclusions
BFuP	Betriebswirtschaftliche Forschung und Praxis (Zeitschrift)
BilMoG	Bilanzrechtsmodernisierungsgesetz
BRZ	Zeitschrift für Bilanzierung und Rechnungswesen (Zeitschrift)
bspw.	beispielsweise
bzgl.	bezüglich
bzw.	beziehungsweise
CEBS	Committee of European Banking Supervisors
CESR	Committee of European Securities Regulators
d.h.	das heißt
DAX	Deutscher Aktienindex
DB	Der Betrieb (Zeitschrift)
DBW	Die Betriebswirtschaft (Zeitschrift)
DCGK	Deutscher Corporate Governance Kodex
Diss.	Dissertation

DRS	Deutsche/r Rechnungslegungs Standard/s
DRSC	Deutsche Rechnungslegungs Standards Committee e.V.
DStR	Deutsches Steuerrecht (Zeitschrift)
e.V.	eingetragener Verein
et al.	et alii (und andere)
etc.	et cetera (und so weiter)
EU	Europäische Union
f.	folgende
F.	Framework for the Preparation and Presentation of Financial Statements
FAJ	Financial Analysts Journal (Zeitschrift)
FAZ	Frankfurter Allgemeine Zeitung
FB	FINANZ BETRIEB (Zeitschrift)
ff.	fortfolgende
Fn.	Fußnote
FSF	Financial Stability Forum
FVO	Fair Value-Option
ggf.	gegebenenfalls
GmbH	Gesellschaft mit beschränkter Haftung
GmbH & Co. KGaA	Kommanditgesellschaft auf Aktien (KGaA), deren Komplementär eine Gesellschaft mit beschränkter Haftung (GmbH) ist
GoB	Grundsätze ordnungsmäßiger Buchführung
GuV	Gewinn- und Verlustrechnung
h.M.	herrschende Meinung
HFA	Hauptfachausschuss
HGB	Handelsgesetzbuch
Hrsg.	Herausgeber
i.d.R.	in der Regel

i.d.S.	in diesem Sinne
i.e.S.	im engeren Sinne
i.S.d.	im Sinne des/der
i.V.m.	in Verbindung mit
i.w.S.	im weiteren Sinne
IAS	International Accounting Standard/s
IASB	International Accounting Standards Board
IASC	International Standards Accounting Committee
IASCF	International Accounting Standards Committee Foundation
IDW	Institut der Wirtschaftsprüfer in Deutschland e.V.
IDW PS	Prüfungsstandard des Instituts der Wirtschaftsprüfer in Deutschland e.V.
IDW RS	IDW Stellungnahme zur Rechnungslegung
IDW RS HFA	Stellungnahme zur Rechnungslegung des Instituts der Wirtschaftsprüfer in Deutschland e.V. (Hauptfachausschuss (HFA))
IFRS	International Financial Reporting Standard/s
IIF	The Institute of International Finance, Inc.
IKS	internes Kontrollsystem
IRZ	Zeitschrift für internationale Rechnungslegung (Zeitschrift)
IÜS	internes Überwachungssystem
JAR	Journal of Accounting Research (Zeitschrift)
JCSM	Journal of Common Market Studies (Zeitschrift)
JEBO	Journal of Economic Behavior and Organization (Zeitschrift)
Jg.	Jahrgang
JLE	Journal of Law & Economics (Zeitschrift)
JoA	Journal of Accountancy (Zeitschrift)
JoF	Journal of Finance (Zeitschrift)
JoFE	Journal of Financial Economics (Zeitschrift)
JPE	Journal of Political Economy (Zeitschrift)
KG	Kommanditgesellschaft
KGaA	Kommanditgesellschaft auf Aktien

KonTraG	Gesetz zur Kontrolle und Transparenz im Unternehmensbereich
KoR	Kapitalmarktorientierte Rechnungslegung (Zeitschrift)
krp	Kostenrechnungspraxis (Zeitschrift)
m.E.	meines Erachtens
m.w.N.	mit weiteren Nachweisen
Mio.	Million
Mrd.	Milliarde
NJW	Neue Juristische Wochenschrift (Zeitschrift)
Nr.	Nummer
NZG	Neue Zeitschrift für Gesellschaftsrecht (Zeitschrift)
NZZ	Neue Zürcher Zeitung
OCI	other comprehensive income (sonstiges Ergebnis)
OECD	Organisation für wirtschaftliche Zusammenarbeit und Entwicklung (engl.: Organisation for Economic Co-operation and Development (OECD))
OTC	over the counter (außerbörslich)
PiR	Praxis der internationalen Rechnungslegung (PiR)
PiR	Praxis der internationalen Rechnungslegung (Zeitschrift)
PwC	PricewaterhouseCoopers
RIC	Rechnungslegungs Interpretations Committee des DRSC
RMS	Risikomanagementsystem
Rn.	Randnummer
Rz.	Randziffer
S.	Seite
SE	Societas Europaea
SEC	U.S. Securities and Exchange Commission

sog.	so genannte
SolvV	Solvabilitätsverordnung
Sp.	Spalte
ST	Der Schweizer Treuhänder (Zeitschrift)
StuB	Steuern und Bilanzen (Zeitschrift)
StuB	Steuern und Bilanzen (Zeitschrift)
Tz.	Textziffer
u.a.	und andere; unter anderem; unter anderen
u.d.T.	unter dem Titel
US GAAP	United States Generally Accepted Accounting Principles
USA	United States of America
v.	von
v.a.	vor allem
vgl.	vergleiche
vs.	versus („gegen“ im Sinne von „gegenüber gestellt“)
WiSt	Wirtschaftswissenschaftliches Studium (Zeitschrift)
WPg	Die Wirtschaftsprüfung (Zeitschrift)
WPg	Die Wirtschaftsprüfung (Zeitschrift)
z.B.	zum Beispiel
ZfB	Zeitschrift für Betriebswirtschaft (Zeitschrift)
ZfbF	Zeitschrift für betriebswirtschaftliche Forschung (Zeitschrift)
zfbf	Schmalenbachs Zeitschrift für betriebswirtschaftliche Forschung (Zeitschrift)
ZfCM	Zeitschrift für Controlling und Management (Zeitschrift)
ZfM	Zeitschrift für Management (Zeitschrift)
ZGR	Zeitschrift für Unternehmens- und Gesellschaftsrecht (Zeitschrift)
ZGR	Zeitschrift für Unternehmens- und Gesellschaftsrecht (Zeitschrift)

ZHR	Zeitschrift für das gesamte Handelsrecht und Wirtschaftsrecht (Zeitschrift)
ZIP	Zeitschrift für Wirtschaftsrecht (ZIP)
zugl.	zugleich

1. Problemstellung

Zu Beginn des Dissertationsvorhabens, im Frühjahr 2009, befanden sich große Teile der Weltwirtschaft im Abwärtssog der im Herbst 2007 auf dem US-amerikanischen Finanzmarkt ausgebrochenen Finanzmarktkrise.[1] Aufgrund der starken, globalen Verflechtung der Finanzmärkte konnte sich die Krise mehr und mehr zu einer internationalen Wirtschaftskrise ausweiten, die nicht nur die Finanzwirtschaft, sondern zusehends auch die Realwirtschaft[2] rund um den Globus in Mitleidenschaft zog, was für bestimmte Wirtschaftbereiche auch Ende 2010 noch gilt.

Trotz der im Detail sehr komplexen finanzwirtschaftlichen Zusammenhänge, die als ursächlich für den Ausbruch der Krise anzusehen sind,[3] ist zu konstatieren, dass bereits seit Beginn der Krise das Vertrauen der Kapitalmarktteilnehmer in das internationale Finanzsystem nachhaltig erschüttert worden ist. Die Finanzmarktkrise hatte sich entsprechend längst zu einer Vertrauenskrise entwickelt.[4] Vor diesem Hintergrund gewinnen die Worte von *Edwin Walter Kemmerer* aus dem Jahre 1911 erneut an Aktualität:

> *"A bank is ... a manufacturer of credit. The cornerstone of credit is confidence — confidence of men in men. A panic is a collapse of credit. It is an intensely human affair, and many of the determining influences are of a personal and confidential character, and very inadequately reflected in the cold figures of the bank statement."*[5]

So provozierend dieses Zitat aus Sicht des Rechnungslegenden auch klingen mag, so wird doch einmal mehr deutlich, dass auch für die modernen Kapitalmärkte kaum negiert werden kann, dass „*psychology really matters*“[6]. Angesichts der Subprime-Krise scheint es, als wären aus dem Platzen der Internet- bzw. Dotcom-Blase im März 2000 und den bis dahin beispiellosen Bilanzskandalen

---

1 Zu den Hintergründen vgl. Rudolph (2008), S. 715-726; International Organization of Securities Commissions (Mai 2009), S. 2-6; Financial Stability Forum (07.04.2008), S. 5-6. In der Presse und Literatur ist auch häufig die Rede von Subprime-Krise, Finanzkrise oder (US-)Immobilienkrise.

2 Vgl. Financial Stability Forum (07.04.2008), S. 6.

2 Vgl. Financial Stability Forum (07.04.2008), S. 6.

3 Für eine detaillierte Erläuterung der mit der Finanzmarkkrise in Verbindung gebrachten und für deren Ausbruch kritischen Themenkomplexe vgl. Gorton (September 2008).

4 Vgl. allgemein und stellvertretend für viele Ackermann, et al. (2008), S. 22, das Interview "Die Vertrauenskrise ist gefährlich" mit OECD-Generalsekretär *Angel Gurría* vom 14. April 2008 unter: http://www.oecd.org/document/36/0,3343,de_34968570_35008940_40753828_1_1_1_1,00.html (letzter Abruf: 27.09.2010) sowie den Artikel „*Crisis of Confidence*“ von *Paul Krugman* unter: http://www.nytimes.com/2008/04/14/opinion/14krugman.html?_r=2 (letzter Abruf: 27.09.2010). Zum Vertrauensverlust in die Banken vgl. statt vieler Weber (08.05.2009), der von „Vertrauensverlust der Gesellschaft in die Gesamt Branche“ spricht. Zur zentralen Rolle von Zweckgesellschaften und Ratingagenturen in der Vertrauenskrise vgl. Schön/Cortez (2009a), S. 11-17.

5 Vgl. Gorton (September 2008), S. 49 mit Verweis auf *E.W. Kemmerer* (1911).

6 Shiller (05.03.2009). Die Vorlesung von *Robert Shiller* „*How Animal Spirits Drive the Economy*”, The New School, New York, vom 18.02.2009, ist abrufbar unter: http://fora.tv/2009/02/18/Animal_Spirits_How_Psychology_Drives_the_Economy#.

um *Enron*[7] und *MCI WorldCom*[8] im Jahr 2002 kaum nachhaltige Lehren gezogen worden, um einer erneuten Schädigung von Investoren durch Manipulationen von Managern vorzubeugen.

Zwar wurde mit der Verabschiedung immer neuer Regelungen, die insbesondere die Förderung von mehr Transparenz in der Finanzberichterstattung zum Ziel hatten, das Mantra der „Rückgewinnung des Vertrauens am Kapitalmarkt“ von Gesetzgebern, Standardsettern, Regulatoren und Börsenaufsichten gleichermaßen beschworen. Die Effektivität der bisherigen Initiativen, die unter dem Oberbegriff **Corporate Governance** firmieren, scheint jedoch m.E. mehr als fraglich, führt man sich das Ausmaß der aktuellen Krise vor Augen.

Im Nachgang der bisherigen Entwicklungen der Finanzmarktkrise 2007-2009 wird daher insbesondere auch von der externen Rechnungslegung ein höheres Maß an Vertrauenswürdigkeit gefordert.[9] Doch obwohl ein Sprichwort besagt „Vertrauen ist gut, Kontrolle ist besser“ und einige Autoren in der Kontrolle sogar den Gegenpol zum Vertrauen sehen,[10] scheint es sich bei Vertrauen dabei mehr um eine Art Paradoxon zu handeln. So soll Vertrauen auf der einen Seite misstrauende Kontrollen ersetzen – nur so ist eine Komplexitätsreduktion seitens des Vertrauenden[11] möglich – auf der anderen Seite würde Vertrauen ohne gänzliche Kontrolle gewiss eine Illusion bleiben. Vertrauen und (Fremd-)Kontrolle bedingen sich demnach sogar bis zu einem gewissen Grad.[12]

Bezogen auf den Kapitalmarkt gilt es diesen schmalen Grad zwischen dem jeweils richtigen Maß an Vertrauen und Kontrolle[13] insbesondere im Rahmen der Finanzberichterstattung von Unternehmen zu beschreiten.

Erschwerend kommt dabei allerdings hinzu, dass sich das Vertrauensverhältnis zwischen Geschäftsführung und Anteilseigner nicht allein durch die Komplexitätsreduktion seitens des Anteilseigners mehr oder weniger freiwillig begründet. Vielmehr wird das Vertrauensverhältnis aufgrund von In-

---

7 Vgl. hierzu etwa Hoffmann/Lüdenbach (2007), S. 2219.

8 Vgl. für eine zusammenfassende Darstellung des Bilanzskandals um *MCI WorldCom* vgl. Monks/Minow (2004), S. 506-511; Romero/Atlas (22.06.2002), S. A12.

9 Vgl. Milla (2009), S. 19. Die Klärung der Frage, um was es sich bei diesem vielzitierten Vertrauensphänomen handelt, dürfte sich bei der Beurteilung der ergriffenen Maßnahmen m.E. als sehr hilfreich herausstellen, denn es ist zu befürchten, dass es sich eher um den Gebrauch einer beschwichtigenden Floskel als um ein gewissenhaft verfolgtes Ziel handeln könnte. Jedenfalls liegt diese Vermutung angesichts der aktuell herrschenden Finanzmarktkrise nicht all zu fern. Doch tut sich bereits an dieser Stelle angesichts der Vielschichtigkeit des Themenkomplexes „Rechnungslegung und Vertrauen“, der insbesondere auch unter sozialwissenschaftlichen und psychologischen Aspekten gewürdigt werden sollte, ein weitergehender und m.E. bisher nur unzureichend bedienter Forschungsbedarf auf, der nachfolgend jedoch nicht weiter vertieft werden soll.

10 Vgl. Krystek (2003), S. 292 m.w.N.

11 Eine Wirkung von Vertrauen, die es m.E. hervorzuheben gilt, stellt die Komplexitätsreduktion dar. Sie findet aus Sicht des Vertrauenden statt, indem er sich wissentlich über einen Mangel an Information und Situationskontrolle hinwegsetzt und dadurch Komplexität für sich reduziert, indem er in das zweckgerichtete, nicht opportunistische Handeln und Entscheiden des/der anderen vertraut. Vgl. Luhmann (2000), S. 27-38.

12 Vgl. Krystek (2003), S. 300.

13 Letztere etwa durch das Überwachungsgremium des Aufsichtsrats oder die Prüfung des Jahresabschlusses durch den Wirtschaftsprüfer.

formationsasymmetrien zugunsten der Geschäftsführung zwangsläufig bedingt. Die sich unmittelbar aus dem Informationsungleichgewicht ergebenden **Principal-Agent-Konflikte** zeigen dabei insbesondere die Gefahren opportunistischen Verhaltens durch die Geschäftsführung auf.

Als **Regulativ dieser Konflikte** soll dabei v.a. die **externe Rechnungslegung** gereichen. I.d.S. stellt eine effektive Corporate Governance zu einem großen Teil auf eine gut funktionierende Finanzberichterstattung ab. Über die externe Rechnungslegung wird hierbei versucht, Informationsasymmetrien überwiegend hinsichtlich finanzieller Leistungsindikatoren zwischen Geschäftsleitung und den Anteilseignern zur Linderung klassischer Prinzipal-Agent-Konflikte abzubauen.

Angesichts der **Finanzmarktkrise** 2007-2009 steht die **Ursachenforschung**[14] seither sowohl im Mittelpunkt der fachlichen als auch der öffentlichen Diskussion. Aus der Krise ergaben sich insbesondere für die internationale Rechnungslegung unmittelbare Implikationen insofern, als dass von Seiten der zuständigen Standardsetter, Aufsichtsbehörden, Regulatoren sowie (internationalen) Branchenorganisationen etliche Neuregelungen[15] verabschiedet und Publikationen mit mehr oder minder empfehlendem Charakter[16] veröffentlicht wurden. Der Grund hierfür dürfte darin zu sehen

---

[14] Für einen Überblick vgl. Rudolph (2008) S. 726-730; Financial Stability Forum (07.04.2008), S. 7-9; Sommer (2009); Bloss, et al. (2009). In diesem Zusammenhang geriet zunächst die Bilanzierung zum beizulegenden Zeitwert (Fair Value) stark in die Kritik. Insbesondere wurde der nach *International Financial Accounting Standards* (IFRS) verpflichtenden Bewertung bestimmter finanzieller Vermögenswerte zum Fair Value im Zusammenspiel mit der für alle Kreditinstitute und Finanzdienstleistungsinstitute nach Basel II geforderten, risikoabhängigen Eigenkapitalunterlegung dieser finanziellen Vermögenswerte bzw. Wertpapiere eine prozyklische Wirkung auf den Ergebnis- und Eigenkapitalausweis attestiert. Vgl. hierzu Pellens/Sawazki/Zimmermann (23.09.2008), S. 2; 12; 32. Als besonders problematisch stellte sich zudem bei illiquiden Wertpapieren die konkrete Bewertung zum beizulegenden Zeitwert heraus. Dieser Umstand bewog das IASB dazu – nicht zuletzt aufgrund eingehender Forderungen seitens der Europäischen Union – Umkategorisierungen von einer mark-to-market- in eine mark-to-model-Bewertungskategorie angesichts des bzw. eines Krisenumfelds zu gestatten. Vgl. etwa Gilgenberg/Weiss (2009), S. 183-184. Im Mittelpunkt der Diskussion um die Ursachen der Finanzmarktkrise steht m.E. jedoch zentral das Geschäftsgebaren der an der *Asset Securitisation* von Subprime-Darlehen beteiligten Parteien sowie die entsprechenden finanzwirtschaftlichen Implikationen – hierbei hat sicherlich wiederum bis zu einem gewissen Grad auch die Wirkungsweise bestimmter Rechnungslegungsvorschriften (Konsolidierungsvorschriften etc.) ihren Anteil. Was die Rechnungslegung anbelangt, so wurden die im Rahmen der Verbriefungstransaktionen eingesetzten Zweckgesellschaften (*Special Purpose Entities*) häufig bewusst so konstruiert, dass sowohl für die initiierenden als auch für die anderen beteiligten Unternehmen keine Konsolidierungspflicht dieser Vehikel entstand. Vgl. Gerdes/Wolz (2009), S. 268-269. Bei der Auslagerung der Subprime-Forderungen aus der Bilanz des Originators an eine Zweckgesellschaft spielen darüber hinaus auch die Vorschriften zur Ausbuchung von Vermögenswerten (*derecognition*) eine entscheidende Rolle. Vgl. hierbei für einen detaillierten Überblick über die die Rechnungslegung betreffenden Fragestellungen im Rahmen der *Asset Securitisation* vor dem Hintergrund der Finanzmarktkrise insbesondere auch Boulkab/Marxfeld/Wagner (2008), S. 497-505.

[15] Siehe hierzu exemplarisch die beiden Änderungen an IFRS 7 durch das IASB: (1) *Amendments to IAS 39 Financial Instruments: Recognition and Measurement and IFRS 7 Financial Instruments: Disclosures – Reclassification of Financial Assets* (veröffentlicht am 13.10.2008) sowie (2) *Amendments to IFRS 7 Financial Instruments: Disclosures – Improving Disclosures about Financial Instruments* (veröffentlicht am 05.03.2009).

[16] Vgl. u.a. Institute of International Finance (17.07.2008); Financial Stability Forum (07.04.2008); International Organization of Securities Commissions (Mai 2009); Institut der Wirtschaftsprüfer (10.12.2007); Rechnungslegungs Interpretations Committee (10.12.2007).

sein, dass die Rechnungslegung die Finanzmarktkrise zwar nicht verursacht, doch aber wohl teilweise in nicht unerheblichem Maße zu ihrer Förderung[17] beigetragen hat.[18]

Gleichsam wurden im Zuge der Finanzmarktkrise ebenso Stimmen laut, die darauf hinweisen, dass ein fehlendes Verständnis für die effektive Handhabung von Risikomanagementsystemen (RMS)[19] sowie eine mangelhafte oder inkonsistente Berichterstattung über finanzielle und nicht-finanzielle Risikoindikatoren einen Anteil an der Krisenentwicklung gehabt haben mögen. In diesem Zusammenhang werden auch mangelhafte interne Kontrollsysteme (IKS) im Rahmen der Corporate Governance bzw. die fehlende Einbindung der sowie die mangelnde Transparenz für die internen und externen Aufsichtsorgane beanstandet.[20]

Dies weist m.E. unmittelbar auf einen bestimmten Problembereich in der externen Rechnungslegung hin: die **Transparenz der externen Risikoberichterstattung**.

Da im Bereich der internationalen Rechnungslegung nach *International Financial Reporting Standards* (IFRS) der Rechnungslegungsstandard **IFRS 7 – *Financial Instruments: Disclosures*** seit seinem In-Kraft-Treten am 01.01.2007 im Mittelpunkt einer dahingehenden einheitlichen, internationalen Risikoberichterstattung steht, stellt sich m.E. vor diesem Hintergrund insbesondere die Frage nach der konkreten **Handhabung von IFRS 7** in der **Bilanzierungspraxis**.

Diese grundlegende Fragestellung und die darauf aufbauende **Erhebung** diesbezüglicher sogenannter **Benchmarks**[21], welche sich, wie später noch zu zeigen sein wird, von der Entwicklung von „Grundsätzen ordnungsmäßiger Berichterstattung (GoB)" nach deutschem Handelsrecht grundlegend unterscheidet,[22] bildet sodann auch den **Kernbereich der Untersuchung** vorliegender Arbeit.[23] Der Fokus wurde hierbei jedoch bewusst auf die **Berichterstattung von Nicht-Finanzdienstleistern**[24] (Geschäftsjahre 2007-2009) gelegt, da diese in zunehmendem Maße wesentliche Bestände an Finanzinstrumenten aufweisen,[25] allerdings bislang im Vergleich zu Banken,

---

17 Siehe insbesondere mit Blick auf das Fair Value-Accounting als „Krisenbeschleuniger" Pellens/Sawazki/Zimmermann (23.09.2008).

18 Siehe insbesondere auch Institute of International Finance (17.07.2008).

19 Vgl. mit einem bankenspezifischen Hintergrund Institute of International Finance (17.07.2008), S. 34-58; ähnlich auch FINANZ BETRIEB (2008), S. 691.

20 Vgl. Milla (2009), S. 22-25.

21 Wird u.a. auch als „*good practice*" beschrieben. Vgl. hierzu etwa Ernst & Young Global Limited (2008), S. III.

22 Siehe hierzu insb. Kapitel 2.5.

23 Da sich IFRS 7 in die beiden Hauptteile „*Significance of Financial Instruments for Financial Position and Performance*" sowie "*Nature and Extent of Risks arising from Financial Instruments*" gliedert, werden diese beiden Teile auch im Rahmen der nachfolgenden Benchmark-Analyse in den Kapiteln 3. und 4. getrennt voneinander diskutiert.

24 Dabei wird jedoch von Merkmalen wie der Branchenzugehörigkeit oder der regionale Ausrichtung weitestgehend abstrahiert.

25 Vgl. hierzu etwa Stauber (2009), S. 4-5. *Stauber* kommt zu dem Ergebnis, dass insbesondere die Bestände an Forderungen aus Lieferungen und Leistungen, die ja in unmittelbarer Verbindung zur betrieblichen Tätigkeit der Un-

Versicherungsunternehmen und ähnlichen Finanzdienstleistern geringere Erfahrungswerte hinsichtlich der daraus erwachsenden Offenlegungserfordernisse aufweisen. Zudem ist es auf diese Weise möglich, bestimmte Anforderungen, die hinsichtlich der Risikoberichterstattung zusätzlich an Finanzdienstleister gestellt werden, aus der Untersuchung auszublenden.

Auch in Anbetracht der zunehmend wachsenden Zahl der IFRS-Anwender, m.E. zukünftig darunter auch insbesondere mehr und mehr sogenannte ***Small and Medium-Sized Entities*** (SMEs),[26] scheint eine Handreichung speziell zur Umsetzung der IFRS 7-Normen anhand ermittelter Benchmarks ein sinnvolles Unterfangen. Die Erhebung der Benchmarks im Rahmen vorliegender Untersuchung auf Basis der **DAX-30 Nicht-Finanzdienstleister** scheint m.E. vor diesem Hintergrund insbesondere aus dem Grund angezeigt, da davon auszugehen ist, dass diese Unternehmen vergleichsweise hohe Ressourcen in die Erstellung ihrer (Konzern)Jahresabschlüsse investieren und somit von einer relativ hohen Qualität der einzelnen Jahresabschlusselemente ausgegangen werden kann. Insbesondere den SMEs, aber auch anderen großen Unternehmen sollte somit aufgezeigt werden können, wie eine entscheidungsnützliche Berichterstattung auf Basis von IFRS 7 gestaltet werden kann.

Aufbauend auf den vorangegangenen Ausführungen stehen daher die folgenden **Forschungsfragen** im Mittelpunkt der vorliegenden Dissertation:

- Welcher **Zusammenhang** besteht zwischen den Themenkomplexen **Risikomanagement**, **Risikoberichterstattung** (nach IFRS) sowie **Corporate Governance**?
- Wie sind die Vorschriften des **IFRS 7** aus **theoretischer Sicht** zu beurteilen?
- Wie gestaltet sich konkret die **Umsetzung der IFRS 7-Vorschriften** in der **Bilanzierungspraxis von Nicht-Finanzdienstleistern**?
- Haben sich vor diesem Hintergrund bereits gewisse **Konventionen** hinsichtlich der IFRS 7-Berichterstattung herausgebildet?
- Welche, über die aktuelle Kodifikation und deren Anwendung hinausgehenden Möglichkeiten einer sinnvollen, einheitlichen bzw. standardisierten Berichterstattung anhand von

ternehmen stehen, als die hierbei zentralen Finanzinstrumente anzusehen sind. Zudem spielt bei Nicht-Finanzdienstleistern die Unternehmensfinanzierung über finanzielle Verbindlichkeiten eine gewichtige Rolle. Und obwohl derivative Finanzinstrumente in den Bilanzen von Nicht-Banken im DAX des Jahres 2006 durchschnittlich nur 1,1 % (Aktiva) bzw. 1% (Passiva) in Relation zur Bilanzsumme ausmachen, kommt ihnen, da es sich bei den dabei berücksichtigten jeweiligen Buchwerten um Marktwerte handelt, deren zugrunde liegende Nominalwerte jedoch einem Vielfachen dieser Marktwerte entsprechen, dennoch eine besondere Relevanz zu. Vgl. ebenda, S. 5.

26 Das IASB veröffentlichte erst am 09.07.2009 den IFRS for SMEs, der kleinen und mittelgroßen Unternehmen eine Berichterstattung nach IFRS erleichtern bzw. erst ermöglichen soll. Weitergehende Informationen könne abgerufen werden unter: http://www.ifrs.org/Current+Projects/IASB+Projects/Small+and+Medium-sized+Entities/Small+and+Medium-sized+Entities.htm (letzter Abruf: 28.09.2010).

Benchmarks bieten die Vorschriften des IFRS 7 vor dem Hintergrund der Umsetzung in der Praxis sowie des theoretischen Hintergrunds?

Die Notwendigkeit der Erhebung IFRS 7-spezifischer Benchmarks erwächst dabei jedoch nicht allein als Konsequenz aus der Finanzmarktkrise 2007-2009. So merkt etwa *Löw* an, dass die Vielzahl der neuen Angabepflichten gemäß IFRS 7 sowohl in puncto Offenlegungspflichten zur Bilanz und GuV als auch insbesondere in puncto Offenlegungspflichten zur Risikoberichterstattung zumindest für Unternehmen, die nicht dem Bankensektor angehören, auf den ersten Blick als erdrückend erscheinen mögen – sie betreten gewissermaßen Neuland. So werden sich daher erst im Laufe der ersten Jahre der Anwendung von IFRS 7 „[s]o genannte Benchmarks" herauskristallisiert haben können.[27]

Darüber hinaus wird **IFRS 7** von *Löw* generell als ein **in der Praxis schwer umsetzbarer Standard** tituliert.[28] Insbesondere was die Offenlegungsanforderungen zu den finanziellen Risiken anbelangt, würden an Industrie- und Handelsunternehmen besondere Anforderungen gestellt.[29] Diese Annahme findet sich dann auch durch die von *Loitz/Weber* durchgeführte empirische Untersuchung bestätigt, wonach 41 % der befragten Unternehmen angeben, dass die Anwendung von IFRS 7 Verzögerungen im Zeitplan der Erstellung des Anhangs verursache.[30]

Neben der Erfüllung der gesetzlichen Mindestanforderungen, die an die Anhangangaben für Finanzinstrumente nach IFRS 7 gestellt werden, sind Industrie- und Handelsunternehmen vor diesem Hintergrund insbesondere dazu angehalten, die diesbezügliche Berichtspraxis ihrer Konkurrenten bzw. Wettbewerber in Augenschein zu nehmen, um gegenüber dem Kapitalmarkt und im Vergleich zu ihren Mitbewerbern die im Sinne des Standards bestmöglichst aufbereiteten Informationen kommunizieren zu können. Die Ermittlung der (branchenspezifischen) **Benchmarks** bzw. der ***best practice*** steht dabei an erster Stelle. Hierbei spielen vor allem das Geschäftsmodell, die regionale Ausrichtung, die Kapitalmarktorientierung, die Risikoexponiertheit sowie die Eigentümerstruktur des berichterstattenden Unternehmens und seiner *peers* (Vergleichsunternehmen) eine zentrale Rolle.[31]

Weber empfiehlt, Benchmarks begleitend zum regelmäßigen Offenlegungsprozess zur Mitte und zum Ende des Jahres im Rahmen der Festlegung der Grundkonzeption der offenzulegenden Anhan-

27 Vgl. Löw (2005b), S. 2181.
28 Vgl. Löw (2005b), S. 2181.
29 Vgl. Löw (2005b), S. 2175.
30 70 % der Befragten sehen die diesbezügliche Problematik in der „hohen fachlichen Komplexität der zu ermittelnden Informationen" begründet. Nach Auffassung von 13 % der befragten Unternehmen führe dies zur Bindung zusätzlicher Ressourcen, indem Fachabteilungen des Unternehmens eigens dazu eingebunden werden müssten. Bemängelt wird von 17 % der Befragten zentral die „mangelnde Automatisierung der Prozesse" in Bezug auf die für die Angaben nach IFRS 7 notwendige Informationsermittlung im Unternehmen. Vgl. Loitz/Weber (2008), S. 2153.
31 Ähnlich mit generellem Bezug auf Kreditinstitute auch Weber (2009), S. 60.

gangaben zu Finanzinstrumenten anhand eines ***peer review*** zu identifizieren und zu analysieren. Hierbei beschränkt er sich bei seiner Betrachtung auf den Risikobericht allgemein.[32] Dabei wird mit Bezug auf die Risikoberichterstattung ein Muster-Risikobericht als das probate Mittel dazu angesehen, indem dieser einen konzeptionellen Rahmen für die Analyse der Berichterstattung der Konkurrenten liefert.[33]

Unter **inhaltlichen Aspekten** bietet **IFRS 7** nach Ansicht von *Löw* jedoch, abgesehen von bestimmten Einzelregelungen, relativ wenig Angriffsfläche.[34] Es sei an dieser Stelle jedoch bereits betont, dass, wie im Laufe der Untersuchung noch zu zeigen sein wird, diese Auffassung nicht vorbehaltlos geteilt werden kann.

Bevor jedoch auf die Grundlagen sowie die Erhebung und Würdigung der IFRS 7-Benchmarks näher eingegangen wird, sei den diesbezüglichen Ausführungen nachfolgend zunächst eine kurze Zusammenschau der der vorliegenden Untersuchung thematisch nahestehenden Arbeiten anderer Autoren vorangestellt.[35]

Als erstes umfassendes Kompendium zu IFRS 7, das als eigenständige Publikation erschienen ist, gilt das von ***KPMG*** bereits im Jahr der erstmaligen Anwendung von IFRS 7 – 2007 – veröffentlichte Werk „Offenlegung von Finanzinstrumenten und Risikoberichterstattung nach IFRS 7“[36]. Auf Basis der Analyse der Abschlussberichterstattung der im DAX-30 notierten Unternehmen[37] für die Geschäftsjahre 2004 und 2005 vermittelt *KPMG* hierbei[38], inwieweit die betrachteten Unternehmen *vor* einer Anwendung des neuen Standards schon Informationen offenlegten, die bereits den neuen Angabepflichten ebenfalls gerecht werden und ob ggf. ein diesbezüglicher Anpassungsbedarf besteht.[39] Zur besseren Anwendbarkeit der IFRS 7-Vorschriften in der Praxis liefert *KPMG* dabei eine Vielzahl an grafischen „Schablonen“[40] zur konkreten Umsetzung der einzelnen Kodifikationen, bewegt sich m.E. dabei jedoch auf einem vergleichsweise abstrakten Niveau, was teilweise der konkreten Anwendung in der Praxis nicht unbedingt zuträglich scheint.[41] M.E. wäre demnach eine Aktualisierung dieses Werks dringend angezeigt, liegen derzeit bereits drei Geschäftsjahre – 2007-

---

32 Vgl. Weber (2009), S. 60.

33 Vgl. Weber (2009), S. 60.

34 Vgl. Löw (2005b), S. 2181.

35 Publikationen, die nach dem 01.11.2010 erschienen sind, wurden nicht mehr in die vorliegende Untersuchung mit einbezogen.

36 Vgl. KPMG (2007).

37 Einschließlich fünf weiterer, großer Banken. In Summe demnach: (1) 8 Banken, (2) 2 Versicherungen sowie (3) 25 Industrie- und Handelsunternehmen. Vgl. KPMG (2007), S. 4-5.

38 Fußend auf einer jeweils vorangehenden theoretischen Würdigung der neuen IFRS 7-Normen.

39 Vgl. KPMG (2007), S. 4.

40 Stets differenziert in Vorlagen für Kreditinstitute sowie Industrie- und/oder Handelsunternehmen. Vgl. hierzu bspw. KPMG (2007) S. 30-31.

41 Dieser Umstand wird im Laufe vorliegender Arbeit noch deutlicher werden, da ausgewählte Beispiele von *KPMG* auch im Rahmen der Benchmark-Ermittlung herangezogen werden.

2009 – einer Anwendung von IFRS 7 in der Bilanzierungspraxis in Deutschland vor. Eine Neuauflage ist von *KPMG* allerdings derzeit nicht angekündigt, was m.E. für eine „Aktualisierung" in puncto Praxis der IFRS 7-Berichterstattung im Rahmen vorliegender Arbeit spricht.

Mit den Veröffentlichungen *„Observations on the implementation of IFRS 7 in corporate entities"* (*Ernst&Young*)[42] sowie *„Financial Reporting Supplement – IFRS 7 – a survey of disclosures in practice"* (*KPMG*)[43] bestehen darüber hinaus zwei weitere umfassende Studien seitens zweier Wirtschaftsprüfungsgesellschaften über die (erstmalige) Anwendung von IFRS 7 in der Praxis.

Als weitere Untersuchung, die sich eingehend mit IFRS 7 auseinandersetzt, ist die Arbeit von ***Michael Paarz*** „Investororientierte Bankrechnungslegung nach IFRS, Eine Analyse des IFRS 7 unter Berücksichtigung des Konzepts der Marktdisziplin nach Basel II"[44] zu nennen. Neben einer Würdigung ausgewählter inhaltlicher Schnittstellen zwischen der dritten Säule nach Basel II (bankenaufsichtliche, erweiterte Offenlegung (Marktdisziplin)) sowie IFRS 7,[45] widmet sich *Paarz* insbesondere auch einer konzeptionellen und inhaltlichen Analyse der Angabepflichten gemäß IFRS 7, würdigt diese – mit einem Schwerpunkt auf theoretische Aspekte – speziell aber vor dem Hintergrund der (Informations)Anforderungen von Bankinvestoren.

Auch ***Dieter Weber*** bezieht in sein ebenfalls bankspezifisches Werk „Risikopublizität von Kreditinstituten, Integrative Umsetzung der Transparenzanforderungen"[46] Aspekte einer Umsetzung von IFRS 7 mit ein, indem er Möglichkeiten darlegt, „Synergien zwischen den handelsrechtlichen und aufsichtsrechtlichen Risikoberichten[5] sowie den kapitalmarktrechtlichen Angabepflichten"[47] zu erschließen.

Insofern leisten jedoch sowohl *Paarz* als auch *Weber* aufgrund des Bankenfokus keinen direkten Beitrag[48] zu einer Verbesserung der praktischen Umsetzung einer Anwendung von IFRS 7 bei Nicht-Finanzdienstleistern, was wiederum für das Vorhaben vorliegender Untersuchung spricht.

Als die Arbeit, die von der grundlegenden Vorgehensweise aus betrachtet – theoretische Würdigung der IFRS 7-Normen, Erhebung der diesbezüglichen Bilanzierungspraxis sowie Identifikation darauf aufbauender Benchmarks – vorliegender Untersuchung am nächsten kommt, ist die Untersuchung

42 Vgl. Ernst & Young Global Limited (2008).
43 Vgl. KPMG LLP (2008).
44 Vgl. Paarz (2007).
45 Vgl. Paarz (2007), S. 348-369.
46 Vgl. Weber (2009).
47 Weber (2009), S. 8.
48 Eine Bemühung dieser beiden Quellen zur Würdigung von IFRS 7 unter theoretischen Gesichtspunkten macht m.E. hingegen durchaus Sinn – insofern findet eine dahingehende Bezugnahme auf die Ausführungen bei *Weber* sowie insbesondere bei *Paarz* nachfolgend auch statt.

von ***Stephanie Beyer*** „IFRS: Finanzinstrumente – Bilanzierung, Darstellung, Ausweis“[49] zu nennen.[50] Was die Empirie anbelangt, so ergibt sich die zentrale Gemeinsamkeit zu vorliegender Arbeit in der ausschließlichen Betrachtung von Nicht-Finanzdienstleistern; Unterschiede bestehen insofern, als dass *Beyer* über den DAX-30 hinausgehend auch Unternehmen des MDAX sowie des SDAX mit in die Analyse einbezieht.[51]

Ein zentrales Manko weißt die Arbeit von *Beyer* jedoch insofern auf, als dass, wie sie es gen Ende selbst benennt, „eine einheitliche Untersuchung der Abschlüsse [...] aber nur schwer möglich [...] [war], da aufgrund der bis 2006 bestehende Regelungen die Abbildungsvorschriften in unterschiedlichster Weise und Umfang umgesetzt wurden“[52]. So zeigt bei *Beyer* „[d]ie Auswertung der Jahresabschlüsse 2006 im Rahmen der Best-Practice-Analyse [...] einige schöne Beispiele, in denen die Abbildungsvorschriften des IFRS 7 bereits vorzeitig angewendet wurden“[53]. Entsprechend können dieser Arbeit jedoch weder umfassende, zwischenbetriebliche Vergleiche der Anwendung der IFRS 7-Einzelnormen noch eine Form der Entwicklung der empfohlenen Benchmarks zu den Einzelvorschriften entnommen werden. Auch gestaltet sich der Umfang der Ausführungen zu den einzelnen Themenkomplexen m.E. teilweise zu knapp für eine detaillierte Darstellung der entsprechenden Sachverhalte.[54]

Beyer schließt dabei mit den Worten: „Es bleibt zu hoffen, dass sich durch die Einführung und Umsetzung des IFRS 7 ein einheitlicheres und für den Abschlussleser verständlicheres Abbild der Bilanzierung von Finanzinstrumenten in den Abschlüssen ergibt“[55]. Um insbesondere eben die sich daraus ergebende Fragestellung einer einheitlichen und verständlichen IFRS 7-Berichterstattung beantworten zu können, nimmt sich vorliegende Untersuchung auf Basis der Jahresabschlüsse 2007-2009 der im DAX-30 notierten Nicht-Finanzdienstleister einer umfassenden Erhebung der

---

49 Vgl. Beyer (2008).

50 *Beyer* nimmt hierbei eine Dreiteilung ihrer Arbeit in die drei Hauptthemenkomplexe (1) „*Bilanzierung von eingebetteten Derivaten*“, (2) „*Rechnungslegung bei Sicherungsgeschäften (hedge accounting)*“ sowie (3) „*IFRS 7: Publizitätspflichten – Anforderungen und empirischer Befund*“. Jedoch ist lediglich letzterer Teil vor dem Hintergrund vorliegender Untersuchung als der relevante Teil anzusehen.

51 Vgl. Beyer (2008), S. 109-110. Demnach werden von *Beyer* in Summe 17 Unternehmen des DAX, 44 Unternehmen des MDAX sowie 50 Unternehmen des SDAX betrachtet, die zum 19.03.2007 im jeweiligen Börsensegment notiert waren. Negativ anzumerken ist, dass *Beyer* bei den Ausführungen zur empirischen Basis für die Benchmark-Ermittlung in puncto IFRS 7 nicht auf das bzw. die untersuchten Geschäftsjahre hinweist. Dass es sich im Rahmen der Untersuchung ausschließlich um Abschlüsse des Geschäftsjahrs 2006 handelt, wird erst im Kontext der Betrachtung der IFRS 7-Einzelnormen sowie der dabei erfolgten Bereitstellung diesbezüglicher Anwendungsbespiele ersichtlich bzw. in der Zusammenfassung der Untersuchungsergebnisse auf S. 151: „ Auswertung der Jahresabschlüsse 2006…“.

52 Beyer (2008), S. 151.

53 Beyer (2008), S. 151.

54 Als Beispiel seien hier etwa die Ausführungen von *Beyer* zum Thema „Angaben zu Marktrisiken“ (IFRS 7.40-.42) genannt, die dort lediglich auf *einer* Seite abgehandelt werden.

55 Beyer (2008), S. 151.

Umsetzung von IFRS 7 in der Praxis sowie der darauf aufbauenden Identifikation diesbezüglicher Benchmarks an.

2. Grundlagen der Untersuchung – die Rolle der Risikoberichterstattung im Rahmen der Corporate Governance

2.1. Abgrenzung und Funktionen von Corporate Governance

2.1.1. Begriffsverständnis und Definition

Bei dem aus dem Angelsächsischen stammenden Begriff Corporate Governance handelt es sich um einen noch relativ jungen Terminus, der erstmals Mitte der 1980er Jahre in der wissenschaftlichen Literatur in Erscheinung tritt.[56] Dennoch ist zu konstatieren, dass unter dem Oberbegriff Corporate Governance bereits eine enorme Fülle an Publikationen existiert. Diese Vielfalt macht sich zum einen an der schieren Menge der Publikationen in rein quantitativer Hinsicht fest, zum anderen setzen sich mehrere Wissenschafts- und Forschungsrichtungen mit dem Thema Corporate Governance auseinander, was höchst unterschiedliche Fragestellung impliziert.[57] Obwohl einige Autoren Corporate Governance als weitgehend abgrenzbare, wissenschaftliche Teildisziplin betrachten,[58] so gelingt m.E. doch keine eindeutige Kategorisierung als eigenständiger Forschungszweig,[59] der ausschließlich einer bestimmten Geisteswissenschaft zugehört. Vielmehr stellt Corporate Governance zunächst ein Amalgam unterschiedlicher, geisteswissenschaftlicher Disziplinen dar, was sie als durch und durch interdisziplinär[60] zu beschreiben verlangt. Entsprechend ist beim Stichwort Corporate Governance ein systemischer Fokus auf bereits länger existierende Forschungsgebiete gefragt.[61] Vor allem die Wirtschafts- und Rechtswissenschaft,[62] aber auch andere Einflüsse aus der Sozial- und Geschichtswissenschaft[63] sowie aus der Praxis der Wirtschaft und Politik[64] prägen neben diversen populärwissenschaftlichen Medien bis hin zur Tageszeitung[65] das Begriffsverständnis.

Trotz der bestehenden Diffusität der Fragestellungen im Zusammenhang mit dem Etikett Corporate Governance, kann mit der erstmals 1932 von *Berle/Means* in ihrem Werk „*The Modern Corporati-*

---

56 Vgl. Zingales (2008). Das bloße Konzept der Corporate Governance hat hingegen bereits eine lange Tradition. Für eine Erläuterung der Ursprünge vgl. Nagy (2002), S. 75-77.

57 Vgl. Kreitmeier (2001), S. 12-19; Witt (2003), S. 1.

58 Vgl. Lutter (2001), S. 225, der Corporate Governance in erster Linie als rechtswissenschaftliche Teildisziplin verstanden haben will. Die Auffassung *Lutters* teilend, sehen *Grundmann/Mülbert* Corporate Governance am „Schnittpunkt zwischen Gesellschafts- und Kapitalmarktrecht, zwischen Recht und Wirtschaft, zwischen nationalen und internationalem Recht“ verortet. Vgl. Grundmann/Mülbert (2001), S. 217. In Anbetracht dieser Aussage weisen *Keasey/Thompson/Wright* jedoch nicht umsonst darauf hin, dass „ *research on the subject* [*Corporate Governance*] *becomes Balkanised and less accessible.*“ Keasey/Thompson/Wright (2005a), S. 1.

59 So auch Steiger (2001), Sp. 530; Prigge (1999), S. 149.

60 Vgl. Lentfer (2005), S. 11; Witt (2003), S. 1; Dutzi (2005), S. 10; Steiger (2001), Sp. 530-531; Prigge (1999), S. 149.

61 Vgl. Prigge (1999), S. 149.

62 Vgl. Cadbury Committee (01.12.1992), S. 4; Prigge (1999), S. 149-150.

63 Vgl. Prigge (1999), S. 149-150.

64 Vgl. Grundmann/Mülbert (2001), S. 215.

65 Vgl. Kreitmeier (2001), S. 13; Keasey/Thompson/Wright (2005a), S. 1.

on and Private Property" proklamierten „***separation of ownership and control***"[66] ein weitgehend allen Verständnissen von Corporate Governance gemeiner **Ausgangspunkt** lokalisiert werden.[67] Die zentrale These von *Berle/Means* besagt, dass die Trennung von Eigentum und Kontrolle in Unternehmen, basierend auf einem breiten Streubesitz[68] des Kapitals eines Unternehmens, die allgemeine Entwicklung weg vom eigentümerkontrollierten hin zum managerkontrollierten Unternehmen bewirkt habe,[69] was wiederum, bedingt durch den nicht optimalen, vom Eigeninteresse des Managements geleiteten Ressourceneinsatz,[70] geringere Renditen für die Anteilseigner nach sich ziehe.[71] Als Regulativ zur Verbesserung der daraus resultierenden Position der Anteilseigner, die zentral auf dem Problemkreis zwischen ihnen als Prinzipalen und den Agenten (Managern) des Unternehmens beruht (Agency-Theorie[72]),[73] beschäftigt sich Corporate Governance anglo-amerikanischer Prägung (Investorenfokus) mit der – zugespitzt formulierten – Fragestellung: „*...how investors get the managers to give them back their money*"[74].[75]

Abstrahierend vom Investorenfokus dieser Ausgangsproblematik dürfte sinngemäß dahingehend allgemeiner Konsens bestehen, dass die elementare Funktion von Corporate Governance in ihrer Rolle als **Institution** bzw. **Regulativ des Konflikt- und Interessenausgleichs** zwischen den ver-

---

66 Vgl. Berle/Means (1933), S. 5-6. Diese Formulierung wird von den Autoren auch als „*dissolution of the old atom of ownership into its component parts, control and beneficial ownership*" bezeichnet. Vgl. Berle/Means (1933), S. 8.

67 Wenn auch der alleinige Fokus auf die Shareholder nicht von allen Corporate Governance-Auffassungen geteilt wird.

68 *Berle/Means* beschreiben die Kapitalgeber bei Vorliegen eines breiten Streubesitzes als „*investing public*" und ein derart finanziertes Unternehmen als „*quasi-public corporation*". Vgl. Berle/Means (1933), S. 6.

69 Kontrolle ist in diesem Kontext als Einflussnahme auf die Geschäftsleitung zu verstehen.

70 „*The explosion of the atom of property destroys the basis of the old assumption that the quest for profits will spur the owner of industrial property to its effective use.*" Berle/Means (1933), S. 9. Demgemäß ist das Management nach *Berle/Means* in klassischer Manier der Agency-Theorie von seinem Eigeninteresse geleitet und handelt nicht erstranging im Interesse der Eigentümer.

71 Vgl. Berle/Means (1933), S. 5-9. Doch bereits *Adam Smith* wusste um die aus der Trennung von Eigentum und Kontrolle entstehenden Probleme: „*The directors of such companies, being the managers rather of the peoples's money than their own, it cannot well be expected that they should watch over it with the same anxious vigilance with which the partners in a private copartnery frequently watch over their own.*" Vgl. Smith (1974), S. 700.

72 Für einen Überblick zur Agency- bzw. Prinzipal-Agenten-Theorie vgl. Richter/Furubotn/Streissler (2003), S. 173 ff. sowie grundlegend Jensen/Meckling (1976). Definitionsversuche der Agency-Theorie finden sich bei Meinhövel (1999), S. 7-11; *Schneider* definiert sie m.E. vergleichsweise präzise als: „Principal-Agent-Beziehungen entstehen, wenn mindestens ein Auftraggeber und mindestens ein Beauftragter unter Unsicherheit und bei uneinheitlichem Wissensstand untereinander gemeinsame Ziele erreichen wollen, die nur teilweise gleichgerichtet sind und bei denen teilweise auch der Vorteil des einen zum Nachteil des anderen werden kann" Schneider (1988), S. 1182. Die Agency Theorie fällt neben der Theorie relationaler (unvollständiger) Verträge sowie der Theorie der impliziten (sich selbst durchsetzenden) Verträge unter den Forschungszweig der Vertragstheorie. Vgl. hierzu auch Blum, et al. (2005), S. 45. Letztere ist dabei wiederum Gegenstand der Neuen Institutionenökonomik. Über die genau Bezeichnung und Zusammenstellung der einzelnen Forschungsrichtungen der Neuen Institutionenökonomik existiert in der Literatur allerdings kein einheitliches Bild. Für eine Überblick vgl. dennoch, sich ergänzend Erlei/Leschke/Sauerland (2007), S. 43 und Blum, et al. (2005), S. 44-59.

73 Zur Grundproblematik der Prinzipal-Agenten Theorie vgl. Kiener (1990), S. 23; Breid (1995), S. 824; Witt (2001), S. 87.

74 Shleifer/Vishny (1997), S. 738.

75 Vgl. Shleifer/Vishny (1997), S. 738. Hierbei gilt es jedoch darauf hinzuweisen, dass, wie später noch deutlich werden wird, die alleinige Fokussierung auf die Interessen der Anteilseigner nicht für alle Definition von Corporate Governance bezeichnend ist.

schiedenen am Entscheidungsprozess eines Unternehmens beteiligten Personen bzw. Organen und den von deren Entscheidung betroffenen Anspruchsgruppen dieses Unternehmens zu sehen ist.[76] Fragestellungen der Corporate Governance werden zusammengefasst prinzipiell immer dann unter betriebswirtschaftlichen Aspekten virulent, wenn die folgenden Kriterien kumulativ erfüllt sind:

(1) Es besteht ein **Prinzipal-Agent-Problem** bzw. Interessenkonflikt zwischen **Mitgliedern einer Organisation** (dies können bspw. Eigentümer, Manager, Arbeitern oder Kunden sein)[77], d.h.:
   (a) Es besteht **Arbeitsteilung** und **Delegation** im Unternehmen, d.h. verschiedene natürliche Personen bringen Produktionsfaktoren ein, wobei **Informationsasymmetrie**[78] zwischen den Beteiligten besteht.
   (b) Es entstehen **Interessenkonflikte**, da sich die am Unternehmen mit den Produktionsfaktoren beteiligten Personen nicht zwangsläufig solidarisch verhalten.[79]

(2) Es bestehen **Transaktionskosten** dergestalt, dass eine **Lösung des Prinzipal-Agent-Problems** bzw. des Interessenkonflikts ex ante **nicht über** den **Abschluss eines vollständigen Vertrags möglich** ist.[80]

Als Mittel zur Durch- und Umsetzung der Regulativfunktion dienen diverse Regelwerke[81] der Corporate Governance, die rechtliche als auch faktische Arrangements aus Verfügungsrechten und Anreizsystemen zur Eindämmung von Opportunismusoptionen und Opportunismusrisiken vorsehen.[82] Insofern hat auch die **Theorie der Verfügungsrechte**[83] am theoretischen Fundament von Corporate Governance ihren Anteil.[84] Einhergehend mit der Festlegung der **Verteilung der Verfügungsrech-**

---

76 Vgl. Prigge (1999), S. 149; Assmann (1995), S. 289; Witt (2001), S. 85; Witt (2003), S. 1-2; Lannoo (1999), S. 272; Cadbury Committee (01.12.1992), S. 5. Corporate Governance kann dabei generell von einem engen Begriffsverständnis anglo-amerikanischer Prägung im Sinne einer alleinigen Shareholder-Orientierung oder von einem weiten Begriffsverständnis kontinental-europäischen Prägung, innerhalb dessen die Interessen aller Stakeholder Berücksichtigung finden, gekennzeichnet sein.

77 Vgl. Hart (1995a), S. 678. Die Subkriterien (a) und (b) sind als Präzisierung des ersten Kriteriums zu verstehen.

78 Die Delegationsbeziehung zwischen Prinzipal und Agent ist nach Vertragsschluss durch eine asymmetrische Informationsverteilung hinsichtlich der Aufgabenerfüllung zugunsten des Agenten geprägt.

79 Vgl. Witt (2003), S. 6.

80 Vgl. zur obigen Auflistung Hart (1995a), S. 678-680. Der Ausschluss der Möglichkeit des Abschlusses vollständiger Verträge in Form des zweiten Kriteriums stellt eine notwendige Bedingung für das Erfordernis von Corporate Governance-Strukturen dar. Denn selbst wenn lediglich eine Second-Best-Lösung zustande kommt, diese dann aber in Form eines vollständigen Vertrags zwischen Prinzipal und Agent besteht, werden keinerlei Governance-Mechanismen benötigt, da der Vertrag jedwede Verpflichtungen der beteiligten Parteien für jeden denkbaren Umweltzustand bereits regelt. Folglich besteht der Bedarf an Corporate Governance-Strukturen immer dann, wenn „*some actions have to be decided in the future that have not been specified in an initial contract: governance structure provides a way for deciding these actions*". Vgl. Hart (1995a), S. 679.

81 *Von Werder* identifiziert gesetzliche Vorschriften sowie untergesetzliche Vorschriften (*soft law*), wobei sich letztere je nach Geltungsweite in generelle Kodizes und unternehmensindividuelle Leitlinien differenzieren lassen. Vgl. von Werder (2003), S. 16.

82 Vgl. von Werder (2003), S. 11.

83 Auch *property rights theory* genannt. Vgl. hierzu grundlegend Kiener (1990), S. 3 m.w.N.

84 Vgl. Steiger (2001), Sp. 531. Für eine Zusammenfassung siehe Steiger (2000), S. 68-70.

te auf die Stakeholder und die Mitglieder der Geschäftsführung des Unternehmens[85] im Sinne einer adäquaten Verteilung des Faktoreinkommens sowie des erwirtschafteten Überschusses, soll demnach mithilfe von Corporate Governance primär die **Effizienz der Unternehmensführung** in Form der Erwirtschaftung eines größtmöglichen Überschusses ermöglicht werden.[86] Effektive Corporate Governance muss sich im Ergebnis entsprechend an der **Sicherstellung einer effizienten Unternehmensführung** messen lassen. Ob ein fairer Interessenausgleich dabei stattfindet, ist letztlich jedoch davon abhängig, inwieweit Corporate Governance dem für jede Interessengruppe eigenen Verhältnis aus geleisteten Wertschöpfungsbeiträgen auf der einen und Chancen und Risiken aus unvollständigen Verträgen auf der anderen Seite gerecht wird.[87]

In Anbetracht des agency-theoretischen Hintergrunds[88] bemisst sich die Wirkung von Corporate Governance demnach anhand der Senkung vorhandener Agency-Kosten[89],[90] was bei erfolgreicher Implementierung entsprechender Strukturen eine **Steigerung der Wettbewerbsfähigkeit** des Unternehmens zur Folge hat. Ebenso können **Produktivitätssteigerungen im Rahmen der Wertschöpfung**[91], welche positiv mit der Güte des Interessenausgleichs korreliert sind, aus einer adäquaten Implementierung von Corporate Governance-Strukturen resultieren. Maßgeblich basieren diese Erfolgswirkungen m.E. dabei auch auf dem Aufbau von **Vertrauen** zwischen den am Unternehmen beteiligten Interessengruppen.[92]

Beim Versuch den Begriff **Corporate Governance** zu **definieren** stellt man schnell fest, dass bislang weder eine brauchbare Übersetzung ins Deutsche erfolgte,[93] noch eine national[94], geschweige denn international einheitliche Definition dieses Terminus vorliegt.[95]

85 *Witt* nennt als Anspruchsgruppen des Unternehmens die Anteilseigner, Fremdkapitalgeber sowie Mitarbeiter des Unternehmens. Vgl. Witt (2003), S. 2.

86 Vgl. Witt (2003), S. 2. Dem Coase-Theorem folgend, hat die Verteilung der Verfügungsrechte einen Einfluss auf die Allokation der Ressourcen – Transaktionskosten und Informationsasymmetrien unterstellt. Demnach können beide Funktionen nicht im Rahmen einer Theorie der Corporate Governance losgelöst voneinander untersucht werden. Vgl. Witt (2003), S. 2. Zum Coase-Theorem vgl. Coase (1960).

87 Vgl. von Werder (2003), S. 11.

88 Vgl. Steiger (2001), Sp. 531; Prigge (1999), S. 149.

89 Anhand der Differenz zwischen First-Best- und Second-Best-Lösung aus Sicht des Prinzipals sind die sogenannten Agency-Kosten quantifizierbar. Vgl. Krapp (2000), S. 7. Nach *Krapp* würde eine First-Best-Lösung vorliegen, wenn der Agent die Zielfunktion des Prinzipals maximierte. Vgl. Krapp (2000), S. 6-7. In Anspielung auf die nicht durchsetzbare Realisierung von First-Best-Lösungen sprechen *Zeckhauser/Pratt* von einer *„world struggling for a second-best solution."* Vgl. Pratt/Zeckhauser (1985), S. 3.

90 Nach *von Werder* sind hierbei „unter Abwägung der Einbußen durch opportunistisches Verhalten (Opportunismuskosten) und der Aufwendung für die Regelungen (Regulierungs- und Governancekosten) möglichst günstige Bedingungen für eine produktive Wertschöpfung und faire Wertverteilung zu schaffen". Vgl. von Werder (2003), S. 11.

91 Damit sind insbesondere Produktivitätssteigerungen der beiden Faktoren Mitarbeiter und Mitglieder der Geschäftsleitung gemeint. Vgl. Witt (2003), S. 11-12.

92 So auch Witt (2003), S. 11-12.

93 Bspw. stellen die Begriffe „Unternehmensaufsicht", „Unternehmensüberwachung", „Unternehmenskontrolle", Herrschaft im Unternehmen", „Unternehmensverfassung als institutioneller Rahmen" und „Leitungskontrolle"

Betrachtet man die historische Entstehung des Begriffs sind erste Ansätze einer Diskussion über die Thematik Corporate Governance bereits lange Zeit vor der Formulierung des Shareholder Value-Paradigmas[96] in der gesellschaftlichen und wirtschaftlichen Entwicklung der USA[97] seit Beginn des zwanzigsten Jahrhunderts erkennbar.[98] Entgegen anfänglicher Bestrebungen im Bereich des ***Corporate Voting*** nach einer Etablierung demokratischer Verhältnisse unter den Anteilseignern von Unternehmen (*Corporate Democracy*) durch die Abschaffung von Privilegien einzelner Eigentümer und die Limitierung von Stimmrechten ungeachtet des Anteilsbesitzes, setzte sich letztlich das **One-Share-One-Vote-Prinzip** durch, welches im plutokratischen Sinne[99] doch eine Konzentration von Eigentum und Besitz ermöglichte.[100] Anknüpfend an die Anlehnung des Begriffs Corporate Voting an den Begriff des Political Voting, ist vor diesem Hintergrund der **Terminus Corporate Governance analog** zum Ausdruck **Public Governance** zu verstehen.[101] Im Sinne einer „Unternehmensregierung" stellt sich dabei jedoch unmittelbar die Frage, wessen Interessen ein „Corporate Government" zu berücksichtigen bzw. zu repräsentieren hat.[102]

Nachfolgende Definition deckt nach der Auffassung von *Witt* den inhaltlichen Rahmen des Begriffs Corporate Governance fächerübergreifend weitgehend einheitlich ab:

> „... die Organisation der Leitung und der Kontrolle eines Unternehmens mit dem Ziel des Interessenausgleichs zwischen den beteiligten Anspruchsgruppen ..."[103]

In einem ähnlich weiten Sinne verstehen *Grundmann/Mülbert* den Begriff Corporate Governance:

> Corporate Governance betrifft [...] alle Fragen der Leitung und Kontrolle unternehmerischer Tätigkeit in einem marktwirtschaftlichen Umfeld. Dies umfaßt Entscheidungsmaßstäbe und Verhaltenspflichten für Unternehmensorgane, Unternehmensstrukturen und die Beziehung der Unternehmen zu ihren Aktionären und zu den übrigen stakeholdern.[104]

Versuche einer Übersetzung dar. Vgl. Bassen (2002), S. 20 m.w.N. „Unternehmensführung" und „Unternehmensleitung" stellen weiter Übersetzungsalternativen dar. Vgl. Lutter (2001), S. 225.

94 So wird bspw. entgegen des ursprünglich sehr stark an den Shareholder-Ansatz angelehnten Verständnisses von Corporate Governance, in der anglo-amerikanischen Literatur vermehrt auch die Einbeziehung anderer Stakeholder in die Corporate Governance diskutiert. Vgl. exemplarisch Prahalad (1997), S. 46-56, der Kunden, Lieferanten, Arbeitnehmer sowie Anteilseigner als die zentralen Anspruchsgruppen eines Unternehmens versteht.

95 Vgl. Cadbury Committee (01.12.1992), S. 2-3.

96 Vgl. Rappaport/Klien (1999).

97 Vgl. Freidank/Velte (2007), S. 24.

98 Vgl. Becht/Bolton/Röell (2002), S. 2-3 m.w.N.

99 Unter Plutokratie wird eine Herrschaftsform verstanden, „bei der Besitz und Vermögen die Teilhabe an der Ausübung der polit. Macht im Staat begründen und sichern (›Geldherrschaft‹)." Heller (1998), S. 248-249.

100 Vgl. Becht/Bolton/Röell (2002), S. 2; Freidank/Velte (2007), S. 25.

101 Vgl. Freidank/Velte (2007), S. 25.

102 Vgl. Becht/Bolton/Röell (2002), S. 3-4. Entsprechend trägt die Konnotation des Begriffs „Government" zu einiger Verwirrungen bezüglich des Begriffsverständnisses bei, da ein aus dem öffentlichen Bereich stammender Terminus im Zusammenhang mit dem im weitesten Sinne „privaten" Bereich des Unternehmens verwendet wird. Vgl. CEPS (Juni 1995), S. 1.

103 Witt (2003), S. 1.

104 Grundmann/Mülbert (2001), S. 215.

Näher betrachtet, lassen sich allerdings unterschiedliche Perspektiven auf eine Definition von Corporate Governance erkennen, wenn man vor dem Hintergrund der deutschen Corporate Governance-Debatte das ökonomische und rechtswissenschaftliche Schrifttum miteinander vergleicht.

Rechtswissenschaftliche Definitionsversuche gehen meist von einer inhaltlichen Kongruenz von Unternehmensverfassung[105] und – diese meist unter gestalterischen Gesichtspunkten betrachtend – Corporate Governance aus.[106] Nach *Lutter* handelt es sich bei Corporate Governance entsprechend „eher um rechtliche und rechtswissenschaftliche Ansätze, die [...] in Codices ausmünden, also in einer Zusammenstellung von Sollens-Sätzen", die er als „merkwürdige Dinge auf der Grenze zwischen der Evokation geltenden Rechts und Soft-Law" bezeichnet, kurzum „um primär juristische Fragen der Unternehmensleitung"[107]. Die betriebswirtschaftliche Dimension der Gestaltung und Anleitung zur Unternehmensleitung und -kontrolle klammert er dabei – m.E. zu Unrecht – aus dem Anwendungsbereich der Corporate Governance weitgehend aus.[108] *Grundmann/Mülbert* fassen die elementaren Fragestellungen der rechtlichen Perspektive von Corporate Governance demgemäß wie folgt zusammen:

> „Zentrale Fragen sind, wie der Einfluß der Kapitalmärkte auf die unternehmerischen Entscheidungsfindung zu fassen, kanalisieren und regulieren ist, wie innergesellschaftlicher Informationsfluß, Entscheidungsfindung und –kontrolle optimal zu gestalten sind, auch in den rechtlichen Rahmenbedingungen und unter Einbeziehung der Arbeitnehmermitbestimmung, ob und wie die Einflußpersonen selbst und ihr Einflußpotential zu regulieren sind, und zuletzt auch, auf welcher Ebene welcher Regelgeber welche Fragen aufgreifen können sollte."[109]

Betrachtet man vor diesem Hintergrund den der **anglo-amerikanischen Rechtssprache** entstammenden Gegenstandsbereich von Corporate Governance als „rechtliche Entscheidungsorganisation im Unternehmen, insbesondere die Zuständigkeiten und Aufgaben der obersten Leitungsorgane"[110], so findet sich von deutscher Warte aus betrachtet die Annahme einer Kongruenz zur Unternehmensverfassung bestätigt, da es sich beim modernen, angelsächsischen Etikett Corporate Governan-

105 *Frese* versteht unter dem Begriff der Unternehmensverfassung „das System gesetzlicher und vertraglichen Regelungen [...], das die *Entscheidungs-* und *Anreizstrukturen* der Kerngruppe einer Unternehmung [...] festlegt". Frese (1993), Sp. 1285. Mit „Kerngruppe" sind die Mitglieder der Unternehmensleitung gemeint. Vgl. Winter (2004a), S. 8. Nach *von Werder* regelt „[d]ie Unternehmensverfassung [...] die gesellschaftsrechtliche Binnenordnung eines Unternehmens, wonach es im Falle der Aktiengesellschaft primär um „die jeweiligen Rollen, Kompetenzen und Funktionsweisen sowie das Zusammenwirken der Unternehmensorgane [...] Vorstand und Aufsichtsrat" geht. Entsprechend gestaltet sich die Binnenordnung eines Unternehmens durch die Unternehmensverfassung anhand der Festlegung von Informations- und Entscheidungsrechten verschiedener Akteure und Interessengruppen. Vgl. von Werder (2003), S. 4.

106 Vgl. Steiger (2001), Sp. 530; Lannoo (1999), S. 271. Für juristische Definitionen vgl. Fey (1995), S. 1320; Förschle/Glaum/Mandler (1998), S. 889; Titzrath (1997), S. 32, der es als zweckmäßig erachtet, den „Begriff der Corporate Governance [ausschließlich] auf die jeweilige rechtliche Fixierung der Unternehmensverfassung des jeweiligen Landes zu beziehen".

107 Lutter (2001), S. 225 (alle drei Zitate).

108 Vgl. Lutter (2001), S. 225.

109 Grundmann/Mülbert (2001), S. 216.

110 Schneider (2000), S. 2413.

ce so gesehen um nichts Weiteres als „alten Wein in neuen Schläuchen“[111] handelt.[112] Folglich ist Corporate Governance unter rechtswissenschaftlichen Aspekten betrachtet, ein primär zwischen Gesellschaftsrecht und Kapitalmarktrecht angesiedeltes Querschnittsthema.[113]

Der **ökonomischen Auffassung** folgend, gestaltet sich der Begriff Corporate Governance hingegen weit umfassender als die Begrifflichkeit der Unternehmensverfassung.[114] Dabei ist das Begriffsverständnis stark von der **anglo-amerikanischen Kapitalmarktsprache** geprägt.[115] Neben der unternehmensinternen Sichtweise schließt es auch die externe Perspektive in Form der (rechtlichen als auch faktischen) Einbindung des Unternehmens in sein Umfeld im Sinne eines marktwirtschaftlichen Ordnungsrahmens, primär des Kapitalmarkts i.S.e „externen Corporate Governance“[116], mit ein.[117] Nichtsdestotrotz wird die Corporate Governance eines Unternehmens durch die Unternehmensverfassung, die sich maßgeblich über die Wahl der Rechtsform und der damit verbundenen gesellschaftsrechtlichen Rechte und Pflichten bestimmt, entscheidend beeinflusst.[118] Insofern dürfte die Unternehmensverfassung m.E. i.S.e. unternehmensinternen, gesellschaftsrechtlichen Sichtweise vielmehr als Teilmenge der Corporate Governance, d.h. als interne Corporate Governance aufzufassen sein.

Die internationale Prägung des Begriffs Corporate Governance betonend, definieren *Schneider/Strenger* im ökonomischen Sinne folgendermaßen:

> „Im auch international akzeptierten Kern versteht man darunter eine verantwortliche, auf langfristige Wertschöpfung ausgerichtete Unternehmensleitung und –kontrolle. Sie wird durch die institutionellen und rechtlichen Rahmenbedingungen sowie die Wirtschafts- und Unternehmenskultur des betreffenden Landes geprägt.“[119]

Bei Corporate Governance geht es im Ergebnis also nicht nur um die rechtliche Rahmensetzung sowie die Zuweisung von Zuständigkeiten und Verantwortungsbereichen innerhalb eines Unternehmens. Vielmehr ist daneben auch das Verhältnis des Unternehmens zu seinen externen An-

---

111 Schneider (2000), S. 2413.

112 Vgl. Schneider (2000), S. 2413.

113 Vgl. Grundmann/Mülbert (2001), S. 215-216. Darüber hinaus gehende Beiträge finden sich jedoch auch im Wettbewerbs-, Steuer- und Arbeitsrecht. Vgl. Witt (2003), S. 1.

114 Vgl. Hachmeister (2002), Sp. 488; Cadbury Committee (01.12.1992), S. 1; Berrar (2001), S. 24; Schneider/Strenger (2000), S. 106-107, die zum Ausdruck bringen, dass für sie „„Corporate Governance“ […] mehr als die Darstellung der rechtlichen Strukturen der Entscheidungs- und Überwachungsorganisation der Unternehmen“ ist.

115 Vgl. auch Schneider (2000), S. 2413.

116 Anm. d. Verf.

117 Vgl. von Werder (2003), S. 4. Die externe Perspektive bezieht sich auf das Verhältnis zwischen Unternehmensführung bzw. deren Trägern und den wesentlichen Anspruchsgruppen des Unternehmens. Vgl. von Werder (2003), S. 4.

118 Vgl. Gelhausen (2002), S. 10; ähnlich von Werder (2003), S. 4. Dutzi spricht von der Unternehmensverfassung als Fundament der Corporate Governance. Vgl. Dutzi (2005), S. 26.

119 Schneider/Strenger (2000), S. 106-107.

spruchsgruppen, ja sogar zu einem Land und zum Weltmarkt, unter das Begriffsverständnis zu fassen. Somit dreht sich Corporate Governance neben der Verantwortungsverteilung innerhalb des Unternehmens auch um nachhaltige Wertschöpfung, Effektivität des Managements und die Außenwirkung des Unternehmens.[120]

Dem anglo-amerikanischen Verständnis von Corporate Governance folgend, definieren *Shleifer/Vishny*:

> „*CORPORATE GOVERNANCE DEALS WITH the ways in which suppliers of finance to corporations assure themselves of getting return on their investment.*"[121]

Ebenfalls in der Tradition des Shareholder Value-Prinzips, doch etwas differenzierter, sehen *Keasey/Thompson/Wright* Corporate Governance als ein System an, dass auf der Mikroebene

> „*... needs to ensure that the firm, as a productive organisation, functions in pursuit of its objectives* [...] [, *i.e.*] *ensuring that decisions are taken and implemented in pursuit of shareholder value ...*"

und auf der Makroebene

> "*... 'has evolved to more effectively promote the allocation of the nation's savings to its most productive use'.*[2] *Thus in financing corporate activity, whether through equity or debt, savings are channelled into productive activities, the return on which ultimately determines national prosperity.*"[122]

Wie bei den Skandalen um *Enron* und *MCI WorldCom* aufgrund der enormen Wertvernichtung u.a. von privaten Anlagen zur Altersvorsorge offensichtlich wurde,[123] zieht insbesondere eine Verletzung letztgenannter Prämisse einen unmittelbaren **Vertrauensverlust** nach sich,[124] der weitreichende, negative Konsequenzen systemischen Charakters mit Blick auf die Investitionsneigung der (potentiellen) Kapitalgeber verursacht.[125] Die wegweisenden Gesetze, Kodizes und anderen Regelwerke zur Corporate Governance, die primär eine Antwort auf derartige Unternehmensskandale darstel-

---

120 Vgl. Knöringer-Fröhlich (2006), S. 7.

121 Shleifer/Vishny (1997), S. 737 (im Original mit Hervorhebungen).

122 Keasey/Thompson/Wright (2005b), S. 2 (beide Zitate). Fn 2 im zweiten Zitat bezieht sich auf eine Rede von *Alan Greenspan* aus dem Jahr 2003. Siehe dazu Greenspan (08.05.2003).

123 Vgl. stellvertretend für viele Ankenbrand (28.08.2002).

124 Vgl. etwa FAZ.NET (11.07.2002).

125 Vgl. Keasey/Thompson/Wright (2005b), S. 2.

len,[126] sowie auch die sie kommentierende und ergänzende Literatur betonen nicht umsonst einmütig die **Zielsetzung der Rückgewinnung** bzw. **Stärkung des Vertrauens**[127] des Kapitalmarkts.[128]

Demgegenüber lassen die bisherigen Definitionen von Corporate Governance m.E. allesamt ein klares Bekenntnis zu *der* zentralen Zielsetzung in Form einer **nachhaltigen Vertrauensbildung** zwischen Unternehmen und den einzelnen Anspruchsgruppen vermissen.[129] Zum einen dürfte dies m.E. auf die mangelnde Betrachtung sozialwissenschaftlicher, psychologischer oder moralphilosophischer Aspekte zurückzuführen sein, zum anderen aber auch auf die Schwierigkeiten bei der Operationalisierung von Vertrauen, was eine Ableitung zur Vertrauensbildung gereichender Maßnahmen wesentlich erschwert. Vorliegende Arbeit greift diesen Aspekt dennoch bewusst, jedoch allenfalls für definitorische Zwecke auf, da es m.E. bei dem Gebilde Corporate Governance im Kern offensichtlich um die nachhaltige Bildung von Vertrauen[130] zu gehen scheint.

Für eine Begriffsdefinition von Corporate Governance im Rahmen vorliegender Arbeit wird darüber hinaus berücksichtigt, dass entgegen dem eigentlichen, nationalen Verständnis von Corporate Governance in Deutschland,[131] eine zunehmende Ausrichtung an den Erfordernissen des internationalen Kapitalmarkts im Sinne einer Shareholder Value-Orientierung zu beobachten ist.[132] Gerade auch weil (börsennotierte) Kapitalgesellschaften wie die deutsche Aktiengesellschaft seit jeher im Mittelpunkt[133] der nationalen wie auch internationalen Corporate Governance-Diskussion stehen[134],

---

[126] Manche Autoren sehen die Implementierung solcher Gesetze und Kodizes gar als bloße *„symbolic statements of intent“* an. Insofern fungierten die zahlreichen Detailvorschriften einzig und allein als Vehikel zur Vertrauensbildung. Ihre Wirkung im eigentlichen Sinne (Vertrauensbildung durch tatsächliche Anwendung der Norm) wäre ihnen demnach abzusprechen. Vgl. O'Brien (2006), S. 14.

[127] Eine genaue Beschreibung bzw. Definition, was sie unter „Vertrauen“ bzw. dem „Prozess der Vertrauensbildung“ genau verstehen, beinhalten die in der nachfolgenden Fn. aufgelisteten Verlautbarungen allerdings nicht.

[128] Vgl. bspw. OECD (2004), S. 11; 13; Cadbury Committee (01.12.1992), Rn. 1.6, 2.8 und 3.5 sowie bzgl. des Vertrauens in die Wirtschaftsprüfer 5.36-5.37; Regierungskommission Deutscher Corporate Governance Kodex (2010), S. 1 (Präambel): „Er [(der DCGK)] will das Vertrauen der internationalen und nationalen Anleger, der Kunden, der Mitarbeiter und der Öffentlichkeit in die Leitung und Überwachung deutscher börsennotierter Gesellschaften fördern.“ sowie Oxley (2007), S. C1. *Oxley* kommentiert die Zielsetzung des Regelwerks mit den Worten: *„Sarbanes-Oxley has been able to restore investor confidence because it rebuilt and strengthened the two most vital pillars of corporate governance: transparency and accountability.*" Oxley (2007), S. C1. Auch die Literatur betont den Zusammenhang zwischen Vertrauen und Corporate Governance vielfach. Vgl. stellvertretend für viele Fey (1995), S. 1320; Schneider/Strenger (2000), S. 108-109.

[129] Dies mag m.E. u.a. auch durch ein mangelndes Verständnis der dem Vertrauensbegriff zugrundliegenden soziologischen Sachverhalte begründet sein.

[130] Vgl. für Ausführungen zum Vertrauen als Gegenstand der ökonomischen Theorie Gilbert (2007) sowie, spezieller, zum Verhältnis von Corporate Governance und Vertrauen etwa Nippa/Grigoleit (2006).

[131] Vgl. hierzu auch Küpper (2008), S. 53 sowie detailliert Pistor (2003), S. 158-161; 172-174.

[132] Vgl. Lentfer (2005), S. 32. Beispielhaft lässt das Gesetz zur Kontrolle und Transparenz im Unternehmensbereich (KonTraG), welches einen wichtigen Schritt zur Stärkung der deutschen Corporate Governance repräsentiert, eine deutliche Tendenz in Richtung Shareholder-Value-Orientierung erkennen. Vgl. Berrar (2001), S. 54 m.w.N.; Deutscher Bundestag (28.01.1998), S. 11-12 (Begründung).

[133] Vgl. Ruhnke (2008), S. 105; von Werder (2003), S. 5; Dutzi (2005), S. 10.

[134] Hier entfaltet die vorherrschende, klare Trennung zwischen Eigentum und Kontrolle besonders deutlich ihre konfliktionäre Wirkung. Vgl. von Werder (2003), S. 5; sowie grundlegend Berle/Means (1933). Doch finden auch andere Rechtsformen und mittelgroße Unternehmen verstärkt Beachtung im Rahmen der Corporate Governance-Diskussion. Vgl. von Werder (2003), S. 5 m.w.N.

scheint daher eine primäre **Konzentration auf die Belange der Eigenkapitalgeber**, d.h. auf die **Zielsetzung der Unternehmenswertmaximierung** sinnvoll. Nicht zuletzt lässt sich diese Einschränkung ebenso mit den Problemen der Unternehmen begründen, die mit der Formulierung einer die unterschiedlichen Interessen aller Stakeholder einbeziehenden Zielfunktion einhergehen.[135]

Vorliegende Untersuchung beschränkt sich aus vorgenannten Gründen auf die **(Risiko)Berichterstattung von großen, börsennotierten Kapitalgesellschaften in Deutschland** in Form der Aktiengesellschaften (AG) bzw. der Societas Europaea (SE)[136] und der Kommanditgesellschaften auf Aktien (KGaA)[137].[138] Neben den zentralen Regelungen des dritten Buchs des Handelsgesetzbuches (HGB)[139] sind entsprechend die Normen des Aktiengesetzes (AktG) für die Berichterstattung einschlägig.[140]

Für Unternehmen, die dem Recht eines EU-Mitgliedsstaates unterliegen, zur Aufstellung eines **Konzernabschluss** verpflichtet sind (§§ 290-293 HGB) und deren Wertpapiere an einem organisierten Markt gehandelt werden (§ 2 Abs. 1, Abs. 5 WpHG), sind aufgrund der EG-Verordnung Nr. 1606/2002[141] verpflichtet, spätestens ab dem Geschäftsjahr 2005[142] ihren Konzernabschluss nach den *International Financial Reporting Standards* (IFRS) aufzustellen (§ 315a Abs. 1-2 HGB). Der IFRS-Konzernabschluss solch börsennotierter Unternehmen wirkt nach § 315a Abs. 1 HGB befreiend von der Aufstellung eines HGB-Konzernabschlusses. Die Bedeutung des HGB-

---

135 Vgl. CEPS (Juni 1995), S. 5; Böcking/Wesner (2004), S. 99. *Böcking/Wesner* begründen die Fokussierung auf die Interessen der Shareholder mit (1) der schweren Operationalisierbarkeit der Ansprüche der neben den Anteilseignern vorhandenen Stakeholder, (2) dem Nichtvorhandensein einer von allen Anspruchsgruppen akzeptierten unternehmerischen Zielfunktion, sowie (3) den einem fairen Interessenausgleich entgegenstehenden konkurrierenden Interessen aller Stakeholder. Das Management könne demnach keine Entscheidungen treffen, die allen Stakeholdern gleichermaßen gerecht würden. Die aus dem Investorenfokus resultierende Zielsetzung der Unternehmenswertmaximierung stehe aber einer impliziten Berücksichtigung der Interessen anderer Stakeholder nicht im Wege. Entsprechend zeichne für eine Abwägung der Interessen das Management verantwortlich.
Dem *CEPS Report* folgend sind die Interessen der neben den Anteilseignern existierenden *stakeholder* darüber hinaus per Gesetz oder über die Möglichkeit der individuellen Gestaltung und Schließung von Verträgen mit dem Unternehmen weitgehend abgesichert. Vgl. CEPS (Juni 1995), S. 5. Letztere Möglichkeit spricht dabei etwa die kreditvertragliche Durchsetzung von Kreditgeberinteressen mittels adäquater Debt bzw. Financial Covenants in Darlehensverträgen an. Vgl. hierzu Kirchner (2000), S. 51.

136 Die Europäische Gesellschaft SE (aus dem Lateinischen: Societas Europaea (SE)) ist eine Rechtsform für Aktiengesellschaften innerhalb der Europäischen Union.

137 Gleichwohl werden im Hauptteil der Untersuchung auch Gesellschaften in der Rechtsform der GmbH und Co. KGaA mit einbezogen. Dabei handelt es sich um Kommanditgesellschaften auf Aktien (KGaA), deren Komplementär eine Gesellschaft mit beschränkter Haftung (GmbH) ist.

138 Im Folgenden wird die Bezeichnung AG für beide Gesellschaftsformen synonym verwendet. Sofern sich bedeutende Unterschiede ergeben, wird darauf hingewiesen.

139 Regelt die über den ersten Abschnitt des HGB (§§ 238-263) hinausgehenden Anforderungen bzgl. Rechnungslegung und Prüfung für Kapitalgesellschaften und wurde 1985 durch das Bilanzrichtliniengesetz (BilRiLiG) in das HGB integriert. Vgl. hierzu Coenenberg/Haller/Schultze (2009), S. 12.

140 Im Hauptteil der vorliegenden Untersuchung wird hingegen ausschließlich auf die (Risiko)Berichterstattung nach IFRS 7 abgestellt.

141 Vgl. Europäisches Parlament und Rat (11.09.2002).

142 Für Kapitalgesellschaften, die bspw. aufgrund eines US-Listings in der Vergangenheit nach US GAAP Rechnung gelegt, einen geregelten Markt eines EU-Mitgliedsstaates nur durch Schuldtitel in Anspruch genommen oder aber eine Zulassung als Wertpapieremittent an einem organisierten Markt beantragt hatten, galt eine Fristverlängerung bis zum 01.01.2007. Vgl. Coenenberg/Haller/Schultze (2009), S. 13.

Konzernabschlusses ist dementsprechend stark im abnehmen begriffen,[143] weshalb er nicht primärer Gegenstand nachfolgender Betrachtungen ist.[144]

Zusammenfassend wird Corporate Governance in Abwägung der voranstehenden Ausführungen im Rahmen vorliegender Arbeit wie folgt definiert:

Corporate Governance umfasst im Sinne eines interdisziplinären Verständnisses die Gesamtheit der auf die Interessen der Anteilseigner ausgerichteten internen sowie externen Leitungs- und Kontrollmechanismen eines Unternehmens mit der Zielsetzung einer langfristigen Steigerung des Unternehmenswerts und einer nachhaltigen Vertrauensbildung unter verantwortlichem, rechtlich einwandfreiem und ökonomisch effektivem Handeln der Entscheidungsträger.

Im Mittelpunkt der Betrachtung stehen dabei sowohl die Rollen, Kompetenzen und Funktionsweisen sowie das Zusammenwirken der mit der Leitung und Kontrolle beauftragten Organe eines Unternehmens (Innenperspektive) als auch der Umgang mit und der Einsatz von sämtlichen Mechanismen der marktlichen Kontrolle (Außenperspektive), die wiederum Rückwirkungen auf die Leitung des Unternehmens haben können.

2.1.2. Funktionen

Aus institutioneller Sichtweise betrachtet, kann Corporate Governance ihre Regulativfunktion im Unternehmen nur dann erfüllen, wenn die Interessen der einzelnen Anspruchsgruppen bei der Durchsetzung der Unternehmensziele durch das Management auch tatsächlich Berücksichtigung finden. Mechanismen zur Wahrung der Partikularinteressen der Anspruchsgruppen sind daher einerseits auf der Ebene der originären Leitung des Unternehmens, andererseits aber auch auf der Ebene der Überwachung der Geschäftsleitung zu implementieren.[145] Mit dem Dualismus von **Leitung** (*to direct*) und **Kontrolle** (*to control*) sind damit zwei, den Interessenausgleich konkretisierende Funktionen von Corporate Governance angesprochen.[146] Das System der Leitungs- und Kontrollmechanismen – der sogenannten Governance-Mechanismen[147] – erstreckt sich dabei, wie bereits

143 Vgl. zur abnehmenden Bedeutung des HGB-Konzernabschlusses auch Ruhnke (2008), S. 12.

144 Eine darüber hinausgehende Bedeutung erlangt der IFRS-Konzernabschluss aufgrund der Entscheidung der SEC vom 15.11.2007, ausländischen Emittenten (*foreign private issuers*) die Einreichung (*filing*) eines IFRS-Abschlusses anstelle eines US-GAAP-Konzernabschlusses bzw. einer Überleitungsrechnung hierauf zu gestatten. Die entsprechende *Final Rule* der SEC trat am 04.03.2008 in Kraft. Zusammenfassend zur Entscheidung der SEC siehe Securities and Exchange Commission (15.11.2007). Für nähere Informationen zur Abwägung dieser Entscheidung und für die finale Fassung der Regelung siehe Securities and Exchange Commission (11.07.2007); Securities and Exchange Commission (04.01.2008). Die Bedeutung der US-GAAP für europäische Kapitalgesellschaften ist daher ebenfalls deutlich zurückgegangen. Vgl. im Ergebnis Ruhnke (2008), S. 20. Ebenso wie die Regelungen zum HGB-(Konzern)Abschluss sind sie daher nicht primärer Gegenstand nachfolgender Betrachtungen.

145 Vgl. Dutzi (2005), S. 11-12.

146 Vgl. Cadbury Committee (01.12.1992), S. Rn. 2.5; CEPS (Juni 1995), S. 1.

147 *Von Werder* definiert den Begriff Governance-Mechanismus im Sinne der nachfolgenden Differenzierung zwischen interner und externer Corporate Governance. Vgl. von Werder (2003), S. 12-13. Vorliegende Arbeit folgt dieser Abgrenzung nicht, sonder verwendet die Begriffe Governance-Mechanismus und Governance-Instrument synonym.

angedeutet, sowohl auf den unternehmensinternen als auch den -externen[148] Bereich.[149] *Witt* führt vor diesem Hintergrund konkret die nachfolgenden Corporate Governance-Instrumente an:

- **Anreizverträgliche Entlohnung** der Manager;[150]
- Kontrolle der Manager durch **Stimmrechtsausübung der Aktionäre**;[151]
- Kontrolle der Manager durch **feindliche Übernahmen**;[152]
- Kontrolle der Manager durch **laufende Auszahlungsverpflichtungen**;[153]
- Kontrolle der Manager durch **Wettbewerb auf Produktmärkten**;[154]
- Kontrolle der Manager durch **Wettbewerb auf Managermärkten**;[155]
- Kontrolle der Manager durch **Publizität**;[156]
- Kontrolle der Manager durch **Haftungsregeln**;[157]
- Kontrolle der Manager durch **Aufsichtsgremien**.[158]

---

148 Kontrolle lässt sich hierbei entsprechend differenziert aus zwei Blickwinkeln betrachten. Einerseits wird die im Sinne der Anspruchsgruppen des Unternehmens ausgeübte Organkontrolle aufgrund der Innensicht teilweise mit dem Terminus der internen Corporate Governance bezeichnet. Vgl. Lentfer (2005), S. 29; von Werder (2003), S. 12-13. Die sich auf den Lücken aus unvollständigen Verträgen stützenden (individuellen) Belange der Anspruchsgruppen können hierbei durch direkte (bspw. über das Rederecht der Aktionäre in der Hauptversammlung) oder indirekte (bspw. über Anteilseiger- und Arbeitnehmervertreter im Aufsichtsrat) Interaktion („Stimme erheben"; „Voice") mit der Geschäftsführung des Unternehmens artikuliert werden. Vgl. von Werder (2003), S. 13.

149 Vgl. Steiger (2000), S. 63; Steiger (2001), Sp. 530; Dutzi (2005), S. 12; CEPS (Juni 1995), S. 1. Der Begriff *Voice* wurde in diesem Zusammenhang erstmals von *Hirschman* verwendet: „*The firm's customers or the organization's members express their dissatisfaction directly to management or to some other authority to which management is subordinate or through general protest addressed to anyone who cares to listen: this is the **voice option**. As a result, management once again engages in a search for the causes and possible cures of customers' and members' dissatisfaction.*" Vgl. Hirschman (1970), S. 4 (Hervorhebungen im Original). Voice-Maßnahmen sind im Gegensatz zu Exit-Maßnahmen nicht nur intern (Einfluss über Aktionärsversammlung, Aufsichtsrat etc.), sondern auch extern (Verbraucherkampagnen, Demonstrationen etc.) möglich. Vgl. von Werder (2003), S. 13. Entsprechend steht der als „Voice" beschriebenen Handlungsoption mit der Kontrolle durch den Markt – als Pendant zur internen Corporate Governance auch als externe Corporate Governance bezeichnet – eine weitere grundsätzliche Möglichkeit der Interessendurchsetzung für die Anspruchsgruppen (insbesondere der Aktionäre) gegenüber. Vgl. hierzu auch Lentfer (2005), S. 29; von Werder (2003), S. 12-13. Im Zuge dieser sogenannten „Exit-Option" entfaltet zentral der Markt für Unternehmenskontrolle (*market for corporate control*) „durch die idealtypische Sequenz von Aktienverkäufen, Kursrückgängen, feindlicher Übernahme und Auswechslung des Managements" seine gegenüber der Unternehmensleitung sanktionierende Wirkung. Vgl. von Werder (2003), S. 13 (Zitat); Marris (1963); Marris (1964); Manne (1965). Für weitere Informationen zum Markt für Unternehmenskontrolle vgl. Manne (1965), S. 112-114. Der Terminus *Exit* wurde in diesem Zusammenhang wiederum erstmals von *Hirschman* verwendet: „*Some customers stop buying the firm's products or some members leave the organization: this is the **exit option**. As a result, revenues drop, membership declines, and management is impelled to search for ways and means to correct whatever faults have led to exit.*" Vgl. Hirschman (1970), S. 4 (Hervorhebungen im Original). Eine Nutzung des Mechanismus Marktkontrolle kann dabei jedoch auch im Interesse anderer Stakeholder als den Aktionären erfolgen. Vgl. von Werder (2003), S. 13, der als Beispiel in Fn. 47 die externe Kontrolle durch die Ratingagenturen mittels Herabstufungen der für Unternehmen vergebenen Ratings anführt.

150 Vgl. Witt (2003), S. 20-22.

151 Vgl. Witt (2003), S. 22-24.

152 Vgl. Witt (2003), S. 24-25.

153 Vgl. Witt (2003), S. 25-26.

154 Vgl. Witt (2003), S. 26-27.

155 Vgl. Witt (2003), S. 27-28.

156 Vgl. Witt (2003), S. 28-29.

157 Vgl. Witt (2003), S. 29-30.

158 Vgl. Witt (2003), S. 30-32.

Es ist in diesem Zusammenhang allerdings darauf hinzuweisen, dass die positive Wirkung von Corporate Governance auf den Unternehmenserfolg trotz diverser Untersuchungen, die diesen Zusammenhang plausibel zu belegen scheinen,[159] eine gewisse Relativierung erfährt. Zum einen sind die einzelnen Systemelemente der nationalen bzw. internationalen Corporate Governance-Systeme[160] sehr komplex und es bestehen vielfältige Interdependenzen zwischen ihnen. Der Effizienzvergleich unterschiedlicher Corporate Governance-Systeme muss sich daher bei umfassender werdenden Berücksichtigung dieser Wechselwirkungen zusehends auf die Makro-Ebene verlagern, was jedoch den Erkenntnisgewinn von der Ebene der einzelunternehmensbezogenen Erfolgswirkung weg verschiebt. Zum anderen ist eine Isolierung des Erfolgsbeitrags von Corporate Governance auf Unternehmensebene nur eingeschränkt möglich, da der Unternehmenserfolg auch von anderen Faktoren wie bspw. der Unternehmensstrategie maßgeblich beeinflusst wird, was ein Postulat simpler Ursache-Wirkungs-Zusammenhänge äußerst schwierig gestaltet.[161]

Der Nachweise positiver Wirkungen von Corporate-Governance auf den Unternehmenserfolg ist daher am ehesten aus der betriebswirtschaftlichen Mikroperspektive betrachtet zu führen, sofern **autonome Gestaltungsmöglichkeiten** von **Corporate Governance-Aspekten** für das einzelne Unternehmen bestehen. Betätigungsfelder für eine solch unternehmensindividuelle Ausgestaltung stellen dabei im Rahmen der jeweils geltenden gesetzlichen Vorschriften sowohl unternehmensinterne wie auch –externen Detailfragen der Corporate Governance dar.[162]

Mit der **Ausgestaltung der Unternehmenspublizität**, speziell der **externen Risikoberichterstattung**[163] im Sinne einer effektiven Corporate Governance tun sich m.E. vor diesem Hintergrund entsprechend eine Vielzahl an gestalterischen Spielräume auf, die es mithilfe adäquater Maßstäbe auf ihre potentiellen Erfolgswirkungen hin zu untersuchen gilt.[164] Die Reichweite an Fragen erstreckt sich hierbei von der Konzeption des internen Risikomanagements und Risikocontrollings über personelle Zuständigkeiten und Verantwortung bis hin zur Berichterstattung über Chancen und Risiken gegenüber dem Kapitalmarkt im Rahmen des *business* und *value reporting*. Vorliegende Untersuchung kann im Hauptteil insofern jedoch nur einem Teilbereich dieser Fragestellungen gerecht wer-

159 Vgl. hierzu stellvertretend die vielzitierte Studie von *McKinsey & Company*, Coombes/Watson (2000), S. 74-77.

160 Zunächst stehen sich die Corporate Governance-Systeme kontinental-europäischer sowie anglo-amerikanischer Prägung gegenüber. Für erstere vgl. Hachmeister (2002), Sp. 488;Keasey/Thompson/Wright (2005b), S. 3; für zweitere etwa Hachmeister (2002), Sp. 487-488;Freidank/Velte (2007), S. 25. Darüber hinaus werden jedoch diesbezüglich, wie etwa von Franks/Mayer, Insider- und Outsider-Systeme unterschieden. Vgl. Franks/Mayer (1995), S. 183-184, 189-193; Franks/Mayer (2001), S. 943-945; CEPS (Juni 1995), S. 7. Zusammenfassend vgl. Berrar (2001), S. 38-39. Des Weiteren finden sich in der Literatur auch Differenzierungen in vier, vgl. Weimer/Pape (1999), S. 153 161, und fünf, vgl. Nagy (2002), S. 86-93, Corporate Governance-Systeme.

161 von Werder (2003), S. 20-21.

162 Vgl. von Werder (2003), S. 20-21.

163 Diese ist u.a. Gegenstand des Hauptteils vorliegender Untersuchung.

164 Die Beurteilung bzw. Quantifizierung entsprechender Erfolgswirkungen ist allerdings nicht Gegenstand vorliegender Untersuchung.

den, da hier u.a. die externe Risikoberichterstattung nach IFRS 7 eingehend thematisiert und einer Benchmark-Analyse unterzogen wird.

2.2. Rechnungslegung: Begriff, Normierung, Zweck sowie Verhältnis zur Corporate Governance

Ein zentrales Element der externen Unternehmensrechnung[165] i.e.S. stellt die **Rechnungslegung** bzw. das **externe Rechnungswesen** dar.[166] Es handelt sich dabei allgemein gesprochen um die zusammenfassende, zahlenmäßige Abbildung des gesamten wirtschaftlichen Unternehmensgeschehens einer Periode,[167] dessen Ergebnis sich in Form des handelsrechtlichen (bzw. nach den IFRS), für jedes Geschäftsjahr aufzustellenden (Konzern)Jahresabschlusses niederschlägt.[168]

Mit Blick auf die **Kodifikation im HGB** umfasst die **bilanzielle Rechnungslegung** für die im Rahmen vorliegender Arbeit relevanten börsennotierten[169] Kapitalgesellschaften auf der Einzelunternehmensebene entsprechend den Jahresabschluss in Form von Bilanz und Gewinn- und Verlustrechnung (GuV) (§ 242 HGB i.V.m. § 264 HGB), in einem weiteren Verständnis auch die Kapitalflussrechnung und die Eigenkapitalveränderungsrechnung (§ 264 Abs. 1 Satz 2 HGB[170]).[171] Zur **außerbilanziellen Rechnungslegung** (*disclosures*) zählen neben dem Anhang[172] u.a. in seiner Ergänzungsfunktion zur Bilanz und GuV (§ 264 Abs. 1 Satz 1 i.V.m. §§ 284-288 HGB) auch die (freiwil-

165 Grundsätzlich gilt es hierbei die Unternehmenspublizität von der Unternehmensrechnung abzugrenzen, wobei letztere auch als Kernbereich der Unternehmenspublizität bezeichnet wird. Vgl. Ruhnke (2008), S. 87. Teilweise firmiert sie auch (synonymer Gebrauch) unter dem Begriff des betrieblichen Rechnungswesens. Den Begriff betriebliches Rechnungswesen verwendend vgl. stellvertretend für viele Baetge/Kirsch/Thiele (2007), S. 1; Eisele (2002), S. 3. Im Gegensatz zur Unternehmenspublizität hat die Unternehmensrechnung nicht nur die unternehmensexterne, sondern auch die unternehmensinterne Bereitstellung von Informationen zum Gegenstand. Vgl. auch graphisch veranschaulichend Ruhnke (2008), S. 87-88. Demgemäß wird sie in die interne und die externe Unternehmensrechnung differenziert. Vgl. Wagenhofer/Ewert (2007), S. 3; Coenenberg/Haller/Schultze (2009), S. 3. Die Unternehmensrechnung hat hingegen allgemein die konzeptionelle Gestaltung sowie die Einsatzbedingungen von Informationssystemen im Unternehmen zum Gegenstand. Vgl. zum Gegenstandsbereich Wagenhofer/Ewert (2007), S. 3; Ewert/Wagenhofer (2008), S. 3.

166 Vgl. Wagenhofer/Ewert (2007), S. 4.

167 Vgl. Pellens (2007), Sp. 1545.

168 Vgl. Wagenhofer/Ewert (2007), S. 4. Von einem rechtlichen Standpunkt aus betrachtet, kann Rechnungslegung nicht mehr nur als „Sonderproblem des Aktienrechts“ gelten, vielmehr handelt es sich mittlerweile um einen elementaren Bestandteil des modernen Gesellschaftsrechts. Vgl. Kübler/Assmann (2006), S. 299.

169 Über § 267 Abs. 3 Satz 2 HGB i.V.m. § 264d HGB gelten Kapitalgesellschaften mit Börsennotierung stets als groß im Sinne von § 267 Abs. 3 HGB, womit im Folgenden die größenabhängigen Erleichterungen bei der Aufstellung von Jahresabschluss und Lagebericht aus der Betrachtung ausgeschlossen werden können. Vgl. zu den größenabhängigen Erleichterungen Baetge/Kirsch/Thiele (2007), S. 38-40; Ruhnke (2008), S. 115-116. Auch Kreditinstitute und Versicherungsunternehmen unterliegen denselben Verpflichtungen wie große börsennotierte Kapitalgesellschaften und sind so von der Inanspruchnahmen der Erleichterungsmöglichkeiten weitgehend ausgeschlossen (§§ 340a, 341a HGB).

170 Die Erweiterungspflicht des Jahresabschlusses um eine Kapitalflussrechnung und eine Eigenkapitalveränderungsrechnung gilt nur für kapitalmarktorientierte Kapitalgesellschaften, die keinen Konzernabschluss aufstellen.

171 Vgl. Hitz (2005), S. 12.

172 Vgl. zur Rolle des Anhangs insbesondere auch Kapitel 2.4.1.

lige) Segmentberichterstattung[173] sowie das Instrument des Lageberichts (§ 264 Abs. 1 Satz 1 i.V.m. §§ 289-289a HGB[174]), der von überwiegend qualitativer Natur ist.[175]

Die hier betrachteten deutschen Kapitalgesellschaften haben, da sie als Mutterunternehmen zur Aufstellung eines Konzernabschluss verpflichtet sind, darüber hinaus auch einen **IFRS-Konzernabschluss** aufzustellen (§ 315a Abs. 1-2 HGB). Bestandteile eines IFRS-(Konzern)Abschlusses sind nach IAS 1.10:

- Bilanz (*statement of financial position*);
- Gesamtergebnisrechnung (*statement of comprehensive income*); zusammengesetzt aus:
    - GuV (*separate income statement*); und
    - OCI (*other compehensive income*);
- erläuternde Angaben (*notes, comprising a summary of significant accounting policies and other explanatory information*);
- Eigenkapitalveränderungsrechnung (*statement of changes in equity*); sowie
- Kapitalflussrechnung (*statement of cash flows*).

Eine obligatorische Ergänzung um eine Segmentberichterstattung (IFRS 8.2) sowie um Angaben zum Ergebnis je Aktie (*earnings per share*) hat nur für börsennotierte Gesellschaften zu erfolgen.[176] Mangels adäquater Regelungen der IFRS[177] kommt die Pflicht zur Aufstellung eines Konzernlageberichts gemäß § 315 HGB (§ 315a HGB) hinzu.[178] Damit sind auch für den IFRS-(Konzern)Abschluss die Standards DRS 5 „Risikoberichterstattung" sowie DRS 15 „Lageberichterstattung" des Deutsches Rechnungslegungs Standards Committee (DRSC) einschlägig.[179]

---

173 Kapitalgesellschaften steht die Erweiterung des Jahresabschlusses um eine Segmentberichterstattung offen (§ 264 Abs. 1 Satz 2).

174 Bei § 289a HGB handelt es sich um das durch das Bilanzrechtsmodernisierungsgesetz (BilMoG) eingeführte Corporate Governance-Statement.

175 Vgl. Hitz (2005), S. 12. Bilanz, GuV sowie Anhang kapitalmarktorientierter Unternehmen bezeichnet *Hitz* auch als *core financial statements*.

176 Vgl. für die Bestandteile eines IFRS-Abschlusses auch Ruhnke (2008), S. 111-112.

177 Die IFRS selbst kennen bisher kein dem Lagebericht äquivalentes Instrument. In IAS 1.13 wird lediglich die Möglichkeit der Erstellung eines Finanzberichts durch das Management (*financial review by management*) erwähnt, jedoch keine Empfehlung hierfür ausgesprochen. Vgl. Ruhnke (2008), S. 112, 681. Mit der Verabschiedung eines Discussion Papers sowie eines Exposure Drafts zum Thema *Management Commentary* ist die Erarbeitung eines ähnlichen Berichterstattungsinstruments jedoch mittelfristig abzusehen. Vgl. zum IASB Discussion Paper vom 27.10.2005 International Accounting Standards Board (27.10.2005) sowie zum IASB Exposure Draft vom 27.10.2005 International Accounting Standards Board (23.06.2009).

178 Daneben sind ggf. über die bereits in den *notes* enthaltenen Angaben weitere Angaben nach deutschem Recht zu machen. (§ 315a Abs. 1 HGB). Ein Beispiel stellen die Angaben nach § 314 Abs.1 Nr. 6 HGB zu den Bezügen der Organmitglieder dar. Vgl. Ruhnke (2008), S. 112. Im Zuge der Pflicht zur Aufstellung eines Lageberichts gemäß §315a HGB sind für den IFRS-(Konzern)Abschluss zudem die Standards DRS 5 „Risikoberichterstattung" sowie DRS 15 „Lageberichterstattung" des Deutsches Rechnungslegungs Standards Committee (DRSC) anzuwenden.

179 Vgl. Ruhnke (2008), S. 681.

Mit Blick auf die regelmäßig[180] aufzustellenden Elemente der Rechnungslegung im Rahmen der **kapitalmarktorientierten Berichterstattung**[181] sind für börsennotierte Kapitalgesellschaften in Deutschland insbesondere die Regelungen in § 37w WpHG zum Halbjahresfinanzbericht[182], § 66 Abs. 1 BörsO FWB[183] zu den Halbjahres- und Quartalsfinanzberichten für Unternehmen im Prime Standard sowie § 37x WpHG zur Zwischenmitteilung der Geschäftsführung[184] relevant.[185] Für börsennotierte Kapitalgesellschaften, die zur Aufstellung eines Konzernabschlusses verpflichtet sind, gelten gemäß § 37y Satz 1 WpHG entsprechend dieselben Berichterstattungspflichten zum Halbjahresfinanzbericht (§ 37w WpHG) und zur Zwischenmitteilung der Geschäftsführung (§ 37x WpHG) für die Konzernebene. Konzernmutterunternehmen im Prime Standard der FWB sind über § 66 Abs. 1 BörsO FWB zur Aufstellung von Halbjahres- und Quartalsfinanzberichten für den Konzern verpflichtet.

Kapitalgesellschaften, die einen Konzernabschluss aufstellen müssen, haben DRS 16 *Zwischenberichterstattung* zur Erstellung der Halbjahres- (DRS 16.11-.56) und Quartalsfinanzberichte (DRS 16.57-60) sowie der Zwischenmitteilung der Geschäftsführung (DRS 61-69) anzuwenden.[186] Konzernmutterunternehmen, die einen IFRS-Konzernabschluss aufstellen, sind jedoch zur Anwendung von IAS 34 *Interim Financial Reporting* verpflichtet. Nur subsidiär kommen hierbei die Regelungen von DRS 16.34-.55 zum unterjährigen Konzernlagebericht, mangels entsprechender Regelungen in IAS 34 bzw. in den IFRS, zur Anwendung.

Die Offenlegung privater bzw. unternehmensinterner Informationen im Rahmen der Rechnungslegung verfolgt dabei grundlegend zwei **Fundamentalzwecke**[187]: die **Informationsfunktion**[188] zur

180 Das bedeutendste, unregelmäßig aufzustellende, kapitalmarktrechtliche Berichtsinstrument stellt die in § 15 WpHG regulierte Ad hoc-Publizität (Ereignisberichterstattung), die von weiteren Verlautbarungspflichten flankiert wird, die bspw. gemäß § 21 WpHG die unverzügliche Veröffentlichung von Änderungen der Anteilseignerstruktur vorsehen. Vgl. Pellens (2001), Sp. 1748. *Vielmeyer* stellt neben der Ad hoc-Publizität als weiteres unregelmäßiges Kapitalmarktinstrument das Emissionsprospekt dar. Vgl. Vielmeyer (2004), S. 33-35.

181 Es ist darauf hinzuweisen, dass bei den kapitalmarktrechtlichen Publizitätsinstrumenten die Informationsinstrumente der handelsrechtlichen Regelpublizität weitgehend im Mittelpunkt stehen, von Fall zu Fall jedoch in unterschiedlichem Umfang Anwendung finden. Vgl. hierzu Vielmeyer (2004), S. 35.

182 Die Halbjahresfinanzberichterstattung ist grundsätzlich für alle sogenannten "Inlandsemittenten" (Aktien- und Schuldtitelemittenten nach § 2 Abs. 7 WpHG i.V.m. § 2 Abs. 1 Satz 1 WpHG) verpflichtend (§ 37w WpHG Abs. 1 Satz 1 erster Halbsatz).

183 Börsenordnung (BörsO) der Frankfurter Wertpapierbörse (FWB) in der Fassung vom 12.10.2009 Vgl. Frankfurter Wertpapierbörse (2009).

184 Zwischenmitteilungen der Geschäftsführung sind lediglich von inländischen Aktienemittenten zu erstellen (§ 37x Satz 1 WpHG).

185 Zielsetzung der oben aufgeführten unterjährigen Berichterstattung (*interim (financial) reports*) ist dabei die Vermittlung zeitnaher und verlässlicher Informationen über die Vermögens-, Finanz- und Ertragslage des Unternehmens sowie der künftige Entwicklung des Geschäftsjahres. Vgl. Ruhnke (2008), S. 121.

186 Allen anderen Unternehmen wird die Anwendung von DRS 16 empfohlen.

187 *Böcking/Wesner* sprechen auch von Informationszwecken. Vgl. Böcking/Wesner (2004), S. 103.

188 Das Fundament der Zwecksetzung Informationsfunktion bzw. Entscheidungsunterstützung basiert auf der Bereitstellung von Informationen hinsichtlich der wirtschaftlichen Lage und (insbesondere) der zukünftigen Entwicklung des Unternehmens. Vgl. Böcking/Wesner (2004), S. 103. Damit ist die Forderung nach dem sogenannten *true and fair view* bzw. einer *fair presentation* verbunden (IFRS F.46). Im HGB macht sich die Umsetzung dieses Prin-

Entscheidungsunterstützung einerseits sowie die **Zahlungsbemessungsfunktion**[189] zur Anspruchsbemessung und Vertragsgestaltung andererseits, wobei an letzterer gesetzliche oder vertragliche Rechtsfolgen anknüpfen.[190]

Im Lichte der Agency-Theorie betrachtet, kann **Rechnungslegung** entsprechend **als spezifisches Informationsinstrument** angesehen werden. Sie wirkt dabei einerseits auf die Beziehung zwischen

zips in der bereits erwähnten Generalnorm des § 264 Abs. 2 Satz 1 HGB fest – Vermittlung eines den tatsächlichen Verhältnissen entsprechende Bildes der Vermögens-, Finanz- und Ertragslage durch den Jahresabschluss unter Beachtung der Grundsätze ordnungsmäßiger Buchführung (GoB). Vgl. Ruhnke (2008), S. 238; Coenenberg/Haller/Schultze (2009), S. 18. Dabei erlangt es insbesondere für den außerbilanziellen Anhang sowie Lagebericht Geltung und nur eingeschränkt, d.h. subsidiär zur Rechenschaftsfunktion, für die Bilanz und die GuV. Die Stärkung der Informationsfunktion insbesondere über den Anhang und den Lagebericht geht dabei jedoch ohne eine Minderung der sonstigen (primären) Funktionen der HGB-Rechnungslegung insbesondere in Form der Anspruchsbemessungsfunktion einher. Vgl. Ballwieser/Kuhner (1994), S. 65-66; 68.
Die IFRS gehen gegenüber dem HGB bei einer Anwendung der Primär- und Sekundärgrundsätze sowie der für den im Einzelfall einschlägigen Standards grundsätzlich von der Vermittlung eines den tatsächlichen Verhältnissen entsprechenden Bildes der Vermögens-, Finanz- und Ertragslage durch das berichterstattende Unternehmen aus (IFRS F.46 i.V.m. IAS 1.15). Als Kriterium der Rechnungslegung in puncto Entscheidungsunterstützung dient dabei die Entscheidungsnützlichkeit (*decision usefulness*) der bereitgestellten Informationen. Vgl. Wagenhofer/Ewert (2007), S. 5. Informationen werden dabei als entscheidungsnützlich angesehen, wenn sie es vermögen, Erwartungen über zukünftige Zustände bzw. Überschüsse zu ändern, so dass daraus wiederum andere Entscheidungen der Nutzer resultieren. Vgl. Kasperzak (2003), S. 17; Wagenhofer/Ewert (2007), S. 105. Um dieser Prognoseforderung gerecht werden zu können, müssen die Informationen ein hinreichendes Maß an Relevanz (*relevance*) und Verlässlichkeit (*reliability*) aufweisen. Vgl. Wagenhofer/Ewert (2007), S. 105. Indem die IFRS die Entscheidungsnützlichkeit zur übergeordneten Zwecksetzung erheben („*The objective of financial statements is to provide information* […] *that is useful to a wide range of users in making economic decisions.*" (IASB F.12)), legen sie gegenüber der handelsrechtlichen Rechnungslegung daher einen eindeutigen Zweckmonismus an den Tag. Als methodische Grundannahmen liegen den IFRS zur Erstellung von Abschlüssen dabei die Grundsätze der Periodenabgrenzung (*accrual basis*; IFRS F.22; IAS 1.27-.28) sowie der Unternehmensfortführung (*going concern*; IFRS F.23; IAS 1.25-.26) zugrunde. Neben den Kriterien der Relevanz (*relevance*; IFRS F.26-.28) und der Zuverlässigkeit (*reliability*; IFRS F.31-.38) legen die IFRS zur Operationalisierung der *decision usefulness* der berichteten Informationen auch noch die weiteren qualitativen Kriterien (*qualitative characteristics of financial statements*) der Verständlichkeit (*understandability*; IFRS F.25) sowie der Vergleichbarkeit (*comparability*; IFRS F.39-.42; IAS 1.38-.44) an. Die Relevanz konkretisiert sich dabei durch die Art (*nature*) sowie die Wesentlichkeit (*materiality;* IFRS F.29-.30; IAS 1.29-.31) der potentiell zu berichtenden Informationen (IFRS F.29), die Verlässlichkeit durch die glaubwürdige Darstellung (*faithful representation*; IFRS F.33-.34)), die wirtschaftliche Betrachtungsweise (*substance over form*; IFRS F.35), die Neutralität (*neutrality*; IFRS F.36)), die Vorsicht (*prudence*; IFRS F.37) sowie die Vollständigkeit (*completeness*; IFRS F.38). Für die beiden Kriterien Relevanz und Verlässlichkeit führt das Conceptual Framework der IFRS die drei einschränkenden Anforderungen der Zeitnähe (*timeliness*; IFRS F.43), der Kosten- und Nutzen-Abwägung (*balance between benefit and cost*; IFRS F.44) sowie der Abwägung zwischen den qualitativen Anforderungen (*balance between qualitative characteristics*; IFRS F.45) auf.

189 Auf die uneinheitliche Verwendung dieses Begriffs neben weiteren Termini, wie Einkommens-, Ausschüttungs- oder Gewinnverteilungsfunktion, hinweisend vgl. Ballwieser/Kuhner (1994), S. 60. Die Heranziehung der Rechnungslegung als Grundlage zur Anspruchsbemessung oder als Element der Vertragsgestaltung (Zahlungsbemessungsfunktion) im Sinne der Rechenschaftslegung (*stewardship*) basiert insbesondere auf der Bereitstellung von Informationen über vergangene Ereignisse. Vgl. Wagenhofer/Ewert (2007), S. 7-9; Böcking/Wesner (2004), S. 103; Kirchner (2002), Sp. 1941. Für eine nähere Betrachtung des Stewardship-Grundsatzes vgl. Gjesdal (1981). Zwar ist der Grundsatz der Rechenschaftslegung sowohl dem HGB (Vgl. Baetge/Kirsch/Thiele (2007), S. 97-100) als auch den IFRS (IASB F.14) immanent, jedoch besteht der zentrale Unterschied beider Normengefüge darin, dass an die Rechenschaftslegung des HGB die Zahlungsbemessungsfunktion anknüpft. Vgl. im Umkehrschluss Benecke (2000), S. 63.

190 Vgl. Moxter (2003), S. 3-7, der anstatt von „Zahlungsbemessungsfunktion" von „Bemessung von Gewinnansprüchen" spricht; Böcking/Wesner (2004), die anstatt von „Zahlungsbemessungsfunktion" von „Anspruchsbemessung" sprechen sowie Gjesdal (1981), S. 208-209; Wagenhofer (2001), S. 439; Ronen (1979), S. 415-417; Müßig (2006), S. 29. In diesem Sinne werden Informationen als zweckorientiertes Wissen verstanden. Vgl. Wittmann (1959), S. 14.

Prinzipal und Agent ein, indem sie bestehende Informationsasymmetrien bzw. Agency-Kosten[191] reduziert, und findet andererseits ggf. Verwendung in Verträgen zwischen den beiden Parteien.[192] Entsprechend wird Rechnungslegung von *Wüstemann* auch prägnant als „**informationelle corporate governance**" bezeichnet,[193] wobei sie entsprechend – aufbauend auf den Ausführungen des vorgehenden Kapitels – als bedeutendes, **externes Corporate Governance-Instrument** einzuordnen ist.

Der Rechnungslegung ist dabei insofern die abstrakte Funktion des **Individualschutzes**[194] zuzusprechen,[195] die sich über die „Subziele" der Rechnungslegung – Informationsfunktion und Zahlungsbemessungsfunktion – operationalisieren lässt[196] und sich als Konkretisierung des **Funktionsschutzes**[197] darstellt.[198]

Im Rahmen der Rechnungslegung sind dabei insbesondere die folgenden[199] potentiellen Interessenkonflikte zwischen

- **Gläubigern** und **Eigentümern** eines Unternehmens (fremdfinanzierungsbedingte Agency-Konflikte[200]) sowie
- **Anteilseignern** und **Geschäftsführung** eines Unternehmens (eigenfinanzierungsbedingte Agency-Konflikte[201])

im Sinne der finanziellen Agency-Theorie von Bedeutung,[202] wenn es um Fragen der Corporate Governance geht.

---

191 Vgl. Busse von Colbe (1993), S. 14.

192 Vgl. Wagenhofer (2001), S. 440-441; Busse von Colbe (1993), S. 14.

193 Vgl. Wüstemann (2002), S. 724 (Zitat: Hervorhebungen nicht im Original).

194 Siehe für eine umfassende Darstellung Merkt (2001).

195 Einem monistischen Ansatz folgend, sprechen manche Autoren der Rechnungslegung eine Individualschutzfunktion ab. Rechnungslegung hat für sie nur eine funktionsschützende Wirkung, wobei insbesondere der Zahlungs- und Kreditverkehr die zu schützende Institution darstellt. Vgl. Merkt (2001), S. 251 m.w.N. Mit Blick auf die Rechnungslegung von Kapitalgesellschaften und Großunternehmen wird hingegen von niemandem die individualschützende Wirkung der Rechnungslegung abgesprochen, was auf die generellen Publizitätspflichten dieser Gesellschaften zurückzuführen ist. Vgl. Merkt (2001), S. 254. Zum Individualschutz vgl. grundlegend Merkt (2001), S. 333-344.

196 Vgl. Müßig (2006), S. 29.

197 Siehe für eine umfassende Darstellung Merkt (2001).

198 Vgl. beispielhaft Kübler (1995), S. 561-563; Merkt (2001), S. 256.

199 Eine Behandlung potentieller Interessenkonflikte zwischen Gläubigern und der Geschäftsführung erfolgt indirekt durch die eigen- und fremdfinanzierungsbedingten Agency-Konflikte. Im Falle der Schädigung der Gläubiger durch eigennütziges Verhalten der Geschäftsführung können analog die eigenfinanzierungsbedingten Agency-Konflikte herangezogen werden. Dasselbe gilt im Falle einer Übervorteilung der Gläubiger zu Gunsten der Anteilseigner durch Veranlassung der Geschäftsführung, indem hier die fremdfinanzierungsbedingten Agency-Konflikte analog Verwendung finden. Vgl. Ewert (1986), S. 3.

200 Siehe hierzu insbesondere auch Göbel (2002), S. 274-279.

201 Siehe hierzu insbesondere auch Göbel (2002), S. 280-285.

2.3. Risikoberichterstattung als externes Corporate Governance-Instrument

2.3.1. Risikomanagement der Unternehmung

2.3.1.1. Gegenstand, Zielsetzung sowie ökonomische Begründung

Um die Einbettung der Risikoberichterstattung – insbesondere der (Risiko)Berichterstattung nach IFRS 7 – in die Corporate Governance erläutern zu können, wird mit Kapitel 2.3.1. anhand der Abgrenzung des Risikomanagements der Unternehmung sowie dessen Beziehung zur Corporate Governance der Aufsatzpunkt für die Einordnung der Risikoberichterstattung in die Unternehmensabläufe bzw. in die Corporate Governance geschaffen. Aufbauend auf dem Verhältnis von Risikomanagement und –berichterstattung widmet sich Kapitel 2.3.2. anschließend der funktionalen Einordnung der Risikoberichterstattung in das Gefüge der Corporate Governance. Nachfolgende Ausführungen würdigen das Risikomanagement zunächst unter definitorischen als auch ökonomischen Aspekten.

Grundlegend unterliegen die einzelnen Vermögens-, Anspruchs- und Schuldpositionen als auch die zukünftig erwarteten Erträge sowie selbst das bloße Vorhaben einer jeden Unternehmung der Gefahr von Wertschwankungen – sei es aufgrund von Preis-, Zins- oder Wechselkursänderungen,[203] sei es aufgrund der Veränderung ihrer Volatilitäten[204] oder letzten Endes aufgrund der wachsenden Bedeutung international tätiger Unternehmen.[205] Diese sog. nicht-produktiven Risiken, die vom Unternehmen nicht bewusst zur Ertragswertsteigerung[206] eingegangen werden, bilden den theoretischen Anknüpfungspunkt für Strategien des Risikomanagements.[207] Risikomanagement hat dabei unter strategischen Gesichtspunkten zum Gegenstand, „ob und wie die bestehenden Risiken nutzbringend umzugestalten sind“[208]. Insbesondere der Einsatz von derivativen Finanzinstrumenten bietet sich hierbei als kostengünstige Alternative an, Wertschwankungen bilanzieller und außerbilanzieller Posten effektiv verändern zu können, ohne dabei direkt das Investitionsprogramm beeinflussen zu müssen.[209] Zur Eingrenzung des Gegenstandsbereichs sowie der grundlegenden Zielsetzung

---

202 Vgl. Wagenhofer/Ewert (2007), S. 8; Swoboda (1982), S. 711; Benecke (2000), S. 8 mit Verweis auf Jensen/Meckling (1976), die das Agency-Konzept systematisch auf die Finanzierungsproblematik haftungsbeschränkter Unternehmen übertragen haben.

203 Eine wesentliche Steigerung der Wechselkurs- und Zinsschwankungen ist insbesondere seit dem Zusammenbruch des Währungssystems fester Wechselkursen von *Bretton Woods* zu beobachten. Vgl. Franke/Hax (2004), S. 581.

204 Vgl. von Randow (1996), S. 6; Hillier/Grinblatt/Titman (2008), S. 758.

205 Vgl. Hillier/Grinblatt/Titman (2008), S. 758.

206 Zur Erläuterung des investiven Derivateeinsatzes zum Zweck der Gewinnerzielung vgl. von Randow (1996), S. 8-11.

207 Vgl. von Randow (1996), S. 6.

208 von Randow (1996), S. 6.

209 Vgl. von Randow (1996), S. 7, der von einer Verhinderung des Eingriffs in das Produktionsprogramm spricht, sowie Hillier/Grinblatt/Titman (2008), S. 758.

des Risikomanagements dienen die nachfolgenden definitorischen Ausführungen. Dazu mit einem sehr weiten, abstrakten Verständnis zunächst *Oehler/Unser*:

> „Unter Risikomanagement versteht man […] die Unternehmensführung unter Berücksichtigung der Unsicherheit.“[210]

Franke/Hax definieren die Begrifflichkeit Risikomanagement hingegen etwas präziser folgendermaßen:

> „Risikomanagement wird […] definiert als die Gesamtheit von Investitions- und Finanzierungsmaßnahmen mit dem Ziel, die Wahrscheinlichkeitsverteilung des Unternehmenserfolgs zu optimieren.“[211]

Vor diesem Hintergrund werden sowohl Züge einer leistungswirtschaftlichen[212] als auch einer finanzwirtschaftlichen Komponente des Risikomanagements offenbar. Unter einem **leistungswirtschaftlichen Risikomanagement** ist nach *Gladen* folgendes zu verstehen:

> „Leistungswirtschaftliches Risikomanagement ist strategisch auf Investitionen und operativ auf die Stabilisierung der Unternehmensprozesse gerichtet.“[213]

Pritsch/Hommel verstehen unter einem unternehmerischen Risikomanagement:

> „Unternehmerisches Risikomanagement ist gleichzusetzen mit Hedging, welches als eine zielgerichtete Reduktion der Cash Flow-Volatilität des Unternehmens definiert werden kann.“[214]

Obwohl *Pritsch/Hommel* in ihrer Abhandlung auch auf leistungswirtschaftliche Aspekte des Risikomanagements eingehen,[215] darf obige Definition nicht den Eindruck erwecken, alleiniger Gegenstand des *unternehmerischen* Risikomanagements wäre das „Hedging“, worunter gemeinhin, wie nachfolgend von *Bitz* definiert, das **finanzwirtschaftliche Risikomanagement** verstanden wird:

> „[Dem] finanzwirtschaftlich orientierten Risikomanagement [kommt] zunächst die Funktion zu, solche Risiken zu gestalten, die aus dem Abschluss von Finanzkontrakten resultieren. Außerdem erscheint es zweckmäßig, darüber hinaus auch solche Risiken in die Betrachtung einzubeziehen, die ihren Ursprung zwar nicht in finanzwirtschaftlichen Aktivitäten haben, sondern aus Maßnahmen des Leistungsbereichs eines Unternehmens resultieren, sich jedoch auf

---

210 Oehler/Unser (2002), S. 15, Unsicherheit i.w.S. meinend.

211 Franke/Hax (2004), S. 581. *Helten* bezieht sich derweil allgemein auf die betrieblichen Risiken: „In dieser weiteren Auffassung wird Risk Management als systematische Analyse und koordinierte Führung aller betrieblichen Risiken verstanden. Somit stellt Risk Management einen wesentlichen Teil der Unternehmensführung dar. Es gibt sogar stimmen, die sagen, daß Unternehmensführung nichts anderes als Risk Management sei.“ Helten (1984), S. 16.

212 Vgl. auf den leistungswirtschaftlichen Aspekt dieser Definition hinweisend Hachmeister (2005), S. 141-142.

213 Gladen (2008), S. 306.

214 Pritsch/Hommel (1997), S. 673.

215 Vgl. Pritsch/Hommel (1997), S. 685, Kapitel 7.

finanzwirtschaftliche Zielgrößen auswirken und in ihren Konsequenzen durch Finanzkontrakte beeinflusst werden können."[216]

Im Ergebnis dient ein effektives Risikomanagement dabei nicht nur der Existenzsicherung des Unternehmens, vielmehr ist es als ein Instrument zur Wertentfaltung im Dienste einer langfristigen Unternehmenswertgenerierung (Shareholder Value-Orientierung) zu betrachten.[217] Die Bedeutung des unternehmerischen Risikomanagements offenbart sich dabei insofern, als dass es mittlerweile in vielen Unternehmen zu einer eigenständigen Führungsaufgabe avanciert ist.[218]

Diese Definitionen mögen zwar den Gegenstand sowie die grundlegende Zielsetzung des Risikomanagements sowie seiner unterschiedlichen Ausprägungen aufzeigen, seine Notwendigkeit erschließt sich daraus jedenfalls noch nicht. Denn durch die Brille der Neoklassik[219] betrachtet scheint eine Notwendigkeit zumindest des finanzwirtschaftlichen Risikomanagements grundsätzlich fraglich.[220] Unter der unternehmerischen Zielsetzung der Maximierung des Shareholder Value ist dabei der Beitrag eines Risikomanagements an der Wertsteigerung des Eigenkapitals zu messen, welche anhand der Diskontierung der Einzahlungsüberschüsse mit den durchschnittlichen Eigenkapitalkosten ermittelt werden kann.[221]

Ausgehend von der Differenzierung in **systematische**[222] und **unsystematische**[223] **Risiken**, gelangt man unter der Annahme des neoklassischen Prämissengerüsts zu der Erkenntnis, dass sich die Sensitivitäten **systematischer Risiken** durch ein **leistungswirtschaftliches Risikomanagement** über die Steuerung der operativen und investiven Tätigkeit (*operating leverage*) sowie der Kapitalstruktur des Unternehmens (*financial leverage*) beeinflussen bzw. vermindern lassen.[224] Derartige Risi-

216 Bitz (1993), S. 643-644.

217 Vgl. Volkart (2008), S. 907-908.

218 Vgl. Franke/Hax (2004), S. 581; Volkart (2008), S. 909; Dobler (2005), S. 144.

219 Zu den Grundzügen der neoklassischen Wirtschaftstheorie vgl. etwa Peto (2008), S. 43; Piekenbrock (2008), S. 71-72. Zu den Begründern der neoklassischen Wirtschaftstheorie bzw. den Vätern der *„marginal revolution"* zählen *Carl Menger*, *William Stanley Jevons* sowie *Léon Walras*. Vgl. Peto (2008) sowie für eine detailliertere Erläuterung Walsh/Gram (1980), S. 121-165.

220 Vgl. ausführlich zur Notwendigkeit eines unternehmerischen Risikomanagements Hachmeister (2005) sowie Pritsch/Hommel (1997). Da die Anteilseigner theoretisch selbst in der Lage sind, die notwendigen Ergänzungstransaktionen zu tätigen, die durch ein unternehmerisches Risikomanagement durchgeführt würden, lautet die grundlegende Frage dabei also, warum sie für Unternehmen, die ein Risikomanagement implementiert haben, mehr zahlen sollten als für Unternehmen, bei denen das nicht der Fall ist. Vgl. von Randow (1996), S. 7-8.

221 Vgl. Pritsch/Hommel (1997), S. 673. Ceteris paribus kann dem Risikomanagement hierbei entweder über eine Erhöhung (des Erwartungswerts) der Einzahlungsüberschüsse oder über eine Verminderung des risikoadjustierten Kapitalisierungszinssatzes ein wertsteigernder Effekt nachgewiesen werden. Vgl. Pritsch/Hommel (1997), S. 673; Hillier/Grinblatt/Titman (2008), S. 760.

222 Mit den systematischen Risiken werden grundlegend all jene makroökonomischen Faktoren bezeichnet, die in keinem Zusammenhang zur wirtschaftlichen Lage des Unternehmens selbst stehen, mithin weitgehend durch unternehmensexterne Einflussgrößen bedingt sind. Vgl. Hachmeister (2005), S. 135.

223 Unsystematische Risiken stellen unternehmensspezifische Faktoren dar, die durch unternehmensinterne Einflussgrößen bedingt sind. Vgl. Hachmeister (2005), S. 135.

224 Vgl. Hachmeister (2005), S. 135. Für eine quantitative Darstellung dieser Aussage im Rahmen eines Faktormodells siehe Hachmeister (2005), S. 135; Hillier/Grinblatt/Titman (2008), S. 758.

ken (sog. Faktorrisiken), denen weitgehend externe Faktoren zugrunde liegen, entziehen sich dabei weitgehend der Möglichkeit zur Diversifikation durch die Anteilseigner des Unternehmens, da sie alle Unternehmen (gleichermaßen) betreffen.[225] Insofern trägt ein leistungswirtschaftliches Risikomanagement auf *vollkommenen* Kapitalmärkten[226] zur Unternehmenswertsteigerung bei, da es über die Beeinflussung des Investitionsprogramms (Identifizierung von Investitionen mit positivem Kapitalwert) direkt die Einzahlungsüberschüsse des Unternehmens verändern kann.[227] In diesem Zusammenhang ist den Unternehmen allerdings anzuraten, nur solche Risiken zu übernehmen, bei denen sie einen **komparativen Wettbewerbsvorteil** (*compensated risks*)[228] besitzen.[229]

Unsystematische Risiken sind demgegenüber durch die Investoren[230] selbst zur Erreichung ihrer individuell präferierten Ertrag-Risiko-Position weitgehend (kostenlos) diversifizierbar[231], wobei eine Absicherung mit Hilfe von derivativen Finanzinstrumenten nicht in Frage kommt, da es sich um nicht-handelbare Risiken handelt.[232] Einige systematische Risiken, insbesondere solche finanziellen Charakters,[233] können hingegen über den Einsatz von Derivaten von den Investoren eigenständig abgesichert werden,[234] wobei die Annahme eines *vollständigen* Kapitalmarkts[235] insofern eingeschränkt gilt.

Wird auf diesen Feststellungen aufbauend von der neoklassischen Betrachtungsweise des **Irrelevanztheorems von *Modigliani/Miller*** ausgegangen, besitzt zunächst die Kapitalstruktur für den Unternehmenswert keinerlei Relevanz,[236] da letztlich die „Investoren jede Finanzierungspolitik

225 Vgl. Hachmeister (2005), S. 135. Ein Hedging externer Faktorrisiken ist lediglich dann möglich, wenn es sich wie bspw. bei Zins- und Währungsrisiken um handelbare Risiken handelt. Vgl. ebenda, S. 135. In Anlehnung an die Terminologie der vollkommenen und vollständigen Märkte, wäre insofern für Zins- und Währungsrisiken von einem *vollständigen* Markt auszugehen. Zur Charakterisierung eines vollständigen Markts vgl. Fn. 235.

226 Ein Markt wird als *vollkommen* bezeichnet, wenn keine Informationskosten, Transaktionskosten noch Steuern existieren, alle Wertpapiere beliebig teilbar sind, alle Kapitalgeber rational handeln und vollkommene Konkurrenz sowie gleicher Markzugang für alle Marktteilnehmer bestehen. Vgl. Laux (2006), S. 119.

227 Vgl. Hachmeister (2005), S. 134; 136; 142.

228 Davon abzugrenzen sind die „*hedgeable risks*“, aus denen sich für das Unternehmen keine ökonomischen Renten ergeben. Vgl. Pritsch/Hommel (1997), S. 685.

229 Vgl. Gladen (2008), S. 306. *Pritsch/Hommel* führen beispielhaft das Management von Technologierisiken an. Vgl. Pritsch/Hommel (1997), S. 685.

230 Die Manager eines Unternehmens sind hingegen nicht in der Lage, unsystematische Risiken durch Diversifikation zu eliminieren, was wiederum zu nicht-optimalen Investitionsentscheidungen ihrerseits führen kann, indem bestimmte riskante Investitionsprojekte unterlassen werden. Vgl. Kajüter (2009), S. 111.

231 Grundlegend zur Diversifikation im Sinne der Portfolioselektion siehe Markowitz (1997).

232 Vgl. Pritsch/Hommel (1997), S. 674; Hachmeister (2005), S. 136; Hillier/Grinblatt/Titman (2008), S. 758. Eine Absicherung unsystematischer Risiken ist lediglich durch den Abschluss von Versicherungsverträgen eingeschränkt möglich.

233 Hierzu zählen insbesondere Marktpreisrisiken (Zins-, Währungs- und andere Preisrisiken), Kreditrisiken sowie Liquiditätsrisiken.

234 Vgl. Hachmeister (2005), S. 136; Hillier/Grinblatt/Titman (2008), S. 758-759.

235 Ein *vollständiger* Markt ist dadurch charakterisiert, dass jederzeit die Möglichkeit besteht, ein Gut durch den Abschluss von Termin- und Kassageschäften absichern (*hedgen*) zu können. Vgl. Laux (2006), S. 119; 126.

236 „*The market value of any firm is independent of its capital structure…*" Copeland/Weston/Shastri (2005), S. 562 mit direktem Verweis auf Modigliani/Miller (1958), S. 268.

[selbst] replizieren können"[237].[238] Darüber hinausgehend sind im Analogieschluss im Allgemeinen sämtliche Maßnahmen der Finanzstrategie eines Unternehmens,[239] sowie im Speziellen finanzielle Hedging-Strategien im Rahmen des Risikomanagements in Bezug auf den Unternehmenswert irrelevant,[240] „weil [...] [sie] keine realen Wirkungen auf das Investitionsprogramm erziel[en]"[241]. Eine direkte Wirkung auf die Einzahlungsüberschüsse des Unternehmens kann dem finanzwirtschaftlichen Risikomanagement demnach nicht zugeschrieben werden.[242] Doch steht dieses Ergebnis in diametralem Gegensatz zur Aussage von *Gebhardt*, der davon spricht, dass die „Zielgrößen des finanzwirtschaftlichen Risikomanagements [...] vor allem die künftigen Einzahlungsüberschüsse und Periodenergebnisse"[243] darstellen.

Beachtet man, dass die Begründung für die Irrelevanz eines finanzwirtschaftlichen Risikomanagements nur unter Annahme der restriktiven Prämissen des Theorems von *Modigliani/Miller*[244] aufrechtzuerhalten ist, kann dieser scheinbare Widerspruch jedoch aufgelöst werden. So ist im Umkehrschluss von einem Unternehmenswertbeitrag (Steigerung der Einzahlungsüberschüsse) im Sinne der Anteilseigner durch ein (finanzwirtschaftliches) Risikomanagement auszugehen, sofern die Prämissen des Irrelevanztheorems verletzt[245] sind.[246] Das Risikomanagement erlangt dabei hinsichtlich der Reduktion von Agency-Kosten neben dem Abbau von Informationsasymmetrien zwischen

237 Pritsch/Hommel (1997), S. 674, ebenso Hillier/Grinblatt/Titman (2008), S. 759.

238 Vgl. Pritsch/Hommel (1997), S. 674; Hachmeister (2005), S. 136; Hillier/Grinblatt/Titman (2008), S. 759.

239 Vgl. Hillier/Grinblatt/Titman (2008), S. 759.

240 Vgl. Pritsch/Hommel (1997), S. 674 mit Verweisen auf MacMinn (1987) sowie für den speziellen Fall des Hedging von Währungsrisiken auf Baron (1976), S. 259-260 und Dumas (1978), S. 1024.

241 Hachmeister (2005), S. 136, ebenso Hillier/Grinblatt/Titman (2008), S. 759.

242 Mit Fokus auf das Derivategeschäft der Unternehmung siehe *von Randow*: „Die Theorie lehrt vielmehr, dass in der Idealwelt eines vollständigen und effizienten Kapitalmarkts eine bloße Veränderung der Schwankungsbreite erwarteter Erträge und Kosten für sich betrachtet den Wert einer Unternehmung unberührt lassen." Vgl. von Randow (1996), S. 7.

243 Gebhardt (2000), S. 72.

244 Das Irrelevanztheorem von *Modigliani/Miller* geht von der Nicht-Existenz von Steuern, Transaktions- und Konkurskosten, einer konstanten Investitionspolitik sowie neben einem einheitlichen Zinssatz von einem ungehinderten Marktzugang sowie vollständiger, symmetrischer und kostenloser Informationen für die Marktteilnehmer unter Annahme deren homogener Erwartungen aus. Vgl. hierzu die linke Spalte der Übersicht bei Pritsch/Hommel (1997), S. 674 mit Verweis auf Modigliani/Miller (1958), S. 268; Fama (1978), S. 290 sowie Copeland/Weston (1988). Diese Bedingungen sind als identisch mit den Prämissen eines vollkommenen Kapitalmarkts anzusehen. Zur Identität der Prämissen vgl. Franke/Hax (2004), S. 342-344, sowie insbesondere die dort auf S. 339 formulierte Definition des Irrelevanztheorems von *Modigliani/Miller*: „Theorem der Irrelevanz der Finanzierung: [...] bei vollkommenem Kapitalmarkt [...]".

245 Hierbei liefern die Theorien der Neuen Institutionenökonomik – Theorie der Verfügungsrechte, Agency-Theorie und Transaktionskostentheorie – über die Annahme von Imperfektionen am Markt die theoretische Grundlage für eine positive Theorie des Risikomanagements, insbesondere was seine finanzwirtschaftliche Ausprägung anbelangt. Vgl. Pritsch/Hommel (1997), S. 674-675.

246 Vgl. Hachmeister (2005), S. 136; Pritsch/Hommel (1997), S. 674 m.w.N. *Von Randow* bezeichnet ein nichtinvestives Risikomanagement zur Absicherung von Transaktionen auf Ebene der Finanzierung und Produktion als „Derivate[einsatz] zu Zwecken der Ertragswertsteigerung durch Kostensenkung". Vgl. von Randow (1996), S. 8.

Management und Anteilseignern insbesondere im Zusammenhang mit dem Risikopräferenz-, dem Unterinvestitions- sowie dem „Asset Substitution“-Problem an Bedeutung.[247]

Im Ergebnis zielt der Einsatz eines finanzwirtschaftlichen Risikomanagements zur Wertsteigerung dabei je nach Problemstellung auf die Erreichung bestimmter Effekte ab (siehe Abbildung 1), wobei die Ebene der Orientierungsgröße in puncto Steuerung des Risikomanagements von Bedeutung ist.

Wie Abbildung 1 zeigt, beruht der Wertsteigerungsbeitrag des Risikomanagements nicht vornehmlich auf einer verminderten Varianz der erwarteten Zahlungsströme, sondern vielmehr auf einer insbesondere durch die Investitionspolitik[248] induzierten **Steigerung erwarteter Einzahlungsüberschüsse**,[249] was sich letztlich in einer Steigerung des Marktwerts[250] des Unternehmens niederschlägt.[251]

Die **Orientierung** des Risikomanagements **an den Einzahlungsüberschüssen** ist dabei unter finanzierungstheoretischen Gesichtspunkten vorzuziehen, da sie u.a. die Liquidität in der kurzen Frist (Existenzbedrohung) sowie die Innenfinanzierungskraft des Unternehmens unmittelbar anbelangt.[252] Eine **Orientierung** des Risikomanagements **an periodisierten Größen** kann hingegen bspw. über eine Stabilisierung der Gewinnentwicklung zur Festigung des Vertrauens der Anteilseigner in das Unternehmen (Vertrauensschutzfunktion)[253] beitragen und erfährt damit über den Funktionsschutz des Kapitalmarkts[254] ihre Legitimation, was letztlich die finanzierungstheoretisch korrekte Orientierung an den Zahlungsströmen ein Stück weit relativiert.

---

247 Vgl. ausführlich hierzu Pritsch/Hommel (1997), S. 675-680. Bei ersterem Problem steht die Beziehung zwischen Management und Anteilseignern im Mittelpunkt, die letzten beiden haben die Eigentümer-Gläubiger-Beziehung zum Gegenstand.

248 Vgl. zum Zusammenhang zwischen finanzwirtschaftlichem Risikomanagement und der Investitionspolitik Hachmeister (2005), S. 139-141.

249 Vgl. Hachmeister (2005), S. 138-139.

250 Ein Beitrag zur Marktwertsteigerung durch Senkung der Kapitalkosten des Unternehmens ist dabei durch den Einsatz eines Risikomanagements hingegen nicht zu erzielen. Vgl. Hillier/Grinblatt/Titman (2008), S. 760. Bspw. wird bei Absicherung des Zinsänderungsrisikos eine dadurch hervorgerufenen Senkung der Kapitalkosten exakt durch die Sicherungswirkung auf die zugrundeliegenden Zahlungsströme ausgeglichen, was letztlich einen marktwertsteigernden Effekt verhindert. Vgl. ebenda, Fn. 2.

251 Vgl. Hillier/Grinblatt/Titman (2008), S. 760. Die nachfolgenden Ausführungen zum Zusammenspiel der einzelnen Risikowirkungsebenen verdeutlichen den Zusammenhang zwischen der Steigerung der Einzahlungsüberschüsse und der Steigerung des Marktwerts des Unternehmens.

252 Vgl. Hachmeister (2005), S. 138-139.

253 Vgl. Franke/Hax (2004), S. 596. Zusätzlich zu einer entsprechenden Gestaltung der Bilanzpolitik kann das Risikomanagement zu diesem Zweck durch die Einschränkung von Gewinnrisiken im Zuge realer Transaktionen unter Beachtung der relevanten Rechnungslegungsvorschriften beitragen.

254 Vgl. zum Funktionsschutz des Kapitalmarkts, insbesondere zur Vertrauensschutzfunktion i.w.S sowie i.e.S. Merkt (2001), S. 348; 350.

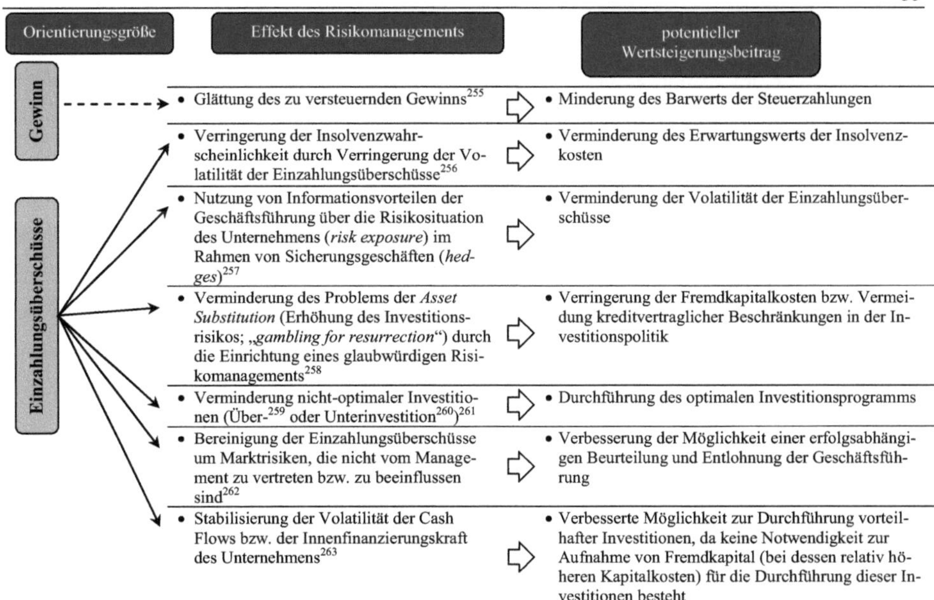

Abbildung 1: Wertsteigerungsbeitrag eines finanzwirtschaftlichen Risikomanagements

255 Dieser Effekt gilt jedoch nur unter der Prämisse eines konvexen Steuersystems (kein linearer Zusammenhang zwischen Bemessungsgrundlage und Steuerlast). Vgl. Pritsch/Hommel (1997), S. 684; Hachmeister (2005), S. 136; Hillier/Grinblatt/Titman (2008), S. 762.

256 Vgl. Pritsch/Hommel (1997), S. 683; Hachmeister (2005), S. 136.

257 Vgl. Hachmeister (2005), S. 136-137; Hillier/Grinblatt/Titman (2008), S. 760; Kajüter (2009), S. 111.

258 Vgl. von Randow (1996), S. 12-13; Pritsch/Hommel (1997), S. 679; Hachmeister (2005), S. 137.

259 Sofern alle Projekte mit positivem Kapitalwert durchgeführt wurden, ist das Management geneigt, weitere vorhandene Eigenmittel auch für Projekte zu verwenden, die keinen positiven Kapitalwert aufweisen (Überinvestition). Dieses Verhalten begründet sich auf der Sorge der Manager, dass sie das Unternehmen im Falle eines nach erfolgter Rückzahlung überschüssiger Zahlungsmittel an die Eigentümer auftretenden Kapitalbedarfs fremdfinanzieren müssen, was sie einer strengeren Kontrolle und Auszahlungsverpflichtungen aussetzen würde. Vgl. Jensen (1986), S. 323.

260 Opportunitätskosten, die auf die Risikoaversion des Managements zurückzuführen sind, werden durch ein Risikomanagement vermindert. Vgl. Kajüter (2009), S. 111.

261 Vgl. Pritsch/Hommel (1997), S. 676-679; Hachmeister (2005), S. 137-138.

262 Vgl. Hillier/Grinblatt/Titman (2008), S. 766-767; Hachmeister (2005), S. 137.

263 Vgl. Hillier/Grinblatt/Titman (2008), S. 765; von Randow (1996), S. 11-12; Pritsch/Hommel (1997), S. 680-682; Hachmeister (2005), S. 137-138. Die Stabilisierung der Cash Flow-Volatilität ist dabei u.U. negativ mit der Volatilität des steuerlichen Ergebnisses korreliert. Vgl. Hachmeister (2005), S. 139. Eine Stabilisierung der Innenfinanzierungskraft vermindert im gleichen Zug jedoch die Kontrolle durch den Kapitalmarkt. Eine effektive Corporate Governance kann hierbei dazu beitragen, die Einbußen des Kontrollverlusts zu kompensieren, um die Durchführung allein von wertsteigernden Investitionen zu gewährleisten. Vgl. Hachmeister (2005), S. 141. Die Gestaltung der Kapitalstruktur kann in diesem Zusammenhang im Zuge der Aufnahme von Fremdkapital ebenfalls als Lösungsvariante eines moral hazard-Interssenkonflikts gereichen. Über die daraus entstehende Verpflichtung des Managements, gleichmäßigen Auszahlungsverpflichtungen nachkommen zu müssen, werden der Geschäftsleitung überschüssige Eigenmittel (*free cash flows*) entzogen, die andernfalls etwa für Überinvestitionen hätten verwendet werden können. Vgl. Jensen (1986), S. 324; Hart (1995b), S. 128-129; Gerke (2001), Sp. 32. Zudem wirkt ein hoher Verschuldungsgrad als positives Signal gegenüber dem Kapitalmarkt, da die Gewährung von Krediten durch Banken einer detaillierten Kreditwürdigkeitsprüfung unterliegt. Vgl. Witt (2003), S. 25-26, der auch auf die negativen Folgen einer hohen Verschuldung (Kosten des Fremdkapitals), wie ein erhöhtes Konkursrisiko oder die eingeschränkte Flexibilität des Unternehmens, auf neue Marktchancen schnell reagieren zu können, hinweist. Daneben besteht ein *trade-off* zwischen den aufgezeigten Vorteilen der Fremdkapitalaufnahme und den Kosten des Fremdkapitals. Vgl. Gerke (2001), Sp. 32. *Witt* zeigt darüber hinaus weitere Möglichkeiten zur Linderung von Interessenkonflikten zwischen Managern und Anteilseignern auf. Vgl. Witt (2003), S. 22-34.

Vor diesem Hintergrund gilt es insbesondere, stets das **Zusammenwirken der verschiedenen Wirkungsebene des Risikos** zu beachten. So schlagen sich ungenügende Zahlungsströme mittelfristig zwangsläufig auf der Erfolgsebene[264] nieder, was über Reputationsverluste (bspw. verminderte Kreditwürdigkeit) wiederum zu einer Verminderung der Zahlungsströme führt.[265] In der langen Frist wirkt die Erfolgsentwicklung auf das Reinvermögen in Form des Eigenkapitals.[266] Einerseits wird hierbei durch eine negative (positive) Gewinnentwicklung das bilanziell zu Buchwerten ausgewiesene Eigenkapital dezimiert (gestärkt), andererseits, und dem ist eine weit größere Bedeutung beizumessen, wird das zu Marktwerten erfasste Eigenkapital durch die Verminderung der zukünftig erwarteten Free Cash Flows beeinflusst.[267] Abbildung 2 veranschaulicht das Zusammenspiel dieser Risikowirkungsebenen.[268]

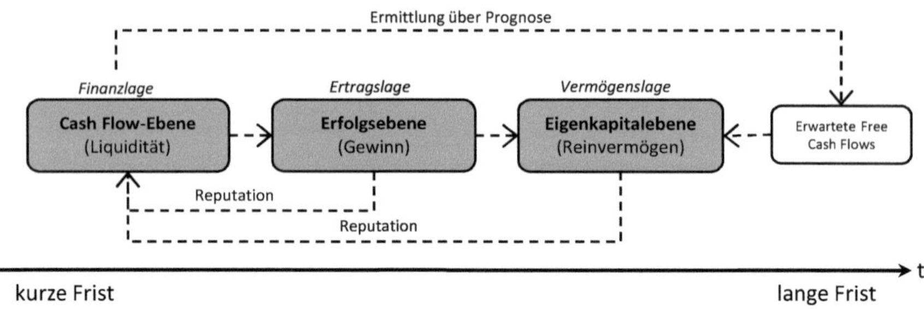

Abbildung 2: Zusammenspiel der Risikowirkungsebenen

Zusammenfassend lassen sich demnach eindeutig Wertsteigerungsbeiträge durch den Einsatz eines unternehmerischen Risikomanagement identifizieren.

In Deutschland wurde mit dem Gesetz zur Kontrolle und Transparenz im Unternehmensbereich (KonTraG) erstmalig eine gesetzliche Verpflichtung zur Einrichtung bestimmter Elemente eines Risikomanagementsystems in Aktiengesellschaften geschaffen, was u.a. Gegenstand der Ausfüh-

264 Im Sinne einer Gewinnentstehung aus Erträgen und Aufwendungen bzw. Erlösen und Kosten. Vgl. Volkart (2008), S. 914.

265 Vgl. Volkart (2008), S. 914. Entsprechend wird mittelfristig von einer Parallelität (der Stabilisierung) von Einzahlungsüberschüssen und (der Stabilisierung der) Erfolgsentwicklung ausgegangen.

266 Vgl. Volkart (2008), S. 914.

267 Vgl. Volkart (2008), S. 915.

268 Abbildung in Anlehnung an Volkart (2008), S. 915. In der Grafik symbolisiert die Pfeilrichtung stets eine verstärkende Wirkungsbeziehung. So geht eine positive (negative) Geschäftsentwicklung mit einer Steigerung (Verminderung) des Unternehmenswerts verbunden mit einer Stärkung (Schwächung) der Liquidität (operativer Cash Flow) sowie der gleichzeitig zunehmenden (abnehmenden) Kreditbereitschaft der Banken einher. Gemäß dieser prozyklischen Wirkungsweise lassen sich auch die häufig in der Praxis zu beobachtenden Auf- und Abwärtsspiralen erklären. Vgl. ebenda. Zur durch die Fair Value-Bewertung verursachte Prozyklik vgl. aktuell etwa Pellens/Sawazki/Zimmermann (23.09.2008).

rungen des nachfolgenden Kapitels ist und entsprechend unmittelbar Geltung für Teile der inhaltlichen Ausführungen zu IFRS 7 im Hauptteil vorliegender Arbeit erlangt.

2.3.1.2. Prozessuale Elemente, betriebswirtschaftlich institutionelle Einordnung sowie gesetzliche Normierung in Deutschland

Nachdem der Gegenstandsbereich sowie die Notwendigkeit eines unternehmerischen Risikomanagements im vorangehenden Kapitel aufgezeigt worden sind, widmen sich die folgenden Ausführungen der Darstellung der wesentlichen Elemente des Risikomanagementprozesses. Damit einhergehend werden die Aufgaben der mit den einzelnen Prozessschritten in börsennotierten Aktiengesellschaften betrauten Organe sowie Bereiche dargestellt sowie ggf. die entsprechende gesetzliche Grundlage nach deutscher Gesetzgebung aufgezeigt.

Grundlegend stellt sich das Risikomanagement als kontinuierlicher Prozess dar, als dessen Kernbestandteile (1) die Risikoidentifikation, (2) die Risikoanalyse (/-messung) (3) die Risikobewertung, (4) die Risikohandhabung sowie (5) die Risikokontrolle gelten.[269] Einige Autoren führen die **Risikostrategie**[270] dabei als ersten Prozessschritt an.[271] Einer prozessualen Einbindung der Risikostrategie soll im Folgenden jedoch nicht gefolgt werden, da sie m.E. vielmehr ein übergreifendes Bindeglied bzw. Rahmenwerk für die einzelnen Prozessschritte des Risikomanagements darstellt.[272]

Hinsichtlich des im Hauptteil vorliegender Arbeit angelegten Fokus auf die Risikoberichterstattung nach IFRS 7 ist für die nachfolgenden Ausführungen stets zu bedenken, dass gemäß IFRS 7.33 i.V.m. IFRS 7.IG15 umfassende, qualitative Angabepflichten für jedes im Unternehmen aus Finanzinstrumenten erwachsende Risiko kodifiziert sind. Entsprechend werden verbale Beschreibungen über den Umfang der Risiken sowie deren Entstehung als auch Erläuterungen über die Zielsetzungen, Regelungen und Verfahren des Risikomanagements sowie die Methoden der Risikomessung gefordert.[273] Die Regelungen des KonTraG üben somit durchaus einen direkten Einfluss auf die Berichterstattung gemäß den internationalen Rechnungslegungsstandards aus.

---

[269] Vgl. Ballwieser (2003), S. 433-434; Dobler (2004), S. 16-20; Dobler (2005), S. 145; Wygoda (2005), S. 41-45; ähnlich Kajüter (2009), S. 113; Weber/Weißenberger/Liekweg (2001), S. 52; Wall (2001), S. 213, Rn. 121; Denk/Exner-Merkelt/Ackerl (2005), S. 73; Brühwiler (2007), S. 83-84; Vielmeyer (2004), S. 57-58; Mikus (2001), S. 13; Wittmann (2001), S. 273, Rn. 321; Horváth (2006), S. 749; Reichmann (2001), S. 285, Rn. 370; Fasse (1995), S. 78-79; Oehler/Unser (2002), S. 20; Scharpf (1997), S. 740; Deutsches Institut für Interne Revision (IIR) (2001), Rn. 1; Wolke (2008), S. 4.

[270] Die Risikostrategie legt dabei fest, „in welchem Ausmaß, mittels welcher Instrumente und in welchen Märkten Risiken übernommen bzw. abgesichert werden. Zudem definiert sie grundsätzlich Kompetenzen und Zuständigkeiten für das Eingehen, Messen, Steuern und Überwachen der verschiedenen Risiken“. Dazu gehört auch die Festlegung von Limiten je Risikoart. Vgl. Denk/Exner-Merkelt/Ackerl (2005), S. 117.

[271] Vgl. Scharpf (1997), S. 740.

[272] Ebenso Denk/Exner-Merkelt/Ackerl (2005), S. 118.

[273] Vgl. hierzu insbesondere auch KPMG (2007), S. 119.

Zu betonen ist, dass sämtliche Schritte bzw. Maßnahmen im Rahmen des Risikomanagements einer ausreichenden **Dokumentation** zugeführt werden sollten. Daran schließt sich auch die Notwendigkeit zur Erstellung eines unternehmensweiten **Risikomanagement-Handbuchs** an, das den Mitarbeitern des Unternehmens zugänglich zu machen ist. Ein solches Handbuch dient darüber hinaus auch als Grundlage einer Nachvollziehung der Vornahme einzelner Maßnahmen durch sachverständige Dritte als auch insbesondere als Prüfungsgrundlage für den Wirtschaftsprüfer.[274]

2.3.1.2.1. Risikoidentifikation

Der ersten Phase des Risikomanagementprozesses, der Risikoidentifikation, kommt zentrale Bedeutung zu, da sich nicht-erkannte Risiken der Risikohandhabung schlichtweg in Gänze entziehen und somit letztlich die Intentionen des Risikomanagements nicht realisiert werden können.[275] Die Risikoidentifikation hat daher zum Ziel, endogene und exogene wie auch potentielle und bestehende Risiken systematisch, einheitlich und kontinuierlich zu erfassen,[276] wobei dies unter organisatorischen Aspekten idealerweise durch Einbindung möglichst vieler Mitarbeiter sowie die Schaffung eines angemessenen Risikobewusstseins[277] im Unternehmen zu bewerkstelligen ist.[278] Einerseits ist dazu die Festlegung von **Risikofaktoren/-arten**[279], einhergehend mit deren Zuordnung zu **Beobachtungsbereichen**[280], erforderlich[281] – zu Zwecken einer IFRS-konformen Risikoberichterstattung ist dabei eine Differenzierung in die gemäß IFRS 7 kodifizierten finanzwirtschaftlichen Risikokategorien[282] m.E. unabdingbar. Andererseits ist die Festlegung sowie unternehmensweite Kom-

274 Vgl. KPMG (2007), S. 116-117.

275 Vgl. Braun (1984), S. 217; Brühwiler (2007), S. 96.

276 Vgl. Weber/Weißenberger/Liekweg (2001), S. 55; Ballwieser (2003), S. 433; Wolf (2003), S. 55. *Fasse* führt dabei folgende Verfahren an, die zur Unterstützung der Identifikation von Risiken bzw. zur Erhöhung der Risikosensibilisierung angewandt werden können: Checklisten, Brainstorming, Simulation, Portfolio-Analysen, Lückenanalyse, Sensitivitätsanalysen, Nutzwertanalysen, Szenario-Technik, Delphi-Methode, Hard-/Soft-Spot-Analyse sowie Methoden der Frühwarnung. Vgl. Fasse (1995), S. 80 m.w.N.

277 Der zeitnahen Identifikation von Risiken steht vielfach ein nicht adäquates Risikobewusstsein insbesondere der Entscheidungsträger gegenüber. Vgl. Fasse (1995), S. 79.

278 Vgl. Emmerich (1999), S. 1080 m.w.N.

279 *Weber/Weißenberger/Liekweg* nehmen eine Klassifizierung nach sechs Typen von Risikofaktoren (Einflussfaktoren) vor: (1) generelle externe Einflussfaktoren, (2) Marktveränderungen, (3) leistungswirtschaftliche, (4) finanzwirtschaftliche, (5) organisatorische sowie (6) rechtliche Einflussfaktoren. Vgl. Weber/Weißenberger/Liekweg (2001), S. 55-56. Gemeinhin werden in der betriebswirtschaftlichen Literatur folgende Risikoarten unterschieden: (1) Preisirisiken, (2) Kreditrisiken, (3) Liquiditätsrisiken, (4) leistungswirtschaftliche Risiken, (5) Betriebsrisiken und (6) rechtliche Risiken. Vgl. Oehler/Unser (2002), S. 14-15. *Wolf* warnt hingegen von einer Anwendung von Risikokategorien, da dies die Kreativität der Mitwirkenden aufgrund eines einseitigen „Klassendenkens" einschränke. Vgl. Wolf (2003), S. 56.

280 Die Festlegung der Beobachtungsbereiche richtet sich in der Literatur häufig an der Organisationsstruktur des Unternehmens aus. Entsprechend wären bspw. der Beschaffungs-, Produktions-, Absatz-, FuE-, Personal- und Finanzierungsbereich anzuführen, mit Blick auf das außerbetriebliche Umfeld ebenfalls die konjunkturellen, politischen und soziodemografischen Entwicklungen. *Emmerich* kritisiert an dieser Kategorisierung jedoch, dass vielfach diversifizierte Industrieunternehmen ihre Berichtsstrukturen i.d.R. divisional (länder- und funktionsübergreifend) ausgestaltete haben. Entsprechend erscheine es zweckmäßiger, sich bei der Risikoerfassung an der bereits im Unternehmen implementierten Planungs- und Berichterstattungssystematik zu orientieren. Vgl. Emmerich (1999), S. 1080-1081.

281 Vgl. KPMG (2007), S. 118.

282 Dies sind: Kreditrisiken, Liquiditätsrisiken sowie Marktpreisrisiken (Währungs-, Zins- und andere Preisrisiken).

munikation einer zweckmäßigen Risikodefinition sowie Zielsetzung[283] des Unternehmens als Referenzpunkt nötig,[284] um u.a. im Rahmen der nachfolgenden Risikoanalyse potentielle Zielabweichungen, d.h. im eigentlichen Sinne das Risiko selbst, quantifizieren zu können. Daneben spielt in dieser ersten Phase die zeitnahe Erkennung quantitativer und qualitativer **Frühindikatoren**, die sich in zeitlicher Hinsicht vor dem Eintritt identifizierter Risikofaktoren verändern und daher Risikoeintrittsgefahren u.U. frühzeitig erkennen lassen, eine entscheidende Rolle.[285] Dahingehend lassen sich mit (1) den Frühwarnsystemen[286], den (2) Früherkennungssystemen[287] sowie (3) den Frühaufklärungssystemen[288] drei Entwicklungsstufen der Risikoidentifikation ausmachen.[289]

2.3.1.2.2. Risikoanalyse

Gegenstand der Risikoanalyse sind Fragestellungen, wie groß die Eintrittswahrscheinlichkeiten der identifizierten Risikofaktoren sind, welches Ausmaß das identifizierte Risiko annehmen kann und welche Interdependenzen[290] zwischen einzelnen Risikofaktoren existieren.[291] Im Kern geht es demnach um die Aufdeckung von **Ursache-Wirkungs-Beziehungen**[292] (Risikoszenario) hinsichtlich der identifizierten Risikofaktoren zur Bestimmung der (Gesamt-[293])Risikolage des Unternehmens,[294] um so den Entscheidungsträgern im Unternehmen den diesbezüglich vorrangigen Handlungsbedarf signalisieren zu können.[295] Die Güte der Risikoanalyse ist dabei entscheidend von der Qualität der im Zuge der Risikoidentifikation bereitgestellten Daten abhängig.[296] Neben objektiven

---

283 Vgl. zum Kommunikationserfordernis Emmerich (1999), S. 1080.

284 Vgl. Ballwieser (2003), S. 433; Dobler (2004), S. 16 m.w.N.

285 Die gilt insbesondere bei Industrieunternehmen. Vgl. Emmerich (1999), S. 1081.

286 Diese basieren weitgehend auf Kennzahlensystemen des internen und externen Rechnungswesens und haben die frühzeitige Erkennung negativer Entwicklungen zum Ziel. Frühindikatoren finden noch keine Anwendung. Vgl. Vielmeyer (2004), S. 59.

287 Früherkennungssysteme berücksichtigen sowohl Risiken als auch Chancen zukünftiger Entwicklungen. Sie ersetzen die rein quantitativen Kennzahlensysteme der Frühwarnsysteme durch indikatorbasierte Systeme. Neben quantitativen Kennzahlen kommen insbesondere auch qualitative Indikatoren zum Einsatz. Vgl. Vielmeyer (2004), S. 59-60.

288 Auf der letzten Evolutionsstufe wird anhand von (strategischen) Frühaufklärungssystemen versucht, strategische Unternehmensrisiken durch die Identifizierung von Diskontinuitäten in zukünftigen Entwicklungen auszumachen sowie Hinweise auf mögliche Gegenmaßnahmen zu geben. Sie basieren dabei auf dem von *Ansoff* konzipierten Konzept der *weak signals* (schwache Signale). Vgl. Vielmeyer (2004), S. 60-61. Zu den *weak signals* vgl. grundlegend Ansoff (1976).

289 Vgl. Vielmeyer (2004), S. 59-61.

290 Vgl. zur Korrelation von Risiken Brühwiler (2007), S. 98-99. Zur Aufdeckung von Interdependenzen zwischen Risiken bietet sich insbesondere die Faktorenanalyse an. Vgl. Fasse (1995), S. 82.

291 Vgl. Ballwieser (2003), S. 433; Brühwiler (2007), S. 98.

292 Dazu wird im Rahmen von Kausalanalysen der Einfluss von unabhängigen Variablen (Faktoren, die mögliche Ursachen von Risiken bilden könnten) auf abhängige Variablen (Unternehmensziele, bspw. mit den Zielgrößen Gewinn, Kapitalrendite, Umsatz) untersucht. Hierzu bieten sich Regressions-, Korrelations- und Varianzanalysen an. Vgl. Fasse (1995), S. 81-82.

293 Zur Notwendigkeit der Quantifizierung der Gesamtrisikolage vgl. Fasse (1995), S. 81.

294 Vgl. Brühwiler (2007), S. 98; Weber/Weißenberger/Liekweg (2001), S. 55, die diesen Schritt jedoch unter die (Chancen- und) Risikoidentifikation und nicht unter die Risikoanalyse subsumieren.

295 Vgl. Emmerich (1999), S. 1082.

296 Vgl. Fasse (1995), S. 80; 83.

Wahrscheinlichkeiten[297] kommen zur Einschätzung des potentiellen Risikoeintritts insbesondere auch subjektive Wahrscheinlichkeiten[298] zum Tragen, da viele Risiken einer quantitativen Datengrundlage entbehren.[299] Dabei kann die Beurteilung der Auswirkungen eines Risikos auf die Ziele des Unternehmens jedoch nicht allein anhand von quantitativen, monetären Größen erfolgen.[300] Diesem offensichtlichen Objektivierungsmangel zufolge besteht bei der Risikoanalyse ein erhebliches Maß an Spielraum und Unsicherheit.[301] Um dieser Unsicherheit zu begegnen, wird u.a. vorgeschlagen, sogenannte *risk maps* in Matrizenform im Rahmen der Risikoanalyse einzusetzen, „die die erwarteten Auswirkungen eines Risikoeintritts nach Wahrscheinlichkeit und nach Schadenausmaß ordinal skalieren“[302].[303]

2.3.1.2.3. Risikobewertung

Die Phase der Risikobewertung widmet sich der Fragestellung, welche Relevanz dem identifizierten Risiko beigemessen werden soll, d.h. ob es als wesentlich oder als vernachlässigbar anzusehen ist.[304] Entsprechend schlägt sie die Brücke zum Zielsystem des Unternehmens, indem eine Beurteilung der Risikofaktoren anhand festgelegter Zielabweichungskennzahlen vorgenommen wird.[305] Dabei ist die Aggregationsebene der Risiken von Bedeutung, da man je nach Betrachtung – Einzelrisiko vs. Gesamtrisiko – zu unterschiedlichen Einschätzungen gelangen kann.[306] Auch die Risikowahrnehmung der handelnden Akteure stellt einen maßgeblichen Einflussfaktor dar.[307] Ergebnis der Risikobewertung ist die Entscheidung, welche Risiken akzeptiert werden können und welche Risiken im Rahmen der Risikohandhabung, dem nächsten Prozessschritt, aktiv zu steuern sind.[308]

---

297 Unter die objektiven Wahrscheinlichkeiten werden die statistischen Wahrscheinlichkeiten als auch die mathematischen Wahrscheinlichkeiten, die aus dem klassischen Wahrscheinlichkeitskonzept gewonnen werden, subsumiert. Vgl. Laux (2007), S. 123-125; Bitz (1981), S. 15.

298 Da neben der Bestimmung von Eintrittswahrscheinlichkeiten für Einzelrisiken dem Risikomanagement in dieser Phase ebenfalls die Aufgabe zuteil wird, idealerweise eine Wahrscheinlichkeitsverteilung für das angestrebte Gesamtergebnis des Unternehmens bereitzustellen, erfährt die mit den subjektiven Wahrscheinlichkeiten verbundene Problematik eine gewisse Potenzierung. Vgl. Fasse (1995), S. 81.

299 Vgl. Brühwiler (2007), S. 100-101; Dobler (2004), S. 17; Emmerich (1999), S. 1082-1083; Fasse (1995), S. 81.

300 Vgl. Brühwiler (2007), S. 101. So sind etwa die Reputation, das Vertrauen der Anspruchsgruppen oder die unternehmerische Verpflichtung zur Nachhaltigkeit nur schwer einer quantitativen Beurteilung zugänglich. *Emmerich* plädiert hingegen in Bezug auf Industrieunternehmen für eine „Quantifizierung wesentlicher Risiken“ in monetären Größen, da nur so eine eventuelle Bestandsgefährdung des Unternehmens zu Tage treten könne. Vgl. Emmerich (1999), S. 1082.

301 Vgl. Brühwiler (2007), S. 101.

302 Dobler (2004), S. 17.

303 Vgl. hierzu durchaus kritisch Dobler (2004), S. 17-18 sowie die Darstellung bei KPMG (2007), S. 120.

304 Vgl. Ballwieser (2003), S. 433.

305 Vgl. Liebwein (2000), S. 29-31.

306 Vgl. Brühwiler (2007), S. 102.

307 Vgl. Brühwiler (2007), S. 105-107. Die Wahrnehmung bewegt sich dabei individuell verschieden zwischen den Polen positiver Risikowahrnehmung (Risikofreudigkeit) und negativer Risikowahrnehmung (Risikoaversion).

308 Vgl. Conrow (2000), S. 26-27.

2.3.1.2.4. Pflicht zur Einrichtung eines Risikofrüherkennungssystem nach deutschem Handelsrecht

Aufgrund ihrer Funktion als „Informationssystem zur Entscheidungsvorbereitung"[309] zu Selektion und Einsatz des Instrumentariums der Risikohandhabung[310] werden die **ersten drei Prozessschritte – Risikoidentifikation, -analyse und –bewertung** – entsprechend auch als **Risikofrüherkennungssystem** bezeichnet.[311] Die Risikokommunikation stellt sich hierbei als notwendiges Mittel zur praktischen Umsetzung der Risikofrüherkennung im Unternehmen dar.

Das in Deutschland für die Normierung der aktiengesetzlichen Pflichten zum Risikomanagement zentrale Gesetz zur Kontrolle und Transparenz im Unternehmensbereich (KonTraG), das am 05. März 1998 vom Deutschen Bundestag verabschiedet wurde, verpflichtet seit seinem In-Kraft-Treten am 1. Mai 1998 den **Vorstand** einer börsennotierten Aktiengesellschaft[312] zur Einrichtung eines solchen Früherkennungssystems.[313] Diese Verpflichtung sowie die damit einhergehende explizite Pflicht zur Einrichtung eines darauf ausgerichteten **internen Überwachungssystems** (IÜS)[314] ergeben sich dabei aus dem abstrakt formulierten Text des Aktiengesetzes:

> Der Vorstand hat geeignete Maßnahmen zu treffen, insbesondere ein Überwachungssystem einzurichten, damit den Fortbestand der Gesellschaft gefährdende Entwicklungen früh erkannt werden (§ 91 Abs. 2 AktG).

Beide Verpflichtungen erwachsen dabei aus der allgemeinen **Leitungspflicht**[315] des **Vorstands** gemäß § 76 Abs. 1 AktG, die im Zuge des KonTraG eine Hervorhebung erfährt, und konkretisieren dessen **Sorgfaltspflicht**[316] gemäß § 93 Abs. 1 Satz 1 AktG.[317] Demnach soll gewährleistet werden, dass der Vorstand über (1) das Unternehmen in seinem Bestand bzw. seiner Existenz gefährdende

309 Dobler (2004), S. 18.
310 Vgl. Fasse (1995), S. 83.
311 Vgl. Emmerich (1999), S. 1079-1084, wobei *Emmerich* auch die Risikokommunikation (vor dem Hintergrund von IDW PS 340 „Die Prüfung des Risikofrüherkennungssystems nach § 317 Abs. 4 HGB") als viertes Element des Risikofrüherkennungssystems anführt. *Brühwiler* bezeichnet diese drei Phasen auch als Risikobeurteilung. Vgl. Brühwiler (2007), S. 96.
312 Im Konzernverbund sind Mutterunternehmen i.S.v. § 290 HGB ebenfalls zu einer konzernumfassenden Risikofrüherkennung und internen Kontrolle verpflichtet, sofern von den Tochtergesellschaften bestandsgefährdende Risiken ausgehen können. Vgl. Kajüter (2009), S. 112-113. *Bitz* merkt an, dass dies allerdings nicht der Regelfall sein dürfte. Er weist aber darauf hin, dass solche von den Tochterunternehmen ausgehenden Risiken bspw. für den Fall des Vorliegens von Verlustausgleichsverpflichtungen seitens des Mutterunternehmens von Relevanz sein können. Vgl. Bitz (2000), S. 232.
313 Kajüter (2009), S. 112; Pahlke (2002), S. 1683.
314 Siehe hierzu insbesondere die Ausführungen weiter unten im Text unter „Internes Überwachungssystem".
315 Siehe für eine nähere Erläuterung der Leitungspflicht des Vorstands einer AG Fleischer/Ekkenga (2006), § 1, Rn. 1-95.
316 Zu den Sorgfaltspflichten des Vorstands gehören u.a. die Festlegung der Unternehmenspolitik, die zugehörige funktionsfähige Unternehmensüberwachung und die Koordination der verschiedenen Führungsebenen. Vgl. Brebeck/Hermann (1997), S. 382.
317 Vgl. Bitz (2000), S. 232; Kajüter (2009), S. 112.

Risiken[318] sowie (2) Risiken, die sich wesentlich nachteilig auf die Vermögens-, Ertrags- und Finanzlage auswirken können,[319] frühzeitig im Bilde ist, um sie entsprechend organisatorisch absichern zu können.[320]

Eine Ergänzung sowie Konkretisierung der Vorschrift des § 91 Abs. 2 AktG zur Einrichtung eines Risikofrüherkennungs- und eines internen Überwachungssystems sind darüber hinaus in weitere gesetzliche und berufsständische Normen eingebettet, was ihr insofern neben dem Vorstand auch für andere Organe des Unternehmens – zuvorderst der Aufsichtsrat aber auch der Abschlussprüfer, die Interne Revision und das Controlling – Bedeutung verleiht.[321] So hebt etwa der Deutsche Corporate Governance Kodex (DCGK) hervor:

> „Der Vorstand sorgt für ein angemessenes Risikomanagement und Risikocontrolling im Unternehmen." (Ziffer 4.1.4 DCGK)[322]

Auch wenn hier weder § 91 Abs. 2 noch dessen Wortlaut explizit genannt werden, stellt der DCGK damit unmittelbar auf diese aktienrechtliche Normierung ab.[323]

Unter institutionellen Aspekten ist für die Konzeption und Einrichtung eines Risikomanagementsystems in Unternehmen grundsätzlich das **Controlling** prädestiniert.[324] Eine diesbezügliche Orientierung des Controlling ist dabei etwa anhand des COSO[325] *Enterprise Risk Management – Integrated Framework* (ERM)[326] möglich.[327] Zur Unterstützung des Vorstands bei der Ausübung seiner Sorgfaltspflicht werden aber insbesondere auch die mit der Risikofrüherkennung und Risikoberichterstattung einhergehenden Aufgaben[328] üblicherweise durch das Controlling i.S.d. **Führungsunter-**

---

318 Vgl. Bitz (2000), S. 232-233; Kajüter (2009), S. 112.

319 Vgl. Bitz (2000), S. 233.

320 Vgl. Bitz (2000), S. 233. Als Anlass für die Kodifizierung dieser Pflichten durch das KonTraG sind entsprechend diverse Unternehmensskandale bzw. –zusammenbrüche anzuführen, wie bspw. der Beinahe-Konkurs der Frankfurter *Metallgesellschaft*. Daneben sind die Zusammenbrüche der *Balsam AG* und der *Flowtex Technologie GmbH & Co. KG*, die Schneider-Affäre sowie die Schadensersatzklagen gegen ehemalige Vorstände der Düsseldorfer Rechtsschutzversicherung *ARAG* zu nennen. Vgl. Bitz (2000), S. 231.

321 Vgl. Kajüter (2009), S. 113; Dobler (2005), S. 148.

322 Regierungskommission Deutscher Corporate Governance Kodex (2010), S. 6.

323 Vgl. Ringleb, et al. (2008), S. 141 ff. Die Verwendung der Begrifflichkeit „Risikomanagement" anstatt des enger gefassten Begriffs „Risikofrüherkennungssystems" deutet bereits auf die unter nachfolgendem Kapitel 2.3.1.2.5. zur Risikohandhabung dargestellten Diskussion zwischen Teilen der rechtwissenschaftlichen und betriebswirtschaftlichen Literatur über die im Zuge des KonTraG tatsächlich kodifizierten Gesetzespflichten hin. Im Kern geht es dabei um die Frage, ob das KonTraG lediglich die Einrichtung eines Risikofrüherkennungssystems oder aber doch die Einrichtung eines umfassenden Risikomanagementsystems samt passendem Überwachungssystem fordert.

324 Vgl. Kajüter (2009), S. 116-119.

325 Steht für *Committee of Sponsoring Organizations of the Treadway Commission*.

326 Vgl. Committee of Sponsoring Organizations of the Treadway Commission (2004).

327 Vgl. Kajüter (2009), S. 116.

328 Vgl. Martin/Bär (2002), S. 125. Diese resultieren primär aus den in §§ 289 und 315 HGB (siehe dazu die Ausführungen weiter unten im Text zur „Risikoberichterstattung) sowie § 91 Abs. 2 kodifizierten Pflichten.

stützung koordiniert (Koordinationsfunktion).[329] Entsprechend besteht eine diesbezüglich enge institutionelle Verzahnung zwischen Controlling und Geschäftsführung.[330]

Innerhalb des Controllings werden diese Aufgaben, wie bereits die Forderung des DCGK, Ziffer 4.1.4 andeutet, speziell durch das **Risikocontrolling** wahrgenommen.[331] Die primären Funktionen des Controllings – zielorientierte Koordination von Planung, Informationsversorgung, Kontrolle und Steuerung[332] – gelten dabei im Speziellen auch für das Risikocontrolling, da dessen Separierung bzw. Abspaltung als „eigenständige risikoinduzierte Teilaufgabe aus dem generellen Aufgabenspektrum des Controlling"[333] nicht gelingt. Als Hauptaufgabe des Risikocontrollings wird dabei die Bereitstellung von Informationen[334] für Entscheidungen des Risikomanagements angesehen, indem alle relevanten Risiken identifiziert und quantifiziert werden (Risikofrüherkennung) als auch eine Ermittlung der verschiedenen Optionen der Risikohandhabung stattfindet.[335]

Indem sich die aus § 91 Abs. 2 AktG erwachsenden Verpflichtungen aus der Leitungspflicht des Vorstands ergeben, sind sie unmittelbarer Gegenstand der Überwachungspflicht des **Aufsichtsrats** gemäß § 111 Abs. 1 AktG.[336] Der Aufsichtsrat kann dabei einerseits die Prüfungsergebnisse des Abschlussprüfers (§ 321 HGB; Prüfungsbericht) heranziehen sowie besondere Prüfungsschwerpunkte im Zuge der Erteilung des Prüfungsauftrags (§ 111 Abs. 2 Satz 3 AktG) mit dem Prüfer vereinbaren.[337] Darüber hinaus ist der Aufsichtsrat zur Überwachung der Wirtschaftlichkeit des eingerichteten Risikofrüherkennungs- und Überwachungssystems angehalten.[338]

§ 317 Abs. 4 HGB verlangt aufbauend auf § 91 Abs. 2 AktG die Prüfung der Existenz, Eignung und Funktionsfähigkeit des Risikofrüherkennungs- und explizit des „danach einzurichtenden Überwachungssystem[s]" bei börsennotierten Aktiengesellschaften durch den **Abschlussprüfer**, auf dessen Ergebnis der Prüfer gemäß § 321 Abs. 4 HGB im besonderen Teil des seinerseits zu erstellenden Prüfungsberichts einzugehen hat. Dabei findet diese Systemprüfung durch den Abschlussprüfer nach Maßgabe der berufsständischen Norm IDW PS 340 statt.[339]

---

329 Vgl. Martin/Bär (2002), S. 125; Kajüter (2009), S. 115-116; 119, zur Unterstützung des Geschäftsleitung durch das Controlling bei der permanenten Risikofrüherkennung siehe insbesondere S. 119-126.

330 Vgl. Horváth (2006), S. 247.

331 Vgl. Martin/Bär (2002), S. 121-130; Kajüter (2009), S. 116.

332 Ähnlich Wolke (2008), S. 239.

333 Troßmann/Baumeister/Werkmeister (2008), S. 157.

334 Zur Risikoberichterstattung vgl. Kapitel 2.2.2.1.

335 Vgl. Baetge/Jerschensky (1999), S. 173. *Wolke* sieht dabei in der Koordinationsfunktion des Risikocontrollings eine besonders hervorzuhebende Aufgabe. Vgl. Wolke (2008), S. 239.

336 Vgl. Pahlke (2002), S. 1680-1684; Dobler (2005), S. 114.

337 Vgl. Kajüter (2009), S. 114.

338 Vgl. Kajüter (2009), S. 114.

339 Vgl. Kajüter (2009), S. 113 m.w.N.; Bitz (2000), S. 234.

Während sich das Risikofrüherkennungssystem (wie auch dessen Überwachungssystem) offen für allgemeine betriebswirtschaftliche Handlungsempfehlungen gestaltet,[340] kann der nachfolgende Schritt der Risikohandhabung hingegen weitgehend nur nach Maßgabe unternehmensindividueller Spezifika (u.a. Sicherheitsziele[341]) gehandhabt werden.[342]

2.3.1.2.5. Risikohandhabung

Die Risikohandhabung versucht im Anschluss an die Risikofrüherkennung anhand bestimmter Maßnahmen die Einflussfaktoren des Risikos gänzlich zu beseitigen oder aber zu kompensieren, je nachdem ob das Unternehmen die eingeschlagene Strategie i.S.e. gänzlichen **Risikovermeidung**[343] ändern will oder eine **Verminderung der bestehenden Risikoposition** anstrebt.[344] Auch kann ein Unternehmen im Zuge der **Risikoakzeptanz** a priori auf sämtliche Absicherungsmaßnahmen identifizierter Risiken verzichten.[345] Da der Risikoakzeptanz wie auch der -vermeidung in der Praxis jedoch nur eine untergeordnete Bedeutung zukommt,[346] bewegen sich die Maßnahmen der Risikohandhabung überwiegend im Rahmen des Kontinuums zwischen den beiden Polen vollständiger Vermeidung und vollständigen Akzeptanz der unternehmerischen Risiken.[347]

Diese Maßnahmen lassen sich entsprechend weiter differenzieren. So werden Unternehmen häufig versuchen, eine **Risikokompensation** zu erreichen, indem bestehende Risikopositionen durch den Abschluss (unternehmensinterner oder -externer) gegenläufiger Geschäfte im Sinne der Diversifikation nach *Markowitz*[348] abgesichert werden.[349] Die Kompensation wird dabei vorwiegend durch das

---

340 Vgl. Wolf (2003), S. 75-76; Bitz (2000), S. 233.

341 Vgl. Farny (1979), S. 32.

342 Vgl. Fasse (1995), S. 79.

343 Die grundlegende Vermeidung von Risiken, bspw. durch die Unterlassung risikobehafteter Geschäftsabschlüsse, dürfte jedoch zumindest für Situationen mit symmetrischem Risikoprofil ausscheiden, da durch die Dominanz eines derartigen Sicherheitsdenkens andere Unternehmensziele wie der Shareholder Value in den Hintergrund treten würden, indem in der Folge der Vermeidung bestimmter Risiken ebenfalls auf die Möglichkeit zur Wahrnehmung damit einhergehender Chancen verzichtet wird. Vgl. Weber/Weißenberger/Liekweg (2001), S. 62; Horváth (2006), S. 751. *Wygoda* bezeichnet mit dem Begriff der Risikoverminderung eine abgeschwächte Form der Risikovermeidung. Hierzu könne zum einen an den Risikoursachen (Reduzierung der Risikoeintrittswahrscheinlichkeit) und zum anderen an der Risikowirkung (Verminderung des potentiellen Schadens für das Unternehmen) angesetzt werden. Vgl. Wygoda (2005), S. 43, ebenso Wolf (2003), S. 61. Mit letzterer Variante dürfte dabei gemeinhin die nachfolgend behandelte Risikokompensation gemeint sein.

344 Vgl. Ballwieser (2003), S. 433; Wygoda (2005), S. 42-43; Weber/Weißenberger/Liekweg (2001), S. 61-62; Wolf (2003), S. 60.

345 Vgl. Weber/Weißenberger/Liekweg (2001), S. 61; Horváth (2006), S. 751. Damit verbunden sein kann die unternehmerische Absicht, etwaige Chancen nutzen zu wollen, indem Risiken mit geringen Eintrittswahrscheinlichkeiten wie auch geringen potentiellen Auswirkungen bewusst getragen werden oder aber aus dem Kalkül des kaufmännischen Wagnisses heraus für die volle Akzeptanz eines Risikos bei alternativ nur vollumfänglich möglicher Risikovermeidung optiert wird. Vgl. Weber/Weißenberger/Liekweg (2001), S. 61. Allerdings sollte diese Vorgehensweise für den Fall des tatsächlichen Risikoeintritts auch eine aktive Risikovorsorge, bspw. durch die Bildung von Rücklagen, beinhalten. Vgl. Horváth (2006), S. 751; Denk/Exner-Merkelt/Ackerl (2005), S. 120.

346 Vgl. bzgl. der Risikoakzeptanz Ballwieser (2003), S. 433-434, bzgl. der Risikovermeidung Weber/Weißenberger/Liekweg (2001), S. 62.

347 Vgl. Dobler (2004), S. 19.

348 Vgl. grundlegend Markowitz (1997).

349 Vgl. Weber/Weißenberger/Liekweg (2001), S. 61; Götz (1997), S. 3276; Wygoda (2005), S. 44.

im Finanzbereich angesiedelte *hedging*[350] erreicht, womit einerseits finanzielle Risiken,[351] aber auch leistungswirtschaftliche Risiken[352] abgesichert werden können.

Als weitere Möglichkeit der Risikohandhabung können durch die **Risikoübertragung** bzw. -**überwälzung** Risiken entweder gegen Zahlung einer Prämie auf eine Versicherung (nur reine bzw. versicherbare Risiken)[353] oder per vertraglicher Regelung auf einen anderen Vertragspartner[354] übertragen werden.[355]

Gemäß § 76 Abs. 1 AktG (Leitungspflicht) handelt es sich beim Eingehen von Risiken – im Sinne einer unternehmerischen Notwendigkeit – generell um eine dem **Vorstand** obliegende Ermessensentscheidung.[356] Auch die unternehmensindividuelle Ausgestaltung der zu ergreifenden Maßnahmen der Risikohandhabung liegt dabei im Sinne einer originären Führungsaufgabe allein im Leitungsermessen des Vorstands.[357]

Die bloße Pflicht, entsprechend risikomindernde Maßnahmen ergreifen zu müssen, lässt sich jedoch darüber hinaus nach Maßgabe einer entsprechend komplexen und umfangreichen Unternehmensstruktur[358] aus der **Leitungspflicht** des **Vorstands** gemäß § 76 Abs. 1 AktG sowie dessen **Sorgfaltsplicht** gemäß § 93 Abs. 1 AktG ableiten, da für den Vorstand als ordentlichen und gewissenhaften Geschäftsführer die Pflicht besteht, unangemessene, unverhältnismäßige oder gar den Bestand des Unternehmens gefährdende Risiken zu vermeiden.[359] Insofern bestand also bereits vor Einführung des KonTraG durchaus eine Pflicht zur Identifikation sowie Handhabung von Risiken, die sich zwar im Sinne eines **angemessenen Risikomanagementsystems** an den unternehmensindividuellen Umständen zu orientieren hat, jedoch damit über den Regelungsbereich des § 91 Abs. 2 AktG nach Auffassung von *Pahlke* entschieden hinausgeht.[360]

Dem **KonTraG** kommt folglich über die Einführung der expliziten Pflicht zur Einrichtung eines Risikofrüherkennungssystems samt eines darauf ausgerichteten internen Überwachungssystems

---

350 Vgl. hierzu auch die Definition des finanzwirtschaftlichen Risikomanagements in Kapitel 2.3.1.1., das häufig synonym mit dem Begriff des *hedging* verwendet wird.

351 Vgl. Weber/Weißenberger/Liekweg (2001), S. 61.

352 Vgl. Bitz (1993), S. 643-644.

353 Vgl. Ballwieser (2003), S. 433, Weber/Weißenberger/Liekweg (2001), S. 61. Versicherbare Risiken sind i.d.R. im statistischen Sinne messbar. Entsprechend liegt in einem Mangel an Messbarkeit der Grund, warum viele Risiken nicht versicherbar sind. Vgl. Brühwiler (2007), S. 100.

354 Vgl. Weber/Weißenberger/Liekweg (2001), S. 61. Bspw. könnte ein Zulieferer bestimmte Forschungs- und Entwicklungsrisiken übernehmen. Vgl. Wygoda (2005), S. 43-44.

355 Vgl. Wygoda (2005), S. 44; Wolf (2003), S. 61; Horváth (2006), S. 751.

356 Vgl. Götz (1997), S. 3276.

357 Vgl. Kajüter (2009), S. 112.

358 Vgl. Bitz (2000), S. 236-237.

359 Vgl. Pahlke (2002), S. 1683. Dass diese Pflicht des Vorstands existiert, war bereits vor dem In-Kraft-Treten des KonTraG anerkannt. Vgl. Picot (2001), S. 12 Rn. 38; Kindler (1998), S. 106.

360 Vgl. Pahlke (2002), S. 1683.

deklaratorischer Charakter hinsichtlich des Bereichs der Risikoidentifikation zu.[361] Im Umkehrschluss scheint der weitgehend rechtswissenschaftliche Teil der Literatur § 91 Abs. 2 AktG m.E. jedoch dahingehend fehlzuinterpretieren, als dass der Gesetzgeber damit keine weiteren, über die genannten Maßnahmen zur Risikoidentifikation hinausgehenden Maßnahmen verlange.[362] Die Pflicht zur Einrichtung eines **umfassenden Risikomanagementsystems**, das sämtliche (in diesem Kapitel dargestellten) Prozessschritte beinhaltet und jedwede Risiken entsprechend der unternehmensindividuellen Risikostrategie ungeachtet deren potentieller Schadenshöhe einbezieht, wird insofern als nicht von den durch das KonTraG eingeführten aktienrechtlichen Normen abgedeckt angesehen.[363] Dieser Auffassung ist zunächst zuzustimmen, verlangt § 91 Abs. 2 AktG doch allein die rechtzeitige Erkennung bestandsgefährdender sowie wesentlicher Risiken.[364] Abzulehnen ist m.E. in diesem Zusammenhang jedoch die Begriffsbezeichnung des „umfassenden Risikomanagements"[365], da sie den Eindruck der Möglichkeit einer unternehmensübergreifenden Determinierbarkeit des Risikomanagements erweckt. Teilen der Betriebswirtschaftslehre wird dabei unterstellt, sie würden für eine (gesetzlich auf dem KonTraG aufbauende) dahingehende Standardisierung plädieren.[366] Nach der h.M. unter den Betriebswirten ist jedoch das Gegenteil der Fall. Das Risikomanagement eines Unternehmens dürfte sich nach der überwiegenden betriebswirtschaftlichen Auffassung entsprechend stets nach unternehmensindividuellen Spezifika auszurichten haben, was es insofern einvernehmlich mit der Gesetzesbegründung zum KonTraG[367] m.E. treffender als **angemessenes Risikomanagement** zu beschreiben verlangt.[368] Neben (offensichtlich) bestandsgefährdenden Entwicklungen hat ein derartiges Risikomanagement auch solche Einzelrisiken einzubeziehen, die für sich allein genommen zwar noch zu keiner Bestandsgefährdung führen, auf aggregierter Ebene dazu aber sehr wohl in der Lage sein können.[369] Zwar verwendet auch *Pahlke* in Anlehnung an den Referentenentwurf (22.11.1996) bzw. die Regierungsentwürfe (07.11.1997;

---

361 Vgl. Dobler (2005), S. 147; Dobler (2004), S. 21 m.w.N.

362 So auch Dobler (2005), S. 147; Dobler (2004), S. 25.

363 Vgl. stellvertretend Pahlke (2002), S. 1682; Bitz (2000), S. 236-237 sowie die Risikohandhabung vom Anwendungsbereich des KonTraG explizit ausnehmend Escher-Weingart (1999), S. 917, Fn. 179. Eine zwischen dieser rechtswissenschaftlichen und der nachfolgend dargestellten betriebswirtschaftlichen Auffassung vermittelnde Auffassung, erkennt zwar die dieselben Grenzen der gesetzlichen Pflichten wie die rechtswissenschaftliche Auffassung an, plädiert darüber hinaus jedoch für die Risikofrüherkennung auf Basis eines darüber hinausgehenden funktionsfähigen Risikomanagements, da das KonTraG unter dem Leitgedanken der „Insolvenzprophylaxe" stehe. Die von der Betriebswirtschaftslehre vorgetragenen Detailregelungen könnten hingegen nicht als dem gesetzlichen Pflichtrahmen zugehörig angesehen werden. Vgl. Pahlke (2002), S. 1681.

364 Vgl. Dobler (2004), S. 24.

365 Ein umfassendes Risikomanagement wird von *Pahlke* als „eine systematische Analyse und Bewertung von Risiken und einer dem Unternehmensziel entsprechenden Risikopolitik" beschrieben. Vgl. Pahlke (2002), S. 1680.

366 Vgl. Pahlke (2002), S. 1681.

367 Vgl. Deutscher Bundestag (28.01.1998), S.15; Deutscher Bundesrat (07.11.1997), S. 36.

368 *Glaum/Förschle* wählen diesbezüglich etwa den Begriff eines „adäquaten" Risikomanagement-Systems. Vgl. Glaum/Förschle (2000), S. 17-18.

369 Vgl. zur Gefahr der Vernachlässigung einer Betrachtung nicht-bestandsgefährdender Einzelrisiken Dobler (2004), S. 25 m.w.N.

28.01.1998)[370] zum KonTraG den Begriff des „angemessenen/funktionsfähigen Risikomanagements“,[371] betrachtet ihn jedoch m.E. nicht differenziert genug, sondern setzt ihn schlichtweg mit der „Früherkennung bestandsgefährdender Entwicklungen“ gleich, was in der Konsequenz jegliche Maßnahmen, die über die Risikofrüherkennung hinausgehen, ausschließt.[372]

Andere Teile der Literatur, die sich zuvorderst aus Vertretern der betriebswirtschaftlichen Disziplin zusammensetzen, sind hingegen der Auffassung, dass sich diese enge Auslegung des KonTraG allenfalls auf den expliziten Gesetzeswortlaut stützen könne, im Zuge einer Kontextbetrachtung u.a. mit anderen Normen jedoch nicht als haltbar angesehen werden könne[373] und folglich eine **faktische Pflicht**[374] zur **Einrichtung eines angemessenen Risikomanagementsystems** bestehe, welches „risikopolitische Maßnahmen, Chancen und solche Risiken im engen Sinne, die einzeln betrachtet nicht bestandskritisch sind“[375] sowohl im Rahmen der Risikofrüherkennung als auch im Rahmen der Risikohandhabung zu berücksichtigen hat.[376] Dafür sprechen mehrere Gründe:

(1) die Konkretisierung der bereits erwähnten Leitungs- und Sorgfaltspflichten vernachlässigt die Risikohandhabung aus gutem Grund, da eine adäquate Risikohandhabung im Sinne einer unternehmerischen Entscheidung noch weniger als eine adäquate Risikofrüherkennung im Sinne der Entscheidungsvorbereitung gesetzlich verankert werden kann;
(2) die Herauslösung des Risikofrüherkennungssystems aus dem Risikomanagementprozess muss zwangsläufig scheitern;
(3) der Terminus der bestandsgefährdenden Risiken lässt sich nicht auf eine unmittelbar drohende Überschuldung und Zahlungsunfähigkeit begrenzen, was vielmehr auch solche er-

---

370 Vgl. Deutscher Bundesrat (07.11.1997); Deutscher Bundestag (28.01.1998).

371 Sie bezieht sich dabei auf den Referentenentwurf (22.11.1996) bzw. die Regierungsentwürfe (07.11.1997; 28.01.1998) zum KonTraG, die hinsichtlich § 91 Abs. 2 AktG einmütig von einer Verdeutlichung der „Verpflichtung des Vorstands, für ein angemessenes Risikomanagement und eine angemessene interne Revision zu sorgen“ sprechen. Vgl. Pahlke (2002), S. 1682 sowie für das Zitat Deutscher Bundestag (28.01.1998), S.15; Deutscher Bundesrat (07.11.1997), S. 36.

372 Vgl. Pahlke (2002), S. 1682 (ebenso das Zitat). Darüber hinaus könne die oben abgeleitete Pflicht des Vorstands zur Risikoidentifikation und -handhabung (ungeachtet des KonTraG) nicht zur pflichtmäßigen Einrichtung eines „umfassenden“ Risikomanagement gereichen, da sich die bisher von der Betriebswirtschaftslehre hierzu unterbreiteten Ausgestaltungsvorschläge zu keinem allgemein anerkannten Standard verdichtet hätten. Wäre dies der Fall, so würde dieser nämlich als anerkannter Grundsatz ordnungsgemäßer Geschäftsführung in den normativen Sorgfaltsmaßstab des § 93 I 1 AktG einfließen. Vgl. Pahlke (2002), S. 1683.

373 Vgl. Dobler (2005), S. 147. Angeführt werden hier die risikobezogenen Berichtspflichten an den Aufsichtsrat (v.a. § 90 Abs. 1 Nr. 1 AktG) als auch die im Rahmen der externen Rechnungslegung für den Lagebericht kodifizierten Verpflichtungen (v.a. §§ 289, 315 HGB).

374 Die detaillierte Abgrenzung der Pflichten des Vorstands bei der Geschäftsführung (§ 77 Abs. 1 AktG) ist dabei insbesondere bei der Erörterung von Haftungsfragen von entscheidender Relevanz. Entsprechend gilt dies auch für den Aufsichtsrat, da sich der Gegenstandsbereich dessen Überwachungspflicht gemäß § 111 Abs. 1 AktG unmittelbar auf die aus der Leitungs- und Sorgfaltspflicht des Vorstands erwachsenden Verpflichtungen bezieht. Vgl. Pahlke (2002), S. 1683.

375 Dobler (2004), S. 25.

376 So wohl auch Dobler (2004), S. 25; Lück (1998), S. 8-13.

kennbaren Entwicklungen mit einzubeziehen gebietet, die zu einer dauerhaften Beeinträchtigung der Rentabilität des Unternehmens führen;

(4) die Risikoberichterstattung an den Aufsichtsrat als auch im Rahmen der Rechnungslegung umfasst mit dem gesamten Risikomanagement weit mehr als (unmittelbar) bestandsgefährdende Risiken.[377]

Dieser Auffassung ist – insbesondere aufgrund des letzten Punkts – zu folgen.

Der **Aufsichtsrat** muss bei der Überwachung der allgemeinen Leitungstätigkeit des Vorstands mithin kontrollieren, ob dieser seine Verpflichtung zur Risikoerkennung und -bewältigung sorgfältig ausübt.[378] Entsprechend besteht m.E. aus oben genannten Gründen insofern eine weitergehende Pflicht des Aufsichtsrats zur Überwachung der Einrichtung eines angemessenen Risikomanagementsystems durch den Vorstand. Mit dieser Auslegung dürften entsprechend auch die Ausführungen des DCGK konform gehen, da dieser hinsichtlich des generellen Risikomanagements fordert:

> „Der Aufsichtsratsvorsitzende soll mit dem Vorstand, insbesondere mit dem Vorsitzenden bzw. Sprecher des Vorstands, regelmäßig Kontakt halten und mit ihm [...] das Risikomanagement des Unternehmens beraten." (Ziffer 5.2 DCGK)[379]

Insofern legt der DCGK mit Blick auf die Tätigkeit des Aufsichtsrats(vorsitzenden) ebenfalls eine vergleichsweise breite Perspektive mit Blick auf die Prüfung des Risikomanagements an den Tag. Daneben ist der Aufsichtsrat gemäß DCGK zur Einrichtung eines Audit Committees angehalten:

> „Der Aufsichtsrat soll einen Prüfungsausschuss (Audit Committee) einrichten, der sich insbesondere mit Fragen der Rechnungslegung, des Risikomanagements und der Compliance [...] befasst." (Ziffer 5.3.2 DCGK)[380]

Im Normalfall dürfte es ausreichen, wenn der Aufsichtsrat die gem. § 90 I AktG vom Vorstand abzuliefernden Berichte prüft und gegebenenfalls ergänzende Berichte anfordert.[381] In einer risikoträchtigen Situation muss der Aufsichtsrat hingegen seine Überwachungstätigkeit entsprechend den obigen Anforderungen adäquat verstärken.

Abschließend ist hinsichtlich der Wahl der Ausgestaltung der Risikohandhabung grundsätzlich zu sagen, dass es sich dabei regelmäßig um ein Entscheidungsproblem unter Unsicherheit handelt. Die Notwendigkeit einer sich an den Prozessschritt der Risikohandhabung anschließende Kontrolle der

---

377 Vgl. Dobler (2005), S. 147-148 m.w.N.

378 Vgl. Pahlke (2002), S. 1684.

379 Regierungskommission Deutscher Corporate Governance Kodex (2010), S. 9.

380 Regierungskommission Deutscher Corporate Governance Kodex (2010), S. 10. Da hierbei auch Fragen des Risikomanagements Gegenstand des Audit Committees sein sollen, wird m.E. wiederum die im Rahmen vorliegender Untersuchung vertretene Auffassung der Pflicht des Vorstands zur Einrichtung eines angemessenen Risikomanagements und der damit einhergehenden, diesbezüglichen Überwachungstätigkeit des Aufsichtsrats unterstützt.

381 Vgl. Pahlke (2002), S. 1684.

ergriffenen Handhabungsalternativen erwächst dabei aus der Tatsache, dass die implementierten risikopolitischen Maßnahmen i.d.R. nicht deterministisch wirken.[382]

2.3.1.2.6. Risikokontrolle

Begleitet wird die Risikohandhabung – in gewissem Maße auch die Risikofrüherkennung – von bestimmten Informations- und Kontrollaktivitäten.[383] So bildet die Risikokontrolle das letzte prozessendogene Element des Risikomanagements. Ihre Aufgabe besteht, wie bereits erwähnt, in der Überwachung der tatsächlich eingetretenen Zielabweichungen (Soll-Ist-Vergleich[384]) der im Rahmen der Risikohandhabung eingeleiteten Maßnahmen.[385] Aus der Abweichungsanalyse können dabei neben eventuell notwendigen weiteren Maßnahmen zur Risikohandhabung auch Verbesserungsmaßnahmen für den Prozess an sich abgeleitet werden, indem bspw. die bisher verwendete Risikodefinition oder die eingesetzten Messmethoden modifiziert werden. Entsprechend ist die Risikokontrolle nicht nur als Erfolgs- sondern auch als Prämissenkontrolle zu konzipieren.[386] Die Risikokontrolle, die im Rahmen ergebnisorientierter Kontrollen durch das Controlling wahrgenommen wird,[387] ist dabei von der internen Überwachung abzugrenzen,[388] welche u.a. prozessunabhängig, bspw. durch die Interne Revision oder externe Prüfer, wahrgenommen wird.[389]

2.3.1.2.7. Pflicht zur Einrichtung eines Internen Überwachungssystems nach deutschem Handelsrecht

Nach der Fragestellung, welche gesetzlichen Pflichten durch das KonTraG nun tatsächlich eingeführt worden sind, bestimmt sich auch der Tätigkeitsbereich des durch § 91 Abs. 2 AktG kodifizierten internen Überwachungssystems.

M.E. hat das Interne Überwachungssystem, aus bereits genannten Gründen,[390] sich dabei auf das gesamte vom Unternehmen gemäß KonTraG einzurichtende, angemessen gestaltete Risikomanagementsystem zu erstrecken. Anhand der bereits erwähnten Pflicht gemäß § 91 Abs. 2 AktG zur

382 Vgl. Dobler (2004), S. 19.
383 Vgl. Fasse (1995), S. 78.
384 Vgl. Wall (2001), S. 214, Rn. 127; Solomon, et al. (2000), S. 452; KPMG (2007), S. 117 mit Hinweis auf die interne Berichterstattung dieser Soll-Ist-Vergleiche.
385 Vgl. Ballwieser (2003), S. 434; Brühwiler (2007), S. 119.
386 Vgl. Oehler/Unser (2002), S. 20-21.
387 Vgl. Martin/Bär (2002), S. 123; Scharpf (1997), S. 740, der von der „Risikoüberwachung" bzw. „Überwachung der Ergebnisse aus dem Risikosteuerungsprozess" spricht und damit die Risikokontrolle meint sowie im Ergebnis wohl auch Lück (1998), S. 11. Hinsichtlich der Risikokontrolle kommt der internen Risikoberichterstattung an die Geschäftsleitung eine enorme Bedeutung zu, da sie die Grundlage für die Entscheidungen der Geschäftsleitung darstellt. Vgl. Scharpf (1997), S. 740-741; Horváth (2006), S. 752. Zur Risikoberichterstattung siehe Kapitel 2.3.2.
388 Zur Problematik der Abgrenzung zwischen dem Controlling und dem IÜS hinsichtlich der Wahrnehmung von Kontrolle (Überschneidungsproblem) vgl. Martin/Bär (2002), S. 133-134; Lück (1998), S. 10-11.
389 Vgl. Dobler (2004), S. 19-20.
390 Vgl. hierzu Kapitel 2.3.1.2.5.

Implementierung eines internen Überwachungssystems (IÜS)[391] sollen dabei nicht die Risiken selbst – dies ist Aufgabe der Risikokontrolle – sondern die Einhaltung der im Rahmen der Risikofrüherkennung als auch der Risikohandhabung durch den Vorstand eingeleiteten Maßnahmen überwacht werden.[392] Insofern handelt es sich um eine systemprüferische Sicherstellung der Existenz, Funktionsfähigkeit und Wirksamkeit des Risikomanagementsystems.[393] Auf diese Weise erfüllt das Überwachungssystem für die Unternehmensleitung eine Informations- und Sicherungsfunktion,[394] wobei seine Ausgestaltung dem Ermessen des Vorstands obliegt.[395] In Frage kommen dazu permanente, in die betrieblichen Prozesse integrierte, **prozessabhängige** interne Kontrollen und organisatorische Sicherungsmaßnahmen – diese beiden Elemente werden auch unter dem Begriff des **internen Kontrollsystems** (IKS) subsumiert[396] – wie auch **prozessunabhängige** Kontrollen, die größtenteils von der **Internen Revision** als neutrale Instanz (Stabstelle) wahrgenommen werden.[397]

Allgemein unterstützt die **Interne Revision** die Geschäftsleitung durch die Prüfung aller Unternehmensaktivitäten bei der Wahrnehmung ihrer Überwachungsfunktion.[398] Demnach hat sie „als Bestandteil des Internen Überwachungssystems [...] u.a. die Aufgabe, [auf das Risikomanagement bezogene] Mängel festzustellen und geeignete Verbesserungsmaßnahmen zu empfehlen sowie deren Umsetzung zu überwachen.“[399]

2.3.2. Risikoberichterstattung als ein das Risikomanagement flankierender Prozess zur Stärkung einer effektiven Corporate Governance

Hinsichtlich der auf den Risikomanagementprozess bezogenen Informationsaktivitäten ist die unternehmensexterne und -interne **Risikoberichterstattung** zwar von zentraler Bedeutung, kann aber entgegen der bereits dargestellten Prozesselemente i.S.e. einmaligen Durchlaufens je Zyklus[400]

391 Der Begriff des IÜS geht auf den amerikanischen Begriff des *internal control* zurück. Anzumerken ist, dass in der deutschsprachigen Literatur *internal control* synonym sowohl mit dem Begriff des internen Kontrollsystems (IKS) als auch mit dem Begriff des internen Überwachungssystems (IÜS), welches neben der Internen Revision das IKS beinhaltet, verwendet wird. Vgl. Wolf (2003), S. 81 Fn. 457 m.w.N. Zum hier vertretenen Umfang eines IÜS siehe nachfolgende Ausführungen.

392 Vgl. Kajüter (2009), S. 112.

393 Vgl. hierzu grundlegend Leffson (1988), S. 226-243 sowie dies grafisch veranschaulichend Kajüter (2009), S. 113.

394 Vgl. Freiling/Lück (1986), S. 996-998.

395 Vgl. Kajüter (2009), S. 112.

396 So auch Wolf (2003), S. 81, Fn. 457.

397 Vgl. Lück (1998), S. 9-10; Deutsches Institut für Interne Revision (IIR) (2001), Rn. 3; Kajüter (2009), S. 112; 115-116; zur internen Revision auch Scharpf (1997), S. 742-743. Zur Überwachung der Einhaltung von Gesetzen sowie interner Richtlinien bietet sich evtl. die Einrichtung einer Stabsstelle für „Compliance“ an. Vgl. Kajüter (2009), S. 116.

398 Vgl. Scharpf (1997), S. 742. Im Zusammenhang mit der internen Überwachung des Risikomanagements sind ihre Aufgaben im IIR Revisionsstandards Nr. 2 „Prüfung des Risikomanagements“ dargestellt. Vgl. Deutsches Institut für Interne Revision (IIR) (2001).

399 Deutsches Institut für Interne Revision (IIR) (2001), Rn. 6. Zur Konkretisierung der Aufgaben der Internen Revision bei der Prüfung des Risikomanagements siehe ebenda, Rn. 11-30.

400 Bspw. orientiert sich der Zeitpunkt der Ad-Hoc-Berichterstattung am Durchlaufen der Elemente des Risikofrüherkennungssystems, indem bei Bekanntwerden bestimmter Risiken, der Kapitalmarkt unverzüglich in Kenntnis zu setzen ist. Dies hat gemäß § 15 WpHG etwa dann zu geschehen, wenn eine gewachsene Risikoposition sich in ei-

in der prozessualen Reihenfolge des Risikomanagements nicht fest verortet werden.[401] Vielmehr handelt es sich bei der **Risikoberichterstattung** um ein **das Risikomanagement flankierenden Prozess**[402], ohne dessen Einsatz der prozessuale Ablauf des Risikomanagements jedoch nicht sicherzustellen wäre. Insofern ist die Risikoberichterstattung nicht isoliert vom unternehmerischen Risikomanagement zu betrachten. Vielmehr determiniert das Risikomanagement die Risikoberichterstattung[403] i.S.e. weitgehend einseitigen, interprozessualen Induktion. Fakt ist jedoch auch, dass der (zeitliche Fortgang des) Risikomanagementzyklus aufgrund von Publizitätserfordernissen beeinflusst wird.[404]

Die Risikoberichterstattung umfasst neben der **externen Risikoberichterstattung im Bereich der Rechnungslegung** auch die **unternehmensinterne Risikoberichterstattung** (Berichtswesen) als Teil des unternehmensinternen Informationssystems[405]. Erstere knüpft dabei überwiegend an gesetzliche Publizitätserfordernisse an, kann aber auch im Zuge des *value*[406]oder *business*[407] *reporting* auf freiwilliger Basis praktiziert werden. Letztere ist teilweise ebenfalls auf Basis gesetzlicher Bestimmungen über die Rechte und Pflichten der Unternehmensorgane legitimiert, kommt aber weit-

---

nem unmittelbaren Handlungsbedarf der Gesellschaft niederschlägt, bspw. wenn die Erfüllung börslicher oder vertraglicher Margin-Erfordernisse – was insbesondere beim Derivatehandel der Fall sein dürfte – einen übermäßigen Liquiditätsbedarf nach sich ziehen würde, der die berichterstattende Gesellschaft potentiell in einen Liquiditätsengpass treiben könnte. Vgl. hierzu von Randow (1996), S. 35. Demgegenüber besteht bei der Risikoberichterstattung im Rahmen des Lageberichts keine zeitliche Abhängigkeit vom Fortschritt des Risikomanagementzyklus, da ungeachtet dessen Fortschritts bzw. Weiterentwicklung zu den jeweiligen Bilanzstichtagen jährlich (Jahresabschluss) bzw. unterjährig (Quartals-/Zwischenberichterstattung) zu berichten ist.

401 So wohl auch Dobler (2004), S. 20, der von einer „regelmäßige[n] und fallweise[n] Risikokommunikation" spricht. Entgegen der hier vertretenen Auffassung stellen manche Autoren die (Chancen- und) Risikoberichterstattung graphisch als prozessuales Element des Risikomanagement dar. Vgl. Weber/Weißenberger/Liekweg (2001), S. 52; Solomon, et al. (2000), S. 452; Denk/Exner-Merkelt/Ackerl (2005), S. 73. Dass es sich bei der Risikoberichterstattung nicht um ein fest zu verortendes, prozessuales Element im Rahmen des Risikomanagementprozesses handelt, erschließt sich hingegen teilweise erst aus den jeweiligen Fließtexten dieser Quellen. So weißt *Emmerich* zwar auf die teilweise Unregelmäßigkeit der Risikokommunikation hin, ordnet hingegen die Risikokommunikation (vor dem Hintergrund von IDW PS 340) als festes Element des Risikofrüherkennungssystems ein. Vgl. Emmerich (1999), S. 1079; 1084.

402 *Dobler* spricht in diesem Zusammenhang davon, dass „[d]as Risikomanagement [...] in weitere Unternehmensprozesse [(damit u.a. die Risikoberichterstattung meinend)] eingebettet" ist. Vgl. Dobler (2004), S. 20.

403 Vgl. Dobler (2004), S. 44.

404 Bspw. werden regelmäßig im Zuge der Quartals- oder Jahresberichterstattung bestimmte Größen aus dem Risikomanagement benötigt, die zum Erstellungszeitpunkt dieser Abschlüsse aktuell sein müssen.

405 Vgl. Küpper (2008), S. 194. Die wichtigsten Berichtszwecke werden dabei in (1) der Dokumentation, (2) der Auslösung von Arbeitsvorgängen sowie (3) der Vorbereitung und Kontrolle von Entscheidungen gesehen.

406 Das *value reporting* (Wertberichterstattung) wird als umfassendes Berichtsinstrument beschrieben, dass sowohl finanzielle als auch nicht-finanzielle Leistungsindikatoren enthält, welches eine retrospektive wie auch prospektive Analyse des Shareholder Value ermöglichen soll, mit dem Ziel, „dem Investor eine verbesserte Einschätzung des Unternehmenswerts zu ermöglichen [...] [, indem] Differenzen zwischen dem bilanziellen Eigenkapital, der Börsenkapitalisierung sowie dem Unternehmenswert aus Sicht des Managements" erklärt werden. Vgl. Alvarez (2004), S. 198-199; AKEU (2002), S. 2337 (Zitat).

407 Von einem – gegenüber dem *value reporting* – vergleichsweise breiten Verständnis geprägt, soll das *business reporting* hingegen vergangenheits- wie auch zukunftsorientierte, sowohl quantitative als auch qualitative sowie mehrwertig ausgerichtete Informationen bereitstellen und, wo angebracht, dabei auch die Trennung von internem und externem Rechnungswesen überwinden (Management Approach). Vgl. Böcking (1998), S. 44.

gehend unternehmensindividuellen, betriebswirtschaftlichen Erfordernissen nach und ist entsprechend frei gestaltbar[408].

Mit Blick auf die **interne Risikoberichterstattung** kommt dem **Risikocontrolling** im Rahmen dessen Informationsversorgungsfunktion[409] eine bedeutende Stellung zu.[410] Es gilt dabei (regelmäßig) über die identifizierten und bewerteten Risiken als auch über die eingeleiteten Maßnahmen zur Risikohandhabung zu berichten.[411] Folglich kann die interne Risikoberichterstattung an jeden einzelnen Prozessschritt des Risikomanagements anknüpfen, indem die jeweiligen Ergebnisse an die entsprechenden unternehmensinternen Adressaten[412] übermittelt werden.[413] Die Berichterstattung kann dabei schriftlich, durchaus gekoppelt mit dem regulären unterjährigen Berichtswesen[414], anhand von Standardberichten[415] in regelmäßigen Zeitintervallen, d.h. bspw. monatlich oder quartalsweise,[416] oder aber auch ereignis- bzw. bedürfnisbezogen anhand von Abweichungs- (Ad-hoc-Berichterstattung)[417] und Bedarfsberichten[418] erfolgen.[419] Eine mündliche Risikoberichterstattung kann die schriftliche Berichterstattung über Risiken durchaus ergänzen, teilweise sogar ersetzen.[420] Rückwirkungen hat die Risikoberichterstattung dabei u.U. auf die Risikohandhabung sowie die strategische Ausrichtung des Risikomanagements.[421]

Der **Aufsichtsrat** kann sich bei seiner Überwachungstätigkeit auf die nach § 90 AktG zu erstellenden Vorstandsberichte (Berichte an den Aufsichtsrat) stützen, die i.d.R. ebenfalls durch das zentrale Controlling aufbereitet werden.[422] Dabei ist der Aufsichtsrat durch den Vorstand regelmäßig und d.h. grundsätzlich vierteljährlich i.S.e. Reports über die „Lage der Gesellschaft" gemäß § 90 Abs. 1

---

408 Vgl. Denk/Exner-Merkelt/Ackerl (2005), S. 126.

409 Um sicherzustellen, dass der Vorstand im Sinne von § 91 Abs. 2 AktG von bestandsgefährdenden Entwicklungen zeitnah erfährt, wird insbesondere im Konzernverbund der Informationsfluss üblicherweise über das Konzern- und Beteiligungscontrolling kanalisiert und aufbereitet. Vgl. Kajüter (2009), S. 124.

410 Vgl. Scharpf (1997), S. 741; Kajüter (2009), S. 116; 124.

411 Vgl. Schierenbeck (2000), S. 478.

412 Als interne Adressaten sind bspw. Bereichsleiter, das Corporate Risk Management bzw. zentrale Risikomanagement, das Risk Committee, die Interne Revision, der Vorstand und der Aufsichtsrat zu identifizieren. Vgl. Denk/Exner-Merkelt/Ackerl (2005), S. 125-126.

413 Vgl. Dörner/Horváth/Kagermann (2000), S. 496.

414 Vgl. Vogler/Gundert (1998), S. 2382.

415 Vgl. Küpper (2008), S. 195; Denk/Exner-Merkelt/Ackerl (2005), S. 126-127. Ein Standardbericht kennzeichnet sich durch seine klar definierten Inhalte, Berichtsempfänger sowie Berichtstermine. Zur exemplarischen Darstellung eines internen Risiko-Standardberichtswesens vgl. Denk/Exner-Merkelt/Ackerl (2005), S. 131-134.

416 Vgl. Martin/Bär (2002), S. 128. Welche Risiken dabei wie häufig zu berichten sind, kann dabei an dessen Relevanz festgemacht werden. So wären bspw. äußerst relevante Risiken wöchentlich, weniger relevante Risiken nur jährlich Gegenstand des Risikoberichts. Vgl. Denk/Exner-Merkelt/Ackerl (2005), S. 130.

417 Vgl. Küpper (2008), S. 196; Denk/Exner-Merkelt/Ackerl (2005), S. 130.

418 Vgl. Küpper (2008), S. 196.

419 Vgl. Martin/Bär (2002), S. 128.

420 Vgl. Kajüter (2009), S. 125.

421 Vgl. Scharpf (1997), S. 741-742.

422 Vgl. Kajüter (2009), S. 114.

Nr. 3 AktG über das **Gesamtrisiko der Gesellschaft** zu unterrichten.[423] Aus § 90 Abs. 1 Satz 2 AktG begründet sich darüber hinaus eine Berichterstattungspflicht des Vorstands gegenüber dem Aufsichtsrat aus „wichtigem Anlass", für den Fall, dass die aktuelle Risikoposition bestimmte **Risikolimite übersteigt**, die der Vorstand im Rahmen der Festlegung seiner (Risiko)Strategie als Schwellenwerte festgelegt hat.[424] Der DCGK benennt diesen Sachverhalt folgendermaßen:

> „Der Vorstand informiert den Aufsichtsrat regelmäßig, zeitnah und umfassend über alle für das Unternehmen relevanten Fragen [...] der Risikolage, des Risikomanagements und der Compliance." (Ziffer 3.4 DCGK)[425]

Im Rahmen der unternehmensinternen Berichterstattung hat darüber hinaus der **Wirtschaftsprüfer** hinsichtlich der Prüfung der nach § 91 Abs. 1 AktG durch den Vorstand vorzunehmenden Maßnahmen in puncto Risikomanagement das diesbezügliche Ergebnis in einem **besonderen Teil** des intern ausgerichteten **Prüfungsberichts** darzustellen (§ 321 Abs. 4 HGB i.V.m. IDW PS 340.32-.33 und IDW PS 450.104-107).[426]

Grundsätzlich stellt sich mit Blick auf den Fokus vorliegender Arbeit jedoch zentral die Frage, welchen **Beitrag** die **externe Risikoberichterstattung** zur Verbesserung einer effektiven **Corporate Governance** leisten kann?

Zur Beantwortung sei an dieser Stelle zunächst an die Anstrengungen des deutschen Gesetzgebers erinnert, der zur Verbesserung der Corporate Governance mit Verabschiedung des KonTraG die **Einrichtung eines angemessenen Risikomanagements** verbindlich für alle Aktiengesellschaften sowie Konzernmutterunternehmen i.S.v. § 290 HGB kodifiziert hat. Zwar können die Anteilseigner eines Unternehmens, dass zur Einrichtung eines solchen Risikomanagements (sowie eines internen Überwachungssystems) gemäß § 91 Abs. 2 AktG angehalten ist, darauf vertrauen, dass diesen Vorgaben nicht zuletzt durch die Überwachung und Kontrolle durch Aufsichtsrat (§ 111 Abs. 1 AktG) und Wirtschaftsprüfer (§ 317 Abs. 4 HGB) auch entsprochen wird – zu tieferen Einblicken in die tatsächliche Ausprägung des internen Risikomanagements sowie einem Verständnis von Art und Ausmaß der das Unternehmen betreffenden Risiken verhilft ihnen das jedoch nicht.

---

[423] Um eine Frage der „Rentabilität" i.S.d. § 90 Abs. 1 Nr. 2 AktG handelt es sich dabei deshalb nicht, da diese anlässlich der Verhandlung des Jahresabschlusses gemäß § 90 Abs. 2 Nr. 2 AktG zu berichten ist und daher als rückwärtsgewandt, d.h. eben nicht risikobezogen anzusehen ist. Vgl. von Randow (1996), S. 27.

[424] Vgl. von Randow (1996), S. 27. *Von Randow* kritisiert dabei jedoch vor dem Hintergrund eines aktiven Handels der Gesellschaft mit Derivaten, da sich deren Risiken so zügig verändern können, dass eine Berichterstattung aufgrund von § 90 Abs. 1 Satz 2 AktG in diesem Fall häufig zu spät kommen könnte. Über § 90 Abs. 1 Nr. 3 AktG sowie § 90 Abs. 1 Satz 2 AktG hinausgehende Berichterstattungspflichten seien daher für solche Gesellschafte, die mit Derivaten handelten, dringend angezeigt. Vgl. ebenda.

[425] Regierungskommission Deutscher Corporate Governance Kodex (2010), S. 4.

[426] Vgl. Marten/Quick/Ruhnke (2007), S. 293. Für einen Überblick zur Prüfung des Risikomanagements durch den Wirtschaftsprüfer vgl. Marten/Quick/Ruhnke (2007), S. 286-293.

Hierzu Bedarf es, wie bereits angedeutet, einer externen Risikoberichterstattung, die i.S.d. **Management Approach**[427] Transparenz[428] hinsichtlich der Exposition des Unternehmens gegenüber bestimmten (wesentlichen) Risiken sowie des konkreten Umgangs damit schafft. Auf diese Weise erlangen die gesetzlichen Maßnahmen, die einerseits im Zuge einer Verbesserung der Corporate Governance die Unternehmen zur Einrichtung bestimmter Risikomanagement-Elemente verpflichten, andererseits mittelbar auch im Rahmen der externen Berichterstattung Geltung. Die Effektivität der Corporate Governance wird vor diesem Hintergrund entsprechend in zweierlei Hinsicht – (1) Umsetzung bestimmter organisatorischer Maßnahmen sowie (2) diesbezügliche Transparenz – gefördert.

Grundsätzlich gilt dabei für jede Form der Risikoberichterstattung, dass die diesbezüglichen Informationsinhalte an den Informationsbedürfnissen der **Berichtsadressaten** auszurichten sind.[429] Was die interne Risikoberichterstattung anbelangt, so dürfte bereits aufgrund der gesetzlichen Regelungen oder aber aufgrund unternehmensinterner Bestimmungen der Adressatenkreis hinreichend konkretisiert sein. Mit Blick auf die externe Risikoberichterstattung gestaltete sich dies, wie die generelle Diskussion um die Adressaten der Rechnungslegung zeigt, jedoch etwas differenzierter. So herrscht lediglich insofern Konsens, als dass „die Adressatenkonkretisierung [...] „nur in einer schwachen Form möglich [sei]; häufig weiß man von den Adressaten nicht mehr, als daß es sich zum Beispiel um ‚Aktionäre' handelt."[430] Im Rahmen vorliegender Untersuchung werden die **Anteilseigner** in Übereinstimmung mit der vorangegangenen Definition von Corporate Governance als die primäre Adressatengruppe der externen Risikoberichterstattung betrachtet.[431]

Im Rahmen der **externen Risikoberichterstattung** jedweder Couleur[432] liegt der **inhaltliche Fokus der Risikoberichterstattung** generell auf der Darstellung der wesentlichen Risiken und deren Handhabung einerseits sowie der Risikopolitik und der Organisation des Risikomanagements ande-

427 Der Kerngedanke des Management Approach basiert darauf, dass das Management (Controlling)Systeme installiert, auf Basis derer Informationen zunächst primär für Zwecke der Unternehmenssteuerung bereitgestellt werden, wobei idealtypische dabei eine von der Unternehmenssteuerung verfolgte Maximierung des Unternehmenswerts i.S.d. Shareholder Value-Paradigmas unterstellt wird. Aufbauend darauf, wird davon ausgegangen, dass diese unternehmensintern berichteten Informationen auch für die Anteilseigner des Unternehmens als „wertrelevant" anzusehen sind. Vgl. Weißenberger/Maier (2006), S. 2077 sowie Benecke (2000), S. 55 mit dem Hinweis, dass eine derartige „investororientierte Informationsvermittlung" insbesondere in angelsächsischen Rechnungslegungskreisen vorangetrieben wird. Damit solle letztlich ermöglicht werden, dass jeder Anteilseigner selbst seine eigenen Erwartungen über die zukünftigen Zahlungsströme des Unternehmens bilden kann.

428 Für die Herleitung eines „Postulats der Transparenz für den Kapitalmarkt" vgl. Filipiuk (2008) S. 71-105.

429 Vgl. Kajüter (2009), S. 124.

430 Vgl. Dobler (2004), S. 30 mit Verweis auf Moxter (1976), S. 95, Fn. 207.

431 Entsprechend herrscht somit Übereinstimmung mit der von *Berle/Means* postulierten Trennung von Eigentum und Verfügungsmacht, dem Funktionenschutz der Rechnungslegung sowie dem Adressatenfokus internationaler Standardsetter (u.a. des IASB). Vgl. auch Dobler (2004), S. 30-31.

432 Will heißen: unabhängig vom zugrundeliegenden Normengefüge (HGB, IFRS, US GAAP etc.).

rerseits.[433] Demgemäß sind für die externe Risikoberichterstattung, was so auch bereits für die interne Risikoberichterstattung festgestellt wurde, alle Prozessphasen des Risikomanagements relevant, was offensichtlich wird, wenn über den Risikomanagementprozess an sich (bspw. gemäß IFRS 7.33) zu berichten ist.[434] Dabei steht die Annahme im Mittelpunkt, durch die Transparenz des Risikos das Vertrauen der Anteilseigner in die berichterstattenden Unternehmen zu stärken.[435]

In Deutschland wurde im Zuge der Kodifizierung des Risikomanagements in § 91 Abs. 2 AktG durch das **KonTraG** die **Risikoberichterstattung** in §§ 289 Abs. 1 und 315 Abs. 1 HGB gesetzlich festgelegt, um dem Transparenzbedürfnis der Bilanzadressaten gerecht zu werden. Erstmalig wurde damit die gesetzliche Pflicht geschaffen, die Bilanzadressaten über das Risikomanagementsystem sowie die Risikolage des Unternehmens zu informieren.[436] Entsprechend sind die Leitungsorgane von Unternehmen, die einen (Konzern)Lagebericht aufzustellen haben, gesetzlich dazu verpflichtet, darin die mit der voraussichtlichen Entwicklung verbundenen Chancen und Risiken darzustellen und zu beurteilen:[437]

> „Ferner ist im [(Konzern)]Lagebericht die voraussichtliche Entwicklung mit ihren wesentlichen Chancen und Risiken zu beurteilen und zu erläutern; zugrunde liegende Annahmen sind anzugeben." (§§ 289 Abs. 1 Satz 4; 315 Abs. 1 Satz 5 HGB)

Eine weitergehende Konkretisierung der dahingehend eher kurz gefassten Gesetzesformulierungen erfolgte sodann durch das DRSC mit der Verabschiedung von **DRS 5** am 03.04.2001[438] sowie den branchenspezifischen Standards **DRS 5-10** (Kreditinstitute) am 29.08.2000[439] und **DRS 5-20** (Versicherungsunternehmen) am 03.04.2001[440],[441] die, wie alle anderen Rechnungslegungs-Standards des DRSC, den Rang der Grundsätze ordnungmäßiger Buchführung (GoB) bekleiden,[442] und seither stetig weiterentwickelt wurden.[443]

---

433 Vgl. Denk/Exner-Merkelt/Ackerl (2005), S. 136.

434 Vgl. Dobler (2005), S. 146.

435 Vgl. Denk/Exner-Merkelt/Ackerl (2005), S. 136.

436 Vgl. Filipiuk (2008), S. 149.

437 Vgl. Kajüter (2009), S. 114-115.

438 "DRS 5 – Risikoberichterstattung" wurde vom BMJ am 29.05.2001 Bundesanzeiger (Beilage 98a) bekannt gemacht. Sämtliche bisherigen Änderungen an DRS 5 gehen auf DRÄS 1 (Bundesanzeiger vom 02.07.2004, Beilage 121a), DRÄS 3 (Bundesanzeiger vom 31.08.2005, Beilage 164) sowie DRÄS 5 (Bundesanzeiger vom 18.02.2010, Beilage 27a) zurück.

439 „DRS 5-10 – Risikoberichterstattung von Kreditinstituten" wurde vom BMJ am 30.12.2000 im Bundesanzeiger (Beilage 245a) bekannt gemacht. Sämtliche bisherigen Änderungen an DRS 5-10 gehen auf DRÄS 1 (Bundesanzeiger vom 02.07.2004, Beilage 121a), DRÄS 3 (Bundesanzeiger vom 31.08.2005, Beilage 164) sowie DRÄS 5 (Bundesanzeiger vom 18.02.2010, Beilage 27a) zurück.

440 „DRS 5-20 – Risikoberichterstattung von Versicherungsunternehmen" wurde vom BMJ am 29.05.2001 im Bundesanzeiger (Beilage 98b) bekannt gemacht. Sämtliche bisherigen Änderungen an DRS 5-20 gehen auf DRÄS 1 (Bundesanzeiger vom 02.07.2004, Beilage 121a), DRÄS 3 (Bundesanzeiger vom 31.08.2005, Beilage 164) sowie DRÄS 5 (Bundesanzeiger vom 18.02.2010, Beilage 27a) zurück.

441 Vgl. Kajüter (2009), S. 115.

442 Vgl. Filipiuk (2008), S. 151. Erneut wurden alle drei Standards am 07.11.2003 in einer geänderten Fassung veröffentlicht. Alle Änderungen waren jedoch rein formellen Charakters, so dass materiell die bisher geltenden Rege-

Der *Management Approach* wird von DRS 5 hierbei insofern utilisiert, als dass gemäß DRS 5-16 gefordert wird:

> **„Die einzelnen Risiken sind in geeigneter Form zu Risikokategorien zusammenzufassen. Dabei hat sich das Unternehmen an der für Zwecke des Risikomanagements intern vorgegebenen Risikokategorisierung zu orientieren.“**[444]

Eine über die unternehmensintern vorgegebenen Risikokategorien hinausgehende Verwendung intern berichteter Informationen im Rahmen der externen Unternehmensberichterstattung wird von DRS 5 hingegen nicht verlangt. Fraglich ist, ob somit weitere Chancen ausgelassen wurden, durch eine umfangreiche externe Berichterstattung anhand von unternehmensinternen Informationen zu einer Verbesserung der Corporate Governance insofern zu gelangen, als dass die Bilanzadressaten in die Lage versetzt werden, dass Unternehmen annähernd so zu beurteilen, wie es auch der Geschäftsführung tatsächlich möglich ist.[445]

Auf **internationaler Ebene** besteht mit dem seit 2007 verpflichtend anzuwendenden **IFRS 7 –** ***Financial Instruments: Disclosures*** die mit Abstand weitestgehende Kodifikation verpflichtender Offenlegungspflichten zur Risikoberichterstattung. Obwohl sich der Standard nur auf den Bereich der Anhangangaben von Risiken aus *Finanzinstrumenten* beschränkt (IFRS 7.31-.42) – daneben sind auch noch diesbezügliche Angaben zu den Abschlussbestandteilen Bilanz und GuV zu machen (IFRS 7.7-.30) –, so besteht doch erstmals ein in sich geschlossenes Regelwerk zur externen Risikoberichterstattung, das weltweit Anwendung findet.

Da im nachfolgenden Hauptteil vorliegender Untersuchung die Detailregelungen des IFRS 7 unter Würdigung theoretischer als auch praktischer Aspekte eingehend erläutert werden, sei hierauf an dieser Stelle – auch im Ansatz – zunächst verzichtet. Hinsichtlich der Betrachtung von IFRS 7 unter Aspekten der Corporate Governance sei jedoch betont, dass der Standard durch eine vergleichsweise **umfassende Anwendung** des **Management Approach** bezüglich der risikobezogenen Angabepflichten den Bilanzadressaten umfassende Einblicke in die Risikolage sowie das unternehmensinterne Risikomanagement der bilanzierenden Unternehmen ermöglichen soll. M.E. sind, wie im

lungen weiterhin uneingeschränkt Gültigkeit beanspruchen konnten. Vgl. ebenda, S. 153, Fn. 756. Mit der Verabschiedung des Bilanzrechtsreformgesetzes (BilReG) am 04.12.2004 erarbeitete der DSR sodann mit DRS 15 einen Standard zur Lageberichterstattung, der am 26.02.2005 – die Verabschiedung durch den DSR erfolgte am 07.12.2004 – bekannt gemacht wurde. DRS 15 verwies zur Chancen- und Risikoberichterstattung jedoch auf die bereits bestehenden DRS 5, DRS 5-10 und DRS-5-20. Vgl. Filipiuk (2008), S. 151-152.

443 Für eine eingehende Darstellung der Regelungsinhalte von DRS 5 vgl. etwa Filipiuk (2008), S. 152-157.

444 Hervorhebung im Original.

445 Die handelsgesetzliche Risikoberichterstattung wurde vor diesem Hintergrund erst kürzlich im Zuge der Verabschiedung des Bilanzrechtsmodernisierungsgesetzes (BilMoG) erweitert, indem eine inhaltliche Ergänzung von § 289 HGB um einen Absatz 5 vorgenommen wurde, der nun die Forderungen nach einer Berichterstattung über die wesentlichen Merkmale des internen Kontroll- und Risikomanagementsystems im Hinblick auf den Rechnungslegungsprozess im Rahmen des Lageberichts kodifiziert. Vgl. hierzu ausführlich Withus (2009).

späteren Verlauf der Untersuchung noch deutlich werden wird, somit – insbesondere mit Blick auf die bisherigen Ausführungen – offensichtlich die besten Voraussetzungen gegeben, den Bilanzadressaten Informationen zukommen lassen zu können, die entscheidungsnützlicher sind als solche, die ohne eine entsprechende Anwendung des Management Approach berichtet würden.

Mit Blick auf die deutschen IFRS-Anwender ermöglicht IFRS 7 darüber hinaus u.U. auch Einblicke in die konkrete Umsetzung der durch das KonTraG kodifzierten Forderungen hinsichtlich des Risikofrüherkennungssystems (§ 91 Abs. 2 AktG) bzw. des angemessen einzurichtenden Risikomanagements. Hinweise, wie bspw. solche der *RWE AG*, werden auf diese Weise sowohl über die geforderten qualitativen als auch quantitativen Angabepflichten „mit Leben" gefüllt.

***RWE AG*:**

„Das Risikomanagementsystem des Konzerns ist entsprechend den Anforderungen des „Gesetzes zur Kontrolle und Transparenz im Unternehmensbereich" (KonTraG) darauf ausgerichtet, dass der Vorstand Risiken frühzeitig erkennen und ggf. Gegenmaßnahmen einleiten kann."[446]

Auch die Forderung des DCGK in Abschnitt 4.1.4., wonach „[d]er Vorstand [...] für ein angemessenes Risikomanagement und Risikocontrolling im Unternehmen"[447] zu sorgen hat, findet auf diese Weise in einer für die externe Berichterstattung aufbereiteten Form der inhaltlichen Darstellung der Begrifflichkeiten „Risikomanagement" und „Risikocontrolling" Ausdruck gegenüber den Adressaten des Jahresabschlusses.

Eine effektive Corporate Governance müsste m.E. i.S.e. Erhöhung der Transparenz der (Risiko)Berichterstattung aber insbesondere auch dadurch – zumindest für den Bereich der Finanzinstrumente – sichergestellt sein, dass die bilanzierenden Unternehmen bemüht sein werden, die durch IFRS 7 geforderten Angabepflichten bestmöglichst umzusetzen. Zwar kann, wie später ab und an deutlich werden wird, ein derartiges Gelingen nach den ersten drei Jahren IFRS 7-Anwendung bei Weitem nicht allen hier betrachteten Unternehmen bescheinigt werden. Doch gerade diesen Mangel nimmt die vorliegende Untersuchung zum Anlass, u.a. einen umfassenden, praxisorientierten Leitfaden einer sowohl IFRS 7- als auch entsprechend im besten Sinne Corporate Governance-konformen Umsetzung der Risikoangaben nach internationalen Rechnungslegungsgrundsätzen bereitzustellen.

---

[446] Vgl. GB 2009 der *RWE AG*, S. 145.
[447] Vgl. Regierungskommission Deutscher Corporate Governance Kodex (2010), S. 6.

2.4. (Risiko)Berichterstattung im Anhang gemäß IFRS 7

2.4.1. Zur Schlüsselrolle des Anhangs

Die grundlegende Aufgabe des Anhangs (und Lageberichts) liegt darin, die Lücke zwischen den mathematisch abstrakten Angaben in der Bilanz und der Erfolgsrechnung auf der einen Seite sowie der Forderung nach einem möglichst sicheren Einblick in die Vermögens-, Finanz- und Ertragslage als zentralen Zweck der Rechnungslegung auf der anderen Seite zu schließen (Überbrückungsfunktion).[448]

Betrachtet man die gesetzlichen Anforderungen, so sind gemäß § 264 Abs. 1 Satz 1 HGB Bilanz und GuV von Kapitalgesellschaften und haftungsbeschränkten Personenhandelsgesellschaften um einen Anhang als drittes Element des Jahresabschlusses zu erweitern.[449] Dabei prägen alle drei Jahresabschlusselemente in unterschiedlich starkem Maße die Zwecke des handelsrechtlichen Jahresabschlusses, wobei Bilanz und Erfolgsrechnung neben dem Rechenschaftszweck erheblich durch den Kapitalerhaltungszweck bestimmt werden, der Anhang hingegen primär dem Rechenschaftszweck dienende Informationen vermittelt.[450] Die Regelungen zum Anhang nach HGB finden sich dabei vor allem in den §§ 284-288 HGB.

Im Gegensatz zum Anhang nach HGB ist der Anhang nach IFRS (*notes*) gleichwertiger Pflichtbestandteil des Jahresabschlusses (IAS 1.10(e)) und somit von allen nach IFRS bilanzierenden Unternehmen unabhängig von der Unternehmensgröße zu erstellen.[451]

Für den **Anhang**[452] sind im Sinne seiner Überbrückungsfunktion, die der Erfüllung der allgemeinen Informationsfunktion des Jahresabschlusses dient, generell die in Abbildung 3 dargestellten Einzelfunktionen charakteristisch.[453]

---

448 Vgl. Küting/Weber/Boecker (2006), S. 397.

449 Vgl. Baetge/Kirsch/Thiele (2007), S. 751.

450 Vgl. Baetge/Kirsch/Thiele (2007), S. 751.

451 Vgl. Baetge/Kirsch/Thiele (2007), S. 781.

452 Die meisten Überlegungen zum Anhang – entsprechend auch die nachfolgend aufgeführten Einzelfunktionen des Anhangs – lassen sich meist auch analog auf den Lagebericht übertragen. Vgl. Küting/Weber/Boecker (2006), S. 397-398.

453 Grafik in Anlehnung an Küting/Weber/Boecker (2006), S. 398 m.w.N.; ähnlich Baetge/Kirsch/Thiele (2007), S. 751, der die Korrektur- mit der Relativierungsfunktion gleichsetzt.

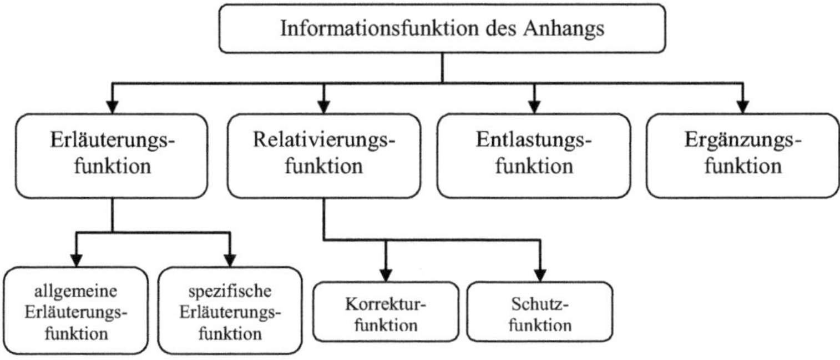

Abbildung 3: Einzelfunktionen des Anhangs

Entsprechend der **Erläuterungsfunktion** bzw. **Interpretationsfunktion**[454] erläutert der Anhang die Bilanz sowie die Gewinn- und Verlustrechnung, indem er (1) postenübergreifend Informationen gewährt, um dadurch das durch Bilanz und GuV vermittelte Bild zu präzisieren und zu veranschaulichen (allgemeine Erläuterungsfunktion) sowie (2) auf Basis einzelner Posten in Bilanz und GuV Angaben, Darstellungen, Aufgliederungen und Begründungen vermittelt (spezifische Erläuterungsfunktion).[455]

Der Anhang dient des Weiteren dazu, eine veränderte Beurteilung der Informationen in Bilanz und Erfolgsrechnung zu ermöglichen, um damit insbesondere einer besseren Vergleichbarkeit von Jahresabschlüssen zu gereichen. Im Zuge dieser sogenannten **Relativierungsfunktion** findet entsprechend eine Relativierung der Beurteilung der Vermögen-, Finanz- und Ertragslage statt.[456] Vermögen es die Informationen in Bilanz und GuV aufgrund besonderer Umstände nicht, ein den tatsächlichen Verhältnissen entsprechendes Bild der Vermögen-, Finanz- und Ertragslage zu vermitteln, ist die Relativierungsfunktion dabei als **Korrekturfunktion** zu deuten (§ 264 Abs. 2 Satz 2 HGB).[457] Entsprechend korrigiert v.a. der HGB-Anhang ein etwaiges Zerrbild,[458] was hingegen nicht Zweck eines IFRS-Anhangs ist.[459] Im Zuge der Bewahrung der schutzwürdigen Informationsinteressenten

454 Dies so bezeichnend Russ (1986), S. 20.

455 Vgl. Küting/Weber/Boecker (2006), S. 398; Baetge/Kirsch/Thiele (2007), S. 751.

456 Vgl. Küting/Weber/Boecker (2006), S. 398. Dies wird besonders bei den Anhangangaben zu den angewandten Bilanzierungs- und Bewertungsmethoden sowie der Berichterstattungspflicht bei Änderung der Bilanzierungs- und Bewertungsmethoden deutlich.

457 Vgl. Küting/Weber/Boecker (2006), S. 398; Russ (1986), S. 20-21.

458 Vgl. Baetge/Kirsch/Thiele (2007), S. 751.

459 Einem IFRS-Anhang ist eine entsprechende Korrekturfunktion nicht zuzuschreiben, da gemäß IAS 1.18 eine Heilung unangemessener Rechnungslegungsmethoden weder durch die Angabe der angewandten Bilanzierungs- und Bewertungsmethoden noch durch zusätzliche Erläuterungen im Anhang möglich ist. Nur in äußerst seltenen Umständen („...*extremely rare circumstances*...") ist ein Abweichen von einer IFRS-Vorschrift notwendig, wenn andernfalls ein den tatsächlichen Verhältnissen entsprechendes Bild des Unternehmens nicht vermittelbar ist (IAS 1.19).

vor Fehleinschätzungen sowie vor darauf aufbauenden Fehlentscheidungen, kann die Relativierungsfunktion darüber hinaus auch als **Schutzfunktion** verstanden werden.[460]

Aufgrund der zahlreichen Ausweiswahlrechte im HGB (alternative Darstellung in Bilanz bzw. GuV oder im Anhang) ist der Anhang des Weiteren ein Mittel, Bilanz und GuV von Detailangaben zugunsten deren Übersichtlichkeit zu entlasten, was als **Entlastungsfunktion** bezeichnet wird.[461] Auch im Rahmen der nachfolgenden Analyse wird deutlich, dass die Berichterstattung gemäß IFRS 7 im Anhang diesen Zweck erfüllen kann.[462]

Da bestimmte Sachverhalte sich einer quantifizierten Darstellung in Bilanz und GuV entziehen, den Abschlussadressaten jedoch zusätzlich zur Beurteilung der wirtschaftlichen Lage des Unternehmen bereitgestellt werden sollen, ergänzt der Anhang im Rahmen seiner **Ergänzungsfunktion** Bilanz und GuV um eine verbale, qualitative Darstellung solcher Sachverhalte.[463] Wiederum liefert die nachfolgende IFRS 7-Analyse hierzu zahlreiche Beispiele.[464]

Generell können die einzelnen Anhanginformationen nicht immer trennscharf einer der hier dargestellten Funktionen zugeordnet werden, da sie u.U. gleichzeitig mehrere Funktionen erfüllen können.[465] Entsprechend entlasten die Anhangangaben oftmals nicht nur Bilanz und Erfolgsrechnung, sondern erläutern gleichzeitig die betreffenden Bilanz und GuV-Posten.[466]

Aus den zuvor gemachten Ausführungen zu den Funktionen des Anhangs dürfte deutlich geworden sein, dass dem **Anhang** eine **Schlüsselrolle** im Rahmen der **Informationsvermittlung** zuzubilligen ist. Erst durch die Ergänzung der zahlenmäßigen Darstellungen in Bilanz und Erfolgsrechnung um die wortgemäße Erklärung im Anhang erhalten Bilanz und Erfolgsrechnung ihren rechten Sinn.[467] In diesem Sinne kann erst „der in erläuternde Worte gefaßte Teil, also etwa die Angaben in Anhang und Fußnoten […] das gesamte rechnerische Zahlenwerk der ausgewiesenen Abschlussposten […] mit Leben [füllen], kann die abstrakten Zahlen ‚zum sprechen' bringen"[468].

---

460 Vgl. Küting/Weber/Boecker (2006), S. 398-399.

461 Vgl. Küting/Weber/Boecker (2006), S. 399; Russ (1986), S. 22; Baetge/Kirsch/Thiele (2007), S. 751-752. In der deutschen Bilanzierungspraxis geht diese Funktion sogar über die gesetzlich verankerten Ausweiswahlrechte des HGB hinaus, indem z.B. eine tiefergehende Gliederung der Bilanz- und GuV-Gliederung im Anhang ausgewiesen wird. Vgl. Küting/Weber/Boecker (2006), S. 399.

462 Vgl. hierzu etwa die Ausführungen zu IFRS 7.20 in Kapitel 3.4.1. hinsichtlich der Angabe von Nettogewinnen und –verlusten je IAS 39-Bewertungskategorie.

463 Vgl. Küting/Weber/Boecker (2006), S. 399; Russ (1986), S. 23; Baetge/Kirsch/Thiele (2007), S. 751.

464 Vgl. beispielhaft hierfür etwa die Angaben zu den Sensitivitätsanalysen gemäß IFRS 7.40.-.42 (Kapitel 4.7.) oder die Angabe zu den gestellten und hereingenommenen Sicherheiten gemäß IFRS 7.14-.15 (Kapitel 3.3.2.).

465 Vgl. Baetge/Kirsch/Thiele (2007), S. 752.

466 Vgl. Baetge/Kirsch/Thiele (2007), S. 752.

467 Vgl. Küting/Weber/Boecker (2006), S. 399 m.w.N.; ähnlich auch Hartung (2002), S. 47-48.

468 Küting/Weber/Boecker (2006), S. 22 mit Verweis auf Luttermann (1999), S. 127.

2.4.2. IFRS 7: Entstehung, Struktur, Zielsetzung und Anwendungsbereich

Das IASB veröffentlichte den Standard IFRS 7 – *Financial Instruments: Disclosures* erstmalig am 18.08.2005. Am 11.01.2006 erfolgte die unveränderte und uneingeschränkte Übernahme[469] von IFRS 7 in europäisches Gemeinschaftsrecht.[470] Dem Standard war der im Juni 2004 veröffentlichte Exposure Draft ED 7 vorangegangen,[471] auf den die interessierte Öffentlichkeit mit insgesamt 105 Stellungnahmen reagierte.[472] Anzuwenden ist IFRS 7 für Geschäftsjahre, die am oder nach dem 01. Januar 2007 beginnen.[473]

Die bis dato in IAS 32 *Financial Instruments: Disclosure and Presentation* sowie (branchenspezifisch) in IAS 30 *Disclosures in the Financial Statements of Banks and Similar Financial Institutions* enthaltenen Angabepflichten wurden vom IASB überprüft und ggf. überarbeitet bzw. erweitert, um sie in IFRS 7 zusammenzuführen.[474] Dabei wurden inhaltliche Überschneidungen beseitigt und die bisher in IAS 32 enthaltenen Angaben zu Risikokonzentrationen (*concentrations of risk*), zum Kreditrisiko (*credit risk*), zum Liquiditätsrisiko (*liquidity risk*) sowie zum Marktrisiko (*market risk*) vereinfacht (IFRS 7.IN3).[475] Die Ausweisvorschriften (*presentation requirements*) des IAS 32 blieben jedoch weiterhin unverändert bestehen (IFRS 7.IN7).[476] Der branchenspezifische Standard IAS 30 wurde durch IFRS 7 hingegen vollständig substituiert (IFRS 7.45),[477] indem IFRS 7 einige der Angabepflichten von IAS 30 übernommen hat und in der Folge deren Anwendung nun auch für Nicht-Banken verpflichtend vorschreibt. Nicht-Finanzdienstleister sind somit bspw. ebenfalls zu Angaben zum Kapital[478] sowie zur detaillierten Berichterstattung über Finanzrisiken angehalten,[479]

---

469 Vgl. Europäische Kommission (27.01.2006).

470 Vgl. Scharpf (2006), S. 3, 5; Kuhn/Scharpf/Albrecht (2006), S. 583 m.w.N. Da die *Basis for Conclusions* (BC) sowie die *Guidance on Implementing* (IG) zu IFRS 7 keinen integralen Bestandteil von IFRS 7 darstellen, sondern den Standard lediglich begleiten, wurden sie nicht im EU-Endorsement-Verfahren berücksichtigt und folglich auch nicht in EU-Recht übernommen. Vgl. Scharpf (2006), S. 5.

471 Vgl. für eine Würdigung des Standardentwurfs ED 7 Bonin (2004); Eckes/Sittmann-Haury (2004) sowie für eine Synopse Löw (2005b), S. 2182-2184. Der Standard selbst gibt dabei in IFRS 7.BC73 die wesentlichen Unterschiede zwischen ED 7 und IFRS 7 wider.

472 Vgl. Kuhn/Paa (2005), S. 1977.

473 Eine frühere Anwendung seitens des IASB wurde empfohlen, wobei die Tatsache der Anwendung auf ein früheres Geschäftsjahr anzugeben war (IFRS 7.43; IFRS 7.IN8; IFRS 7.BC66-.BC72). Wendete ein Unternehmen IFRS 7 hingegen auf Geschäftsjahre an, die vor dem 1. Januar 2006 begonnen haben, so musste es keine Vergleichsinformationen für die in IFRS 7.31-.42 geforderten Angaben hinsichtlich der Art und des Ausmaßes der Risiken, die sich aus Finanzinstrumenten ergeben, beibringen (IFRS 7.44).

474 Unverändert wurden die sich nun in IFRS 7.7-7.29 wiederfindenden Regelungen aus IAS 32 übernommen. Vgl. Kuhn/Scharpf/Albrecht (2006), S. 586; Scharpf (2006), S. 5.

475 Vgl. Scharpf (2006), S. 5.

476 Vgl. Scharpf (2006), S. 4. Entsprechend trägt IAS 32 heute den Titel *Financial instruments: Presentation* und regelt primär die Abgrenzung zwischen Eigen- und Fremdkapital. Vgl. zur Abgrenzung von Eigen- und Fremdkapital nach IAS 32 grundlegend Kuhn/Scharpf/Albrecht (2006), S. 521-582.

477 Vgl. Scharpf (2006), S. 4. Ungeachtet dessen besteht im Bankabschluss die Möglichkeit, einen Sonderposten für allgemeine Bankrisiken gemäß § 340g HGB weiterhin im Rahmen der Gewinnverwendung (bspw. als „Rücklage für allgemeine Bankrisiken“) innerhalb des IFRS-Abschlusses zu bilden. Nach IAS 1 sind dabei die Rücklagenveränderungen separat darzustellen (IDW RS HFA 24, Rz. 76).

478 Meint die Angaben zum Kapital gemäß IAS 1, die jedoch im Rahmen vorliegender Untersuchung nicht thematisiert werden.

was insb. auf die gestiegene Bedeutung des Einsatzes von Finanzinstrumenten bei Industrie- und Handelsunternehmen[480] zurückzuführen sein dürfte.[481] Insofern regelt IFRS 7 keine Branchenspezifika, sondern gibt im Sinne der Konzeption der IFRS geschäftstypische (Bilanzierungs- und) Offenlegungsregeln vor,[482] was vom Grundsatz her zu begrüßen ist.[483]

Ergänzend zu IFRS 7 veröffentlichte das IASB noch weitere Änderungen zu IAS 1 *Presentation of Financial Statements*, die geänderte Angabepflichten zum Kapital für alle Unternehmen vorsehen[484] – diese sind allerdings nicht Gegenstand vorliegender Untersuchung.

Neben dem Standardtext i.e.S. gliedert sich IFRS 7 zusätzlich in die in Abbildung 4 dargestellten Elemente[485].[486]

---

479 Vgl. Buchheim/Schmidt (2005), S. 397.

480 Doch auch Industrieunternehmen, deren einzige Finanzinstrumente der Debitoren- und Kreditorenbuchhaltung entstammen ("*...whose only financial instruments are accounts receivable and accounts payable...*"), haben IFRS 7 anzuwenden. Das Ausmaß der entsprechenden Anhangangaben bestimmt sich dabei – ungeachtet der Tätigkeit oder der Branche des bilanzierenden Unternehmens – allein aufgrund der Verwendung von Finanzinstrumenten sowie der diesbezüglichen Risikoexposition („*...the extent of disclosure required depends on the extent of the entity's use of financial instruments and of its exposure to risk...*") (IFRS 7.IN4).

481 Vgl. Kuhn/Scharpf/Albrecht (2006), S. 583;Scharpf (2006), S. 3; Buchheim/Schmidt (2005), S. 397. Nach *Buchheim/Schmidt* haben die Abschlussadressaten deshalb einen besonderen Informationsbedarf über die den Finanzinstrumenten inhärenten Risiken, da sich diese von den im leistungswirtschaftlichen Bereich auftretenden Risiken oftmals unterscheiden.

482 Vgl. Kuhn/Scharpf/Albrecht (2006), S. 583-584.

483 Vgl. Löw (2005b), S. 2181.

484 Vgl. Kuhn/Paa (2005), S. 1977.

485 Neben dem Standardtext i.e.S. stellen sich die weiteren Standardelemente wie folgt dar: **Anhang A *Defined Terms*** stellt einen integralen Bestandteil des Standards dar und beinhaltet Definitionen von Begriffen, die im Standardtext Verwendung finden (bspw. die verschiedenen Arten von Finanzrisiken). Vgl. Scharpf (2006), S. 3;Löw (2005b), S. 2175. **Anhang B *Application Guidance*** ist ebenfalls ein integraler Bestandteils des Standards (IFRS 7.IN6) und beinhaltet konkrete Erläuterungen zur praktischen Anwendung einzelner Regelungen in IFRS 7. Er ist wie der Standardtext i.e.S. zwingend zu beachten. Vgl. Scharpf (2006), S. 3. In **Anhang C** waren zum Zeitpunkt der erstmaligen Veröffentlichung von IFRS 7 im Jahr 2005 damit einhergehende Änderungen an anderen Standards beinhaltet, die mit der erstmaligen (vorzeitigen) Anwendung von IFRS 7 ebenfalls angewendet werden sollten. Derzeit stellt Appendix C jedoch eine leere Menge dar, da die ursprünglich darin enthaltenen Änderungen anderer IFRSs in die jeweiligen Standards inkorporiert wurden. **Anhang D** beinhaltet hingegen konkrete Änderungen am regulären IFRS 7-Text, die jedoch nur in dem speziellen Fall anzuwenden waren, dass das Unternehmen IFRS 7 vor dem 01.01.2006 angewendet und gleichzeitig die *Amendments to IAS 39 Financial Instruments: Recognition and Measurement—The Fair Value Option*, die wiederum ab dem 01.01.2006 in Kraft getreten sind, nicht angewendet hat – entsprechend sollten so die mit der Fair Value-Option geänderten Passagen an IFRS 7 bei Nicht-Anwendung der Option temporär ausgeblendet werden.
Sowohl die *Basis for Conclusions* (BC) als auch die *Guidance on Implementing* (IG) stellen den Standard ergänzende Materialien dar, wurden jedoch im Zuge des Endorsement-Verfahrens nicht in europäisches Gemeinschaftsrecht übernommen, und stellen insofern keine zwingenden gesetzlichen Pflichten dar. Sie geben jedoch weiterführende Hinweise zur Anwendung der einzelnen Vorschriften von IFRS 7, die es m.E. jedoch grundsätzlich ebenfalls zu beachten gilt. Vgl. hierzu ebenso Scharpf (2006), S. 5. Anhand der ***Basis for Conclusions*** (BC) veranschaulicht das IASB die Überlegungen, von denen es sich bei der Ausgestaltung des Standards hat leiten lassen. Vgl. Scharpf (2006), S. 3. Betrachtet man die BC analog zu den Grundsätzen ordnungsmäßiger Buchführung gemäß deutschem Rechtsverständnis, so sind sie m.E. ebenfalls zur Auslegung bzw. Interpretation des Standards anzuwenden. Dasselbe gilt für die ***Guidance on Implementing*** (IG). Vgl. KPMG (2007), S. 2. Die IG stellt dabei mögliche Vorgehensweisen bei der Anwendung der Angabevorschriften von IFRS 7 bereit, insbesondere in puncto „Umstellung auf IFRS 7", es handelt sich aber um keine zusätzlichen Vorschriften (IFRS 7.IG1; IFRS 7.IN6). Vgl. Scharpf (2006), S. 3; KPMG (2007), S. 2.

486 Darstellung in Anlehnung an Buchheim/Schmidt (2005), S. 397.

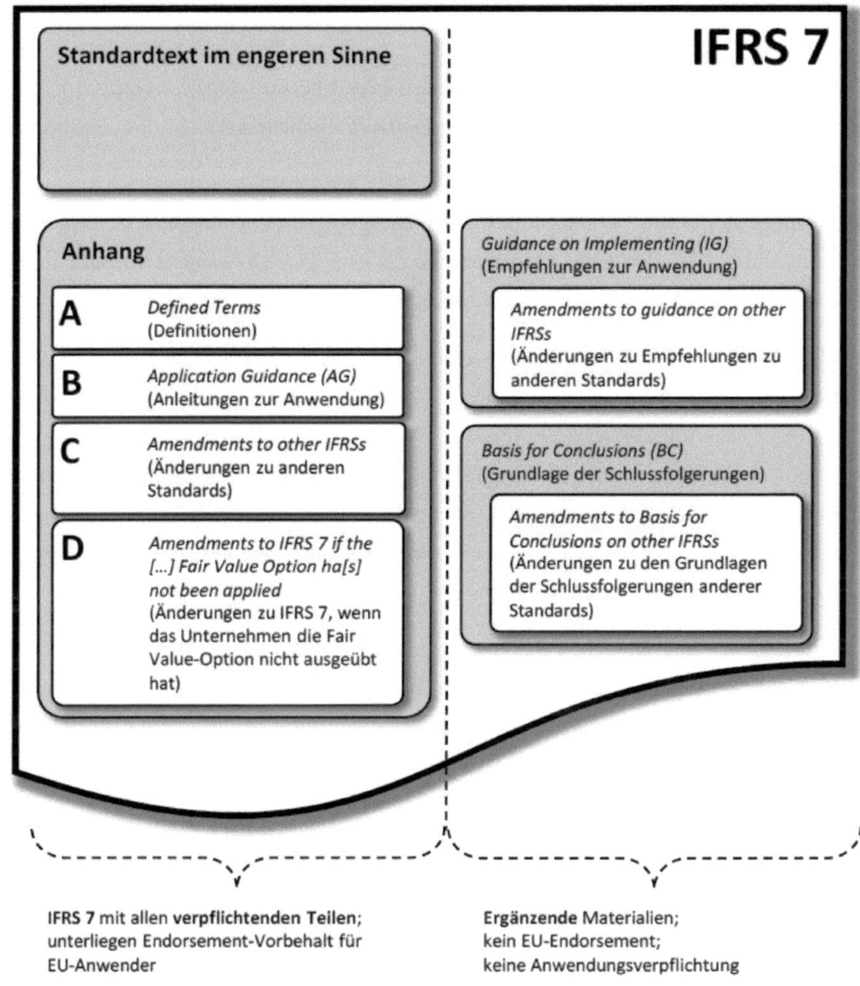

Abbildung 4: Struktureller Aufbau von IFRS 7

Der **Standardtext i.e.S.** gliedert sich dabei in die nachfolgend dargestellten Kerninhalte,[487] die im Hauptteil vorliegender Untersuchung eingehend erläutert werden.[488]

Abbildung 5[489] weist darüber hinaus auf **drei übergreifende Themenkomplexe** hin, die sowohl auf Normen des IFRS 7 zu den Angaben zur Bedeutung von Finanzinstrumenten im Jahresabschluss als

487 Darstellung in Anlehnung an Brücks/Kerkhoff/Stauber (2006a), S. 366.

488 Für eine Darstellung der Änderungshistorie der einzelnen Angaben hinsichtlich IAS 32, ED 7 und IFRS 7 vgl. Brücks/Kerkhoff/Stauber (2006a), S. 367, 372, 373 sowie 376 sowie zusammenfassend Löw (2005b), S. 2182-2184.

auch auf Normen des IFRS 7 zu den Angaben zur Art und Ausmaß der Risiken aus Finanzinstrumenten rekurrieren (siehe Pfeile) und ebenfalls in einem späteren Teil vorliegender Arbeit separat gewürdigt werden. Alle drei dieser Themenkomplexe dienen dabei der – teils von einer stark deduktiven Vorgehensweise geprägten – Ermittlung ***übergreifender*** **Benchmarks**, die den Angabepflichten gleich mehrerer Regelungen des IFRS 7 gerecht werden sollen.[490]

Die **Regelungen des IFRS 7 ergänzen** thematisch entsprechend die Grundsätze für den Ansatz, den Ausweis und die Bewertung von Finanzinstrumenten nach **IAS 32** *Financial Instruments: Presentation* sowie **IAS 39** *Financial Instruments: Recognition and Measurement* (IFRS 7.2).[491]

Mit Blick auf IAS 39 strebt das IASB an, bis Ende 2010 bzw. Anfang 2011 einen neuen Standard **IFRS 9** einzuführen, der letztlich IAS 39 vollständig ersetzen soll. Zwangsläufig werden sich mit der Einführung von IFRS 9 auch weitgehende **Änderungen an IFRS 7**, insbesondere was IFRS 7.8-.30 anbelangt, ergeben, die jedoch aufgrund der Tatsache, dass bisher lediglich eine von drei Projektphasen[492] zu IFRS 9 seitens des IASB finalisiert wurde und der Ausgang eines dahingehenden europäischen Endorsements m.E. derzeit noch mehr als vage anzusehen sein dürfte, im Rahmen der vorliegenden Untersuchung nicht weiter thematisiert werden.[493]

Was den Bereich der **operationellen Risiken** (*operational risk*) anbelangt, verlangt IFRS 7 keine Angaben. Mögliche Angabepflichten hierzu sind jedoch Gegenstand der Überlegungen des IASB im Rahmen seines Projekts zum ***Management Commentary*** (IFRS 7.BC65),[494] worauf diesbezüglich an dieser Stelle zu verweisen ist.

Der Grund für die Verabschiedung von IFRS 7 ist darin zu sehen, den Rechnungslegungsadressaten eine **besserer Fundierung der Risikoeinschätzung** des betreffenden Unternehmens zu ermöglichen (IFRS 7.IN2). Zudem ist in den vergangenen Jahren eine deutliche **Verbesserung** der **Methoden zur Messung** und **Handhabung** von **Risiken aus Finanzinstrumenten** sowie eine **breite Akzeptanz neuer Konzepte zum Risikomanagements** zu verzeichnen (IFRS 7.IN1).

---

489 Siehe in diesem Zusammenhang insbesondere auch Abbildung 44 unter Kapitel 6.1., welche die Zusammenhänge zwischen den in vorliegender Untersuchung entwickelten Benchmark-Tableaus veranschaulicht.

490 Verweise auf die Kapitel dieser übergeordneten Themenkomplexe finden sich jeweils in den einzelnen Kapiteln der Benchmark-Erhebung der davon betroffenen IFRS 7-Normen.

491 Vgl. Kuhn/Scharpf/Albrecht (2006), S. 586; Scharpf (2006), S. 4.

492 Zum Projektfortschritt an IFRS 9 siehe: http://www.ifrs.org/Current+Projects/IASB+Projects/Financial+Instruments+A+Replacement+of+IAS+39+Financial+Instruments+Recognitio/Financial+Instruments+Replacement+of+IAS+39.htm.

493 Da sich die vorliegende Untersuchung insbesondere der praktischen Umsetzung von IFRS 7 widmet, könnte eine Einbeziehung potentiell aufgrund von IFRS 9 geänderter IFRS 7-Passagen in die Betrachtung ohnehin nur einen geringen Beitrag leisten.

494 Vgl. Scharpf (2006), S. 4. Zum Fortschritt am Projekt *Management Commentary* siehe: http://www.ifrs.org/Current+Projects/IASB+Projects/Management+Commentary/Management+Commentary.htm.

Grundlegende **Zielsetzung von IFRS 7** ist es daher einerseits, die Abschlussadressaten in die Lage zu versetzen, den **Einfluss von Finanzinstrumenten** auf die **Finanzlage** und **Ertragskraft** des Unternehmens („*...significance of financial instruments for the entity's financial position and performance ...*“) abschätzen zu können. Andererseits sollen ihnen **ergänzende Informationen** über **Art** und **Ausmaß** der **Finanzrisiken** sowie die **Art** und **Weise** der **Handhabung (Steuerung) dieser Risiken** („*...nature and extent of risks arising from financial instruments* [...] *and how the entity manages those risks...*“) bereitgestellt werden (IFRS 7.1).[495]

Der Bedarf der Abschlussadressaten an Informationen über die aus Finanzinstrumenten resultierenden Risiken sowie deren Management resultiert nach Auffassung des IASB daraus, dass solche Informationen die Beurteilung der Vermögens-, Finanz- und Ertragslage des Unternehmens bzw. die Beurteilung der Höhe, des zeitlichen Anfalls sowie der Eintrittswahrscheinlichkeit zukünftiger Zahlungsströme beeinflussen können.[496] Eine dahingehend verstärkte Transparenz ermögliche es den Abschlussadressaten, profundere Entscheidungen über ein finanzielles Engagement („*...about risk and return...*“) in einem Unternehmen zu treffen (IFRS 7.IN2).[497]

Nach IFRS 7.3 ist dieser Standard von allen nach IFRS bilanzierenden Unternehmen auf sämtliche Typen von Finanzinstrumenten anzuwenden, unabhängig davon, ob sie bilanziert sind oder nicht (IFRS 7.IN4; IFRS 7.1; IFRS 7.3-5). IFRS 7 ist dabei nicht nur auf klassische bilanzielle Finanzinstrumente anzuwenden, er findet auch auf aus originären Finanzinstrumenten abgeleitete Derivate Anwendung.[498] **Ausgenommen vom Anwendungsbereich des IFRS 7** sind hingegen:

- jene **Beteiligungen** an **Tochterunternehmen** (*subsidiaries*), **assoziierten Unternehmen** (*associates*) und **Joint Ventures**, die gemäß IAS 27 *Consolidated and Separate Financial Statements*, IAS 28 *Investments in Associates* oder IAS 31 *Interests in Joint Ventures* bilanziert werden (IFRS 7.3(a))[499];

495 Vgl. Scharpf (2006), S. 4; Kuhn/Scharpf/Albrecht (2006), S. 586; Buchheim/Schmidt (2005), S. 397; von Oertzen (2009), S. 154, Rz. 205. Diesbezüglich wurden dem IASB sowohl von öffentlicher als auch privater Hand immer wieder Verbesserungsvorschläge zu den Anhangangaben zu Risiken aus Finanzinstrumenten angetragen (IFRS 7.IN1). Vgl. Scharpf (2006), S. 4.

496 So auch KPMG (2007), S. 1.

497 Vgl. Scharpf (2006), S. 4-5.

498 Vgl. KPMG (2007), S. 9.

499 In einigen Fällen gestatten IAS 27, IAS 28 oder IAS 31 einem Unternehmen jedoch, eine Beteiligung an einem Tochterunternehmen, einem assoziierten Unternehmen oder einem Joint Venture unter Zugrundelegung von IAS 39 zu bilanzieren; in diesen Fällen haben die Unternehmen die Anforderungen in IFRS 7 – und nicht die in IAS 27, IAS 28 oder IAS 31 – hinsichtlich der zu veröffentlichenden Angaben zu erfüllen („*...in those cases, entities shall apply the requirements of this IFRS.*“). Unternehmen wenden IFRS 7 auch auf alle derivativen Finanzinstrumente an, die an Beteiligungen an einem Tochterunternehmen, einem assoziierten Unternehmen oder einem Joint Venture geknüpft sind, es sei denn, das derivative Finanzinstrument erfüllt die Definition eines Eigenkapitalinstruments i.S.v. IAS 32 (IFRS 7.3(a)).

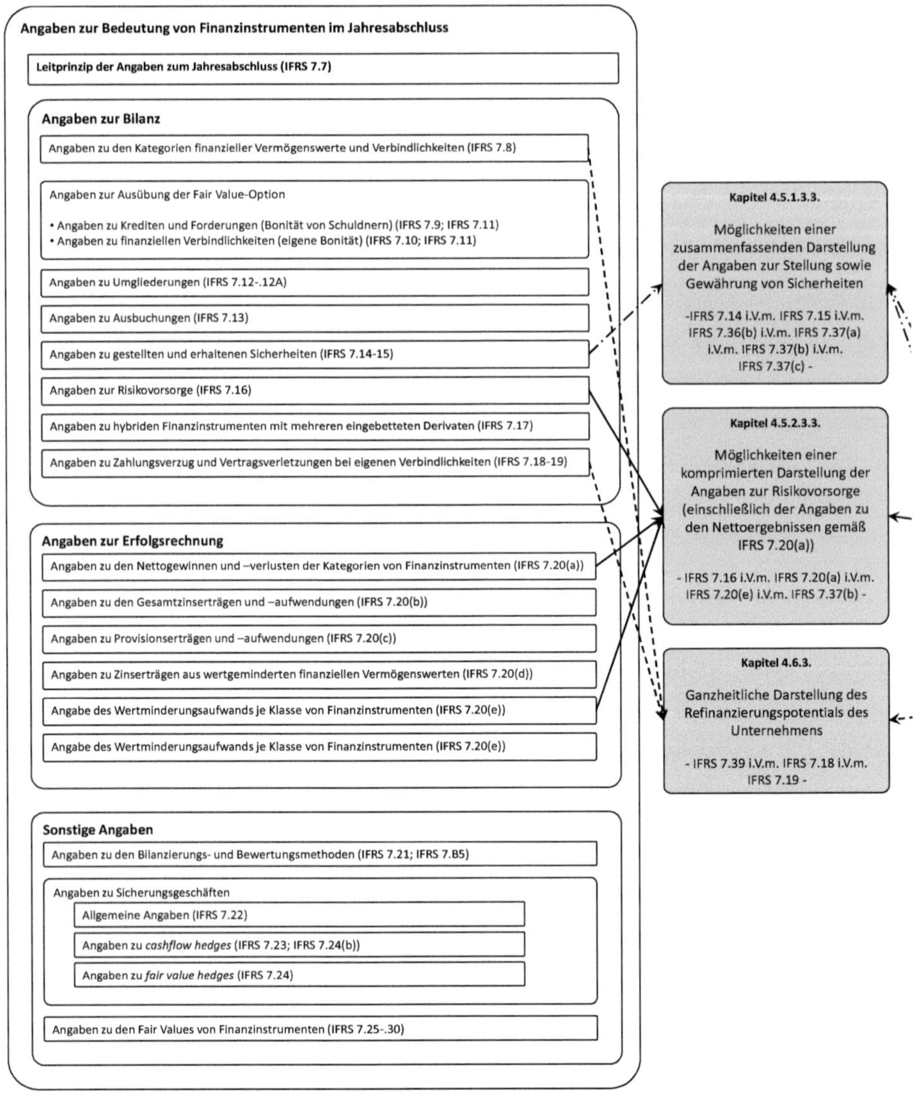

Abbildung 5: IFRS 7: Struktureller Aufbau des Standardtext i.e.S.

Angaben zu Art und Ausmaß der Risiken aus Finanzinstrumenten

Allgemeine Grundsätze für die Angaben zu den Risiken – Generalnorm IFRS 7.31)

Übergreifende qualitative Angaben zu Risiken aus Finanzinstrumenten

Für jede Risikoart (erwachsend aus Finanzinstrumenten):
- Umfang der Risikoexpositionen und die Art und Weise ihrer Entstehung (IFRS 7.33(a))
- Ziele, Strategien und Verfahren zur Steuerung des Risikos sowie die Methoden zur Messung des Risikos (IFRS 7.33(b))
- sämtliche Änderungen in IFRS 7.33(a) oder (b) gegenüber der vorherigen Berichtsperiode (IFRS 7.33(c))

Übergreifende quantitative Angaben zu Risiken aus Finanzinstrumenten

Für jede Risikoart (erwachsend aus Finanzinstrumenten):
- Zusammenfassung der quantitativen Daten zum Umfang jedes einzelnen Risikos am Abschlussstichtag unter Zugrundelegung des **Management Approach** (IFRS 7.34(a))
- spezielle Risikoangaben nach IFRS 7.36-.42, sofern sie nicht bereits gemäß IFRS 7.34(a) gemacht werden oder unwesentlich sind (IFRS 7.34(b))
- Risikokonzentrationen, die sich nicht aus den Angaben nach IFRS 7.34(a) und (b) erschließen lassen (IFRS 7.34(c))

Angaben zum Kreditrisiko

ALLGMEIN
- Maximales Kreditrisikos (IFRS 7.36(a))
- Sicherheitenstellung bzgl. des maximalen Kreditrisikos IFRS 7.36(b)
- Nicht Not leidende Vermögenswerte (IFRS 7.36(c))
- Neuverhandlung von Konditionen (IFRS 7.36(d))

SPEZIELL

Angaben zu Not leidenden Krediten
- Angabe einer Überfälligkeitsanalyse (IFRS 7.37(a))
- Angabe einer Analyse wertgeminderter Vermögenswerte (IFRS 7.37(b))
- Angabe zur Sicherheitenstellung für Not leidende Kredite (IFRS 7.37(c))

Angaben zur Verwertung von Sicherheiten und sonstigen erhaltenen Kreditverbesserungen
- Angabe von Art und Buchwert der im Zuge der Sicherheitenverwertung erworbenen nicht-finanziellen Vermögenswerte (IFRS 7.38(a))
- Angaben zur Veräußerung bzw. Verwertung von Sicherheiten (IFRS 7.38(b))

Angaben zum Liquiditätsrisiko
- Angabe einer Restlaufzeitenanalyse für nicht-derivative finanzielle Verbindlichkeiten (IFRS 7.39(a));
- Angabe einer Restlaufzeitenanalyse für derivative finanzielle Verbindlichkeiten (IFRS 7.39(b));
- Angaben zum Liquiditätsrisikomanagement (IFRS 7.39(c))

Angaben zum Marktpreisrisiko

Angaben zu Sensitivitätsanalysen
- Angabe einer Sensitivitätsanalyse für jede Art von Marktrisiko (IFRS 7.40(a))
- die bei der Durchführung von Sensitivitätsanalysen zu Grunde liegenden Methoden und Annahmen (IFRS 7.40(b))
- Anpassungen der verwendeten Methoden und Annahmen gegenüber früheren Berichtsperioden sowie die Gründe für diese Anpassungen (IFRS 7.40(c))

Angaben zu Value-at-Risk-Verfahren
- Angabe einer Erläuterung der Methode zur Sensitivitätsanalyse (Value-at-Risk) sowie die wichtigsten Parameter und Annahmen (IFRS 7.41(a))
- Angabe einer Erläuterung des Ziels der verwendeten Methode sowie der (hinsichtlich der Ermittlung des Fair Value bestehenden) Beschränkung (IFRS 7.41(b))

Sonstige Angaben zum Marktrisiko (IFRS 7.42)

- die **Rechte** und **Verpflichtungen** von **Arbeitgebern** (*employers' rights and obligations*), die sich aus **Versorgungsplänen**[500] **für Arbeitnehmer** (*employee benefit plans*) ergeben, auf die IAS 19 *Employee Benefits* Anwendung findet (IFRS 7.3(b));[501]
- **Versicherungsverträge im Sinne von IFRS 4** *Insurance Contracts* (IFRS 7.3(d))[502];
- Finanzinstrumente, Verträge und Verpflichtungen im Rahmen von **anteilsbasierten Vergütungstransaktionen** (*share-based payment transactions*), auf die IFRS 2 *Share-based Payment* Anwendung findet. Dies gilt nicht für den Fall, dass IFRS 7 auf Verträge Anwendung findet, die in den Anwendungsbereich von IAS 39.5-.7 fallen (IFRS 7.3(e));
- Instrumente, die nach IAS 32.16A, .16B oder .16C und .16D als **Eigenkapitalinstrumente** zu kategorisieren sind (IFRS 7.3(f)).

Da es nach Auffassung des *IDW* sachgerecht erscheint, **Fertigungsaufträge** i.S.v. IAS 11 **mit aktivischem Saldo**[503] gegenüber dem Kunden unter den Forderungsbestand zu subsumieren, erscheint aufgrund ihres Charakters als „*...contractual rights to receive cash...*" (i.S.v. IAS 32.11 und IAS 32.AG8) eine Anwendung von IFRS 7 auf diesen Sachverhalt als geboten (IDW RS HFA 24, Rz.3).

Da es sich bei **Finanzierungs-Leasingverhältnissen** um Finanzinstrumente handelt, fallen diesbezügliche Forderungen und Verbindlichkeiten ebenfalls in den Anwendungsbereich von IFRS 7. Bei **Operating-Leasingverhältnissen** werden immerhin bestimmte einzelne, jeweils fällige Zahlungen (IAS 32.AG9) – im Gegensatz zum Verhältnis an sich – als Finanzinstrumente betrachtet, was eine Einbeziehung dieser einzelnen Zahlungsansprüche in den Anwendungsbereich von IFRS 7 gebietet (IDW RS HFA 24).[504]

IFRS 7 findet gemäß IFRS 7.4 sowohl auf **bilanzwirksame** als auch auf **bilanzunwirksame Finanzinstrumente** gleichermaßen Anwendung. Zu den angesetzten Finanzinstrumenten können finanzielle Vermögenswerte und finanzielle Verbindlichkeiten zählen, die in den Anwendungsbereich

[500] Ungeachtet ggf. vorhandener Risiken ist damit auch das Planvermögen von Versorgungsplänen von den Angabepflichten nach IFRS 7 ausgenommen (IDW RS HFA 24, Rz. 2).

[501] Der ursprünglich auf IFRS 7.3(b) folgende IFRS 7.3(c) – Verträge über die bedingte Berücksichtigung bei einem Unternehmenszusammenschluss (siehe IFRS 3 *Business Combinations*) – wurde gelöscht.

[502] Allerdings gilt IFRS 7 für derivative Finanzinstrumente, die in Versicherungsverträge eingebettet sind, wenn IAS 39 dem Unternehmen vorschreibt, diese getrennt zu bilanzieren. Darüber hinaus ist IFRS 7 auf Verträge über Finanzgarantien anzuwenden, sofern der Garantiegeber sie bilanziell nach IAS 39 ansetzt und sie auch derart bewertet. IFRS 4 hat dabei hingegen zur Anwendung zu kommen, sofern der Garantiegeber sich gemäß IFRS 4.4(d) explizit dafür entscheidet, IFRS 4 für deren Ansatz und Bewertung heranzuziehen (IFRS 7.3(d)).

[503] Dieser Sachverhalt ist als eigene Klasse i.S.v. IFRS 7 zu behandeln, um den individuellen Charakteristika der von der Offenlegung gemäß IFRS 7 betroffenen Finanzinstrumente gerecht werden zu können (IDW RS HFA 24). Vgl. zur Klassenbildung insbesondere die Ausführungen in den Kapiteln 3.2.1. und 3.2.2.

[504] In diesem Sinne sind auch die spezifischen Angabepflichten des IAS 17 für den Leasingnehmer (*lessee*) – IAS 17.31 und .35 – sowie für den Leasinggeber (*lessor*) – IAS 17.47 und .56 – zu verstehen. Darüber hinaus sind die betroffenen Forderungen und Verbindlichkeiten aus Leasingverhältnissen als eigene Klasse i.S.v. IFRS 7 zu behandeln, um den individuellen Charakteristika der von der Offenlegung gemäß IFRS 7 betroffenen Finanzinstrumente gerecht werden zu können (IDW RS HFA 24, Rz. 4). Vgl. zur Klassenbildung insbesondere die Ausführungen in den Kapiteln 3.2.1. und 3.2.2.

von IAS 39 fallen. Zu den nicht angesetzten Finanzinstrumenten gehören einige Finanzinstrumente, die zwar nicht in den Anwendungsbereich von IAS 39, wohl aber in den von IFRS 7 fallen (wie z.B. Kreditzusagen[505] (*loan commitments*)).

IFRS 7 gilt auch für **Verträge** zum **Kauf** oder **Verkauf** eines **nicht-finanziellen Postens** (*non-financial item*), die in den Anwendungsbereich von IAS 39 fallen[506] (IFRS 7.5). Kommt es aufgrund der sogenannten *own use exemption* zur Behandlung bestimmter Verträge als schwebende Geschäfte (*executory contracts*) (IAS 39.6(a) und (d)) und somit nicht zu deren Einbeziehung in den Anwendungsbereich von IAS 39, fallen diese hingegen auch nicht in den Anwendungsbereich von IFRS 7 (IDW RS HFA 24, Rz. 6).

Seit der Veröffentlichung am 18.08.2005 bzw. dem erstmaligen In-Kraft-Treten von **IFRS 7** am 01.01.2007 wurden seitens des *IASB* mehrere **Änderungen** des Standards vorgenommen. Um die in letzter Zeit vorgenommenen[507], wesentlichen Änderungen an IFRS 7 sowie die mit IFRS 7 zusammenhängenden Änderungen an IAS 39 bzw. IAS 32 zu veranschaulichen, seien die dahingehend einschlägigen *Amendments* seitens des *IASB* in Abbildung 6 zusammenfassend dargestellt.[508] Auch die Entwicklungen in puncto *IFRS 9: Financial Instruments (replacement of IAS 39)* sind in die Übersicht mit einbezogen, werden allerdings im Rahmen der nachfolgenden Untersuchung aus bereits genannten Gründen nicht weiter thematisiert.

---

505 In den Anwendungsbereich von IAS 39 fallen nur die unter IAS 39.4 genannten Kreditzusagen (IAS 39.2(h)). Sämtliche anderen Kreditzusagen fallen hingegen in den Anwendungsbereich von IAS 37 *Provisions, Contingent Liabilities and Contingent Assets*, wobei neben den Angabevorschriften des IAS 37 jedoch auch die Angabepflichten den IFRS 7 einschlägig sind. Gemäß IFRS 7.B10(d) werden vom Anwendungsbereich von IFRS 7 nicht nur unwiderrufliche Kreditzusagen erfasst, sondern auch solche, die lediglich bei materiell nachteiligen Änderungen kündbar sind („*...revocable only in response to a material adverse change.*“) (IDW RS HFA 24).

506 Siehe IAS 39.5-.7.

507 Die folgenden *Amendments*, die nicht in der nachfolgenden Übersicht enthalten sind, haben ebenfalls Änderungen an IFRS 7 nach sich gezogen: (1) *Financial Guarantee Contracts* (*Amendments to IAS 39 and IFRS 4*), veröffentlicht im August 2005; (2) IAS 1 *Presentation of Financial Statements* (*revised 2007*); (3) IFRS 3 *Business Combinations* (*revised 2008*); *Puttable Financial Instruments and Obligations Arising on Liquidation* (*Amendments to IAS 32 and IAS 1*) (Februar 2008) sowie (4) *Improvements to IFRSs* (May 2008).

508 Darstellung in Anlehnung an die Übersicht „IASB-Projekt Finanzinstrumente - alle Projektschritte im Überblick“ des *DRSC*. Abrufbar unter: http://www.standardsetter.de/drsc/news/archive.php?ixnp_do=show_news_index&ixnp_lang=de&ixnp_id=1&ixnp_page=3&ixnp_filter=1&ixnp_filter_start_date=2010-01-01&ixnp_filter_end_date=2010-12-31&ixnp_do=show_news_article&ixnp_art_id=2133 (letzter Abruf: 27.09.2010). Bedeutung der Abkürzungen in der Darstellung: V = Veröffentlichungsdatum; K = Kommentierungsfrist.

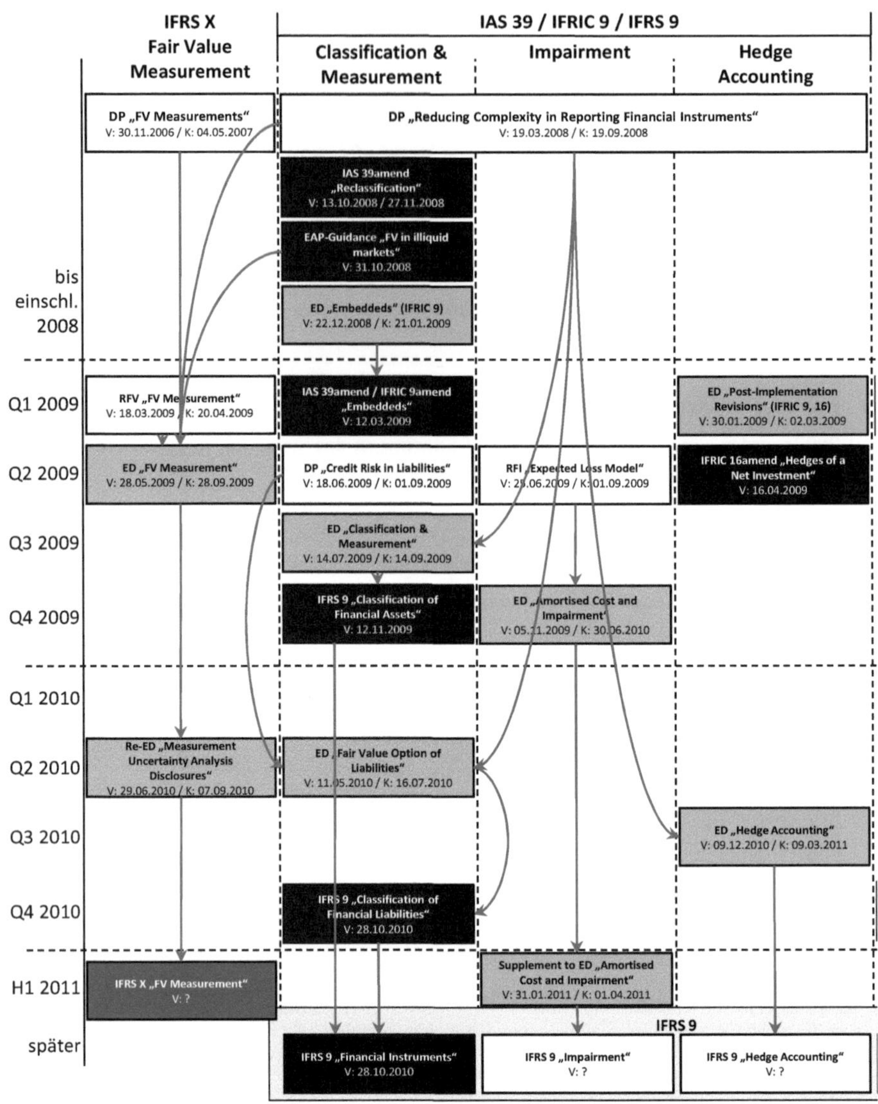

Abbildung 6: Änderungshistorie von IFRS 7 (inkl. Änderungen bzgl. IAS 39, IAS 32 sowie Fair Value Measurement)

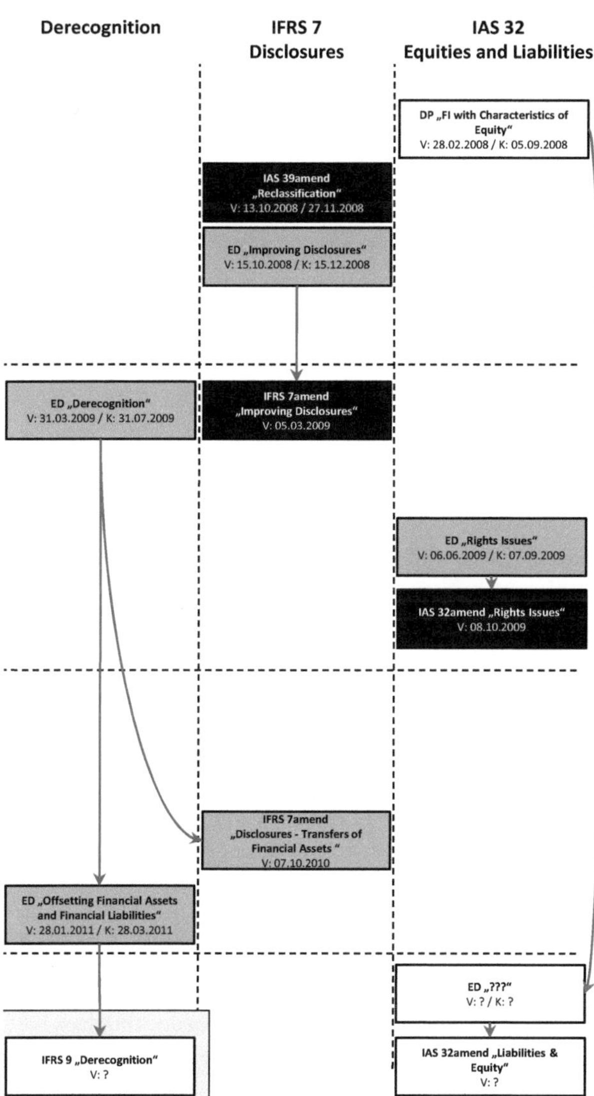
Derecognition
IFRS 7
Disclosures
IAS 32
Equities and Liabilities
DP „FI with Characteristics of Equity“
V: 28.02.2008 / K: 05.09.2008
IAS 39amend
„Reclassification“
V: 13.10.2008 / 27.11.2008
ED „Improving Disclosures“
V: 15.10.2008 / K: 15.12.2008
ED „Derecognition“
V: 31.03.2009 / K: 31.07.2009
IFRS 7amend
„Improving Disclosures“
V: 05.03.2009
ED „Rights Issues“
V: 06.06.2009 / K: 07.09.2009
IAS 32amend „Rights Issues“
V: 08.10.2009
IFRS 7amend
„Disclosures - Transfers of Financial Assets“
V: 07.10.2010
ED „Offsetting Financial Assets and Financial Liabilities“
V: 28.01.2011 / K: 28.03.2011
ED „???“
V: ? / K: ?
IFRS 9 „Derecognition“
V: ?
IAS 32amend „Liabilities & Equity“
V: ?

2.5. Erhebung von IFRS 7-Benchmarks: Vorgehensweise bei der Auswertung der betrachteten Geschäftsberichte sowie Unterschiede bei der Ermittlung von IFRS und den Grundsätzen ordnungsmäßiger Berichterstattung

Das **primäre Ziel** der im Rahmen vorliegender Untersuchung durchgeführten Geschäftsberichtsanalyse besteht, wie bereits erwähnt, in der **Erhebung der derzeitigen Umsetzung der zentralen, in IFRS 7 kodifizierten Angabepflichten** durch die im DAX-30 notierten Industrie- und Handelsunternehmen bzw. Nicht-Finanzdienstleister, welche – teilweise unter zusätzlicher Beachtung theoretischer Aspekte – in Empfehlungen diesbezüglicher **Berichterstattungs-Benchmarks**[509] mündet. Ein besonderes Augenmerk wurde im Rahmen der Erhebung der Berichterstattungspraxis vor diesem Hintergrund auf die

- **Verortung** der berichteten Informationen,
- die **Art der Darstellungsform** sowie
- **Gemeinsamkeiten** der dabei verwendeten **Elemente**

gelegt. Hinsichtlich der Art der **Darstellungsform** wird insbesondere mit Blick auf die nach IFRS 7 zu berichtenden **quantitativen Informationen** vermutet – wie sich im Laufe der Untersuchung vielfach bestätigen wird –, dass sich hier die **tabellarische Form** der **Offenlegung** als vorteilhaft erweist.[510]

Entsprechend der oben aufgezählten Kriterien spielt jedoch insbesondere auch das Kriterium der **Vergleichbarkeit** der in der Praxis berichteten bzw. laut Theorie idealerweise zu berichtenden Informationen eine zentrale Rolle – die **IFRS 7-Benchmarks** werden demgemäß sowohl **empirisch-induktiv** als auch **theoretisch-deduktiv** ermittelt, was der gängigen Praxis für die IFRS-Rechnungslegung entspricht.[511]

Diese Vorgehensweise der Benchmark-Ermittlung orientiert sich zudem an der **Vorgehensweise** zur **Entwicklung** der **IFRS** selbst. Obwohl das IASB die IFRS als „*based on clear principles, rather than rules that attempt to cover every eventuality*“[512] beschreibt, werden in den einzelnen IFRS – im Gegensatz zum kontinentaleuropäischen Ansatz bzw. zum HGB – keine Obersätze formuliert, sondern es erfolgt in den einzelnen Standards – bis auf das prinzipienbasierte Conceptual Frame-

509 Für eine Übersicht zu den im Rahmen vorliegender Arbeit entwickelten Benchmarks, die übergreifend mehreren IFRS 7-Regelungen gerecht werden, siehe Abbildung 44 unter Kapitel 6.1.

510 Zur Vorteilhaftigkeit einer entsprechend tabellarischen Offenlegung vgl. Moxter (1976), S. 93 sowie Berens/Darius/Schmitting (1997), S. 3-5.

511 Vgl. beispielhaft auch das Vorgehen bei von Keitz (2005).

512 Tweedie (14.02.2002), S. 13. *Tweedie* untermauert dies mit der Aussage: „*Both international standards and U.S. GAAP strive to be principles-based…*“, ebenda, S. 4.

work[513] – eine recht **detaillierte Behandlung von Einzelfragen** der Rechnungslegung i.S.d. sogenannten ***„case law“***, was dem angelsächsischen *„common law“* entstammt.[514] Konform mit dieser einzelfallbezogenen Vorgehensweise liegt ein Schwerpunkt des **Standardsetzungsprozesses** des IASB, des sogenannten *due process*[515], darin, die interessierte Öffentlichkeit intensiv in die Standardentwicklung mit einzubinden, was eine entsprechend praxisorientierte Adressierung der Behandlung von Einzelfällen beim IASB i.S.e. **induktiven Vorgehensweise** zur Folge hat. Abbildung 7 veranschaulicht die deduktiven sowie induktiven Elemente des *due process*.[516]

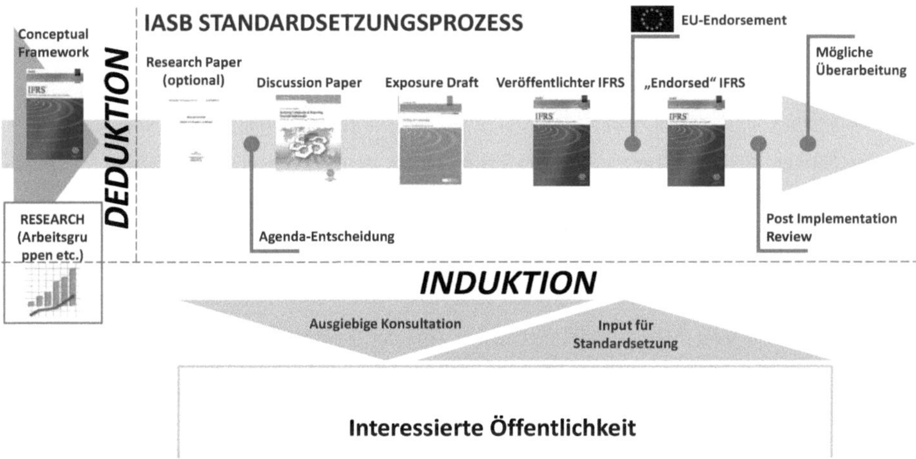

Abbildung 7:Standardsetzungsprozess des IASB zur Entwicklung der IFRS

Auf dieser gemischten Vorgehensweise aufbauend, stellt Abbildung 8 die zugrundegelegte **Vorgehensweise** bei der **Ermittlung** von **IFRS 7-Benchmarks** im Rahmen vorliegender Untersuchung dar.

---

513 Obwohl dass sogenannte Conceptual Framework im Vergleich zu den IFRS Standards als durchaus prinzipienorientiert betrachtet werden kann, ist zu betonen, dass dieses Rahmenkonzept selbst keinen Standard darstellt und auch keinen Vorrang vor einem Standard genießt (IFRS F.2). Es fungiert vielmehr als theoretischer Ausgangspunkt für die (Weiter)Entwicklung der IFRS Standards i.S.e. deduktiven Vorgehens, dient sekundär aber auch als Interpretationshilfe bei der Anwendung der IFRS Standards (IFRS F.1). Für eine Darstellung der im IFRS Rahmenkonzept niedergelegten qualitativen Kriterien sowie methodischen Grundannahmen für IFRS-konforme Jahresabschlüsse vgl. auch Fn. 188.

514 Vgl. Heuser (2009), S. 1-2, Rn. 3.

515 Wie in der nachfolgenden Grafik abgebildet, setzt sich der *due process* i.d.R. aus den folgenden Teilschritten zusammen: (1) Projektvorbereitung, (2) Erarbeitung eines Discussion Paper (i.d.R. nur für einen IFRS), (3) Entwicklung eines Exposure Draft (Standardentwurf) sowie (4) Verabschiedung und Veröffentlichung des IFRS bzw. der Interpretation. Vgl. Coenenberg/Haller/Schultze (2009), S. 61.

516 In Anlehnung an International Accounting Standards Board (Mai 2011), S. 5 sowie International Accounting Standards Board (Oktober 2010), S. 3.

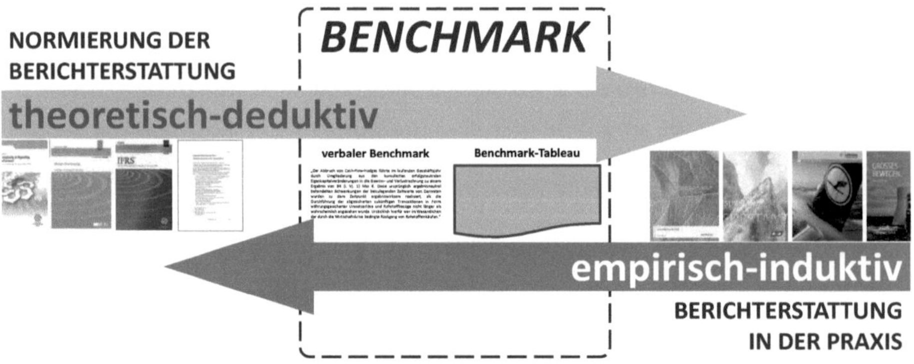

Abbildung 8:Vorgehensweise bei der Erhebung von IFRS 7-Benchmarks im Rahmen vorliegender Untersuchung

Um den **Nutzen** der **Ermittlung** von **IFRS-Benchmarks** zu unterstreichen, sei an dieser Stelle betont, dass die ermittelten IFRS 7-Benchmarks wiederum **induktiv in** den **Standardsetzungsprozess** des IASB **einfließen** könnten.[517]

Diese Vorgehensweise bei der Ermittlung der IFRS bzw. von IFRS 7-Benchmarks im Rahmen vorliegender Untersuchung unterscheidet sich dabei von der **Ermittlung von „Grundsätzen ordnungsmäßiger Buchführung“** (GoB)[518] bzw. von sogenannten **„Grundsätzen ordnungsmäßiger Berichterstattung in Anhang und Lagebericht“**[519] nach deutschem Handelsrecht. **Letztere** sind dabei als **Teil der GoB** zu betrachten. Entsprechend gleichen sich Wesensgehalt sowie Ermittlungsweise beider Grundsatz-Systeme,[520] wenngleich zu konstatieren ist, dass bisher „noch kein in sich geschlossenes und umfassendes System handelsrechtlicher GoB und damit auch kein System von Grundsätzen ordnungsmäßiger Berichterstattung in Anhang und Lagebericht“[521] existent ist.[522] Nachfolgende **Ausführungen** zur **Ermittlung von GoB**, für die das Schrifttum vergleichsweise

---

517 Aus den einzelnen Erhebungen sind darüber hinaus auch unmittelbar Verbesserungen in der jeweiligen Offenlegung der IFRS 7-Angaben im Zeitablauf ersichtlich.

518 Manchmal ist auch von „Grundsätzen ordnungsmäßiger Bilanzierung“ die Rede. Vgl. Schildbach (2009), S. 84. „Bemüht man einen Vergleich des Rahmenkonzepts [des IASB; Anm. d. Verf.] zum HGB, so könnte man es als schriftlich niedergelegte **Grundsätze ordnungsmäßiger Bilanzierung** bezeichnen.“ Theile (2009a), S. 63, Rn. 255.

519 Zur Entwicklung von Grundsätzen ordnungsmäßiger Berichterstattung in Anhang und Lagebericht vgl. grundlegend Hartung (2002), S. 53-66. Unter Beachtung des zentralen Zwecks von Anhang und Lagebericht identifiziert Hartung nachfolgende Grundsätze ordnungsmäßiger Berichterstattung: Grundsatz der Wahrheit, Grundsatz der Vollständigkeit, Grundsatz der Klarheit, Grundsatz der Vergleichbarkeit sowie Grundsatz der Wesentlichkeit. Die ersten drei Grundsätze gehören laut h.M. zu den „Grundsätzen einer gewissenhaften und getreuen Rechenschaft“ gemäß § 289 HGB a.F., sind aber auch für den Lagebericht nach neuem Recht anzuwenden. Die letzten beiden Grundsätze entstammen dabei den allgemeinen GoB und erlangen für die Grundsätze ordnungsmäßiger Berichterstattung nur deshalb Gültigkeit, da sie „durch den Zweck der allgemeinen Informationsvermittlung geprägt sind“. Vgl. Hartung (2002), S. 54-62.

520 So auch Hartung (2002), S. 53.

521 Hartung, S. 53.

522 Vgl. Hartung (2002), S. 53; Federmann (2010), S. 189.

umfangreich ist, **gelten** demgemäß **analog für** die **Grundsätze ordnungsmäßiger Berichterstattung**.

Die GoB[523] bzw. die Grundsätze ordnungsmäßiger Berichterstattung, die nicht unbedingt gesetzlich kodifiziert sein müssen[524] und mangels gesetzlicher Definitionen unbestimmte Rechtsbegriffe[525] darstellen, sind grundlegend als „allgemein anerkannte Regeln über die Führung der Handelsbücher (Dokumentation) sowie die Erstellung des Jahresabschlusses (Rechenschaftslegung) von Unternehmen“[526] zu verstehen.[527] Sie dienen m.a.W. der **Erfüllung** der **handelsrechtlichen Jahresabschlusszwecke**[528], indem sie zur Konkretisierung sowie Ergänzung der gesetzlichen Einzelvorschriften gereichen, sofern für einen bestimmten Einzelsachverhalt keine explizite Einzelvorschrift kodifiziert ist.[529] I.d.S. sind sie als klassische Ausprägung des sogenannten *„code law“* des kontinentaleuropäischen (römischen) Rechtssystems zu verstehen: das Gesetz formuliert hierbei Obersätze (Prinzipien), die GoB gereichen im jeweiligen Einzelfall zu dessen konkreter Anwendung.[530]

Die Entwicklung der GoB kann zunächst **theoretisch-deduktiv**[531] erfolgen.[532] Anhand dieser Methodik werden die GoB aus dem Zweck des Jahresabschlusses abgeleitet.[533] Da jedoch keine Einig-

---

[523] § 238 Abs. 1 Satz 1 HGB verpflichtet jeden Kaufmann dazu, „Bücher zu führen und in diesen seine Handelsgeschäfte und die Lage seines Vermögens nach den Grundsätzen ordnungsmäßiger Buchführung ersichtlich zu machen.“. Viele weitere Vorschriften des HGB, bspw. § 264 Abs. 2 Satz 1 HGB (Pflicht zur Aufstellung des Jahresabschlusses der Kapitalgesellschaft) oder § 297 Abs. 2 Satz 2 (Inhalt des Konzernabschlusses), verweisen dabei auf die Anwendung der GoB.

[524] Vgl. Schildbach (2009), S. 84. Ein Teil der GoB ist zwar nicht gesetzlich kodifiziert, „in immer stärker werdendem Maße *konkretisiert das Gesetz die Grundsätze ordnungsmäßiger Buchführung*“ jedoch auch explizit. Vgl. ebenda (Hervorhebungen im Original). So haben bisher etwa folgende oberste bzw. abgeleitete Grundsätze Einzug in den ersten Abschnitt des dritten Buches des HGB gefunden: Grundsatz der Klarheit und Übersichtlichkeit (§§ 238 Abs. 1 Satz 2, 234 Abs., 2 HGB); Saldierungsverbot (§ 246 Abs. 2 HGB); Grundsatz der Einzelbewertung (§ 252 Abs. 1 Nr. 3 HGB); Grundsatz der Richtigkeit und Willkührfreiheit (§ 239 Abs. 2 HGB); Grundsatz der Vollständigkeit (§§ 239 Abs. 2, 246 Abs. 1 HGB); Grundsatz der Bilanzidentität (§ 252 Abs. 1 Nr. 1 HGB); Grundsatz der Vorsicht (§252 Abs. 1 Nr. 1 HGB); Realisationsprinzip (§ 252 Abs. 1 Nr. 4 HGB); Imparitätsprinzip (§ 252 Abs. 1 Nr. 4 HGB); Grundsatz der Periodenabgrenzung (§ 252 Abs. 1 Nr. 5 HGB); Grundsatz der Fortführung der Unternehmenstätigkeit (§ 252 Abs. 1 Nr. 2 HGB); Grundsatz der Stetigkeit (§§ 246 Abs. 3, 252 Abs. 1 Nr. 6 HGB). Vgl. Coenenberg/Haller/Schultze (2009), S. 44-45. Für eine Übersicht über die nach *Leffson* systematisierten GoB siehe auch Coenenberg/Haller/Schultze (2009), S. 38.

[525] Vgl. Federmann (2010), S. 190; Coenenberg/Haller/Schultze (2009), S. 36-37.

[526] Coenenberg/Haller/Schultze (2009), S. 36.

[527] Vgl. Coenenberg/Haller/Schultze (2009), S. 36; Baetge/Kirsch/Thiele (2011), S. 102-103; Schildbach (2009), S. 84-85 sowie grundlegend zu den GoB Leffson (1987).

[528] Als die Zwecke des handelsrechtlichen Jahresabschlusses gelten (1) die Dokumentationsfunktion, (2) die Rechenschafts- bzw. Informationsfunktion sowie (3) die Kapitalerhaltungs- bzw. Ausschüttungsbemessungsfunktion. Vgl. hierzu grundlegend Baetge/Kirsch/Thiele (2011), S. 91-102. Eine explizite Nennung dieser Jahresabschlusszwecke findet sich im HGB allerdings nicht, was zur Zirkeldefinition in § 264 Abs. 2 Satz1 HGB führt, der ausführt, dass „[d]er Jahresabschluß der Kapitalgesellschaft [...] unter Beachtung der Grundsätze ordnungsmäßiger Buchführung ein den tatsächlichen Verhältnissen entsprechendes Bild der Vermögens-, Finanz- und Ertragslage der Kapitalgesellschaft zu vermitteln [hat]“. Der Zirkelschluss entsteht hierbei, indem die Vorschrift auf die GoB verweist, obwohl diese Grundsätze nach der h.M. mittels Deduktion aus den – nicht explizit definierten – Jahresabschlussziele bzw. -zwecken abzuleiten sind. Vgl. Coenenberg/Haller/Schultze (2009), S. 16-17.

[529] Vgl. Baetge/Kirsch/Thiele (2011), S. 102-103 m.w.N.

[530] Vgl. Heuser (2009), S. 1, Rn. 2.

[531] Unter deduktiver Vorgehensweise ist „die sachlogische Ableitung der zu klärenden Fragen aus den Zwecksetzungen oder Oberprinzipien der Rechnungslegung“ zu verstehen. Vgl. Federmann (2010), S. 191.

keit über die Jahresabschlusszwecke besteht,[534] sind zur GoB-Ermittlung zusätzlich Regelungsabsicht sowie die Ziele und Normvorstellungen des Gesetzgebers ebenfalls heranzuziehen.[535] Aufgrund des vom Gesetzgebers intendierten Interessenausgleichs im handelsrechtlichen Jahresabschluss – die divergierenden Interessen der Abschlussadressaten sind zur Ermittlung eines entsprechenden Zwecksystems und der Gewinnung der GoB zu berücksichtigen und auszugleichen[536] – ist die deduktive Methode allerdings nicht uneingeschränkt dazu geeignet, GoB zu ermitteln.[537] Zudem kommt der Deduktion im Zusammenhang mit der **Ermittlung** von **GoB heutzutage** nur noch eine **untergeordnete Bedeutung** zu, da ein Großteil der GoB seit dem Bilanzrichtliniengesetz 1985 (BiRiLiG) explizit im HGB kodifiziert ist[538] – die **Auslegung** der **GoB** hat entsprechend **an Bedeutung gewonnen**.

Der **empirisch-induktiven Vorgehensweise**[539], die all jene Handlungsweisen zu GoB erklärt, welche der Buchführungs- und Bilanzierungspraxis eines „ordentlichen und ehrenwerten Kaufmanns" entsprechen, **fehlt** eine zum deduktiven Ansatz vergleichbare **Akzeptanz**, da zum einen schlichtweg die Definition bzw. die Möglichkeit zur zweifelsfreien Identifikation eines solchen Kaufmanns nicht besteht, zum anderen aber auch die Anwendung der empirisch-induktiven Vorgehensweise als nicht sinnvoll erachtet wird.[540]

Ein dritter möglicher Ansatz zur Entwicklung der GoB besteht mit der **„in der Jurisprudenz übliche[n] Auslegungsmethode"**[541], der **hermeneutischen Methode**, die auch deduktive sowie induktive Elemente mit einbezieht.[542] Über die klassisch deduktiven als auch induktiven Elemente hinaus, sind im Rahmen der Hermeneutik dabei sämtliche vorstellbaren Determinanten der Rechnungslegung von Bedeutung.[543] „Die Hermeneutik ist also eine das Gesetz verstehende ganzheitliche Methode, mit der die handelsrechtlichen Bilanzierungsvorschriften anhand der Kriterien

- **Wortlaut** und **Wortsinn** der gesetzlichen Vorschriften,

---

532 Vgl. Coenenberg/Haller/Schultze (2009), S. 17; 37, die die deduktive Methode als die von der h.M. akzeptierte Methode zur Gewinnung von GoB bezeichnen, sowie Federmann (2010), S. 190-192.

533 Vgl. Coenenberg/Haller/Schultze (2009), S. 17; 37; Schildbach (2009), S. 86. In diesem Zusammenhang ist insbesondere auf die bestehende Zirkelschlussproblematik bei der GoB-Ermittlung hinzuweisen. Vgl. hierzu Fn. 529.

534 Vgl. Schildbach (2009), S. 86; Coenenberg/Haller/Schultze (2009), S. 17; 37.

535 Vgl. Coenenberg/Haller/Schultze (2009), S. 17; 37.

536 Vgl. Baetge/Kirsch/Thiele (2011), S. 106.

537 Vgl. Baetge/Kirsch/Thiele (2011), S. 106; 112.

538 Vgl. hierzu auch Fn. 525.

539 Unter induktiver Vorgehensweise ist die Ermittlung des „Sein-Sollen[s] aus den normativen Vorstellungen oder den tatsächlichen Verhaltensweisen der Kaufleute und der beteiligten Fachkreise durch statistisch repräsentative Erhebung von Einzelfällen" zu verstehen. Vgl. Federmann (2010), S. 191.

540 Vgl. Schildbach (2009), S. 85-86; Baetge/Kirsch/Thiele (2011), S. 105; 112; Coenenberg/Haller/Schultze (2009), S. 37; Leffson (1987), S. 29.

541 Baetge/Kirsch/Thiele (2011), S. 106 (Hervorhebungen im Original).

542 Vgl. Coenenberg/Haller/Schultze (2009), S. 37. Für eine ausführliche Darstellung dieser Methode zur GoB-Ermittlung siehe Baetge/Kirsch/Thiele (2011), S. 107-112.

543 Vgl. Coenenberg/Haller/Schultze (2009), S. 17; 37.

- **Bedeutungszusammenhang** der gesetzlichen Vorschriften,
- **Entstehungsgeschichte** der gesetzlichen Vorschriften,
- **Gesetzesmaterialien** und **Ansichten des Gesetzgebers**,
- **betriebswirtschaftliche** bzw. **objektiv-teleologische Gesichtspunkte** sowie
- **Verfassungskonformität**

(ganzheitlich) ausgelegt werden."[544] Abbildung 9 veranschaulicht die hermeneutische Vorgehensweise zur Ermittlung der GoB.[545]

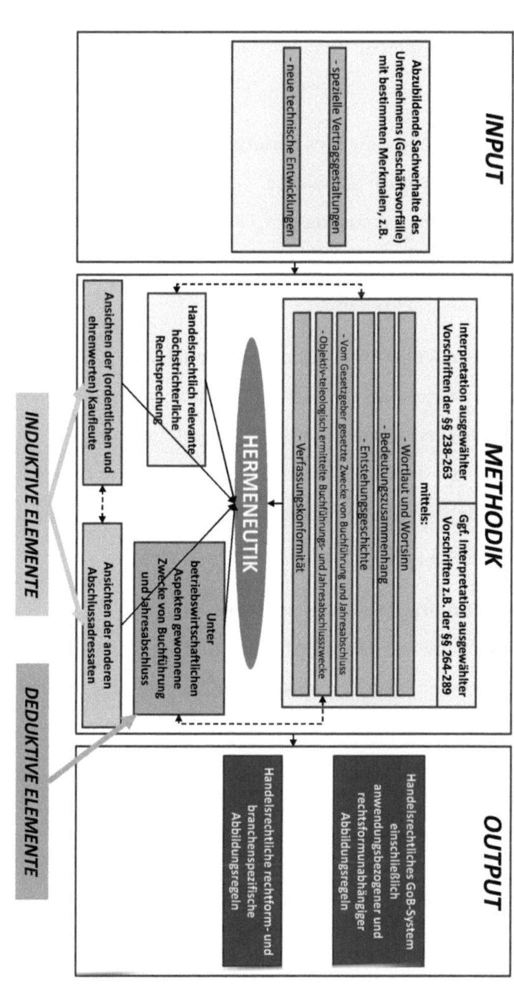

Abbildung 9: Hermeneutische Methode zur Ermittlung der GoB

544 Baetge/Kirsch/Thiele (2011), S. 107-108 (Hervorhebungen im Original).
545 In Anlehnung an Baetge/Kirsch/Thiele (2011), S. 111.

Obige Ausführungen zusammenfassend, bietet – heutzutage allgemein anerkannt – **allein** die **hermeneutische Vorgehensweise** „die **Voraussetzung** für eine **ganzheitliche, ausgewogene und intersubjektiv nachprüfbare Auslegung und Gewinnung eines handelsrechtlichen GoB-Systems**, das der Interessenregelung und damit dem Ausgleich divergierender Interessen gerecht werden muss."[546] Damit ist jedoch auch festzustellen, dass sich die **Vorgehensweise** zur **Ermittlung der GoB** bzw. der **Grundsätze ordnungsmäßiger Berichterstattung** von der **Vorgehensweise** zur **Ermittlung der IFRS(-Benchmarks)** grundsätzlich **unterscheidet**.

Um abschließend den Blick zurück auf die vorliegende Untersuchung zu richten, ist zu betonen, dass es **kein Ziel** vorliegender Untersuchung ist, eine oder mehrere **Hypothesen** zu **verifizieren** bzw. zu **widerlegen**.[547]

Die Untersuchung kann auch **nicht** als **repräsentativ** für die Gesamtheit der in Deutschland nach IFRS berichterstattenden Unternehmen angesehen werden, da die Grundgesamtheit der für die Berichtsjahre 2007-2009 nach IFRS bilanzierenden Unternehmen nicht erhoben wurde.[548] Darüber hinaus werden auch keine Empfehlungen für bestimmte Branchen gegeben, da in der angelegten Betrachtung von jedweden Branchenspezifika abstrahiert wird.

Die **Platzierung** der auf diese Weise ermittelten **Benchmarks** im Rahmen der vorliegenden Untersuchung erfolgt stets im Anschluss an die Darstellung und Interpretation der jeweiligen IFRS 7-Norm, welche unter theoretischen sowie praktischen Aspekten erfolgt.[549] Diese **modulare Vorgehensweise** hat den **Vorteil**, dass dem Leser einerseits eine kompakte Darstellung der einzelnen Vorschriften sowie der diesbezüglichen Interpretation durch die Literatur sowie andererseits die diesbezüglich tatsächliche Anwendung in der Praxis bereitgestellt wird.

2.6. In die Untersuchung einbezogene Unternehmen

In die empirische Untersuchung werden nachfolgend die im Zeitraum vom 01.01.2007 bis zum 31.12.2009 im DAX-30 notierten Nicht-Finanzdienstleister einbezogen. Auf die Einbeziehung von Banken, Versicherungen und ähnlichen Finanzdienstleistern wird verzichtet, da, wie bereits er-

---

546 Baetge/Kirsch/Thiele (2011), S. 112 (Hervorhebungen durch den Verf.).

547 So ist beispielsweise die Ermittlung der Vollständigkeit der Umsetzung der von IFRS 7 geforderten Anhangangaben durch die in die Untersuchung einbezogenen Unternehmen nicht primärer Gegenstand vorliegender Arbeit. Dass etwa diesbezüglich dennoch gewisse Rückschlüsse aus den Untersuchungsergebnissen gezogen werden können, liegt in der Natur der Erhebung von Benchmarks.

548 Bspw. verzichtet auch *von Keitz* auf die Erhebung der Grundgesamtheit aller in Deutschland nach IFRS bilanzierenden Unternehmen im Rahmen ihrer Untersuchung, da zuvorderst eine solche Erhebung erst ex post möglich ist, d.h. nachdem alle IFRS-Bilanzierer ihre jeweiligen IFRS-Abschlüsse veröffentlicht haben und der Repräsentativitätstest dadurch weitere Verzögerungen in der Veröffentlichung der durchgeführten Studie mit sich bringen würde. Vgl. von Keitz (2005), S. 13. Dem Repräsentativitätstest der vorliegenden Untersuchung steht zudem – und das ist als der Hauptgrund für deren Nicht-Repräsentativität anzusehen – die bewusste Auswahl der DAX-30 Unternehmen (Orientierung an Börsenumsatz und Marktkapitalisierung) für die Untersuchung entgegen.

549 Diese Vorgehensweise ebenfalls verfolgend Ernst & Young Global Limited (2008), S. III.

wähnt, somit auf die Beachtung weitergehender, branchenspezifischer Anforderungen an die Risikopublizität von Finanzdienstleistern verzichtet werden kann.

Die **Konzernabschlüsse bzw. Geschäftsberichte**[550] von Unternehmen, die während des Betrachtungszeitraums aus dem DAX-30 ausgeschieden oder neu aufgenommen worden sind,[551] werden dennoch für die gesamte Zeitspanne 2007-2009 in den Analyse mit einbezogen, um so etwaige Trends in der Anhangberichterstattung besser ermitteln zu können.[552]

Nachfolgend aufgeführte Konzernjahresabschlüsse bzw. Geschäftsberichte der DAX-30 Unternehmen sind Gegenstand vorliegender Untersuchung. Es werden, wie bereits erwähnt, ausschließlich Nicht-Finanzdienstleister betrachtet; Banken und Versicherungen sind somit nicht Gegenstand vorliegender Untersuchung.[553]

Einbezogene Unternehmen	Geschäftsjahr 2007	Geschäftsjahr 2008	Geschäftsjahr 2009
adidas AG	X	X	X
ALTANA AG	X (bis 18.06.2007)	(X)	(X)
BASF SE	X	X	X
BAYER AG	X	X	X
Beiersdorf AG	(X)	X (ab 22.12.2008)	X
BMW AG	X	X	X
Continental AG	X	X (bis 22.12.2008)	(X)
Daimler AG	X	X	X
Deutsche Börse AG	X	X	X
Deutsche Lufthansa AG	X	X	X
Deutsche Post AG	X	X	X
Deutsche Telekom AG	X	X	X
E.ON AG	X	X	X
Fresenius Medical Care AG & Co. KGaA	X	X	X
Fresenius SE	(X)	(X)	X (ab 23.03.2009)
Henkel AG & Co. KGaA	X	X	X
Infineon Technologies AG	X	X (bis 23.03.2008)	X (ab 21.09.2009)
K+S AG	(X)	X (ab 22.09.2008)	X
Linde AG	X	X	X
MAN AG	X	X	X
Merck KGaA	X (ab 18.06.2007)	X	X

550 Grundsätzlich sind im Folgenden mit „Geschäftsbericht" die jeweiligen Konzernabschlüsse der entsprechenden Unternehmen gemeint, die i.S.v. § 315a HGB gemäß den *International Financial Reporting Standards* (IFRS) aufgestellt sind. Diese können auf der Website der jeweiligen Unternehmen abgerufen werden. Auf die Angabe der diesbezüglichen Internetadressen wird im Folgenden aus Gründen der Übersichtlichkeit verzichtet.

551 Hierbei handelt es sich um die *Altana AG*, die *Beiersdorf AG*, die *Continental AG*, die *Fresenius SE*, die *Infineon Technologies AG*, die *K+S AG*, die *Merck KGaA*, die *Salzgitter AG*, sowie die *TUI AG*.

552 Ähnlich, mit der gleichen Zielsetzung im Rahmen der empirischen Analyse auch von Keitz (2005), S. 12. Unternehmen, deren Berichtsjahr vom Kalenderjahr abweicht, sind ebenfalls Gegenstand der nachfolgenden Betrachtungen. So werden bspw. Geschäftsberichte 2007/2008 gemäß der Pflicht zur erstmaligen Anwendung von IFRS 7 für Geschäftsjahre, die am oder nach dem 01.01.2007 beginnen, entsprechend zu den Geschäftsberichten 2007 gezählt.

553 Die Markierung in der Tabelle mit einem „X" bedeutet „zum entsprechenden Geschäftsjahr im DAX-30 gelistet"; die Markierung „(X)" symbolisiert das Gegenteil, weist jedoch nichtsdestotrotz auf die Einbeziehung des jeweiligen Abschlusses in die vorliegende Untersuchung hin.

Einbezogene Unternehmen	Geschäftsjahr 2007	Geschäftsjahr 2008	Geschäftsjahr 2009
METRO AG	X	X	X
RWE AG	X	X	X
Salzgitter AG	(X)	X (ab 22.12.2008)	X
SAP AG	X	X	X
Siemens AG	X	X	X
ThyssenKrupp AG (2006/2007)	X	X	X
TUI AG	X	X (bis 22.09.2008)	(X)
Volkswagen AG	X	X	X
Nicht-einbezogene Unternehmen	**Geschäftsjahr 2007**	**Geschäftsjahr 2008**	**Geschäftsjahr 2009**
Allianz SE	X	X	X
Commerzbank AG	X	X	X
Deutsche Bank AG	X	X	X
Deutsche Postbank	X	X	X (bis 23.03.2009)
Hypo Real Estate Holding AG	X	X (bis 22.12.2008)	(X)
Münchener Rückversicherungs-Gesellschaft AG	X	X	X

3. Angaben zur Bedeutung von Finanzinstrumenten im Jahresabschluss – Darstellung, Würdigung sowie Möglichkeiten einer Standardisierung aufgrund ermittelter Benchmarks

3.1. Leitprinzip der Angaben zum Jahresabschluss

In IFRS 7.7 findet sich das **Leitprinzip** zu den Angaben hinsichtlich der Bedeutung von Finanzinstrumenten für den Jahresabschluss anhand dessen die Abschlussadressaten in die Lage versetzt werden sollen, die Bedeutung von Finanzinstrumenten für die Vermögens-, Finanz- und Ertragslage[554] des Unternehmens beurteilen zu können:

> *"An entity shall disclose information that enables users of its financial statements to evaluate the significance of financial instruments for its financial position and performance."*

Das IASB ist zwar der Auffassung, dass die Berichterstattungspflichten des IFRS 7 grundsätzlich aus diesem explizit aufgeführten Prinzip abgeleitet werden sollten. Eine darüber hinausgehende, nähere Spezifikation der Angabepflichten zur besseren Erfüllbarkeit des Leitprinzips sah das IASB jedoch offenbar dennoch als geboten an, wonach nunmehr dem Leitprinzip ohne die vollständige Erfüllung der Angabevorschriften in IFRS 7.8-.30 nicht entsprochen werden kann (IFRS 7.BC13).

Bevor auf die Normen im Einzelnen eingegangen wird, sei an dieser Stelle bereits darauf hingewiesen, dass sich die aufgrund der Angabepflichten zum Jahresabschluss nach IFRS 7 geforderten quantitativen Offenlegungstatbestände zur Bilanz und GuV unter **erhebungstechnischen Gesichtspunkten** wohl am besten über die (bereits) im Konzern bestehenden Informationssysteme des Konzernrechnungswesens ermitteln lassen. Angesprochen sind dabei insbesondere die Angaben zu den Buchwerten von Finanzinstrumenten nach Bewertungskategorien (Kapitel 3.3.1.), zum Wertberichtigungskonto für Kreditausfälle (Kapitel 3.3.3.), zu den Nettogewinnen und –verlusten der Bewertungskategorien sowie zu den sonstigen Ergebniskomponenten (Kapitel 3.4.). Als zentrale **Prämisse** dürfte dabei eine **ausreichend tiefe Gliederung** des zugrundeliegenden **Kontenrahmens** anzusehen sein, anhand dessen auch eine Aggregation nach Bewertungskategorien möglich ist.[555]

3.2. Allgemeine Anforderungen von IFRS 7 an die Angaben zum Jahresabschluss sowie auch zu Art und Ausmaß der Risiken aus Finanzinstrumenten

3.2.1. Klassen von Finanzinstrumenten

Mit IFRS 7.6 wurde für die Berichtspflichten zu den Finanzinstrumenten mit der Begrifflichkeit der „**Klasse**" (*classes*) ein neuer Terminus[556] eingeführt. Dabei sind mit diesem Begriff jedoch nicht die

---

554 So übersetzend auch Paarz (2007), S. 258.

555 Vgl. Brücks/Kerkhoff/Stauber (2006b), S. 431.

556 Eine Klassendifferenzierung zu Offenlegungszwecken forderte bereits IAS 32, jedoch nicht mit dem IFRS 7 immanenten Regelungsgehalt. Vgl. KPMG (2007), S. 12.

(Bewertungs-)Kategorien (*categories*)[557] nach IAS 39 gemeint, sondern die eigens zu Zwecken der Anhang-Berichterstattung nach IFRS 7 von den einzelnen Unternehmen selbst vorzunehmenden Gruppierungen für Finanzinstrumente (IFRS 7.B1).[558] Doch sowohl die Klassen – sie stehen nach *Kuhn/Paa* im Mittelpunkt der Anwendung von IFRS 7[559] – als auch die Kategorien i.S.v. IAS 39 bilden im Rahmen von IFRS 7 Anknüpfungspunkte für verschiedene Angabepflichten.[560] Die Klassenbildung von Finanzinstrumenten hat sich dabei gemäß IFRS 7.6 an der Art der jeweils berichteten Informationen („...*appropriate to the nature of the information disclosed*...") sowie den Merkmalen bzw. am Charakter der entsprechenden Finanzinstrumente („...*take into account the characteristics of those financial instruments*...") zu orientieren. Unter Beachtung der vorgenannten Voraussetzungen ist dabei eine von Fall zu Fall **unterschiedliche Klassenbildung** für die einzelnen Angabepflichten des IFRS 7 gestattet (IDW RS HFA 24, Rz. 8).

Darüber hinaus liefert IFRS 7.6 selbst keine detaillierten Anhaltspunkte, wie die Klassenbildung zu erfolgen hat.[561] Entsprechend der AG zu IFRS 7 sind jedoch als **Mindestvoraussetzung** stets **zwei Klassen** – Finanzinstrumente die (1) zu (fortgeführten) Anschaffungskosten und (2) zum Fair Value bewertet werden – zu unterscheiden (IFRS 7.B2(a)).[562] Daneben sind ggf. alle Finanzinstrumente, die nicht in den Anwendungsbereich von IFRS 7 fallen,[563] einer separaten Klasse bzw. separaten

557 Die Bewertungskategorien des IAS 39 unterteilen sich in (1) *At Fair Value through Profit or Loss* (erfolgswirksam zum Fair Value bewertet) inkl. *Held for Trading* (zu Handelszwecken gehalten), (2) *Held-to-maturity Investments* (bis zur Endfälligkeit gehalten), (3) *Loans and Receivables* (Kredite und Forderungen) und (4) *Available-for-sale* (zur Veräußerung verfügbar). Vgl. u.a. Kuhn/Scharpf/Albrecht (2006), S. 272-279.

558 In einer ersten Version der amtlichen Übersetzung des EU-Textes von IFRS 7 wurden die beiden Begrifflichkeiten *classes* und *categories* trotz ihrer eindeutig unterschiedlichen Bedeutung fälschlicherweise großteils synonym verwendet. Eine dahingehend korrigierte Version der amtlichen Übersetzung wurde am 29.11.2008 im Amtsblatt der EU veröffentlicht. Vgl. hierzu auch von Oertzen (2009), S. 155, Rz. 207; Stauber (2009), S. 123.

559 Vgl. Kuhn/Paa (2005), S. 1977, so auch Lüdenbach (2009), S. 1515, Rz. 272.

560 Vgl. Buchheim/Schmidt (2005), S. 398. Bspw. beziehen sich IFRS 7.8 und IFRS 7.12 auf die Kategorien i.S.v. IAS 39, wohingegen etwa IFRS 7.36 und IFRS 7.37 auf den nach IFRS 7 zu bildenden Klassen von Finanzinstrumenten aufsetzen. Vgl. ebenda, S. 398, Fn. 5.

561 Vgl. Buchheim/Schmidt (2005), S. 398.

562 Darüber hinausgehend sind aufgrund der mangelnden Zuordenbarkeit zu diesen beiden „Elementarklassen" bspw. für folgende Sachverhalte Klassen i.S.v. IFRS 7 zu bilden: (1) als Sicherungsinstrumente designierte Derivate; sie gehören keiner eigenen Kategorie gemäß IAS 39.9 an (IDW RS HFA 24, Rz. 10, der für die Klasse „Sicherungsderivate" auf die einschlägigen Angabepflichten gemäß IFRS 7.25 ff. zum beizulegenden Zeitwert sowie gemäß IFRS 7.36(a) zum maximalen Kreditrisiko verweist); (2) Zahlungsmittel und Zahlungsmitteläquivalente; (3) Finanzgarantien; (4) Verbindlichkeiten aus Finanzierungs-Leasingverhältnissen sowie (5) Finanzinstrumente, die in den Anwendungsbereich von IFRS 5 fallen. Vgl. von Oertzen (2009), S. 156, Rz. 209, Punkte (1) bis (5) der Aufzählung sowie KPMG (2007), S. 13-19, wo darüber hinaus (6) bestimmte unwiderrufliche Kreditzusagen, die nicht in den Anwendungsbereich von IAS 39 fallen, als eigene Klasse genannt werden.

563 Siehe für die Ausnahmen vom Anwendungsbereich von IFRS 7 insbesondere die Ausführungen in Kapitel 2.4.2. bzw. die diesbezüglichen Ausführungen bei von Oertzen (2009), S. 156, Rz. 209, Punkt (6) der Aufzählung. Laut IFRS 7.BC8 betrifft dies über den Ausschluss vom Anwendungsbereich des IAS 32 a.F. hinausgehend auch Derivate auf Anteile an einem Tochterunternehmen, einem assoziierten Unternehmen oder einem Joint Venture, die die Definition eines Eigenkapitalinstruments nach IAS 32 erfüllen.

Klassen zuzuordnen (IFRS 7.B2(b)).[564] Zusätzliche Angabepflichten nach IFRS 7 entstehen für diese Klasse(n) nicht, vielmehr unterliegen sie Offenlegungserfordernissen anderer Standards.[565]

Des Weiteren ist zu gewährleisten, dass bei der Klassenbildung eine diesbezügliche **Überleitung auf die Posten in der Bilanz** („*...permit reconciliation to the line items presented in the statement of financial position...*) durch den Abschlussadressaten anhand der Offenlegung ausreichender Informationen möglich ist (IFRS 7.6).[566]

Die Bildung von Klassen hat dabei individuell für die folgenden Angabepflichten des IFRS 7 zu erfolgen:

- Ausbuchungen (IFRS 7.13);
- Risikovorsorge (im Kreditgeschäft) (IFRS 7.16);
- Betrag eines etwaigen Wertminderungsverlusts (IFRS 7.20(e));
- Angaben zum beizulegenden Zeitwert (IFRS 7.25-30)[567];
- Allgemeine Angaben zum Kreditrisiko (IFRS 7.36);
- Angaben zum Kreditrisiko hinsichtlich finanzieller Vermögenswerte, die entweder überfällig oder im Wert gemindert sind (IFRS 7.37).[568]

Um eine Vergleichbarkeit mit den Buchwerten i.S.e. Überleitung auf die Bilanzposten zu gewährleisten (IFRS 7.6), wird es dabei nach Auffassung von *KPMG* insbesondere für große Unternehmen oftmals erforderlich sein, die Klassenbildung bis auf die Ebene der Bewertungskategorien zu differenzieren.[569]

Hinsichtlich einer solchen Vorgehensweise bspw. bei der Kategorie bzw. Klasse *Loans and Receivables* (Kredite und Forderungen) kann u.U. eine darüberhinausgehende Differenzierung zu Offenlegungszwecken bei Handels- und Industrieunternehmen erforderlich sein, bspw. in (1) Forderun-

---

564 Die Vorschrift zur Bildung einer Klasse bzw. mehrerer Klassen für die „Nicht-IFRS 7-Bestände“ scheint jedoch widersprüchlich: zum einen sind gemäß IFRS 7.3 bestimmte Finanzinstrumente vom Anwendungsbereich des IFRS 7 explizit auszunehmen; gemäß IFRS 7.B2(b) sind eben diese Bestände im Zuge der Klassenbildung allerdings wiederum in den Anwendungsbereich einzubeziehen. Obwohl sich *Kuhn/Scharpf* hierbei für eine stringente Befolgung der Vorgehensweise gemäß IFRS 7.3 aussprechen, gestehen sie auch ein, dass bestimmte, gemäß IFRS 7 verlangte Informationen je Klasse durchaus auch für die gemäß IFRS 7.3 vom Anwendungsbereich ausgenommenen Finanzinstrumente sinnvoll wären, namentlich etwa: die Angaben gemäß IFRS 7.13, IFRS 7.16, IFRS 7.25-.27 sowie IFRS 7.36-.37. Vgl. hierzu Kuhn/Scharpf/Albrecht (2006), S. 592 sowie gleicher Auffassung Stauber (2009), S. 124.

565 Vgl. KPMG (2007), S. 20.

566 Vgl. von Oertzen (2009), S. 156, Rz. 209; IDW RS HFA 24, Rz. 7; KPMG (2007), S. 12.

567 Dabei hinsichtlich (1) IFRS 7.27(a) – Angaben zu den Ermittlungsmethoden der Fair Values und, für den Fall dass Bewertungstechniken zur Anwendung kommen, die dabei zugrunde liegenden Annahmen – sowie (2) hinsichtlich IFRS 7.28 – Angaben zu den Bilanzierungs- und Bewertungsmethoden bzgl. sog. *day one profits/losses* sowie eine Überleitungsrechnung der noch erfolgswirksam zu erfassenden Beträge. Vgl. Eckes, et al. (2009), S. 281.

568 Vgl. KPMG (2007), S. 12; Eckes, et al. (2009), S. 281.

569 Vgl. KPMG (2007), S. 13.

gen aus Lieferungen und Leistungen und (2) Sonstige Forderungen. Auch eine Unterscheidung von Forderungen **nach Regionen** oder der **rechtlichen Entstehung**[570] kann hierbei ggf. angezeigt sein.[571] Mit Blick auf die Kategorie *Available-for-Sale* dürfte es m.E. bei einer Klassenbildung auf Kategorienebene angezeigt sein, der gemäß IFRS 7.B2(a) geforderten Differenzierung in zum Fair Value und zu Anschaffungskosten bewerteten Finanzinstrumenten ggf. Rechnung zu tragen.[572]

Die **Klassenbildung** nach IFRS 7 kann demnach – unter Einhaltung gewisser Anforderungen – **flexibel** durch den Bilanzersteller gehandhabt werden, was den **Vorteil** hat, bestimmten Informationspflichten des IFRS 7, die eine solche Klassenbildung erfordern, im Hinblick auf besondere Unternehmensspezifika, bspw. durch eine über die bilanzielle Aggregation hinausgehende Differenzierung signifikanter Bilanzposten[573] zu Angabezwecken, individuell und dadurch besser Rechnung tragen zu können.

3.2.2. Klassenbildung in der Praxis

Sofern für die einschlägigen Angabepflichten des IFRS 7 **stets dieselben Klassen zur Anwendung kommen**, empfiehlt es sich, den **Zusammenhang zwischen** den **IFRS 7-Klassen**, den **IAS 39-Bewertungskategorien** sowie den jeweils zugehörigen **Bilanzposten** im Anhang zu veranschaulichen. Dies gilt natürlich nur, sofern keine Identität von Bewertungskategorien und Klassen zu Angabezwecken besteht. Ein grafisches Beispiel liefern hierzu etwa die *Fresenius Medical Care AG & Co. KGaA*[574] als auch die *Fresenius SE*[575], die diesen Zusammenhang im Rahmen einer Matrix-Darstellung[576] verdeutlichen.

Dies dürfte m.E. die **Kommunikation** der berichteten Informationen gegenüber den Bilanzadressaten erheblich **vereinfachen**, wobei jedoch insbesondere auf eine konsistente bzw. widerspruchsfreie Verwendung der Begrifflichkeiten Klasse und Kategorie zu achten ist.[577]

---

570 Bspw. (1) Forderungen aus Lieferungen und Leistungen und (2) Forderungen aus Finanzierungs-Leasing. Vgl. KPMG (2007), S. 13.

571 Vgl. KPMG (2007), S. 13.

572 Dies sollte m.E. für alle Kategorien maßgeblich sein, sofern die Bewertung der in dieser Kategorie designierten Finanzinstrumente anhand unterschiedlicher Bewertungsmaßstäbe erfolgt. In Frage kommen hierbei die beiden Kategorien (1) *As at Fair Value through Profit or Loss*: ((a) zum Fair Value: Eigen-/Fremdkapitalinstrumente sowie Derivate; (b) zu Anschaffungskosten: Eigenkapitalinstrumente/verbundene Derivate für die ein Fair Value nicht zuverlässig ermittelbar ist; sowie (2) *Available-for-Sale*: (a) Fair Value: Fremd-/Eigenkapitalinstrumente; (b) zu Anschaffungskosten: Eigenkapitalinstrumente für die ein Fair Value nicht zuverlässig ermittelbar ist. Vgl. hierzu auch die Übersicht in Kuhn/Scharpf/Albrecht (2006), S. 271.

573 Siehe hierzu etwa die weiter oben im Text angeführte Differenzierung der Kategorie bzw. Klasse *Loans and Receivables* in einzelne Forderungsklassen.

574 Vgl. etwa GB 2009 der *Fresenius Medical Care AG & Co. KGaA*, S. 67.

575 Vgl. etwa GB 2009 der *Fresenius SE*, S. 126.

576 Vgl. GB 2009 der *Fresenius SE*, S. 126.

577 Jedoch entlastet eine solche Darstellung der Zusammenhänge m.E. nicht von einer *direkten* Angabe auf Klassen-Ebene, sofern IFRS 7 dies explizit verlangt; eine dahingehende Substitution durch die Angabe auf Kategorien-

Auch wenn **keine durchgehend einheitliche Anwendung von Klassen** stattfindet, so trägt m.E. ein expliziter Hinweis auf die im Einzelfall verwendeten Klassen erheblich zur besseren Vermittelbarkeit der offengelegten Informationen bei.[578]

Die Mehrzahl der betrachteten Unternehmen hält eine derart **explizite Erläuterung** der IFRS-7 Klassen bzw. deren Verhältnis zu den Bilanzposten oder Bewertungskategorien jedoch offensichtlich für **nicht** notwendig,[579] was natürlich daran liegen kann, dass die Klassifizierung, wenn nötig, stets individuell für die jeweiligen IFRS 7-Angaben gemacht wird und eine konsistente, allen einschlägigen IFRS 7-Angaben gemeine Klassifizierung schlichtweg nicht existiert. Grund hierfür könnte natürlich auch sein, dass sich einige der betrachteten Unternehmen mit der korrekten Anwendung von IFRS 7 noch schwer tun. Dieser Eindruck findet sich auch durch die teilweise erheblichen Mängel in der Umsetzung von IFRS 7.8 (sowie IFRS 7.25 und IFRS 7.6) bestätigt, was die Ausführungen in Kapitel 3.3.1.2. eindrücklich belegen.

In diesem Zusammenhang wird auch immer wieder deutlich, dass die Unternehmen hinsichtlich der Abgrenzung dargestellter Positionen **nicht immer zu eindeutigen Bezeichnungen** greifen. Verwirrung scheint hier wiederum insbesondere die Verwendung des Begriffs der „Klasse" zu stiften.[580]

Inwiefern es sich generell im Rahmen der einschlägigen IFRS 7 Angabepflichten bei den dort genannten Posten dann jedoch tatsächlich um IFRS 7-Klassen handelt, ist daher teilweise letztlich nur durch weitere Recherche seitens der Bilanzadressaten zu klären, da es in einigen Fällen[581] zu einer Vermischung von IAS 39-Kategorien, Bilanzposten und IFRS 7-Klassen zu Angabezwecken kommt. Das diesbezügliche Beziehungsgeflecht ist entsprechend schwer bis gar nicht zu durch-

Ebene kommt, sofern keine Identität von Klassen und Kategorien besteht, m.E. nicht in Frage, auch wenn die Matrix – als dann notwendiger Zwischenschritt – eine Überleitung ermöglichen sollte.

578 Die *TUI AG* weist im Rahmen der jeweils relevanten Angaben dementsprechend explizit auf IFRS 7-Klassen hin: „Wertberichtigung auf Vermögenswerte der IFRS 7 Klasse Forderungen aus Lieferungen und Leistungen und sonstige Forderungen"; „Im Rumpfgeschäftsjahr 2009 wurden finanzielle Vermögenswerte der IFRS 7 Klasse „Zur Veräußerung verfügbare finanzielle Vermögenswerte" in Höhe von 2,7 Mio. € (Vorjahr 20,5 Mio. €) wertgemindert." Vgl. GB 2009 der *TUI AG*, S. 177-178.

579 Außer den bereits zuvor (*Fresenius SE*; *Fresenius Medical Care AG & Co. KGaA*) als auch den nachfolgend (*Merck KGaA*; *Volkswagen AG*; *Siemens AG*) mit Blick auf die eindeutige Postulierung bzw. Einbettung der Klassen als Beispiele angeführten Unternehmen, konnten keine weiteren Unternehmen identifiziert werden, die eine derart einheitliche Abgrenzung abschlussübergreifend vornehmen.

580 So führt bspw. die *Deutsche Börse AG* aus, dass sie mit der tabellarischen Darstellung der zur Erfüllung der Angabepflichten gemäß IFRS 7.8 offen gelegten Daten „eine Analyse der Finanzinstrumente in der Konzernbilanz gemäß ihrer **Klassifikation** nach IAS 39 sowie die entsprechenden Buchwerte" bereitstelle. Innerhalb der Tabelle ist dann richtigerweise von „Kategorien" die Rede, jedoch werden mit der obigen Bezeichnung „Klassifikation" dort wiederum die Positionen in der Konzernbilanz bezeichnet; obwohl der Terminus „Klassifikation" verwendet wird, sind Klassen i.S.v. IFRS 7.6 jedoch hierbei gar nicht gemeint. Vgl. hierzu GB 2009 der *Deutsche Börse AG*, S. 184. Hervorhebungen (Zitat) durch den Verfasser.

581 Vgl. etwa die Auswertung der Umsetzung der Angabepflicht gemäß IFRS 7.8 i.V.m. IFRS 7.25 in Kapitel 3.3.1.2.

schauen; nicht umsonst fordert IFRS 7.6 eine eindeutige Überleitung von den (unternehmensindividuellen) Klassen auf die jeweils zugehörigen Bilanzposten.[582]

Gleichwohl deklarieren einige der betrachteten Unternehmen[583], bspw. nachfolgend die *Merck KGaA*, explizit die **Identität** von **IAS 39-Bewertungskategorien** und **IFRS 7-Klassen** abschlussübergreifend.

Merck KGaA:

„Die nach IFRS 7 zu bildenden Klassen umfassen die hier dargestellten Bewertungskategorien. Darüber hinaus zählen die Zahlungsmittel und Zahlungsmitteläquivalente mit einer Fälligkeit bis zu 90 Tagen ab Erwerbszeitpunkt, die Verbindlichkeiten aus Finanzierungsleasing sowie Sicherungsderivate im Rahmen des Hedge Accountings zu den Klassen nach IFRS 7. Eine ausführliche Übersicht hierzu gibt Anmerkung [39].“[584]

Der von IFRS 7.B2(a)-(b) vorgegebenen **Mindest-Klassifizierung** von Finanzinstrumenten kommt etwa die *Volkswagen AG* explizit und abschlussübergreifend nach.

Volkswagen AG:

„Im Volkswagen Konzern werden Finanzinstrumente in folgende Klassen eingeteilt:

> Zum Fair Value bewertete Finanzinstrumente,

> Zu fortgeführten Anschaffungskosten bewertete Finanzinstrumente und

> Finanzinstrumente nicht im Anwendungsbereich von IFRS 7.

Zu den Finanzinstrumenten, die nicht im Anwendungsbereich von IFRS 7 liegen, zählen insbesondere Anteile an nach der Equity-Methode bewerteten assoziierten Unternehmen und Gemeinschaftsunternehmen.“[585]

Die *Siemens AG* nimmt eine **an diesen Mindestvorgaben *orientierte* Klassifizierung** vor.

Siemens AG:

„Finanzinstrumente werden bei Siemens, unter Zugrundelegung der Wesensart, in die Klasse von *Zu Anschaffungskosten oder Zu fortgeführten Anschaffungskosten bewertete Finanzielle Vermögenswerte und Verbindlichkeiten* sowie in die Klasse von *Zum Marktwert bewertete Finanzielle*

582 *Ernst & Young* merkt in Bezug auf die IAS 39-Kategorie *Loans and Receivables* an, dass bestimmte Klassen von Darlehen, bspw. Darlehen gegenüber assoziierten Unternehmen, Einlagen (*deposits*), Forderungen aus Finanzierungsleasing sowie Forderungen aus Lieferungen und Leistungen stets separat angegeben werden. Die „Kernklasse“ – bei Nicht-Finanzdienstleistern – der Forderungen aus Lieferungen und Leistungen weist jedoch meist eine geringe wenn nicht sogar gar keine weitergehende Differenzierung auf, obwohl sie durchschnittlich 80% des Gesamtbestands der Kategorie *Loans and Receivables* ausmacht. Vgl. Ernst & Young Global Limited (2008), S. 29.

583 Bspw. auch die *Continental AG*, die jedoch die Klassenbildung i.S.v. IFRS 7 sowohl an den in der Bilanz ausgewiesenen Posten als auch an den IAS 39-Bewertungskategorien orientiert. Vgl. GB 2009 der *Continental AG*, S. 148.

584 Vgl. GB 2009 der *Merck KGaA*, S. 111.

585 Vgl. GB 2009 der *Volkswagen AG*, S. 240.

Vermögenswerte und Verbindlichkeiten sowie in die Klasse *Forderungen aus Finanzierungs-Leasing* unterteilt."[586]

Wird von einer (angabeindividuellen) **Identität** von **Klassen** und **Bilanzposten** zu Angabezwecken ausgegangen, wie etwa bei der *Infineon Technologie AG*[587] oder der *Deutsche Post AG*[588], so ergibt sich diese Tatsache hinsichtlich der beiden vorliegenden Beispiele sowohl implizit durch einen Abgleich der betreffenden Passagen des Anhangs mit der Bilanz seitens des Bilanzadressaten als auch explizit[589] aus dem Text.

Die Vorgehensweise einer **unternehmensindividuellen Klassenbildung** wird von einigen Unternehmen ggf. direkt bei den einschlägigen IFRS 7-Angaben angabeindividuell postuliert.

ALTANA AG:

„ALTANA setzt verschiedene Finanzinstrumente ein. Entsprechend den Vorschriften zur Bilanzierung von Finanzinstrumenten lassen sich diese nach Art und Zweck unterschiedlichen Bewertungskategorien zuordnen. Ausgehend von definierten Klassen von Finanzinstrumenten sind in den nachfolgenden Tabellen die Zusammenhänge zwischen Bilanzposten, Wertansätzen sowie Fair Value-Angaben per 31.12.2009 und 31.12.2008 dargestellt."[590]

M.E. erscheint es mit Bezug auf die Angabepflichten gemäß IFRS 7.6 vor diesem Hintergrund entscheidend, *dass* die bilanzierenden Unternehmen ihre jeweils für IFRS 7-Zwecke vorgenommene **Klassenbildung** im Anhang bzw. an einer anderen Stelle des Jahresabschlusses – u.U. in Anlehnung an die vorangegangenen Beispiele – **explizit** und von anderen Informationen **eindeutig abgegrenzt** offenlegen. Bei der Mehrzahl der in die Untersuchung einbezogenen Unternehmen ist dies jedoch nicht der Fall. Sofern für unterschiedliche Angaben eine unterschiedliche Klassenbildung zugrunde gelegt wird, ist m.E. darauf ebenfalls explizit[591] hinzuweisen.

Indem die Klassenbildung explizit offengelegt wird, ist m.E. zudem auch eine bessere Nachvollziehbarkeit der Überleitung auf die zugehörigen Bilanzposten i.S.v. IFRS 7.6 im Rahmen der Offenlegung der Anhangangaben nach IFRS 7 durch die Bilanzadressaten gewährleistet.

---

586 Vgl. GB 2009 der *Siemens AG*, S. 150.

587 Vgl. GB 2009 der *Infineon Technologies AG*, S. 123 (Bilanz) und damit abgleichend S. 171 (Angaben).

588 „Im Konzern werden Finanzinstrumente analog zu den jeweiligen Bilanzposten klassifiziert." Vgl. GB 2009 der *Deutsche Post AG*, S. 182. Die *Deutsche Post AG* nimmt dabei jedoch ergänzend zu diesen Bilanzposten bzw. Klassen deren weitergehende Untergliederung in die durch IFRS 7.B2(a)-(b) geforderten Mindest-Klassen vor.

589 Als weiteres Beispiel sei die *Continental AG*, GB 2009, S. 210 angeführt: „Die Buchwerte und die beizulegenden Zeitwerte nach Bewertungskategorien für die finanziellen Vermögenswerte und Verbindlichkeiten, aufgegliedert nach den Klassen der Bilanz sowie lang- und kurzfristige Positionen zusammengefasst, stellen sich wie folgt dar…". Hierbei werden die Bilanzposten i.S.v. IFRS 7.6 (Überleitung) in „Klassen der Bilanz" unterteilt. Ähnlich auch die *Daimler AG*, die zur Erfüllung von IFRS 7.25 primär Bilanzposten angibt, jedoch den Bilanzposten „Übrige finanzielle Vermögenswerte" in weitere Klassen unterteilt. Vgl. hierzu GB 2009 der *Daimler AG*, S. 229 i.V.m. S. 205.

590 Vgl. GB 2009 der *ALTANA AG*, S. 145.

591 Dies sollte m.E. entweder an zentraler Stelle oder aber im Zusammenhang mit den jeweils offenzulegenden Anhangangaben erfolgen.

3.2.3. Besonderer Wesentlichkeitsgrundsatz

Das **Berichterstattungsniveau** der Anhangangaben nach IFRS 7 hat gemäß IFRS 7.B3 prinzipiell unter Beachtung der entsprechenden Umstände („*...in the light of its circumstances...*") die **Balance zwischen** dem **Detaillierungsgrad** und dem **Aggregationsniveau** der Angaben zu wahren („*It is necessary to strike a balance between overburdening financial statements with excessive detail* [...] *and obscuring important information as a result of too much aggregation.*"). Sowohl einer Überforderung der Investoren aufgrund eines *information overload*[592] anhand zu vieler Detailinformationen, als auch einer Verschleierung wichtiger Informationen aufgrund eines zu hohen Aggregationsniveaus soll anhand dieses **besonderen Wesentlichkeitsgrundsatzes**, den die Regelungen in IFRS 7.6 und IFRS 7.B1-.B2 zur Klassenbildung von Finanzinstrumenten ergänzen,[593] vorgebeugt werden.[594] Dabei ist von den Unternehmen zu beachten, dass im Zuge der Bereitstellung aggregierter Informationen zur Darstellung des Gesamtbilds des Unternehmens eine **Vermischung von Informationen** mit **unterschiedlichen Charakteristika unterbleibt** (IFRS 7.B3). Eine Offenlegung von Informationen über **unwesentliche Sachverhalte** kann dabei grundsätzlich unterbleiben.[595] Auch soll sich der **Umfang der Angabepflichten** vom Umfang des Einsatzes von Finanzinstrumenten beim bilanzierenden Unternehmen sowie der unternehmensspezifischen Risikoexposition ableiten (IFRS 7.IN4).[596]

Entsprechend der Bilanzierungskonzeption der IFRS geht es um den Ansatz künftiger Nutzenzu- und –ablüsse, bzgl. Finanzinstrumente gewissermaßen auf der letzten Realisationsstufe dabei also letztlich um die jeweiligen *cashflows*.[597] Generell ist den Abschlussadressaten entsprechend zu vermitteln, welche Risiken und ggf. auch Chancen sich in der Geldmittelwerdung der finanziellen Vermögenswerte und finanziellen Verbindlichkeiten[598] verbergen.[599]

---

592 Anm. d. Verf.

593 Vgl. Theile (2009b), S. 379, Rn. 1970.

594 Vgl. auch Paarz (2007), S. 255-256.

595 Vgl. von Oertzen (2009), S. 154, Rz. 206.

596 Für *Lüdenbach* erscheint der wiederholte Hinweis auf diesen Wesentlichkeitsgrundsatz in IFRS 7 – er spricht von „*materialtiy*-Grundsatz" – im Vergleich zu anderen IAS/IFRS auffällig. Als Grund hierfür führt er ein offenbares, gewisses Unbehagen des IASB an, große Teile des bankspezifischen IAS 30 in IFRS 7 übernommen zu haben, und in der Folge die entsprechenden Vorschriften nun nicht nur für große DAX-Unternehmen, sondern auch für kleinere, mittelständische Unternehmen verpflichtend anwendbar gemacht zu haben. Vgl. auch für ein Beispiel, anhand dessen deutlich wird, das es einem mittelständischen Unternehmen trotz der Anwendung von IFRS 7 durchaus möglich ist, „seine Berichterstattung vom **finanziellen Kopf** auf die **operativen Füße** zu stellen." Lüdenbach (2009), S. 1516-1517, Rz. 275-277 (Hervorhebungen im Original).

597 Vgl. Theile (2009b), S. 379, Rn. 1970.

598 *Theile* beschränkt sich an dieser Textstelle nur auf finanzielle Vermögenswerte. Vgl. Theile (2009b), S. 379, Rn. 1970. Für finanzielle Verbindlichkeiten gilt der besondere Wesentlichkeitsgrundsatz jedoch gleichermaßen. Vgl. ebenda, S. 413, Rn. 2170.

599 Vgl. Theile (2009b), S. 379, Rn. 1970.

Sollte anhand der Angaben nach IFRS 7 ein unzureichendes Bild des Einflusses bestimmter Transaktionen, Ereignisse oder Bedingungen vermittelt werden, so sind gemäß IFRS 7.IG6 i.V.m. IAS 1.17(c) **weitergehende Angaben** nötig.[600]

3.3. Angaben zur Bilanz

3.3.1. Angaben zu den Kategorien finanzieller Vermögenswerte und Verbindlichkeiten

3.3.1.1. Anforderungen des Standards

Gemäß IFRS 7.8 sind wahlweise in der Bilanz[601] oder im Anhang unter Beibehaltung des Grundsatzes der Stetigkeit[602] die **Buchwerte** der entsprechend den **Bewertungskategorien nach IAS 39** zugeordneten **Finanzinstrumente** anzugeben. Für den Ausweis im Anhang kann dabei im Sinne einer klaren und übersichtlichen Bilanz optiert werden.[603] Dabei sind die Angaben zu denjenigen finanziellen Vermögenswerten als auch finanziellen Verbindlichkeiten, die erfolgswirksam zum beizulegenden Zeitwert bewertet werden (*At Fair Value Through Profit or Loss*), gemäß der Definition in IAS 39.9 weiter in (1) all jene Finanzinstrumente zu differenzieren, die zum Zeitpunkt der erstmaligen Erfassung durch Ausübung der **Fair Value-Option**[604] in diese Kategorie designiert wurden sowie (2) all jene Finanzinstrumente, die in Übereinstimmung mit IAS 39 der Kategorie ***Held-for-Trading*** (Handelsbestand) zugeordnet[605] sind.[606]

600 Vgl. von Oertzen (2009), S. 155, Rz. 206.

601 Bei der Wahl eines Bilanzausweises, sind die diesbezüglichen Mindestangaben zur Bilanzgliederung gemäß IAS 1 zu beachten (IDW RS HFA 24, Rz. 11). *Ernst & Young* kommt in einer Studie zu dem Ergebnis, das die meisten der dabei betrachteten europäischen Unternehmen (32 von 40) von einer Änderung der Bilanzstruktur aufgrund der erstmaligen Anwendung von IFRS 7.8 abgesehen haben. Vgl. Ernst & Young Global Limited (2008), S. 6.

602 Vgl. Scharpf (2006), S. 8.

603 Vgl. Buchheim/Schmidt (2005), S. 398. *Brücks/Kerkhoff/Stauber* beurteilen diese Entscheidung hingegen differenzierter: die Wahl für Bilanz oder Anhang sollte bei Industrie- und Handelsunternehmen nach ihrer Auffassung entsprechend von Art und Umfang der eingesetzten Finanzinstrumente abhängen. Dabei biete sich einerseits die Überleitung von den Bilanzposten auf die Bewertungskategorien im *Anhang* für Industrie- und Handelsunternehmen dann an, wenn als Aktiva lediglich Forderungen aus Lieferungen und Leistungen und zur Veräußerung verfügbare Beteiligungen sowie als Passiva lediglich ausschließlich zu Anschaffungskosten bilanzierte finanzielle Verbindlichkeiten gehalten würden. Andererseits sei Industrie- und Handelsunternehmen, die im Verhältnis zur Bilanzsumme relativ viele Finanzinstrumente halten, die sich über die gesamte Bandbreits der IAS 39-Bewertungskategorien verteilen, und die aufgrund von (ökonomischen oder bilanziellen) Sicherungsgeschäften relativ viele Derivate als *Held-for-Trading* zu designieren haben, hingegen eine direkte Angabe in der *Bilanz* anzuraten. Die zweite Variante der Angabe in der Bilanz könnte sich dabei langfristig als Vorteil erweisen, sofern seitens des IASB die Angaben nach Bewertungskategorien weiter hervorgehoben würden, indem die Offenlegung nach Kategorien verpflichtend in der Bilanz vorgeschrieben werde. Vgl. Brücks/Kerkhoff/Stauber (2006b), S. 435.

604 Die überarbeitete Version der Fair Value-Option wurde am 16.06.2005 vom IASB verabschiedet. Für weitere Nachweise zur Entstehungsgeschichte und zur Überarbeitung siehe Buchheim/Schmidt (2005), S. 398, Fn. 9.

605 Die Zuordnung zur Kategorie *Held-for-Trading* hat zu erfolgen, sofern dem Engagement in die finanziellen Vermögenswerte oder finanziellen Verbindlichkeiten eine Handelsabsicht zugrundeliegt, oder wenn es sich um Derivate *ohne* Sicherungsabsicht handelt. Vgl. Buchheim/Schmidt (2005), S. 398.

606 Vgl. Buchheim/Schmidt (2005), S. 398.

Hinsichtlich einer **weitergehenden Differenzierung** der Kategorie ***Available-for-Sale*** – in (1) zum Fair Value und (2) zu Anschaffungskosten bewertete finanzielle Vermögenswerte[607] – sieht der Standard hingegen keine explizite Regelung vor. *Brücks/Kerkhoff/Stauber* sehen allerdings für den Fall, dass Beteiligungen dieser Kategorie in wesentlichem Umfang zu Anschaffungskosten bewertet werden, eine dahingehende Differenzierung trotz Ermangelung einer diesbezüglichen Vorschrift als geboten an.[608]

Abbildung 10 gibt einen Überblick über die geforderten Buchwertangaben je Bewertungskategorie.

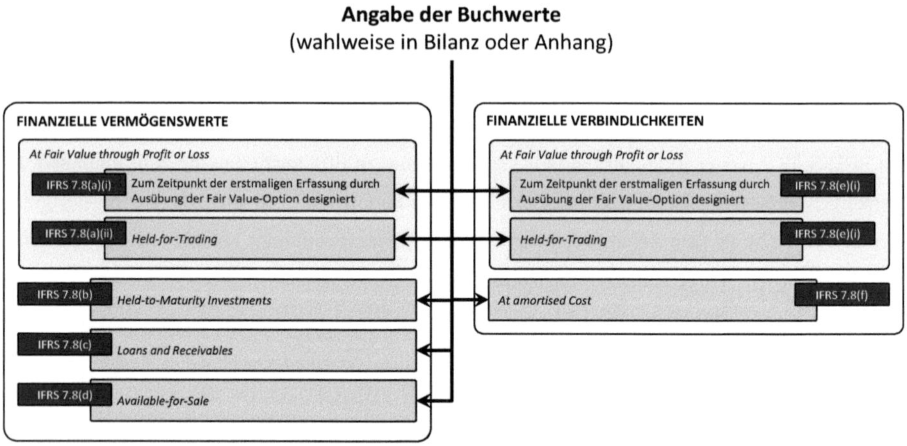

Abbildung 10: Angabepflicht der Buchwerte je Bewertungskategorie gemäß IFRS 7.8

Die Angabe der Buchwerte von Finanzinstrumenten entsprechend der Kategorisierung gemäß IAS 39 unterstützt nach Auffassung des IASB die Abschlussadressaten, die Auswirkungen der Bilanzierungsmethoden auf die Wertansätze der Finanzinstrumente besser nachvollziehen zu können (IFRS 7. BC14). Der jeweils separate Ausweis der Buchwerte der finanziellen Vermögenswerte und Verbindlichkeiten der Kategorie *At Fair Value through Profit or Loss* in (1) Finanzinstrumente *Held-for-Trading* und (2) Finanzinstrumente, die durch Ausübung der Fair Value-Option in diese Katego-

[607] Diese Unterteilung ließe sich höchstens noch aus den Regelungen gemäß IFRS 7.B2 zur Mindestdifferenzierung der nach IFRS 7 zu bildenden Klassen von Finanzinstrumenten ableiten. Vgl. Brücks/Kerkhoff/Stauber (2006b), S. 435.

[608] Vgl. Brücks/Kerkhoff/Stauber (2006b), S. 435. *Brücks/Kerkhoff/Stauber* sehen dabei vor allem die Vermittlung, wie sich die Finanzinstrumente der Kategorie *Available-for-Sale* zusammensetzen, welche Bewertungsmaßstäbe dabei angewandt wurden als auch wie verlässlich die angegeben Werte sind, als maßgebliche Gründe für eine dahingehende Unterscheidung an.

rie designiert wurden, ist nach Ansicht des IASB aufgrund der wahlweisen Inanspruchnahme der Fair Value-Option im Rahmen des Ermessens des berichterstattenden Unternehmens sinnvoll, um die dahingehenden Auswirkungen von Bewertungsmaßstäben und –wahlrechten auf die Bilanzierung kenntlich zu machen (IFRS 7.BC15).[609]

Das IASB hat dabei auf einheitliche, im Sinne der Vergleichbarkeit fest vorgeschriebene, detaillierte Bilanzausweisregelungen für Finanzinstrumente sowie Vorgaben zur Darstellung der Erfolgskomponenten in der GuV verzichtet und überlässt die Erfüllung der u.a. nach IFRS 7.8 geforderten Angaben damit weitgehend den einzelnen Unternehmen selbst.[610] Die nachfolgend in Kapitel 3.3.1.2. durchgeführte Erhebung hat vor diesem Hintergrund zum Zweck, aufgrund der tatsächlichen Umsetzung von IFRS 7.8 (sowie IFRS 7.25) in der Praxis den diesbezüglichen Benchmark für die entsprechende Berichterstattung zu identifizieren.

Kritik kann jedoch bereits hinsichtlich der Vorgabe geäußert werden, dass IFRS 7.8 zwar die Angabe der Buchwerte je Bewertungskategorie[611] nach IAS 39 fordert, diese Buchwerte dabei jedoch auf unterschiedlichen Bewertungsmaßstäben[612] basieren können.[613] Die **flankierende Nennung des jeweils zugehörigen Bewertungsmaßstabs** kann dieses Manko jedoch heilen und wird u.U. ohne-

609 Vgl. auch Löw (2005b), S. 2175; Paarz (2007), S. 259.

610 Ähnlich auch Scharpf (2006), S. 8.

611 Werden Zinsänderungsrisiken im Rahmen eines Fair Value Portfolio Hedging gesichert, so sind die Fair Value-Änderungen des Grundgeschäfts als *fair value adjustment* erfolgswirksam zu erfassen. Dessen bilanzielle Erfassung erfolgt gegenüber einem *micro hedging* jedoch nicht direkt beim gesicherten Grundgeschäft, sondern in Form eines separaten Bilanzpostens in unmittelbarer Nähe der gesicherten Grundgeschäfte (IAS 39.89A; IAS 39.AG114(g)) – als separater aktivischer Posten bei Sicherung von finanziellen Vermögenswerten (IAS 39.89A(a) und als separater passivischer Posten bei Sicherung von finanziellen Verbindlichkeiten (IAS 39.89A(b)). Dabei können diese Posten sowohl ein positives als auch ein negatives Vorzeichen aufweisen. Ist dabei eine eindeutige Zuordnung dieser separaten Posten zu einer Bewertungskategorie i.S.v. IAS 39 möglich, so hat eine Einbeziehung dieser Bilanzposten auch in die Angabe des Buchwerts je Kategorie gemäß IFRS 7.8 zu erfolgen (IDW RS HFA 24, Rz. 13).

612 (1) Anschaffungskosten, (2) fortgeführte Anschaffungskosten ggf. zuzüglich/abzüglich Buchwertanpassungen aus Fair Value Hedges oder (3) Fair Values. Vgl. Scharpf (2006), S. 8. Die Bewertung zu einem der vorgenannten Maßstäbe hat dabei in Abhängigkeit von der (erstmaligen) Zuordnung der einzelnen Finanzinstrumente zu einer der Bewertungskategorien des IAS 39 zu erfolgen. Entsprechend sind Finanzinstrumente der Kategorien *At Fair Value through Profit or Loss* inkl. *Held for Trading* sowie *Available-for-sale* grundsätzlich zum Fair Value zu bewerten – eine Bewertung zu Anschaffungskosten (*at cost*) kommt hierbei nur für solche Eigenkapitalinstrumente bzw. damit verbundende Derivate in Frage, deren Fair Value nicht verlässlich ermittelbar ist. Sämtliche Finanzinstrumente, die den Kategorien *Held-to-maturity Investments*, *Loans and Receivables*, *Available-for-sale* oder *Other Financial Liabilities* zugeordnet wurden, sind hingegen zu fortgeführten Anschaffungskosten (*at amortised cost*) zu bewerten. Vgl. u.a. Kuhn/Scharpf/Albrecht (2006), S. 271 (Tabelle).

613 Vgl. Scharpf (2006), S. 8. Forderungen der Kategorie *Loans and Receivables* werden bspw. zu fortgeführten Anschaffungskosten bewertet, wohingegen Forderungen, der Kategorie *Available-for-Sale* bzw. im Zuge der Ausübung der Fair Value-Option als *As at Fair Value through Profit or Loss* kategorisiert, bilanziell zum Fair Value erfasst werden. Vgl. ebenda, S. 8. *Lüdenbach* weist in diesem Zusammenhang darauf hin, dass auch innerhalb der Kategorie *Available-for-Sale* unterschiedliche Bewertungsmaßstäbe zur Anwendung gelangen können: Fair Value als Regelmaßstab, Anschaffungskosten aber bspw. für nicht-börsennotierte Anteile. Vgl. Lüdenbach (2009), S. 1519, Rz. 284. Vor diesem Hintergrund weist auch IDW RS HFA, Rz. 12 darauf hin, dass bei der Angabe der Buchwerte gemäß IFRS 7.8 zwar keine zwingende Differenzierung in bilanziell gesicherte (Hedge Accounting) und bilanziell ungesicherte Geschäfte vorzunehmen ist, dies aber dennoch aufgrund der dabei angewendeten unterschiedlichen Bewertungsmaßstäbe angebracht erscheint.

hin bereitgestellt, sofern die Angaben gemäß IFRS 7.25 gemeinsam mit den Angaben gemäß IFRS 7.8 erfüllt werden.[614]

Betrachtet man den genauen Wortlaut von IFRS 7.8[615], könnte man zu der Ansicht gelangen, eine **Offenlegung** der Buchwerte der Finanzinstrumente wäre lediglich **aggregiert auf der Gesamtebene der einzelnen IAS 39-Bewertungskategorien** statthaft. Dieser Auffassung wird im Folgenden nicht entsprochen, denn auch die fragmentierte – in Bezug auf die Kategorien jedoch zwingend vollständige – Nennung der Buchwerte pro Bilanzposten oder Klasse von Finanzinstrumenten dürfte m.E. unter paralleler Angabe bzw. Nennung der zugehörigen IAS 39-Bewertungskategorie die Angabepflichten gemäß IFRS 7.8 erfüllen.[616]

Darüber hinaus sind gemäß IAS 1.54 für Finanzinstrumente die folgenden Bilanzposten vorgesehen:

Vermögenswerte:

- **finanzielle Vermögenswerte** (*financial assets*) (ohne die nachfolgenden, unter IAS 1.54(e), (h) und (i) genannten) (IAS 1.54(d));
- **At Equity bilanzierte Finanzanlagen** (*investments accounted for using the equity method*) (IAS1.54(e));
- **Forderungen aus Lieferungen und Leistungen** sowie **Sonstige Forderungen** (*trade and other receivables*) (IAS 1.54(h));
- **Zahlungsmittel** und **Zahlungsmitteläquivalente** (*cash and cash equivalents*) (IAS 1.54(i));

Verbindlichkeiten:

- **Verbindlichkeiten aus Lieferungen und Leistungen** sowie **Sonstige Verbindlichkeiten** (*trade and other payables*) (IAS 1.54(k));
- **finanzielle Verbindlichkeiten** (*financial liabilities*) (ohne die vorangehenden, unter IAS 1.54(k) genannten) (IAS 1.54 (m)).

---

614 Vgl. hierzu die Ausführungen weiter unten im Text insbesondere zu der von IFRS 7.26 i.V.m. IFRS 7.6 geforderten Überleitung von den Bilanzposten auf IFRS 7-Klassen, da diese Klassen von den Unternehmen teilweise auf Basis von Bewertungsmaßstäben (Fair Value oder zu (fortgeführten) Anschaffungskosten; diese beiden Klassen werden im Folgenden auch als (Mindest-)Bewertungs-Klassen bezeichnet) gebildet werden.

615 *„The carrying amounts of each of the following categories, as defined in IAS 39, shall be disclosed either in the statement of financial position or in the notes*: …" (IFRS 7.8).

616 Dem Ergebnis der strikteren Auslegung von IFRS 7.8 (zwingend aggregierte Offenlegung je Kategorie gemäß IFRS 7.8) kann dabei leicht entsprochen werden, indem durch Addition der einzelnen Buchwerte je Bilanzposten oder Klasse gemäß der jeweils angegebenen Kategorien die entsprechende Gesamtsumme der jeweils befüllten Kategorien generiert wird.

Eine weitergehende Unterteilung innerhalb der hier dargestellten Aufzählung an finanziellen Vermögenswerten hat dabei im Sinne einer Mindestgliederung in der Bilanz gemäß IAS 1.60 ff. in **lang-** und **kurzfristige Posten**[617] zu erfolgen. Dies gilt gleichermaßen auch für die hier aufgelisteten finanziellen Verbindlichkeiten[618].[619]

Die Bilanzposten nach IAS 1.54 erfüllen jedoch allein noch nicht die Anforderungen des IFRS 7.8; es besteht mithin keine Kongruenz zur IAS 39-Kategoriengliederung. Daher bietet es sich u.U. an, die nach IAS 1 offenzulegenden Bilanzposten um eine gesonderte Aufstellung, die den Anforderungen des IFRS 7.8 gerecht wird, zu ergänzen.[620]

Eine **Inkonsistenz zwischen IAS 1.54 und IFRS 7.8** besteht dabei jedoch insofern, als dass einerseits eine Anpassung der Bilanzgliederung im Sinne von IFRS 7.8 formal gegen den Ausweis bestimmter Bilanzposten gemäß IAS 1.54 verstoßen würde, andererseits IFRS 7.8 jedoch explizit die Offenlegung von Finanzinstrumenten in der Bilanz (oder im Anhang) entsprechend den Bewertungskategorien des IAS 39 fordert.[621] Es spricht jedoch nach der Auffassung von *Scharpf* nichts gegen einen **Bilanzausweis** entsprechend der Gliederung nach den IAS 39-Bewertungskategorien gemäß IFRS 7.8.[622] Demgemäß ist es dem Bilanzierenden nach IAS 1.55 gestattet, zusätzliche Posten (*additional line items*), Überschriften (*headings*) oder Zwischensummen (*subtotals*) in die Bilanz aufzunehmen, sofern dies dem Verständnis der Finanzlage der Unternehmens zuträglich ist („*...relevant to an understanding of the entity's financial position.*") (IAS 1.55).

Eine tatsächliche Differenzierung der angegebenen Buchwerte in der Bilanz bis auf die einzelnen Bewertungskategorien wird jedoch nach Auffassung von *Stauber* von den bilanzierenden Unter-

617 Hierbei werden unter die langfristigen Vermögenswerte (1) At Equity bilanzierte Finanzanlagen (IAS 1.54(e)), (2) Forderungen aus Lieferungen und Leistungen sowie Sonstige Forderungen (IAS 1.54(h)) und (3) finanzielle Vermögenswerte (IAS 54(d)) subsumiert. Unter die kurzfristigen Vermögenswerte sind (1) Forderungen aus Lieferungen und Leistungen sowie Sonstige Forderungen (IAS 1.54(h)), (2) finanzielle Vermögenswerte (IAS 54(d)) sowie (3) Zahlungsmittel und Zahlungsmitteläquivalente (IAS 1.54(i)) einzuordnen. Vgl. von Oertzen (2009), S. 151-152, Rz. 196. Die Zuordnung zu den lang- und kurzfristigen Vermögenswerten hat dabei nach Maßgabe von IAS 1.66-.68 zu erfolgen.

618 Hierbei werden jeweils die (1) Verbindlichkeiten aus Lieferungen und Leistungen sowie Sonstige Verbindlichkeiten (IAS 1.54(k)) als auch die (2) finanziellen Verbindlichkeiten (IAS 1.54(m)) in lang- und kurzfristige Posten unterteilt. Vgl. von Oertzen (2009), S. 151-152, Rz. 196. Die Zuordnung zu den lang- und kurzfristigen Verbindlichkeiten hat dabei nach Maßgabe von IAS 1.69-.76 zu erfolgen.

619 RIC 1 „Bilanzgliederung nach Fristigkeit gemäß IAS 1 *Darstellung des Abschlusses*" kann hierbei ergänzend zu dieser Gliederung herangezogen werden. Vgl. von Oertzen (2009), S. 152, Rz. 197. Eine weitergehende Differenzierung der Darstellung (finanzieller) Vermögenswerte kann dabei anhand deren Verwendung (IAS 1.58(b)), Art und Liquidierbarkeit (IAS 1.58(a)) wahlweise in der Bilanz oder im Anhang geboten sein, sofern sie für eine Vermittlung der Vermögens- und Finanzlage von Relevanz ist (IAS 1.55; IAS 1.77). Eine weitergehende Differenzierung der Darstellung (finanzieller) Verbindlichkeiten kann dabei anhand deren Art, Betrag und Fälligkeit (IAS 1.58(c)) wahlweise in der Bilanz oder im Anhang geboten sein, sofern sie ebenfalls für eine Vermittlung der Vermögens- und Finanzlage von Relevanz ist (IAS 1.55; IAS 1.77).

620 Vgl. Scharpf (2006), S. 8-9.

621 Vgl. Scharpf (2006), S. 9.

622 Vgl. Scharpf (2006), S. 9.

nehmen kaum zu erwarten sein, übersteige der Aufwand der damit einhergehenden Untergliederung und in der Folge die Verlängerung der Bilanz doch eindeutig den Nutzen bzw. die Relevanz einer derart differenzierten Offenlegung. Vielmehr sei der Anhang dem Ausweis solcher Informationen vorbehalten.[623] Auch nach Auffassung von *von Oertzen* kann der Angabe nach Kategorien i.S.v. IFRS 7.8 aufgrund der Inkonsistenz zu IAS 1.54 **unter Praktikabilitätsaspekten** entsprechend ausschließlich **im Anhang** nachgekommen werden.[624]

Eine (mögliche) Überleitung der Bilanzposten auf die in IAS 39 kodifizierten Bewertungskategorien erfolgt dabei laut *Theile* idealerweise in **Matrixform**, da die einzelnen Bewertungskategorien u.U. Vermögenswerte sowohl der langfristigen als auch der kurzfristigen Bilanzposten beinhalten, welche jedoch beispielsweise wiederum sowohl der Kategorie *Held-to-Maturity Investments* als auch der Kategorie *Availbale-for-Sale* angehören.[625] Die Darstellungsform einer Matrix ist jedoch m.E. ausschließlich[626] für den Fall angezeigt, dass die Angabepflichten gemäß IFRS 7.25 und IFRS 7.8 in einer *gemeinsamen* Darstellung ausgewiesen werden sollen.[627] Der Auffassung *Theiles* kann m.E. somit – beschränkt allein auf den Ausweis gemäß IFRS 7.8 – aus genannten Gründen nicht entsprochen werden.

Unter **erhebungstechnischen Gesichtspunkten** dürften die bilanzierenden Unternehmen jedoch ungeachtet einer Differenzierung nach Bewertungskategorien in der Bilanz ohnehin nicht umhinkommen,[628] ihren unternehmensspezifischen Finanzinstrumente-Bilanzkontenrahmen nach den IAS 39-Bewertungskategorien i.S.e. eindeutigen Zuweisung der Bewertungskategorie je Finanzinstrumente-Konto zu untergliedern, um den Anforderungen nach IFRS 7.8 gerecht werden zu können.[629] Die Frage eines nach Bewertungskategorien untergliederten Bilanzausweises dürfte vor diesem Hintergrund also letztlich lediglich unter dem Aspekt einer übersichtlichen Darstellung der Jahresabschlussinformationen von Bedeutung sein; die Ermittlung der benötigten Daten ist an dieser Stelle insofern als nicht kritisch zu erachten.

---

623 Vgl. Stauber (2009), S. 240.

624 Ähnlich von Oertzen (2009), S. 156, Rz. 210.

625 Vgl. Theile (2009b), S. 380 Rn. 1973 sowie für ein Beispiel ebenda S. 380-381 Rn. 1974; von Oertzen (2009), S. 157, Rz. 211 sowie für ein Beispiel ebenda, S. 157-158, Rz. 211. *Von Oertzen* weist darauf hin, dass im Rahmen der Matrixdarstellung die Bilanzposten auf die Klassen und vice versa übergeleitet werden können, wobei die hier explizit genannte Variante den Regelfall in der Praxis darstelle. Ähnlich auch KPMG LLP (2008), S. 4.

626 Da sich IFRS 7.6 – Notwendigkeit einer Überleitung auf die entsprechenden Bilanzposten – lediglich bei all jenen Angabepflichten ergibt, die eine Offenlegung nach IFRS 7-Klassen fordern, entfällt m.E. dieses Erfordernis bei den reinen bzw. ausschließlichen Angaben gemäß IFRS 7.8 eindeutig, da hier lediglich Angaben je IAS 39-Bewertungskategorie zu machen sind.

627 Die Notwendigkeit einer Matrixdarstellung (Angabe gemäß IFRS 7.25 i.V.m. IFRS 7.8) ergibt sich bei *Theile* lediglich im Zusammenhang, ohne dass jedoch explizit darauf hingewiesen wird. Vgl. Theile (2009b), S. 380-382, Rn. 1973-1974.

628 Andernfalls wären zusätzliche konzernweite Erhebungen notwendig, die allein die Zugehörigkeit von Finanzinstrumenten zu den einzelnen Bewertungskategorien betreffen würden.

629 Dieses Erfordernis begründet sich auch bereits durch die Pflicht, beim erstmaligen Ansatz eines Finanzinstruments dieses Instrument einer Bewertungskategorie zuordnen zu müssen. Vgl. Stauber (2009), S. 242.

Um gleichzeitig der Angabepflicht in IFRS 7.25 genügen zu können, die grundsätzlich eine **Angabe der Fair Values** finanzieller Vermögenswerte und finanzieller Verbindlichkeiten je Klasse von Finanzinstrumenten i.S.v. IFRS 7.6 fordert und zur **Aufdeckung stiller Reserven bzw. Lasten** der betreffenden Finanzinstrumente einen Vergleich zu den entsprechenden Buchwerten ermöglichen soll,[630] können sowohl die Informationen aus IFRS 7.8 als auch aus IFRS 7.25 in aggregierter Form anhand einer **Matrixdarstellung** bereitgestellt werden.[631] Für den Fall einer derart komprimierten Darstellung der Angaben gemäß IFRS 7.8 und IFRS 7.25 ist jedoch zu beachten, dass den Abschlussadressaten dabei insbesondere ausreichende Informationen für eine **Überleitung** der angegebenen Fair Values je Klasse von Finanzinstrumenten zu den in der Bilanz ausgewiesenen Posten bereitzustellen sind (IFRS 7.6); eine Darstellung in Matrixform dürfte die Überleitung dabei weitgehend erleichtern.

Folgende Besonderheiten sind dabei für die Matrixdarstellung – IFRS 7.8 betreffend – zu beachten:

- fallen **Bilanzposten vollständig nicht unter IAS 39**[632], müssen sie nicht in der Überleitung aufgenommen werden;
- fallen **Teile von Bilanzposten nicht unter IAS 39**[633], ist eine Aufnahme in der Überleitung dennoch zu empfehlen;
- wird ein Bilanzposten in lang- und kurzfristig untergliedert, so kann für die Überleitung hingegen eine diesbezügliche Aggregation erfolgen.[634]

Da das Stichwort IFRS 7.25 nun bereits einige Male gefallen ist und um u.a. auch vor diesem Hintergrund die nachfolgende Praxis-Erhebung und die sich daran anschließenden Empfehlungen besser nachvollziehen zu können, wird an dieser Stelle zunächst die Lektüre der Ausführung in Kapitel 3.5.3. (Angaben zu den Fair Values von Finanzinstrumenten) bzw. zumindest in Kapitel 3.5.3.1. (Grundlegende Angaben zu den Fair Values) empfohlen.

3.3.1.2. Erhebung des Benchmark

3.3.1.2.1. Bestandsaufnahme: Anwendung von IFRS 7.8 und IFRS 7.25 in der Praxis

Abbildung 11 fasst die Umsetzung der Angabepflichten gemäß IFRS 7.8 als auch IFRS 7.25 in der Praxis der DAX-30 Nicht-Finanzdienstleister übersichtsartig zusammen.[635]

630 Vgl. Lüdenbach (2009), S. 1522, Rz. 290.

631 Vgl. Theile (2009b), S. 380-382 Rn. 1973-1975.

632 Bspw. *at equity* angesetzte Beteiligungen sowie Ertragssteuerforderungen.

633 Bspw. Rechnungsabgrenzungsposten, Umsatzsteuersalden, Forderungen an Arbeitnehmer.

634 Vgl. Theile (2009b), S. 381 Rn. 1974.

Unternehmen	Jahr	visualisierte bzw. erläuterte Angabepflicht			alternative verbale Beschreibung	Zeilenposten									
						(primär) unternehmens-individuelle Klassen gem. IFRS 7.6			(primär) Bilanzposten gemäß IAS 1.54				(primär) Kategorien gem. IAS 39		
		IFRS 7.8	IFRS 7.25	IFRS 7.8 i.V.m. IFRS 7.25 (i.V.m. IFRS 7.6)		Klassen (undifferenziert)	Klassen untergliedert in Bilanzposten	Klassen untergliedert in Kategorien	Bilanzposten (undifferenziert)	Bilanzposten untergliedert in Kategorien	Bilanzposten untergliedert in (Mindest-)Bewertungs-Klassen	Bilanzposten untergliedert in unternehmensindividuelle Klassen	Kategorien (undifferenziert)	Kategorien untergliedert in Bilanzposten	Kategorien untergliedert in Klassen
adidas AG	2007-2009	-	-	X	-	-	-	-	-	-	-	X	X	-	-
ALTANA AG	2007-2009	-	-	X	-	-	X	-	-	-	-	-	-	-	-
BASF SE	2007-2009	-	X	-	X	-	-	-	-	-	-	-	-	-	-
		X	-	-	-	X	-	-	X	-	-	-	X	-	-
Bayer AG	2007-2008	-	-	X	-	-	-	-	-	X	-	-	X	-	-
	2009	-	-	X	-	-	-	-	-	X	-	-	X	-	-
Beiersdorf AG	2007-2009	-	-	X	-	-	-	-	-	-	-	-	-	X	-
BMW AG	2007-2009	-	-	X	-	-	-	-	-	-	-	X	-	-	-
Continental AG	2007	-	-	X	-	-	-	-	-	-	-	X	-	-	-
	2008-2009	-	-	X	-	-	-	-	-	-	-	X	X	-	-
Daimler AG	2007-2009	-	X	-	-	-	-	-	-	-	-	X	-	-	-
		X	-	-	-	-	-	-	-	-	-	-	-	X	X
Deutsche Börse AG	2007-2009	X	-	-	-	-	-	-	X	-	-	-	-	-	-
		-	X	-	X	-	-	-	-	-	-	-	-	-	-
Deutsche Lufthansa AG	2007-2009	X	-	-	-	-	-	-	X	-	-	-	-	-	-
		-	X	-	-	X	-	-	-	-	-	-	-	-	-
Deutsche Post AG			X			X		-	-	-	-	-	-	-	-
	2007-2008	-	-	X	-	X	Identität von Klassen und Bilanzposten		X	-	-	-	-	-	-
	2009	-	-	X	-	X	Identität von Klassen und Bilanzposten		X	-	X	-	-	-	-
Deutsche Telekom AG	2007-2009	-	-	X	-	X	-	-	X	-	-	-	X	-	-
E.ON AG	2007-2008	-	-	X	-	-	-	-	-	-	-	X	-	-	-
	2009	-	-	X	-	-	-	-	-	-	-	X	-	-	-

Abbildung 11: Erhebung der Umsetzung von IFRS 7.8 i.V.m. IFRS 7.25 i.V.m. IFRS 7.6 in der Praxis der DAX-30 Nicht-Finanzdienstleister (2007-2009)

635 Ein „(X)" in der Tabelle bedeutet, dass die jeweils gekennzeichnete Angabepflicht, trotz des Versuchs ihr nachzukommen, nicht erfüllt wird. Die Begründung hierfür findet sich in unmittelbarer Nähe zur entsprechenden Markierung in Form eines schwarz hinterlegten Textes.

Matrix-Darstellung												
	Spaltenposten											
	Kategorien gem. IAS 39		Bewertungsmaßstab gem. IAS 39 bzw. (Mindest-)Bewertungs-Klassen gemäß IFRS 7.6 i.V.m. IFRS 7.B2(a)						Wertansatz gemäß IAS 17 (explizite Differenzierung)			
				Bewertungen der Höhe nach angegeben								
Weitere Differenzierung	verbale Angabe pro Zeilenposten	differenziert in einzelne Spalten	Bewertungsmaßstab verbal pro Zeilenposten angegeben	FV erfolgswirksam	FV erfolgsneutral	fortgeführte Anschaffungskosten	Anschaffungskosten	Nicht-Finanzinstrumente; außerhalb von IFRS 7		Weitere Differenzierung	Buchwerte	Beizulegende Zeitwerte
-	X	-	-	X	X	X	-	-	X	-	X	X
-	-	X	-	X		X	X	-	X	-	X	X
-	-	-	-	-	-	-	-	-	-	-	-	-
-	-	-	-	-	-	-	-	-	-	-	X	-
-	-	-	-	X		X		X	-	-	X	X
-	-	-	-	X Integration der gem. IFRS 7.27B i.V.m. IFRS 7.27A zu machenden Angaben		X		X	-	-	X	X
-	-	-	-	X	X	X	-	-	-	-	X	X
-	-	X	-	X (Über Fußnote Hinweis: Buchwert = Marktwert)		X (Angabe von Buchwert und Marktwert)		-	-	- Fair Value-Option; - Barmittel; - Cash Flow Hedging; - Fair Value Hedging	X	X
-	X	-	-	-	-	-	-	-	-	-	X	X
-	X	-	-	-	-	-	-	-	-	-	X	X
-	-	-	-	-	-	-	-	-	-	-	X	X
-	-	-	-	-	-	-	-	-	-	-	X	-
-	X	-	X	-	-	-	-	-	-	-	X	-
-	-	-	-	-	-	-	-	-	-	-	-	-
-	-	X	-	-	-	-	-	-	-	-	-	-
(Angaben werden nur für die "Finanzschulden" gemacht)	-	-	-	-	-	-	-	-	-	-	X	X
-	X	-	-	-	-	-	-	-	-	-	X	X
-	-	X	-	X		X	-	X	X	- Differenzierung der Kategorie at Fair Value through Profit or Loss in "Trading" und "Fair Value Option"; - Sonstige Finanzinstrumente außerhalb IAS 39 (IAS 17-Wertansatz)	X	X
- (Mindest-)Bewertungs-Klassen: "at cost"; "at Fair Value"; "nicht IFRS 7"	-	X	-	-	-	-	-	-	X	- Differenzierung der Kategorie at Fair Value through Profit or Loss in "Trading" und "Fair Value Option"; - Sonstige Finanzinstrumente außerhalb IAS 39 (IAS 17-Wertansatz)	X	X
-	X	-	-	X	X	X	X	-	X	-	X	X
-	X	-	-	-	-	-	-	-	-	- Summe Buchwerte im Anwendungsbereich von IFRS 7; - Anhand von Börsenkursen ermittelt (FV)	X	X
-	X	-	-	-	-	-	-	-	-	- Summe Buchwerte im Anwendungsbereich von IFRS 7; - Anhand von Börsenkursen ermittelt (FV); - Von Marktwerten abgeleitet (FV)	X	X

Unternehmen	Jahr	visualisierte bzw. erläuterte Angabepflicht			alternative verbale Beschreibung	Zeilenposten									
						(primär) unternehmens-individuelle Klassen gem. IFRS 7.6			(primär) Bilanzposten gemäß IAS 1.54				(primär) Kategorien gem. IAS 39		
		IFRS 7.8	IFRS 7.25	IFRS 7.8 i.V.m. IFRS 7.25 (i.V.m. IFRS 7.6)		Klassen (undifferenziert)	Klassen untergliedert in Bilanzposten	Klassen untergliedert in Kategorien	Bilanzposten (undifferenziert)	Bilanzposten untergliedert in Kategorien	Bilanzposten untergliedert in (Mindest-)Bewertungs-Klassen	Bilanzposten untergliedert in unternehmensindividuelle Klassen	Kategorien (undifferenziert)	Kategorien untergliedert in Bilanzposten	Kategorien untergliedert in Klassen
Fresenius Medical Care AG & Co. KGaA	2007-2009	(X)				IFRS 7.8 wird nicht erfüllt, da anhand dem Versuch, den Angaben gemäß									
		-	(X)	-	-	X	-	-	-	-	-	-	-	-	-
		IFRS 7.25 wird nicht erfüllt, da eine Überleitung i.S.v. IFRS 7.6 nicht gelingt													
Fresenius SE	2007-2008	(X)				IFRS 7.8 wird nicht erfüllt, da anhand dem Versuch, den Angaben gemäß									
		-	(X)	-	-	X	-	-	-	-	-	-	-	-	-
		IFRS 7.25 wird nicht erfüllt, da eine Überleitung i.S.v. IFRS 7.6 nicht gelingt													
	2009	X	-	-	-	-	-	-	-	-	-	-	X	-	-
		-	(X)	-	-	X	-	-	-	-	-	-	-	-	-
		IFRS 7.25 wird nicht erfüllt, da eine Überleitung i.S.v. IFRS 7.6 nicht gelingt													
Henkel AG & Co. KGaA	2007-2009	(X)				IFRS 7.8 wird nicht erfüllt, da diesbezüglich keine Angaben gemacht werden									
		-	X	-	X	-	-	-	-	-	-	-	-	-	-
Infineon Technologies AG (01.10.-30.09.)	2008-2009	-	-	X	-	X	(Identität von Klassen und Bilanzposten)		X	-	-	-	-	-	-
K+S AG	2007-2009	-	X	-	-	-	-	-	-	-	-	X	-	-	-
		X	-	-	-	-	-	-	-	-	-	-	X	-	-
Linde AG	2007-2009	-	-	X	-	X	Klassen und Bilanzposten gemischt		X	-	-	-	-	-	-
MAN SE	2007-2009	-	(X)	-	-	X	Klassen und Bilanzposten gemischt		X	-	-	-	-	-	-
		IFRS 7.25 wird nicht erfüllt, da eine Überleitung i.S.v. IFRS 7.6 nicht gelingt													
		X	-	-	-	-	-	-	-	-	-	-	-	X	-
Merck KGaA	2007-2008	X	-	(X)	-	X	Klassen, Kategorien und Bilanzposten gemischt		X	-	-	-	X	-	-
		IFRS 7.25 wird nicht erfüllt, da eine Überleitung i.S.v. IFRS 7.6 nicht gelingt													
	2009	-	-	X	-	-	-	-	-	X	-	X	-	-	-
METRO AG	2007-2009	X	-	(X)	-	-	-	-	-	-	-	-	-	X	X
		IFRS 7.25 wird nicht erfüllt, da eine Überleitung i.S.v. IFRS 7.6 nicht gelingt													
RWE AG	2007-2009		X	-	X	-	-	-	-	-	-	-	-	-	-
		X	-	-	-	-	-	-	-	-	-	-	X	-	-
SALZGITTER AG	2007-2009	-	-	X	-	-	-	-	X	-	-	-	-	-	-
SAP AG	2007	-	-	X	-	X	-	-	-	-	-	-	X	-	X
	2008	-	-	X	-	X	-	-	-	-	-	X	X	-	-
	2009	-	-	X	-	X	-	-	-	-	-	X	X	-	-
Siemens AG (01.10.-30.09.)	2007-2009	X	-	-	-	-	-	-	-	-	-	-	X	-	-
		-	X	-	-	X	X	-	-	-	-	-	-	-	-
ThyssenKrupp AG (01.10.-30.09.)	2008-2009	-	-	X	-	-	-	-	-	X	-	-	X	-	-
TUI AG	2007-2009	-	X	-	-	-	-	-	-	-	-	X	-	-	-
		X	-	-	-	-	-	-	-	-	-	-	X	-	-
Volkswagen AG	2007-2009	X	-	-	-	-	-	-	-	-	-	-	X	-	-
		-	X	-	-	-	-	-	X	-	-	-	-	-	-

Matrix-Darstellung

Weitere Differenzierung	Spaltenposten: Kategorien gem. IAS 39: verbale Angabe pro Zeilenposten	Kategorien gem. IAS 39: differenziert in einzelne Spalten	Bewertungsmaßstab gem. IAS 39 bzw. (Mindest-)Bewertungs-Klassen gemäß IFRS 7.6 i.V.m. IFRS 7.B2(a): Bewertungsmaßstab verbal pro Zeilenposten angegeben	Bewertungen der Höhe nach angegeben: FV erfolgswirksam	Bewertungen der Höhe nach angegeben: FV erfolgsneutral	Bewertungen der Höhe nach angegeben: fortgeführte Anschaffungskosten	Bewertungen der Höhe nach angegeben: Anschaffungskosten	Nicht-Finanzinstrumente; außerhalb von IFRS 7	Wertansatz gemäß IAS 17 (explizite Differenzierung)	Weitere Differenzierung	Buchwerte	Beizulegende Zeitwerte
IFRS 7.25 nachzukommen, keine eindeutige Zuordung der Buchwerte je Klasse zu den einzelnen Kategorien gelingt												
-	-	-	-	-	-	-	-	-	-	-	X	X
IFRS 7.25 nachzukommen, keine eindeutige Zuordung der Buchwerte je Klasse zu den einzelnen Kategorien gelingt												
-	-	-	-	-	-	-	-	-	-	-	X	X
-	-	-	-	-	-	-	-	-	-	-	X	-
-	-	-	-	-	-	-	-	-	-	-	X	X
-	-	-	-	-	-	-	-	-	-	-	-	-
-	-	X	-	-	-	-	-	-	X	-	X	X
-	X	-	-	-	-	-	-	-	-	-	X	X
-	-	-	-	-	-	-	-	-	-	-	X	-
-	-	X	-	-	-	-	-	-	-	- Finanzinstrumente außerhalb des IAS 39 (Bilanzwerte)	X	X
-	-	-	-	-	-	-	-	-	-	-	X	X
-	-	-	-	-	-	-	-	-	-	-	X	-
-	-	-	-	X	X	X	X	-	X	-	X	X
- neben den Bewertungskategorien auch "Zahlungsmittel und Zahlungsmitteläquivalente mit einer Fälligkeit bis zu 90 Tagen", "Verbindlichkeiten aus Finanzierungsleasing " sowie "Sicherungsderivate im Rahmen des Hedge Accountings " als eigene Klassen	-	-	-	X		X	X	X	X	-	X	X
- Nicht nach IFRS 7 klassifizierte Vermögenswerte; - Unrealisierter Gewinn (+)/Verlust (-) aus Gesamtdifferenz von Fair Value und Buchwert	-	-	-	X	X	X		-	-	-	X	X
-	-	-	-	-	-		-	-	-	-	-	-
-	-	-	-	-	-		-	-	-	-	X	-
- Aktiva/Passiva Finanzinstrumente (Buchwert); - Aktiva/Passiva Fair Value je Klasse (es wird von einer Identität von Klassen und Kategorien ausgegangen)	-	X	-	-	-	-	-	-	X	(es wird von einer Identität von Klassen und Kategorien ausgegangen)	X	-
- Finanzielle Vermögenswerte außerhalb/im Anwendungsbereich von IFRS 7	-	-	-	-	-		-	-	-	-	X	X
- Nicht im Anwendungsbereich von IAS 39	X	-	-	X		X	-	X	-	-	X	X
- Nicht im Anwendungsbereich von IAS 39	X	-	-	X		X	X	X	-	-	X	X
-	-	-	-	-	-		-	-	-	-	X	-
-	-	-	-	-	-		-	-	-	-	X	X
- Forderungen und Verbindlichkeiten aus Finance Lease; - Derivate mit und ohne Sicherungsbeziehung (obwohl beide explizit keine IAS 39-Kategorien darstellen); - offensichtlich wird dabei von einer Identität von Klassen und Bilanzposten ausgegangen	-	-	-	X	X	X		-	X	-	X	X
-	-	-	-	X	X	X	X	-	X	- Buchwert Finanzinstrumente	X	X
-	-	-	-	X	X	X	X	-	-	-	X	X
-	-	-	-	-	-		-	-	-	-	X	-
-	-	-	-	X		X		X	-	- sowohl die Spalten "Nicht im Anwendungsbereich des IFRS 7" als auch "Übrige - kein Finanzinstrument"	X	X

Bereits ein erster Blick auf die Auswertung der untersuchten Geschäftsberichte verdeutlicht die **teils äußerst unterschiedliche Herangehensweise** der berichterstattenden Unternehmen zur Erfüllung der Angabepflichten gemäß IFRS 7.8 sowie IFRS 7.25 (i.V.m. IFRS 7.6), wie sie u.a. auch unter darstellerischen Gesichtspunkten heterogener kaum sein könnte.

3.3.1.2.2. Analyse der Angabe von Informationen gemäß IFRS 7.8

Unterzieht man zunächst allein die nach IFRS 7.8 offenzulegenden Inhalte einer genaueren Betrachtung, ist festzustellen, dass eine von den Angaben gemäß IFRS 7.25 **getrennte tabellarische Offenlegung** der nach **IFRS 7.8** geforderten Informationen von 11[636] der betrachteten 29 Unternehmen im Rahmen einer zeitlich stetigen Offenlegung vorgenommen wird.

Würdigt man unter der **Prämisse**, dass die **Angaben gemäß IFRS 7.8 und IFRS 7.25 gemeinsam** tabellarisch offengelegt werden, die gemachten Angaben ausschließlich hinsichtlich der Erfüllung der Angabepflichten gemäß **IFRS 7.8**, so kann zunächst festgehalten werden, dass eine (separate) betragsmäßige **Zusammenfassung der einzelnen Bewertungskategorien innerhalb der Zeilen bzw. Spaltenposten** dabei von 12[637] der betrachteten Unternehmen vorgenommen wird. Offensichtlich vertreten diese Unternehmen die bereits angesprochene striktere Auslegung von IFRS 7.8, wonach eine ausschließliche Kategorien-Bezeichnung pro Bilanzposten oder Klasse als unzureichend angesehen[638] wird.

Des Weiteren ist vor diesem Hintergrund zu konstatieren, dass die *ALTANA AG* (2007-2009)[639], die *BMW AG* (2007-2009), die *Continental AG* (2007)[640], die *Deutsche Börse AG* (2007-2009)[641], die *E.ON AG* (2007-2009) sowie die *Merck KGaA* (2009)[642], die alle zumindest eine Kategorien-Bezeichnung pro Bilanzposten oder Klasse vornehmen, hingegen einer Aggregation der IAS 39-Kategorien hinsichtlich des jeweiligen Gesamtbuchwerts, wie sie die – auch nach Auffassung des

---

636 Namentlich jeweils für die GBs 2007-2009 die *BASF SE*, die *Daimler AG*, die *Deutsche Lufthansa AG*, die *Fresenius SE* (nur 2009), die *K+S AG*, die *MAN SE*, die *METRO AG*, die *RWE AG*, die *Siemens AG*, die *TUI AG* sowie die *Volkswagen AG*.

637 Namentlich von der *adidas AG* (2007-2009), der *Bayer AG* (2007-2009), der *Beiersdorf AG* (2007-2009), der *Continental AG* (2008-2009), der *Deutsche Post AG* (2007-2009), der *Deutsche Telekom AG* (2007-2009), der *Infineon Technologies AG* (2008-2009), der *Linde AG* (2007-2009), der *Merck KGaA* (2007-2008), der *Salzgitter AG* (2007-2009), der *SAP AG* (2007-2009) sowie der *ThyssenKrupp AG* (2008-2009).

638 Zumindest legen obige Unternehmen neben dieser Zusammenfassung ebenfalls eine, gegenüber den jeweiligen Gesamtkategorien feinere Kategorien-Bezeichnung offen.

639 Hier werden die Kategorien differenziert in einzelnen Spalten angegeben. Der aggregierte Wert ergibt sich jeweils nur über eine Addition der einzeln genannten Buchwerte der Bilanzposten je Kategorie.

640 In ihren GBs 2008 und 2009 nimmt die *Continental AG* hingegen Aggregation auf Ebene der Gesamtkategorien vor.

641 Die *Deutsche Börse AG* gibt die Buchwerte lediglich fragmentiert an, indem sie diversen Bilanzposten die zugehörige IAS 39-Kategorie zuordnet. Vgl. GB 2009, S. 184-185 der *Deutsche Börse AG*.

642 Obwohl die *Merck KGaA* den Angabepflichten gemäß IFRS 7.8 in der strikten Auslegung in ihren beiden GBs 2007 (S. 138) und 2008 (S. 130) nachkommt.

Verfasser nicht zwingend zu verfolgende – strikte Auslegung von IFRS 7.8 erfordert, nicht nachkommen.

Darüber hinaus sind die Angaben gemäß **IFRS 7.8** durch die *Fresenius Medical Care AG & Co. KGaA* (2007-2009), die *Fresenius SE* (2007-2008)[643] sowie die *Henkel AG & Co. KGaA*[644] (2007-2009) **nicht ohne Mehraufwand** durch die Bilanzadressaten **ersichtlich** bzw. werden **vollständig unterlassen**.

Bei den beiden ersten Unternehmen liegt diese Aussage darin begründet, dass im Rahmen des jeweiligen Versuchs, die Angaben gemäß IFRS 7.25 zu erfüllen – was aber letztlich an einer fehlenden Überleitung scheitert[645] – lediglich den unternehmensindividuellen Klassen die jeweiligen Buchwerte gegenübergestellt werden. Ausgehend davon gelingt auch anhand der bereitgestellten Überleitungsmatrix[646] zwischen Klassen, Kategorien und Bilanzposten eine Generierung der für die Angabepflichten gemäß IFRS 7.8 benötigten Informationen nicht – dies gilt jedoch streng genommen nur für den Abschluss 2009 der *Fresenius Medical Care AG & Co. KGaA*.[647] Doch auch bei den anderen Abschlüssen sind die Informationen gemäß IFRS 7.8 nicht ohne Umweg über die Überleitungsmatrix zu gewinnen; nur zufällig sind hierbei die einzelnen Klassen mit jeweils nur *einer* Kategorie i.S.v. IAS 39 kongruent. M.E. steht dies einer klaren und übersichtlichen Bereitstellung der von IFRS 7.8 vorgeschriebenen Informationen entgegen, da insbesondere angesichts des Grundsatzes der Stetigkeit diese Vorgehensweise im Zeitablauf u.U. nicht beibehalten werden kann, weil möglicherweise dieselbe Problematik[648] auftritt, wie oben, hinsichtlich des Abschlusses 2009 der *Fresenius Medical Care AG & Co. KGaA* beschrieben.

Darüber hinaus werden bei Offenlegung der Angaben gemäß IFRS 7.8 (scheinbar) als eigene IAS 39-Kategorie u.a. auch die Posten „Im Rahmen von Cashflow Hedge Accounting als Sicherungsinstrumente designierte derivative Finanzinstrumente“[649], „Zahlungsmittel und Zahlungsmitte-

---

[643] In ihrem GB 2009, S. 127 erfüllt die *Fresenius SE* hingegen die Angabepflichten gemäß IFRS 7.8.

[644] Bei der *Henkel AG Co. KGaA* waren die gemäß IFRS 7.8 bereitzustellenden Informationen hingegen schlichtweg nicht aufzufinden.

[645] Siehe dazu die Ausführungen weiter unten im Text zur Auswertung der Umsetzung von IFRS 7.25.

[646] Vgl. etwa den jeweiligen GB 2009 der *Fresenius Medical Care AG & Co. KGaA, S. 67* sowie der *Fresenius SE*, S. 126.

[647] Als Beispiel der Unmöglichkeit der Überleitung der „Buchwerte je Klasse“ auf die „Buchwerte je Kategorie“ soll hier der GB 2009 der *Fresenius Medical Care AG & Co. KGaA* angeführt werden. Hierbei wird zwar bspw. die Klasse „Zum Buchwert bilanzierte Verbindlichkeiten“ auf die beiden Kategorien „Finanzielle Verbindlichkeiten, die zum Restbuchwert bewertet werden“ sowie „Keiner Kategorie zugeordnet“ anhand der Matrix auf S. 67 übergeleitet. Dabei ist es jedoch nicht möglich, den Buchwert der Klasse auf die beiden Kategorien aufzuteilen, was letztlich dazu führt, dass sich die Angaben gemäß IFRS 7.8 auch über Umwege letztlich nicht generieren lassen.

[648] Siehe exemplarische die vorangegangene Fn.

[649] Vgl. GB 2009 der *BASF SE*, S. 192. Ähnlich auch die folgenden Posten: „Derivative Finanzinstrumente mit Hedge-Beziehung“, vgl. GB 2009 der *Beiersdorf AG*, S. 112; “Derivate mit bilanzieller Sicherungsbeziehung / Derivate ohne bilanzielle Sicherungsbeziehung“, vgl. GB 2009 der *Bayer AG*, S. 232; „Derivative Finanzinstrumente, die wirksamer Teil einer Sicherungsbeziehung sind“, vgl. GB 2009 der *Deutsche Lufthansa AG*, S. 177; „Als Siche-

läquivalente“[650] oder „Flüssige Mittel“[651] angegeben, obwohl sie laut IAS 39 keine eigenständigen Bewertungskategorien darstellen.

Zusätzlich angegebene Posten, die etwa die im Rahmen eines Hedge Accounting designierten Sicherungsinstrumente umfassen, werden m.E. dabei vermutlich jedoch deshalb gesondert offen gelegt, da hiermit – unter der Voraussetzung, dass die Offenlegung i.V.m. IFRS 7.25[652] (Fair Values) erfolgt – gleichzeitig die Angabepflicht gemäß IFRS 7.22(b) hinsichtlich der Offenlegung der Fair Values designierter Sicherungsinstrumente[653] erfüllt werden soll. Es handelt sich also bspw. bei dem Posten „Im Rahmen von Cashflow Hedge Accounting als Sicherungsinstrumente designierte derivative Finanzinstrumente“ [654] um keine eigens kreierte Kategorie i.S.v. IAS 39.

3.3.1.2.3. Analyse der Angabe von Informationen gemäß IFRS 7.25

Auf eine **tabellarische Zusammenfassung** der Angaben gemäß **IFRS 7.25 verzichten** die *BASF AG* (2007-2009), die *Deutsche Börse AG* (2007-2009), die *Henkel AG & Co. KGaA* (2007-2009) sowie die *RWE AG* (2007-2009). Die entsprechenden Fair Value-Angaben werden von diesen Unternehmen hingegen, sofern erforderlich, zumindest jeweils im Rahmen der einzelnen verbalen Erläuterungen der Bilanzposten bzw. Klassen von Finanzinstrumenten vorgenommen.[655] Derartige **verbale Ausführungen** zu IFRS 7.25 finden sich etwa bei der *RWE AG*[656].

Eine direkte **Überleitung der Klassen zu den entsprechenden Bilanzpositionen** im Rahmen der Angaben gemäß IFRS 7.25 wird von der *Fresenius Medical Care AG & Co. KGaA* (2007-2009), der *Fresenius SE* (2007-2009), der *MAN SE* (2007-2009)[657], der *Merck KGaA* (2007-2008) sowie der *METRO AG* (2007-2009) **nicht vorgenommen**, was eine Verletzung der Angabevorschrift

---

rungsinstrumente designierte Derivate“, GB 2009 der *Deutsche Post AG*, S. 183; „Designierte Sicherungsinstrumente (Cash-Flow-Hedges)“, vgl. GB 2009 der *Linde AG*, S. 172-173; „Freistehende Derivate“, vgl. GB 2009 der *Infineon Technologies AG*, S. 171-172; „Als Sicherungsinstrumente designierte Derivate“, vgl. GB 2009 der *Infineon Technologies AG*, S. 171-172; „Derivate (nicht) in einer Sicherungsbeziehung“, vgl. GB 2009 der *Merck KGaA*, S. 152-153; „Derivate mit dokumentierter Sicherungsbeziehung“, vgl. GB 2009 der *Salzgitter AG*, S. 228-229; „Derivative Finanzinstrumente ohne Sicherungszusammenhang gem. IAS 39“, vgl. GB 2009 der *METRO AG*, S. 180-181; „Derivate mit Hedge-Accounting-Beziehung“, vgl. Vgl. GB 2009 der *Siemens AG*, S. 211. Vgl. hierzu auch die Ausführungen bei Ernst & Young Global Limited (2008), S. 9.

650 Vgl. GB 2009 der *BASF SE*, S. 192, der *Infineon Technologies AG*, S. 171-172 sowie der *Siemens AG*, S. 211.

651 Vgl. GB 2008 der *MAN AG*, S. 192.

652 Vgl. hierzu Kapitel 3.3.1.2.4.

653 Vgl. hierzu insbesondere Kapitel 3.5.2.5.

654 Auf diesen Umstand hinweisend, m.E. jedoch den oben genannten Grund nicht erkennend bzw. zumindest ihn nicht nennend vgl. Stauber (2009), S. 130-131.

655 Zu einem ähnlichen Ergebnis, was die Verortung der Angaben zu den Fair Values gemäß IFRS 7.25 anbelangt, gelangt auch Ernst & Young Global Limited (2008), S. 19.

656 Vgl. GB 2009 der *RWE AG*, S. 190. Vgl. exemplarisch auch die diesbezüglichen Ausführungen bei der *Deutsche Börse AG*, GB 2009, S. 186.

657 Die *MAN SE* (2007-2009) gibt mit den Posten „Übrige finanzielle Vermögenswerte“ sowie „Übrige finanzielle Verbindlichkeiten“ zwei Posten an, die weder explizit auf einen oder mehrere Bilanzposten übergeleitet werden noch eine solche Verbindung durch den Bilanzadressaten unter Zuhilfenahme des Geschäftsberichts hergestellt werden kann.

IFRS 7.6 bedeutet.[658] Zudem werden die Klassen teilweise stärker aggregiert als die damit jeweils im Zusammenhang stehenden Bilanzpositionen,[659] was IFRS 7.26[660] direkt entgegensteht. Zwar stellen sowohl die *Fresenius Medical Care AG & Co. KGaA* (2007-2009) als auch die *Fresenius SE* (2007-2009) – als einzige der untersuchten Unternehmen – jeweils eine separate Matrix bereit, anhand derer zwischen den IAS 39-Kategorien, den IFRS 7-Klassen sowie den Bilanzpositionen übergeleitet wird.[661] Dies darf aber nicht darüber hinwegtäuschen, dass im Rahmen der Bereitstellung der IFRS 7.25-Angaben eine betragsmäßige Differenzierung der angegebenen Fair Values nach Bilanzposten oder zumindest eine Möglichkeit zur entsprechenden betragsmäßigen Überleitung der Fair Values pro IFRS 7-Klasse auf die entsprechenden Bilanzposten dennoch nicht besteht.[662] Die Abschlüsse dieser Unternehmen sind m.E. insofern in diesem Punkt als **nicht standardkonform** anzusehen.

Hinsichtlich der gemäß IFRS 7.25 geforderten **Gruppierung** der offengelegten Informationen **je Klasse** von Finanzinstrumenten wird von den Unternehmen, die IFRS 7.25 in tabellarischer Form nachkommen, mindestens die gemäß IFRS 7.B2(a) (sowie IFRS 7.B2(b)[663]) vorgeschriebene Differenzierung in (1) zu (fortgeführten) Anschaffungskosten und (2) zum Fair Value bewertete Finanzinstrumente i.S.d. (Mindest-)Bewertungs-Klassen vorgenommen. Diesbezüglich tiefergehende Differenzierungen finden sich anhand der Unterscheidung in (1) zu fortgeführten Anschaffungskosten und (2) zu Anschaffungskosten bewerteten Finanzinstrumenten sowie (3) erfolgswirksam zum Fair Value sowie (4) erfolgsneutral zum Fair Value bewertet.

---

658 Auf diesen Missstand in der Praxis ebenfalls hinweisend Ernst & Young Global Limited (2008), S. 7.

659 Die *Fresenius SE* stellt bspw. im Rahmen der IFRS 7.25-Angaben die Buch- sowie Marktwerte für die IFRS 7-Klasse „Zum Buchwert bilanzierte Verbindlichkeiten" dar. Diese Klasse umfasst dabei jedoch die sieben Bilanzpositionen „Verbindlichkeiten aus Lieferungen und Leistungen", „Kurzfristige Verbindlichkeiten gegenüber verbundenen Unternehmen", „Kurzfristige Finanzverbindlichkeiten (inkl. Darlehen von verbundenen Unternehmen)", „Langfristige Darlehen, ohne Verbindlichkeiten aus aktivierten Leasingverträgen", „Anleihen", „Genussscheinähnliche Wertpapiere" sowie „Pflichtumtauschanleihe (exklusive eingebetteter Derivate)". Vgl. GB 2009 der *Fresenius SE*, S. 126-127.

660 *„In disclosing fair values, an entity shall group financial assets and financial liabilities into classes, but shall offset them only to the extent that their carrying amounts are offset in the statement of financial position."* (IFRS 7.26).

661 Vgl. hierzu auch die diesbezüglichen Ausführungen in Kapitel 3.2.2.

662 So setzt sich bspw. die Klasse „Zum Buchwert bilanzierte Vermögenswerte" aus den beiden Bilanzposten „Forderungen aus Lieferungen und Leistungen" sowie „Forderungen gegen verbundene Unternehmen" zusammen. Zwar könnten hierbei streng genommen die einzelnen Buchwerte der beiden Bilanzposten aus der Bilanz bezogen werden, was eine IFRS 7.26 entgegenstehende, zu hohe Aggregation der Klasse heilen würde. Im gleichen Zuge wird jedoch klar, dass eine derartige Berichterstattung, bei der zur Erlangung obligatorisch bereitzustellender Informationen gar zwei Zwischenschritte ((1) Matrixüberleitung; (2) Buchwerte in der Bilanz abgreifen) nötig sind, nicht im Sinne einer Rechnungslegung sein kann, die dem Grundsatz der Verständlichkeit (*understandability*) sowie der Vergleichbarkeit (*comparability*) folgt. Daher ist eine solche Vorgehensweise, die die relevanten Informationen unnötig verschleiert, m.E. als nicht standardkonform i.S.d. IFRS zu betrachten.

663 IFRS 7.B2(b) sieht ggf. die Angabe einer separaten Klasse bzw. separater Klassen für alle Finanzinstrumente vor, die nicht in den Anwendungsbereich von IFRS 7 fallen.

Einige Unternehmen bilden (parallel[664]) zu einer Klassendifferenzierung anhand der IAS 39-Bewertungsmaßstäbe (i.S.v. IFRS 7.B2(a)) weitere **unternehmensindividuelle Klassen**. So grenzt bspw. die *ALTANA AG* im Rahmen der gemeinsamen Angaben gemäß IFRS 7.8 und IFRS 7.25 (Matrixdarstellung) nicht nur Klassen anhand der drei Bewertungsmaßstäbe (1) zu fortgeführten Anschaffungskosten, (2) zu Anschaffungskosten sowie (3) zum Marktwert ab (Spaltenpositionen). Es findet im Rahmen der Zeilenpositionen auch eine Differenzierung in unternehmensindividuelle Klassen („…definierten Klassen…")[665] statt, die nach anderen Kriterien als dem Bewertungsmaßstab gebildet werden.[666] Diese Klassen werden dabei in die ihnen zugehörigen Bilanzpositionen differenziert, um der Überleitungsanforderung gemäß IFRS 7.26 i.V.m. IFRS 7.6 gerecht zu werden.

3.3.1.2.4. Analyse der gemeinsamen Angabe von Informationen gemäß IFRS 7.8 und IFRS 7.25

Sehen die berichterstattenden Unternehmen von einer (ausschließlich) verbalen Erfüllung der Angabepflichten gemäß IFRS 7.8 und IFRS 7.25 ab, so wird stets eine **tabellarische Darstellung** der geforderten Informationen in **Matrix-Form** offen gelegt – unabhängig davon, ob die Angabepflichten gemäß IFRS 7.8 und IFRS 7.25 gemeinsam oder in unterschiedlichen Tabellen angegeben werden. Da die Ausgestaltung der Matrix, vornehmlich der Zeilen- und Spaltenposten, dabei unterschiedliche Formen annimmt, soll im Folgenden zunächst auf die hierbei bestehenden Differenzen eingegangen werden.

Die **Gestaltung der Zeilenposten** durch die untersuchten Unternehmen erscheint auf den ersten Blick äußerst heterogen zu sein. Dabei kommen die folgenden Posten, sowohl exklusiv als auch gemischt zur Anwendung:

- primär unternehmensindividuelle **Klassen** gem. IFRS 7.6;
    - Klassen (undifferenziert);
    - Klassen untergliedert in Bilanzposten;
    - Klassen untergliedert in Kategorien; **oder**

---

[664] Etwa die *ALTANA AG* (2007-2009).

[665] (1) Liquide Mittel, (2) Forderungen aus Lieferungen und Leistungen, (3) Sonstige verzinsliche originäre finanzielle Vermögenswerte, (4) Sonstige unverzinsliche originäre finanzielle Vermögenswerte, (5) Wertpapiere und Beteiligungen, (6) Derivative finanzielle Vermögenswerte – im Hedge Accounting, (7) Derivative finanzielle Vermögenswerte – nicht im Hedge Accounting, (8) Leasingverpflichtungen, (9) Verbindlichkeiten aus Lieferungen und Leistungen, (10) Sonstige verzinsliche originäre finanzielle Verbindlichkeiten, (11) Sonstige unverzinsliche originäre finanzielle Verbindlichkeiten, (12) Derivative finanzielle Verbindlichkeiten – im Hedge Accounting sowie (13) Derivative finanzielle Verbindlichkeiten – nicht im Hedge Accounting. Vgl. GB 2009, S. 146.149 der *ALTANA AG*.

[666] Vgl. hierzu auch die Ausführungen in Kapitel 3.2.2. „Klassenbildung in der Praxis".

- primär **Bilanzposten** gemäß IAS 1.54;
  - Bilanzposten (undifferenziert);
  - Bilanzposten feiner untergliedert;
  - Bilanzposten untergliedert in Kategorien;
  - Bilanzposten untergliedert in (Mindest-)Bewertungs-Klassen;
  - Bilanzposten untergliedert in unternehmensindividuelle Klassen; **oder**
- primär **Kategorien** gem. IAS 39;
  - Kategorien (undifferenziert);
  - Kategorien untergliedert in Bilanzposten;
  - Kategorien untergliedert in Klassen.

Wird trotz weitgehend fehlender expliziter Hinweise durch die Unternehmen (im Rahmen der Angaben nach IFRS 7.8 und IFRS 7.25), inwiefern IFRS 7-Klassen, Bilanzposten und IAS 39-Kategorien zusammenhängen, davon ausgegangen, dass häufig eine Identität der einzelnen oben genannten Merkmale, bspw. Bilanzposten = Klassen oder Kategorien = Klassen[667], besteht, relativiert sich diese Heterogenität jedoch zu einem gewissen Maße.[668]

Da bei den nach IFRS 7.25 zu machenden Angaben eine Überleitung von den Klassen auf die Bilanzposten i.S.v. IFRS 7.6 möglich sein soll und die einzelnen Klassen gemäß IFRS 7.26 dabei nur bis zu *dem* Grad aggregiert werden dürfen, wie eine Zusammenfassung der zugrundeliegenden Bilanzposten in der Bilanz stattfindet, sollte die oberste Ebene der anhand der Zeilen definierten Positionen m.E. deshalb stets den einschlägigen **Bilanzposten** entsprechen.

Eine weitergehende Differenzierung der Bilanzposten steht den Unternehmen dabei prinzipiell offen, wobei an dieser Stelle ggf. für eine alleinige **Differenzierung in unternehmensindividuelle Klassen** plädiert wird, da die IAS 39-Kategorien sowie die IAS 39-Bewertungsmaßstäbe, wobei letztere auch den (Mindest-)Bewertungsklassen gemäß IFRS 7.B2(a) entsprechen, zu Zwecken einer besseren Übersicht und klareren Darstellung m.E. am besten im Rahmen der Spaltenpositionen abzubilden sind.[669] Die gemäß IFRS 7.6 geforderte **Überleitung** von den ggf. unternehmensindividuell definierten **Klassen** sowie den (Mindest-)Bewertungsklassen auf die einschlägigen **Bilanzpositionen** ergibt sich somit bereits aus der Struktur der hier vorgeschlagenen Zeilen- bzw. Spaltendefinition.

---

667 Zur diesbezüglichen Zulässigkeit vgl. auch Stauber (2009), S. 131-132.

668 Wie bereits in Kapitel 3.2.2. aufgezeigt, vollziehen einige der Unternehmen vorab die Beziehung zwischen Bilanzposten, Klassen und Bewertungskategorien separat nach.

669 Siehe hierzu die nachfolgenden Ausführungen.

Die **Gestaltung der Spaltenpositionen** scheint von den betrachteten Unternehmen hingegen vergleichsweise einheitlich[670] gewählt worden zu sein:

- Kategorien gem. IAS 39;
    - verbale Angabe pro Zeilenposten;
    - differenziert in einzelne Spalten;
- Bewertungsmaßstab gem. IAS 39 bzw. (Mindest-)Bewertungs-Klassen gemäß IFRS 7.6 i.V.m. IFRS 7.B2(a);
    - Bewertungsmaßstab verbal pro Zeilenposten angegeben;
    - Bewertungen der Höhe nach angegeben;
        - FV erfolgswirksam;
        - FV erfolgsneutral;
        - fortgeführte Anschaffungskosten;
        - Anschaffungskosten;
    - Nicht-Finanzinstrumente; außerhalb von IFRS 7;
- Wertansatz gemäß IAS 17 (explizite Differenzierung);
- Buchwerte;
- Beizulegende Zeitwerte.

Sofern die **(Mindest-)Bewertungsklassen** i.S.v. IFRS 7.6 i.V.m. IFRS 7.B2(a) angegeben werden, wird von einigen der betrachteten Unternehmen auf eine tiefergehende Bildung unternehmensindividueller Klassen verzichtet – den Anforderungen von IFRS 7.25 wird ja bereits durch die Angabe der (Mindest-)Bewertungsklassen entsprochen.

Um die Anforderungen des IFRS 7.8 zu erfüllen, wird an dieser Stelle dafür plädiert, die IAS 39-Kategorien als jeweils einzelne Spalten abzubilden. Diese Form der Darstellung hat den Vorteil, dass sowohl die einzelnen Wertansätze je Zeile (je Bilanzposition bzw. je Klasse) ersichtlich sind, als auch in Summe der Wertansatz pro IAS 39-Kategorie am Ende der jeweiligen Spalte (Summenzeile). Diese gleichzeitige Darstellung auf granularer sowie auf aggregierter Ebene gelingt bei einer Abbildung der IAS 39-Kategorien als Zeilenpositionen nur bedingt,[671] da unterschiedliche Bilanzpositionen bzw. Klassen ein und derselben Kategorie zugehörig sein können; eine aggregierte Darstellung würde stets eine (am Ende der Darstellung auszuweisende) Zusammenfassung der aggre-

---

670 Diese Uniformität in der Spaltendefinition ergibt sich dabei vornehmlich dann, sofern die Angabepflichten gemäß IFRS 7.8 und IFRS 7.25 gemeinsam und nicht in separaten Tabellen dargestellt werden.

671 Unter der Voraussetzung, dass der im Rahmen der Untersuchung vorgeschlagenen Gliederung der Zeilenpositionen nach Bilanzposten und Klassen entsprochen wird.

gierten Wertansätze je IAS 39-Kategorie erfordern. Dies ist jedoch bei der hier nahegelegten Definition der Zeilen- und Spaltenpositionen schlichtweg überflüssig.

Die *Deutsche Post AG* nimmt hierbei bspw. noch eine tiefergehendere Differenzierung der Bewertungskategorie „Erfolgswirksam zum beizulegenden Zeitwert bewertete finanzielle Vermögenswerte/Verbindlichkeiten" in die Subkategorien „Trading" und „Fair Value Option" vor,[672] die m.E. eine sinnvolle Erweiterung darstellt.

Eine Vielzahl der betrachteten Unternehmen legt darüber hinaus als separate Spaltenposition die Spalte „Bewertung gemäß IAS 17"[673] hinsichtlich bestehender **Finanzierungsleasingverhältnisse** offen, obwohl diese keiner IAS 39-Bewertungskategorie angehören.[674] Dieses Offenlegungserfordernis beruht dabei (sofern es sich beim bilanzierenden Unternehmen um den Leasingnehmer[675] handelt) auf der Angabepflicht IAS 17.31(b) wonach u.a. der Barwert der zukünftigen Mindestleasingzahlungen[676] anzugeben ist.

Die Anforderung, den nach IFRS 7.25 verlangten Angaben pro Klasse von Finanzinstrumenten i.S.v. IFRS 7.6 nachzukommen, rekurriert dabei im Rahmen der Ausprägung der Matrixspalten bei einem Teil der betrachteten Unternehmen auf die **(Mindest-)Bewertungs-Klassen** gemäß IFRS 7.B2(a).[677] Im Rahmen der Zeilenpositionen wird von einigen der beobachteten Unternehmen dabei (ergänzend) auch nach unternehmensindividuellen Klassen differenziert.[678]

Die *Bayer AG* integriert zusätzlich zu den nach IFRS 7.8 und IFRS 7.25 geforderten Informationen die neueren Angaben zur Fair Value-Hierarchie gemäß IFRS 7.27B(b) i.V.m. IFRS 7.27A[679] in die Matrix-Darstellung, indem sie die Spalte „Zum beizulegenden Zeitwert bewertet" in die drei Subspalten „Auf Basis veröffentlichter Marktpreise", „Auf Basis marktnaher, direkt ableitbarer Werte" sowie „Auf Basis individueller Bewertungsparameter" differenziert und den jeweiligen Buchwert

---

672 Vgl. GB 2009 der *Deutsche Post AG*, S. 182-183. Ähnlich etwa auch die *BMW AG*, die als separate Spalten die Spalten „Fair Value-Option" und „Zu Handelszwecken gehalten" angibt. Vgl. GB 2009 der BMW AG, S. 120-123.

673 Vgl. etwa GB 2009 der *adidas AG*, S. 194-195. Ähnlich auch die GBs 2009 der *ALTANA AG* (S. 146-149), der *Deutsche Post AG* (S. 182-185), der *Telekom AG* (S. 198-199), der *Infineon Technologies AG* (S. 171-172), der *Merck KGaA* (S. 152-153), der *Salzgitter AG* (S. 228-231), der *ThyssenKrupp AG* (S. 222-223) sowie der *TUI AG* (S. 207).

674 Zum gleichen Ergebnis kommend Ernst & Young Global Limited (2008), S. 9.

675 Vgl. für die damit korrespondierenden Angabepflicht für den Leasinggeber bzgl. des Barwerts der zukünftigen Mindestleasingzahlungen IAS 17.47(a).

676 „*...a reconciliation between the total of future minimum lease payments at the end of the reporting period, and their present value.*" (IAS 17.31(b)).

677 Abgesehen von der *Deutsche Post AG* (2009), die im Rahmen der **Zeilenpositionen** die Bilanzposten in die (Mindest-)Bewertungsklassen gemäß IFRS 7.B2(a)-(b) einteilt, werden diese (Mindest-)Bewertungsklassen von den übrigen Unternehmen ggf. ausschließlich im Rahmen der **Spaltenpositionen** angegeben.

678 Etwa im GB 2009 der *Merck KGaA*, S. 152-153.

679 Für eine nähere Erläuterung der Angabepflichten zur Fair Value-Hierarchie siehe Kapitel 3.5.3.2.

(= Fair Value) je Zeile angibt.[680] Diese Erweiterung der Matrix-Darstellung ist m.E. jedoch nur insoweit zu empfehlen, als dass dabei die Übersichtlichkeit der offengelegten Informationen gewahrt bleibt.

3.3.1.2.5. Benchmark für die Angaben gemäß IFRS 7.8 und IFRS 7.25

Vor dem Hintergrund der Erkenntnisse der in den vorangegangenen drei Kapiteln dargestellten Analyse der empirischen Erhebung in puncto Anhangangaben gemäß IFRS 7.8 i.V.m. IFRS 7.25 i.V.m. IFRS 7.6 stellt das unter Abbildung 12 aufgeführte Tableau m.E. eine Art Blaupause für den **Benchmark** dar.[681]

	Zu (fortgeführten) Anschaffungskosten									
	Loans and Receivables				*Held-to-Maturity Investments*				*Other Liabilities*	
	Klasse		Klasse		Klasse		Klasse			
AKTIVA	Buchwert	Fair Value	Buchwert	Fair Value	Buchwert	Fair Value	Buchwert	Fair Value	Buchwert	Fair Value
Bilanzposten										
Klasse										
Klasse										
Bilanzposten										
Klasse										
Klasse										
Bilanzposten										
Klasse										
Klasse										
Summe je Klasse										
Buchwert je Kategorie										
Fair Value je Kategorie										
Summe										
Summe Buchwert je Mindest-Bewertungsklasse										
Summe Fair Value je Mindest-Bewertungsklasse										
PASSIVA										
Bilanzposten										
Klasse										
Klasse										
Bilanzposten										
Klasse										
Klasse										
Bilanzposten										
Klasse										
Klasse										
Summe je Klasse										
Buchwert je Kategorie										
Fair Value je Kategorie										
Summe										
Summe Buchwert je Mindest-Bewertungsklasse										
Summe Fair Value je Mindest-Bewertungsklasse										

Abbildung 12: Benchmark-Tableau für die Angaben gemäß IFRS 7.8 i.V.m. IFRS 7.25 i.V.m. IFRS 7.6

680 Vgl. GB 2009 der *Bayer AG*, S. 232-233.

681 In Anlehnung an KPMG (2007), S. 21.

Zum Fair Value								Finanzinstrumente außerhalb von IFRS 7			Summe	
As at Fair Value through Profit or Loss (financial assets and financial liabilities)				Als Sicherungs-instrumente designierte Derivate		*Available-for-Sale Financial Assets*						
Trading		Fair Value-Option						Ansatz nach IAS 17	Andere			
...												
Buchwert	Fair Value	Buchwert	Fair Value	Buchwert	Fair Value	Buchwert	Fair Value	Buchwert	Buchwert	Fair Value	Buchwert	Fair Value

Die Angabe der Klassen sollte dabei vom bilanzierenden Unternehmen m.E. wahlweise entweder als weitergehende Differenzierung der Bilanzposten (Zeilenposten) oder als weitergehende Differenzierung der Bewertungskategorien (Spaltenposten) erfolgen; die zweite Option[682] ist im Tableau „rot" hervorgehoben. Die diesbezügliche Wahl der Darstellung dürfte i.d.R. davon abhängen, ob sich die Klassenbildung primär an den Bilanzposten oder an den Bewertungsmaßstäben der Finanzinstrumente orientiert.

Unabhängig davon, welche dieser beiden Optionen zu Anwendung kommt, gewährleistet dieses Benchmark-Tableau jedoch zuverlässig, dass sämtliche **stille Reserven bzw. Lasten** im Zuge des jeweiligen Vergleichs von Buchwert und Fair Value der betreffenden Finanzinstrumente ersichtlich sind.

3.3.2. Angaben zu gestellten und erhaltenen Sicherheiten

3.3.2.1. Angaben zu gestellten Sicherheiten (Sicherungsgeber)

IFRS 7.14(a) verlangt von den Unternehmen die **Angabe des Buchwerts** der für die Absicherung eigener Verbindlichkeiten oder Eventualverbindlichkeiten **gestellten Sicherheiten ausschließlich in Form finanzieller Vermögenswerte** („*…financial assets it has pledged as collateral…*"). Diese Angabepflicht beinhaltet dabei neben der Offenlegung der Buchwerte gestellter Barsicherheiten[683] ebenfalls die Offenlegung der Buchwerte der gestellten nicht-zahlungswirksamen Sicherheiten[684] (*non-cash collateral*), die gemäß IAS 39.37(a), für den Fall, dass der Sicherungsnehmer das vertrags- oder gewohnheitsmäßige Recht hat, die Sicherheit zu verkaufen oder weiter zu verpfänden („*If the transferee has the right by contract or custom to sell or repledge the collateral…*"), vom Sicherungsgeber bilanziell separiert[685] von den übrigen Vermögenswerten auszuweisen sind.[686]

Die Angaben sind hingegen für Sicherheiten in Form einer Sicherungsübereignung von nicht-finanziellen Vermögenswerten, wie bspw. einem Fuhrpark, Hypotheken oder Grundschulden, nicht zu machen, da bei einer solchen Sicherheitenstellung letztlich nicht-finanzielle Vermögenswerte

---

682 Sollte diese Option der Darstellung gewählt werden, sind die Klassen-Angaben in den Zeilenposten zu streichen.

683 In IAS 39 finden sich allerdings keine expliziten Regelungen zur Bilanzierung von Barsicherheiten. Vgl. Scharpf (2006), S. 18.

684 Bspw. Fremd- oder Eigenkapitalinstrumente (IAS 39.37) oder eine Verpfändung von Wertpapieren. Die Bilanzierung unbarer Sicherheiten gemäß IAS 39.37 bezieht sich dabei ausschließlich auf finanzielle Vermögenswerte, hingegen nicht auf unbare Sicherheiten in Form von bspw. einem Warenlager, Edelmetallen, einem Maschinen- oder Fuhrpark oder Immobilien. Zentral hängt die Bilanzierung unbarer Sicherheiten dabei einerseits davon ab, ob der Sicherungsnehmer das Recht hat, die Sicherheit zu verkaufen oder zu verpfänden, andererseits jedoch auch davon, ob ein Ausfall des Sicherungsnehmers zu verzeichnen ist oder nicht. Vgl. hierzu sowie zur näheren Erläuterung der Bilanzierung beim Sicherungsnehmer sowie Sicherungsgeber Scharpf (2006), S. 18-19.

685 Bspw. als verliehenen Vermögenswert, verpfändetes Eigenkapitalinstrument oder als Rückkaufforderung. Vgl. Scharpf (2006), S. 20.

686 Vgl. Paarz (2007), S. 270; Kuhn/Paa (2005), S. 1978; Scharpf (2006), S. 20. Eine weitere Untergliederung neben der separierten Offenlegung verlangt IFRS 7.14 nicht. Vgl. Scharpf (2006), S. 20.

involviert sind.[687] Die Angabepflichten des IFRS 7.14 gelten dabei generell für alle Sicherheiten in Form finanzieller Vermögenswerte, **ungeachtet** eines **tatsächlichen Weiterverkaufs oder** einer **Weiterverpfändung durch den Sicherungsnehmer**.[688]

Eine explizite Regelung, ob obige Angaben nur für Sicherheiten für **eigene** (Eventual)Verbindlichkeiten oder auch für **fremde** (Eventual)Verbindlichkeiten zu machen sind, enthält IFRS 7 nicht. Sowohl der Wortlaut in IFRS 7.14, der keine Differenzierung in eigene und fremde (Eventual)Verbindlichkeiten vorsieht, als auch der Sinn und Zweck dieser Angabe, wonach den Abschlussadressaten eine Einschätzung der diesbezüglichen Risikosituation des Unternehmens ermöglicht werden soll,[689] sprechen m.E. jedoch für die Angabe in beiden[690] Fällen.[691]

Kritisch anzumerken ist, dass es den Abschlussadressaten bei dieser Angabe per se vorenthalten wird, ob es sich bei dem jeweiligen Buchwert der anzugebenden Sicherheiten um einen gemäß der einschlägigen Bewertungskategorie anhand des Fair Value oder anhand der (fortgeführten) Anschaffungskosten ermittelten Buchwert handelt.[692] Die explizite Angabe des Fair Value gestellter Sicherheiten wird nach IFRS 7.14 ebenfalls nicht verlangt, obwohl dessen Ermittlung m.E. jedoch i.d.R.[693] ohne größere Probleme möglich wäre, da es sich bei den hierbei relevanten Sicherheiten stets um *finanzielle* Vermögenswerte handelt.[694] Mithin sind bereits **unter theoretischen Gesichtspunkten** gewisse **Mängel** an IFRS 7.14 zu konstatieren.

Positiv ist laut *Buchheim/Schmitd* hingegen zu werten, dass IFRS 7.14 sich nur auf bestimmte gestellte Sicherheiten beschränkt. Die Angabe *aller* vom Unternehmen gestellten Sicherheiten würde insbesondere mit Blick auf das Bankgeschäft und die Mannigfaltigkeit der dort zur Kreditsicherung eingesetzten Vermögenswerte oder die Häufigkeit von Eigentumsvorbehalten im Handel oder bei

687 Vgl. Scharpf (2006), S. 19.

688 Vgl. Scharpf (2006), S. 19.

689 Beides Mal unterliegt der Sicherungsgeber der gleichen Art von Risiko in Form der Inanspruchnahme der Sicherheit, unabhängig davon, ob diese für fremde oder für eigene (Eventual)Verbindlichkeiten gestellt wurde. So auch IDW RS HFA 24, Rz. 22.

690 So auch IDW RS HFA 24, Rz. 22.

691 Aus Konzernsicht ist die Stellung von Sicherheiten für „fremde" (Eventual)Verbindlichkeiten seitens eines Einzelunternehmens des Konzernverbunds für ein anderes solches Unternehmen aber ohnehin von geringer Bedeutung, was zumal den Regelfall für die Sicherheitenstellung für fremde Verbindlichkeiten darstellen dürfte. Vgl. Scharpf (2006), S. 19.

692 Vgl. Scharpf (2006), S. 20.

693 Diese Aussage gilt abgesehen von bestimmten Eigenkapitalinstrumenten, dessen Fair Value nicht verlässlich ermittelbar ist. Vgl. Scharpf (2006), S. 20.

694 Vgl. Scharpf (2006), S. 20. Die Regelungen zum Kreditrisiko verlangen nach IFRS 7.36-.38 u.a. Angaben zu den Fair Values erhaltener Sicherheiten. Angaben zu den Fair Values gestellter Sicherheiten werden jedoch auch dort nicht gefordert. Vgl. ebenda, S. 20.

Leasinggeschäften zu erheblichen Kosten auf Ersteller- wie auch auf Adressatenseite führen, die jedoch kaum mit einem höheren Informationsgehalt verbunden wären.[695]

IFRS 7.14(b) verlangt des Weiteren die **Offenlegung der Geschäftsbedingungen der Besicherung** („...*terms and conditions relating to its pledge.*"). Genauer handelt es sich hierbei etwa um die vertraglichen Vereinbarungen zwischen den Parteien über die Verwertungsmöglichkeiten der Sicherheiten, nicht jedoch um die Vertragsbedingungen der der Sicherheitenstellung zugrundeliegenden finanziellen Vermögenswerte selbst[696].[697]

Ist die Gewährung von Sicherheiten in Form finanzieller Vermögenswerte innerhalb des Konzerns grundsätzlich untersagt oder aber nur dann gestattet, sofern in diesem Fall die dazu nötigen Angaben gemäß IFRS 7.14 sofort gemeldet werden, so kann von einer **regelmäßigen dezentralen Erhebung** dieser Daten **abgesehen** werden.[698]

3.3.2.2. Angaben zu erhaltenen Sicherheiten (Sicherungsnehmer)

IFRS 7.15 bezieht sich auf vom bilanzierenden Unternehmen **erhaltene Sicherheiten in Form finanzieller oder nicht-finanzieller Vermögenswerte** („...*financial or non-financial assets*..."), jedoch unter der **Bedingung**, dass diese **seitens des Sicherungsnehmers verkauft oder weiterverpfändet werden können**, ohne dass dazu der Sicherungsgeber ausgefallen sein muss („...*is permitted to sell or repledge the collateral in the absence of default by the owner of the collateral*...").[699] Gegenüber den in IFRS 7.14 kodifizierten Angabepflichten beschränkt sich IFRS 7.15 nicht auf Sicherheiten in Form finanzieller Vermögenswerte. Entsprechend fallen auch nicht-finanzielle Vermögenswerte[700] in den Anwendungsbereich von IFRS 7.15. Nach IAS 39.37(a), den IFRS 7.14 explizit erwähnt, wird von einem **vertrags- oder gewohnheitsmäßigen Recht** des Sicherungsnehmers ausgegangen, die Sicherheiten verkaufen oder weiterverpfänden zu können, ohne dass dazu der Sicherungsgeber ausgefallen sein muss. Trotz mangels expliziter Erwähnung dieses so gearteten Rechtsanspruchs seitens des Sicherungsnehmers, dürfte dies jedoch auch für IFRS 7.15 statthaft sein.[701]

Gemäß IFRS 7.15 sind für hereingenommene Sicherheiten folgende Angaben zu machen:

695 Vgl. Buchheim/Schmidt (2005), S. 399.

696 Bspw. Verzinsung oder Laufzeit. Vgl. Scharpf (2006), S. 20. *Lüdenbach* rechnet demgegenüber die Laufzeit den anhand der Angabe offenzulegenden Geschäftsbedingungen hinzu. Vgl. Lüdenbach (2009), S. 1526, Rz. 297.

697 Vgl. Scharpf (2006), S. 20.

698 Vgl. Brücks/Kerkhoff/Stauber (2006b), S. 432.

699 Von der Angabepflicht gemäß IFRS 7.15 sind v. a. „echte Wertpapierpensionsgeschäfte, Wertpapierleihgeschäfte mit Bar- oder Sachsicherheiten sowie Wertpapierleihgeschäfte ohne zusätzliche Sicherheiten" betroffen (IDW RS HFA 24, Rz. 23).

700 Bspw. Verpfändung eines Fuhrparks, eines Warenlagers, eines Grundstücks oder von Edelmetallen (Hypothek oder Grundschuld). Vgl. Scharpf (2006), S. 20.

701 Vgl. Scharpf (2006), S. 20.

- der Fair Value erhaltener Sicherheiten (*collateral held*) (IFRS 7.15(a));
- der Fair Value erhaltener Sicherheiten, die bereits veräußert oder weiterverpfändet wurden („*...any such collateral sold or repledged...*"), und ob das Unternehmen (potentiellen[702]) Rückübertragungsverpflichtungen[703] („*...obligation to return it...*") nachzukommen hat (IFRS 7.15(b));
- die im Zusammenhang mit der Nutzung der Sicherheiten bestehenden Geschäftsbedingungen („*...terms and conditions associated with its use of the collateral.*) (IFRS 7.15(c)).

Buchheim/Schmidt als auch *Scharpf* weisen jedoch darauf hin, dass es zumindest für den **deutschen Rechtsraum** als zweifelhaft anzusehen ist, dass Kreditvereinbarungen, die dem Sicherungsnehmer das Recht gewähren, die Kreditsicherheit *ohne* Ausfall des Sicherungsgebers zu verwerten, häufige Praxis sind.[704] Insofern dürften sich die mit der Angabepflicht zu den **Fair Values** hereingenommener Sicherheiten gemäß IFRS 7.15 verbundenen **potentiellen Probleme** (bspw. regelmäßige Bestimmung des Fair Value) **mangels praktischer Relevanz von IFRS 7.15 relativieren.**[705]

Kommt es dennoch zur Offenlegung, speziell nach IFRS 7.15(a), dürfte sich eine Erfüllung der Angabepflichten hinsichtlich des Fair Value für Sicherheiten in Form finanzieller Vermögenswerte regelmäßig als vergleichsweise unproblematisch erweisen. Demgegenüber ergeben sich deutlich größere **Schwierigkeiten** in Bezug auf die **Fair Value-Ermittlung** für **nicht-finanzielle Vermögenswerte.**[706] Im Zuge der Kommentierung des ED 7 wurde das IASB insbesondere auf diesen Punkt hingewiesen. Nichtsdestotrotz hat sich das IASB für die Übernahme der Angaben zum Fair Value von Sicherheiten entschieden, da von einem Unternehmen regelmäßig erwartet werden könne, dass es trotz Ermangelung des Ausfalls des Sicherungsgebers den Fair Value erhaltener Sicherheiten kennt (IFRS 7.BC25). Dieser Notwendigkeit ist m.E. prinzipiell zuzustimmen.[707]

---

702 Vgl. Löw (2005a), S. 1343.

703 Vgl. Löw (2005b), S. 2176; Scharpf (2006), S. 21.

704 Vgl. Buchheim/Schmidt (2005), S. 399; Scharpf (2006), S. 20, 21.

705 Eine Überprüfung erhaltener Sicherheiten auf für die Angabe nach IFRS 7.15 hinreichenden Vereinbarungen hin ist hingegen trotzdem nicht als obsolet anzusehen. Vereinbarungen über den Verkauf oder die Weiterverpfändung gestellter Sicherheiten, ohne einen dazu notwendigen Ausfall des Sicherungsgebers, kommen bspw. im Wertpapierleihgeschäft vor. Die entsprechende Bestimmung eines Fair Values solcher Sicherheiten dürfte jedoch keine erheblichen Schwierigkeiten bereiten, sofern ein aktiver Markt für die finanziellen Vermögenswerte existiert. Vgl. Scharpf (2006), S. 20-21.

706 Vgl. Scharpf (2006), S. 21. Bei den Angaben zum Kreditrisiko wird in IFRS 7.37(c) hingegen nur die Schätzung („*...estimate of their fair value...*") des Fair Value erhaltener Sicherheiten verlangt. Zudem ist diese Angabe nur dann zu machen, sofern die Durchführung dieser Schätzung möglich ist („*...unless impracticable...*"). Vgl. Scharpf (2006), S. 21.

707 So auch Scharpf (2006), S. 21. *Scharpf* weist in diesem Zusammenhang auch auf die Möglichkeit hin, im Falle einer absehbaren Impraktikabilität der Bestimmung des Fair Value erhaltener Sicherheiten, die Vertragsbedingungen der Sicherheitenstellung bewusst so zu gestalten, dass eine Angabepflicht nach IFRS 7.15 obsolet wird. Vgl. ebenda. Will heißen, dass u.a. eine vorgesehene Vereinbarung, die gestellten Sicherheiten weiter zu verkaufen oder weiter verpfänden zu können, ggf. zu überdenken wäre.

Die Angabe des Fair Value gemäß IFRS 7.15(b) ist dabei für „*any such collateral*" zu machen, die bereits veräußert oder weiterverpfändet wurden. Fraglich ist in diesem Zusammenhang zunächst, ob das IASB mit „*any*" „jede einzelne" oder „irgendeine" Sicherheit meint. Im Sinne des in IFRS 7.B3 kodifizierten Wesentlichkeitsgrundsatzes dürfte jedoch deutlich werden, dass nur zweiter Fall gemeint sein kann; **sinnvolle Zusammenfassungen** der entsprechenden Angabe von Fair Values dürften demnach zulässig sein (IDW RS HFA 24, Rz. 23.). Andernfalls wären bspw. Banken dazu angehalten, seitenweise einzelne Sicherheiten im Anhang aufzulisten, was m.E. einer Balance zwischen dem Detaillierungsgrad und dem Aggregationsgrad der Anhangangaben (IFRS 7.B3) eindeutig widersprechen würde.

Entgegen der Angabe nach IFRS 7.14(b), die die Offenlegung der vertraglichen Vereinbarungen zwischen den Parteien über die Verwertungsmöglichkeiten der Sicherheiten fordert („*...terms and conditions relating to its pledge.*"), bspw. in welchem Fall die Sicherheit weiter verkauft werden darf, sind nach IFRS 7.15(c) die Bedingungen und Modalitäten in Bezug auf die als Sicherheiten gestellten Vermögenswerte anzugeben, also bspw. Angaben zur Nutzbarkeit der Sicherheiten oder über Restriktionen in der Verwertbarkeit („*...terms and conditions associated with its use of the collateral.*),[708] worunter m.E. u.a. auch Angaben zur Verzinsung oder Laufzeit des entsprechenden finanziellen Vermögenswerts fallen dürften.

Unter **erhebungstechnischen Gesichtspunkten** scheint ebenso wie bei den gewährten Sicherheiten eine **fallweise dezentrale Erhebung** im Konzern bzw. Unternehmen der für die Angabe nach IFRS 7.15 erforderlichen Daten angezeigt. Nach *Brücks/Kerkhoff/Stauber* spräche dafür nicht nur die bereits zuvor ausgeführte Vermutung, dass eine Angabepflicht gemäß IFRS 7.15 ohnehin für im deutschen Rechtsraum ansässige Unternehmen aufgrund der Angabebedingung, dass die betreffenden Sicherheit seitens des Sicherungsnehmers verkauft oder weiterverpfändet werden können muss, häufig nicht angezeigt sein wird.[709]

Eine fallweise dezentrale Erhebung dürfte insbesondere bei **Industrie- und Handelsunternehmen** angezeigt sein, sofern diese Kredite nur in unwesentlichem Ausmaß ausreichen und sich das Ausfallrisiko folglich nur auf den Bestand an Forderungen beschränkt – entsprechend fällt der Umfang der Offenlegung zu hereingenommenen Sicherheiten in Verbindung mit Ausfallrisiken klein aus.[710]

---

708 Ähnlich Scharpf (2006), S. 21 mit Verweis auf Löw (2005a), S. 1343.
709 Vgl. Brücks/Kerkhoff/Stauber (2006b), S. 432.
710 Vgl. Brücks/Kerkhoff/Stauber (2006b), S. 432.

3.3.2.3. Erhebung des Benchmark

Die nachfolgenden Ausführungen veranschaulichen die Umsetzung von IFRS 7.14-.15 anhand ausgewählter Praxisbeispiele der im DAX-30 geführten Nicht-Finanzdienstleister[711].

Den Angabepflichten gemäß IFRS 7.14(a)-(b) – **Stellung von Sicherheiten** in der Form ***finanzieller* Vermögenswerte** sowie die Geschäftsbedingungen der jeweiligen Besicherung – kommen die in die Betrachtung einbezogenen Unternehmen bspw. folgendermaßen[712] nach, indem standardkonform der Buchwert der Sicherheiten angegeben wird; eine Offenlegung des entsprechenden Fair Values auf freiwilliger Basis wird durchgängig unterlassen.

***Deutsche Post AG*:**

„**50.2 Sicherheiten**

Unter den langfristigen finanziellen Vermögenswerten werden zum Bilanzstichtag 289 Mio € (Vorjahr: 323 Mio €) gestellte Sicherheiten ausgewiesen, die unter anderem im Zusammenhang mit der Veräußerung der Postbank-Aktien stehen. Die Deutsche Post AG ist verpflichtet, Zahlungen aus bereits abgewickelten Sicherungstransaktionen im Rahmen der Veräußerung der Deutsche-Bank-Aktien als Sicherheit bei der Deutsche Bank AG zu hinterlegen. Die Freigabe der hinterlegten Sicherheiten erfolgt mit Ausübung der Pflichtumtauschanleihe im Februar 2012. Weitere Sicherheiten betreffen die Abwicklung der Wohnungsbaudarlehen und bestehende Mietverhältnisse.

Unter den kurzfristigen finanziellen Vermögenswerten werden 40 Mio € (Vorjahr: 10 Mio €) ausgewiesen. Der wesentliche Teil betrifft Sicherheiten im Rahmen der QTE Lease.

Daneben hat die Deutsche Post AG 86.417.432 Aktien der Deutsche Postbank AG an die Deutsche Bank AG verpfändet. Die Freigabe der Sicherheiten erfolgt für 60 Millionen Aktien bei Ausübung der Pflichtumtauschanleihe und für die verbleibenden 26.417.432 Aktien bei Ausübung einer der Optionen (siehe Marktpreisrisiko).“[713]

Einige Unternehmen, wie bspw. die *Fresenius Medical Care AG & Co. KGaA*[714], belassen es hingegen bei einer **ausschließlich verbalen Nennung** gestellter Sicherheiten, ohne diese jedoch der Höhe nach zu quantifizieren.

Die betrachteten Unternehmen geben teilweise explizit auch die Buchwerte der **als Sicherheiten gestellten *nicht-finanziellen* Vermögenswerte** im Rahmen der Anhangangaben an. Diese Angabe ist jedoch gemäß IFRS 7.14 nicht obligat, sondern geht etwa auf IAS 2.36(h) (Vorräte als Sicherheiten), IAS 16.74(a) (Sachanlagen als Sicherheiten) sowie IAS 24.20(h) (Sicherheiten im Zusammenhang mit nahe stehenden Unternehmen und Personen) zurück. Die nachfolgenden beiden Beispie-

711 Die *Deutsche Börse AG* wird innerhalb der vorliegenden Untersuchung hinsichtlich aller Erhebungen bzgl. Angaben zu gestellten bzw. erhaltenen Sicherheiten aus der Betrachtung ausgeschlossen, da das Clearing-System der *Deutsche Börse AG* zu einer Vielzahl diesbezüglicher Sachverhalte führt, die sich jedoch kaum als Handreichung für die anderen im DAX-30 notierten Nicht-Finanzdienstleister, geschweige denn für SMEs eignen dürften.

712 Siehe hierzu bspw. auch die diesbezüglichen Ausführungen in den GBs 2009 der *Continental AG*, S. 186; 212, der *Linde AG*, S. 179, der *Deutsche Lufthansa AG*, S. 181, der *Deutsche Telekom AG*, S. 162, der *Siemens AG*, S. 214 sowie der *Volkswagen AG*, S. 251.

713 Vgl. GB 2009 der *Deutsche Post AG*, S. 179.

714 Vgl. hierzu exemplarisch etwa den GB 2009 der *Fresenius Medical Care AG & Co. KGaA*, S. 41; 109.

le[715] zeigen entsprechende Auszüge aus den Geschäftsberichten 2009 der in die Untersuchung einbezogenen Unternehmen.

Deutsche Lufthansa AG:

„Von der Position Flugzeuge dienen 2.700 Mio. EUR (Vorjahr: 1.970 Mio EUR) als Sicherheiten für bestehende Finanzierungen,...“[716]

„Von dem gesamten übrigen Sachanlagevermögen dienen außerdem 40 Mio. EUR (Vorjahr: 43 Mio. EUR) als Sicherheiten für bestehende Finanzierungen.“[717]

„Vorräte im Wert von 32 Mio. EUR (Vorjahr: 36 Mio. EUR) sind als Kreditsicherheiten verpfändet.“[718]

RWE AG:

„Von den Finanzverbindlichkeiten sind 199 Mio. € (Vorjahr: 82 Mio. €) durch Grundpfandrechte und 19 Mio. € (Vorjahr: 69 Mio. €) durch ähnliche Rechte gesichert.“[719]

„**(35) Beziehungen zu nahestehenden Unternehmen und Personen**

[...]

[...] Für die Forderungen bestanden wie im Vorjahr Garantien in Höhe von 0 Mio. € und sonstige Sicherheiten in Höhe von 5 Mio. € (Vorjahr: 1 Mio. €).[720]

Die Angaben gemäß IFRS 7.14 finden insofern dabei eine inhaltlich Ergänzung in der Angabe der als Sicherheiten gestellten nicht-finanziellen Vermögenswerte gemäß IAS 2.36(h), IAS 16.74(a) und IAS 24.20(h), als dass sich das **Gesamtbild der standardseitig geforderten Angaben zur Sicherheitenstellung** für den überwiegenden Teil des Bestands an finanziellen Verbindlichkeiten erst durch die Zusammenschau alle jener Sachverhalte ergibt. Um die mit den (finanziellen) Verbindlichkeiten des betrachteten Unternehmens verbundenen Verpflichtungen en detail zu überschauen, ist es jedoch m.E. entsprechend notwendig, **sämtliche finanziellen als auch nicht-finanziellen Besicherungssachverhalte** in Augenschein zu nehmen. Die Angabe gestellter Sicherheiten gemäß **IFRS 7.14**, isoliert in ihrer Ausprägung nur finanzielle Vermögenswerte umfassend, erzeugt beim Bilanzleser entsprechend ein **Zerrbild**, da die sich in der Sicherheitenstellung widerspiegelnde Einschätzung Dritter über das im Zuge einer (finanziellen) Beteiligung in das bilanzierende Unternehmen für die sich beteiligenden Unternehmen bestehende **Kreditrisiko** durch den Jahresabschluss **nicht vollständig wiedergegeben** wird.

Nach *Buchheim/Schmidt* ist die Beschränkung von IFRS 7 auf finanzielle Vermögenswerte, wie bereits ausgeführt, positiv zu werten. M.E. trifft dies allerdings nur bedingt zu, da eine vollständige,

---

715 Vgl. hierzu bspw. auch die diesbezüglichen Ausführungen in den GBs 2009 der *Daimler AG*, S. 200, der *Deutsche Post AG*, S. 155, der *Linde AG*, S. 162, der *METRO AG*, S. 177, der *Salzgitter AG*, S. 226, der *ThyssenKrupp AG*, S. 217 sowie der *Volkswagen AG*, S. 36; 259.

716 Vgl. GB 2009 der *Deutsche Lufthansa AG*, S. 171.

717 Vgl. GB 2009 der *Deutsche Lufthansa AG*, S. 173.

718 Vgl. GB 2009 der *Deutsche Lufthansa AG*, S. 180.

719 Vgl. GB 2009 der *RWE AG*, S. 185.

720 Vgl. GB 2009 der *RWE AG*, S. 200.

wenn auch nicht detailliert differenzierte[721], sondern durchaus **komprimierte Angabe *sämtlicher* gestellter Sicherheiten** insbesondere für den Bestand an finanziellen Verbindlichkeiten vor dem Hintergrund des IFRS 7 durchaus entscheidungsnützliche Informationen für die Bilanzadressaten darstellen würden. Da jedoch auch eine Nettoangabe gestellter Sicherheiten u.U. zu einer verzerrten Darstellung führen kann,[722] sollten m.E. zumindest für alle wesentlichen einzelnen Verbindlichkeiten individuelle Angaben zu deren Besicherung offengelegt werden. Für weiter daran anknüpfende Empfehlungen sei an dieser Stelle auf Kapitel 4.5.1.3.3. verwiesen, dass einen IFRS 7.14 mit einbeziehenden, **übergreifenden Benchmark** entwickelt.

Den Angabepflichten gemäß IFRS 7.15 – **Hereinnahme von Sicherheiten** – wird durch die im DAX-30 geführten Nicht-Finanzdienstleister ebenfalls in unterschiedlicher Weise nachgekommen. So erwähnt zunächst allein die *Siemens AG*[723] die für die Angabe gemäß IFRS 7.15 notwendige Voraussetzung einer möglichen Veräußerung oder Weiterverpfändung der betrachteten hereingenommenen Sicherheiten explizit.

Die *Deutsche Lufthansa AG*[724], die *Deutsche Telekom AG*[725] sowie die *E.ON AG*[726] geben zwar ebenfalls die Fair Values hereingenommener Sicherheiten an, verweisen jedoch nicht explizit auf die zentrale, IFRS 7.15 immanente Voraussetzung der gegebenen Möglichkeit zu deren Veräußerung oder Weiterverpfändung wie etwa die *Siemens AG*.

Sofern es sich bei diesen drei Beispielen jedoch tatsächlich um die Angaben gemäß IFRS 7.15 handelt, ist es m.E. gemäß den derzeitigen Standardanforderungen unabdingbar, explizit auf die Möglichkeit zur Veräußerung bzw. Weiterverpfändung der hereingenommenen Sicherheiten hinzuweisen. Zudem, und das ist bei keinem der in die Untersuchung einbezogenen Unternehmen der Fall, sollten i.S.v. IFRS 7.15(c) auch stets die zugehörigen **Geschäftsbedingungen** einer derart bestehenden möglichen **Nutzung hereingenommener Sicherheiten** ausgewiesen werden.

Sollte es sich andernfalls nicht um die durch IFRS 7.15 adressierten Sicherheiten handeln, bestätigt sich insofern die Vermutung einer **mangelnden Relevanz** der Norm für den **deutschen Rechtsraum**.

Mit Blick auf die **Verortung der Angaben** gemäß IFRS 7.14 und IFRS 7.15 ist abschließend festzustellen, dass die *Continental AG*[727], die *Deutsche Post AG*[728] sowie die *Siemens AG*[729] als einzige

[721] I.S.e. Einzelauflistung *aller* gestellten finanziellen sowie nicht-finanziellen Sicherheiten.
[722] Vgl. hierzu insbesondere auch die diesbezügliche Argumentation von *Löw* in Kapitel 4.5.1.3.
[723] Vgl. GB 2009 der *Siemens AG*, S. 214.
[724] Vgl. GB 2009 der *Deutsche Lufthansa AG*, S. 180-181.
[725] Vgl. GB 2009 der *Deutsche Telekom AG*, S. 154.
[726] Vgl. GB 2009 der *E.ON AG*, S. 120.
[727] Vgl. GB 2009 der *Continental AG*, S. 212.

der betrachteten Unternehmen eine **zusammenhängende verbale Darstellung** der gemäß **IFRS 7.14 und/oder IFRS 7.15** geforderten Angaben unter dem Titel „Sicherheiten" postenübergreifend offenlegen. Was die derzeitige Praxis der Umsetzung von IFRS 7.14-.15 anbelangt, dürfte zumindest eine solch **zusammenhängende Darstellung** als **Benchmark** gelten.

Die Mehrzahl der Unternehmen optiert hingegen für eine fallweise, meist im Rahmen der Erläuterung einzelner Bilanzposten offengelegten Angabe der gemäß IFRS 7.14 und IFRS 7.15 geforderten Sachverhalte, was m.E. der Übersichtlichkeit abträglich ist.

Aufgrund des inhaltlichen Zusammenhangs von IFRS 7.14 und IFRS 7.15 mit den Regelungen in IFRS 7.36(b)[730] und IFRS 7.37(c)[731] wird an dieser Stelle für eine weiterführende Erörterung der Möglichkeit zur **komprimierten Offenlegung gestellter** und **hereingenommener Sicherheiten** anhand eines **übergreifenden Benchmarks**[732] auf Kapitel 4.5.1.3.3 verwiesen.

3.3.3. Angaben zur Risikovorsorge

3.3.3.1. Anforderungen des Standards

Nach IFRS 7.16[733] werden Angaben explizit dann verlangt, sofern finanzielle Vermögenswerte[734] aufgrund von Kreditausfällen im Wert gemindert sind („*...financial assets are impaired by credit losses...*") und die Wertminderungen vom Unternehmen in einem **separaten Risikovorsorge**- bzw. **Wertminderungskonto**[735] im Sinne eines bilanziellen Bruttoausweises[736] der finanziellen Vermögenswerte erfasst werden. Dabei sind diese Angaben für die Analyse der Vermögens-, Finanz- und Ertragslage insbesondere von Banken[737] sowie ähnlicher Finanzdienstleister als in hohem Maße

[728] Vgl. GB 2009 der *Deutsche Post AG*, S. 179.

[729] Vgl. GB 2009 der *Siemens AG*, S. 214.

[730] Vgl. Kapitel 4.5.1.3.

[731] Vgl. Kapitel 4.5.2.4.

[732] Für eine Übersicht zu derart zusammenhängenden Benchmarks bzw. Benchmark-Tableaus siehe Abbildung 44 unter Kapitel 6.1.

[733] IFRS 7.16 entspricht weitgehend den bankspezifischen Anforderungen des IAS 30.43. Vgl. Paarz (2007), S. 272.

[734] Gemäß dem eindeutigen Wortlaut sowie dem Sinn der Vorschrift bezieht sich IFRS 7.16 dabei nicht auf zu erfassende Aufwendungen, die aus einer möglichen Inanspruchnahme einer Finanzgarantie drohen. Zudem sind Finanzgarantien als finanzielle Verbindlichkeiten auszuweisen und scheiden bereits deshalb für eine Darstellung innerhalb eines Wertberichtigungskontos aus. Vgl. Kuhn/Scharpf/Albrecht (2006), S. 620.

[735] Portfolioorientierte Wertberichtigungen werden regelmäßig über ein solch separates Wertminderungskonto geführt, teilweise ist dies auch bei Einzelwertberichtigungen der Fall (IFRS 7.16). Vgl. auch Lüdenbach (2009), S. 1522, Rz. 289. Bei Banken und ähnlichen Finanzdienstleistern, für die die Angaben nach IFRS 7.16 vormals in IAS 30.43 geregelt waren, hat sich die Offenlegung eines Risikovorsorgespiegels bereits seit längerem etabliert. Solche Spiegel beziehen indes nicht überwiegend – wie bei Nicht-Finanzdienstleistern üblich – nur Forderungen mit ein, sondern u.a. auch Wertpapiere, sofern diese nicht mittels der Nettomethode direkt abgeschrieben werden. Vgl. Kuhn/Scharpf/Albrecht (2006), S. 335.

[736] Vgl. Paarz (2007), S. 272.

[737] Dies gilt insbesondere wenn nach IAS 39.63 für Finanzinstrumente der Kategorien *Loans and Receivables* sowie *Held-to-Maturity Investments* ein Wertberichtigungskonto (*allowance account*) verwendet wird, da dies bei Banken für die Evidenthaltung bzw. Aktualisierung der zivilrechtlichen Forderungsansprüche als unabdingbar anzusehen ist. Vgl. Grünberger/Klein (2008), S. 115; ähnlich Scharpf (2006), S. 22. *Scharpf* weist darauf hin, dass Ban-

entscheidungsrelevant einzustufen.[738] Was die nachfolgenden Ausführungen zeigen werden, trifft dies m.E. – wenn auch in einem vergleichsweise geringeren Maße – jedoch auch auf Nicht-Finanzdienstleister zu.

Das bilanzierende Unternehmen hat hierbei **je Klasse** finanzieller Vermögenswerte eine **Überleitungsrechnung**[739] **der Veränderung des Risikovorsorge** während der Berichtsperiode („*...reconciliation of changes in that account during the period...*“) offenzulegen, die alle Veränderungen dieses Postens während der Berichtsperiode ausweist (IDW RS HFA 24, Rz. 24). IFRS 7.16 knüpft dabei jedoch nicht an den eigenständigen bilanziellen Ausweis eines Postens „Risikovorsorge für Kreditausfälle“ an, der bei Finanzdienstleistern üblich ist.[740] **Voraussetzung** ist zudem, dass **keine Direktabschreibungen** (“*...the entity records the impairment in a separate account* [...] *rather than directly reducing the carrying amount of the asset...*“) im Sinne eines bilanziellen Nettoausweises[741] (Nettomethode) der finanziellen Vermögenswerte vorgenommen wurden (IFRS 7.16).

Eine **Regelung**, wonach *alle* zu fortgeführten Anschaffungskosten bewerteten finanziellen Vermögenswerte **einheitlich** entweder **direkt** oder **indirekt** ggf. im Wert zu mindern seien, **existiert** dabei **nicht**. Vielmehr bezieht sich IAS 39.63 auf den Buchwert des einzelnen Vermögenswerts („*...the carrying amount of the asset...*“), was letztlich das Wahlrecht begründet, bei unterschiedlichen Vermögenswerten *entweder* die Netto- *oder* die Bruttomethode in Anwendung bringen zu können.[742] Diese Möglichkeit steht m.E. den Interessen der Bilanzadressaten jedoch eindeutig entgegen, da sofern Wertminderungen in der Bilanz mittels eines negativen Aktivpostens offen abgesetzt, gleichzeitig allerdings ebenfalls Direktabschreibungen getätigt werden, der diesbezügliche Einblick in die Vermögens- und Ertragslage des bilanzierenden Unternehmens dadurch deutlich getrübt würde. Angesichts dessen wäre es den bilanzierenden Unternehmen anzuraten, für eine **einheitliche Vorgehensweise** beim Ausweis bzw. der Erfassung von Wertminderungen zu optieren, um diesen Mangel der Ausgestaltung von IFRS 7.16 zu heilen.[743]

Das IASB erkennt zwar an, dass Analysten als auch andere Abschlussadressaten die Informationen gemäß IFRS 7.16 dazu nutzen, die **Angemessenheit der Risikovorsorge** (*allowance for impair-*

ken im Rahmen der Berichterstattung nach IFRS regelmäßig die Risikovorsorge offen von den Forderungen absetzen, d.h. ein eigenes Risikovorsorgekonto in Form eines negativen Aktivkontos führen.

738 Vgl. Scharpf/Kuhn/Paa (2005), S. 11; Kuhn/Paa (2005), S. 1978.

739 Die Überleitungsrechnung könnte bspw. die Zeilen (1) Bestand am Geschäftsjahresanfang, (2) Zuführungen, (3) Auflösungen, (4) Wechselkursdifferenzen, (5) Diskontierungseffekte (*unwinding*), (6) Verbrauch/Inanspruchnahme sowie (7) Bestand am Geschäftsjahresende beinhalten (IDW RS HFA 24, Rz. 25).

740 Vgl. Kuhn/Scharpf/Albrecht (2006), S. 621.

741 Vgl. Paarz (2007), S. 272, der darauf hinweist, dass sich bei Anwendung der Nettomethode die Wertminderungen nur mittelbar aus den IFRS 7-Anhangangaben zum Kreditrisiko ergeben. Vgl. ebenda, S. 273.

742 Vgl. hierzu auch Kuhn/Scharpf/Albrecht (2006), S. 620.

743 So auch Kuhn/Scharpf/Albrecht (2006), S. 620-621.

ment losses) der Unternehmen im Rahmen des Vergleichs mit anderen Unternehmen zu beurteilen (IFRS 7.BC26). Ebenfalls werden dadurch „**Rückschlüsse auf das** [...] **Kreditrisiko**“[744] ermöglicht. Das IASB hat sich jedoch – m.E. zu Unrecht[745] – dagegen entschieden, die einzelnen Elemente der Überleitungsrechnung bzw. des Wertminderungskontos im Sinne einer dadurch besseren Vergleichbarkeit näher vorzuschreiben. Diese Vorgehensweise räume den Unternehmen entsprechend die nötige Flexibilität bei der Festlegung eines für ihre Bedürfnisse am besten geeignetsten Formats ein („*...the most appropriate format for their needs...*“) (IFRS 7.BC26).

Trotz der durch das IASB bewilligten Ausgestaltungsfreiheit des Berichtformats des Wertminderungskontos sollte jedoch zumindest eine **Differenzierung nach der Art der Wertberichtigungsermittlung**, d.h. eine jeweils **einzelne Überleitungsrechnung für Einzelwertberichtigungen und für Portfoliowertberichtigungen** vorgenommen werden – so auch die Auffassung des *DRSC*[746] und des *IDW* (IDW RS HFA 24, Rz. 25).[747]

Das IASB wurde im Zuge der Kommentierung des ED 7 des Weiteren darum gebeten, **gleichwertige Angabepflichten** auch für solche Unternehmen zu schaffen, die ihre **Risikovorsorge gemäß der Nettomethode** (direkte Erfassung) betreiben (IFRS 7.BC27). Dieser Forderung wurde jedoch deshalb nicht entsprochen, da das IASB der Auffassung ist, dass sich zur Erfassung von Wertminderungen auf Portfoliobasis aufgrund der Vorschriften in IAS 39 faktisch für fast jedes Unternehmen die **Notwendigkeit** ergebe, ein **separates Wertminderungskonto** führen zu müssen (IFRS 7.BC27). Der Abzug einer Wertberichtigung auf Portfoliobasis von einzelnen finanziellen Vermögenswerten ist mithin sowieso nicht möglich.[748] Darüber hinaus beinhalte die nach IFRS 7.B5(d) zu machende Angabe zu den Bilanzierungs- und Bewertungsmethoden ohnehin Informationen über direkt vorgenommene Einzelwertberichtigungen finanzieller Vermögenswerte, sofern ein bilanzielles Wertberichtigungskonto Verwendung findet (IFRS 7.BC27 i.V.m. IFRS 7.B5(d)(i)).

---

744 Paarz (2007), S. 272 (keine Hervorhebungen im Original).

745 Vgl. kritisch zu dieser Entscheidung des IASB vor dem Hintergrund der äußerst homogenen Bilanzierungspraxis von Finanzdienstleistern Paarz (2007), S. 274. M.E. kann diese Kritik auch mit Blick auf Nicht-Finanzdienstleister Gültigkeit beanspruchen. So zeigt Kapitel 3.3.3.2. eindeutig, dass eine dahingehende Standardisierung problemlos möglich und m.E. insbesondere i.S.d. Grundsatzes der Vergleichbarkeit zudem auch sinnvoll wäre.

746 Das DRSC kommentierte ED 7 entsprechend: "*Whichever method is applied, information on credit losses for each class of financial assets is useful for assessing impairment losses for entities and for comparing one entity against others.*" Vgl. Deutscher Standardisierungsrat (DSR) (19.10.2004), S. 3.

747 So auch Kuhn/Scharpf/Albrecht (2006), S. 335. Dies wird sich auch im Rahmen der Empfehlungen durch die vorliegende Arbeit zur Anwendung von u.a. IFRS 7.16 niederschlagen. Vgl. hierzu insbesondere die Ausführungen in nachfolgendem Kapitel 3.3.3.2. sowie in Kapitel 4.5.2.3.3.

748 Vgl. Scharpf (2006), S. 22. Nach Auffassung von *Kuhn/Scharpf* ist es jedoch durchaus als zulässig zu erachten, dass eine Portfoliowertberichtigung vom betreffenden Bilanzposten direkt gekürzt wird, sofern dies entsprechend im Anhang erläutert wird. Voraussetzung dafür ist allerdings, dass die Vermögenswerte des Portfolios auch im entsprechenden Bilanzposten enthalten sind. Vgl. Kuhn/Scharpf/Albrecht (2006), S. 330.

Diese Begründung des IASB kann m.E. hingegen nicht überzeugen, da eine einheitliche Angabepflicht den qualitativen Anforderungen der Verständlichkeit sowie der zwischenbetrieblichen Vergleichbarkeit weit besser entsprechen würde[749] und das IASB ja ohnehin die Notwendigkeit zur Führung eines Wertberichtigungskontos bejaht.

Industrie- und Handelsunternehmen sind von der Angabepflicht in IFRS 7.16 häufig nur hinsichtlich ihres Bestands and **Forderungen aus Lieferungen und Leistungen** betroffen.[750] Ein Entzug vor dieser Angabepflicht wird ihnen jedoch entsprechend nur dann möglich sein, wenn sie nachweisen können, dass finanzielle Vermögenswerte ausschließlich einzelwertberichtigt sind und die entsprechenden Buchwerte entsprechend unmittelbar adjustiert wurden – dies wird in der Praxis aufgrund der gängigen Vornahme pauschalierter Einzelwertberichtigungen allerdings kaum gelingen.[751]

Zusammenfassend lässt ist demnach festzustellen, dass IFRS 7.16 bereits unter **theoretischen Aspekten** betrachtet **erhebliche Schwachstellen** aufweist. Inwieweit sich dies auf die Berichterstattungspraxis auswirkt, wird im nachfolgenden Kapitel 3.3.3.2. erörtert.

Neben IFRS 7.B5(d) sehen auch die Regelungen in IFRS 7.20(e) sowie IFRS 7.37(b) Angaben zu Wertminderungen vor.[752] Nach IFRS 7.20(e) ist pro Klassen finanzieller Vermögenswerte der zugehörige Wertminderungsaufwand anzugeben.[753] Daneben enthalten die Angaben nach IFRS 7.20(a) zu den Nettogewinnen und -verlusten ebenfalls die sowohl direkt als auch indirekt erfassten Wertminderungsbeträge.[754] Zur Vermeidung von Redundanzen und im Sinne der Übersichtlichkeit sowie zwischenbetrieblichen Vergleichbarkeit ist dabei m.E. zu **prüfen**, ob eine **Zusammenfassung der Angaben zur Risikovorsorge** im Abschluss möglich ist,[755] der möglicherweise im Rahmen der Angaben zu den Bilanzierungsmethoden ausgewiesen werden kann.[756] Eine Erörterung **einer derartigen Zusammenfassung** findet sich in Kapitel 4.5.2.3.3., nachdem alle einschlägigen Normen abschließend vorgestellt wurden.

---

749 So auch Paarz (2007), S. 273.

750 Vgl. von Oertzen (2009), S. 163, Rz. 227; Lüdenbach (2009), S. 1522, Rz. 289, inklusive einer diesbezüglichen grafischen Darstellung. Ähnlich auch Werner/Padberg/Kriete (2005), S. 48.

751 Vgl. Brücks/Kerkhoff/Stauber (2006b), S. 435. *Brück/Kerkhoff/Stauber* sehen eine Unterlassung der nach IFRS 7.16 geforderten Angaben zudem nur dann als möglich an, sofern sich der auf einer aggregierten Ebene vorgenommene, außerplanmäßige Wertminderungsbetrag im Verhältnis zum gesamten Wertminderungsaufwand für finanziellen Vermögenswerte als unwesentlich darstellt und daher die Überleitungsrechnung der Veränderung der Risikovorsorge nicht zu einem besseren Verständnis der Vermögens-, Finanz- und Ertragslage des Unternehmen beitragen würde. Vgl. ebenda.

752 Vgl. Scharpf (2006), S. 22.

753 Vgl. hierzu insbesondere Kapitel 3.4.3.

754 Vgl. hierzu insbesondere Kapitel 3.4.1.

755 Ebenso Scharpf (2006), S. 22; Paarz (2007), S. 273.

756 Vgl. Paarz (2007), S. 273.

3.3.3.2. Erhebung des Benchmark

Die unter Abbildung 13 aufgeführte Auswertung vergleicht die Angabe der einbezogenen Unternehmen hinsichtlich der gemäß IFRS 7.16 offengelegten Informationen zum Wertberichtigungskonto bzw. Risikovorsorgespiegel.

Unternehmen	Jahr	Klasse	Vorjahresvergleichszahlen	Stand Wertberichtigungen zum Geschäftsjahresbeginn	Zuführungen		Auflösungen	
					erfolgswirksam	nicht erfolgswirksam	erfolgswirksam	nicht erfolgswirksam
adidas AG	2007	Entwicklung der Wertberichtigungen auf Forderungen	X	X	X (inkl. Zuführungen - Erwerb Reebok)		X	
	2008-2009	Entwicklung der Wertberichtigungen auf Forderungen	X	X	X (inkl. Zuführungen - Erwerb Ashworth, Inc.)		X	
ALTANA AG	2007-2009	Forderungen aus Lieferungen und Leistungen	X	X	X		X	
BASF SE	2007-2009	Forderungen aus Lieferungen und Leistungen; Sonstige Forderungen	X	X	X	X	X	X
Bayer AG	2007	Keine Angabe eines Wertberichtigungsspiegels gemäß IFRS 7.16						
	2008	Forderungen aus Lieferungen und Leistungen	X	X	X	-	-	-
	2009	Forderungen aus Lieferungen und Leistungen	X	X	X (Aufwand in der Berichtsperiode)			
Beiersdorf AG	2007	Keine Angabe eines Wertberichtigungsspiegels gemäß IFRS 7.16						
	2008-2009	Forderungen aus Lieferungen und Leistungen	X	X	X		X	
BMW AG	2007-2009	Forderungen aus Finanzdienstleistungen; Forderungen aus dem Kreditkartengeschäft; Forderungen aus Lieferungen und Leistungen	X	X	X			
Continental AG	2007-2008	Keine Angabe eines Wertberichtigungsspiegels gemäß IFRS 7.16						
	2009	Forderungen aus Lieferungen und Leistungen	X	X	X		X	
Daimler AG	2007-2009	Forderungen aus Lieferungen und Leistungen	X (2 Jahre)	X	X (Netto-Zuführungen)			
		Forderungen aus Finanzdienstleistungen	X (2 Jahre)	X	X		X	
Deutsche Börse AG	2007-2009	Forderungen aus Lieferungen und Leistungen	X	X	X		X	
Deutsche Lufthansa AG	2007-2009	Keine Angabe eines Wertberichtigungsspiegels gemäß IFRS 7.16						

Abbildung 13: Erhebung der Umsetzung von IFRS 7.16 in der Praxis der DAX-30 Nicht-Finanzdienstleister (2007-2009)

Differenzierung der Wertberichtigungen auf Einzel- und Gruppenbasis	Nur Einzelwertberichtigungen	Einzelwertberichtigungen und Portfoliowertberichtigungen gemischt	Wertaufholung/Inanspruchnahme	Inanspruchnahme (Verbrauch; Wertberichtigung; Ausbuchung von Forderungen)	Änderungen des Konsolidierungskreises	Währungsumrechnungseffekte	Sonstige Veränderungen / Weitere Positionen	Stand Wertberichtigungen zum Geschäftsjahresende
-	n/a	n/a	-	-	-	X	X	X
-	n/a	n/a	-	-	-	X	X	X
-	n/a	n/a	-	X	X	X	-	X
-	n/a	n/a	-	-	-	-	-	X
-	n/a	n/a	X	-	X	X	-	X
-	n/a	n/a	X	-	X	X	-	X
-	X	-	-	X	-	X	-	X
X	-	-	-	X	-	X		X
-	-	X	-	X	-	X	-	X
-	n/a	X	-	X	X (Abgang der Chrysler-Aktivitäten)	X		X
-	n/a	X	-	X	X (Abgang der Chrysler-Aktivitäten)	X		X
-	n/a	n/a	-	X	-	-	-	X

Unternehmen	Jahr	Klasse	Vorjahresvergleichszahlen	Stand Wertberichtigungen zum Geschäftsjahresbeginn	Zuführungen		Auflösungen	
					erfolgswirksam	nicht erfolgswirksam	erfolgswirksam	nicht erfolgswirksam
Deutsche Post AG	2007-2009	Forderungen aus Lieferungen und Leistungen	X	X	X (Veränderungen)			
Deutsche Telekom AG	2007-2009	Forderungen aus Lieferungen und Leistungen	X	X	X (Aufwendungen für Wertberichtigungen)		X	
E.ON AG	2007-2009	Forderungen aus Lieferungen und Leistungen	X	X	X		X (Zuschreibungen)	
Fresenius Medical Care AG & Co. KGaA	2007-2009	Forderungen aus Lieferungen und Leistungen	X	X	X (zusammen mit erfolgswirksamen Auflösungen)	X (zusammen mit nicht erfolgswirksamen Auflösungen)	X	X
Fresenius SE	2007-2009	Forderungen aus Lieferungen und Leistungen	X	X	X (zusammen mit erfolgswirksamen Auflösungen)	X (zusammen mit nicht erfolgswirksamen Auflösungen)	X	X
Henkel AG & Co. KGaA	2007-2009	Keine Angabe eines Wertberichtigungsspiegels gemäß IFRS 7.16						
Infineon Technologies AG (01.10.-30.09.)	2008-2009	Forderungen aus Lieferungen und Leistungen und Sonstige Forderungen	X	X	X		X	
K+S AG	2007-2009	Forderungen und sonstige Vermögenswerte	X	X	X		X	
Linde AG	2007-2009	Keine Angabe eines Wertberichtigungsspiegels gemäß IFRS 7.16						
MAN SE	2007-2009	Forderungen aus Lieferungen und Leistungen; Forderungen aus finance lease	X	X	X		X	
Merck KGaA	2007-2008	Keine Angabe eines Wertberichtigungsspiegels gemäß IFRS 7.16						
	2009	Forderungen aus Lieferungen und Leistungen	X	X	X (Netto-Zuführungen)			
METRO AG	2007-2009	aktivierte Finanzinstrumente, die zu fortgeführten Anschaffungskosten bewertet werden	X	X	X		X	
RWE AG	2007	Übrige Finanzanlagen; Finanzforderungen; Forderungen aus Lieferungen und Leistungen; Sonstige Forderungen und sonstige Vermögenswerte	X	X	X (Wertberichtigungen des Geschäftsjahres)			
	2008-2009	Übrige Finanzanlagen; Finanzforderungen; Forderungen aus Lieferungen und Leistungen; Sonstige Forderungen und sonstige Vermögenswerte	X	X	X (Wertberichtigungen des Geschäftsjahres)			

Differenzierung der Wertberichtigungen auf Einzel- und Gruppenbasis	Nur Einzelwertberichtigungen	Einzelwertberichtigungen und Portfoliowertberichtigungen gemischt	Wertaufholung/Inanspruchnahme	Inanspruchnahme (Verbrauch; Wertberichtigung; Ausbuchung von Forderungen)	Änderungen des Konsolidierungskreises	Währungsumrechnungseffekte	Sonstige Veränderungen / Weitere Positionen	Stand Wertberichtigungen zum Geschäftsjahresende
-	n/a	n/a	-	-	-	-	-	X
-	n/a	X	-	X	-	X	-	X
-	n/a	n/a	-	X	X		X	X
-	n/a	n/a	-	-	-	X	-	X
-	n/a	n/a	-	-	-	X	-	X
-	n/a	n/a	-	-	-	-	X (Übertragung in zur Veräußerung stehend)	X
-	n/a	n/a	-	X	X	-	-	X
-	n/a	n/a	-	X	-		X (zusätzlich: Umgliederungen in aufgegebene Geschäftsbereiche (nur bei Forderungen aLuL; nicht 2007))	X
-	n/a	n/a	-	X	-		X	X
-	n/a	n/a	-	X	X	X	X (Umbuchungen)	X
-	n/a	n/a	-	X	X	X	X (Umbuchungen)	X
-	n/a	n/a	-	X	-	X	X (Umbuchungen)	X

Unternehmen	Jahr	Klasse	Vorjahresvergleichszahlen	Stand Wertberichtigungen zum Geschäftsjahresbeginn	Zuführungen		Auflösungen	
					erfolgswirksam	nicht erfolgswirksam	erfolgswirksam	nicht erfolgswirksam
Salzgitter AG	2007-2008	Anteile an verbundenen Unternehmen; Beteiligungen; Ausleihungen an verbundene Unternehmen; Wertpapiere des Anlagevermögens; Sonstige Ausleihungen; Anteile an assoziierten Unternehmen	X	X	X		X	
	2009	Anteile an verbundenen Unternehmen; Beteiligungen; Ausleihungen an verbundene Unternehmen; Wertpapiere des Anlagevermögens; Sonstige Ausleihungen	X	X	X		X	
SAP AG	2007	zweifelhafte Forderungen	X	X	X		X	
	2008-2009	zweifelhafte Forderungen	X	X	X		X	
Siemens AG (01.10.-30.09.)	2007-2008	kurz- und langfristigen Forderungen	X	X	X (zusammen mit den erfolgswirksamen Auflösungen)	-	X	-
	2009	kurz- und langfristigen Forderungen (außer Forderungen aus Finanzierungs-Leasing)	X	X	X (zusammen mit den erfolgswirksamen Auflösungen)	-	X	-
ThyssenKrupp AG	2008-2009	Keine Angabe eines Wertberichtigungsspiegels gemäß IFRS 7.16						
TUI AG	2007	Keine Angabe eines Wertberichtigungsspiegels gemäß IFRS 7.16						
	2008-2009	Forderungen aus Lieferungen und Leistungen und Sonstige Forderungen	X	X	X		X	
Volkswagen AG	2007	Finanzielle Vermögenswerte	X	X	X		X	
	2008-2009	Finanzielle Vermögenswerte	X	X	X		X	

Differenzierung der Wertberichtigungen auf Einzel- und Gruppenbasis	Nur Einzelwertberichtigungen	Einzelwertberichtigungen und Portfoliowertberichtigungen gemischt	Wertaufholung/Inanspruchnahme	Inanspruchnahme (Verbrauch; Wertberichtigung; Ausbuchung von Forderungen)	Änderungen des Konsolidierungskreises	Währungsumrechnungseffekte	Sonstige Veränderungen / Weitere Positionen	Stand Wertberichtigungen zum Geschäftsjahresende
-	n/a	n/a	-	-	X	X	X (Umbuchungen)	X
-	n/a	n/a	-	-	X	X	X (Umbuchungen)	X
-	n/a	n/a	-	X	-	X	-	X
-	n/a	n/a	-	X	-	X		X
-	n/a	n/a	X (Zahlungseingänge auf ursprünglich abgeschriebene Forderungen (nur Wertaufholungen meinend))	-	-	X	X (Umgliederungen in *Zur Veräußerung bestimmte Vermögenswerte*)	X
-	n/a	n/a	X (Zahlungseingänge auf ursprünglich abgeschriebene Forderungen (nur Wertaufholungen meinend))	-	-	X	X (Umgliederungen in *Zur Veräußerung bestimmte Vermögenswerte*)	X
-	n/a	n/a	-	-	-	-	X	X
X	-	-	-	X	-	-	X (Umbuchung/Sonstige Veränderung)	X
X	-	-	-	X	-	X (Währungs- und sonstige Veränderungen; Umgliederung)		X

Die nicht vorgenommene Konkretisierung der Elemente des Wertberichtigungsspiegels durch das IASB führt, wie obige Erhebung verdeutlicht, zunächst zu einer **äußerst heterogenen strukturellen Zusammensetzung** der von den einbezogenen Unternehmen offen gelegten **Wertberichtigungsspiegeln**. Die Möglichkeit zur zwischenbetrieblichen Vergleichbarkeit ist auf diese Weise kaum noch gewährleistet.[757]

Wie bereits angemerkt, bestätigt die vorangegangene Erhebung, dass die Angabe eines Wertberichtigungsspiegels bei Nicht-Finanzdienstleistern überwiegend für die gehaltenen **Forderungsbestände**[758] gemacht werden.[759] Einige der betrachteten Unternehmen machen diese Angabe hingegen kumuliert für den **Gesamtbestand der aktivierten Finanzinstrumente, die zu fortgeführten Anschaffungskosten bewertet** werden.[760] Es ist in diesem Zusammenhang allerdings auch darauf hinzuweisen, dass die **Angaben gemäß IFRS 7.16** von einigen der betrachteten Unternehmen, insbesondere im Berichtsjahr 2007, **unterlassen** werden.[761] Entsprechend ist davon auszugehen, dass diese Unternehmen keine Erfassung von Kreditausfällen finanzieller Vermögenswerte in einem separaten Risikovorsorgespiegel vornehmen.

Hinsichtlich der konkreten **Struktur des Wertberichtigungsspiegels** legen die unter die Normvoraussetzungen des IFRS 7.16 fallenden Unternehmen einmütig den **Stand der Wertberichtigungen zum Beginn** sowie **zum Ende** der jeweils betrachteten Geschäftsjahre offen.

Die **Zuführungen** und **Auflösungen** der im Rahmen des Spiegels geführten Wertberichtigungen werden von den meisten Unternehmen separat angegeben. Die *BASF SE* (2007-2009)[762] trennt dabei die Angabe jedoch etwa in die vier Positionen erfolgswirksame Zuführungen und Auflösungen sowie erfolgsneutrale Zuführungen und Auflösungen auf.

---

757 Zu einem ähnlichen Ergebnis gelangt auch Ernst & Young Global Limited (2008), S. 42.

758 Im Einzelnen überwiegend für Forderungen aus Lieferungen und Leistungen, Forderungen aus Finanzdienstleistungen, Forderungen aus dem Kreditkartengeschäft, Sonstige Forderungen sowie Forderungen aus einem Finanzierungsleasing.

759 Darüber hinaus differenziert bspw. die *RWE AG* neben diversen Forderungsposten auch noch in die „Übrige Finanzanlagen“ und die „sonstige Vermögenswerte“ (diese werden mit den „Sonstige Forderungen“ zusammengefasst) sowie die *Salzgitter AG* hinsichtlich der im Anwendungsbereich von IFRS 7 befindlichen Finanzinstrumente unter der Gruppe „Finanzanlagen“: „Anteile an verbundenen Unternehmen“, „Beteiligungen“, „Ausleihungen an verbundenen Unternehmen“, „Wertpapiere des Anlagevermögens“ sowie „Sonstige Ausleihungen“. Vgl. GB 2009 der *RWE AG*, S. 188 sowie GB 2009 der *Salzgitter AG*, S. 170-173 (die *Salzgitter AG* macht diese Angaben im Rahmen der Gesamtdarstellung des Konzernanlagevermögens).

760 Vgl. für Beispiele die GBs 2009 der *METRO AG*, S. 167 sowie der *Volkswagen AG*, S. 271, wobei letztere nicht auf die Entwicklung der Wertberichtigungen der zu fortgeführten Anschaffungskosten bewerteten finanziellen Vermögenswerte abstellt, sondern allgemeiner auf die „Entwicklung der Wertberichtigungen aus Kreditrisiken auf finanzielle Vermögenswerte“. Laut der *Volkswagen AG* beziehen sich diese Angaben jedoch größtenteils auf die Forderungen aus dem Finanzdienstleistungsgeschäft.

761 Keinerlei zu den Angabepflichten gemäß IFRS 7.16 passenden Informationen enthalten die Abschlüsse der *Bayer AG* (2007), der *Beiersdorf AG* (2007), der *Continental AG* (2007-2008), der *Deutsche Lufthansa AG* (2007-2009), der *Linde AG* (2007-2009), der *Merck KGaA* (2007-2008), der *ThyssenKrupp AG* (2007-2009) sowie der *TUI AG* (2007).

762 Vgl. exemplarisch den GB 2009 der *BASF SE*, S. 176.

Die *Fresenius Medical Care AG & Co. KGaA* sowie die *Fresenius SE* trennen diesbezüglich jeweils in die beiden Posten „Erfolgswirksame Abschreibungen/Wertaufholungen“ sowie „Erfolgsneutrale Abgänge/Zugänge“.[763]

Eine **Saldierung** der beiden Posten **Zuführungen** und **Auflösungen** wird hingegen von einigen der betrachteten Unternehmen anhand der Posten „Netto-Zuführungen“[764] „Zuführungen/Auflösungen“[765], „Aufwand in der Berichtsperiode“[766], „Wertberichtigungen des Berichtsjahres“[767] sowie „Veränderungen“[768] angegeben.

Der bereits im vorangegangenen Kapitel empfohlene **Differenzierung in Einzel- und Portfoliowertberichtigungen** im Rahmen der Offenlegung des Wertberichtigungsspiegels – es werden faktisch ***zweierlei*** **Wertberichtigungsspiegel** offen gelegt – kommen bisher lediglich die *BMW AG* (2007-2009)[769] sowie die *Volkswagen AG* (2007-2009)[770] nach.[771] Mit Blick auf die Separierung von Einzelwertberichtigungen werden diese Unternehmen u.U. damit gleichzeitig auch den Angabepflichten gemäß IFRS 7.37(b) gerecht.[772]

Auf die Tatsache, dass sich der *eine* bereitgestellte Wertberichtigungsspiegel **sowohl** auf **Einzel- als auch** auf **Portfoliowertberichtigungen** bezieht, weisen die *Continental AG* (2009)[773], die *Daimler AG* (2007-2009)[774] sowie die *Deutsche Telekom AG* (2007-2009)[775] explizit hin. Den Hinweis, dass es sich bei dem bereitgestellten Wertberichtigungsspiegel **ausschließlich** um die Entwicklung der **Einzelwertberichtigungen** handelt, liefert allein die *Beiersdorf AG* (2009).[776]

In allen anderen Fällen ist im Zusammenhang mit der Offenlegung von Wertberichtigungsspiegeln leider nicht erkennbar, ob diese sich allein auf Einzel- oder Portfoliowertberichtigungen beziehen oder gar beides beinhalten. Idealerweise sollte sich daher m.E. für die zukünftige Berichterstattung eine **explizite Differenzierung des Wertberichtigungsspiegels in Einzel- und Portfoliowertberichtigungen** etablieren, um gegenüber den Bilanzadressaten eindeutige Informationen offenlegen zu können.

---

763 Vgl. GB 2009 der *Fresenius Medical Care AG & Co. KGaA*, S. 27 sowie GB 2009 der *Fresenius SE*, S. 97.
764 Vgl. die GBs 2009 der *Daimler AG*, S. 207 sowie der *Merck KGaA*, S. 124.
765 Vgl. GB 2009 der *BMW AG*, S. 102.
766 Vgl. GB 2009 der *Bayer AG*, S. 208.
767 Vgl. GB 2009 der *RWE AG*, S. 188.
768 Vgl. den GB 2009 der *Deutsche Post AG*, S. 179.
769 Vgl. GB 2009 der *BMW AG*, S. 102.
770 Vgl. GB 2009 der *Volkswagen AG*, S. 271.
771 Zu einem ähnlichen Ergebnis gelangt auch Ernst & Young Global Limited (2008), S. 44.
772 Vgl. hierzu insbesondere auch die Ausführungen in Kapitel 4.5.2.3.
773 Vgl. GB 2009 der *Continental AG*, S. 186.
774 Vgl. GB 2009 der *Daimler AG*, S. 208, wobei sich dies erst aus dem auf den Wertberichtigungsspiegel folgenden Text implizit ergibt.
775 Vgl. GB 2008 der *Deutsche Telekom AG*, S. 149.
776 Vgl. GB 2009 der *Beiersdorf AG*, S. 104.

Ein weiteres Element der offengelegten Wertberichtigungsspiegel bildet die Position **Inanspruchnahme**, die im Fall der *Bayer AG* (2009) saldiert mit den Wertaufholungen als „Wertaufholung/Inanspruchnahme“[777], jedoch in den meisten Fällen unsaldiert dargestellt wird. Bezeichnet wird die Position „Inanspruchnahme“ von einigen Unternehmen auch als „Ausbuchung von Forderungen“[778] bzw. „Abgänge“[779].

Die *adidas AG* gibt in ihrem Geschäftsbericht 2009 im Rahmen des Wertberichtigungsspiegels etwa auch **Sondereffekte** in Form einer separaten Zeile „Zuführungen – Erwerb Ashworth, Inc.“[780] an, was für die Bilanzadressaten im Falle derart ausgewiesener, insbesondere großer Beträge m.E. einen Informationsmehrwert generieren dürfte und daher grundsätzlich zu empfehlen ist.

Weitere Elemente, die häufig Verwendung finden, sind die Positionen **„Änderungen des Konsolidierungskreises“** sowie **„Währungsumrechnungseffekte“**. Die Position „Währungsumrechnungseffekte“ wird dabei teilweise saldiert mit der Position „Sonstige Veränderungen“ angegeben.[781] Darüber hinaus finden auch die Positionen „Übertragung in zur Veräußerung stehend“[782] bzw. „Umgliederungen in zur Veräußerung bestimmte Vermögenswerte“[783] und „Umbuchungen“[784] bzw. „Umgliederung“[785] gelegentlich Integration.

Als **Fazit** kann festgehalten werden, dass obwohl in der Praxis gewisse Posten in der ein oder anderen Form übergreifend Einzug in den Risikovorspiegel gefunden haben, **von** einer **einheitlichen Konvention** zur **Umsetzung** von **IFRS 7.16 keine Rede** sein kann – die zuvor identifizierten theoretischen Schwachstellen dieser Norm schlagen sich demnach unmittelbar in der Berichterstattungspraxis nieder.

In Kapitel 4.5.2.3.3. wird daher ein **umfassender Vorschlag**[786] **zur Umsetzung der Regelungen des IFRS 7** hinsichtlich der **Angaben zur Risikovorsorge** unterbreitet. Das unter Abbildung 14

---

777 Vgl. GB 2009 der *Bayer AG*, S. 208. Die *Siemens AG* (2009) gibt die Wertaufholungen separat unter der Position „Zahlungseingänge auf ursprünglich abgeschriebene Forderungen“ an. Vgl. GB 2009 der *Siemens AG*, S. 165.

778 Vgl. die GBs 2009 der *adidas AG*, S. 181 sowie der *Siemens AG*, S. 165.

779 Vgl. GB 2009 der *Salzgitter AG*, S. 170-173.

780 Vgl. GB 2009, S. 181 sowie GB 2008, S. 167 der *adidas AG*. In 2007 weist die *adidas AG* einen separaten Posten „Zuführungen – Erwerb Reebok“ aus. Vgl. GB 2007 der *adidas AG*, S. 165.

781 Vgl. die GBs 2009 der *BMW AG*, S. 102, der *Daimler AG*, S. 204, 207, der *E.ON AG*, S. 105, der *MAN SE*, S. 125, der *Merck KGaA*, S. 124, der *SAP AG*, S. 195 sowie der *Volkswagen AG*, S. 271.

782 Vgl. GB 2009 der *Infineon Technologies AG*, S. 153.

783 Vgl. GB 2009 der *Siemens AG*, S. 165.

784 Vgl. GBs 2009 der *METRO AG*, S. 167, der *RWE AG*, S. 188 sowie der *Salzgitter AG*, S. 170-173.

785 Vgl. GB 2009 der *Volkswagen AG*, S. 271.

786 Für eine Übersicht zu derart zusammenhängenden Benchmarks bzw. Benchmark-Tableaus siehe Abbildung 44 unter Kapitel 6.1.

aufgeführte Benchmark-Tableau stellt vor diesem Hintergrund eine mögliche **„isolierte" Umsetzung**[787] **von IFRS 7.16** dar,[788] das die zuvor identifizierten, wesentlichen Elemente[789] beinhaltet.

Die vorgeschlagene **Trennung** in **zweierlei Wertberichtigungsspiegel** für **Einzel**- sowie **Portfoliowertberichtigungen** stellt m.E. eine Notwendigkeit dar, um den Bilanzadressaten u.a. zu vermitteln,[790] wie präzise bzw. auf welcher Ebene die erfassten Wertberichtigungen ermittelt wurden.[791] Die Darstellung der Entwicklung der Summe der Wertberichtigungen anhand der unter „Wertberichtigungen GESAMT" zu subsummierten Posten sollte m.E. aus Gründen der Übersichtlichkeit ergänzt werden.

Durch den Hinweis „Vornahme EWB per Direktabschreibung" sollte m.E. dabei in Summe je Klasse auf **vorgenommene Einzelwertberichtigungen** hingewiesen werden, die nicht anhand eines Wertberichtigungsspiegels erfasst werden. Dies dürfte die Übersichtlichkeit und Vollständigkeit der Angaben zur Risikovorsorge deutlich steigern, da sämtliche Wertberichtigungen anhand *einer* Übersicht ausgewiesen werden.

Bei Bedarf ist es m.E. auch als sachgerecht anzusehen, zusätzliche Posten in die Grafik zu integrieren, um bspw. auf wesentliche Sondereffekte, wie etwa in einem der vorangegangenen Beispiele die *adidas AG*, hinzuweisen.

---

787 Weitere Beispiele zur Darstellung von Wertberichtigungsspiegeln sowohl auf Ebene von Einzelwertberichtigungen als auch auf Ebene von Portfoliowertberichtigungen finden sich in Kapitel 4.5.2.3.2.

788 In der deutschen Bankenbilanzierungspraxis hat sich gemäß den internationalen Usancen die Offenlegung eines Wertberichtigungsspiegels (Bruttoausweis) bereits etabliert. Vgl. Paarz (2007), S. 273. Nach Auffassung von *Krumnow/Löw* sollte ein Wertberichtigungsspiegel (mit Bezug auf die Offenlegung von Banken) bestimmte Mindestmerkmale aufweisen: „Ein Wertberichtigungsspiegel sollte neben dem Anfangs- und Endbestand der Wertberichtigungen zumindest Abschreibungen des Geschäftsjahrs (ggf. aufgegliedert nach Gegenparteikategorien), die Eingänge auf abgeschriebene finanzielle Vermögenswerte sowie einen Sammelposten für die übrigen Veränderungen des Wertberichtigungsbestands (z.B. Effekte aus Wechselkursänderungen, Effekte aus Änderungen des Konsolidierungskreises, Umbuchungen von Wertberichtigungen etc.) beinhalten." Paarz (2007), S. 201, Fn. 1261 mit Verweis auf *Krumnow/Löw* „IAS 30 – Angabepflichten im Jahresabschluss von Banken und ähnlichen Finanzinstitutionen (Disclosure in the Financial Statements of Banks and Similar Financial Institutions)", S. 38, Rdn. 81, in: Baetge, et al. (2006) (Stand: Juni 2005, 1. Ergänzungslieferung).

789 Diesbezüglich werden etwa von der *Deutschen Bundesbank* die Elemente „Anfangsbestand der Periode", „Fortschreibung in der Periode", „Auflösung", „Verbrauch", „wechselkursbedingte und sonstige Veränderungen" sowie „Endbestand der Periode" zur Entwicklung der Risikovorsorge (gemäß Tabelle 4h (Basel II) bzw. § 327 Absatz 2 Nummer 5 (E-SolvV)) genannt. Vgl. Deutsche Bundesbank (November 2006), S. 34, Tabelle 4h.

790 Weitere Gründe finden sich in Kapitel 3.3.3.1.

791 D.h. in welcher Höhe Wertberichtigungen tatsächlich auf Ebene von Einzelpositionen gegenüber den Portfoliowertberichtigungen ermittelt werden konnten.

	Einzelwertberichtigungen											Portfoliowertberichtigungen											Wertberichtigungen Gesamt		
		Zuführungen			Auflösungen								Zuführungen			Auflösungen									
	Stand zum Geschäftsjahresbeginn	erfolgswirksam	nicht erfolgswirksam	Inanspruchnahme	erfolgswirksam	nicht erfolgswirksam	Änderungen des Konsolidierungskreises	Währungsumrechnungseffekte	Sonstige Veränderungen	**Einzelwertberichtigungsaufwand GESAMT**	**Stand zum Geschäftsjahresende**	**Stand zum Geschäftsjahresbeginn**	erfolgswirksam	nicht erfolgswirksam	Inanspruchnahme	erfolgswirksam	nicht erfolgswirksam	Änderungen des Konsolidierungskreises	Währungsumrechnungseffekte	Sonstige Veränderungen	**Portfoliowertberichtigungsaufwand GESAMT**	**Stand zum Geschäftsjahresende**	Stand zum Geschäftsjahresbeginn	Ergebniswirksame Veränderung im Geschäftsjahr	Stand zum Geschäftsjahresende
Klassen gemäß IFRS 7																									
Forderungen aus Lieferungen und Leistungen																									
Forderungen aus Finanzdienstleistungen																									
Übrige Finanzanlagen	Vornahme EWB per Direktabschreibung																								
Sonstige Forderungen und sonstige Vermögenswerte																									

Abbildung 14: Benchmark-Tableau für eine isolierte Umsetzung von IFRS 7.16 (Wertberichtigungsspiegel)

Weitere Angaben sind bei der Anwendung von Wertberichtigungsspiegeln gemäß IFRS 7.B5(d) in puncto Kriterien zur Vornahme von Direkt- bzw. Abschreibungen über ein Wertberichtigungskonto (IFRS 7.B5(d)(i)) sowie zum Wechsel von der indirekten Erfassung von Wertberichtigungen mittels eines Wertberichtigungskontos auf die direkte Erfassung von Wertberichtigungen bei den betroffenen einzelnen finanziellen Vermögenswerten nötig (IFRS 7.B5(d)(ii)). Beispiele zur Umsetzung von IFRS 7.B5(d) finden sich in Kapitel 4.5.2.3.3., wo darüber hinaus, wie bereits erwähnt, ein ***umfassender*** **Vorschlag zu den Angaben zur Risikovorsorge** i.S.v. IFRS 7 dargelegt wird, der neben den Angabepflichten gemäß IFRS 7.16 auch die Vorschriften in IFRS 7.20(a), IFRS 7.20(e) sowie IFRS 7.37(b) berücksichtigt.

3.3.4. Angaben zu Zahlungsverzug und Vertragsverletzungen (eigene Verbindlichkeiten sowie andere Darlehensvereinbarungen)

3.3.4.1. Anforderungen des Standards

IFRS 7.18-.19 verlangen **Angaben** zum **Zahlungsverzug** bzw. zu den **Zahlungsstörungen** und zu den **Vertragsverletzungen** (*defaults and breaches*) im Zusammenhang mit **eigenen finanziellen Verbindlichkeiten** (*loans payable*[792]) sowie anderen Darlehensvereinbarungen (*other loan agreements*) (IFRS 7.BC32). Laut IFRS 7.BC32 stellen diese Angaben entscheidungsnützliche **Informationen zum eigenen Kreditrisiko**[793] (*entity's creditworthiness*) sowie zu den Aussichten einer zukünftigen potentiellen Darlehenserlangung seitens des bilanzierenden Unternehmens („*...prospects of obtaining future loans.*") dar.[794]

Für am Abschlussstichtag bilanzierte („*...recognised at the end of the reporting period...*") eigene Verbindlichkeiten sind gemäß IFRS 7.18 folgende Angaben zu machen:

- **Einzelheiten** über während der Berichtsperiode **aufgetretene Zahlungsverzüge**[795] (*defaults*) jedweder Art bezüglich Kapitalbetrag (*principal*), Zinsen (*interest*), eines Tilgungs-

[792] Appendix A zu IFRS 7 definiert *loans payable* als die Gesamtheit aller finanziellen Verbindlichkeiten, exklusive der Verbindlichkeiten aus Lieferungen und Leistungen mit üblichen Zahlungsfristen bzw. zu üblichen Kreditbedingungen („*...other than short-term trade payables on normal credit terms.*"). *Scharpf* weist in diesem Zusammenhang auf die unzureichende Definition der „*normal credit terms*" seitens des IASB hin. Vgl. Scharpf (2006), S. 23.

[793] Informationen zum eigenen Kreditrisiko sind m.E. auch mittelbar aus den Angaben gemäß IFRS 7.14 über die Stellung von Sicherheiten durch das bilanzierende Unternehmen ersichtlich. Vgl. hierzu auch die Ausführungen in Kapitel 3.3.2.1. sowie Kapitel 4.5.1.3.3.

[794] In diesem Zusammenhang sind insbesondere auch die Angaben gemäß IFRS 7.10 zu den Fair Value-Änderungen finanzieller Verbindlichkeiten, die auf Veränderungen der eigenen Bonität zurückzuführen sind, einschlägig. Vgl. Scharpf (2006), S. 23. In den Anwendungsbereich von IFRS 7.10 fallen dabei lediglich die finanziellen Verbindlichkeiten, die durch Ausübung der Fair Value-Option in die Kategorie *As at Fair Value through Profit or Loss* designiert wurden (IFRS 7.10).

[795] Zahlungsverzüge können bspw. aus (noch) nicht erfüllten Zins- und Tilgungsverpflichtungen resultieren. Vgl. Lüdenbach (2009), S. 1530, Rz. 300.

fonds (*sinking fund*) oder einer Tilgungsvereinbarung bezüglich dieser Verbindlichkeiten (*redemption terms of those loans payable*) (IFRS 7.18(a));

- den **Buchwert** jeder **finanziellen Verbindlichkeit**, für die zum Zeitpunkt des Abschlussstichtags ein **Zahlungsverzug vorliegt** (IFRS 7.18(b)); sowie
- **ob** der **Zahlungsverzug beseitig wurde** („...*default was remedied*...“), **oder ob** die **Konditionen** der betroffenen finanziellen Verbindlichkeit **neu verhandelt wurden** („...*the terms of the loans payable were renegotiated*...“) bevor der Jahresabschluss zur Veröffentlichung freigegeben wurde („...*before the financial statements were authorised for issue*...“) (IFRS 7.18(c)).[796]

Da die Angaben nach IFRS 7.18 nur für finanzielle Verbindlichkeiten zu machen sind, die am Abschlussstichtag bilanziell erfasst sind, scheidet die Angabe für all jene Verbindlichkeiten aus, die bspw. aufgrund der vollständigen Tilgung oder eines Erlasses seitens des Gläubigers nicht mehr in der Bilanz ausgewiesen werden.[797] Auf finanzielle Verbindlichkeiten aus Lieferungen und Leistungen mit marktüblichen Laufzeiten ist IFRS 7.18 ebenfalls nicht anzuwenden.[798]

Die **Angabe** des **Buchwerts** der betroffenen Verbindlichkeiten gemäß IFRS 7.18(b), soll die Abschlussadressaten dabei in die Lage zu versetzen, einzusehen, in welchem **Ausmaß** die finanziellen Verbindlichkeiten von **Zahlungsverzügen** betroffen sind.[799]

Mit Blick auf die Angabe gemäß IFRS 7.18(c) über die Beseitigung von Zahlungsstörungen bzw. die Neuverhandlung der Konditionen betroffener Verbindlichkeiten ist der Zeitpunkt der Freigabe des Abschlusses entscheidend, nicht der Zeitpunkt der Veröffentlichung selbst. Obwohl der Standard nicht definiert, was unter dem Zeitpunkt der „Freigabe zur Veröffentlichung“ zu verstehen ist („...*authorised for issue*...“), dürfte für die Bilanzierungspraxis in Deutschland hier der **Tag der Aufstellung des Abschlusses** gemeint sein.[800]

Sofern sich während der Berichtsperiode **andere als die in IFRS 7.18 beschriebenen Vertragsverletzungen** (Zahlungsverzug) hinsichtlich **Darlehensvereinbarungen** ereignet haben („...*breaches of loan agreement terms other than those described in paragraph 18*...“), so sind gemäß **IFRS 7.19** diesbezüglich dieselben Informationen analog IFRS 7.18 anzugeben, sofern die Vertragsverletzungen dazu führen, dass dem **Kreditgeber** das **Recht auf vorzeitige Rückzahlung einzuräumen** ist („...*if those breaches permitted the lender to demand accelerated repayment*...“).

---

796 Vgl. hierzu auch Scharpf/Kuhn/Paa (2005), S. 12.
797 Vgl. Scharpf (2006), S. 23; ähnlich IDW RS HFA 24, Rz. 26.
798 Vgl. Lüdenbach (2009), S. 1530, Rz. 300.
799 Vgl. Scharpf (2006), S. 23.
800 Vgl. Scharpf (2006), S. 23.

Dies gilt nicht, sofern die eingetretenen Vertragsverletzungen vor oder am Abschlussstichtag beseitigt wurden, oder wenn die Konditionen der betroffenen finanziellen Verbindlichkeit vor oder am Abschlussstichtag neu verhandelt wurden (IFRS 7.19).[801]

Die Angabe nach IFRS 7.19 dürfte regelmäßig aufgrund von Verletzungen zusätzlich vereinbarter Regelungen im Rahmen der Gewährung entsprechender Verbindlichkeiten, sogenannter **Covenants**[802], Anwendung finden. Bei wörtlicher Auslegung von IFRS 7.19 sind die **Angaben** jedoch **nicht notwendig**, sofern die Verletzung von Covenants lediglich zur **Entstehung sonstiger Gläubigerrechte**, bspw. die Sanktion einer Erhöhung der ursprünglich vereinbarten Zinszahlungen, nach sich zieht.[803] Die **Angaben** gemäß IFRS 7.19 sind **erst dann** zu machen, **wenn** der **Gläubiger** im Zuge der Verletzung eines oder mehrerer Covenants das **Recht auf vorzeitige Rückzahlung** bereits **erworben** hat – die schlichte **Vereinbarung** solcher **Kreditvertragsklauseln** ist laut Standard **nicht angabepflichtig**.

Das *IDW* sieht im Falle der Erfüllung des in IFRS 7.19 kodifizierten Sachverhalts eines Verstoßes gegen Covenants dabei unmittelbar die Angabepflicht des diesbezüglichen **Liquiditätsrisikos** i.S.v. IFRS 7.31 ff. erwachsen, sofern es sich um wesentliche Darlehen bzw. um Risikokonzentrationen[804] handelt (IDW RS HFA 24, Rz. 50).[805]

Zu beachten ist in diesem Zusammenhang, dass ein **Verstoß gegen Kreditbedingungen** („*When an entity breaches a provision of a long-term loan arrangement…*") dazu führt, dass das bilanzierende Unternehmen die betreffende **Verbindlichkeit als kurzfristig auszuweisen** hat („*…it classifies the liability as current…*") (IAS 1.74).[806] Daran schließen sich ggf. unmittelbare Auswirkungen auf die Fristen- und Restlaufzeitengliederung nach IFRS 7.39[807] an.[808]

---

801 Vgl. hierzu auch IDW RS HFA 24 Rz. 27; Scharpf/Kuhn/Paa (2005), S. 12. Für Kredite, die zum Abschlussstichtag getilgt sind, entfallen die Angabepflichten gemäß IFRS 7.18-.19 entsprechend. Vgl. von Oertzen (2009), S. 164, Rz. 229.

802 Bspw. in Form von Verpflichtungen des Kreditnehmers zur Einhaltung vorgegebener Bilanzrelationen, bspw. zum Eigenkapital, zum Ertrag oder zur Liquidität. Vgl. Vater (2010), S. 129. *Runge* und *Kästle* unterscheiden grundlegend (1) Negative Covenants, (2) Affirmative bzw. Positive Covenants sowie (3) Financial Covenants. Vgl. Runge (2010), S. 10-54; Kästle (2003), S. 53-72. *Vater* unterscheidet hingegen (1) General Covenants (unterteilt in Positive und Negative Covenants), (2) Information Covenants sowie (3) Financial Covenants. Vgl. Vater (2010), S. 129.

803 Vgl. Scharpf (2006), S. 23; IDW RS HFA 24, Rz. 27; Vater (2010), S. 132 m.w.N. *Vater* weist auch darauf hin, dass bei einem Verstoß gegen Financial Covenants zu prüfen ist, ob dieser Verstoß die Fortführungsfähigkeit des Unternehmens gefährdet. Bestehen entsprechende Zweifel, sind diese Unsicherheiten (*uncertainties*) gemäß IAS 1.25 offen zu legen.

804 Zu den Angabepflichten des IFRS 7 zu Risikokonzentrationen siehe Kapitel 4.3.

805 Siehe hierzu auch die Ausführungen im nachfolgenden Kapitel sowie in Kapitel 4.6.3.

806 Dies gilt selbst dann, wenn dem Gläubiger aufgrund des Verstoßes zwar das Recht auf vorzeitige Rückzahlung der Verbindlichkeit einzuräumen ist („*…the liability becomes payable on demand…*"), dieser von seinem Recht aber keinen Gebrauch macht („*…even if the lender agreed […] not to demand payment as a consequence of the breach.*") (IAS 1.74).Vgl. hierzu auch IFRS 7.IG12, der darauf hinweist, dass aufgrund von Zahlungsstörungen und Vertragsverletzungen die vorgenommene Klassifizierung von Verbindlichkeiten als kurz- und langfristig ge-

Zusammenfassend betrachtet, dürften die Angaben gemäß IFRS 7.18-.19 eine ausreichende theoretische Basis bilden, dass Unternehmen den Bilanzadressaten ein entscheidungsnützliches Bild des durch eigene Zahlungsverzüge bzw. –störungen sowie durch die Verletzung von Covenants entstehenden **Kredit**- bzw. **Liquiditätsrisikos** vermitteln. Einsichten, inwieweit diese Angaben Anwendung in der Praxis finden und wo ggf. Verbesserungspotentiale liegen, gewährt nachfolgendes Kapitel.

3.3.4.2. Erhebung des Benchmark

Die Angaben der in die Untersuchung einbezogenen Unternehmen hinsichtlich IFRS 7.18(a)-(b) fallen mit insgesamt zwei Fundstellen äußerst gering aus. Darüber hinaus wird sowohl im Fall der *E.ON AG*[809] als auch im Fall der *Linde AG*[810] eine Erfüllung der in IFRS 7.18(a)-(b) kodifizierten Sachverhalte explizit verneint.

Die in **IFRS 7.18(c)** kodifizierten Sachverhalte werden offensichtlich einzig und allein von der *Continental AG* erfüllt, und zwar insoweit, als dass diverse, nachfolgend aufgeführte Konditionen im Zusammenhang mit einer bestimmten finanziellen Verbindlichkeit, dem sogenannten VDO-Kredit[811], vor der Freigabe des Jahresabschlusses zur Veröffentlichung neu verhandelt bzw. angepasst wurden.

***Continental AG*:**

„Obwohl Continental gut auf die Auswirkungen der weltweiten Krise reagiert hat und es insbesondere gelungen ist, Liquidität zu schaffen bzw. zu erhalten, zeichnete sich zum Ende 2009 ein weiterer Anpassungsbedarf der mit dem VDO-Kredit verbundenen Finanzierungsbedingungen (Financial Covenants) ab. Das Ergebnis der im Dezember 2009 erfolgreich abgeschlossenen Nachverhandlungen für den VDO-Kredit ist eine Einigung auf einen erhöhten Spielraum im Hinblick auf das Verhältnis von Netto-Finanzschulden zu operativem Ergebnis vor Zinsen, Steuern und Abschreibungen (EBITDA) sowie auf das Verhältnis von operativem Ergebnis vor Zinsen, Steuern und Abschreibungen (EBITDA) zum Zinsergebnis. Ferner wurden eine weitere Margenerhöhung im Vergleich zu den bisherigen Konditionen sowie eine weitere Einschränkung des Rahmens für Dividendenzahlungen für die Geschäftsjahre 2009 und 2010 vereinbart. Die angepassten Finanzierungsbedingungen sehen erstmalig auch eine Beschränkung des jährlichen Investitionsvolumens und die Gewährung eines umfangreichen Sicherheiten-Pakets durch diverse Gesellschaften des Continental-Konzerns vor. Die Höhe der Kreditzusagen in Höhe von 11,0 Mrd € zum Jahresende 2009, die Auf-

mäß IAS 1 beeinträchtigt werden kann („*Any defaults or breaches may affect the classification of the liability as current or non-current in accordance with IAS 1.*").

807 Vgl. hierzu Kapitel 4.6.1.

808 Vgl. Scharpf (2006), S. 23.

809 Vgl. GB 2009 der *E.ON AG*, S. 118.

810 Vgl. GB 2009 der *Linde AG*, S. 162.

811 Der VDO-Kreditvertrag, der im August bzw. Oktober 2007 in Höhe von ursprünglich 13,5 Mrd € kontrahiert wurde, stellt laut *Continental AG* das wichtigstes Instrument der Fremdfinanzierung des Konzerns dar. Vgl. hierzu auch GB 2009 der *Continental AG*, S. 11.

teilung und Fälligkeiten der einzelnen Tranchen sowie deren Laufzeit von August 2010 bis August 2012 bleiben von den Modifizierungen unberührt."[812]

Mit dem obigen Beispiel der Umsetzung der Anforderungen gemäß IFRS 7.18(c) ist sodann gleichsam auch der für IFRS 7.19 zentrale Sachverhalt der **(Financial) Covenants** bzw. vielmehr der einer Verletzung selbiger angesprochen. Unter den in die Untersuchung einbezogenen Unternehmen finden sich jedoch keine Passagen, die eine Erfüllung des in IFRS 7.19 niedergelegten Sachverhalts – Verletzung von Covenants, die dem Gläubiger das Recht auf eine vorzeitige Rückzahlung gewähren – ausweisen würden. Vielmehr wird zunächst von einigen Unternehmen, etwa der *Merck KGaA*,[813] explizit verneint, dass derartige Vertragsbruchklauseln im Rahmen der externen Finanzierung (überhaupt) bestehen.

Obwohl der in IFRS 7.19 kodifizierte Sachverhalt explizit von keinem der betrachteten Unternehmen erfüllt wird, weisen, wie die nachfolgenden Beispiele zeigen,[814] einige der betrachteten Unternehmen auf bestehende Financial Covenants[815] im Rahmen der Fremdfinanzierung und deren konkrete Konditionen explizit hin.

***Continental AG*:**

„[...] Nach dem VDO-Kreditvertrag muss Continental neben anderen Pflichten bestimmte finanzielle Kennzahlen einhalten (Financial Covenants), insbesondere eine Verschuldungsobergrenze (errechnet als Verhältnis zwischen den konsolidierten Netto-Finanzschulden und dem konsolidierten EBITDA) und einer Untergrenze für das Verhältnis zwischen dem konsolidierten EBITDA von Continental und dem konsolidierten Netto-Zinsaufwand (Zinsdeckungsverhältnis). Die Kennzahl für die maximale Verschuldung reduziert sich stufenweise von 4,75 für den am 31. Dezember 2009 beendeten Bezugszeitraum auf 3,00 für den am 30. Juni 2012 endenden Bezugszeitraum. Das Zinsdeckungsverhältnis darf für die bis zum 31. März 2011 endenden Bezugsperioden 2,25 und für die danach endenden Bezugsperioden 2,50 nicht unterschreiten. Aufgrund der anhaltend unsicheren Wirtschaftsentwicklung und deren möglichen weiteren Auswirkungen auf die Geschäftsaktivitäten und die Ertragslage der Continental sowie infolge weiterer, nachstehend dargelegter Markt- und operativer Risiken ist es Continental u. U. nicht möglich, die oben beschriebenen Kennzahlen einzuhalten. Sollte Continental gegen eine dieser Verpflichtungen verstoßen, sind die Kreditgeber berechtigt, die Kredite vorzeitig fällig zu stellen. In diesem Fall werden die im Rahmen des VDO-

812 Vgl. GB 2009 der *Continental AG*, S. 70 (Lagebericht).

813 Vgl. GB 2009 der *Merck KGaA*, S. 72. Dieselbe Aussage wird von der *Merck KGaA* im Rahmen der Angaben zu den „Liquiditätsrisiken" getätigt. Vgl. S. 150 des GB 2009. Siehe hierzu etwa auch die diesbezüglichen Ausführungen in den GBs 2009 der *Deutsche Lufthansa AG*, S. 72, der *K+S AG*, S. 139 sowie der *Siemens AG*, S. 99.

814 Vgl. hierzu auch die diesbezüglichen Ausführungen in den GBs 2009 der *ALTANA AG*, S. 138, der *E.ON AG*, S. 118, der *Fresenius Medical Care AG & Co. KGaA*, S. 15 (Konzernlagebericht), der *Fresenius SE*, S. 134, der *K+S AG*, S. 139, der *TUI AG*, S. 71.

815 Unter Financial Covenants werden „**vertraglich bindende Zusicherungen** eines Kreditnehmers während der Laufzeit eines Kreditvertrags bezeichnet". Typisch ist hierbei die bindende „Festlegung von Relationen hinsichtlich Vermögens- und Ertragslage" des Kreditnehmers. Klassischerweise bestehen Financial Covenants in der Form von Mindestanforderungen bzgl. Eigenkapitalausstattung, Fremdkapitalverschuldung, Gesamtkapitalrente bzw. Eigenkapitalrendite oder Liquiditätsrelationen eines Schuldners „in Form von Kennzahlen aus der Bilanzanalyse". Mittels solcher Covenants ist es Kreditinstituten möglich, gezielt Einfluss auf die jeweiligen Schuldnerunternehmen auszuüben und folglich deren Ausfall- bzw. Kreditrisiko zu senken. I.d.S. stellen Financial Covenants eine Art zusätzliche Sicherheit dar. Vgl. Vater (2010), S. 130.

Kreditvertrags in Anspruch genommenen Kredite unverzüglich zur Rückzahlung fällig und/oder sämtliche Kreditzusagen werden aufgehoben."[816]

Linde AG:

„**Financial Covenants**

Aus den Finanzschulden der Linde Group ergeben sich zum Teil Financial Covenants, zu deren Einhaltung Linde sich verpflichtet hat.

Der Kreditvertrag der 1,6-Mrd.-EUR-Forward-Start-Fazilität regelt, dass bei einem Absinken des Linde Ratings in den Non-Investment-Grade-Bereich die im Kreditvertrag definierten Kennziffern nicht überstiegen werden dürfen. Da die Linde Group zum Berichtszeitpunkt über ein Investment Grade Rating verfügt, ist dieser Financial Covenant derzeit nicht anzuwenden.

Das Trust Deed des 100-Mio.-GBP-Loan-Stock-Bond mit Fälligkeit 2012/2017 beinhaltet verschiedene Financial Covenants auf Ebene des Teilkonzerns The BOC Group Ltd. Die wesentlichsten Covenants beziehen sich auf die Verschuldung des Teilkonzerns, vorrangige Verbindlichkeiten des Teilkonzerns und außergewöhnliche Veräußerungen des Teilkonzerns. Alle Covenants von The BOC Group Ltd. wurden in den Geschäftsjahren 2009 und 2008 erfüllt.

Die Bank- und Kapitalmarkverbindlichkeiten der African Oxygen Limited beinhalten unterschiedliche Financial Covenants auf Finanzkennzahlen der African Oxygen Limited. In den Geschäftsjahren 2009 und 2008 wurden alle Financial Covenants der African Oxygen Limited erfüllt."[817]

Bestehen entsprechend der zuvor aufgezeigten Beispiele bei den betrachteten Unternehmen Financial Covenants, so geben einige der Unternehmen[818] in diesem Zusammenhang auch explizit an, dass eine Verletzung dieser Kreditklauseln im abgelaufenen Geschäftsjahr nicht stattgefunden hat und damit letztlich eine Anwendung von IFRS 7.19 gar nicht erst in Frage kommt.

Obwohl die Sachverhalte in IFRS 7.18 und IFRS 7.19 angesichts der obigen Beispiele von den Nicht-Finanzdienstleistern im DAX-30 im Jahr 2009 kaum erfüllt werden, so wird m.E. doch insbesondere am Beispiel der Ausführungen der *Continental AG* zu den bestehenden Financial Covenants deutlich, dass **Erläuterungen** der **Konditionen bestehender (noch nicht verletzter) Financial Covenants** einen gewichtigen Beitrag zur Einschätzung des **Liquiditätsrisikos** der bilanzierenden Unternehmen durch die Bilanzadressaten leisten können – Kapitel 4.6.3. stellt diesen Aspekt mit Blick auf die ganzheitliche Darstellung des Refinanzierungspotentials des Unternehmens in einen breiteren Zusammenhang.

Die **Sachverhalte *vorab*** detailliert zu **kennen** – und **nicht erst dann**, wie bislang nach IFRS 7.19 gefordert, **wenn** eine **Verletzung** von Covenants **bereits stattgefunden** hat –, mit deren Eintritt die **Gläubiger** des bilanzierenden Unternehmens eine **vorzeitige Rückzahlung gewährter Darlehen verlangen können**, sollte m.E. zukünftig entsprechend eine ergänzende verbindliche Angabepflicht im Rahmen der **Liquiditätsrisikoberichterstattung** gemäß IFRS 7 bilden, sofern die Unternehmen

[816] Vgl. GB 2009 der *Continental AG*, S. 107 (Risikobericht/Lagebericht).

[817] Vgl. GB 2009 der *Linde AG*, S. 163.

[818] Vgl. hierzu die GBs 2009 der *Continental AG*, S. 70 (Lagebericht), der *E.ON AG*, S. 133, der *Fresenius Medical Care AG & Co. KGaA*, S. 15 (Konzernlagebericht) sowie der *Linde AG*, S. 163.

– wie derzeit – einer diesbezüglich freiwilligen Offenlegung nicht in ausreichendem Maße nachkommen.

Entsprechend dieses **Benchmarks** könnte m.E. die unter Abbildung 15 dargestellte Checkliste dazu dienen, i.S.v. IFRS 7.19 solche Financial Covenants zu identifizieren[819] – die dann anschließend analog obigem Beispiel der *Continental AG* im Anhang (freiwillig) verbal zu beschreiben wären – bei denen ein Verstoß zu einer im Ermessen des Gläubigers stehenden vorzeitigen Rückzahlung des Darlehensbetrags führen würde.[820]

Art der Financial Covenants	Kreditverträge*		
	Kreditvertrag A	Kreditvertrag B	Kreditvertrag C
Eigenkapitelquote			
Mindesteigenkapitalausstattung (Minimum Tangible Net Worth)			
Beschränkung der zinstragenden Verbindlichkeiten (Total Net Debt)			
Verschuldungsgradklausel (Debt Equity Ratio oder auch Gearing Ratio)			
Liquiditätskennzahlen			
Current Ratio			
Quick Ratio			
Zinsdeckungsklausel (Interest Cover Ratio)			
Cash Flow Cover Ratio (Schuldendienstdeckungsgrad)			
Leverage Ratios			
Total Leverage Ratio			
Senior Leverage Ratio			
Beleihungsgrad (Loan to Value Ratio)			
Anlagedeckungsgrad			
CAPEX (Capital Expenditure)			
Monitoring Covenants			
Vorlage von Bilanzen			
Kontinuität der Bilanzierungs- und Bewertungsmethoden			
Weitere Financial Covenants...			

* nur Kreditverträge, bei denen die Verletzung einer der nachstehend aufgelisteten Financial Covenants zu einer vorzeitigen Rückzahlung des Darlehensbetrags führt

Abbildung 15: Checkliste für die Identifizierung von Financial Covenants, bei denen ein Verstoß zu einer vorzeitigen Rückzahlung des Darlehensbetrags führt (i.S.e. freiwilligen Erweiterung der Angaben gemäß IFRS 7.19)

3.4. Angaben zur Erfolgsrechnung

3.4.1. Angaben zu den Nettogewinnen und –verlusten der Kategorien von Finanzinstrumenten

IFRS 7.20 fordert eine Reihe von Angaben, die die Auswirkungen von Erträgen und Aufwendungen („...*income, expense*...“) als auch von realisierten sowie unrealisierten Bewertungsergebnissen („...*gains or losses*...“) aus finanziellen Vermögenswerten und finanziellen Verbindlichkeiten als Nettogröße („...*net gains or net losses* ...“) entweder in der Bilanz oder in der GuV[821] verdeutli-

819 Nachfolgende Checkliste beinhaltet die am häufigsten verwendeten Financial Covenants. Eine abschließende Auflistung ist nicht möglich, da die Ausgestaltung von Financial Covenants im Einzelfall u.a. von der Anzahl der in einen Kreditvertrag aufgenommenen Covenants, der Eigenart des jeweiligen Rechtsgeschäfts sowie der Bonität des Kreditnehmers abhängt. Vgl. Runge (2010), S. 35. Folglich sind alle weiteren vom Unternehmen kontrahierten Financial Covenants gedanklich unter den Punkt „Weitere Financial Covenants“ im Schaubild zu subsumieren.

820 Übersicht in Anlehnung an die Ausführungen bei Runge (2010), S. 35-49.

821 Gemäß IAS 1.10 stellt dabei die GuV (*statement of comprehensive income*; IAS 1.10(b)) neben der Bilanz (*statement of financial position*; IAS 1.10(a)), der Eigenkapitalveränderungsrechnung (*statement of changes in equity*;

chen sollen.[822] Die Angaben können dabei – analog zu den Angaben über die Buchwerte von Finanzinstrumenten gemäß IFRS 7.8 – wahlweise in der Gewinn- und Verlustrechnung oder im Anhang offengelegt werden (IFRS 7.20(a)). *Scharpf* bezeichnet die gemäß IFRS 7.20 zu machenden Angaben auch als **optionale lex specialis der GuV-Gliederung** in puncto Finanzinstrumente.[823]

IAS 1.81 enthält vor diesem Hintergrund eine **Mindestgliederung für die GuV** innerhalb eines IFRS-Abschlusses. Hinsichtlich der Aufwendungen und Erträge aus Finanzinstrumenten beinhaltet diese Mindestgliederung jedoch allein den Posten Finanzierungsaufwendungen (*finance cost*) in IAS 1.82(b). Zur besseren Darstellung der Ertragslage des Unternehmens ist es den Bilanzierenden allerdings gestattet, zusätzliche Posten, Überschriften und Zwischensummen („*...additional line items, headings and subtotals...*") in die GuV einzuziehen (IAS 1.85) – IFRS 7.20(a) kann entsprechend zu einer solch sinnvollen Erweiterung gereichen.

Gemäß IAS 1.45 hat dabei der Ausweis der GuV-Posten in puncto Darstellungsform und Untergliederung im Zeitablauf grundsätzlich **stetig** zu erfolgen. Ausnahmen hiervon bestehen nur insoweit, als dass bspw. entweder eine Änderung des Tätigkeitsschwerpunkts des Unternehmens (IAS 1.45(a)) oder ein IFRS selbst (IAS 1.45(b)) dies erfordern.

Nach IFRS 7.20(a) sind die folgenden Angaben zu den jeweiligen **Nettogewinnen und –verlusten** (*net gains or net losses*) – als jeweils **saldierte Größe** der entsprechenden Erträge und Aufwendungen[824] – der einzelnen Bewertungskategorien des IAS 39 wahlweise in der Gesamtergebnisrechnung (*statement of comprehensive income*) bzw. GuV oder im Anhang zu machen:

- Nettoergebnis der Kategorie *As at Fair Value through Profit or Loss* (sowohl finanzielle Vermögenswerte als auch finanzielle Verbindlichkeiten), mit den beiden Unterposten:

IAS 1.10(c)), der Kapitalflussrechnung (*statement of cash flows*; IAS 1.10(d)) sowie dem Anhang (*notes*; IAS 1.10(e)) einen elementaren Bestandteil eines IFRS-Abschlusses (*complete set of financial statements*) dar.

822 Vgl. Scharpf/Kuhn/Paa (2005), S. 13.

823 Vgl. Scharpf (2006), S. 24; ebenso Kuhn/Scharpf/Albrecht (2006), S. 626.

824 Vgl. Scharpf (2006), S. 24. Das Nettoergebnis beinhaltet grundlegend alle sonstigen Erträge und Aufwendungen, welche im Zusammenhang mit den Finanzinstrumenten der jeweiligen Bewertungskategorien stehen. Insbesondere sind dies die sich aus der Erst- und Folgebewertung ergebenden Ergebnisse. Des Weiteren können darunter ggf. auch die laufend erfassten sonstigen Entgelte (bspw. Gebühren aus Finanzdienstleistungen) fallen. In die Angaben gemäß IFRS 7.20(a) sind also zunächst die Gewinne und Verluste aus Finanzinstrumenten aufzunehmen, welche vom Unternehmen „klassischerweise" nach den IAS 39-Bewertungskategorien bilanziert werden. Daneben sind hierbei auch solche Ergebnisse einzubeziehen, die anhand von nach „Sondervorschriften" bilanzierten finanziellen Vermögenswerten und finanziellen Verbindlichkeiten zustande kommen, etwa aus (1) gehaltenen Eigenkapitalinstrumenten, die das Unternehmen zu Anschaffungskosten ansetzt oder (2) aus originären finanziellen Vermögenswerten und finanziellen Verbindlichkeiten, die als Grundgeschäfte und Sicherungsinstrumente im Rahmen eines Hedge Accounting designiert sind. Nach der Auffassung von *Stauber* sind hingegen die Ergebnisse aus den nachfolgenden Finanzinstrumenten nicht in die Angabe gemäß IFRS 7.20(a) einzubeziehen: (1) finanzielle Verbindlichkeiten, die daraus entstehen, dass die Übertragung eines finanziellen Vermögenswerts nicht zu seiner (vollständigen) Ausbuchung berechtigt, oder die infolge des Ansatzes des anhaltenden Engagements (*continuing involvement*) zu bilanzieren sind, (2) als Sicherungsinstrumente im Rahmen eines Hedge Accounting designierte Derivate, (3) Kreditzusagen, welche in IAS 39.4(c) aufgelistet sind, sowie (4) begebene Finanzgarantien i.S.d. IAS 39.9. Vgl. hierzu Stauber (2009), S. 204-205.

- Nettoergebnis der Kategorie *Held-for-Trading* (Handelsergebnis) und
- Nettoergebnis aus Finanzinstrumenten, die im Rahmen der Fair Value-Option als *As at Fair Value through Profit or Loss* designiert wurden (IFRS 7.20(a)(i));[825]

- Nettoergebnis der Kategorie *Available-for-Sale* mit den Unterposten:
  - Betrag des während der Berichtsperiode direkt im Eigenkapital (*other comprehensive income*) bzw. in der Neubewertungsrücklage[826] erfassten Bewertungsgewinns oder -verlusts und
  - Betrag, der für die Berichtsperiode vom Eigenkapitel in die Gewinn- und Verlustrechnung umgebucht wurde (*recycling*[827]) (IFRS 7.20(a)(ii));
- Nettoergebnis aus *Held-to-Maturity Investments* (IFRS 7.20(a)(iii));
- Nettoergebnis aus *Loans and Receivables* (IFRS 7.20(a)(iv));
- Nettoergebnis aus *Other Liabilities* (IFRS 7.20(a)(v)).[828]

Diese **lex specialis** der **GuV-Gliederung** in puncto **Finanzinstrumente** ist nach *Kuhn/Scharpf* zu begrüßen, wird damit doch „das Ergebnis in Abhängigkeit von der Zweckbestimmung der Finanzinstrumente sichtbar gemacht"[829]. Übereinstimmend damit sollen laut IASB die nach IFRS 7.20(a) geforderten Angaben je IAS 39-Bewertungskategorie dazu dienlich sein, den Bilanzadressaten den Einfluss von Finanzinstrumenten auf die Ertragslage des Unternehmens vor dem Hintergrund der unterschiedlichen Bewertungsmaßstäbe des IAS 39 zu verdeutlichen (IFRS 7.BC33).

IFRS 7 liefert hierbei jedoch keine präzisen Informationen, wie sich das Nettoergebnis zusammenzusetzen hat – entsprechend bestehen gewisse **Zuordnungs**- und **Einbeziehungsspielräume**.[830]

---

825 *Von Oertzen* weist in diesem Zusammenhang auf die Analogie zu IFRS 7.8(a) und (e) hinsichtlich der Differenzierung der Kategorie *As at Fair Value through Profit or Loss* hin. Vgl. von Oertzen (2009), S. 164, Rz. 230. Fraglich ist derzeit, ob im Rahmen des Ausweises des Nettoergebnisses der als *At Fair Value through Profit or Loss* kategorisierten Finanzinstrumente auch die Wertänderungen von Derivaten (normalerweise Ausweis unter *Held-for-Trading*), die in einem nachweislichen ökonomischen Zusammenhang im Rahmen der Verminderung eines sogenannten *accounting mismatch* mit den originären Finanzinstrumenten stehen, zulässig ist. Eine Abbildung der tatsächlichen ökonomischen Gegebenheiten würde dabei eine Buchung im Nettoergebnis der Subkategorie *As at Fair Value through Profit or Loss* implizieren. Der beabsichtigte *offset* des *accounting mismatch* würde somit nicht erst auf Basis des Jahresergebnisses, sondern bereits auf Ebenen der GuV nachvollzogen. Für eine Einbeziehung der Wertänderungen solcher Derivate im Nettoergebnis der Subkategorie *Held-for-Trading* würde hingegen der formale Wortlaut des IAS 39.9 sprechen. Vgl. Kuhn/Scharpf/Albrecht (2006), S. 628.

826 Vgl. Löw (2005b), S. 2177.

827 Vgl. Buchheim/Schmidt (2005), S. 399.

828 Vgl. hierzu auch Scharpf/Kuhn/Paa (2005), S. 13. Werden Buchwertanpassungen aus Grundgeschäften im Rahmen von Fair Value Hedges nicht bereits mit den Wertänderungen der damit korrespondierenden Sicherungsgeschäfte als eigener GuV-Posten (bspw. „Nettoergebnis aus Sicherungsbeziehungen") ausgewiesen, empfiehlt es sich, solche Buchwertanpassungen aus Grundgeschäften in den entsprechenden Nettoerträgen bzw. -aufwendungen der jeweils zugehörigen Bewertungskategorie auszuweisen. Vgl. Kuhn/Scharpf/Albrecht (2006), S. 628.

829 Kuhn/Scharpf/Albrecht (2006), S. 626.

830 Vgl. Stauber (2009), S. 204.

So handelt es sich bei den Nettogewinnen und –verlusten etwa um Wertminderungen, Zuschreibungen (Wertaufholungen, Auflösung von Wertberichtigungen), Wertänderungen (Bewertungsgewinne und –verluste) der Kategorie *Available-for-Sale* und realisierte Abgangserfolge oder Ergebnisse aus dem Rückkauf eigener Verbindlichkeiten, jedoch **nicht** um die in IFRS 7.20(b) und (d) genannten **Zinserträge**.[831] Da **Zinserträge und -aufwendung** der Kategorien ***Held-to-Maturity Investments***, ***Loans and Receivables*** sowie ***Available-for-Sale*** bei Industrie- und Handelsunternehmen i.d.R. im **Zinsergebnis** erfasst werden, Wertminderungen, vereinnahmte Dividendenerträge und Abgangserfolge jedoch im **sonstigen Finanzergebnis**,[832] wäre ein solcher Ausschluss m.E. zunächst auch mit Blick auf die nach IFRS 7.20(b) ohnehin geforderte Angabe der Gesamtzinserträge und –aufwendungen für alle nicht zum Fair Value bewerteten Finanzinstrumente begründbar.

Einige Unternehmen, vornehmlich **Banken** und ähnliche Finanzdienstleister,[833] subsumieren unter dem Nettoergebnis der Kategorie ***Held-for-Trading*** (Handelsergebnis) neben den Bewertungsergebnissen[834] jedoch regelmäßig auch die anfallenden bzw. laufenden **Zins- und Dividendenerträge** („*...interest and dividend income...*") sowie **Refinanzierungsaufwendungen**[835] der entsprechend kategorisierten finanziellen Vermögenswerte und finanziellen Verbindlichkeiten. Dies ist nach IFRS 7.B5(e) bzw. IFRS 7.BC34 auch so explizit für Zins- und Dividendenerträge – allerdings nicht für Refinanzierungsaufwendungen[836] – statthaft und wird in der Literatur als ein auf IFRS 7.20(a) fußendes „implizites Wahlrecht", in welchem Ergebnisteil – Zins- oder Handelsergebnis – die Zinsen und Dividenden ausgewiesen werden,[837] interpretiert. Doch gerade **Industrie- und Handelsunternehmen** dürften sich mit der Begründung einer entsprechenden Erfassung von Zinsen und Dividenden außerhalb des Handelsergebnisses (für Finanzinstrumente der Kategorie *Held-for-Trading*) regelmäßig schwer tun, da die im Zinsergebnis erfassten Beträge klassischen Zinscharakter[838] besitzen, wohingegen Zinserträge und –aufwendungen der zu Handelszwecken gehaltenen Vermögenswerte und Schulden häufig unmittelbar in Zusammenhang mit den Wertänderungen der

---

831 Vgl. Theile (2009b), S. 382-383, Rn. 1979; S. 414, Rn. 2179; Lüdenbach (2009), S. 1521, Rz. 287. Für eine Darstellung der Nettogewinne und –verluste in Matrixform siehe von Oertzen (2009), S. 164, Rz. 230. Bei derivativen Finanzinstrumenten, die keine designierten Sicherungsinstrumente im Rahmen einer Sicherungsbeziehung sind, ist hierbei die Veränderung des *dirty prices* relevant. Die aus diesen Derivaten resultierenden Gewinne und Verluste sind im Nettoergebnis aus *Held-for-Trading* auszuweisen. Vgl. Kuhn/Scharpf/Albrecht (2006), S. 628.

832 Vgl. Brücks/Kerkhoff/Stauber (2006b), S. 435.

833 Vgl. Scharpf/Kuhn/Paa (2005), S. 13.

834 Vgl. Scharpf/Kuhn/Paa (2005), S. 13.

835 Vgl. Paarz (2007), S. 278; Scharpf (2006), S. 24.

836 Vgl. Kuhn/Scharpf/Albrecht (2006), S. 628 entgegen der Auffassung von Scharpf (2006), S. 24-25, da IFRS 7.B5(e) nur Zins- und Dividenden**erträge** (*interest and dividend **income***), jedoch keine Aufwendungen nennt (Hervorhebungen im Original).

837 Vgl. Brücks/Kerkhoff/Stauber (2006b), S. 435.

838 D.h. Erträge und Aufwendungen im Sinne gezahlter und vereinnahmter Entgelte für die Überlassung von Kapital. Vgl. Brücks/Kerkhoff/Stauber (2006b), S. 435.

Finanzinstrumente stehen,[839] was für eine zwingende Erfassung im Handelsergebnis sprechen würde. In diesem Fall würde jedoch m.E. wiederum keine Konformität mit Blick auf die separate Erfassung der Zinsen und Dividenden für die Kategorien *Held-to-Maturity Investments*, *Loans and Receivables* sowie *Available-for-Sale* bestehen, da hier eine Erfassung im Zinsergebnis stattfindet.

Um die diesbezügliche **Vergleichbarkeit** von Jahresabschlüsse zu **erhöhen**, hat das IASB entsprechend entschieden, dass Unternehmen anzugeben haben, wie sich die in der Erfolgsrechnung bzw. im Anhang (für die Kategorie *Held-for-Trading* sowie auch für alle anderen Bewertungskategorien) angegebenen Beträge zusammensetzen („*...how the income statement amounts are determined...*“) (IFRS 7.BC34).[840] Dies deckt sich auch mit den nach IFRS 7.B5(e)[841] geforderten **Angabepflichten**, wonach offenzulegen ist, **wie sich das Nettoergebnis jeder Kategorie von Finanzinstrumenten zusammensetzt** („*...net gains or net losses on each category of financial instrument are determined...*“).[842]

Aus IFRS 7.B5(e) kann in diesem Zusammenhang ebenfalls deduziert werden, dass ein **gemeinsamer Ausweis**, d.h. einschließlich Zins- und Dividendenerträge, auch für **gewillkürt zum Fair Value bewertete Finanzinstrumente** (Fair Value-Option) („*...for example, whether the net gains or net losses on items at fair value through profit or loss include interest or dividend income.*“) statthaft ist. Entsprechend ist die bloße Tatsache der Einbeziehung von Zinsen und Dividenden anzugeben. Des Weiteren weist IFRS 7.20(b) auf eine solche Möglichkeit zur Saldierung mit den laufenden Aufwendungen und Erträgen hin, da hier die Gesamtzinserträge und –aufwendungen in Summe nur für all jene Finanzinstrumente anzugeben sind, die nicht der Kategorie *As at Fair Value through Profit or Loss* zugeordnet sind.[843] **Refinanzierungsaufwendungen** sind jedoch – aus demselben Grund wie zuvor hinsichtlich einer Einbeziehung in den Handelsbestand – nicht aufzunehmen.[844]

---

839 Vgl. Brücks/Kerkhoff/Stauber (2006b), S. 435. Bspw. erscheint es vor diesem Hintergrund sachgerecht, die variablen sowie festen Zinszahlungen eines als *Held-for-Trading* kategorisierten Zinsswaps im Handelsergebnis zu erfassen, da diese den gesamten Fair Value des Derivats beeinflussen und die dadurch verursachten Wertänderungen genauso wie Wertänderungen, die auf andere Faktoren (bspw. Wechselkursänderungen) zurückzuführen sind, behandelt werden sollten. Vgl. Brücks/Kerkhoff/Stauber (2006b), S. 435.

840 Bspw. ist anzugeben, ob das Nettoergebnis der Kategorie *Held-for-Trading* (Handelsergebnis) Zins- und Dividendenerträge beinhaltet („*...whether net gains and losses on financial assets or financial liabilities held for trading include interest and dividend income...*“) (IFRS 7.BC34).

841 Vgl. hierzu auch die Ausführungen in Kapitel 3.5.1.

842 Anderer Auffassung Paarz (2007), S. 278-279: „Die Zusammensetzung der Nettoerfolge ist nach IFRS 7 nicht offenzulegen,[1751] so dass die Bankinvestoren die einzelnen Ertrags- und Aufwandskomponenten nicht nachvollziehen und damit nicht zwischenbetrieblich vergleichen können.[1752]“. Dieser Auffassung kann m.E. nicht beigepflichtet werden, da sowohl IFRS 7.BC34 als auch IFRS 7.B5(e) exemplarisch auf die Offenlegung der Zuordnung der Zins- und Dividendenerträge verweisen („*For example, an entity should disclose whether net gains and losses on financial assets or financial liabilities held for trading include interest and dividend income...*“; IFRS 7.BC34).

843 Klarzustellen ist, dass bspw. Upfront-Zahlungen bei *swaps* einen Bestandteil der Anschaffungskosten und damit der Fair Value-Änderung darstellen und daher nicht saldiert werden dürfen, da es sich nicht um laufende Zahlungen handelt. Vgl. Scharpf (2006), S. 25.

844 Vgl. Kuhn/Scharpf/Albrecht (2006), S. 628 entgegen der Auffassung von Scharpf (2006), S. 25.

Die wahlweise Einbeziehung von Zinsen und Dividenden kann nach Auffassung von *Kuhn/Scharpf* sowohl für Zinsen als auch für Dividenden jeweils separat und damit unterschiedlich ausgeübt werden.[845]

Darüber hinaus ist IFRS 7.B5(e) eine explizite Beschränkung der Saldierungsmöglichkeit allein auf die Angaben für die Kategorien *Held-for-Trading* bzw. *As at Fair Value Through Profit or Loss* (Fair Value-Option) hingegen nicht zu entnehmen. Dieser wörtlichen Auslegung folgend, wäre die **Einbeziehung der Zinsen und Dividenden** in die Angabe zu den Nettoerträgen und –aufwendungen grundsätzlich **für jede Kategorie von Finanzinstrumenten** möglich, wobei für alle zu (fortgeführten) Anschaffungskosten bewerteten Finanzinstrumente die nach IFRS 7.20(b) zusätzlich zu machende Angabe zu den Gesamtzinserträgen und –aufwendungen weiterhin unbeschadet offen zu legen wären.[846] Der Vorteil einer solchen Vorgehensweise würde m.E. darin bestehen, eine über die gemäß IFRS 7.20(b) zu machende, aggregierte Angabe hinausgehende Differenzierung der Zinsen und Dividenden je IAS 39-Berwertungskategorie offen zu legen, was in der Konsequenz die Angabe nach IFRS 7.20(b) faktisch allerdings obsolet[847] werden lassen würde.[848]

Gegen eine Einbeziehung der Zinsen und Dividenden in die nach IFRS 7.20(a) geforderte Angabe für *alle* Kategorien von Finanzinstrumenten bei gleichzeitigem Ausweis der nach IFRS 7.20(b) geforderten Gesamtzinserträge und –aufwendungen für alle zu (fortgeführten) Anschaffungskosten bewerteten Finanzinstrumente ist jedoch gemäß Standardtext grundsätzlich nichts einzuwenden.[849] Umgesetzt werden könnte dies durch die Angabe der Nettogewinne und –verluste in der GuV je IAS 39-Kategorie bei gleichzeitigem Ausweis der Gesamtzinserträge- und aufwendungen im Anhang.[850] Jedoch bestehen Einwände hierbei insofern, als dass diese Darstellung nicht ohne weiteres auf die Erfolgsrechnung von Banken übertragbar ist. Eine solche Vorgehensweise würde diesbezüglich als nicht haltbar angesehen werden,[851] was m.E. u.a. darin begründet ist, dass dort etwa die Zinserträge und aufwendungen sowie eine diesbezüglich aggregierte Position (Zinsüberschuss) stets in separaten GuV-Posten kumuliert ausgewiesen werden und dadurch nicht zuletzt die klassische Gliederung der Banken-GuV gestört würde.

Dieser Einwand ist jedoch im Rahmen vorliegender Untersuchung als nicht weiter relevant anzusehen, da es hier ausschließlich um die Betrachtung der Berichterstattung von Nicht-

---

845 Entsprechendes hat Gültigkeit für die Kategorien *Held-for-Trading* und *As at Fair Value through Profit or Loss* (auch Fair Value-Option). Vgl. Scharpf (2006), S. 628-629.

846 Vgl. Scharpf (2006), S. 24-25.

847 Letztlich würde es lediglich an der kumulierten Offenlegung der Gesamtzinserträge und –aufwendung für sowohl die finanziellen Vermögenswerte als auch die finanziellen Verbindlichkeiten fehlen.

848 Vgl. hierzu auch die Ausführungen in Kapitel 3.4.2.

849 Vgl. Scharpf (2006), S. 25.

850 Vgl. Scharpf (2006), S. 25.

851 Vgl. Scharpf (2006), S. 25.

Finanzdienstleistern geht. Teilweise finden sich in der Literatur jedoch auch diesbezügliche – allerdings unbegründete – Einwände.[852]

Die **Angaben zur Kategorie *Available-for-Sale*** gemäß IFRS 7.20(a)(ii) hinsichtlich aktueller Einstellungen bzw. Entnahmen bezüglich der Neubewertungsrücklage sollen den Abschlussadressaten den Einfluss von Wertänderungen vergangener Berichtsperioden auf die aktuelle Berichtsperiode veranschaulichen. Zum einen bietet es sich laut *Scharpf* an, diese Angabe im Anhang offen zu legen. Zum anderen können die hier geforderten Beträge i.d.R. auch dem Eigenkapitalspiegel entnommen werden.[853] Zu beachten ist, dass unmittelbar vor dem Abgang der als *Available-for-Sale* kategorisierten Vermögenswerte, deren Neubewertung zum Fair Value vorzunehmen ist (IAS 39.55(b), IAS 39.68), um die nach IFRS 7.20(a)(ii) separat anzugebenden Beträge ermitteln zu können (IDW RS HFA 24, Rz. 29).

Dividendenerträge aus gehaltenen Eigenkapitalinstrumenten der Kategorie *Available-for-Sale* sind ferner nicht unter dem Nettoerfolg der Kategorie *Available-for-Sale* offen zu legen. Solche Dividendenerträge sind vielmehr in der GuV im Zinsergebnis zu erfassen und im Anhang separat auszuweisen.[854]

Aufgrund der Tatsache, dass einerseits IFRS 7.20(a) zwar keine explizite Darstellung der unsaldierten Aufwendungen und Erträge der Bewertungskategorien fordert (Bruttodarstellung), andererseits ein solcher **Bruttoausweis** jedoch weder für die GuV noch für den Anhang verboten ist – es besteht ja ein diesbezügliches Wahlrecht der Angabe[855] – sieht *Scharpf* die Bruttodarstellung ergänzt um einen Ausweis des jeweiligen Saldos, um formal IFRS 7.20(a) gerecht zu werden, als diesbezüglich gangbaren, standardkonformen Ausweis an.[856] So gehe mit dieser **Darstellung der einzelnen Bestandteile der Nettoergebnisse der Bewertungskategorien** im Vergleich zur strengen Normauslegung des IFRS 7.20(a) (Saldierung) vor allem ein **höherer Informationswert** einher. Außerdem wäre die im Rahmen der Offenlegung zu den Bilanzierung- und Bewertungsmethoden gemäß IFRS 7.B5(e)[857] geforderte **zusätzliche (verbale) Angabe einer Beschreibung der Zusammensetzung**

---

852 Vgl. etwa Lüdenbach (2009), S. 1512, Rz. 287 und Rz. 288, der lediglich angibt, dass diese Vorgehensweise „[f]ür Nicht-Handelsbestände [...] unzulässig" sei sowie anschließend auf die ohnehin zu erfolgende (undifferenzierte) Angabe der Gesamtzinserträge und –aufwendungen für alle zu (fortgeführten) Anschaffungskosten oder erfolgsneutral zum Fair Value bewerteten Vermögenswerte gemäß IFRS 7.20(b) verweist.

853 Vgl. Scharpf (2006), S. 25.

854 Vgl. Kuhn/Scharpf/Albrecht (2006), S. 629.

855 Vgl. Brücks/Kerkhoff/Stauber (2006b), S. 436.

856 Vgl. Scharpf (2006), S. 24; ebenso Stauber (2009), S. 205; ähnlich auch Brücks/Kerkhoff/Stauber (2006b), S. 436, ohne jedoch den Ausweis des Saldos zu fordern.

857 Vgl. hierzu auch die Ausführungen in Kapitel 3.5.1.

des Nettoergebnisses jeder Kategorie als **obsolet** zu betrachten,[858] da sich deren Inhalt mit der hier vorgeschlagenen Vorgehensweise decken würde.[859]

Entsprechend kann bereits ausgehend von der Norm IFRS 7.20(a) ein ggü. der expliziten Kodifikation erweiterter Vorschlag zur konkreten Ausgestaltung der Berichterstattung abgeleitet werden. Inwieweit sich dieser Vorschlag als praktikabel erweist bzw. bereits angewendet wird, zeigt im Anschluss an die nachfolgenden theoretischen Ausführungen zu den anderen IFRS 7.20-Vorschriften Kapitel 3.4.6.1.

3.4.2. Angaben zu den Gesamtzinserträgen und –aufwendungen

Nach IFRS 7.20(b) haben Unternehmen die **Gesamtzinserträge und –aufwendungen**[860] („...*total interest income and total interest expense*...") in Summe für sämtliche finanziellen Vermögenswerte und für sämtliche finanziellen Verbindlichkeiten anzugeben, die nicht der Kategorie *As at Fair Value through Profit or Loss* zugeordnet sind, im Umkehrschluss also für alle Finanzinstrumente der Kategorien *Loans and Receivables, Available-for-Sale* (erfolgsneutral zum Fair Value bewertet), *Held to Maturity Investments* sowie *Other Financial Liabilities*.[861] Eine explizite Differenzierung nach Kategorien ist im Gegensatz zu den Angaben zu den Nettoerträgen und –verlusten hingegen nicht erforderlich.[862] Die Bestimmung der Gesamtzinserträge und –aufwendungen hat hierbei jedoch zwingend mittels der **Effektivzinsmethode**[863] zu erfolgen („...*calculated using the effective interest method*...") (IFRS 7.20(b)).[864]

An die Vereinnahmung zugehöriger Zinsen und Refinanzierungsaufwendungen – in diesem Fall Zinsaufwendungen – im Handelsergebnis gemäß IFRS 7.20(a)(i) schließt sich wohl keine separate Angabe der Gesamtzinserträge und –aufwendungen an, da die Kategorie *Held-for-Trading* nicht in den Anwendungsbereich von IFRS 7.20(b) fällt. Über die Tatsache einer entsprechenden Zuord-

---

858 Vgl. Brücks/Kerkhoff/Stauber (2006b), S. 436. Demnach könne „[d]er Bilanzleser [...] der GuV und dem Eigenkapital die pro Bewertungskategorie erzielten Ergebnisse aus Zinsen, Dividenden, Wertänderungen und Abgängen entnehmen."

859 In Kapitel 3.4.6. wird u.a. vor diesem Hintergrund auf die Berichterstattung in der Praxis einzugehen sein.

860 Diese sind Bestandteil der Finanzierungsaufwendungen (*finance cost*) gemäß IAS 1.82(b), wobei sich der Posten Finanzierungsaufwendungen in der GuV auch auf Nicht-Finanzinstrumente bezieht (IFRS 7.IG13). Vgl. auch Scharpf (2006), S. 25. Zu den Gesamtzinserträgen und –aufwendungen zählen insbesondere nach der Effektivzinsmethode verrechnete Transaktionskosten, Agien und Disagien sowie Zinsen aus Leasingverhältnissen. Vgl. von Oertzen (2009), S. 165, Rz. 232.

861 Scharpf/Kuhn/Paa (2005), S. 14; Theile (2009b), S. 382, Rn. 1978. Die Angabe zu den Gesamtzinserträgen und –aufwendungen wird bei Nicht-Banken eher im Anhang zu finden sein, wohingegen Banken und ähnliche Finanzdienstleister das Ausweiswahlrecht wohl regelmäßig zu Gunsten einer Offenlegung in der GuV innerhalb der Posten „Zinserträge" und „Zinsaufwendungen" ausüben werden. Vgl. Scharpf (2006), S. 25.

862 Vgl. von Oertzen (2009), S. 165, Rz. 232; Lüdenbach (2009), S. 1521, Rz. 288.

863 Die Anwendung der Effektivzinsmethode ergibt sich bereits aus den Regelungen des IAS 39 zur Berechnung der fortgeführten Anschaffungskosten sowie aus Appendix 14 zu IAS 18. Vgl. Kuhn/Scharpf/Albrecht (2006), S. 629. Für eine Einführung in die Effektivzinsmethode vgl. Kuhn/Scharpf/Albrecht (2006), S. 128-130.

864 Dieses Erfordernis resultiert bereits aus den Bestimmung des IAS 39.63 zur Ermittlung der fortgeführten Anschaffungskosten sowie aus Appendix 14 zu IAS 18. Vgl. hierzu auch Scharpf (2006), S. 25.

nung der Zinserträge und –aufwendungen zum Handelsergebnis an sich ist hingegen nach IFRS 7.B5(e) trotzdem zu berichten (IFRS 7.BC14).[865]

Wird jedoch der in Kapitel 3.4.1. vorgeschlagenen Vorgehensweise einer **Bruttodarstellung** der **einzelnen Bestandteile** der **Nettoergebnisse** der Bewertungskategorien und damit nicht der explizit nach IFRS 7.20(a) vorgesehenen Angabe der **saldierten** Nettogewinne und –verluste je Kategorie gefolgt, so ist eine solch separate Beschreibung der nach IFRS 7.B5(e) anzugebenden Zuordnung der Zinserträge und –aufwendungen zum Handelsergebnis hingegen hinfällig. In diesem Fall ist sogar die **Angabepflicht nach IFRS 7.20(b) selbst** als **obsolet** zu betrachten, da die Gesamtzinserträge und –aufwendungen auch über die Aggregation der unsaldierten Zinsergebnisse der Kategorien *Held-to-Maturity Investments*, *Loans and Receivables*, *Available-for-Sale* sowie *Other Liabilities* ermittelt werden können.[866] Um IFRS 7.20(b) formal genügen zu können, spricht hingegen m.E. nichts gegen eine zusätzliche Angabe der aggregierten Zinserträge- und aufwendungen für alle Finanzinstrumente, die nicht der Kategorie *As at Fair Value through Profit or Loss* angehören (siehe hierzu auch das Benchmark-Tableau in Kapitel 3.4.6.2.).

3.4.3. Angaben zu Provisionserträgen und –aufwendungen

Nach IFRS 7.20(c) hat ein Unternehmen **Erträge und Aufwendungen aus Gebühren und Provisionen** („…*fee income and expense*…"), d.h. all jene Transaktionskosten[867] anzugeben, die nicht in die Berechnung des Effektivzinssatzes einbezogen werden und damit auch **nicht Bestandteil der Zinsergebnisses** sind.[868] Diese sind auf folgende Posten zurückzuführen:

- finanziellen Vermögenswerte und finanzielle Verbindlichkeiten, die nicht der Bewertungskategorie *As at Fair Value through Profit or Loss* angehören (IFRS 7.20(c)(i)) sowie
- treuhänderische und andere fiduziarische Aktivitäten[869] („…*trust and other fiduciary activities*…") die dazu führen, dass Vermögenswerte für Kunden, Trusts, Altersvorsorgepläne (*retirement benefit plans*) und andere Institutionen gehalten werden (IFRS 7.20 (a)(ii)).[870]

Das IASB lässt dabei offen, wie die Erfassung von Erträgen und Aufwendungen aus Gebühren und Provisionen für alle **erfolgswirksam zum Fair Value bewerteten finanziellen Vermögenswerte und finanziellen Verbindlichkeiten** zu gestalten ist. Denkbar wäre eine diesbezügliche **Verrech-**

865 Vgl. Scharpf (2006), S. 25.
866 Vgl. Brücks/Kerkhoff/Stauber (2006b), S. 436. Siehe unter diesem Aspekt insbesondere die Ausführungen in Kapitel 3.4.6. zur Matrixdarstellung der Angaben nach IFRS 7.20(a).
867 Vgl. Kuhn/Scharpf/Albrecht (2006), S. 630.
868 Vgl. Scharpf/Kuhn/Paa (2005), S. 15.
869 Entgegen der europäischen Bankbilanzrichtlinie bei Banken und ähnlichen Finanzdienstleistern ist nach IFRS eine Aktivierung bzw. Passivierung von Treuhandvermögen und –verbindlichkeiten in der Bankbilanz nicht gestattet, sondern nur ein Ausweis im Anhang möglich. Vgl. Scharpf (2006), S. 26; Kuhn/Scharpf/Albrecht (2006), S. 630.
870 Vgl. Scharpf/Kuhn/Paa (2005), S. 15.

nung mit den Nettoerträgen und –aufwendungen der jeweiligen Kategorie,[871] als auch eine **Zuordnung zum Provisionsergebnis**, das eine entsprechende Untergliederung nach IAS 39-Bewertungskategorien aufweist (IDW RS HFA 24, Rz. 30).

Nach Auffassung des IASB ermöglichen die Angaben zu den Provisionserträgen und –aufwendungen den Abschlussadressaten eine besserer Einschätzung über das Engagement des Unternehmens hinsichtlich entsprechender Aktivitäten („*...indicates the level of such activities...*“). Darüber hinaus werden die Informationen als entscheidungsrelevant angesehen („*...helps users to estimate possible future income of the entity.*“) (IFRS 7.BC35).

Da **treuhänderische Aktivitäten** für **Nicht-Finanzdienstleister** eher **untypisch** sind, dürften die nach **IFRS 7.20(c)** geforderten Angaben für Industrie- und Handelsunternehmen jedoch eher von **untergeordneter Bedeutung** sein.[872]

3.4.4. Angaben zu Zinserträgen aus wertgeminderten finanziellen Vermögenswerten

Nach IFRS 7.20(d) besteht die Pflicht zur Angabe der **Zinserträge aus wertgeminderten finanziellen Vermögenswerten** („*...interest income on impaired financial assets...*“), die nach der in IAS 39.AG93 geregelten Vorgehensweise (*unwinding*)[873] vereinnahmt wurden („*...accrued in accordance with paragraph AG93 of IAS 39...*“).[874] Diese Angabe ist dabei unabhängig von der Klassenbildung oder IAS 39-Kategorisierung vorzunehmen.[875] Zweckmäßigerweise erfolgt dies in einer „davon“-Angabe[876] als Zahl[877].

In der Praxis dürfte sich die Ermittlung dieser Beträge allerdings als nicht ganz einfach herausstellen.[878] Wurden Zinsen tatsächlich bereits bezahlt, so sind diese bei wertgeminderten[879] Forderungen hingegen nicht mehr als Zinsertrag, sondern vielmehr als Tilgung der Forderung zu erfassen.[880]

---

871 Vgl. Scharpf (2006), S. 26; IDW RS HFA 24, Rz. 30.

872 Ähnlich auch Kuhn/Scharpf/Albrecht (2006), S. 630. Diesbezügliche Angabepflichten könnten allerdings grundsätzlich in Verbindung mit Eigenkapitalinstrumenten der Kategorie *Available-for-Sale* erwachsen. Vgl. Brücks/Kerkhoff/Stauber (2006b), S. 436.

873 Sofern für einen finanziellen Vermögenswert (oder ein Portfolio davon) eine Wertminderung vorgenommen wurde, so ist anschließend der Zinsertrag anhand des Zinssatzes zu vereinnahmen, der zur Abzinsung der künftigen Zahlungsströme bei der Ermittlung des Wertminderungsaufwands zur Anwendung gekommen ist (ursprünglicher Effektivzinssatz) (IAS 39.AG93). Vgl. auch Scharpf/Kuhn/Paa (2005), S. 14. Es sind also nicht mehr die vertraglich vereinbarten bzw. zugeflossenen Beträge als zukünftige Zinserträge zu erfassen bzw. abzugrenzen, sondern vielmehr die Fortschreibung des Barwerts zum nächsten Bilanzstichtag. Vgl. Kuhn/Scharpf/Albrecht (2006), S. 317. Es handelt sich m.a.W. bei dem als Zinsertrag zu erfassenden Betrag um den Barwerteffekt aus der Ermittlung von Wertberichtigungen. Vgl. Scharpf (2006), S. 26; Kuhn/Scharpf/Albrecht (2006), S. 630.

874 Sofern wertberichtigte Forderungen nach unternehmensinternen Richtlinien zinslos gestellt werden, resultiert die Anwendung von IAS 39.AG93 dennoch im Ausweis eines Zinsertrags (*unwinding*). Vgl. Scharpf (2006), S. 26; Kuhn/Scharpf/Albrecht (2006), S. 630.

875 Vgl. Paarz (2007), S. 282.

876 Vgl. Theile (2009b), S. 382, Rn. 1978.

877 Vgl. Lüdenbach (2009), S. 1522, Rz. 289.

878 Vgl. Scharpf (2006), S. 26; Kuhn/Scharpf/Albrecht (2006), S. 631.

3.4.5. Angabe des Wertminderungsaufwands je Klasse von Finanzinstrumenten

Nach IFRS 7.20(e) ist **für jede Klasse** von finanziellen Vermögenswerten der entsprechende **Wertminderungsaufwand**[881] anzugeben („*...the amount of any impairment loss for each class of financial asset...*"). Die Wertminderungsbeträge, sei es in Form von Brutto-Wertberichtigungen oder Direktabschreibungen, sind jedoch ebenfalls bereits in den Nettogewinnen und –verlusten beinhaltet, die nach IFRS 7.20(a) jedoch je Bewertungskategorie anzugeben sind.[882] Dem Wortlaut nach bezieht sich IFRS 7.20(e) zwar auf *alle* Klassen finanzieller Vermögenswerte, aufgrund der Tatsache, dass IAS 39.58 ff. für erfolgswirksam zum **beizulegenden Zeitwert bewerteten finanziellen Vermögenswerte** jedoch nicht einschlägig sind, entfällt für diese Finanzinstrumente entsprechend die Angabepflicht zum Wertminderungsaufwand gemäß IFRS 7.20(e) (IDW RS HFA 24 Rz. 31).

Obwohl es sich bei Finanzgarantien, die nach IFRS 7 Finanzinstrumente darstellen, zwar nicht um finanzielle Vermögenswerte handelt, unterliegen diese dennoch ebenfalls einem Kreditausfallrisiko. In der Konsequenz sind auch **Aufwendungen aus der Inanspruchnahme von Finanzgarantien** von der Angabepflicht gemäß IFRS 7.20(e) betroffen (IDW RS HFA 24).[883] Dies lässt sich u.a. dadurch begründen, dass bei der Inanspruchnahme einer Finanzgarantie ein Rückgriffsanspruch in Form einer Forderung entsteht, der unmittelbar im Wert zu berichtigen ist.[884]

Ergänzt wird IFRS 7.20(e) darüber hinaus von IFRS 7.B5(f), wonach die objektiv nachprüfbaren Kriterien anzugeben sind, die der Notwendigkeit zur Vornahme einer Wertberichtigung zugrunde-

879 Wurden bei Forderungen Einzelwertberichtigungen gebildet, deren Laufzeit über den nächsten Stichtag (Quartalsstichtag) hinausgeht, müssten grundsätzlich auch die Zinsen entsprechend IAS 39.AG93 im Anhang ausgewiesen sein, sofern dies nicht als unwesentlich zu betrachten ist. Vgl. Kuhn/Scharpf/Albrecht (2006), S. 631.

880 Vgl. Scharpf (2006), S. 26; Kuhn/Scharpf/Albrecht (2006), S. 631.

881 Gemäß dem Wortlaut und Sinn von IFRS 7.20(e) dürfen mit dem anzugebenden Wertminderungsaufwand keinerlei Auflösungen von Wertberichtigungen verrechnet werden. Vgl. Kuhn/Scharpf/Albrecht (2006), S. 631.

882 Vgl. von Oertzen (2009), S. 165, Rz. 235, die darauf hinweist, dass, sofern zur Darstellung der Nettogewinne und –verluste (IFRS 7.20(a)) eine Matrixform inklusive Aufschlüsselung der einzelnen Bestandteile verwendet wird, diese um die hier behandelten Angaben je Klasse erweitert werden kann sowie Paarz (2007), S. 283 und Kapitel 3.4.1. Für die gewillkürt erfolgswirksam zum Fair Value bewerteten Finanzinstrumente (Fair Value-Option) ist eine Prüfung auf Wertminderung gemäß IAS 39.58 nicht erforderlich, was als Konsequenz eine entsprechende Angabe nach IFRS 7.20(e) obsolet werden lässt. Die zugehörigen bonitätsinduzierten Wertminderungen sind jedoch in den nach IFRS 7.20(a) anzugebenden Nettogewinnen und –verlusten (gesamte Änderung des Fair Value) beinhaltet. Vgl. Scharpf (2006), S. 26. Gleiches gilt nicht nur für die anhand der Fair Value-Option erfolgswirksam bewerteten finanziellen Vermögenswerte, sondern auch für die als *Held-for-Trading* kategorisierten und somit zum Fair Value bewerteten finanziellen Vermögenswerte. Vgl. Kuhn/Scharpf/Albrecht (2006), S. 631-632.

883 Die Tatsache, dass bei einer Inanspruchnahme aus einer Finanzgarantie i.d.R. ein Rückgriffsanspruch in Form einer Forderung entsteht, der unmittelbar wertzuberichtigen ist, spricht ebenfalls für eine Einbeziehung in die Angabe gemäß IFRS 7.20(e) (IDW RS HFA 24).

884 Vgl. Kuhn/Scharpf/Albrecht (2006), S. 631, die jedoch darauf hinweisen, dass diese Begründung derzeit als strittig anzusehen ist.

liegen.[885] Eine zusammenfassende Darstellung aller Angabepflichten zur Risikovorsorge liefert vor diesem Hintergrund Kapitel 4.5.2.3.3.

Speziell die Angabe nach IFRS 7.20(e) hat hierbei nicht nur für Banken eine besondere Bedeutung, sondern erlangt auch mit Blick auf die Bestände an Forderungen aus Lieferungen und Leistungen bei Industrie- und Handelsunternehmen Geltung.[886]

3.4.6. Erhebung des Benchmark

3.4.6.1. Nettoergebnisse je Bewertungskategorie

Was das **Berichtsformat** bzw. die **tabellarische Präsentation** anbelangt, wird den Angabe gemäß IFRS 7.20(a) zu den Nettogewinnen und –verlusten aus Finanzinstrumenten von den betrachteten Unternehmen in teilweise **sehr unterschiedlicher Art und Weise** nachgekommen. Dies begründet sich m.E. u.a. auch darin, dass einige der Unternehmen neben den Pflichtangaben gemäß IFRS 7.20(a) zusätzlich weitere einzelne Angabepflichten (IFRS 7.20(b)-(e)) im Rahmen dieser einen tabellarischen Darstellung erfüllen möchten, was nachfolgend ebenfalls zu zeigen sein wird.

Zunächst sei jedoch an dieser Stelle die nach Auffassung von *Lüdenbach* als ideal anzusehende Darstellung der Nettoergebnisse angeführt, wobei einer kumulierten Angabe der Nettogewinne- und verluste für jede IAS 39-Kategorie „**in einer Zahl**"[887] der Vorzug gegeben wird:[888]

Beispiel

	aus der Folgebewertung			aus Abgang	Nettogewinn/-verlust	
	zum *fair value*	Währungsumrechnung	Wertberichtigung/-aufholung		2008	2007
Loans and receivables		500	-300		200	-300
held-to-maturity investments					0	0
availbale-for-sale assets *			-20	80	60	-19
financial instruments held for trading	60			10	70	30
financial liabilities at amortised cost					0	0
	60	500	-320	90	330	-289
availbale-for-sale assets *						
*in Zeitwertrücklage erfasste Folgebewertung					100	-20
Entnahme aus Zeitwertrücklage wegen Veräußerung/Wertberichtigung					-50	10
Other comprehensive income					50	-10

Die unter Abbildung 16 aufgeführte tabellarische Auswertung[889] der Erfüllung von IFRS 7.20(a) in der Praxis stellt die einzelnen Ausprägungsformen bei den in die vorliegende Untersuchung einbe-

885 Vgl. Scharpf (2006), S. 26 sowie Kapitel 3.5.1.

886 Ähnlich Löw (2005b), S. 2177.

887 Lüdenbach (2009), S. 1521, Rz. 287 (Hervorhebung im Original).

888 Vgl. Lüdenbach (2009), S. 1521, Rz. 287.

889 Im Rahmen der Auswertungstabelle sind den Abkürzungen folgende Bedeutungen zugeordnet: X = betragsmäßige Differenzierung der diesbezüglichen Sachverhalte im Rahmen einer tabellarischen Aufstellung; X-n.b. = zwar Differenzierung im Rahmen einer tabellarischen Darstellung, aber nicht befüllt (n.b.); V = verbale Angaben zu den

zogenen Unternehmen nebeneinander, was einen direkten (inhaltlichen) Vergleich der entsprechenden Angaben bzw. des Berichtsformats ermöglicht.

Die Auswertung[890] zeigt zunächst, dass einige der betrachteten Unternehmen die betragsmäßigen **Nettoergebnisse je IAS 39-Bewertungskategorie**, sofern sie denn in tabellarischer Form ausgewiesen werden,[891] bis auf die Bereitstellung der Vorjahresvergleichszahlen **ohne weitere Differenzierung bzw. anderweitige Informationen** offenlegen.[892] Veranschaulichen lässt sich diese einfachste Art der Präsentation der Nettoergebnisse i.S.v. IFRS 7.20(a) etwa am Beispiel der *adidas AG*[893].[894]

In den meisten Fällen findet eine **nicht-quantitative Ergänzung** dieses Tableaus durch die verbale Angabe, wie sich die angegebenen Nettoergebnisse zusammensetzen, statt, womit formal IFRS 7.B5(e) entsprochen wird. Diese **verbale Differenzierung** der Nettoergebnisse findet dabei jedoch in den meisten Fällen **ohne eine dahingehende betragsmäßige Differenzierung** statt.[895]

---

diesbezüglichen Sachverhalten, jedoch ohne dabei eine betragsmäßige Differenzierung vorzunehmen; V (X) = verbale Angaben zu den diesbezüglichen Sachverhalten, jedoch inklusive deren betragsmäßiger Differenzierung; V-n.e. = aufgrund verbaler Ausführungen ersichtlich, dass der diesbezügliche Sachverhalt in den entsprechenden Nettoergebnissen nicht enthalten (n.e.) ist.

890 *Ernst & Young* gelangt in einer Studie entgegen der obigen Auswertung zu dem Ergebnis, dass lediglich eine Minderheit der betrachteten Unternehmen den Angaben gemäß IFRS 7.20(a) nachkommt. Vgl. hierzu Ernst & Young Global Limited (2008), S. 13.

891 So nimmt die *Fresenius AG* die Angaben gemäß IFRS 7.20(a) lediglich in verbaler Form vor, ohne dass dabei jedoch eine übersichtliche Darstellung der Angaben glückt. Vgl. GB 2009 der *Fresenius SE*, S. 128.

892 So die GBs 2009 der *adidas AG*, S. 198, der *Daimler AG*, S. 232, der *Deutsche Post AG*, S. 187, der *E.ON AG*, S. 133, der *K+S AG*, S. 225, der *MAN SE*, S. 140, der *RWE AG*, S. 190, der *Salzgitter AG*, S. 234, der *Siemens AG*, S. 214, die *ThyssenKrupp AG*, S. 224 sowie der *Volkswagen AG*, S. 240.

893 Vgl. GB 2009 der *adidas AG*, S. 198.

894 Für weitere ähnliche Beispiele siehe die GBs 2009 der *Daimler AG*, S. 232, der *Deutsche Post AG*, S. 187, der *E.ON AG*, S. 133, der *K+S AG*, S. 225, der *MAN SE*, S. 140, der *RWE AG*, S. 190, der *Salzgitter AG*, S. 234, der *Siemens AG*, S. 214, der *ThyssenKrupp AG*, S. 224 sowie der *Volkswagen AG*, S. 240.

895 So die GBs 2009 der *adidas AG*, S. 198-199, der *Daimler AG*, S. 232, der *Deutsche Post AG*, S. 187, der *E.ON AG*, S. 133, der *MAN SE*, S. 140, der *Siemens AG*, S. 214, der *ThyssenKrupp AG*, S. 224 sowie der *Volkswagen AG*, S. 240.

Unternehmen (Geschäftsjahr 2009)	Jahr	Vorjahres-zahlen	Zusätzliche Differenzierung / Besonderheiten	Generelle Beinhaltung Nettoergebnisse (u.a. nicht nach Kategorien differenziert)																	Nettoergebnis As at Fair Value through Profit or Loss (financial assets and financial liabilities)								
				Zinserträge	Zinsaufwendungen	Bewertungsergebnisse allgemein	Beteiligungserträge bzw. Beteiligungsergebnis	(erfolgswirksame) Fair Value-Bewertung	Ergebnisse aus Abgängen	erhaltene Dividenden	Währungskurseffekte	Fortschreiben von Agien und Disagien	Wertminderungen (erfolgswirksame Bildung und Auflösung)	Erfolgswirksam aus dem EK umgegliedert	Im EK erfasste Veränderung des beizulegenden Zeitwerts	Im EK erfasste Nettogewinne (-verluste)	Sonstige betriebliche Erträge	Sonstige betriebliche Aufwendungen	alle sonstigen Ergebniswirkungen aus Finanzinstrumenten	DIESE POSTEN IM RAHMEN EINER MATRIXDARSTELLUNG VERWENDET	ANGABE kumuliert (FVO + HT)	*Fair Value Option* ANGABE	*Held-for-Trading* ANGABE	Ergebnisse aus Derivaten (nicht hedge accounting)	erfolgswirksame Fair Value-Bewertung	Zinserträge/-aufwendungen	Währungskursdifferenzen	Dividenden	Erträge und Aufwendungen aus Realisierung
adidas AG	2009	X	-	-	-	-	-	-	-	-	-	-	-	-	-	-	-	-	-	-	-	X-n.b.	X	V	V	V	-	-	-
ALTANA AG	2009	X	Finanzielles Nettoergebnis	V	V	-	-	V	V	V	-	-	-	-	-	-	-	-	-	-	X	-	-	-	-	-	-	-	-
		X	Operatives Nettoergebnis	-	-	-	-	-	-	-	V	-	-	-	-	-	-	-	-	-	X	-	-	-	-	-	-	-	-
		X	Nettoergebnis	V	V	-	-	V	V	V	V	-	-	-	-	-	-	-	-	-	X	-	-	-	-	-	-	-	-
BASF SE	2009	X	-	V	V	V	-	-	-	V	V	V	V	-	-	-	-	-	V	-	X	-	-	-	-	-	-	-	-
Bayer AG	2009	X	-	X	X	-	X	X	X	-	-	-	X	-	-	-	-	-	X	X	-	-	X	Matrix					
Beiersdorf AG	2009																							Keine Angaben gemäß IFRS 7-20(a) auffind					
BMW AG	2009	X	-	-	-	-	-	-	-	-	-	-	-	-	-	-	-	-	-	-	-	-	X	X	-	-	-	-	-
Continental AG	2009	X	-	X	X	-	-	X	-	-	X	-	X	-	-	-	-	-	-	X	-	-	X	Matrix					
Daimler AG	2009	X	-	-	-	-	-	-	-	-	-	-	-	-	-	-	-	-	-	-	-	-	X	-	V	-	-	-	-
Deutsche Börse AG	2009																							Keine Angaben gemäß IFRS 7-20(a) auffind					
Deutsche Lufthansa AG	2009	X	Als Kategorie: "Ineffektiver Teil von Derivaten, die der Sicherung von Cashflows dienen	-	-	-	X	-	-	-	-	-	-	-	-	-	X	X	X	X	X	-	-	Matrix					
Deutsche Post AG	2009	X	Angaben zu den AfS-Finanzinstrumenten Textziffer 40 entnommen (dort: Entwicklung der Neubewertungsrücklage)	-	-	-	-	V	V	-	-	-	V	-	-	-	-	-	-	-	-	X	X	-	-	V-n.e.		V-n.e.	-
Deutsche Telekom AG	2009	X	-	X		-	-	X	X	X	X	-	X	-	-	-	-	-	-	X	-	-	X	-	-	V	-	V	-
E.ON AG	2009	X	-	-	-	-	-	-	-	-	-	-	-	-	-	-	-	-	-	-	-	-	X	-	V	-	-	-	V
Fresenius Medical Care AG & Co. KGaA	2009																							Keine Angaben gemäß IFRS 7-20(a) auffind					
Fresenius SE	2009	-	-	-	-	-	-	-	-	-	-	-	-	-	-	-	-	-	-	-	-	-	-	-	-	-	-	-	-
Henkel AG & Co. KGaA	2009																							Keine Angaben gemäß IFRS 7-20(a) auffind					
Infineon Technologies AG (01.10.-30.09.)	2009	X	Als Kategorie: "Absicherung von Zahlungsströmen"	X		-	-	X	-	-	X	-	X	X	X	X	X		-	X	-	X	X	Matrix					

Abbildung 16: Erhebung der Umsetzung von IFRS 7.20(a) in der Praxis der DAX-30 Nicht-Finanzdienstleister (2007-2009)

Nettoergebnis *Available-for-Sale*									Nettoergebnis *Held-to-Maturity Investments*	Nettoergebnis *Loans and Receivables*					Nettoergebnis *Other Liabilities*					Gesamtsumme
ANGABE (Wertänderungen kumuliert)	in der Neubewertungsrücklage erfasster Betrag	in die GuV umgebuchter Betrag																		
	ANGABE	ANGABE	Wertminderungen/Wertaufholungen	Zinsenerträge/-aufwendungen	erhaltene Dividenden	Währungskurseffekte	Erträge aus Beteiligungen	Veräußerungs- und Bewertungsergebnis	ANGABE	ANGABE	Wertminderungen/Wertaufholungen	Währungskurseffekte	Zinsenerträge/-aufwendungen	Sonstige Erträge/Aufwendungen	ANGABE	Effekte aus vorzeitiger Tilgung und Auflösung	Währungskurseffekte	Zinsenerträge/-aufwendungen	Erträge/Aufwendungen	
X	-	-	-	-	-	-	-	-	X-n.b.	X	V	-	-	-	X	V	-	-	-	-
X	-	-	-	-	-	-	-	-	-	X	-	-	-	-	X	-	-	-	-	X
X	-	-	-	-	-	-	-	-	-	X	V	-	-	-	X	-	-	-	-	X
X	-	-	-	-	-	-	-	-	-	X	V	-	-	-	X	-	-	-	-	X
X	-	-	V	X	V	V	-	-	-	X	-	V	X	-	X	-	V	X	-	-
X	Matrix								X	X	Matrix				X	Matrix				X
dbar																				
-	X	X	-	-	-	-	X	X	-	X	X	-	-	X	X	-	-	-	X	-
X	V (X)	V (X)	Matrix						-	X	Matrix				X	Matrix				X
X	-	-	-	-	-	-	V	V	-	X	V	-	-	-	X	-	-	-	-	-
dbar																				
X	-	-	Matrix						-	X	Matrix			-	-	-	-	-	-	X
-	X	X	-	-	-	X	-	-	X-n.B.	X	-	-	-	-	X	-	-	-	-	-
X	-	-	Matrix						X	X	Matrix				X	Matrix				X
X	-	-	-	-	-	-	-	-	-	X	V	-	V	-	X	-	-	V	-	-
dbar																				
-	-	-	-	-	-	-	-	-	-	V	V	V	V	-	V	-	-	V	-	-
dbar																				
X	Matrix								-	X	Matrix				X	Matrix				X

Unternehmen (Geschäftsjahr 2009)	Jahr	Vorjahres-zahlen	Zusätzliche Differenzierung / Besonderheiten	**Generelle Beinhaltung Nettoergebnisse** (u.a. nicht nach Kategorien differenziert)																	**Nettoergebnis** ***As at Fair Value through Profit or Loss (financial assets and financial liabilities)***								
				Zinserträge	Zinsaufwendungen	Bewertungsergebnisse allgemein	Beteiligungserträge bzw. Beteiligungsergebnis	(erfolgswirksame) Fair Value-Bewertung	Ergebnisse aus Abgängen	erhaltene Dividenden	Währungskurseffekte	Fortschreiben von Agien und Disagien	Wertminderungen (erfolgswirksame Bildung und Auflösung)	Erfolgswirksam aus dem EK umgegliedert	Im EK erfasste Veränderung des beizulegenden Zeitwerts	Im EK erfasste Nettogewinne (-verluste)	Sonstige betriebliche Erträge	Sonstige betriebliche Aufwendungen	alle sonstigen Ergebniswirkungen aus Finanzinstrumenten	**DIESE POSTEN IM RAHMEN EINER MATRIXDARSTELLUNG VERWENDET**	ANGABE kumuliert (FVO + HFT)	*Fair Value Option* ANGABE	*Held-for-Trading* ANGABE	Ergebnisse aus Derivaten (nicht hedge accounting)	erfolgswirksame Fair Value-Bewertung	Zinserträge/-aufwendungen	Währungskursdifferenzen	Dividenden	Erträge und Aufwendungen aus Realisierung
K+S AG	2009	X	-	-	-	-	-	-	-	-	-	-	-	-	-	-	-	-	-	-	-	-	X	V	-	V	-	-	-
Linde AG	2009	X	-	-	-	-	-	V	V	-	V	-	V	-	-	-	-	-	-	-	-	-	X	X	-	-	-	-	-
MAN SE	2009	X	-	-	-	-	-	-	-	-	-	-	-	-	-	-	-	-	-	-	X	-	-	V	-	-	-	-	-
Merck KGaA	2009	X	-	X		-	-	X	X	-	-	-	X	-	-	-	-	-	-	X	-	-	X	Matrix					
METRO AG	2009	X	-	X		-	X	X	X	-	X	-	X	-	-	-	-	-	X	X	-	-	X	Matrix (inkl. Derivate mit Sicherungszusammenhang gem. IAS 39)					
RWE AG	2009	X	-	V		V	-	-	-	V	-	-	-	-	-	-	-	-	-	-	X	-	X	-	-	-	-	-	-
SALZGITTER AG	2009	X	-	-	-	-	-	-	-	-	V	-	V	-	-	-	-	-	-	-	-	-	X	-	-	-	-	-	-
SAP AG	2009	X	-	X	X	-	-	-	X	-	-	-	X	-	-	-	-	-	X	X	-	-	-	-	-	-	-	-	-
Siemens AG (01.10.-30.09.)	2009	X	Als Kategorie: "Zahlungsmittel und Zahlungsmitteläquivalente"; darüber hinausgehende Angaben zur Entwicklung der Neubewertungsrücklage (AfS) in Ziffer 27.	-	-	-	-	-	-	-	X	-	-	-	-	-	-	-	-	-	-	-	X	V	-	V	-	-	-
ThyssenKrupp AG (01.10.-30.09.)	2009	X	-	-	-	-	-	-	-	-	-	-	-	-	-	-	-	-	-	-	-	-	X	-	-	-	-	-	-
TUI AG	2009	X	Neben dem Posten "Nettoergebnis" wird auch der Posten "übriges Nettoergebnis" (ohne Zinsen) in der Matrix ausgewiesen	X		-	V	V	V	-	-	-	V	-	-	-	-	-	-	X	-	-	-	-	-	-		-	-
Volkswagen AG	2009	X	-	-	-	-	-	-	-	-	-	-	-	-	-	-	-	-	-	-	X	-	-	-	V	V	V	-	-

Nettoergebnis *Available-for-Sale*									Nettoergebnis *Held-to-Maturity Investments*	Nettoergebnis *Loans and Receivables*					Nettoergebnis *Other Liabilities*					Gesamtsumme
ANGABE (Wertänderungen kumuliert)	in der Neubewertungsrücklage erfasster Betrag ANGABE	in die GuV umgebuchter Betrag ANGABE	Wertminderungen/Wertaufholungen	Zinserträge/-aufwendungen	erhaltene Dividenden	Währungskurseffekte	Erträge aus Beteiligungen	Veräußerungs- und Bewertungsergebnis	ANGABE	ANGABE	Wertminderungen/Wertaufholungen	Währungskurseffekte	Zinserträge/-aufwendungen	Sonstige Erträge/Aufwendungen	ANGABE	Effekte aus vorzeitiger Tilgung und Auflösung	Währungskurseffekte	Zinserträge/-aufwendungen	Erträge/Aufwendungen	
X	V (X)	V (X)	-	-	-	-	-	-	-	X	V	V	-	-	X	-	V	-	-	-
X	X	X	-	-	-	-	-	-	X	X	-	-	-	-	X	-	-	-	-	X
X	V	V	-	-	-	-	-	-	-	X	V	V	-	V	X	V	V	-	-	-
X	Matrix								X	X	Matrix				X	Matrix				-
X	Matrix								X	X	Matrix (inkl. Zahlungsmittel und -äquivalente)				X	Matrix				X
X	V (X)	V (X)	-	-	-	-	-	-	-	X	-	-	-	-	X	-	-	-	-	-
X	V (X)	V (X)	-	V (X)	-	-	-	-	-	X	-	-	-	-	X	-	-	V (X)	-	-
X	-	-	-	-	-	-	-	-	-	X	-	-	-	-	X	-	-	-	-	X
X	umfassen Wertminderungen, Gewinne oder Verluste aus der Ausbuchung und den ineffektiven Teil aus Fair Value Hedges							V	-	X	V	-	-	V	X	umfassen Gewinne und Verluste aus der Ausbuchung und den ineffektiven Teil aus Fair Value Hedges				-
X	-	-	-	-	-	-	-	V	-	X	V	V	V	-	X	-	V	V	-	-
-	-	-	-	-	-	-	-	-	-	-	-	-	-	-	-	-	-	-	-	X
X	-	-	V	-	-	V	-	V	-	X	-	V	V	-	X	-	-	-	-	-

Lediglich wenige Unternehmen, etwa die *Salzgitter AG*[896], geben im Rahmen der Offenlegung der Nettoergebnisse i.S.v. IFRS 7.20(a) eine teilweise **betragsmäßige, verbale Differenzierung** der angegebenen Nettoergebnisse an.

> ***Salzgitter AG*:**
> „Das Nettoergebnis der Kategorie „Zu Handelszwecken gehaltene Vermögenswerte/Verbindlichkeiten" enthält im Wesentlichen Erträge und Aufwendungen aus der Stichtagsbewertung von kurzfristigen Wertpapieren sowie aus der Bewertung von Sicherungsgeschäften. In den Kategorien „Zur Veräußerung verfügbare finanzielle Vermögenswerte" und „Zu fortgeführten Anschaffungskosten bewertete finanzielle Verbindlichkeiten" sind im Wesentlichen Zinserträge in Höhe von 31,1 Mio. € (Vorjahr 133,7 Mio. €) bzw. Zinsaufwendungen in Höhe von 23,5 Mio. € (Vorjahr 66,4 Mio. €) enthalten. Daneben sind in den Nettoergebnissen Effekte aus Währungsumrechnung und Wertminderung enthalten."[897]

Eine **betragsmäßige Differenzierung** der angegebenen **Nettoergebnisse** im Rahmen derer **tabellarischer Darstellung** nehmen die *ALTANA AG*, die *BASF SE* sowie die *BMW AG* vor:

- Differenzierung je Kategorie in das „finanzielle Nettoergebnis", das „operative Nettoergebnis" sowie das „Nettoergebnis" (*ALTANA AG*[898]);
- Differenzierung je Kategorie im Rahmen einer separaten Angabenzeile „davon Zinsergebnis" (*BASF SE*[899]);
- Individuelle Differenzierung der einzelnen Kategorien (*BMW AG*[900]).

Die nach IFRS 7.20(a)(ii) geforderte **Differenzierung** der als ***Available-for-Sale*** kategorisierten Finanzinstrumente in (1) den Betrag der Bewertungsgewinne oder -verluste, der während der Berichtsperiode direkt im Eigenkapital (Neubewertungsrücklage) und (2) den Betrag, der für die Berichtsperiode vom Eigenkapital in die Gewinn- und Verlustrechnung umgebucht wurde, wird von einigen Unternehmen **verbal** im Nachgang an die anderen Angaben gemäß IFRS 7.20(a) **quantifiziert**, darunter etwa die *RWE AG*[901], die *Continental AG*[902] und, wie nachfolgend veranschaulicht, die *K+S AG*.

> ***K+S AG*:**
> „Das Nettoergebnis aus zur Veräußerung verfügbaren finanziellen Vermögenswerten umfasst im Wesentlichen Gewinne und Verluste aus dem Abgang von Beteiligungen und Wertpapieren sowie im Vorjahr den ineffektiven Teil aus Kurssicherung. Im Vorjahr wurde zudem ein Betrag aus er-

896 Vgl. GB 2009 der *Salzgitter AG*, S. 234-235.

897 Vgl. GB 2009 der *Salzgitter AG*, S. 234.

898 Vgl. GB 2009 der *ALTANA AG*, S. 150-151. Das „finanzielle Nettoergebnis" ergibt sich dabei jeweils aus dem Saldo von Zinsaufwendungen, Zinserträgen, erfolgswirksamen Fair Value-Bewertungen, dem Ergebnis aus dem Angang von Finanzinstrumenten und erhaltenen Dividenden. Das „operative Nettoergebnis" umfasst Wertberichtigungen auf Forderungen aus Lieferungen und Leistungen sowie Kursdifferenzen. Das „Nettoergebnis" stellt die jeweils saldierte Position dieser beiden zuvor genannten Positionen dar. Vgl. ebenda.

899 Vgl. GB 2009 der *BASF SE*, S. 192.

900 Vgl. GB 2009 der *BMW AG*, S. 125. Etwa Differenzierung der Kategorie „Kredite und Forderungen (Loans and Receivables)" in „Wertberichtigungen/Wertaufholungen" und „Sonstige Erträge/Auswendungen". Vgl. ebenda.

901 Vgl. GB 2009 der *RWE AG*, S. 190.

902 Vgl. GB 2009 der *Continental AG*, S. 212.

folgsneutraler Bewertung in Höhe von -9.842 T€ direkt in die Neubewertungsrücklage gebucht. 10.454 T€ wurden im Vorjahr der Neubewertungsrücklage entnommen und ergebniswirksam erfasst."[903]

Bei den meisten der Unternehmen, die diese Angabe hingegen nicht in unmittelbarer Nähe zur Angabe der Nettoergebnisse i.S.v. IFRS 7.20(a) machen, sind die entsprechenden Informationen einem anderen Teil der Anhangangaben zu entnehmen.[904] In den meisten Fällen wird aber auf eine verbale Überleitung bzw. einen entsprechenden Verweis verzichtet.

Andere der betrachteten Unternehmen nehmen hingegen bei der Offenlegung der **Nettogewinne** und **–verluste** eine diesbezüglich **tiefergehende Differenzierung** anhand einer **Matrixdarstellung**[905] vor.[906]

Deutsche Telekom AG:[907]

in Mio. €	aus Zinsen, Dividenden	aus der Folgebewertung			aus Abgang	Nettoergebnis	
		zum beizulegenden Zeitwert	Währungsumrechnung	Wertberichtigung		2009	2008
Loans and Receivables (LaR)	132		(195)	(716)		(779)	(1 577)
Held-to-Maturity Investments (HtM)	3			2	2	7	5
Available-for-Sale Financial Assets (AfS)	64			(8)	(11)	45	68
Financial Instruments Held for Trading (FAHfT und FLHfT)	n.a.	(79)				(79)	383
Financial Liabilities Measured at Amortised Cost (FLAC)	(2 757)		183			(2 574)	(2 387)
	(2 558)	**(79)**	**(12)**	**(722)**	**(9)**	**(3 380)**	**(3 508)**

Dabei nehmen lediglich einige wenige der betrachteten Unternehmen, bspw. die *Deutsche Telekom AG*[908], in unmittelbarer Nähe zu den Angaben zu den Nettoergebnissen gemäß IFRS 7.20(a) eine i.S.v. IFRS 7.B5(e) sowie i.V.m. IFRS 7.BC34 ergänzende, nicht verpflichtend geforderte, **verbale**

---

903 Vgl. GB 2009 der *K+S AG*, S. 225-226.

904 So liefert bspw. die *Deutsche Post AG* eine betragsmäßige Differenzierung der zur Veräußerung verfügbaren finanziellen Vermögenswerte nicht in unmittelbarer Nähe zu den Angaben zu den Nettoergebnissen i.S.v. IFRS 7.20(a), sondern unter Ziffer 40 „Andere Rücklagen" (Entwicklung der Neubewertungsrücklage). Vgl. GB 2009 der *Deutsche Post AG*, S. 187, 161. Die *SAP AG* verweist bspw. auf die Konzerngesamtergebnisrechnung zur Darstellung der im Zusammenhang mit den zur Veräußerung verfügbaren finanziellen Vermögenswerten erfolgsneutral im Eigenkapital erfassten sowie den aus dem Eigenkapital entnommenen und in der GuV realisierten Beträgen. Vgl. GB 2009 der *SAP AG*, S. 228. Die *Siemens AG* verweist in diesem Zusammenhang auf die *„Sonstige Bestandteile des Eigenkapitals in Ziffer ››Ziffer 27‹‹"*. Vgl. GB 2009 der *Siemens AG*, S. 214.

905 So die GBs 2009 der *Bayer AG*, S. 234-235, der *Continental AG*, S. 212, der *Deutsche Lufthansa AG*, S. 178, der *Infineon Technologies AG*, S. 173, der *Merck KGaA*, S. 154, der *METRO AG*, S. 156, der *SAP AG*, S. 227, sowie der *TUI AG*, S. 209.

906 Für weitere ähnliche Beispiele siehe die GBs 2009 der *ALTANA AG*, S. 151, der *BASF AG*, S. 192, der *Bayer AG*, S. 234, der *BMW AG*, S. 125, der *Continental AG*, S. 212, der *Deutsche Lufthansa AG*, S. 178, der *Infineon Technologies AG*, S. 173, der *Merck KGaA*, S. 154, der *SAP AG*, S. 227 sowie der *TUI AG*, S. 209.

907 Vgl. GB 2009 der *Deutsche Telekom AG*, S. 201.

908 Vgl. hierzu bspw. auch die GBs 2009 der *Continental AG*, S. 212, der *Daimler AG*, S. 232, der *METRO AG*, S. 156 sowie der *SAP AG*, S. 227.

Überleitung der einzelnen Komponenten der offengelegten Nettoergebnisse auf die entsprechenden GuV-Posten vor,[909] was entsprechend als **Benchmark** anzusehen ist.

> ***Deutsche Telekom AG*:**
>
> „Die Zinsen aus Finanzinstrumenten werden im Zinsergebnis, die Dividenden im sonstigen Finanzergebnis (Beteiligungsergebnis) ausgewiesen (vgl. Angabe 21 und 23). Die übrigen Komponenten des Nettoergebnisses erfasst die Deutsche Telekom im sonstigen Finanzergebnis. Davon ausgenommen sind die der Bewertungskategorie Loans and Receivables zuzuordnenden Wertberichtigungen auf Forderungen aus Lieferungen und Leistungen (vgl. Angabe 2), die unter den Vertriebskosten ausgewiesen werden. In das Ergebnis aus der Folgebewertung der Finanzinstrumente, die der Bewertungskategorie Held for Trading zugeordnet sind (Verluste in Höhe von netto 79 Mio. €), gehen sowohl Zins- als auch Währungseffekte ein. Die Verluste aus der Währungsumrechnung von den der Bewertungskategorie Loans and Receivables zugeordneten finanziellen Vermögenswerten in Höhe von netto 195 Mio. € resultieren überwiegend aus der konzerninternen Weiterleitung von Darlehen, welche die Finanzierungsgesellschaft der Deutsche Telekom, die Deutsche Telekom International Finance B.V., in Fremdwährung am Kapitalmarkt aufnimmt. Diesen stehen entsprechende Währungsgewinne aus den Kapitalmarktverbindlichkeiten gegenüber (183 Mio. €). Das Zinsergebnis aus finanziellen Verbindlichkeiten der Bewertungskategorie Financial Liabilities Measured at Amortised Cost (Aufwendungen in Höhe von netto 2 757 Mio. €) schließt im Wesentlichen Zinsaufwendungen aus Anleihen und aus sonstigen (verbrieften) Finanzverbindlichkeiten ein. Ferner werden darunter auch Zinsaufwendungen aus der Aufzinsung und Zinserträge aus der Abzinsung von Verbindlichkeiten aus Lieferungen und Leistungen subsumiert. Nicht enthalten sind jedoch die Zinsaufwendungen und Zinserträge aus Zinsderivaten, welche die Deutsche Telekom in der Berichtsperiode im Rahmen von Fair value Hedges als Sicherungsinstrumente zur Absicherung des Zeitwertrisikos finanzieller Verbindlichkeiten eingesetzt hat (vgl. Angabe 21)."[910]

Bei Betrachtung der **einzelnen Ergebniskomponenten**, d.h. des jeweiligen (Übrigen/Sonstigen) Finanz-, Beteiligungs- oder Zinsergebnisses[911] der in die Untersuchung einbezogenen Unternehmen, ist festzustellen, dass lediglich die *Deutsche Börse AG*[912], die *Deutsche Lufthansa AG*[913], die *Deutsche Telekom AG*, die *E.ON AG*[914], die *METRO AG*[915] sowie die *RWE AG*[916] eine Differenzie-

---

909 Zu einem ähnlichen Ergebnis hinsichtlich der Überleitung der offenlegten Informationen gemäß IFRS 7.20(a) auf die einschlägigen GuV-Positionen kommend (Bereitstellung lediglich von wenigen der betrachteten Unternehmen). Vgl. Ernst & Young Global Limited (2008), S. 13.

910 Vgl. GB 2009 der *Deutsche Telekom AG*, S. 201.

911 I.d.R. werden unter dem Finanzergebnis das Beteiligungs-, das Zins- und das sonstige Finanzergebnis subsumiert.

912 Vgl. GB 2009 der *Deutsche Börse AG*, S. 151. Die *Deutsche Börse AG* trennt hierbei die Finanzerträge nach den Kategorien „Zinsen aus Reverse Repurchase Agreements der Kategorie „Kredite und Forderungen"", „Zinsen aus Bankguthaben der Kategorie „Kredite und Forderungen"", „Zinsähnliche Erträge aus zu Sicherungszwecken gehaltenen Derivaten", „Zinsähnliche Erträge aus der Bewertung von zu Handelszwecken gehaltenen Derivaten", „Erträge aus zur Veräußerung verfügbaren Wertpapieren" sowie „Zinsähnliche Erträge aus langfristigen Forderungen". Die Finanzaufwendungen werden dabei in die Kategorien „Zinsen aus langfristigen Ausleihungen", „Zinsen aus kurzfristigen Verbindlichkeiten", „Folgebewertung von zu Handelszwecken gehaltenen Derivaten", „Zinsähnliche Aufwendungen für zu Sicherungszwecken gehaltene Derivate" sowie „Zinsähnlicher Aufwand aus Währungsdifferenzen aus Verbindlichkeiten" differenziert. Obwohl diese Kategorisierung nicht exakt den IAS 39-Kategorien entspricht, ist dadurch teilweise doch eine gewisse differenzierte Betrachtung der Nettoergebnisse i.S.v. IFRS 7.20(a) möglich (insbesondere hinsichtlich der Kategorie „Kredite und Forderungen").

913 Ähnlich der *Deutsche Börse AG* wird hier der Posten „Übrige Finanzposten" ähnlich den IAS 39-Kategorien untergliedert. Vgl. GB 2009 der *Deutsche Lufthansa AG*, S. 166.

914 Vgl. hierzu den GB 2009 der *E.ON AG*, S. 85.

rung dieser Ergebniskomponenten, speziell des Zinsergebnisses, hinsichtlich der IAS 39-Bewertungskategorien i.S.e. Bruttoausweises nach IFRS 7.20(a) vornehmen. Somit wird eine tiefergehende Einsicht in die Zusammensetzung der Nettoergebnisse je Bewertungskategorie bei gleichzeitig **besserer Zuordenbarkeit der Bestandteile der Nettoergebnisse zu den entsprechenden Ergebniskomponenten** (bspw. Zinsergebnis oder Übriges Finanzergebnis) ermöglicht.

***Deutsche Telekom AG*:**[917]

in Mio. €	2009	2008	2007
Zinserträge	341	408	261
Zinsaufwendungen	(2 896)	(2 895)	(2 775)
	(2 555)	**(2 487)**	**(2 514)**
davon: Aus Finanzinstrumenten der Bewertungskategorien gemäß IAS 39:			
Darlehen und Forderungen	132	162	152
Held-to-Maturity-Investitionen	3	23	9
Finanzielle Vermögenswerte Available-for-Sale	42	32	31
Finanzielle Verbindlichkeiten bewertet mit fortgeführten Anschaffungskosten *	(2 637)	(2 668)	(2 612)

* Nach der Effektivzinsmethode ermittelte Zinsaufwendungen korrigiert um Zinsabgrenzungen aus derivativen Finanzinstrumenten, die in der Berichtsperiode im Rahmen des Hedge Accounting gemäß IAS 39 als Sicherungsinstrumente gegen zinsbedingte Veränderungen der beizulegenden Zeitwerte von zu fortgeführten Anschaffungskosten bilanzierten finanziellen Verbindlichkeiten eingesetzt wurden (2009: Zinserträge 107 Mio. €; 2008: Zinserträge 68 Mio. €, Zinsaufwendungen 11 Mio. €; 2007: Zinsaufwendungen 42 Mio. €).

Die *adidas AG* nimmt eine diesbezüglich vergleichsweise grobe Differenzierung im Rahmen des Finanzergebnisses der Finanzerträge in u.a. „Zinserträge aus Finanzinstrumenten, die zu fortgeführten Anschaffungskosten bewertet werden" und „Zinserträge aus Finanzinstrumenten, die erfolgswirksam zum beizulegenden Zeitwert bewertet werden" vor. Die Finanzaufwendungen werden gemäß dieser zweiseitigen Unterscheidung u.a. hinsichtlich der Zinsaufwendungen differenziert.[918]

Die *Bayer AG* subsumiert unter das Zinsergebnis dabei explizit betragsmäßig die Zinserträge und –aufwendungen aus Derivaten, die zu Handelszwecken gehalten werden.[919] Demgegenüber weist die *Deutsche Telekom AG* die Zinserträge und –aufwendungen von Finanzinstrumenten, die nach IAS 39 als „zu Handelszwecken gehalten" eingestuft sind, explizit betragsmäßig unter dem Sonstigen Finanzergebnis und nicht unter dem Zinsergebnis aus.[920]

Eine explizite betragsmäßige Zuordnung von erhaltenen Dividenden, die den zur Veräußerung verfügbaren finanziellen Vermögenswerten entspringen, zum Finanzergebnis nimmt dabei etwa die *Siemens AG* vor.[921]

915 Vgl. hierzu den GB 2009 der *METRO AG*, S. 155. Die *METRO AG* differenziert hier sowohl das Zinsergebnis (Zinserträge/-aufwendungen) als auch das Übrige Finanzergebnis (sonstige finanzielle Erträge/Aufwendungen) nach den IAS 39-Bewertungskategorien.

916 Vgl. hierzu den GB 2009 der *RWE AG*, S. 164.

917 Vgl. GB 2009 der *Deutsche Telekom AG*, S. 175.

918 Vgl. GB 2009 der *adidas AG*, S. 202.

919 Vgl. GB 2009 der *Bayer AG*, S. 189.

920 Vgl. GB 2009 der *Deutsche Telekom AG*, S. 176.

921 Vgl. GB 2009 der *Siemens AG*, S. 161.

Die Beantwortung der Frage, inwiefern sich die nach IFRS 7.20(a) ggf. offengelegten Nettoergebnisse den einzelnen Ergebniskomponenten zuordnen lassen, ist m.E. allerdings nur anhand derart expliziter Hinweise möglich. Auch eine tiefergehende Differenzierung der Nettoergebnisse je Bewertungskategorie gelingt bei den Unternehmen, die keine Matrixdarstellung verwenden, nur durch eine separate (verbale) Unterscheidung der Ergebniskomponenten je Bewertungskategorie – allerdings nimmt ein Großteil der betrachteten Unternehmen solche Zuordnungen bzw. Differenzierungen nicht vor.

Mit Blick auf die **Ermittlung des Benchmark** ist es m.E. daher grundsätzlich zu empfehlen, der Angabepflicht gemäß IFRS 7.20(a) anhand einer **Matrixdarstellung** nachzukommen. Die **Zeilen**[922] der Matrix haben dabei gemäß IFRS 7.20(a) zwingend den vom Unternehmen befüllten **IAS 39-Bewertungskategorien** zu entsprechen. Die **Spalten** der Matrix sind dabei nach unternehmensindividuellen Bedürfnissen zu gestalten, wobei sich anhand der oben dargestellten Muster-Matrizen[923], die durchaus gewisse **Konventionen** erkennen lassen, die Spalten:

- Zinsen (und Dividenden);
- aus der Folgebewertung:
    - zum beizulegenden Zeitwert;
    - Währungsumrechnung;
    - Wertberichtigungen/Wertaufholungen;
    - Erfolgsneutral im Eigenkapital erfasste Veränderung des beizulegenden Zeitwerts;
    - Erfolgswirksam aus dem Eigenkapital umgegliedert;
- Beteiligungen;
- Abgänge;
- Nettogewinne;
- Nettoverluste;
- Nettoergebnis.

als sinnvolle Empfehlungen erweisen.

Um neben IFRS 7.20(a) weiteren Angabepflichten (IFRS 7.20(b)[924] und (e)[925]) genügen zu können, sind darüber hinaus die Empfehlungen bzw. Erweiterungen der nachfolgenden Kapitel zu beachten.

---

922 An dieser Stelle können natürlich auch die Spalten der Matrix definiert werden.

923 Vgl. insbesondere die GBs 2009 der *Deutsche Telekom AG*, S. 201 sowie der *METRO AG*, S. 156.

924 Empfohlenen Differenzierung des Spaltenpostens „Zinsen (und Dividenden)“ in (die Subspalten) Zinserträge und Zinsaufwendungen, um IFRS 7.20(b) zu entsprechen. Vgl. hierzu insbesondere Kapitel 3.4.6.2.

925 Empfohlenen Differenzierung des Spaltenpostens „Wertberichtigung/Wertaufholung“ in zwei separate Spalten „Wertberichtigung“ und „Wertaufholung“, um insbesondere anhand der ersten Spalte IFRS 7.20(e) genügen zu können. Vgl. hierzu insbesondere Kapitel 3.4.6.5.

Es sei an dieser Stelle auch insbesondere auf die Ausführungen in Kapitel 4.5.2.3.3. hingewiesen, wo eine **gemeinsame Darstellung**[926] der **Angabepflichten** des IFRS 7 zur **Risikovorsorge** und zu den **Nettoergebnissen** der von den Unternehmen gehaltenen Finanzinstrumenten unterbreitet wird.

Das unter Abbildung 17 aufgeführte **Tableau** stellt vor diesem Hintergrund eine Empfehlung zur **isolierten Umsetzung** der Angabepflichten **gemäß IFRS 7.20(a)** dar.

Bewertungskategorien gemäß IAS 39	Zinsen (und Dividenden)	Bewertung zum beizulegenden Zeitwert	Währungsumrechnung	Wertberichtigung/ Wertaufholung	Erfolgsneutral im Eigenkapital erfasste Veränderung des beizulegenden Zeitwerts	Erfolgsneutral aus dem Eigenkapital umgegliedert	Beteiligungen	Abgänge	Nettogewinne	Nettoverluste	Nettoergebnis
At Fair Value through Profit or Loss											
Held for Trading											
anhand Fair Value Option designiert											
Held-to-maturity Investments											
Loans and Receivables											
Available-for-sale											
Other Financial Liabilities											
GESAMT											

Abbildung 17: Benchmark-Tableau für eine isolierte Umsetzung von IFRS 7.20(a) (Nettoergebnisse je Bewertungskategorie)

Die Offenlegung zusätzlicher **verbaler Angaben** zur **Überleitung der einzelnen Komponenten der offengelegten Nettoergebnisse auf die entsprechenden GuV-Posten** analog dem obigen Beispiel der *Deutsche Telekom AG* sollte m.E. ebenfalls **Bestandteil einer am Benchmark orientierten Umsetzung** von IFRS 7.20(a) sein.

Der Blick in die **empirische Forschung** verleiht einer dahingehenden standardisierten Berichterstattung auf Basis eines solchen Benchmarks dabei weiteren Nachdruck.

Laut einer Untersuchung von *Brüggemann*, wird einer dementsprechenden **Aufgliederung der GuV**, insbesondere des Finanzergebnisses[927], sowohl seitens des **Kapitalmarkts** als auch von Seiten der **Wirtschaftsprüfer** eine **hohe Bedeutung** beigemessen. Relevanz besitzt eine derartige Differenzierung, da hierdurch transparent wird, welche **Bestandteile** des **(Finanz)Ergebnisses** als

[926] Für eine Übersicht zu derart zusammenhängenden Benchmarks bzw. Benchmark-Tableaus siehe Abbildung 44 unter Kapitel 6.1.

[927] Diese Aufgliederung des Finanzergebnisses wird laut *Brüggemann* über IFRS 7.20(a) bzgl. der Bewertungsgewinne und -verluste von zum Fair Value bewerteten Finanzinstrumenten sowie bzgl. der Erträge bzw. Aufwendungen aus dem Abgang von als *Available-for-Sale* oder als *Held-to-Maturity Investments* kategorisierten Finanzinstrumenten hinaus auch durch IFRS 7.20(b) bzgl. Zinsen und ähnlicher Erträge als auch durch IFRS 7.20(c) bzgl. der Erträge bzw. Aufwendungen aus Treuhandtätigkeit ermöglicht. Vgl. Brüggemann (2007), S. 142.

nachhaltig zu betrachten sind, was wiederum für eine **Extrapolation** des **(Finanz)Ergebnisses unabdingbar** ist.[928]

3.4.6.2. Gesamtzinserträge und –aufwendungen

Die Angabe der Gesamtzinserträge und –aufwendungen für all jene finanziellen Vermögenswerte und finanziellen Verbindlichkeiten, die nicht erfolgswirksam zum Fair Value bewertet werden, erfolgt bei einigen Unternehmen anhand einer kurzen tabellarischen Auflistung.

***Daimler AG*:**

„Die Gesamtzinserträge und –aufwendungen der fortgeführten Aktivitäten für finanzielle Vermögenswerte und finanzielle Verbindlichkeiten, die nicht erfolgswirksam mit den beizulegenden Zeitwerten bewertet werden, stellen sich wie folgt dar:

	2009	2008	2007
in Millionen €			
Gesamtzinserträge	**2.983**	3.610	3.429
Gesamtzinsaufwendungen	**(2.943)**	(2.990)	(2.633)

Qualitative Beschreibungen zur Bilanzierung und zum Ausweis von Finanzinstrumenten (einschließlich derivativer Finanzinstrumente) sind in Anmerkung 1 enthalten.“[929]

Andere Unternehmen unterlassen eine gesonderte Angabe der Gesamtzinserträge und –aufwendungen, da sie dieser Angabe bereits durch die Erfüllung anderer Angabepflichten entsprechen. So weist etwa die *adidas AG* die gesamten „Zinserträge aus Finanzinstrumenten, die zu fortgeführten Anschaffungskosten bewertet werden“ sowie die gesamten „Zinsaufwendungen aus Finanzinstrumenten, die zu fortgeführten Anschaffungskosten bewertet werden“ als separate Posten im Rahmen der Darstellung der einzelnen Komponenten des Finanzergebnisses aus.[930]

Wird anhand einer Matrixdarstellung der in Kapitel 3.4.1. vorgeschlagenen Vorgehensweise einer **Bruttodarstellung** der **einzelnen Bestandteile** der **Nettoergebnisse** der Bewertungskategorien und damit nicht der explizit nach IFRS 7.20(a) vorgesehenen Angabe der **saldierten** Nettogewinne und –verluste je Kategorie gefolgt, so lassen sich die Gesamtzinserträge und –aufwendungen aggregiert auch anhand der Summation der unsaldierten Zinsergebnisse der Kategorien *Held-to-Maturity Investments*, *Loans and Receivables*, *Available-for-Sale* sowie *Other Liabilities* bestimmen. Unternehmen, die einer solchen Matrixdarstellung nachkommen, verzichten entsprechend auch auf eine

928 Vgl. Brüggemann (2007), S. 141-143.

929 Vgl. GB 2009 der *Daimler AG*, S. 232. Ebenso die GBs 2009 der *MAN SE*, S. 141, sowie der *Volkswagen AG*, S. 241.

930 Vgl. GB 2009 der adidas AG, S. 202.

separate Darstellung der saldierten Gesamtzinserträge und –aufwendungen, womit sie IFRS 7.20(b) m.E. allerdings formal nicht gerecht werden.[931] Zudem wird im Rahmen der Matrixdarstellung nicht zwischen Zinserträgen und Zinsaufwendungen differenziert, was allerdings ebenfalls nach IFRS 7.20(b) verlangt ist.

Die Angaben zu den Gesamtzinserträgen und –aufwendungen werden von solchen Unternehmen, die keine Matrixdarstellung (IFRS 7.20(a)) gewählt haben, dabei teilweise im Rahmen der Erläuterung des Finanz- bzw. Zinsergebnisses offen gelegt.[932]

Sofern eine Matrixdarstellung für die Angaben gemäß IFRS 7.20(a) offengelegt wird, ist es m.E. grundsätzlich zu empfehlen, stets eine **Differenzierung** innerhalb der **Matrix** anhand der **Zinserträge** und **Zinsaufwendungen** vorzunehmen.[933] Obwohl diese Informationen IFRS 7.20(b) bereits inhaltlich genügen würden, sollte zusätzlich noch eine aggregierte Darstellung der Gesamtzinserträge und –aufwendungen für alle nicht erfolgswirksam zum beizulegenden Zeitwert bewerteten finanziellen Vermögenswerte und finanziellen Verbindlichkeiten offen gelegt werden, um IFRS 7.20(b) letztlich auch in formaler Hinsicht zu genügen. Nachfolgendes **Tableau** unter Abbildung 18 integriert diesen **Benchmark** in das zuvor für die isolierte Umsetzung von IFRS 7.20(a) empfohlene Tableau (Abbildung 17).

---

931 So etwa die GBs 2009 der *Bayer AG*, S. 234-235, der *Continental AG*, S. 212, der *Deutsche Telekom AG*, S. 201, der *Infineon Technologies AG*, S. 173, der *Merck KGaA*, S. 154, der *METRO AG*, S. 156, der *SAP AG*, S. 227, sowie der *TUI AG*, S. 209. Die *Deutsche Lufthansa AG*, die ebenfalls eine Matrixdarstellung bezüglich der Angaben gemäß IFRS 7.20(a) offen legt, differenziert allerdings keine Zinsen innerhalb der Matrix. Daher werden die Gesamtzinserträge und –aufwendungen von der *Deutsche Lufthansa AG* separat bei den Angaben zur Erläuterung des Zinsergebnisses gemacht: „Das nach der Effektivzinsmethode ermittelte Zinsergebnis aus Finanzinstrumenten beträgt – 113 Mio. EUR (Vorjahr: – 37 Mio. EUR) und stammt ausschließlich aus Finanzinstrumenten, die nicht zum beizulegenden Zeitwert über die GuV klassifiziert sind." Vgl. GB 2009 der *Deutsche Lufthansa AG*, S. 166; 178. Auch all jene Unternehmen, die das Zinsergebnis hinsichtlich der IAS 39-Bewertungskategorien weiter differenzieren, entsprechen IFRS 7.20(b) insoweit, als dass eine Bruttodarstellung der Gesamtzinserträge und –aufwendungen aller nicht erfolgswirksam zum Fair Value bewerteten Finanzinstrumente bereitgestellt wird. Vgl. die GBs 2009 der *Deutsche Telekom AG*, S. 175; der *E.ON AG*, S. 85; der *METRO AG*, S. 155 sowie der *RWE AG*, S. 164 (sowohl die *E.ON AG* als auch die *RWE AG* legen dabei die Angaben gemäß IFRS 7.20(a) nicht anhand einer Matrixdarstellung offen, d.h. kommen im Rahmen dieser Angabe auch den Angabepflichten gemäß IFRS 7.20(b) nicht nach).

932 So etwa die GBs 2009 der *Deutsche Post AG*, S. 150, der *Siemens AG*, S. 162 sowie der *ThyssenKrupp AG*, S. 195. Sowohl die *Fresenius Medical Care AG & Co. KGaA* als auch die *Fresenius SE* geben kommen den Angaben nach IFRS 7.20(b) dabei nur unvollständig und vage nach: „Das Nettozinsergebnis in Höhe von 215.058 € beinhaltet Zinsaufwendungen in Höhe von 230.399 € und Zinserträge in Höhe von 15.341 €. Der wesentliche Teil der Zinsaufwendungen resultiert aus den Finanzverbindlichkeiten der Gesellschaft (siehe Anmerkung 12 und 13)." Vgl. GB 2009 der *Fresenius Medical Care AG & Co. KGaA*, S. 20; „Das Zinsergebnis in Höhe von -580 Mio € setzte sich aus Zinsaufwendungen in Höhe von 602 Mio € und Zinserträgen in Höhe von 22 Mio € zusammen. Die Zinsaufwendungen resultierten aus den Finanzverbindlichkeiten des Fresenius-Konzerns (siehe Anmerkung 31, Finanzinstrumente)." Vgl. GB 2009 der *Fresenius SE*, S. 93.

933 Eine separate Spalte bzw. Zeile „Zinsen" genügt IFRS 7.20(b) nicht, da hier explizit zwischen Zinserträgen und Zinsaufwendungen unterschieden wird.

Bewertungskategorien gemäß IAS 39	Zinsen (und Dividenden)	Zinserträge	Zinsaufwendungen	Bewertung zum beizulegenden Zeitwert	Währungsumrechnung	Wertberichtigung/ Wertaufholung	Erfolgsneutral im Eigenkapital erfasste Veränderung des beizulegenden Zeitwerts	Erfolgsneutral aus dem Eigenkapital umgegliedert	Beteiligungen	Abgänge	Nettogewinne	Nettoverluste	Nettoergebnis
At Fair Value through Profit or Loss													
Held for Trading													
anhand Fair Value Option designiert													
Held-to-maturity Investments													
Loans and Receivables													
Available-for-sale													
Other Financial Liabilities													
GESAMT													

Abbildung 18: Benchmark-Tableau für eine isolierte Umsetzung von IFRS 7.20(a) i.V.m. IFRS 7.20(b) (Nettoergebnisse je Bewertungskategorie und Gesamtzinserträge und –aufwendungen für alle Finanzinstrumente, die nicht erfolgswirksam zum Fair Value bewertet werden)

3.4.6.3. Provisionserträge und –aufwendungen

Der Angabe zu den Provisionserträgen und –aufwendungen, die nicht Bestandteil der Effektivverzinsung sind, wird bspw. von der *Volkswagen AG*[934] folgendermaßen nachgekommen.

> ***Volkswagen AG*:**
>
> „Im Geschäftsjahr 2009 wurden 5 Mio. € (Vorjahr: 9 Mio. €) als Aufwand und 3 Mio. € (Vorjahr: 3 Mio. €) als Ertrag für Gebühren und Provisionen erfasst, die nicht im Rahmen der Effektivzinsmethode berücksichtigt wurden."[935]

Mangels fehlender Integrationsmöglichkeiten in eine Matrixdarstellung gemäß IFRS 7.20(a) ist es hierbei m.E. empfehlenswert, diese Angaben stets separat anhand einer verbalen Erläuterung oder einer tabellarischen Aufstellung und im Nachgang an die anderen Informationen gemäß IFRS 7.20 analog der *Volkswagen AG* offen zu legen.

3.4.6.4. Vereinnahmte Zinserträge aus wertgeminderten finanziellen Vermögenswerte

Der Angabe der mittels eines *unwinding* i.S.v. IAS 39.AG93 vereinnahmten Zinserträgen aus wertgeminderten finanziellen Vermögenswerten entspricht bspw. die *Volkswagen AG*[936] folgendermaßen.

> ***Volkswagen AG*:**
>
> „[…] Die Zinserträge aus wertgeminderten finanziellen Vermögenswerten beliefen sich im Geschäftsjahr auf 69 Mio. € (Vorjahr: 82 Mio. €)."[937]

---

934 Weitere Angaben, die direkt in Bezug zu IFRS 7.20(c) zu bringen wären, waren bei den meisten anderen betrachteten Unternehmen nicht auffindbar.

935 Vgl. GB 2009 der *Volkswagen AG*, S. 241. Ähnlich die *TUI AG*, die der Angabe gemäß IFRS 7.20(c) folgendermaßen nachkommt: „Aus nicht zum beizulegenden Zeitwert bewerteten Finanzinstrumenten entstanden im Rumpfgeschäftsjahr 2009 keine Provisionsaufwendungen (Vorjahr: 0,5 Mio €)." Vgl. GB 2009 der *TUI AG*, S. 209.

936 Es wurden darüber hinausgehend keine weiteren Angaben der betrachteten Unternehmen zu den Zinserträgen aus wertgeminderten finanziellen Vermögenswerten i.S.v. IFRS 7.20(d) gefunden.

Mangels fehlender Integrationsmöglichkeiten in eine Matrixdarstellung gemäß IFRS 7.20(a) ist es hierbei m.E., wie bereits auch bei den Angaben gemäß IFRS 7.20(c), empfehlenswert, diese Angaben stets verbal und im Nachgang an die anderen Informationen gemäß IFRS 7.20 analog der *Volkswagen AG* offen zu legen.

3.4.6.5. Wertminderungsaufwand je Klasse

Der Wertminderungsaufwand je Klasse finanzieller Vermögenswerte wird von der *TUI AG*[938] sowie der *Volkswagen AG* separat angegeben.[939]

***Volkswagen AG*:**[940]

WERTMINDERUNGSAUFWENDUNGEN DER FINANZIELLEN VERMÖGENSWERTE NACH KLASSEN

Mio. €	2009	2008
Zum Fair Value bewertet	3	266
Zu fortgeführten Anschaffungskosten bewertet	1.622	1.156
	1.625	**1.422**

Unternehmen, die der Angabepflicht gemäß IFRS 7.20(a) – **Nettoerträge und -aufwendungen** je IAS 39-Bewertungskategorien – anhand einer detaillierten **Matrixdarstellung** nachkommen,[941] erfüllen teilweise[942] gleichzeitig die Angabepflicht gemäß IFRS 7.20(e), sofern davon ausgegangen werden kann, dass dabei eine Übereinstimmung von Klassen für die Angabe gemäß IFRS 7.20(e) und den IAS 39-Bewertungskategorien vorliegt. Sofern diese Voraussetzung erfüllt ist – die Unternehmen geben bis auf die *Merck KGaA*[943] die Übereinstimmung von Klassen und Kategorien jedoch nicht explizit an[944] – ist im Rahmen der Matrixdarstellung anhand der Spalte bzw. Zeile

937 Vgl. GB 2009 der *Volkswagen AG*, S. 241. Eine explizite Erwähnung erfährt dieser Sachverhalt auch bei der MAN SE wird dort jedoch inhaltlich negativ beschieden: „Zinserträge auf wertgeminderte finanzielle Vermögenswerte sind aufgrund des zumeist kurzfristig zu erwartenden Zahlungseingangs von untergeordneter Bedeutung." Vgl. GB 2009 der *MAN SE*, S. 141.

938 Vgl. GB 2009 der *TUI AG*, S. 177-178. Die Angaben der *TUI AG* erfüllen dabei zugleich, zumindest was die Angaben hinsichtlich der Forderungen aus Lieferungen und Leistungen anbelangt, auch die Angaben gemäß IFRS 7.16 zur Risikovorsorge für finanzielle Vermögenswerte je diesbezüglicher Klasse i.S.v. IFRS 7.6 (Angabe der Entwicklung eines Wertberichtigungskontos).

939 Siehe hierzu bspw. ebenfalls den GB 2009 der *Linde AG*, S. 178.

940 Vgl. GB 2009 der *Volkswagen AG*, S. 241.

941 So die GBs 2009 der *Bayer AG*, S. 234-235, der *Continental AG*, S. 212, der *Deutsche Lufthansa AG*, S. 178, der *Deutsche Telekom AG*, S. 201, der *Infineon Technologies AG*, S. 173, der *Merck KGaA*, S. 154, der *METRO AG*, S. 156, der *SAP AG*, S. 227, sowie der *TUI AG*, S. 209.

942 Die *Deutsche Lufthansa AG* erfüllt mangels einer passenden Spaltenposition IFRS 7.20(e) nicht. Vgl. GB 2009 der *Deutsche Lufthansa AG*, S. 178. Ebenso die *TUI AG*, GB 2009, S. 209. Die *Infineon Technologies AG* erfüllt hingegen IFRS 7.20(e) aufgrund einer Saldierung der Wertberichtigungen mit den Wertaufholungen in der Matrixzeile „Wertberichtigung (Aufholung)" nicht. Vgl. GB 2009 der *Infineon Technologies AG*, S. 173.

943 Vgl. GB 2009 der *Merck KGaA*, S. 111 sowie Kapitel 3.2.2.

944 Aufgrund anderweitig fehlender Angaben bezüglich IFRS 7.20(e) kann dabei nur impliziert werden, dass Klassen und Kategorien für die Angabe gemäß IFRS 7.20(e) übereinstimmen.

„Aufwendungen aus Wertminderungen“[945], „Wertberichtigung(en)“[946] oder „Wertminderungen“[947] der Wertminderungsaufwand je Klasse bzw. Kategorie ersichtlich.

M.E. ist es vor diesem Hintergrund grundsätzlich zu empfehlen, die Angaben gemäß IFRS 7.20(e) in die Darstellung der Nettoergebnisse und –aufwendungen gemäß IFRS 7.20(a) zu integrieren.[948] Das unter Abbildung 19 aufgeführte **Tableau** integriert diesen **Benchmark** in das zuvor für die Umsetzung von IFRS 7.20(a) i.V.m. IFRS 7.20(b) empfohlene Tableau (Abbildung 18).

Bewertungskategorien gemäß IAS 39	Zinsen (und Dividenden)	Zinserträge	Zinsaufwendungen	Bewertung zum beizulegenden Zeitwert	Währungsumrechnung	Wertberichtigung	Wertaufholung	Erfolgsneutral im Eigenkapital erfasste Veränderung des beizulegenden Zeitwerts	Erfolgsneutral aus dem Eigenkapital umgegliedert	Beteiligungen	Abgänge	Nettogewinne	Nettoverluste	Nettoergebnis
At Fair Value through Profit or Loss														
Held for Trading														
anhand Fair Value Option designiert														
Held-to-maturity Investments														
Loans and Receivables														
Available-for-sale														
Other Financial Liabilities														
GESAMT														
Klassen gemäß IFRS 7*														
Zum Fair Value bewertete Finanzinstrumente														
Zu fortgeführten Anschaffungskosten beweretete Finanzinstrumente														
Finanzinstrumente nicht im Anwendungsbereich von IFRS 7														
GESAMT														

* Eine Differenzierung nach Klassen gemäß IFRS 7 ist anzugeben, sofern keine Identität von Klassen und IAS 39-Bewertungskategorien vorliegt; die Klassen in der Tabelle sind beispielhaft gewählt

Abbildung 19: Benchmark-Tableau für eine isolierte Umsetzung von IFRS 7.20(a) i.V.m. IFRS 7.20(b) i.V.m. IFRS 7.20(e) (Nettoergebnisse je Bewertungskategorie, Gesamtzinserträge und –aufwendungen für alle Finanzinstrumente, die nicht erfolgswirksam zum Fair Value bewertet werden, sowie Wertminderungsaufwand je Klasse)

Eine **alternative Möglichkeit zur Darstellung**[949] der Angaben gemäß IFRS 7.20(e) wird in Kapitel 4.5.2.3.3. vorgeschlagen, indem sämtlichen Angabepflichten des IFRS 7 zur Risikovorsorge anhand einer einzigen Darstellung nachgekommen wird.[950]

945 Vgl. GB 2009 der *Merck KGaA*, S. 234.

946 Vgl. GBs 2009 der *Continental AG*, S. 212, der *Deutsche Telekom AG*, S. 201 sowie der *METRO AG*, S. 156.

947 Vgl. GBs 2009 der *Merck KGaA*, S. 154 sowie der *SAP AG*, S. 227.

948 Voraussetzung hierfür ist, dass die IAS 39-Kategorien gleichzeitig als Klassen für die Angabe gemäß IFRS 7.20(e) betrachtet werden. Geht das bilanzierende Unternehmen davon aus, so ist es m.E. empfehlenswert, diesen Sachverhalt sowie die gleichzeitige Erfüllung von IFRS 7.20(a) und (e) anhand der Matrixdarstellung verbal klarzustellen.

949 Für eine Übersicht zu derart zusammenhängenden Benchmarks bzw. Benchmark-Tableaus siehe Abbildung 44 unter Kapitel 6.1.

950 Dort werden auch die nach IFRS 7.B5(f) geforderten Angaben zur objektiven Feststellung eines Wertminderungsaufwands durch das Unternehmen anhand von Praxisbeispiele veranschaulicht.

3.5. Sonstige Angaben

3.5.1. Angaben zu den Bilanzierungs- und Bewertungsmethoden

IFRS 7.21 verweist für die Angaben zu den Bilanzierungs- und Bewertungsmethoden auf IAS 1.117[951], wonach Unternehmen in der zusammenfassenden Angabe der Bilanzierungs- und Bewertungsmethoden sowohl die **Bewertungsgrundlagen** („*...the measurement basis (or bases) used in preparing the financial statements...*“) (IAS 1.117(a)) als auch die **sonstigen Bilanzierungs- und Bewertungsmethoden**[952], die für das Verständnis des Jahresabschlusses relevant sind (IAS 1.117(b)), anzugeben haben.

Da sich der Kategorisierung der Finanzinstrumente zu Bewertungszwecken keine weiteren Wahlrechte mehr anschließen, beschränkt sich die Angabepflicht gemäß IFRS 7.21 zunächst auf die Nennung der nach IAS 39 vorgesehenen Bewertung.[953] Am Beispiel der *Daimler AG* kann dies exemplarisch veranschaulicht werden[954] – eine umfassende Erhebung der dahingehenden Angaben erscheint m.E. hingegen wenig sinnvoll, entsprechen sich die diesbezüglich jeweils offengelegten Informationen doch weitgehend.

Die Angaben gemäß IFRS 7.21 zu Finanzinstrumenten werden jedoch anhand der *Application Guidance* in IFRS 7.5B weitergehend präzisiert („*For financial instruments, such disclosure may include...*“), wonach den Abschlussadressaten u.a. die Ausübung von Wahlrechten seitens des bilanzierenden Unternehmens veranschaulicht werden soll.[955] Entsprechend sind nach IFRS 7.B5 folgende Angaben zu machen:

- für **finanzielle Vermögenswerte** und **finanzielle Verbindlichkeiten**, die durch Ausübung der **Fair Value-Option** in die Kategorie *As at Fair Value through Profit or Loss* designiert wurden:
    - die **Art** („*...the nature ...*“) der entsprechend designierten finanziellen **Vermögenswerte** oder finanziellen **Verbindlichkeiten** (IFRS 7.B5(a)(i));
    - die **Kriterien** für die entsprechende **Designation** („*...the criteria for so designating...*“) der finanziellen Vermögenswerte oder finanziellen Verbindlichkeiten bei erstmaliger Erfassung (IFRS 7.B5(a)(ii));

951 Bzgl. IAS 1 *Presentation of Financial Statements (as revised in 2007)*.

952 Neben der Angabe der Bewertungsgrundlagen sieht *Lüdenbach* dabei sowohl Angaben zu den Kriterien für die Ein- und Ausbuchung als auch Angaben zu den Kriterien bzgl. der Realisation der Erträge und Aufwendungen als im Wesentlichen für Finanzinstrumente relevant an. Vgl. Lüdenbach (2009), S. 1517, Rz. 278.

953 Vgl. Theile (2009b), S. 379, Rn. 1971,

954 Vgl. GB 2009 der *Daimler AG*, S. 185-187.

955 Vgl. Scharpf (2006), S. 26.

- o **inwiefern** das Unternehmen die **Voraussetzungen zur Anwendung der Fair Value-Option** in IAS 39.9, .11A und .12 **erfüllt.**[956]

  Für Finanzinstrumente, die in Übereinstimmung mit der Definition eines *financial asset* oder einer *financial liability at fair value through profit or loss* gemäß IAS 39.9(b)(i) zur Vermeidung einer Ansatz- und Bewertungsinkonsistenz (*accounting mismatch*) entsprechend designiert wurden, beinhaltet diese Angabepflicht eine **verbale Erläuterung** der **zugrundeliegenden Umstände**, der **andernfalls bei der Bewertung oder beim Ansatz auftretenden Inkonsistenzen** („*...includes a narrative description of the circumstances underlying the measurement or recognition inconsistency that would otherwise arise...*“).

  Für Finanzinstrumente, die in Übereinstimmung mit der Definition eines *financial asset* oder einer *financial liability at fair value through profit or loss* gemäß IAS 39.9(b)(ii) entsprechend designiert wurden, da sowohl die interne Steuerung als auch die Messung ihrer Wertentwicklung auf einer Fair Value-Basis beruht („*...is managed and its performance is evaluated on a fair value basis...*“), beinhaltet diese Angabepflicht ebenfalls eine **verbale Erläuterung, inwiefern die Designation der Finanzinstrumente mit der dokumentierten Risikomanagement- bzw. Investmentstrategie des Unternehmens zusammenhängt** („*...how designation at fair value through profit or loss is consistent with the entity's documented risk management or investment strategy.*“) (IFRS 7.B5(a)(iii)).[957]

- die **Kriterien** für eine **Designation** finanzieller Vermögenswerte als ***Available-for-Sale*** (IFRS 7.5B(b));
- ob die **regulären Käufe** und **Verkäufe** finanzieller Vermögenswerte („*...regular way purchases and sales of financial assets...*“) nach IAS 39.38 zum **Handels- oder Erfüllungstag** erfasst werden (IFRS 7.5B(c));
- sofern ein **Wertberichtigungskonto** (*allowance account*) verwendet wird, um den durch Kreditausfälle geminderten Buchwert finanzieller Vermögenswerte zu vermindern:

---

956 Nach Auffassung des IDW reicht die reine Wiedergabe des Standardtextes zur Erfüllung dieser Angabepflicht nicht aus. Vielmehr sollten darüber hinausgehende, zusätzliche qualitative Informationen offengelegt werden, bspw. „zum Umfang der Inanspruchnahme der einzelnen Anwendungsmöglichkeiten der Fair Value-Option (IDW RS HFA 24, Rz. 32).

957 Appendix D von IFRS 7 ist bezüglich der in IFRS 7.B5 geforderten Angabepflichten folgender Ausnahmetatbestand zu entnehmen: sofern ein Unternehmen IFRS 7 für Geschäftsjahre, die vor dem 01. Januar 2006 beginnen, anwendet, gleichzeitig von einer Anwendung der geänderten Fair Value-Option gemäß IAS 39 jedoch absieht, ist von einer Offenlegung der nach IFRS 7.B5(a)(i) und .B5(a)(iii) geforderten Angaben abzusehen. Die Angabe in IFRS 7.B5(ii) (in Appendix D unter: IFRS 7.D1.B5(a)) wird insofern geändert, als dass die Kriterien für eine Designation finanzieller Vermögenswerte und finanzieller Verbindlichkeiten in die Kategorie *As at Fair Value through Profit or Loss* nur für den Zeitpunkt der erstmaligen Erfassung anzugeben sind.

- o die Kriterien für die Entscheidung, wann der Buchwert von wertgeminderten finanziellen Vermögenswerten direkt herabgesetzt (oder, im Falle einer Wertaufholung, direkt erhöht) wird (Nettomethode[958]), und wann das Wertberichtigungskonto verwendet wird (Bruttomethode[959]) (IFRS 7.B5(d)(i)); und
- o die Kriterien für die Abschreibung von Beträgen zulasten des Wertberichtigungskontos (Verwendung der Bruttomethode[960]) bei Aufrechnung gegen den Buchwert wertgeminderter finanzieller Vermögenswerte (Übergang von der indirekten Erfassung von Wertberichtigungen mittels eines Wertberichtigungskontos auf die direkte Erfassung von Wertberichtigungen beim einzelnen finanziellen Vermögenswert[961]) (siehe dazu auch IFRS 7.16) (IFRS 7.B5(d)(ii)).[962]

- **wie Nettogewinne** oder **Nettoverluste** bei den einzelnen Kategorien von Finanzinstrumenten **ermittelt werden** (siehe IFRS 7.20(a)), z.B. ob in die Nettogewinne oder -verluste bei erfolgswirksam zum beizulegenden Zeitwert bewerteten Posten Zins- oder Dividendenerträge eingehen (IFRS 7.B5(e));[963]
- die **Kriterien**, anhand deren das Unternehmen einen **Wertminderungsaufwand** objektiv nachweisbar feststellt („*...objective evidence that an impairment loss has occurred...*") (siehe dazu auch IFRS 7.20(e)) (IFRS 7.B5(f));
- wenn neue Konditionen für finanzielle Vermögenswerte ausgehandelt wurden, die ansonsten überfällig oder wertgemindert sein würden: die Bewertungsmethoden für finanzielle Vermögenswerte, deren Konditionen neu ausgehandelt wurden (siehe IFRS 7.36(d)) (IFRS 7.B5(g)).

Gemäß IAS 1.113 muss das Unternehmen außerdem in der Zusammenfassung der wesentlichen Bilanzierungs- und Bewertungsmethoden oder in den sonstigen Erläuterungen die **Ermessensentscheidungen des Managements** bei der Anwendung der Bilanzierungs- und Bewertungsmethoden – mit Ausnahme solcher, bei denen Schätzungen verwendet werden – angeben, die die Beträge im Abschluss am wesentlichsten beeinflussen (IFRS 7.B5).

Hervorzuheben ist mit Blick auf die obige Auflistung sicherlich die nach IFRS 7.B5(f) erforderliche Angabe zu den **Kriterien** der Erfassung eines **Wertminderungsaufwands** je Kategorie von Finanzinstrumenten.[964] Diese Angabe ergänzt die nach IFRS 7.20(e) offenzulegenden Informationen zu

958 Vgl. Paarz (2007), S. 286.
959 Vgl. Paarz (2007), S. 286.
960 Vgl. Paarz (2007), S. 286.
961 Vgl. Kuhn/Scharpf/Albrecht (2006), S. 335-336.
962 Siehe hierzu auch die für die Angaben zur Risikovorsorge einschlägige Regelung in IFRS 7.16.
963 Siehe hierzu insbesondere die Ausführungen in Kapitel 3.4.1.
964 Vgl. Lüdenbach (2009), S. 1518, Rz. 281; Löw (2005b), S. 2177.

den Wertminderungen je Klasse von Finanzinstrumenten.[965] Um IFRS 7.B5(f) zu genügen, wird es jedoch regelmäßig nicht ausreichen, diese durch den Hinweis auf bestehende unternehmensinterne Richtlinien zur Bestimmung von Wertminderungen erfüllen zu wollen. Es dürfte vielmehr eine über die in IAS 39.59 erwähnten Indikatoren hinausgehende detailliertere Offenlegung von Indikatoren[966], die u.U. auch eine unternehmensindividuelle Präzisierung der IAS 39.59-Indikatoren darstellen können, angezeigt sein.[967] Bei **wertgeminderten Eigenkapitalinstrumenten** sollten darüber hinaus Kriterien für die „Signifikanz"[968] und „Dauerhaftigkeit"[969] einer Wertminderung entsprechend IAS 39.61 offengelegt werden.[970] Beispiele zur Umsetzung von IFRS 7.B5(f) finden sich in Kapitel 4.5.2.3.3.

Nach IFRS 7.B5(b) sind die **Kriterien** für die **Designation** von Finanzinstrumenten in die Kategorie ***Available-for-Sale*** offen zu legen. Den Abschlussadressaten soll anhand dieser Angabe verdeutlicht werden, welche Finanzinstrumente dieser Kategorie zugeordnet werden und welche Auswirkungen sich daraus für die entsprechende Folgebewertung ergeben.[971] Wahlweise können grundsätzlich alle Finanzinstrumente derart designiert werden, auch Kredite und Forderungen. Eine Bewertung der Kredite und Forderungen erfolgt jedoch dann nicht mehr nach den fortgeführten Anschaffungskosten sondern erfolgsneutral zum Fair Value. Dabei gilt es zu beachten, dass eine Vereinnahmung von Zinserträgen für verzinsliche Finanzinstrumente der Kategorie *Available-for-Sale* ebenso wie für die der Kategorien *Loans and Receivables* und *Held-to-Maturity Investments* gemäß der Effektivzinsmethode zu erfolgen hat.[972]

965 Vgl. Scharpf (2006), S. 26. Darüber hinaus bestehen inhaltliche Überschneidungen auch zu IFRS 7.16 und IFRS 7.37(b), denen in Kapitel 4.5.2.3.3. Rechnung getragen wird.

966 Bspw. durch den Hinweis auf unternehmensinterne Mahnstufen. Vgl. Lüdenbach (2009), S. 1518, Rz. 281.

967 Vgl. Scharpf (2006), S. 27-28; Lüdenbach (2009), S. 1518, Rz. 281; IDW RS HFA 24, Rz. 33.

968 Nach der h.M. wird ein Kursrückgang von mehr als 20 % und mehr als signifikant betrachtet. Vgl. Scharpf (2006), S. 28. Es ist darauf hinzuweisen, dass diese Grenze stets bezogen auf den Einzelfall festzulegen ist und damit nicht die Gültigkeit eines feststehenden Grenzwerts beanspruchen kann.

969 Nach der h.M. wird ein Kursrückgang, der länger als sechs bis zwölf Monate andauert, als dauerhaft betrachtet. Vgl. Scharpf (2006), S. 28. Es ist darauf hinzuweisen, dass diese Grenze stets bezogen auf den Einzelfall festzulegen ist und damit nicht die Gültigkeit eines feststehenden Grenzwerts beanspruchen kann.

970 Vgl. Scharpf (2006), S. 28. Unternehmen haben ohnehin in ihren internen Bilanzierungsrichtlinien festzulegen, welche Ausprägung die Kriterien „Signifikanz" und „Dauerhaftigkeit" annehmen. Vgl. ebenda, S. 28.

971 Vgl. von Oertzen (2009), S. 166, Rz. 236.

972 Vgl. Scharpf (2006), S. 27. In diesem Zusammenhang ist darauf hinzuweisen, dass dann der in der Neubewertungsrücklage zu erfassende Betrag – die finanziellen Vermögenswerte werden nun erfolgsneutral zum Fair Value bewertet – den Differenzbetrag zwischen dem Fair Value und den für diesen Zweck zu ermittelnden fortgeführten Anschaffungskosten darstellt. Dabei kann es u.U. vorkommen, dass es etwa aufgrund eines ursprünglichen Disagios (evtl. zuzüglich Transaktionskosten) zwar zu einer Erfassung von zusätzlichen Zinsen kommt, während im Anschluss die sich ergebenden fortgeführten Anschaffungskosten erfolgsneutral auf einen niedrigeren Fair Value „abgeschrieben" werden müssen. Vgl. ebenda, S. 27.

Beispiele für die Umsetzung von IFRS 7.B5(b), die als ausreichend i.S.d. Standards zu betrachten sind, sollen nachfolgend anhand zweier Auszüge aus den GBs 2009 der *Siemens AG* sowie der *Volkswagen AG* gegeben werden.[973]

> ***Siemens AG*:**
>
> „**Zur Veräußerung verfügbare finanzielle Vermögenswerte** – Anlagen in Eigenkapitalinstrumente, Schuldinstrumente und Fondsanteile werden als Zur Veräußerung verfügbare finanzielle Vermögenswerte klassifiziert. [...]"[974]
>
> ***Volkswagen AG*:**
>
> „**Zur Veräußerung verfügbare finanzielle Vermögenswerte**
>
> Zur Veräußerung verfügbare finanzielle Vermögenswerte werden entweder konkret dieser Kategorie zugeordnet oder es handelt sich um finanzielle Vermögenswerte, die keiner anderen Kategorie zugeordnet sind. [...]"[975]

Bezüglich der Angabe nach IFRS 7.5B(c) hinsichtlich der wahlweisen Erfassung von **Kassageschäften** zum **Handels- oder Erfüllungstag** gemäß IAS 39.38, dürfte nach Auffassung von *Scharpf* für **deutsche Nicht-Banken** aufgrund der obligatorischen Erfassung von Kassageschäften nach HGB zum Erfüllungstag, auch für den IFRS Abschluss eine Erfassung von Finanzinstrumenten zum Erfüllungstag den Regelfall darstellen. Für **Banken** könne es hingegen zweckmäßiger erscheinen, aufgrund aufsichtsrechtlicher Vorschriften eine Erfassung zum Handelstag vorzunehmen. Auf jeden Fall ist die Ausübung des Wahlrechts nach IFRS 7.B5(c) im Anhang anzugeben.[976]

Betrachtet man die in die vorliegende Untersuchung einbezogenen Unternehmen, so findet man jedoch die erwartete Ausübung des in IFRS 7.B5(c) kodifizierten Wahlrechts durch Nicht-Finanzdienstleister – Erfassung von Finanzinstrumenten zum Erfüllungstag – nicht bestätigt. Lediglich ein etwa hälftiger Teil der einbezogenen Unternehmen nimmt eine (teilweise) **Erfassung zum Erfüllungstag**[977] vor.[978] Die anderen betrachteten Unternehmen erfassen hingegen Finanzinstru-

---

973 Eine diesbezügliche Erhebung hinsichtlich aller in die vorliegende Untersuchung einbezogenen Unternehmen erscheint m.E. allerdings wenig sinnvoll, da es sich bei der Kategorie *available-for-sale financial assets* in den meisten Fällen, wie auch am nachfolgenden Beispiel der *Volkswagen AG* anklingt, um eine reine „Auffangkategorie" handeln dürfte. Dieser Gedanke ist auch bereits IAS 39 immanent: „*Available-for-sale financial assets are those non-derivative financial assets that are designated as available for sale or are not classified as (a) loans and receivables, (b) held-to-maturity investments or (c) financial assets at fair value through profit or loss.*" (IAS 39.9).

974 Vgl. GB 2009 der *Siemens AG*, S. 150.

975 Vgl. GB 2009 der *Siemens AG*, S. 150.

976 Vgl. Scharpf (2006), S. 27.

977 Vgl. die GBs 2009 der *ALTANA AG*, S. 113 (Finanzanlagen und Wertpapiere), der *BASF SE*, S. 145 (marktübliche Käufe und Verkäufe von Finanzinstrumenten im Edelmetallhandel), der *Bayer AG*, S. 156 (marktübliche Käufe und Verkäufe von finanziellen Vermögenswerten), der *BMW AG*, S. 86 (finanzielle Vermögenswerte), der *Deutsche Börse AG*, S. 133 (Kredite und Forderungen aus dem Bankgeschäfte, zur Veräußerung verfügbare finanzielle Vermögenswerte aus dem Bankgeschäft sowie Kassamarktgeschäfte in Aktien über den zentralen Kontrahenten (d.h. die Eurex Clearing AG)), der *Deutsche Lufthansa AG*, S. 159 (finanzielle Vermögenswerte), der *Deutsche Post AG*, S. 140 (finanziellen Vermögenswerten im Rahmen von marktüblichen Käufen und Verkäufen; ausgenommen hiervon sind Held-for-Trading-Instrumente, insbesondere Derivate), der *Deutsche Telekom AG*, S. 141

mente **zum Handelstag**, wobei es sich bei den davon betroffenen Positionen neben dem Gesamtbestand der finanziellen Vermögenswerte (und finanziellen Verbindlichkeiten)[979] auch teilweise ausschließlich um den Bestand der vom Unternehmen gehaltenen derivativen Finanzinstrumente[980] handelt.

3.5.2. Angaben zu Sicherungsgeschäften (Hedge Accounting)

3.5.2.1. Übergreifende Angaben zu Sicherungsbeziehungen

Generell ist zu den **Angaben** zum **Hedge Accounting** bzw. derivativen Finanzinstrumenten anzumerken, dass sowohl der **Kapitalmarkt** als auch die Zunft der **Wirtschaftsprüfer** den entsprechend offengelegten Informationen einen **hohen Stellenwert beimessen**. Da die anderen Rechenwerke des Jahresabschlusses – Bilanz, GuV, Eigenkapitalveränderungs- und Kapitalflussrechnung – kaum Einblicke in das Ausmaß der Risikoexposition des bilanzierenden Unternehmens noch in etwaige Absicherungsmaßnahmen gewähren, ist den Hedge Accounting-Angaben ein entsprechend **hoher Informationswert** zuzubilligen.[981] Vorliegendem Kapitel 3.5.2. ist daher ebenfalls eine besonders hohe Bedeutung beizumessen.

Nach IFRS 7.22 hat ein Unternehmen zunächst für **jede Art von Sicherungsgeschäften** („...*for each type of hedge*...“), die in IAS 39 beschrieben werden – Fair Value Hedges, Fair Value Portfo-

(marktübliche Käufe und Verkäufe von Finanzinstrumenten), *E.ON AG*, S. 66 (originäre Finanzinstrumente), der *Infineon Technologies AG*, S. 134 (marktübliche Käufe und Verkäufe von finanziellen Vermögenswerten), der *K+S AG*, S. 182 (zur Veräußerung verfügbare finanzielle Vermögenswerte), der *Linde AG*, S. 122 (marktübliche Käufe und Verkäufe von finanziellen Vermögenswerten und Verbindlichkeiten), der *Merck KGaA*, S. 109 (marktübliche Käufe und Verkäufe von Finanzinstrumenten), der *RWE AG*, S. 152-153 (zur Veräußerung verfügbare finanzielle Vermögenswerte (übrige Finanzanlagen und Wertpapiere)), der *Salzgitter AG*, S. 188 (marktübliche Käufe und Verkäufe von finanziellen Vermögenswerten), der *ThyssenKrupp AG*, S. 185 (Finanzinstrumente) sowie der *Volkswagen AG*, S. 122 (marktübliche Käufe und Verkäufe von Finanzinstrumenten).

978 Zu einem ähnlichen Ergebnis gelangt auch Beyer (2008), S. 131.

979 Vgl. die GBs 2009 der *adidas AG*, S. 175 (alle Ankäufe und Veräußerungen von Finanzanlagen), der *BASF SE*, S. 145 (marktübliche Käufe und Verkäufe von Finanzinstrumenten), der *Daimler AG*, S. 185 (Finanzinstrumente), der *Deutsche Börse AG*, S. 133 (grundsätzliche alle finanziellen Vermögenswerte und finanziellen Verbindlichkeiten), der *Deutsche Post AG*, S. 140 (alle finanziellen Vermögenswerte der Kategorie *As at Fair Value through Profit or Loss*), der *Henkel AG & Co. KGaA*, S. 112 (Finanzinstrumente), der *MAN SE*, S. 112 (originäre Finanzinstrumente), der *METRO AG*, S. 148 (finanzielle Vermögenswerte), der *SAP AG*, S. 167 (marktübliche Käufe und Verkäufe finanzieller Vermögenswerte), der *Siemens AG*, S. 150 (marktübliche Käufe und Verkäufe finanzieller Vermögenswerte), der *TUI AG*, S. 146 (finanzieller Vermögenswerte)

980 Vgl. die GBs 2009 der Continental AG, S. 149 (derivative Finanzinstrumente), der *E.ON AG*, S. 67 (derivative Finanzinstrumente und trennungspflichtige eingebettete derivative Finanzinstrumente), der *Linde AG*, S. 122 (Derivate) sowie der *Merck KGaA*, S. 109 (Derivate).

981 Vgl. Brüggemann (2007), S. 267-268. *Brüggemann* merkt darüber hinaus an, dass aufgrund der Möglichkeit, ein Hedge Accounting zu rechnungslegungspolitischen Maßnahmen nutzen zu können, die Angaben zu den bilanziellen Sicherungsbeziehungen ein entsprechendes Verlässlichkeitsdefizit der anderen Rechenwerke heilen. Vgl. ebenda.

lio Hedges[982], Cash Flow Hedges sowie Hedges of a Net Investment in a Foreign Operation –, sofern angewendet, die folgenden Angaben zu machen:

- eine **Beschreibung** jeder **Art** von **Sicherungsgeschäften** (IFRS 7.22(a));
- eine Beschreibung der Finanzinstrumente, die als **Sicherungsinstrumente**[983] designiert sind sowie ihre **beizulegenden Zeitwerte** zum Abschlussstichtag (IFRS 7.22(b)); sowie
- die **Art** der **zu besichernden Risiken**[984] ("... *the nature of the risks being hedged...*") (IFRS 7.22(c)).

Zunächst erscheint es dabei sinnvoll, die nach IFRS 7.22(a) und (c)[985] geforderten Angaben **zusammenzufassen**, um so zu einer komprimierten Darstellung zu gelangen, die aufzeigt, **anhand welcher Arten von Sicherungsbeziehungen welche Risiken abgesichert werden.**[986] Zudem ist nicht jede Sicherungsbeziehung einzeln anzugeben – gleichartige Sicherungsbeziehungen können vielmehr zusammengefasst werden.[987]

Die **Beschreibung** der Finanzinstrumente, die als **Sicherungsinstrumente** designiert sind (IFRS 7.22(b)), sollte zunächst eine Auflistung der diesbezüglich eingesetzten Produkte umfassen, wobei diese Auflistung zweckmäßigerweise **nach** den verschiedenen **gesicherten Risiken** zu **differenzieren** ist.[988] Eine nähere Beschreibung der Funktionsweise erübrigt sich bei sogenannten Plain Vanilla-Produkten, da ihre Merkmale auch den Abschlussadressaten hinreichend bekannt sein müssten. Bei strukturierten, derivativen Produkten, bei deren Einsatz im Rahmen von Sicherungsbeziehungen es erfahrungsgemäß durchaus zu Effektivitäts-Problemen kommen kann, ist es hingegen anzuraten, die namentliche Auflistung durch eine Beschreibung ihrer wesentlichen Merkmale und Funktionen zu ergänzen.[989]

Unter theoretischen Gesichtspunkten betrachtet müssten die Angabepflichten gemäß IFRS 7.22(a)-(c) demnach sinnvolle Zusammenfassungen im Rahmen der Berichterstattung erlauben – Kapitel 3.5.2.5. gibt u.a. Aufschluss darüber, ob und inwieweit diese theoretische Feststellung auch praktikabel ist.

---

982 Eine explizite Erwähnung von Fair Value Portfolio Hedges von Zinsänderungsrisiken findet sich in IFRS 7.22 nicht; es handelt sich mithin also um keine eigene „Art“ von Sicherungsbeziehung i.S.d. Vorschrift. Dennoch empfiehlt das *IDW* aufgrund der „Besonderheiten des *portfolio hedging*“ eine separate Angabe gemäß IFRS 7.22 für diese Art von Sicherungsbeziehung (IDW RS HFA 24, Rz. 34).

983 Bspw. Termingeschäfte, Optionen und Swaps. Vgl. Scharpf (2006), S. 28.

984 Bspw. das Zinsänderungsrisiko, Währungsrisiko, sonstiges Preis- bzw. Marktrisiko oder Kreditrisiko. Vgl. Scharpf (2006), S. 29; Kuhn/Scharpf/Albrecht (2006), S. 637.

985 Ggf. ist eine Kombination der hier nach IFRS 7.22(c) geforderten Angaben mit den Angaben gemäß IFRS 7.40 ff. zu den Marktrisiken zu erwägen. Vgl. Scharpf (2006), S. 29; Kuhn/Scharpf/Albrecht (2006), S. 637.

986 Vgl. Scharpf (2006), S. 28; Kuhn/Scharpf/Albrecht (2006), S. 636.

987 Vgl. Lüdenbach (2009), S. 1525, Rz. 294.

988 Vgl. Kuhn/Scharpf/Albrecht (2006), S. 636.

989 Vgl. Kuhn/Scharpf/Albrecht (2006), S. 636-637.

Eine gesonderte Angabe der **Fair Values** von **Grundgeschäften**, wie in IFRS 7.22(b) für Sicherungsinstrumente gefordert, ist standardseitig nicht nötig. Aufgrund der Angabepflichten in IFRS 7.8(a)-(f) sowie IFRS 7.25 sind jedoch ohnehin die Buchwerte[990] und Fair Values[991] (je Kategorie von Finanzinstrumenten i.S.v.) sämtlicher finanzieller Vermögenswerte sowie finanzieller Verbindlichkeiten offen zu legen. Das IASB hielt offenbar eine diesbezüglich gesonderte Angabe der Fair Values aller im Rahmen des Hedge Accounting abgesicherten Positionen für entbehrlich.[992]

3.5.2.2. Angaben zu Cash Flow Hedges

Zunächst ist unter der bilanziellen Absicherung von Zahlungsströmen, **Cash Flow Hedge** genannt, per definitionem die bilanzielle Absicherung gegen das Risiko schwankender Zahlungsströme („*...exposure to variability in cash flows...*“) zu verstehen (IAS 39.86(b)). Dieses Risiko hat dabei zwingend die beiden folgenden Voraussetzungen zu erfüllen:

- kann einem bestimmten Risiko zugeordnet werden, das mit einem bilanzierten Vermögenswert oder einer bilanzierten Verbindlichkeit (bspw. die gesamten oder nur ein Teil der künftigen Zinszahlungen einer variabel verzinslichen Verbindlichkeit) oder einer geplanten Transaktion, deren Eintritt mit hoher Wahrscheinlichkeit erwartete wird, in Verbindung gebracht werden kann (IAS 39.86(b)(i));
- könnte Auswirkungen auf das Periodenergebnis haben (IAS 39.86(b)(ii)).

Als **Grundgeschäfte** im Rahmen eines Cash Flow Hedge können dabei einzelne künftige Zahlungsströme oder innerhalb bestimmter, abgegrenzter Perioden (Laufzeitbänder) kumuliert, mehrere künftige Zahlungsströme einbezogen werden.[993] Der Ursprung der so abzusichernden Zahlungsströme liegt dabei bspw. in „Zinszahlungen für bestehende, variabel verzinsliche Bilanzposten[...] [oder in] Zinseingänge[n] aus künftigen Wiederanlagen von Zahlungseingängen und Zinszahlungen für künftige Refinanzierung (*forecast transactions*)“[994]. Dasselbe gilt dabei für Fremdwährungsgeschäfte.[995]

Im Rahmen von Cash Flow Hedges werden die Wertänderungen der entsprechenden Sicherungsinstrumente, was den effektiven Teil der Wertänderungen anbelangt, dabei in der sogenannten **Cash Flow Hedge-Rücklage**, einem gesonderten Posten des Eigenkapitals, zunächst erfolgsneutral erfasst bzw. „geparkt“. Wird das Grundgeschäft erfolgswirksam, erfolgt eine Umbuchung dieser ge-

990 Vgl. hierzu insbesondere Kapitel 3.3.1.
991 Vgl. hierzu insbesondere Kapitel 3.5.3.
992 Vgl. Löw (2005b), S. 2177.
993 Vgl. Kuhn/Scharpf/Albrecht (2006), S. 636.
994 Kuhn/Scharpf/Albrecht (2006), S. 636.
995 Vgl. Kuhn/Scharpf/Albrecht (2006), S. 636.

parkten Wertänderungen in die GuV, ***recycling*** genannt.[996] Im Idealfall findet dann ein vollständiger Ausgleich der Veränderungen der Beträge der gesicherten Zahlungsströme durch die aus der Cash Flow Hedge-Rücklage in die GuV umgebuchten Beträge aus dem Sicherungsinstrument statt.[997]

Nach IFRS 7.23 haben Unternehmen für **Cash Flow Hedges** die folgenden Angaben zu machen:

- die **Berichtszeiträume**, in denen die ***cashflows*** **voraussichtlich eintreten** („*...expected to occur...*") und wann diese sich voraussichtlich auf die Gewinn- und Verlustrechnung auswirken ("*... expected to affect profit or loss...*") dürften (IFRS 7.23(a));
- eine **Beschreibung** jeder **geplanten Transaktion** (*forecast transaction*), für die zuvor ein Hedge Accounting angewandt wurde, deren Eintritt in Zukunft jedoch **nicht mehr erwartet wird** („*...but which is no longer expected to occur...*") (IFRS 7.23(b));
- den **Betrag**, der während des Berichtszeitraums direkt im **Eigenkapital** („*...recognised in other comprehensive income...*") erfasst wurde (IFRS 7.23(c));
- den **Betrag**, der dem **Eigenkapital entnommen** und während der Berichtsperiode erfolgswirksam **in** der **Gewinn- und Verlustrechnung erfasst** wurde, wobei der diesbezüglich in jedem Posten der Gewinn- und Verlustrechnung enthaltene Betrag darzustellen ist („*...showing the amount included in each line item in the statement of comprehensive income...*") (IFRS 7.23(d)); sowie
- den **Betrag**, der dem **Eigenkapital** (Cash Flow Hedge-Rücklage) **entnommen** und während der Berichtsperiode in die **Anschaffungskosten** (*initial cost*) **oder** in den **sonstigen Buchwert** (*other carrying amount*) eines nicht-finanziellen Vermögenswertes oder einer nicht-finanziellen Verbindlichkeit einbezogen wurde, wobei es sich bei dessen/deren Erwerb bzw. Eintreten um ein gesichertes Geschäft gehandelt haben muss, das mit hoher Wahrscheinlichkeit prognostiziert wurde („*...was a hedged highly probable forecast transaction...*") (IFRS 7.23(e)).

Hinsichtlich der nach IFRS 7.23(a) geforderten Angaben bezüglich der **Berichtszeiträume**, in denen die *cashflows* voraussichtlich eintreten und diese sich dann voraussichtlich auf das Jahresergebnis auswirken dürften, ist der Standardtext nicht präzise genug, ob es sich hierbei um die *cashflows* der Sicherungsgeschäfte oder die *cashflows* der Grundgeschäfte handelt. Dem Sinn und Zweck von IFRS 7.23(a) nach, können damit der Literatur zufolge jedoch nur die abgesicherten *cashflows*, also

996 Vgl. Scharpf (2006), S. 29; Kuhn/Scharpf/Albrecht (2006), S. 637.
997 Vgl. Kuhn/Scharpf/Albrecht (2006), S. 638.

die **Zahlungsströme der Grundgeschäfte** gemeint sein,[998] da mit ihrem Eintreten das *recycling* der im Eigenkapital „geparkten“ Wertschwankungen des Sicherungsinstruments ja erst ausgelöst wird.

Laut IDW RS HFA 24, Rz. 35 empfehle es sich jedoch darüber hinaus, ebenfalls diesbezügliche Informationen zu den **Zahlungsströmen der Sicherungsgeschäfte** offen zu legen, da diese von denen der Grundgeschäfte abweichen können. Obwohl IFRS 7.23(a) keine Angabe von *Beträgen* verlangt, sehen *Kuhn/Scharpf* die diesbezügliche **betragsmäßige Angabe** der in den primär auszuweisenden Berichtszeiträumen eintretenden Zahlungsströme als sinnvolle Ergänzung an.[999]

Sofern der **Eintritt einer geplanten Transaktion nicht mehr erwartet** wird, so hat gemäß IAS 39.101(c) die erfolgswirksame Erfassung in der GuV der bisher in der Cash Flow Hedge-Rücklage gebuchten Wertänderungen des Sicherungsgeschäfts zu erfolgen. Entsprechend ist die Sicherungsbeziehung aufzulösen und das Hedge Accounting i.S.v. IAS 39 zu beenden. Anhand der Angabe in IFRS 7.23(b) wird den Abschlussadressaten damit der Abbruch der Sicherung der Zahlungsströme einer geplanten Transaktion signalisiert, was entsprechend der Häufigkeit einer solchen Angabe ein **Indiz** für die **mangelhafte Planung der künftigen Zahlungsströme** sein kann.[1000]

Nach IFRS 7.23(c) ist für die aktuelle Berichtsperiode der effektive Teil[1001] der Fair Value-Änderungen aller Sicherungsinstrumente im Rahmen der vom Unternehmen designierten Cash Flow Hedges anzugeben, der direkt in der Cash Flow Hedge-Rücklage im Eigenkapital erfasst wurde.[1002] Nach IFRS 7.24(b) bzw. (c)[1003] sind ergänzend die erfolgswirksam erfassten **Ineffektivitäten**[1004] **aus Cash Flow Hedges** sowie **aus Hedges of a Net Investment in a Foreign Operation** anzugeben.[1005] Ggf. ist dieser Betrag jedoch auch aus dem Eigenkapitalspiegel ersichtlich.[1006] Die Abschlussadressaten bekommen so die Möglichkeit, anhand der Ineffektivitäten im Umkehrschluss die Effektivität der Sicherungsbeziehungen beurteilen zu können.[1007]

998 Vgl. Kuhn/Scharpf/Albrecht (2006), S. 637-638; Scharpf (2006), S. 29.

999 Vgl. Kuhn/Scharpf/Albrecht (2006), S. 638.

1000 Vgl. Scharpf (2006), S. 29; Kuhn/Scharpf/Albrecht (2006), S. 638; ähnlich von Oertzen (2009), S. 166, Rz. 238.

1001 Für eine eingehende Erläuterung der Anforderungen an die Hedge-Effektivität nach IAS 39 vgl. insbesondere Schön/Cortez (2009b), S. 415-417.

1002 Dabei ist die Angabe des Saldos ausreichend. Eine Differenzierung in die entsprechenden Soll- und Habenbuchungen wird vom Standard nicht gefordert. Vgl. Scharpf (2006), S. 29; Kuhn/Scharpf/Albrecht (2006), S. 638.

1003 IFRS 7.24(c) bezieht sich auf die Angabe der erfolgswirksam erfassten Ineffektivitäten für Hedges of a Net Investment in a Foreign Operation.

1004 Erfolgt der Effektivitätstest auf kumulierter Basis, so sind laut IDW die Beträge nur für die jeweilige Berichtsperiode sowie die Vergleichsperiode offen zu legen. Die Angabe des kumulierten Betrags seit Beginn der Sicherung ist dagegen nicht notwendig (IDW RS HFA 24, Rz. 37).

1005 Vgl. Kuhn/Scharpf/Albrecht (2006), S. 637.

1006 Vgl. Scharpf (2006), S. 29; Kuhn/Scharpf/Albrecht (2006), S. 638.

1007 Vgl. Scharpf (2006), S. 30; Kuhn/Scharpf/Albrecht (2006), S. 639.

Nach IFRS 7.23(d) ist für die aktuelle Berichtsperiode der **aus der Cash Flow Hedge-Rücklage erfolgswirksam in die GuV umgebuchte Gesamtbetrag**[1008] (bzgl. aller Cash Flow Hedges) separat für jeden GuV-Posten anzugeben. Die gesonderte Angabe je GuV-Posten ist dabei als ein klares Zeichen für die Möglichkeit der Erfassung der erfolgswirksam zu vereinnahmenden Sicherungsbeträge in denselben GuV-Posten, wo die zugehörigen abgesicherten Zahlungsströme erfasst werden, zu werten.[1009] Dabei unterscheidet IFRS 7.23(d) jedoch nicht zwischen dem Betrag, der aus der Cash Flow Hedge-Rücklage umzubuchen ist, weil die Zahlungsströme der Grundgeschäfte erfolgswirksam geworden sind, und dem Betrag, der gleichermaßen umzubuchen ist, weil mit dem Eintreten einer geplanten Transaktion nicht mehr gerechnet wird.[1010] Die Güte einer Beurteilung auf einer solch aggregierten Ebene (ein Betrag für alle Sicherungsbeziehungen) kann daher m.E. mehr als bezweifelt werden, was eine dahingehend differenzierte Angaben nach IFRS 7.23(d) verlangt.

Die Angabepflicht in IFRS 7.23(e), wonach der Betrag anzugeben ist, der vom Eigenkapital während der Berichtsperiode in die Anschaffungskosten bzw. den Buchwert eines nicht-finanziellen Vermögenswerts oder einer nicht-finanziellen Verbindlichkeit umgebucht wurde, denen ein mit hoher Wahrscheinlichkeit erwartetes abgesichertes Grundgeschäft zugrunde lag, bezieht sich dabei auf die Vorschriften in IAS 39.98-.99.[1011]

Zusammenfassend kann konstatiert werden, dass insbesondere die Regelung in IFRS 7.23(a) und (d) gewisse Unzulänglichkeiten aufweisen, die bereits theoretisch betrachtet nicht überzeugen können. Kapitel 3.5.2.5.5. sowie Kapitel 3.5.2.5.7. klärt, inwieweit Verbesserungen durch die Identifizierung von Benchmarks erreicht werden können.

3.5.2.3. Angaben zu Fair Value Hedges

Per definitionem stellt die bilanzielle Absicherung des beizulegenden Zeitwerts, **Fair Value Hedge** genannt, die bilanzielle Absicherung gegen das Risiko einer Änderung des beizulegenden Zeitwerts eines bilanzierten Vermögenswerts, einer bilanzierten Verbindlichkeit, einer bilanzunwirksamen, festen Verpflichtung (*unrecognised firm commitment*) oder eines identifizierten Teils eines solchen Vermögenswerts, einer solchen Verbindlichkeit oder einer solchen festen Verpflichtung dar, welche auf ein bestimmtes Risiko zurückzuführen ist und Auswirkungen auf das Periodenergebnis haben könnte (IAS 39.86(a)).

[1008] Auch hier ist analog der Angabepflicht in IFRS 7.23(c) die Angabe des saldierten Betrags ausreichend. Vgl. Scharpf (2006), S. 29.

[1009] Vgl. Scharpf (2006), S. 29-30; Kuhn/Scharpf/Albrecht (2006), S. 638.

[1010] Vgl. Kuhn/Scharpf/Albrecht (2006), S. 638.

[1011] Vgl. Scharpf (2006), S. 30; Kuhn/Scharpf/Albrecht (2006), S. 638-639.

Mit einem Fair Value Hedge soll dabei prinzipiell eine Kompensation der aus einem Grundgeschäft (*hedged item*) resultierenden und einem bestimmten Risiko zuzuschreibenden Wert- bzw. Fair Value-Änderungen, die sich als Anpassungen des Buchwerts des Grundgeschäfts niederschlagen, durch gegenläufigen Fair Value-Änderungen aus einem eigens zu diesem Zweck im Rahmen der Sicherungsbeziehung (*hedge*) designierten Sicherungsinstrument (*hedging instrument*) erreicht werden. Es soll mithin das aus dem Grundgeschäft resultierende und auf ein bestimmtes Risiko zurückzuführende Fair Value-Risiko idealerweise eliminiert oder zumindest minimiert werden.[1012]

Bei einem ansonsten zu (fortgeführten) Anschaffungskosten bewerteten Finanzinstrument, das als Grundgeschäft im Rahmen eines Fair Value Hedge designiert ist, schlagen sich die dem abgesicherten Risiko zuzurechnenden Wertschwankungen aus diesem Grundgeschäft als erfolgswirksame Anpassungen von dessen Buchwert (*basis adjustment*) nieder (IAS 39.89(b)).[1013]

Wird ein Grundgeschäft erfolgswirksam zum Fair Value bewertet (*Held-for-Trading*; *As at Fair Value through Profit or Loss*), so sind die nötigen Anpassungen der auf das abgesicherte Risiko zurückzuführenden Wertänderungen bereits in der aufgrund der gesamten Fair Value-Änderung des Grundgeschäfts zurückzuführenden erfolgswirksamen Wertänderungen beinhaltet, was eine separate Erfassung in der GuV unnötig macht.

Bei als Grundgeschäfte designierten Finanzinstrumenten der Kategorie *Available-for-Sale*, die gemäß IAS 39.55(b) erfolgsneutral zum Fair Value bewertete werden (AfS-Rücklage), gestaltet sich dies jedoch ähnlich wie bei den zu (fortgeführten) Anschaffungskosten bewerteten Grundgeschäften. Auch hier sind gemäß IAS 39.89(b) die auf das abgesicherte Risiko zurückzuführenden Wertschwankungen aus dem Grundgeschäft – anstatt im Eigenkapital – direkt in der GuV zu erfassen. Sofern dabei nur bestimmte Risiken im Rahmen eines Fair Value Hedge gesichert werden („*If only particular risks* […] *are hedged…*“), sind all jene Fair Value-Änderungen des Grundgeschäfts, die nicht auf diese Risiken zurückzuführen sind, gemäß IAS 39.90 jedoch weiterhin erfolgsneutral in der AfS-Rücklage zu erfassen.[1014]

Nach IFRS 7.24 hat ein Unternehmen folgende Angaben gesondert[1015] (*separately*) für Fair Value Hedges zu machen:

- Gewinne oder Verluste:

[1012] Vgl. Scharpf (2006), S. 30.
[1013] Vgl. Scharpf (2006), S. 30.
[1014] Vgl. Scharpf (2006), S. 30.
[1015] Sofern das bilanzierende Unternehmen diesbezüglich eine Saldogröße in der GuV ausweist, so ist diese im Rahmen der Anhangangabe gemäß IFRS 7.24 entsprechend der im obigen Text nachfolgenden Differenzierung aufzuschlüsseln (IDW RS HFA 24, Rz. 36).

- aus dem Sicherungsinstrument (*hedging instrument*) (IFRS 7.24(a)(i)); sowie
- aus dem Grundgeschäft (*hedged item*), die dem abgesicherten Risiko zurechenbar sind („*...attributable to the hedged risk...*") (IFRS 7.24(a)(ii)).

Die Wertschwankungen aus der Fair Value-Bewertung eines Sicherungsinstruments (derivative Sicherungsinstrumente) bzw. die Währungskomponente des gemäß IAS 21 ermittelten Buchwerts (bei nicht-derivativen Sicherungsinstrumenten) sind gemäß IAS 39.89(a) unmittelbar in der GuV zu erfassen. Für die gesamten Fair Value Hedges des bilanzierenden Unternehmens ist dieser Betrag sodann in Summe nach IFRS 7.24(a)(i) offen zu legen.[1016]

Obwohl eine weitergehende Differenzierung des nach IFRS 7.24(a)(i) anzugebenden Betrags nicht gefordert ist, empfiehlt sich m.E. dennoch eine **Aufgliederung nach** den **abgesicherten Risiken**[1017]. Dies gilt gleichermaßen auch für die nach IFRS 7.24(a)(ii) anzugebenden Wertschwankungen für die im Rahmen von Fair Value Hedges designierten Grundgeschäfte.[1018] Dies dürfte in einem **höheren Informationswert** hinsichtlich der entstandenen **Ineffektivitäten**, die sich als Nettobetrag aus den nach IFRS 7.24(a)(i)-(ii) zu berichtenden Beträgen ergeben, bei der Absicherung einzelner Risiken resultieren.

Sowohl die Angaben zu den Wertschwankungen aus den Sicherungsinstrumenten als auch die Angaben zu den Wertschwankungen aus den Grundgeschäften hinsichtlich der abgesicherten Risiken sind dabei standardgemäß jedoch stets brutto auszuweisen.[1019] Auf eine zusätzliche separate Angabe zu der gesamten im Rahmen von **Fair Value Hedges** zustande kommenden **Ineffektivität** des aktuellen Berichtsjahrs, analog den Angaben gemäß IFRS 7.24(b) und (c) zu den Cash Flow Hedges, verzichtet der Standardsetter hingegen, da sich eine Berechnung der Ineffektivität auch anhand der Saldierung der nach IFRS 7.24(a)(i) (Wertschwankungen aus Sicherungsinstrumenten) sowie der nach IFRS 7.24(a)(ii) (Wertschwankungen aus Grundgeschäften; abgesichertes Risiko) anzugebenden Beträge ermitteln lässt.[1020] Anhand der nach IFRS 7.24(a) bereitzustellenden Informationen soll den Abschlussadressaten somit eine Einschätzung der Wirksamkeit bzw. Effektivität der vom bilanzierenden Unternehmen eingegangenen Fair Value Hedges ermöglicht werden.[1021] Eine Pflicht zur Aufgliederung in Sicherungsgewinne und –verluste bezüglich der jeweiligen Grund- und Sicherungsgeschäfte ist dabei aus IFRS 7.24(a) allerdings nicht ersichtlich.[1022]

1016 Vgl. Scharpf (2006), S. 30; Kuhn/Scharpf/Albrecht (2006), S. 639.
1017 Bspw. nach dem Zins-, Währungs- oder sonstigen Preisrisiko (bspw. Aktienpreisrisiko)).
1018 Vgl. Scharpf (2006), S. 30; Kuhn/Scharpf/Albrecht (2006), S. 639.
1019 Vgl. Scharpf (2006), S. 30.
1020 Vgl. Scharpf (2006), S. 30; Kuhn/Scharpf/Albrecht (2006), S. 639-640.
1021 Vgl. Scharpf (2006), S. 30; Kuhn/Scharpf/Albrecht (2006), S. 640.
1022 Vgl. Scharpf (2006), S. 30; Kuhn/Scharpf/Albrecht (2006), S. 640.

Eine wahlweise Angabe in Anhang oder GuV analog IFRS 7.20 sieht IFRS 7.24(a) nicht vor; die Angabe ist zwingend im Anhang zu machen. Nach *Kuhn/Scharpf* dürfte es jedoch als zulässig zu erachten sein, in der GuV in einem eigenen Posten eine Saldogröße aus den gesamten Sicherungsgewinnen und –verlusten – das sogenannte **Sicherungsergebnis** bzw. Hedge Ergebnis – auszuweisen, wohingegen die Differenzierung nach IFRS 7.24(a) in Sicherungserfolge aus einerseits Grundgeschäften und andererseits Sicherungsinstrumenten zwingend im Anhang offen zu legen ist.[1023]

Analog den von IFRS 7 geforderten Angaben zu den Cash Flow Hedges sind auch bei den Angaben zu den Fair Value Hedges – speziell hinsichtlich des Ausweises etwaiger Ineffektivitäten – gewisse Unzulänglichkeiten erkennbar. Kapitel 3.5.2.5.8. identifiziert einen Benchmark, der diese Mängel der Standardkodifikation behebt.

3.5.2.4. Weitere Anmerkungen

Die Ausübung der **Fair Value-Option** zieht keine der im Rahmen dieses Kapitels genannten Anhangangaben gemäß IFRS 7.22-.24 nach sich,[1024] auch wenn die Option zur Bildung von *natural hedges* ausgeübt wird. Jedoch sind für diesen Fall die Angabepflichten zu den Kriterien der Designation im Rahmen der Fair Value-Option (IFRS 7.5B(b)) sowie zur Vermeidung eines *accounting mismatch* durch eine entsprechende Designation (IFRS 7.5B(b)) zu beachten.[1025] Darüber hinaus sind bezüglich der im Rahmen der Fair Value-Option als *As at Fair Value through Profit or Loss* designierten finanziellen Vemögenswerte und Verbindlichkeiten weitere Angaben gemäß IFRS 7.9-.11[1026] zu leisten.

Unter **erhebungstechnischen Gesichtspunkten** lassen sich die für die Angaben nach IFRS 7.22-.24 erforderlichen Daten meist über bereits vorhandene (Konzern)Abschlusserstellungssysteme erheben, wenn die entsprechenden Posten bereits implementiert sind. Sofern bei **Industrie- und Handelsunternehmen** das Hedge Accounting dezentral von einigen wenigen Stellen vorgenommen wird, so kann auch die Implementierung eines **fallweisen Meldeprozesses** zur Ermittlung der notwendigen qualitativen Daten zu Sicherungsbeziehungen (dezentrale Erhebung) angezeigt sein.[1027]

1023 Vgl. Kuhn/Scharpf/Albrecht (2006), S. 640; Scharpf (2006), S. 30-31.

1024 Vgl. Theile (2009b), S. 437, Rn. 2281.

1025 Vgl. hierzu insbesondere die Ausführungen zu IFRS 7.5B(a) in Kapitel 3.5.1.

1026 Die Angabepflichten gemäß IFRS 7.9-.11, die aus einer Anwendung der Fair Value-Option erwachsen, werden im Rahmen vorliegender Arbeit mangels einer ausreichenden Anwendung dieser Option durch die einbezogenen Nicht-Finanzdienstleister nicht weiter thematisiert. Vgl. hierzu auch Kapitel 5.1.

1027 Vgl. Brücks/Kerkhoff/Stauber (2006b), S. 423.

3.5.2.5. Erhebung des Benchmark

3.5.2.5.1. Beschreibung der Hedge-Arten

Die nachfolgende Ermittlung des Benchmarks hinsichtlich IFRS 7.22-.24 beruht auf einer Analyse der Geschäftsberichte 2009 der in die Untersuchung einbezogenen Unternehmen. Auf die komplette Datenerhebung wird ebenfalls im Anhang verwiesen. Sie ist abrufbar unter http://www.eul-verlag.de/pdf-wz/9783844101829_Anhang.pdf und vermittelt vollumfänglich die Berichterstattungspraxis in puncto Hedge Accounting.

Nach IFRS 7.22(a) sind die bilanzierenden Unternehmen zunächst verpflichtet, die Art der eingesetzten Sicherungsgeschäfte zu beschreiben. Dieser Angabepflicht wird von den in die Analyse einbezogenen Unternehmen, bspw. von der *Deutsche Börse AG* in sehr ausführlicher Weise, einmütig im Rahmen verbaler Angaben im Anhang nachgekommen.

Deutsche Telekom AG:

„Ein **Fair Value Hedge** dient der Besicherung der beizulegenden Zeitwerte von in der Bilanz angesetzten Vermögenswerten, in der Bilanz angesetzten Verbindlichkeiten oder noch nicht in der Bilanz angesetzten festen Verpflichtungen. Jede Veränderung des beizulegenden Zeitwerts, des als Sicherungsinstrument eingesetzten Derivats, ist erfolgswirksam in der Gewinn- und Verlustrechnung zu erfassen; der Buchwert des Grundgeschäfts ist um den auf das besicherte Risiko entfallenden Gewinn oder Verlust erfolgswirksam anzupassen (Basis Adjustment). Die Anpassungen des Buchwerts werden erst ab Auflösung der Hedge-Beziehung amortisiert.

Mittels eines **Cash-Flow Hedge** werden künftige Zahlungsströme aus in der Bilanz angesetzten Vermögenswerten und Verbindlichkeiten, aus festen Verpflichtungen (im Fall von Währungsrisiken) oder aus mit hoher Wahrscheinlichkeit eintretenden geplanten Transaktionen gegen Schwankungen abgesichert. Zur Absicherung des Währungsrisikos einer bilanzunwirksamen festen Verpflichtung nutzt die Deutsche Telekom das Wahlrecht und bilanziert diese nicht als Fair Value Hedge, sondern als Cash-Flow Hedge. Liegt ein Cash-Flow Hedge vor, wird der effektive Teil der Wertänderung des Sicherungsinstruments bis zur Erfassung des Ergebnisses aus dem gesicherten Grundgeschäft erfolgsneutral im Eigenkapital (Sicherungsrücklage) erfasst; der ineffektive Teil der Wertänderung des Sicherungsinstruments ist erfolgswirksam zu erfassen. Führt die Absicherung einer erwarteten Transaktion später zur Erfassung von finanziellen oder nicht finanziellen Vermögenswerten bzw. Verbindlichkeiten, so verbleiben die mit der Sicherungsmaßnahme verbundenen kumulierten Gewinne und Verluste zunächst im Eigenkapital und sind später in denselben Perioden erfolgswirksam zu erfassen, in denen der erworbene finanzielle Vermögenswert bzw. die übernommene finanzielle Verbindlichkeit das Periodenergebnis beeinflusst. Die Deutsche Telekom hat sich somit bei der Absicherung von geplanten Transaktionen mit Entstehung von nicht finanziellen Bilanzpositionen gegen das Wahlrecht zur Anpassung des Erstbuchwerts (Basis Adjustment) entschieden.

Wird eine Nettoinvestition in eine ausländische Einheit durch einen **Hedge of a Net Investment in a Foreign Operation** besichert, werden alle Wertänderungen des effektiven Teils des eingesetzten Sicherungsinstruments gemeinsam mit dem Ergebnis aus der Fremdwährungsumrechnung der besicherten Investition erfolgsneutral im Eigenkapital erfasst; auf den ineffektiven Teil entfallenden Gewinne und Verluste werden sofort erfolgswirksam erfasst. Erst mit dem Abgang des Investments werden die zuvor kumuliert im Eigenkapital erfassten Bewertungsänderungen des Sicherungsinstruments und die Umrechnungsergebnisse des Grundgeschäfts erfolgswirksam in der Gewinn- und Verlustrechnung erfasst.[1028]

Obige Beschreibung der Hedge-Arten gelingt dabei vergleichsweise ausführlich und detailliert und ist m.E. daher als eine beispielhafte Erfüllung von IFRS 7.22(a) anzusehen, die in dieser Form auch als **Benchmark** gelten kann.

3.5.2.5.2. Beschreibung der designierten Sicherungsinstrumente

Nach IFRS 7.22(b) werden eine **Beschreibung der Finanzinstrumente**, die als **Sicherungsinstrumente** designiert sind sowie die **Angabe ihrer beizulegenden Zeitwerte** (siehe nachfolgendes Kapitel 3.5.2.5.3.) gefordert.

Da es sich bei den von den betrachteten Nicht-Finanzdienstleistern im Rahmen des Hedge Accounting **eingesetzten Sicherungsinstrumente ausschließlich** um sogenannte **Plain Vanilla-Produkte** handelt, **verzichten alle Unternehmen** einmütig auf eine **nähere Beschreibung** dieser Sicherungsinstrumente und belassen es bei der schlichten Benennung im Fließtext oder auch einer Einbeziehung in eine Auflistung, die zeigt, welche Sicherungsinstrumente bei welcher Risikoexposition und/oder im Rahmen welcher Sicherungsart eingesetzt werden. M.E. ist eine derart bloße Nennung als ausreichend zu betrachten, müssten doch die Funktionsweisen und Merkmale von Plain Vanilla-Instrumenten auch unter den Abschlussadressaten hinreichend bekannt sein – ein über diese Konvention hinausgehender **Benchmark** ist daher **nicht ermittelbar**.

Komplexe, eigens für bestimmte Sicherungen konstruierte Sicherungsinstrumente, die einer eingehenden Erklärung bedürften, werden von den betrachteten Unternehmen im Rahmen eines Hedge Accounting offensichtlich nicht angewendet. So setzen die betrachteten Unternehmen die nachfolgenden Instrumente zur Risikoabsicherung im Rahmen des Hedge Accounting nach IAS 39 ein[1029],[1030]:

Währungsabsicherung	Zinsabsicherung	Marktpreisabsicherung
- Devisentermingeschäfte; - Devisenoptionsgeschäfte; - Devisen-Bandbreitenoptionen; - Devisenswaps bzw. Cross-Currency-Swaps; - Zins-/Währungsswaps;	- Zins-Swaps; - Forward-Zinsswaps bzw. Forward Rate Agreements; - Zins-Währungsswaps; - Zinssatzoptionen, bspw. Caps und Floors; - Zinsabgrenzungsvereinbarungen	- Warentermingeschäfte, bspw. auf Strom, Gas, Kohle, Öl; - Warenoptionsgeschäfte; - Waren-Futures; - Waren-Swaps, bspw. auf Strom, Gas, Kohle, Öl, Erdöl, Diesel, Schiffsdiesel; - Treibstoff-Bandbreitenoptionen;

1028 Vgl. GB 2009 der *Deutsche Telekom AG*, S. 143-144.

1029 Nachfolgende Auflistung umfasst neben den Sicherungsinstrumenten, die im Rahmen eines Hedge Accounting nach IAS 39 eingesetzt werden auch solche Instrumente, die von den Unternehmen im Rahmen sogenannter *natural hedges* eingesetzt werden, d.h. Sicherungsgeschäfte, die auch ohne die Regelungen des IAS 39 zu strapazieren eine bilanzielle Sicherungswirkung haben.

1030 Zu einer ähnlichen Auflistung kommend Beyer (2008), S. 134.

Währungsabsicherung	Zinsabsicherung	Marktpreisabsicherung
- Finanzverbindlichkeiten in fremder Währung		- Sicherungskombinationen zur Treibstoffabsicherung; - Sicherungen auf Aktienoptionen

Der Umfang des Einsatzes obiger Finanzinstrumente zur **Absicherung von Marktpreisrisiken** lässt natürlich unmittelbar Rückschlüsse auf die **Branchenzugehörigkeit** erkennen. Insbesondere Unternehmen mit einer Transport- bzw. Logistiksparte[1031], einer (Edel)Metalle verarbeitenden Produktion[1032] oder einem anderweitig begründeten wesentlichen Bedarf an Rohstoffen bzw. *commodities*[1033] nutzen das Hedge Accounting u.a. auch zur Absicherung von Marktpreis- bzw. Rohstoffrisiken.

Die **Absicherung des Währungs- als auch des Zinsrisikos** wird von fast allen betrachteten Unternehmen im Rahmen eines Hedge Accounting praktiziert;[1034] eine Ausnahme hiervon bildet die *K+S AG*, die eine Anwendung explizit verneint[1035]. *Beyer* kommt vor diesem Hintergrund über die im DAX notierten Unternehmen hinausgehend zu dem Ergebnis,[1036] dass ca. 68% der Unternehmen ein Hedge Accounting anwenden, wovon ca. 51% angeben, im Bestand befindliche Derivate ausschließlich zu Sicherungszwecken zu halten.[1037]

3.5.2.5.3. Angabe der Fair Values der designierten Sicherungsinstrumente

Die **Angabepflicht** der **Fair Values** der als **Sicherungsinstrumente** designierten Finanzinstrumente i.S.v. IFRS 7.22(b) wird von den betrachteten Unternehmen unterschiedlich gelöst.

1031 Bspw. die *Deutsche Lufthansa AG*, die *Deutsche Post AG* oder die *TUI AG*.

1032 Bspw. die *BMW AG* oder die *Volkswagen AG*.

1033 Bspw. die *BASF SE* oder die *E.ON AG*.

1034 Vgl. hierzu insb. auch nachfolgend Kapitel 3.5.2.5.4. zur Angabe der Art der besicherten Risiken.

1035 „Grundsätzlich sieht IAS 39 die Möglichkeit vor, Sicherungsbeziehungen zwischen Grundgeschäften und derivativen Finanzinstrumenten zu bilden. Hierauf wird weitestgehend verzichtet, da durch die Überleitungsrechnung auf das EBIT I grundsätzlich Marktwertschwankungen von für zukünftige Perioden designierte Derivate eliminiert werden und somit eine um diese Effekte bereinigte Ergebnisgröße zur Verfügung steht (siehe „Erläuterungen zur Gewinn- und Verlustrechnung und Gesamtergebnisrechnung" auf Seite 190 ff.). Der Verzicht auf die Anwendung der Regelungen des Hedge Accounting gilt auch für Sicherungsgeschäfte, die sich auf die fakturierten Fremdwährungsforderungen beziehen, da sich die Marktwertveränderungen der eingesetzten Termingeschäfte und die gegenläufigen Effekte aus der stichtagsbezogenen Bewertung der Forderungen bzw. den Zahlungseingängen nahezu vollständig ausgleichen. Zum 31. Dezember 2009 bestanden in ausgewählten Fällen noch Sicherungsbeziehungen im Sinne von IAS 39 zwischen bestehenden Forderungen und Termingeschäften zur Absicherung von Währungsrisiken." Vgl. GB 2009 der *K+S AG*, S. 206-207.

1036 Diese Aussage beansprucht dabei Gültigkeit für 17 Unternehmen des DAX, 44 Unternehmen des MDAX sowie 50 Unternehmen des SDAX, die zum 19.03.2007 im jeweiligen Börsensegment notiert waren. Vgl. hierzu Beyer (2008), S. 109-110.

1037 Vgl. Beyer (2008), S. 134-135.

Eine sehr **komprimierte Darstellungen** der Fair Values der designierten Finanzinstrumente, die ausschließlich nach den **angewandten Hedge-Arten**[1038] **oder** ausschließlich nach den **Arten designierter Sicherungsinstrumenten**[1039] differenziert, findet sich etwa bei der *Daimler AG*.

***Daimler AG*:**[1040]

„**Beizulegende Zeitwerte von Sicherungsinstrumenten.** Die nachfolgende Tabelle beinhaltet die beizulegenden Zeitwerte der Sicherungsinstrumente:

		31. Dezember
	2009	2008
in Millionen €		
Fair Value Hedges	**425**	493
Cash Flow Hedges	**441**	1.260

Die *Deutsche Lufthansa AG*[1041] als auch die *Deutsche Telekom AG*[1042] legen hingegen eine **differenziertere Darstellung** der Fair Values sämtlicher Sicherungsinstrumente offen, die **sowohl** nach **angewandten Hedge-Arten** (inkl. der Angabe „Ohne Hedge-Beziehung") **als auch** nach den **einzelnen Sicherungsinstrumenten** unterscheidet.

1038 Ebenso die *MAN SE*, GB 2009, S. 145; ähnlich auch die *Deutsche Börse AG*, GB 2009, S. 163, die allerdings eine weitergehende Differenzierung der Cash Flow Hedges und Fair Value Hedges in jeweils „langfristig" und „kurzfristig" vornimmt.

1039 So die *Deutsche Lufthansa AG*, GB 2009, S. 180, die nicht nach Hedge-Arten differenziert, sondern zunächst lediglich in positive und negative Marktwerte und dabei jeweils in lang- und kurzfristig unterteilt; dieser Tabelle schließt sich jedoch eine Zuordnung der angegebenen Marktwerte auf eingesetzte Sicherungsinstrumente (Gruppendarstellung) an; ebenso die *Fresenius SE*, GB 2009, S. 128, die Zinssicherungsgeschäfte und Devisenkontrakte jeweils in kurz- und langfristig unterteilt.

1040 Vgl. GB 2009 der *Daimler AG*, S. 232.

1041 Vgl. GB 2009 der *Deutsche Lufthansa AG*, S. 197.

1042 Ähnlich wie die *Deutsche Telekom AG* auch die *ThyssenKrupp AG*, S. 225, die jedoch zusätzlich auch die jeweiligen Nominalwerte angibt; ähnlich auch die GBs 2009 der *Linde AG*, S.185, die jedoch anders als die *Deutsche Telekom AG* in den Zeilenpositionen zunächst die Hedge-Arten angibt und diesen dann die einzelnen Arten eingesetzter Sicherungsinstrumente (bspw. Zinsswaps und Devisentermingeschäfte) zuordnet (die *Deutsche Telekom AG* gestaltet die hierarchische Darstellung genau anders herum); ebenso wie die *Linde AG* die *Merck KGaA*, S. 147, mit dem Unterschied, dass die *Merck KGaA* nicht bis auf die einzelnen Arten von Sicherungsinstrumenten differenziert, sondern die Hedge-Arten jeweils nur nach der Art der gesicherten Positionen (Zins- und Währungsabsicherung) unterscheidet; zudem gibt die *Merck KGaA* auch noch die jeweiligen Nominalvolumina an; sowie ebenso wie die *Deutsche Telekom AG* die *BASF SE*, S. 193, nur dass hier nicht nach Hedge-Arten unterschieden wird, sondern lediglich je Sicherungsinstrument ggf. angezeigt wird, dass „davon als Sicherungsinstrumente im Sinne von IAS 39 designiert (Hedge Accounting)".

***Deutsche Telekom AG*:**[1043]

in Mio. €	**Buchwerte 31.12.2009**	Buchwerte 31.12.2008
Aktiva		
Zinsswaps		
- Ohne Hedge-Beziehung	94	99
- In Verbindung mit Fair Value Hedges	225	660
- In Verbindung mit Cash-Flow Hedges	0	0
Devisentermingeschäfte/Devisenswaps		
- Ohne Hedge-Beziehung	91	261
- In Verbindung mit Cash-Flow Hedges	15	34
Zins-/Währungsswaps		
- Ohne Hedge-Beziehung	468	454
- In Verbindung mit Cash-Flow Hedges	155	90
Sonstige Derivate in Verbindung mit Cash-Flow Hedges	0	3
Passiva		
Zinsswaps		
- Ohne Hedge-Beziehung	80	108
- In Verbindung mit Fair Value Hedges	52	0
- In Verbindung mit Cash-Flow Hedges	142	67
Devisentermingeschäfte/Devisenswaps		
- Ohne Hedge-Beziehung	46	277
- In Verbindung mit Cash-Flow Hedges	17	47
Zins-/Währungsswaps		
- Ohne Hedge-Beziehung	555	554
- In Verbindung mit Cash-Flow Hedges	32	0
Sonstige Derivate in Verbindung mit Cash-Flow Hedges	6	0
Eingebettete Derivate	49	35

Ähnlich differenziert und umfassend wie das vorherige Beispiel, jedoch zusätzlich nach „**Positiver beizulegender Zeitwert**", „**Negativer beizulegender Zeitwert**"[1044] und dem **Nominalwert** (dadurch wird ein Einblick in den Umfang eines Hedge Accounting ermöglicht)[1045] sowie den **Fälligkeiten** der **Sicherungsinstrumente** unterscheidend, wird die Fair Value-Angabe gemäß IFRS 7.22(b) von der *Deutsche Post AG* angegeben.[1046]

1043 Vgl. GB 2009 der *Deutsche Telekom AG*, S. 206.

1044 Die *Siemens AG* unterscheidet gleichbedeutend etwa in „Finanzielle Vermögenswerte, bewertet zum Marktwert" und „Finanzielle Verbindlichkeiten, bewertet zum Marktwert". Vgl. GB 2009 der *Siemens AG*, 212.

1045 Der Nominalwert eines derivativen Instruments entspricht dem Kauf- bzw. Verkaufsbetrag des Bezugsobjekts, welcher der Zahlungsbemessung bei Fälligkeit zugrunde liegt. Der Gesamtnominalwert mehrerer derivativer Finanzinstrumente gibt entsprechende „den (unsaldierten) Gesamtbetrag der den derivativen Finanzinstrumenten zugrunde liegenden Kauf- und Verkaufsbeträge an". Der Nominalwert ist demnach eine Maßzahl für den Umfang des Einsatzes derivativer Instrumente. Durch die Angabe von Vorjahreswerten ist es möglich die Nominalwerte im Zeitablauf zu vergleichen und anhand diesbezüglicher Veränderungen Einblicke in Veränderungen des Umfangs der Anwendung eines Hedge Accounting angezeigt zu bekommen. Veränderungen der Nominalbeträge können hierbei auf tatsächliche Veränderungen des Hedge Accounting-Umfangs aber auch auf „rechnungspolitisch motivierte Sachverhaltsgestaltungen und das gezielte Nutzen von Ermessensspielräumen" zurückgeführt werden. Vgl. Brötzmann (2004), S. 245.

1046 Ähnlich auch die GBs 2009 (von allen in dieser Fn. nachfolgend genannten Unternehmen werden keine Fälligkeiten im Rahmen der tabellarischen Untersuchung angegeben) der *METRO AG*, S. 186 (die Fälligkeiten werden von der *METRO AG* auf S. 189 jedoch nach demselben Raster wie die Fair Value-Angaben offen gelegt); der *Bayer*

***Deutsche Post AG*:**[1047]

Derivative Finanzinstrumente

MIO €	2008		2009				Marktwerte 2009 nach Fälligkeit											
							Vermögen						Schulden					
	Nominalwert	Marktwert	Nominalwert	Marktwert Vermögen	Marktwert Schulden	Marktwert Gesamt	Bis 1 Jahr	Bis 2 Jahre	Bis 3 Jahre	Bis 4 Jahre	Bis 5 Jahre	> 5 Jahre	Bis 1 Jahr	Bis 2 Jahre	Bis 3 Jahre	Bis 4 Jahre	Bis 5 Jahre	> 5 Jahre
Zinsbezogene Produkte																		
Zins-Swaps	1.197	–8	1.182	75	–24	51	0	0	49	0	26	0	0	0	0	0	0	–24
davon Cashflow Hedges	354	–42	340	18	–24	–6	0	0	0	0	18	0	0	0	0	0	0	–24
davon Fair Value Hedges	843	34	842	57	0	57	0	0	49	0	8	0	0	0	0	0	0	0
davon zu Handelszwecken	0	0	0	0	0	0	0	0	0	0	0	0	0	0	0	0	0	0
Sonstige	0	0	0	0	0	0	0	0	0	0	0	0	0	0	0	0	0	0
	1.197	**–8**	**1.182**	**75**	**–24**	**51**	**0**	**0**	**49**	**0**	**26**	**0**	**0**	**0**	**0**	**0**	0	–24
Währungsbezogene Geschäfte																		
Devisentermingeschäfte	5.927	–284	2.423	9	–49	–40	9	0	0	0	0	0	–35	–9	–4	–1	0	0
davon Cashflow Hedges	961	27	737	3	–31	–28	3	0	0	0	0	0	–17	–9	–4	–1	0	0
davon Net Invest. Hedges	0	0	0	0	0	0	0	0	0	0	0	0	0	0	0	0	0	0
davon zu Handelszwecken	4.966	–311	1.686	6	–18	–12	6	0	0	0	0	0	–18	0	0	0	0	0
Devisenoptionen	460	11	275	4	–3	1	4	0	0	0	0	0	–3	0	0	0	0	0
davon Cashflow Hedges	460	11	275	4	–3	1	4	0	0	0	0	0	–3	0	0	0	0	0
Devisen-Swaps	4.604	183	2.079	17	–21	–4	17	0	0	0	0	0	–19	–2	0	0	0	0
davon Cashflow Hedges	261	23	169	0	–4	–4	0	0	0	0	0	0	–2	–2	0	0	0	0
davon zu Handelszwecken	4.343	160	1.910	17	–17	0	17	0	0	0	0	0	–17	0	0	0	0	0
Cross-Currency Swaps	269	–28	240	10	–21	–11	0	0	0	0	10	0	0	–7	–14	0	0	0
davon Cashflow Hedges	193	–9	183	10	–7	3	0	0	0	0	10	0	0	–7	0	0	0	0
davon Fair Value Hedges	76	–19	57	0	–14	–14	0	0	0	0	0	0	0	0	–14	0	0	0
davon zu Handelszwecken	0	0	0	0	0	0	0	0	0	0	0	0	0	0	0	0	0	0
	11.260	**–118**	**5.017**	**40**	**–94**	**–54**	**30**	**0**	**0**	**0**	**10**	**0**	**–57**	**–18**	**–18**	**–1**	**0**	**0**
Rohstoffpreisbezogene Geschäfte																		
Rohstoffpreis-Swaps	0	0	16	1	0	1	1	0	0	0	0	0	0	0	0	0	0	0
davon Cashflow Hedges	0	0	16	1	0	1	1	0	0	0	0	0	0	0	0	0	0	0
Aktienpreisbezogene Geschäfte																		
Aktienoptionen	0	0	2.596	669	–22	647	0	0	669	0	0	0	0	0	–22	0	0	0
davon zu Handelszwecken	0	0	2.596	669	–22	647	0	0	669	0	0	0	0	0	–22	0	0	0

Obwohl auch die anderen Umsetzungen von IFRS 7.22(b) als standardkonform anzusehen sind, kann m.E. diese äußerst umfassende Darstellung durch die *Deutsche Post AG* als **Benchmark für die Erfüllung von IFRS 7.22(b)** hinsichtlich der Angabe der Fair Values von designierten Siche-

AG, S. 239, die zudem nach der Sicherung bilanzieller und nicht-bilanzieller Risiken unterscheidet; der *Continental AG*, S. 217, die jedoch anders als die *Deutsche Post AG* in den Zeilenpositionen zunächst die Hedge-Art aufführt und diese dann in die einzelnen Sicherungsinstrumente (bspw. Zins-Währungsswaps und Zinsswaps) differenziert; auch werden die Nominalwerte in Summe am Ende angegeben; der *Henkel AG & Co. KGaA*, S. 115, die jedoch die einzelnen Sicherungsinstrumente nicht nach den einzelnen Hedge-Arten differenziert, sondern lediglich die Angabe „davon: als Hedge Accounting designiert" vornimmt; der *Siemens AG*, S. 212, die die Zeilenpositionen ähnlich wie die *Continental AG* differenziert, jedoch nur einzelne Gruppen von Sicherungsinstrumenten (Zins- und Währungsderivate) unterscheidet; der *TUI AG*, S. 205, die ähnlich wie die *Continental AG* und die *Siemens AG* die Zeilenposten differenziert, jedoch nur nach zu sichernden Risiken (Währungs- und Marktpreisrisiken) unterscheidet; der *Volkswagen AG*, S. 252 i.V.m. S. 260, die jedoch anders als alle zuvor aufgeführten Unternehmen, für jede einzelne der angegebenen Zeilen in sowohl das abgesicherte Risiko als auch die diesbezügliche Hedge-Art differenziert; sowie der *Salzgitter AG*, S. 235, die jedoch keine Nominalwerte offen legt und einzig und allein Devisentermingeschäfte im Rahmen des Hedge Accounting anwendet.

1047 Vgl. GB 2009 der *Deutsche Post AG*, S. 180.

rungsinstrumenten angesehen werden, da zum einen neben den Fair Values auch die Beziehungen zwischen den einzelnen Sicherungsinstrumenten bzw. (den daraus abgeleiteten) gesicherten Positionen[1048] und den diesbezüglich angewendeten Hedge-Arten i.S.d. in der Literatur[1049] empfohlenen Angabe von IFRS 7.22(a) i.V.m. IFRS 7.22(c) sehr übersichtlich und umfassend dargestellt werden. Zum anderen sind auch die Nominalwerte sowie Fälligkeiten der Sicherungsinstrumente abgetragen, was zwar auf freiwilliger Basis erfolgt, letzteres allerdings mit der Angabepflicht gemäß IFRS 7.23(a)[1050] – Angabe der Laufzeit von Grundgeschäften – korrespondiert.

Zusammenfassend lässt sich festhalten, dass dieser **Benchmark** bzw. **Derivate-Spiegel**[1051] eine hohe Transparenz hinsichtlich des **Ausmaßes** eines **Einsatzes** (sowie diesbezüglicher Veränderungen) von **Derivaten** in und außerhalb eines Hedge Accounting gewährt. Seine allgemeine Anwendung würde vor diesem Hintergrund insbesondere die **intertemporale** als auch **zwischenbetriebliche Vergleichbarkeit** von Abschlüssen fördern.[1052]

Grundsätzlich wählt jedoch eine Vielzahl der betrachteten Unternehmen, darunter auch die *Deutsche Post AG*, eine aus **verbalen** und **grafisch-tabellarischen Ausführungen gemischte**, d.h. **fragmentierte Angabeform** gemäß IFRS 7.22(b) hinsichtlich der Offenlegung der Fair Values,[1053] was m.E. aus Gründen der Übersichtlichkeit als **äußerst unvorteilhaft** zu werten ist. Eine **Konvention** zur Umsetzung von IFRS 7.22(b) ist dabei wiederum **nicht erkennbar**.

So legt bspw. die *adidas AG* legt zunächst eine komprimierte tabellarische Übersicht der Fair Values sämtlicher ausstehender Kurssicherungsinstrumente offen. Die Zusammensetzung dieser Instrumente wird dabei im Anschluss verbal eingehender erläutert. Die Fair Values der im Rahmen von Cash Flow Hedges designierten Zinsswaps werden jedoch erst weiter unten im Text separat verbal erläutert.[1054]

1048 „Zinsbezogene Produkte" (= Zinsänderungsrisiko); „Währungsbezogene Geschäfte" (= Währungsrisiko) sowie „Rohstoffpreisbezogene Geschäfte" (= Rohstoffpreisänderungsrisiko).

1049 Vgl. Scharpf (2006), S. 28; Kuhn/Scharpf/Albrecht (2006), S. 636.

1050 Vgl. hierzu die diesbezüglichen Ausführungen weiter unten im Text.

1051 Begriffswahl in Anlehnung an Brötzmann (2004), S. 242-246. *Brötzmann* empfiehlt die Offenlegung eines ähnlichen Derivate-Spiegels. Vgl. ebenda, S. 243.

1052 Ebenso Brötzmann (2004), S. 246.

1053 Eine ähnliche Vorgehensweise (jeweils GB 2009) wählten auch die *ALTANA AG*, S. 155-157; die *Deutsche Börse AG*, S. 163-165, die *Deutsche Lufthansa AG*, S. 180 und S. 197 (drei getrennte tabellarische Darstellungen), die *Deutsche Post AG*, S. 180-181 (Vielzahl an zusätzlichen verbalen Erläuterungen zu den Fair Values und zur Verwendung einzelner Sicherungsinstrumente); die *Deutsche Telekom AG*, S. 205-206; die *Henkel AG & Co. KGaA*, S. 109 und S. 115 (zwei Tabellen), die *Siemens AG*, S. 212 und S. 216; die *ThyssenKrupp AG*, S. 225-226; sowie die *Volkswagen AG*, S. 252 und S. 260 (die tabellarischen und verbalen Angaben werden jeweils in unmittelbarem Zusammenhang gemacht).

1054 Vgl. GB 2009 der *adidas AG*, S. 199-201.

Die anderen in die Analyse einbezogenen Unternehmen, bspw. die *E.ON AG*[1055] oder die *Fresenius Medical Care AG & Co. KGaA*[1056], belassen es hingegen bei vereinzelten – zumeist wenig differenzierten sowie teilweise fragmentierten – **verbalen Angaben**, die in einigen Fällen für sich genommen nicht sämtliche vom Unternehmen designierten Sicherungsinstrumente und Hedge-Arten umfassen, um die Fair Values gemäß IFRS 7.22(b) bereitzustellen.[1057] Dies dürfte jedoch teilweise auch daran liegen, dass eine umfassende tabellarische Darstellung aufgrund des geringen Umfangs designierter Sicherungsinstrumente den Unternehmen nicht angezeigt erscheint.

Diese Vorgehensweise hat allerdings den Nachteil, dass die Bilanzadressaten die vollständigen benötigten Informationen nur durch teils mehr, teils weniger umfangreiche Lektüre der Anhangangaben erlangen können; eine übersichtliche tabellarische Darstellung sollte m.E. daher grundsätzlich das Mittel der Wahl zur Entsprechung von IFRS 7.22(b) hinsichtlich der Angabe der Fair Values sein. Der tabellarischen Übersicht sollten sich ggf. nur dann verbale Ausführungen direkt anschließen, um auf etwaige Besonderheiten hinzuweisen.

Die *BMW AG* sowie die *Infineon Technologies AG* machen hingegen **keinerlei separate Angaben zu den Fair Values gemäß IFRS 7.22(b)**. Dies könnte jedoch in diesen Fällen darin begründet sein, dass diese Angaben, wie auch von einer Vielzahl anderer Unternehmen, bereits im Zusammenhang mit den Angaben gemäß IFRS 7.25 bzw. IFRS 7.8 i.V.m. IFRS 7.25[1058] offenlegt werden. So werden die Fair Values im Rahmen der Erfüllung dieser Angabepflichten häufig auch bspw. für die Posten „Cash Flow Hedging“ und „Fair Value Hedging“[1059] oder den Posten „Designierte Sicherungsinstrumente (Cash-Flow-Hedging)“[1060] im Rahmen der **Matrixdarstellung nach IFRS 7.25 i.V.m. IFRS 7.8** offen gelegt,[1061] was eben die Angabepflicht gemäß IFRS 7.22(b) grundsätzlich erfüllen dürfte. Eine alleinige Entsprechung von IFRS 7.22(b) im Rahmen der Fair Value-Matrix nach IFRS 7.25 i.V.m. IFRS 7.8 ist jedoch m.E. nicht anzuraten, da eine dortige weiterge-

---

1055 Vgl. GB 2009 der *E.ON AG*, S. 126-127.

1056 Vgl. GB 2009 der *Fresenius Medical Care AG & Co. KGaA*, S. 71-72.

1057 Ähnliche die GBs 2009 der *Beiersdorf AG*, S. 114, der *RWE AG*, S. 190-191 sowie der *SAP AG*, S. 220.

1058 Vgl. hierzu insbesondere die Ausführungen in Kapitel 3.3.1.2.

1059 Vgl. GB 2009 der *BMW AG*, S. 120-123.

1060 Vgl. GB 2009 der *Infineon Technologies AG*, S. 171-172.

1061 Ähnlich auch die folgenden Posten: „Im Rahmen von Cashflow Hedge Accounting als Sicherungsinstrumente designierte derivative Finanzinstrumente“, vgl. GB 2009 der *BASF SE*, S. 192; „Derivative Finanzinstrumente mit Hedge-Beziehung“, vgl. GB 2009 der *Beiersdorf AG*, S. 112; “Derivate mit bilanzieller Sicherungsbeziehung / Derivate ohne bilanzielle Sicherungsbeziehung“, vgl. GB 2009 der *Bayer AG*, S. 232; „Derivative Finanzinstrumente, die wirksamer Teil einer Sicherungsbeziehung sind“, vgl. GB 2009 der *Deutsche Lufthansa AG*, S. 177; „Als Sicherungsinstrumente designierte Derivate“, GB 2009 der *Deutsche Post AG*, S. 183; „Designierte Sicherungsinstrumente (Cash-Flow-Hedges)“, vgl. GB 2009 der *Linde AG*, S. 172-173; „Freistehende Derivate“, vgl. GB 2009 der *Infineon Technologies AG*, S. 171-172; „Als Sicherungsinstrumente designierte Derivate“, vgl. GB 2009 der *Infineon Technologies AG*, S. 171-172; „Derivate (nicht) in einer Sicherungsbeziehung“, vgl. GB 2009 der *Merck KGaA*, S. 152-153; „Derivate mit dokumentierter Sicherungsbeziehung“, vgl. GB 2009 der *Salzgitter AG*, S. 228-229; „Derivative Finanzinstrumente ohne Sicherungszusammenhang gem. IAS 39“, vgl. GB 2009 der *METRO AG*, S. 180-181; „Derivate mit Hedge-Accounting-Beziehung“, vgl. GB 2009 der *Siemens AG*, S. 211.

hende Untergliederung der Angaben in bspw. einzelne Sicherungsinstrumente oder gesicherte Positionen kaum praktikabel sein dürfte. Für eine Einbettung in die Angaben gemäß 7.25 i.V.m. IFRS 7.8 wird daher ggf. nur ergänzend und aus Gründen der Übersichtlichkeit plädiert.[1062]

Neben einer solchen Bereitstellung der Fair Values designierter Sicherungsinstrumente im Rahmen der Angaben gemäß IFRS 7.25 i.V.m. IFRS 7.8 werden dieselben Informationen von einigen Unternehmen (zusätzlich) auch im Zuge der **Angaben gemäß IFRS 7.27A i.V.m. IFRS 7.27B**, d.h. im Rahmen der im Jahr 2009 neu eingeführten **Fair Value-Hierarchie zu Angabezwecken**[1063] offengelegt.[1064] Anhand der separaten Klasse „Derivative Finanzinstrumente, die in ein Hedge Accounting einbezogen sind"[1065] kommt dabei etwa die *Daimler AG*[1066] mit den Angaben gemäß IFRS 7.27A i.V.m. IFRS 7.27B gleichzeitig den Angaben gemäß IFRS 7.22(b) hinsichtlich der Offenlegung der Fair Values der als Sicherungsinstrumente designierten derivativen Finanzinstrumente[1067] nach.

Wie auch bereits die Einbettung der Informationen gemäß IFRS 7.22(b) in die Angaben gemäß IFRS 7.8 i.V.m. IFRS 7.25 kommentiert, sollte m.E. analog, d.h. aus denselben Gründen, eine *alleinige*[1068] Berichterstattung der nach IFRS 7.22(b) geforderten Informationen innerhalb der Angaben gemäß IFRS 7.27A i.V.m. IFRS 7.27 unterbleiben.[1069]

1062 Evtl. könnte bei vorgenommener Einbettung ein Verweis auf die detailliertere Darstellung der Angaben gemäß IFRS 7.22(b) in einem anderen Teil des Anhangs vorgenommen werden.

1063 Vgl. hierzu auch insbesondere die Ausführungen in Kapitel 3.5.3.2.

1064 Zu den Unternehmen, die einer derartigen gleichsamen Erfüllung von IFRS 7.27A i.V.m. IFRS 7.27B und IFRS 7.22(b) nicht nachkommen, obwohl sie Angaben zur Fair Value-Hierarchie nach IFRS 7.27A i.V.m. IFRS 7.27B machen, gehören (jeweils GBs 2009) die *ALTANA AG*, S. 150, die *BASF SE*, S. 192, die *Beiersdorf AG*, S. 113, die *BMW AG*, S. 124, die *Deutsche Börse AG*, S. 187, die *Deutsche Post AG*, S. 186, die *E.ON AG*, S. 132, die *Fresenius Medical Care AG & Co. KGaA*, S. 68-69, die *Henkel AG & Co. KGaA*, S. 113, die *K+S AG*, S. 225, die *METRO AG*, S. 182, die *RWE AG*, S. 187, die *SAP AG*, S. 226, die *Siemens AG*, S. 213 sowie die *Volkswagen AG*, S. 270.

1065 Dabei jeweils getrennte Angabe für die zum beizulegenden Zeitwert zu bewertenden finanziellen Vermögenswerte und finanziellen Verbindlichkeiten.

1066 Gleichermaßen auch die GBs 2009 der *adidas AG*, S. 198, der *Bayer AG*, S. 232-233 (Integration der Angaben gemäß IFRS 7.27A i.V.m. IFRS 7.27B in die Angaben gemäß IFRS 7.8 i.V.m. IFRS 7.25), der *Continental AG*, S. 211, der *Deutsche Lufthansa AG*, S. 178, der *Deutsche Telekom AG*, S. 200, der *Fresenius SE*, S. 128, der *Linde AG*, S. 176-177, der *MAN SE*, S. 140, der *Merck KGaA*, S. 155 sowie der *Salzgitter AG*, S. 232.

1067 Die Angabepflicht gemäß IFRS 7.27A i.V.m. IFRS 7.27B erfüllt bei obigem Beispiel der *Daimler AG* jedoch nur dann die Angabepflicht gemäß IFRS 7.22(b) hinsichtlich der Offenlegung der Fair Values, sofern keine nicht-derivativen Finanzinstrumente als Sicherungsinstrumente im Rahmen eines Hedge Accounting designiert sind.

1068 Diese „alleinige" Vorgehensweise ist jedoch nur dann als unproblematisch anzusehen, wenn alle im Rahmen des Hedge Accounting designierten Sicherungsinstrumente *derivative* Finanzinstrument sind; nicht-derivative Finanzinstrumente, die als Sicherungsinstrumente designiert sind, werden nämlich im Rahmen der Angaben gemäß IFRS 7.27A i.V.m. IFRS 7.27B der Berichterstattungspraxis zufolge nicht als eigene Kategorie berichtet. Vgl. hierzu insbesondere auch die angegebenen Fundstellen der GBs 2009 unter Fn. 1068.

1069 Auch hier könnte bei vorgenommener Einbettung ein Verweis auf die detailliertere Darstellung der Angaben gemäß IFRS 7.22(b) in einem anderen Teil des Anhangs vorgenommen werden.

3.5.2.5.4. Benennung der Art der zu besichernden Risiken

Die zu **besichernden Risiken** sind zunächst mittelbar aus dem im vorherigen Kapitel vorgeschlagenen **Benchmark** in Bezug auf **IFRS 7.22(b)** hinsichtlich der Fair Values designierter Sicherungsinstrumente ersichtlich. Die Darstellung des Zusammenhangs der einzelnen Hedge-Arten mit den designierten Sicherungsinstrumenten gibt dabei mittelbar Aufschluss darüber, im Rahmen welcher Hedge-Art welches Risiko – abgeleitet aus den eingesetzten Sicherungsinstrumenten[1070] – gesichert wird. Damit wird auch der in der Literatur[1071] vorgeschlagenen komprimierten Darstellung von IFRS 7.22(a) i.V.m. IFRS 7.22(c) entsprochen.

Weitergehende **verbale Beschreibungen** der **zu besichernden Risiken**, die insbesondere auf dahingehende, **unternehmensindividuelle Besonderheiten** eingehen, sind ggf. jedoch **zusätzlich** zu dieser übersichtsartigen Darstellung anzuraten. So liefert bspw. die *MAN SE*[1072] eine eingehende verbale Darstellung ihrer im Rahmen eines Hedges Accounting abgesicherten Risikopositionen. Wie aus diesem Beispiel der *MAN SE* hervorgeht, kann dabei verbal auch auf Besonderheiten der eingesetzten Sicherungsinstrumente eingegangen werden[1073], was eine Ergänzung der Angaben gemäß IFRS 7.22(b) darstellt.

M.E. bietet es sich hierbei u.U. auch an, die Angaben gemäß IFRS 7.22(c) (parallel) im Rahmen der allgemeinen qualitativen sowie quantitativen Angaben gemäß IFRS 7.33(a) bzw. IFRS 7.34(a) zum Umfang der einzelnen im Unternehmen bestehenden Risikopositionen (erneut) offen zu legen. Der Vorteil würde m.E. darin bestehen, damit zu einer komprimierten Darstellung zu gelangen, welcher Teil der grundsätzlich im Unternehmen bestehenden Risikoexpositionen tatsächlich im Rahmen eines Hedge Accounting abgesichert wird und welche Risiken *bilanziell* ungesichert bleiben. Zudem würde es sich dabei m.E. ergänzend anbieten, in diesem Zusammenhang nicht-bilanzielle aber dennoch wirtschaftlich vorgenommene Sicherungsbeziehungen zu beschreiben.

3.5.2.5.5. Angabe von Laufzeiten der Grundgeschäfte

Im Hinblick auf die designierten Cash Flow Hedges fordert IFRS 7.23(a) von den bilanzierenden Unternehmen die Angabe der Berichtszeiträume, in denen die erwarteten Zahlungsströme voraussichtlich eintreten und wann diese sich erwartungsgemäß auf die GuV auswirken werden. Leider ist aus dem Wortlaut nicht erkennbar, ob es sich dabei um die *cashflows* aus den Sicherungsinstrumenten oder den Grundgeschäften handelt. Der Literaturmeinung zu Folge muss es sich dabei, wie bereits erwähnt, jedoch eindeutig um die erwarteten Zahlungsströme der Grundgeschäfte handeln.

[1070] So werden bspw. Devisentermingeschäfte ausschließlich zur Absicherung von Währungsrisiken eingesetzt.
[1071] Vgl. Scharpf (2006), S. 28; Kuhn/Scharpf/Albrecht (2006), S. 636.
[1072] Vgl. GB 2009 der *MAN SE*, S. 141-143.
[1073] „...Volumen und Laufzeiten werden dabei an der Tilgungsstruktur der vorgegebenen Kundenportfolios bzw. der Finanzschuld sowie am angestrebten Sicherungsgrad ausgerichtet..." GB 2009 der *MAN SE*, S. 143.

Nichtsdestotrotz spiegelt sich in der praktischen Umsetzung von IFRS 7.23(a) dann jedoch auch der unpräzise Wortlaut dieser Norm wider.[1074] Entsprechend konnten, wie anhand der nachfolgenden Beispiele deutlich wird, **keine einheitlichen Konventionen** zur Umsetzung von IFRS 7.23(a) identifiziert werden.

Sofern die Angaben gemäß IFRS 7.23(a) überhaupt gemacht werden,[1075] gibt zwar ein Teil der betrachteten Unternehmen, bspw. die *E.ON AG*[1076], die *adidas AG* und die *Linde AG*[1077], die Informationen konform mit der Literaturmeinung an.

***E.ON AG*:**

„Zum 31. Dezember 2009 sind bestehende Grundgeschäfte in Cashflow Hedges mit Laufzeiten bis zu 29 Jahren (2008: bis zu 30 Jahren) im Fremdwährungsbereich und mit Laufzeiten bis zu elf Jahren (2008: bis zu zwölf Jahren) im Bereich der Zinssicherungen einbezogen. Im Commodity-Bereich betragen die Laufzeiten geplanter Grundgeschäfte bis zu drei Jahre (2008: bis zu fünf Jahre).“[1078]

***Linde AG*:**[1079]

Die Cash Flows solcher Sicherungsinstrumente [im Rahmen von Cash Flow Hedges designiert; Anm. d. Verf.] und deren jeweiliger Beitrag zum Gewinn oder Verlust werden wie folgt erwartet:

2009, in Mio. €	In weniger als einem Jahr	Zwischen einem und fünf Jahren	In mehr als fünf Jahren	Gesamt
Cash Flows der abgesicherten Grundgeschäfte	-16	-81	-	-97
Cash Flows der Sicherungsinstrumente	-30	-28	-1	-59
Gewinn/Verlust	-19	-4	-5	-28

Die Ausführungen der *E.ON AG* bieten dabei aufgrund der pauschalen „bis zu“-Angaben jedoch keine detaillierten Informationen über die genauen Laufzeiten einzelner Grundgeschäfte; doch wä-

1074 Vgl. hierzu auch grundlegend die Ergebnisse einer Studie von *Ernst & Young*, die u.a. zu dem Ergebnis gelangt, dass speziell die Formate im Rahmen der Berichterstattung, die für eine Darstellung der Absicherung des Währungsrisikos im Rahmen eines Hedge Accounting (Cash Flow Hedge Accounting) verwendet werden, äußerst unterschiedlich zwischen den dort betrachteten Unternehmen ausfallen. Vgl. Ernst & Young Global Limited (2008), S. 75.

1075 Aufgrund der Nicht-Anwendung eines Hedge Accounting besteht etwa bei der *K+S AG* keine Notwendigkeit zur Offenlegung. Die *Bayer AG* leistet die Angaben gemäß IFRS 7.23(a) auf den ersten Blick ebenfalls nicht. Warum sie den Angaben dennoch nachkommt, wird weiter unten im Text dieses Kapitels im Zusammenhang mit den Ausführungen zur Umsetzung von IFRS 7.39 deutlich.

1076 Ähnlich die GBs 2009 der *adidas AG*, S. 200; der *BASF SE*, S. 193, der *Continental AG*, S. 218, der *Deutsche Post AG*, S. 181, der *Deutsche Telekom* AG, S. 206 (wobei hier von „Laufzeiten der Sicherungsbeziehungen die Rede ist), der *MAN SE*, S. 142, der *Merck KGaA*, S. 148, der *RWE AG*, S. 191, der *Salzgitter AG*, S. 235, sowie der *TUI AG*, S. 204.

1077 Ähnlich die GBs 2009 der *ALTANA AG*, S. 156, der *Deutsche Börse AG*, S. 164-165, der *Henkel AG & Co. KGaA*, S. 109 sowie der *SAP AG*, S. 220.

1078 Vgl. GB 2009 der *E.ON AG*, S. 126.

1079 Vgl. GB 2009 der *Linde AG*, S. 184. Die Vorjahresvergleichszahlen 2008 wurden dabei aus Platzgründen nicht in den tabellarischen Auszug übernommen.

ren m.E. eben genau diese Information von Interesse, da erst mit dem Eintritt eines einzelnen Grundgeschäfts die im einzelnen zugehörigen Gewinne und Verluste aus dem bzw. den Sicherungsinstrument(en) vom Eigenkapital in die Gewinn- und Verlustrechnung oder in die Anschaffungskosten umgegliedert werden.[1080]

Die *Linde AG* führt demgegenüber neben den Volumina für die „Cash Flows der abgesicherten Grundgeschäfte“ auch die „Cash Flows der Sicherungsinstrumente“ im Rahmen einer tabellarischen Auflistung an, verzichtet dabei jedoch auf die Darstellung eines tiefergehenden Zusammenhangs einzelner Grund- und Sicherungsgeschäfte.

Eine Vielzahl der betrachteten Unternehmen gibt hingegen entgegen der Literaturmeinung nicht die Laufzeiten der Grundgeschäfte, sondern **ausschließlich die Laufzeiten der Sicherungsinstrumente** an. Einige Unternehmen, wie bspw. die *BMW AG*[1081] und die *Deutsche Lufthansa AG*[1082], legen hierbei lediglich die **Laufzeiten der Sicherungsinstrumente** offen, **ohne** jedoch einen diesbezüglichen (verbalen) **direkten Zusammenhang** zu den **Laufzeiten der zugehörigen Grundgeschäfte** herzustellen.

***BMW AG*:**
„Zum 31. Dezember 2009 hat die BMW Group derivative Instrumente mit einer maximalen Laufzeit von 46 Monaten (2008: 48 Monaten) im Bestand, um Währungsrisiken aus zukünftigen Transaktionen abzusichern. Voraussichtlich werden während des nächsten Geschäftsjahres 187 Mio. Euro Nettogewinne, die zum Stichtag im Eigenkapital ausgewiesen werden, in die Gewinn-und-Verlust-Rechnung umgegliedert.

Zum 31. Dezember 2009 hat die BMW Group derivative Instrumente mit einer maximalen Laufzeit von 84 Monaten (2008: 96 Monaten) im Bestand, um Zinsrisiken aus zukünftigen Transaktionen abzusichern. Voraussichtlich werden während des nächsten Geschäftsjahres 45 Mio. Euro Nettoverluste, die zum Stichtag im Eigenkapital ausgewiesen werden, in die Gewinn-und-Verlust-Rechnung umgegliedert.“[1083]

[1080] Darüber hinaus werden von der *E.ON AG* keine Volumina genannt, was gemäß IFRS 7.23(a) allerdings so auch nicht [sic!] verlangt wird.

[1081] Ähnlich etwa auch die GBs 2009 der *Beiersdorf AG*, S. 114, der *Fresenius Medical Care AG & Co. KGaA*, S. 71-72, der *Fresenius SE*, S. 130-131, der *Infineon Technologies AG*, S. 174, der *Siemens AG*, S. 215 sowie der *ThyssenKrupp AG*, S. 225.

[1082] Tabellarische Darstellungen sind bspw. auch in den GBs 2009 der *Telekom AG*, S. 205 (Forward-Payer-Zinsswaps) sowie der *METRO AG*, S. 189 zu finden.

[1083] Vgl. GB 2009 der *BMW AG*, S. 125-126.

***Deutsche Lufthansa AG*:**[1084]
„Die Treibstoff- und Devisensicherungsgeschäfte zur Absicherung von Cashflows werden sich im Periodenergebnis bzw. in den Anschaffungskosten von gesicherten Investitionen nach derzeitigem Kenntnisstand zum Fälligkeitspunkt wie folgt auswirken:

Geschäftsjahr in Mio. €	Perioden-ergebnis	Erstmalige Bewertung von Anschaffungskosten [1)]	**Gesamt**
2010	216	−78	138
2011	124	−37	87
2012	32	−20	12
2013	0*	−17	−17
2014	–	−21	−21
2015	–	−20	−20
2016	–	−16	−16
Gesamt	**372**	**−210**	**162**

* Gerundet unter 1 Mio. EUR.
[1)] Negative Vorzeichen bedeuten eine Erhöhung der Anschaffungskosten.

Beachtlich ist hierbei, dass beide Unternehmen die erwarteten Auswirkungen auf die GuV aus bestehenden Sicherungsbeziehungen betragsmäßig quantifizieren; Nominalvolumina designierter Sicherungsinstrumente werden hierbei jedoch nicht genannt.

Andere Unternehmen, wie etwa die *Volkswagen AG*[1085], legen wiederum die **Laufzeiten der Sicherungsinstrumente** offen, stellen dabei jedoch gleichzeitig die **laufzeitbezogene Verbindung** i.S.e. „verbalen Überleitung“ zu den **entsprechenden Grundgeschäften** her. Dabei wird der Umfang der (designierten) Sicherungsinstrumente anhand der Offenlegung der jeweiligen **Nominalvolumina** beziffert.

1084 Die *Deutsche Lufthansa AG* stellt darüber hinaus für die zur Absicherung von Cashflows eingesetzten Zinsswaps eine ähnliche tabellarische Darstellung der Laufzeiten zur Verfügung. Vgl. GB 2009 der *Deutsche Lufthansa AG*, S. 198.

1085 Ähnlich auch die GBs 2009 der *Daimler AG*, S. 233, der *RWE AG*, S. 191-192, der *Siemens AG*, S. 216 sowie der *ThyssenKrupp AG*, S. 228.

Volkswagen AG:

NOMINALVOLUMEN DER DERIVATIVEN FINANZINSTRUMENTE

Mio. €	RESTLAUFZEIT bis 1 Jahr	1–5 Jahre	über 5 Jahre	NOMINAL-VOLUMEN GESAMT 31.12.2009	NOMINAL-VOLUMEN GESAMT 31.12.2008
Nominalvolumen der Sicherungsinstrumente für Cash-flow-Hedges:					
Zinsswaps	3.848	6.297	875	11.020	15.321
Devisenterminkontrakte	13.199	7.410	72	20.681	19.800
Devisenoptionskontrakte	374	3.310	–	3.685	14.856
Währungsswaps	1.508	36	–	1.543	1.672
Zins-/Währungsswaps	193	2.297	143	2.633	–
Warenterminkontrakte	272	649	72	994	697
Nominalvolumen übrige Derivate:					
Zinsswaps	14.496	25.636	689	40.820	42.300
Zinsoptionskontrakte	93	102	67	262	–
Devisenterminkontrakte	1.077	237	–	1.314	5.238
Währungsswaps	4.529	1.154	–	5.683	4.802
Zins-/Währungsswaps	706	2.406	–	3.112	1.458
Warenterminkontrakte	198	176	–	373	431

[...]

Die Realisierung der Grundgeschäfte der Cash-flow-Hedges wird korrespondierend zu den in der Tabelle ausgewiesenen Laufzeitbändern der Sicherungsgeschäfte erwartet."[1086]

Unternehmen, wie die *Volkswagen AG* entsprechen somit aufgrund der verbalen Überleitung sowohl der Literaturmeinung gemäß IFRS 7.23(a), als auch der Empfehlung laut IDW RS HFA 24, Rz. 35 (zusätzliche Offenlegung der Berichtszeiträume für Sicherungsinstrumente).

Darüber hinaus legen Unternehmen, wie etwa die *adidas AG*[1087], **sowohl** die **Laufzeiten** der **Grundgeschäfte** als auch der **Sicherungsinstrumente parallel**, jedoch ohne irgendeine Form der Überleitung offen.

adidas AG:

„Anpassungen des beizulegenden Zeitwerts aus offenen Cashflow-Hedges, die der Absicherung künftiger Verkaufstransaktionen dienen, werden zu dem Zeitpunkt, an dem das geplante Warengeschäft stattfindet, ergebniswirksam in der Gewinn- und Verlustrechnung berücksichtigt. Diese Geschäfte sind zum größten Teil für 2010 geplant. Zum Bilanzstichtag wurden 4 Mio. € in den Vorräten erfasst, die in 2010 ergebniswirksam in der Gewinn- und Verlustrechnung berücksichtigt werden.

[...]

1086 Vgl. GB 2009 der *Volkswagen AG*, S. 280.

1087 Ähnlich auch die GBs 2009 der *ALTANA AG*, S. 156, der *Deutsche Börse AG*, S. 164, der *Deutsche Post AG*, S. 180-181, der *Henkel AG & Co. KGaA*, S. 109, 114-115, der *Linde AG*, S. 184, der *MAN SE*, S. 142, der *SAP AG*, S. 219-220 sowie der *TUI AG*, S. 204.

Die Fälligkeiten der offenen Zinssicherungspositionen zum 31. Dezember 2009 und 2008 stellten sich wie folgt dar:

FÄLLIGKEITEN VON ZINSSICHERUNGSGESCHÄFTEN
IN MIO. €

№ 28

	31. Dez. 2009	31. Dez. 2008
Innerhalb eines Jahres	139	23
Zwischen einem und drei Jahren	150	184
Zwischen drei und fünf Jahren	–	105
Über fünf Jahre	81	83
Gesamt	**370**	**395**

[...]

Von den als Cash Flow-Hedges designierten Zinsswaps entfällt ein Nominalvolumen in Höhe von 129 Mio. € auf gesicherte Schuldscheindarlehen mit einer Fälligkeit in 2010. Die restlichen als Cash Flow-Hedge designierten Zinsswaps im Nominalvolumen von 45 Mio. € bzw. 105 Mio. € sichern variable Zinszahlungen aus Schuldscheindarlehen ab, welche in 2011 bzw. 2012 fällig werden."[1088]

Problematisch an dieser letzten Form der Darstellung ist sicherlich die **fragmentierte Darstellung** im Anhang, die zudem nicht alle designierten Sicherungsinstrumente und Grundgeschäfte zu umfassen scheint.

Inhaltlich korrespondierend mit IFRS 7.23(a) sieht **IFRS 7.39** unter bestimmten Umständen die **Angabe der Restlaufzeiten** insbesondere auch **derivativer finanzieller Verbindlichkeiten** (IFRS 7.39(b)) vor. Dabei sind laut IDW RS HFA 24, Rz. 60 explizit auch die im Rahmen eines Hedge Accounting designierten Sicherungsinstrumente in die Angabe einzubeziehen.

Wird die Angabe gemäß IFRS 7.39(b) jedoch streng nach Vorschrift gemacht („*...maturity analysis for derivative financial liabilities...*"), so ist jedoch nur ein Teil der im Rahmen eines Hedge Accounting designierten Sicherungsinstrumente, nämlich ausschließlich die, die einen negativen Fair Value aufweisen, in die Offenlegung einzubeziehen. Legt man IFRS 7.23(a) wie das *IDW* aus, so würde die zusätzliche Einbeziehung der designierten Sicherungsinstrumente allerdings auch die einen positiven Marktwert aufweisenden Instrumente umfassen.

Bei genauerer Betrachtung der Umsetzung der Angabepflicht gemäß IFRS 7.39(b) in der Praxis kommt man zu dem Schluss, dass ein Großteil der Unternehmen zwar die derivativen Finanzinstrumente vorschriftsgemäß in die tabellarische Darstellung der Restlaufzeitenanalyse gemäß IFRS 7.39 aufnimmt, diese jedoch nicht weiter unter dem Gesichtspunkt der Anwendung eines Hedge

[1088] Vgl. GB 2009 der *adidas AG*, S. 200.

Accounting differenziert, um damit etwa IFRS 7.23(a) in der Auslegung des *IDW* zu entsprechen.[1089]

Einige der einbezogenen Unternehmen, wie nachfolgend am Beispiel der *Deutsche Telekom AG*[1090] veranschaulicht, nehmen hingegen eine Unterscheidung der in die Restlaufzeitenanalyse gemäß IFRS 7.39 einbezogenen derivativen Finanzinstrumente in sowohl „Derivative finanziellen Verbindlichkeiten" als auch „Derivative finanzielle Vermögenswerte" vor, die weitergehend in einzelne Gruppen von Derivaten[1091] sowie nach den Merkmalen „innerhalb eines Hedge Accounting" (bspw. „in Verbindung mit Cash-Flow Hedges" und/oder „in Verbindung mit Fair Value Hedges") sowie „ohne Hedge Accounting" differenziert werden.

***Deutsche Telekom AG*:**[1092]

Derivative finanzielle Verbindlichkeiten und Vermögenswerte:

Derivative finanzielle Verbindlichkeiten:
- Devisenderivate ohne Hedge-Beziehung
- Devisenderivate in Verbindung mit Cash-Flow Hedges
- Zinsderivate ohne Hedge-Beziehung
- Zinsderivate in Verbindung mit Fair Value Hedges
- Zinsderivate in Verbindung mit Cash-Flow Hedges

Derivative finanzielle Vermögenswerte:
- Devisenderivate ohne Hedge-Beziehung
- Devisenderivate in Verbindung mit Cash-Flow Hedges
- Zinsderivate ohne Hedge-Beziehung
- Zinsderivate in Verbindung mit Fair Value Hedges
- Zinsderivate in Verbindung mit Cash-Flow Hedges

Diese Vorgehensweise erlaubt es, anhand einer einzigen Tabelle sowohl der Angabepflicht gemäß IFRS 7.39(b) als auch der Angabepflicht gemäß IFRS 7.23(a) in der erweiterten Auslegung des *IDW*[1093] – zusätzliche Angabe der Laufzeiten für im Rahmen von Cash Flow Hedges designierte Sicherungsinstrumente – zu entsprechen.

[1089] So etwa die GBs 2009 der *adidas AG*, S. 150, der *ALTANA AG*, S. 152, der *BASF SE*, S. 191, der *Beiersdorf AG*, S. 110, der *BMW AG*, S. 127, der *Continental AG*, S. 216, der *Daimler AG*, S. 237 der *Deutsche Lufthansa AG*, S. 198, der *Deutsche Post AG*, S. 176, der *E.ON AG*, S. 132-133, der *Fresenius Medical Care AG & Co. KGaA*, S. 73, der *Fresenius SE*, S. 132 der *Henkel AG & Co. KGaA*, S. 116-117, der *Infineon Technologies AG*, S. 177, der *K+S AG*, S. 123, der *Linde AG*, S. 180, der *MAN SE*, S. 145, der *Merck KGaA*, S. 151, der *METRO AG*, S. 179, der *RWE AG*, S. 193, der *Siemens AG*, S. 221sowie der *Volkswagen AG*, S. 275.

[1090] Ähnlich, jedoch mit einer teilweise anderen Unterteilung der aufgeführten Posten, die GBs 2009 der *Bayer AG*, S. 236-237, der *SAP AG*, S. 216-217, der *ThyssenKrupp AG*, S. 227 sowie der *TUI AG*, S. 203.

[1091] Etwa Devisen- und Zinsderivate.

[1092] Vgl. GB 2009 der *Deutsche Telekom AG*, S. 164-165. Der gezeigte Ausschnitt aus dem GB 2009 der *Deutsche Telekom AG* beschränkt sich dabei auf die Gliederung der Angaben zu den derivativen Finanzinstrumenten gemäß IFRS 7.39(b) (sowie IFRS 7.23(a)).

[1093] Vgl. IDW RS HFA 24, Rz. 35.

Dennoch[1094] vermag es auch diese Vorgehensweise nicht, durch die zusätzliche Angabe der zukünftigen Zahlungsströme der designierten Sicherungsinstrumente die Problematik zu lösen, dass sich die Zahlungsströme von Grundgeschäften und den zugehörigen Sicherungsinstrumenten derart unterscheiden können, dass die separate Angabe der zukünftig eintretenden Zahlungsströme der Grundgeschäfte gemäß IFRS 7.23(a) eben nicht ausreicht, um den Bilanzadressaten ein entscheidungsnützliches Bild der im Rahmen eines Hedge Accounting designierten Sicherungsbeziehungen zu vermitteln.

Aufbauend auf den bisherigen Ausführungen wird daher insbesondere aus Gründen der Übersichtlichkeit an dieser Stelle dafür plädiert, hinsichtlich **designierter Cash Flow Hedges** sowohl die **Laufzeiten** der **Grundgeschäfte** als auch die der **zugehörigen Sicherungsinstrumente** im Rahmen einer komprimierten tabellarischen Darstellung (freiwillig[1095]) offen zu legen. Durch die Integration in die Angaben zum Liquiditätsrisiko nach IFRS 7.39 könnte gleichzeitig die dabei meist ohnehin grafisch dargestellte Fälligkeitsstruktur auch für die Angaben gemäß IFRS 7.23(a) nutzbar gemacht werden. Aus Gründen der Übersichtlichkeit wird es m.E. jedoch meist sinnvoller sein, die Angaben gemäß einem strukturähnlichen IFRS 7.39-Tableau, jedoch *separat* von den IFRS 7.39-Angaben offen zu legen.[1096]

Hinsichtlich der **freiwilligen betragsmäßigen Angaben** wird an dieser Stelle im nachfolgend empfohlenen Tableau zwischen „cashflows" und „p&l" unterschieden. Erstere Spalte sollte dabei mit den Beträgen der erwarteten, undiskontierten **Zahlungsströme**, zweitere mit den undiskontierten **Beträgen**, die sich voraussichtlich auf die **Gewinn- und Verlustrechnung** (p&l) auswirken,[1097]

[1094] Obwohl anhand von IDW RS HFA 24, Rz. 35 ja gerade gefordert wird, das Problem, dass sich die Zahlungsströme der Grundgeschäfte von denen der Sicherungsinstrumente unterscheiden können, durch die zusätzlich Angabe der zukünftigen Laufzeiten bzw. Zahlungsströme der Sicherungsinstrumente zu heilen, gelingt dies anhand der von Unternehmen zu Unternehmen unterschiedlich fragmentierten diesbezüglichen Anhangangaben nur eingeschränkt, da eine vollständige Zusammenschau der dazu nötigen Informationen m.E. nur sehr schwer gelingt.

[1095] Sowohl die betragsmäßige Angabe der zukünftig eintretenden Zahlungsströme für Grundgeschäfte und Sicherungsinstrumente als auch die Angabe der Berichtszeiträume, in denen die zukünftigen Zahlungsströme der designierten Sicherungsinstrumente voraussichtlich eintreten, werden der h.M. zu Folge von IFRS 7.23(a) nicht verlangt.

[1096] Sofern eine von den Angabepflichten gemäß IFRS 7.39 unabhängige Offenlegung erfolgt, sind die einzelnen Zeilen „Ohne Hedge-Beziehung" sowie „Derivate ohne Hedge-Beziehung Gesamt" nicht anzugeben, da nicht die Gesamtheit aller derivativen Instrumente des Unternehmens, sondern nur die im Rahmen des Hedge Accounting designierten (derivativen) Sicherungsinstrumente in das Tableau mit einzubeziehen sind.

[1097] Eine separate tabellarische Darstellung der zukünftig erwarteten Gewinn- und Verlusteffekte aus verschiedenen Cash Flow Hedges gemäß IFRS 7.23(a) liefert bspw. die *E.ON AG*, GB 2009, S. 127 oder die *Deutsche Lufthansa AG*, GB 2009, S. 197. Letztlich handelt es ich bei der Angabe der zukünftig erwarteten erfolgswirksamen Umgliederungen aus dem Eigenkapital um die prospektive Anwendung der Angabepflicht IFRS 7.23(d), was in der ausführlichen, im Anhang dargestellten tabellarischen Erhebung auch so gekennzeichnet wird („pr."). Die Anwendung von IFRS 7.23(d) in der Praxis wird im nachfolgenden Kapitel eingehend erläutert.

befüllt werden.[1098] Damit wird (abgesehen von der betragsmäßigen Angabe) dem Standardtext[1099] von IFRS 7.23(a) entsprochen.

Indem darüber hinaus noch die separaten Spalten (1) „Betrag, der während der Berichtsperiode direkt im EK erfasst wurde", (2) „Betrag, der während der Berichtsperiode vom EK in die GuV umgebucht wurde"[1100] sowie (3) „Betrag, der dem EK entnommen und in die Anschaffungskosten oder den sonstigen Buchwert eines/r nicht-finanziellen/r Vermögenswerts oder Verbindlichkeit (jeweils mit hoher Wahrscheinlichkeit erwartet) umgebucht wurde" in das Benchmark-Tableau übernommen werden, kann zusätzlich **IFRS 7.23(c), (d)** und **(e)**[1101] entsprochen werden. Dabei kann u.U. auch ein diesbezüglich direkter Zusammenhang[1102] dieser Angaben zu den einzelnen Sicherungsbeziehungen – sofern auf einer derart granularen Ebene dargestellt – bzw. zu den einzelnen Sicherungsinstrumenten und Grundgeschäften hergestellt werden.

Hinsichtlich der Spalte „Betrag, der während der Berichtsperiode vom EK in die GuV umgebucht wurde" wird von IFRS 7.23(d) gefordert, den Betrag des ergebniswirksamen Effekts für jeden GuV-Posten, der von einer derartigen Umgliederung betroffen ist, separat und kumuliert darzustellen. Dies sollte m.E. entweder verbal, wie das in der Praxis bereits ohnehin geschieht,[1103] oder durch Einbettung in das nachfolgend dargestellte Tableau erfolgen.

Optional könnte anhand des folgenden Benchmark-Tableaus auch der **Angabe** der **Fair Values** der (im Rahmen von Cash Flow Hedges) **designierten Sicherungsinstrumente** gemäß **IFRS 7.22(b)** nachgekommen werden, indem die Spalte „Beizulegender Zeitwert zum 31.12." bezüglich des Berichtsjahres eingefügt wird. Der Vorteil einer solchen Darstellung gegenüber einer Offenlegung im Rahmen einer Matrixdarstellung gemäß IFRS 7.25 i.V.m. IFRS 7.8[1104] besteht m.E. darin, dass die Fair Values je Gruppe von Sicherungsinstrumenten oder gar auf Ebene der einzelnen Sicherungsinstrumente angegeben werden, und nicht allein kumuliert für einen Posten „Im Rahmen eines Hedge Accounting designierte Derivate".

1098 Da die Nominalvolumina der Sicherungsinstrumente bereits dem Benchmark in Kapitel 3.5.2.5.3. zu entnehmen sind, wird auf eine Darstellung der Restlaufzeiten der Sicherungsinstrumente anhand der Nominalwerte analog obigem Beispiel der *Volkswagen AG* verzichtet.

1099 *„the periods when the cash flows are expected to occur and when they are expected to affect profit or loss"* (IFRS 7.23(a)).

1100 Hierbei sollten die jeweils angegebenen Beträge per Fußnote oder per Abkürzung dem Posten der GuV zugeordnet werden, in dem sie im Zuge der Umgliederung erfasst worden sind, um den Anforderungen von IFRS 7.23(d) zu genügen („*...showing the amount included in each line item in the statement of comprehensive income...*").

1101 Für weitergehende Ausführungen zur Umsetzung dieser Angabepflichten in der Praxis vgl. die folgenden Kapitel.

1102 Ein derartiger Bezug wird bspw. von der *Deutsche Post AG* für die wesentlichen Sicherungsbeziehungen teilweise bereits ohnehin in verbaler Form bereitgestellt. Vgl. GB 2009 der *Deutsche Post AG*, S. 181.

1103 Vgl. hierzu insbesondere die Ausführungen im nachfolgenden Kapitel 3.5.2.5.6.

1104 Vgl. hierzu insbesondere das vorherige Kapitel 3.5.2.5.3.

Aufbauend auf den vorangegangenen Ausführungen sieht der **Benchmark**, d.h. das im Rahmen dieser Untersuchung vorgeschlagene Tableau zur Erfüllung der Angabepflichten gemäß IFRS 7.23(a) sowie IFRS 7.23(c)-(e), wie unter Abbildung 20 aufgeführt aus.

Im Rahmen von Cash Flow Hedges designierte Sicherungsinstrumente und Grundgeschäfte	2009											2010		2011		2012-2014		2015-2019		2020 ff.		GESAMT	
	Buchwert zum 31.12.2009	Beizulegender Zeitwert zum 31.12.2009	Betrag, der während der Berichtsperiode direkt im EK erfasst wurde	Betrag, der während der Berichtsperiode vom EK in die GuV umgebucht wurde: Umsatzerlöse	Umsatzkosten	Zinsergebnis	Ergebnis aus aufgegebenen Aktivitäten	...	Betrag, der dem EK entnommen und und die Anschaffungskosten oder den sonstigen Buchwert eines/r nicht-finanziellen/r Vermögenswerts oder Verbindlichkeit (jeweils eine mit hoher Wahrscheinlichkeit erwartete Transaktion) umgebucht wurde	cashflows	p&l	cashflows	p&l	cashflows	p&l	cashflows	p&l	cashflows	p&l	cashflows	p&l	cashflows	p&l
Derivative Sicherungsinstrumente																							
Devisenderivate																							
Zinsderivate																							
Warenderivate																							
...																							
GESAMT																							
Nicht-derivative Sicherungsinstrumente																							
Fremdwährungsforderungen																							
Fremdwährungsverbindlichkeiten																							
...																							
GESAMT																							
Grundgeschäfte																							
Forderungen																							
Anleihen																							
nicht bilanzierte feste Kaufverpflichtung																							
...																							
GESAMT																							

Abbildung 20: Benchmark-Tableau zur Angabe der erwarteten Zahlungsströme sowie GuV-Wirkungen für die im Rahmen von Cash Flow Hedges designierten Grundgeschäfte und Sicherungsinstrumente (IFRS 7.23(a)) sowie Angabe der Entwicklung der Cash Flow Hedge-Rücklage (IFRS 7.23(c)-(e)) (Berichtsjahr 2009)

Die **Anwendung** dieses **Benchmark-Tableaus** separat für jede **einzelne abgesicherte Risikoart** bzw. gar separat für wesentliche **einzelne Sicherungsgeschäfte** würde dabei zu einer noch transparenteren Darstellung des Hedge Accounting führen und ist daher zu empfehlen.

Gegenüber einer derart, vergleichsweise detaillierten Darstellung erscheinen die Angaben gemäß IFRS 7.23(a) in der nach h.M. gültigen Interpretation, allein für Grundgeschäfte zu gelten, relativ aussagelos, werden doch – obwohl auch aus obigem Benchmark der Zusammenhang einzelner wesentlicher Sicherungsbeziehungen je Risikoart nicht hervorgeht – ebenfalls die aus Sicherungsinstrumenten erwarteten Zahlungsströme im Rahmen einer komprimierten Darstellung bereitgestellt.

IFRS 7.23(a) sollte demnach m.E. nicht nur als beschränkt für Grundgeschäfte gültig interpretiert werden, wie es bspw. *Kuhn/Scharpf* vertreten,[1105] sondern auch für die im Rahmen eines Hedge Accounting designierten Sicherungsinstrumente Gültigkeit beanspruchen. M.E. spricht IFRS 7.23(a) insofern in einem übergreifenden Sinn von „*the periods when the cash flows are expected to occur and when they are expected to affect profit or loss*“.

Betrachtet man die derzeit beim IASB diskutierten Vorschläge zur umfassenden Veränderung des Hedge Accounting im Zuge der Einführung von IFRS 9 (Ersatz von IAS 39), so wird deutlich, dass insbesondere, was den Bereich der Anhangangaben zu den bilanziellen Sicherungsbeziehungen anbelangt, seitens des Standardsetter offenbar ein enormes Verbesserungs- bzw. Ergänzungspotential gesehen wird – die Auslegung von IFRS 7.23(a) gemäß der h.M. kann bereits auch deshalb als nicht mehr haltbar angesehen werden.

So schlägt der Exposure Draft „*ED/2010/13 Hedge Accounting*“[1106] diesbezüglich u.a. die nachfolgenden neuen Pflichtangaben vor:

“The amount, timing and uncertainty of future cashflows

45 For each category of risk exposure, an entity shall disclose quantitative information to enable users of its financial statements to evaluate the types of risk exposures being managed in each risk category, the extent to which each type of risk exposure is hedged and the effect of the hedging strategy on each type of risk exposure.

46 An entity shall provide a breakdown that discloses, for each subsequent period that the hedging relationship is expected to affect profit or loss, the following:

1105 Vgl. Kuhn/Scharpf/Albrecht (2006), S. 637-638; Scharpf (2006), S. 29.

1106 Der ED/2010/13 kann unter der nachfolgenden Adresse bezogen werden: http://www.ifrs.org/Current+Projects/IASB+Projects/Financial+Instruments+A+Replacement+of+IAS+39+Financial+Instruments+Recognitio/Phase+III+-+Hedge+accounting/edcl/ed.htm (letzter Abruf: 11.12.2010).

(a) the monetary amount or other quantity (eg tonnes, cubic metres) to which the entity is exposed for each particular risk (for hedges of groups of items, an entity shall explain the risk exposure in the context of a group or net position);
(b) the amount or quantity of the risk exposure being hedged; and
(c) in quantitative terms, how hedging changes the exposure (ie the exposure profile after hedging such as the average rate at which the entity has hedged that exposure)."

Konkret umgesetzt sieht das IASB etwa die nachfolgenden Angaben auf Ebene des Einzelrisikos, hier bspw. des Warenpreisrisikos, als konforme Umsetzung seiner bisherigen Vorschläge an.

"**Commodity price risk**

Commodity price risk is the most important market risk for the company. The risk is managed in USD. The company has established guidelines for entering into contractual arrangements (derivatives) in order to manage its commodity price risk. Commodity price risk is managed on a mid-term basis. The commodity derivatives are priced using pricing benchmarks (mainly Brent). [...]

The company estimates production to be on average 55,000 barrels of oil per day for 20X0 and hedges only a certain proportion of that production. This leaves the company in a position to benefit from rises in prices for crude oil while protecting a minimum level of profitability of its main production assets (refer to the management report, Section XX). To manage the commodity price risk, the company enters into commodity-based derivative contracts, which consist of exchange-traded put options and over-the-counter forward contracts. The company is able to integrate all their oil production (and forecasts) into a centralised risk management system because of the small size of its operations and the fact that production operations are managed from one subsidiary. [...]

The company's hedge position can be summarised as follows: [...]

	20X0	**20X1**	**20X2**
Basis of total price risk exposure (barrels of oil per day)	55,000.00	60,000.00	65,000.00
Exposure hedged			
Forward sales contract			
Basis of hedged exposure (barrels of oil per day)	14,500.00	6,000.00	6,000.00
Average hedged rate USD/per barrel	81.75	85.50	88.00
Put options			
Basis of hedged exposure (barrels of oil per day)	14,500.00	6,000.00	nil
Average hedged rate USD/per barrel	≥75.00	≥70.60	nil

The oil hedges of the company involve basis risk. The grade of the oil that the company produces differs from the grade of the oil referenced in the derivative contracts. Those contracts (both for the OTC and exchange traded derivatives) mainly refer to the Brent crude oil price as a benchmark. The company's oil production trades on average at about 80 per cent of Brent crude oil prices. Hence, fluctuations around this average create hedge ineffectiveness. [...]

> OTC derivatives involve credit risk. The company uses collateral arrangements with its main lenders that are also the counterparties to the company's OTC derivative contracts to reduce credit risk (see Note XX.b on Financial Risk Management—Credit Risk). However, some credit risk remains and can result in hedge ineffectiveness. [...]"[1107]

M.E. würde den Bilanzadressaten anhand dieses Entwurfs neuer Pflichtangaben zum Hedge Accounting ein äußerst detailliertes Bild der im Unternehmen vorgenommenen (bilanziellen) Sicherungsaktivitäten vermittelt, die insbesondere bezogen auf die Laufzeiten sowohl von Grundgeschäften als auch von Sicherungsinstrumenten erfolgt. Im Zusammenhang mit der Angabe der gesicherten und sichernden Volumina (hier: Barrels) gelingt dabei auch eine Darstellung der (durchschnittlichen) **Sicherungsrate** (*average hedge ratio*), die elementar für das Verständnis jeglicher Sicherungsaktivitäten ist.[1108]

Fraglich ist m.E. allerdings derzeit noch, ob sich diese Vorschläge insbesondere vor dem Hintergrund durchsetzen können, dass die bilanzierenden Unternehmen dann dazu angehalten sein würden, u.a. **Schätzungen über zukünftig gesicherte als auch ungesicherte Volumina** abgeben zu müssen, was von Unternehmensseite aufgrund des prognostischen Charakters dieser Informationen insbesondere unter Wettbewerbsgesichtspunkten sicherlich abgelehnt werden wird.

3.5.2.5.6. Nicht-Eintritt geplanter Transaktionen

Der Angabe gemäß IFRS 7.23(b), wonach jede geplante Transaktion anzugeben ist, die im Rahmen eines Hedge Accounting als Grundgeschäft designiert wurde, deren Eintritt jedoch nicht mehr erwartet wird, kommen nur wenige der betrachteten Unternehmen nach.

Zunächst bescheidet ein kleiner Teil der Unternehmen[1109] die Nicht-Anwendung dieser Norm mangels fehlender derartiger Transaktionen, die nicht mehr erwartet werden, explizit als positiv.

Weitere Unternehmen, wie nachfolgend bspw. die *ThyssenKrupp AG*, machen zwar die Angabe gemäß IFRS 7.23(b), kommen dieser dabei m.E. jedoch teils mehr[1110], teils weniger[1111] ausführlich bzw. aussagefähig nach.

1107 Vgl. hierzu das *Staff Paper 20D „Financial Instruments (Replacement of IAS 39) – Hedge Accounting; Hedge accounting disclosures – Illustrative examples"* (*Observer Note*) zur Sitzung des IASB vom 18.10.2010, S. 5-6, abrufbar unter: http://www.ifrs.org/Current+Projects/IASB+Projects/Financial+Instruments+A+Replacement+of+IAS+39+Financial+Instruments+Recognitio/Phase+III+-+Hedge+accounting/Meeting+Summaries/IASB+October+2010.htm (letzter Abruf: 11.12.2010).

1108 Für weitere Detailvorschläge sei an dieser Stelle aus Platzgründen jedoch auf die einschlägigen *IASB Observer Notes* verwiesen. Siehe hierzu die abrufbaren Unterlagen unter der in der vorangegangener Fußnote angegebenen Adresse.

1109 Vgl. bspw. die GBs 2009 der *Infineon Technologies AG*, S. 174, der *Linde AG*, S. 183 sowie der *SAP AG*, S. 218.

1110 Vgl. vom Detaillierungsgrad etwa dem oben angegebenen Beispiel der *ThyssenKrupp AG* entsprechend die GBs 2009 der *MAN SE*, S. 142 sowie der *TUI AG*, S. 204 (die *TUI AG* berichtet dabei über dreierlei abgebrochene Transaktionen, die im Rahmen eines Hedge Accounting designiert waren).

***ThyssenKrupp AG*:**
„Der Abbruch von Cash-Flow-Hedges führte im laufenden Geschäftsjahr durch Umgliederung aus den kumulierten erfolgsneutralen Eigenkapitalveränderungen in die Gewinn- und Verlustrechnung zu einem Ergebnis von 84 (i. Vj. 1) Mio €. Diese ursprünglich ergebnisneutral behandelten Schwankungen der beizulegenden Zeitwerte von Derivaten wurden zu dem Zeitpunkt ergebniswirksam realisiert, als die Durchführung der abgesicherten zukünftigen Transaktionen in Form währungsgesicherter Umsatzerlöse und Rohstoffbezüge nicht länger als wahrscheinlich angesehen wurde. Ursächlich hierfür war im Wesentlichen der durch die Wirtschaftskrise bedingte Rückgang von Rohstoffeinkäufen.“[1112]

Das Beispiel der *ThyssenKrupp AG* kann dabei als vergleichsweise ausführlich gelten, werden doch neben den umgegliederten Volumina auch die abgebrochene geplante Transaktion sowie die Gründe für deren Abbruch erläutert. Demgegenüber muss das nachfolgende Beispiel der *Siemens AG* als äußerst rudimentär bezeichnet werden; ob damit der Angabepflicht gemäß IFRS 7.23(b) entsprochen wird („*a **description** of any forecast transaction for which hedge accounting had previously been used, but which is no longer expected to occur*“[1113]; IFRS 7.23(b)) sei an dieser Stelle dahingestellt.

***Siemens AG*:**
„Im Geschäftsjahr 2009 reklassifizierte das Unternehmen einen Nettogewinn in Höhe von 6 (i.V. 5) EUR aus den Sonstigen Bestandteilen des Eigenkapitals in die Umsatzkosten, da das Eintreten der geplanten Transaktion unwahrscheinlich geworden war.“[1114]

Mit Blick auf die Ermittlung eines **Benchmarks**, sollte m.E. daher bei der Offenlegung von Informationen gemäß IFRS 7.23(b) grundsätzlich dem Beispiel der *ThyssenKrupp AG* gefolgt werden, indem neben den aus dem Eigenkapital erfolgswirksam umgegliederten Beträgen ebenfalls die abgebrochene, geplante Transaktion als auch die Gründe für den Abbruch verbal beschrieben werden.

3.5.2.5.7. Erfassung von Gewinnen und Verlusten von Sicherungsinstrumenten in Cash Flow Hedges

IFRS 7.23(c)-(e) fordert im Kern die **Offenlegung** der **Entwicklung** der **Cash Flow Hedge-Rücklage** samt ihrer **Auswirkungen** auf die GuV(-Posten) sowie ggf. auf die Anschaffungskosten oder einen sonstigen Buchwert eines nicht-finanziellen Vermögenswerts oder einer nicht-finanziellen Verbindlichkeit, wobei es sich bei der Akquisition dieser Nicht-Finanzinstrumente um eine in ein Hedge Accounting einbezogene, mit hoher Wahrscheinlichkeit prognostizierte Transaktion gehandelt haben muss.

[1111] Vgl. die GBs 2009 der *Merck KGaA* S. 148 sowie der *BMW AG*, S. 125, die vom Umfang und Aussagegehalt her in etwa dem nachfolgend angegebenen Beispiel der *Siemens AG* entsprechen.
[1112] Vgl. GB 2009 der *ThyssenKrupp AG*, S. 226.
[1113] Hervorhebung (Fett-Druck) durch den Verfasser.
[1114] Vgl. GB 2009 der *Siemens AG*, S. 215.

Von vielen der betrachteten Unternehmen, wie bspw. nachfolgend von der *Deutsche Telekom AG*[1115] (IFRS 7.23(c)), der *Volkswagen AG* (IFRS 7.23(d)) sowie der *Deutsche Lufthansa AG* (IFRS 7.23(e)), werden diese Angaben (teilweise zusätzlich) separat[1116] und in **verbaler Form** ausgewiesen.

Deutsche Telekom AG (IFRS 7.23(c)):
„Aus der ergebnisneutralen Realisierung der Wertveränderung der Sicherungsgeschäfte [„Absicherung des Zinsänderungsrisikos mittels Cashflow Hedges); Anm. d. Verf.] resultieren im Geschäftsjahr 2009 in der Neubewertungsrücklage erfasste Verluste von 83 Mio. € (2008: Verluste von 86 Mio. €).

[...]

Im Geschäftsjahr 2009 wurden aus der Veränderung der beizulegenden Zeitwerte von Devisenderivaten [„Absicherung des Währungsrisikos mittels Cashflow Hedges); Anm. d. Verf.] resultierende Gewinne von insgesamt 26 Mio. € (2008: Gewinne von 146 Mio. €) im Eigenkapital (Sicherungsrücklage) erfasst."[1117]

Volkswagen AG (IFRS 7.23(d)):
„Aus der Cash-flow-Hedge-Rücklage wurden im Jahr 2009 -1.087 Mio. € (Vorjahr: -1.389 Mio. €) ergebnisverbessernd in das sonstige betriebliche Ergebnis, 76 Mio. € (Vorjahr: -38 Mio. €) ergebnisvermindernd in das Finanzergebnis und 103 Mio. € ebenfalls ergebnisvermindernd in die Kosten der Umsätze übernommen."[1118]

Deutsche Lufthansa AG (u.a. IFRS 7.23(e)):
„Im Geschäftsjahr 2009 wurden aus fälligen Treibstoffpreissicherungsgeschäften aus dem Eigenkapital 160 Mio. EUR in den Treibstoffaufwand erhöhend gebucht, aus Devisensicherungsgeschäften 574 Mio. EUR aus dem Eigenkapital in den sonstigen betrieblichen Ertrag und 301 Mio. EUR in den sonstigen betrieblichen Aufwand und 111 Mio. EUR anschaffungskostenerhöhend auf Flugzeuge gebucht."[1119]

Eine **grafische Aufbereitung** der Angaben gemäß IFRS 7.23(c)-(e) findet sich hingegen bei den meisten Unternehmen, wie nachfolgend gezeigt bspw. bei der *Daimler AG*[1120].

Daimler AG (IFRS 7.23(d)):[1121]
„Die unrealisierten Gewinne und Verluste (vor Steuern) aus der Bewertung von Derivaten, die erfolgsneutral im Eigenkapital [(Cashflow Hedge-Rücklage); Anm. d. Verf.] erfasst wurden, stellen sich wie folgt dar:

1115 Ähnlich bspw. auch die *ALTANA AG*, GB 2009, S. 156 sowie die *METRO AG*, S. 171, die jedoch an dieser Stelle ebenfalls die Angaben gemäß IFRS 7.23(d) offen legt.

1116 Hingegen legt bspw. die *MAN SE* eine bezüglich dieser Angabepflichten komprimierte verbale Darstellung (in Bezug auf die Absicherung des Währungsrisikos mittels Cash Flow Hedges) offen. Vgl. GB 2009 der *MAN SE*, S. 142. Ähnlich bspw. auch die *RWE AG*, S. 191, jedoch mit Bezug auf sämtliche Cash Flow Hedges.

1117 Vgl. GB 2009 der *Deutsche Telekom AG*, S. 205-206.

1118 Vgl. GB 2009 der *Volkswagen AG*, S. 276.

1119 Vgl. GB 2009 der *Deutsche Lufthansa AG*, S. 198.

1120 Ähnlich bspw. auch die GBs 2009 der *BMW AG*, S. 125, der *Deutsche Börse AG*, S. 165, der *Deutsche Lufthansa AG*, S. 185 (im Rahmen der Erläuterung der „übrigen neutralen Rücklagen"), der *Deutsche Post AG*, S. 161 (im Rahmen der Erläuterung der „Hedge-Rücklage gemäß IAS 39"), der *Fresenius Medical Care AG & Co. KGaA*, S. 73 (im Rahmen der Darstellung der „Änderungen im Kumulierten Übrigen Comprehensive Income (Loss)"), der *Fresenius SE*, S. 129, der *Henkel AG & Co. KGaA*, S. 114, der *Linde AG*, S. 183 sowie der *Salzgitter AG*, S. 235.

1121 Vgl. GB 2009 der *Daimler AG*, S. 233.

	2009	2008	2007
in Milliarden €			
Unrealisierte Gewinne/(Verluste)	.	0,5	1,2

Die aus dem Eigenkapital [(Cashflow-Hedge-Rücklage); Anm. d. Verf.] in die Gewinn- und Verlustrechnung umgebuchten Gewinne/(Verlust) vor Steuern sind wie folgt:

	2009	2008	2007
in Millionen €			
Umsatzerlöse	**707**	1.090	487
Umsatzkosten	**(63)**	(21)	14
Zinsergebnis	**(230)**	(527)	30
Ergebnis aus aufgegebenen Aktivitäten	**-**	-	2
	414	542	533

Indem die *Daimler AG* den Posten „**Ergebnis aus aufgegebenen Aktivitäten**" im Rahmen der Überleitung der erfolgswirksamen Erfassung der Cash Flow Hedge-Rücklage angibt, gelingt die – gemäß Standard bisher nicht geforderte – Unterscheidung zwischen solchen Beträgen, die aus der Cash Flow Hedge-Rücklage umzubuchen sind, weil die Zahlungsströme der Grundgeschäfte erfolgswirksam geworden sind, und dem Betrag, der gleichermaßen umzubuchen ist, weil mit dem Eintreten einer geplanten Transaktion nicht mehr zu rechnen ist. Eine solche Differenzierung[1122] sollte m.E. jedoch verpflichtend i.S.e. **Benchmarks** angegeben werden, da damit ein **höherer Informationswert** verbunden sein dürfte.

Die Angaben gemäß IFRS 7.23(c)-(e) sind jedoch (teilweise in kumulierter Form[1123]) häufig, wie bspw. bei der *Volkswagen AG*, auch anhand der **Gesamtergebnisrechnung**[1124] oder dem **Eigenkapitalspiegel**[1125] ersichtlich.[1126]

1122 Auch wenn sie nicht tabellarisch sondern nur verbal aufbereitet sind, werden die im vorangegangen Kapitel dargestellten Beispiele der *ThyssenKrupp AG* sowie der *Siemens AG* IFRS 7.23(d) in Bezug auf die Differenzierung des erfolgswirksam aus der Cash Flow-Hedge-Rücklage umgegliederten Betrags und dabei hinsichtlich des dabei auf den Nicht-Eintritt geplanter Transaktionen entfallenden Betrags gleichermaßen wie die *Daimler AG* gerecht.

1123 Meint sowohl ohne Aufteilung hinsichtlich der Erfassung in unterschiedlichen GuV-Posten gemäß IFRS 7.23(d) als auch alle drei genannte Angaben im Rahmen einer Zahl ausgedrückt.

1124 Ähnlich auch etwa die GBs 2009 der *Bayer AG*, S. 139, der *Beiersdorf AG*, S. 81, der *Continental AG*, S. 134, der *Deutsche Börse AG*, S. 113, der *Deutsche Lufthansa AG*, S. 145, der *Deutsche Post AG*, S. 126, der *Deutsche Telekom AG*, S. 127, der *E.ON AG*, S. 53, der *Fresenius Medical Care AG & Co. KGaA*, keine Seite angegeben (dritte pdf-Seite des über die Website zu beziehenden IFRS-Abschlusses 2009), der *Fresenius SE*, S. 67, der *Infineon*

Volkswagen AG:[1127]

Mio. €	2009	2008
Ergebnis nach Steuern	911	4.688
...		
Cash-flow-Hedges		
im Eigenkapital erfasste Fair-Value-Änderungen	683	1.054
in die Gewinn- und Verlustrechnung übernommen	−908	−1.427
...		

Obwohl viele Unternehmen die Angaben nach IFRS 7.23(c)-(e) auch in der Gesamtergebnisrechnung bzw. dem Eigenkapitalspiegel offenlegen, sollte m.E. dennoch im Rahmen der Anhangangaben eine (separate) grafische Darstellung offen gelegt werden. Das unter Abbildung 21 aufgeführte Tableau liefert hierfür den **Benchmark**.

Entwicklung der Cashflow Hedge-Rücklage (IFRS 7.23(c)-(e))		2009	2008
Unrealisierten Gewinne und Verluste aus der Bewertung von Derivaten, die erfolgsneutral in der Cashflow Hedge-Rücklage erfasst wurden		GESAMT	GESAMT
	Unrealisierte Gewinne		
	Unrealisierte Verluste		
Aus der Cashflow Hedge-Rücklage in die Gewinn- und Verlustrechnung umgegliederte Gewinne und Verluste		GESAMT	GESAMT
	Umsatzerlöse		
	Umsatzkosten		
	Zinsergebnis		
	Ergebnis aus aufgegebenen Aktivitäten		
Aus der Cashflow Hedge-Rücklage in die Anschaffungskosten oder den sonstigen Buchwert umgegliederte Gewinne und Verluste		GESAMT	GESAMT
	Posten 1		
	Posten 2		

Abbildung 21: Benchmark-Tableau zur Erfüllung von IFRS 7.23(c)-(e)

Technologies AG, S. 126, der *Merck KGaA*, S. 101, der *METRO AG*, S. 133, der *RWE AG*, S. 141, der *Salzgitter AG*, S. 163, der *SAP AG*, S. 155 sowie der *TUI AG*, S. 126.

1125 So bspw. die GBs 2009 der *BASF SE*, S. 140 (hier jedoch im Rahmen der Darstellung der „Entwicklung der ergebnisneutralen im Eigenkapital der Aktionäre der BASF SE erfassten Erträge und Aufwendungen"), der *Bayer AG*, S. 142-143; der *Beiersdorf AG*, S. 84-85, der *Deutsche Börse AG*, S. 118-119, der *Deutsche Telekom AG*, S. 128-129, der *E.ON AG*, S. 58-59, der *METRO AG*, S. 134, der *RWE AG*, S. 144, der *Salzgitter AG*,S. 166-167, der *SAP AG*, S. 158, der *TUI AG*, S. 124-125 sowie der *Volkswagen AG*, S. 207.

1126 *Ernst & Young* gelangt zu einem ähnlich heterogenen Bild der Umsetzung von IFRS 7.20(c)-(e), wobei insbesondere angemerkt wird, dass sich der Detaillierungsgrad der Darstellung der Veränderungen der Cashflow-Hedge-Rücklage zwischen den betrachteten Unternehmen stark unterscheidet. Vgl. für eine nähere Erläuterung Ernst & Young Global Limited (2008), S. 16-17.

1127 Vgl. GB 2009 der *Volkswagen AG*, S. 205. Die *Volkswagen AG* legt dabei die von IFRS 7.23(c) geforderten Informationen anhand der Gesamtergebnisrechnung offen. Wie bereits weiter oben im Text gezeigt, präzisiert sie hingegen die dort gegebenen Angaben gemäß IFRS 7.23(d) (kumulierte Angabe), wie auch vom Standard verlangt, im Rahmen des Anhangs. Darüber hinaus ist ebenfalls aufgrund des Eigenkapitalspiegels das im Eigenkapital erfasste Gesamtergebnis aus Cash Flow Hedges ersichtlich. Vgl. GB 2009 der *Volkswagen AG*, S. 207.

3.5.2.5.8. Ausweis der Ineffektivität von Sicherungsbeziehungen

Die Angaben zur Effektivität bzw. Ineffektivität der im Unternehmen innerhalb eines Hedge Accounting designierten Sicherungsbeziehungen werden von IFRS 7.24 je nach Hedge-Art unterschiedlich geregelt. Gemeinsamer **Sinn** und **Zweck** dieser Angaben dürfte es jedoch sein, den Bilanzadressaten die **Auswirkungen** des **Hedge Accounting** auf das **Periodenergebnis** zu veranschaulichen, was unmittelbar Rückschlüsse auf die **Güte** eines vom Unternehmen angewandten **Hedge Accounting** zulässt.

Die **Ineffektivität** der designierten **Fair Value Hedges** ist gemäß IFRS 7.24(a) anhand der separaten Offenlegung sowohl der Gewinne und Verluste aus dem Sicherungsinstrument (IFRS 7.24(a)(i)) als auch der Gewinne und Verluste aus dem Grundgeschäft, die auf das abgesicherte Risiko zurückzuführen sind (IFRS 7.24(a)(ii)), offen zu legen.

Wie auch bereits zuvor die meisten anderen Angaben zum Hedge Accounting, werden auch die Angaben zur Ineffektivität von Fair Value Hedges von den betrachteten Unternehmen sowohl in verbaler als auch in grafisch tabellarischer Form bereitgestellt. **Verbale Ausführungen** zur Ineffektivität von Sicherungsbeziehungen zur Absicherung des beizulegenden Zeitwerts[1128] macht hierbei etwa die *Daimler AG*[1129].

***Daimler AG*:**
„**Fair Value Hedges**. Der Konzern designiert Fair Value Hedges überwiegend im Zusammenhang mit der Absicherung von Zinsrisiken.

Im Jahr 2009 betrugen die Nettoverluste aus diesen Sicherungsinstrumenten 31 (2008: Nettogewinne von 540; 2007: Nettogewinne von 144) Mio. €. Die Nettogewinne der dazugehörigen Grundgeschäfte beliefen sich auf 53 (2008. Nettoverluste von 567; 2007: Nettoverluste von 150) Mio. €.“[1130]

Andere der betrachteten Unternehmen, wie bspw. die *Linde AG*[1131], legen die Informationen gemäß IFRS 7.24(a) anhand einer kurzen **tabellarischen Darstellung** offen.

***Linde AG*:**[1132]
„Nachfolgende Tabelle zeigt die ergebniswirksam erfassten Änderungen von Grundgeschäften und Sicherungsinstrumenten in Fair-Value-Hedge-Beziehungen:

1128 Einige Unternehmen, wie etwa die *Salzgitter AG* oder die *SAP AG*, verzichten auf die Angaben gemäß IFRS 7.24(a) mangels einer Designierung von Fair Value Hedges.

1129 Ähnlich auch die GBs 2009 der *ALTANA AG*, S. 157, der *Bayer AG*, S. 238, der *Deutsche Telekom AG*, S. 205, der *Fresenius SE*, S. 129, der *Henkel AG & Co. KGaA*, S. 113, der *MAN SE*, S. 142, der *Merck KGaA*, S. 148, der *RWE AG*, S. 190, der *Siemens AG*, S. 216-217 sowie der *ThyssenKrupp AG*, S. 226.

1130 Vgl. GB 2009 der *Daimler AG*, S. 233.

1131 Ähnlich auch die GBs 2009 der *BMW AG*, S. 126, der *Deutsche Börse AG*, S. 164, der *Deutsche Post AG*, S. 181, der *METRO AG*, S. 155 (im Rahmen der Erläuterung zum „Übriges Finanzergebnis“) sowie der *Volkswagen AG*, S. 276.

1132 Vgl. GB 2009 der *Linde AG*, S. 184.

in Mio. €	2009	2008
Aus abgesicherten Grundgeschäften	-23	-163
Aus Sicherungsinstrumenten	25	157
Ineffektivität	2	-6

Obwohl die Angabe der **Ineffektivitäten** für **Fair Value Hedges** anhand eines **kumulierten Betrags** nach IFRS 7.24(a) nicht explizit gefordert ist, wird an dieser Stelle aus Gründen der Übersichtlichkeit und Vergleichbarkeit mit den Angaben gemäß IFRS 7.24(b)-(c) für eine derartige Darstellung, wie sie etwa auch die *Linde AG* vornimmt, plädiert.[1133]

Ähnlich wie bei der Offenlegung der Ineffektivität von Fair Value Hedges verhält es sich bei deren Ausweis für **Cash Flow Hedges** und **Hedges of a Net Investment in a Foreign Operation**, jedoch mit dem Unterscheid, dass hierbei gemäß IFRS 7.24(b) und (c) die jeweils in der Gewinn- und Verlustrechnung erfassten Ineffektivitäten lediglich in kumulierter Form bereitzustellen sind.[1134]

So erfüllt etwa die *RWE AG*[1135] die Angabepflicht gemäß IFRS 7.24(b)[1136] in **verbaler Form** im Fließtext.

RWE AG:
„Ineffektivitäten aus Cash Flow Hedges wurden in Höhe von 15 Mio. € (Vorjahr: 1 Mio €) als Aufwand in der Gewinn- und Verlustrechnung erfasst."[1137]

Eine **grafisch tabellarische Umsetzung** erfahren diese Angaben hingegen bspw. bei der *Deutsche Börse AG*[1138] im Rahmen der Darstellung der Entwicklung der Cash Flow Hedges.

1133 Vgl. hierzu auch Ernst & Young Global Limited (2008), S. 14

1134 Grundsätzlich ist nachfolgend darauf hinzuweisen, dass die hierbei ausgewiesenen Ineffektivitätsbeträge meist auf unterschiedliche Arten von *underlyings* zurückzuführen sind. Vgl. Ernst & Young Global Limited (2008), S. 15.

1135 Ähnlich auch die GBs 2009 der *BASF SE*, S. 193 (keine bzw. unwesentliche Ineffektivitäten), der *Bayer AG*, S. 238 (keine bzw. unwesentliche Ineffektivitäten), der *Continental AG*, S. 218 (keine bzw. unwesentliche Ineffektivitäten), der *Daimler AG*, S. 233, der *Deutsche Post AG*, S. 181 (keine bzw. unwesentliche Ineffektivitäten), der *Deutsche Telekom AG*, S. 206 (keine bzw. unwesentliche Ineffektivitäten), der *E.ON AG*, S. 126, der *Fresenius Medical Care AG & Co. KGaA*, S. 129-130 (keine bzw. unwesentliche Ineffektivitäten), der *Fresenius SE*, S. 129-130 (keine bzw. unwesentliche Ineffektivitäten),der *Infineon Technologies AG*, S. 174 (keine bzw. unwesentliche Ineffektivitäten), der *Linde AG*, S. 183 (keine bzw. unwesentliche Ineffektivitäten), der *MAN SE*, S. 142, der *Merck KGaA*, S. 148 (keine bzw. unwesentliche Ineffektivitäten), der *Salzgitter AG*, S. 235, der *SAP AG*, S. 218 und S. 220 (keine bzw. unwesentliche Ineffektivitäten), der *Siemens AG*, S. 215 und S. 217 (keine bzw. unwesentliche Ineffektivitäten bzgl. S. 217), der *ThyssenKrupp AG*, S. 226 sowie der *TUI AG*, S. 204.

1136 Eine Offenlegung der Ineffektivitäten im Zusammenhang mit Hedges of a Net Investment in a Foreign Operation findet sich etwa bei der *Deutsche Börse AG*, GB 2009, S. 166 (keine bzw. unwesentliche Ineffektivitäten), der *E.ON AG*, GB 2009, S. 127, der *Linde AG*, GB 2009, S. 184 (keine bzw. unwesentliche Ineffektivitäten) sowie der *RWE AG*, GB 2009, S. 191.

1137 Vgl. GB 2009 der *RWE AG*, S. 191.

1138 Ähnlich auch die GBs 2009 der *Deutsche Lufthansa AG*, S. 178 (im Rahmen der Offenlegung der „Nettoergebnisse der verschiedenen Kategorien von finanziellen Vermögenswerten"), der *METRO AG*, S. 155 (innerhalb der Erläuterung des „Übrigen Finanzergebnisses" (Ziffer 8)) sowie der *Volkswagen AG*, S. 276.

***Deutsche Börse AG*:**[1139]

Entwicklung der Cashflow-Hedges

	2009 Mio. €	2008 Mio. €
Cashflow-Hedges zum 1. Januar	**7,3**	**8,3**
Während des Geschäftsjahres erfolgsneutral erfasster Betrag	-8,8	15,3
Während des Geschäftsjahres erfolgswirksam erfasster Betrag	10,1	-9,2
Erfolgswirksam erfasster ineffektiver Betrag[1)]	3,6	-2,3
Realisierte Verluste	-13,4	-4,8
Cashflow-Hedges zum 31. Dezember	**-1,2**	**7,3**

In Anbetracht der Uneinheitlichkeit der nach IFRS 7.24(a)-(c) berichteten Informationen wird an dieser Stelle zumindest für einen **zusammengefassten Ausweis der Ineffektivitäten aller Hedge-Arten** plädiert. Zudem wird der Vorschlag von *Scharpf* aufgegriffen, eine **Differenzierung** der nach IFRS 7.24(a)(i) und (a)(ii) anzugebenden Beträge **nach den jeweils abgesicherten Risikoexpositionen** vorzunehmen.[1140] Diese Untergliederung kann dabei auch für die Angabe der Ineffektivitäten aus Cash Flow Hedges sinnvoll angewandt werden. Da mittels Hedges of a Net Investment in a Foreign Operation lediglich Währungsrisiken, d.h. Translationsrisiken, abgesichert werden, entfällt eine derartige Differenzierung entsprechend.

Wie im Anschluss ebenfalls grafisch dargestellt, ist darüber hinaus eine Integration der unter Kapitel 3.5.2.5.7. vorgeschlagenen Darstellung der Entwicklung der Cash Flow Hedge-Rücklage in diese Angaben möglich.

Demnach könnte das unter Abbildung 22 aufgeführte **Benchmark-Tableau** zur Erfüllung der Angabepflichten gemäß IFRS 7.24(a)[1141]-(c) Anwendung finden.

[1139] Vgl. GB 2009 der *Deutsche Börse AG*, S. 165.

[1140] Vgl. Scharpf (2006), S. 30.

[1141] Die Zeilen „erfolgswirksam erfasste Ineffektivitäten (Saldo)" werden hierbei in Ermangelung einer expliziten Forderung durch IFRS 7.24(a) zu Zwecken der Konsistenz mit IFRS 7.24(b)-(c) sowie einer dadurch verbesserten Übersichtlichkeit und im Falle von Fair Value Hedges freiwillig angegeben.

Ineffektivitäten der angewandten Hedge-Arten (IFRS 7.24(a)-(c)) sowie Entwicklung der Cashflow Hedge-Rücklage (IFRS 7.23(c)-(e))	2009	2008
Fair Value Hedges		
Währungssicherung		
erfolgswirksam erfasste Gewinne und Verluste der Sicherungsinstrumente		
erfolgswirksam erfasste Gewinne und Verluste der Grundgeschäfte		
erfolgswirksam erfasste Ineffektivitäten (Saldo)		
Zinssicherung		
erfolgswirksam erfasste Gewinne und Verluste der Sicherungsinstrumente		
erfolgswirksam erfasste Gewinne und Verluste der Grundgeschäfte		
erfolgswirksam erfasste Ineffektivitäten (Saldo)		
Marktpreissicherung		
erfolgswirksam erfasste Gewinne und Verluste der Sicherungsinstrumente		
erfolgswirksam erfasste Gewinne und Verluste der Grundgeschäfte		
erfolgswirksam erfasste Ineffektivitäten (Saldo)		
Ineffektivitäten Fair Value Hedges		
erfolgswirksam erfasste Gewinne und Verluste der Sicherungsinstrumente		
erfolgswirksam erfasste Gewinne und Verluste der Grundgeschäfte		
erfolgswirksam erfasste Ineffektivitäten (Saldo)		
Cashflow Hedges		
Währungssicherung		
Unrealisierten Gewinne und Verluste aus der Bewertung von Derivaten, die erfolgsneutral in der Cashflow Hedge-Rücklage erfasst wurden	GESAMTBETRAG	GESAMTBETRAG
Unrealisierte Gewinne		
Unrealisierte Verluste		
Aus der Cashflow Hedge-Rücklage in die Gewinn- und Verlustrechnung umgegliederte Gewinne und Verluste	GESAMTBETRAG	GESAMTBETRAG
Umsatzerlöse		
Umsatzkosten		
Zinsergebnis		
Ergebnis aus aufgegebenen Aktivitäten		
...		
Aus der Cashflow Hedge-Rücklage in die Anschaffungskosten oder den sonstigen Buchwert umgegliederte Gewinne und Verluste	GESAMTBETRAG	GESAMTBETRAG
Posten 1		
Posten 2		
erfolgswirksam erfasste Ineffektivitäten		
Marktpreissicherung		
Unrealisierten Gewinne und Verluste aus der Bewertung von Derivaten, die erfolgsneutral in der Cashflow Hedge-Rücklage erfasst wurden	GESAMTBETRAG	GESAMTBETRAG
Unrealisierte Gewinne		
Unrealisierte Verluste		
Aus der Cashflow Hedge-Rücklage in die Gewinn- und Verlustrechnung umgegliederte Gewinne und Verluste	GESAMTBETRAG	GESAMTBETRAG
Umsatzerlöse		
Umsatzkosten		
Zinsergebnis		
Ergebnis aus aufgegebenen Aktivitäten		
...		
Aus der Cashflow Hedge-Rücklage in die Anschaffungskosten oder den sonstigen Buchwert umgegliederte Gewinne und Verluste	GESAMTBETRAG	GESAMTBETRAG
Posten 1		
Posten 2		
erfolgswirksam erfasste Ineffektivitäten		
Ineffektivitäten Cashflow Hedges		
erfolgswirksam erfasste Ineffektivitäten (Saldo)		
Hedges of a Net Investment in a Foreign Operation		
Ineffektivitäten Hedges of a Net Investment in a Foreign Operation		
erfolgswirksam erfasste Ineffektivitäten (Saldo)		

Abbildung 22: Benchmark-Tableau zur Erfüllung von IFRS 7.24(a)-(c)

Sofern eine Anwendung des unter Kapitel 3.5.2.5.5. vorgestellten Tableaus vorgenommen wird, wäre grundsätzlich auch eine dortige Integration der Informationen der hier vorgestellten Ineffektivitäten-Tabelle denkbar.[1142]

[1142] Zumeist wird m.E. jedoch aus Platzgründen davon abgesehen werden müssen.

3.5.3. Angaben zu den Fair Values von Finanzinstrumenten

3.5.3.1. Grundlegende Angaben zu den Fair Values

Abgesehen von den Ausnahmetatbeständen in IFRS 7.29 hat ein Unternehmen den **beizulegenden Zeitwert je Klasse**[1143] finanzieller Vermögenswerte und finanzieller Verbindlichkeiten[1144] auf eine Art und Weise anzugeben, die einen **Vergleich mit seinem Buchwert gestattet** („...*in a way that permits it to be compared with its carrying amount*...") (IFRS 7.25). Ein solcher Vergleich bezweckt die Offenlegung der Differenz der jeweiligen Buchwerte und Fair Values, anhand derer die **stillen Reserven** bzw. **Lasten** der betreffenden Finanzinstrumente ersichtlich werden, die durch dessen Verkauf realisiert werden könnten.[1145]

Für Finanzinstrumente, die bereits bilanziell zum Fair Value angesetzt werden, entfällt logischerweise eine Angabe nach IFRS 7.25. Sie ist im Umkehrschluss nur für Darlehen und Forderungen (*Loans and Receivables*), bis zur Endfälligkeit zu haltenden Finanzinstrumente (*Held-to-Maturity Investments*) sowie für zu fortgeführten Anschaffungskosten bilanzierte finanzielle Verbindlichkeiten (*Other Liabilities*) anzuwenden.[1146] Nur in Ausnahmefällen dürfte dabei der Buchwert dem Fair Value eines solchen Finanzinstruments entsprechen und die Angabe nach IFRS 7.29 infolgedessen obsolet sein.[1147]

Der Pflicht zur Angabe der Fair Values je Klasse (IFRS 7.6) von Finanzinstrumenten gemäß IFRS 7.25 kann dabei insbesondere im Rahmen einer **Überleitungsrechnung zur Bilanz** (Matrixform) gemeinsam mit der Angabepflicht zu den Buchwerten je IAS 39-Kategorie gemäß IFRS 7.8 nachgekommen werden.[1148] Da im Rahmen von Kapitel 3.3.1., im Besonderen auch hinsichtlich IFRS 7.25[1149], die (gemeinsame) Umsetzung in der Praxis untersucht und der diesbezügliche Benchmark ermittelt wird, sei an dieser Stelle ergänzend die Lektüre der dort gemachten Ausführungen empfohlen.

1143 Als eigene Klasse, die bei der Angabe des beizulegenden Zeitwerts je Klasse von Finanzinstrumenten gemäß IFRS 7.25 ff. zu beachten ist, gelten u.a. die im Unternehmen eingesetzten „Sicherungsderivate" (IDW RS HFA 24, Rz. 10).

1144 Die Beschränkung der Pflicht zur Angabe des Fair Value gemäß IFRS 7.25 auf finanzielle Vermögenswerte und finanzielle Verbindlichkeiten hat zur Folge, dass sich hinsichtlich vom bilanzierenden Unternehmen emittierte Wandelanleihen (Wandlungsrecht in eigenen Eigenkapitalinstrumente), die sowohl eine Fremd- als auch eine Eigenkapitalkomponente enthalten, die Fair Value-Angabe ausschließlich auf die Fremdkapitalkomponente bezieht. Für die Eigenkapitalkomponente können hingegen bestimmte Angaben zum Kapital gemäß IAS 1 einschlägig sein (IDW RS HFA 24, Rz. 38). Vgl. zu den Angabepflichten zum Kapitel auch IAS 134-136.

1145 Vgl. Lüdenbach (2009), S. 1522, Rz. 290.

1146 Vgl. Lüdenbach (2009), S. 1523, Rz. 290; ähnlich Brücks/Kerkhoff/Stauber (2006b), S. 436. Insbesondere bei festverzinslichen Finanzinstrumenten kann es in der Folge einer wesentlichen Änderung des Marktzinssatzes zu einer Abweichung zwischen Buchwert und Fair Value kommen. Je länger die Restlaufzeit des betreffenden Finanzinstruments ist, desto höher fällt dabei auch die Auswirkung der Zinsänderung aus. Vgl. Lüdenbach (2009), S. 1523, Rz. 290.

1147 Vgl. hierzu insbesondere auch die Ausführungen in Kapitel 3.5.3.3.

1148 Vgl. Theile (2009b), S. 380-382 Rn. 1973-1975.

1149 Für die isolierte Betrachtung der Umsetzung der Angaben nach IFRS 7.25 siehe Kapitel 3.3.1.2.3.

Dabei gilt es einerseits grundsätzlich zu beachten, dass Unternehmen bei der Angabe der beizulegenden Zeitwerte die finanziellen Vermögenswerte und finanziellen Verbindlichkeiten in Klassen (*classes*) i.S.v. IFRS 7.6 zusammenzufassen haben (IFRS 7.25), diese dabei jedoch gemäß IFRS 7.26 zur Gewährleistung der Vergleichbarkeit mit den Buchwerten i.S.v. IFRS 7.25 nur in dem Maße zusammenfassen bzw. saldieren sollen („...*offset them only to the extent*...“), wie ihre Buchwerte in der Bilanz saldiert sind („...*that their carrying amounts are offset in the statement of financial position*...“) (IFRS 7.26). Zum anderen gilt es hier zu beachten, dass die Angabe nach IFRS 7.8 – wahlweise in Bilanz oder Anhang – hinsichtlich der Buchwerte finanzieller Vermögenswerte sowie finanzieller Verbindlichkeiten der Logik der Bewertungskategorien von IAS 39 folgt.[1150]

Für die **Ausgestaltung der Überleitungsrechnung** im Anhang[1151] heißt das, dass sofern eine Zusammenfassung der Buchwerte von Finanzinstrumenten in der Bilanz nach IFRS 7.8 gemäß den IAS 39-Kategorien erfolgt, sich die Zusammenfassung der nach IFRS 7.25 anzugebenden Buchwerte ebenfalls nach den Bewertungskategorien gemäß IAS 39 zu richten hat, da nach IFRS 7.26 die Beschränkung besteht, den Ausweis der Fair Values je Klasse von Finanzinstrumenten der Zusammenfassung der Buchwerte der entsprechenden Finanzinstrumente in der Bilanz anzupassen.[1152] Diese und die weiteren Angaben zu den Fair Values gemäß IFRS 7.27-.29 erfordern daher vom bilanzierenden Unternehmen generell eine besondere Abwägung mit Blick auf den Detaillierungsgrad.[1153]

Mit Blick auf die **Entscheidungsnützlichkeit**[1154] der Angabe von **Fair Values** ergibt sich jedoch in Abhängigkeit der bilanziellen Posten, für die die Angabe des beizulegenden Zeitwerts gemacht wird, ein differenziertes Bild.[1155] Laut einer Untersuchung von *Schmidt* liegen „Erkenntnisse zum **Informationswert** von **Fair Value-Angaben** im Anhang [...] [jedoch; Anm. d. Verf.] ausschließlich für Banken vor“[1156]. Mit Blick auf **originäre Finanzinstrumente** sprechen die Resultate bestimmter kapitalmarktorientierter Studien (*event studies*)[1157] **tendenziell eher** für einen **höheren**

1150 Vgl. Scharpf (2006), S. 31.

1151 Da weder IFRS 7.25 noch IFRS 7.26 ein Wahlrecht zum Ausweis der Angabe der Fair Values in Anhang oder Bilanz zugrunde liegt, wie es nach IFRS 7.8 der Fall ist, hat die Überleitungsrechnung m.E. zwingend im Anhang zu erfolgen.

1152 Im Ergebnis hätte sich hierbei also die Klassenbildung i.S.v. IFRS 7.6 an der Gliederung nach Bewertungskategorien i.S.v. IAS 39 zu orientieren. Vgl. Scharpf (2006), S. 31.

1153 Vgl. Theile (2009b), S. 382, Rn. 1976.

1154 Laut IFRS 7.BC36 ist die Angabe von Fair Values für eine Vielzahl an Entscheidungen der Abschlussadressaten deshalb als relevant anzusehen, da sie häufig die Einschätzung der Finanzmärkte über den Barwert der aus dem betreffenden Finanzinstrument resultierenden zukünftigen Zahlungsströme widerspiegeln. Daneben werden Fair Values von vielen Unternehmen intern zur Bestimmung ihrer Finanzlage (*financial position*) sowie für das Treffen von mit Finanzinstrumenten in Zusammenhang stehenden Entscheidungen herangezogen (IFRS 7.BC36).

1155 Vgl. Brücks/Kerkhoff/Stauber (2006b), S. 436.

1156 Schmidt (2005), S. 153 (Hervorhebungen durch den Verfasser).

1157 Da der „*Zuwachs an Verständnis* und die dadurch mögliche bessere Beherrschung der Realität“ und nicht die „*Erkenntnisabsicherung*“ das primäre wissenschaftliche Ziel darstellen, weist *Schmidt* insbesondere auf den einge-

Informationswert, sind jedoch uneinheitlich. So kann nachweislich etwa eine Bewertungsrelevanz, d.h. ein statistischer Zusammenhang insbesondere zwischen Aktienrenditen und Börsenkursen einerseits und bestimmten Informationen (in diesem Fall offengelegte Fair Values) andererseits, für bestimmte Wertpapiere, Kredite und langfristige Verbindlichkeiten attestiert werden.[1158] Fair Value-Angaben für **derivative Finanzinstrumente** ist hingegen ein **guter Informationswert** zuzubilligen.[1159] Obwohl *Schmidt* hinsichtlich des **Berichtsformats** einschränkend darauf hinweist, dass der Informationswert ein und derselben Information dann geringer ist, wenn sie anstatt in der Bilanz und/oder GuV im Anhang offengelegt wird,[1160] gelangt er zu dem Ergebnis, dass generell mit einer **erweiterten Offenlegung** von **Fair Values von Finanzinstrumenten** wahrscheinlich eine damit **einhergehende Steigerung des Werts der Informationen** zu Finanzinstrumenten einhergehen dürfte – auf Basis der bisherigen empirischen Forschung ist die Fragestellung, ob Fair Values dabei eher im Anhang berichtet oder ihren Niederschlag in der bilanziellen Bewertung finden sollten, bislang allerdings nicht eindeutig zu beantworten.[1161]

Laut *Brücks/Kerkhoff/Stauber* kann der Fair Value grundsätzlich eine „neutrale Grundlage zur Beurteilung der Verantwortung des Managements [(*management's stewardship*) bilden], indem er die Wirkung auf Entscheidungen zum Kauf, Verkauf oder dem Halten von finanziellen Vermögenswerten oder zur Übernahme, Beibehaltung oder dem Angang von finanziellen Verbindlichkeiten aufzeig[t]"[1162] (IFRS 7.BC36). Das IASB entschied daher, dass sofern der bilanzielle Ansatz eines finanziellen Vermögenswerts oder einer finanziellen Verbindlichkeit nicht zum Fair Value erfolgt, gemäß IFRS 7.29 dennoch – unter der Voraussetzung, dass der Fair Value verlässlich ermittelbar ist[1163] – die entsprechenden Fair Values im Rahmen zusätzlicher Angaben (*supplementary disclosures*) offenzulegen sind, um den Abschlussadressaten den Vergleich von Jahresabschlüssen unterschiedlicher Unternehmen auf einer konsistenten Basis zu erleichtern (IFRS 7.BC36).

Doch gerade für finanzielle Verbindlichkeiten und finanzielle Vermögenswerte, die zu (fortgeführten) Anschaffungskosten bilanziert werden, sind häufig keine (aktuellen) Börsen- oder Marktpreise

schränkten Aussagegehalt kapitalmarktorientierter Studien hin: „Da der genaue Wirkmechanismus der Informationsverarbeitung bei den kapitalmarktorientierten Ansätzen nicht betrachtet wird, sondern „Black-Box-Charakter" hat […], kann hier auch nur ein geringer Verständniszuwachs erreicht werden". Schmidt (2005), S. 157 (Hervorhebungen im Original).

1158 Vgl. Schmidt (2005), S. 108, 153 m.w.N.

1159 Vgl. Schmidt (2005), S. 153 m.w.N.

1160 Vgl. Schmidt (2005), S. 154, ebenfalls Fn. 508 m.w.N.

1161 Vgl. Schmidt (2005), S. 157-158.

1162 Brücks/Kerkhoff/Stauber (2006b), S. 436. Zudem besteht anhand der Offenlegung des Fair Value die Möglichkeit zum Vergleich von Finanzinstrumenten, sofern sie im Wesentlichen dieselben Merkmale aufweisen („*…having substantially the same economic characteristics…*"), unabhängig davon, warum sie gehalten werden oder wann und von wem sie ausgegeben oder erworben wurden („*…regardless of why they are held and when and by whom they were issued or acquired…*") (IFRS 7.BC36).

1163 Vgl. hierzu auch IFRS 7.BC37.

verfügbar.[1164] Um den Fair Value in diesem Fall dennoch bestimmen zu können, sind nach der Maßgabe von IAS 39.AG 74-.79 und IAS 39.AG82 **Bewertungsmodelle** (*valuation techniques*) heranzuziehen, die jedoch v.a. in Abhängigkeit von der Güte der diesen Modellen zugrundeliegenden Parametern bzw. Annahmen, Ergebnisse liefern, die ein erhebliches Maß an Subjektivität aufweisen und somit nicht die Rede von einem „objektivierten beizulegenden Zeitwert“[1165] sein kann.[1166] Selbst das IASB bestätigt laut IFRS 7.BC38, dass die aufgrund von Modellen ermittelten Fair Values **subjektiver** sind als solche, die auf Basis beobachtbarer Marktpreise ermittelt wurden.[1167] Für den Fall, dass Bewertungsmodelle Anwendung finden, hat das IASB daher entschieden, dass den Abschlussadressaten weitere Informationen bereitzustellen sind, die ihnen eine Einschätzung des Ausmaßes der Subjektivität ermöglichen („*...assess the extent of this subjectivity.*“) (IFRS 7.BC38). Diese weitergehenden Angabepflichten werden im nachfolgenden Kapitel ausführlich dargestellt und erläutert.

3.5.3.2. *Amendments to IFRS 7: Improving Disclosures about Financial Instruments*

3.5.3.2.1. Darstellung und Würdigung der Änderungen

Die Änderungen an IFRS 7 zur „Verbesserung der Angaben zu Finanzinstrumenten“ vom 05. März 2009 (*Amendments to IFRS 7: Improving Disclosures about Financial Instruments*) sehen eine **Neuregelung** der **Angaben zur Ermittlung des Fair Values** (IFRS 7.27) sowie der **Angaben zum Liquiditätsrisiko** (IFRS 7.39)[1168] vor. Die Übernahme in europäisches Gemeinschaftsrecht (Endorsement) erfolgte am 27.11.2009.[1169]

Eine **Anwendung der Neuregelungen** ist für Geschäftsjahre vorgesehen, die am oder nach dem 1. Januar 2009 beginnen. Im ersten Jahr der Anwendung sind hinsichtlich der neuen Angabepflichten keine Vorjahresvergleichszahlen erforderlich. Eine vorzeitige Anwendung ist erlaubt, sofern dies angegeben wird (IFRS 7.44G).

Die Neuregelungen sind als Reaktion des IASB auf die Finanzmarktkrise 2007-2009 zu betrachten und berücksichtigen etwa auch die Empfehlungen des *Financial Stability Forum* (FSF)[1170] sowie des Expertengremiums des IASB (*Expert Advisory Panel*). Das *Expert Advisory Panel* hatte diesbezüglich im Oktober 2008 seinen Abschlussbericht „*Measuring and disclosing the fair value of fi-*

1164 Vgl. Brücks/Kerkhoff/Stauber (2006b), S. 436.
1165 Brücks/Kerkhoff/Stauber (2006b), S. 436.
1166 Vgl. Brücks/Kerkhoff/Stauber (2006b), S. 436.
1167 „*...the Board noted that fair values estimated by valuation techniques are more subjective than those established from an observable market price...*“ (IFRS 7.BC38).
1168 Siehe für die neuen Angaben zum Liquiditätsrisiko die Ausführungen in Kapitel 4.6.1.
1169 Vgl. Europäische Kommission (01.12.2009).
1170 Vgl. Financial Stability Forum (07.04.2008). Diese Verlautbarung bezieht sich jedoch vor dem Hintergrund der Schlussfolgerung von Lehren aus der Finanzmarktkrise 2007-2009 mit Schwerpunkt auf die Finanzindustrie.

nancial instruments in markets that are no longer active"[1171] vorgelegt, der die beiden Schwerpunkte „*Measurement*" sowie „*Disclosure*" in Bezug auf die Offenlegung von Fair Values der von den Unternehmen gehaltenen Finanzinstrumenten eingehend diskutiert und – angesichts des Krisenumfelds – entsprechende Lösungsmöglichkeiten unterbreitet; im Zuge der Verabschiedung der *Amendments to IFRS 7: Improving Disclosures about Financial Instruments* wurde diesen Vorschlägen durch das IASB weitgehend entsprochen.

Um die **Angaben zum Fair Value** zu präzisieren, wurde mit den Änderungen durch das IASB in Analogie[1172] zu SFAS 157[1173] primär eine **drei-stufige Fair-Value-Hierarchie** für Angabezwecke nach IFRS 7 eingeführt. Die inhaltlichen Änderungen schlagen sich dabei in einer Änderung von IFRS 7.27, ergänzt um die neuen IFRS 7.27A und IFRS 7.27B nieder. Diese Neuregelungen werden nachfolgend detailliert dargestellt und erörtert.

Ein Unternehmen hat gemäß dem neu geregelten[1174] IFRS 7.27 **für jede Klasse von Finanzinstrumenten** anzugeben, nach **welchen Methoden** (*methods*) und, sofern eine **Bewertungstechnik** (*valuation technique*) Anwendung gefunden hat, unter welchen **Annahmen**[1175] der **beizulegende Zeitwert der einzelnen Klassen** von finanziellen Vermögenswerten oder finanziellen Verbindlichkeiten **bestimmt** wurde. So hat das Unternehmen gegebenenfalls offen zu legen, von welchen Annahmen es in Bezug auf Vorfälligkeitsraten (*prepayment rates*), geschätzte Kreditausfallquoten (*rates of estimated credit losses*) sowie Zins- und Abzinsungssätze[1176] (*interest rates or discount rates*) ausgegangen ist (IFRS 7.27). Wurde ein Wechsel der Bewertungstechnik vorgenommen, hat das Unternehmen diese Tatsache sowie die Gründe der Änderung anzugeben (IFRS 7.27).[1177]

[1171] Vgl. IASB Expert Advisory Panel (Oktober 2008).

[1172] Die Stufen der jeweiligen Fair Value-Hierarchien – SFAS 157 versus IFRS 7 (und IAS 39) – entsprechen sich dabei jedoch nicht exakt. Vgl. Ernst & Young Global Limited (2008), S. 20.

[1173] Vgl. von Oertzen (2009), S. 158, Rz. 212. Für eine eingehende Darstellung der diesbezüglichen Angabepflichten nach SFAS 157 siehe insbesondere Eckes/Flick (2008), S. 457-459.

[1174] Die Anforderungen des jetzigen IFRS 7.27 waren zuvor weitgehend in IFRS 7.27(a) a.F. kodifiziert. IFRS 7.27(b)-(d) a.F. sind im Zuge des *Amendments to IFRS 7: Improving Disclosures about Financial Instruments* weggefallen. Diese drei Unterparagraphen regelten dabei insbesondere die Angabe, ob die berichteten Fair Values als Ganzes oder in Teilen direkt anhand von veröffentlichen Preisnotierungen in aktiven Märkten bestimmt, oder ob sie anhand von Bewertungsmethoden „geschätzt" worden sind. Sofern letzteres zutraf, hatten ergänzende Angaben bzgl. der dabei zugrundegelegten Annahmen, der Auswirkungen ihrer Änderung sowie des kumulativen Einflusses auf das Ergebnis der so ermittelten Fair Values zu erfolgen.

[1175] Hierzu zählt bspw. die Angabe von Annahmen hinsichtlich der Vorauszahlungssätze, des Prozentsatzes der geschätzten Kreditverluste sowie der Zins- und Diskontierungssätze. Vgl. von Oertzen (2009), S. 158, Rz. 212.

[1176] Zu denken wäre hier bspw. an die Angabe einer Verwendung des LIBOR (*London Interbank Offered Rate*) oder des EURIBOR (*Euro Interbank Offered Rate*). Der explizite Ausweis der verwendeten Zinssätze oder Zinsstrukturkurven u.ä. ist hingegen nicht notwendig (IDW RS HFA 24, Rz. 39).

[1177] Was diesen Teil von IFRS 7.27 anbelangt, besteht inhaltlich als auch größtenteils wörtlich eine Übereinstimmung mit IFRS 7.27(a) (a.F.).

Nach dem **neu eingefügten IFRS 7.27A** hat ein Unternehmen für die Zwecke der in IFRS 7.27B geforderten Angaben[1178] bei seinen **Bewertungen zum Fair Value** eine hierarchische Einstufung (*fair value hierarchy*) vorzunehmen, die der Bedeutung (*significance*) der in die Bewertungen einfließenden Faktoren (*inputs*) gerecht wird. Diese **Fair Value-Hierarchie** hat dabei die nachfolgenden drei Stufen (*level*) zu umfassen:

- **Stufe 1**: die auf aktiven Märkten[1179] für identische Vermögenswerte oder Verbindlichkeiten notierten (unverändert übernommenen) Preise (*quoted prices (unadjusted)*) (IFRS 7.27A(a));
- **Stufe 2**: Inputfaktoren, bei denen es sich nicht um die in Stufe 1 berücksichtigten notierten Preise handelt, die sich aber für den entsprechenden Vermögenswert oder die entsprechende Verbindlichkeit entweder direkt (d.h. als Preis („…*i.e. as prices*…“)) oder indirekt (d.h. in Ableitung von Preisen („…*ie derived from prices*…“) beobachten lassen (IFRS 7.27A(b)); und
- **Stufe 3**: nicht auf beobachtbaren Marktdaten basierende Inputfaktoren („…*that are not based on observable market data*…“) für die Bewertung des Vermögenswerts oder der Verbindlichkeit (nicht beobachtbare Inputfaktoren (*unobservable inputs*)) (IFRS 7.27A(c)).

Des Weiteren führt IFRS 7.27A aus, dass sich die **Einstufung** der Bewertung eines Finanzinstruments zum Fair Value in eine der Ebenen bzw. Stufen nach IFRS 7.27A(a)-(c) nach der niedrigsten Stufe bestimmt, deren Input für die Bewertung des Finanzinstruments zum Fair Value als Ganzes von Bedeutung ist („…*shall be determined on the basis of the lowest level input that is significant to the fair value measurement in its entirety.*“) (IDW RS HFA 24, Rz. 40). Zu diesem Zweck wird die **Bedeutung** (*significance*) **eines Inputfaktors** im Verhältnis zur Gesamtbewertung des Finanz-

[1178] Erst mit IFRS 7.27B werden auf dieser Hierarchie aufbauende Angaben gefordert. Siehe dazu die Ausführungen weiter unten im Text.

[1179] Definitionsgemäß liegt ein „aktiver Markt“ nach IFRS 39.AG71 vor, wenn für die betrachteten Finanzinstrumente notierte Preise leicht und regelmäßig („…*readily and regularly*…“) von einer Börse, einem Händler oder Broker, einer Branchengruppe (*industry group*), einer Preis-Service-Agentur (z.B. Reuters und Bloomberg) oder einer Aufsichtsbehörde (*regulatory agency*) verfügbar sind und diese Preise tatsächliche und regelmäßig auftretende („…*actual and regularly*…“) Markttransaktionen auf „*arm's-length*“-Basis, d.h. wie unter fremden Dritten gehandelt, repräsentieren. Eine darüber hinausgehende Präzisierung des Begriffs findet sich jedoch weder in IAS 32 noch in IAS 39, obgleich er in IAS 39 an verschiedenen Textstellen, so auch bei der Wertminderung von Finanzinstrumenten, Verwendung findet. Siehe für eine tiefergehende Diskussion des Begriffs sowie der Kriterien für das Vorliegen eines „aktiven Marktes“ insbesondere auch die Verlautbarung des Rechnungslegungs Interpretations Committees (RIC) des DRSC zur Vorgehensweise nach IAS 39 bei der Bewertung von Finanzinstrumenten angesichts der sog. „Subprime-Krise“, S. 8-12, Rz. 22-35 sowie das hierzu in weiten Teilen inhaltlich kongruente Positionspapier des Instituts der Wirtschaftsprüfer in Deutschland e.V. (IDW) zu Bilanzierungs- und Bewertungsfragen im Zusammenhang mit der Subprime-Krise Institut der Wirtschaftsprüfer (10.12.2007), S. 2-3, Kapitel 2.1.

instruments zum Fair Value beurteilt („*…assessed against the fair value measurement in its entirety.*“) (IFRS 7.27A).[1180]

Die Bestimmung der Bedeutung eines bestimmten Inputfaktors für die Fair Value-Bewertung als Ganzes stellt unter Berücksichtigung spezifischer Faktoren des entsprechenden Vermögenswerts oder der entsprechenden Verbindlichkeit („*…considering factors specific to the asset or liability…*“) jedoch grundsätzlich eine **Ermessensentscheidung** (*judgement*) seitens des bilanzierenden Unternehmens dar (IFRS 7.27A; IDW RS HFA 24, Rz. 42). Dabei gilt es, die Sensitivität sowie die Variabilität der Daten, sowohl auf die einzelnen Inputfaktoren als auch auf die Gesamtheit der Inputfaktoren bezogen, zu berücksichtigen (IDW RS HFA 24, Rz. 42).

Vor diesem Hintergrund ist auf die **konzeptionellen Unterschiede zwischen der Bewertungshierarchien** nach **IFRS 7** sowie nach **IAS 39**[1181] hinzuweisen: Orientierung an Inputparametern (IFRS 7) versus Orientierung an Bewertungsmethoden (IAS 39) (IDW RS HFA 24, Rz. 42).[1182]

Eine explizite Festlegung der Anzahl an IAS 39-Hierarchiestufen findet sich in IAS 39.48-.49 i.V.m. IAS 39.AG71 ff. zwar nicht, es kann m.E. jedoch von einer **fünfstufigen Fair-Value-Hierarchie zu Bewertungszwecken nach IAS 39** ausgegangen werden,[1183] obwohl das IASB laut IFRS 7.BC39C **implizit** von einer **dreistufigen IAS 39-Hierarchie** ausgeht. So ist der Fair Value gemäß IAS 39.48-.49 anhand nachfolgender Ebenen bzw. Stufen zu ermitteln:

- **Ebene 1**; IAS 39.AG71-73: Notierte Preise auf einem aktiven Markt;
  - **Stufe 1**: Preis am Abschlussstichtag;
  - **Stufe 2**: Preis kurz vor dem Abschlussstichtag, der anzupassen ist, soweit sich die wirtschaftlichen Rahmendaten seit dem Tag der Preisbestimmung wesentlich verändert haben;

[1180] Werden zur Bewertung des Fair Value hierbei etwa beobachtbare Inputfaktoren verwendet, die jedoch anhand nicht beobachtbarer Inputfaktoren erheblich angepasst werden müssen („*…that require significant adjustment based on unobservable inputs…*“), so handelt es sich um eine Bewertung der Stufe 3 (IFRS 7.27A).

[1181] Mit Inkrafttreten von IFRS 13 *Fair Value Measurement* für Geschäftsjahre ab dem 01.01.2013, der die Bewertung zum beizulegenden Zeitwert als auch die diesbezüglichen Angabepflichten weitgehend IFRS bzw. IAS-übergreifend zentral und einheitlich sowohl für Finanzinstrument als auch für Nicht-Finanzinstrumente regelt, werden insbesondere für Finanzinstrumente zukünftig keinerlei derartig konzeptionellen Unterschiede mehr bestehen. Für Finanzinstrumente vereinheitlicht IFRS 13 nunmehr entsprechend die Vorgaben der Fair Value-Hierarchie in weitestgehender Anlehnung an die bereits bestehenden IFRS 7-Vorschriften sowohl für Angabe- als auch für Bewertungszwecke. Vgl. hierzu Große (2011), S. 290-292; 295-296.

[1182] Die Bewertungsvorschriften für Finanzinstrumente gemäß IAS 39 (fünfstufige Bewertungshierarchie) bleiben von der gemäß IFRS 7.27A eingeführten dreistufigen Fair Value-Hierarchie unberührt (IFRS 7.BC39E) (IDW RS HFA 24, Rz. 41). Für eine Gegenüberstellung der für Bewertungszwecke (IAS 39) sowie für die Anhangangaben (IFRS 7) einschlägigen Bewertungshierarchien siehe IDW RS HFA 24, Rz. 41.

[1183] So auch Rechnungslegungs Interpretations Committee (10.12.2007), S. 4-5, Tz. 10; Institut der Wirtschaftsprüfer (10.12.2007), S. 4-5.

- **Ebene 2**; IAS 39.AG74-79: Ableitung des beizulegenden Zeitwerts anhand von Bewertungsmethoden, wenn kein aktiver Markt vorliegt;
    - **Stufe 3**: Verwendung der jüngsten Geschäftsvorfälle für ein und dasselbe Finanzinstrument (identische WKN/ISIN) zwischen sachverständigen, vertragswilligen und unabhängigen Geschäftspartnern;
    - **Stufe 4**: Vergleich mit dem aktuellen beizulegenden Zeitwert eines anderen, im Wesentlichen identischen Finanzinstruments;
    - **Stufe 5**: Anwendung von Bewertungsmodellen (z.B. Diskontierung erwarteter Cashflows, Optionspreismodelle oder sonstige von Marktteilnehmern für die Bewertung dieses Finanzinstruments üblicherweise verwendete Bewertungsmodelle).[1184]

Berücksichtigt man in der fünfstufigen Hierarchie nach IAS 39 ebenfalls die Inputparameter – dies führt insbesondere zu einer hypothetischen Aufsplittung von Stufe 5 in die Stufen 5a und 5b –, dann lassen sich die beiden Hierarchien in IFRS 7 und IAS 39, wie in Abbildung 23 dargestellt, ineinander überführen.[1185]

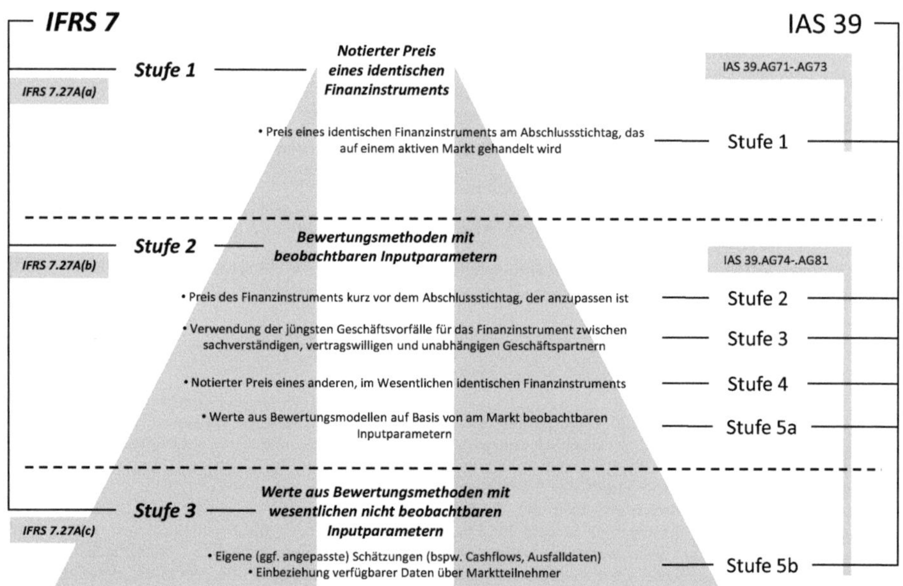

Abbildung 23: Die Fair Value Hierarchien gemäß IFRS 7 und IAS 39

1184 Auflistung übernommen aus Institut der Wirtschaftsprüfer (10.12.2007), S. 5; ebenso Rechnungslegungs Interpretations Committee (10.12.2007), S. 4-5, Tz. 10.

1185 Darstellung analog der Gegenüberstellung der beiden Bewertungshierarchien gemäß SFAS 157 und IAS 39 bei Eckes/Flick (2008), S. 459; 461; 465.

Aus der methodischen Inkonsistenz beider Hierarchien ergibt sich dabei jedoch u.U., dass bspw. bestimmte Finanzinstrumente aufgrund ihrer Notierung auf einem aktiven Markt für Bewertungszwecke der Stufe 1 zuzuordnen sind, währenddessen für Angabezwecke eine Einordnung in die entsprechende Stufe 2 zu erfolgen hat (IDW RS HFA 24, Rz. 42; IFRS 7.BC39D).[1186]

Mit Blick auf Finanzinstrumente, für die beim erstmaligen Ansatz kein Gewinn oder Verlust zu vereinnahmen ist,[1187] führt die Anwendung von IAS 39.AG76 f. u.U. dazu, dass sie für Angabezwecke der Stufe 2 der dreistufigen Fair Value-Hierarchie gemäß IFRS 7.27A zuzuordnen sind, „sofern der nicht beobachtbare Inputparameter bei der Bewertung nicht bedeutsam ist" (IDW RS HFA 24, Rz. 43; IFRS 7.BC39D); für Bewertungszwecke gemäß IAS 39 hat hingegen ggf. eine Zuordnung zur Stufe 5 zu erfolgen (IDW RS HFA 24, Rz. 43).

Was die **konkrete Ausgestaltung der Anhangangaben** im Jahresabschluss anbelangt, hat ein Unternehmen nach dem **neu eingeführten IFRS 7.27B** und dabei i.V.m. mit dem bereits erläuterten, ebenfalls neu eingeführten IFRS 7.27A für die **zum Fair Value in der Bilanz bewerteten Finanzinstrumente für jede Klasse** von Finanzinstrumenten folgende Angaben zu machen:

- die **Stufe in der Fair-Value-Hierarchie**, in welche die Bewertungen von Finanzinstrumenten zum beizulegenden Zeitwert insgesamt eingestuft werden, wobei eine Einstufung in die nach IFRS 7.27A definierten Ebenen der Fair Value-Hierarchie vorzunehmen ist (IFRS 7.27B(a));
- jede **bedeutende Umgliederung** („*...any significant transfers...*") **zwischen Stufe 1 und Stufe 2** einschließlich der **Gründe** für diese Umgliederung(en). Umgliederungen in die einzelnen Stufen hinein sind gesondert von den Umgliederungen aus den einzelnen Stufen heraus anzugeben und zu erläutern. Die Beurteilung, ob eine Umgliederung als bedeutend einzustufen ist, hat sich dabei anhand des Gewinns oder Verlusts sowie der Summe der Vermögenswerte oder Verbindlichkeiten zu orientieren („*...significance shall be judged with respect to profit or loss, and total assets or total liabilities*") (IFRS 7.27B(b));
- für **Fair Value-Bewertungen** der **Stufe 3**, eine **Überleitungsrechnung** von der Eröffnungs- zur Schlussbilanz („*...a reconciliation from the beginning balances to the ending balan-*

1186 Von dieser unterschiedlichen Behandlung sind bspw. OTC-Derivate wie etwa Zinsswaps oder Devisentermingeschäfte betroffen. Gemäß IAS 39.AG73 sind diese ggf. den Stufen 1 oder 2 der fünfstufigen Bewertungshierarchie zuzuordnen, „sofern regelmäßige Notierungen der Marktparameter von Preis-Service-Agenturen wie etwa *Bloomberg* vorliegen und ein einheitliches Modell im gesamten Markt angewendet wird". Für Angabezwecke sind diese Derivate jedoch zwingend der Stufe 2 zuzuordnen, da ihr Fair Value nicht direkt am Markt beobachtet werden kann (IDW RS HFA 24, Rz. 42).

1187 Beim erstmaligen Ansatz darf hierbei deshalb kein Gewinn oder Verlust erfasst werden, weil nicht ausschließlich auf am Markt beobachtbare Marktparameter zurückgegriffen wurde (IDW RS HFA 24, Rz. 43).

ces…“), wobei in der Berichtsperiode eingetretene Veränderungen separat anzugeben sind, sofern sie auf einen der folgenden Sachverhalte zurückzuführen sind (IFRS 7.27B(c)):

- die gesamten **erfolgswirksam erfassten Gewinne und Verluste** der Berichtsperiode sowie eine Beschreibung wo diese in der Gesamterfolgsrechnung (*statement of comprehensive income*) oder, sofern offengelegt, in einer separaten Gewinn- und Verlustrechnung („*separate income statement (if presented)*“) ausgewiesen werden (IFRS 7.27B(c)(i));
- die gesamten im **sonstigen Ergebnis** (*other comprehensive income*) erfassten Gewinne und Verluste (IFRS 7.27B(c)(ii));
- Käufe (*purchases*), Verkäufe (*sales*), Emissionen (*issues*) und Abwicklungen (*settlements*) (bei separatem Ausweis jeder Art dieser Bewegungen („*…each type of movement disclosed separately…*“)) (IFRS 7.27B(c)(iii)); und
- Umgliederungen in oder aus Stufe 3 hinein bzw. heraus (bspw. Umgliederungen, die auf Veränderungen der Beobachtbarkeit von Marktdaten zurückzuführen sind) einschließlich der Gründe für diese Umgliederungen. Sofern die Umgliederungen bedeutend sind (*significant transfers*), sind die Umgliederungen in die Stufe 3 hinein gesondert von den Umgliederungen aus der Stufe 3 heraus anzugeben und zu erörtern (IFRS 7.27B(c)(iv)).

- den **Betrag** der **gesamten erfolgswirksam erfassten Gewinne** und **Verluste** – hier wiederum nur bzgl. der Fair Values der **Stufe 3**[1188] – für das unter IFRS 7.28B(c)(i) genannte Berichtsjahr, die all jenen **Vermögenswerten** und **Verbindlichkeiten** zuzurechnen sind, die **am Ende der Berichtsperiode noch vom Unternehmen gehalten** werden sowie eine Beschreibung, wo diese Gewinne und Verluste in der Gesamterfolgsrechnung (*statement of comprehensive income*) oder, sofern offengelegt, in einer separaten Gewinn- und Verlustrechnung („*separate income statement (if presented)*“) ausgewiesen werden (IFRS 7.27B(d));
- sofern eine **Änderung** eines oder mehrerer **Inputfaktoren** unter Verwendung vernünftiger alternativer Annahmen den **Fair Value** von **Finanzinstrumenten** der **Stufe 3 bedeutend ändern** würde („*…if changing one or more of the inputs to reasonably possible alternative assumptions would change fair value significantly…*“), **Angabe dieser Tatsache** sowie **Ausweis des Effekts** dieser Änderungen. Das Unternehmen hat darüber hinaus die **Berechnung des Effekts** offen zu legen. Zu diesem Zweck ist die **Bedeutung** (*significance*) mit

[1188] Die Gültigkeit dieser Norm für ausschließlich Level-3-Fair Values bzw. –Finanzinstrumente ist aus IFRS 7.27B(d) nicht explizit ersichtlich. Vielmehr ergibt sich dieser eingeschränkte Gültigkeitsbereich erst aus der tabellarisch-grafischen Umsetzung der Norm anhand von IFRS 7.IG13B.

Blick auf den Gewinn oder Verlust sowie mit Blick auf die Summe der Vermögenswerte oder Verbindlichkeiten bzw., sofern die Änderungen des beizulegenden Zeitwerts im sonstigen Ergebnis (*other comprehensive income*) erfasst werden, mit Blick auf die Summe des Eigenkapitals (*total equity*) zu beurteilen (IFRS 7.27B(e)).

Die nach IFRS 7.27B geforderten quantitativen Angaben sind dabei von den Unternehmen in einer **tabellarischen Darstellung** (*tabular format*) offen zu legen, sofern sich ein anderes Format nicht als zweckmäßiger herausstellt („*...unless another format is more appropriate...*") (IFRS 7.27B). Der Standard liefert dazu mit IFRS 7.IG13A und B eine Schablone für eine mit den Anforderungen des IFRS 7.27B konforme tabellarische Darstellung[1189], die unter Abbildung 24 aufgeführt ist. Sie könnte auch als eine Art **„Standard-Benchmark"** bezeichnet werden.

Um insbesondere die Frage zu beantworten, inwieweit die berichterstattenden Unternehmen etwa auf den Standard-Benchmark zurückgreifen, oder ob sie hierbei andere Formate als zweckmäßiger erachten, widmet sich nachfolgendes Kapitel 3.5.3.2.2.2. einer Analyse der Anwendung der Neuregelungen durch das *Amendment* im Geschäftsjahr 2009.

[1189] Die Forderung nach dem „*tabular format*" lehnt sich dabei inhaltlich weitgehend an die Vorschriften in SFAS 157-34 i.V.m. SFAS 157.A34-A36 an. Es bestehen lediglich minimale Abweichungen, bspw. in puncto Granularität bzgl. der Level-3 spezifischen Angaben zu den Käufen, Emissionen und Tilgungen (zusammengefasste Angabe nach SFAS 157.A35; jeweils differenzierte Angabe nach IFRS 7.IG13B).

IFRS 7.IG13A

Assets measured at fair value				
	Fair value measurement at end of the reporting period using:			
		Level 1	Level 2	Level 3
Description	31 Dec 20X2	CU million	CU million	CU million
Financial assets at fair value through profit or loss				
Trading securities	100	40	55	5
Trading derivatives	39	17	20	2
Available-for-sale financial assets				
Equity investments	75	30	40	5
Total	214	87	115	12

(Note: For liabilities, a similar table might be presented.)

IFRS 7.IG13B

Assets measured at fair value based on Level 3				
	Fair value measurement at the end of the reporting period			
	Financial assets at fair value through profit or loss		Available-for-sale financial assets	Total
	Trading securities	Trading derivatives	Equity investments	
	CU million	CU million	CU million	CU million
Opening balance	6	5	4	15
Total gains or losses				
in profit or loss	(2)	(2)	–	(4)
in other comprehensive income	–	–	(1)	(1)
Purchases	1	2	2	5
Issues	–	–	–	–
Settlements	–	(1)	–	(1)
Transfers out of Level 3	–	(2)	–	(2)
Closing balance	5	2	5	12
Total gains or losses for the period included in profit or loss for assets held at the end of the reporting period	(1)	(1)	–	(2)

(Note: For liabilities, a similar table might be presented.)

continued...

...continued

Gains or losses included in profit or loss for the period (above) are presented in trading income and in other income as follows:

	Trading income
Total gains or losses included in profit or loss for the period	(4)
Total gains or losses for the period included in profit or loss for assets held at the end of the reporting period	(2)

(Note: For liabilities, a similar table might be presented.)

Abbildung 24: „Standard-Benchmark" gemäß IFRS 7.IG13A und IFRS 7.IG13B

Abschließend sei ein dieser Stelle angemerkt, dass m.E. einer derart **differenzierten Darstellung** der **Ermittlungsgüte** von **Fair Values** anhand **der Fair Value-Hierarchie** entsprechend den Ergebnissen einer Studie von *Gassen/Schwedler* insbesondere auch eine **hohe praktische Bedeutung** beizumessen ist.[1190] Ausgehend von der grundlegenden Fragestellung, welcher Bewertungsmaßstab[1191] aus Sicht von professionellen Investoren und ihren Beratern zur Offenlegung der entscheidungsnützlicheren Informationen führt, gewinnen *Gassen/Schwedler* folgende, insbesondere vor dem Hintergrund der neu eingeführten IFRS 7.27A und IFRS 7.27B interessanten Erkenntnisse:

1190 Vgl. Gassen/Schwedler (2008).

1191 *Gassen/Schwedler* untersuchen dabei vor dem Hintergrund der Fragestellung der jeweiligen Entscheidungsnützlichkeit die Perzeption folgender fünf Bewertungsmaßstäbe für verschiedenen Gruppen von Vermögenswerten: (1) Fair Value (mark-to-market); (2) Historical cost; (3) Lower of cost or market; (4) Fair Value (mark-to-model); (5) Value in use. Bemerkenswert ist, dass laut Studie die historischen Anschaffungskosten (3) und der beizulegende Zeitwert (am Markt ermittelt) (1) die beiden einzigen Bewertungsmaßstäbe sind, mit denen über 80% der Befragten vertraut sind. Vgl. Gassen/Schwedler (2008), S. 14-15.

- professionelle Investoren betrachten den Bewertungsmaßstab „Fair Value" keineswegs als ein „*homogenous measurement concept*"[1192], vielmehr unterscheiden sie auch im Vergleich zu den anderen Bewertungsmaßstäben die Entscheidungsnützlichkeit von Fair Values – v.a. auch bei finanziellen Vermögenswerten und finanziellen Verbindlichkeiten[1193] – je nachdem ob dieser Wertmaßstab markt- oder modellbasiert ermittelt wurde;[1194]
- **modellbasiert ermittelte Fair Values**, die generell als höchst entscheidungsnützlich einzustufen sind, werden dabei für finanzielle Vermögenswerten (*financial assets*) als auch für finanzielle Verbindlichkeiten (*debt*; *non-tradable current liabilities*; *tradable current liabilities*) stets als **deutlich weniger entscheidungsnützlich als** die jeweils **marktbasiert ermittelten Fair Values** betrachtet.[1195]

Diesen empirischen Resultaten wird IFRS 7 mit Einführung der Fair Value-Hierarchie m.E. insoweit gerecht, als dass den Bilanzadressaten eine Disaggregation der ermittelten Fair Values in Abhängigkeit von deren Ermittlungsgüte (Objektivität und Qualität) bzw. folglich deren Entscheidungsnützlichkeit bereitgestellt wird, die bisher in dieser Form nicht transparent war. Für modellbasiert ermittelte Fair Values, die generell als weniger entscheidungsnützlich betrachtet werden, sind gemäß IFRS 7.27B(c) entsprechend weitere Informationen offen zu legen, um den Umfang und die Dynamik der modellbasierten Fair Value-Ermittlung sowie insbesondere deren Einfluss auf die GuV und das OCI deutlich abzugrenzen.

3.5.3.2.2. Erhebung des Benchmark und Würdigung der (erstmaligen) Umsetzung in der Praxis

3.5.3.2.2.1. IFRS 7.27 – Angaben zur Ermittlung der berichteten Fair Values

Bevor auf die Umsetzung der erstmals für das Berichtsjahr 2009 eingeführten Fair Value-Hierarchie eingegangen wird, sei zunächst auf die in der Praxis gemachten Angaben zu den Methoden und Bewertungstechniken bzw. deren zugrundeliegenden Annahmen zur Ermittlung der offen gelegten Fair Values gemäß IFRS 7.27 eingegangen.

1192 Gassen/Schwedler (2008), S. 21.

1193 Für bestimmte Gruppen von Verbindlichkeiten wurde im Gegensatz zu den in Fn. 1193 genannten Bewertungsmaßstäben, die nachfolgenden Bewertungsmaßstäbe auf ihre Entscheidungsnützlichkeit hin untersucht: (1) Face value; (2) Fair value (mark-to-model, excluding own credit risk); (3) Fair Value (mark-to-model, including own credit risk); (4) Fair value (mark-to-market). Vgl. Gassen/Schwedler (2008), S. 17-18.

1194 Vgl. Gassen/Schwedler (2008), S. 16-19.

1195 Vgl. Gassen/Schwedler (2008), S. 16-19.

Betrachtet man die Offenlegung der zur Fair Value-Ermittlung eingesetzten Methoden, finden sich diesbezüglich, wie etwa am Beispiel der *Daimler AG*[1196] deutlich wird, u.a. sehr ausführliche verbale Darstellungen je Klasse von Finanzinstrumenten.

Dabei werden von den im Rahmen der Untersuchung betrachteten Unternehmen nachfolgende **Methoden zur Fair Value-Ermittlung** der im Bestand befindlichen Finanzinstrumente eingesetzt:

- Markt- bzw. Börsenkurse (zum Bilanzstichtag), ggf. unter Berücksichtigung von Terminauf bzw. –abschlägen;
- Referenzkurse unter Berücksichtigung von Terminauf- bzw. -abschlägen;
- Abzinsung zukünftig erwarteter Cash Flows (Discounted-Cashflow-Verfahren bzw. Barwertmethode) unter Verwendung aktueller Marktparameter, insbesondere aktueller laufzeitadäquater Zinssätze (aktuelle Zinsstrukturkurve) und/oder unter Berücksichtigung der Bonität des Kontrahenten (bspw. auf Basis der aktuellen Credit Default Swaps der Vertragspartner[1197]) oder der eigenen Credit-Spread-Kurve[1198];
- Modelle zur Bewertung von bspw. Anleihen, Schuldschein- oder Bankdarlehen, namentlich etwa:
  - Die Zero-Coupon-Methode[1199];
- Modelle zur Berechnung des Fair Value von Derivaten[1200] (bspw. Forwards), namentlich etwa:
  - die Zero-Methode[1201];
- anerkannte Optionspreismodelle, namentlich etwa:
  - das Black-Scholes Modell[1202];
  - das Garman-Kohlhagen-Modell[1203] (Variante des Black-Scholes Modells für Devisenoptionen (europäische Optionen));
  - das Heath-Jarrow-Morton-Modell[1204];

1196 Vgl. GB 2009 der *Daimler AG*, S. 231-232.

1197 Vgl. GB 2009 der *Deutsche Post AG*, S. 186.

1198 Die eigene Credit-Spread-Kurve wird bei der Bewertung eigener finanzieller Verbindlichkeiten des bilanzierenden Unternehmens herangezogen. Vgl. hierzu etwa die GBs 2009 der *Deutsche Telekom AG*, S. 200 sowie der *TUI AG*, S. 206.

1199 Vgl. GB 2009 der *METRO AG*, S. 181. Credit Spreads werden von der *METRO AG* bei der Fair Value-Ermittlung mittels der Zero-Coupon-Methode explizit nicht berücksichtigt.

1200 Die *Siemens AG* weist im Zusammenhang mit der Bestimmung des Marktwerts von derivativen Finanzinstrumenten explizit darauf hin, dass „Kompensationseffekte aus den Grundgeschäften (zum Beispiel schwebende Geschäfte und antizipierte Transaktionen)" unberücksichtigt bleiben. Vgl. GB 2009 der *Siemens AG*, S. 213.

1201 Vgl. GB 2009 der *adidas AG*, S. 200. Zur Verifizierung der Ergebniswerte der Fair Value-Berechnung mittels der Zero-Methode zieht die *adidas AG* u.a. auch die sogenannte Par-Methode heran. Ein Vergleich der Bewertungsergebnisse ergab in 2009 jedoch keine materiellen Abweichungen. Vgl. ebenda.

1202 Vgl. etwa die GBs 2009 der *Deutsche Post AG*, S. 176, der *Fresenius SE*, S. 127, der *Linde AG*, S. 176, der *Salzgitter AG*, S. 189 sowie der *TUI AG*, S. 205 (Devisenoptionen).

1203 Vgl. GB 2009 der *adidas AG*, S. 198.

  - das Turnbull-Wakeman-Modell[1205];
- Schätzung des beizulegenden Zeitwerts, die auf einem Vergleich mit anderen Unternehmen mittels Umsatzmultiplikatoren sowie einer Prüfung von Liquiditätssituation, Finanzierungsbedarf, Gewinn- und Umsatzvorschau, betrieblicher Leistung, Management und Änderungen der Anteilseigner sowie des Wettbewerbs basieren[1206];
- Unternehmensexterne Bewertungen von Fair Values durch entsprechende Dienstleister[1207];
- Annahme einer annähernden Entsprechung von jeweiligem Fair Value und Buchwert.[1208]

Die *K+S AG* präzisiert die für die Methoden zur Fair Value-Ermittlung bei den derivativen Finanzinstrumenten herangezogenen Parameter dabei vergleichsweise ausführlich.

> ***K+S AG*:**
>
> "Die ermittelten Marktwerte entsprechen dem Wert bei vorzeitiger fiktiver Auflösung zum Bilanzstichtag. Die Ermittlung erfolgt auf Basis anerkannter, von den Marktteilnehmern üblicherweise angewandter finanzmathematischer Methoden. Diesen Berechnungen liegen insbesondere die folgenden am Bilanzstichtag geltenden Parameter zugrunde:
>
> - die Devisenkassakurse der betreffenden Währungen,
> - die vereinbarten Sicherungs- bzw. Ausübungskurse,
> - die gehandelten Volatilitäten, d. h. die erwartete Schwankungsbreite der betreffenden Devisenkurse
> - und das Zinsniveau der betreffenden Währungen."[1209]

Werden finanzmathematische Methoden, bspw. DCF-Verfahren oder Optionspreismodelle zur Fair Value-Ermittlung eingesetzt, so wird jedoch von den meisten Unternehmen, wie auch im oben dargestellten Fall der *Daimler AG*[1210], lediglich eine **verbaler Hinweise** auf die dabei vorgenommene **Verwendung aktueller Marktzinssätze** gegeben. Anders verhält es sich hingegen bei einem kleinen Teil der betrachteten Unternehmen, etwa bei der *Linde AG*[1211], die die zur Fair Value-

---

1204 Vgl. GB 2009 der *Salzgitter AG*, S. 189.

1205 Vgl. GB 2009 der *TUI AG*, S. 205 (optionale Treibstoffsicherungen).

1206 Diese Schätzungen des Fair Value beziehen sich bei der *SAP AG* auf zur Veräußerung verfügbare Beteiligungen an nicht börsennotierten Unternehmen, da für deren Fair Value-Bestimmung weder ein aktiver Markt vorhanden, noch eine Berechnung anhand der Abzinsung der erwarteten zukünftigen Zahlungsströme möglich ist. Vgl. GB 2009 der *SAP AG*, S. 226.

1207 Vgl. etwa GB 2009 der *ThyssenKrupp AG*, S. 185 und S. 224. Die *Volkswagen AG* lässt bestimmte intern ermittelte Fair Value-Bewertungen zusätzlich durch Banken, die die zugrundeliegenden Geschäfte abwickeln, verifizieren. Vgl. GB 2009 der *Volkswagen AG*, S. 19 und S. 221.

1208 Bspw. aufgrund der kurzen Laufzeit der betrachteten Finanzinstrumente.

1209 Vgl. GB 2009 der *K+S AG*, S. 206.

1210 „Zur Abzinsung werden aktuelle Zinssätze herangezogen…"; „…dabei wurden die für die Restlaufzeiten der Finanzinstrumente geltenden Marktzinssätze verwendet…". Für beide Zitate vgl. GB 2009 der *Daimler AG*, S. 231.

1211 Darüber hinaus findet eine Offenlegung von Zinsstrukturkurven, die zur Berechnung berichteter Fair Values herangezogen wurden, bei vier weiteren der betrachteten Unternehmen statt. Vgl. hierzu die GBs 2009 der *BMW AG*, S. 124 (für die Währungen EUR, USD, GBP und JPY), der *Henkel AG & Co. KGaA*, S. 114 (für die Währungen EUR, USD, JPY und GBP), der *Salzgitter AG*, S. 236 (für die Währungen EUR, GBP und USD) sowie der *Volkswagen AG*, S. 19 sowie S. 281 (für die Währungen EUR, USD, GBP, JPY, RUB, CHF, SEK, CZK, MXN).

Bewertung – dabei insbesondere zur Diskontierung – herangezogenen **Marktzinssätze bzw. Zinsstrukturen** auch **explizit darstellen**.

Linde AG:[1212]
"Der beizulegende Zeitwert von Finanzinstrumenten wird grundsätzlich anhand von Börsenkursen ermittelt. Sofern keine Börsenkurse vorliegen, erfolgt eine Bewertung unter Anwendung marktüblicher Bewertungsmethoden unter Zugrundelegung instrumentenspezifischer Marktparameter.

Für derivative Finanzinstrumente wird der beizulegende Zeitwert wie folgt bestimmt: [...] Als Eingangsparameter für diese werden, so weit wie möglich, die am Bilanzstichtag beobachtbaren relevanten Marktpreise und Zinssätze verwendet, die von anerkannten externen Quellen bezogen werden.

Diesen Berechnungen liegen die folgenden Zinskurven zugrunde:

Zinskurven

in %	EUR	USD	GBP	JPY	AUD	SEK	RUB	DKK
2009								
Zins für sechs Monate	0,99	0,37	0,78	0,42	4,42	0,64	7,75	1,64
Zins für ein Jahr	1,28	0,64	1,02	0,47	4,67	0,77	7,38	1,88
Zins für fünf Jahre	2,77	2,92	3,43	0,70	5,82	2,81	7,95	3,16
Zins für zehn Jahre	3,54	3,92	4,15	1,41	6,21	3,53	7,95	3,81
2008								
Zins für sechs Monate	3,02	1,70	2,75	1,23	3,78	2,45	22,50	3,91
Zins für ein Jahr	2,58	1,23	2,02	0,79	3,21	1,80	16,75	4,04
Zins für fünf Jahre	3,18	2,05	3,19	0,94	3,28	2,76	16,50	3,61
Zins für zehn Jahre	3,71	2,43	3,51	1,26	4,31	3,11	16,50	3,88

Die offengelegten Zinsstrukturkurven fließen bei den jeweiligen Unternehmen dabei teilweise ausschließlich in die Fair Value-Bestimmung derivativer Finanzinstrumente[1213], teilweise aber auch in die Ermittlung der Fair Values sowohl derivativer als auch nicht-derivativer Finanzinstrumente[1214] ein. Weitere explizite Angaben zu den im Rahmen angewandter Bewertungstechniken verwendeten Annahmen, bspw. zu Vorfälligkeitsraten oder geschätzte Kreditausfallquoten, wie sie ggf. von IFRS 7.27 verlangt werden, finden sich hingegen bei keinem der betrachteten Unternehmen.

Darüber hinaus finden sich **präzise Beschreibungen**, wie die **Fair Values einzelner Finanzinstrumente**(-Arten) ermittelt werden, bei den betrachteten Unternehmen eher selten. Ein Beispiel für

[1212] Vgl. GB 2009 der *Linde AG*, S. 176.
[1213] So die GBs 2009 der *Henkel AG & Co. KGaA*, S. 114 (derivative Finanzinstrumente), der *Salzgitter AG*, S. 236 (Währungsderivate) sowie der *Volkswagen AG*, S. 19 und S. 281 (Derivate).
[1214] So die GBs 2009 der *BMW AG*, S. 124 (Finanzinstrumente) sowie der *Linde AG*, S. 176 (vgl. hierzu auch die oben zitierte Textpassage).

eine vergleichsweise genaue Erläuterung liefert etwa die *Salzgitter AG* hinsichtlich der Fair Value-Bewertung von Devisentermingeschäften.

> ***Salzgitter AG*:**
> "Die Bewertung der Devisentermingeschäfte erfolgt durch eigene Berechnungen. Basierend auf den EZB-Referenzkursen der jeweiligen Währungspaare und den Zinsdifferenzen der jeweiligen Laufzeiten der Devisenkontrakte wurden die für den Abschlussstichtag geltenden Terminkurse (Outrightkurse) ermittelt. Dabei wurden ausgehend von standardisierten Laufzeiten die Zinsdifferenzen der tatsächlichen Laufzeiten durch Interpolation ermittelt. Die Informationen zu den standardisierten Laufzeiten wurden einem handelsüblichen Marktinformationssystem entnommen. Die ermittelte Differenz des vertraglich vereinbarten Fremdwährungsbetrages zum Kontraktterminkurs und zum Stichtagsterminkurs wird auf den Bilanzstichtag mit dem Euro-Zinssatz entsprechend der Restlaufzeit abgezinst."[1215]

Bestehen im Unternehmen Arten von Finanzinstrumenten, die für sich betrachtet jeweils einen wesentlichen Umfang am Gesamtbestand der Finanzinstrumente ausmachen (hier bspw. Devisentermingeschäfte), dürften diesbezügliche Ausführungen, wie zuvor am Beispiel der *Salzgitter AG* aufgezeigt, m.E. sicherlich eine sinnvolle Erläuterung der entsprechenden Fair Value-Ermittlung darstellen.

Auf **Änderungen** hinsichtlich der **angewandten Fair Value-Bewertungsmethoden** gemäß IFRS 7.27 wird von den betrachteten Unternehmen gar nicht, allenfalls dies explizit verneinend[1216] eingegangen.

In Anbetracht der an dieser Stelle exemplarisch dargestellten Angaben zu IFRS 7.27 muss man zu dem Schluss gelangen, dass dem Bilanzleser zwar ein grober Überblick in die Ermittlung der nach IFRS 7 berichteten Fair Values gegeben wird, mehr jedoch auch nicht.

Die Offenlegung der speziell zur Diskontierungen im Rahmen der Fair Value-Ermittlung herangezogenen Zinsstrukturkurven i.S.v. IFRS 7.27 scheint auf den ersten Blick zwar einen Informationsmehrwert darzustellen; laut *IDW* ist eine explizite Nennung von Zinsstrukturkurven allerdings ohnehin nicht erforderlich (IDW RS HFA 24, Rz. 39). Entsprechend dürfte es sich bei deren Offenlegung nach Auffassung des *IDW* bei näherer Betrachtung lediglich um einen marginalen Erkenntniszugewinn handeln, ist doch mit den berichteten Zinssätzen nichts weiter anzufangen, als sie auf ihre Richtigkeit durch Vergleich mit den zu diesem Zeitpunkt bestehenden Zinsstrukturkurven zu überprüfen. Da in die finanzmathematischen Verfahren zur Bewertung von Finanzinstrumenten, insbesondere von Derivaten, eine Vielzahl weiterer Inputfaktoren einfließt, erscheint eine zwingende explizite Angabe von Zinsstrukturkurven i.S.v. IFRS 7.27 m.E. entsprechend durchaus fraglich,

---

1215 Vgl. GB 2009 der *Salzgitter AG*, S. 189.
1216 Vgl. etwa den GB 2009 der *Merck KGaA*, S. 155.

bleibt eine Überprüfung der Richtigkeit der berichteten Fair Values durch den Bilanzadressaten auch bei deren Offenlegung schlichtweg unmöglich.

So weit zu gehen, und sämtliche zur Berechnung der berichteten Fair Values nötigen Daten bzw. Annahmen im Rahmen angewandter Bewertungstechniken zu fordern – der Wortlaut[1217] von IFRS 7.27 steht einer solchen Vorgehensweise nicht entgegen –, würde m.E. jedoch eindeutig zu einer erheblichen Überstrapazierung des Umfangs des Anhang führen. Zudem würde die Komplexität der dazu nötigen Angaben dem Informationsbedarf insbesondere der nicht-institutioneller Bilanzadressaten wohl kaum gerecht werden.

Deshalb sollte sich m.E. die **Empfehlung** zur Berichterstattung gemäß IFRS 7.27 an der bestehenden, zuvor beispielhaft aufgezeigten Praxis der Berichterstattung orientieren, auch wenn den Bilanzadressaten dabei letztlich nichts weiter übrig bleiben wird, als auf die Richtigkeit der offengelegten Fair Values gänzlich, ohne die Möglichkeit zur Verifikation zu vertrauen.

3.5.3.2.2.2. IFRS 7.27A und IFRS 7.27B – Angaben zur neu eingeführten Fair Value-Hierarchie

Sofern nachfolgend Konformität mit dem in Kapitel 3.5.3.2.1. dargestellten „Standard-Benchmark“ (IFRS 7.IG13A) attestiert wird,[1218] wurde im jeweiligen Geschäftsbericht die strukturelle Darstellung gemäß IFRS 7.IG13A umgesetzt bzw. prinzipiell beibehalten, d.h. unwesentliche Ergänzungen bzw. Abänderungen dieser exemplarischen Darstellung wurden aus der Betrachtung ausgeschlossen. Abbildung 25 veranschaulicht die erstmalige Umsetzung von IFRS 7.27A i.V.m. IFRS 7.27B in der Praxis der DAX-30 Nicht-Finanzdienstleister.

Dabei entspricht bspw. die *Deutsche Lufthansa AG*[1219] vollständig der Vorlage des **Standard-Benchmark** gemäß IFRS 7.IG13A zur Erfüllung von IFRS 7.27B(a).

1217 *„…the assumptions applied in determining fair values of each class of financial assets or financial liabilities. For example, if applicable, an entity discloses information about the assumptions relating to prepayment rates, rates of estimated credit losses, and interest rates or discount rates.*“ (IFRS 7.27).

1218 So die GBs 2009 der *adidas AG*, S. 198, der *Bayer AG*, S. 232-233 (Integration in die Angaben gemäß IFRS 7.8 i.V.m. IFRS 7.25), der *BMW AG*, S. 124 (ohne die Spalte „31. Dezember“ (Gesamt) des Berichtsjahres des Standard-Benchmark), der *Continental AG*, S. 211 (mit den zusätzlichen Spalten „IAS 39-Bewertungskatgorie“ sowie „Anschaffungskosten“), der *Daimler AG*, S. 230, der *Deutsche Börse AG*, S. 187, der *Deutsche Lufthansa AG*, S. 178, der *Deutsche Post AG*, S. 186 (ohne die Spalte „31. Dezember“ (Gesamt) des Berichtsjahres des Standard-Benchmark), der *Deutsche Telekom AG*, S. 200, der *Linde AG*, S. 177 (ohne die Spalte „31. Dezember“ (Gesamt) des Berichtsjahres des Standard-Benchmark), der *MAN SE*, S. 140, der *Merck KGaA*, S. 155 (ohne die Spalte „31. Dezember“ (Gesamt) des Berichtsjahres des Standard-Benchmark), der *METRO AG*, S. 182, der *RWE AG*, S. 187, der *Salzgitter AG*, S. 232, der *SAP AG*, S. 226, der *Siemens AG*, S. 213 sowie der *Volkswagen AG*, S. 270.

1219 Vgl. GB 2009 der *Deutsche Lufthansa AG*, S. 178. Ähnlich auch die GBs 2009 der *adidas AG*, S. 198, der *Daimler AG*, S. 230, der *Deutsche Börse AG*, S. 187, der *Deutsche Telekom AG*, S. 200, der *MAN SE*, S. 140, der *METRO AG*, S. 182, der *RWE AG*, S. 187, der *Salzgitter AG*, S. 232, der *SAP AG*, S. 226, der *Siemens AG*, S. 213 sowie der *Volkswagen AG*, S. 270.

Hinsichtlich der Einordnung der Fair Values der auf diese Weise in der Bilanz bewerteten Finanzinstrumente in die Fair Value-Hierarchie gemäß IFRS 7.27B(a) werden von einigen der betrachteten Unternehmen, wie etwa der *Fresenius SE*[1220], offensichtlich auch **verbale Ausführungen** präferiert.

Vergleicht man die beiden Beispiele der *Deutsche Lufthansa AG* und der *Fresenius SE* zur Erfüllung von IFRS 7.27B(a), ist m.E. intuitiv klar, dass eine Erfüllung von IFRS 7.27B(a) mittels des Standard-Benchmark IFRS 7.IG13A die eindeutig bessere, weil übersichtlichere Wahl zur Offenlegung der geforderten Informationen darstellt. Die verbalen Ausführungen der *Fresenius SE* ordnen zudem den einzelnen Posten der befüllten Hierarchie-Level direkt keine betragsmäßigen Fair Values zu; lediglich der Fair Value der erwähnten Klasse „zum Marktwert bilanzierte Verbindlichkeiten" wird in Summe auf der vorherigen Seite im Geschäftsbericht im Rahmen der Angaben gemäß IFRS 7.25 – diese werden jedoch selbst aufgrund der fehlenden Bilanzüberleitung i.S.v. IFRS 7.6 inkorrekt offengelegt – berichtet.

Liegt eine Befüllung der Level-3-Fair Values vor, was u.U. Angaben gemäß IFRS 7.27B(c) und (d) nach sich zieht, greifen die *Deutsche Börse AG*[1221], die *Linde AG*[1222] sowie die *Bayer AG*[1223] zu einer **verbalen Darstellung** der nach IFRS 7.27B(c) – **Entwicklung der Level-3-Finanzinstrumente** – geforderten Angaben.

Die anderen Unternehmen, die eine Level-3-Befüllung aufweisen, wie bspw. die *Volkswagen AG*[1224] oder die *RWE AG*[1225], kommen den Angaben gemäß IFRS 7.27B(c) i.V.m. IFRS 7.27B(d) hingegen gemäß dem **Standard-Benchmark gemäß IFRS 7.IG13B**, teilweise in modifizierter Form, nach.

[1220] Vgl. GB 2009 der *Fresenius SE*, S. 128. Ähnlich auch die GBs 2009 der *ALTANA AG*, S. 150, der *BASF SE*, S. 192, der *Beiersdorf AG*, S. 113, der *E.ON AG*, S. 130-131, der *Fresenius Medical Care AG & Co. KGaA*, S. 68-69, der *Henkel AG & Co. KGaA*, S. 113 sowie der *K+S AG*, S. 224-225.

[1221] Vgl. GB 2009 der *Deutsche Börse AG*, S. 187.

[1222] Vgl. GB 2009 der *Linde AG*, S. 177. Es liegt hierbei jedoch die Vermutung nahe, dass die *Linde AG* sich deshalb für eine verbale Darstellung der IFRS 7.27B(c)-Angaben entschieden hat, weil sie auf eine grafische Darstellung, bspw. gemäß IFRS 7.IG13B, mangels Bewegungen bzw. OCI- oder GuV-Auswirkungen innerhalb der Stufe 3 aus Platzgründen verzichten wollte.

[1223] Vgl. GB 2009 der *Bayer AG*, S. 235.

[1224] Vgl. GB 2009 der *Volkswagen AG*, S. 270-271.

[1225] Vgl. GB 2009 der *RWE AG*, S. 187. Ähnlich auch die GBs 2009 der *adidas AG*, S.198, der *Deutsche Lufthansa AG*, S. 179 sowie der *E.ON AG*, S. 132.

Unternehmen (Geschäftsberichte 2009)	Fair Value-Hierarchie (IFRS 7.27B(b) i.V.m. IFRS 7.27A)							
	Tabellarische Darstellung gemäß IFRS 7.IG13A				Befüllung			Verbale Darstellung
	Anwendung Standard-Benchmark (IFRS 7.IG13A)	Eigene tabellarische Darstellung	Einbeziehung finanzieller Vermögenswerte	Einbeziehung finanzieller Verbindlichkeiten	Level 1	Level 2	Level 3	
adidas AG	X	-	X	X	X	X	X	-
ALTANA AG	-	-	-	-	X	X	-	X
BASF SE	-	-	-	-	X	X	-	X
Bayer AG	X	-	X	X	X	X	X	-
Beiersdorf AG	-	-	-	-	X	X	-	X
BMW AG	X	-	X	X	X	X	-	-
Continental AG	X	-	X	X	X	X	-	-
Daimler AG	X	-	X	X	X	X	-	-
Deutsche Börse AG	X	-	X	X	X	X	X	-
Deutsche Lufthansa AG	X	-	X	-	X	X	X	-
Deutsche Post AG	X	-	X	X	X	X	-	-
Deutsche Telekom AG	X	-	X	X	-	X	-	-
E.ON AG	-	-	-	-	X	-	X	X
Fresenius Medical Care AG & Co. KGaA	-	-	-	-	-	X	-	X
Fresenius SE	-	-	-	-	X	X	-	X
Henkel AG & Co. KGaA	-	-	-	-	X	-	-	X
Infineon Technologies AG (01.10.-30.09.)	Keine Angaben, da das Amendment "Improving Dislocures about Financial Instruments"							
K+S AG	-	-	-	-	-	X	-	X
Linde AG	X	-	X	X	X	X	X	-
MAN SE	X	-	X	X	-	X	-	-
Merck KGaA	X	-	X	X	X	X	-	-
METRO AG	X	-	X	X	X	X	-	-
RWE AG	X	-	X	X	X	X	X	-
SALZGITTER AG	X	-	X	X	X	X	-	-
SAP AG	X	-	X	X	X	X	-	-
Siemens AG (01.10.-30.09.)	X	-	X	X	X	X	-	-
ThyssenKrupp AG (01.10.-30.09.)	Keine Angaben, da das Amendment "Improving Dislocures about Financial Instruments"							
TUI AG (01.01.2009-30.09.2009)	Keine Angaben, da das Amendment "Improving Dislocures about Financial Instrumer							
Volkswagen AG	X	-	X	X	X	X	X	-

Abbildung 25: Erhebung der Umsetzung von IFRS 7.27A i.V.m. IFRS 7.27B in der Praxis der DAX-30 Nicht-Finanzdienstleister (2009)

Überleitung der Level-3-Bewertungen (IFRS 7.27B(c))					Vergleichszahlen 2008
Tabellarische Darstellung gemäß IFRS 7.IG13B				Verbale Darstellung	
Anwendung Standard-Benchmark (IFRS 7.IG13B)	Eigene tabellarische Darstellung	Einbeziehung			
		finanzieller Vermögenswerte	finanzieller Verbindlichkeiten		
X	-	X	-	-	-
-	-	-	-	-	-
-	-	-	-	-	-
-	-	-	-	X	-
-	-	-	-	-	-
-	-	-	-	-	-
-	-	-	-	-	-
-	-	-	-	-	-
-	-	-	-	X	-
X	-	X	-	-	-
-	-	-	-	-	-
-		-	-	-	X
X	-	X	X	-	-
-	-	-	-	-	-
-	-	-	-	-	-
-	-	-	-	-	-
' erst für Geschäftsjahre anzuwenden ist, die am oder nach dem 01.01.2009 beginnen.					
-	-	-	-	-	-
-	-	-	-	X	-
-	-	-	-	-	-
-	-	-	-	-	-
-	-	-	-	-	-
X	-	X	X	-	-
-	-	-	-	-	-
-	-	-	-	-	X
-	-	-	-	-	-
' erst für Geschäftsjahre anzuwenden ist, die am oder nach dem 01.01.2009 beginnen.					
nts" erst am 27.11.2009 in europäisches Gemeinschaftsrecht übernommen wurde.					
X	-	X	X	-	-

Wie auch schon bei den Angaben zur Einordnung in die Fair Value-Hierarchie gemäß IFRS 7.27B(a) zeigt sich m.E. auch bei der Erfüllung von IFRS 7.27B(c) i.V.m. IFRS 7.27B(d) die Vorteilhaftigkeit einer tabellarisch-grafischen Offenlegung anhand des Standard-Benchmark gemäß IFRS 7.IG13B. Modifikationen bzw. ein Weglassen von Elementen des Standard-Benchmark können dabei mangels entsprechender in diese Elemente einzuordnenden Daten aus Platzgründen durchaus angebracht sein. Aus demselben Grund kann m.E. auf eine grafische Darstellung mittels des Standard-Benchmark auch gänzlich verzichtet werden, sofern eine derartige Darstellung aus Platzgründen nicht lohnt, weil zu wenige Daten für deren Befüllung vorliegen.[1226] Für eine **stetige Verwendung** des **Standard-Benchmark** würde jedoch m.E. ungeachtet des Ausmaßes der aktuell aufzunehmenden Daten die dadurch **leichtere intertemporale** sowie **zwischenbetriebliche Vergleichbarkeit** der berichteten Informationen sprechen.

Obwohl acht der in die Untersuchung einbezogenen Unternehmen eine Befüllung von Level 3 aufweisen, leisten davon lediglich die *Linde AG* sowie die *Volkswagen AG* die Angaben gemäß IFRS 7.27B(d) hinsichtlich des **Effekts** einer **Änderung** eines oder mehrerer **Inputfaktoren** der **Level-3-Fair Values**.

Linde AG:

„Die wesentlichen Werttreiber des Discounted-Cash-Flow-Verfahrens im Hinblick auf die Bewertung der Beteiligungen und Wertpapiere in der Bewertungskategorie Stufe 3 sind der Diskontierungszinssatz (WACC) und der unterstellte Free Cash Flow dieser Unternehmen. Bei einer Veränderung des WACC um + 0,5 Prozent hätte sich ein niedrigerer Fair Value von 7 Mio. EUR ergeben und bei einer Veränderung der Free Cash Flows um – 5 Prozent ein niedriger Fair Value von 5 Mio. EUR. Diese Effekte wären vollständig im Eigenkapital erfasst worden.“[1227]

Volkswagen AG:

„[...] Im Volkswagen Konzern sind der Stufe 3 im Wesentlichen langfristige Warentermingeschäfte zugeordnet, da für die Bewertung die am Markt vorhandenen Kurse extrapoliert werden müssen. Des Weiteren werden in der Stufe 3 Optionen auf Eigenkapitalinstrumente gezeigt.

[...]

Für den Fair Value der Warentermingeschäfte ist der Rohstoffpreis die wesentliche Risikovariable. Mittels Sensitivitätsanalysen wird der Effekt von Änderungen des Rohstoffpreises auf das Ergebnis und das Eigenkapital dargestellt.

Wenn die Rohstoffpreise der der Stufe 3 zugeordneten Warentermingeschäfte zum 31. Dezember 2009 um 10% höher (niedriger) gewesen wären, wäre das Ergebnis um 3 Mio. € und das Eigenkapital um 54 Mio. € höher (niedriger) ausgefallen.

Die für die Bewertung der vom Unternehmen gehaltenen Optionen auf Eigenkapitalinstrumente maßgebliche Risikovariable ist der jeweilige Unternehmenswert. Mittels einer Sensitivitätsanalyse werden Effekte aus einer Änderung der Risikovariablen auf das Ergebnis dargestellt. Wenn die un-

[1226] Bspw. für den Fall, dass keine Vorfälle gemäß IFRS 7.27B(c)(ii)-(iv) für das Berichtsjahr vorliegen.
[1227] Vgl. GB 2009 der *Linde AG*, S. 177.

terstellten Unternehmenswerte um 10% höher (niedriger) werden, würde das Ergebnis um 15 Mio. € höher (niedriger) ausfallen."[1228]

Mit diesen für die **Level-3 Bewertungen** bereitgestellten Sensitivitätsanalysen[1229] werden die *Linde AG* sowie die *Volkswagen AG* IFRS 7.27B(e) vollumfänglich gerecht. Als die dabei hypothetisch geänderten Inputvariablen der Fair Value-Kalkulation kommen hinsichtlich der Beteiligungen und Wertpapiere (DCF-Verfahren) der Diskontierungssatz WACC und die Free Cashflows der anteilig gehaltenen Unternehmen sowie hinsichtlich der Warentermingeschäfte die diesbezüglichen Rohstoffpreise zur Anwendung. Beide Beispiele können m.E. als Vorlage für eine analoge Erläuterung anderer Level-3-Fair Values bei anderen Unternehmen gereichen.

Mit Blick auf die **Platzierung der Angaben** gemäß IFRS 7.27A und IFRS 7.27B bietet sich m.E. eine gemeinsame Offenlegung mit den Angaben nach IFRS 7.27 sowie IFRS 7.25 bzw. IFRS 7.8 i.V.m. IFRS 7.25 an, da alle Angaben auf die Angabe bzw. Erläuterung der Fair Values von Finanzinstrumenten rekurrieren.

Obwohl die IFRS 7-anwendenden Unternehmen für das erste Berichtsjahr der Umsetzung der *Amendments to IFRS 7: Improving Disclosures about Financial Instruments* von einer Bereitstellung der Vorjahresvergleichszahlen befreit sind (IFRS 7.44G), ist positiv hervorzuheben, dass die *Deutsche Telekom AG*[1230] als auch die *SAP AG*[1231] hinsichtlich der nach IFRS 7.27A i.V.m. IFRS 7.27B zu machenden Angaben einer **freiwilligen Offenlegung** der **Vorjahresvergleichszahlen** nachkommen. Darüber hinaus wendet die *Siemens AG*[1232] die Neuregelungen der *Amendments* auf freiwilliger Basis an.

Und obwohl auch die zahlreichen verbalen Erläuterungen der Fair Value-Hierarchie die Regelungen des IFRS 7 erfüllen, ist m.E. **im Ergebnis** dennoch **für eine einheitliche Orientierung an** der tabellarischen Darstellung des **Standard-Benchmark zu plädieren**. Zum einen werden die Angaben dadurch besser von den umgebenden Angaben abgegrenzt, zum anderen geht damit eine wesentliche **Verbesserung** der **intertemporalen** sowie **zwischenbetrieblichen Vergleichbarkeit** in puncto der offengelegten Ermittlungsgüte der Fair Values einher.

Bei wiederholt häufiger verbaler Darstellung in den Folgejahren durch die bilanzierenden Unternehmen sollte daher m.E. eine verpflichtende tabellarische Darstellung gemäß IFRS 7.IG13A und

1228 Vgl. GB 2009 der *Volkswagen AG*, S. 271.
1229 Vgl. zum theoretischen Hintergrund einfaktorieller Sensitivitätsanalysen Kapitel 4.7.4.1.
1230 Vgl. GB 2009 der *Deutsche Telekom AG*, S. 200.
1231 Vgl. GB 2009 der *SAP AG*, S. 226.
1232 Vgl. GB 2009 der *Siemens AG*, S. 213 („Siemens hat sich dafür entschieden, den neu gefassten IFRS 7 vorzeitig bereits im aktuellen Konzernabschluss des Geschäftsjahrs 2009 anzuwenden.", S. 152).

.IG13B durch das IASB angestrebt werden. Damit würde dann auch der Bereitstellung von Vorjahresvergleichszahlen[1233] in einer übersichtlicheren Weise einheitlich entsprochen.

3.5.3.3. Unterlassung der Angaben zu den Fair Values

3.5.3.3.1. Anforderungen des Standards

Nach IFRS 7.29 kann ein Unternehmen die Angaben zu den Fair Values in den nachfolgenden Fällen unterlassen:

- wenn der **Buchwert** eine **vernünftige Annäherung des beizulegenden Zeitwerts** darstellt („*...carrying amount is a reasonable approximation of fair value...*"), z.B. bei Finanzinstrumenten, wie kurzfristige Forderungen oder Verbindlichkeiten aus Lieferungen und Leistungen (IFRS 7.29(a));[1234]
- für eine Anlage in **Eigenkapitalinstrumenten**, die **keinen notierten Preis auf einem aktiven Markt** („*...quoted market price in an active market ...*") haben, bzw. für mit diesen Eigenkapitalinstrumenten verbundene Derivate („*...derivatives linked to such equity instruments...*"), die nach IAS 39 zu Anschaffungskosten (*at cost*) bewertet werden, weil ihr beizulegender Zeitwert nicht verlässlich (*reliably*) ermittelt werden kann (IFRS 7.29(b)); oder
- für einen **Vertrag** (*contract*) **i.S.v. IFRS 4**, der eine **ermessensabhängige Überschussbeteiligung** (*discretionary participation feature*) umfasst,[1235] deren beizulegender Zeitwert nicht verlässlich (*reliably*) ermittelt werden kann (IFRS 7.29(c)).

Der **Buchwert** dürfte in der Praxis jedoch nur **selten** eine vernünftige **Approximation des beizulegenden Zeitwerts** darstellen und damit der Tatbestand des IFRS 7.29(a) entsprechend selten erfüllt sein. Dies liegt zum Großteil daran, dass die in der Bilanz zu fortgeführten Anschaffungskosten bilanzierten Finanzinstrumente – und nur für diese sind ja zusätzlich die Fair Values gemäß IFRS 7.25 anzugeben – grundsätzlich anhand der **Effektivzinsmethode** gemäß IAS 39.46(a) und (b) bzw. IAS 39.47 zu bewerten sind. Da der dabei verwendete historische Effektivzinssatz[1236] im Zeitablauf konstant gehalten wird, ist eine Übereinstimmung des hierbei zu jedem Abschlussstichtag berechneten Buchwerts mit dem diesbezüglichen Fair Value nur für den Fall zu verzeichnen, dass eine Konstanz des Marktzinsniveaus sowie des unternehmensindividuellen Bonitätsspreads gegenüber dem

---

1233 Einer solchen Darstellung entsprechen bereits die *Deutsche Telekom AG* (GB 2009, S. 200) sowie die *SAP AG* (GB 2009, S. 226).

1234 *Ernst & Young* gelangt zu dem Ergebnis, dass die Mehrzahl der dort betrachteten Unternehmen den Buchwert als eine vernünftige Annäherung des Fair Value insbesondere bei Zahlungsmitteln, Zahlungsmitteläquivalenten sowie kurzfristigen Vermögenswerten und Verbindlichkeiten ansehen. Vgl. Ernst & Young Global Limited (2008), S. 20.

1235 Wie in IFRS 4 beschrieben.

1236 Der historische Effektivzinssatz setzt sich aus dem allgemeinen Marktzinssatz und dem Bonitätsspread des bilanzierenden Unternehmens zum Zeitpunkt des Vertragsabschlusses des betrachteten Postens zusammen. Vgl. Brücks/Kerkhoff/Stauber (2006b), S. 436-437.

Zeitpunkt des Vertragsabschlusses des betrachteten Postens vorliegt – dieser Fall dürfte jedoch äußerst unrealistisch sein.[1237]

Der Schwerpunkt der Offenlegung nach IFRS 7.29(a) wird sich bei **Nicht-Banken** meist – in Ermangelung wesentlicher Bestände an mittel- bis langfristigen Ausleihungen (*Loans and Receivables*) sowie Finanzinstrumenten der Kategorie *Held-to-Maturity Investments* – auf Finanzverbindlichkeiten, d.h. i.d.R. Fremdkapitalinstrumente der Kategorie *Other Liabilities* erstrecken. Industrie- und Handelsunternehmen werden der Kategorie *Loans and Receivables* meist Forderungen aus Lieferungen und Leistungen zugeordnet haben, bei denen jedoch aufgrund ihrer Laufzeit von meist unter einem Jahr automatisch davon ausgegangen werden kann, dass sich Buchwert und Fair Value gemäß IFRS 7.29(a) weitgehend entsprechen.[1238]

Die **Bereitstellung der Fair Values** für bestimmte Posten wie Anleihen, Geldmarktpapiere, mittelfristige Schuldtitel, Verbindlichkeiten gegenüber Kreditinstituten sowie Schuldscheindarlehen wird dabei i.d.R. über die **Konzerntreasury** oder die Treasury-Abteilung der jeweiligen Tochterunternehmen möglich sein. **Konzernweite Vorgaben**, unter welchen Bedingungen auf eine zusätzliche Ermittlung von Fair Values i.S.v. IFRS 7.29(a) verzichtet werden kann, sind jedoch gesetzt den Fall, dass eine Bereitstellung durch die (Konzern)Treasury nicht möglich ist, direkt auf Ebene der Einzelgesellschaften bzw. Divisionen notwendig. In diesem Fall dürfte es somit notwendig sein, konzernweit **Bewertungsrichtlinien** auszugeben, die ggf. eine konzerneinheitliche Ermittlung der Fair Values gewährleisten.[1239]

Die Bewertungsrichtlinie zur Ermittlung der Fair Values im Konzern sollte dabei zunächst **Annahmen** über die **zukünftigen, marktüblichen Zinssätze**[1240] enthalten. Zur **Abzinsung der Passiva** kann dabei zur Bestimmung des Abzinsungsfaktors einheitlich der zum jeweiligen Abschlussstichtag vorherrschende Bonitätsspread des bilanzierenden Unternehmens herangezogen werden, sofern es sich nicht um Schuldtitel mit besonderen Charakteristika[1241] handelt, für die ggf. ein anderer Abzinsungsfaktor heranzuziehen wäre. Hinsichtlich des **Abzinsungsfaktors für die Aktiva** sind ggf. Anpassungen der risikobehafteten Komponenten vorzunehmen, insbesondere dann, wenn das Ausfallrisiko des Schuldners von dem des bilanzierenden Unternehmens wesentlich abweicht.[1242]

1237 Vgl. Brücks/Kerkhoff/Stauber (2006b), S. 436-437.

1238 Vgl. Brücks/Kerkhoff/Stauber (2006b), S. 437.

1239 Vgl. Brücks/Kerkhoff/Stauber (2006b), S. 437.

1240 Gemeint sind damit Annahmen über risikolose Marktzinssätze differenziert nach Regionen bzw. Währungen sowie über den Bonitätsspread des bilanzierenden Unternehmens. Vgl. Brücks/Kerkhoff/Stauber (2006b), S. 437.

1241 Bspw. Verbindlichkeiten mit erweiterter Sicherheitenstellung oder aus Finanzierungsleasingverhältnissen. Vgl. Brücks/Kerkhoff/Stauber (2006b), S. 437.

1242 Vgl. Brücks/Kerkhoff/Stauber (2006b), S. 437.

Handelt es sich demnach nicht um einen der nach IFRS 7.29 genannten Ausnahmefälle, sind die Angaben zu den Fair Values in jedem Fall zu machen. Damit kann insbesondere bei **Industrie- und Handelsunternehmen** u.U. eine tiefgreifende Weiterentwicklung bzw. ein Ausbau der im Unternehmen vorhandenen Systeme zur Ermittlung beizulegender Zeitwerte verbunden sein.[1243]

Nach IFRS 7.30 hat ein Unternehmen **ergänzend zu den in IFRS 7.29(b) und (c) beschriebenen Fällen** (Unterlassung der Fair Value-Angaben) **Informationen anzugeben**, die es den Abschlussadressaten ermöglichen, sich selbst ein Urteil über den Umfang möglicher Differenzbeträge, d.h. eventuell vorhandener stiller Reserven bzw. Lasten zu bilden, die sich aus dem Buchwert dieser finanziellen Vermögenswerte oder finanziellen Verbindlichkeiten und ihrem jeweiligen Fair Value ergeben. Dazu zählen folgende Angaben:

- die Tatsache, dass Informationen zum Fair Value für diese Instrumente nicht angegeben wurden, weil dieser nicht verlässlich (*reliably*) ermittelt werden kann (IFRS 7.30(a));
- eine Beschreibung der betreffenden Finanzinstrumente, ihr Buchwert sowie eine Erklärung, warum der Fair Value nicht verlässlich (*reliably*) ermittelt werden kann (IFRS 7.30(b));
- Informationen über den für diese Instrumente bestehenden Markt (IFRS 7.30(c));
- Informationen darüber, ob, und wenn ja, auf welche Art und Weise das Unternehmen die Veräußerung der Finanzinstrumente plant („*...whether and how the entity intends to dispose of the financial instruments...*") (IFRS 7.30(d)); sowie
- sofern Finanzinstrumente, deren Fair Value zuvor nicht verlässlich ermittelt werden konnte, veräußert bzw. ausgebucht werden, diese Tatsache („*...that fact...*"), deren Buchwert zum Zeitpunkt der Ausbuchung sowie den Betrag der dabei erfassten Gewinne oder Verluste (IFRS 7.30(e)).

3.5.3.3.2. Erhebung des Benchmark

Wie nachfolgend dargestellt, wird etwa von der *Daimler AG*[1244] die Angabe der Fair Values für Eigenkapitalinstrumente, die keine notierten Preise auf aktiven Märkten aufweisen, gemäß IFRS 7.29(b) unterlassen und entsprechend auf die Bewertung zu Anschaffungskosten verwiesen.

1243 Vgl. ähnlich Scharpf (2006), S. 35.

1244 Ähnlich ausführlich auch der GB 2009 der *Deutsche Post AG*, S. 186. Weniger ausführliche Angaben zu den nach IFRS 7.29(b) i.V.m. IFRS 7.30 auszuweisenden Sachverhalten sind den GBs 2009 der *Deutsche Börse AG*, S. 186, der *Deutsche Telekom AG*, S. 162, der *K+S AG*, S. 225, der *Linde AG*, S. 176, der *MAN SE*, S. 139 sowie der *SAP AG*, S. 226 zu entnehmen.

Daimler AG:

Zur Veräußerung verfügbare finanzielle Vermögenswerte.

Die Eigenkapitalanteile setzen sich wie folgt zusammen:

	31. Dezember	
	2009	2008
in Millionen €		
Zum beizulegenden Zeitwert bewertete Eigenkapitalanteile	385	193
Zu Anschaffungskosten bewertete Eigenkapitalanteile	699	551
	1.084	744

Im Berichtsjahr wurden zu Anschaffungskosten bewertete Eigenkapitalanteile mit einem Buchwert in Höhe von 8 (2008: 35; 2007: 5) Mio. € veräußert. Der dabei realisierte Verlust belief sich auf 7 (2008: Gewinn von 12; 2007: Gewinn von 90) Mio. €. Für die zum 31. Dezember 2009 ausgewiesenen Anteile bestand keine Veräußerungsabsicht."[1245]

[...]

"**Übrige finanzielle Vermögenswerte.** Die zur Veräußerung verfügbaren finanziellen Vermögenswerte beinhalten:

[...]

– Zu Anschaffungskosten bewertete Eigenkapitalanteile. Für zu Anschaffungskosten bewertete Eigenkapitalanteile konnten keine beizulegenden Zeitwerte ermittelt werden, da Börsen- oder Marktwerte nicht vorhanden waren. Hierbei handelt es sich um Anteile an nicht börsennotierten Unternehmen, bei denen keine Indikatoren einer dauerhaften Wertminderung zum Bilanzstichtag vorlagen und für die beizulegende Zeitwerte nicht verlässlich bestimmbar sind. In diesen Fällen wurde angenommen, dass die beizulegenden Zeitwerte den Buchwerten entsprechen."[1246]

Mit den obigen Angaben erfüllt die *Daimler AG* die Angabepflichten gemäß IFRS 7.30(a) und (b)[1247] sowie die Angabepflichten gemäß IFRS 7.30(d) und (e)[1248], deren jeweilige Pflicht zur Angabe sich unmittelbar an die Erfüllung des in IFRS 7.29(b) kodifizierten Tatbestands – anstatt zum Fair Value zu Anschaffungskosten bewertete Eigenkapitalinstrumente ohne aktiven Markt – anschließen. Lediglich die nach IFRS 7.30(c) geforderte Angabe – Informationen über den für diese Instrumente bestehenden Markt – bleibt die *Daimler AG* schuldig.

Dennoch kann obiges Beispiel m.E. als **Benchmark** zur Erfüllung der Angabepflichten gemäß IFRS 7.29(b) i.V.m. IFRS 7.30 dienen, da die geforderten Informationen kompakt und vergleichsweise aussagekräftig präsentiert werden.

1245 Vgl. GB 2009 der *Daimler AG*, S. 206.
1246 Vgl. GB 2009 der *Daimler AG*, S. 231.
1247 Siehe erstes obiges Zitat.
1248 Siehe zweites obiges Zitat.

3.5.3.4. Weitere Anmerkungen

Eine **dezentrale** und **regelmäßige Erfassung** der **Fair Values** von Finanzinstrumenten wird bei vielen Konzernen häufig **unumgänglich** sein, sofern (1) auf der Aktivseite finanzielle Vermögenswerte der Kategorie *Held-to-Maturity Investments* existieren, (2) es sich bei den ausgereichten Krediten und Forderungen nicht ausschließlich um kurzfristige Posten handelt und (3) eine zentrale Ermittlung der Fair Values der Finanzschulden – bspw. über die Konzerntreasury – nicht möglich ist. Insbesondere letzter Punkt könnte sich mit Blick auf die häufig in großem Umfang in den Bilanzen von **Industrie- und Handelsunternehmen** erfassten Verbindlichkeiten aus Finanzierungsleasingverhältnissen als zutreffend herausstellen.[1249]

[1249] Vgl. Brücks/Kerkhoff/Stauber (2006b), S. 433.

4. Angaben zu Art und Ausmaß der Risiken aus Finanzinstrumenten – Darstellung, Würdigung sowie Möglichkeiten einer Standardisierung aufgrund ermittelter Benchmarks

4.1. Einführung sowie allgemeine Grundsätze für die Angaben zu den Risiken

Mit der Einführung von **IFRS 7** im Jahr 2007 besteht erstmals eine **in sich geschlossene** und **weitreichende Verpflichtung zur Berichterstattung über Risiken** für sämtliche IFRS-Bilanzierer weltweit.[1250] Daraus dürfte sich jedoch selbst für die etablierten kapitalmarktorientierten Unternehmen – insbesondere Industrie und Handelsunternehmen – eine gewisse Herausforderung insbesondere mit Blick auf die Beschaffung und Verarbeitung des dazu nötigen Datenmaterials im Unternehmen ergeben haben.[1251] Zwar wurden die Methoden zur Risikomessung in den letzten Jahren erheblich verbessert. Um den neuen Anforderungen nach IFRS 7 gerecht werden zu können, werden viele Unternehmen jedoch nicht umhin kommen, ihre Risikomanagement– und –steuerungssysteme anpassen bzw. weiterentwickeln zu müssen.[1252]

Gegenüber den Abschlussadressaten ist die **Darstellung von Risiken**, die die zukünftigen Erfolge (Gewinne) des Unternehmens beeinflussen können, als besonders **entscheidungsrelevant** anzusehen. Dies kann m.E. nicht nur für Banken und ähnliche Finanzdienstleister Gültigkeit beanspruchen, sondern trifft vermehrt auch auf Industrie- und Handelsunternehmen zu. Entsprechend verlangt IFRS 7 die Darstellung aussagekräftiger qualitativer sowie quantitativer Angaben zu bedeutsamen Risiken aus Finanzinstrumenten, explizit zum diesbezüglichen Kredit-, Liquiditäts- sowie Preis- bzw. Marktrisiko.[1253]

Dieser Fokus des IFRS 7 auf die Darstellung der **finanzwirtschaftlichen Risikosituation** der Unternehmen sollte laut *Fürst/Henselmann/Klein* aber nicht darüber hinwegtäuschen, dass bei Industrie- und Handelsunternehmen vor allem die Dynamik der operativen Zahlungsströme *die* zentrale Risikoposition darstellt.[1254] Obwohl diese Feststellung richtig erscheint, darf sie m.E. jedoch wiederum nicht dazu verleiten, die Auswirkungen finanzwirtschaftlicher Risiken auf die Vermögens-, Finanz- und Ertragslage von Nicht-Finanzdienstleistern zu unterschätzen bzw. sogar auszublenden, rücken finanzwirtschaftliche Aktivitäten doch auch außerhalb des klassischen Finanzsektors immer stärker in den Mittelpunkt des Geschäftsgebarens von Nicht-Finanzdienstleistern. Insbesondere die

---

1250 Obwohl die meisten Angabepflichten des IFRS 7 zur Risikoberichterstattung gegenüber den äquivalenten Offenlegungserfordernissen des IAS 32 a.F. neu hinzugekommen sind, gibt es auch inhaltliche Überschneidungen. Vgl. für eine synoptische Gegenüberstellung der alten und neuen Regelungen KPMG (2007), S. 113-114.

1251 So auch Fürst/Henselmann/Klein (2009), S. 3; KPMG (2007), S. 113; 125.

1252 Vgl. Scharpf (2006), S. 36.

1253 Vgl. Scharpf (2006), S. 36. Die Angaben sind jedoch keineswegs auf diese Risikoarten beschränkt (IFRS 7.32). Vgl. KPMG (2007), S. 116.

1254 Kritisch gegenüber einer derartigen Fokussierung des IFRS 7 Fürst/Henselmann/Klein (2009), S. 40.

im Rahmen der vorliegenden Untersuchung einbezogenen DAX-30 Nicht-Finanzdienstleister zeigen dies eindrücklich.[1255]

Nach IFRS 7.31 – einer Art **Generalnorm**[1256] – hat ein Unternehmen Angaben zu machen, die es den Abschlussadressaten ermöglichen, **Art** bzw. Qualität und **Ausmaß** bzw. Quantität der **Risiken** („*...the nature and extent of risks...*") zu beurteilen, die sich **aus Finanzinstrumenten** ergeben und denen das Unternehmen zum Abschlussstichtag[1257] ausgesetzt ist. Entsprechend liegt eine stichtagsbezogene Betrachtung zugrunde:

> "***An entity shall disclose information that enables users of its financial statements to evaluate the nature and extent of risks arising from financial instruments to which the entity is exposed at the end of the reporting period.***"[1258]

Sowohl die qualitativen als auch die quantitativen **Angaben in IFRS 7.33-.42** sind entsprechend **auf Risiken aus Finanzinstrumenten begrenzt** (IFRS 7.32 i.V.m IFRS 7.33-.34). Dabei ist den Abschlussadressaten insbesondere auch die **Art** und **Weise der Handhabung dieser Risiken** („*...how they have been managed...*") zu vermitteln (IFRS 7.32).

Zu den berichtspflichtigen Risiken zählen typischerweise das **Kreditrisiko** (*credit risk*), das **Liquiditätsrisiko** (*liquidity risk*) und das **Preis- bzw. Marktrisiko** (*market risk*), ohne jedoch auf diese beschränkt zu sein (IFRS 7.32). Vergleichbare Angabepflichten hinsichtlich der Darstellung des **Gesamtrisikos** analog DRS 5 oder sonstiger betrieblicher bzw. operativer oder gesamtwirtschaftlicher Risiken (Lageberichterstattung) beinhaltet IFRS 7 hingegen nicht.[1259]

Nach Auffassung von *Löw* kann die **Nichtbeachtung operativer Risiken** aus einer „übergeordneten Betrachtung" jedoch nicht überzeugen.[1260] Auf der anderen Seite liegt der Fokus von IFRS 7 auf Risiken, die Finanzinstrumenten selbst immanent sind, und schließt somit diejenigen Risiken aus, die auf einen „unsachgemäßen Umgang" zurückzuführen sind;[1261] „[f]ormal ist es systemimmanent, operative Risiken nicht zu behandeln (IFRS 7.BC65)."[1262] Das Gesamtbild der Risikosituation eines Unternehmens lässt sich auf diese Weise jedoch nicht entwickeln bzw. vermitteln, was nach Auffassung von *Löw* idealerweise zu einer diesbezüglichen Erweiterung bzw. Komplettierung der An-

1255 Vgl. hierzu insbesondere auch Stauber (2009), S. 4-5.
1256 Vgl. Scharpf (2006), S. 36.
1257 Vgl. von Oertzen (2009), S. 167, Rz. 242.
1258 Der Standardtext bringt die hervorgehobene Stellung der Generalnorm, wie auch hier dargestellt, durch Fettdruck zum Ausdruck.
1259 Vgl. Buchheim/Schmidt (2005), S. 401; Scharpf (2006), S. 36.
1260 Dazu führt er exemplarisch u.a. den Fall der *Metallgesellschaft* an, die in Folge des Einsatzes von Derivaten massive Verluste erlitten hatte. Die Verluste basierten hierbei jedoch originär nicht auf Marktrisiken, sondern entstanden vielmehr aufgrund des Eintritts äußerst hoher operativer Risikoexpositionen. Vgl. Löw (2005b), S. 2178, hier insbesondere auch Fn. 18.
1261 Vgl. Löw (2005b), S. 2178.
1262 Löw (2005b), S. 2178.

gaben zu Risiken seitens des berichtenden Unternehmens im Rahmen der **freiwilligen Berichterstattung** führen sollte.[1263] Hinsichtlich einer derartigen Vervollständigung der Risikoangaben sei an dieser Stelle jedoch insbesondere auf die Entwicklung des Projekts des IASB zum „*Management Commentary*“ verwiesen, welches u.a. auch Angaben zu operativen Risiken adressiert.[1264]

Der Standardtext i.e.S. schreibt nicht verpflichtend vor, wo die Angaben zu Risiken aus Finanzinstrumenten zu machen sind.[1265] Laut IFRS 7.B6 sind die **Angaben** gemäß IFRS 7.31-.42 dabei entweder **im Jahresabschluss selbst, d.h. im Anhang** zu machen **oder** es ist mittels **Querverweisen im Jahresabschluss** auf **andere Erklärungen** bzw. **Berichtsinstrumente** („*…to some other statements…*“), wie beispielsweise einem **Lagebericht** (*management commentary*) oder einem **Risikobericht** (*risk report*), die für die Abschlussadressaten zu den gleichen Bedingungen und zum gleichen Zeitpunkt wie der Jahresabschluss zugänglich sind, zu verweisen. Ohne diese (mittels Querverweisen) in den Jahresabschluss einbezogenen Informationen ist dieser als unvollständig anzusehen (IFRS 7.B6). Dabei hat eine eindeutige Differenzierung zwischen den vom Abschlussprüfer geprüften Sachverhalten und solchen, denen eine solche Prüfung nicht zu Teil wurde, zu erfolgen (IDW RS HFA 24, Rz. 47). *Scharpf* sieht es vor diesem Hintergrund als zweckmäßig an, über die Risiken im Zusammenhang zu berichten.[1266]

Für deutsche Unternehmen, die nach IFRS bilanzieren, bietet sich ein entsprechender Verweis ausschließlich auf den (Konzern)Lagebericht an. Der **europarechtlichen Verdoppelung der Angabepflichten zu Finanzrisiken**[1267] sind der deutsche Gesetzgeber mit § 315 Abs. 1 Satz 3 HGB sowie der DSR mit DRS 5.11 begegnet, wonach ebenfalls ein Verweis im Konzernlagebericht auf die Angaben im Abschluss (Anhang) gestattet ist – entsprechend ermöglicht IFRS 7.B6 den **Querverweis in umgekehrter Richtung**.[1268] Um die Informationen des Lageberichts, speziell des Risikobe-

1263 Vgl. Löw (2005b), S. 2178.

1264 Vgl. hierzu insbesondere die Entwicklungen unter http://www.ifrs.org/Current+Projects/IASB+Projects/Management+Commentary/Management+Commentary.htm.

1265 Vgl. von Oertzen (2009), S. 167, Rz. 242; Scharpf (2006), S. 36.

1266 Vgl. Scharpf (2006), S. 36.

1267 Die europarechtlich Verdoppelung bestand im Jahr 2005 – IFRS 7 wurde am 18.08.2005 verabschiedet, war zu diesem Zeitpunkt jedoch noch nicht in europäisches Gemeinschaftsrecht übernommen – einerseits in der Ergänzung des Konzernlageberichts um Angaben zu den Risiken aus der Nutzung von Finanzinstrumenten (Fair Value-Richtlinie) sowie andererseits in der Übernahme von IAS 32 mit den entsprechenden Angabepflichten zu Finanzinstrumenten im Anhang des IFRS Abschlusses (IAS Verordnung). Vgl. hierzu auch Buchheim/Schmidt (2005), S. 401. Im Zuge des Endorsements von IFRS 7 in europäisches Gemeinschaftsrecht (11.01.2006; Verordnung (EG) Nr. 108/2006) wurden die Angabepflichten zu Finanzinstrumenten, die seither in IAS 32 kodifiziert waren, durch die in IFRS 7 niedergelegten ersetzt; die europarechtliche Verdoppelung der Angabepflichten zu Finanzrisiken besteht insofern also weiter.

1268 Vgl. Buchheim/Schmidt (2005), S. 401; Scharpf (2006), S. 36; KPMG (2007), S. 114.

richts, durch einen **Querverweis** im Anhang und vice versa nutzen zu können, gilt es jedoch, v.a. auf die **Eindeutigkeit dieses Hinweises** im entsprechenden Berichtsinstrument zu achten.[1269]

Der **Querverweis auf den Lagebericht** deutscher Prägung – oder auch nur der Bezug zu den darin enthaltenen Informationen (DRS 15 bzw. DRS 5 oder branchenspezifisch DRS 5-10 bzw. DRS 5-20) – bietet sich dabei vor dem Hintergrund der nach IFRS 7 verlangten **qualitativen Risikoangaben** insbesondere deshalb an, weil im Ansatz inhaltlich eine dahingehende weitgehende Deckungsgleichheit zwischen den Regelwerken des DSR sowie IFRS 7 herrscht bzw. die aufgrund der enthaltenen allgemeinen Formulierungen bestehenden Interpretation- und Vereinheitlichungsspielräume in dieser Weise genutzt werden können.[1270] Demgemäß plädiert *Theile* für einen Ausweis der Risikoangaben gemäß IFRS 7 im Lagebericht, da hier ohnehin über die Risiken der zukünftigen Entwicklung berichterstattet werden muss. Zudem „wäre [es] auch begrüßenswert, dass die Lageberichterstattung nicht davon abhängt, ob das Unternehmen HGB- oder IFRS-Anwender ist“[1271].

Was den **deutschen Rechtsraum** anbelangt, unterliegt der Lagebericht dabei im gleichen Maße wie der Jahresabschluss (Anhang) gemäß § 317 Abs. 2 HGB der Prüfungspflicht durch den Abschlussprüfer, was die Testierfähigkeit der berichteten Daten voraussetzt.[1272] Die durch das IASB geschaffene Verweismöglichkeit kann hingegen aus **internationaler Perspektive** nicht überzeugen. Ein Verweis etwa auf das dem Lagebericht deutscher Prägung ähnlichen Berichtsinstrument der US-amerikanischen *Management's Discussion and Analysis* (*MD&A*) kann bspw. nicht überzeugen, da es keiner Prüfungspflicht unterliegt.[1273] Trotz der mit der Verabschiedung der Modernisierungsrichtlinie durch die EU einhergehenden obligatorischen Einführung einer Risikoberichterstattung nach deutschem Vorbild (Lagebericht) sowie der Einführung einer Prüfungspflicht für den Lagebericht gemäß der 4. und 7. EG-Richtlinie, dürfte nach Ansicht von *Buchheim/Schmidt* jedoch auch im **nicht-deutschen europäischen Ausland** nicht mit der gleichen Prüfungsintensität des Lageberichts zu rechnen sein, wie sie vergleichsweise in Deutschland praktiziert wird.[1274]

Im Rahmen der Kommentierung des Exposure Drafts zu IFRS 7 wurden darüber hinaus Bedenken laut, die Angaben zu den Finanzrisiken gemäß IFRS 7.31-.42 sollten nicht Bestandteil eines IFRS-Abschlusses sein. Begründet wurde dies damit, dass die entsprechend bereitzustellenden Informationen schwierig und nur unter hohen Kosten nachprüfbar (IFRS 7.BC43(a)) sowie subjektiv, zu-

---

[1269] Ähnlich KPMG (2007), S. 114.
[1270] Vgl. Brücks/Kerkhoff/Stauber (2006b), S. 437. Für eine umfassende Darstellung der inhaltlichen Redundanzen im Konzernlagebericht deutscher Prägung sowie dem IFRS-Konzernanhang sei an dieser Stelle insbesondere auf Prigge (2006) verwiesen.
[1271] Theile (2009b), S. 438, Rn. 2287.
[1272] Vgl. Scharpf (2006), S. 36.
[1273] Vgl. Buchheim/Schmidt (2005), S. 401; Bruns/Renner (2001), S. 19-20.
[1274] Vgl. Buchheim/Schmidt (2005), S. 402.

kunftsbezogen und vom Ermessen des berichterstattenden Unternehmens abhängig[1275] („...*subjective, forward-looking and based on management's judgement...*") (IFRS 7.BC43(b))[1276] seien.[1277] Das IASB entschied sich jedoch trotz dieser Bedenken für eine Berichterstattung zu den Finanzrisiken nach IFRS 7 innerhalb des IFRS-Abschlusses, wofür einerseits sprechen würde, dass ein Abschluss ohne Angaben zu den Finanzrisiken unvollständig und möglicherweise irreführend sei („...*would be incomplete and potentially misleading...*") sowie sich andererseits für die Bilanzierenden somit die Möglichkeit bieten würde, über eine erhöhte Transparenz im Bereich der Finanzrisiken ihre Kapitalkosten senken zu können („...*greater certainty on the part of investors can provide a significant advantage by lowering the entity's cost of capital.*") (IFRS 7.BC45).

4.2. Mindestanforderungen zur quantitativen Risikoberichterstattung

Obwohl IFRS 7 mit dem Management Approach auf die Offenlegung von Informationen zu Risiken, wie sie intern erfasst und überwacht werden, abstellt (IFRS 7.34(a)), so setzt der Standard gleichzeitig in IFRS 7.36-.42 sowie IFRS 7.B7-.B28 dennoch gewisse **Mindestanforderungen** im Sinne eines **„allgemeinen Maßstabs"** (*common benchmark*) an die quantitative Risikoberichterstattung (IFRS 7.BC42). Folglich dürften sich lediglich die Granularität und die Detailtiefe der nach IFRS 7 offengelegten Informationen je nach Umfang und Komplexität der im Unternehmen eingesetzten Finanzinstrumente unterscheiden.[1278] Dies dürfte aber auch zur Konsequenz haben, dass eine Anpassung bei einigen Unternehmen an diesen Mindeststandard nur über die Weiterentwicklung ihrer Risikomanagementsysteme erfolgen kann,[1279] denn auch wenn das Management über bestimmte Finanzrisiken bisher nicht unterrichtet wurde, besteht bei Materialität gleichwohl eine Pflicht zur Offenlegung gemäß IFRS 7.34(b).[1280]

Eine **zwingende Weiterentwicklung der internen Risikomanagementsysteme** kann sich auch daraus ergehen, dass Risiken zwar wesentlich sind – eine Ausnahme von den diesbezüglichen Angaben nach IFRS 7.36-.42 aufgrund von Unwesentlichkeit gemäß IFRS 7.34(b) scheidet dann aus –,

1275 Dies treffe nach Ansicht einiger Kommentierenden insbesondere auf die Angaben auf Basis von Sensitivitätsanalysen zu (IFRS 7.BC44).

1276 Dies sei mit den Anforderungen der Vergleichbarkeit, *faithful representation* sowie Vollständigkeit nicht vereinbar (IFRS 7.43(b)).

1277 Eine Berichterstattung dieser Informationen außerhalb des Abschlusses wäre darüber hinaus konsistent mit der Vorgehensweise in anderen Rechtskreisen, einschließlich des US-amerikanischen. Die Forderung dieser Informationen innerhalb des Abschlusses würde für die IFRS-Bilanzierer einem Nachteil im Vergleich zu ihren US-amerikanischen *„peers"* gleichkommen (IFRS 7.43(c)).

1278 Vgl. Löw (2005b), S. 2181; ähnlich KPMG (2007), S. 115.

1279 Vgl. Scharpf (2006), S. 37; zu den Mindestanforderungen vgl. auch Buchheim/Schmidt (2005), S. 401.

1280 Vgl. Löw (2005b), S. 2178.

die internen Informationssysteme jedoch (bisher) nicht dazu in der Lage sind, die entsprechend nötigen Daten bereitzustellen; solche Unzulänglichkeiten werden von IFRS 7.34(b) nicht gedeckt.[1281]

Ist beispielhaft ein Unternehmen in zwei unterschiedlichen Geschäftsfeldern tätig und existiert dabei auch eine gesonderte Steuerung der beiden Felder, so kann sich – dem Management Approach folgend – u.U. die Notwendigkeit ergeben, separierte Angaben gemäß IFRS 7.34(a) machen zu müssen. Eine derart separierte Darstellung wäre auch bei der Offenlegung der quantitativen Mindestangaben nach IFRS 7.34(b) statthaft, sofern keine wesentlichen Transaktionen zwischen den beiden Geschäftsfeldern getätigt werden. Da jedoch bei der Angabe der quantitativen Mindestangaben (IFRS 7.34(b)) eben nicht[1282] auf den Management Approach abgestellt wird – wie dies bei IFRS 7.34(a) der Fall ist –, kann diese hingegen auch in einer **konsolidierten Fassung** für die beiden Geschäftsfelder gemeinsam gemacht werden (IDW RS HFA 24, Rz. 52).

Da sich die ***zusammenfassenden*** **quantitativen Risikoangaben** gemäß **IFRS 7.34(a)** sowie die **qualitativen Risikoangaben** gemäß **IFRS 7.33** aufgrund ihres äußerst unternehmensspezifischen Charakters, v.a. in puncto inhaltliche Ausgestaltung und Umfang, einer sinnvollen Erhebung dahingehender Benchmarks weitgehend entziehen,[1283] werden diese Angabepflichten nachfolgend keiner weitergehenden Umsetzungsanalyse unterzogen.[1284]

4.3. Angabe von Risikokonzentrationen

4.3.1. Anforderungen des Standards

Bei den nach IFRS 7.34(c) anzugebenden **Risikokonzentrationen** (sofern nicht aus IFRS 7.34(a) und (b) ersichtlich) handelt es sich um Risiken, die auf Finanzinstrumente zurückgehen, die ähnliche Merkmale („*...similar characteristics...*“) aufweisen und daher von Veränderungen wirtschaftlicher oder anderer Bedingungen in ähnlicher Weise betroffen sind. Ihre Identifizierung liegt dabei vor dem individuellen Hintergrund des berichterstattenden Unternehmens stets im Ermessen des

[1281] Vgl. von Oertzen (2009), S. 168, Rz. 243; Scharpf (2006), S. 37-38 sowie aufgrund von Wesentlichkeitsgründen verallgemeinernd auf die generelle Anwendung der Vorschriften von IFRS 7 ebenfalls von Oertzen (2009), S. 155, Rz. 206.

[1282] Diese Aussage ist m.E. allerdings zumindest mit Blick auf IFRS 7.41 als widersprüchlich zu werten, wird hier der Management Approach doch für die Angaben zu den mehrfaktoriellen Sensitivitätsanalysen utilisiert.

[1283] Hinsichtlich der *qualitativen* Berichterstattung zum Kreditrisiko gelangt *Ernst & Young* jedoch bspw. zu dem Schluss, dass die betrachteten Unternehmen bereits recht gleichförmige Angaben etwa zu den diesbezüglichen Richtlinien und zur Strategie des Kreditrisikomanagements offenlegen. Vgl. für eine nähere Erläuterung Ernst & Young Global Limited (2008), S. 26. In puncto *quantitativer* Berichterstattung über Marktpreisrisiken gelangt *Ernst & Young* hingegen grundsätzlich zu einem gänzlich anderen Resultat: die untersuchten Unternehmen legen insbesondere was das Format der Offenlegung der quantitativen Marktrisikoangaben sowie den Umfang der in diese Analyse einbezogenen Finanzinstrumente anbelangt, eine extrem heterogene Vorgehensweise an den Tag, die weit davon entfernt ist, eine unternehmensübergreifende Vergleichbarkeit der Unternehmen zu gewährleisten. Oftmals sind auch die gemachten Angaben selbst – unternehmensindividuell betrachtet – nicht eindeutig. Vgl. Ernst & Young Global Limited (2008), S. 96-98; 101-103.

[1284] Vgl. darüber hinaus zu den Gründen einer Nicht-Beachtung bestimmter IFRS 7-Normen im Rahmen vorliegender Untersuchung Kapitel 5.

Bilanzierenden („...*identification* [...] *requires judgement taking into account the circumstances of the entity.*") (IFRS 7.B8). Dabei haben die Angaben zu den Konzentrationen von Risiken gemäß IFRS 7 folgendes zu umfassen:

- eine **Beschreibung** der **Art** und **Weise**, wie das **Unternehmen** diese **Risikokonzentrationen feststellt** (IFRS 7.B8(a));
- eine **Beschreibung** der **gemeinsamen Merkmale** jeder einzelnen **Risikokonzentration** („...*shared characteristic that identifies each concentration...*") (bspw. Vertragspartner (*counterparty*), geografische Lage (*geographical area*), Währung oder Markt) (IFRS 7.B8(b)); sowie
- den gesamten **Betrag** des **Risikos** aus **allen Finanzinstrumenten** („...*amount of the risk exposure associated with all financial instruments...*"), die **dasselbe Merkmal aufweisen** („...*sharing that characteristic.*") (IFRS 7.B8(c)).

In der Praxis werden sich die Angaben zu den Risikokonzentrationen jedoch weitgehend auf die Angabe von deren Bestimmung sowie deren Management beschränken. **Betragsmäßige Informationen über Risikokonzentration** je Gruppe von Finanzinstrumenten gleicher Merkmale gemäß IFRS 7.B8(c) werden hingegen **nur bedingt ermittelbar** und in der Folge daher auch nur bedingt offenlegbar sein.[1285]

Sind Informationen zu Risikokonzentrationen zu berichten, sprechen sich *Brücks/Kerkhoff/Stauber* hinsichtlich der **Verortung** der entsprechenden **Angaben** generell dafür aus, diese zusammen mit den weitergehenden, nach IFRS 7 spezifisch pro Risikoart geforderten Angaben offen zu legen;[1286] entsprechende Hinweise enthalten die nachstehenden, einzelnen Ausführungen.

Aus IFRS 7.IG18 geht dabei detaillierter hervor, woraus bspw. **Risikokonzentrationen hinsichtlich des Kreditrisikos** (*concentrations of credit risk*) erwachsen können:

- **Branchen** (*industry sectors*): sofern sich die Geschäftspartner eines Unternehmens auf eine oder mehrere Branchen konzentrieren (bspw. im Einzel- oder Großhandel), so hat das Unternehmen jedes aus den einzelnen Konzentrationen erwachsende Risiko separat anzugeben („...*it would disclose separately exposure to risks arising from each concentration of counterparties.*") (IFRS 7.IG18(a));
- **Kredit-Ratings oder andere Maßstäbe der Bonität** (*credit rating or other measure of credit quality)*: sofern sich die Vertragspartner eines Unternehmens auf eine oder mehrere

---

[1285] Vgl. Brücks/Kerkhoff/Stauber (2006b), S. 438.
[1286] Vgl. Brücks/Kerkhoff/Stauber (2006b), S. 438.

Qualitäten von Kreditengagements („*...if an entity's counterparties are concentrated in one or more credit qualities...*") (bspw. gesicherte Kredite und ungesicherte Kredite) oder auf eine oder mehrere Bonitätsstufen („*...or in one or more credit ratings...*") (bspw. Anlagen mit *investment grade* und Anlagen mit *speculative grade*) konzentrieren, so hat das Unternehmen jedes aus den einzelnen Konzentrationen erwachsende Risiko separat anzugeben (IFRS 7.IG18(b));

- **geographische Verteilung** (*geographical distribution*): sofern sich die Vertragspartner eines Unternehmens auf ein oder mehrere geographisch verteilte Märkte erstrecken (bspw. Asien und Europa), so hat das Unternehmen jedes aus den einzelnen Konzentrationen erwachsende Risiko separat anzugeben (IFRS 7.IG18(c));
- eine **beschränkte Anzahl einzelner Vertragspartner** (*individual counterparties*) oder Gruppen eng verbundener Vertragspartner (*groups of closely related counterparties*) (IFRS 7.IG18(d)).

Gemäß IFRS 7.IG18 finden **ähnliche Grundsätze** („*Similar principles apply...*") bei der Identifizierung von **Konzentrationen** anderer Risiken, einschließlich des **Liquiditäts- und Marktpreisrisikos**, statt. Bei den in IFRS 7.IG18 niedergelegten Anhaltspunkten, woraus Risikokonzentrationen hervorgehen können, handelt es sich daher m.E. lediglich um Anwendungshinweise, die jedoch nicht als vollständige Auflistung zu werten sind.[1287]

Da **Nicht-Banken** i.d.R. kaum wesentliche Ausstände an Ausleihungen oder anderweitigen Guthabenstellungen besitzen, dürften die sich bei ihnen zu verzeichnenden **Kreditrisikokonzentrationen** – sofern *überhaupt* vorhanden – als äußerst überschaubar gestalten. Bei Industrie- und Handelsunternehmen gilt es vor diesem Hintergrund jedoch v.a. die Bestände an **Forderungen aus Lieferungen und Leistungen** oder **aus Auftragsfertigung** zu beachten, sofern diese gegenüber wenigen Großkunden oder gegenüber Schuldnern aus Regionen mit gleichen Risikoeigenschaften bestehen – der in diesem Fall häufig anzutreffende Einsatz eines **speziellen Bonitätsmanagements**[1288] wird jedoch i.d.R. dazu ausreichen, die faktische Nicht-Existenz einer Kreditrisikokonzentration nachweisen bzw. darlegen zu können.[1289]

Sofern Kreditrisikokonzentrationen *ausschließlich* in Verbindung mit Forderungen bestehen, ist es zu empfehlen, diese im Rahmen der Angaben zu den betreffenden Bilanzposten oder im Rahmen

1287 So sieht bspw. auch DRS 5 mit DRS 5.13-.14 Angaben zu Risikokonzentrationen vor. DRS 5.14 führt als Beispiele für Risikokonzentrationen „Konzentrationen auf einzelne Kunden, Lieferanten, Produkte, Patente und Länder" an. Aufgrund des IFRS 7 immanenten Fokus auf finanzielle Risiken, fallen jedoch Risikokonzentrationen, die auf Patente zurückgehen, nicht in den Anwendungsbereich des Standards. Vgl. KPMG (2007), S. 127, Fn. 75.

1288 In Form einer vor Vertragsschluss durchzuführenden, intensiven Bonitätskontrolle sowie einer sich daran anschließenden laufenden Überwachung der Bonität des Schuldners. Vgl. Brücks/Kerkhoff/Stauber (2006b), S. 438.

1289 Vgl. Brücks/Kerkhoff/Stauber (2006b), S. 438.

der Angaben zu den diesbezüglichen Wertberichtigungen (in quantifizierter Form) offen zu legen. Sind bei Nicht-Banken hingegen darüber hinausgehende, wesentliche Kreditrisikokonzentrationen, etwa aus ausgereichten Krediten, zu verzeichnen, so erachten es *Brücks/Kerkhoff/Stauber* als sinnvoll, die diesbezüglichen Angaben in einem separaten „eigenen Abschnitt" zu den Kreditrisiken[1290] zu machen.[1291]

Konzentrationen des Liquiditätsrisikos können bspw. aus Rückzahlungsvereinbarungen für finanzielle Verbindlichkeiten (*repayment terms of financial liabilities*), aus genutzten Finanzierungsquellen (*sources of borrowing facilities*) oder aus dem Zutrauen auf einen einzigen Markt, auf dem liquide Vermögenswerte veräußert werden sollen („*...or reliance on a particular market in which to realise liquid assets...*"), erwachsen (IFRS 7.IG18). Bei Vorliegen eines solch liquiditätsmäßig engen Markts könnte das bilanzierende Unternehmen evtl. nicht dazu in der Lage sein, sich schnell genug von seinen Positionen zu trennen.[1292] Bei **Nicht-Banken** besteht eine wesentliche Konzentration des Liquiditätsrisikos meist aufgrund der **Fokussierung auf einen oder nur wenige Kreditgeber** im Rahmen der Unternehmensfinanzierung. Solche Liquiditätsrisikokonzentrationen müssten jedoch ebenfalls im Rahmen der Angabepflichten zur Handhabung des Liquiditätsrisikos gemäß IFRS 7.39(c)[1293] offenbar werden. Daher empfehlen *Brücks/Kerkhoff/Stauber* auch die **Verortung**[1294] der Offenlegung evtl. bestehender **Liquiditätsrisikokonzentrationen** gemäß IFRS 7.34(c) gemeinsam mit den Angaben zum Liquiditätsrisikomanagement gemäß IFRS 7.39(c) sowie zu den Fälligkeitsanalysen gemäß IFRS 7.39(a) und (b)[1295].[1296] Aus Gründen der Übersichtlichkeit sollte dieser Empfehlung m.E. gefolgt werden.

Konzentrationen des Wechselkursrisikos können bspw. entstehen, wenn bei einem Unternehmen eine bedeutende offene Nettoposition in *einer* bestimmten Fremdwährung oder eine aggregierte Nettoposition, bestehend aus sich im Kurs tendenziell gleichartig entwickelnden Fremdwährungen,

---

[1290] Vgl. zu den weitergehenden Angaben zu Kreditrisiken Kapitel 4.5.

[1291] Vgl. Brücks/Kerkhoff/Stauber (2006b), S. 438.

[1292] Vgl. Löw (2005b), S. 2178; KPMG (2007), S. 126.

[1293] Vgl. zu den Angaben nach IFRS 7.39(c) insbesondere auch Kapitel 4.6.2. Die im Zusammenhang mit IFRS 7.39(c) offengelegten Informationen zu bestehenden Kreditfazilitäten dürften dabei der Angabepflicht gemäß IFRS 7.34(c) bspw. in einem ausreichenden Maße gerecht werden.

[1294] Aufgrund der empfohlenen gemeinsamen Verortung mit den Angabepflichten gemäß IFRS 7.39(c) sowie IFRS 7.39(a)-(b) wird von einer Einbeziehung der Angabe zu Liquiditätsrisikokonzentrationen in die nachfolgende Erhebung des Benchmark abgesehen.

[1295] Vgl. zu den Angaben nach IFRS 7.39(a) und (b) insbesondere auch Kapitel 4.6.2.

[1296] Vgl. Brücks/Kerkhoff/Stauber (2006b), S. 43. Das *IDW* weist in diesem Zusammenhang darauf hin, dass falls es sich um wesentliche Darlehen oder um Risikokonzentrationen handelt, Angaben zum daraus resultierenden Liquiditätsrisiko (gemäß IFRS 7.31 ff.) dann nötig sind, sofern diesbezügliche Verstöße gegen Auflagen aus Darlehensverträgen, d.h. gegen sogenannte Covenants, vorliegen (IDW RS HFA 24, Rz. 50). Zu den weiteren Angabepflichten im Zusammenhang mit Verstößen gegen bestimmte Formen von Covenants siehe Kapitel 3.3.4.

vorliegt (IFRS 7.IG18). Derartige Nettopositionen können dabei sowohl aus der Finanzierungs-[1297], Investitions-[1298] oder operativen Tätigkeit[1299] des Unternehmens erwachsen, sofern bspw. eine darauf aufbauende Absicherung durch den Abschluss entsprechender Devisenderivate unterlassen wird. Nach Ansicht von *Brücks/Kerkhoff/Stauber* dürften wesentliche offene Nettopositionen jedoch bei Industrie- und Handelsunternehmen i.d.R. kaum festzustellen sein.[1300]

Hinsichtlich der **Verortung der Angaben zu Wechselkursrisikokonzentrationen** im Anhang ist es m.E. jedoch ggf. zu empfehlen, diese gemeinsam mit den Angaben zur Beschreibung des Währungsrisikomanagements sowie zu den Währungssensitivitätsanalysen[1301] offen zu legen.[1302]

Hinsichtlich der nach IFRS 8.34 geforderten Angabepflichten zu den im Rahmen der **Segmentberichterstattung** offenzulegenden Informationen über **Großkunden** (*major customers*), sofern die Geschäftsbeziehung zu diesen einzelnen Kunden mindestens 10% der gesamten Umsatzerlöse des berichterstattenden Unternehmens generiert, ist dabei auf die inhaltliche Übereinstimmung zu den nach IFRS 7.34(c) offenzulegenden Angaben über Risikokonzentrationen hinzuweisen.[1303]

4.3.2. Erhebung des Benchmark

KPMG empfiehlt in puncto Risikokonzentrationen die Offenlegung anhand des nachfolgenden Tableaus, wobei neben einer Angabe der Buchwerte bspw. auch die Angabe einer Erläuterung des auf einen oder mehrere Großkunden entfallenden Volumens (in Prozent) nahe gelegt wird:[1304]

1297 Bspw. durch Aufnahme von Verbindlichkeiten, die nicht auf die funktionale Währung des Konzerns lauten. Vgl. Brücks/Kerkhoff/Stauber (2006b), S. 438.

1298 Bspw. durch den Erwerb von Beteiligungen, die nicht auf die funktionale Währung des Konzerns lauten. Vgl. Brücks/Kerkhoff/Stauber (2006b), S. 438.

1299 Bspw. wenn Tochterunternehmen Forderungen bzw. Verbindlichkeiten eingehen, die nicht auf die funktionale Währung des Konzerns lauten. Vgl. Brücks/Kerkhoff/Stauber (2006b), S. 438.

1300 Vgl. Brücks/Kerkhoff/Stauber (2006b), S. 438.

1301 Vgl. hierzu insbesondere die Angaben zu den Sensitivitätsanalysen (Kapitel 4.7.3.2.) bzw. die Angaben zu den Value-at-Risk-Verfahren (Kapitel 4.7.3.3.).

1302 So auch Brücks/Kerkhoff/Stauber (2006b), S. 438.

1303 Vgl. KPMG (2007), S. 127.

1304 Vgl. KPMG (2007), S. 127-128. *KPMG* lehnt sich bei seiner Empfehlung explizit an die von der Deutschen Bundesbank vorgeschlagenen Anwendungsbeispiele für Kreditinstitute zur Erfüllung der quantitativen Offenlegungsanforderungen nach Teil 5 der Solvabilitätsverordnung (SolvV) i.V.m. Basel II Säule 3 an. Siehe zu den korrespondierenden Anwendungsempfehlungen der Deutschen Bundesbank auch die Tabellen 4c (Geografische Hauptgebiete nach kreditrisikotragenden Instrumenten) bzw. 4d (Hauptbranchen nach kreditrisikotragenden Instrumenten) zu Kreditrisikokonzentrationen in Deutsche Bundesbank (November 2006), S. 23 bzw. S. 25.

in Mio. EUR	Forderungen aus Lieferungen und Leistungen		Finanzanlagen	
	20x2	20x1	20x2	20x1
Buchwert				
Konzentrationen nach Unternehmensbereichen				
Firmenkunden				
Privatkunden				
Konzentrationen nach Regionen				
Europa				
Nord-Amerika				
Asien				
Afrika				

Das Unternehmen überwacht seine Risikokonzentrationen nach Unternehmensbereichen sowie nach Regionen.

Schaut man sich die Berichterstattungspraxis der im DAX-30 notierten Nicht-Finanzdienstleister an, wird jedoch schnell klar, dass keines der betrachteten Unternehmen einer derart ausführlichen Darstellung zu bestehenden Risikokonzentrationen nachkommt.

Vielmehr legen die in die Untersuchung einbezogenen Unternehmen **punktuelle verbale Erläuterungen** bestehender **Risikokonzentrationen** offen, was nachfolgende Ausführungen belegen.

So werden etwa im Rahmen des nachfolgenden Beispiels der *BMW AG*[1305] **rein verbale** Anhangangaben hinsichtlich **Konzentrationen des Kreditrisikos** i.S.v. IFRS 7.B8(c) offen gelegt. Dabei wird von den in Fn. 1294 genannten Unternehmen häufig gleichzeitig den nach IFRS 7.IG15(c)

1305 Ähnlich auch die GBs 2009 der *Deutsche Börse AG*, S. 202, der *Deutsche Post AG*, S. 179, der *Deutsche Telekom AG*, S. 204, der *E.ON AG*, S. 137 und S. 142, der *Henkel AG & Co. KGaA*, S. 115, der *Merck KGaA*, S. 151, der *TUI AG*, S. 201 sowie der *Volkswagen AG*, S. 273, wobei sich die diesbezügliche Passage allein auf das Kredit- und Ausfallrisiko im *Volkswagen Konzern* bezieht.

i.V.m. IFRS 7.33(b) empfohlenen qualitativen Angaben über die Strategien und Prozesse zur Vermeidung überhöhter Risikokonzentrationen nachgekommen.[1306]

BMW AG

"Grundsätzlich ist im Zusammenhang mit Finanzinstrumenten eine Konzentration von Ausfallrisiken aus Geschäftsbeziehungen zu einzelnen Schuldnern bzw. Schuldnergruppen nicht erkennbar. Vor dem Hintergrund des aktuellen Finanzumfelds muss mit Anpassungen der Bonität einzelner Vertragspartner gerechnet werden."[1307]

Die *ALTANA AG* sowie die *Daimler AG*[1308] nehmen in inhaltlicher Ergänzung zum vorherigen Exempel gleichzeitig in **quantifizierter Form** Bezug auf die nach IFRS 8.34 geforderten **Angaben zur Segmentberichterstattung**, die inhaltlich mit IFRS 7.34(c) korrespondieren.

ALTANA AG

"**Kreditrisiko:** [...] Aufgrund der weltweiten Tätigkeit und der diversifizierten Kundenstruktur der ALTANA liegt keine wesentliche Kreditrisikokonzentration vor. Mit keinem Einzelkunden wird mehr als 3 % des Umsatzes getätigt, mit den zehn größten Kunden zusammen weniger als 20 % generiert. Außenstände werden dezentral in den Einzelgesellschaften fortlaufend überwacht. Im Finanzierungsbereich werden Geschäfte im Wesentlichen nur mit Kontrahenten mit einem Kreditrating von mindestens A -, oder sofern sie Mitglieder eines Einlagensicherungsverbandes sind, abgeschlossen. Zusätzlich werden den einzelnen Kontrahenten zur Begrenzung des jeweiligen Einzelkreditrisikos Limits zugeordnet."[1309]

Daimler AG:

„**Kreditrisiko**

[...]

Forderungen aus Lieferungen und Leistungen

[...]

Die Begrenzung von Konzentrationsrisiken erfolgt primär über globale Limits, die sich auf Einzelkundenengagements beziehen. Zum 3. Dezember 2009 betrugen die Kreditpositionen der 15 größten Kunden nicht mehr als 4,5% des Portfolios."[1310]

Die *adidas AG* unterlegt ihre Angaben zu Kreditrisikokonzentrationen gegenüber den zuvor aufgezeigten Beispielen zudem quantitativ i.S.v. IFRS 7.B8(c) und kann damit als die detaillierteste Berichterstattung über Kreditrisikokonzentrationen unter den betrachteten Unternehmen angesehen

1306 Obwohl die Angabeempfehlung gemäß IFRS 7.IG15(c) im Zusammenhang mit den qualitativen Angabepflichten gemäß IFRS 7.33(b) gegeben wird, empfiehlt sich m.E. eine komprimierte Angabe zu bestehenden Risikokonzentrationen gemäß der Angabeempfehlung IFRS 7.IG15(c) und der Angabepflicht IFRS 7.34(c) aufgrund der inhaltlichen Zusammengehörigkeit.

1307 Vgl. GB 2009 der *BMW AG*, S. 126.

1308 Ähnlich auch die GBs 2009 der *Linde AG*, S. 143, der *Fresenius SE*, S. 89 sowie der *SAP AG*, S. 195; 222.

1309 Vgl. GB 2009 der *ALTANA AG*, S. 153.

1310 Vgl. GB 2009 der *Daimler AG*, S. 234.

werden.[1311] Entsprechend ist diese Form der Offenlegung von **Kreditrisikokonzentrationen** als **Praxis-Benchmark** zu betrachten – eine **analoge Anwendung** auf ggf. **andere** vorherrschende **Risikokonzentrationen** ist m.E. zu empfehlen.

> ***adidas AG***:
>
> „Auch wenn sich die Finanzmärkte im Jahr 2009 stabilisiert haben, sind wir weiterhin der Meinung, dass die Wahrscheinlichkeit von Kreditrisiken aus diesen Positionen sowie deren potenzielle finanzielle Auswirkungen als mittel einzuschätzen sind. Dennoch gehen wir davon aus, dass die Risikokonzentration gering ist, da wir unsere Investmentgeschäfte auf mehr als 24 Banken verteilen.
>
> Zum 31. Dezember 2009 war keine Bank für mehr als 19 % unseres Investmentgeschäfts verantwortlich, wobei die durchschnittliche Konzentration, einschließlich der kurzfristigen Bankeinlagen von Tochtergesellschaften bei lokalen Banken, bei 1 % lag. Daraus resultiert ein maximales Risiko von 158 Mio. € bei Ausfall einer einzelnen Bank. Zudem hielten wir derivative Finanzinstrumente mit einem positiven Marktwert von 55 Mio. €. Das maximale Risiko gegenüber einer einzelnen Bank aus solchen Vermögenswerten belief sich auf 4 Mio. € und die durchschnittliche Konzentration lag bei 3 %."[1312]

In den untersuchten Geschäftsberichten finden sich auf den ersten Blick keinerlei Angaben bzw. Hinweise zu etwaigen **Risikokonzentrationen** bezüglich des **Währungsrisikos**, die explizit als solche ausgewiesen wären. Währungsrisikokonzentrationen sind jedoch meist anhand der Angaben gemäß IFRS 7.33(a) i.V.m. IFRS 7.34(a) ersichtlich – sofern letztere überhaupt gemacht werden – wenn jedoch auch nicht immer in quantifizierter sondern lediglich in verbaler Form.

So ist bspw. eine US-Dollar-Risikokonzentration bei der *K+S AG* unmittelbar erkennbar, die explizit jedoch „nicht immer und in vollem Umfang abgesichert werden [kann]" und in Prozent vom Umsatz der *K+S Gruppe* ausgedrückt wird.[1313]

Offene Nettopositionen in Fremdwährungen, die einen **wesentlichen Charakter** aufweisen, dürften m.E. jedoch bei allen in die Untersuchung einbezogenen Unternehmen nicht existent sein, werden Währungsrisiken doch durchgängig anhand von wirtschaftlichen oder gar bilanziellen Sicherungsbeziehungen abgesichert – insofern sollten *Brücks/Kerkhoff/Stauber* mit ihrer so gearteten Vermutung[1314] Recht behalten.

[1311] *Ernst & Young* kommt in einer Studie zu dem Ergebnis, dass lediglich eine Minderheit der dort betrachteten Unternehmen überhaupt spezifische Angaben zu Kreditrisikokonzentrationen offenlegen. Vgl. Ernst & Young Global Limited (2008), S. 30.

[1312] Vgl. GB 2009 der adidas AG, S. 149.

[1313] Vgl. GB 2009 der *K+S AG*, S. 138 (Lagebericht).

[1314] Vgl. Brücks/Kerkhoff/Stauber (2006b), S. 438

4.4. Erfordernis über IFRS 7 hinausgehender quantitativer Angaben

Sind die zum Abschlussstichtag angegebenen **quantitativen Daten** für die Risikoexposition eines Unternehmens während der Berichtsperiode **nicht repräsentativ**[1315] (*unrepresentative*) – ungeachtet dessen, dass die Risikoexposition am Abschlussstichtag als repräsentativ für die kommende(n) Berichtsperiode(n) angesehen wird (IDW RS HFA 24, Rz. 53) – so hat das Unternehmen gemäß IFRS 7.35 weitere repräsentative[1316] (*representative*) Informationen offen zu legen. Eine Angabe der durchschnittlichen Risikoexposition während der Berichtsperiode wird laut IFRS 7.BC48 explizit nicht gefordert; es ist grundsätzlich nur über am Abschlussstichtag bestehende Risiken zu informieren. Ist das Risiko am Abschlussstichtag hingegen nicht repräsentativ für die während der Berichtsperiode bestehende Risikoexposition, so ist jedoch evtl. auch die Angabe entsprechender Durchschnittsdaten zu erwägen. Um den Anforderungen von IFRS 7 in diesem Fall gerecht werden zu können, sind gemäß IFRS 7.IG20 diese Durchschnittsangaben dabei um die Angabe des während der Berichtsperiode höchsten sowie niedrigsten Ausmaßes des betrachteten Risikos zu ergänzen[1317].[1318] Damit dürfte m.E. auch dem Gebaren eines kurzfristigen Verkaufs und anschließenden Wiedererwerbs risikobehafteter Positionen zum Zweck der Vermeidung eines bilanziellen Ansatzes zum Abschlussstichtag weitgehend Einhalt geboten werden.[1319]

Die *Daimler AG* zeigt, obwohl auf die Nicht-Repräsentativität der am Ende der Berichtperiode bestehenden Risikoexposition so nicht explizit hingewiesen wird, die von IFRS 7.IG20 geforderten Inhalte u.a. für das Rohstoffpreisrisiko (aus derivativen Finanzinstrumenten).[1320]

***Daimler AG*:**

„**Commodity-Preis-Risiken.** Daimler ist Risiken aus der Änderung von Rohstoffpreisen ausgesetzt, die im Zusammenhang mit dem Bezug von Produktionsmitteln entstehen. Ein geringer Teil

[1315] So kann bspw. der Forderungsbestand zum Abschlussstichtag das tatsächlich während der Berichtperiode vorherrschende Ausfallrisiko unter- bzw. überzeichnen, da dessen Bestand im Jahresablauf etwa aufgrund von Ernte- oder Verbrauchszyklen erheblichen Schwankungen ausgesetzt ist (IDW RS HFA 24, Rz. 53). Das *IDW* nennt ein weiteres Beispiel für das Erfordernis, Angaben nach IFRS 7.35 zu machen, indem es ausführt, dass die Risikoexposition eines Unternehmens sich zum Abschlussstichtag aufgrund eines Unternehmenserwerbs im abgelaufenen vierten Quartal gegenüber den restlichen Quartalen erheblich erhöht habe, da im Zuge der Erstkonsolidierung ein Zugang größerer Bestände an Fremdwährungsforderungen erfolgte.

[1316] Eine konkrete Definition des Begriffs „*representative*" beinhaltet IFRS 7 nicht. Vgl. Buchheim/Schmidt (2005), S. 402. Anhaltspunkte liefert lediglich IFRS 7.IG20, wie nachfolgend ausgeführt.

[1317] „*...an entity might disclose the highest, lowest and average amount of risk to which it was exposed during the period.*" (IFRS 7.IG20).

[1318] Sofern beim bilanzierenden Unternehmen während der Berichtsperiode bspw. ein hohes Risiko in einer bestimmten Währung bestand, diese offene Risikoposition jedoch zum Abschlussstichtag geschlossen wird („*...but at year-end unwinds the position...*"), so könnte das Unternehmen eine Grafik offenlegen, die einen Überblick über das Ausmaß der Risikoposition zu bestimmten Zeitpunkten während der Berichtsperiode erlaubt („*...disclose a graph that shows the exposure at various times during the period...*"). Alternativ hierzu bietet sich auch die Angabe des höchsten, niedrigsten sowie durchschnittlichen Risikoausmaßes an („*...or disclose the highest, lowest and average exposures.*") (IFRS 7.IG20).

[1319] So auch von Oertzen (2009), S. 168, Rz. 242.

[1320] Dieses Tableau findet ebenfalls im Rahmen der Empfehlungen bzgl. der Angaben zu den mehrfaktoriellen Sensitivitätsanalysen in Kapitel 4.7.5.3., Fn. 1975 Erwähnung.

der Rohstoffpreisrisiken, vornehmlich aus dem Bezug bestimmter Metalle, wird durch den Einsatz derivativer Finanzinstrumente reduziert.

Die folgende Tabelle zeigt die End-, Höchst-, Tiefst- und Durchschnittsstände des Value at Risk für die Jahre 2009 und 2008 für das Portfolio der derivativen Finanzinstrumente zur Absicherung von Rohstoffpreisrisiken. Die Durchschnittswerte wurden auf Basis der Quartalsendstände berechnet. Die den Derivaten zugrunde liegenden Grundgeschäfte sind in der folgenden Darstellung des Value at Risk nicht enthalten.

				2009				2008
	Jahresende	Hoch	Tief	Durchschnitt	Jahresende	Hoch	Tief	Durchschnitt
in Millionen €								
Rohstoffpreisrisiko (aus derivativen Finanzinstrumenten)	24	35	21	27	41	45	5	25

Der Value at Risk der Rohstoffpreis-Sicherungskontrakte am Jahresende 2009 nahm aufgrund gefallener Rohstoffpreis-Volatilitäten ab.[1321]

Ein Vergleich dieser Angaben mit weiteren Beispielen konnte mangels einer entsprechenden Offenlegung durch die anderen in die Untersuchung einbezogenen Unternehmen allerdings nicht vorgenommen werden.

Nachfolgend werden die über IFRS 7.34-.35 hinausgehenden Detailregelungen zu den Angaben zum Kredit- (IFRS 7.36-.38), Liquiditäts- (IFRS 7.3) sowie Marktrisiko (IFRS 7.40-.42) eingehend dargestellt und erläutert. Für weitere, über diese drei Risikoarten hinausgehende Risiken aus Finanzinstrumenten, bestehen die bereits dargestellten allgemeinen Angabepflichten nach IFRS 7.34-.35 jedoch gleichermaßen.[1322]

4.5. Spezielle Angaben zum Kreditrisiko

4.5.1. Definition des Kreditrisikos sowie einführende Angaben

4.5.1.1. Einführung sowie definitorische Abgrenzung des Kreditrisikos

In Appendix A zu IFRS 7 findet sich folgende **Definition des Kreditrisikos**[1323] bzw. Ausfallrisikos[1324] (*credit risk*):

> *"The risk that one party to a financial instrument will cause a financial loss for the other party by failing to discharge an obligation."*

1321 Vgl. GB 2009 der *Daimler AG*, S. 239-240. Die *Daimler AG* legt dieses Tableau über das Rohstoffpreisrisiko (aus derivativen Finanzinstrumenten) hinaus auch für das Wechselkurs- (aus derivativen Finanzinstrumenten) sowie das Zinsänderungsrisiko offen.

1322 Vgl. Scharpf (2006), S. 38.

1323 DRS 5-10.9 differenziert das Ausfallrisiko bzw. Adressenausfallrisiko demgegenüber etwa in (1) das Kreditrisiko, (2) das Kontrahentenrisiko, (3) das Länderrisiko sowie (4) das Anteilseignerrisiko.

1324 Vgl. Schierenbeck/Lister/Kirmße (2008), S. 6.

Demnach definiert IFRS 7 das Kreditrisiko als das Risiko, dass eine Vertragspartei eines Finanzinstruments der anderen Vertragspartei im Zuge der Nichterfüllung einer Verpflichtung einen finanziellen Verlust verursacht.[1325]

Das **Bonitätsrisiko**, welches generell darauf abstellt, dass lediglich die Gefahr einer Verschlechterung der Bonität des Kreditnehmers nach Beginn der Kreditlaufzeit besteht, ohne dass dabei bereits finanzielle Verluste für den Kreditgeber eingetreten sein müssen,[1326] wird demnach, da es i.w.S. auch zum Kreditrisiko zählt,[1327] auch von der Definition des Kreditrisikos nach IFRS 7 abgedeckt. Entsprechend legt etwa die *Daimler AG*[1328] eine dahingehende Definition des Kreditrisikos offen.

Daimler AG

" Das Kreditrisiko beschreibt die Gefahr eines ökonomischen Verlustes, der dadurch entsteht, dass ein Kontrahent seinen vertraglichen Zahlungsverpflichtungen nicht nachkommt. Das Kreditrisiko umfasst dabei sowohl das unmittelbare Ausfallrisiko als auch das Risiko einer Bonitätsverschlechterung sowie Konzentrationsrisiken."[1329]

Gemäß IFRS 7.36 hat ein Unternehmen **für jede Klasse** von Finanzinstrumenten diesbezüglich die folgenden Angaben zu machen:[1330]

- den Betrag, der das **maximale Kreditrisiko** („*...maximum exposure to credit risk...*") zum Abschlussstichtag am besten widerspiegelt („*...best represents...*"), **ohne** dabei etwaige **Si-**

[1325] Zu den Aktivitäten, die zu einem Kreditrisiko und der damit verbundenen maximalen Kreditrisikoexposition führen, zählen (nicht abschließend): (1) die Gewährung von Krediten sowie die Einräumung von Forderungen an Kunden sowie die Platzierung von Einlagen bei anderen Unternehmen. In diesen Fällen sind die Buchwerte der betreffenden finanziellen Vermögenswerte als die maximale Kreditrisikoexposition anzusehen (IFRS 7.B10(a)); (2) der Abschluss von Verträgen über Derivate, bspw. Devisentermingeschäfte, Zinsswaps und Kreditderivate. Wird der betreffende Vermögenswert zum beizulegenden Zeitwert bewertet, ist der jeweilige Buchwert zum Stichtag als das maximale Kreditrisiko anzusehen (IFRS 7.B10(b)); (3) die Gewährung von Finanzgarantien. In diesem Falle ist die maximale Kreditrisikoexposition mit dem Höchstbetrag gleichzusetzen, den das Unternehmen zahlen müsste, wenn die Garantie fällig ist. Dieser Betrag kann dabei erheblich über dem als Verbindlichkeit erfassten Betrag liegen (IFRS 7.B10(c)); (4) die Erteilung einer Kreditzusage, die während der Lebensdauer der Fazilität nicht oder nur aufgrund einer bedeutenden negativen Veränderung widerrufen werden kann. Sofern der Verpflichtete den zugesagten Betrag weder netto, noch in bar oder mittels eines anderen Finanzinstruments auszahlen kann, ist der volle zugesagte Betrag als das maximale Kreditrisiko zu betrachten, weil unsicher ist, ob etwaige nicht abgerufene Teile des Kredits zu einem späteren Zeitpunkt abgerufen werden können. Dieser Betrag kann erheblich über dem als Verbindlichkeit erfassten Betrag liegen (IFRS 7.B10(d)). Die jeweilige Bestimmung des maximalen Kreditrisikos ist insbesondere auch im Rahmen der Ausführungen in Kapitel 4.5.1.2. von Relevanz.

[1326] Vgl. Schierenbeck/Lister/Kirmße (2008), S. 6.

[1327] Vgl. Schierenbeck/Lister/Kirmße (2008), S. 6.

[1328] Ähnlich auch der GB 2009 der *MAN SE*, S. 143.

[1329] Vgl. GB 2009 der *Daimler AG*, S. 234.

[1330] Die Angaben gemäß IFRS 7.36 finden auf die vom bilanzierenden Unternehmen gehaltenen Eigenkapitalbeteiligungen keine Anwendung, da laut Definition eines Eigenkapitalinstruments nach IAS 32 dem Emittent keine Verpflichtung zur Zahlung von Barmitteln oder der Übertragung von anderen Vermögenswerten obliegt. Die Folge ist, dass solche Eigenkapitalinstrumente einem Preisrisiko, nicht jedoch einem Kreditrisiko ausgesetzt sind. Vgl. PwC (2010), S. 11052, Rz. 11.91.1. Eine Ausnahme besteht hierbei insofern, dass solche finanziellen Vermögenswerte im Wert gemindert sind. Diese sind dann in die Angaben gemäß IFRS 7.37(b) – Analyse wertgeminderter Vermögenswerte – einzubeziehen. Vgl. ebenda.

cherheiten (*any collateral held*) oder **sonstige Kreditverbesserungen** (*other credit enhancements*) zu berücksichtigen (IFRS 7.36(a))[1331];

- in Bezug auf den in IFRS 7.36(a) angegebenen Betrag, eine **Beschreibung** der erhaltenen **Sicherheiten** (*collateral held as security*) und **sonstiger Kreditverbesserungen** (*other credit enhancements*) (IFRS 7.36(b));
- Informationen über die **Kreditqualität** der **finanziellen Vermögenswerte**, die **weder überfällig noch wertgemindert**, d.h. nicht Not leidend sind („...*that are* ***neither past*** *due nor impaired...*"[1332]) (IFRS 7.36(c)); sowie
- den **Buchwert** der **finanziellen Vermögenswerte**, deren **Konditionen neu ausgehandelt** wurden, da sie **ansonsten überfällig oder wertgemindert** wären („...*that would otherwise be past due or impaired whose terms have been renegotiated...*") (IFRS 7.36(d)).

IFRS 7.36 fordert die Angabe allgemeiner Informationen zum Kreditrisiko je **Klasse** von Finanzinstrumenten i.S.v. IFRS 7.6. Gemäß IFRS 7.IG21 teilen Finanzinstrumente derselben Klasse **bestimmte ökonomische Merkmale hinsichtlich des offenzulegenden Risikos**, in diesem Fall des Kreditrisikos.[1333]

Insbesondere im traditionellen **Bankgeschäft**[1334] nimmt das Kredit- bzw. Ausfallrisiko eine hervorgehobene Stellung ein. Doch auch für **Industrie- und Handelsunternehmen** ist es bei der Bewertung von Forderungen aus Lieferungen und Leistungen oder sonstigen Ausleihungen relevant.[1335] Die häufig von Banken verwendeten Kreditausfallmodelle bzw. internen Ratingverfahren kommen jedoch in Industrie und Handel bisher eher selten zur Anwendung,[1336] da schlichtweg in den meisten Fällen nicht genügend historisches Datenmaterial hinsichtlich der Kreditausfälle zur statisti-

1331 Bspw. Aufrechnungsvereinbarungen (*netting agreements*), die nicht für die Saldierung gemäß IAS 32 in Frage kommen.

1332 Hervorhebungen im Original.

1333 „...*share economic characteristics with respect to the risk being disclosed (in this case, credit risk*)." (IFRS 7.IG21). Bspw. könnte ein Unternehmen hinsichtlich der Angabepflichten zum Kreditrisiko eine Klassifizierung aufgrund unterschiedlicher ökonomischer Merkmale („...*different economic characteristics.*") in private Immobilienkredite (*residential mortgages*), unbesicherte Konsumentenkredite (*unsecured consumer loans*) sowie gewerbliche Kredite (*commercial loans*) vornehmen (IFRS 7.IG21).

1334 Das Kreditrisiko lässt sich ähnlich wie das Marktpreisrisiko nur dann ermitteln, sofern es sich um notierte Anleihen handelt, für die Marktkurse auch tatsächlich zur Verfügung stehen (mark-to-market). Den dabei eingesetzten mark-to-market-Modellen stehen sogenannte Default-Modelle gegenüber, die insbesondere im Bankgeschäft im Rahmen des traditionellen Kreditbereichs Anwendung finden. Für Kreditforderungen aus dem Privat- und Firmenkundengeschäft existieren nämlich faktisch keine Marktpreise. Anhand der Betrachtung von Kreditausfällen – deckungsgleich mit der Definition des Kreditrisikos in IFRS 7 – werden dabei die Kreditnehmer des bilanzierenden Unternehmens eigens dafür gebildeten Risikoklassen zugeteilt, die (in sich homogen) die unterschiedlichen Ausfallwahrscheinlichkeiten der Schuldner widerspiegeln sollen (internes Ratingverfahren). Vgl. Löw (2005b), S. 2180; KPMG (2007), S. 134.

1335 Vgl. KPMG (2007), S. 134; Löw (2005b), S. 2180; Fürst/Henselmann/Klein (2009), S. 6; ähnlich Brücks/Kerkhoff/Stauber (2006b), S. 438.

1336 Vgl. hierzu auch Scharpf (2006), S. 39 sowie KPMG (2007), S. 134. Auch eine Ordnung bzw. Systematisierung von Forderungen aus Lieferungen und Leistungen oder sonstigen Ausleihungen anhand von unterschiedlichen internen oder externen Ratings bzw. Bonitätsstufen befindet sich hier kaum in Anwendung. Vgl. ebenda, S. 39.

schen Auswertung vorhanden ist. Entsprechend schwer können diese Unternehmen den Berichtspflichten über das Kreditrisiko gemäß IFRS 7 nachkommen[1337] – ein **erheblicher Anpassungsdruck** ist die Folge.[1338] So war es bei Industrie- und Handelsunternehmen hinsichtlich der Absicherung von Kreditrisiken bisher i.d.R. lediglich üblich, Sicherheiten einzufordern, deren Bewertung jedoch u.U. auch mit erheblichen Schwierigkeiten[1339] behaftet sein kann.[1340]

Zwar ließe sich die Vermeidung einer Etablierung entsprechend ausgereifterer Meldesysteme zur ausschließlichen Erfassung von Kreditrisiken aus operativen Forderungen nach Auffassung von *Brücks/Kerkhoff/Stauber* ggf. unter Verweis auf die damit verbundenen erheblichen Kosten bzw. das Verhältnis von Kosten und Nutzen begründen.[1341] Ein **aktives Kreditrisikomanagement** setzt sich in praxi jedoch zusehends auch über den Bankensektor hinaus durch.[1342]

Zusätzlich zu IFRS 7.36 sind **nach IFRS 7.9 ebenfalls Angaben zum Kreditrisiko** zu machen.[1343] Diese speziellen Angaben zum **maximalen Kreditrisiko** (IFRS 7.9(a)) sowie den damit in Zusammenhang stehenden, verbundenen **Kreditderivaten** oder ähnlichen Instrumenten (IFRS 7.9(b)) sind jedoch nur für den Sonderfall der anhand der Fair Value-Option ergebniswirksam bilanzierten Kredite und Forderungen anzugeben. Entsprechend sind nach IFRS 7.9(c)-(d) weitergehende Angaben zu den **bonitätsinduzierten Wertänderungen** solcher Kredite und Forderungen bzw. der damit verbundenen Kreditderivate oder ähnlichen Instrumente zu machen.

4.5.1.2. Angabe des maximalen Kreditrisikos

4.5.1.2.1. Anforderungen des Standards

Die in IFRS 7.36(a) geforderte Angabe des **maximalen Kreditrisikos**[1344] **je Klasse**[1345] von Finanzinstrumenten verlangt dabei typischerweise die Offenlegung des **Bruttobuchwerts** eines finanziellen Vermögenswerts, abzüglich der nach IAS 32.42 ff. saldierten Beträge („…*(a) any amounts offset in accordance with IAS 32*…“) sowie abzüglich jedweder nach IAS 39 gebildeten Wertberichtigungen („…*(b) any impairment losses recognised in accordance with IAS 39*..“) (IFRS 7.B9(a)-(b)). Entsprechend besteht eine gewisse Abhängigkeit von den fortgeführten Anschaffungskosten oder vom Fair Value, d.h. vom anzuwendenden Bewertungsmaßstab, es liegt jedoch keine Deckungs-

---

[1337] Vgl. Löw (2005b), S. 2180; KPMG (2007), S. 134.
[1338] Vgl. Brücks/Kerkhoff/Stauber (2006b), S. 439.
[1339] Insbesondere dann, wenn es sich bei den Sicherheiten um „Singularitäten“ wie Grundstücke und Gebäude handelt. Vgl. Löw (2005b), S. 2180.
[1340] Vgl. Löw (2005b), S. 2180.
[1341] Vgl. Brücks/Kerkhoff/Stauber (2006b), S. 439.
[1342] Vgl. Löw (2005b), S. 2180.
[1343] Vgl. Scharpf (2006), S. 39.
[1344] Dieser Betrag ist auch für die Angabe nach IFRS 7.9(a) von Relevanz. Vgl. Scharpf (2006), S. 39.
[1345] Als eigene Klasse, die bei der Angabe des maximalen Kreditrisikos nach IFRS 7.36(a) zu beachten ist, gelten u.a. die im Unternehmen eingesetzten „Sicherungsderivate“ (IDW RS HFA 24, Rz. 10).

gleichheit zum bilanziellen Ansatz des entsprechenden finanziellen Vermögenswerts vor.[1346] Die Bruttobuchwerte dürften dabei meistens bereits über die bestehenden Informationssysteme des Konzernrechnungswesens ermittelbar sein.[1347]

Grafisch gestaltet sich die Bestimmung des maximalen Kreditrisikos dabei wie unter Abbildung 26 dargestellt.[1348]

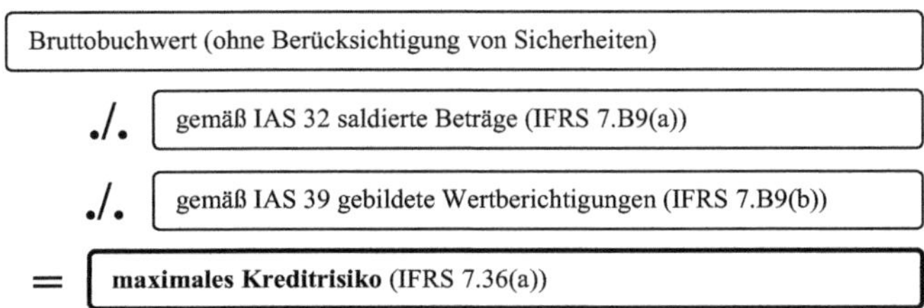

Abbildung 26: Ermittlung des maximalen Kreditrisikos gemäß IFRS 7.36(a)

Daneben sind bei der **Ermittlung des maximalen Kreditrisikos** auch i.d.R. **nicht bilanziell erfasste Sachverhalte** zu berücksichtigen.[1349] Dazu zählen nach IFRS 7.B10 bspw. **unwiderrufliche Kreditzusagen**[1350] (*loan commitment that is irrevocable*), **Bürgschaften** und **finanziellen Garantien**[1351] (*financial guarantees*).[1352] Neben den bilanziell erfassten Finanzinstrumenten wie bspw. Forderungen aus gewährten Krediten oder aus Lieferungen und Leistungen oder andere Geldanlagen besteht bei diesen weitgehend[1353] nicht-bilanziell erfassten Sachverhalten ein vergleichbares Kreditrisiko.[1354] Da sie bei **Industrie- und Handelsunternehmen** jedoch nur in vermindertem Umfang als bspw. bei Banken zum Einsatz gelangen, dürfte i.d.R. eine **unregelmäßige Erhebung** der

1346 Vgl. Buchheim/Schmidt (2005), S. 402.

1347 Vgl. Brücks/Kerkhoff/Stauber (2006b), S. 433.

1348 Grafik in Anlehnung an von Oertzen (2009), S. 168, Rz. 244.

1349 In dieser Hinsicht konkretisiert IFRS 7 die vormaligen Angaben des IAS 32 zum maximalen Kreditrisiko weitergehend. Vgl. Ernst & Young Global Limited (2008), S. 32.

1350 Sofern die Kreditzusage nicht durch einen Nettoausgleich in bar oder mittels anderer Finanzinstrumente erfüllbar ist, so ist der Gesamtbetrag der Kreditzusage als das maximale Ausfallrisiko zu betrachten, da nicht sicher ist, ob über den bis dato nicht in Anspruch genommenen Teil der Kreditzusage in der Zukunft verfügt werden wird. Dieser Betrag kann dabei wesentlich höher sein, als der diesbezüglich als Verbindlichkeit angesetzte Betrag (IFRS 7.B10(d)). Kreditzusagen werden jedoch von Industrie- und Handelsunternehmen i.d.R. gar nicht oder nur in einem geringen Umfang gewährt. Vgl. Brücks/Kerkhoff/Stauber (2006b), S. 433.

1351 Der bei Inanspruchnahme der Garantie höchstens zu entrichtende Betrag – dieser kann dabei wesentlich höher sein, als der diesbezüglich als Verbindlichkeit angesetzte Betrag – ist hierbei als das maximale Ausfallrisiko anzusehen (IFRS 7.B10(c)). Vgl. hierzu, insbesondere zum bilanzieller Ansatz finanzieller Garantien, auch Brücks/Kerkhoff/Stauber (2006b), S. 433, Fn. 206.

1352 Vgl. Scharpf (2006), S. 39, der in diesem Zusammenhang versehentlich auf IFRS 7.B9 verweist sowie Buchheim/Schmidt (2005), S. 402. IFRS 7.B10 gibt weitere Beispiele und geht dabei auch auf die im Einzelfall angezeigte Ermittlung des maximalen Kreditrisikos ein.

1353 Bei finanziellen Garantien oder gewährten Kreditzusagen kann bspw. das maximale Ausfallrisiko den korrespondierenden, als Verbindlichkeit erfassten Betrag deutlich übersteigen (IFRS 7.B10(c)-(d)).

1354 Vgl. Scharpf (2006), S. 39.

entsprechend für die Angabe nach IFRS 7.36(a) erforderlichen Daten ausreichend erscheinen – dies mag hingegen auf die nach IFRS 7.36(c) zu machenden Angaben zur Kreditqualität nicht Not leidender Vermögenswerte so nicht zutreffen.[1355]

Bei **derivativen Finanzinstrumenten**, die in der Bilanz erfolgswirksam zum Fair Value erfasst werden, entspricht das **maximale Kreditrisiko** dem (sofern vorhanden) positiven Fair Value.[1356] Bei Vorliegen eines negativen Fair Values liegt hingegen faktisch kein Kreditrisiko vor.[1357]

Ein (abgeleitetes) Kreditausfallrisiko besteht gemäß IFRS 7 – wie im deutschen Bankenaufsichts- und Bilanzrecht – auch hinsichtlich **abgegebener (Finanz-)Garantien**. Die Partizipation am Forderungsausfall ist dabei für den Garantiegeber dasselbe wie für den originären Forderungsgläubiger. Entsprechend ist das abgeleitete Kreditrisiko gleichermaßen in die diesbezüglichen Anhangangaben einzubeziehen. So findet eine Erfassung von Garantien, sofern sie nicht nach IFRS 4 bilanziert werden und dementsprechend im Anhang anzugeben sind, zum Höchstbetrag der Haftung und eine Erfassung von Kreditzusagen zum zugesagten Betrag statt.[1358]

Indem Bezug auf Größen des Jahresabschlusses zu nehmen ist, wird durch die nach IFRS 7.B9 vorgegebene Ermittlung des maximalen Kreditrisikos finanzieller Vermögenswerte jedoch ein grundlegender **Bruch** mit der Forderung des IFRS 7.34(a) vollzogen, wonach die Berichterstattung über Risiken nach IFRS 7 auf dem **Management Approach** zu basieren hat.[1359] Um beiden Regelungen gleichermaßen Folge leisten zu können, empfiehlt *KPMG* eine Überleitung auf die entsprechenden Bilanzposten, die auch mit den Angabepflichten des IFRS 7.6 (Klassenbildung und Überleitung auf Bilanzposten) konform geht. So würde bei der Offenlegung des maximalen Kreditrisikos der bspw. entsprechend auf Forderungen an Kunden (als eigene Klasse i.S.v. IFRS 7.6) entfallende Teil darzustellen sein.[1360]

Ökonomisch betrachtet ist das **Kreditrisikos** eine Finanzinstruments hingegen am besten durch dessen **Marktwert abzüglich erhaltener Sicherheiten** approximierbar. Der Marktwert ist dabei als sogenannter Wiedereindeckungsaufwand zu beschreiben, d.h. als der Betrag, der zur Wiederbeschaffung des Finanzinstruments zu den am Abschlussstichtag geltenden Marktverhältnissen auf-

1355 Vgl. Brücks/Kerkhoff/Stauber (2006b), S. 433. Siehe zur diesbezüglichen Vorgehensweise bei nicht Not leidenden Vermögenswerten die detaillierten Ausführungen zu IFRS 7.36(c) weiter unten im Text.

1356 Vgl. Scharpf (2006), S. 39; ähnlich Buchheim/Schmidt (2005), S. 402 sowie IFRS 7.B10(b), jedoch bei letzterem ohne den Hinweise, dass ein tatsächliches Kreditrisiko nur bei einem positiven Fair Value des jeweiligen Derivats vorliegt.

1357 Vgl. Scharpf (2006), S. 39.

1358 Vgl. Scharpf (2006), S. 39.

1359 Vgl. KPMG (2007), S. 134.

1360 Vgl. KPMG (2007), S. 134-135.

gewendet werden müsste. Bestehen bspw. Nettingvereinbarungen, so ergibt sich darauf aufbauend das tatsächliche Ausfallrisiko faktisch erst nach Abzug bzw. Verrechnung etwaiger Sicherheiten.[1361]

Um dabei zu einer dahingehend **ökonomisch sinnvollen Einschätzung** des **maximalen Kreditrisiko** zu gelangen, sollten m.E. daher die Angaben gemäß IFRS 7.36(a) und IFRS 7.36(b) – Angabe von Sicherheiten in Bezug auf das maximale Kreditrisikos – zumindest zusammen betrachtet, wenn nicht sogar von den bilanzierenden Unternehmen im Rahmen einer komprimierten Darstellung gemeinsam bereitgestellt werden.[1362]

4.5.1.2.2. Erhebung des Benchmark

Neben den durch die *Deutsche Bundesbank* bereitgestellten Anwendungsbeispielen zur Offenlegung der in Teil 5 der SolvV i.V.m. Basel II Säule 3 kodifizierten Angabepflichten,[1363] dürften generell bezüglich IFRS 7.36-.38 insbesondere die vom *Committee of European Banking Supervisors (CEBS)* veröffentlichten Leitlinien auch für Industrie- und Handelsunternehmen von Interesse sein.[1364] Die *Deutsche Bundesbank* hält bei den Angaben eine Differenzierung in Branchen und Regionen für sachgerecht, was allerdings der nach IFRS 7.36.-.37 geforderten Angabepflichten pro Klasse von Finanzinstrumenten zuwiderläuft. Die *CEBS* gliedert ihre Anwendungsbeispiele hingegen nach den IAS 39-Bewertungskategorien IFRS 7.36-.37-konform, was auch den im Folgenden im Rahmen der einzelnen Kapitel zum Kreditrisiko (Erhebung des Benchmark) aufgeführten Darstellungsbeispielen der *KPMG*[1365] entspricht.[1366]

Die Angaben gemäß IFRS 7.36(a) – Offenlegung des maximalen Kreditrisikos – stellen sich laut *KPMG* idealerweise folgendermaßen dar:

[1361] Vgl. Scharpf (2006), S. 39.

[1362] Das im nachfolgenden Kapitel angeführte Beispiel der *Salzgitter AG* entspricht einer derart komprimierten Darstellung.

[1363] Siehe hierzu die Tableaus der Deutschen Bundebank unter 4b (Bruttokreditvolumen nach risikotragenden Instrumenten), 4c (Geografische Hauptgebiete nach kreditrisikotragenden Instrumenten), 4d (Hauptbranchen nach kreditrisikotragenden Instrumenten), 4e (Vertragliche Restlaufzeiten kreditrisikotragender Instrumente), 4f (Notleidende und in Verzug geratene Kredite je Hauptbranche) und 4g (Notleidende und in Verzug geratene Kredite je geografischem Hauptgebiet). Vgl. hierzu auch KPMG (2007), S. 138 Fn. 85.

[1364] Vgl. hierzu die Templates 9A (*Overview of impairment*), 9B (*Movements in allowances for credit losses and impairment of equity instruments*), 9C (*Collateral held when permitted to sell or repledge*) sowie 9D (*Collateral obtained by taking possession during the period*) in CEBS (15.12.2009).

[1365] Wenn in den nachfolgend von der KPMG aufgeführten Darstellungsmöglichkeiten von „Klasse 1-8" die Rede ist, so soll dies die unternehmensinteren Rating-Scores für die betrachteten Finanzinstrumente ausdrücken; „Klasse 1" entspricht der besten Kategorie; „Klasse 8" der schlechtesten. Vgl. KPMG (2007), S. 139.

[1366] Vgl. KPMG (2007), S. 138.

in Mio. EUR	Forderungen aus Lieferungen und Leistungen		Finanzanlagen	
	20x2	20x1	20x2	20x1
Buchwert als Äquivalent für das maximale Ausfallrisiko				

In der Praxis findet sich die Angabe des maximalen Kreditrisikos jedoch meist in verbaler Form und nicht, wie von der *KPMG* vorgeschlagen, anhand einer tabellarischen Darstellung ausgeführt. Exemplarisch dafür seien an dieser Stelle die nachfolgenden Auszüge aus Jahresabschlüssen des Jahres 2009 angeführt.

Es finden sich zunächst bei einigen der berichterstattenden Unternehmen, bspw. bei der *E.ON AG*[1367], äußerst **rudimentäre Angaben** zum **maximalen Kreditrisiko**, die letztlich nur wiedergeben, was IFRS 7.36(a) ohnehin fordert, nämlich, dass das maximale Kreditrisiko dem (Brutto)Buchwert der entsprechenden kreditrisikobehafteten finanziellen Vermögenswerte entspricht.[1368] Teilweise findet sich hierbei auch eine differenzierte, verbale Aufzählung der einzelnen davon betroffenen Klassen finanzieller Vermögenswerte. Um zu den von IFRS 7.36(a) geforderten Informationen zu gelangen sind die Bilanzadressaten jedoch bei dieser Form der Angabe gemäß IFRS 7.36(a) dazu angehalten, selbst das maximale Kreditrisiko anhand der Bilanz bzw. weiterer Anhangangaben abzugrenzen.

Des Weiteren wird von bestimmten betrachteten Unternehmen eine zusätzliche separate Nennung des maximalen Kreditrisikos hinsichtlich gehaltener derivativer Finanzinstrumente bereitgestellt. Von einigen Unternehmen, etwa der *METRO AG*[1369], wird dabei auch direkt bei den Angaben zum

[1367] Vgl. GB 2009 der *E.ON AG*, S. 137. Für weitere ähnliche Beispiele siehe die GBs 2009 der *ALTANA AG*, S. 153, der *Bayer AG*, S. 124, der *Deutsche Post AG*, S. 179, der *Henkel AG & Co. KGaA*, S. 115 (die Angabe zur Konzentration des Kreditrisikos erfüllt dabei auch die Angabepflicht gemäß IFRS 7.34(c)), der *Linde AG*, S. 143, der *MAN SE*, S. 143, der *Merck KGaA*, S. 151 sowie der der *ThyssenKrupp AG*, S. 226-227 (GB 2008/2009).

[1368] In einer Studie gelangt auch *Ernst & Young* zu der Auffassung, dass die dort einbezogenen Unternehmen überwiegend (zwei Drittel) einer derartigen Erfüllung von IFRS 7.36(a) nachkommen. Lediglich ein Drittel der betrachteten Unternehmen kommt einer detaillierten Darstellung des maximalen Kreditrisikos anhand der Benennung einzelner bilanzieller Finanzinstrumente sowie außerbilanzieller Verpflichtungen nach. Vgl. Ernst & Young Global Limited (2008), S. 32.

[1369] Vgl. GB 2009 der *METRO AG*, S. 190. Für weitere ähnliche Beispiele siehe die GBs 2009 der *Beiersdorf AG*, S. 114, der *BMW AG*, S. 126, der *Deutsche Telekom AG*, S. 204, der *Fresenius Medical Care AG & Co. KGaA*, S. 72, der *Fresenius SE*, S. 131, der *K+S AG*, S. 201 (die Angabe des maximalen Ausfallrisikos bezieht sich hierbei auf Finanzanlagen (Ziffer (14)), deren bilanzielle Beträge zuvor dargestellt werden; mit der Angabe, dass keine Kreditrisikokonzentrationen vorhanden sind, wird der Angabepflicht gemäß IFRS 7.34(c) nachgekommen) sowie S. 204, der *RWE AG*, S. 192, der *SAP AG*, S. 215 sowie der *TUI AG*, S. 201-202.

maximalen Kreditrisiko eine (teilweise) Quantifizierung desselbigen in Form des Bruttobuchwerts offengelegt – den Bilanzadressaten wird somit eine weitergehende Suche erspart.[1370]

Eine Offenlegung der Angaben gemäß IFRS 7.36(a) in einer tabellarischen Form, die u.a. eine sich anschließende Ergänzung um verbale Ausführungen erfährt, wird dabei etwa von der *Daimler AG*, der *Deutsche Lufthansa AG*[1371] sowie der *Volkswagen AG* bereitgestellt, wobei letztere hierbei zu Zwecken einer differenzierteren Darstellung ihres Kreditrisikoprofils in finanzielle Vermögenswerte mit den Attributen „Weder überfällig noch wertberichtigt", „Überfällig und nicht wertberichtigt" sowie „Wertberichtigt" unterscheidet.

***Daimler AG*:**

"Die maximalen Risikopositionen aus finanziellen Vermögenswerten, die grundsätzlich einem Kreditrisiko unterliegen, entsprechen deren Buchwerten und stellen sich wie folgt dar:[1372]

in Millionen €	Siehe auch Anmerkung	Maximale Risikoposition 2009	Maximale Risikoposition 2008
Liquide Mittel		**16.142**	8.003
Forderungen aus Finanzdienstleistungen	13	**38.478**	42.387
Forderungen aus Lieferungen und Leistungen	17	**5.285**	6.999
Derivative Finanzinstrumente, die in ein Hedge Accounting einbezogen sind (nur Vermögenswerte)	14	**1.074**	1.984
Derivative Finanzinstrumente, die nicht in ein Hedge Accounting einbezogen sind (nur Vermögenswerte)	14	**1.218**	2.088
Kreditzusagen	28	**1.587**	1.536
Sonstige Forderungen und Vermögenswerte	14	**1.759**	2.089

***Volkswagen AG*:**[1373]

„Das Kredit- und Ausfallrisiko aus finanziellen Vermögenswerten besteht in der Gefahr des Ausfalls eines Vertragspartners und daher maximal in Höhe der Ansprüche aus bilanzierten Buchwerten gegenüber dem jeweiligen Kontrahenten sowie den unwiderruflichen Kreditzusagen.

[...]

1370 Für weitere ähnliche Beispiele siehe die GBs 2009 der *Fresenius Medical Care AG & Co. KGaA*, S. 72, der *Fresenius SE*, S. 131, der *K+S AG*, S. 201 (die Angabe des maximalen Ausfallrisikos bezieht sich hierbei auf Finanzanlagen (Ziffer (14)), deren bilanzielle Beträge zuvor dargestellt werden; mit der Angabe, dass keine Kreditrisikokonzentrationen vorhanden sind, wird der Angabepflicht gemäß IFRS 7.34(c) nachgekommen) sowie S. 204, der *RWE AG*, S. 192, der *SAP AG*, S. 215 sowie der *TUI AG*, S. 201-202.

1371 Vgl. GB 2009 der *Deutsche Lufthansa AG*, S. 199-200.

1372 Vgl. GB 2009 der *Daimler AG*, S. 234.

1373 Vgl. GB 2009 der *Volkswagen AG*, S. 273.

KREDIT- UND AUSFALLRISIKO FINANZIELLER VERMÖGENSWERTE DARGESTELLT NACH BRUTTOBUCHWERTEN

Mio. €	Weder überfällig noch wertberichtigt	Überfällig und nicht wertberichtigt	Wertberichtigt	31.12.2009	Weder überfällig noch wertberichtigt	Überfällig und nicht wertberichtigt	Wertberichtigt	31.12.2008
Zu fortgeführten Anschaffungskosten bewertet								
Forderungen aus Finanzdienstleistungen	56.223	3.760	2.488	62.471	55.838	2.587	1.923	60.348
Forderungen aus Lieferungen und Leistungen	4.466	1.104	321	5.891	4.724	1.136	388	6.248
Sonstige Forderungen	3.249	101	326	3.677	11.158	161	242	11.561
	63.938	**4.966**	**3.135**	**72.039**	**71.720**	**3.884**	**2.553**	**78.157**

Ebenfalls in tabellarischer Form, jedoch erweitert um die quantitativen Angabe der nach IFRS 7.36(b) geforderten Sicherheiten (betragsmäßige Angabe) in Bezug auf das maximale Kreditrisiko, setzt die *Salzgitter AG*[1374] die Angabepflicht gemäß IFRS 7.36(a) um.

***Salzgitter AG*:**

„Das Ausfallrisiko der Finanzinstrumente entsteht aus der Kategorie „Vom Unternehmen ausgereichte Kredite und Forderungen“. Am Bilanzstichtag stellt sich das Ausfallrisiko im Vergleich zum Vorjahr folgendermaßen dar:

in Mio. €	31.12.2009		**31.12.2008**	
	Maximales Ausfallrisiko	Abgesichertes Ausfallrisiko	**Maximales Ausfallrisiko**	**Abgesichertes Ausfallrisiko**
Forderungen aus Lieferungen und Leistungen	1.056,6	633,6	1.652,2	943,3
Sonstige Forderungen	184,8	22,4	682,8	3,7
Finanzielle Vermögenswerte	14,7	0,4	30,3	2,4
Wertpapiere	50,0	–	–	–
Gesamt	1.306,1	656,4	**2.365,3**	**949,4**

Zusätzlich bestehen Ausfallrisiken bei zu Handelszwecken gehaltenen finanziellen Vermögenswerten in Höhe der positiven Marktwerte der Derivate sowie bei Leasingforderungen in Höhe der bilanzierten Werte, für die das Ausfallrisiko nicht abgesichert ist.“[1375]

1374 Die *Deutsche Börse AG* gibt den Betrag des maximalen Kreditrisikos („Buchwerte - maximale Risikoposition“) – sowie der darauf bezogenen, nach IFRS 7.36(b) anzugebenden Sicherheiten – ebenfalls wie die *Salzgitter AG* im Rahmen einer Tabelle an (Spaltenposten). Vgl. GB 2009 der *Deutsche Börse AG*, S. 198-199. In den zugehörigen Zeilenposten findet sich dabei die Klassifizierung „Besicherte Geldanlagen“, „Unbesicherte Geldanlagen“, Kredite zur Abwicklung von Wertpapiertransaktionen“, Sonstige Forderungen“, Finanzinstrumente der Eurex Clearing AG (zentraler Kontrahent)“ sowie „Derivative Finanzinstrumente“, die teilweise wiederum in einzelne Posten untergliedert ist.

1375 Vgl. GB 2009 der *Salzgitter AG*, S. 233.

Anhand der aufgeführten Beispiele dürfte m.E. leicht erkennbar sein, dass eine tabellarische Darstellung, die die maximale Kreditrisikoposition nach Klassen i.S.v. IFRS 7.6 differenziert, die übersichtlichste Art ist, den Angaben gemäß IFRS 7.36(a) nachzukommen. Eine Ergänzung dieser Informationen um die Angaben zur Sicherheitenstellung in Bezug auf das maximale Kreditrisiko gemäß dem im nachfolgenden Kapitel eingehend erläuterten IFRS 7.36(b) erleichtert dabei m.E. die ökonomische Einschätzung des maximalen Kreditrisikos maßgeblich; die Suche der einschlägigen (im Anhang verstreuten) Passagen bei alleiniger verbaler Darstellung entfällt entsprechend. Daneben ist es über die Angaben gemäß IFRS 7.36(a) und (b) hinausgehend an dieser Stelle auch zu empfehlen, ebenfalls die Nettoposition aus maximalem Kreditrisiko und den darauf entfallenden Sicherheiten offen zu legen, wobei dies nur gelingen kann, wenn eine monetäre Quantifizierung der entsprechenden Sicherheiten vom bilanzierenden Unternehmen auch tatsächlich vorgenommen wird.

Insofern ist m.E. für die Anwendung des unter Abbildung 27 aufgeführten **Tableaus** als **Benchmark** zur Erfüllung der Angabepflichten gemäß IFRS 7.36(a) (und IFRS 7.36(b)[1376]) zu plädieren.[1377]

Klassen nach IFRS 7	siehe auch Anmerkung im Konzern-anhang	Maximale Risiko-position 31.12.2009 (IFRS 7.36(a))	Sicherheiten zum 31.12.2009 (IFRS 7.36(b))	Netto-position zum 31.12.2009	Maximale Risiko-position 31.12.2008 (IFRS 7.36(a))	Sicherheiten zum 31.12.2008 (IFRS 7.36(b))	Netto-position zum 31.12.2008
in Millionen €							
Liquide Mittel							
Forderungen aus Finanzdienstleistungen							
Forderungen aus Lieferungen und Leistungen							
Derivative Finanzinstrumente, die in ein Hedge Accounting einbezogen sind (nur Vermögenswerte)							
Derivative Finanzinstrumente, die nicht in ein Hedge Accounting einbezogen sind (nur Vermögenswerte)							
Kreditzusagen							
Sonstige Forderungen und Vermögenswerte							
Summe							

Abbildung 27: Benchmark-Tableau zur Erfüllung von IFRS 7.36(a) (und IFRS 7.36(b))

1376 Im nachfolgenden Kapitel wird auf den Benchmark hinsichtlich IFRS 7.36(b) noch näher eingegangen, da sie u.U. um verbale Ausführungen ergänzt werden sollten.

1377 Elemente des Musterbeispiels sind dabei z.T. den zuvor dargestellten Abschluss-Auszügen entlehnt, um eine bessere Veranschaulichung zu erreichen. Die unternehmensindividuelle Anpassung bei dessen Anwendung mit Blick auf die Klassen i.S.v. 7.6 versteht sich von selbst.

Eine **weitergehende verbale Erläuterung** dieses Tableaus kann dabei durchaus **sinnvoll** sein, um bspw. die Anforderungen des IFRS 7.36(a), die bei der Ermittlung des maximalen Kreditrisikos zugrunde zu legen sind, den Bilanzadressaten ergänzend bereitzustellen, damit der Aussagegehalt der berichteten betragsmäßigen Informationen eindeutig ist.

Ein **übergreifendes Benchmark-Tableau**[1378], das ebenfalls die Angaben gemäß IFRS 7.36(b) umfasst, findet sich in Kapitel 4.5.1.3.3.

4.5.1.3. Angaben zur Sicherheitenstellung bzgl. des maximalen Kreditrisikos

4.5.1.3.1. Anforderungen des Standards

Nach IFRS 7.36(b) sind **Sicherheiten**[1379] (*collateral held as security*) sowie **sonstige Kreditverbesserungen** bzw. sonstige risikomindernden Vereinbarungen (*other credit enhancements*), die vom bilanzierenden Unternehmen hereingenommen wurden, vom nach IFRS 7.36(a) anzugebenden maximalen Kreditrisiko nicht in Abzug zu bringen. Ihre Angabe hat vielmehr in Form einer Beschreibung gemäß IFRS 7.36(b) getrennt je Klasse von Finanzinstrumenten i.S.v. IFRS 7.6 zu erfolgen; ein tiefergehender Detaillierungsgrad hinsichtlich der Offenlegung ist dem Wortlaut von IFRS 7.36(b) allerdings nicht zu entnehmen.[1380]

Hinsichtlich der insbesondere von **Banken** hereingenommenen **Vielzahl an Sicherheiten** für gewährte Kredite scheint es allerdings laut *Buchheim/Schmidt* fraglich zu sein, ob durch eine entsprechend **extensive Auflistung** dieser Sicherheiten im Anhang gemäß IFRS 7.36(b) ein für die Abschlussadressaten großer Informationswert generiert würde.[1381] Zumindest wird IFRS 7.36(a) von IFRS 7.15 insoweit tiefergehend und unter quantitativen Gesichtspunkten ergänzt, als dass dort die Angabe der Fair Values erhaltener finanzieller als auch nicht-finanzieller Sicherheiten offen zu legen ist, jedoch unter der Voraussetzung, dass diese Sicherheiten seitens des Sicherungsnehmers verkauft oder weiterverpfändet werden können, ohne dass dazu der Sicherungsgeber ausgefallen sein muss.[1382]

[1378] Für eine Übersicht zu derart zusammenhängenden Benchmarks bzw. Benchmark-Tableaus siehe Abbildung 44 unter Kapitel 6.1.

[1379] Sicherheiten werden im Originaltext von IFRS 7.36(b) als „*collateral held as security*" bezeichnet. Die amtliche Übersetzung der EU übersetzt diesen Terminus jedoch nicht mit „Sicherheiten", sondern mit „als ein Wertpapier gehaltene Sicherheiten". Entgegen der amtlichen EU-Übersetzung, wonach von diesen Angabepflichten nur Sicherheiten in Form von Wertpapieren betroffen wären, was die Anwendung von IFRS 7.39-38 erheblich vereinfachen würde, beziehen sich die dortigen Angabepflichten jedoch auf jedwede erhaltenen Sicherheiten. Eine Begrenzung auf Sicherheiten in Form von Wertpapieren wäre als nicht sachgerecht anzusehen. Vgl. Scharpf (2006), S. 39.

[1380] Vgl. Scharpf (2006), S. 39; Buchheim/Schmidt (2005), S. 402; KPMG (2007), S. 135.

[1381] Vgl. Buchheim/Schmidt (2005), S. 402.

[1382] Vgl. hierzu Kapitel 3.3.2.2.

Laut Empfehlung gemäß IFRS 7.IG22 kann der Angabepflicht in IFRS 7.36(b) (in erweiterter Form[1383]) durch die Offenlegung folgender Informationen nachgekommen werden:

- die **Strategien** und **Prozesse** hinsichtlich der Bewertung sowie des **Managements** hereingenommener **Sicherheiten** und anderer **Kreditverbesserungen** (IFRS 7.IG22(a));
- eine Beschreibung der **Hauptarten** (*main types*) **erhaltener Sicherheiten** und anderer **Kreditverbesserungen**[1384] (IFRS 7.IG22(b));
- die **Hauptarten** (*main types*) der **Vertragspartner** der erhaltenen Sicherheiten und anderen Kreditverbesserungen sowie **ihre Kreditwürdigkeit** („*...and their creditworthiness...*") (IFRS 7.IG22(c));
- Informationen über **Risikokonzentrationen** in Verbindung mit den Sicherheiten oder sonstigen Kreditverbesserungen (IFRS 7.IG22(d)).

Laut IFRS 7.BC53 fordert IFRS 7.36(b) keine Angabe der **Fair Values der Sicherheiten** bzw. der anderen Kreditverbesserungen. Dem waren Bedenken seitens der IFRS-Anwender[1385] vorausgegangen, dass die Angabe der Fair Values auf einer aggregierten Ebene missverständlich sein könnte, d.h. die alleinige Angabe der Höhe (der Fair Values) keine Rückschlüsse auf das Risikominderungspotential geben würde.[1386] Dies dürfte insbesondere dann der Fall sein, wenn auf der einen Seite ein Darlehensportfolio übersichert ist und auf der anderen Seite für bestimmte Darlehen keine ausreichenden Sicherheiten zur Verfügung stehen (IFRS 7.BC52). Entsprechend verlangt das IASB nun lediglich die Offenlegung einer Beschreibung der Sicherheiten und anderen Kreditverbesserungen und keine zusätzliche Angabe ihrer Fair Values[1387], was darüber hinaus von den Unternehmen auch einfacher zu bewerkstelligen sein dürfte („*...would be less onerous...*") (IFRS 8.BC53). In der Literatur wird diese Vereinfachung ebenfalls weitgehend begrüßt.[1388] *Löw* kritisiert hingegen, dass eine Abschätzung der Werthaltigkeit einer Sicherheit im Rahmen eines Kreditengagements zumindest im Bankgeschäft stets erforderlich sei und daher die jetzigen Regelungen in IFRS 7.36(b) sachlich nur bedingt überzeugen könnten.[1389]

M.E. ist es jedoch für **Nicht-Finanzdienstleister** gleichermaßen angezeigt, die **Werthaltigkeit hereingenommener Sicherheiten** ausreichend präzise bestimmen zu können. Ökonomisch betrach-

---

1383 Vgl. Buchheim/Schmidt (2005), S. 402.

1384 Bspw. Garantien (*guarantees*), Kreditderivate (*credit derivatives*), und Nettingvereinbarungen (*netting agreements*), für die nach IAS 32 keine Saldierung möglich ist (IFRS 7.IG22(b)).

1385 Siehe hierzu auch Buchheim/Schmidt (2005), S. 403, die insbesondere Bezug auf die seitens des Deutschen Standardisierungsrats (DSR) vorgebrachte Kritik nehmen.

1386 Vgl. auch Löw (2005b), S. 2180.

1387 Die Angabe der Fair Values bestimmter Sicherheiten ist jedoch nach IFRS 7.15 zwingend erforderlich. Siehe hierzu insbesondere Kapitel 3.3.2.

1388 Vgl. etwa Buchheim/Schmidt (2005), S. 402.

1389 Vgl. Löw (2005b), S. 2180.

tet setzt doch bereits die Tatsache, *dass* Sicherheiten gestellt werden, zumindest eine (grobe) Schätzung und in der Folge ein Übereinkommen beider involvierter Parteien darüber voraus, was denn die einzelnen Sicherheiten Wert sind – zumindest zum Zeitpunkt der Sicherheitenstellung. Andernfalls würde doch eine Besicherung durch finanzielle bzw. nicht-finanzielle Vermögenswerte kaum bewilligt bzw. angenommen werden.

Die **Unterlassung einer Forderung der Angabe von (Schätzungen der) Fair Values** hereingenommener Sicherheiten seitens des IASB kann m.E. inhaltlich daher auch in Bezug auf Nicht-Finanzdienstleister nicht überzeugen. In puncto IFRS 7.15 argumentiert das IASB laut IFRS 7.BC53, dass "*the Board concluded that it is reasonable to expect an entity to know the fair value of collateral that it holds and can sell even if there is no default.*" Warum das bei anderen Sicherheiten, die i.d.R. jedoch auch gleichermaßen werthaltig sein sollten, nicht der Fall sein soll, ist m.E. nicht begründbar. Der Versuch einer dahingehenden Rechtfertigung des IASB in IFRS 7.BC51, warum eine Angabe von Fair Values für Sicherheiten in bestimmten Fällen nicht möglich ist, hätte m.E. auch dafür gereichen können, Ausnahmetatbestände von der ansonsten verpflichtenden Angabe (von Schätzungen) der Fair Values von Sicherheiten zu formulieren.

Greift man sich etwa IFRS 7.BC51(b) heraus, wonach Banken bei Abschluss bestimmter Darlehen die entsprechend hereingenommenen Sicherheiten ausschließlich zum Zeitpunkt des Geschäftsabschlusses bewerten, wäre m.E. (zu späteren Berichtszeitpunkten) auch die **Angabe** einer **Schätzung**[1390] **der diesbezüglichen Fair Values** als ausreichend für eine Offenlegung im Zuge von IFRS 7.36(b) anzusehen. Gemäß IFRS 7.37(c) fordert das IASB sodann auch verpflichtend die Angabe geschätzter Fair Values, sofern eine solche Schätzung nicht „undurchführbar" ist, allerdings beschränkt auf Sicherheiten, die sich auf den Bestand der zahlungsverzögerten bzw. einzelwertberichtigten finanziellen Vermögenswerte beziehen. Warum das IASB nur in diesem Fall die Angabe geschätzter Fair Values für notwendig erachtet, ist jedoch weder der *Application Guidance*, noch der *Implementation Guidance* von IFRS 7 zu entnehmen. Zumal bestehen die in IFRS 7.BC51 aufgeführten Fair Value-Ermittlungsprobleme auch in diesem Fall unverändert. Insoweit offenbaren die Regelungen des IFRS 7 zur Angaben erhaltener Sicherheiten m.E. **erhebliche konzeptionelle Schwachstellen**. In Kapitel 4.5.1.3.3. wird diese Problematik in ihrer Gesamtheit betrachtet und einer gangbaren Lösung zugeführt.

[1390] Bspw. könnte im Falle der Besicherung anhand von Hypotheken in den nachfolgenden Berichtsperioden eine Schätzung des entsprechenden Fair Values bspw. auf Basis der Heranziehung der regionalen Grundstückpreisentwicklung etc. vorgenommen werden.

4.5.1.3.2. Erhebung des Benchmark

Eine erste Darstellungsmöglichkeit der Angaben zu IFRS 7.36(b) – Offenlegung der Sicherheitenstellung bzgl. des maximalen Kreditrisikos – findet sich bei *KPMG*:

> **Erhaltene Sicherheiten**
>
> Das Unternehmen hat Sicherheiten in Form von Garantien, Kreditderivaten und anderen Vermögenswerten erhalten.
>
> Darüber hinaus bestehen Eigentumsvorbehaltsklauseln.

Nachfolgend seien einige ausgewählte Beispiele aus der Praxis (GBs 2009) aufgeführt. Wie auch zu den Angaben gemäß IFRS 7.36(a) finden sich zunächst, bspw. bei der *Beiersdorf AG*[1391] oder der *SAP AG*[1392], äußerst rudimentäre Angaben zu IFRS 7.36(b), die nichts weiter als die Tatsache kommunizieren, *dass* Sicherheiten bzw. Kreditverbesserungen mit Blick auf das maximale Kreditrisiko[1393] gestellt sind; jedenfalls ist nicht erkennbar, in welcher konkreten Form bzw. Ausprägung Sicherheiten bestehen.

Von einer Großzahl der betrachteten Unternehmen werden die bestehenden Sicherheiten bzw. Kreditverbesserungen in Bezug auf das maximale Kreditrisiko jedoch, wie nachfolgend am Beispiel der *Daimler AG*[1394] veranschaulicht, explizit benannt.

> ***Daimler AG***:
>
> "Im Rahmen seiner Finanzdienstleistungsaktivitäten hält der Konzern für Einzelgeschäfte Kreditsicherheiten. Der Wert einer Kreditsicherheit hängt in der Regel vom Betrag des finanzierten Vermögenswertes ab. Üblicherweise dienen die finanzierten Fahrzeuge durch Sicherungsübereignung des Kraftfahrzeugbriefs als Kreditsicherheit. Darüber hinaus limitiert Daimler Financial Services das Kreditrisiko aus Finanzierungs- und Leasingaktivitäten, zum Beispiel durch Anzahlungen von Kunden."[1395]
>
> „Im jeweiligen Inlandsgeschäft wird ein Großteil der Forderungen aus Lieferungen und Leistungen durch verschiedene, gegebenenfalls länderspezifische Sicherungsformen abgesichert. Die Sicherungen umfassen zum Beispiel den Eigentumsvorbehalt, Garantien und Bürgschaften sowie Hypothe-

[1391] Vgl. GB 2009 der *Beiersdorf AG*, S. 114.

[1392] Vgl. GB 2009 der *SAP AG*, S. 215.

[1393] Der Bezug zum maximalen Kreditrisiko wird zwar häufig nicht explizit hergestellt, ergibt sich jedoch meist aus dem Kontext der jeweiligen Angaben.

[1394] Für weitere ähnliche Beispiele siehe die GBs 2009 der *BMW AG*, S. 126, der *Deutsche Lufthansa AG*, S. 199, der *Deutsche Telekom AG*, S. 204, der *E.ON AG*, S. 136-137, der *Henkel AG & Co. KGaA*, S. 115, der *K+S AG*, S. 140 (Risikobericht (Lagebericht) sowie S. 204 (Anhang), der *Linde AG*, S. 143, der *MAN SE*, S. 143-144, der *RWE AG*, S. 192, der *Salzgitter AG*, S. 136-137 (Risikobericht (Lagebericht)); 232-233, der *ThyssenKrupp AG*, S. 227, der *TUI AG*, S. 201-202 sowie der *Volkswagen AG*, S. 250; 275.

[1395] Vgl. GB 2009 der *Daimler AG*, S. 234.

ken und Kundeneinlagen. Um dem Kreditrisiko vorzubeugen, prüft Daimler ferner die Bonität von Kontrahenten."[1396]

„Im jeweiligen Exportgeschäft beurteilt Daimler ebenfalls die Bonität der Generalvertretungen [...] Abhängig von der Bonität der Generalvertretungen etabliert Daimler Kreditlimits und begrenzt das Kreditrisiko durch folgende Kreditsicherheiten:

- Kreditversicherungen,
- erstklassige Bankgarantien,
- Akkreditive und
- Verpfändungen."[1397]

Wie die vorangegangenen Beispiele zeigen, werden die folgenden hereingenommenen Sicherheiten bzw. Kreditversicherungen von den betrachteten Unternehmen zur Erfüllung von IFRS 7.36(b) genannt:

- Finanzierte Gegenstände:
  - Fahrzeuge;
  - Einrichtungen;
  - Immobilien;
- Sicherungsübereignung (u.a. von Fahrzeugen (Kraftfahrzeugbrief));
- Pfandrechte;
- Grundpfandrechte:
  - (erstrangige) Grundschulden;
  - Hypotheken;
- (Bank-)Bürgschaften;
- (Bank-)Garantien, Garantien der jeweiligen Mutterunternehmen;
- Anzahlungen;
- Kundeneinlagen;
- (Waren-)Kreditversicherungen;
- (bestätigte und unbestätigte) Akkreditive;
- Nachweis von Gewinnabführungsverträgen in Verbindung mit Patronatserklärungen (*Letter of Awareness*);
- Hinterlegung von Wertpapieren;
- Netting-Vereinbarungen bzw. Globalverrechnungsabkommen;
- Collateral-Vereinbarungen;
- Deckungszusagen;
- Globalsicherheiten (bspw. über die Delkrederestelle Stahl).

1396 Vgl. GB 2009 der *Daimler AG*, S. 235.
1397 Vgl. GB 2009 der *Daimler AG*, S. 235.

Dabei verzichten die Unternehmen weitgehend darauf, die Sicherheitenstellung, wie von IFRS 7.36(b) gefordert, mit dem maximalen Kreditrisiko explizit in Verbindung zu bringen. Dieser Zusammenhang ergibt sich dabei jedoch aus den jeweiligen Textpassagen und deren Verortung meist von selbst.

Neben der bereits im vorangegangenen Kapitel empfohlenen gemeinsamen betragsmäßigen Darstellung des maximalen Kreditrisikos gemäß IFRS 7.36(a) und der damit korrespondierenden Sicherheiten bzw. Kreditverbesserungen ist m.E. die **verbale Erläuterung** der vom Unternehmen akzeptierten Sicherheiten bzw. Kreditverbesserungen gemäß IFRS 7.36(b) für ein Verständnis der Kreditrisikoposition des bilanzierenden Unternehmen, insbesondere was die mit dem Sicherheitenmanagement verbundenen Strategien und Prozesse anbelangt, zwar **unabdingbar**. Allein derart prosaische Ausführungen lassen jedoch vor allem hinsichtlich der Vermittlung des Umfangs gestellter und hereingenommener Sicherheiten zu wünschen übrig und sind insoweit m.E. nur als bedingt entscheidungsnützlich anzusehen.

Insofern wäre es ungeachtet einer derart nicht bestehenden Angabepflicht[1398] wünschenswert, wenn die bilanzierenden Unternehmen auch die **einzelnen Arten** von **Sicherheiten** bzw. **Kreditverbesserungen betragsmäßig** anhand der **Fair Values bzw. deren Schätzungen** (exakt) **quantifizierten**,[1399] damit der Bilanzleser nicht zuletzt vermittelt bekommt, ob bspw. die Mehrzahl der gestellten Sicherheiten etwa in Form von Bürgschaften bestehen, die wiederum eine Abhängigkeit zu Dritten schafft, oder aber gar eine weitgehende Sicherung über eine bereits erfolgte Hinterlegung von Wertpapieren oder Kundeneinlagen erfolgte.

Für weitere diesbezügliche Empfehlungen, die insbesondere auf Schwachstellen von IFRS 7 zurückgehen und in (übergreifenden) tabellarischen **Benchmark-Tableaus**[1400] münden, siehe insbesondere das vorangegangene Kapitel 4.5.1.2.2. bzw. das nachfolgende Kapitel 4.5.1.3.3.

4.5.1.3.3. Möglichkeiten einer zusammenfassenden Darstellung der Angaben zur Stellung sowie Gewährung von Sicherheiten

Betrachtet man die **Gesamtheit der Regelungen in IFRS 7** zur **Stellung** und **Gewährung** von **Sicherheiten**, so handelt es sich nicht nur aufgrund der Verortung der Normen innerhalb des Standards um eine Art **Flickenteppich**. Auch inhaltlich betrachtet nimmt das IASB m.E. eine in weiten Teilen inhaltlich kaum begründbare Differenzierung der einzelnen einschlägigen Normen vor. Das

1398 IFRS 7.37(c) verlangt hingegen u.U. zwingend die Angabe der Fair Values in Bezug auf sowohl überfällige aber nicht im Wert geminderte als auch auf einzelwertberichtigte finanzielle Vermögenswerte. Vgl. hierzu die Ausführungen in Kapitel 4.5.2.4.

1399 Auf den diesbezüglich derzeit bestehenden Mangel ebenfalls hinweisend Ernst & Young Global Limited (2008), S. 34.

1400 Für eine Übersicht zu derart zusammenhängenden Benchmarks bzw. Benchmark-Tableaus siehe Kapitel 6.1.

unter Abbildung 28 aufgeführte Schaubild stellt diese Normen[1401] und deren unterschiedliche Anforderungen zunächst überblicksartig noch einmal dar.

	Norm	Einschränkung	Differenzierung nach Klassen (bzgl. der der Besicherung zugrundeliegenden finanziellen Vermögenwerte bzw. Verbindlichkeiten)	Verbale Angaben	Zur Quantifizierung heranzuziehender Bewertungsmaßstab			Geltungsbereich	
					Buchwert	Fair Value	Schätzung Fair Value	Sicherheiten in Form finanzieller Vermögenswerte	Sicherheiten in Form nicht-finanzieller Vermögenswerte
GESTELLTE SICHERHEITEN	IFRS 7.14	für die Absicherung eigener Verbindlichkeiten oder Eventualverbindlichkeiten	-	Geschäftsbedingungen der Besicherung	X	-	-	X	-
HEREINGENOMMENE SICHERHEITEN	IFRS 7.15	unter der Bedingung, dass die Sicherheiten seitens des Sicherungsnehmers verkauft oder weiterverpfändet werden können, ohne dass dazu der Sicherungsgeber ausgefallen sein muss	-	- Fair Value erhaltener Sicherheiten - Fair Value erhaltener Sicherheiten, die bereits veräußert oder weiterverpfändet wurden (inkl. potentieller Rückübertragungsverpflichtungen) - im Zusammenhang mit der Nutzung der Sicherheiten bestehende Geschäftsbedingungen	-	X	-	X	X
	IFRS 7.36(b)	in Bezug auf das maximale Kreditrisiko (IFRS 7.36(a)), d.h. sämtliche hereingenommenen Sicherheiten	X	Beschreibung der Sicherheiten	-	-	-	X	X
	IFRS 7.37(c)	unter der Bedingung, dass die Sicherheiten bezüglich überfälliger, noch nicht im Wert geminderter oder einzelwertberichtigter finanzieller Vemögenswerte bestehen	X	Beschreibung der Sicherheiten	-	-	X (sofern durchführbar)	X	X

Abbildung 28: Zusammenschau der Angabepflichten für gestellte und hereingenommene Sicherheiten gemäß IFRS 7

Wie bereits in den einzelnen Kapitel zu den Normen IFRS 7.14 und IFRS 7.15[1402], IFRS 7.36(b)[1403] und IFRS 7.37(c)[1404] anklingt, weisen die Angabepflichten zu den gestellten und hereingenommenen Sicherheiten **keinerlei Stringenz** insbesondere hinsichtlich der für die jeweiligen Sachverhalte **offenzulegenden Bewertungsmaßstäbe** auf. Das IASB scheint bei der Finalisierung dieser Regelungen eher in die Rolle eines von der Industrie Getriebenen geschlüpft zu sein,[1405] als dafür zu sorgen, dass Bilanzierungsvorschriften erlassen werden, die den Bilanzadressaten entscheidungsnützliche Informationen hinsichtlich der Vermittlung der Vermögens-, Finanz- und Ertragslage liefern.

Wie die Kapitel 3.3.2., 4.5.1.3. sowie 4.5.2.4. aufzeigen, kommen die in die Untersuchung einbezogenen Unternehmen zudem m.E. nicht zuletzt aufgrund der punktuell sehr unterschiedlichen Rege-

---

1401 IFRS 7.38 wird aus der nachfolgenden Betrachtung ausgenommen, da es sich hierbei um die bereits realisierte Verwertung von Sicherheiten handelt, jedoch nicht primär um die Angabe des Sachverhalts erhaltener oder gestellter Sicherheiten, die eben noch nicht einer Realisierung zugeführt worden sind.

1402 Vgl. Kapitel 3.3.2.

1403 Vgl. Kapitel 4.5.1.3.

1404 Vgl. Kapitel 4.5.2.4.

1405 Darauf hinweisend IFRS 7.BC51.

lungslage **nicht einmal ansatzweise** einer **standardisierten**, geschweige denn **übersichtlichen Offenlegung** der **Angabepflichten** zu den gestellten und hereingenommenen **Sicherheiten** nach – so kann hierbei angesichts der äußerst fragmentierten Offenlegungspraxis **von einer etablierten Konvention keine Rede sein**.

Zwar haben die Unternehmen bei der Erfüllung obiger Angabepflichten grundsätzlich die Wahl, ob sie die jeweils zugehörigen Angaben im Zusammenhang mit den übrigen Erläuterungen einzelner Bilanzposten offenlegen, oder ob sie für eine (teilweise) zusammenhängende bzw. gemeinsame Offenlegung optieren, indem bspw. im Rahmen der Erläuterung einzelner Bilanzposten dann auf diese zusammenhängenden Ausführungen verwiesen[1406] wird. Erstere Alternative findet sich jedoch nur vereinzelt[1407] und mit Blick auf die Gesamtheit der Normen zu den gestellten und hereingenommenen Sicherheiten leider unvollständig umgesetzt. Die Bilanzadressaten dürften es daher schwer haben, sich einen vollständigen Überblick über das Sicherheitenmanagement der bilanzierenden Unternehmen zu verschaffen.

Um eine **standardisierte Offenlegung** bezüglich der Normen IFRS 7.14, IFRS 7.15, IFRS 7.36(b) und IFRS 7.37(c) anzuregen, bilden die nachfolgenden Ausführungen eine Blaupause für eine diesbezügliche Umsetzung in der Praxis. Gleichsam können diese Empfehlungen auch als Aufforderung an das IASB verstanden werden, die einschlägigen Normen inhaltlich entsprechend zu modifizieren. Sollten Unternehmen bei gleichbleibender Normenlage diese Vorlagen anwenden, so bewegen sie sich entsprechend teilweise im Bereich der freiwilligen Berichterstattung, was m.E. jedoch insbesondere die Vermögens-, Finanz- und Ertragslage des bilanzierenden Unternehmens besser darstellen würde.

Mit Blick auf die **durch das bilanzierende Unternehmen gestellten Sicherheiten** wurde hinsichtlich IFRS 7.14 bereits in Kapitel 3.3.2.3. angemerkt, dass aufgrund der **Beschränkung** des Standards in diesem Punkt auf **als Sicherheiten gestellte *finanzielle* Vermögenswerte** es dem Bilanzleser kaum möglich ist, sich ein umfassendes Bild von der Sicherheitenstellung durch das bilanzierende Unternehmen zu machen; zumal ist die **Sicherheitenstellung** in Form bestimmter **nicht-finanzieller Vermögenswerte** – anders als etwa gemäß IFRS 7.36(b) und IFRS 7.37(c) in Bezug auf hereingenommene Sicherheiten – in anderen Standards, bspw. in IAS 2.36(h) (für Verbindlichkeiten gestellte Sicherheiten in Form von Vorräten), IAS 16.74(a) (für Verbindlichkeiten gestellte Sicherheiten in Form von Sachanlagen) sowie IAS 24.20(h) (zu nahe stehenden Personen und Unternehmen bestehende Sicherheiten) geregelt, was letztlich dazu führt, dass ein gemeinsamer Aus-

---

1406 Vgl. hierzu etwa GB 2009 der *Deutsche Post AG*, S. 179 i.V.m. S. 156 und S. 58.

1407 Wie bereits in Kapitel 3.3.2.3. ausgeführt, weisen bspw. drei der in die Untersuchung einbezogenen Unternehmen die Angaben gemäß IFRS 7.14 und IFRS 7.15 gemeinsam aus.

weis dieser Sachverhalte schon aufgrund der fragmentierten Angabepflichten kaum stattfinden wird.

Das unter Abbildung 29 aufgeführte **Tableau** umfasst daher sämtliche vom bilanzierenden Unternehmen **als Sicherheiten gestellte finanziellen** als auch **nicht-finanziellen Vermögenswerte** und ordnet sie über IFRS 7.14 hinausgehend den einzelnen **Klassen finanzieller Verbindlichkeiten**, dem **Bestand nicht-finanzieller Verbindlichkeiten** und **Eventualverbindlichkeiten** sowie den in Bezug auf diese Gruppierungen **wesentlichen Einzelposten** zu.

Für diese Gruppierungen als auch Einzelposten sollte dabei m.E. zumindest der jeweilige **Buchwert** i.S.d. derzeitigen Regelung in IFRS 7.14 angegeben werden. Für die **finanziellen Verbindlichkeiten** bzw. der **diesbezüglichen Klassen** sollte darüber hinaus auch die Angabe des jeweiligen **Fair Values** im Rahmen des Tableaus obligatorisch erfolgen, da dieser ja auch bereits schon aufgrund der Angabepflicht gemäß IFRS 7.25 zu erheben ist. Für die **nicht-finanziellen Verbindlichkeiten** sowie **Eventualverbindlichkeiten** sollte die Angabe des jeweiligen Fair Values hingegen nicht zwingend vorgeschrieben werden, da er anderweitig nicht verpflichtend erhoben wird; eine freiwillige Offenlegung der Fair Values bzw. diesbezüglicher Schätzungen[1408] steht den Unternehmen dabei natürlich offen.

Bezüglich der in diesem Tableau als „Restverbindlichkeiten“ bezeichneten Posten kann es zu einer Vermischung unterschiedlich hoch besicherter Posten kommen, was entsprechend zu einem **Zerrbild** in der Darstellung führt, da sowohl die **„Restverbindlichkeiten“** als auch die zugehörigen Sicherheiten jeweils nur als **Nettopositionen** dargestellt werden. Um diesem Umstand weitgehend gerecht werden zu können, sollten gemäß dem Tableau, wie bereits angemerkt, alle **wesentlichen Verbindlichkeiten** und ihre zugehörigen Sicherheiten separat und **einzeln dargestellt** werden.

Für die **als Sicherheiten gestellten finanziellen Vermögenswerte** schreibt IFRS 7.14 die Angabe des Buchwerts vor, der jedoch nicht danach zu differenzieren ist, ob es sich dabei um einen Fair Value oder die (fortgeführten) Anschaffungskosten handelt. Das Tableau unter Abbildung 29 differenziert daher bewusst die Wertangabe der Sicherheiten nach „Fair Value“, „fortgeführte Anschaffungskosten“ und „Anschaffungskosten“. Sofern eine der beiden letzten Posten zutrifft, ist es m.E. hilfreich, wenn das bilanzierenden Unternehmen den Fair Value bzw. eine Schätzung des Fair Value nachrichtlich offenlegt, sofern dieser ohnehin erhoben wird. Die Spalte *„nachrichtlich (Schätzung) Fair Value“* ist ob ihres nachrichtlichen Charakters jedoch nicht in Summe darzustellen, da sie häufig nur teilweise und eben nachrichtlich befüllt werden wird.

[1408] Schätzungen von Fair Values sind dabei innerhalb des Tableaus zwingend als solche zu kennzeichnen.

Für die **als Sicherheiten gestellten nicht-finanziellen Vermögenswerte** wird häufig eine Befüllung der Spalten „Fair Value" bzw. „*nachrichtlich (Schätzung) Fair Value*" unter Abbildung 29 nicht angezeigt bzw. nicht ohne größeren Aufwand möglich sein; entsprechend werden sich die wertmäßigen Angaben zu den Sicherheiten in Form nicht-finanzieller Vermögenswerte weitgehend auf die Befüllung der Spalten „fortgeführte Anschaffungskosten" bzw. „Anschaffungskosten" beschränken, was zumindest den Informationswert insofern erhöht, als dass eine undifferenzierte Angabe des Buchwerts i.S.v. IFRS 7.14 vermieden wird.

Was hingegen die **von den bilanzierenden Unternehmen hereingenommenen Sicherheiten** anbelangt, sollte m.E. die derzeitige Regelungslage in puncto Angabe der Fair Values von Sicherheiten insofern beibehalten werden, als dass die Angabepflichten gemäß IFRS 7.37(c) in Form der verpflichtenden Offenlegung von **Schätzungen der Fair Values** – sofern deren Vornahme nicht als undurchführbar anzusehen ist – für Sicherheiten, die für Not leidende Kredite gestellt sind, unverändert fortbestehen. Insofern dient dann auch das im später folgenden Kapitel 4.5.2.4.2. vorgeschlagene **Tableau zur Umsetzung von IFRS 7.37(c)** als **Grundgerüst** des im Rahmen des vorliegenden Kapitels empfohlenen Tableaus unter Abbildung 30.

Mit Blick auf IFRS 7.15, wonach standardkonform ermittelte Fair Values obligatorisch für all jene hereingenommenen Sicherheiten anzugeben sind, die zwingend seitens des Sicherungsnehmers verkauft oder weiterverpfändet werden dürfen, wäre es m.E. ebenfalls statthaft, wenn analog IFRS 7.37(c) ebenfalls **Schätzungen des Fair Values** – sofern nicht undurchführbar – für die Angabe solcher Sicherheiten[1409] ausreichten. Mit Blick auf die Tatsache, dass sich IFRS 7.15 auf als Sicherheiten hereingenommene finanzielle als auch nicht-finanzielle Vermögenswerte bezieht, sollte dies m.E. aus denselben Gründen wie bei den Angabepflichten gemäß IFRS 7.37(c) sachgerecht sein.

Gegenüber IFRS 7.37(c) und IFRS 7.15, die nur einen kleinen Teil der hereingenommenen Sicherheiten betreffen, fällt die Gesamtheit der vom Unternehmen hereingenommenen Sicherheiten in den Anwendungsbereich von IFRS 7.36(b). Wie bereits in Kapitel 4.5.1.3. ausführlich erörtert, scheinen die vom Standard in diesem Punkt geforderten verbalen Angaben konzeptionell gegenüber IFRS 7.37(c) und IFRS 7.15 (und IFRS 7.14) insoweit als unzureichend, als dass keinerlei wertmäßige Angaben gefordert werden, auf Basis derer der Umfang hereingenommener Sicherheiten bestimmt bzw. eingeschätzt werden könnte.

[1409] Da unten empfohlenes Tableau über IFRS 7.15 hinausgehende Sachverhalte umfasst, könnte dabei auch per Fußnoten-Kennzeichnung oder anschließender verbaler Erläuterung etwa auf die mit diesen Sicherheiten verbundenen speziellen Rechte – Veräußerung und Weiterverpfändung – verwiesen werden.

	Buchwerte der einzelnen Klassen/ wesentlichen Posten	Fair Values der einzelnen Klassen/ wesentlichen Posten	Stellung finanzieller Vermögenswerte als Sicherheiten für einzelne Klassen/wesentliche Posten					Stellung nicht-finanzieller Vermögenswerte als Sicherheiten für einzelne Klassen/wesentliche Posten				
			Art der Sicherheit	Buchwert			*nachrichtlich (Schätzung) Fair Value*	Art der Sicherheit	Buchwert			*nachrichtlich (Schätzung) Fair Value*
				Fair Value	fortgeführte Anschaffungs-kosten	Anschaffungs-kosten			Fair Value	fortgeführte Anschaffungs-kosten	Anschaffungs-kosten	
Klassen finanzieller Verbindlichkeiten gemäß IFRS 7												
Verbindlichkeiten gegenüber Kreditinstituten GESAMT			Anzahlungen					Bürgschaften				
			Wertpapiere					Grundpfandrechte				
								Sicherungsübereignungen				
			GESAMT					GESAMT				
Verbindlichkeiten Y1 gegenüber Bank X1			Anzahlungen					Grundpfandrechte				
Verbindlichkeit Y2 gegenüber Bank X2			Wertpapiere					Grundpfandrechte				
Restverbindlichkeiten			Wertpapiere					Sicherungsübereignungen				
								Bürgschaften				
Verbindlichkeiten aus Lieferungen und Leistungen GESAMT			Forderungen aus Lieferungen und Leistungen					Vorräte				
			Wertpapiere					Sachanlagen				
			GESAMT					GESAMT				
Verbindlichkeiten gegenüber Zulieferer Z1			Forderungen aus Lieferungen und Leistungen					Vorräte				
Verbindlichkeiten gegenüber Zulieferer Z2			-					Sachanlagen				
Restverbindlichkeiten			Wertpapiere					-				
...												
nicht-finanzielle Verbindlichkeiten												
			Bürgschaften									
			Grundpfandrechte									
...												
Eventualverbindlichkeiten												
			Sicherungsübereignungen									
			Bürgschaften									
...												

Abbildung 29: Benchmark-Tableau für die als Sicherheiten gestellten finanziellen und nicht-finanziellen Vermögenswerte

Da für die Gesamtheit der im Unternehmen bestehenden Sicherheiten die Ermittlung ihrer Fair Values bzw. zumindest die **Schätzung ihrer Fair Values** allein schon **aus ökonomischen Gründen** jederzeit **möglich sein sollte**, wäre es m.E. **sinnvoll**, **zukünftig** einen **Mittelweg** zwischen den derzeit bestehenden Angaben gemäß IFRS 7.36(b) und den vormals gemachten Vorschlägen des IASB im Rahmen von ED 7[1410] zu beschreiten. Entsprechend sollte gemäß IFRS 7.36(b) zumindest die Angabe von **Schätzungen der Fair Values**[1411] **sämtlicher hereingenommener Sicherheiten** – sofern dies analog IFRS 7.37(c) nicht undurchführbar ist – **obligatorisch** vorgeschrieben werden. Diese Forderung hebt sich dabei einerseits im Informationswert deutlich von den derzeit bestehenden Regelungen gemäß IFRS 7.36(b) ab, die *keinerlei* Quantifizierung fordern, verlangt andererseits jedoch auch keine übergreifende standardkonforme Ermittlung der einzelnen Fair Values, was schlichtweg eine unverhältnismäßige Zusatzbelastung für die Unternehmen darstellen würde.

Analog dem für die Umsetzung von IFRS 7.14 vorgeschlagenen Tableau (Abbildung 29) sollte bei der Darstellung der hereingenommenen Sicherheiten m.E. zwischen **finanziellen** und **nicht-finanziellen Sicherheiten unterschieden** werden, sofern beide Rubriken eine ausreichende Befüllung aufweisen.[1412] Für erstere dürfte sich die Ermittlung des Fair Value dabei als verhältnismäßig unproblematisch herausstellen; für zweitere kommt m.E. überwiegend die Schätzung der betreffenden Fair Values für Angabezwecke in Frage.

Grundsätzlich können für den Fall, dass das empfohlene **Benchmark-Tableau** unter Abbildung 30 in Teilen keine Befüllung mangels entsprechender Sachverhalte im Unternehmen findet, die einzelnen Elemente der Darstellung auch modular angewendet werden, indem bspw. einige Spalten in Gänze entfallen.

Die Benchmark-Tableaus aus Kapitel 4.5.2.2.2. bzgl. der Überfälligkeitsanalyse finanzieller Vermögenswerte (IFRS 7.37(a)) sowie aus Kapitel 4.5.2.3.2. bzgl. der Analyse einzelwertgeminderter finanzieller Vermögenswerte (IFRS 7.37(b)) wurden ebenfalls in das Unter Abbildung 30 aufgeführte Tableau integriert, da sich die nach IFRS 7.37(c) zu beschreibenden hereingenommenen Sicherheiten eben auf genau diese Not leidenden Vermögenswerte gemäß IFRS 7.37(a)-(b) beziehen.[1413]

1410 Siehe hierzu insbesondere auch IFRS 7.BC51-.BC53.

1411 Analog dem Tableau zur Umsetzung von IFRS 7.14 sind Schätzungen von Fair Values dabei innerhalb des Tableaus zwingend als solche zu kennzeichnen.

1412 Ansonsten ist m.E. auch ein gemeinsamer Ausweis gemäß dem in Kapitel 4.5.2.4.2. vorgestellten Tableau zur Umsetzung von IFRS 7.37(c) ausreichend.

1413 Im Endeffekt kann man auch von einer Integration des Benchmark-Tableaus aus Kapitel 4.5.2.4.2. (Anhangangaben zur Sicherheitenstellung für Not leidende Kredite) sprechen, welches wiederum die beiden Benchmark-Tableaus aus Kapitel 4.5.2.2.2. sowie Kapitel 4.5.2.3.2. zusammenfügt). Vgl. zur besseren Übersicht hierzu auch Abbildung 44 unter Kapitel 6.1.

	Weder überfällige noch einzelwertberichtigte finanzielle Vermögenswerte					Überfällige finanzieller Vermögenswerte, die nicht einzelwertberichtigt sind																		Einzelwertberichtigte finanzielle Vermögenswerte																GESAMT
	Buchwert der Finanzinstrumente	Besicherung der einzelnen Klassen mittels finanzieller Vermögenswerte		Besicherung der einzelnen Klassen mittels nicht-finanzieller Vermögenswerte		Überfälligkeitsanalyse													Buchwert der Finanzinstrumente	Besicherung der einzelnen Klassen mittels finanzieller Vermögenswerte		Besicherung der einzelnen Klassen mittels nicht-finanzieller Vermögenswerte		Einzelwertberichtigungen											Buchwert der Finanzinstrumente	Besicherung der einzelnen Klassen		Besicherung der einzelnen Klassen mittels nicht-finanzieller Vermögenswerte		Buchwert
Klassen gemäß IFRS 7		Art der Sicherheit	(Schätzung) Fair Value	Art der Sicherheit	(Schätzung) Fair Value	weniger als 30 Tage	30 bis 59 Tage	60 bis 89 Tage	90 bis 119 Tage	120-149 Tage	150 bis 179 Tage	180 bis 209 Tage	210 bis 239 Tage	240 bis 269 Tage	270 bis 299 Tage	300 bis 329 Tage	330 bis 359 Tage	mehr als 360 Tage		Art der Sicherheit	(Schätzung) Fair Value	Art der Sicherheit	(Schätzung) Fair Value	Stand zum Geschäftsjahresbeginn	Zuführungen erfolgswirksam	Zuführungen nicht erfolgswirksam	Inanspruchnahme	Auflösungen erfolgswirksam	Auflösungen nicht erfolgswirksam	Änderungen des Konsolidierungskreises	Währungsumrechnungseffekte	Sonstige Veränderungen	Einzelwertberichtigungsaufwand GESAMT	Stand zum Geschäftsjahresende		Art der Sicherheit	(Schätzung) Fair Value	Art der Sicherheit	(Schätzung) Fair Value	
Forderungen aus Lieferungen und Leistungen GESAMT		Forderungen aus Lieferungen und Leistungen		Bürgschaften Grundpfandrechte																Forderungen aus Lieferungen und Leistungen		Bürgschafte Sicherungsübereignungen																Bürgschaften Wertpapiere Sicherungsübereignungen		
Forderungen aLuL gegenüber Kunde X1				Bürgschaften																		Sicherungsübereignungen																Wertpapiere		
Forderungen aLuL gegenüber Kunde X2				Bürgschaften																Forderungen aus Lieferungen und Leistungen																		Bürgschaften		
Restforderungen aLuL		Forderungen aus Lieferungen und Leistungen																				Sicherungsübereignungen																Bürgschaften		
Forderungen aus Finanzdienstleistungen GESAMT				Grundpfandrechte Bürgschaften																		Sicherungsübereignungen Bürgschaften																Wertpapiere Bürgschaften		
Forderungen aLuL gegenüber Kunde Y1				Grundpfandrechte																		Sicherungsübereignungen																Wertpapiere		
Forderungen aLuL gegenüber Kunde Y2				Bürgschaften																		Bürgschafte																Bürgschaften		
Restforderungen aF				Grundpfandrechte																		Sicherungsübereignungen																Bürgschaften		
Forderungen aus dem Kreditkartegeschäft GESAMT				Bürgschaften																		Bürgschaften																Bürgschaften		
...																								Vornahme EWB per Direktabschreibung																
...																																								
GESAMT																																								

Abbildung 30: Benchmark-Tableau für hereingenommene Sicherheiten

Sowohl an das zur Umsetzung von IFRS 7.14 (Abbildung 29) als auch an das zur Umsetzung von IFRS 7.15 i.V.m. IFRS 7.36(b) i.V.m. i.V.m. IFRS 7.37(a) i.V.m. IFRS 7.37(b) i.V.m. IFRS 7.37(c) vorgeschlagene Tableau (Abbildung 30) sollten sich m.E., sofern **Schätzungen von Fair Values** angegeben werden, **verbale Erläuterungen der diesen Schätzungen zugrundeliegenden Annahmen** sowie der dabei **angewendeten Vorgehensweise** anschließen. Auch wenn es sich nur um Fair Value-Schätzungen handelt, dürften die Bilanzadressaten im Zuge derart verbaler Ergänzungen m.E. im Vergleich zur derzeitigen Normierung doch ein relativ klares Bild über die Werthaltigkeit der vom Unternehmen gestellten als auch hereingenommenen Sicherheiten erhalten.[1414]

Da Sicherheiten dazu dienen, Gläubiger vor Ausfällen aus (finanziellen) Vermögenswerten zu schützen, wird die Verwertung von Sicherheiten in gesamtwirtschaftlich stabilen Zeiten in der Fläche wohl eher eine Randerscheinung bleiben. In **Krisenzeiten**, während denen Unternehmen u.a. aufgrund einer angespannten Liquiditätssituation erfahrungsgemäß vergleichsweise häufig ihre Verbindlichkeiten nicht mehr bedienen können, stellt für die Bilanzadressaten der umfassende Einblick in den Bestand der sowohl vom Unternehmen gewährten als auch vom Unternehmen hereingenommenen Sicherheiten hingegen eine besonders entscheidungsnützliche Information hinsichtlich des **Liquiditätsrisikos** (betrachtetes Unternehmen als Sicherungsgeber) als auch des eigenen **Kreditrisikos** (betrachtetes Unternehmen als Sicherungsnehmer) dar. Dabei ist m.E. der **zentrale Aspekt** in der **Vermittlung der Werthaltigkeit** der gestellten bzw. hereingenommenen **Sicherheiten** zu sehen, die unter konzeptionellen Aspekten betrachtet am besten anhand des **Fair Value** vermittelt wird.

Die Vermittlung der Werthaltigkeit von Sicherheiten erlangt entsprechend jedoch auch in einem verhältnismäßig stabilen wirtschaftlichen Umfeld an Bedeutung, da die Bilanzadressaten nur auf diesem Weg beurteilen können, ob das Unternehmen unter **Kreditrisikogesichtspunkten** bspw. für den Bestand an ausstehenden Forderungen eine adäquate Absicherung in Form hereingenommener Sicherheiten veranlasst hat. Mit Blick auf das **Liquiditätsrisiko** spielt die Werthaltigkeit gestellter Sicherheiten dabei insofern eine entscheidende Rolle, als dass zum einen anhand der **Höhe der Besicherung** einzelner Verbindlichkeiten eine **mittelbare Aussage** über die **Kreditwürdigkeit** des bilanzierenden Unternehmens bspw. im Rahmen externer Finanzierungen getroffen werden kann; m.a.W. wird so die Frage beantwortet, wie Dritte die Kreditwürdigkeit des bilanzierenden Unternehmens beurteilen und diese dann entsprechend von diesem besichern lassen. Daran anknüpfend

1414 Da die bilanzierenden Unternehmen bei manchen Sicherheiten, bspw. Hypotheken, unternehmensintern keine fortlaufend exakte Bestimmung der diesbezüglichen Fair Values vornehmen, sondern die Werthaltigkeit der Besicherung regelmäßig eher approximieren dürften, würde die oben empfohlene quantitative als auch qualitative Vorgehensweise beim Ausweis von Sicherheiten m.E. u.U. auch dem Management Approach gerechter werden als die Vorgehensweise auf Basis der derzeitigen Normenlage.

sind die Angaben zu gestellten Sicherheiten unmittelbar mit dem (teilweisen) Eintritt des Liquiditätsrisikos des bilanzierenden Unternehmens verbunden, da im Falle der Besicherung eine Nicht-Bedienung ausstehender finanzieller (derivativer) Verbindlichkeiten unmittelbar zu einem Abfluss anderer (finanzieller) Vermögenswerte führen kann, die u.U. auch betriebsnotwendigen Charakter haben können.

Auch aus diesen Gründen stellen obige Tableaus m.E. eine sachgerechte Darstellung des Sicherheitenmanagements eines bilanzierenden Unternehmens dar, welche jedoch angesichts der aktuellen Normenlage nur unter Vornahme einer teilweisen **freiwilligen Berichterstattung** zur Offenlegung entscheidungsnützlicher Informationen führen.

4.5.1.4. Angaben zu nicht Not leidenden Vermögenswerten

4.5.1.4.1. Anforderungen des Standards

Gemäß IFRS 7.36(c) haben Unternehmen Informationen über die **Kreditqualität** ihrer **nicht Not leidenden**, d.h. weder wertgeminderten noch überfälligen („*...that are neither past due nor impaired...*“) **finanziellen Vermögenswerte** offen zu legen.

Das IASB weist mit IFRS 7.BC54 darauf hin, dass Informationen über die Kreditqualität den Abschlussadressaten bessere Einblicke in die Kreditqualität der Vermögenswerte gewähren und ihnen somit ermöglicht, die Wahrscheinlichkeit besser einschätzen zu können, ob diese Vermögenswerte zukünftig im Wert gemindert sein werden. Eine tiefergehende Spezifikation der Art und Weise, wie die Informationen gemäß IFRS 7.36(c) offenzulegen sind, hält das IASB explizit für nicht notwendig, da sich die einzelnen Informationserfordernisse zwischen den berichtenden Unternehmen stark unterscheiden dürften. Vielmehr ist es den Unternehmen selbst gestattet, die Angaben entsprechend ihrer individuellen Verhältnisse zu machen („*...but rather to allow each entity to devise a method that is appropriate to its circumstances.*“) (IFRS 7.BC54).

Gemäß IFRS 7.IG23 werden nachfolgenden Informationen als nach IFRS 7.36(c) sinnvolle Angaben betrachtet:

- eine **Analyse der Bonitätsstruktur** (*analysis of credit exposures*) anhand von **externen** oder **internen Ratings** (IFRS 7.IG23(a));
- die Art des Vertragspartners (IFRS 7.IG23(b));

- Informationen über **historische Ausfallraten**[1415] („...*historical information about counterparty default rates...*") (IFRS 7.IG23(c));
- jedwede andere Informationen, die zur Beurteilung der Kreditqualität herangezogen wurden („...*used to assess credit quality.*") (IFRS 7.IG23(d)).

Somit ist es primär Banken und ähnlichen Finanzdienstleistern möglich, die Informationen aus **internen Ratings** (IRB-Ansatz) zur Quantifizierung des Kreditrisikos in gewissem Umfang auch für die Angabepflichten nach IFRS 7 zu verwenden.[1416] **Industrie- und Handelsunternehmen** dürften sich hingegen mit grundlegenden Veränderungen ihrer internen Berichtssysteme konfrontiert sehen, um den quantitativen Angabepflichten über die Kreditqualität ihrer Forderungsbestände gerecht werden zu können.[1417] Insbesondere werden dabei ergänzende, **dezentrale Datenerhebungen** hinsichtlich der nicht Not leidenden Vermögenswerte angezeigt sein, sofern es dem bilanzierenden Unternehmen nicht möglich ist nachzuweisen, dass faktisch keine Ausfallrisiken für Kredite und Forderungen bestehen[1418] oder dass diesen im Zuge außerplanmäßiger Abschreibungen bereits zu Genüge Rechnung getragen wird.[1419]

Sofern das Unternehmen zum Management und zur Überwachung der Kreditqualität **externe Ratings** heranzieht, sieht das IASB die Angabe folgender Informationen als adäquat an:

- die einzelne betragliche Höhe der Risiken je externer Ratingklasse (IFRS 7.IG24(a));
- die Ratingagenturen, deren Daten dazu herangezogen wurden (IFRS 7.IG24(b));
- die einzelnen Beträge der Höhe der Risiken, für die ein Rating vorliegt bzw. für die kein Rating vorliegt („*the amount of an entity's rated and unrated credit exposures*") (IFRS 7.IG24(c)); sowie
- das Verhältnis (*relationship*) zwischen den internen und den externen Ratings (IFRS 7.IG24(d)).

Sofern das Unternehmen zum Management und zur Überwachung der Kreditqualität **interne Ratings** heranzieht, sieht das IASB die Angabe folgender Informationen als adäquat an:

- den internen Ratingprozess (*internal credit ratings process*) (IFRS 7.IG25(a));

[1415] Diese Angabe hervorhebend Fürst/Henselmann/Klein (2009), S. 7, mit diesbezüglichem Verweise auf Schmidt (2007), S. 846, der in diesem Zusammenhang jedoch auch die Angabe von Ratings oder „andere[r] kundenspezifische[r] Erfahrungswerte" erwähnt.

[1416] Vgl. Buchheim/Schmidt (2005), S. 402. Zu den nach Auffassung des IASB adäquaten Angaben im Zusammenhang mit der Verwendung interner Ratings siehe die Ausführungen zu IFRS 7.IG25 weiter unten im Text.

[1417] Vgl. Scharpf (2006), S. 40; Bonin (2004), S. 1572 mit Blick auf die Verwendung interner Rating-Systeme.

[1418] Nach Auffassung von *Brücks/Kerkhoff/Stauber* könnte für eine dahingehende Begründung bspw. eine äußerst breite Diversifizierung des Portfolios der Forderungen aus Lieferungen und Leistungen angeführt werden. Vgl. Brücks/Kerkhoff/Stauber (2006b), S. 433, Fn. 207.

[1419] Vgl. Brücks/Kerkhoff/Stauber (2006b), S. 433.

- die einzelnen Beträge der Höhe der Risiken je interner Ratingklasse („*the amounts of credit exposures for each internal credit grade*") (IFRS 7.IG25(b)); sowie
- das Verhältnis (*relationship*) zwischen den internen und den externen Ratings (IFRS 7.IG25(c)).

Die Offenlegung **externer Ratings** ermöglicht, unter der Voraussetzung, dass es sich um Ratings derselben Ratingagentur handelt, grundsätzlich einen Bonitätsvergleich zwischen den derart bewerteten Positionen nicht Not leidender Vermögenswerte zweier Unternehmen. Handelt es sich im Rahmen eines unternehmensübergreifenden Vergleichs bestimmter, gerateter Positionen hingegen um externe Ratings unterschiedlicher Ratingagenturen, so ist entsprechend zunächst die Vergleichbarkeit der unterschiedlichen, zum Einsatz kommenden Rating-Scores sicherzustellen.[1420]

Da sich **unternehmensinterne Ratingsysteme** wohl kaum unternehmensübergreifend entsprechen dürften, **scheidet** ein **zwischenbetrieblicher Vergleich** interner Ratings m.E. allerdings wohl **aus** – mangels unzureichender Informationen kann eine Überleitung zwischen verschiedenen unternehmensindividuellen Rating-Scores nicht gelingen.

Legt ein Unternehmen für ein und dieselben Positionen bestimmter Vermögenswerte sowohl externe als auch interne Rating-Scores offen, so kann m.E. von den Bilanzadressaten darauf aufbauend jedoch eine Einschätzung darüber gewonnen werden, inwiefern das bilanzierende Unternehmen eine gegenüber den entsprechenden externen Ratingagenturen **abweichende Einschätzung** über das den nicht Not leidenden Vermögenswerten inhärente Kreditrisiko hegt. Ein derartiger Vergleich auf Basis interner Rating-Scores stellt m.E. insofern einen sinnvollen Beitrag des IFRS 7 immanenten Management Approach dar.

4.5.1.4.2. Erhebung des Benchmark

Im Rahmen der Praxis der Berichterstattung der DAX-30 Nicht-Finanzdienstleister finden sich hinsichtlich IFRS 7.36(c) u.a. nachfolgende Umsetzungsvarianten.

Zunächst berichtet eine Vielzahl der untersuchten Unternehmen, dass sie zwar externe bzw. interne Ratings heranziehen, um die Bonität von Kunden bzw. Geschäftspartnern zu bewerten, allein eine offengelegte **detaillierte Quantifizierung der Rating-Scores fehlt**, was den Aussagegehalt der Angaben entsprechend erheblich schmälert.[1421] Der Umfang der verbalen Beschreibung des externen bzw. internen Ratingprozesses sowie der – sofern eingesetzt – daran anknüpfenden Limit-

[1420] Vgl. für eine Darstellung der Rating-Scores von *Moody's Rating* sowie *Standard & Poors* etwa Coenenberg/Haller/Schultze (2009), S. 1044.

[1421] Zu einem ähnlichen Ergebnis kommt auch eine Studie von *Ernst & Young*, wo besonders betont wird, dass insbesondere mit Blick auf die Bestände an Forderungen aus Lieferungen und Leistungen ein derartiger Mangel an Angaben zur Kreditqualität besteht. Vgl. Ernst & Young Global Limited (2008), S. 36.

Systeme fällt dabei insbesondere hinsichtlich des Volumens der verbalen Ausführungen sehr unterschiedlich aus.[1422] Darüber hinaus handelt es sich bei den nachfolgenden Auszügen in Teilen um eine Vermischung der qualitativen Angaben gemäß IFRS 7.33(a)-(b) in puncto Kreditrisiko und den Angaben gemäß IFRS 7.36(c), hängt doch die Kreditgüte- bzw. –qualität der nicht Not leidenden Vermögenswerte und das Kreditrisikomanagement unmittelbar zusammen.

Daimler AG:

„Das beim Management von Kreditausfallrisiken betrachtete Risikovolumen umfasst weltweit alle Gläubigerpositionen von Daimler gegenüber Finanzinstituten, Emittenten von Wertpapieren und Kunden aus dem Lieferungs- und Leistungsgeschäft. Das Kreditrisiko gegenüber Finanzinstituten und Emittenten von Wertpapieren ergibt sich vor allem aus der Anlage liquider Mittel im Rahmen des Liquiditätsmanagements sowie durch den Handel mit derivativen Finanzinstrumenten. Das Management dieser Kreditrisiken basiert im Wesentlichen auf einem internen Limitsystem, das sich an der Bonität des Finanzinstituts bzw. des Emittenten orientiert. Das Kreditrisiko gegenüber Kunden aus dem Liefer- und Leistungsgeschäft resultiert aus eingeräumten Zahlungszielen und beinhaltet das Ausfallrisiko von Vertragshändlern und Generalvertretern, sonstigen Firmenkunden sowie Privatkunden. Im Rahmen des Exportgeschäfts werden bei Generalvertretungen, die über keine ausreichende Bonität verfügen, im Regelfall Kreditsicherheiten, wie beispielsweise erstklassige Bankgarantien, angefordert. Das Kreditrisiko gegenüber Endkunden aus dem Financial-Services-Geschäft steuert Daimler Financial Services auf Basis eines einheitlichen Risikomanagementprozesses. In diesem Prozess werden Mindestanforderungen an das Kredit- und Leasinggeschäft definiert und Standards für die Kreditprozesse sowie für das Identifizieren, Messen und Steuern von Risiken gesetzt. Wesentliche Elemente für die Steuerung der Kreditrisiken sind eine sachgerechte Kreditbeurteilung, die durch statistische Analysemethoden und Bewertungsverfahren unterstützt wird, sowie eine strukturierte Portfolioanalyse und -überwachung.

Das Management von Länderrisiken beinhaltet mehrere Risikoaspekte: das Risiko aus Kapitalanlagen in Tochtergesellschaften und Joint Ventures, das Risiko aus grenzüberschreitenden Finanzierungen von Konzerngesellschaften in Risikoländern sowie das Risiko aus dem direkten Verkauf an Kunden in diesen Ländern. Daimler verfügt über ein internes Ratingsystem, bei dem alle Länder, in denen Daimler operativ tätig ist, in Risikoklassen eingeteilt werden. Eigenkapitalmaßnahmen in Risikoländern werden durch Investitionsschutzversicherungen, wie beispielsweise Investitionsgarantien der Bundesrepublik Deutschland, gegen politische Risiken abgesichert; grenzüberschreitende Forderungen gegenüber Kunden sichern wir teilweise durch Exportkreditversicherungen, erstklassige Bankgarantien und Akkreditive. Ferner wird im Rahmen eines Komitees die Höhe von Hartwährungsportfolios bei Financial-Services-Gesellschaften in Risikoländern festgelegt und begrenzt.

Weitergehende Informationen zum Management der Marktpreis-, Kreditausfall- und Liquiditätsrisiken enthält Anmerkung 30 des Konzernanhangs.“[1423]

“Es entspricht der Risikopolitik der Konzerns, dass der überwiegende Teil der liquiden Mittel in Anlagen mit einem externen Rating von A oder besser gehalten werden.“[1424]

[1422] Vgl. hierzu die GBs 2009 der *Fresenius SE*, S. 131, der *Infineon Technologies AG*, S. 176, der *K+S AG*, S. 140 (Risikobericht (Lagebericht)) sowie S. 204 (hier ist eine prozessuale Verbindung der gemäß IFRS 7.36(b) und IFRS 7.36(c) offenzulegenden Sachverhalte erkennbar), der *Linde AG*, S. 143 und 179, der *MAN SE*, S. 143, der *Merck KGaA*, S. 151, der *RWE AG*, S. 192, der *Salzgitter AG*, S. 195, der *SAP AG*, S. 222, der *Siemens AG*, S. 221-222, der *ThyssenKrupp AG*, S. 227 sowie der *TUI AG*, S. 201-202.

[1423] Vgl. GB 2009 der *Daimler AG*, S. 88-89 (Lagebericht).

[1424] Vgl. GB 2009 der *Daimler AG*, S. 234.

„Im Hinblick auf die Beurteilung des Ausfallrisikos werden zur Bewertung von Privatkunden und Kleinunternehmen Scoringsysteme eingesetzt. Großkunden werden durch interne Ratinginstrumente und, falls verfügbar, mithilfe von Informationen externer Kreditagenturen bewertet. Die Ergebnisse des Scorings und Ratings, ebenso wie die Verfügbarkeit von Sicherheiten und von anderen risikomindernden Instrumenten, wie zum Beispiel Anzahlungen, Garantien und in geringem Umfang Restschuldversicherungen, sind wesentliche Bestandteile der Kreditentscheidung.“[1425]

„Im jeweiligen Exportgeschäft beurteilt Daimler ebenfalls die Bonität der Generalvertretungen über einen internen Ratingsprozess sowie unter Einbeziehung des spezifischen Länderrisikos.“[1426]

„Das Kreditrisiko im Zusammenhang mit Derivaten wird mittels eines Limitsystems gesteuert, das auf der Überprüfung der kontrahentenspezifischen Finanzkraft basiert. Diese Limitierung begrenzt und diversifiziert das Kreditrisiko. Daher ist Daimler aus den derivativen Finanzinstrumenten einem Kreditrisiko in nur geringem Ausmaß ausgesetzt.“[1427]

Fresenius Medical Care AG & Co. KGaA:

„Im Hinblick auf derivative Finanzinstrumente wird jedoch nicht erwartet, dass die Vertragspartner ihren Verpflichtungen nicht nachkommen, da es sich bei diesen um Banken handelt, die ein hohes Rating aufweisen. [...] Das maximale Kreditrisiko aus nicht derivativen Finanzinstrumenten entspricht dem Gesamtwert aller Forderungen. Das Management der Gesellschaft analysiert zur Kontrolle dieses Kreditrisikos das vergangene Zahlungsverhalten und die Altersstruktur der Forderungen“[1428]

Henkel AG & Co. KGaA:

„Ein Kreditrisikomanagement mit einer weltweit gültigen „Credit Policy“ sorgt für eine permanente Überwachung der Kreditrisiken und minimiert die Forderungsverluste. Sie regelt für bestehende Kundenbeziehungen und Neukunden die Vergabe und Einhaltung von Kreditlimiten, kundenindividuellen Bonitätsanalysen unter Nutzung interner und externen Finanzinformationen, die Risikoklassifizierung und die kontinuierliche Überwachung der Forderungsrisiken auf lokaler Ebene. Des Weiteren werden unsere wichtigsten Kundenbeziehungen auch auf regionaler und globaler Ebene überwacht.

[...]

Im Rahmen der Geldanlage und des Derivatehandels mit deutschen und internationalen Banken schließen wir Geschäfte nur mit Kontrahenten bester Bonität. [...] Zur Minimierung des Ausfallrisikos werden mit den Kontrahenten Netting-Vereinbarungen geschlossen und Anlagelimite vergeben. Diese Limite werden entsprechend den Ratings der Kontrahenten vergeben und regelmäßig überprüft und angepasst. Neben den Ratings werden weitere Indikatoren wie die Notierung der „Credit Default Swaps“ (CDS) der Banken bei der Festsetzung der Limite hinzugezogen.“[1429]

Eine **detaillierte Quantifizierung** der zur Bonitätsbeurteilung herangezogenen **externen Ratings** stellen etwa die *Deutsche Lufthansa AG*[1430], die *E.ON AG* sowie die *METRO AG* bereit, was m.E. aufgrund des Vergleichs zu den vorherigen Beispielen als **Benchmark** anzusehen ist.[1431]

1425 Vgl. GB 2009 der *Daimler AG*, S. 235.
1426 Vgl. GB 2009 der *Daimler AG*, S. 235.
1427 Vgl. GB 2009 der *Daimler AG*, S. 236.
1428 Vgl. GB 2009 der *Fresenius Medical Care AG & Co. KGaA*, S. 72.
1429 Vgl. GB 2009 der *Henkel AG & Co. KGaA*, S. 115.
1430 Vgl. GB 2009 der *Deutsche Lufthansa AG*, S. 199-200.
1431 Die externen Ratings werden dabei von den betrachteten Unternehmen jedoch für jeweils unterschiedliche Positionen an nicht Not leidenden Vermögenswerten offen gelegt.

E.ON AG:

„Um Kreditrisiken aus dem Einsatz von Finanzinstrumenten sowie aus der operativen Geschäftstätigkeit zu minimieren, werden Transaktionen nur mit Geschäftspartnern abgeschlossen, welche die internen Mindestanforderungen erfüllen. Auf Basis der internen Bonitätseinstufungen werden Limite für das maximale Kreditrisiko vergeben. Der Prozess der Limitvergabe und –überwachung erfolgt dabei im Rahmen der Mindestvorgaben, basierend auf einer konzernweiten Kreditrisikomanagement-Richtlinie. Nicht in diesem Prozess enthalten sind Langfristverträge des operativen Geschäfts und Transaktionen des Assetmanagements. Diese werden auf Ebene der zuständigen Market Units gesondert überwacht.

Grundsätzlich sind die jeweiligen Konzerngesellschaften für das Kreditrisikomanagement des operativen Geschäfts verantwortlich. In Abhängigkeit von der Art der Geschäftstätigkeit und der Höhe des Kreditlimits findet eine ergänzende Überwachung und Steuerung des Kreditrisikos sowohl auf der Ebene der Market Units als auch auf der Ebene des Konzerns statt. Das Risikokomitee wird monatlich über die Höhe der Kreditlimite sowie deren Auslastung informiert. Eine intensive, standardisierte Überwachung von quantitativen und qualitativen Frühwarnindikatoren sowie ein enges Monitoring der Bonität von Geschäftspartnern versetzen das Kreditrisikomanagement von E.ON in die Lage, frühzeitig risikomindernd zu agieren.“[1432]

„Derivativen Transaktionen werden im Allgemeinen auf der Grundlage von Standardverträgen durchgeführt, bei denen eine Aufrechnung (Netting) aller offenen Transaktionen mit den Geschäftspartnern möglich ist. Für die Zins- und Währungsderivate im Bankenbereich wird diese Aufrechnungsmöglichkeit bilanziell nachvollzogen. Obwohl ein Großteil der Transaktionen im Rahmen von Verträgen abgeschlossen wurde, die ein Netting erlauben, ist eine Aufrechnung der laufenden Transaktionen mit positiven und negativen Fair Values in der nachfolgenden Tabelle nicht dargestellt. Somit wird das Kreditrisiko in der nachfolgenden Tabelle konservativer dargestellt, als es tatsächlich ist. Es entspricht der Summe der positiven Marktwerte. Da insbesondere Derivate hohen Marktschwankungen unterliegen, können kurzfristige Kreditrisikokonzentrationen entstehen. Insgesamt weist der Derivatebestand zum 31. Dezember 2009 folgende Laufzeiten- und Bonitätsstruktur auf:

Rating des Kontrahenten

Standard & Poor's und/ oder Moody's	31. Dezember 2009							
	Summe		Davon bis 1 Jahr		Davon 1 bis 5 Jahre		Davon über 5 Jahre	
in Mio €	Nominalwert	Kontrahentenrisiko	Nominalwert	Kontrahentenrisiko	Nominalwert	Kontrahentenrisiko	Nominalwert	Kontrahentenrisiko
AAA/Aaa bis AA-/Aa3	26.884,3	2.482,4	14.527,5	1.675,1	9.914,6	674,1	2.442,2	133,2
A+/A1 bis A-/A3	69.631,6	6.029,4	41.217,8	3.128,4	21.382,6	1.784,1	7.031,2	1.116,9
BBB+/Baa1 bis BBB-/Baa3	8.300,6	369,6	6.602,7	258,6	1.597,9	111,0	100,0	-
BB+/Ba1 bis BB-/Ba3	1.983,4	84,9	402,6	13,5	651,2	71,4	929,6	-
Sonstige[1)]	31.922,3	1.849,4	14.474,3	1.229,5	10.238,1	503,0	7.209,9	116,9
Summe	**138.722,2**	**10.815,7**	**77.224,9**	**6.305,1**	**43.784,4**	**3.143,6**	**17.712,9**	**1.367,0**

1) Die Position „Sonstige" umfasst hauptsächlich Kontrahenten, für die E.ON Sicherheiten von Geschäftspartnern der oben genannten Ratingkategorien beziehungsweise mit äquivalentem internem Rating erhalten hat.

[1432] Vgl. GB 2009 der *E.ON AG*, S. 136.

Rating des Kontrahenten

Standard & Poor's und/ oder Moody's	31. Dezember 2008							
	Summe		Davon bis 1 Jahr		Davon 1 bis 5 Jahre		Davon über 5 Jahre	
in Mio €	Nominal-wert	Kontra-henten-risiko	Nominal-wert	Kontra-henten-risiko	Nominal-wert	Kontra-henten-risiko	Nominal-wert	Kontra-henten-risiko
AAA/Aaa bis AA-/Aa3	34.682,4	3.447,5	23.089,6	2.570,8	10.247,0	773,6	1.345,8	103,1
A+/A1 bis A-/A3	46.571,0	4.560,2	25.507,5	2.767,2	12.595,3	802,3	8.468,2	990,7
BBB+/Baa1 bis BBB-/Baa3	8.385,2	654,3	5.941,1	411,3	2.350,9	241,8	93,2	1,2
BB+/Ba1 bis BB-/Ba3	1.668,9	174,6	584,7	50,9	1.084,2	123,7	-	-
Sonstige[1)]	43.083,5	4.948,9	25.372,4	3.292,8	12.787,8	1.539,1	4.923,3	117,0
Summe	**134.391,0**	**13.785,5**	**80.495,3**	**9.093,0**	**39.065,2**	**3.480,5**	**14.830,5**	**1.212,0**

1) Die Position „Sonstige" umfasst hauptsächlich Kontrahenten, für die E.ON Sicherheiten von Geschäftspartnern der oben genannten Ratingkategorien beziehungsweise mit äquivalentem internem Rating erhalten hat.

Erhaltene Sicherheiten wurden nicht berücksichtigt. Bei mit Börsen abgeschlossenen Termin- und Optionskontrakten sowie bei börsengehandelten emissionsrechtbezogenen Derivaten mit einem Nominalwert von insgesamt 20.005 Mio € (2008: 13.765 Mio. €) bestehen zum Bilanzstichtag keine Kreditrisiken.[1433]

METRO AG:

„Im Zuge des Risikomanagements von Geldanlagen und derivativen Finanzinstrumenten sind für alle Geschäftspartner der METRO Group Mindestanforderungen an die Bonität und zudem individuelle Höchstgrenzen für das Engagement festgelegt. Grundlage ist dabei eine in den Treasury-Richtlinien festgeschriebene Limitsystematik, die im Wesentlichen auf den Einstufungen internationaler Rating-Agenturen oder auf internen Bonitätsprüfungen basiert. Jedem Kontrahenten der METRO Group wird ein individuelles Limit zugewiesen, dessen Einhaltung fortlaufend in Treasury-Systemen überwacht wird.

In der nachfolgenden Tabelle ist eine Einteilung der Geschäftspartner in Rating-Klassen dargestellt:

Rating-Klassen			**Volumen in %**					
			Geldanlagen					
Einstufung	**Moody's**	**Standard & Poor's**	**Deutschland**	**Westeuropa ohne D.**	**Osteuropa**	**Asien und Übrige**	**Derivate mit positiven Marktwerten**	**Gesamt**
Investment-Grade	Aaa	AAA	0,0	0,2	0,0	0,0	0,0	
	Aa1 bis Aa3	AA+ bis AA-	20,5	15,4	0,4	1,0	0,1	
	A1 bis A3	A+ bis A-	20,3	21,8	4,8	0,6	0,4	
	Baa1 bis Baa3	BBB+ bis BBB-	4,7	1,7	2,1	0,0	0,0	94,0
Non-Investment-Grade	Ba1 bis Ba3	BB+ bis BB-	0,1	0,0	1,2	0,1	0,0	
	B1 bis B3	B+ bis B-	0,0	0,0	0,4	0,2	0,0	
	C	C	0,0	0,0	0,0	0,0	0,0	2,0
Kein Rating			2,1	1,8	0,1	0,0	0,0	4,0
Gesamt			**47,7**	**40,9**	**9,0**	**1,9**	**0,5**	**100,0**

Aus der Tabelle ist ersichtlich, dass per Stichtag rund 94,0 Prozent des Anlagevolumens inklusive der positiven Marktwerte von Derivaten bei Kontrahenten mit einer Investment-Grade-Einstufung, die somit eine gute bis sehr gute Bonität aufweisen, platziert wurden. Bei Kontrahenten, die bisher noch kein international anerkanntes Rating aufweisen, handelt es sich größtenteils um renommierte Finanzinstitute, deren Bonität aufgrund eigener Analysen als einwandfrei betrachtet werden kann. Die METRO Group ist auch in Ländern vertreten, deren Finanzinstitute aufgrund ihrer eigenen Länder-Ratings keine Investment-Grade-Einstufung erreichen. Eine Zusammenarbeit mit diesen

[1433] Vgl. GB 2009 der *E.ON AG*, S. 137.

Instituten ist aus länderspezifischen Gründen sowie aus Kosten- und Effizienzgesichtspunkten notwendig. Der Anteil am Gesamtvolumen liegt hier bei rund 2,0 Prozent.“[1434]

Eine **tiefergehende Quantifizierung** ihres **internen Ratingsystems** legt unter allen betrachteten Unternehmen allein die *Volkswagen AG* offen.

Volkswagen AG:

„Vertragspartner von Geld- und Kapitalanlagen sowie derivativen Finanzinstrumenten sind nationale und internationale Kontrahenten einwandfreier Bonität. Darüber hinaus werden die Risiken durch ein Limitsystem begrenzt, welches auf den Bonitätseinschätzungen der internationalen Rating-Agenturen und der Eigenkapitalausstattung der Vertragspartner aufbaut.

[...]

BONITÄTSEINSTUFUNG DER BRUTTOBUCHWERTE WEDER ÜBERFÄLLIGER NOCH WERTBERICHTIGTER FINANZIELLER VERMÖGENSWERTE

Mio. €	Risikoklasse 1	Risikoklasse 2	31.12.2009	Risikoklasse 1	Risikoklasse 2	31.12.2008
Zu fortgeführten Anschaffungskosten bewertet						
Forderungen aus Finanzdienstleistungen	48.221	8.002	56.223	47.651	8.187	55.838
Forderungen aus Lieferungen und Leistungen	4.465	0	4.466	4.724	0	4.724
Sonstige Forderungen	3.240	10	3.249	11.153	5	11.158
Zum Fair Value bewertet	6.289	–	6.289	7.395	–	7.395
	62.214	**8.012**	**70.226**	**70.923**	**8.192**	**79.115**

Im Volkswagen Konzern erfolgt bei sämtlichen Kredit- und Leasingverträgen eine Bonitätsbeurteilung des Kreditnehmers. Im Rahmen des Mengengeschäfts erfolgt dies durch Scoring-Systeme, bei Großkunden und Forderungen aus der Händlerfinanzierung kommen Ratingsysteme zum Einsatz. Die dabei mit gut bewerteten Forderungen sind in der Risikoklasse 1 enthalten. Forderungen von Kunden, deren Bonität nicht mit gut eingestuft wird, die aber noch nicht ausgefallen sind, sind in der Risikoklasse 2 enthalten.“[1435]

Im Ergebnis vermögen es die **alleinigen *verbalen* Ausführungen** gemäß IFRS 7.36(c) (i.V.m. IFRS 7.33(a)-(b)) der drei ersten obigen Beispiele m.E. hierbei kaum, dem Bilanzleser einen aussagefähigen Eindruck der Bonitätsstruktur der nicht Not leidenden Vermögenswerte des bilanzierenden Unternehmens zu vermitteln, fehlen doch positionsbezogene, quantitative Daten anhand interner oder externer Ratings i.S.v. IFRS 7.IG24-.IG25, die eine (zwischenbetrieblich vergleichbare) Einschätzung der jeweiligen Bonitätsstrukturen ermöglichen, gänzlich.

Aus diesem Grund ist es m.E. unerlässlich, im Zuge der verbalen Erwähnung **externer Rating-Scores**, d.h. des Ausweises, *dass* externe Ratings zur internen Kreditrisikosteuerung herangezogen werden, auch die jeweiligen externen Rating-Scores je Position nicht Not leidender Vermögenswer-

[1434] Vgl. GB 2009 der *METRO AG*, S. 190-191.
[1435] Vgl. GB 2009 der *Volkswagen AG*, S. 274.

te explizit offen zu legen, wie es die obigen Benchmarks der *E.ON AG* und der *METRO AG* aufzeigen.

Die Angaben gemäß **IFRS 7.IG24** sollten m.E. folglich **durch das IASB** in den **Rang einer Pflichtangabe** erhoben werden, sofern externe Ratings zur Bonitätsbeurteilung und –steuerung herangezogen werden – zu wenige der betrachteten Unternehmen leisten diese Angaben freiwillig.

Die Offenlegung **intern vom Unternehmen selbst ermittelter Rating-Scores** kommt dabei einem deutlicheren Ausdruck des IFRS 7-immaneneten Management Approach gleich. Da interne Ratingmodelle von den in die Untersuchung einbezogenen und sicherlich auch von den darüber hinausgehend existierenden Nicht-Finanzdienstleistern jedoch nicht flächendeckend angewendet werden dürften, sollte m.E. eine **Offenlegung** interner Rating-Scores **weiterhin fakultativ** i.S.v. IFRS 7.IG25 bleiben, zumal unternehmensinterne Ratings keinen sinnvollen unternehmensübergreifenden Vergleich erlauben.

4.5.1.5. Angaben zur Neuverhandlung von Konditionen

4.5.1.5.1. Anforderungen des Standards

Nach IFRS 7.36(d) wird je Klasse die Angabe des **Buchwerts** der **finanziellen Vermögenswerte** verlangt, deren **Konditionen neu ausgehandelt** wurden,[1436] da sie **ansonsten** überfällig oder wertgemindert, d.h. **Not leidend geworden wären** („*...that would otherwise be past due or impaired whose terms have been renegotiated.*“). Im Umkehrschluss entfällt die Angabe für alle Vermögenswerte, deren Konditionen zwar neu verhandelt wurden, die jedoch auch ansonsten nicht Not leidend geworden wären.[1437] IFRS 7.36(d) wird dabei ergänzt um die Angabe gemäß IFRS 7.B5(g), wonach die Bewertungsmethoden für finanzielle Vermögenswerte, deren Konditionen neu ausgehandelt wurden, anzugeben sind.

Die Angabe gemäß IFRS 7.36(d) ist dabei nur in dem Geschäftsjahr zu machen, in der die Neuverhandlung stattgefunden hat, d.h. in dem Jahr, in dem die Vertragsbedingungen des finanziellen Vermögenswerts geändert wurden. In den Folgejahren sind dem finanziellen Vermögenswert dann diese neuverhandelten Konditionen zugrunde zu legen, wobei die Angaben gemäß IFRS 7.36(d) ggf. erst wieder bei erneuter Neuverhandlung zu machen sind.[1438]

Der Definition in Appendix A von IFRS 7 folgend, ist unter dem Begriff „überfällig“ (*past due*) folgendes zu verstehen:

[1436] Bspw. im Zuge einer Umschuldung oder Stundung. Vgl. Buchheim/Schmidt (2005), S. 403.
[1437] Vgl. Scharpf (2006), S. 40.
[1438] Vgl. PwC (2010), S. 11052, Rz. 11.104.1.

> *"A financial asset is past due when a counterparty has failed to make a payment when contractually due."*

Entsprechend ist ein finanzieller Vermögenswert als überfällig anzusehen, wenn eine Vertragspartei einer vertraglich vereinbarten Zahlung nicht nachgekommen ist.[1439]

Der Verzug von Zins- und/oder Tilgungszahlungen stellt i.d.R. jedoch auch einen Vertragsbruch i.S.d. IAS 39.59 dar. Entsprechend kann damit ein objektiver Hinweis für die notwendige Vornahme einer Wertminderung angezeigt sein.[1440]

Gemäß IAS 39.64 ist grundsätzlich für alle zu (fortgeführten) Anschaffungskosten bewerteten finanziellen Vermögenswerte die Bildung von **Einzel**- und **Portfoliowertberichtigungen** vorgesehen.[1441] Entsprechend sind alle derart bewerteten finanziellen Vermögenswerte grundsätzlich in die Ermittlung einer Portfoliowertberichtigung einzubeziehen, sofern sie nicht bereits individuell einzelwertberichtigt wurden.[1442] Dabei stellt sich jedoch unmittelbar die Frage, ob die Angaben nach IFRS 7.36(d) nur für solche finanziellen Vermögenswerte zu machen sind, die (bei unterlassener Neuaushandlung der Konditionen) hätten einzelwertberichtigt werden müssen oder auch für solche finanziellen Vermögenswerte, die (bei unterlassener Neuaushandlung der Konditionen) zwingend in die Bildung einer Portfoliowertberichtigung hätten einfließen müssen.[1443]

Da in die Ermittlung einer Portfoliowertberichtigung generell sämtliche, nicht bereits einzelwertberichtigten und zu (fortgeführten) Anschaffungskosten bewerteten, finanziellen Vermögenswerte einzubeziehen sind,[1444] kann IFRS 7.36(d) mit „*...that would otherwise be* [...] *impaired...*“ nur **Einzelwertberichtigungen** gemeint haben. Andernfalls wäre die Angabepflicht gemäß IFRS 7.36(d) als überflüssig zu betrachten, müssten doch alle *at (amortised) cost* bewerteten finanziellen Vermögenswerte in die Angabe gemäß IFRS 7.36(d) einbezogen werden, d.h. auch diejenigen, die zwar in eine Portfoliowertberichtigung einbezogen werden können, aber „nach allgemeinem Ver-

---

1439 Für eine detaillierte Erörterung der Bedeutung der Begrifflichkeit „überfällig“ siehe insbesondere die entsprechenden Ausführungen in Kapitel 4.5.2. zu den Angaben zu Not leidenden Krediten.

1440 Vgl. Scharpf (2006), S. 40.

1441 „*If an entity determines that no objective evidence of impairment exists for an individually assessed financial asset* [...] *it includes the asset in a group of financial assets with similar credit risk characteristics and collectively assesses them for impairment.*“ (IAS 39.64).

1442 Für die grundlegende Vorgehensweise zur Vornahmen von Wertberichtigungen nach IAS 39 vgl. Kuhn/Scharpf/Albrecht (2006), S. 294-336.

1443 Vgl. Scharpf (2006), S. 40.

1444 *Scharpf* führt in diesem Zusammenhang explizit aus: „Da **sämtliche** mit den (fortgeführten) Anschaffungskosten bewerteten finanziellen Vermögenswerte, also auch diejenigen, die nicht auf Einzelengagementebene wertberichtigt worden sind, zwingend für die Bildung einer Portfoliowertberichtigung gruppiert werden müssen,...“ vgl. Scharpf (2006), S. 40. Dieser Aussage ist allerdings zu widersprechen, müssen doch richtigerweise, wie *Scharpf* es selbst einige Zeilen zuvor ausführt „[a]lle finanziellen Vermögenswerte, die zu (fortgeführten) Anschaffungskosten bewertete werden und **nicht** individuell einzelwertberichtigt wurden, [...] grundsätzlich in die Ermittlung einer Portfoliowertberichtigung [einbezogen werden]“ (in beiden Zitaten wurden die Hervorhebungen durch den Verfasser vorgenommen).

ständnis nicht Not leidend geworden sind"[1445]. Insofern ist IFRS 7 an dieser Stelle nicht eindeutig bzw. zweifelsfrei formuliert.[1446]

Die Ermittlung der für die Angabe gemäß IFRS 7.36(d) erforderlichen Daten hat dabei insbesondere bei Industrie- und Handelsunternehmen – analog zur Ermittlung der für die Angabe gemäß IFRS 7.37(b) nötigen Daten[1447] – wahlweise anhand einer **Erweiterung** der **bestehenden Informationssysteme des Konzernrechnungswesens** oder mittel **fallweiser Datenerhebungen** zu erfolgen.[1448]

4.5.1.5.2. Erhebung des Benchmark

Eine Darstellungsmöglichkeit der Angaben zu IFRS 7.36(c)-(d) – Offenlegung der nicht Not leidenden Vermögenswerte sowie zur diesbezüglichen Neuverhandlung von Konditionen – findet sich bei *KPMG*:[1449]

	Forderungen aus Lieferungen und Leistungen		Finanzanlagen	
in Mio. EUR	20x2	20x1	20x2	20x1
Weder überfällig noch wertgemindert				
Klasse 1–3: geringes Risiko				
Klasse 4–5: Beobachtungsliste				
Buchwert				
Beinhaltet Posten mit nachverhandelten Konditionen				

Abb. 97: Darstellung der weder überfälligen noch wertgeminderten finanziellen Vermögenswerte sowie Angaben zu jenen mit nachverhandelten Konditionen (IFRS 7.36(c), (d)) – am Beispiel eines Industrie- und Handelsunternehmens

Einer derart tabellarischen Aufbereitung der nach IFRS 7.36(d) geforderten Angaben kommen die in die Untersuchung einbezogenen Unternehmen jedoch allesamt nicht nach. In der Praxis der Berichterstattung der im DAX-30 geführten Nicht-Finanzdienstleister finden sich allerdings u.a. folgende Beispiele in puncto Neuverhandlung der Konditionen von Finanzinstrumenten, die ansonsten überfällig oder wertgemindert geworden wären.

Bei der *K+S AG* [1450]fehlt dabei allerdings zunächst eine Quantifizierung des Volumens (Buchwerte) der neu verhandelten Finanzinstrumente, worunter der Aussagegehalt der berichteten Informationen

1445 Scharpf (2006), S. 40 sowie im Ergebnis durch Analogieschluss (IFRS 7.37(a)) wohl auch IDW RS HFA 24, Rz. 54: mit „Wertminderung" sind nur Einzel-, keine Portfoliowertberichtigungen gemeint.
1446 Vgl. Scharpf (2006), S. 40-41.
1447 Vgl. hierzu die Ausführungen des entsprechenden Unterabschnitts in Kapitel 4.5.2.
1448 Vgl. Brücks/Kerkhoff/Stauber (2006b), S. 434.
1449 Vgl. KPMG (2007).

erheblich leidet, auch wenn es sich laut *K+S AG* um unwesentliche Bestände an Finanzinstrumenten handelt.[1451]

Die *Daimler AG*[1452], die *MAN SE*[1453], die *Salzgitter AG*[1454], sowie die *Volkswagen AG* geben hingegen konform mit IFRS 7.36(d) die Buchwerte der von Neuverhandlungen der Konditionen betroffenen Finanzinstrumente an, letztere dabei allein in tabellarischer Form.

***Volkswagen AG*:**[1455]

BUCHWERTE DER FINANZINSTRUMENTE, BEI DENEN ZUR VERMEIDUNG EINER ÜBERFÄLLIGKEIT VERTRAGSÄNDERUNGEN VORGENOMMEN WURDEN

Mio. €	31.12.2009	31.12.2008
Zu fortgeführten Anschaffungskosten bewertet		
Forderungen aus Finanzdienstleistungen	1.330	849
Forderungen aus Lieferungen und Leistungen	21	–
Sonstige Forderungen	0	–
Zum Fair Value bewertet	–	–
	1.351	**849**

Die zuvor genannten Beispiele stellen außer im Fall der *K+S AG* eine vollumfängliche Erfüllung der Angabepflichten gemäß IFRS 7.36(d) dar. Deshalb und aufgrund der Einfachheit der Norm können m.E. an dieser Stelle keine weiteren Empfehlungen zur Umsetzung von IFRS 7.36(d) gemacht werden, wobei die tabellarische Umsetzung am Beispiel der *Volkswagen AG* sicherlich die übersichtlichste Form eines diesbezüglichen Ausweises und damit m.E. den **Benchmark** darstellt.

Hinsichtlich der in IFRS 7.B5(g) kodifizierten Angabepflicht – Ausweis der Bewertungsmethoden für finanzielle Vermögenswerte, deren Konditionen neu ausgehandelt wurden – konnten bei den in die Untersuchung einbezogenen Unternehmen hingegen keinerlei offengelegte Informationen gefunden werden.

1450 Vgl. GB 2009 der *K+S AG*, S. 204.

1451 Fraglich ist m.E. in diesem Zusammenhang, warum die Angaben von der *K+S AG* überhaupt gemacht werden, handelt es sich doch um unwesentliche Bestände an Forderungen aus Lieferungen und Leistungen.

1452 Vgl. GB 2009 der *Daimler AG*, S. 204.

1453 Vgl. GB 2009 der *MAN SE*, S. 143-144.

1454 Vgl. GB 2009 der *Salzgitter AG*, S. 234.

1455 Vgl. GB 2009 der *Volkswagen AG*, S. 275.

4.5.2. Angaben zu Not leidenden Krediten

4.5.2.1. Überblick

Nach IFRS 7.37 hat ein Unternehmen je Klasse finanzieller Vermögenswerte i.S.v. IFRS 7.6 die nachfolgenden Angaben zu machen:

- eine **Analyse der Altersstruktur** (*analysis of the age*) der **finanziellen Vermögenswerte**, die zum Abschlussstichtag **überfällig, aber nicht wertgemindert** sind („*...that are past due as at the end of the reporting period but not impaired...*“) (IFRS 7.37(a));
- eine **Analyse** der **finanziellen Vermögenswerte**, die einzeln zum Abschlussstichtag **wertgemindert** sind („*...that are individually determined to be impaired as at the end of the reporting period...*“), einschließlich der Angabe der Kriterien (*factors*), die das Unternehmen bei der Festlegung, dass diese wertgemindert sind, zugrunde gelegt hat (IFRS 7.37(b)); sowie
- in Bezug auf die in IFRS 7.37(a) und (b) angegebenen Beträge, eine Beschreibung der vom Unternehmen dafür hereingenommenen **Sicherheiten** (*collateral held by the entity as security*) und **sonstigen Kreditverbesserungen** (*other credit enhancements*) sowie für den Fall, dass dies nicht unmöglich ist („*...unless impracticable...*“), eine Schätzung der beizulegenden Zeitwerte dieser Sicherheiten bzw. sonstigen Kreditverbesserungen (IFRS 7.37(c)).

Um die im vorangegangenen Kapitel bereits erläuterten Angabe gemäß IFRS 7.36(c)[1456] in Beziehung zu den nachfolgend zu erläuternden Angabepflichten des IFRS 7.37(a) – Angabe einer Überfälligkeitsanalyse für finanzielle Vermögenswerte – sowie des IFRS 7.37(b) – Angabe einer Analyse wertgeminderter finanzieller Vermögenswerte – zu setzen, sei an dieser Stelle am Beispiel des Forderungsbestands eines Unternehmens zunächst die Darstellung unter Abbildung 31 angeführt.[1457]

1456 Vgl. hierzu insbesondere Kapitel 4.5.1.4. weiter oben im Text.

1457 Schaubild aus Stauber (2009), S. 262.

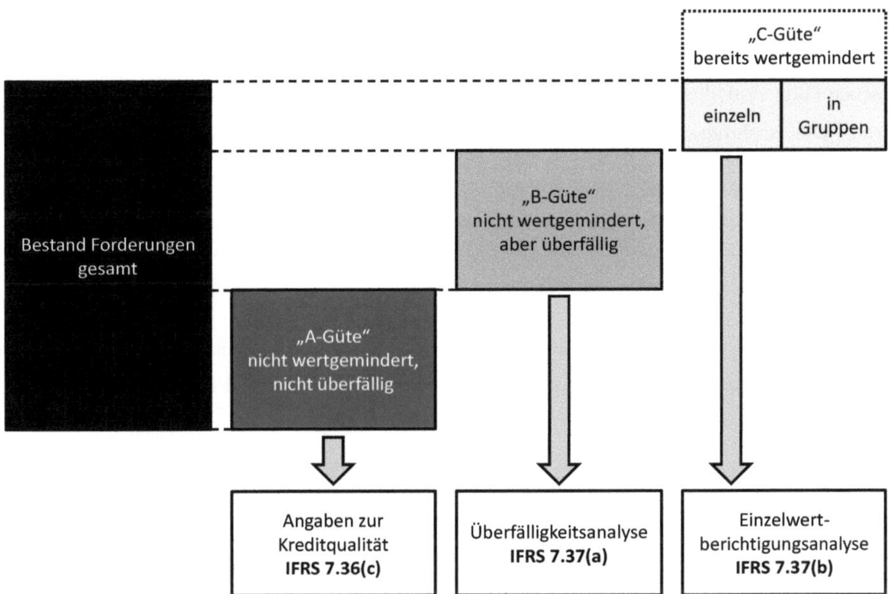

Abbildung 31: Beziehung zwischen den Angabepflichten IFRS 7.36(c) und IFRS 7.37(a)-(b)

4.5.2.2. Angabe einer Überfälligkeitsanalyse

4.5.2.2.1. Anforderungen des Standards

IFRS 7.37(a) verlangt von den bilanzierenden Unternehmen die Offenlegung einer **„Altersstrukturanalyse"** überfälliger finanzieller Vemögenswerte bzw. eine **„Überfälligkeitsanalyse"** finanzieller Vermögenswerte, differenziert nach IFRS 7-Klassen. Darin einzubeziehen sind all jene finanziellen Vermögenswerte, die am Abschlussstichtag[1458] **zwar überfällig**[1459] (*past due*), aber **noch nicht als in ihrem Wert gemindert** anzusehen (*not impaired*) sind.[1460] *Buchheim/Schmidt* kritisieren in diesem Zusammenhang jedoch zu Recht, dass erst anhand der *Implementation Guidance*, wie nachfolgend dargelegt, ersichtlich wird, was unter den konkreten Angaben in Bezug auf die Überfälligkeitsanalyse zu verstehen ist;[1461] der Standardtext i.e.S. macht hierzu selbst keinerlei Angaben.

[1458] Lag zu einem früheren (Zwischen)Abschluss zwar die Überfälligkeit eines finanziellen Vermögenswerts vor, ohne dass dieser im Wert gemindert war, und wurden entsprechend die Angaben gemäß IFRS 7.37(a) zu diesem Zeitpunkt gemacht, so kann zum aktuellen (Zwischen)Berichtszeitpunkt diese Angabe unterbleiben, sofern der finanzielle Vermögenswerte als nicht mehr überfällig zu betrachten ist. Für den Fall, dass die Konditionen des finanziellen Vermögenswerts neu ausgehandelt wurden und er deshalb nicht mehr als überfällig zu betrachten ist, sind jedoch die Angabepflichten gemäß IFRS 7.36(d) einschlägig (IDW RS HFA 24, Rz. 57). Für eine nähere Erläuterung der Angabepflichten gemäß IFRS 7.36(d) siehe Kapitel 4.5.1.5.

[1459] Zur Definition des Begriffs „überfällig" siehe Appendix A von IFRS 7 oder die Ausführungen des vorangegangenen Kapitels.

[1460] Vgl. Scharpf (2006), S. 41.

[1461] Vgl. Buchheim/Schmidt (2005), S. 403.

Gemäß IFRS 7.IG26 ist ein finanzieller **Vermögenswert** beispielhaft selbst dann als **überfällig** zu betrachten, sofern bei einem Kreditvertrag, dessen Zinszahlungen spätestens zum jeweiligen Monatsende fällig sind, diese Zahlungen bereits am ersten Tag des jeweils folgenden Monats geleistet werden. Die Einstufung als „überfällig" bedeutet jedoch nicht zwangsläufig, dass der Vertragspartner die Zahlungen niemals leisten wird. Vielmehr kann diese Einstufung weitere Ereignisse auslösen, wie bspw. Umschuldungen (*renegotiation*), die verpflichtende Einhaltung bestimmter Vereinbarungen bzw. Kennzahlen, sogenannte Covenants (*enforcement of covenants*), oder die Einleitung rechtlicher Schritte (*legal proceedings*) (IFRS 7.IG26).

Löw teilt hingegen die in IFRS 7.IG26 beispielhaft dargelegte Auffassung nicht, wonach ein Zahlungsverzug stets bei Überschreiten der Zahlungsfrist um einen Tag und mehr gegeben sein soll. Der Intention der Offenlegungspflicht könne man unter Wesentlichkeitsgesichtspunkten[1462] so nicht gerecht werden, da die Angabe eines solch marginalen Zahlungsverzugs das „Ausfallrisiko indes selbst dann überzeichnen [würde], wenn aus dem Zahlungsverzug selbst noch keine Wertminderung resultiert."[1463] Gemäß den Regelungen des Basel II Akkords ist ein Zahlungsverzug erst bei einer Überziehung der Zahlungsfrist um mindestens 90 Tage zu konstatieren. Die Anwendung dieser Maßgabe auf Industrie- und Handelsunternehmen dürfte dabei jedoch stets vor dem Hintergrund des Einzelfalls zu beurteilen sowie ein längerer Zeitraum als diese 90 Tage nur schwer zu vermitteln sein.[1464] Auf der anderen Seite muss ein länger als 90 Tage anhaltender Zahlungsverzug nicht unbedingt eine Wertminderung nach sich ziehen; diese kann dann unterbleiben, sofern eine ausreichende Besicherung vorliegt.[1465]

Das *IDW* lehnt die Maßgabe der 90-Tage-Regelung insofern ab, als dass es einerseits darauf hinweist, dass „[e]ine Beschränkung der Angaben nach IFRS 7.37(a) auf die im internen Berichtswesen von der Unternehmensführung genutzten Informationen [...] nicht zulässig [ist], sofern diese nur einen Ausschnitt aus den gesamten überfälligen finanziellen Vermögenswerten betreffen" (IDW RS HFA 24, Rz. 56). Darauf aufbauend verlautet das *IDW* explizit, dass, sofern „bspw. im Rahmen des internen Berichtswesens der Unternehmensführung zur Risikosteuerung nur eine Übersicht über solche Forderungen vorgelegt [wird], die mehr als 90 Tage überfällig sind, die Angabe gemäß IFRS

[1462] Vgl. Lüdenbach (2009), S. 1527, Rz. 299.

[1463] Vgl. Löw (2005b), S. 2180; ähnlich Lüdenbach (2009), S. 1527, Rz. 299; im Ergebnis auch KPMG (2007), S. 136-137.

[1464] Vgl. Löw (2005b), S. 2180; KPMG (2007), S. 137; ähnlich, mit dem diesbezüglichen Fokus einer Anwendbarkeit der 90-Tage-Regelung auf Banken Lüdenbach (2009), S. 1527, Rz. 299. Daneben weist *Löw* darauf hin, dass die obigen Regelungen des IFRS 7 mit den einschlägigen Regelungen des IAS 39 hinsichtlich der Bemessung des Zahlungsverzugs zu synchronisieren sind. IAS 39.59(b) sieht nämlich in dem Fall des Eintritts eines Zahlungsverzugs ein Indiz (*objective evidence*) für die Vornahme einer Wertminderung begründet. Des Weiteren schließe ein länger als 90 Tage anhaltender Zahlungsverzug nicht aus, dass der betreffende Kredit gleichwohl nicht abzuwerten sei – nämlich wenn eine ausreichenden Besicherung vorliege. Vgl. Löw (2005b), S. 2180; ebenso KPMG (2007), S. 137.

[1465] Vgl. KPMG (2007), S. 137.

7.37(a) dennoch für alle überfälligen Forderungen ab dem ersten Tag zu erfolgen hat. Die Pflicht zur Angabe für alle überfälligen Forderungen ab dem ersten Tag ergibt sich dabei explizit aus IFRS 7, Appendix A, i.V.m. IFRS 7.IG26“ (IDW RS HFA 24, Rz. 56). Dieser Auffassung wird im Weiteren gefolgt, da m.E. eine ausschnittsweise Offenlegung kaum zu rechtfertigen ist, da eine Grenzziehung von X Tagen mehr oder weniger willkürlich erfolgt.

Für die nach IFRS 7.37(a) geforderte Überfälligkeitsanalyse schlägt das IASB in IFRS 7.IG28 verschiedene Zeitbänder (*time bands*) für die Einstufung der überfälligen finanziellen Vermögenswerte vor:

- bis zu drei Monate;
- über drei bis zu sechs Monate;
- über sechs Monate bis zu einem Jahr; sowie
- über ein Jahr.

Das IASB weist dabei jedoch darauf hin, dass die **Festlegung der Zeitbänder** stets im **Ermessen** (*judgement*) des bilanzierenden Unternehmen liegt (IFRS 7.IG27).

Scharpf merkt mit Blick auf diese exemplarische Vorgabe von Zeitbändern in IFRS 7.IG28 an, dass diese Darstellung faktisch für die obige Interpretation des IFRS 7.IG26 von *Löw* – Zahlungsverzug besteht *nicht* grundsätzlich bei Überschreiten der Zahlungsfrist um einen Tag und mehr – spreche, da es hierbei nicht entscheidend sei, „[o]b eine Zahlung einen Tag oder 89 Tage überfällig […][sei], da beide Transaktionen im selben Zeitband erfasst werden.“[1466] Diese Interpretation scheint m.E. sachgerecht zu sein, was sich auch in der im nachfolgenden Kapitel dargestellten Erhebung des Benchmarks in puncto IFRS 7.37(a) bestätigen wird.

Mit „*…not impaired…*“ sind im Rahmen der Anwendung von IFRS 7.37(a) ausschließlich **Einzelwertberichtigungen**[1467] gemeint. Überfällige finanzielle Vermögenswerte, die in die Ermittlung einer **Portfoliowertberichtigung** einbezogen worden sind, sind demnach anders als die einzelwertberichtigten finanziellen Vermögenswerte in die Überfälligkeitsanalyse gemäß IFRS 7.37(a) einzubeziehen[1468] (IDW RS HFA 24, Rz. 54).

1466 Scharpf (2006), S. 41.

1467 Wertberichtigungen bestimmter Forderungen, bei denen im Rahmen der Einzelfallprüfung objektive Hinweise (*objective evidence*) für die Vornahmen einer Wertberichtigung sprechen (IAS 39.59 ff.), deren Höhe jedoch aufgrund von Praktikabilitätsgründen auf Portfoliobasis i.S.e. pauschalierten Einzelwertberichtigung bestimmt worden ist, sind als Einzelwertberichtigung i.S.d. Vorschrift zu werten (IDW RS HFA 24, Rz. 54).

1468 Nimmt das berichterstattende Unternehmen bspw. eine Portfoliowertberichtigung in Höhe von 2 % auf einen bestimmten Bestand an Forderungen vor (100 %), so bezieht sich die Angabepflicht auf 100 % und nicht auf 98 % des Forderungsbestands (IDW RS HFA 24, Rz. 54).

Sofern die Vertragsbedingungen (*terms and conditions*) eines finanziellen Vermögenswerts, der als überfällig eingestuft wurde, neu verhandelt wurden, so sind nach IFRS 7.IG27 die neuen Vertragsbedingungen ausschlaggebend für die Beurteilung einer weiteren Einstufung als „überfällig".

Nach Auffassung des IASB liefert die nach IFRS 7.37(a) geforderte Überfälligkeitsanalyse die nötigen Informationen über all jene finanziellen Vermögenswerte, die eine vergleichsweise hohe Wahrscheinlichkeit aufweisen, im Wert gemindert zu werden, was es den Abschlussadressaten letztlich ermögliche, die Höhe des zukünftigen Wertminderungsbedarfs besser einschätzen zu können (IFRS 7.BC55(a)). Daraus ergibt sich jedoch unmittelbar die Frage, auf welchen Betrag sich die Angabepflicht gemäß IFRS 7.37(a) bezieht:

- auf den überfälligen **Teilbetrag** des betrachteten Geschäfts (bspw. eine Einzelrate aus einem Zahlungsplan);
- auf den **Gesamtbetrag** des betrachteten Geschäfts (bspw. die gesamte Forderung); oder
- auf **sämtliche bestehenden offenen Posten** aus allen Geschäften mit dem betroffenen Geschäftspartner (IDW RS HFA 24, Rz. 55).

Letztlich kann die Angabepflicht gemäß IFRS 7.37(a) dabei nur für den **Gesamtbetrag** des betrachteten Geschäfts Gültigkeit beanspruchen, da auch bereits die Überfälligkeit eines Teilbetrags als Hinweis auf die „zweifelhafte Werthaltigkeit" des gesamten betrachteten Geschäfts zu werten ist (IDW RS HFA 24, Rz. 55).[1469] Die Zweifelhaftigkeit eines einzelnen Geschäfts, bspw. aufgrund von Mängeln oder der Nichteinhaltung bestimmter Produktspezifikationen, strahlt i.d.R. jedoch nicht unmittelbar auf die anderen mit demselben Geschäftspartner bestehenden Geschäfte bzw. dessen Bonität aus, so dass wie die erste auch die dritte obige Variante als Maßgabe für die Betragsangabe nach IFRS 7.37(a) ausscheidet (IDW RS HFA 24, Rz. 55).[1470]

Hinsichtlich der Ermittlung der für die Angaben nach IFRS 7.37(a) benötigten Daten sind insbesondere für Industrie- und Handelsunternehmen **zusätzliche, aufwändige Datenerhebungen** notwendig, sofern die Datenbasis zur entsprechenden Analyse der Altersstruktur auf Konzernebene nicht bereits vorliegt. Diese Feststellung begründet sich zuvorderst auf der Tatsache, dass sich die Datenermittlung hinsichtlich der sich in Zahlungsverzug befindlichen Forderungen aus Lieferungen und

[1469] Ebenso PwC (2010), S. 11054, Rz. 11.96. Auf die Angabe des überfälligen Teilbetrags des betrachteten Geschäfts gemäß der ersten Variante der obigen Aufzählung kann deshalb verzichtet werden, weil dieser Betrag ohnehin als Wertminderungsbetrag gemäß IFRS 7.IG29(b) angegeben werden sollte, sollte der betreffende finanzielle Vermögenswert im Wert gemindert werden.

[1470] So auch PwC (2010), S. 11054, Rz. 11.96.

Leistungen als äußerst schwierig gestalten dürfte, da die einzelnen Forderungen i.d.R. innerkonzernlich verstreut bei den betreffenden Einzelgesellschaften angesiedelt sind.[1471]

4.5.2.2.2. Erhebung des Benchmark

Laut *KPMG* stellt sich eine Darstellungsmöglichkeit der Angaben zu IFRS 7.37(a) – Offenlegung einer Überfälligkeitsanalyse für die überfälligen aber noch nicht im Wert geminderten Vermögenswerte – folgendermaßen dar:[1472]

In Mio. EUR	Forderungen aus Lieferungen und Leistungen 20x2	20x1	Finanzanlagen 20x2	20x1
Überfällig, aber nicht wertgemindert				
Klasse 1–3: geringes Risiko				
Klasse 4–5: Beobachtungsliste				
Buchwert				
Altersanalyse der Überfälligkeit				
30–60 Tage				
60–90 Tage				
90–180 Tage				
ab 180 Tage				
Buchwert				

Abb. 99: Darstellung der Altersanalyse der überfälligen aber nicht wertgeminderten finanziellen Vermögenswerte (IFRS 7.37(a)) – am Beispiel eines Industrie- und Handelsunternehmens

Die unter Abbildung 32 aufgeführte Auswertung[1473] zeigt die Umsetzung der Angabevorschriften gemäß IFRS 7.37(a) in der Praxis der DAX-30 Nicht-Finanzdienstleister.

Die Angabe gemäß IFRS 7.37(a) wird dabei von den betrachteten Unternehmen – typisch für Nicht-Finanzdienstleister – gleichsam für die jeweiligen Bestände an **Forderungen aus Lieferungen und Leistungen** gemacht;[1474] doch auch bestimmte andere Forderungsbestände finden regelmäßig Eingang in die Überfälligkeitsanalyse.

1471 Vgl. Brücks/Kerkhoff/Stauber (2006b), S. 433.

1472 Vgl. KPMG (2007), S. 141. Die *CEBS* schlägt in Bezug auf IFRS 7.37(a) etwa die Bandbreiten „<= 90 Tage", „> 90 Tage <= 180 Tage", > 180 Tage <= 1 Jahr" sowie „> 1 Jahr" für die Überfälligkeitsanalyse vor.

1473 Sofern im Rahmen der untersuchten Geschäftsberichte Zeitintervalle in Monaten angegeben werden, wird im Rahmen der Analyse ein Monat stets mit 30 Tagen gleichgesetzt, da die Laufzeitbänder hier in Tagen dargestellt werden. Demzufolge entspricht ein Jahr 360 Tagen.

1474 In der Studie von *Ernst & Young* legt die Hälfte der dort betrachteten Unternehmen die Angabe gemäß IFRS 7.37 (a) lediglich für jeweils eine einzige Klasse an Forderungen offen. Vgl. Ernst & Young Global Limited (2008), S. 37.

Unternehmen	Jahr	Posten	Angabe des (Netto)Buch-werts	Angabe der weder wertgeminderten noch überfälligen finanziellen Vermögenswerte im Rahmen der Tabelle
adidas AG	2007-2009	Forderungen aLuL	-	-
ALTANA AG	2007-2009	Forderungen aLuL (inkl. Langfr. Anteil)	X	X
BASF SE	2007	Forderungen aLuL	X	X
		Sonstige Forderungen	X	X
Bayer AG	2007	Forderungen aLuL	-	-
		Sonstige Forderungen	-	-
	2008-2009	Forderungen aLuL	X	X
		Sonstige Forderungen	X	X
Beiersdorf AG	2007-2009	Forderungen aLuL	X	X
BMW AG	2007-2009	Forderungen aLuL	X	-
Continental AG	2007-2009	Forderungen aLuL	X	X
Daimler AG	2007-2009	Forderungen aus Finanzdienstleistungen	X	X
		Forderungen aLuL	X	X
Deutsche Börse AG	2007-2009	Langfristige Forderungen und Wertpapiere aus dem Bankgeschäft	X	-
		Sonstige langfristige Finanzinstrumente und sonstige Ausleihungen	X	-
		Sonstige nicht derivative langfristige finanzielle Vermögenswerte	X	-
		Kurzfristige Forderungen und Wertpapiere aus dem Bankgeschäft	X	-
		Forderungen aus Lieferungen und Leistungen, ggü. assoziierten Unternehmen, ggü. Unternehmen, mit denen ein Beteiligungsverhältnis besteht, und sonstige kurzfristige Vermögenswerte	X	-
		Bankguthaben mit Verfügungsbeschränkung	X	-
		Kassenbestand und sonstige Bankguthaben	X	-
Deutsche Lufthansa AG	2007-2009	Forderungen	-	-
Deutsche Post AG	2007-2009	Forderungen aLuL	X	X
Deutsche Telekom AG	2007-2009	Forderungen aLuL	X	X
		Ausgereichte Darlehen und Forderungen (Differenzierung: Restlaufzeit bis 1 Jahr/> 1 Jahr)	X	X
E.ON AG	2007	Forderungen aLuL	X	X
	2008-2009	Forderungen aLuL	X	X
Fresenius Medical Care AG & Co. KGaA	2007-2009	Forderungen aLuL	X	X
Fresenius SE	2007-2009	Forderungen aLuL	X	X
Henkel AG & Co. KGaA	2007-2009	Forderungen und Darlehen	X	-
Infineon Technologies AG (01.10.-30.09.)	2008-2009	Forderungen aLuL	X	X
K+S AG	2007-2009	Forderungen aLuL	X	X
		Übrige Forderungen und nicht derivative finanzielle Vermögenswerte	X	X
Linde AG	2007-2009	Forderungen aLuL	-	-
		Sonstige Forderungen und Vermögenswerte	-	-
		Sonstige finanzielle Vermögenswerte (nur 2007)	-	-
MAN SE	2007-2008	Forderungen an Kunden und Beteiligungen	-	-
		Forderungen aus "finance lease"	-	-
	2009	Forderungen an Kunden und Beteiligungen	-	-
		Forderungen aus "finance lease"	-	-
Merck KGaA	2007-2008	Forderungen aLuL	X	X
		Übrige Forderungen	X	X
	2009	Forderungen aLuL	X	X
		Übrige Forderungen	X	X
METRO AG	2007-2009	Finanzinstrumente der Kategorie "Kredite und Forderungen"	X	-
		Finanzinstrument der Kategorie "bis zur Endfälligkeit gehalten"	X	-
		Finanzinstrumente der Kategorie "zu Handelszwecken gehalten"	X	-
		Finanzinstrumente der Kategorie "zur Veräußerung verfügbar"	X	-
RWE AG	2007-2009	Finanzforderungen	X	-
		Forderungen aLuL	X	-
		Sonstige Forderungen und sonstige Vermögenswerte	X	-
SALZGITTER AG	2007-2009	Ausgereichte Kredite und Forderungen	-	-
SAP AG	2007	Forderungen gegenüber Kunden	X	X
	2008	Forderungen aLuL	X	X
	2009	Forderungen aLuL	X	X
Siemens AG (01.10.-30.09.)	2007			
	2008			
	2009			
ThyssenKrupp AG (01.10.-30.09.)	2008	Forderungen aLuL	-	-
		Sonstige finanzielle Vermögenswerte	-	-
	2009	Forderungen aLuL	X	X
		Sonstige finanzielle Vermögenswerte	X	X
TUI AG	2007-2009	Forderungen aLuL	X	X
		Herausgelegte Kredite und Forderungen	X	X
		Sonstige Forderungen und Vermögneswerte	X	X
Volkswagen AG	2007-2009	Forderungen aus Finanzdienstleistungen (fortgef. AK)	X	-
		Forderunge aLuL (fortgef. AK)	X	-
		Sonstige Forderungen (fortgef. AK)	X	-
		Zum Fair Value bewertet	X	-

Abbildung 32: Erhebung der Umsetzung von IFRS 7.37(a) in der Praxis der DAX-30 Nicht-Finanzdienstleister (2007-2009)

Zeitbänder der überfälligen aber nicht wertgeminderten finanziellen Vermögenswerte							Angabe der (einzel)wertberichtigten finanziellen Vermögenswerte im Rahmen der Tabelle	Vorjahres-zahlen
< 31 d	31-60 d	61-90 d	91-180 d	> 180 d			-	X
< 31 d	31-60 d	61-90 d	> 90 d				X	X
< 30 d	30-89 d	> 89 d					-	X
< 30 d	30-89 d	> 89 d					-	X
< 91 d (bis zu 3 m)	91-180 d (3-6 m)	181-360 d (6-12 m)	> 12 m				-	X
< 91 d (bis zu 3 m)	91-180 d (3-6 m)	181-360 d (6-12 m)	> 12 m				-	X
< 91 d (bis zu 3 m)	91-180 d (3-6 m)	181-360 d (6-12 m)	> 12 m				-	X
< 91 d (bis zu 3 m)	91-180 d (3-6 m)	181-360 d (6-12 m)	> 12 m				-	X
< 30 d	30-60 d	61-90 d	91-120 d	> 120 d			-	X
< 31 d	31-60 d	61-90 d	91-120 d	> 120 d			-	X
< 15 d	15-29 d	30-59 d	60-89 d	90-119 d	> 120 d		-	X
< 30 d	30-59 d	60-89 d	90-119 d	> 120 d			X	X
< 30 d	30-59 d	60-89 d	90-119 d	> 120 d			X	X
1-30 d	31-360 d						-	X
1-30 d	31-360 d						-	X
1-30 d	31-360 d						-	X
1-30 d	31-360 d						-	X
1-30 d	31-360 d						-	X
1-30 d	31-360 d						-	X
1-30 d	31-360 d						-	X
< 90 d	90-180 d	> 180 d					-	-
< 31 d	31-60 d	61-90 d	91-120 d	121-150 d	151-180 d	> 180 d	-	X
< 30 d	30-60 d	61-90 d	91-180 d	181-360 d	> 360 d		-	X
< 30 d	30-60 d	61-90 d	91-180 d	181-360 d	> 360 d		-	X
< 91 d	91-180 d	181-360 d	> 360 d				X	X
< 61 d	61-90 d	91-180 d	181-360 d	> 360 d			X	X
< 91 d (bis zu 3 m)	91-180 d (3-6 m)	181-360 d (6-12 m)	> 12 m				-	-
< 91 d (bis zu 3 m)	91-180 d (3-6 m)	181-360 d (6-12 m)	> 12 m				-	-
< 30 d	30-60 d	61-90 d	91-180 d	-			-	X
< 31 d	31-60 d	61-180 d	181-360 d	> 360 d			-	X
< 31 d	31-90 d	91-180 d	> 180 d				-	X
< 31 d	31-90 d	91-180 d	> 180 d				-	X
-	30-59 d	60-89 d	90-180 d	> 180 d			-	X
-	30-59 d	60-89 d	90-180 d	> 180 d			-	X
-	30-59 d	60-89 d	90-180 d	> 180 d			-	X
< 31 d	31-90 d	91-180 d	181-360 d	> 360 d			-	X
< 31 d	31-90 d	91-180 d	181-360 d	> 360 d			-	X
< 31 d	31-90 d	91-180 d	181-360 d	> 360 d			-	-
< 31 d	31-90 d	91-180 d	181-360 d	> 360 d			-	-
< 91 d (bis zu 3 m)	91-180 d (bis zu 6 m)	181-360 d (bis zu 12 m)	> 12 m				-	X
< 91 d (bis zu 3 m)	91-180 d (bis zu 6 m)	181-360 d (bis zu 12 m)	> 12 m				-	X
< 91 d (bis zu 3 m)	91-180 d (bis zu 6 m)	181-360 d (bis zu 12 m)	> 12 m				X	X
< 91 d (bis zu 3 m)	91-180 d (bis zu 6 m)	181-360 d (bis zu 12 m)	> 12 m				X	X
< 91 d	91-180 d	181-270 d	271-360 d	> 360 d			-	X
< 91 d	91-180 d	181-270 d	271-360 d	> 360 d			-	X
< 91 d	91-180 d	181-270 d	271-360 d	> 360 d			-	X
< 91 d	91-180 d	181-270 d	271-360 d	> 360 d			-	X
< 31 d	31-60 d	61-90 d	91-120 d	> 120 d			X	X
< 31 d	31-60 d	61-90 d	91-120 d	> 120 d			X	X
< 31 d	31-60 d	61-90 d	91-120 d	> 120 d			X	X
< 31 d	31-60 d	61-90 d	91-180 d	> 180 d			-	X
< 46 Tage	46-90 d	91-180 d	181-365 d	> 365 d			X	X
< 31 d	31-120 d	121-365 d	> 365 d				-	X
< 31 d	31-120 d	121-365 d	> 365 d				X	X
Keine Angaben gemäß IFRS 7.37(a)								
Keine Angaben gemäß IFRS 7.37(a)								
Keine Angaben gemäß IFRS 7.37(a)								
< 31 d	31-60 d	61-90 d	91-180 d	181-360 d	> 360 d		-	X
< 31 d	31-60 d	61-90 d	91-180 d	181-360 d	> 360 d		-	X
< 31 d	31-60 d	61-90 d	91-180 d	181-360 d	> 360 d		X	X
< 31 d	31-60 d	61-90 d	91-180 d	181-360 d	> 360 d		X	X
< 30 d	30-90 d	91-180 d	> 180 d				-	X
< 30 d	30-90 d	91-180 d	> 180 d				-	X
< 30 d	30-90 d	91-180 d	> 180 d				-	X
< 30 d	30-90 d	> 90 d					-	X
< 30 d	30-90 d	> 90 d					-	X
< 30 d	30-90 d	> 90 d					-	X
< 30 d	30-90 d	> 90 d					-	X

Im Rahmen der **verbalen Definition** der **Zeitbänder** i.S.v. IFRS 7.37(a) besteht, wie auch gleichermaßen im Rahmen der Restlaufzeitenanalyse gemäß IFRS 7.39(a) in Kapitel 4.6.4. deutlich werden wird, die **Problematik einer eindeutigen Abgrenzung der angegebenen Zeitintervalle.**[1475]

So gibt bspw. die *BASF AG* im Rahmen ihrer Überfälligkeitsanalyse der Forderungen aus Lieferungen und Leistungen sowie der Sonstigen Forderungen die Laufzeitbänder „Seit weniger als 30 Tagen fällig", „Seit 30 bis 89 Tagen fällig" sowie „Seit mehr als 90 Tagen fällig" an. Streng genommen lässt diese Darstellung jedoch den 90. Tag außen vor, da sich das zweite Zeitintervall nur bis einschließlich des 89. Tags erstreckt und das letzte Zeitintervall nur alle über den 90. Tag hinausgehenden Tage, d.h. nur Tage „ab dem 91. Tag" berücksichtigt.[1476]

Auch die *Beiersdorf AG* grenzt im Geschäftsbericht 2007 die Laufzeitbänder nicht eindeutig trennscharf voneinander ab: „weniger als 30 Tage", „zwischen 30 und 60 Tagen", „zwischen 60 und 90 Tagen", „zwischen 80 und 120 Tagen" sowie „mehr als 120 Tage". Es ist jeweils unklar, welchem Zeitintervall der 30., der 60., der 90. sowie der 120. Tag zuzuordnen ist; laut Formulierung („zwischen") wären sie streng genommen gar nicht beinhaltet. Im Rahmen der obigen Analyse wurden jedoch aufgrund der Vorjahresvergleichszahlen im Geschäftsbericht 2008 für das Jahr 2007 für den Geschäftsbericht 2007 dieselben Zeitintervall wie in 2008 (und in 2009) verwendet.[1477]

Bleibt zunächst festzuhalten, dass generell eine **eindeutige Abgrenzung der Zeitintervalle** durch die berichterstattenden Unternehmen als wünschenswert anzusehen wäre.

Betrachtet man die **Wahl der Zeitbänder** für die Überfälligkeitsanalyse nach IFRS 7.37(a) durch die in die Untersuchung einbezogenen Unternehmen, so ergibt sich auf den ersten Blick ein äußerst heterogenes Bild.

Tendenziell werden von einem Großteil der betrachteten Unternehmen **bis zu einer Überfälligkeit von 90 Tagen** zum Bilanzstichtag die einzelnen angegebenen **Intervalle** ggü. der Empfehlung von IFRS 7 **verhältnismäßig kurz** gewählt; die Zeitspanne für ein einzelnes Intervall beträgt hier i.d.R.

1475 Neben den im folgenden beiden dargestellten Fälle finden sich ähnliche, nicht eindeutige Abgrenzungen, die z.T. eher „umgangssprachlich" formuliert sind bei der *Deutsche Post AG* (GB 2007, S. 173; GB 2008, S. 182; GB 2009, S. 179; hier sind jeweils das erste („weniger als 30 Tage") und das zweite Intervall („31-60 Tage") nicht eindeutig abgegrenzt) sowie der *K+S AG* (exemplarisch GB 2009: „< 30 Tagen"; „> 31 und < 90 Tagen"; „> 91 und < 180 Tagen"; „> 180 Tagen"; durch die Anwendung der formalen Abgrenzungszeichen fehlt streng genommen der 30., der 90., sowie der 180. Tag).

1476 Im Rahmen obiger Analyse wurde jedoch davon ausgegangen, dass der 90. Tag im dritten Zeitintervall beinhaltet ist. Das dritte Zeitintervall wird daher als „> 89 Tage bezeichnet".

1477 Die *Beiersdorf AG* nimmt hingegen in den beiden Geschäftsberichten 2008 und 2009 eine eindeutige Abgrenzung vor. Die eher umgangssprachliche Bezeichnung „zwischen" ist zwar immer noch beinhaltet, die Tage sind jedoch überschneidungsfrei abgegrenzt. Zudem unterläuft der *Beiersdorf AG* im GB 2007 bei der Benennung des vierten Zeitintervalls ein Druckfehler mit der Zahl 80 anstelle von 90. Vgl. hierzu GB 2007 der *Beiersdorf AG*, S. 88.

entweder 30 oder 60 Tage,[1478] was eine gewisse **Konvention** erkennen lässt. Eine vergleichsweise **hohe Granularität der Überfälligkeiten bis zu 90 Tagen** zum Bilanzstichtag weist dabei etwa die *Henkel AG & Co. KGaA*[1479] mit einer Dreiteilung in gleich große Zeitbänder auf. Die *Continental AG*[1480] nimmt gar eine diesbezügliche Vierteilung ihrer überfälligen Forderungen aus Lieferungen und Leistungen vor. Hervorzuheben in puncto hoher Granularität ist auch die Differenzierung der Überfälligkeitsbänder durch die *Deutsche Post AG*[1481], die sechs 30-Tage-Bänder für Überfälligkeiten unter 180 Tagen zum Bilanzstichtag angibt, woran sich dann ein Restband „> 180 Tage" anschließt.

Für eine **Überfälligkeit über 90 Tage** zum Bilanzstichtag werden die **Zeitbänder** von den meisten Unternehmen dann **vergleichsweise lang** gewählt, was wiederum eine gewisse **konventionelle Vorgehensweise** wiederspiegelt; die Größe der Intervalle reicht hier von 30 Tagen, was jedoch eher selten ist, bis zu 330 Tagen.

Da die meisten der betrachteten Unternehmen offensichtlich davon ausgehen, dass mit andauernder Überfälligkeit die Wahrscheinlichkeit in zunehmendem Maße sinkt, dass die im Zusammenhang mit den von Überfälligkeit betroffenen Posten ausstehenden Zahlungen tatsächlich geleistet werden, ist eine Vergrößerung der Zeitbänder in der Frist ab 90 Tagen durchaus nachvollziehbar. So dürften bspw. von der *Volkswagen AG*[1482] entsprechend all jene Positionen im Rahmen des Zeitbandes „> 90 Tage" i.S.e. **Auffangzeitbandes** gezeigt werden, da sie eine vergleichsweise hohe Wahrscheinlichkeit aufweisen, tatsächlich im Wert gemindert werden zu müssen. Die Vornahme einer tiefergehenderen Granularität dieses Zeitintervalls erscheint seitens des Unternehmens daher offensichtlich als nicht angebracht.

[1478] Zu einem ähnlichen Ergebnis kommt auch Ernst & Young Global Limited (2008), S. 37. Dies gilt jedoch nicht (jeweils GB 2009) für die *Bayer AG*, S. 208-209, die *Deutsche Lufthansa AG*, S. 199, *Fresenius Medical Care AG & Co. KGaA*, S. 27, die *Fresenius SE*, S. 97, die *Merck KGaA*, S. 124 sowie die *METRO AG*, S. 167, die allesamt nur ein einziges Überfälligkeitsintervall für die Zeitspanne von 90 Tagen offenlegen.

[1479] Vgl. GB 2009 der *Henkel AG & Co. KGaA*. Ähnlich i.S. einer Dreiteilung auch die GBs 2009 der *adidas AG*, S. 181, der *ALTANA AG*, S. 134, der *Beiersdorf AG*, S. 104, der *BMW AG*, S. 107, der *Daimler AG*, S. 204 und S. 207, der *Deutsche Post AG*, S. 179, der *Deutsche Telekom AG*, S. 154 und S. 162, der *RWE AG*, S. 189, der *Salzgitter AG*, S. 233 sowie der *ThyssenKrupp AG*, S. 206-207.

[1480] Vgl. GB 2009 der *Continental AG*, S. 187.

[1481] Vgl. GB 2009 der *Deutsche Post AG*, S. 179.

[1482] Vgl. GB 2009 der *Volkswagen AG*, S. 274. Ein ähnlich großes „Auffangzeitband" weist etwa auch die *Deutsche Börse AG* auf („Mehr als 3 Monate, aber nicht mehr als 1 Jahr"), wobei sie gleichzeitig die über ein Jahr Überfälligkeit hinausgehenden Bänder „Mehr als 1 Jahr, aber nicht mehr als 5 Jahre" sowie „über 5 Jahre" offen legt. In der kurzen Frist findet sich noch das äußerst kurze Band „Über Nacht". Die *Deutsche Börse AG* integriert ihre Angaben dabei in eine tabellarische Übersicht zusammen mit den Angaben zur Restlaufzeitenanalyse für finanzielle Verbindlichkeiten gemäß IFRS 7.39(a)-(b). Vgl. GB 2009 der *Deutsche Börse AG*, S. 182-183.

Volkswagen AG:[1483]

FÄLLIGKEITSANALYSE DER BRUTTOBUCHWERTE ÜBERFÄLLIGER NICHT WERTBERICHTIGTER FINANZIELLER VERMÖGENSWERTE

	ÜBERFÄLLIG			BRUTTOBUCHWERT
Mio. €	bis 30 Tage	mehr als 30 Tage bis 90 Tage	mehr als 90 Tage	31.12.2008
Zu fortgeführten Anschaffungskosten bewertet				
Forderungen aus Finanzdienstleistungen	1.843	584	160	2.587
Forderungen aus Lieferungen und Leistungen	668	278	190	1.136
Sonstige Forderungen	74	29	58	161
Zum Fair Value bewertet	–	–	–	–
	2.585	891	408	3.884

	ÜBERFÄLLIG			BRUTTOBUCHWERT
Mio. €	bis 30 Tage	mehr als 30 Tage bis 90 Tage	mehr als 90 Tage	31.12.2009
Zu fortgeführten Anschaffungskosten bewertet				
Forderungen aus Finanzdienstleistungen	2.339	1.110	312	3.760
Forderungen aus Lieferungen und Leistungen	645	329	130	1.104
Sonstige Forderungen	54	16	31	101
Zum Fair Value bewertet	–	–	–	–
	3.039	1.454	472	4.966

Auch wenn sich die *METRO AG* nicht veranlasst sieht, ihre Positionen unter 91 Tagen Überfälligkeit in weitere Intervalle zu differenzieren, so legt sie etwa im Vergleich zur *Volkswagen AG* mit den Intervallen „Innerhalb der letzten 90 Tage“, „91 bis 180 Tage“, „181 bis 270 Tage, „271 bis 360 Tage“ sowie „Seit mehr als 360 Tagen“ für **Überfälligkeiten über 91 Tagen** eine **verhältnismäßig hohe Granularität** der Überfälligkeiten an den Tag.

METRO AG:[1484]

		davon zum Abschlussstichtag nicht einzelwertberichtigt und überfällig				
Mio. €	Gesamter Buchwert 31.12.2009	Innerhalb der letzten 90 Tage	Seit 91 bis 180 Tagen	Seit 181 bis 270 Tagen	Seit 271 bis 360 Tagen	Seit mehr als 360 Tagen
Aktiva						
der Kategorie „Kredite und Forderungen“	3.107	152	6	0	2	8
der Kategorie „bis zur Endfälligkeit gehalten“	9	0	0	0	0	0
der Kategorie „zu Handelszwecken gehalten“	35	0	0	0	0	0
der Kategorie „zur Veräußerung verfügbar“	23	0	0	0	0	0
	3.174	152	6	0	2	8

1483 Vgl. GB 2009 der *Volkswagen AG*, S. 274.
1484 Vgl. GB 2009 der *METRO AG*, S. 167.

Mio. €	Gesamter Buchwert 31.12.2008[1]	davon zum Abschlussstichtag nicht einzelwertberichtigt und überfällig				
		Innerhalb der letzten 90 Tage	Seit 91 bis 180 Tagen	Seit 181 bis 270 Tagen	Seit 271 bis 360 Tagen	Seit mehr als 360 Tagen
Aktiva						
der Kategorie „Kredite und Forderungen"	3.008	377	52	8	3	15
der Kategorie „bis zur Endfälligkeit gehalten"	0	0	0	0	0	0
der Kategorie „zu Handelszwecken gehalten"	79	0	0	0	0	0
der Kategorie „zur Veräußerung verfügbar"	24	0	0	0	0	0
	3.111	**377**	**52**	**8**	**3**	**15**

[1] Adjustierung aufgrund der Erstanwendung neuer und geänderter IFRS

Die betrachteten Unternehmen scheinen also insbesondere in der Frist über 90 Tagen Überfälligkeit unterschiedlicher Auffassung zu sein, wie differenziert dem Bilanzleser das den überfälligen finanziellen Vermögenswerten inhärente Kreditrisiko präsentiert werden soll.

M.E. sollte **grundsätzlich** für eine **differenziertere Darstellung**, ähnlich der der *METRO AG* optiert werden, da aufgrund eines solchen Ausweises dem Bilanzleser selbst vorbehalten bleibt, das bestehende Kreditrisiko finanzieller Vermögenswerte, die bspw. „seit 181 bis 270 Tagen" überfällig sind, anhand eines eigenen Maßstabs selbst einschätzen zu können. Die Offenlegung größerer Auffangzeitbänder in der kurzen Frist verhindert derartige externe Einschätzungen und dürfte somit per se einen geringeren Informationsnutzen aufweisen. Zudem dürfte eine vergleichsweise höher differenzierte Auffächerung der Überfälligkeitsanalyse unter **erhebungstechnischen Gesichtspunkten** keine großen Mehraufwand bereiten, da die individuellen Überfälligkeiten finanzieller Vermögenswerte m.E. schon aus rechtlichen Gründen jederzeit abrufbar sein müssen.

Im Rahmen der tabellarischen Darstellung der Überfälligkeitsanalyse gemäß IFRS 7.37(a) werden von einigen der betrachteten Unternehmen zusätzlich auch die **Buchwerte der weder überfälligen noch wertgeminderten finanziellen Vermögenswerte** explizit je in die Analyse einbezogener Klasse angegeben.[1485]

1485 So etwa die GBs 2009 der *BASF SE*, S. 176, der *Bayer AG*, S. 208-209, der *Beiersdorf AG*, S. 104, der *Continental AG*, S. 187, der *Deutsche Post AG*, S. 179, der *Deutsche Telekom AG*, S. 154 und S. 162, der *Fresenius Medical Care AG & Co. KGaA*, S. 27, der *Fresenius SE*, S. 97, der *Infineon Technologies AG*, S. 154, der *K+S AG*, S. 204 sowie der *TUI AG*, S. 178.

TUI AG:[1486]

Altersstruktur der Finanzinstrumente aus den Forderungen aus Lieferungen und Leistungen und sonstigen Forderungen

Mio €	Buchwert Finanzinstrumente	davon weder überfällig noch wertberichtigt	davon nicht wertberichtigt und in den folgenden Zeitbändern überfällig			
			weniger als 29 Tage	zwischen 30 und 90 Tagen	zwischen 91 und 180 Tagen	über 181 Tage
30.9.2009						
Forderungen aus Lieferungen und Leistungen	775,5	493,3	141,5	61,1	16,4	63,2
Herausgelegte Kredite und Forderungen	1 359,9	1 357,2	0,0	2,5	0,0	0,2
Sonstige Forderungen und Vermögenswerte	246,7	237,8	2,3	1,5	1,6	3,5
Gesamt	**2 382,1**	**2 088,3**	**143,8**	**65,1**	**18,0**	**66,9**
31.12.2008						
Forderungen aus Lieferungen und Leistungen	708,4	521,8	59,5	48,4	49,9	28,8
Herausgelegte Kredite und Forderungen	65,2	63,5	0,9	–	0,7	0,1
Sonstige Forderungen und Vermögenswerte	345,8	340,7	2,2	1,2	1,2	0,5
Gesamt	**1 119,4**	**926,0**	**62,6**	**49,6**	**51,8**	**29,4**

Die *Daimler AG*[1487] schlägt, wie nachfolgend dargestellt, darüber hinausgehend etwa bspw. hinsichtlich ihres Bestands an Forderungen aus Lieferungen und Leistungen[1488] betragsmäßig vollständig die Brücke zwischen (1) den weder überfälligen noch einzelwertberichtigten Forderungen[1489], (2) den überfälligen Forderungen, die nicht einzelwertberichtigt sind sowie (3) den einzelwertberichtigten[1490] Forderungen und liefert damit ein für diese Position komprimiertes Bild des ihr inhärenten Kreditrisikos, wobei eine **tabellarische Integration der Altersstruktur der nicht-einzelwertberichtigten aber überfälligen Forderungen** stattfindet. Zudem werden dadurch die zuvor von der *Daimler AG* offen gelegten Informationen hinsichtlich des maximalen Kreditrisikos gemäß IFRS 7.36(a)[1491] mit Blick auf den Bestand an Forderungen aus Lieferungen und Leistungen inhaltlich weitergehend differenziert.[1492]

[1486] Vgl. GB 2009 der *TUI AG*, S. 178.

[1487] Ähnlich etwa auch die GBs 2009 der *ALTANA AG*, S. 134, *E.ON AG*, S. 104, der *Merck KGaA*, S. 124, der *RWE AG*, S. 189 (jedoch werden die weder überfälligen noch wertberichtigten Forderungen von der *RWE AG* nicht explizit angegeben), der *SAP AG*, S. 195 sowie der *ThyssenKrupp AG*, S. 206-207.

[1488] Ebenso für die Forderungen aus Finanzdienstleistungen. Vgl. hierfür GB 2009 der *Daimler AG*, S. 204.

[1489] Darin müssten m.E. auch die Bestände an Forderungen aus Lieferungen und Leistungen beinhaltet sein, für die (noch) keine Einzelwertberichtigungen sondern lediglich Portfoliowertberichtigungen gebildet worden sind.

[1490] Die Wertberichtigungen für die einzelwertberichtigten Forderungen aus Lieferungen und Leistungen sind hierbei einem für diese Position separat angegebenen Wertberichtigungsspiegel zu entnehmen.

[1491] Vgl. GB 2009 der *Daimler AG*, S. 234 bzw. die Ausführungen weiter oben im Text in Kapitel 4.5.1.2.2.

[1492] Eine derart umfassende Darstellung des Kreditrisikos, wie sie die *Daimler AG* hier vornimmt, wird in Kapitel 4.5.2.4.2. angelegt, um die Sicherheiten, die für die überfälligen aber noch nicht im Wert geminderten sowie für die bereits einzelwertgeminderten finanziellen Vermögenswerte des Unternehmens hereingenommen wurden, offen zu legen. Vgl. hierzu insbesondere die Ausführungen in Kapitel 4.5.2.4. f.

***Daimler AG*:**

„Kreditrisiken. Die folgende Tabelle gibt Informationen über die in den Forderungen aus Lieferungen und Leistungen enthaltenen Kreditrisiken:[1493]

		31. Dezember
	2009	2008
in Millionen €		
Weder überfällige noch einzelwertberichtigte Forderungen	3.026	4.162
Überfällige Forderungen, die nicht einzelwertberichtigt sind		
weniger als 30 Tage	512	660
30 bis 59 Tage	110	174
60 bis 89 Tage	62	62
90 bis 119 Tage	34	54
120 Tage und mehr	394	226
Gesamt	1.112	1.176
Einzelwertberichtigte Forderungen	1.147	1.661
Buchwert (netto)	5.285	6.999

Eine dahingehende Offenlegung einzelwertberichtigter Forderungen kann (in Teilen) dabei u.U. auch die im nachfolgenden Kapitel erläuterten Angabepflichten gemäß IFRS 7.37(b) erfüllen.

Der **Gesamtbuchwert** der einbezogenen Finanzinstrumente wird dabei jedoch, anders als etwa bei der *Daimler AG*, nicht von allen der betrachteten Unternehmen angegeben.[1494] Dasselbe gilt für die **Vorjahresvergleichszahlen**, die weder von der *Fresenius Medical Care AG & Co. KGaA*[1495], der *Fresenius SE*[1496] noch der *MAN SE*[1497] angegeben werden. Beiden Angaben sollte m.E. jedoch aus Gründen einer besseren Übersichtlichkeit einerseits bzw. einer besseren intertemporalen Vergleichbarkeit andererseits entsprochen werden.

Das unter Abbildung 33 aufgeführte Tableau stellt m.E. vor diesem Hintergrund eine geeignete Blaupause für den **Benchmark** dar, um eine standardkonforme und zudem entscheidungsnützliche isolierte Umsetzung der Angabepflichten gemäß IFRS 7.37(a) zu gewährleisten. Der in der Praxis beobachteten Konvention, die Zeitbänder für Überfälligkeiten über 90 Tage relativ lang zu wählen, wird hier nicht entsprochen, da es m.E. dem Bilanzleser selbst überlassen werden sollte, das dabei

---

1493 Vgl. GB 2009 der *Daimler AG*, S. 207.

1494 So etwa die GBs 2009 der *adidas AG*, S. 181, der *Deutsche Lufthansa AG*, S. 199, der *Linde AG*, S. 142, der *MAN SE*, S. 144 sowie der *Salzgitter AG*, S. 233.

1495 Vgl. GB 2009 der *Fresenius Medical Care AG & Co. KGaA*, S. 27.

1496 Vgl. GB 2009 der *Fresenius SE*, S. 97.

1497 Vgl. GB 2009 der *MAN SE*, S. 144.

bestehende Kreditrisiko überfälliger finanzieller Vermögenswerte selbst einzuschätzen – ein größeres, zusammenfassendes und daher undifferenziertes „Auffangzeitband" innerhalb eines Überfälligkeitszeitraumes von einem Jahr würde dieser Auffassung entgegenstehen.

	Buchwert der Finanzinstrumente	Überfällige finanzielle Vermögenswerte, die nicht einzelwertberichtigt sind												
		weniger als 30 Tage	30 bis 59 Tage	60 bis 89 Tage	90 bis 119 Tage	120-149 Tage	150 bis 179 Tage	180 bis 209 Tage	210 bis 239 Tage	240 bis 269 Tage	270 bis 299 Tage	300 bis 329 Tage	330 bis 359 Tage	mehr als 360 Tage
Klassen gemäß IFRS 7														
Forderungen aus Lieferungen und Leistungen														
Forderungen aus Finanzdienstleistungen														
...														
...														
GESAMT														

Abbildung 33: Benchmark-Tableau zur (isolierten) Erfüllung von IFRS 7.37(a)

Für eine **alternative**, auch **andere IFRS 7-Angabepflichten einbeziehende Darstellung**[1498] der Überfälligkeitsanalyse (übergreifender Benchmark) sie an dieser Stelle auf die Lektüre von Kapitel 4.5.1.3.3. sowie von Kapitel 4.5.2.4.2. verwiesen.

4.5.2.3. Angabe einer Analyse einzelwertgeminderter finanzieller Vermögenswerte

4.5.2.3.1. Anforderungen des Standards

Gemäß IFRS 7.37(b) wird differenziert in IFRS 7-Klassen eine **Analyse all jener finanziellen Vermögenswerte** verlangt, die **einzeln** zum Abschlussstichtag[1499] **wertberichtigt** sind. Diese Angabe ist dabei durch die Offenlegung der **Kriterien**, anhand derer das Unternehmen den **Einzelwertberichtigungsbedarf** festgestellt hat, zu begleiten (IFRS 7.37(b)).[1500] Es handelt sich hierbei,

---

1498 Für eine Übersicht zu derart zusammenhängenden Benchmarks bzw. Benchmark-Tableaus siehe Abbildung 44 unter Kapitel 6.1.

1499 Lag zu einem früheren (Zwischen)Abschlusszeitpunkt zwar die Einzelwertminderung eines finanziellen Vermögenswerts vor und wurden entsprechend die Angaben gemäß IFRS 7.37(b) zu diesem Zeitpunkt gemacht, so kann zum aktuellen (Zwischen)Berichtszeitpunkt diese Angabe unterbleiben, sofern die Einzelwertberichtigung aufgelöst wurde, da der Grund hierfür entfallen ist. Für den Fall, dass die Konditionen des finanziellen Vermögenswerts neu ausgehandelt wurden und er deshalb nicht mehr als wertgemindert gilt, sind jedoch die Angabepflichten gemäß IFRS 7.36(d) einschlägig (IDW RS HFA 24, Rz. 57). Für eine nähere Erläuterung der Angabepflichten gemäß IFRS 7.36(d) siehe Kapitel 4.5.1.5.

1500 Vgl. PwC (2010), S. 11054, Rz. 11.96.

wie bereits erwähnt, zudem um die einzige Angabe zum Kreditrisiko, die auch die vom bilanzierenden Unternehmen gehaltenen Eigenkapitalinstrumente mit einschließt.[1501]

Ergänzt wird diese Angabepflicht u.a. durch die Angaben des IFRS 7 zur GuV, da nach IFRS 7.20(e) bereits der Wertminderungsaufwand je Klasse finanzieller Vermögenswerte anzugeben ist.[1502]

Entgegen dem nicht eindeutigen Wortlaut von IFRS 7.36(d) sind gemäß IFRS 7.37(b) explizit die **Einzelwertberichtigungen** („*...individually determined to be impaired...*") angesprochen. Daraus ist nach *Scharpf* jedoch nicht zu schlussfolgern, dass die gleiche Sichtweise auch für IFRS 7.36(d) oder für IFRS 7.37(a) Gültigkeit beanspruchen kann.[1503]

Aufgrund des Fokus auf Einzelwertberichtigungen bestehen dabei **inhaltliche Überschneidungen** zu den Angaben gemäß **IFRS 7.16**, der die Offenlegung eines **Wertberichtigungsspiegels** für sämtliche finanziellen Vermögenswerte vorschreibt; u.U. werden abhängig von der Darstellungsform der Angaben gemäß IFRS 7.16 ggf. auch die Beträge der Einzelwertberichtigungen explizit offen gelegt.[1504]

Die Analyse wertgeminderter finanzieller Vermögenswerte ist dabei nicht nur im Jahr der erstmaligen Vornahme der entsprechenden Einzelwertberichtigung(en) offen zu legen. Vielmehr sind Einzelwertberichtigungen anhand einer solchen Analyse so lange anzugeben, wie sich der damit korrespondierende Fair Value des finanziellen Vermögenswerts betragsmäßig unterhalb der entsprechenden Anschaffungskosten befindet und der entsprechende Vermögenswert daher als weiterhin wertgemindert zu betrachten ist.[1505]

Eine detaillierte Beschreibung, wie die nach IFRS 7.37(b) geforderte Analyse der einzelwertgeminderten finanziellen Vermögenswerte zu gestalten ist, enthält IFRS 7 allerdings nicht. Laut IFRS 7.IG 29 kann diese jedoch die nachfolgenden Angaben umfassen:

- den **Buchwert vor Abzug** der **Wertberichtigung** (IFRS 7.IG29(a));
- den **Betrag** der **Wertberichtigung** bzw. Direktabschreibung („*...amount of any related impairment loss...*") (IFRS 7.IG29(b));
- die **Art** (*nature*) sowie den **Fair Value** hereingenommener **Sicherheiten** oder anderer **sonstiger Kreditverbesserungen** (IFRS 7.IG29(c)).

1501 Vgl. PwC (2010), S. 11054, Rz. 11.96.
1502 Vgl. hierzu insbesondere Kapitel 3.4.5.
1503 Vgl. Scharpf (2006), S. 41.
1504 Vgl. hierzu insbesondere die Ausführungen in Kapitel 3.3.3.2.
1505 Vgl. PwC (2010), S. 11054, Rz. 11.96.

Die nach IFRS 7.IG29(c) ausgesprochenen Empfehlung zur **Angabe von Sicherheiten** und sonstiger Kreditverbesserungen seitens des IASB **überschneidet sich dabei** allerdings **inhaltlich** mit den Angabepflichten gemäß IFRS 7.36(b)[1506] sowie IFRS 7.37(c)[1507].[1508] Somit ist den anhand IFRS 7.IG29(c) konkretisierten Regelungen in Bezug auf die Angabe von Sicherheiten **nicht lediglich nur ein Empfehlungscharakter** zuzuschreiben, sondern es handelt sich dabei vielmehr, zumindest was die **Beschreibung** erhaltener Sicherheiten anbelangt,[1509] um eine zwar andernorts geforderte, jedoch **obligatorische Angabepflicht.**[1510]

Das IASB hat sich hinsichtlich der nach IFRS 7.37(b) geforderten Angabe einer Analyse der zum Abschlussstichtag wertgeminderten finanziellen Vermögenswerte im Gegensatz zu den nach IFRS 7.37(a) geforderten Angaben bewusst nicht auf die reine Analyse anhand der Altersstruktur der betroffenen finanziellen Vermögenswerte beschränkt. Vielmehr sieht das IASB die Analyse der wertgeminderten finanziellen Vermögenswerte auch anhand anderer Faktoren, wie bspw. der Art der Vertragsparteien oder der geographische Verteilung der wertgeminderten Vermögenswerte („*...nature of the counterparty, or geographical analysis of impaired assets...*“), als entscheidungsnützlich für die Abschlussadressaten an, damit diese besser nachvollziehen können, warum die Wertminderungen vorgenommen werden mussten (IFRS 7.BC55(b)).

Bei **Industrie- und Handelsunternehmen** werden sich die hinsichtlich IFRS 7.37(b) zu machenden Angaben mangels klassischer Kreditausreichungen dabei weitgehend auf operative Außenstände in Form von Forderungen aus Lieferungen und Leistungen beziehen.[1511]

Die Ermittlung der für die Angabe gemäß IFRS 7.37(b) erforderlichen Daten hat dabei insbesondere bei Industrie- und Handelsunternehmen – analog zur Ermittlung der für die Angabe gemäß IFRS 7.36(d) benötigten Daten[1512] – wahlweise anhand einer **Erweiterung** der **bestehenden Informationssysteme des Konzernrechnungswesens** oder mittels **fallweiser Datenerhebungen** zu erfolgen.[1513]

1506 Fordert die Angabe der hereingenommenen Sicherheiten sowie sonstigen Kreditverbesserungen. Siehe hierzu die entsprechenden Ausführungen in Kapitel 4.5.1.3. weiter oben im Text.

1507 Fordert die Angabe der Art und, sofern möglich, eine Schätzung des Fair Value der hereingenommener Sicherheiten. Siehe hierzu die entsprechenden Ausführungen in Kapitel 4.5.2.4. weiter unten im Text.

1508 Vgl. Scharpf (2006), S. 42.

1509 Bei gegebener Möglichkeit der Schätzung der Fair Values von Sicherheiten (für Not leidende finanzielle Vermögenswerte), sind diese nach IFRS 7.37(c) jedoch auch obligatorisch anzugeben. IFRS 7.IG29(c) suggeriert jedoch den Eindruck, die Angabe der Fair Values von Sicherheiten für Not leidende Vermögenswerte, hier einzelwertberichtigte finanzielle Vermögenswerte, habe lediglich einen empfehlenden bzw. freiwilligen Charakter. So auch Vgl. Buchheim/Schmidt (2005), S. 403.

1510 So auch von Oertzen (2009), S. 169-170, Rz. 245.

1511 Vgl. Brücks/Kerkhoff/Stauber (2006b), S. 434.

1512 Vgl. hierzu die Ausführungen des entsprechenden Unterabschnitts in Kapitel 4.5.1.

1513 Vgl. Brücks/Kerkhoff/Stauber (2006b), S. 434.

4.5.2.3.2. Erhebung des Benchmark

Eine Darstellungsmöglichkeit der Angaben zu IFRS 7.37(b) – Offenlegung einer Analyse einzelwertberichtigter Vermögenswerte – gestaltet sich laut *KPMG* folgendermaßen:[1514]

in Mio. EUR	Forderungen aus Lieferungen und Leistungen		Finanzanlagen	
	20x2	20x1	20x2	20x1
Einzelwertberichtigungen				
Klasse 6				
Klasse 7				
Klasse 8				
Gesamtbetrag Risikovorsorge				
Buchwert				

Abb. 101: Darstellung der einzelwertgeminderten finanziellen Vermögenswerte (IFRS 7.37(b)) – am Beispiel eines Industrie- und Handelsunternehmens

Einige der betrachteten Unternehmen, bspw. die *BASF AG* und die *Beiersdorf AG*[1515], kommen der Angabepflicht gemäß IFRS 7.37(b) nach, indem sie i.S.v. IFRS 7.IG29(b) den Betrag der **Einzelwertberichtigung** (u.a. nach Bildung/Auflösung differenziert) verbal oder in tabellarischer Form angeben.

BASF AG:

„Auch im gegenwärtigen wirtschaftlichen Umfeld beobachten wir keine wesentlichen Veränderungen der Kreditqualität unseres Forderungsbestands. Im Jahr 2009 wurden Einzelwertberichtigungen auf Forderungen aus Lieferungen und Leistungen in Höhe von 97 Millionen € gebildet und 46 Millionen € aufgelöst. Auf Sonstige Forderungen wurden Einzelwertberichtigungen in Höhe von 8 Millionen € gebildet. Im Jahr 2008 wurden Einzelwertberichtigungen auf Forderungen aus Lieferungen und Leistungen in Höhe von 58 Millionen € gebildet und 68 Millionen € aufgelöst, auf Sonstige Forderungen wurden 1 Million € Einzelwertberichtigungen gebildet und 3 Millionen € aufgelöst."[1516]

[1514] Vgl. KPMG (2007), S. 142.

[1515] Ähnlich auch die GBs 2009 der *Beiersdorf AG*, S. 104, sowie der *Deutsche Lufthansa AG*, S. 199.

[1516] Vgl. GB 2009 der *BASF AG*, S. 176.

***Beiersdorf AG*:**

„Die Einzelwertberichtigungen auf Forderungen aus Lieferungen und Leistungen entwickelten sich wie folgt:[1517]

IN MIO. €	2008	2009
Stand 01.01.	11	10
Zuführungen	4	5
Inanspruchnahmen	–1	–1
Auflösungen	–3	–1
Währungsänderungen	–1	1
Stand zum 31.12.	10	14

Die verbalen Ausführungen durch die *BASF AG* entsprechen dabei den Empfehlungen durch IFRS 7.IG29(b). Die *Deutsche Lufthansa AG*[1518] als auch die *Linde AG*[1519] entsprechen mit ihren tabellarischen Angaben zu ihren Ausleihungen und Forderungen bzw. zu ihren anderen Klassen an finanziellen Vermögenswerten ebenfalls exakt den Vorgaben gemäß IFRS 7.IG29(a)-(b) – (1) Angabe des Buchwerts vor Abzug der Wertberichtigung (IFRS 7.IG29(a)) sowie (2) Betrag der Wertberichtigung (IFRS 7.IG29(b)) –, obwohl beide nicht explizit hervorheben, dass es sich um eine Analyse von Einzelwertberichtigungen handelt.

Die *Beiersdorf AG* kommt der Angabe gemäß IFRS 7.37(b) bzw. speziell IFRS 7.IG29(b) anhand der Bereitstellung eines Wertberichtigungsspiegels für die Forderungen aus Lieferungen und Leistungen nach, der allein die Entwicklung der Einzelwertberichtigungen ausweist. Gleichzeitig werden hiermit jedoch auch die Angabepflichten des IFRS 7.16 – Angabe eines Risikovorsorge- bzw. Wertberichtigungskontos – erfüllt. Wie auch im Fall der *BASF AG* ist jedoch auch hier zu konstatieren, dass die gemäß IFRS 7.IG29(a) und (c)[1520] empfohlenen Angaben nur teilweise innerhalb desselben Textabschnitts bzw. Tableaus gemacht werden, was das den Bilanzadressaten an dieser Stelle entsprechend vermittelte Bild der Kreditrisikoexposition unvollständig erscheinen lässt. Teilweise ist diese Aussage für die angeführten Beispiele allerdings zu relativieren, ist der Buchwert der Forderungen vor Abzug der Wertberichtigung sowie die Art der diesbezüglich hereingenommenen

1517 Vgl. GB 2009 der *Beiersdorf AG*, S. 104.

1518 Vgl. GB 2009 der *Deutsche Lufthansa AG*, S. 199.

1519 Vgl. GB 2009 der *Linde AG*, S. 178.

1520 Dies mag in puncto IFRS 7.IG29(c) evtl. daran liegen, dass Angaben zur Sicherheitenstellung bereits nach IFRS 7.37(c) verlangt werden. Vgl. für die Angabepflicht gemäß IFRS 7.37(c) insbesondere die Ausführungen im nachfolgenden Kapitel.

Sicherheiten bzw. anderen sonstigen Kreditverbesserungen doch unmittelbar aus anderen (direkt angrenzenden) Textpassagen bzw. Tableaus ersichtlich.[1521]

Die *BMW AG*[1522] sowie die *Volkswagen AG* entsprechen den Angaben gemäß IFRS 7.37(b) ebenfalls im Rahmen einer gleichzeitigen Umsetzung der Anforderungen von IFRS 7.16, nur mit dem Unterschied gegenüber dem obigen Beispiel durch die *Beiersdorf AG*, dass sie im Rahmen der Darstellung ebenfalls nach **Portfoliowertberichtigungen** differenzieren.

***Volkswagen AG*:**[1523]

ENTWICKLUNG DER WERTBERICHTIGUNGEN AUS KREDITRISIKEN AUF FINANZIELLE VERMÖGENSWERTE

Mio. €	Einzelwert-berichtigungen	Portfolio-basierte Wertberich-tigungen	2009	Einzelwert-berichtigungen	Portfolio-basierte Wertberich-tigungen	2008
Stand 01.01.	**1.155**	**619**	**1.774**	**991**	**563**	**1.554**
Währungs- und sonstige Veränderungen	37	18	56	58	5	63
Zuführung	1.348	118	1.467	741	115	856
Inanspruchnahme	347	–	347	368	–	368
Auflösung	249	286	535	182	149	331
Umgliederung	−98	98	0	−85	85	0
Stand 31.12.	**1.847**	**568**	**2.415**	**1.155**	**619**	**1.774**

Da keine Pflicht zur Umsetzung der in IFRS 7.IG29 unterbreiteten Anwendungsempfehlungen besteht, sieht sich allerdings die Mehrzahl der betrachteten Unternehmen offensichtlich nicht dazu veranlasst, diesen Empfehlungen vollumfänglich zu entsprechen. Die betragsmäßige Offenlegung vorgenommener Einzelwertberichtigungen gestaltet sich sodann auch recht überschaubar durch die Offenlegung ihrer Neubildung und ggf. Auflösung; in den meisten Fällen werden weder die Buchwerte der einzelwertberichtigten Positionen vor der Vornahme der Wertberichtigungen, noch die in diesem Zusammenhang gehaltenen Sicherheiten, d.h. deren Wert in Form von Fair Values, (in unmittelbarem Zusammenhang) berichtet.

Um ein entscheidungsnützliches bzw. insbesondere auch ökonomisch sinnvolles Bild des im Unternehmen notwendigen Einzelwertberichtigungsbedarfs zu vermitteln, ist jedoch m.E. eine zwingende Offenlegung der beiden gemäß IFRS 7.IG29(a) und (c) empfohlenen Angaben nötig. Aus diesem Grund ist **dafür zu plädieren**, die Angaben gemäß **IFRS 7.IG29 verpflichtend vorzuschreiben**.

[1521] Vgl. GBs 2009 der *Beiersdorf AG* S. 104 (Buchwert der Forderungen aus Lieferungen und Leistungen in Tableau auf derselben Seite) sowie der *BASF AG*, S. 139; 176 (Buchwert der Forderungen aus Lieferungen und Leistungen in Überfälligkeitsanalyse auf derselben Seite oder aus Bilanz; Art der Sicherheiten in selber Textpassage).

[1522] Vgl. GB 2009 der *BMW AG*, S. 102. Derselbe Wertberichtigungsspiegel wird ebenfalls für Forderungen aus dem Kreditkartengeschäft (S. 104) sowie für Forderungen aus Lieferungen und Leistungen (S. 106) bereitgestellt.

[1523] Vgl. GB 2009 der *Volkswagen AG*, S. 271.

Insofern kann m.E. das unter Abbildung 34 aufgeführte **Benchmark-Tableau** für eine entscheidungsnützliche Darstellung der Angabepflichten gemäß IFRS 7.37(b) gereichen.

Klassen gemäß IFRS 7	Buchwerte der finanziellen Vermögenswerte vor Wertberichtigung	Einzelwertberichtigungen: Stand zum Geschäftsjahresbeginn	Zuführungen: erfolgswirksam	Zuführungen: nicht erfolgswirksam	Inanspruchnahme	Auflösungen: erfolgswirksam	Auflösungen: nicht erfolgswirksam	Änderungen des Konsolidierungskreises	Währungsumrechnungseffekte	Sonstige Veränderungen	Einzelwertberichtigungsaufwand GESAMT	Stand zum Geschäftsjahresende	Buchwerte der einzelwertberichtigten finanziellen Vermögenswerte	Besicherung der einzelnen Klassen: Art der Sicherheit	Besicherung der einzelnen Klassen: Fair Value
Forderungen aus Lieferungen und Leistungen														Bürgschaften	
														Grundpfandrechte	
														Sicherungsübereignungen	
Forderungen aus Finanzdienstleistungen														Bürgschaften	
...		Vornahme EWB per Direktabschreibung													
...															

Abbildung 34: Benchmark-Tableau zur (isolierten) Erfüllung von IFRS 7.37(b)

Nimmt das berichterstattende Unternehmen für bestimmte (Teile von) Klassen finanzieller Vermögenswerte **Einzelwertberichtigungen** anhand von **Direktabschreibungen** gemäß der **bilanziellen Nettomethode** vor, so kann dies, im Rahmen des obigen Tableaus bspw. dargestellt werden, indem ausschließlich die zugehörige Spalte „Einzelwertberichtigungsaufwand GESAMT" befüllt wird und die anderen Positionen des Wertberichtigungsspiegels an dieser Stelle mit dem Hinweis „Vornahme EWB durch Direktabschreibungen" versehen werden.

Eine weitere, **umfassendere Möglichkeit zur Umsetzung**[1524] von IFRS 7.37(b) im Jahresabschluss wird im nachfolgenden Kapitel 4.5.2.3.3. erörtert. Auch Kapitel 4.5.1.3.3. sowie Kapitel 4.5.2.4.2. liefern eine alternative Darstellungsmöglichkeit bzw. Einbettung dieser von IFRS 7 geforderten Analyse einzelwertberichtigter finanzieller Vermögenswerte.

Beispiele für die pflichtgemäße Erfüllung der nach IFRS 7.37(b) geforderten Angabe von Informationen über die **Kriterien**, anhand derer das Unternehmen den **Einzelwertberichtigungsbedarf ermittelt**, liefern etwa die *Continental AG*[1525], die *Siemens AG*[1526] und die *Volkswagen AG*.

1524 Für eine Übersicht zu derart zusammenhängenden Benchmarks bzw. Benchmark-Tableaus siehe Abbildung 44 unter Kapitel 6.1.

1525 Vgl. GB 2009 der *Continental AG*, S. 185-186. Den verbalen Ausführungen schließt sich ein Wertberichtigungsspiegel für Forderungen aus Lieferungen und Leistungen an, der sowohl die Einzel- als auch die Portfoliowertberichtigungen umfasst.

1526 Vgl. GB 2009 der *Siemens AG*, S. 222.

***Volkswagen AG*:**

„Dem Ausfallrisiko von Forderungen und Krediten des Finanzdienstleistungsgeschäfts wird durch die Bildung von Einzelwertberichtigungen und portfoliobasierten Wertberichtigungen Rechnung getragen.

Im Einzelnen werden bei signifikanten individuellen Forderungen (zum Beispiel Forderungen aus der Händlerfinanzierung und mit Großkunden) nach konzerneinheitlichen Maßstäben Einzelwertberichtigungen in Höhe des bereits eingetretenen Ausfalls (incurred-loss) gebildet. Ein potentieller Wertminderungsbedarf wird bei Vorliegen verschiedener Tatsachen wie Zahlungsverzug über einen längeren Zeitraum, Einleitung von Zwangsmaßnahmen, drohende Zahlungsunfähigkeit oder Überschuldung, Beantragung oder Eröffnung eines Insolvenzverfahrens oder Scheitern von Sanierungsmaßnahmen angenommen.

Bei nicht-signifikanten Forderungen (zum Beispiel Forderungen aus der Kundenfinanzierung) werden in einem pauschalierten Verfahren nach Erkennen des Ausfalls Einzelwertberichtigungen ermittelt.

Für die Ermittlung portfoliobasierter Wertberichtigungen werden nicht-signifikaten Forderungen sowie signifikante Individualforderungen ohne Hinweise auf Wertminderungen anhand vergleichbarer Kreditrisikomerkmale zu homogenen Portfolios zusammengefasst und nach Risikoklassen aufgeteilt. Solange noch keine gesicherte Erkenntnis vorliegt, welche Forderung ausgefallen ist, werden für die Ermittlung der Wertminderungshöhe durchschnittliche historische Ausfallwahrscheinlichkeiten des jeweiligen Portfolios herangezogen.

Die Berücksichtigung von Wertminderungen bei Forderungen der Automobil-Segmente erfolgt grundsätzlich durch Einzelwertberichtigungen.

Wertberichtigungen auf Forderungen werden regelmäßig auf separaten Wertberichtigungskonten erfasst."[1527]

Die Detailtiefe der derart offengelegten Kriterien erscheint gegenüber der Umsetzung der anderen, quantitativen Angaben durch IFRS 7.37(b) m.E. dabei als ausreichend i.S.d. Standards.

4.5.2.3.3. Möglichkeiten einer komprimierten Darstellung der Angaben zur Risikovorsorge nach IFRS 7

Um die Möglichkeiten einer komprimierten bzw. zusammenfassenden Darstellung der einzelnen Angabepflichten des IFRS 7 zur Risikovorsorge (sowie der Nettoergebnisse gemäß IFRS 7.20(a)), mit dem Ziel, v.a. Redundanzen innerhalb der offengelegten Jahresabschlüsse zu vermeiden, erörtern zu können,[1528] seien an dieser Stelle vorab die einzelnen einschlägigen Normen sowie ihr Verhältnis untereinander anhand des unter Abbildung 35 aufgeführten Beziehungsgeflechts überblicksartig dargestellt.[1529]

[1527] Vgl. GB 2009 der *Volkswagen AG*, S. 223.
[1528] Dieser Auffassung auch Scharpf (2006), S. 22 sowie Paarz (2007), S. 273.
[1529] Eigene Darstellung.

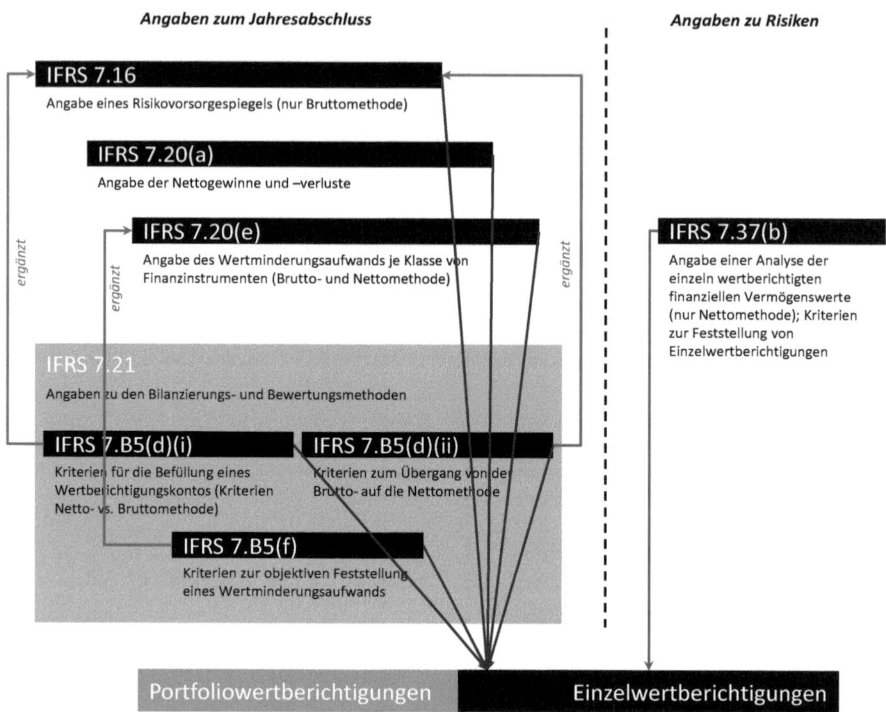

Abbildung 35: Beziehungsgeflecht der IFRS 7-Normen zur Risikovorsorge

Zur Entwicklung eines umfassenden Tableaus zur Risikovorsorge gemäß IFRS 7 lohnt sich zunächst ein Blick auf die Angaben zu den Nettoergebnissen gemäß IFRS 7.20(a). Gemeinsame Elemente einer standardisierten Offenlegung der Nettoergebnisse i.S.v. IFRS 7.20(a) wurden bereits in Kapitel 3.4.6.1. erörtert und im Rahmen einer Benchmark-Empfehlung formuliert. Diese Empfehlung gestaltet sich in Form einer Matrix, anhand derer die Angaben gemäß IFRS 7.20(a) ausgewiesen werden können. Element dieser Matrixdarstellung ist dabei u.a. eine zu befüllende Spalte „Wertberichtigungen/Wertaufholungen", die bereits von vielen der betrachteten Unternehmen in dieser Form offengelegt wird.

Um ein Tableau zu generieren, das möglichst allen Angabepflichten des IFRS 7 zur Risikovorsorge gerecht wird, wurde dieses Element daher als Ausgangsbasis für dessen Aufbau gewählt. Demnach ergibt sich als Grundgerüst des Tableaus eine Matrix, die sich zunächst, um IFRS 7.20(a) gerecht zu werden, aus den IAS 39-Bewertungskategorien als **Zeilenposten** und den nachfolgenden **Spalten** zusammensetzt:

- Zinsen (und Dividenden);
- aus der Folgebewertung:
  - zum beizulegenden Zeitwert;
  - Währungsumrechnung;
  - Wertberichtigungen/Wertaufholungen;
  - Erfolgsneutral im Eigenkapital erfasste Veränderung des beizulegenden Zeitwerts;
  - Erfolgswirksam aus dem Eigenkapital umgegliedert;
- Beteiligungen;
- Abgänge;
- Nettogewinne;
- Nettoverluste;
- Nettoergebnis.

Obwohl eine Überleitung der Nettoergebnisse aus Finanzinstrumenten gemäß IFRS 7.20(a) auf die einzelnen damit korrespondierenden GuV-Posten, in denen die Ergebnisse tatsächlich erfasst werden, nach IFRS 7 nicht obligatorisch ist, so stellt m.E. eine diesbezügliche Überleitung durchaus entscheidungsnützliche Informationen für die Bilanzadressaten bereit. Aus diesem Grund enthält das hier empfohlene Tableau am Ende eine „Überleitung auf GuV", die sich auf die zuvor gezeigten Werte nach Kategorien i.S.v. IFRS 7.20(a) bezieht.

Eine Erweiterung erfährt das Tableau durch die Angabepflichten gemäß IFRS 7.37(b), wonach die Einzelwertberichtigungen je Klasse finanzieller Vermögenswerte auszuweisen sind. Ein bestimmtes Format wird dabei nicht vorgeschrieben, jedoch präzisiert IFRS 7.IG29 diese Angabepflicht, indem (1) der Buchwert vor Abzug der Wertberichtigung, (2) der Betrag der Wertberichtigung bzw. Direktabschreibung sowie (3) die Art und der Fair Value hereingenommener Sicherheiten oder anderer sonstiger Kreditverbesserungen idealerweise anzugeben sind. Aus Darstellungsgründen wird in das nachfolgende Tableau jedoch nur der zweite Punkt aufgenommen.

Inhaltliche Überschneidungen ergeben sich an diesem Punkt zur Angabepflicht gemäß IFRS 7.16, die für den Fall, dass keine Direktabschreibungen finanzieller Vermögenswerte i.S.e. Nettomethode vorgenommen werden, die Offenlegung des zur Erfassung von Wertberichtigungen nötigen Risikovorsorge- bzw. Wertberichtigungskontos je Klasse finanzieller Vermögenswerte verlangt. Zur Offenlegung dieses Kontos wurden bereits in Kapitel 3.3.3.2. diesbezügliche Empfehlungen ausgesprochen. Um mit dem im Rahmen dieses Kapitels empfohlenen Tableau neben IFRS 7.37(b) auch IFRS 7.16 gerecht werden zu können, wurden daher die folgenden, bereits empfohlenen Elemente eines Standard-Wertberichtigungskontos für die Angabe als **Spaltenposten** übernommen:

- Stand zu Geschäftsjahresbeginn;
- Zuführungen;
    - erfolgswirksam;
    - nicht erfolgswirksam;
- Inanspruchnahme;
- Auflösungen;
    - erfolgswirksam;
    - nicht erfolgswirksam;
- Änderungen des Konsolidierungskreises;
- Währungsumrechnungseffekte;
- Sonstige Veränderungen;
- Stand zum Geschäftsjahresende.

Die diesbezüglichen **Zeilenposten** entsprechen IFRS 7.37(b)- und IFRS 7.16-konform den vom Unternehmen i.S.v. IFRS 7.6 zu bildenden **Klassen finanzieller Vermögenswerte.**

Um dabei gleichzeitig den Anforderungen gemäß IFRS 7.37(b) – der Fokus richtet sich bei dieser Norm auf Einzelwertberichtigungen – und IFRS 7.16 – der Fokus richtet sich hierbei auf die gesamten Wertberichtigungen – gerecht werden zu können, sollten dabei m.E. zwei **separate Wertberichtigungsspiegel** für **Einzelwertberichtigungen** einerseits und **Portfoliowertberichtigungen** andererseits offengelegt werden, womit auch in Bezug auf IFRS 7.16 den dahingehenden Forderungen von *DRSC* und *IDW* entsprochen wird (IDW RS HFA 24, Rz. 25).[1530] Anhand des Wertberichtigungskontos für Einzelwertberichtigungen wird dabei speziell IFRS 7.37(b) entsprochen; IFRS 7.20(e), wonach der Wertminderungsaufwand je Klasse finanzieller Vermögenswerte anzugeben ist, wird dabei zudem durch die Befüllung der Spalten „Wertberichtigungen Gesamt" sowie deren Unterteilung in „Stand zum Geschäftsjahresbeginn", „Veränderungen im Geschäftsjahr" sowie „Stand zum Geschäftsjahresende" entsprochen.

Um im Rahmen des unter Abbildung 36 aufgeführten Tableaus eine Verbindung zwischen den Angaben zu den Nettoergebnissen, die nach IAS 39-Kategorien aufzufächern sind, und den speziellen Angaben zur Risikovorsorge, die nach IFRS 7-Klassen differenziert werden, herzustellen, ist die Zugehörigkeit der einzelnen IFRS 7-Klassen, sofern möglich, zu den IAS 39-Bewertungskategorien im Rahmen einer separaten Spalte auszuweisen.

[1530] Vgl. hierzu auch die Ausführungen in Kapitel 3.3.3.1.

Das Tableau unter Abbildung 36 stellt aufbauend auf den vorangegangenen Ausführungen eine komprimierte Darstellung der Angabepflichten des IFRS 7 zur Risikovorsorge und zu den Nettoergebnissen aus Finanzinstrumenten, d.h. gemäß den Normen IFRS 7.16 i.V.m. IFRS 7.20(a) i.V.m. IFRS 7.20(e) i.V.m. IFRS 7.37(b), dar. Da eine Befüllung bestimmter Positionen nicht erforderlich ist bzw. per se nicht in Frage kommt, sind diese geschwärzt dargestellt.[1531]

Um die Vergleichbarkeit von Jahresabschlüssen zu erhöhen, kann ein solch umfassendes Tableau auch von *den* Unternehmen angewendet werden, die nicht sämtlich Positionen befüllen können. Auch eine Nichtbefüllung kann m.E. als wichtige Information im Rahmen eines zwischenbetrieblichen Vergleichs gereichen.

Im Rahmen dieses Tableaus könnte im Rahmen einer Erweiterung gleichzeitig auch den Angaben gemäß IFRS 7.37(a) zu den überfälligen finanziellen Vermögenswerten sowie i.S.d. Vollständigkeit des dadurch offengelegten Risikoprofils des bilanzierenden Unternehmens einer betragsmäßigen – nach IFRS 7 nicht obligaten – Offenlegung des Bestands der nicht Not leidenden finanziellen Vermögenswerte entsprochen werden. Aus Gründen der Übersichtlichkeit sollte von einer dahingehenden Integration m.E. jedoch abgesehen werden. Die Ausführungen im nachfolgenden Kapitel 4.5.2.4. enthalten jedoch einen um die hereingenommenen Sicherheiten ergänzten Vorschlag zur Abbildung des dahingehend sich zusammensetzenden Risikoprofils eines Unternehmens. Zudem ist in Kapitel 4.5.2.2.2. ein diesbezügliches Angabenbeispiel[1532], allerdings ohne die Offenlegung etwaiger Sicherheiten beinhaltet.

1531 Werden für bestimmte (Teile von) Klassen finanzieller Vermögenswerte Einzelwertberichtigungen anhand von Direktabschreibungen gemäß der bilanziellen Nettomethode vorgenommen, so kann dies, wie bereits in Kapitel 4.5.2.3.2. ausgeführt, im Rahmen des obigen Tableaus bspw. dargestellt werden, indem lediglich die zugehörige Spalte „Einzelwertberichtigungsaufwand GESAMT" befüllt wird und die anderen Positionen des Wertberichtigungsspiegels an dieser Stelle mit dem Hinweis „Vornahme EWB durch Direktabschreibungen" versehen werden.

1532 Vgl. GB 2009 der *Daimler AG*, S. 207 (Übersicht zu den in den Forderungen aus Lieferungen und Leistungen enthaltenen Kreditrisiken).

	Kategorie gemäß IAS 39	Zinsen (und Dividenden)	Aus der Folgebewertung																													Beteiligungen	Abgänge	Nettogewinne	Nettoverluste	Nettoergebnis
			Bewertung zum beizulegenden Zeitwert	Währungsumrechnung	Einzelwertberichtigungen											Portfoliowertberichtigungen											Wertberichtigungen Gesamt			Erfolgsneutral im Eigenkapital erfasste Veränderung des beizulegenden Zeitwerts	Erfolgswirksam aus dem Eigenkapital umgegliedert					
					Stand zum Geschäftsjahresbeginn	Zuführungen erfolgswirksam	Zuführungen nicht erfolgswirksam	Inanspruchnahme	Auflösungen erfolgswirksam	Auflösungen nicht erfolgswirksam	Änderungen des Konsolidierungskreises	Währungsumrechnungseffekte	Sonstige Veränderungen	Einzelwertberichtigungsaufwand GESAMT	Stand zum Geschäftsjahresende	Stand zum Geschäftsjahresbeginn	Zuführungen erfolgswirksam	Zuführungen nicht erfolgswirksam	Inanspruchnahme	Auflösungen erfolgswirksam	Auflösungen nicht erfolgswirksam	Änderungen des Konsolidierungskreises	Währungsumrechnungseffekte	Sonstige Veränderungen	Portfoliowertberichtigungsaufwand GESAMT	Stand zum Geschäftsjahresende	Stand zum Geschäftsjahresbeginn	Ergebniswirksame Veränderung im Geschäftsjahr	Stand zum Geschäftsjahresende							
Klassen gemäß IFRS 7																																				
Forderungen aus Lieferungen und Leistungen	L&R																																			
Forderungen aus Finanzdienstleistungen	L&R																																			
...	...				Vornahme EWB per Direktabschreibung																															
...	...																																			
Kategorien gemäß IAS 39																																				
Held-to-Maturity Investments																																				
Loans and Receivables																																				
Available-for-Sale Financial Assets																																				
At Fair Value through Profit or Loss Financial Assets and Financial Liabilities																																				
Financial Liabilities measured at Amortised Cost																																				
Überleitung auf GuV (in Bezug auf die vorgenannten Kategorien)																																				
Betriebsergegnis																																				
Zinsergebnis																																				
...																																				

Abbildung 36: Benchmark-Tableau für eine isolierte Umsetzung von IFRS 7.16 i.V.m. IFRS 7.20(a) i.V.m. IFRS 7.20(e) i.V.m. IFRS 7.37(b) (Angabepflichten zur Risikovorsorge und zu den Nettoergebnissen aus Finanzinstrumenten)

Wie bereits in Kapitel 3.5.1. erwähnt, verlangt die Angabepflicht IFRS 7.B5(f) nach einer **Offenlegung** der **Kriterien**, anhand derer das Unternehmen einen etwaigen **Wertminderungsaufwand** auf einer **objektivierten Basis** ermittelt. Als Beispiele seien zunächst die diesbezüglichen Auszüge aus den Jahresabschlüssen der *RWE AG*[1533], der *SAP AG* sowie der *ThyssenKrupp AG*[1534] angeführt.

> ***SAP AG***:
>
> „Sämtliche finanziellen Vermögenswerte, die nicht erfolgswirksam zum beizulegenden Zeitwert bilanziert werden, überprüfen wir an jedem Bilanzstichtag auf ihre Werthaltigkeit oder dann, wenn wir Kenntnis von objektiven Hinweisen auf eine Wertminderung infolge eines oder mehrerer Ereignisse haben, die Anhaltspunkte dafür liefern, dass der Buchwert des Vermögenswertes nicht erzielbar sein könnte. Objektive Hinweise sind beispielsweise eine erhebliche oder längerfristige Abnahme des beizulegenden Zeitwertes eines finanziellen Vermögenswertes unter seinen Buchwert, eine hohe Wahrscheinlichkeit eines Insolvenzverfahrens oder sonstigen Sanierungsfalls oder ein Vertragsbruch durch den Emittenten, beispielsweise erhebliche Zahlungsverzögerungen oder ähnliche Zahlungsschwierigkeiten."[1535]

Beispiele, bei denen darüber hinaus die Kriterien der „**Signifikanz**"[1536] sowie der „**Dauerhaftigkeit**"[1537] in Bezug auf **Wertminderungen von Eigenkapitalinstrumenten** entsprechend IAS 39.61 **explizit konkretisiert** werden, geben etwa die folgenden Anhangpassagen der Geschäftsberichte 2009 der *Daimler AG*, der *Siemens AG*[1538] sowie der *Volkswagen AG*[1539] ab.[1540]

> ***Daimler AG***:
>
> „Wertminderung finanzieller Vermögenswerte. Zu jedem Bilanzstichtag werden die Buchwerte der finanziellen Vermögenswerte, die nicht erfolgswirksam zum beizulegenden Zeitwert bewertet werden, daraufhin untersucht, ob objektive Hinweise (wie etwa erhebliche finanzielle Schwierigkeiten des Schuldners, bedeutende Veränderungen des technologischen, ökonomischen und rechtlichen Umfelds sowie des Marktumfelds des Schuldners) auf eine Wertminderung hindeuten. Für börsennotierte Eigenkapitalinstrumente ist zusätzlich ein nachhaltiges oder signifikantes Absinken des beizulegenden Zeitwerts ein objektiver Hinweis auf eine möglicherweise vorzunehmende Wertminderung. Daimler hat Kriterien für die Signifikanz und Dauerhaftigkeit der Wertminderung festgelegt. Ein Absinken des beizulegenden Zeitwerts um mehr als 20% ist als signifikant anzusehen; das Absinken ist nachhaltig, soweit es länger als neun Monate anhält."[1541]
>
> [...]

[1533] Vgl. GB 2009 der *RWE AG*, S. 152.

[1534] Vgl. GB 2009 der *ThyssenKrupp AG*, S. 186.

[1535] Vgl. GB 2009 der *SAP AG*, S. 168.

[1536] Nach der h.M. wird ein Kursrückgang von mehr als 20 % und mehr als signifikant betrachtet. Vgl. Scharpf (2006), S. 28. Es ist darauf hinzuweisen, dass diese Grenze stets bezogen auf den Einzelfall festzulegen ist und damit nicht die Gültigkeit eines feststehenden Grenzwerts beanspruchen kann (so auch bereits ausgeführt in Kapitel 3.5.1.).

[1537] Nach der h.M. wird ein Kursrückgang, der länger als sechs bis zwölf Monate andauert, als dauerhaft betrachtet. Vgl. Scharpf (2006), S. 28. Es ist darauf hinzuweisen, dass diese Grenze stets bezogen auf den Einzelfall festzulegen ist und damit nicht die Gültigkeit eines feststehenden Grenzwerts beanspruchen kann (so auch bereits ausgeführt in Kapitel 3.5.1.).

[1538] Vgl. GB 2009 der *Siemens AG*, S. 150-151.

[1539] Vgl. GB 2009 der *Volkswagen AG*, S. 223.

[1540] Vgl. hierzu auch die Ausführungen in Kapitel 3.5.1.

[1541] Vgl. GB 2009 der *Daimler AG*, S. 186.

„Wesentliche Finanzierungsdarlehen und Leasingverträge gegenüber Großkunden werden individuell auf Wertminderungsbedarf untersucht. Ein Darlehen oder ein Leasingvertrag wird wertberichtigt, wenn objektive Hinweise vorliegen, dass der Konzern nicht in der Lage sein wird, alle fälligen Beträge entsprechend den vertraglichen Bedingungen zu vereinnahmen. Objektive Hinweise auf eine Uneinbringlichkeit sind zum Beispiel finanzielle Schwierigkeiten und drohende Zahlungsunfähigkeit des Schuldners, Überfälligkeit der Forderungen und nachträgliche Veränderung der Vertragskonditionen zur Vermeidung des Forderungsausfalls.“[1542]

Aufgrund des diesbezüglichen Angabeumfangs erweckt das nachfolgende Beispiel der *Linde AG* zunächst den Eindruck einer vergleichsweise intensiveren Auseinandersetzung mit der Festlegung und Handhabung von Wertminderungskriterien. Bei der angegebenen Auflistung handelt es sich jedoch – **wie auch bei den vorangegangenen Beispielen** (dort nur in geringerer Anzahl) – weitgehend um **explizit so in IAS 39.59 aufgeführte Kriterien**, was nach Auffassung der Literatur **nicht ausreicht**, um den Anforderungen von IFRS 7.B5(f) abschließend gerecht werden zu können.[1543]

***Linde AG*:**

„Die Linde Group überprüft ihre finanziellen Vermögenswerte der Kategorien Kredite und Forderungen, zur Veräußerung verfügbare finanzielle Vermögenswerte und bis zur Endfälligkeit zu haltende Finanzinvestitionen regelmäßig auf das Vorliegen einer Wertminderung. Dabei werden die folgenden Kriterien herangezogen:

(a) erhebliche finanzielle Schwierigkeiten des Emittenten oder des Schuldners,

(b) ein Vertragsbruch wie beispielsweise ein Ausfall oder Verzug von Zins- oder Tilgungszahlungen,

(c) Zugeständnisse von Seiten des Kreditgebers an den Kreditnehmer infolge wirtschaftlicher oder rechtlicher Gründe im Zusammenhang mit den finanziellen Schwierigkeiten des Kreditnehmers, die der Kreditgeber ansonsten nicht gewähren würde,

(d) eine erhöhte Wahrscheinlichkeit, dass der Kreditnehmer in Insolvenz fällt oder ein sonstiges Sanierungsverfahren durchläuft,

(e) der Wegfall eines aktiven Marktes für diesen finanziellen Vermögenswert infolge finanzieller Schwierigkeiten,

(f) eine Empfehlung von Kapitalmarktbeobachtern,

(g) Informationen über nachteilige Entwicklungen im technologischen, wirtschaftlichen oder rechtlichen Umfeld des Vertragspartners,

(h) ein wesentlicher und anhaltender Rückgang des beizulegenden Zeitwerts des Finanzinstruments.“[1544]

In Anbetracht der weitgehenden Kongruenz der zuvor beispielhaft genannten Wertminderungskriterien mit den in IAS 39 explizit aufgeführten Wertminderungskriterien wäre es daher m.E. sinnvoll, wenn die Unternehmen sich um einen **höheren Grad an Individualisierung der Wertminde-**

[1542] Vgl. GB 2009 der *Daimler AG*, S. 235.

[1543] Vgl. Scharpf (2006), S. 27-28; Lüdenbach (2009), S. 1518, Rz. 281; IDW RS HFA 24, Rz. 33; ähnlich Ernst & Young Global Limited (2008), S. 40. Nach Auffassung von *Lüdenbach* wäre ggf. bspw. zusätzlich ein Hinweis auf unternehmensinterne Mahnstufen eine sinnvolle Angabe i.S.v. IFRS 7.B5(f). Vgl. Lüdenbach (2009), S. 1518, Rz. 281.

[1544] Vgl. GB 2009 der *Linde AG*, S. 122.

rungskriterien bemühen würden, was ein klareres Bild des entsprechenden Risikomanagements des jeweiligen Unternehmens kommunizieren würde; andernfalls würde m.E. mit Rücksicht auf eine unnötige Strapazierung des Anhangumfangs auch der schlichte Verweis auf IAS 39.59 genügen.

Den Angabepflichten gemäß IFRS 7.B5(f) wie auch die Angabepflichten gemäß IFRS 7.B5(d)(i)-(ii) – spezielle Erläuterungen zur Verwendung eines Wertberichtigungskontos[1545] – sowie IFRS 7.37(b) – Offenlegung der Kriterien zur Feststellung des Wertberichtigungsbedarfs (Einzelwertberichtigungen)[1546] – ist dabei m.E. verbal, am besten im Anschluss an die quantitative Darstellung der Risikovorsorge gemäß des hier vorgeschlagenen Tableaus nachzukommen.

In puncto IFRS 7.B5(d) – Angabe der Kriterien zur Vornahme von Direkt- bzw. Abschreibungen über ein Wertberichtigungskonto (IFRS 7.B5(d)(i)) sowie zum Wechsel von der indirekten Erfassung von Wertberichtigungen mittels eines Wertberichtigungskontos auf die direkte Erfassung von Wertberichtigungen – liefern etwa die *Daimler AG*, die *Deutsche Telekom AG*, die *SAP AG* als auch die *ThyssenKrupp AG* adäquate Beispiele zur Erfüllung der Angabepflichten gemäß IFRS 7.B5(d)(i) und/oder IFRS 7.B5(d)(ii).

***Daimler AG*:**

„Die Wertminderungen von Krediten und Forderungen (z. B. Forderungen aus Finanzdienstleistungen einschließlich Forderungen aus Finance Leases, Forderungen aus Lieferungen und Leistungen) werden größtenteils auf Wertberichtigungskonten erfasst. Die Entscheidung, ob ein Ausfallrisiko mittels eines Wertberichtigungskontos oder über eine direkte Minderung der Forderung berücksichtigt wird, hängt davon ab, wie hoch die Wahrscheinlichkeit eines Forderungsausfalls geschätzt wird. Wenn Forderungen als uneinbringlich eingestuft werden, wird der entsprechende wertgeminderte Vermögenswert ausgebucht."[1547]

***Deutsche Telekom AG*:**

„Wertminderungen von Forderungen aus Lieferungen und Leistungen werden teilweise unter Verwendung von Wertberichtigungskonten vorgenommen. Die Entscheidung, ob ein Ausfallrisiko mittels eines Wertberichtigungskontos oder über eine direkte Minderung der Forderung berücksichtigt wird, hängt vom Grad der Verlässlichkeit der Beurteilung der Risikosituation ab. Aufgrund unterschiedlicher operativer Segmente sowie unterschiedlicher regionaler Rahmenbedingungen obliegt diese Beurteilung den einzelnen Portfolioverantwortlichen."[1548]

***SAP AG*:**

„Bei zur Veräußerung verfügbaren finanziellen Vermögenswerten mindern solche Wertminderungsaufwendungen direkt den Buchwert der betreffenden Vermögenswerte, wohingegen Wertminderungen auf Kredite und Forderungen in einem Wertberichtigungskonto gebucht werden. Wir buchen Forderungen gegen das entsprechende Wertberichtigungskonto aus, wenn sämtliche Möglichkeiten zum Eintreiben der Forderungen erschöpft und diese als uneinbringlich zu betrachten sind.

1545 Vgl. hierzu insbesondere die Ausführungen in Kapitel 3.5.1.
1546 Vgl. hierzu insbesondere die Ausführungen in Kapitel 4.5.2.3.2.
1547 Vgl. GB 2009 der *Daimler AG*, S. 186.
1548 Vgl. GB 2009 der *Deutsche Telekom AG*, S. 142.

Wenn der Grund für eine ursprünglich erfasste Wertminderung entfällt, wird eine entsprechende Zuschreibung vorgenommen. Bei zur Veräußerung verfügbaren Beteiligungen werden keine solchen Zuschreibungen erfasst."[1549]

***ThyssenKrupp AG*:**

„Forderungen werden zu fortgeführten Anschaffungskosten abzüglich Wertberichtigungen ausgewiesen.

Die Wertminderungen, welche in Form von Einzelwertberichtigungen vorgenommen werden, tragen dem Ausfallrisiko hinreichend Rechnung. Objektive Ausfälle führen zu einer Ausbuchung der betreffenden Forderung. Forderungen, die für sich gesehen unbedeutsam sind, sowie Forderungen mit einem ähnlichen Ausfallrisiko werden in Gruppen zusammengefasst und gemeinsam auf einen Wertberichtigungsbedarf anhand von Erfahrungswerten untersucht. Wertberichtigungen von Forderungen aus Lieferungen und Leistungen werden teilweise unter Verwendung von Wertberichtigungskonten vorgenommen. Ob ein Ausfallrisiko über ein Wertberichtigungskonto oder direkt mittels Ausbuchung der Forderung erfasst wird, hängt davon ab, wie hoch die Wahrscheinlichkeit eines Forderungsausfalls geschätzt wird und wie verlässlich das Ausfallrisiko beurteilt werden kann."[1550]

4.5.2.4. Angabe zur Sicherheitenstellung für Not leidende Kredite

4.5.2.4.1. Anforderungen des Standards

Ergänzend zu der Analyse der am Abschlussstichtag **überfälligen, aber nicht wertgeminderten finanziellen Vermögenswerte** (IFRS 7.37(a)) sowie der Analyse der am Abschlussstichtag **wertgeminderten finanziellen Vermögenswerte** (IFRS 7.37(b)) ist gemäß IFRS 7.37(c) eine Beschreibung der **für diese finanziellen Vermögenswerte hereingenommenen Sicherheiten** sowie **sonstigen Kreditverbesserungen** anzugeben, die ebenfalls nach IFRS 7-Klassen zu differenzieren ist.

Daneben sind auch periodische **Schätzungen** der **Fair Values**[1551] dieser **Sicherheiten** und **sonstigen Kreditverbesserungen** anzugeben, sofern deren Durchführbarkeit nicht unmöglich ist („*…unless impracticable…*") (IFRS 7.37(c)). Als „undurchführbar"[1552] ist die Anwendung einer Vorschrift nach IAS 8.5 dann anzusehen, wenn das bilanzierende Unternehmen sie auch nach Aufbringung aller vernünftigerweise zu erwägenden Anstrengungen nicht anzuwenden vermag („*…when the entity cannot apply it after making every reasonable effort to do so.*") (IAS 8.5).[1553] Eine weitergehende Konkretisierung oder etwaige Beispiele zur näheren Definition dieses Begriffs sind den IFRS jedoch nicht zu entnehmen. Ob die vormals in ED 7.BC28 enthaltenen diesbezügli-

1549 Vgl. GB 2009 der *SAP AG*, S. 168.
1550 Vgl. GB 2009 der *ThyssenKrupp AG*, S. 185.
1551 Da Beleihungswerte, die insbesondere bei Banken und ähnlichen Finanzdienstleistern Anwendung finden, aus den Verkehrswerten (i.d.R. unter Vornahmen von Abschlägen, da die Fair Values hierbei meist als wenig verlässlich erachtet werden) abgeleitet werden, dürfte ihre Angabe die Angabepflicht gemäß IFRS 7.37(c) nicht in einem ausreichenden Maße befriedigen. Vgl. Scharpf (2006), S. 42; IDW RS HFA 24, Rz. 58; Buchheim/Schmidt (2005), S. 404, die darauf hinweisen, dass es bspw. eine erhebliche Erleichterung darstellen würde, wenn im Hypothekenbankgeschäft die zum Zeitpunkt der Kreditvergabe bzw. –prolongation ermittelten Werte auch in den darauffolgenden Jahren für die Schätzung des Fair Value Verwendung finden könnten, sofern keine gravierenden Anhaltspunkte für eine Veränderung des Fair Value für die Sicherheiten erkennbar sind. Vgl. diese Auffassung von *Buchheim/Schmidt* teilend IDW RS HFA 24, Rz. 58.
1552 Siehe zur „Undurchführbarkeit" auch die Erörterung bei Buchheim/Schmidt (2005), S. 403.
1553 Vgl. Scharpf (2006), S. 42.

che Erleichterung für bspw. privat genutzte Immobilien im Hypothekenkreditgeschäft[1554] sowie für Globalabtretungen von Forderungen im Firmenkundengeschäft Gültigkeit für IFRS 7 besitzt, ist nach Auffassung von *Scharpf* nicht eindeutig geklärt.[1555]

Für den Fall, dass der **Fair Value** der **Sicherheiten** oder sonstigen Kreditverbesserungen **nicht geschätzt werden kann**, ist eine Angabe dieser Tatsache oder der Gründe hierfür nach IFRS 7.37 nicht gefordert. *Scharpf* betont, dass dies jedoch nicht insofern misszuverstehen sei, als dass die bloße Behauptung, der Fair Value könne nicht geschätzt werden, für eine Umgehung der Angabe nach IFRS 7.37(c) ausreiche.[1556] *Buchheim/Schmidt* weisen jedoch auch darauf hin, dass die Anforderungen an die Schätzung des Fair Value von Sicherheiten dabei „nicht all zu hoch angesetzt werden"[1557] sollten; *Löw* differenziert demgemäß die vergleichsweise niedrigeren Anforderungen bei der *Schätzung* des Fair Value gegenüber den Anforderungen bei dessen *Ermittlung*.[1558] Ebenso wäre für Industrie- und Handelsunternehmen im Sinne einer besseren Anwendbarkeit von IFRS 7.37(c) eine hinreichende Konkretisierung des Terminus „Undurchführbarkeit" äußerst hilfreich, da diese Angabepflichten für solche Unternehmen relativ neu sind.[1559]

Im Gegensatz zu den Angabepflichten gemäß IFRS 7.36(b) – Angaben zur Sicherheitenstellung bzgl. des maximalen Kreditrisikos –, die aufgrund der im Zuge der Kommentierung von ED 7 vorgebrachten Kritik keine Angaben zu den Fair Values der Sicherheiten fordern,[1560] sind nach IFRS 7.37(c) die **Fair Values der Sicherheiten** für wertberichtigte oder zahlungsverzögerte Finanzinstrumente **bei gegebener Möglichkeit ihrer Schätzung verpflichtend anzugeben**. Dabei ist eine Beantwortung der Frage, warum das IASB eine derart differenzierte Angabe der Fair Value von Sicherheiten fordert, jedoch weder der *Application Guidance*, noch der *Implementation Guidance* zu entnehmen. Darüber hinaus suggeriert IFRS 7.IG29(c) – irreführenderweise –, die Angabe der Fair Values der Sicherheiten (dort: für einzelwertberichtigte finanzielle Vermögenswerte) habe lediglich freiwilligen Charakter.[1561]

Das IASB scheint sich für diese Differenzierung, d.h. gegen eine generelle Angabepflicht der Fair Values von Sicherheiten jedoch offensichtlich deshalb entschieden zu haben, weil bei den bereits im Wert geminderten oder zahlungsverzögerten, d.h. Not leidenden Finanzinstrumenten eine höhere

1554 Deren Fair Value wird i.d.R. nicht jedes Jahr neu ermittelt.
1555 Vgl. Scharpf (2006), S. 42.
1556 Vgl. Scharpf (2006), S. 42.
1557 Buchheim/Schmidt (2005), S. 404; ebenso IDW RS HFA 24, Rz. 58.
1558 Vgl. Löw (2006), S. 404.
1559 Vgl. Buchheim/Schmidt (2005), S. 404.
1560 Siehe hierzu auch die Ausführungen in Kapitel 4.5.1.3.
1561 Vgl. Buchheim/Schmidt (2005), S. 403.

Wahrscheinlichkeit besteht, dass die hereingenommenen Kreditsicherheiten in Anspruch genommen werden.[1562]

Aus diesem Grund sollten die bilanzierenden Unternehmen m.E. entsprechende Vorkehrungen treffen, um spätestens dann, wenn bestimmte finanzielle Vermögenswerte Not leidend geworden sind, die Fair Values diesbezüglicher Sicherheiten auch tatsächlich abrufen bzw. offenlegen zu können. Insofern dürfte auch grundsätzlich von der Vermutung auszugehen sein, dass Unternehmen, v.a. in der Rolle als Sicherungsnehmer, stets über die Werthaltigkeit, d.h. den beizulegenden Zeitwert bzw. Verkehrswert der Sicherheiten im Bilde sind. Die korrekte Erfüllung dieser Aufgabe ist m.E. als eine Elementarfunktion eines jeden funktionsfähigen Risikomanagements anzusehen.

4.5.2.4.2. Erhebung des Benchmark

Eine Darstellungsmöglichkeit der Angaben zu IFRS 7.37(c) – Offenlegung der Sicherheitenstellung für Not leidende Kredite – findet sich bei *KPMG*:

	Forderungen aus Lieferungen und Leistungen		(...)	
In Mio. EUR	20x2	20x1	20x2	20x1
Für einzelwertberichtigte Vermögenswerte				
Sachanlagen				
Fremdkapitaltitel				
Eigenkapitaltitel				
Andere				
Für überfällige, aber nicht wertgeminderte, Vermögenswerte				
Sachanlagen				
Fremdkapitaltitel				
Eigenkapitaltitel				
Andere				
Geschätzter Fair Value für das Gesamt-Exposure				

Abb. 103: Angaben zu erhaltenen Sicherheiten nach IFRS 7.37(c) – am Beispiel eines Industrie- und Handelsunternehmens

Nachfolgend seien zunächst zur Veranschaulichung der derzeitigen Umsetzung von IFRS 7.37(c) in der Praxis einige ausgewählte Beispiele aus den Geschäftsberichten der im DAX-30 geführten Nicht-Finanzdienstleister angeführt.[1563]

1562 Vgl. auch Buchheim/Schmidt (2005), S. 403.

1563 In einer Studie attestiert *Ernst & Young* den dort betrachteten Unternehmen hingegen eine äußerst verhaltene Angabe der nach IFRS 7.37(c) geforderten Informationen. Vgl. Ernst & Young Global Limited (2008), S. 39.

***BMW AG*:**

„Der geschätzte Marktwert der Sicherheiten, die für wertberichtigte Forderungen gehalten werden, beträgt zum Bilanzstichtag 15.600 Mio. Euro (2008: 14.570 Mio. Euro). Dabei handelt es sich im Wesentlichen um Fahrzeuge. Der Bilanzansatz der Vermögenswerte, die als Sicherheiten gehalten und aufgrund eines Zahlungsausfalls in Anspruch genommen wurden, beträgt 40 Mio. Euro (2008: 44 Mio. Euro).“[1564]

***Deutsche Lufthansa AG*:**

„Sicherheiten für wertberichtigte Forderungen bestehen in Höhe von 13. Mio EUR (Vorjahr: 10 Mio. EUR). Für überfällig, noch nicht wertberichtigte Forderungen bestehen keine Sicherheiten.“[1565]

***Volkswagen AG*:**

„Sicherheiten, die im laufenden Geschäftsjahr für überfällige, nicht wertberichtigte sowie für einzelwertberichtigte finanzielle Vermögenswerte angenommen worden sind, wurden in Höhe von 276 Mio. € (Vorjahr: 225 Mio. €) bilanzwirksam erfasst. Hierbei handelt es sich im Wesentlichen um Fahrzeuge.“[1566]

Sofern die Schätzung der Fair Values von Sicherheiten i.S.v. IFRS 7.37(c) für einerseits überfällige, aber noch nicht im Wert geminderte finanzielle Vermögenswerte und andererseits für bereits einzelwertberichtigte finanzielle Vermögenswerte nicht undurchführbar ist, sollte ein dahingehender expliziter Ausweis für die beiden genannten Gruppen finanzieller Vermögenswerte erfolgen. Sofern ein standardkonform ermittelter Fair Value vorliegt, ist dieser natürlich vorzugsweise anzugeben, indem diese Tatsache jedoch zu kennzeichnen[1567] ist, damit eine Unterscheidung zu den geschätzten Fair Values möglich ist.

Die Angaben gemäß IFRS 7.37(c) sind, sofern sie in tabellarischer Form aufbereitet werden, dabei leicht um Informationen i.S.v. IFRS 7.37(a) und IFRS 7.37(b) zu ergänzen, beziehen sie sich doch ausschließlich auf die von diesen beiden Angabepflichten betroffenen finanziellen Vermögenswerten. Die nachfolgende Empfehlung unter Abbildung 37 zur primären Darstellung der Angaben gemäß IFRS 7.37(c) umfasst daher auch die bereits unter Kapitel 4.5.2.2.2. sowie Kapitel 4.5.2.3.2. vorgeschlagenen Tableaus zur Erfüllung der beiden Angabepflichten IFRS 7.37(a) und IFRS 7.37(b). Ergänzend hierzu wird in Anlehnung an das unter Kapitel 4.5.2.2.2. angeführte Beispiel der *Daimler AG*[1568] das nachfolgende Tableau um die betragsmäßige Angabe der nicht Not leidenden

---

[1564] Vgl. GB 2009 der *BMW AG*, S. 103, wobei der letzte Satz einer Erfüllung von IFRS 7.38 gleichkommt. Siehe hierzu die Ausführungen in Kapitel 4.5.3.

[1565] Vgl. GB 2009 der *Deutsche Lufthansa AG*, S. 199.

[1566] Vgl. GB 2009 der *Volkswagen AG*, S. 275.

[1567] Sofern die regulär ermittelten Fair Values die Mehrzahl der im Rahmen des Tableaus gemachten Fair Value-Angaben darstellen, ist es natürlich auch statthaft, die angegebenen Schätzungen von Fair Values als solche kenntlich zu machen.

[1568] Vgl. GB 2009 der *Daimler AG*, S. 207 (Übersicht zu den in den Forderungen aus Lieferungen und Leistungen enthaltenen Kreditrisiken).

finanziellen Vermögenswerte je IFRS 7-Klasse erweitert, um ein **vollständiges**, klassenbasiertes **Bild** vom **Kreditrisikoprofil** des bilanzierenden Unternehmens bereitzustellen.

Eine darüber hinausgehende **Erweiterung** des unter Abbildung 37 aufgeführten **Benchmark-Tableaus**[1569] findet sich in Kapitel 4.5.1.3.3. was die Sicherheitenstellung für den Bestand an nicht Not leidenden finanziellen Vermögenswerten anbelangt.

Da sich der Anwendungsbereich von IFRS 7.37(b) gleichermaßen wie IFRS 7.37(c) in diesem Punkt auf einzelwertberichtigte finanzielle Vermögenswerte beschränkt, werden gestellte Sicherheiten für finanzielle Vermögenswerte, für die bisher lediglich Portfoliowertberichtigungen gebildet worden sind, aus der Darstellung insofern ausgeblendet, als dass die Buchwerte der portfoliowertberichtigten finanziellen Vermögenswerte unter „Buchwerte der weder überfälligen noch einzelwertberichtigten Forderungen" zu subsumieren sind. Entsprechend werden diesbezüglich gestellte Sicherheiten nicht explizit angegeben, sondern sind in den meist ausschließlich verbalen Angaben gemäß IFRS 7.36(b)[1570] beinhaltet.

[1569] Für eine Übersicht zu derart zusammenhängenden Benchmarks bzw. Benchmark-Tableaus siehe Abbildung 44 unter Kapitel 6.1.

[1570] Vgl. hierzu Kapitel 4.5.1.3.

		Überfällige finanzielle Vermögenswerte, die nicht einzelwertberichtigt sind																Einzelwertberichtigte finanzielle Vermögenswerte														GESAMT
	Buchwerte der weder überfälligen noch einzelwert-berichtigten finanziellen Vermögenswerte	Überfälligkeitsanalyse													Buchwert der Finanzinstrumente	Besicherung der einzelnen Klassen		Einzelwertberichtigungen											Buchwert der Finanzinstrumente	Besicherung der einzelnen Klassen		Buchwert
		weniger als 30 Tage	30 bis 59 Tage	60 bis 89 Tage	90 bis 119 Tage	120-149 Tage	150 bis 179 Tage	180 bis 209 Tage	210 bis 239 Tage	240 bis 269 Tage	270 bis 299 Tage	300 bis 329 Tage	330 bis 359 Tage	mehr als 360 Tage		Art der Sicherheit	(Schätzung) Fair Value	Stand zum Geschäftsjahresbeginn	Zuführungen		Inanspruchnahme	Auflösungen		Änderungen des Konsolidierungskreises	Währungsumrechnungseffekte	Sonstige Veränderungen	Einzelwertberichtigungsaufwand GESAMT	Stand zum Geschäftsjahresende		Art der Sicherheit	(Schätzung) Fair Value	
																			erfolgswirksam	nicht erfolgswirksam		erfolgswirksam	nicht erfolgswirksam									
Klassen gemäß IFRS 7																																
Forderungen aus Lieferungen und Leistungen																Bürgschaften														Bürgschaften		
																Grundpfandrechte														Grundpfandrechte		
																Sicherungsübereignungen														Sicherungsübereignungen		
Forderungen aus Finanzdienstleistungen																Bürgschaften														Bürgschaften		
...																		Vornahme EWB per Direktabschreibung														
...																																
GESAMT																																

Abbildung 37: Benchmark-Tableau zur Erfüllung von u.a. IFRS 7.37(a) i.V.m. IFRS 7.37(b) i.V.m. IFRS 7.37(c)

4.5.3. Angaben zur Verwertung von Sicherheiten und sonstigen erhaltenen Kreditverbesserungen

4.5.3.1. Anforderungen des Standards

Erwirbt ein Unternehmen **finanzielle** oder **nicht-finanzielle Vermögenswerte** während der Berichtsperiode, indem es **Sicherheiten** (*collateral it holds as security*) oder **sonstige Kreditverbesserungen** (*other credit enhancements*)[1571] **verwertet**, und **erfüllen** diese Vermögenswerte die bilanziellen **Ansatzkriterien anderer Standards**,[1572] so hat ein Unternehmen gemäß IFRS 7.38 die folgenden Angaben zu machen:

- die **Art** (*nature*) und den **Buchwert** der **erworbenen Vermögenswerte** (IFRS 7.38(a)); sowie
- für den Fall, dass die **Vermögenswerte nicht unmittelbar in liquide Mittel umwandelbar** sind („*...not readily convertible into cash...*"), die **Methoden** für die **Veräußerung** bzw. **Verwertung** dieser Vermögenswerte oder für ihre **Verwendung im Unternehmensbetrieb** (IFRS 7.38(b)).

Eine bestimmte Gliederung bzw. Struktur sieht der Standard für die nach IFRS 7.38(a) geforderte Angabe der Art sowie des Buchwerts der erworbenen Vermögenswerte dabei nicht vor.[1573]

IFRS 7.38 ergänzt die Regelungen des IFRS 7.15 dabei insofern inhaltlich, als dass die Angabepflichten gemäß IFRS 7.15 nur auf solche Sicherheiten beschränkt sind, die vom Sicherungsnehmer auch dann verwertet werden können (eine Verwertung wurde noch nicht vorgenommen), wenn kein Ausfall des Sicherungsgebers vorliegt,[1574] um Angaben zur tatsächlich vorgenommenen Verwertung erhaltener Sicherheiten.[1575]

Zudem ist IFRS 7.38 als Ergänzung zu IFRS 7.36(b) sowie IFRS 7.37(c) zu betrachten, indem die Verwertung von Sicherheiten, die zuvor hinsichtlich des maximalen Kreditrisikos bzw. der überfälligen, nicht wertgeminderten sowie der einzelwertberichtigten finanziellen Vermögenswerte bestanden haben, transparent zu machen ist.

IFRS 7.38 bezieht sich dabei auf jedwede **finanzielle** als auch **nicht-finanzielle Vermögenswerte**, die das bilanzierenden Unternehmen als Sicherungsnehmer in der Folge der Verwertung von Si-

---

1571 Wie z.B. Garantien.

1572 Bspw. im Zuge von Rettungserwerben im Bankensektor. Vgl. Löw (2005b), S. 2181.

1573 Vgl. Scharpf (2006), S. 43.

1574 Diese Möglichkeit zur Verwertung ist jedoch für den deutschen Rechtsraum als äußerst selten anzutreffen einzuschätzen. Vgl. hierzu auch die Ausführungen in Kapitel 3.3.2. zu den Angaben zu erhaltenen Sicherheiten.

1575 Vgl. Scharpf (2006), S. 42; Buchheim/Schmidt (2005), S. 404; KPMG (2007), S. 138; ähnlich von Oertzen (2009), S. 170, Rz. 246.

cherheiten oder sonstigen Kreditverbesserungen übernommen bzw. erlangt hat. Zwingend haben dabei die erlangten finanziellen bzw. nicht-finanziellen Vermögenswerte die Ansatzkriterien anderer Standards zu erfüllen.[1576]

Bei der Erlangung **unbarer Sicherheiten** in Form von Wertpapieren[1577] im Zuge der Sicherheitenverwertung hat deren bilanzielle Erfassung beim Sicherungsnehmer (*transferee*) nach den Regelungen des IAS 39.37(b) und (c) zu erfolgen:

- sofern der Sicherungsnehmer die erhaltenen Sicherheiten verkauft, so hat er einerseits den Erlös der Veräußerung (*proceeds from the sale*) sowie andererseits eine zum Fair Value zu bewertende Verbindlichkeit für seine Verpflichtung zur Rückgabe der Sicherheit („*...for its obligation to return the collateral.*“) zu erfassen (IAS 39.37(b));
- ist ein Ausfall des Sicherungsgebers („*If the transferor defaults...*“) gemäß den Vertragsbedingungen zu verzeichnen und ist dieser nicht länger zur Rückforderung der Sicherheit ermächtigt, so hat der Sicherungsgeber die Sicherheit auszubuchen. Der Sicherungsnehmer hat im gleichen Zuge die Sicherheit in Höhe des Fair Value als „eigenen“ Vermögenswert in der Bilanz anzusetzen, oder, für den Fall, dass der Sicherungsnehmer die Sicherheit bereits verkauft hat, die Verpflichtung zur Rückgabe der Sicherheit in Form der nach IAS 39.37(b) angesetzten Verbindlichkeit auszubuchen (IAS 39.37(c)).[1578]

Nach IFRS 7.38(b) wird für **Vermögenswerte**, die **nicht unmittelbar in liquide Mittel umwandelbar** sind, die Angabe der **Methode** für die **Veräußerung** dieser Vermögenswerte bzw. für ihre **Verwendung im Unternehmensbetrieb** verlangt. Diese Angabepflicht entbehrt dabei jedoch der Forderung nach einer Offenlegung der Gründe für die Unmöglichkeit einer unmittelbaren Liquidierbarkeit.[1579]

Das IASB sieht die aufgrund von IFRS 7.38 offenzulegenden Informationen dabei insofern als entscheidungsnützlich an, als sie die Häufigkeit der tatsächlich notwendigen Verwertung von Sicherheiten („*...frequency of such activities ...*“), d.h. die **Kreditportfolioqualität**[1580], sowie im gleichen Zug die Fähigkeit des bilanzierenden Unternehmens, den Wert von Sicherheiten tatsächlich verwerten und realisieren zu können, erkennen lassen (IFRS 7.BC56).

In der Literatur wird jedoch kritisiert, dass sich daraus letztlich ausschließlich Anhaltspunkte für die Häufigkeit der Sicherheitenverwertung gewinnen lassen; ein Vergleich der Buchwerte der Sicher-

[1576] Vgl. Scharpf (2006), S. 42.
[1577] Bspw. im Zuge der Verpfändung von Fremd- oder Eigenkapitalinstrumenten (IAS 39.37).
[1578] Siehe auch Scharpf (2006), S. 42-43.
[1579] Vgl. Scharpf (2006), S. 43.
[1580] Vgl. Löw (2005b), S. 2181; Scharpf (2006), S. 43.

heiten mit den korrespondierenden Verkaufserlösen – ED 7 beinhaltete anstatt der Buchwertangaben noch die Pflichtangabe des **Fair Value abzüglich Verkaufskosten** der realisierten Sicherheiten („*...fair value of the assets obtained less the cost of selling them...*"; IFRS 7.BC56) – sowie die Höhe der damit besicherten Finanzinstrumente ist hingegen nicht zwingend explizit offenzulegen,[1581] was m.E. den Informationsnutzen für die Abschlussadressaten jedoch stark einschränkt.

Das IASB wendet vor diesem Hintergrund ein, dass die Angabe des Fair Value (abzüglich Verkaufskosten) allein bei solchen Vermögenswerten sinnvoll ist, die erwartungsgemäß auch tatsächlich verkauft werden sollen. Zudem würde der Fair Value (abzüglich Verkaufskosten) ggf. in die Ermittlung von Wertminderungen der entsprechenden finanziellen Vermögenswerte einfließen, die sich wiederum im Buchwert der finanziellen Vermögenswerte niederschlagen und auf dessen Angabe eben gerade IFRS 7.38(a) in seiner verabschiedeten Version abziehlt (IFRS 7.BC56).

Da unter Kapitel 4.5.1.3.3. für einen generellen Ausweis von mindestens der Schätzung der jeweiligen Fair Values gestellter sowie hereingenommener Sicherheiten plädiert wird, ist bei Zugrundelegung dieser Vorgehensweise die vorherige Diskussion bzgl. der Offenlegung der Fair Values bereits verwerteter Sicherheiten als obsolet zu betrachten; sowohl die Buchwerte bzw. Fair Values der besicherten Positionen als auch zumindest Schätzungen der Fair Values der entsprechenden Sicherheiten sind aus den unter Kapitel 4.5.1.3.3. vorgestellten Tableaus ersichtlich. Die bereits von ED 7 vorgeschlagene Angabe des Fair Value abzüglich Verkaufskosten für sämtliche realisierten Sicherheiten ließe sich dabei vergleichsweise leicht aus den bereits offengelegten (Schätzungen der) Fair Values der Sicherheiten generieren.

Unter **erhebungstechnischen Gesichtspunkten** betrachtet, sollte die Ermittlung der für die nach IFRS 7.38(a) geforderte Angabe nötigen Daten unter der Voraussetzung, dass entsprechende, detaillierte Postenkataloge vorliegen, durch Rückgriff auf die Informationssysteme des Konzernrechnungswesens möglich sein. Hinsichtlich der Erhebung dürften sich mit Blick auf die nach IFRS 7 auch an anderer Stelle geforderten Angaben zu Sicherheiten[1582] jedoch nach Auffassung von *Brücks/Kerkhoff/Stauber* – jeweils wird von einer unterschiedlichen Sachverhaltsbezugnahme sowie differierenden Detailanforderungen ausgegangen – kaum Synergiepotentiale erschließen lassen.[1583] Kapitel 4.5.1.3.3. zeigt vor diesem Hintergrund auf, wie sich die diversen Normen zu den Sicherheiten auch gemeinsam darstellen lassen. Aufgrund der dabei angelegten gleichen Ausweisbasis für sämtliche gestellten und hereingenommenen Sicherheiten hinsichtlich des Wertmaßstabes (mindes-

---

[1581] Vgl. Scharpf (2006), S. 43; Buchheim/Schmidt (2005), S. 404.

[1582] Siehe hierzu bspw. Kapitel 3.3.2. (IFRS 7.15), Kapitel 4.5.1.3. (IFRS 7.36(b)), Kapitel 4.5.2.3. (IFRS 7.IG29(c) in Bezug auf IFRS 7.37(b)) sowie Kapitel 4.5.2.4. (IFRS 7.37(c)).

[1583] Vgl. Brücks/Kerkhoff/Stauber (2006b), S. 433.

tens Schätzung des Fair Value) dürften sich hierbei m.E. auch unter erhebungstechnischen Aspekten neue Möglichkeiten einer gemeinsamen unternehmensweiten Ermittlung erschließen lassen.

4.5.3.2. Erhebung des Benchmark

Eine Darstellungsmöglichkeit der Angaben zu IFRS 7.38(a) – Offenlegung der Verwertung erhaltener Sicherheiten – findet sich etwa bei *KPMG*:

Erhaltene Sicherheiten	Buchwerte	
in Mio. EUR	20x2	20x1
Sachanlagen		
Finanzanlagen		
Eigenkapitalinstrumente		
Fremdkapitalinstrumente		
Gesamt		

Abb. 104: Angaben zur Verwertung erhaltener Sicherheiten nach IFRS 7.38

Zur Veranschaulichung[1584] der Umsetzung von IFRS 7.38(a)-(b) seien nachfolgend mit der *BMW AG* sowie der *Daimler AG* zwei Beispiele aus der Praxis der DAX-30-Berichterstattung 2009 ange-

---

1584 *Scharpf* liefert in diesem Zusammenhang drei Anwendungsbeispiel von IFRS 7.38, die an dieser Stelle vollumfänglich dargestellt werden sollen:
„**Beispiel zum Erwerb von Sicherheiten** (*taking possession of collateral*) - Angaben nach IFRS 7.38: Die Bank B gewährt dem Kunden K ein Darlehen. Im Gegenzug stellt K Sicherheiten, für die B die in IFRS 7.38 geforderten Angaben wie folgt macht:
Eintragung einer Grundschuld: Solange K nicht ausfällt, macht B keine Angaben nach IFRS 7.38, da B das Grundstück nicht nutzen bzw. verwerten kann und (außer der Darlehensforderung) keinen Vermögenswert ansetzt. Im Zeitraum zwischen dem erfolgten Ausfall des K und der Verwertung des Grundstücks (Zwangsversteigerung/Zwangsverwaltung) macht B ebenfalls noch keine Angaben nach IFRS 7.38, da sie (außer der Darlehensforderung) keinen Vermögenswert ansetzt - vielmehr berücksichtigt sie den Wert der Sicherheit bei der Ermittlung der Wertberichtigung für die Darlehensforderung. Erst bei erfolgter Verwertung des Grundstücks macht B die Angaben nach IFRS 7.38, da in diesem Zeitpunkt die Voraussetzungen für den Ansatz eines Vermögenswerts erfüllt sind: Entweder erwirbt B das Grundstück selbst und aktiviert es, oder ein Dritter erwirbt das Grundstück, und B aktiviert eine entsprechende Forderung. Veräußert B die ursprüngliche Forderung einschließlich einer Abtretung der Grundschuld, anstatt das Grundstück einer Zwangsversteigerung bzw. Zwangsverwaltung zu unterziehen, macht B die Angaben nach IFRS 7.38 im Zeitpunkt der Veräußerung (Vertragsschluss), weil die daraus resultierende Forderung die Voraussetzungen für den Ansatz als Vermögenswert erfüllt.
Sicherungsübereignung eines Warenlagers: Solange K nicht ausfällt, macht B keine Angaben nach IFRS 7.38, da B das Warenlager nicht verwerten kann und (außer der Darlehensforderung) keinen Vermögenswert ansetzt. Im Zeitraum zwischen dem erfolgten Ausfall des K und der Verwertung des Warenlagers (Verkauf/Versteigerung) macht B ebenfalls noch keine Angaben nach IFRS 7.38, da sie (außer der Darlehensforderung) keinen Vermögenswert ansetzt - vielmehr berücksichtigt sie den Wert der Sicherheit bei der Ermittlung der Wertberichtigung für die Darlehensforderung. Erst bei erfolgter Verwertung der Waren macht B die Angaben nach IFRS 7.38, da in diesem Zeitpunkt die Voraussetzungen für den Ansatz eines Vermögenswerts erfüllt sind: Entweder erwirbt B die Waren selbst und aktiviert sie, oder ein Dritter erwirbt die Waren, und B aktiviert eine entsprechende Forderung.
Verpfändung von Goldbarren: Solange K nicht ausfällt, wird B vereinbarungsgemäß die in ihrem Besitz befindlichen Goldbarren nicht verwerten. Die Voraussetzungen für den Ansatz eines Vermögenswerts (außer der Darlehensforderung) bei B sind nicht erfüllt. Daher macht B die Angaben nach IFRS 7.38 nicht, solange sich K ver-

führt. Weitere Beispiele waren bei den in die Untersuchung einbezogenen Unternehmen nicht auffindbar.

BMW AG:

"Wird ein vorher als Sicherheit gehaltener Vermögensgegenstand erworben, so durchläuft er einen mehrstufigen Prozess zur Sicherstellung und Verwertung in Abhängigkeit von den rechtlichen Rahmenbedingungen in den einzelnen Märkten. Da es sich bei diesen Vermögensgegenständen im Wesentlichen um Fahrzeuge handelt, sind sie über die Handelsorganisation jederzeit in Zahlungsmittel umwandelbar."[1585]

[...]

„Der geschätzte Marktwert der Sicherheiten, die für wertberichtigte Forderungen gehalten werden, beträgt zum Bilanzstichtag 15.600 Mio. Euro (2008: 14.570 Mio. Euro). Dabei handelt es sich im Wesentlichen um Fahrzeuge. Der Bilanzansatz der Vermögenswerte, die als Sicherheiten gehalten und aufgrund eines Zahlungsausfalls in Anspruch genommen wurden, beträgt 40 Mio. Euro (2008: 44 Mio. Euro)."[1586]

Daimler AG:

"In den Vorräten sind aufgrund der Inanspruchnahme von Sicherheiten Vermögenswerte mit einem Buchwert in Höhe von 136 (2008: 102) Mio. € enthalten. Diese Vermögenswerte werden im Rahmen des normalen Geschäftszyklus verwertet."[1587]

Wird von den bilanzierenden Unternehmen die in Kapitel 4.5.1.3.3. empfohlene Blaupause verwendet, so kann von derart verbalen Ausführungen mit Blick auf die Erfüllung von IFRS 7.38(a) abgesehen werden und durch das Hinzufügen einer weiteren Spalte „in Anspruch genommene Sicherheiten" die Darstellung der hereingenommenen Sicherheiten (i.S.v. IFRS 7.15 i.V.m. IFRS 7.36(b) i.V.m. IFRS 7.37(a) i.V.m. IFRS 7.37(b) i.V.m. IFRS 7.37(c)) ergänzt werden. Im Rahmen dieser Spalte sollten sodann m.E. zumindest die Schätzungen der Fair Values (abzüglich Verkaufskosten)[1588] der im Zuge der Sicherheitenstellung erworbenen Vermögenswerte ausgewiesen werden. Die vormals im Rahmen der beiden Spalten „Besicherung der einzelnen Klassen mittels finanzieller/nicht-finanzieller Vermögenswerte" ausgewiesenen (Schätzungen der) Fair Values wären dann entsprechend nicht mehr auszuweisen.

tragsgemäß verhält. Im Zeitraum zwischen erfolgtem Ausfall des K und der Verwertung der Goldbarren (Verkauf/Übernahme in den eigenen Bestand zum aktuellen Marktwert) macht B ebenfalls noch keine Angaben nach IFRS 7.38, da sie (außer der Darlehensforderung) keinen Vermögenswert ansetzt - vielmehr berücksichtigt sie den Wert der Sicherheit bei der Ermittlung der Wertberichtigung für die Darlehensforderung. Erst bei erfolgter Verwertung der Goldbarren macht B die Angaben nach IFRS 7.38, da in diesem Zeitpunkt die Voraussetzungen für den Ansatz eines Vermögenswerts erfüllt sind: Entweder erwirbt B die Goldbarren selbst und aktiviert sie, oder ein Dritter erwirbt die Goldbarren, und B aktiviert eine entsprechende Forderung." Scharpf (2006), S. 43 (Hervorhebungen im Original).

1585 Vgl. GB 2009 der *BMW AG*, S. 126.

1586 Vgl. GB 2009 der *BMW AG*, S. 103, wobei die ersten beiden Sätze dieses Absatzes sich auf die Erfüllung von IFRS 7.37(c) beziehen. Vgl. hierzu die Ausführungen in Kapitel 4.5.2.4.

1587 Vgl. GB 2009 der *Daimler AG*, S. 207.

1588 Die Verkaufskosten wären dabei nur dann in Abzug zu bringen, sofern es sich um nicht-finanzielle Vermögenswerte bzw. finanzielle Vermögenswerte handelt, die nicht ohne weiteren Kostenaufwand veräußert werden könnten. Die entsprechend verminderten Fair Values wären dann auch entsprechend, etwa über eine Fußnoten-Kennzeichnung, als solche kenntlich zu machen.

Was die Umsetzung von IFRS 7.38(b) anbelangt, so stellen die beiden obigen Beispiele diesbezüglich die einzigen und damit ausführlichsten Angaben dar, die unter den betrachteten Unternehmen gefunden werden konnten. M.E. erscheinen die Erläuterungen in beiden aufgezeigten Fällen trotz deren Kürze jedoch als ausreichend i.S.d. Standards.

4.6. Spezielle Angaben zum Liquiditätsrisiko

4.6.1. Definition des Liquiditätsrisikos

Ursprünglich wurde das Liquiditätsrisiko im Appendix A zu IFRS 7 folgendermaßen definiert:

> *"The risk that an entity will encounter difficulty in meeting obligations associated with financial liabilities."*

Durch die *Amendments to IFRS 7: Improving Disclosures about Financial Instruments* vom 05. März 2009, auf die in einem späteren Unterabschnitt dieses Kapitels noch näher einzugehen sein wird, wurde diese Definition präzisiert, so dass sich das Liquiditätsrisiko nun wie folgt definiert:

> *"The risk that an entity will encounter difficulty in meeting obligations associated with financial liabilities that are settled by delivering cash or another financial asset."*

Folglich handelt es sich beim Liquiditätsrisiko i.S.v. IFRS 7 um das Risiko, dass ein Unternehmen möglicherweise nicht dazu in der Lage ist, seine finanziellen Verbindlichkeiten vertragsgemäß durch Lieferung von Zahlungsmitteln oder anderen finanziellen Vermögenswerten zu erfüllen.

4.6.2. Qualitative und quantitative Angaben zum Liquiditätsrisiko

4.6.2.1. Ursprüngliche Regelungen des IFRS 7.39

Die bisherigen Regelungen zum Liquiditätsrisiko in IFRS 7.39 sahen die Offenlegung folgender Angaben vor:

- eine **Analyse der vereinbarten Fälligkeitstermine** bzw. eine **Restlaufzeitenanalyse** (*maturity analysis*) für finanzielle Verbindlichkeiten, aus der die verbleibenden vertraglich vereinbarten Restlaufzeiten (*remaining contractual maturities*) hervorgehen IFRS 7.39(a)); sowie
- eine Beschreibung der Art und Weise, wie das Unternehmen das den nach IFRS 7.39(a) berichteten Sachverhalten immanente Liquiditätsrisiko handhabt (IFRS 7.39(b)).

Diese Regelungen verlangten von den bilanzierenden Unternehmen lediglich die Offenlegung einer **Restlaufzeitenanalyse** für **finanzielle Verbindlichkeiten** (Verbindlichkeitenspiegel), beruhend auf den **vertraglich vereinbarten Fälligkeitsterminen**, sowie eine Beschreibung auf welche Art und

Weise das Unternehmen das diesbezügliche Liquiditätsrisiko handhabt. *Buchheim/Schmidt* bezeichneten diese Regelungen in IFRS 7.39 im Vergleich zu den anderen Risikoangabepflichten gemäß IFRS 7 daher zurecht als „rudimentär",[1589] was sich allerdings auch mit den neuen Angabepflichten zum Liquiditätsrisiko im Zuge der *Amendments to IFRS 7: Improving Disclosures about Financial Instruments*, die im nachfolgenden Unterabschnitt ausführlich dargestellt werden, m.E. kaum ändern dürfte. Zwar ist nach den neuen Regelungen die Fälligkeitsanalyse hinsichtlich derivativer finanzieller Verbindlichkeiten etwas weiter zu differenzieren, auch werden die qualitativen Angaben zum Management des Liquiditätsrisikos geändert, anderweitige grundlegende Verbesserungen, insbesondere was den Umfang der zu machenden Angaben anbelangt, sind auf den ersten Blick jedoch nicht zu erkennen.

Nichtsdestotrotz ist den **Angaben** zu den **Finanzverbindlichkeiten**, wie aus einer Untersuchung von *Brüggemann* hervorgeht, insbesondere von Seiten des **Kapitalmarkts** eine **hohe Bedeutung** beizumessen. Begründet wird dies mit der Tatsache, dass sich bei einem Unterlassen solcher Angaben „**Informationsdefizite hinsichtlich der Relevanz** der Abschlussinformationen"[1590] bei den Abschlussadressaten einstellen würden, da der *bilanzielle* Ausweis der Finanzverbindlichkeiten lediglich eine grobe Schätzung erlaubt, inwieweit die zukünftige Ertrags- und Finanzlage des Unternehmens durch die derzeit bestehenden Finanzverbindlichkeiten beeinflusst werden. Folglich ergeben sich Informationsbedarfe seitens des Kapitalmarkts hinsichtlich einer detaillierten Differenzierung des Einflusses der Finanzverbindlichkeiten auf die zukünftigen Zahlungsströme des Unternehmens.[1591]

4.6.2.2. Amendments to IFRS 7: Improving Disclosures about Financial Instruments

4.6.2.2.1. Allgemeine Änderungen der Angabepflichten

Wie auch die Änderungen an IFRS 7 zur Angabe der Fair Values von Finanzinstrumenten anhand der Einführung einer Fair Value-Hierarchie zu Angabezwecken vom 05. März 2009 gehen die parallel damit einhergegangen Änderungen an IFRS 7 zur Berichterstattung über das Liquiditätsrisiko auf die Finanzmarktkrise 2007-2009 zurück.[1592]

Die Änderungen an IFRS 7 aufgrund der *Amendments to IFRS 7: Improving Disclosures about Financial Instruments* erfordern die folgenden neuen Angabepflichten zum Liquiditätsrisiko gemäß IFRS 7.39, wobei nun im Rahmen der Darstellung der **Restlaufzeitenanalyse** bzw. des **Verbind-**

1589 Vgl. Buchheim/Schmidt (2005), S. 404.
1590 Brüggemann (2007), S. 231.
1591 Vgl. Brüggemann (2007), S. 230-233.
1592 Für weitere Ausführungen insbesondere zum Erlass des diese beiden Themen betreffenden *Amendments to IFRS 7: Improving Disclosures about Financial Instruments* vom 05.März 2009 sowie zum Inkrafttreten dieser Änderungen sei an dieser Stelle auf die vorherigen Ausführungen in Kapitel 3.5.3.2.1. verwiesen.

lichkeitenspiegels zwischen derivativen und nicht-derivativen finanziellen Verbindlichkeiten zu unterschieden ist:

- eine Fälligkeitsanalyse für die **nicht-derivativen finanziellen Verbindlichkeiten** (einschließlich Verträge über abgegebene Finanzgarantien), die die vertraglichen Restlaufzeiten (*remaining contractual maturities*) darstellt (IFRS 7.39(a));
- eine Fälligkeitsanalyse für die **derivativen finanziellen Verbindlichkeiten**, die deren vertragliche Restlaufzeiten (*remaining contractual maturities*) enthalten muss, sofern diese wesentlich[1593] für das Verständnis des zeitlichen Anfalls der Zahlungsströme sind (IFRS 7.39(b))[1594];
- eine **Beschreibung**, wie das Unternehmen das **Liquiditätsrisiko** aus IFRS 7.39(a) und (b) **handhabt** (IFRS 7.39(c)).

Grundsätzlich stellen die Restlaufzeitenanalysen gemäß IFRS 7.39(a) und (b) auf die undiskontierten Zahlungsströme auf Basis der **vertraglichen Restlaufzeiten** ab. **Erwartete Restlaufzeiten** dürfen entsprechend **nicht** berücksichtigt werden.[1595] Sollten dennoch Fälligkeitsanalysen anhand von erwarteten Restlaufzeiten (zusätzlich) offen gelegt werden,[1596] so ist seitens des bilanzierenden Unternehmens eindeutig auszuweisen, ob es sich dabei um vertragliche oder erwartete Restlaufzeiten handelt und ob die finanziellen Verbindlichkeiten derivativer Natur sind oder nicht.[1597]

Eine zentrale Frage, die sich nicht nur bereits im Zusammenhang mit der Restlaufzeitenanalyse gemäß IFRS 7.39(a) a.F. aufdrängte, sondern auch mit Blick auf die differenziertere Restlaufzeitenanalyse gemäß IFRS 7.39(a) und (b) von gleicher Relevanz ist, lautet, ob **in die Analyse der Restlaufzeiten ausschließlich Nominal- bzw. Tilgungszahlungen oder** aber **auch Zahlungsströme aus (zukünftigen) Zinsen** einzubeziehen sind – IFRS 7 liefert in diesem Punkt keine explizite Erklärung.[1598]

[1593] Im Umkehrschluss sind derivative finanzielle Verbindlichkeiten, deren vertragliche Restlaufzeiten nicht wesentlich für das Verständnis des zeitlichen Anfalls der Zahlungsströme des Derivats sind, nicht in die Restlaufzeitenanalyse einzubeziehen. Das heißt jedoch nicht, dass solche derivativen finanziellen Verbindlichkeiten von der Angabepflicht gemäß IFRS 7.34(a) zur Zusammenfassung der quantitativen Daten zum Umfang des Liquiditätsrisikos (Management Approach) auszunehmen sind (IDW RS HFA 24, Rz. 69).

[1594] Siehe hierzu auch IFRS 7.B11B. Nach IFRS 7.39 a.F. war eine Einbeziehung derivativer finanzieller Verbindlichkeiten in die Restlaufzeitenanalyse nicht explizit verlangt. *Lüdenbach* plädierte hingegen dennoch für deren Einbeziehung. Vgl. Lüdenbach (2009), S. 1528, Rz. 300; so auch Brücks/Kerkhoff/Stauber (2006b), S. 440; KPMG (2007), S. 145.

[1595] Vgl. Eckes, et al. (2009), S. 285.

[1596] Vgl. hierzu auch die Ausführungen weiter unten im Text zu IFRS 7.B11B.

[1597] Vgl. PwC (2010), S. 11058, Rz. 11.98.2.

[1598] Vgl. Brücks/Kerkhoff/Stauber (2006b), S. 439.

Grundsätzlich dürfte die Einbeziehung des **nominellen Rückzahlungsbetrags** finanzieller Verbindlichkeiten unstrittig sein.[1599] In IFRS 7.B11D(c) – siehe dazu auch die Ausführungen weiter unten im Text – wird in diesem Zusammenhang beispielhaft auch die **Einbeziehung von Zinszahlungen** aus Zinsswaps explizit angeführt, was zunächst auf eine erlaubte Einbeziehung von zukünftigen Zinszahlungen aus Derivaten schließen lässt. Ob hingegen analog auch eine Einbeziehung zukünftiger Zinszahlungen aus originären finanziellen Verbindlichkeiten statthaft ist, bleibt insofern jedoch zunächst offen. Da Zinsswaps und ähnliche Derivate von Industrie- und Handelsunternehmen hauptsächlich zur Adjustierung von Zinszahlungen aus originären finanziellen Verbindlichkeiten verwendet werden und eine alleinige, d.h. einseitige Einbeziehung von Zinszahlungen aus Derivaten zu einer Verzerrung der Darstellung der Refinanzierungssituation des bilanzierenden Unternehmens führen würde, wäre ein **Ausschluss der Zinszahlungen** aus originären finanziellen Verbindlichkeiten daher jedoch **wohl kaum begründbar**.[1600] Im Falle dessen, dass das bilanzierende Unternehmen keine oder nur in einem unwesentlichen Umfang Derivate einsetzt, scheint es nach *Brücks/Kerkhoff/Stauber* in Anbetracht der fehlenden expliziten Vorschriften allerdings auch sachgerecht zu sein, ggf. auf die Einbeziehung von Zinszahlungen gänzlich zu verzichten.[1601]

Des Weiteren stellt sich die Frage nach der **Aufschlüsselungstiefe** der im Rahmen der Restlaufzeitenanalyse dargestellten Zahlungen. Mithin ist zu fragen, ob die Darstellung der **aggregierten Zahlungsströme** der einzelnen Verbindlichkeiten bereits ausreicht, oder ob eine **tiefergehende Granularität** bei der Darstellung, etwa sogar bis hin zu den einzelnen Verbindlichkeiten, erforderlich ist. Zudem dürfte hierbei eine weitergehende Differenzierung der Zahlungsströme anhand des **Zahlungszwecks** – bspw. Tilgungs- und Zinszahlungen – sowie anhand der **Verzinsungsart** – bspw. Zahlungen aus Verbindlichkeiten mit variabler und fester Verzinsung – geboten sein. Nach Auffassung von *Brücks/Kerkhoff/Stauber* würde damit unmittelbar ein höherer Informationswert für die

[1599] Vgl. Brücks/Kerkhoff/Stauber (2006b), S. 439.

[1600] Vgl. Brücks/Kerkhoff/Stauber (2006b), S. 439; im Ergebnis auch PwC (2010), S. 11059, Rz. 11.102 sowie KPMG LLP (2008), S. 6. Dabei scheint es ebenfalls nicht sachgerecht, Zinszahlungen aus originären finanziellen Verbindlichkeiten nur dann einzubeziehen, sofern sie durch den Einsatz von Derivaten beeinflusst werden. Vgl. ebenda, S. 439. Sofern zukünftige Zinszahlungen aus Derivaten und originären finanziellen Verbindlichkeiten in die Restlaufzeitenanalyse mit einbezogen werden, stellt sich ferner die Frage, mit welchen variablen Zinssätzen deren Berechnung zu erfolgen hat. Die diesbezügliche Einbeziehung von zum jeweiligen Abschlussstichtag geltenden Forward-Zinssätzen wäre jedoch bei wesentlichen Beständen an Derivaten und originären Finanzschulden mit einem erheblichen Rechenaufwand verbunden. *Brücks/Kerkhoff/Stauber* sehen daher unter Verweis auf IFRS 7.B16 a.F., wonach zur Bestimmung nicht-fixierter Zahlungen auf die Verhältnisse am Abschlussstichtag abzustellen ist – dieser Paragraph B16 wurde allerdings im Zuge des *Amendments to IFRS 7: Improving Disclosures about Financial Instruments* ersatzlos gestrichen – die Heranziehung von Spot-Zinssätzen als regelkonform an. Sie begründen dies damit, dass in den Forward-Kurven keine Markterwartungen zum Ausdruck kämen und sie darüber hinaus aus rein mathematischen Gründen als Prognoseinstrumente angezweifelt würden. Demnach enthielten Forward-Kurven keine Informationen, die nicht bereits in der aktuellen Zinsstrukturkurve enthalten wären. Vgl. Brücks/Kerkhoff/Stauber (2006b), S. 439. Siehe zur Einbeziehung von Zinsen in die Fälligkeitsanalyse nach IFRS 7.39(b) auch die Übersicht in IDW RS HFA 24, Rz. 65.

[1601] Vgl. Brücks/Kerkhoff/Stauber (2006b), S. 439.

Abschlussadressaten generiert, da dies ersichtlich mache, welche konkreten Zins- und Tilgungszahlungen mit den wesentlichen Schuldenbeständen des Unternehmens verbunden sind.[1602]

Anhand der generellen Unterscheidung in *current* und *non-current* in Bilanzen nach IFRS (IAS 1.60 ff) können vor diesem Hintergrund zwar Rückschlüsse auf die „unmittelbaren Rückzahlungs- bzw. Umschuldungsanforderungen"[1603] gezogen werden. Offen bleibt jedoch auch bei dieser Differenzierung weitgehend, ob es sich hinsichtlich des langfristigen Bereichs um fällige Verbindlichkeiten handelt, oder ob für diese Verbindlichkeiten lediglich eine Anpassung der Konditionen vorzunehmen bzw. vorgenommen worden ist. Entsprechend wird nicht ersichtlich, welche **Buchwerte**[1604] diesbezüglich tatsächlich abgehen.[1605] Die Ergänzung der bilanziellen Differenzierung in einen kurz- und langfristigen Bereich um die Angaben einer Restlaufzeitenanalyse gemäß IFRS 7.39 stellt m.E. daher eine adäquate Ergänzung dar, diese Problematik zu beheben.

Bei der Angabe der **Fair Values** der Verbindlichkeiten nach IFRS 7.25 ff. beschränkt sich der Erkenntnisgewinn hingegen u.U. lediglich auf das Ziehen von Rückschlüssen auf die **zukünftigen Zinszahlungen**, jedoch unter der (schwer zu erfüllenden) Voraussetzung, dass über die risikolose Marktzinsstruktur hinaus – und dies dürfte sich aufgrund des Mangels an Beobachtbarkeit am Markt als problematisch erweisen – auch die individuellen bonitätsinduzierten Zinsaufschläge[1606] herangezogen werden.[1607] Auch die Schätzung zukünftiger Zinszahlungen anhand einer Extrapolation der erfolgswirksam erfassten Zinsaufwendungen oder über die Zugrundelegung der Buchwerte der Verbindlichkeiten sowie der – nach IFRS 7 nicht mehr obligatorisch anzugebenden – Effektivzinssätze erweist sich daher als problematisch.[1608] Die Restlaufzeitenanalyse gemäß IFRS 7.39 ist demnach – in ihrer in Kapitel 4.6.4.1. empfohlenen, sowohl zukünftige **variable** als auch zukünftige

1602 Vgl. Brücks/Kerkhoff/Stauber (2006b), S. 440, die darauf hinweisen, dass mit einer derartigen Detaildarstellung einem zentralen Kritikpunkt des IAS 32 begegnet würde, wonach die Pflichtangaben lediglich eine unzureichende Beurteilung der zukünftigen Finanzlage zuließen.

1603 Brücks/Kerkhoff/Stauber (2006b), S. 440.

1604 Die Buchwerte der Verbindlichkeiten entsprechen dabei den zukünftigen Zahlungsverpflichtungen, die entweder mit dem Effektivzinssatz der jeweiligen finanziellen Verbindlichkeit oder dem risikoadjustierten Marktzinssatz zum Abschlussstichtag abgezinst worden sind. Die tatsächlichen Auszahlungen bei Fälligkeit bzw. die Refinanzierungsanforderungen sind aus diesem Wert hingegen nicht ersichtlich – durch die Aufzinsung mit den ggf. offengelegten Effektivzinssätzen sind diese lediglich approximierbar. Wird eine Fälligkeitsanalyse bereitgestellt, die eine separate Spalte für die Tilgungszahlungen aufweist, wäre hingegen eine direkte Offenlegung der tatsächlichen Auszahlungen bei Fälligkeit bzw. der Refinanzierungsanforderungen möglich. Vgl. Brücks/Kerkhoff/Stauber (2006b), S. 440.

1605 Vgl. Brücks/Kerkhoff/Stauber (2006b), S. 440.

1606 Diese sind, wie bereits erwähnt, am Markt i.d.R. nicht beobachtbar, was dazu führt, das weder die zukünftigen Zinsbelastungen noch die Fremdkapitalzahlungsreihe verlässlich nachzubilden sind. Vgl. Brücks/Kerkhoff/Stauber (2006b), S. 440.

1607 Vgl. Brücks/Kerkhoff/Stauber (2006b), S. 440.

1608 Vgl. Brücks/Kerkhoff/Stauber (2006b), S. 440-441. So ergeben sich bei der Abschätzung der Zahlungsströme über das Zinsergebnis etwa Schwierigkeiten, wenn Instrumente wie Nullkuponanleihen emittiert wurden. Werden zur Abschätzung zukünftiger Zinszahlungen hingegen die Buchwerte und die Effektivzinssätze der Verbindlichkeiten herangezogen, so erhält man lediglich die bilanzielle, nicht jedoch die wirtschaftliche Zinsbelastung, die sich auf Basis der aktuellen Marktverhältnisse ergeben hätte. Vgl. Brücks/Kerkhoff/Stauber (2006b), S. 441, Fn. 243.

fixe Zinszahlungen differenzierenden Form – auch insofern als eine sinnvolle Erweiterung anzusehen. Aufgrund dieser Transparenz bzgl. der **zukünftig erwarteten Fremdkapitalzahlungsreihe** trägt IFRS 7.39 entsprechend zu einem **besseren Einblick** in die zukünftige **Finanzlage** des Unternehmens bei.

Doch bevor detaillierte, quantitative Angaben für jedes Einzelrisiko i.S.v. IFRS 7 zu machen sind, hat ein Unternehmen nach IFRS 7.34(a) eine **Zusammenfassung der quantitativen Daten** zum Umfang jedes einzelnen Risikos, d.h. auch des **Liquiditätsrisikos**, offen zu legen. Diese Angaben haben sich dabei generell auf Informationen zu stützen, die entsprechend des Management Approach intern den Mitgliedern der Geschäftsleitung des Unternehmens zur Verfügung gestellt werden.

Gemäß dem neu hinzugefügten IFRS 7.B10A hat ein Unternehmen nun mit Blick auf das Liquiditätsrisiko zu erklären, wie die auf Basis von IFRS 7.34(a) offen gelegten Daten ermittelt werden. Sofern die in diesen Daten enthaltenen Abflüsse von Zahlungsmitteln (oder anderen finanziellen Vermögenswerten) entweder:

- erheblich früher eintreten können als angegeben (IFRS 7.B10A(a)), oder
- in ihrer Höhe erheblich von den aufgrund der Daten vermittelten Beträgen abweichen können (z.B. bei einem Derivat, für das von einem Nettoausgleich ausgegangen wird, die Gegenpartei aber einen Bruttoausgleich verlangen kann) (IFRS 7.B10A(b))

so hat das bilanzierende Unternehmen diese Tatsache anzugeben sowie quantitative Informationen offen zu legen, die es den Abschlussadressaten ermöglichen, den Umfang des damit verbundenen Risikos einzuschätzen („*…to evaluate the extent of this risk…*“). Sofern diese Informationen bereits durch die anhand von IFRS 7.39(a) und (b) vorgeschriebene Restlaufzeitenanalyse bzw. Fälligkeitsanalyse bereitgestellt werden, ist das Unternehmen jedoch von dieser Angabepflicht befreit (IFRS 7.B10A).

Vor diesem Hintergrund birgt möglicherweise die **Stellung von Sicherheiten** für finanzielle Verbindlichkeiten ein erhebliches Liquiditätsrisiko. So kann bspw. die Stellung von Barsicherheiten nötig werden, wenn eine derivative Verbindlichkeit eine bestimmte Höhe bzw. ein bestimmtes Limit überschreitet. Sofern Vereinbarung über eine Sicherheitenstellung seitens des bilanzierenden Unternehmens bestehen, sollten demnach diesbezügliche quantitative Informationen offengelegt werden, weil ein materielles Liquiditätsrisiko bestehen kann, da die mit der Sicherheitenstellung zusammenhängenden Auszahlungen gemäß IFRS 7.B10A(a) erheblich früher eintreten können, als es die der Sicherheitenstellung zugrundeliegenden Geschäfte suggerieren.[1609]

Letztlich unterlag auch die *Application Guidance* zu IFRS 7.39 im Zuge des *Amendments* einer grundlegenden Überarbeitung und Ergänzung.[1610] Nachfolgende Ausführungen, insbesondere in Kapitel 4.6.2.2.2. sowie Kapitel 4.6.2.2.3., gehen ausführlich auf die diesbezüglichen (Neu)Regelungen ein.

4.6.2.2.2. Spezielle Anforderungen an die Angabe der Restlaufzeitenanalyse für (nicht-)derivative finanzielle Verbindlichkeiten

Laut IFRS 7.B11[1611] hat ein Unternehmen bei der nach IFRS 7.39(a) und (b) zu erstellenden Fälligkeitsanalyse **nach eigenem Ermessen** („...*uses its judgement*...") eine **angemessene Anzahl** an **Laufzeitbändern** (*time bands*) festzulegen. Bspw. könnte laut IASB die folgende Gliederung der Laufzeitbänder für ein Unternehmen als adäquat erscheinen:

- bis zu einem Monat (IFRS 7.B11(a));
- länger als ein Monat und bis zu drei Monaten (IFRS 7.B11(b));
- länger als drei Monate und bis zu einem Jahr (IFRS 7.B11(c)) und
- länger als ein Jahr und bis zu fünf Jahren (IFRS 7.B11(d)).

Mit Blick auf diese beispielhafte Bestimmung der Laufzeitbänder sollte laut *Theile* der Vollständigkeit halber noch eine Spalte „über fünf Jahre" i.S.e. **Auffangzeitbands** offengelegt werden.[1612] Wie im Rahmen der nachfolgenden empirischen Erhebung zu IFRS 7.39 noch deutlich werden wird, kommen die Unternehmen der Offenlegung eines solchen, nach oben offenen Intervalls auch tatsächlich fast ohne Ausnahme[1613] nach.

Eine wie in IFRS 7.B11 vorgeschlagene Unterteilung der Restlaufzeitenanalyse dürfte allerdings für **Industrie- und Handelsunternehmen** aufgrund ihres kurzfristigen Fokus einer mehrfach unterjährigen Differenzierung kaum in Frage kommen, da deren Mehrzahl an Verbindlichkeiten eher langfristigen Charakters sind – das Verhältnis von Kosten (Datenerfassung und -aufbereitung) und Nut-

---

1609 Vgl. PwC (2010), S. 11061, Rz. 11.104.1.7.

1610 So wurde der Geltungsbereich der einschlägigen Regelungen der *Application Guidance* in der diesbezüglichen Überschrift ausgehend von vormals allein IFRS 7.39(a) auf IFRS 7.39(b) sowie IFRS 7.34(a) erweitert. Die Überschrift selbst wurde von *„Contractual maturity analysis"* in *„Quantitative liquidity risk disclosures"* geändert. IFRS 7.B11 wurde marginal erweitert sowie IFRS 7.B10A und .B11A-F neu hinzugefügt. IFRS 7.B12-B16 wurden ersatzlos gestrichen. Die ursprünglichen IFRS 7.B12 und .B13 wurden durch IFRS 7.B11C(a) und (b) ersetzt, die ursprünglichen IFRS 7.B14 und .B16 durch IFRS 7.B11D.

1611 Gegenüber dem ursprünglichen IFRS 7.B11 wurden im Zuge der *Amendments to IFRS 7* lediglich formelle Änderungen (Ausweitung auf IFRS 7.39(b) und Streichung von *„contractual"* bei dem Begriff *„contractual maturity analysis"*) vorgenommen, jedoch keine von wesentlicher inhaltlicher Natur.

1612 Vgl. Theile (2009b), S. 414 Rn. 2173.

1613 Lediglich die *Merck KGaA* (2007-2009) verzichtet auf die Angabe eines nach oben offenen Laufzeitenbands.

zen (Informationswert) wäre dabei als nicht angemessenen anzusehen. Die mit einer derart unterjährigen Differenzierung zu beantwortende Frage, inwiefern das bilanzierenden Unternehmen dazu in der Lage ist, sich kurzfristig refinanzieren zu können, kann dabei auch über die Angaben zum Liquiditätsrisikomanagement gemäß IFRS 7.39(c) zu kurzfristigen Finanzierungsquellen[1614] beantwortet werden.[1615] Zudem scheint m.E. der Aussagegehalt der beiden ersten Intervalle gemäß IFRS 7.B11(a)-(b) [< 1 Monat] und [> 1 Monat < drei Monate] aus dem einfachen Grund fragwürdig, als dass der Jahresabschluss meist erst zwei bis drei Monate nach dessen Erstellung (zum Bilanzstichtag) veröffentlicht wird; die für den Zeitpunkt bis zur Offenlegung des Jahresabschlusses angegebenen Zahlungsströme dürften jedoch dann ohnehin schon i.d.R. geflossen sein.

Brück/Kerkhoff/Stauber sehen es daher für Nicht-Banken als adäquater an, die bereitzustellende Fälligkeitsanalyse in Jahresscheiben aufsteigend von einer Laufzeit von einem bis hin zu fünf Jahren zu unterteilen.[1616] Verbindlichkeiten mit einer Laufzeit größer als fünf Jahren könnten hierbei im Sinne einer übersichtlicheren Darstellung unter Aggregation von mehreren Jahren pro Scheibe dargestellt werden.[1617]

Des Weiteren ist bei der Erfüllung der Angabepflichten gemäß IFRS 7.39(a) und (b) zu beachten, dass ein oder mehrere in ein hybrides (zusammengesetztes) Finanzinstrument **eingebettete Derivate** vom bilanzierenden Unternehmen für Angabezwecke **nicht zu separieren** sind. Solche hybriden Finanzinstrumente sind vielmehr zwingend in die nach IFRS 7.39(a) zu machenden Angaben einzubeziehen, also der Restlaufzeitenanalyse für nicht-derivative finanzielle Verbindlichkeiten zuzuordnen (IFRS 7.B11A).

IFRS 7.39(b) verlangt speziell die Angabe einer quantitativen **Fälligkeitenanalyse für derivative finanzielle Verbindlichkeiten**, aus der die vertraglichen Restlaufzeiten hervorgehen, sofern diese Restlaufzeiten für das Verständnis des zeitlichen Anfalls der Zahlungsströme wesentlich sind („*…if the contractual maturities are essential for an understanding of the timing of the cash flows.*“). Letzteres wäre beispielsweise der Fall bei:

1614 Zu den Angaben zum Liquiditätsrisikomanagement siehe die nachfolgenden Ausführungen des entsprechenden Unterabschnitts, dabei insbesondere zu den möglichen Angaben zu den Finanzierungsquellen die Ausführungen zu IFRS 7.B11F.

1615 Vgl. Brücks/Kerkhoff/Stauber (2006b), S. 440.

1616 Diese Einteilung würde auch dem bereits nach IAS 3274(a) a.F. gemachten Vorschlag zur Abbildung von Zinsänderungsrisiken entsprechen. Vgl. Brücks/Kerkhoff/Stauber (2006b), S. 440.

1617 Vgl. Brücks/Kerkhoff/Stauber (2006b), S. 440; ähnlich, jedoch mit Bezug auf die Regelungen des IFRS 7.39 a.F. KPMG (2007), S. 144. Kapitel 4.6.4. vermittelt anhand einer empirischen Erhebung die dahingehende Vorgehensweise in der Praxis und ermittelt darauf aufbauend eine Benchmark-Fälligkeitsanalyse gemäß IFRS 7.39(a)-(b).

- einem **Zinsswap** mit einer fünfjährigen Restlaufzeit, der der Absicherung der Zahlungsströme (Cash Flow Hedge) aus einem finanziellen Vermögenswert oder einer finanziellen Verbindlichkeit mit variablem Zinssatz dient (IFRS 7.B11B(a));
- **Kreditzusagen** jeder Art (*all loan commitments*) (IFRS 7.B11B(b)).

Dasselbe gilt jedoch auch für Derivate die im Rahmen eines Fair Value Hedge oder eines *hedge of a net investment in a foreign operation* als Sicherungsinstrumente designiert sind und nicht nur für die im Rahmen von Cash Flow Hedges designierten oder Kreditzusagen sowie i.d.R. auch für Derivate die im Rahmen eines *natural hedge* – ohne dabei die Regeln des Hedge Accounting zu strapazieren – als Sicherungsinstrumente fungieren, obwohl sie bilanziell so nicht abgebildet werden (IDW RS HFA 24, Rz. 60).

Anders gestaltet es sich hingegen bei den **zu Handelszwecken abgeschlossenen Derivaten**. Diese werden regelmäßig in Abhängigkeit von ihrer Wertentwicklung vor ihrer vertraglich vereinbarten Fälligkeit auf Nettobasis[1618] veräußert; ihre vertragliche Fälligkeit ist mithin von untergeordneter Bedeutung für das Verständnis des zeitlichen Anfalls der aus dem Derivat resultierenden Zahlungen (IDW RS HFA 24, Rz. 60). Entsprechend sind Derivate, die zu trading-Zwecken kontrahiert worden sind, **von der Angabepflicht gemäß IFRS 7.39(b) ausgenommen**.

PwC empfiehlt vor diesem Hintergrund dennoch, für solche derivativen finanziellen Verbindlichkeiten eine **separate Fälligkeitsanalyse** offen zu legen, die, sofern die Offenlegung auf Basis erwartete Restlaufzeiten vorgenommen wird, auf die jeweilige Angabe der einzelnen Fair Values abstellen sollte.[1619]

Generell sind bei den nach IFRS 7.39(a) und (b) anzugebenden Restlaufzeitenanalysen, aus denen die vertraglichen Restlaufzeiten bestimmter finanzieller Verbindlichkeiten hervorgehen, weiterhin folgende Regelungen zwingend zu beachten:

- Sofern eine Gegenpartei bzw. der Gläubiger wählen kann, zu welchem Zeitpunkt ein Betrag zu zahlen ist, wird die Verbindlichkeit dem Laufzeitenband zugeordnet, in dem das bilanzierende Unternehmen frühestens zur Zahlung aufgefordert werden kann. Beispielsweise sind dem frühesten Zeitband solche finanziellen Verbindlichkeiten zuzuordnen, die ein Unternehmen auf Verlangen der Gegenpartei zurückzuzahlen hat (z.B. Sichteinlagen) (IFRS 7.B11C(a))[1620,1621];

1618 Vgl. PwC (2010), S. 11060, Rz. 11.104.1.1.
1619 Vgl. PwC (2010), S. 11060, Rz. 11.104.1.1.
1620 IFRS 7.B11C(a) ersetzt den ursprünglich denselben inhaltlichen Sachverhalt regelnden IFRS 7.B12.

- Sofern ein Unternehmen zur Leistung von **Raten- bzw. Teilzahlungen** verpflichtet ist („*...committed to make amounts available in instalments...*"), ist jede Teilzahlung dem Laufzeitenband zuzuordnen, in dem das Unternehmen frühestens zur Zahlung aufgefordert werden kann. Beispielsweise ist eine nicht bereits in Anspruch genommene Kreditzusage dem Laufzeitenband zuzuordnen, in dem der frühestmögliche Zeitpunkt ihrer Inanspruchnahme liegt (IFRS 7.B11C(b))[1622];
- Bei übernommenen **Finanzgarantien** (*issued financial guarantee contracts*) ist der Garantiehöchstbetrag (*maximum amount of the guarantee*) dem Laufzeitenband zuzuordnen, in dem die Garantie frühestens in Anspruch genommen werden kann (IFRS 7.B11C(c)).

Bei (noch) **nicht gezeichneten Kreditzusagen** (*loan commitment*) verhält es sich dabei wie bei den übernommenen Finanzgarantien, indem der Höchstbetrag der potentiellen Kreditzeichnung in das früheste Laufzeitenband einzubeziehen ist, indem der Kredit durch das bilanzierende Unternehmen gezeichnet werden kann.[1623]

Die in IFRS 7.B11C kodifizierten Regelungen verhindern somit eine willkürliche Verschiebung der zukünftig fälligen Zahlungen aus derivativen sowie nicht-derivativen finanziellen Verbindlichkeiten in die lange Frist im Rahmen der Restlaufzeitenanalyse, was einer Verschleierung der Liquiditätssituation des Unternehmens insbesondere in der kurzen Frist vorbeugt. Laut *Eckes et al.* stellt die **Restlaufzeitenanalyse** durch die zugrundegelegte pessimistische Sichtweise daher eine Art **worst case-Analyse** dar.[1624] Dies will aber nicht heißen, dass ein Aufschub der auf diese Weise angegebenen Zahlungen bspw. durch Verhandlungen mit den Gläubigern ausgeschlossen ist.

1621 Betrachtet man aus Sicht des Stillhalters (bilanzierendes Unternehmen) eine amerikanische Verkaufsoption (kein fester Andienungszeitpunkt), die am Abschlussstichtag im Geld ist (*in the money*), so ist sie gemäß IFRS 7.B11C(a) in das Laufzeitband mit dem frühestmöglichen Fälligkeitszeitpunkt einzuordnen. Bei Verkaufsoptionen, bei denen eine Abwicklung in Form eines Barausgleichs erfolgt, steht gegenüber solchen, die einen Bruttoausgleich vorsehen, auch der Zahlungsbetrag nicht fest, was eine Anwendung von IFRS 7.B11D(c) als geboten erscheinen lässt (siehe hierzu auch die entsprechenden Ausführungen weiter unten im Text). Sind Optionen am Abschlussstichtag aus dem Geld (*out of the money*), besteht für sie keine diesbezügliche Angabepflicht, da es sich dann um keine angabepflichtige finanzielle Verbindlichkeit mehr handelt (IDW RS HFA 24, Rz. 66). Als weiteres Beispiel führt das *IDW* die Situation des bilanzierenden Unternehmens als Stillhalter einer Verkaufsoption auf eigene Eigenkapitalinstrumente an, deren Ausgleich durch Zahlung des Ausübungspreises sowie Lieferung der vereinbarten Anzahl an Eigenkapitalinstrumenten (*gross physical settlement*) erfolgt. In Höhe des Ausübungspreises hat das bilanzierende Unternehmen dabei die mögliche Zahlungsverpflichtung als finanzielle Verbindlichkeit anzusetzen, die bei erstmaligem Ansatz entsprechend in dieser Höhe vom Eigenkapital ins Fremdkapital umzugliedern ist (in Anlehnung an IAS 32.21 ff., IAS 32.AG27 sowie IAS 32.BC12). Dieser umgegliederte Ausübungspreis ist mithin im Rahmen der Fälligkeitsanalyse für derivative finanzielle Verbindlichkeiten gemäß IFRS 7.39(b) dem Laufzeitband mit dem frühestmöglichen Fälligkeitszeitpunkt zuzuordnen (IFRS 7.B11C(a)). Eine Erläuterung dieses Sachverhalts hat im Anhang zu erfolgen (IDW RS HFA 24, Rz. 67).

1622 IFRS 7.B11C(b) ersetzt den ursprünglich denselben inhaltlichen Sachverhalt regelnden IFRS 7.B13.

1623 Vgl. PwC (2010), S. 11058, Rz. 11.101.2. Wird im Zuge der Kreditzusage ein Kredit gezeichnet, so hat das bilanzierende Unternehmen diesen stets unter den nicht-derivativen finanziellen Verbindlichkeiten im Rahmen der Fälligkeitsanalyse auszuweisen. Vgl. ebenda.

1624 Vgl. Eckes, et al. (2009), S. 285.

Bei den nach IFRS 7.39(a) und (b) im Rahmen der **Fälligkeitsanalyse** anzugebenden, **vertraglich festgelegten Beträgen** handelt es sich um die **undiskontierten vertraglichen Zahlungsströme**, gemäß IFRS 7.B11D[1625] bspw. um:

- Verpflichtungen aus Finanzierungsleasing auf Bruttobasis (vor Abzug der Finanzierungskosten) (*gross finance lease obligations*) (IFRS 7.B11D(a));
- in Terminvereinbarungen (*forward agreements*) genannte Preise zum Kauf finanzieller Vermögenswerte gegen Zahlungsmittel (IFRS 7.B11D(b));
- **Nettobeträge** für Festzinsempfänger-Swaps (*pay-floating/receive-fixed interest rate swaps*), für den **Nettozahlungsströme getauscht** werden (Barausgleich) (IFRS 7.B11D(c))[1626];
- vertraglich festgelegte, im Rahmen eines derivativen Finanzinstruments zu tauschende Beträge (z.B. ein Währungsswap), bei dem Zahlungen auf **Bruttobasis** (*gross cash flows*) **getauscht** werden (IFRS 7.B11D(d)); und
- Kreditverpflichtungen auf Bruttobasis (*gross loan commitments*) (IFRS 7.B11D(e)).

Solche nicht abgezinsten Zahlungsströme weichen von den in der Bilanz ausgewiesenen Beträgen ab, da diese auf abgezinsten Zahlungsströmen basieren (IFRS 7.B11D). Das Erfordernis einer Überleitung zwischen den im Rahmen der Fälligkeitsanalyse ausgewiesenen Beträgen und den damit korrespondierenden bilanziell angesetzten Beträgen besteht allerdings gemäß IFRS 7 nicht.[1627]

Ist der **zu zahlende Betrag der Höhe nach nicht festgelegt**, wird die Betragsangabe nach Maßgabe der am Ende der Berichtsperiode vorherrschenden Bedingungen bzw. Marktverhältnisse (*conditions*) bestimmt.[1628] Grundsätzlich sollte dabei der Terminzinssatz bzw. der Devisenterminkurs für die funktionale Währung verwendet werden, da diese aus konzeptioneller Sichtweise zu präferieren sind. Sofern keine wesentlichen Abweichungen zwischen Spot- und Terminmarkt bestehen, kann aber auch von den Preiskonditionen am Spotmarkt ausgegangen werden (IDW RS HFA 24, Rz. 64).[1629] Vor dem Hintergrund der Wahl, ob Spot- oder Terminmarktkurse Anwendung finden sol-

---

1625 IFRS 7.B11D ersetzt die ursprünglich denselben inhaltlichen Sachverhalt regelnden IFRS 7.B14 und IFRS 7.B16, indem er den Wortlaut der alten Regelungen an den neuen IFRS 7.39 anpasst sowie die beiden alten Regelungen in einem Paragraphen zusammenfasst.

1626 Sofern das berichterstattende Unternehmen bspw. bei einem Devisentermingeschäft einen vertraglichen Anspruch auf den Erhalt eines Betrags in EUR sowie eine damit einhergehende, gleichzeitig fällige Verpflichtung zur Zahlung eines Betrags in Fremdwährung hat und das Geschäft durch Barausgleich (durch Umrechnung des Fremdwährungsbetrags mit dem Stichtagskurs) abgewickelt sowie entsprechend intern berichtet wird, so ist der saldierte Betrag in EUR (Nettobetrag) am Tag der Fälligkeit für die Einordnung in die Fälligkeitsanalyse gemäß IFRS 7.39(b) maßgeblich (IDW RS HFA 24, Rz. 63).

1627 Vgl. PwC (2010), S. 11059, Rz. 11.102.1.

1628 Liegt beispielsweise eine Koppelung des zu zahlenden Betrags an einen Index vor, kann bei der Betragsangabe der Indexstand (*level of the index*) am Ende der Berichtsperiode zugrunde gelegt werden (IFRS 7.B11D).

1629 Ebenso PwC (2010), S. 11059, Rz. 11.104 sowie KPMG LLP (2008), S. 6-7.

len, ist dabei jedoch auf die konsistente bzw. einheitliche Anwendung der Art des gewählten Kurses zu achten.[1630]

Sofern bei Derivaten eine **Erfüllung durch Barausgleich** erfolgt (*net settlement*), so ist gemäß IFRS 7.B11D(c) generell nur die **Angabe des Nettobetrags** im Rahmen der Restlaufzeitenanalyse zu leisten. Ist kein Barausgleich vereinbart (*gross settlement*), sind gemäß IFRS 7.B11D(d) hingegen die Bruttobeträge entsprechend in die Laufzeitbänder einzubeziehen (IDW RS HFA 24, Rz. 63). Ist die Angabe des Nettobetrags gestattet, „sind Derivate gemäß IFRS 7.B11D in Höhe des voraussichtlichen undiskontierten Nettozahlungsstroms bei Abwicklung bzw. Erfüllung, ermittelt auf der Grundlage der Bedingungen bzw. Marktverhältnisse am Abschlussstichtag, in die Restlaufzeitenanalyse nach IFRS 7.39(b) aufzunehmen, sofern diese Derivate zum Abschlussstichtag einen negativen beizulegenden Zeitwert aufweisen und bei Fälligkeit einen negativen beizulegenden Zeitwert haben können" (IDW RS HFA 24, Rz. 65). Sofern dabei **Unwesentlichkeit der Auswirkungen der Abzinsung** vorliegt (IFRS 7.29(a); IAS 39.AG79) oder die Ermittlung der undiskontierten Zahlungsströme undurchführbar i.S.v. *impracticable* gemäß IAS 8.5 ist, kann jedoch auch die **Verwendung des Fair Value** anstatt der undiskontierten Zahlungsströme im Rahmen dieser Angabe erwogen werden. Bei Derivaten sind darüber hinaus jedoch dessen ungeachtet weitergehende Angaben erforderlich, sofern Zahlungen, die in einzelne Laufzeitbänder einzuordnen sind, aus **Zinsen** bestehen (IDW RS HFA 24, Rz. 65).[1631] In IDW RS HFA 24, Rz. 65 finden sich diese Angabepflichten zu Derivaten folgendermaßen zusammengefasst:[1632]

1630 Vgl. PwC (2010), S. 11059, Rz. 11.104.

1631 Für eine Übersicht der in Bezug auf zu zahlende Zinsen bzw. den beizulegenden Zeitwert (Abzinsungseffekte unwesentlich; undiskontierte Zahlungsströme sind nicht ermittelbar) zu beachtenden Angabepflichten in Bezug auf die Fälligkeitsanalyse gemäß IFRS 7.39(b) für bestimmte ausgewählte Derivate siehe IDW RS HFA 24, Rz. 65.

1632 Im Rahmen der nachfolgenden Tabelle ist zu beachten, dass sich in IDW RS HFA 24 die Fußnote 10 irrtümlicherweise auf den im Rahmen der Tabelle gemachten Verweis „(siehe Fußnote 8)" bezieht.

Art der Transaktion	Zu zahlende Zinsen (Annahme: Voraussetzungen für die Verwendung des Nettobetrags liegen vor)	Beizulegender Zeitwert (Annahme: Auswirkungen der Abzinsung sind unwesentlich oder Ermittlung der undiskontierten Zahlungsströme ist undurchführbar)
Zinsswap	Nettobetrag	Entfällt (siehe Fußnote 8)
Währungsswap	Nettobetrag	Negativer beizulegender Zeitwert
Zins-/Währungsswap	Nettobetrag	Negativer beizulegender Zeitwert
Devisentermingeschäft	Entfällt	Negativer beizulegender Zeitwert
Devisenoptionsgeschäft	Entfällt	Negativer beizulegender Zeitwert
Aktienoptionsgeschäft/ Aktientermin-geschäft	Entfällt	Negativer beizulegender Zeitwert
Warenoptionsgeschäft/ Warentermingeschäft	Entfällt	Negativer beizulegender Zeitwert

im jeweiligen Laufzeitband

10 Da Zinsswaps bei Fälligkeit einen beizulegenden Zeitwert von Null haben, sofern keine Balloon-Zahlung vereinbart ist, besteht zum Abschlussstichtag für Zinsswaps i. d. R. keine Angabepflicht hinsichtlich des undiskontierten Nettozahlungsstroms bei Abwicklung bzw. Erfüllung.

Rekurrierend auf IFRS 7.B11D(d) – vereinbarte **Zahlungen auf Bruttobasis** im Rahmen eines derivativen Finanzinstruments – sowie vor dem Hintergrund, dass sich IFRS 7.39(b) im Rahmen der Fälligkeitsanalyse ausschließlich auf derivative finanzielle *Verbindlichkeiten* bezieht, ist vom Standard nur die Angabe der **Brutto*aus*zahlungen**, bspw. im Falle eines Zinsswaps also nur die Angabe der aus dem *pay leg* resultierenden Zahlungen, gefordert. *PwC* sieht in diesem Zusammenhang jedoch in vielen Fällen auch die Angabe der aus dem *receive leg* resultierenden Brutto*ein*zahlungen als hilfreich für ein lückenloses Verständnis von Art und Ausmaß des Liquiditätsrisikos an. Analog zu IFRS 7.B11E – Angabe einer Fälligkeitsanalyse für finanzielle Vermögenswerte, die zur Handhabung des Liquiditätsrisikos gehalten werden – und übereinstimmend mit IFRS 7.BC58D wäre laut *PwC* in diesem Fall ebenfalls die Offenlegung einer Fälligkeitsanalyse der korrespondierenden finanziellen Vermögenswerte, hier also bspw. der bei einem Zinsswap aus dem *receive leg* resultierenden Zahlungen, anzuraten.[1633]

PwC spricht sich darüber hinaus für eine ähnliche Vorgehensweise auch bei **Warentermingeschäften** aus, die auf Bruttobasis beglichen werden. Die Angabe der Bruttoein- bzw. -auszahlungen der einzelnen Warentermingeschäfte könnte dabei im Rahmen einer über IFRS 7.39 hinausgehenden, gemeinsamen tabellarischen Darstellung zusammen mit den damit korrespondierenden Warenein- und -ausgängen dargestellt werden. Das Verständnis der Bilanzadressaten für das daraus resultie-

[1633] Vgl. PwC (2010), S. 11060, Rz. 11.104.1.2. *Ernst & Young* kommt in einer Studie zu dem Ergebnis, dass lediglich eine geringfügige Anzahl der dort betrachteten Unternehmen auch finanzielle Vermögenswerte in die Restlaufzeitenanalyse mit einbezieht. Vgl. Ernst & Young Global Limited (2008), S. 48.

rende Liquiditätsrisiko ließe sich somit unmittelbar verbessern. Die Bruttoauszahlungen könnten sodann per Verweis mit der nach IFRS 7.39(a)-(b) geforderten Fälligkeitsanalyse verknüpft werden.[1634]

Die **Ermittlung** der im Rahmen der Fälligkeitsanalyse nach IFRS 7.39(a) und (b) **anzugebenden Zahlungsströme** hängt hierbei wesentlich von der Organisation der Finanzierungsaktivitäten im Konzern bzw. Unternehmen ab. Mindestens dürften hierbei die wesentlichen verbrieften Schulden, wie bspw. Anleihen, Verbindlichkeiten gegenüber Kreditinstituten sowie Schuldscheindarlehen, mit einzubeziehen sein. Da die primären Finanzierungsaktivitäten in **Industrie- und Handelsunternehmen** i.d.R. allein durch die **Konzerntreasury** oder über nur wenige mehrere Stellen abgewickelt werden, sollte in diesem Fall eine Erhebung der dabei anfallenden Zahlungsströme unproblematisch sein. Anders dürfte sich dies bei **dezentral verwalteten Schuldenposten**, wie etwa unverzinslichen Darlehen der Einzelgesellschaften bzw. Divisionen und Verbindlichkeiten aus Verbriefungstransaktionen sowie aus Finanzierungsleasingverhältnissen, gestalten. In diesem Fall dürfte man, sofern es sich bei den betreffenden Schuldenposten um wesentliche Posten handelt, nicht umhinkommen, dazu **dezentrale Datenerhebungen** vornehmen zu müssen.[1635]

4.6.2.2.3. Spezielle Anforderungen an die Angaben zum Liquiditätsrisikomanagement

Um der nach IFRS 7.39(c) geforderten Angabe zur Handhabung des Liquiditätsrisikos nachzukommen, dürfte es nach Auffassung von *Brücks/Kerkhoff/Stauber* genügen, die Liquiditätsplanung, wie sie die (Konzern)Treasury vornimmt, zu beschreiben. Zentrale Punkte könnten hierbei etwa „die Basis der geplanten künftigen Liquiditätsentwicklung sowie die Planungsart und –frequenz“[1636] sein.[1637] Die im Rahmen der *Amendments to IFRS 7: Improving Disclosures about Financial Instruments* neu hinzugefügten Paragraphen der *Application Guidance* konkretisieren diese Angaben wie nachfolgend dargestellt.

Gemäß IFRS 7.39(c) wird die Angabe einer Beschreibung verlangt, wie das Unternehmen das den im Rahmen der quantitativen Angaben gemäß IFRS 7.39(a) und (b) anzugebenden Posten inhärente Liquiditätsrisiko handhabt. Gemäß IFRS 7.B11E ist diesbezüglich für **finanzielle Vermögenswerte, die zur Handhabung des Liquiditätsrisikos gehalten werden** („*…it holds for managing liquidity risk…*“),[1638] eine **Fälligkeitsanalyse** offen zu legen, sofern diese Informationen für die Ab-

1634 Vgl. PwC (2010), S. 11060, Rz. 11.104.1.3.
1635 Vgl. Brücks/Kerkhoff/Stauber (2006b), S. 434.
1636 Brücks/Kerkhoff/Stauber (2006b), S. 441.
1637 Vgl. Brücks/Kerkhoff/Stauber (2006b), S. 441.
1638 Bspw. Vermögenswerte, die sofort veräußerbar sind („*..that are readily saleable…*“) oder von denen erwartet wird, dass die mit ihnen verbundenen Zahlungsmittelzuflüsse die durch finanzielle Verbindlichkeiten verursachten Zahlungsmittelabflüsse ausgleichen („*…expected to generate cash inflows to meet cash outflows on financial liabilities.*“) (IFRS 7.B11E).

schlussadressaten zur Bewertung von Art und Umfang des Liquiditätsrisikos erforderlich sind. Diese Angabepflicht wird dabei insbesondere von Kreditinstituten zu strapazieren sein (IDW RS HFA 24, Rz. 70).[1639] Doch auch Nicht-Finanzdienstleister, wie bspw. Energieversorger, die erhebliche Handelstätigkeiten aufweisen, dürften zur Handhabung des Liquiditätsrisikos finanzielle Vermögenswerte vorhalten und somit ebenso von dieser Angabepflicht betroffen sein, sofern dieses Engagement einen signifikanten Teil ihrer Geschäftstätigkeit ausmacht.[1640]

Wird eine Fälligkeitsanalyse für finanzielle Vermögenswerte offen gelegt, sollte sie nach Maßgabe des Management Approach auf Basis von Informationen erstellt worden sein, wie sie intern der Geschäftsführung berichtet werden. Abhängig davon, ob die finanziellen Vermögenswerte zur Handhabung des Liquiditätsrisikos auf der Basis von vertraglichen oder erwarteten Restlaufzeiten gesteuert werden, sollte sich dabei auch die Basis für die externe Offenlegung bestimmen. Auch eine Offenlegung auf Nettobasis, d.h. auf Basis von Fair Values, sollte als zulässig erachtet werden.[1641]

Laut IASB könnte ein berichterstattendes Unternehmen im Rahmen dieser Angabe u.a. auch berücksichtigen („*...include, but are not limited to…*“), ob es:

- zur Deckung seines Liquiditätsbedarfs („*…to meet liquidity needs…*“) auf zugesagte **Kreditfazilitäten** (bspw. Commercial Paper-Programme (*commercial paper facilities*)) oder **andere Kreditlinien** (bspw. Standby-Fazilitäten (*stand-by credit facilities*)) zugreifen kann (IFRS 7.B11F(a));
- zur Deckung seines Liquiditätsbedarfs über **Einlagen bei Zentralbanken** verfügt („*…holds deposits at central banks…*“) (IFRS 7.B11F(b));
- über **stark diversifizierte Finanzierungsquellen** (*diverse funding sources*) verfügt (IFRS 7.B11F(c));
- **wesentliche Liquiditätsrisikokonzentrationen** („*…has significant concentrations of liquidity risk…*“) bei seinen Vermögenswerten oder Finanzierungsquellen (*funding sources*) aufweist (IFRS 7.B11F(d));
- über **interne Kontrollverfahren** (*internal control processes*) und Notfallpläne (*contingency plans*) zur **Handhabung** bzw. Steuerung des **Liquiditätsrisikos** verfügt (IFRS 7.B11F(e));
- **Instrumente** besitzt, die **unter bestimmten Umständen** (bspw. bei einer Herabstufung seiner Bonität) **vorzeitig zurückgezahlt werden müssen** („*…that include accelerated repayment terms…*“) (IFRS 7.B11F(f));

[1639] Ähnlich PwC (2010), S. 11061, Rz. 11.104.1.9.
[1640] Vgl. PwC (2010), S. 11061-11062, Rz. 11.104.1.9.
[1641] Vgl. PwC (2010), S. 11062, Rz. 11.104.1.10.

- **Instrumente** besitzt, die die **Hinterlegung von Sicherheiten** (*posting of collateral*) **erfordern könnten** (bspw. Nachschussaufforderung (*margin calls*) bei Derivaten) (IFRS 7.B11F(g));
- **Instrumente** besitzt, bei denen das **bilanzierende Unternehmen wählen kann**, ob es seinen finanziellen Verbindlichkeiten durch die **Lieferung von Zahlungsmitteln** („...*delivering cash*...“) (bzw. einen anderen finanziellen Vermögenswert) oder durch die **Lieferung eigener Aktien** („...*delivering its own shares*...“) nachkommt (IFRS 7.B11F(h)); oder
- **Instrumente** besitzt, die **Globalverrechnungsvereinbarungen** (*master netting agreements*) unterliegen (IFRS 7.B11F(i)).

4.6.3. Ganzheitliche Darstellung des Refinanzierungspotentials des Unternehmens

Die zuvor in Kapitel 4.6.2. ausgeführten Angabepflichten zum Liquiditätsrisiko gemäß IFRS 7.39 zur differenzierten Darstellung einer **Fälligkeitsanalyse** für nicht-derivative und derivative finanzielle Verbindlichkeiten ermöglichen es den Abschlussadressaten, die zukünftigen Zahlungsverpflichtungen aus finanziellen Verbindlichkeiten des Unternehmens einzusehen.[1642]

Eine wesentliche inhaltliche Ergänzung erfährt die Offenlegung der Fälligkeitsanalyse durch die Angabepflichten gemäß IFRS 7.18 bzw. IFRS 7.19 im Rahmen der Angaben zur Bilanz, wonach detaillierte Informationen über die in der Vergangenheit tatsächlich durch das bilanzierende Unternehmen verschuldeten **Zahlungsverzüge** bzw. **anderweitigen Vertragsverletzungen**, die dem/den Gläubiger/n das Recht auf vorzeitige Rückzahlung des gewährten Darlehens einräum(t)en, zu berichten sind.[1643]

Im Zusammenhang mit den Angaben gemäß IFRS 7.18 und IFRS 7.19 kommt m.E. Angaben zu den im Zusammenhang mit den bestehenden Fremdkapitalengagements kontrahierten **Financial Covenants** ein hoher Informationsnutzen zu, was auch bereits die Ausführungen in Kapitel 3.3.4.2. belegen. Entsprechend wäre es m.E. sinnvoll, wenn die bilanzierenden Unternehmen mangels einer entsprechenden Normierung in IFRS 7, auf freiwilliger Basis ausführlichen Erläuterungen zu bestehenden Financial Covenants im Rahmen der Anhangangaben zum Liquiditätsrisiko nachkommen würden. Auf diese Weise würden die Bilanzadressaten dann u.U. sogar selbst in die Lage versetzt, einschätzen zu können, in welchem Ausmaß das bilanzierende Unternehmen zukünftig bspw. von *vorzeitigen* Darlehensrückzahlungen betroffen sein könnte, weil etwa bestimmte Bilanzkennzahlen

---

1642 Vgl. Brücks/Kerkhoff/Stauber (2006b), S. 433, wobei sich die Autoren zwar noch auf IFRS 7.39 a.F. beziehen, diese Aussage jedoch auch für die Neuregelung des IFRS 7.39 Gültigkeit beanspruchen kann.

1643 Vgl. Brücks/Kerkhoff/Stauber (2006b), S. 433; ähnlich Lüdenbach (2009), S. 1530, Rz. 300.

oder andere im Rahmen von Financial Covenants getroffenen Vereinbarungen (voraussichtlich) nicht eingehalten werden können.

Darüber hinaus ergänzen natürlich auch die gemäß IFRS 7.39(c) geforderten Angaben zum **Liquiditätsrisikomanagement**[1644] sowie die offen zu legenden Informationen über die im Bestand befindlichen **finanziellen Vermögenswerte**, die **kurzfristig zum Fair Value veräußerbar**[1645] sind oder nicht, eine eingehende Darstellung des Refinanzierungspotentials des Unternehmens.[1646]

Insofern sind nach IFRS 7 sowohl prospektive (IFRS 7.39) als auch retrospektive (IFRS 7.18-.19) Informationen über das Refinanzierungspotential des Unternehmens offen zu legen. Um den Abschlussadressaten ein diesbezüglich umfassendes Bild möglichst zusammenhängend präsentieren zu können sowie im gleichen Zug redundante Angaben zu vermeiden, bietet sich m.E. eine **gemeinsame Offenlegung** der gemäß IFRS 7.39, IFRS 7.18-.19 und in Teilen gemäß IFRS 7.8 zu berichtenden Informationen an. Das unter Abbildung 38 aufgeführte Schaubild stellt den Zusammenhang der einzelnen dabei angesprochenen Normen grafisch dar.

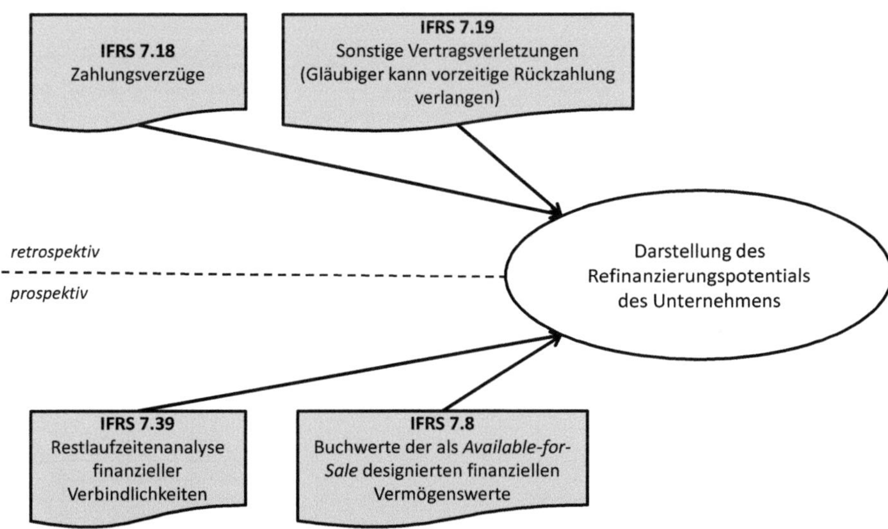

Abbildung 38: Ganzheitliche Darstellung des Refinanzierungspotentials eines Unternehmens anhand von IFRS 7.18-.19 sowie IFRS 7.39 und IFRS 7.8

1644 Bspw. Darstellung der Möglichkeit, auf vorhandene Kreditlinien zugreifen zu können. Vgl. Brücks/Kerkhoff/Stauber (2006b), S. 433 sowie IFRS 7.B11F(a).

1645 Dabei dürfte es sich um den Bestand der als *Available-for-Sale* designierten finanziellen Vermögenswerte eines Unternehmens handeln.

1646 Vgl. Brücks/Kerkhoff/Stauber (2006b), S. 433.

Laut *Brücks/Kerkhoff/Stauber* bietet sich hinsichtlich der obigen Angabepflichten zur Bilanz (Zahlungsverzüge und Vertragsverletzungen) aufgrund der inhaltlichen Verbindung zu den Angabepflichten zum Liquiditätsrisiko auch eine **gemeinsame Erhebung der nötigen Informationen** im Konzern bzw. Unternehmen an.[1647] Zur Lieferung der benötigten Daten zur Beschreibung des Liquiditätsrisikomanagements gemäß IFRS 7.39(c) ist dabei insbesondere die Konzerntreasury prädestiniert.[1648]

4.6.4. Erhebung des Benchmark

4.6.4.1. Angabe der Restlaufzeitenanalyse für (nicht-)derivative finanzielle Verbindlichkeiten

Im Rahmen der beiden Unterkapitel des Kapitels 4.6.4. wird zunächst jeweils kurz auf Möglichkeiten zur Umsetzung der Angabepflichten gemäß IFRS 7.39(a)-(b) bzw. IFRS 7.39(c) eingegangen. Daran schließt sich jeweils eine Auswertung deren tatsächlicher Anwendung in der Praxis der DAX-30 Nicht-Finanzdienstleister an, die in einer Benchmark-Empfehlung mündet.

Brücks/Kerkhoff/Stauber führen exemplarisch die unter Abbildung 39 dargestellte Restlaufzeitenanalyse als Muster für die Erfüllung der Angabepflichten gemäß IFRS 7.39 an.[1649]

	Buchwerte 31.12.2005	Ein- und Auszahlungen (E/A)						
		2006			2007	2008-2010	2011-2015	2016 ff.
		Zins fix	Zins variabel	Tilgung	...	...	...	...
Originäre finanzielle Verbindlichkeiten								
• Anleihen, Schuldscheindarlehen, sonstige verbriefte Verbindlichkeiten		A	A	A				
• Verbindlichkeiten gegenüber Kreditinstituten		A	A	A				
• Verbindlichkeiten aus Finanzierungsleasingverhältnissen		A		A				
• Verbindlichkeiten aus Verbriefungstransaktionen		A	A	A				
• Sonstige verzinsliche Verbindlichkeiten		A	A	A				
• Sonstige unverzinsliche Verbindlichkeiten				A				
Derivative finanzielle Verbindlichkeiten und Vermögenswerte								
• Derivative finanzielle Verbindlichkeiten								
- Devisenderivate				A				
- Zinsderivate		E/A	E/A					
- Sonstige Derivate				A				
• Derivative finanzielle Vermögenswerte								
- Devisenderivate				E				
- Zinsderivate		E/A	E/A					
- Sonstige Derivate				E				

Abbildung 39: Exemplarischer Aufbau einer Fälligkeitsanalyse zur Darstellung von Refinanzierungsrisiken gemäß IFRS 7.39

1647 Vgl. Brücks/Kerkhoff/Stauber (2006b), S. 433.
1648 Vgl. Brücks/Kerkhoff/Stauber (2006b), S. 433.
1649 Vgl. Brücks/Kerkhoff/Stauber (2006b). Eine ähnliche Musterdarstellung findet sich bei KPMG (2007), S. 151.

Diese tabellarische Darstellung nimmt eine Differenzierung in derivative und nicht-derivative finanzielle Verbindlichkeiten sowie in Zins- (variabel/fix) und Tilgungszahlungen vor, wobei sich für die kurze Frist die Granularität der Zahlungsreihendarstellung als die jeweils folgenden zwei Jahre, für die darüber hinausgehende lange Frist als Zusammenfassungen mehrerer Jahresscheiben darstellt.

Unter Abbildung 40 findet sich eine tabellarische Auflistung der empirischen Erhebung der Umsetzung von IFRS 7.39 in der Berichterstattungspraxis der DAX-30 Nicht-Finanzdienstleister.

Bereits ein erster Blick auf die Erhebung zeichnet erwartungsgemäß ein **äußerst heterogenes Bild** der Erfüllung der Angabepflichten gemäß IFRS 7.39 durch die untersuchten Unternehmen. Im Rahmen der Erhebung wurde auf eine vollständige Auflistung redundanter Angaben in den Geschäftsberichten verzichtet. Es wurde anstatt dessen pro Geschäftsbericht jeweils nur die aggregierteste bzw. umfassendste Form der Darstellung der Restlaufzeitenanalyse in die Analyse mit einbezogen.[1650]

Zunächst sei darauf hingewiesen, dass die **formale** bzw. **verbale Abgrenzung der Restlaufzeiten** durch die Unternehmen **nicht immer problemlos** gelingt, was insbesondere der Stetigkeit der offengelegten Angaben im Zeitablauf abträglich ist. Als Beispiel[1651] seien hier zunächst die drei Geschäftsberichte der *Beiersdorf AG* 2007-2009 angeführt:

- für 2007 verzichtet die *Beiersdorf AG* gänzlich auf die Angabe einer Restlaufzeitenanalyse gemäß IFRS 7.39;
- für 2008 werden die beiden Zeitscheiben **[> 1; < 5] Jahre** („...2010-2013...“; Vorjahresvergleichszahlen (2007): „...2009-2012...“) sowie **[> 5] Jahre** („...Nach 2013...“; Vorjahresvergleichszahlen (2007): „...Nach 2012...“) gewählt;

1650 Bspw. werden von der *BMW AG* (2009) die Restlaufzeiten der „Verbindlichkeiten aus Lieferungen und Leistungen“ zwei Mal (S. 118, 127) bereitgestellt. Es wurde im Rahmen der obigen Analyse jedoch nur die auf S. 127 offengelegte Zusammenfassung der Restlaufzeiten aller finanziellen Verbindlichkeiten berücksichtigt, die dabei auch die „Verbindlichkeiten aus Lieferungen und Leistungen“ umfasst.

1651 Auch die *Merck KGaA* grenzt bspw. das letzte Intervall der Restlaufzeitenanalyse nicht stetig über die Jahre 2007-2009 hinweg ab (siehe dazu die Übersicht der ausgewerteten Geschäftsberichte).

Unternehmen	Jahr	Differenzierung der Zahlungsströme		Darstellung im Geschäftsbericht		
		Zins	Tilgung	Bezeichnung	Tabellarische Einbeziehung derivativer finanzieller Verbindlichkeiten	
					Ja	Separate tabellarische Darstellung
adidas AG	2007-2009			Zukünftige Mittelabflüsse (infolge finanzieller Verbindlichkeiten)	X	
ALTANA AG	2007-2009			Tabellarische Darstellung der vertraglich vereinbarten (undiskontierten) Zins- und Tilgungszahlungen der originären finanziellen Verbindlichkeiten		X
				Tabellarische Darstellung der vertraglich vereinbarten (undiskontierten) Zins- und Tilgungszahlungen aus derivativen Finanzinstrumenten (Devisen- sowie Zinsderivate) mit positivem und negativem beizulegenden Zeitwert		
BASF SE	2007-2009			Fälligkeiten vertraglicher Zahlungsströme aus finanziellen Verbindlichkeiten	X	
Bayer AG	2007-2009	X	X	Fälligkeitsanalyse der Finanzinstrumente	X	
Beiersdorf AG	2007			*keine tabellarische Differenzierung der Restlaufzeit*		
	2008			Tabelle der vertraglich vereinbarten undiskontierten Zins- und Tilgungszahlungen der langfristigen Verbindlichkeiten (keine Analyse für die kurzfristigen Verbindlichkeiten, da deren Buchwerte näherungsweise deren beizulegenden Zeitwerten entsprechen)	-	
	2009			Tabelle der vertraglich vereinbarten undiskontierten Zins- und Tilgungszahlungen der langfristigen Verbindlichkeiten (keine Analyse für die kurzfristigen Verbindlichkeiten, da deren Buchwerte näherungsweise deren beizulegenden Zeitwerten entspricht)	X	
BMW AG	2007-2009			Fälligkeitsstruktur der vertraglichen, undiskontierten Zahlungsströme aus finanziellen Verbindlichkeiten	X	
Continental AG	2007			Fälligkeiten der Finanzschulden	X	
	2008			Zahlungsmittelabflüsse aus finanziellen Verbindlichkeiten	X	
	2009			Undiskontierte Zahlungsmittelabflüsse aus finanziellen Verbindlichkeiten	X	
Daimler AG	2007-2009			Fälligkeitsübersicht zur Darstellung des Einflusses der Cash flows der Verbindlichkeiten auf die Liquiditätssituation	X	
Deutsche Börse AG	2007-2009			Fälligkeitsanalyse - Finanzinstrumente	X	
Deutsche Lufthansa AG	2007-2008			Laufzeitenanalyse der Finanzschulden und Zinsderivate (jedoch keine tabellarische Differenzierung der Derivate), basierend auf undiskontierten Brutto-Zahlungsströmen inklusive zugehöriger Zinszahlungen	X	
	2009			Laufzeitenanalyse der nicht-derivativen Finanzinstrumente, basierend auf undiskontierten Brutto-Zahlungsströmen inklusive zugehöriger Zinszahlungen		X
				Laufzeitenanalyse der derivativen Finanzinstrumente, basierend auf undiskontierten Brutto-Zahlungsströmen inklusive zugehöriger Zinszahlungen		

Abbildung 40: Erhebung der Umsetzung von IFRS 7.39(a)-(b) in der Praxis d. DAX-30 Nicht-Finanzdienstleister (2007-2009)

Bereitstellung der Vorjahreszahlen	Laufzeitbänder																	
	< 1 Jahr							> 1 < 2 Jahren	> 2 < 3 Jahren	> 3 < 4 Jahren	> 4 < 5 Jahren	> 5 < 6 Jahre	> 6 < 7 Jahre	> 7 < 10 Jahre	> 10 < 11 Jahren	> 11 < 12 Jahren	> 12 < 13 Jahren	> 13 Jahre
	über Nacht/ täglich	Januar	Februar	März	Q2	Q3	Q4											
X	X							X		X		X						
X	X							X	X	X	X	X						
X	X							X	X	X	X	X						
X	X							X	X	X	X	X						
X	X				X			X	X	X	X	X			X			
…en finanzieller Verbindlichkeiten gemäß IFRS 7.39																		
X	-							X (2010-2013; Vorjahres-zahlen 2007: 2009-2012)			X (Nach 2013; Vorjahreszahlen 2007: Nach 2012)							
X	X (2010-2013; Vorjahreszahlen 2008: 2009-2012)									X (Nach 2013; Vorjahreszahlen 2008: Nach 2012)								
X	X							X				X						
X	X							X	X	X	X	X						
X	X							X	X	X	X	X						
X	X							X	X	X	X	X						
X	X							X	X	X	X	X						
X	X	X			X			X				X						
-	X				X			X				X						
-	X				X			X				X						
-	X				X			X				X						

Unternehmen	Jahr	Differenzierung der Zahlungsströme: Zins	Differenzierung der Zahlungsströme: Tilgung	Darstellung im Geschäftsbericht: Bezeichnung	Tabellarische Einbeziehung derivativer finanzieller Verbindlichkeiten: Ja	Separate tabellarische Darstellung
Deutsche Post AG	2007-2008			Fälligkeitsstruktur der originären finanziellen Verbindlichkeiten im Anwendungsbereich von IFRS 7 basierend auf Cashflows		X
				Fälligkeitsstruktur der Zahlungen aus derivativen Finanzinstrumenten		
	2009			Fälligkeitsstruktur der originären finanziellen Verbindlichkeiten im Anwendungsbereich von IFRS 7 basierend auf Cashflows		X
				Fälligkeitsstruktur der derivativen Finanzinstrumenten basierend auf Cashflows		
Deutsche Telekom AG	2007-2008	X (fix/ variabel)	X	Vertraglich vereinbarte (undiskontierte) Zins- und Tilgungszahlungen der originären finanziellen Verbindlichkeiten sowie der derivativen Finanzinstrumente mit positivem und negativem beizulegenden Zeitwert	X	
	2009	X (fix/ variabel)	X	Vertraglich vereinbarte (undiskontierte) Zins- und Tilgungszahlungen der originären finanziellen Verbindlichkeiten sowie der derivativen Finanzinstrumente mit positivem und negativem beizulegenden Zeitwert	X	
E.ON AG	2007-2008			Cash-Flow-Analyse der vertraglich vereinbarten (undiskontierten) Mittelabflüsse der finanziellen Verbindlichkeiten im Anwendungsbereich des IFRS 7	X	
Fresenius Medical Care AG & Co. KGaA	2007-2008			Fälligkeiten der langfristigen Verbindlichkeiten und Verbindlichkeiten aus aktivierten Leasingverträgen	-	
	2009			Tabelle der vertraglich fixierten Zahlungen aus bilanzierten, finanziellen Verbindlichkeiten und derivativen Finanzinstrumenten	X	
Fresenius SE	2007-2008			Fälligkeiten der langfristigen Verbindlichkeiten aus Darlehen und aktivierten Leasingverträgen	-	
	2009			Tabelle der künftigen nicht-diskontierten vertraglich vereinbarten Zahlungen (inklusive Zinsen) aus finanziellen Verbindlichkeiten und die Marktwerte der derivativen Finanzinstrumente	X	
Henkel AG & Co. KGaA	2007-2009			Cashflows aus Finanzverbindlichkeiten	X	
Infineon Technologies AG (01.10.-30.09.)	2007	*keine Anwendung der IFRS für die Aufstellung des Konzernabschlusses, da erst für Geschäftsjah*				
	2008-2009			Fälligkeitsstruktur nicht-derivativer Finanzverbindlichkeiten sowie eine Analyse der Zahlungsmittelabflüsse aus derivativen Finanzinstrumenten mit negativen beizulegenden Zeitwerten (jeweils Darstellung der vertraglichen undiskontierten Zahlungen)	X	
K+S AG	2007-2008			Restlaufzeiten der Verbindlichkeiten *(ohne Angabe, ob es sich um diskontierte oder undiskontierte vertraglich vereinbarten Zahlungen handelt)*	X	
	2009			Liquiditätsanalyse der finanziellen Verbindlichkeiten in Form der vertraglich vereinbarten undiskontierten Zahlungsströme	X	X
				Liquiditätsanalyse des Konzerns für derivative Finanzinstrumente (diese differenzierte Liquiditätsanalyse für derivative Finanzinstrumente wird nur für den Zeitraum des aktuellen Berichtsjahrs bereitgestellt)		

	Laufzeitbänder																	
Bereitstellung der Vorjahreszahlen	< 1 Jahr							> 1 < 2 Jahren	> 2 < 3 Jahren	> 3 < 4 Jahren	> 4 < 5 Jahren	> 5 < 6 Jahre	> 6 < 7 Jahre	> 7 < 10 Jahre	> 10 < 11 Jahren	> 11 < 12 Jahren	> 12 < 13 Jahren	> 13 Jahre
	über Nacht/ täglich	Januar	Februar	März	Q2	Q3	Q4											
X	X							X	X	X	X	X						
X	X							X	X	X	X	X						
X	X							X	X	X	X	X						
X	X							X	X	X	X	X						
-	X							X	X			X			X			
X (jedoch ohne Zins-/Tilgungs-Differenzierung)	X							X	X			X			X			
X	X							X	X			X						
-	X							X				X						
-	X							X				X						
-	X							X				X						
-	X							X				X						
X	X							X				X						
re, die am oder nach dem 01.01.2007 beginnen, verpflichtend (vorher US GAAP-Anwendung)																		
-	X							X	X	X	X	X						
X	X							X				X						
X (Bereitstellung von Vergleichszahlen für beide vorherigen Geschäftsjahre)	X							X				X						
	X							X				X						

Unternehmen	Jahr	Differenzierung der Zahlungsströme		Darstellung im Geschäftsbericht		
		Zins	Tilgung	Bezeichnung	Tabellarische Einbeziehung derivativer finanzieller Verbindlichkeiten	
					Ja	Separate tabellarische Darstellung
Linde AG	2007-2009			Tabelle der zukünftigen undiskontierten Zahlungsströme aus finanziellen Verbindlichkeiten	X	
MAN SE	2007-2009			Tabelle der Zahlungsmittelabflüsse aufgrund der vertraglich fixierten Zins- und Tilgungszahlungen für originäre finanzielle Verbindlichkeiten sowie der derivativen Finanzinstrumente	X	
Merck KGaA	2007	X	X	Tabelle der vertraglich fixierten Zahlungen wie Tilgungen und Zinsen aus bilanzierten, finanziellen Verbindlichkeiten und derivativen Instrumenten mit negativem Marktwert	X	
	2008	X	X	Tabelle der vertraglich fixierten Zahlungen wie Tilgungen und Zinsen aus bilanzierten, finanziellen Verbindlichkeiten und derivativen Instrumenten mit negativem Marktwert	X	
	2009	X	X	Tabelle der vertraglich fixierten Zahlungen wie Tilgungen und Zinsen aus Finanzschulden und derivativen Instrumenten mit negativem Marktwert	X	
METRO AG	2007	X	X	Darstellung der undiskontierten Cashflows der finanziellen Schulden, der Verbindlichkeiten aus Lieferungen und Leistungen sowie der passivierten Derivate	X	
	2008-2009	X	X	Fälligkeitsanalyse der undiskontierten Cashflows finanzieller Verbindlichkeiten	X	
RWE AG	2007	X	X	Aus den finanziellen Verbindlichkeiten voraussichtlich in den nächten Jahren resultierende (nicht diskontierte) Zahlungen	X	
	2008-2009	X	X	Aus den finanziellen Verbindlichkeiten voraussichtlich in den nächten Jahren resultierende (nicht diskontierte) Zahlungen	X	
SALZGITTER AG	2007			Liquiditätsstruktur sämtlicher finanzieller Verbindlichkeiten	X	
	2008-2009			Liquiditätsstruktur sämtlicher finanzieller Verbindlichkeiten *(Derivate werden nicht mehr (wie 2007) in die tabellarische Darstellung mit einbezogen)*	-	
SAP AG	2007			Restlaufzeiten der Verbindlichkeiten aus Lieferungen und Leistungen und der Sonstigen Verbindlichkeiten	-	
	2008			Fälligkeitsanalyse der vertraglich vereinbarten Restlaufzeiten aller bestehenden finanziellen Verbindlichkeiten	X	
	2009			Fälligkeitsanalyse der vertraglich vereinbarten Restlaufzeiten aller bestehenden finanziellen Verbindlichkeiten	X	

Bereitstellung der Vorjahreszahlen	Laufzeitbänder																	
	< 1 Jahr							> 1 < 2 Jahren	> 2 < 3 Jahren	> 3 < 4 Jahren	> 4 < 5 Jahren	> 5 < 6 Jahre	> 6 < 7 Jahre	> 7 < 10 Jahre	> 10 < 11 Jahren	> 11 < 12 Jahren	> 12 < 13 Jahren	> 13 Jahre
	über Nacht/ täglich	Januar	Februar	März	Q2	Q3	Q4											
x	x							x				x						
-	x							x	x	x	x	x						
-	x							x					x					-
-	x							x					x				-	
x	x							x					x					-
x	x							x				x						
x	x							x				x						
x	x							x				x						
x	x							x				x						
x	x							x				x						
x	x							x				x						
x	x							x				x						
-	x		x		x	x		x	x	x	x	x						
x	x							x	x	x	x	x						

Unternehmen	Jahr	Differenzierung der Zahlungsströme		Darstellung im Geschäftsbericht	Tabellarische Einbeziehung derivativer finanzieller Verbindlichkeiten	
		Zins	Tilgung	Bezeichnung	Ja	Separate tabellarische Darstellung
Siemens AG (01.10.-30.09.)	2007			Tabelle der vertraglich fixierten Zahlungen für Tilgungen, Rückzahlungen und Zinsen aus bilanzierten finanziellen Verbindlichkeiten, einschließlich der derivativen Finanzinstrumente mit einem negativem Marktwert *(freiwillige Anwendung von IFRS 7)*	X	
	2008-2009			Fälligkeitsanalyse für die bilanzierten finanziellen Verbindlichkeiten (einschließlich der derivativen Finanzinstrumente mit negativem Marktwert)	X	
ThyssenKrupp AG (01.10.-30.09.)	2007	*keine Anwendung von IFRS 7, da erst für Geschäftsjahre, di*				
	2008-2009			Tabelle der künftigen undiskontierten vertraglich vereinbarten Zahlungsmittelabflüsse bzw. Zahlungsmittelzuflüsse aus finanziellen Verbindlichkeiten	X	
TUI AG	2007			Tabelle der vertraglich vereinbarten (undiskontierten) Zahlungsströme der originären finanziellen Verbindlichkeiten sowie der derivativen Finanzinstrumente	X	
	2008-2009			Tabelle der vertraglich vereinbarten (undiskontierten) Zahlungsströme der originären finanziellen Verbindlichkeiten sowie der derivativen Finanzinstrumente	X	
Volkswagen AG	2007-2009			Fälligkeitsanalyse undiskontierter Zahlungsmittelabflüsse aus Finanzinstrumenten	X	

	Laufzeitbänder																	
Bereitstellung der Vorjahreszahlen	< 1 Jahr							> 1 < 2 Jahren	> 2 < 3 Jahren	> 3 < 4 Jahren	> 4 < 5 Jahren	> 5 < 6 Jahre	> 6 < 7 Jahre	> 7 < 10 Jahre	> 10 < 11 Jahren	> 11 < 12 Jahren	> 12 < 13 Jahren	> 13 Jahre
	über Nacht/ täglich	Januar	Februar	März	Q2	Q3	Q4											
-	X							X	X			X						
-	X							X	X			X						
ie am oder nach dem 01.01.2007 beginnen, verpflichtend																		
X	X							X	X			X						
X	X							X	X (Vor-jahres-zahlen: "2-5 Jahre")		X (Vorjahreszahlen: "über 5 Jahre")							
X	X							X	X		X							
X	X							X				X						

- für 2009 werden wiederum die beiden Zeitscheiben **[> 1; < 5] Jahre** („...2010-2013..."; Vorjahresvergleichszahlen (2008): „...2009-2012...") sowie **[> 5] Jahre** („...Nach 2013..."; Vorjahresvergleichszahlen (2008): „...Nach 2012...") gewählt, wobei gegenüber dem Geschäftsbericht 2008 in zeitlicher Hinsicht ein und dieselben Zeitscheiben (im GB 2008 für das Jahr 2008 die Bänder „...2010-2013..." und „...Nach 2013..." sowie im GB 2009 für 2008 (Vorjahresvergleichszahlen) die Bänder „...2009-2012..." und „...Nach 2012...") verwandt werden. Somit stimmen bspw. die **Laufzeitbänder für das Jahr 2008** im GB 2008 sowie im GB 2009 (hier in Form der Vorjahresvergleichszahlen) nicht überein.

Sollte es sich hierbei *nicht* um einen Druckfehler handeln, wäre die intertemporale Vergleichbarkeit aufgrund einer bewusst unsteten Offenlegung von Zeitscheiben nicht gegeben.

Als weiteres Beispiel einer **nicht eindeutigen Abgrenzung** können die beiden Geschäftsberichte 2007 und 2008 der *TUI AG* herangezogen werden. Zu Zwecken der Restlaufzeitenanalyse für die finanziellen Verbindlichkeiten des Konzerns werden im Geschäftsbericht 2007 die Intervalle „2008; 2009; 2010-2011" sowie „ab 2012" angegeben. Im darauffolgenden Geschäftsbericht 2008 werden dann für dieselben Zahlen (Vorjahresvergleichszahlen) hingegen die Intervalle „2008; 2009; 2010-2012" sowie „ab 2012" angegeben, d.h. die identischen Zahlungen des Intervalls 2010-2012 standen im Geschäftsbericht 2007 für das Intervall 2010-2011.[1652]

Diese beiden Beispiele verdeutlichen, dass eine eindeutige Abgrenzung der Restlaufzeitenintervalle sowie deren stetige Beibehaltung im Zeitablauf wesentlich für die Vergleichbarkeit und somit das Verständnis der Entwicklung der ausstehenden Zahlungsverpflichtungen des bilanzierenden Unternehmens im Zeitablauf ist.

Was die **Struktur** der **Restlaufzeitenanalyse** anbelangt, bestehen zwischen den betrachteten Unternehmen wesentliche Unterschiede.

Eine **Untergliederung** der im Rahmen der gemeinsamen[1653] Restlaufzeitenanalyse angegeben Zahlungsströme in **Zins- und Tilgungszahlungen** nehmen dabei lediglich die *Bayer AG*, die *Deutsche Telekom AG*, die *Merck KGaA*, die *METRO AG* sowie die *RWE AG* vor. Eine **tiefergehendere Differenzierung** der dabei separierten **Zinszahlungen** in den **fixen** und den **variablen Anteil** vollzieht allein die *Deutsche Telekom AG*, was entsprechend als **Benchmark** anzusehen ist.

[1652] Da die *TUI AG* auch im Geschäftsbericht 2009 ein Zwei-Jahres-Intervall für das an dritter Stelle angegebene Intervall angibt, wird im Rahmen der Analyse auch für den Geschäftsbericht 2007 und die dort angegeben Zahlen für das Jahr 2007 ein „drittes" Intervall von 2010-2012 angenommen.

[1653] Meint eine *gemeinsame* Restlaufzeitenanalyse für sowohl derivative als auch nicht-derivative finanzielle Verbindlichkeiten.

Eine **gemeinsame tabellarische Darstellung der Restlaufzeitenanalyse**, die sowohl die **nicht-derivativen** finanziellen Verbindlichkeiten als auch die **derivativen** finanziellen Verbindlichkeiten einbezieht, findet sich bei 26[1654] der 29 untersuchten Unternehmen.[1655] **Derivative finanzielle *Vermögenswerte*** werden dabei lediglich in neun[1656] Fällen mit in die Analyse einbezogen.[1657]

Eine **separate Darstellung** der Restlaufzeitenanalyse für **derivative** finanzielle Verbindlichkeiten findet sich bei insgesamt vier[1658] der 29 Unternehmen.[1659] Eine explizite tabellarische **Differenzierung** der **derivativen** finanziellen Verbindlichkeiten in solche mit **Bruttoerfüllung** und solche mit **Nettoerfüllung** nehmen dabei nur die *Deutsche Post AG* (2009), die *K+S AG* (2009) sowie die L*inde AG* (2009) vor.

Für Zwecke der besseren Übersicht sollte m.E. vor diesem Hintergrund **stets eine gemeinsame tabellarische Darstellung** für **nicht-derivative** finanzielle Verbindlichkeiten sowie **derivative** finanzielle Verbindlichkeiten gewählt werden. Um darüber hinausgehend die derivativen finanziellen Verbindlichkeiten noch detaillierter darzustellen, bspw. zur Differenzierung zwischen solchen Derivaten mit und ohne Nettoerfüllung, kann m.E. auch ggf. eine ***zusätzliche*** **separate Darstellung** gereichen.

Die Auswertung der Geschäftsberichte zeigt darüber hinaus, dass sich bisher **keine einheitliche Darstellung der Restlaufzeitenanalyse**, insbesondere was die Größe der Laufzeitbänder anbelangt, etablieren konnte. Die zwischenbetriebliche Vergleichbarkeit der berichteten Zahlungsströme, insbesondere ein Vergleich in der kurzen Frist, gelingt daher nur bedingt hinsichtlich des Aggregationsniveaus für eine begrenzte Auswahl an Unternehmen.[1660]

1654 Im Zeitablauf unstete Angaben sind diesbezüglich bei der *Beiersdorf AG* (gemeinsame Angabe nur für 2009), der *Deutsche Lufthansa AG* (gemeinsame Angabe nur für 2007 und 2008), der *Salzgitter AG* (gemeinsame Angabe nur für 2009) und der *SAP AG* (gemeinsame Angabe nur für 2008-2009) zu verzeichnen.

1655 Zu einem ähnlichen Ergebnis gelangen auch *Ernst & Young* sowie *KPMG* in ihren IFRS 7-Studien. Vgl. hierzu Ernst & Young Global Limited (2008), S. 49; KPMG LLP (2008), S. 7.

1656 Vgl. etwa die GBs 2009 der *ALTANA AG*, S. 152, der *Bayer AG*, S. 236-237, der *Daimler AG*, S. 237, der *Deutsche Börse AG*, S. 182-183, der *Deutsche Lufthansa AG*, S. 198-199, der *Deutsche Post AG*, S. 176, der *Deutsche Telekom AG*, S. 164-166, der *TUI AG*, S. 203 sowie der *Volkswagen AG*, S. 275-276.

1657 In einer Studie von *KPMG* bezieht ca. die Hälfte der betrachteten Unternehmen derivative finanzielle Vermögenswerte in die Analyse mit ein. Vgl. KPMG LLP (2008), S. 7.

1658 Im Zeitablauf unstete Angaben sind diesbezüglich bei der *Deutsche Lufthansa AG* (separate Angabe nur für 2009) sowie der *K+S AG* (separate Darstellung nur für 2009) zu verzeichnen.

1659 Die *K+S AG* gibt als einziges Unternehmen für das Geschäftsjahr 2009 sowohl eine gemeinsame Restlaufzeitenanalyse für nicht-derivative finanzielle Verbindlichkeiten und derivative finanzielle Verbindlichkeiten als auch eine separate Restlaufzeitenanalyse für derivative finanzielle Verbindlichkeiten (gegenüber der gemeinsamen Darstellung vergleichsweise höherer Granularität) an.

1660 Die Vergleichbarkeit berichteter Zahlen, bei denen eine feinere zeitliche Differenzierung der Laufzeitbänder zugrundegelegt wurde, ist in vielen Fällen leicht durchzuführen, indem bspw. die einzelnen Werte von Unternehmen U_1, die sich als die für jedes Quartal des kommenden Jahres anfallenden und so auch berichteten Zahlungen darstellen, summiert werden ($Q1_1+Q2_1+Q3_1+Q4_1=J_1$), um sie mit den für dieses gesamte Jahr zu einem Wert (J_2) komprimierten Zahlungen eines anderen Unternehmen U_2 zu vergleichen. Die umgekehrte Vorgehensweise – Dif-

Ein sinnvoller **direkter Vergleich** der berichteten Zahlungsströme ergibt sich bei bestimmten Unternehmen dabei m.E. am ehesten noch für die Zeitscheiben [> 1 < 2], [> 2 < 3], [> 3 < 4] und [> 4 < 5].[1661] Erfolgt die Berichterstattung derart granular, wird der unter einem Jahr liegende Zeitraum häufig komprimiert mit der Zeitscheibe [< 1] sowie der über fünf Jahren liegende Zeitraum komprimiert mit der Zeitscheibe [> 5] angegeben. Einen **höheren Differenzierungsgrad der Zeitperiode [< 1]** weisen dabei lediglich die *Bayer AG* (2007-2009), die *Deutsche Börse AG* (2007-2009), die *Deutsche Lufthansa AG* (2007-2009) sowie die *SAP AG* (2008) auf. Einen **höheren Differenzierungsgrad der Zeitperiode [> 5]** legen die *Bayer AG* (2007-2009), die *Deutsche Telekom AG* (2007-2009) sowie die *Merck KGaA* (2007-2009)[1662] offen.

Da im Rahmen der Analyse insgesamt neun[1663] der insgesamt 29 untersuchten Unternehmen einen Vergleich anhand der **Laufzeitbänder [< 1], [> 1 < 2], [> 2 < 3], [> 3 < 4], [> 4 < 5] sowie [> 5]** gestatten[1664] – entweder direkt oder durch Summation von Zeitscheiben feinerer Granularität – ist m.E. **auf Basis dieser Konvention** für eine Berichterstattung in tabellarischer Form zu plädieren, die mindestens auf diesem **„gemeinsamem Nenner"** basiert. Eine komprimiertere Darstellung wie etwa durch die *BMW AG*[1665] (2007-2009) anhand des Zeitintervalls [> 1 < 5] würde dieser Standardisierung entgegenstehen. Gegen eine Berichterstattung unter Zugrundelegung einer feineren Granularität sowohl in der kurzen als auch in der langen Frist ist m.E. aber prinzipiell nichts einzuwenden, da eine Summierung von Teilmengen stets problemlos möglich ist.

Die **Differenzierung** der anzugebenden **Zahlungsströme** in **Zins- und Tilgungszahlungen** stellt m.E. eine weitergehende sinnvolle Ergänzung dar, wobei, wie bereits erwähnt, die Zinszahlungen **getrennt** nach **fixen** und **variablen Zinszahlungen** angegeben werden sollten.

---

ferenzierung längerer Zeiträume zu Zwecken des unternehmensübergreifenden Vergleichs des Anfalls von Zahlungen in kürzeren Zeitperioden – ist hingegen ausgeschlossen.

1661 Anhand der Zeitscheiben [< 1], [> 1 < 5] und [> 5] könnten sogar deutlich mehr Unternehmen direkt verglichen werden. Dabei würde jedoch vor allem das zweite Intervall keine Differenzierung der Zahlungsströme nach einzelnen Jahren in der mittleren Frist erlauben, was m.E. einen erheblichen Informationsverlust bedeuten würde und aus diesem Grund abzulehnen ist.

1662 Hinsichtlich der Geschäftsberichte der *Merck KGaA* jedoch unter der Einschränkung, dass die Differenzierung im Zeitintervall [> 5] darauf beruht, dass das nächst kleinere Zeitintervall ([> 1 < 6] in den Zeitraum > 5 Jahre um ein Jahr hinein ragt.

1663 Namentlich die *ALTANA AG* (2007-2009), die *BASF SE* (2007-2009), die *Bayer AG* (2007-2009), die *Continental AG* (2008-2009), die *Daimler AG* (2007-2009), die *Deutsche Post AG* (2007-2009), die *Infineon Technologies AG* (2008-2009), die *MAN SE* (2007-2009) sowie die *SAP AG* (2008-2009).

1664 *Ernst & Young* gelangt in einer Studie zu dem Ergebnis, dass eben diese Zeitbänder von den meisten der dort betrachteten Unternehmen ausgewiesen werden. Vgl. Ernst & Young Global Limited (2008), S. 46.

1665 Ebenso die *Beiersdorf AG* (2008), die *Deutsche Börse AG* (2007-2009), die *Deutsche Lufthansa AG* (2007-2009), die *Fresenius Medical Care AG & Co. KGaA* (2007-2009), die *Fresenius SE* (2007-2009), die *Henkel AG & Co. KGaA* (2007-2009), die *K+S AG* (2007-2009), die *Linde AG* (2007-2009), die *METRO AG* (2007-2009), die *RWE AG* (2007-2009), die *Salzgitter AG* (2007-2009), die *SAP AG* (2007) sowie die *Volkswagen AG* (2007-2009). Ähnlich (etwas feinere bzw. höhere Granularität) die *adidas AG* (2007-2009), die *Deutsche Telekom AG* (2007-2009), die *E.ON AG* (2007-2009), die *Merck KGaA* (2007-2009), die *Siemens AG* (2007-2009), die *ThyssenKrupp AG* (2008-2009) sowie die *TUI AG* (2007-2009).

Dieser Empfehlung entsprechend – allein die Zinszahlungen wären noch in ihre variablen und fixen Bestandteile zu differenzieren – kann bspw., wie auf den nachfolgenden beiden Seiten dargestellt,[1666] der Abschluss 2009 der *Bayer AG* als **Benchmark** dienen. Die *Bayer AG* nimmt hierbei sogar eine **Differenzierung des Zeitintervalls [< 1]** anhand der beiden Intervalle „Cashflows Jan-März 2010“ sowie „Cashflows Apr-Dez 2010“ vor und grenzt mit dem ersten Intervall somit all jene Cashoutflows ab, die zum Zeitpunkt der Veröffentlichung des Konzernabschlusses höchstwahrscheinlich bereits schon geflossen sind. Dies hat den Vorteil, dass die Bilanzadressaten eindeutig vermittelt bekommen, welche Zahlungsabgänge im verbleibenden Jahr der Offenlegung des Geschäftsberichts noch zu erwarten[1667] und welche zu diesem Zeitpunkt bereits eingetreten sind.

[1666] Vgl. den GB 2009 der *Bayer AG*, S. 236-237.

[1667] Die Genauigkeit dieser „Vorschau“ ist m.E. insbesondere in der kurzen Frist von großer Bedeutung, da hier die Zahlungsströme vom bilanzierenden Unternehmen noch vergleichsweise sicher prognostiziert werden können.

Fälligkeitsanalyse der Finanzinstrumente

	31.12.2009	Cashflows Jan–März 2010		Cashflows Apr–Dez 2010		
	Buchwert	Zinsen	Tilgung	Zinsen	Tilgung	
	in Mio €	in Mio €	in Mio €	in Mio €	in Mio €	
Finanzverbindlichkeiten						
Anleihen / Schuldscheindarlehen	8.301	36	-	356	375	
Verbindlichkeiten gegenüber Kreditinstituten	3.251	26	367	76	439	
Restliche Verbindlichkeiten	728	9	107	18	41	
Verbindlichkeiten aus Lieferungen und Leistungen	2.571	-	2.435	-	122	
Sonstige Verbindlichkeiten						
Verbindlichkeiten aus Zinsabgrenzung	255	222	-	21	-	
Restliche Verbindlichkeiten	778	2	540	2	73	
Verbindlichkeiten aus Derivaten						
Derivate mit bilanzieller Sicherungsbeziehung	272	37	23	1	12	
Derivate ohne bilanzielle Sicherungsbeziehung	446	14	50	29	50	
Forderungen aus Derivaten						
Derivate mit bilanzieller Sicherungsbeziehung	218	-9	38	93	68	
Derivate ohne bilanzielle Sicherungsbeziehung	402	-9	22	23	27	
Darlehenszusagen	-	-	-	-	490	
Finanzgarantien	-	-	12	-	-	

	31.12.2008	Cashflows Jan–März 2009		Cashflows Apr–Dez 2009		
	Buchwert	Zinsen	Tilgung	Zinsen	Tilgung	
	in Mio €	in Mio €	in Mio €	in Mio €	in Mio €	
Finanzverbindlichkeiten						
Anleihen / Schuldscheindarlehen	10.729	48	460	462	1.600	
Verbindlichkeiten gegenüber Kreditinstituten	4.438	34	610	82	799	
Restliche Verbindlichkeiten	868	4	185	22	126	
Verbindlichkeiten aus Lieferungen und Leistungen	2.377	-	2.280	-	97	
Sonstige Verbindlichkeiten						
Verbindlichkeiten aus Zinsabgrenzung	321	202	-	102	-	
Restliche Verbindlichkeiten	1.036	2	633	10	197	
Verbindlichkeiten aus Derivaten						
Derivate mit bilanzieller Sicherungsbeziehung	395	5	2	13	31	
Derivate ohne bilanzielle Sicherungsbeziehung	540	-51	64	92	181	
Forderungen aus Derivaten						
Derivate mit bilanzieller Sicherungsbeziehung	248	-	148	1	-	
Derivate ohne bilanzielle Sicherungsbeziehung	468	-56	171	81	92	

[Tabelle 4.90]

	Cashflows 2011		Cashflows 2012		Cashflows 2013		Cashflows 2014		Cashflows 2015–2019		Cashflows nach 2019	
	Zinsen	Tilgung	Zinsen	Tilgung	Zinsen	Tilgung	Zinsen	Tilgung	Zinsen	Tilgung	Zinsen	Tilgung
	in Mio €	in Mio €	in Mio €	in Mio €	in Mio €	in Mio €	in Mio €	in Mio €	in Mio €	in Mio €	in Mio €	in Mio €
	392	650	364	2.338	243	1.075	195	1.550	282	2.066	137	243
	42	1.113	52	160	48	152	43	181	42	837	-	-
	26	77	23	37	18	201	11	56	39	145	15	69
	-	4	-	10	-	-	-	1	-	-	-	-
	-	-	12	-	-	-	-	-	-	-	-	-
	2	18	1	47	-	4	-	2	-	2	-	93
	20	28	15	29	4	4	13	-	14	123	-	-
	166	28	86	3	12	-	7	-	16	1	-	-
	29	-	30	-	2	-	-13	-	-7	-	-	-
	162	62	85	2	11	2	4	1	11	6	-	3
	-	-	-	-	-	-	-	-	-	-	-	-
	-	-	-	-	-	-	-	-	-	-	-	-

	Cashflows 2010		Cashflows 2011		Cashflows 2012		Cashflows 2013		Cashflows 2014–2018		Cashflows nach 2018	
	Zinsen	Tilgung	Zinsen	Tilgung	Zinsen	Tilgung	Zinsen	Tilgung	Zinsen	Tilgung	Zinsen	Tilgung
	in Mio €	in Mio €	in Mio €	in Mio €	in Mio €	in Mio €	in Mio €	in Mio €	in Mio €	in Mio €	in Mio €	in Mio €
	309	379	305	400	286	2.356	163	1.079	359	1.929	159	251
	106	274	55	1.433	43	121	31	131	52	1.067	-	3
	25	35	24	75	23	31	19	219	45	182	15	22
	-	-	-	-	-	-	-	-	-	-	-	-
	-	-	17	-	-	-	-	-	-	-	-	-
	10	42	2	20	1	19	-	1	-	4	-	120
	3	24	4	27	76	24	5	-	39	150	-	-
	55	47	27	59	-	41	11	47	9	27	-	-
	1	3	-	-	87	-	-	-	11	-	-	-
	77	75	27	-	-	-	7	-	3	-	-	-

Es ist des Weiteren darauf hinzuweisen, dass bzgl. der Restlaufzeitentabelle eine eindeutige Erläuterung der dabei zugrundeliegenden Annahmen, Konventionen und Methoden unabdingbar ist. So sollte in diesem Zusammenhang insbesondere klargestellt werden, welche Zahlungsströme beinhaltet sind und welche konkreten Zinssätze[1668] und Wechselkurse zu deren Ermittlung herangezogen wurden.[1669] I.d.S. stellt etwa die *Daimler AG* hinsichtlich der Ermittlung der Zinsauszahlung klar:

***Daimler AG*:**
„Die Zinsauszahlungen von Finanzinstrumenten mit variabler Verzinsung werden auf Basis von Terminzinssätzen ermittelt."[1670]

Zwar mag die bisherige Berichterstattung der untersuchten Unternehmen gemäß IFRS 7.39(a)-(b) weitgehend standardkonform sein.[1671] Eine (freiwillige) **Standardisierung der Restlaufzeitenanalyse** ist m.E. dennoch als erstrebenswert anzusehen, da erst somit eine umfassende direkte Vergleichbarkeit der berichteten Informationen ermöglicht werden würde und auf eine zusätzliche Aggregation der offengelegten Zahlungsströme durch die Bilanzadressaten, die meist auf einem vergleichsweise „groben gemeinsamen Nenner" für alle Unternehmen erfolgen müsste, verzichtet werden könnte.

4.6.4.2. Angaben zum Liquiditätsrisikomanagement

Hinsichtlich der nach IFRS 7.39(c) geforderten **Angaben zur Handhabung des Liquiditätsrisikos** durch das berichterstattende Unternehmen werden sich **Möglichkeiten einer sinnvollen Standardisierung anhand eines Benchmarks** m.E. hingegen wohl **kaum eröffnen**, zu individuell dürften sich dabei die jeweils offen zu legenden Informationen gestalten. Um trotzdem zu gewissen An-

1668 So sollten bspw. nicht die Zahlungsströme aus Zinssätzen einbezogen werden, die auf Basis der Effektivzinsmethode gemäß IAS 39 kalkuliert wurden (diese sind nämlich in dieser Form nicht zahlungswirksam), sondern dem Wortlaut von IFRS 7.39(a) entsprechend ausschließlich die vertraglich kontrahierten. Vgl. Ernst & Young Global Limited (2008), S. 48.

1669 Vgl. mit dem Hinweis darauf, dass die Mehrzahl der Unternehmen diesem Erfordernis nicht nachkommt, Ernst & Young Global Limited (2008), S. 47. In diesem speziellen Zusammenhang stellt *Ernst & Young* fest, dass von einigen der betrachteten Unternehmen bei der Ermittlung von Zahlungsströmen aus Verbindlichkeiten, bei denen keine fixierten Zahlungen kontrahiert sind (IFRS 7.B16), nicht wie etwa bei der *Daimler AG* Terminzinssätze (*forward interest rates*), sondern auch teilweise aktuelle Zinssätze (*current interest rates*) Verwendung finden. Vgl. Ernst & Young Global Limited (2008), S. 48. Zu einem ähnlichen Ergebnis gelangt auch KPMG LLP (2008), S. 7, wobei von *KPMG* auch festgestellt wurde, dass in ihrer Studie bei 75% der betrachteten Unternehmen unklar war, ob sie dabei Termin- oder aktuelle Zinssätze heranziehen.

1670 Vgl. GB 2009 der Daimler AG, S. 237, Fn. 1, Anmerkung (b).

1671 In diesem Zusammenhang ist jedoch kritisch anzumerken, dass die *Salzgitter AG* die derivativen finanziellen Verbindlichkeiten lediglich im Rahmen ihres Geschäftsberichts 2007 in die Restlaufzeitenanalyse mit einbezieht, in den Geschäftsjahren 2008 und 2009 unterlässt sie dies jedoch ohne eine Angabe von Gründen. Es wird für diese beiden Geschäftsjahre jeweils nur die Höhe der Ein- und Auszahlungen aus Derivaten zum 31.12. verbal angegeben. Des Weiteren stellt die *Beiersdorf AG* in ihrem Geschäftsbericht 2007 keine tabellarische Restlaufzeitenanalyse zur Verfügung, sondern beschränkt sich auf eine verbale Darstellung der Restlaufzeiten bestimmter (derivativer) finanzieller Verbindlichkeiten (GB 2007, Beiersdorf AG, S. 94, 97). Der *TUI AG* unterläuft ein Druckfehler bei der Darstellung der Zahlungsströme aus Finanzinstrumenten: GB 2007, S. 224 – Angabe der Mittelzu- und –abflüsse für den Zeitraum 2010-2011 für das Jahr 2007; GB 2008, S. 205 – Angabe der Mittelzu- und –abflüsse für den Zeitraum 2010-2012 für das Jahr 2007 (Vorjahresvergleichszahlen); im Rahmen der obigen Analyse wurde von einem diesbezüglichen Intervall von 2010-2012 ausgegangen.

haltspunkten zu gelangen, wie die Anforderungen des IFRS 7.39(c) in der Praxis umgesetzt werden (sollten), sollen hierzu nachfolgend ausgewählte Passagen aus den der Untersuchung zugrunde liegenden Geschäftsberichten dargestellt werden.

Die *KPMG* stellt die folgende „Blaupause“ für die Erfüllung der Angabepflichten gemäß IFRS 7.39(c)[1672] bereit:[1673]

> **„Management des Liquiditätsrisikos**
>
> Liquiditätsrisiko stellt das Risiko dar, dass das Unternehmen seinen eigenen Verbindlichkeiten nicht nachkommen kann.
>
> Das Unternehmen steuert seine Liquidität in der Weise, dass zu jeder Zeit genügend Mittel zur Verfügung stehen, um seinen Verbindlichkeiten fristgerecht nachzukommen. Das Unternehmen hat die folgenden Kreditlinien zur Verfügung:
>
> (…)
>
> Das zentrale Treasury erhält Informationen von den einzelnen Unternehmensbereichen, um ein Liquiditätsprofil erstellen zu können. Einbezogen werden sämtliche finanzielle Vermögenswerte, finanzielle Verbindlichkeiten sowie erwartete Zahlungsströme aus geplanten Transaktionen.
>
> Das Unternehmen nutzt zur Steuerung seines Liquiditätsrisikos die folgende Kennzahl: (…)“

Mit Blick auf die Berichterstattungspraxis finden sich detaillierte Angaben gemäß IFRS 7.39(c) etwa im Geschäftsbericht 2009 der *Daimler AG*.

> ***Daimler AG*:**
>
> **„Liquiditätsrisiko**
>
> Das Liquiditätsrisiko beschreibt die Gefahr, dass ein Unternehmen seine finanziellen Verpflichtungen nicht in ausreichendem Maß erfüllen kann.
>
> Daimler steuert seine Liquidität, indem der Konzern ergänzend zum Zahlungsmittelzufluss aus dem operativen Geschäft in ausreichendem Umfang liquide Mittel vorhält und Kreditlinien bei Banken unterhält. Bei diesen liquiden Mitteln handelt es sich insbesondere um Zahlungsmittel und Zahlungsmitteläquivalente sowie um zur Veräußerung verfügbare Fremdkapitalinstrumente, über die der Konzern kurzfristig verfügen kann.
>
> Zur Deckung des Finanzmittelbedarfs nutzt Daimler grundsätzlich ein breites Spektrum an Finanzinstrumenten. In Abhängigkeit von Finanzmittelbedarf und Marktkonditionen emittiert Daimler Geldmarktpapiere, Anleihen oder durch Forderungen besicherte Finanzmarktinstrumente in verschiedenen Währungen. Zusätzlich werden Kreditlinien zur Finanzierung des Mittelbedarfs eingesetzt. Im Jahr 2009 wurden auch die deutlich gestiegenen Kundeneinlagen bei der Mercedes-Benz Bank als weitere Refinanzierungsquelle genutzt. Die liquiden Mittel dienen vorrangig dazu, den Finanzbedarf des Leasing- und Absatzfinanzierungsgeschäfts abzudecken sowie das Working Capital und die Investitionen zu finanzieren. Entsprechend interner Richtlinien wird das Leasing- und Absatzfinanzierungsgeschäft grundsätzlich mit kongruenten Fälligkeiten der Cash Flows refinanziert.

[1672] Die *KPMG* bezieht sich dabei zwar noch auf die Angabepflichten gemäß IFRS 7.39(b) a.F., dies ist inhaltlich jedoch unbedeutend.

[1673] Vgl. KPMG (2007), S. 149.

Vor dem Hintergrund der Finanz- und Wirtschaftskrise und der daraus resultierenden Risiken hat der Konzern im Berichtsjahr seine Liquidität bewusst auf 16,1 Mrd. € erhöht (31. Dezember 2008: 8,0 Mrd. €). Der hohe Bestand an Liquidität wird sich im Laufe des Jahres 2010 in Abhängigkeit von der Entwicklung des wirtschaftlichen Umfelds tendenziell wieder vermindern.

[...] [[1674]; Anm. d. Verf.]

Das operative Liquiditätsmanagement umfasst einen Cash-Concentration-Prozess, durch den täglich die liquiden Mittel zusammengeführt werden. Dadurch können Liquiditätsüberschüsse und -anforderungen entsprechend den Bedürfnissen des Gesamtkonzerns sowie einzelner Konzerngesellschaften gesteuert werden. In das kurz- und mittelfristige Liquiditätsmanagement werden die Fälligkeiten finanzieller Vermögenswerte und finanzieller Verbindlichkeiten sowie Schätzungen des operativen Cash Flows einbezogen.

Angaben zu den Finanzierungsverbindlichkeiten des Konzerns enthält auch Anmerkung 23.

Trotz der im Jahr 2009 andauernden Finanzmarktkrise hatte Daimler im Berichtsjahr einen guten Zugang zu den Kapitalmärkten. Die zu Beginn des Jahres 2009 hohen Kosten für Mittelaufnahmen haben sich im Jahresverlauf für den Daimler-Konzern deutlich reduziert. Eine erneute negative Entwicklung an den Kapitalmärkten könnte die Finanzierungskosten des Konzerns wieder erhöhen und seine finanzielle Flexibilität einschränken. Eine Verteuerung der Refinanzierung hätte auch Auswirkungen auf die Wettbewerbsfähigkeit und Profitabilität unseres Finanzdienstleistungsgeschäfts."[1675]

Die Darstellung der dem berichterstattenden Unternehmen **zur Verfügung stehenden Kreditlinien** (siehe etwa IFRS 7.B11F(a)) stellt dabei offensichtlich eine der Kerninformationen zur Erfüllung von IFRS 7.39(c) dar.[1676] Die *Continental AG*[1677] weist etwa insbesondere hinsichtlich der nach IFRS 7.B11F(a) geforderten Angaben über **Zugriffsmöglichkeiten auf bestehende Kreditfazilitäten** sowie **andere Refinanzierungsformen** besonders detaillierte Ausführungen in tabellarischer sowie verbaler Form auf.

1674 Die an dieser Stelle ausgesparte Passage bezieht sich auf die Angabe gemäß IFRS 7.B11F(a) bezüglich der Inanspruchnahmen bereitgestellter Kreditlinien und wird exemplarisch für die Umsetzung dieser Norm weiter unten in diesem Kapitel explizit angeführt.

1675 Vgl. GB 2009 der *Daimler AG*, S. 236.

1676 In einer Studie von *Ernst & Young* legen fast alle der dort betrachteten Unternehmen quantitative Informationen bzgl. der ihnen zum Jahresende zur Verfügung stehenden Kreditlinien bzw. anderen Finanzierungsmöglichkeiten offen, wobei wiederum nur eine Minderheit davon die den ausgewiesenen Kreditlinien zugrunde liegenden konkreten Konditionen offen legt. Vgl. Ernst & Young Global Limited (2008), S. 57.

1677 Ähnlich, d.h. auch eine diesbezüglich tabellarische Aufstellung offenlegend, ebenso die GBs 2009 der *Deutsche Börse AG*, S. 203-204 sowie der *Siemens AG*, S. 98-99 und S. 175-179.

Continental AG:

Zusammensetzung der Finanzierungszusagen von Kreditinstituten

in Mio €		31.12.2009			31.12.2008				
Gesellschaft	Art[1]	Höhe	Valutierung	beizulegender Zeitwert	Höhe	Valutierung	beizulegender Zeitwert	Verzinsung	Fälligkeit
CAG, Conti Automotive,			683,9	683,9		887,2	887,2		2010[2]
CRoA, CGF,			–	–		799,7	799,7		2009
Conti Benelux			3.497,1	3.497,1		3.491,5	3.491,5	Euribor +	2010
	SEK	11.000,0	4.999,1	4.999,1	11.800,0	4.984,3	4.984,3	Marge	2012
Conti Automotive	LB	40,0	40,0	39,1	40,0	40,0	39,2	3,90%	2011
Conti Automotive	LB	15,0	15,0	14,4	15,0	15,0	14,4	3,76%	2011
CGF			59,9	60,2		59,9	61,6	6,21%	2011
	SSD	110,0	49,9	47,0	110,0	49,9	49,9	Euribor + Marge	2011
Conti Mabor	LB	11,4	11,4	10,3	17,1	17,1	17,1	Euribor + Marge	2011[3]
CRoA	LB	34,7	34,7	34,4	35,3	35,3	36,7	5,53%	2011
Conti Automotive	LB	20,0	20,0	19,1	20,0	20,0	19,4	4,38%	2012
Conti Teves	LB	29,2	29,2	28,4	39,5	39,5	40,9	5,34%	2012[7]
Conti Brasil	LB	22,4	22,4	19,1	24,8	24,8	20,7	8,23%[4]	2012[8]
CAG			99,9	100,1		300,0	292,6	6,42%[5]	2010[9]
	LB	400,0	299,6	298,1	600,0	300,0	291,0	6,34%[6]	2012
Conti Brasil	LB	15,3	15,3	13,5	19,1	19,1	17,4	3,44%	2013[7]
Conti Brasil	LB	13,9	13,9	13,0	17,6	17,6	17,9	4,78%	2013[7]
CT Fluid Ungarn	LB	29,2	29,2	27,4	38,1	38,1	38,1	4,35%	2013[7]
Diverse Banklinien		597,9	175,8	175,8	892,5	260,3	260,3	überw. variabel	überw. < 1 Jahr
Finanzierungszusagen von Kreditinstituten		**12.339,0**			**13.669,0**				
Verbindlichkeiten gegenüber Kreditinstituten			**10.096,3**	**10.080,0**		**11.399,3**	**11.379,9**		

[1] SEK: Syndizierter Euro-Kredit; LB: Langfristiges Bankdarlehen; SSD: Schuldscheindarlehen.

[2] Die Kreditzusage erlaubt eine Verlängerung dieser Inanspruchnahme bis 2012.

[3] Jährliche Tilgungsleistungen.

[4] Durchschnittszinssatz. Per 31.12.2008: 8,21 %.

[5] Zinssatz per 31.12.2008: 4,67 %.

[6] Zinssatz per 31.12.2008: 4,59 %.

[7] Halbjährliche Tilgungsleistungen.

[8] Monatliche Tilgungsleistungen.

[9] Ursprüngliche Laufzeit bis 2012. Vorzeitige Rückzahlung von 200,0 Mio € in 2009, Rückzahlung des noch ausstehenden Betrags im Januar 2010.

Erläuterungen der Abkürzungen

CAG, Continental Aktiengesellschaft, Hannover, Deutschland

CGF, Conti-Gummi Finance B.V., Amsterdam, Niederlande

Conti Automotive, Continental Automotive GmbH, Hannover, Deutschland

Conti Benelux, Continental Benelux S.A., Zaventem, Belgien

Conti Brasil, Continental do Brasil Produtos Automotivos Ltda., Varzea Paulista, Brasilien

Conti Mabor, Continental Mabor Indústria de Pneus S.A., Lousado, Portugal

CRoA, Continental Rubber of America, Corp., Wilmington, Delaware, USA

Conti Teves, Continental Teves Hungária Kft., Veszprém, Ungarn

CT Fluid Ungarn, ContiTech Fluid Automotive Hungária Kft., Mako, Ungarn

Am 31. Dezember 2009 bestanden Finanzierungszusagen von Kreditinstituten in Höhe von 12.339,0 Mio € (Vj. 13.669,0 Mio €). Zum Stichtag waren davon nominal 2.196,3 Mio € (Vj. 2.237,2 Mio €) ungenutzt. Der Anteil langfristiger Kreditzusagen an diesem Nominal belief sich auf 1.803,9 Mio € (Vj. 1.605,0 Mio €). Zur Deckung des kurzfristigen Kreditbedarfs hat der Continental-Konzern im Berichtsjahr das Commercial-Paper-Programm, die Forderungsverkaufsprogramme und die diversen Banklinien genutzt.

Der VDO-Kredit wurde zum 31. Dezember 2009 durch die Continental AG sowie durch die Continental Rubber of America, Corp. (CRoA), Wilmington, USA, valutierend in Höhe von insgesamt 9.180,1 Mio € (Vj. 10.162,7 Mio €) ausgenutzt. Insbesondere wegen der durch steigende Margen bedingten höheren erwarteten Cashflows für diesen Kredit erfolgten im September und Dezember 2009 aufwandswirksame Buchwertanpassungen, deren Wert sich Ende 2009 in Summe auf 64,5 Mio € belief. Diese Abgrenzung wird über die Laufzeit Aufwand reduzierend amortisiert.

Für die im August 2012 fällige Tranche C bestanden zum Jahresende 2009 Zinssicherungen in Höhe von 3.125,0 Mio €. Der hieraus resultierende durchschnittlich zu zahlende Festzinssatz beträgt 4,19 % zzgl. Marge. Mit der Rückzahlung der im August 2009 fälligen Tranche A (nominal 800,0 Mio €) unter dem VDO-Kredit reduzierte sich der insgesamt zugesagte Betrag von 11,8 Mrd € auf 11,0 Mrd €. Aufgrund der anhaltenden Verschlechterung der wirtschaftlichen Situation in den letzten Monaten des Jahres 2008 zeichnete sich erstmalig ein Anpassungsbedarf von ausgewählten Kreditvertragsbedingungen für den VDO-Kredit ab. Die Continental hat daher den Banken im Dezember 2008 pro-aktiv ein Konzept vorgestellt, um die Vertragsbedingungen an das veränderte wirtschaftliche Umfeld anzupassen. Nahezu alle involvierten Banken stimmten im Januar 2009 den Vorschlägen der Continental zu. Das Ergebnis der Nachverhandlungen war im Wesentlichen die Vereinbarung eines bis Ende 2010 eingeräumten höheren Spielraums im Hinblick auf das Verhältnis von Netto-Finanzschulden zu operativem Ergebnis vor Zinsen, Steuern und Abschreibungen (EBITDA) sowie die Erhöhung der Margen im Vergleich zu den bisherigen Konditionen. Weiterhin wurden im Hinblick auf die veränderte Situation des Unternehmens auch Modifizierungen der sonstigen Verpflichtungen des Unternehmens in die Vereinbarung aufgenommen. So wurden teilweise Regelungen aus der mit der Schaeffler KG im August 2008 abgeschlossenen Investorenvereinbarung aufgenommen. Weiterhin wurden Beschränkungen bezüglich zukünftiger Dividendenzahlungen vereinbart. Zum Ende 2009 zeichnete sich für den VDO-Kredit erneut ein Anpassungsbedarf der Finanzierungsbedingungen (Financial Covenants) ab. Die Nachverhandlungen konnten im Dezember 2009 erfolgreich abgeschlossen werden. Das Ergebnis der Nachverhandlungen für den VDO-Kredit ist eine Einigung auf einen erhöhten Spielraum im Hinblick auf das Verhältnis von Netto-Finanzschulden zu operativem Ergebnis vor Zinsen, Steuern und Abschreibungen (EBITDA) sowie auf das Verhältnis von operativem Ergebnis vor Zinsen, Steuern und Abschreibungen (EBITDA) zum Zinsergebnis. Ferner wurden eine weitere Margenerhöhung im Vergleich zu den bisherigen Konditionen sowie eine weitere Einschränkung des Rahmens für Dividendenzahlungen für die Geschäftsjahre 2009 und 2010 vereinbart. Die angepassten Finanzierungsbedingungen sehen erstmalig auch eine Beschränkung des jährlichen Investitionsvolumens und die Gewährung eines umfangreichen Sicherheiten-Pakets durch diverse Gesellschaften des Continental-Konzerns vor. Die Bestellung der Sicherheiten war zum Jahresende 2009 in Vorbereitung und ist spätestens bis zum 18. März 2010 abzuschließen.

Des Weiteren konnte im Rahmen der oben beschriebenen Nachverhandlung auch eine Vereinbarung über die Refinanzierung der im August 2010 fälligen Tranche B über 3,5 Mrd € erzielt werden. Hierfür haben die Banken eine „Forward Start Facility" (FSF) mit einem Volumen von 2,5 Mrd € verbindlich zugesagt, deren Inanspruchnahme jedoch an eine bis August 2010 durchzuführende Kapitalerhöhung mit einem Brutto-Emissionserlös von mindestens 1,0 Mrd € geknüpft wurde. Diese Kapitalerhöhung wurde im Januar 2010 erfolgreich platziert und führte zu einem Netto-Emissionserlös in Höhe von rund 1,05 Mrd €, der zur Rückführung der Tranche B eingesetzt wird.

Damit sind die wesentlichen Elemente des umfassenden Refinanzierungskonzepts mit dem Ziel einer verbesserten Finanz- und Kapitalstruktur umgesetzt.

Die im November 2009 mit der Europäischen Investitionsbank (EIB) abgeschlossene Nachverhandlung über die Rahmenbedingungen des von ihr gewährten Kredits über ursprünglich 600,0 Mio € sehen Modifikationen hinsichtlich der Margen und des Umfangs der Kreditbesicherung vor. Sowohl die Höhe der Margen als auch der Umfang der Kreditbesicherung sind dabei an das Rating der Continental AG gekoppelt. Bereits im März und August 2009 erfolgten Teilrückzahlungen über jeweils 100,0 Mio €. Damit reduzierte sich der Nominalbetrag des von der EIB in Anspruch genommenen Kredits auf 400,0 Mio € zum Jahresende 2009. Eine zusätzliche Teilrückzahlung über weitere 100,0 Mio € ist im Januar 2010 erfolgt.

Zur Struktur der Fälligkeiten der Finanzschulden verweisen wir auf Kapitel 28."[1678]

Die *Daimler AG*[1679] belässt es hingegen diesbezüglich etwa, wie nachfolgend aufgezeigt, allein bei **verbalen Schilderungen**.

Daimler AG:

„Zum Jahresende 2009 bestanden für den Konzern kurz- und langfristige Kreditlinien über insgesamt 21,1 Mrd. €, von denen 8,0 Mrd. € nicht in Anspruch genommen waren. Diese Kreditlinien beinhalten eine syndizierte 4,9-Mrd.-US-Dollar-Kreditfazilität der Daimler AG. Diese Kreditlinie endet im Dezember 2011. Im Oktober 2009 konnte Daimler die auslaufende einjährige syndizierte Kreditlinie über 3 Mrd. € durch eine neue syndizierte zweijährige Kreditlinie über 3 Mrd. € (mit Fälligkeit Oktober 2011) ersetzen. Die beiden syndizierten Kreditfazilitäten dienen als Absicherung für Commercial-Paper-Ziehungen und können für die Finanzierung allgemeiner Unternehmenszwecke verwendet werden. Beide Kreditlinien waren zum Jahresende 2009 nicht in Anspruch genommen."[1680]

Aus den Angaben gemäß IFRS 7.B11F(a) dürfte dabei meist auch unmittelbar ersichtlich sein, ob **Liquiditätsrisikokonzentrationen** i.S.v. IFRS 7.34(c)[1681] vorliegen oder nicht. Sollte dies hingegen nicht der Fall sein, ist m.E. eine entsprechende zusätzliche explizite Erläuterung bestehender Liquiditätsrisikokonzentrationen im Zusammenhang mit den Angaben gemäß IFRS 7.39(c) zwingend angezeigt.

4.7. Spezielle Angaben zum Marktrisiko

4.7.1. Notwendigkeit spezieller Angaben zum Marktrisiko

Für fast alle Investoren eines Unternehmens sowie insbesondere den für sie tätigen Analysten ist der Einblick in Veränderungen von Marktzinsen, Währungs- und Aktienkursen sowie Rohstoffpreisen mittels Sensitivitätsanalysen äußerst relevant.[1682] Sowohl für Finanzdienstleister als auch für Indust-

1678 Vgl. GB 2009 der *Continental AG*, S. 207-209.

1679 Ähnlich, d.h. auch lediglich eine verbale Darstellung offenlegend, die GBs 2009 der *adidas AG*, S. 54, 64, 138, der *Fresenius Medical Care AG & Co. KGaA*, S. 37-41, der *Fresenius SE*, S. 106-112, der *Linde AG*, S. 63, 96, 163, der *ThyssenKrupp AG*, S. 218 sowie der *TUI AG*, S. 49.

1680 Vgl. GB 2009 der *Daimler AG*, S. 236. Vgl. hierzu auch die Ausführungen des *Daimler AG* GB 2009 auf S. 92 (Lagebericht).

1681 Zu den speziellen Angabepflichten gemäß IFRS 7.34(c) vgl. insbesondere Kapitel 4.3.

1682 Ähnlich auch Becker, et al. (2006), S. 17.

rie- und Handelsunternehmen ist eine entsprechende Darstellung von Risiken, welche bereits das ausgewiesene Ergebnis beeinflusst haben und potentiell zukünftige Gewinne beeinflussen können, in gleichem Maße von Bedeutung.[1683] Denn „eine sachgerechte Interpretation einer Ergebnisgröße der Berichtsperiode [ist] nur möglich, wenn auch eine Information vorliegt, welches Risiko zur Erzielung dieses Ergebnisses eingegangen wurde“[1684]. Eine Verknüpfung der beiden Größen Erwartungswert der Rendite und Varianz der Rendite (Risiko) besteht dabei auch aus investitionstheoretischer Sichtweise.[1685] Die Prognose der zukünftigen Ertragslage – vorausgesetzt das Periodenergebnis eignet sich überhaupt für eine derartige Prognose – ist zudem nur dann sinnvoll möglich, wenn zukunftsbezogene Risikoinformationen vorliegen.[1686]

Vorliegender Abschnitt beschäftigt sich vor diesem Hintergrund insbesondere mit der (Finanz-)Risikoberichterstattung anhand von Sensitivitätsanalysen der DAX-30 Handels- und Industrieunternehmen gemäß IFRS 7. Obwohl Finanzinstrumente nicht die primären Risikotreiber von Nicht-Finanzdienstleistern darstellen,[1687] kommt hier insbesondere der quantitativen Risikoberichterstattung bspw. anhand bereitgestellter Sensitivitätsanalysen, die die Auswirkungen von Änderungen der Rohstoff- bzw. Warenpreisrisiken eingehender analysieren, nicht zuletzt etwa vor dem Hintergrund steigender Rohstoffkosten eine wachsende Bedeutung zu.[1688]

Die nachfolgenden Ausführungen zeigen zunächst die Anforderungen des IFRS 7 zur Offenlegung von Sensitivitätsanalysen auf. Dem schließt sich eine knappe theoretische Erläuterung ein- und mehrfaktorieller Sensitivitätsanalysen an, wobei insbesondere auf den Value-at-Risk (VaR) eingegangen wird. Eine Erhebung der Umsetzung der IFRS 7-Anforderungen in der Praxis der Nicht-Finanzdienstleister im DAX-30 sowie eine Wertung der Berichterstattungspraxis samt möglicher darauf aufbauender Handlungsempfehlungen runden den Themenkomplex ab.[1689]

4.7.2. Marktrisiko – Definition und Subrisiken

4.7.2.1. Definition des Marktrisikos nach IFRS 7

Bevor auf die Messung des Marktrisikos eingegangen werden kann, ist vorab eine definitorische Abgrenzung dieses Begriffs angezeigt. Nach dem Appendix von IFRS 7 definiert sich das Preis- bzw. Marktrisiko (*market risk*) folgendermaßen:

[1683] Vgl. Buchheim/Schmidt (2005), S. 405.
[1684] Buchheim/Schmidt (2005), S. 405.
[1685] Vgl. Buchheim/Schmidt (2005), S. 405 mit Verweis auf Kruschwitz (2004), S. 85 ff.
[1686] Vgl. Kruschwitz (2004), S. 405.
[1687] Vgl. Kremers (2002), S. 172.
[1688] Vgl. Eckes, et al. (2009), S. 285.
[1689] Für eine komprimierte Darstellung der im Kapitel 4.7. erarbeiteten Ergebnisse siehe Schön (2011).

> *The risk that the fair value or future cash flows of a financial instrument will fluctuate because of changes in market prices. Market risk comprises three types of risk:* ***currency risk, interest rate risk*** *and* ***other price risk****.*[1690]

Entsprechend versteht das IASB unter dem Marktrisiko das Risiko, dass der Fair Value oder die zukünftigen Zahlungsströme eines Finanzinstruments in Folge der Veränderungen von Marktpreisen schwanken. Als Komponenten des Marktrisikos sind dabei explizit das Wechselkursrisiko (*currency risk*), das Zins(änderungs)risiko (*interest rate risk*) als auch andere Preisrisiken (*other price risk*) anzusehen.[1691] Die nachfolgenden Unterabschnitte definieren diese Elemente des Martkrisikos näher.

4.7.2.2. Wechselkursrisiko als spezielles Marktrisiko

Nach Appendix A von IFRS 7 definiert sich das Wechselkursrisiko (*currency risk* bzw. *foreign exchange risk*[1692]) folgendermaßen:

> *The risk that the fair value or future cash flows of a financial instrument will fluctuate because of changes in foreign exchange rates.*

Ein solches Wechselkursrisiko ist laut IFRS 7.B23 allen Finanzinstrumenten inhärent, die auf eine fremde Währung[1693] lauten. Nach IFRS 7 besteht entsprechend **kein Wechselkursrisiko** bei Finanzinstrumenten, die **nicht-monetäre Posten**[1694] (*non-monetary items*) sind, sowie bei Finanzinstrumenten, die auf die **funktionale Währung** des bilanzierenden Unternehmens lauten (IFRS 7.B23).

Was unter **nicht-monetären** bzw. **monetären Posten** zu verstehen ist, definiert IFRS 7 nicht näher. Es ist jedoch davon auszugehen, dass diese Differenzierung nach den Regelungen von IAS 21.8 auch für Zwecke des IFRS 7 vorzunehmen ist.[1695]

Nach IAS 21 handelt es sich bei einem **monetären Posten**[1696] (*monetary item*) um „*...units of currency held and assets and liabilities to be received or paid in a fixed or determinable number of*

1690 Hervorhebungen im Original.

1691 Für deren Definition siehe Appendix A in IFRS 7.

1692 Vgl. IFRS 7.B23.

1693 Als fremde Währung sind all jene Währungen anzusehen, die nicht der funktionalen Währung entsprechen. Letztere ist grundsätzlich zur bilanziellen Bewertung von Finanzinstrumenten heranzuziehen („*...ie in a currency other than the functional currency in which they are measured.*“) (IFRS 7.B23).

1694 Hierzu zählen bspw. gehaltenen Eigenkapitalinstrumente (Aktien, GmbH-Anteile, Investmentanteile), immaterielle Vermögenswerte, Sachanlagen, Vorräte, erhaltene und geleistete Anzahlungen, Abgrenzungsposten und das Eigenkapital. Vgl. Scharpf (2006), S. 45. Abgrenzungsposten sind i.d.R. deshalb als nicht-monetäre Posten zu behandeln, da sie gebildet werden, um Erträge und Aufwendungen periodengerecht zu erfassen. Nach erfolgter bilanzieller Erfassung ziehen sie keine weiteren Zahlungsvorgänge nach sich. Vgl. Scharpf (2006), S. 46. Anzahlungen sind nur dann als nicht-monetäre Posten zu behandeln, sofern mit ihrer teilweisen oder vollständigen Rückzahlung (bspw. aufgrund von Zahlungsstörungen) nicht mehr zu rechnen ist; bilanziell sind sie dann als Sachforderungen bzw. –verbindlichkeiten zu behandeln. Vgl. Scharpf (2006), S. 46.

1695 Zudem verweist der *Glossary of Terms* der IFRS zur Definition des Begriffs *monetary item* ebenfalls auf IAS 21.8. Vgl. hierzu auch Scharpf (2006), S. 45.

units of currency", d.h. um Zahlungsmittel sowie Vermögenswerte und Verbindlichkeiten, die auf einen festen oder bestimmbaren Geldbetrag lauten und zukünftig in dieser Höhe zu einer Ein- oder Auszahlung beim Unternehmen führen (IAS 21.8). Entsprechend ist bei der Differenzierung von monetären und nicht-monetären Posten nicht deren Laufzeit entscheidend. Auch ist monetär hierbei weder als geldnah noch als leicht liquidierbar auszulegen.[1697]

Im Umkehrschluss zu IFRS 7.B23 besteht bei monetären Posten ein **Währungsrisiko**, das bei nicht-monetären Posten explizit nicht gegeben ist (IFRS 7.B23). Entsprechend liegt bei **nicht-monetären Posten** kein Anspruch bzw. keine Verpflichtung zugrunde, einen bestimmten oder bestimmbaren Betrag in Fremdwährung zu erhalten bzw. leisten zu müssen.

4.7.2.3. Zins(änderungs)risiko als spezielles Marktrisiko

Das IASB definiert das Zins(änderungs)risiko in Appendix A von IFRS 7 folgendermaßen:

> *The risk that the fair value or future cash flows of a financial instrument will fluctuate because of changes in market interest rates.*

Ein Zins(änderungs)risiko liegt demnach vor, wenn der Fair Value oder die zukünftigen Zahlungsströme eines Finanzinstruments aufgrund von Änderungen des Marktzinssatzes Schwankungen ausgesetzt sind. Hiervon sind all diejenigen Finanzinstrumente betroffen, deren Halten aufgrund von Marktzinsschwankungen gemäß IFRS 7.40(a) Auswirkungen auf die Gesamtergebnisrechnung bzw. die (sofern erstellt) gesonderte GuV nach sich ziehen kann.[1698]

Entsprechend differenziert IFRS 7 das Zinsrisiko in ein Fair Value-Risiko sowie in ein Cashflow-Risiko. Bei festverzinslichen Finanzinstrumenten liegt demnach ein **Fair Value-Risiko** vor, wenn marktbedingte Zinsschwankungen sich als Änderung von dessen Fair Value (indirekt) niederschlagen. Hingegen ist bei variabel verzinslichen Finanzinstrumenten ein **Cashflow-Risiko** zu verzeichnen, sofern marktbedingte Zinsschwankungen die zukünftigen Zahlungsströme (direkt) ändern. Bei letzteren besteht dabei ein Fair Value-Risiko in zeitlicher Hinsicht nur bis zum nächsten Zinsanpassungstermin.[1699]

Auch **Zinsderivate** die entweder als Sicherungsinstrumente in ein Hedge Accounting einbezogen werden oder auch nicht, begründen ein Zinsrisiko. **Freistehende Derivate** sind stets erfolgswirk-

---

[1696] Hierzu zählen bspw. Zahlungsmittel, Forderungen und sonstige Vermögenswerte, verzinsliche Wertpapiere, bestimmte Rückstellungen sowie Verbindlichkeiten. Eine Untersuchung dieser Posten auf ihren monetären Charakter hin hat jedoch grundsätzlich zu erfolgen. Vgl. Scharpf (2006), S. 45. Zu den ein Wechselkursrisiko begründenden Posten zählen auch konzerninterne monetäre Posten, wie bspw. Forderungen oder Verbindlichkeiten zwischen Tochterunternehmen, sofern diese zu Umrechnungsgewinnen bzw. –verlusten führen, welche im Rahmen der Konsolidierung nach IAS 21 nicht eliminiert werden (IAS 39.80) (IDW RS HFA 24, Rz. 49).

[1697] Vgl. Scharpf (2006), S. 45.

[1698] Vgl. hierzu von Oertzen (2009), S. 172, Rz. 258.

[1699] Vgl. Scharpf (2006), S. 46.

sam zum Fair Value zu bewerten, da sie der Kategorie *As at Fair Value through Profit or Loss* zuzuordnen sind. In Sicherungsbeziehungen **als Sicherungsinstrumente eingebundene Derivate** können sich hingegen entweder direkt erfolgswirksam (Fair Value Hedge) oder aber auch zunächst erfolgsneutral (Cash Flow Hedge) auswirken. In beiden Fällen können jedoch aufgrund einer nicht vollständigen Kompensation der Wertänderungen zwischen Grundgeschäft und Sicherungsinstrument **Ineffektivitäten** entstehen, die stets erfolgswirksam zu erfassen sind. Entsprechend ist im Rahmen der Berichterstattung zu Zinsrisiken auch auf ein dermaßen bestehendes Zins(änderungs)risiko, erwachsend aus Grund- und Sicherungsgeschäften, einzugehen.[1700]

Gemäß IFRS 7.B22 tritt das Zins(änderungs)risiko sowohl bei bilanziell erfassten zinstragenden Finanzinstrumenten[1701] als auch bei bestimmten nicht in der Bilanz erfassten Finanzinstrumenten[1702] auf.

Bei **Banken und ähnlichen Finanzdienstleistern** ergeben sich Zins(änderungs)risiken insbesondere, wenn bei zinsabhängigen Vermögenswerten und Verpflichtungen unterschiedliche Zinsbindungsdauern vereinbart sind. Bei **Handels- und Industrieunternehmen** besteht ebenfalls aufgrund ihrer Geschäftstätigkeit ein Zinsrisiko, da sie entweder (per Saldo) Geld aufnehmen oder aber (per Saldo) Geld verleihen.[1703]

4.7.2.4. Andere Preisrisiken als spezielle Marktrisiken

Die sonstigen Preisrisiken[1704] werden vom IASB in Appendix A von IFRS 7 folgendermaßen definiert:

> *The risk that the fair value or future cash flows of a financial instrument will fluctuate because of changes in market prices (other than those arising from interest rate risk or currency risk), whether those changes are caused by factors specific to the individual financial instrument or its issuer, or factors affecting all similar financial instruments traded in the market.*

Es handelt sich demnach um das Risiko, dass der Fair Value oder die zukünftigen Zahlungsströme eines Finanzinstruments aufgrund von Änderungen von Marktpreisen Schwankungen ausgesetzt sind, wobei es sich nicht um solche Schwankungen handelt, die aufgrund des Zins- oder Währungs-

---

1700 Vgl. von Oertzen (2009), S. 258.

1701 Bspw. Forderungen und Kredite sowie Schuldtitel (*loans and receivables and debt instruments issued*) (IFRS 7.B22).

1702 Bspw. bestimmte Kreditzusagen (*some loan commitments*) (IFRS 7.B22).

1703 Vgl. Scharpf (2006), S. 46.

1704 Unter den sonstigen Preisrisiken (*other price risks*) sind bspw. das Risiko schwankender Kurse bzw. Preise von Eigenkapitalinstrumenten (*equity price risk*), das Warenpreisrisiko (*commodity price risk*), das Rückzahlungsrisiko (*prepayment risk*; Risiko, dass dem einen Vertragspartner ein Schaden entsteht, weil der andere früher oder später als erwartet zurückzahlt) sowie das Restwertrisiko (*residual value risk*; entsteht bspw. einem Leasinggeber bei der Abgabe von Restwertgarantien). Vgl. Scharpf (2006), S. 46. Weitere Ausführungen bzw. Beispiele zum *commodity price risk* sowie zum *equity price risk* sind in IFRS 7.B25-.B26 enthalten.

risikos entstehen. Dabei ist es unerheblich, ob die Schwankungen aufgrund der Marktpreise von Faktoren verursacht werden, die spezifisch für das einzelne Finanzinstrument oder seinen Emittenten sind, oder aber durch Faktoren bedingt sind, die alle ähnlichen auf dem Markt gehandelten Finanzinstrumente gleichermaßen beeinflussen.

Der eigentlich **IFRS 7 inhärente Fokus auf Finanzrisiken** wird jedoch aufgrund der obigen Definition der sonstigen Preisrisiken (Marktrisiko) insofern **durchbrochen,**[1705] als dass diese gemäß IFRS 7.B25 sowie IFRS 7.IG32[1706] auch **Rohwarenrisiken** bzw. **Rohstoffrisiken**[1707] beinhalten.[1708] Es empfiehlt sich daher, neben den Angaben für Derivate auf Rohstoffe auch Angaben über diesbezügliche Basisinstrumente zu machen.[1709]

Des Weiteren stellt das IASB anhand von IFRS 7.B26 Beispiele[1710] für Finanzinstrumente bereit, die einem Risiko aus Änderungen der Preise bzw. Kurse von Eigenkapitalinstrumenten ausgesetzt sind.

4.7.3. Angabepflichten des Standards zu Sensitivitätsanalysen

4.7.3.1. Allgemeines

Um den Anforderungen von IFRS 7.40 sowie IFRS 7.41 gerecht werden zu können, hat das bilanzierende Unternehmen gemäß IFRS 7.B21 Sensitivitätsanalysen für die gesamte Geschäftstätigkeit des Unternehmens anzugeben („*...shall provide sensitivity analyses for the whole of its business...*“). Für unterschiedliche Klassen von Finanzinstrumenten i.S.v. IFRS 7.6 ist es den Unternehmen jedoch gestattet, unterschiedliche Arten[1711] (*types*) von Sensitivitätsanalysen zu verwenden bzw. anzugeben (IFRS 7.B21). Bei deren Anwendung sollte jedoch auf die Stetigkeit im Zeitablauf geachtet werden.[1712]

1705 Vgl. Löw (2005b), S: 2179. Entgegen der Auffassung von *Scharpf*, scheint *Löw* die explizite Erwähnung von Veränderungen der „*commodity prices*“ als Ursache für andere Preisrisiken in IFRS 7.B25 nicht als eindeutigen Hinweis auf die Einbeziehung von Rohwarenrisiken in den Anwendungsbereich von IFRS 7 aufzufassen. Vgl. Scharpf (2006), S. 46; Löw (2005b), S. 2179.

1706 Die Rede ist in IFRS 7.IG32 von *commodity price risk*.

1707 Als *commodities* bzw. Rohstoffe werden bspw. Edelmetalle, Öl oder landwirtschaftliche Produkte bezeichnet. Vgl. Scharpf (2006), S. 46.

1708 „*Other price risk arises on financial instruments because of changes in, for example, commodity prices...*“ (IFRS 7.B25).

1709 Vgl. Löw (2005b), S. 2179; Scharpf (2006), S. 46. Obwohl *Löw* die Einbeziehung von Rohwarenrisiken in den Anwendungsbereich von IFRS 7 als nicht so eindeutig wie *Scharpf* es auffasst vertritt, so kommen doch beide zum gleichen Ergebnis obiger Empfehlung.

1710 Dies sind (1) Anteile an anderen Unternehmen, (2) Investments in einen Trust, (3) Termingeschäfte sowie Optionen auf Eigenkapitalinstrumente sowie (4) Swaps, die anhand von Aktienkursen indexiert sind, deren Fair Values allesamt anhand von Schwankungen der Marktpreise der zugrundeliegenden Eigenkapitalinstrumente beeinflusst werden (IFRS 7.B26).

1711 Bspw. einfache Sensitivitätsanalysen (bspw. Basis Point Value) oder Simulationen (bspw. Monte-Carlo-Simulation). Vgl. Scharpf (2006), S. 51.

1712 Vgl. KPMG (2007), S. 152.

Dabei sollen die Bilanzadressaten aufgrund der Angaben zur Quantifizierung des Marktpreisrisikos gemäß IFRS 7.40-42 in die Lage versetzt werden, beurteilen zu können, wie sich das Ergebnis und das Eigenkapital des berichterstattenden Unternehmens aufgrund von nach vernünftigem Ermessen möglichen Änderungen der dabei relevanten Risikoparameter hätte verändern können.[1713] Insbesondere bei Industrie- und Handelsunternehmen kann es dabei vor dem Hintergrund steigender Rohstoffkosten sinnvoll sein, anhand bereitgestellter Sensitivitätsanalysen die Auswirkungen von Änderungen der Rohstoff- bzw. Warenpreisrisiken eingehender zu analysieren.[1714] Doch auch andere Risiken, v.a. das Zins- und das Währungsrisiko, nehmen bei den Nicht-Finanzdienstleistern aufgrund der zunehmenden Ausweitung ihrer Finanztätigkeiten eine bedeutende Rolle ein.

Jedes Unternehmen kann dabei jedoch selbst entscheiden, ob es die anhand von einfaktoriellen Sensitivitätsanalyen i.S.v. IFRS 7.40 (alternative Methode i.S.d. Standards) oder die anhand von mehrfaktoriellen Sensitivitätsanalysen i.S.v. IFRS 7.41, d.h. bspw. anhand von Value-at-Risk-Verfahren ermittelten Werte im Anhang angibt.[1715] Auf die je nach Art der gewählten Angabe zu beachtenden Besonderheiten wird in den folgenden Kapiteln näher eingegangen.

4.7.3.2. Angabe einfaktorieller Sensitivitätsanalysen

Vorbehaltlich einer Berichterstattung gemäß IFRS 7.41[1716] hat ein Unternehmen gemäß IFRS 7.40 verpflichtend folgende Angaben zu leisten:

- eine **Sensitivitätsanalyse** für **jede Art** (*type*) von **Marktrisiko**, dem das Unternehmen zum Abschlussstichtag ausgesetzt ist und aus der hervorgeht, welche Auswirkungen sich auf Gewinn bzw. Verlust (GuV) und Eigenkapital ergeben hätten („*...showing how profit or loss and equity would have been affected...*"), wenn Änderungen der relevanten Risikovariablen (*relevant risk variable*) eingetreten wären, die am Stichtag nach vernünftigem Ermessen möglich waren („*...that were reasonably possible at that date...*") (IFRS 7.40(a));
- die **Methoden** und **Annahmen** (*methods and assumptions*), die bei der Durchführung der **Sensitivitätsanalyse** verwendet wurden (IFRS 7.40(b)); sowie
- **Anpassungen gegenüber früheren Berichtsperioden** hinsichtlich der verwendeten **Methoden** und **Annahmen** sowie die **Gründe** für diese Anpassungen (IFRS 7.40(c)).

Nach IFRS 7.40(a) hat ein Unternehmen die anhand von Sensitivitätsanalysen berechneten, hypothetisch zum Abschlussstichtag möglichen Auswirkungen der Veränderungen des Marktrisikos auf die GuV und das Eigenkapital anzugeben – gemäß IFRS 7.B27 ist dabei die **Sensitivität** von **Ge-**

1713 Vgl. Eckes, et al. (2009), S. 285.
1714 Vgl. Eckes, et al. (2009), S. 285.
1715 Vgl. Scharpf (2006), S. 51.
1716 Siehe hierzu insbesondere Kapitel 4.7.3.3.

winn und Verlust[1717] stets **getrennt von** der **Sensitivität** des **Eigenkapitals**[1718] anzugeben.[1719] Insofern sind Angaben zum Marktrisiko nur insoweit angezeigt, als dass eine bilanzielle Wirkung hätte resultieren können. Entsprechend ist dabei nicht nur der Umfang der im Unternehmen eingesetzten Finanzinstrumente aus denen ein Marktrisiko erwächst ausschlaggebend, es kommt auch zentral auf die den bilanziellen Ansatz bestimmende Zuordnung zur einer der Bewertungskategorien gemäß IAS 39 an.[1720] Veränderungen des Eigenkapitals können dabei beispielsweise aus Wertveränderungen von als *Available-for-Sale* kategorisierten Vermögenswerten hervorgehen.[1721] *Scharpf* spricht hinsichtlich der nach IFRS 7.40(a) zu machenden Angabe davon, dass von „relativ wahrscheinlichen Änderungen der relevanten Risikovariablen auszugehen“[1722] ist. Genaue Vorschriften zur im Einzelfall anzuwendenden Methode zur Sensitivitätsmessung macht der Standard allerdings nicht.[1723]

Wie bereits erwähnt, kann eine Angabe der aufgrund von Sensitivitätsanalysen gewonnen Werte (IFRS 7.40(a)) von den Unternehmen wahlweise für den Fall unterlassen werden, dass sie Sensitivitätsanalysen bspw. in Form von **Value-at-Risk-Verfahren** (VaR) zum Risikomanagement einsetzen und die dabei gewonnen Werte nach IFRS 7.41 i.S.d. Management Approach („*... uses it to manage financial risks...*“) offenlegen. Hierbei ist jedoch stets das Gebot der Stetigkeit der Anhangangaben im Zeitablauf zu beachten. Die gemäß IFRS 7.41 geforderten Angaben sind dann zusätzlich zu den nach IFRS 7.40(b) und (c)[1724] geforderten Angaben zu machen („*...shall also disclose...*“), wobei jedoch eine gewisse inhaltliche Überschneidung zwischen den Angaben nach IFRS 7.40(b) und IFRS 7.41(a)[1725] besteht.[1726]

1717 Resultiert bspw. aus Finanzinstrumenten, die *As at Fair Value through Profit or Loss* kategorisiert sind oder aus Wertminderungen der als *Available-for-Sale* kategorisierten Vermögenswerte (IFRS 7.B27).

1718 Resultiert bspw. aus als *Available-for-Sale* kategorisierten Finanzinstrumenten (IFRS 7.B27).

1719 Vgl. auch PwC (2010), S. 11072, Rz. 11.119.

1720 Vgl. Lüdenbach (2009), S. 1530-1531, Rz. 301. Bei festverzinslichen Finanzinstrumenten resultieren aus einer (hypothetischen) Veränderung des Marktzinsniveaus (hypothetische) Änderungen der jeweiligen Fair Values. Von dieser Wertänderung ist der bilanzielle Ansatz aber nur dann (hypothetisch) betroffen, wenn das jeweilige Finanzinstrument nach einer der Bewertungskategorien auch tatsächlich erfolgswirksam oder –neutral zum Fair Value bilanziert wird. Entsprechend sind in diesem Fall die Angaben nach IFRS 7.40(a) bei Anwendung eines anderen Bilanzierungsmaßstabs nicht zu machen. Vgl. Lüdenbach (2009) S. 1531, Rz. 302.

1721 Vgl. Scharpf (2006), S. 46.

1722 Scharpf (2006), S. 46-47. *Scharpf* übersetzt „*...changes in the relevant risk variable that were reasonably possible at that date...*“ mit “...wenn eine relativ wahrscheinliche mögliche Änderung der relevanten Risikovariablen eingetreten wäre.“, setzt auf S. 47 diese Übersetzung mit der Übersetzung im obigen Text, „...nach vernünftigem Ermessen mögliche Änderung [...] (IFRS 7.40(a));“, jedoch gleich. Vgl. Scharpf (2006), S. 46-47; ebenso KPMG (2007), S. 152.

1723 Vgl. Scharpf (2006), S. 47.

1724 Wird einer Sensitivitätsanalyse angewendet, die die wechselseitige Abhängigkeit der Risikovariablen widerspiegelt, kann die Angabe gemäß IFRS 7.40 (a) – Auswirkungen auf die GuV und das Eigenkapital – unterbleiben (IDW RS HFA 24, Rz. 74). Siehe hierzu die nachfolgenden Ausführungen in Kapitel 4.7.3.3.

1725 Die inhaltliche Überschneidung resultiert aus der sowohl von IFRS 7.40(b) als auch von IFRS 7.41(a) geforderten Angabe der für die jeweilige Sensitivitätsanalyse verwendeten Ermittlungsmethode (*method*) sowie die dabei unterstellten Annahmen (*assumptions*).

Bei den Angabepflichten zu den Sensitivitätsanalysen für Marktrisiken nach IFRS 7.40 (wie auch nach IFRS 7.41) ist grundsätzlich zu beachten, dass sowohl **originäre** als auch **derivative Finanzinstrumente** in die diesbezüglichen Angaben einzubeziehen sind, d.h. sie müssen sich generell auf „sämtliche marktrisikobehafteten Posten i.S.v. IFRS 7" erstrecken (IDW RS HFA 24, Rz. 71). **Eigene Eigenkapitalinstrumente** des bilanzierenden Unternehmens werden nicht folgebewertet („...*are not remeasured.*"). Eine Sensitivitätsanalyse ist daher für sie nicht erforderlich, da weder der Erfolg noch das Eigenkapital vom Kursrisiko dieser Eigenkapitalinstrumente beeinflusst werden (IFRS 7.B28).

Im Rahmen der Sensitivitätsanalyse gemäß IFRS 7.40(a) – dies dürfte analog auch für IFRS 7.41 gelten[1727] – sind, wie bereits erwähnt, sämtliche **originären** als auch **derivativen Finanzinstrumente** einzubeziehen – dies schließt auch Finanzinstrumente mit ein, die im Rahmen eines Hedge Accounting als Sicherungsinstrumente oder Grundgeschäfte designiert,[1728] oder ganz generell, im Risikomanagement eingesetzt werden (IDW RS HFA 24, Rz. 75).

1726 Vgl. Scharpf (2006), S. 47, der jedoch die Anwendung von IFRS 7.40(a) bei Anwendung von IFRS 7.41 nicht explizit ausschließt sowie dahingehend korrekt IDW RS HFA 24, Rz. 74.

1727 Obwohl IDW RS HFA 24, Rz. 75 diesbezüglich nicht ganz eindeutig (IFRS 7.40(a) vs. IFRS 7.40 f.) zu sein scheint: „In der Sensitivitätsanalyse i.S.d. IFRS 7.40(a) sind alle Finanzinstrumente zu berücksichtigen. [...] Im Falle von Sicherungsgeschäften werden die Risiken [...] bei der Ermittlung des Marktrisikos nach IFRS 7.40 f. bspw. wie folgt...".

1728 IDW RS HFA 24, Rz. 75 führt in Bezug auf die bei einem Hedge Accounting dabei zu beachtenden Punkte drei Beispiele an:
(1) Sofern originäre Finanzinstrumente (bei isolierter Betrachtung Einbeziehung in die Angabepflichten gemäß IFRS 7.40 f.) als Grundgeschäfte durch die Designation von Derivaten (bspw. Devisentermin- oder Devisenoptionsgeschäfte) oder von gegenläufigen originären Finanzinstrumenten (bspw. Sicherung einer USD-Verbindlichkeit durch eine USD-Forderung) als Sicherungsinstrumente gegen Währungsrisiken abgesichert werden (synthetischer Transfer in die funktionale Währung des bilanzierenden Unternehmens), so sind sowohl die Grundgeschäfte als auch die Sicherungsinstrumente in der Ermittlung des Währungsrisikos einzubeziehen. Zwar dürfte dabei meist eine weitgehende Kompensation der gegenläufigen Währungsdifferenzen stattfinden, verbleibende Ineffektivitäten wirken sich jedoch dennoch erfolgswirksam auf das Ergebnis aus.
(2) Sofern im Rahmen einer Absicherung des Zinsrisikos zu fortgeführten Anschaffungskosten bewertete festverzinsliche (originäre) Finanzinstrumente als Grundgeschäfte im Rahmen eines Fair Value Hedge designiert werden, sind sie in die Ermittlung des Zinsrisikos einzubeziehen, da sie aufgrund der erfolgswirksam zu erfassenden Buchwertanpassungen (*basis adjustments*) Auswirkungen auf das Ergebnis haben (die Einbeziehung in das Zinsrisiko gilt jedoch letztlich nur für die im Rahmen einer Sicherungsbeziehung erfolgswirksam zu erfassenden Ineffektivitäten (Anm. d. Verf.)). Mit Blick auf die Ermittlung des Zinsrisikos gilt gleiches – unabhängig von den korrespondierenden Grundgeschäften – für die als Sicherungsinstrumente im Rahmen eines Fair Value Hedge designierten Zinsswaps, da Änderungen ihres beizulegenden Zeitwerts ebenfalls erfolgswirksam zu erfassen sind (das Zinsrisiko betreffend dürfte dies wiederum letztlich nur für die im Rahmen einer Sicherungsbeziehung erfolgswirksam zu erfassenden Ineffektivitäten gelten; eine diesbezüglich separate Betrachtung von Grund- und Sicherungsgeschäft(en) erscheint daher nicht sinnvoll (Anm. d. Verf.)). Aus der variablen Seite eines Zinsswaps resultiert zudem ein Zahlungsstromrisiko, welches sich ebenfalls erfolgswirksam auf das Ergebnis auswirkt.
(3) Derivate (bspw. Zinsswaps, *forward rate agreements*, *caps* und *floors*), die im Rahmen von Cash Flow Hedges zur Absicherung von Zinsrisiken als Sicherungsinstrumente designiert wurden, sind unabhängig von den korrespondierenden Grundgeschäften in die Betrachtung des Zinsrisikos einzubeziehen, da sich Veränderungen der Marktzinssätze auf die separate Komponente des Eigenkapitals (Cash Flow Hedge-Rücklage) i.S.v. IAS 39.95(a) auswirken. Zudem hat für Ineffektivitäten aus Cash Flow Hedges stets eine erfolgswirksame Vereinnahmung gemäß IAS 39.95(b) zu erfolgen.

Für **Währungen**, in denen das berichterstattende Unternehmen ein **signifikantes Risiko** aufweist, ist für jede einzelne Währung **separat** eine eigene **Sensitivitätsanalyse** anzugeben (IFRS 7.B24). Ein evtl. vorhandenes **Translationsrisiko** fließt jedoch nicht in die Angabe einer Sensitivitätsanalyse für das Währungsrisiko mit ein, da ein Währungsrisiko nur bei solchen Finanzinstrumenten entstehen kann, die nicht in der funktionalen Währung, in der sie bewertet werden, sondern in einer anderen bzw. fremden Währung denominiert sind (IFRS 7.B23). Auf Konzernebene besteht ein Translationsrisiko bzw. Umrechnungsrisiko bei finanziellen und nicht-finanziellen Posten immer dann, wenn diese von einem Unternehmen gehalten werden (bspw. einem Tochterunternehmen), das eine andere funktionale Währung als der Konzern aufweist.[1729]

Gemäß IFRS 7.IG34 ist darüber hinaus **für jede Währung**, in der das Unternehmen einem **wesentlichen Zinsrisiko** ausgesetzt ist, zusätzlich eine eigene **separate Sensitivitätsanalyse** für das Zinsrisiko anzugeben. Diese Angabepflicht schließt auch Positionen mit ein, die das bilanzierende Unternehmen vollständig effektiv gegen das Zinsrisiko abgesichert hat,[1730]da bspw. im Rahmen eines Cash Flow Hedge während dessen Laufzeit das OCI[1731] bzw. Eigenkapital und bei dessen Beendigung das Ergebnis (*recycling*)[1732] durchaus von nach vernünftigem Ermessen möglichen Änderungen der relevanten Risikovariablen, hier einer Änderung der einschlägigen Marktzinssätze, beeinflusst werden können.[1733]

Für das Zinsrisiko können im Rahmen der Angaben zu den entsprechenden Sensitivitätsanalysen die Auswirkungen von Marktzinsänderungen auf die nachfolgenden Posten gemäß IFRS 7.IG34 separat angegeben werden:

- Zinserträge und –aufwendungen (IFRS 7.IG34(a));
- andere GuV-Posten (bspw. der Handelsgewinn oder –verlust) (IFRS 7.IG34(b));
- das Eigenkapital (sofern anwendbar) (IFRS 7.IG34(c)).

Devisentermingeschäfte[1734] beinhalten sowohl eine Währungs- als auch eine Zinskomponente. Die Währungskomponente und infolgedessen das Währungsrisiko nimmt dabei jedoch den eindeutig dominierenden Part ein. Devisentermingeschäfte dürfen insofern durchaus allein in die Darstellung

---

1729 Vgl. PwC (2010), S. 11068, Rz. 11.110.

1730 Vgl. PwC (2010), S. 11067, Rz. 11.109.1.

1731 Erfassung der Wertänderungen des Sicherungsinstruments im *other comprehensive income* (OCI), die als effektive Absicherung im Rahmen der Sicherungsbeziehung anzusehen sind.

1732 Umbuchung der im OCI „geparkten" effektiven Absicherung in die GuV (*recycling*) zu dem Zeitpunkt, an dem die abgesicherte Transaktion eintritt bzw. einen Ergebniseffekt nach sich zieht.

1733 Vgl. PwC (2010), S. 11067-11068, Rz. 11.109.1.

1734 Der Wert von Devisentermingeschäften ermittelt sich anhand der sogenannten Kassa- und der sogenannten Terminkomponente. Letztere stellt die „annualisierte Differenz der Zinsen der beteiligten Währungen dar" (IDW RS HFA 24, Rz. 73).

des Währungsrisikos einbezogen werden, jedoch unter der Voraussetzung, dass das Zinsrisiko keine wesentliche Rolle spielt (IDW RS HFA 24, Rz. 73).

Gemäß IFRS 7.B17 hat ein Unternehmen bei der nach IFRS 7.40(a) zu machenden Angabe in Übereinstimmung mit IFRS 7.B3, unter Beachtung seiner individuellen Umstände („*…in the light of its circumstances…*"), selbst zu entscheiden, (1) welchen **Detaillierungsgrad** es bei den nach IFRS 7 geforderten Angaben, d.h. auch nach den gemäß IFRS 7.40(a) geforderte Angaben, anlegt, (2) welches **Gewicht einzelnen Aspekten** der Anforderungen beigemessen wird sowie (3) welchen **Aggregationsgrad** die Informationen aufweisen sollen. Dabei ist es generell zu unterlassen, Risikoinformationen, die verschiedene Charakteristika aufgrund eines jeweils wesentlich anders gearteten wirtschaftlichen Umfelds aufweisen, zusammenzufassen.[1735] Entsprechend können sowohl das Aggregationsniveau als auch die Darstellung zwischen den Berichtsperioden variieren, sofern zu den jeweiligen Bilanzstichtagen das betreffenden Risiko unterschiedlich ausgeprägt ist.[1736] Gleichwohl sollte m.E. eine Stetigkeit im Zeitablauf auch bei diesen Angaben angestrebt werden.[1737]

Sofern ein Unternehmen lediglich *einer* Art von Marktrisiko ausgesetzt ist, dass sich auf ein einzelnes bestimmtes wirtschaftliches Umfeld bezieht („*…has exposure to only one type of market risk in only one economic environment…*"), ist eine disaggregierte Darstellung nach einzelnen Risikoarten hingegen nicht offen zu legen (IFRS 7.B17).

Gemäß IFRS 7.40(a) wird von den berichterstattenden Unternehmen verlangt, dass die Sensitivitätsanalyse die **Auswirkungen der nach vernünftigem Ermessen möglichen Änderungen der relevanten Risikovariablen**[1738] **auf die GuV** und **das Eigenkapital** aufzeigt (IFRS 7.B18). Zu diesem Zweck haben Unternehmen gemäß IFRS 7.B18(a) jedoch nicht zu bestimmen, wie hoch der konkrete Erfolg (GuV) bei Änderung der relevanten Risikovariablen ausgefallen wäre.[1739] Vielmehr sind nur die *Auswirkungen* auf den Erfolg und das Eigenkapital („*…the effect on profit or loss and equity…*") zum Ende der Berichtsperiode offen zu legen. Dies hat unter der Annahme zu geschehen, dass die nach vernünftigem Ermessen möglichen Änderungen der Risikovariablen zum Ende

1735 „*…without combining information with different characteristics about exposures to risks from significantly different economic environments.*" (IFRS 7.B17). Hierzu gibt IFRS 7.B17 zwei Beispiele an. Nach IFRS 7.B17(a) kann ein Unternehmen, das mit Finanzinstrumenten handelt (vornehmlich Banken), die nach IFRS 7.40(a) geforderte Angabe separat für Finanzinstrumente *Held-for-Trading* sowie für sämtliche anderen Finanzinstrumente machen. Gemäß IFRS 7.B17(b) ist eine Aggregation der Angaben zum Marktrisiko insofern zu unterlassen, als dass die aggregierte Darstellung des Marktrisikos sowohl auf Einflüssen aus Gegenden mit Hyperinflation als auch auf Einflüssen aus Gegenden mit sehr geringer Inflation basiert.

1736 Grundsätzlich ist dabei laut *Scharpf* für die Angabe der anhand von Sensitivitätsanalysen ermittelten Werte nach IFRS 7.40(a) die Situation zum Abschlussstichtag maßgeblich. Vgl. Vgl. Scharpf (2006), S. 47.

1737 So auch Löw (2005b), S. 2179.

1738 Bspw. vorherrschende Marktzinssätze, Wechselkurse, Aktienkurse oder Rohstoffpreise (IFRS 7.B18).

1739 „*…entities are not required to determine what the profit or loss for the period would have been if relevant risk variables had been different.*" (IFRS 7.B18(a)).

der Berichtsperiode tatsächlich eingetreten sind[1740] und diese auf die exakt zu diesem Zeitpunkt tatsächlich vorherrschenden Risikopositionen angewendet wurden. IFRS 7.B18(a) führt hierzu beispielsweise an, dass wenn ein Unternehmen zum Ende der Berichtsperiode eine variabel verzinsliche Verbindlichkeit (*floating rate liability*) hält, es entsprechend die Auswirkungen auf den Erfolg, d.h. den Zinsaufwand, für die aktuelle Berichtsperiode anzugeben hat, sofern die Zinssätze in einem relativ wahrscheinlichen Ausmaß geschwankt hätten.[1741]

Lüdenbach kritisiert in diesem Zusammenhang jedoch die **Unbestimmtheit der Anforderungen** an diese quantitativen Angaben. Um die Angabepflicht erfüllen zu können, führt er – um beim obigen Beispiel zu bleiben – die Angabe des aus dem Produkt des hypothetischen Zinssatzes (absolute Änderung der Höhe nach) und des Nennbetrags der variabel verzinslichen Verbindlichkeit resultierenden Effekts im Vergleich zum tatsächlichen eingetretenen effektiven Ergebnis der variabel verzinslichen Verbindlichkeit zum Bilanzstichtag – mit dem Hinweis auf die Möglichkeit alternativer Auslegungen – als mögliche Interpretation an. Diese Auslegung werde auch nach h.M. vertreten, wonach für die Angabe gemäß IFRS 7.40(a) für variabel verzinsliche Verbindlichkeiten jedoch eine hypothetische Zinsänderung über die *gesamte* Periode hinweg anzunehmen ist, was sich allerdings schwer mit dem Stichtagsprinzip vertrage. Für (kurz) vor dem Bilanzstichtag geschlossene Positionen sehe die h.M. hingegen keine Angabe einer Sensitivitätsanalyse gemäß IFRS 7.40(a) vor, was zwar mit dem Stichtagsprinzip konform gehe, jedoch als inkonsistent zu der Vorgehensweise bei variabel verzinslichen Verbindlichkeiten bzw. Finanzinstrumenten anzusehen wäre. *Lüdenbach* vertritt diesbezüglich daher die Mindermeinung, dass für den beispielhaft angeführten Fall variabel verzinslicher Verbindlichkeiten analog zur Behandlung (kurz) vor dem Bilanzstichtag geschlossener Positionen *keine* Angabe nach IFRS 7.40(a) zu machen sei, da man dies mit dem Stichtagsprinzip nicht vereinen könne.[1742] M.E. sollten die Unternehmen vor diesem Hintergrund zumindest eruieren, ob nicht eine – bzgl. der kurz vor dem Bilanzstichtag geschlossenen Positionen freiwillige – Angabe gemäß IFRS 7.40(a) in beiden Fällen in Erwägung zu ziehen ist, wobei jedoch auf die Problematik im Zusammenhang mit dem Stichtagsprinzip hinzuweisen wäre.

Gemäß IFRS 7.B18(b) sowie IFRS 7.BC64(d) müssen die bilanzierenden Unternehmen die Auswirkungen auf den Erfolg und das Eigenkapital jedoch nicht für jede einzelne Änderung innerhalb einer **Bandbreite** (Sensitivitätsanalyse) von nach vernünftigem Ermessen möglichen Änderungen

[1740] „*...assuming that a reasonably possible change in the relevant risk variable had occurred at the end of the reporting period...*" (IFRS 7.B18(a)).

[1741] Sofern Zinsderivate (v. a. Zinsswaps, -caps und –floors) eingesetzt werden, sind für sie (hypothetische) Änderungen ihres Fair Value anzugeben, zu dem sie nach IAS 39 unabhängig von Kategorisierung (im Nicht-Sicherungsfall stets *Held-for-Trading*) und Einsatz zu bewerten sind. In die Sensitivitätsanalyse sind sie daher mit der aus der hypothetischen Zinsänderung resultierenden Änderung des Fair Value einzubeziehen. Vgl. Lüdenbach (2009), S. 1532, Rz. 302.

[1742] Vgl. Lüdenbach (2009), S. 1531-1532, Rz. 302.

der relevanten Risikovariablen offenlegen. Vielmehr ist die Angabe der Effekte dieser Änderungen an den **Grenzbereichen** dieser Bandbreiten ausreichend (IFRS 7.B18(b)).[1743] Marginale Veränderungen der Risikovariablen sind demnach nicht angabepflichtig.

Da die das Marktrisiko beeinflussenden Faktoren bedingt durch die unternehmensindividuellen Umstände variieren, ist die im Rahmen der Sensitivitätsanalyse **anzuwendende Bandbreite** zur Untersuchung des Marktrisikos stets abhängig vom einzelnen Unternehmen sowie vom jeweiligen einzelnen Marktrisiko und entsprechend gesondert festzulegen (IFRS 7.IG35).[1744]

Bei der konkreten **Ermittlung**, was unter **nach vernünftigem Ermessen möglichen Änderungen des relevanten Risikos** zu verstehen ist, ist gemäß IFRS 7.B19 insbesondere den nachfolgenden Aspekten Rechnung zu tragen.

Nach IFRS 7.B19(a) ist zunächst das jeweilige **wirtschaftliche Umfeld** (*economic environments*) zu beachten, in dem das berichterstattende Unternehmen tätig ist. Dabei sind in die Ermittlung der nach vernünftigem Ermessen möglichen Änderungen der relevanten Risikovariablen allerdings weder „***worst case scenarios***" noch „***stress tests***" einzubeziehen bzw. offen zu legen (IFRS 7.B19(a); IFRS 7.BC64(c)). *KPMG* empfiehlt mit Bezug auf die Anforderungen des DRS 5-10 allerdings dennoch eine **freiwillige Angabe** zu ***back***- und ***stresstesting***, auch wenn eine explizite Angabe nach IFRS 7.BC64 nicht gefordert wird.[1745] Diese Empfehlung scheint m.E. nach den Erfahrungen der Finanzmarktkrise 2007-2009 umso eindringlicher.

Als **Risikovariablen**, die bei der Offenlegung des Marktrisikos beachtet werden sollten, jedoch sich nicht auf die nachfolgende Auflistung beschränken, können laut IFRS 7.IG32 folgende Variablen angesehen werden:

- die Zinsstrukturkurve; es sind u.U. sowohl parallele als auch nicht-parallele Verschiebungen der Zinsstrukturkurve einzubeziehen (IFRS 7.IG32(a));
- Wechselkurse (IFRS 7.IG32(b));
- Preise von Eigenkapitalinstrumenten (IFRS 7.IG32(c)); sowie
- Marktpreise von *commodities* bzw. Rohstoffen und –waren (IFRS 7.IG32(d)).

1743 *„Disclosure of the effects of the changes at the limits of the reasonably possible range would be sufficient."* (IFRS 7.B18(b)). Sofern eine Zinssatzänderung von 0,50% vermutet wird, sind entsprechend nicht die einzelnen Werte für marginale Änderungen um 0,01%, 0,02%,…0,5% anzugeben, sondern vielmehr der Sensitivitätswert, der sich bei einer Änderungen von 0,5% ergeben hätte. Vgl. Scharpf (2006), S. 47.

1744 Vgl. Scharpf (2006), S. 48.

1745 Vgl. KPMG (2007), S. 167.

Besteht **zeitliche Konstanz** hinsichtlich der **Änderungsrate** der betreffenden **Risikovariable**, so ist es den Unternehmen gestattet, die bisherigen Annahmen hinsichtlich der nach vernünftigem Ermessen möglichen Änderungen der Risikovariable beizubehalten (IFRS 7.B19(a)).

Für den Fall dass sich die **Volatilität** einer **Risikovariablen ändert**, sind jedoch keine *restatements* bzw. Anpassungen der Vorjahreswerte, die im aktuellen Abschluss als Vergleichswerte fungieren, zwingend notwendig. Dennoch könnte das bilanzierende Unternehmen laut *PwC* zusätzlich für die Vergleichsperiode an die Volatilitätsänderung angepasste Vorjahreswerte bereitstellen.[1746]

Diese dennoch eher vagen Vorschriften seitens des IASB, was unter den nach vernünftigem Ermessen möglichen Änderungen des relevanten Risikos zu verstehen ist, sind laut *Buchheim/Schmidt* jedoch zumindest unter dem Aspekt der Vergleichbarkeit von Jahresabschlüsse als „nicht nachteilig" zu werten, da der Vergleich zweier Größen auf Basis einfaktorieller Sensitivitätsanalysen genauso wie der Vergleich zweier VaR-Größen[1747] ohnehin nicht ohne weiteres möglich sei.[1748]

Vor diesem Hintergrund scheint es daher fraglich, warum das IASB dann aber den Zeitraum, für den die Angaben zu machen sind, explizit in IFRS 7.B19(b) regelt; eine Vergleichbarkeit der berichtete Risikowerte ist, wie bereits angesprochen, ohnehin nicht möglich, was bei ggf. gleichzeitiger Erläuterung der Vorteilhaftigkeit auch längere Zeiträume für diese Angabe als sinnvoll erscheinen lässt.[1749]

Da die Sensitivitätsanalyse die Auswirkungen der nach vernünftigem Ermessen möglichen Änderungen der betreffenden Risikovariablen gemäß IFRS 7.B19(b) für genau den **Zeitraum** aufzeigen soll, nach dessen Ablauf das Unternehmen diese Angaben erneut machen wird,[1750] entspricht der Zeitraum, für den die gemäß IFRS 7.40 geforderten Angaben zu machen sind, im Rahmen der Quartalsberichterstattung einem (dem kommenden) Quartal sowie im Rahmen der Jahresberichterstattung (Jahresabschluss) einem (dem kommenden) Jahr[1751] (IFRS 7.B19(b)). Nach *Scharpf* empfiehlt sich hierbei die explizite Zeitraumangabe im Anhang.[1752]

1746 Vgl. PwC (2010), S. 11067, Rz. 11.107.1.

1747 Hierbei u.a. aufgrund verschiedener Konfidenzniveaus und Betrachtungszeiträume. Vgl. hierzu insbesondere auch die Ausführungen in Kapitel 4.7.5.2. unter dem Aspekt der zwischenbetrieblichen Vergleichbarkeit von VaR-Werten.

1748 Vgl. Buchheim/Schmidt (2005), S. 405.

1749 Vgl. Buchheim/Schmidt (2005), S. 405.

1750 „*The sensitivity analysis shall show the effects of changes that are considered to be reasonably possible over the period until the entity will next present these disclosures*…" (IFRS 7.B19(b)).

1751 Vgl. PwC (2010), S. 11066, Rz. 11.106.

1752 Vgl. Eckes, et al. (2009), S. 285 sowie Scharpf (2006), S. 47, der sich dabei jedoch irrtümlicherweise auf IFRS 7.B19(a) bezieht.

IFRS 7.40(b) fordert die Angabe der bei der Durchführung der Sensitivitätsanalyse zugrunde gelegten **Methoden** und **Annahmen**. Nach Auffassung von *Scharpf* sollten dabei die Methoden auch kurz beschrieben werden, obwohl dies durch den Standard so nicht explizit gefordert wird.[1753]

Gemäß IFRS 7.40(c) hat ein berichterstattendes Unternehmen darüber hinaus die gegenüber früheren Berichtsperioden vorgenommenen **Anpassungen** hinsichtlich der verwendeten Methoden und Annahmen sowie die Gründe für diese Anpassungen offen zu legen.

Bei der Anwendung der hier angesprochenen Methoden gilt es prinzipiell den Grundsatz der Stetigkeit zu beachten. Wird dennoch eine Änderung der im Rahmen des Risikomanagements verwendeten Methoden vorgenommen, erscheint es nach Ansicht von *Scharpf* sinnvoll, „auch die im Rahmen der Angaben zu den Marktpreisrisiken offen zu legenden Kennzahlen und Einflussgrößen auf die GuV und das Eigenkapital anhand dieser geänderten Methoden zu ermitteln“[1754]. Die Methodenänderungen sowie die Änderungen in den Annahmen sind dabei jedoch offen zu legen, um eine gewissen Vergleichbarkeit zum Vorjahr herzustellen.[1755]

4.7.3.3. Angabe mehrfaktorieller Sensitivitätsanalysen

Erstellt ein Unternehmen eine **Sensitivitätsanalyse**, z.B. eine **Value-at-Risk-Analyse**, die die **wechselseitige Abhängigkeit**[1756] **der Risikovariablen**[1757] widerspiegelt („*…reflects interdependencies between risk variables…*“) und verwendet diese unternehmensintern zur Handhabung von Finanzrisiken („*…uses it to manage financial risks…*“), so kann das Unternehmen gemäß IFRS 7.41 anstelle der Werte der nach IFRS 7.40 geforderten Analyse wahlweise die Werte dieser Sensitivitätsanalyse i.S.d. Management Approach[1758] angeben. Das Unternehmen hat dann zusätzlich zu den gemäß IFRS 7.40(b) und (c)[1759] geforderten Angaben Folgendes offen zu legen:

- eine Erläuterung der **Methode** zur Sensitivitätsanalyse („*… explanation of the method used in preparing such a sensitivity analysis…*“), sowie die **wichtigsten Parameter** und **An-**

1753 Vgl. Scharpf (2006), S. 49. *Scharpf* stellt an dieser Stelle eine Übersicht zu ausgewählten Methoden, die zur Quantifizierung des Zins-, Wechselkurs- und Aktienkursrisikos sowie des Optionen inhärenten Risikos herangezogen werden können, bereit.

1754 Scharpf (2006), S. 49.

1755 Vgl. Scharpf (2006), S. 49.

1756 Im Gegensatz zu den nach IFRS 7.40(a) geforderten Angaben zu Sensitivitätsanalysen, bei denen einzelne Risikovariablen nur isoliert betrachtet werden.

1757 Bspw. zwischen Zinssätzen und Wechselkursen. Vgl. Scharpf (2006), S. 49.

1758 Eine Verwendung des VaR lediglich zu Angabezwecken bei gleichzeitiger unternehmensinterner, anderweitiger Steuerung der einzelnen Risikovariablen ist somit ausgeschlossen. Der VaR hat demnach zwingend unternehmensintern zur Risikosteuerung zur Anwendung zu kommen. Vgl. PwC (2010), S. 11069, Rz. 11.114.

1759 Für den Fall der Anwendung einer Sensitivitätsanalyse, die die wechselseitige Abhängigkeit der Risikovariablen widerspiegelt, kann die Angabe gemäß IFRS 7.40 (a) – Auswirkungen auf die GuV und das Eigenkapital – unterbleiben (IDW RS HFA 24, Rz. 74). Siehe hierzu die nachfolgenden Ausführungen im Text.

nahmen („…*main parameters and assumptions*…"), auf die sich die vorgelegten Daten stützen (IFRS 7.41(a)); sowie

- eine **Erläuterung** des **Ziels der verwendeten Methode** sowie der **Beschränkungen** („…*explanation of the objective of the method used and of limitations*…"), die möglicherweise dazu führen, dass die berichteten Informationen den beizulegenden Zeitwert der involvierten Vermögenswerte und Verbindlichkeiten nicht ausreichend widerspiegeln („…*not fully reflecting the fair value of the assets and liabilities involved*…") (IFRS 7.41(b)).

Das IASB zeigt mit der nach IFRS 7.41 bestehenden Möglichkeit zur Verwendung von Sensitivitätsanalysen, die die wechselseitige Abhängigkeit der Risikovariablen berücksichtigen,[1760] anstatt der Verwendung von einfaktoriellen Sensitivitätsanalysen i.S.e. „*minimum requirement*" (IFRS 7.BC60), die lediglich isoliert eine Risikovariable betrachten (IFRS 7.40), dass es seine bloße Absicht war, Angaben über Sensitivitäten zu verlangen, ohne dabei jedoch ein bestimmtes Verfahren zur Sensitivitätsanalyse zwingend vorschreiben zu wollen. Somit wurde insbesondere der Komplexität und den Kosten bei der Durchführung mehrfaktorieller Sensitivitätsanalysen Rechnung getragen (IFRS 7.BC60). Die Entscheidung über die Berichterstattung anhand von ein- oder mehrfaktoriellen Sensitivitätsanalysen liegt entsprechend allein beim Bilanzierenden. Daran anschießend hat das IASB entschieden, dass eine Angabe der Auswirkungen auf die GuV und das Eigenkapital (IFRS 7.40(a)) bei Anwendung einer mehrfaktoriellen Sensitivitätsanalyse i.S.v. IFRS 7.41 nicht nötig[1761] – weil für wechselseitig abhängige Risikovariablen vergleichsweise schwer möglich[1762] – ist. Die Offenlegung einer ergänzenden Sensitivitätsanalyse, anhand derer die GuV- bzw. EK-Effekte bestimmt werden könnten, ist in diesem Fall laut IASB nicht nötig (IFRS 7.BC61).

Eine nach IFRS 7.41 gestattete Angabe von Risikowerten, die auf Basis von Sensitivitätsanalysen ermittelt wurde, die die wechselseitige Abhängigkeit der Risikovariablen berücksichtigen, ist auch dann statthaft, wenn anhand eines solchen Verfahrens nicht das volle Risikopotential bis zum nächsten Bilanzstichtag,[1763] d.h. bspw. lediglich das Verlustpotential, nicht jedoch das Gewinnpotential gemessen wird (IFRS 7.B20). Analog ist im Rahmen der VaR-Berechnung auch nicht zwingend eine Haltedauer bis zum nächsten Bilanzstichtag anzunehmen; bspw. ist für bestimmte Positionen die Annahme einer Haltedauer von 10 Tagen als genügend anzusehen.[1764]

[1760] Für eine tiefergehende theoretische Darstellung des Value-at-Risk siehe Kapitel 3.2.2.

[1761] Vgl. hierzu auch Lüdenbach (2009), S. 1532, Rz. 304 sowie IDW RS HFA 24, Rz. 74.

[1762] Value-at-Risk-Verfahren können die Effekte auf die GuV und das Eigenkapital i.d.R. nicht anzeigen. Vgl. Brücks/Kerkhoff/Stauber (2006b), S. 427.

[1763] Vgl. PwC (2010), S. 11069, Rz. 11.114.1.

[1764] Vgl. PwC (2010), S. 11069, Rz. 11.114.1.

Um den Anforderungen von IFRS 7.41 gerecht werden zu können, ist es dabei gemäß IFRS 7.B20 ausreichend, wenn das bilanzierende Unternehmen bei Anwendung einer mehrfaktoriellen Sensititvitätsanalyse (1) die **Art des Value-at-Risk-Verfahrens**[1765], (2) eine Erläuterung, wie das angewandte Verfahren funktioniert, sowie die dabei verwendeten Hauptannahmen angibt (bspw. die Haltedauer und das Konfidenzniveau[1766] (*holding period and confidence level*) (IFRS 7.B20)). Zusätzlich dürfte nach Auffassung des IASB auch die Angabe des

- **historischen Beobachtungszeitraums** (*historical observation period*),
- die **Gewichtung der Beobachtungen** während dieses Beobachtungszeitraums (*weightings applied to observations within that period*),
- eine Erläuterung der Behandlung von **Optionen** innerhalb der Berechnungen („*...an explanation of how options are dealt with in the calculations...*") sowie
- welche **Volatilitäten** und **Korrelationen** zugrunde gelegt wurden („*...which volatilities and correlations are used...*")[1767] geboten sein (IFRS 7.B20).

Zusätzlich zu den nach IFRS 7.41(a) geforderten Angaben über die angewandten Methoden sowie den dabei verwendeten wichtigsten Parametern und Annahmen sind gemäß IFRS 7.41(b) die **Zielsetzung der angewandten Methoden** sowie **deren Beschränkungen**, die möglicherweise dazu führen, dass die berichteten Informationen den beizulegenden Zeitwert der involvierten Vermögenswerte und Verbindlichkeiten nicht ausreichend widerspiegeln, offen zu legen. Wie sich anhand der in Kapitel 4.7.5. ausgeführten empirischen Erhebung noch zeigen wird, schenken die berichterstattenden Unternehmen dieser Angabe jedoch weitgehend keine Beachtung.

4.7.3.4. Ergänzende Angaben zum Marktrisiko und generelle Unterlassung

Wenn die unter IFRS 7.40 oder IFRS7.41 anhand von Sensitivitätsanalysen ermittelten Risikowerte für das einem Finanzinstrument inhärente Risiko nicht repräsentativ sind (z.B. aufgrund der Tatsache, dass die Risikoexposition zum Jahresende nicht die Exposition während des Geschäftsjahres widerspiegelt), so hat das Unternehmen dies gemäß IFRS 7.42 anzugeben sowie die **Gründe** dafür zu nennen, weshalb es die **Sensitivitätsanalysen** für **nicht repräsentativ**[1768] erachtet. Nicht-Repräsentativität kann bspw. gegeben sein, wenn:

1765 Bspw. ob das angewendete Verfahren auf einer Monte-Carlo-Simulation beruht (IFRS 7.B20).

1766 Obwohl IFRS 7.B20 diese beiden Hauptannahmen nur beispielhaft erwähnt, sieht *KPMG* diese beiden Annahmen als Mindestangaben an. Vgl. KPMG (2007), S. 155.

1767 Oder alternativ welche Monte Carlo-Simulation der Wahrscheinlichkeitsverteilung (*Monte Carlo probability distribution simulations*) zugrunde gelegt wurde (IFRS 7.B20).

1768 Die unter IFRS 7.40 oder IFRS 7.41 anhand von Sensitivitätsanalysen ermittelten Risikowerte sind gemäß der unter IFRS 7.IG37 aufgezeigten Fälle für das einem Finanzinstrument inhärente Risiko als nicht repräsentativ anzusehen.

- einem Finanzinstrument **Geschäftsbedingungen** zugrunde liegen, **deren Effekte nicht aus der Sensitivitätsanalyse hervorgehen**, bspw. Optionen die auch unter der Annahme der hypothetischen Änderung einer Risikovariable aus dem Geld oder im Geld verharren (IFRS 7.IG 37(a). Zusätzliche Angaben könnten sich in diesem Fall folgendermaßen gestalten:
    - die Geschäftsbedingungen des Finanzinstruments (bspw. der Optionen) (IFRS 7.IG 38(a));
    - der Ergebniseffekt unter der Annahme, dass bestimmte, vorher nicht ersichtliche Bedingungen oder Konditionen eintreten (bspw. wenn die Optionen ausgeübt werden) (IFRS 7.IG38(b)); sowie
    - eine Beschreibung wie das Risiko abgesichert wird (IFRS 7.IG38(c)).
- **finanzielle Vermögenswerte illiquide** sind, bspw. wenn bei ähnlichen Vermögenswerten ein niedriges Handelsvolumen zu konstatieren ist und das Unternehmen Schwierigkeiten hat eine Gegenpartei zu finden (IFRS 7.37(b)). Zusätzliche Angaben könnten in solch einem Fall in der Offenlegung der Gründe für den Mangel an Marktliquidität sowie der Vorgehensweise, wie das Unternehmen das Risiko absichert, bestehen (IFRS 7.IG39).
- ein Unternehmen einen **großen Anteil** („*...large holding...*") an einem bestimmten **finanziellen Vermögenswert** hält und dieser bei **vollständigem Verkauf** nur zu einem **Ab- oder Aufschlag** („*...discount or premium...*") im Vergleich zum Marktpreis eines kleineren Anteils veräußert werden könnte (IFRS 7.IG37(c)). Zusätzliche Angaben könnten sich in diesem Fall folgendermaßen gestalten:
    - die Art des Wertpapiers (bspw. Name des ausgebenden Unternehmens) (IFRS 7.IG40(a));
    - den Umfang der gehaltenen Anteile (bspw. 15 Prozent der ausgegebenen Anteile) (IFRS 7.IG40(b));
    - die Auswirkungen auf das Ergebnis (IFRS 7.IG40(c)); sowie
    - wie das Unternehmen das Risiko absichert (IFRS 7.IG40 (d)).[1769]

Unternehmen mit einem kleinen Bestand an Finanzinstrumenten und einer diesbezüglich üblichen Haltedauer bis zur Endfälligkeit mögen sich bspw. keinem wesentlichen Marktrisiko ausgesetzt sehen, und daher die Anwendung von Sensitivitätsanalysen als unnötig erachten.[1770] Mangels ent-

[1769] Vgl. für die Angaben gemäß IFRS 7.IG37 auch PwC (2010), S. 11072, Rz. 11.117.
[1770] Vgl. Scharpf (2006), S. 51.

sprechender Risikoexpositionen erübrigen sich in solch einem Fall die Angaben gemäß IFRS 7.40 und .41.[1771]

Die Angaben zum Marktrisiko nach IFRS 7.40-.41 stellen jedoch viele Unternehmen vor gewisse Hürden in der Anwendung, da sie häufig nicht über die für die Angaben notwendigen Analyseinstrumente verfügen. Nach Auffassung von *Lüdenbach* ist daher prinzipiell anhand des Wesentlichkeitsgrundsatzes[1772] zu entscheiden, inwiefern Angaben gemäß IFRS 7.40-.41 (überhaupt) zu erfolgen haben.[1773]

4.7.4. Messung des Marktpreisrisikos

4.7.4.1. Einfaktorielle Methoden zur Risikomessung

Gemessen werden Marktpreisrisiken generell anhand der Veränderung des (Markt-)Werts in Abhängigkeit von Veränderungen der ihn beeinflussenden Faktoren,[1774] m.a.W. wird untersucht, wie sich der „Marktwert jeder Transaktion bei Variation eines Marktparameters um eine vorgegebene Größe verändert."[1775]. Kapitel 4.7.4.1. sowie Kapitel 4.7.4.2. und im speziellen Kapitel 4.7.4.2.2. (Value-at-Risk) geben einen Überblick über die dazu in der Praxis am häufigsten angewandten ein- und mehrfaktoriellen Sensitivitätsanalysen.

Bei **Industrie- und Handelsunternehmen** wird sich die Angabe von **Sensitivitätsanalysen** zu Marktrisiken im Wesentlichen auf **Zins- und Wechselkursrisiken** beschränken – darüber hinaus sind andere Preisrisiken bei Materialität jedoch ggf. auch zu beachten. Die für die entsprechenden Angabepflichten[1776] **erforderlichen Daten** sind dabei unter **erhebungstechnischen Gesichtspunkten** allerdings nur äußerst schwierig zu ermitteln. Großteils dürfte dies daran liegen, dass häufig **keine zentrale Koordination** bzw. Steuerung des **Zins- und Währungsmanagements** im **Konzern** existiert, was zur Erhebung der für die Sensitivitätsanalysen notwendigen Basisdaten eine **dezentrale Ermittlung**[1777] auf Ebene der Einzelgesellschaften und Divisionen notwendig macht. Aber auch die Einbeziehung von Finanzinstrumenten in die Sensitivitätsanalysen, welche nicht im Risikomanagementfokus der Konzerntreasury stehen, wie bspw. flüssige Mittel oder Forderungen bzw.

1771 So gibt bspw. die *SAP AG* im Geschäftsbericht 2007, S. 125 an: „Aufgrund der kurzen Laufzeiten unserer Anlagen und der sehr geringen finanziellen Verbindlichkeiten besteht für SAP kein wesentliches Zinsrisiko im Bezug auf finanzielle Vermögenswerte oder Verbindlichkeiten…".

1772 Vgl. zum Wesentlichkeitsgrundsatz insbesondere Kapitel 3.2.3.

1773 Vgl. Lüdenbach (2009), S. 1532, Rz. 304. Auf S.1533-1535, Rz. 306 gibt *Lüdenbach* dazu ein Formulierungsbeispiel für die Angaben zu den Sensitivitätsanalysen für ein mittelständisches Unternehmen an.

1774 Vgl. Scharpf (2006), S. 46.

1775 Löw (2005b), S. 2179.

1776 Siehe dazu insbesondere die nachfolgenden beiden Kapitel.

1777 *Von Oertzen* plädiert in diesem Zusammenhang generell dafür, „die notwendigen Daten über ein entspr[echend] ausgestaltetes Konzernreporting abzufragen und auf Ebene des MU [(Mutterunternehmens)] zu aggregieren." von Oertzen (2009), S. 172, Rz. 256.

Verbindlichkeiten aus Lieferungen und Leistungen, könnte sich dabei als problematisch herausstellen.[1778]

Sowohl ein- als auch mehrfaktorielle Sensitivitätsanalysen sind primär nicht als Bestandteil eines Entscheidungsproblems unter Unsicherheit zu betrachten. Entsprechend dienen sie nicht einer Quantifizierung von Abweichungen gegenüber quasi-sicheren Erwartungen, sondern stellen vielmehr komparativ-statische Betrachtungen dar, mittels derer Veränderungen eines Funktionswerts (bspw. Marktwert eines Finanzinstruments) in Abhängigkeit von Veränderungen eines ein- bzw. mehrfaktoriellen Parameterraums ermittelt werden.[1779] Gemäß der nach IFRS 7.40 geforderten univariaten[1780] bzw. einfaktoriellen Sensitivitätsanalyse ist dabei lediglich die Variabilität *eines* Inputfaktors zu untersuchen.[1781]

Scharpf/Luz führen als **einfaktorielle Sensitivitätsanalysen** die Methoden *Price Value of Basis Point, Duration, modified Duration*[1782], Konvexität[1783] sowie für Optionen das Delta, Gamma, Vega, Rho, Theta[1784] und für Aktien den Betafaktor[1785] an.[1786] Aus Platzgründen wird jedoch nachfolgend nur auf erstere exemplarisch näher eingegangen. Zudem dürfte lediglich diese erste Methode im Rahmen der externen Berichterstattung sinnvoll einsetzbar sein, da die anderen teilweise als schlecht kommunizierbar anzusehen sind.

Anhand des ***Price Value of a Basis Point*** bzw. ***Basis Point Value*** (PVBP/BPV) wird bspw. bei Zinsrisiken der Zusammenhang zwischen den Veränderungen des Barwerts der Zahlungsströme und den Veränderungen der bei der Bartwertermittlung herangezogenen Zinsstrukturkurve gemessen. Dazu wird die Veränderung des Barwerts der Zahlungsströme in Folge einer parallelen Verschiebung der Zinsstrukturkurve um einen Basispunkt, d.h. 0,01 %, für ein bestimmtes Laufzeitintervall (mithin an einer konkreten Stelle der Zinsstrukturkurve) betrachtet.[1787] Der BPV ergibt sich dabei

---

1778 Vgl. Brücks/Kerkhoff/Stauber (2006b), S. 434.

1779 Vgl. hierzu etwa auch *Franke/Hax*, Finanzwirtschaft des Unternehmens und Kapitalmarkt, 5. überarb. Aufl., Berlin 2004, S. 252-253.

1780 Vgl. Bühn/Klauck (2006), S. 14.

1781 Für ein Beispiel einer einfaktoriellen Sensitivitätsanalyse für ein als *Available-for-Sale* kategorisiertes Wertpapierportfolio im Wert von 1 Mio. €, das der Zusammensetzung des DAX-30 entspricht, siehe Prokop (2008), S. 467-468.

1782 Für eine Einführung zu den beiden Konzepten der *Duration* sowie der *modified Duration* siehe etwa Scharpf/Luz (2000), S. 146-153.

1783 Vgl. hierzu etwa Scharpf/Luz (2000), S. 154-157.

1784 Für einen Überblick über die Sensitivitätskennzahlen bei Optionen siehe etwa Scharpf/Luz (2000), S. 157-160.

1785 Vgl. hierzu etwa Scharpf/Luz (2000), S. 161.

1786 Vgl. Scharpf/Luz (2000), S. 141.

1787 Vgl. Löw (2005b), S. 2179; Scharpf (2006), S. 46; Scharpf/Luz (2000), S. 145. Dabei ist bei der Analyse sowohl der Effekt einer allgemeinen Zinsänderung als auch die Erhöhung der Zinsdifferenz (*spread*) zwischen risikolosen Anlagen (zuvorderst Staatsanleihen) und anderen Anleihen von Bedeutung. Vgl. Löw (2005b), S. 2179. Laut IFRS 7.IG32 sind Drehungen bzw. Verschiebungen der Zinsstrukturkurven (*yield curve of market interest rates*) ebenfalls zu beachten („*...may be necessary to consider both parallel and non-parallel shifts in the yield curve ...*") und die relevanten Zinsstrukturkurven (als Risikovariablen des Marktrisikos) offen zu legen.

aus der Differenz des Marktwerts vor Änderung der Zinsstruktur und dem Marktwert nach entsprechender Änderung der Zinsstruktur um einen Basispunkt, misst dabei also das absolute Marktwertrisiko (*dirty price* einschließlich aufgelaufener Zinsen).[1788] Unter der Annahme dass der Barwert $B_{r,t}$ den gegenwärtigen Wert eines zukünftigen Zahlungsstroms C_t in einem Währungsbetrag ausdrückt und der BPV sich als Differenz zweier Barwerte $(B_{r,t} - B_{r',t})$ ein und desselben Zahlungsstroms C_t bei Diskontierung mit dem Zinssatz *r* und *r'* $(r' = r + 0{,}0001)$ bestimmt, gealtet sich der BPV formal wie folgt:[1789]

$$BPV = B_{r,t} - B_{r',t} = \frac{C}{(1+r)^t} - \frac{C}{(1+r')^t}$$

Die Risikostruktur eines ganzen Portfolios bestimmt sich hierbei anhand der (mehrperiodigen) Aggregation der für die Einzeltransaktionen errechneten Wertänderungen. Darauf aufbauend werden auf Basis der statistischen Eigenschaften des Portfolios potentielle Marktpreisänderungen für ein bestimmtes Zeitintervall simuliert, was wiederum Rückschlüsse auf potentielle Wertänderungen des Gesamtportfolios zulässt.[1790]

Als die zentralen **Vorteile** einfaktorieller Sensitivitätsanalysen sind dabei insbesondere deren **Einfachheit** in der Durchführbarkeit und Handhabung[1791] sowie die damit einhergende **gute Kommunizierbarkeit** inner- und außerhalb des Unternehmens anzuführen.[1792]

Zu **kritisieren** ist, dass es sich bei einfaktoriellen Sensitivitätsanalysen um einen **rein heuristischen Ansatz** handelt, bei dem bspw. die Wahl des zugrundgelegten Referenzzeitraums als subjektiv und theoretische nicht fundiert anzusehen ist.[1793] Somit wird dem Bilanzadressaten bei seiner Entscheidung unter Unsicherheit – Investitionen in das bilanzierende Unternehmen ja oder nein – lediglich eine subjektive und somit zur Lösung seiner Entscheidung ungenügende Einschätzung seitens des Bilanzierenden bereitgestellt, inwiefern der aus dem Marktpreisrisiko erwachsenden Unsicherheit eine bestimmte Relevanz bei dieser Entscheidung beizumessen ist.[1794] Bezogen auf IFRS 7 relativiert sich die Subjektivität allerdings durch die Vereinheitlichung des zugrundezulegenden Zeitraums aufgrund von IFRS 7.B19(b).

Einfaktorielle Sensitivitätsanalysen weisen darüber hinaus das Manko auf, Nicht-Linearitäten zwischen dem betrachteten Risikofaktor und den von diesem abhängigen Variablen – gemäß IFRS 7.40

1788 Vgl. Scharpf/Luz (2000), S. 145-146.
1789 Vgl. hierzu Scharpf/Luz (2000), S. 145.
1790 Vgl. Löw (2005b), S. 2179; ebenso Scharpf/Luz (2000), S. 145.
1791 Vgl. Bühn/Klauck (2006), S. 15.
1792 Vgl. Prokop (2008), S. 468.
1793 Vgl. Prokop (2008), S. 468.
1794 Vgl. Prokop (2008), S. 468 mit Verweis auf Kruschwitz (2003), S. 318-319.

Ergebnis und Eigenkapital – i.d.R.[1795] nicht abzubilden. Bestehen zudem mehrere (untereinander korrelierte) Risikofaktoren, die für das Kalkül von (gleicher) Relevanz sind, ist das Ergebnis einfaktorieller Sensitivitätsanalysen entsprechend zu relativieren und u.U. der Einsatz mehrfaktorieller Sensitivitätsanalysen in Erwägung zu ziehen.[1796]

Die Forderung des IASB, gemäß IFRS 7.42 zusätzliche Informationen bereitzustellen, sofern das bilanzierende Unternehmen davon ausgeht, dass die im Rahmen der einfaktoriellen Sensitivitätsanalysen berichteten Informationen nicht repräsentativ für das entsprechende, aus Finanzinstrumenten erwachsende Risiko sind, basiert dabei u.a. auf den zuvor aufgezeigten Problemen (IFRS 7.BC60).

4.7.4.2. Mehrfaktorielle Methoden zur Risikomessung

4.7.4.2.1. Überblick

Das Konzept der mehrfaktoriellen Sensitivitätsanalyse ist im Prinzip dasselbe wie das der einfaktoriellen Sensitivitätsanalyse, mit dem Unterschied, dass hierbei untersucht wird, wie empfindlich ein bestimmter Funktionswert (bspw. Marktwert eines Finanzinstruments) auf Veränderungen mehrerer unsicherer Inputfaktoren und nicht nur auf Veränderungen lediglich *eines* bestimmten Inputfaktors reagiert.[1797]

Die nachfolgenden Ausführungen beschränken sich zunächst auf die Darstellung und zum Ende dieses Themenkomplexes auf die Kritik des VaR sowie dessen Ermittlungsmethoden, da es sich bei diesem Risikomaß, wie auch aus der später ausgeführten empirischen Untersuchung hervorgeht, um die in der Praxis am häufigsten verwendete mehrfaktorielle Methode zur Risikoquantifizierung handelt.[1798] Auf andere mehrfaktorielle Sensitivitätsanalysen wird an dieser Stelle nicht näher eingegangen.

4.7.4.2.2. Der Value-at-Risk (VaR) zur Risikomessung

4.7.4.2.2.1. Grundlegendes Konzept

Die klassische **mehrfaktorielle Standardmethode zur Messung von Marktpreisrisiken** stellt bei Finanzdienstleistern heutzutage der **Value-at-Risk** (VaR)[1799] dar.[1800] Doch auch bei Handels- und

---

[1795] Dies trifft nicht zu, sofern eine einfaktorielle Sensitivitätsanalyse bspw. anhand einer *full revaluation* durchgeführt wird, die auch Nicht-Linearitäten korrekt abbildet.

[1796] Vgl. Prokop (2008), S. 468.

[1797] Im Ergebnis Franke/Hax (2004), S. 252-253.

[1798] So auch Stephan (2006), S. 209-210 in Bezug auf sämtliche at-Risk-Kennzahlen.

[1799] Für eine ausführliche Erläuterung des VaR-Konzepts siehe u.a. Linsmeier/Pearson (2000); Prokop (2008); Fürst/Henselmann/Klein (2009).

[1800] Vgl. Fürst/Henselmann/Klein (2009), S. 11, Homburg/Stephan (2004), S. 11; Prokop (2008), S. 468; Bühn/Klauck (2006), S. 18. Erstmalig wurde dieses Risikomessungskonzept 1994 von der Investmentbank J. P. Morgan propagiert. Vgl. Fürst/Henselmann/Klein (2009), S. 9. Der VaR ist als eine Weiterentwicklung der bereits dargestellten einfaktoriellen Sensitivitätsanalysen anzusehen. Vgl. KPMG (2007), S. 155.

Industrieunternehmen findet er zunehmend Anwendung;[1801] IFRS 7.41 erlaubt explizit dessen branchenübergreifende Offenlegung.

VaR-Verfahren stellen Weiterentwicklungen herkömmlicher Sensitivitätsanalysen dar. Die Auswertung des Einflusses einzelner Risikoparameter anhand von VaR-Modellen bezieht sich auf „eine Untersuchung potentieller Verluste, die bei Variation eines jeden Marktparameters im Portfolio entstehen können" [1802]. Gegenüber normalen Sensitivitätsanalyen wird somit die gegenseitige Beeinflussung der einzelnen Marktparameter untersucht, was neben Sensitivitäten und Volatilitäten für jeden einzelnen Marktparameter die Untersuchung der Abhängigkeiten der einzelnen Parameter untereinander anhand einer **Korrelationsanalyse** erforderlich macht. Das Resultat besteht dabei in der **betragsmäßigen Darstellung** des **Gesamtrisikos** – genauer des Verlustrisikos (*Value at Risk*) – des betrachteten **Portfolios.**[1803] Der VaR ist jedoch nur dann als aussagefähige Risikokennzahl anzusehen, solange **normale Marktbedingungen** vorherrschen.[1804]

Die klassische Risikokennzahl $\boldsymbol{VaR_i^{h,(1-z)}}$ sagt aus, dass bezüglich der betrachteten **Risikoposition** ***i***[1805] innerhalb eines bestimmten (zukünftigen) **Zeitintervalls *[t; t + h]*** (Haltedauer) **der Länge *h*** zu einem bestimmtem Sicherheitsgrad bzw. **Konfidenzniveau *(1 − z)***[1806] ein **maximaler Marktwertverlust-Betrag**[1807] $\boldsymbol{\Delta V_i^h = V_i^{t+h} - V_i^t}$ nicht überschritten wird.[1808] Mit anderen Worten: "*VaR answers the question: how much can I lose with* [...] *[z]% probability over a given time horizon.*"[1809]. Der VaR stellt somit "das negativierte Quantil zum Konfidenzniveau *(1 − z)* der Wertänderungsverteilung der Vermögensposition *i* am Ende des Betrachtungshorizontes *t* + *h*"[1810] dar. Entsprechend ergibt sich die Bestimmungsgleichung des VaR als:[1811]

$$\text{Prob}[\Delta V_i^h < -VaR_i^{h,(1-z)}] = z$$

1801 Vgl. Kremers (2002), S. 172, ähnlich Wolf (2003), S. 205; Homburg/Stephan (2004), S. 11. Vgl. hierzu auch insbesondere die nachfolgende empirische Erhebung in Kapitel 4.7.5.2.

1802 Löw (2005b), S. 2179.

1803 Vgl. Löw (2005b), S. 2179.

1804 Vgl. Bühn/Klauck (2006), S. 18.

1805 Klassischerweise stellt die betrachtete risikobehaftete Position ein Portfolio an Wertpapieren dar (Makroebene). Es kann jedoch auch das Marktpreisrisiko von Einzelpositionen, d.h. von einzelnen Wertpapieren oder Finanzinstrumenten anhand des VaR gemessen werden (Mikroebene). Entsprechend können unterschiedliche Aggregationsniveaus dem VaR zugrundegelegt werden. Vgl. Kremers (2002), S. 122.

1806 Für das sogenannte *backtesting* ist die Höhe des Konfidenzniveaus von besonderer Bedeutung. Im Rahmen des *backtesting* vergleicht man für einen bestimmten vergangenen Zeitraum die tatsächliche sowie die theoretisch zu erwartende Häufigkeit von Überschreitungen des VaR miteinander. Dabei kann sich ein nicht zu hoch festgelegtes Konfidenzniveau durchaus als sinnvoll erweisen. Vgl. für eine Erläuterung Rau-Bredow (2001), S. 2-3.

1807 Obwohl es sich um einen Verlust, d.h. um einen negativen Betrag handelt, wird der VaR i.d.R. aber durch einen positiven Zahlenwert ausgedrückt. Vgl. Fürst/Henselmann/Klein (2009), S. 9.

1808 Vgl. J. P. Morgan/Reuters (17.12.1996), S. 6.

1809 J. P. Morgan/Reuters (17.12.1996), S. 6; ähnlich auch Jorion (2001), S. xxii.

1810 Winter (2004b), S. 289.

1811 Vgl. Winter (2004b), S. 289.

Beschreibt $F^{-1}_{\Delta V_i^h}$ die Umkehrfunktion der Verteilungsfunktion der Vermögensänderung, dann gilt:

$$VaR_i^{h,(1-z)} = -F^{-1}_{\Delta V_i^h}(z).$$ [1812]

Wird eine **Normalverteilung** der Risikoposition *i* unterstellt, was jedoch aufgrund empirischer Ergebnisse für die meisten Risikopositionen als äußerst fragliche Annahme gelten dürfte,[1813] ist auch ein Vergleich von VaR-Werten möglich, die unter Annahmen unterschiedlicher Konfidenzniveaus berechnet wurden. Dabei stellt sich der VaR als ein bestimmtes Vielfaches der Standardabweichung σ dar:[1814]

$$VaR = \alpha\, \sigma$$

Der oben dargestellte **VaR** wird als **absolut** bezeichnet (VaR_{abs}), da sich die Kennzahl auf den derzeitigen Marktwert der Risikoposition bezieht,[1815] d.h. er zeigt die potentielle Nettovermögensminderung an.[1816] Der **relative VaR** (VaR_{rel}) fußt hingegen auf dem Erwartungswert, in dem die diesbezügliche potentielle maximale Abweichung (Verlust) ermittelt wird.[1817]

Eine erste nachteilige Eigenschaft des VaR-Konzepts ist jedoch darin zu sehen, dass er **nicht subadditiv** ist. So kann etwa der VaR eines Gesamtportfolios u.U. größer sein als die Summe der einzelnen VaR-Werte einzelner Teilportfolien. Diese Eigenschaft läuft allerdings dem Effekt der Portfoliodiversifikation zuwider, bewirkt doch die Zusammenfassung in ein Gesamtportfolio eine Risikominimierung im Vergleich zur Summe der Einzelrisiken der betrachteten Teilportfolien.[1818]

Finanzdienstleister orientieren sich bezüglich der Festlegung der dem VaR zugrundeliegenden Haltedauer *[t; t + h]* i.d.R. an den Vorschriften von Regulierern; häufig werden ein bis zehn Tage unterstellt.[1819] Die Solvabilitätsverordnung (SolvV) schreibt im Rahmen der Ermittlung der Risikobeträge für Zwecke der Eigenmittelunterlegung gemäß §§ 202, 315 SolvV für Finanzdienstleister

---

1812 Vgl. Winter (2004b), S. 289.

1813 Vgl. Hull (2007), S. 202. Das erste Problem mit der Normalverteilungsannahme stellt zum einen die Nicht-Erfassung von Extremwerten dar, da diese durch die Verdichtung einer gesamten Häufigkeitsverteilung auf zwei Verteilungsparameter – Erwartungswert μ und Standardabweichung σ – „herausgefiltert" werden. Des Weiteren findet eine Krümmung bzw. Schiefe oder Kurtosis der Verteilung, wie sie sich auf Basis realer Beobachtungen gestalten würde, keine Berücksichtigung. Die Nicht-Beachtung einer evtl. vorhandenen Schiefe, schlägt sich dann in einer Unterschätzung des Risikos nieder, wenn sich diese auf das negative Ende, sprich das Verlustende der Verteilung bezieht. Auch bei Risikopositionen, die ein asymmetrisches Risikoprofil aufweisen (insbesondere aufgrund von Optionen), kann nicht von einer Normalverteilung ausgegangen werden. Vgl. hierzu auch Jansen/Wittrock (1996), S. 632.

1814 Vgl. Hull (2007), S. 202; Rau-Bredow (2001), S. 3. Bspw. gilt α (95%) = 1,64485 sowie α (99%) = 2,32635.

1815 Vgl. Kunz (2009), S. 172.

1816 Vgl. Homburg/Stephan (2004), S. 314.

1817 Vgl. Homburg/Stephan (2004), S. 314; Stephan (2006), S. 176. Für eine grafische Veranschaulichung u.a. des VaR_{rel} sowie des VaR_{abs} siehe auch die diesbezügliche Grafik in Kapitel 4.7.4.2.2.7.

1818 Vgl. Großmann (2006), S. 74; Bühn/Klauck (2006), S. 21.

1819 Vgl. Fürst/Henselmann/Klein (2009), S. 10.

zwingend eine Haltedauer von i.d.R. zehn Tagen, ein Konfidenzniveau von 99% sowie einen historischen Referenzzeitraum von mindestens einem Jahr vor.[1820] Über die Bankenbranche hinaus ist nach Auffassung von *Prokop* ebenfalls ein Konfidenzniveau von 99% anzustreben, aber auch ein Wert von nur 95% oder 90% sollte den Anforderungen des IFRS 7 wie auch den Anforderungen an ein unternehmerisches Risikomanagement gerecht werden können. Die Wahl der zugrundezulegenden Haltedauer bestimmt sich dabei insbesondere nach der Liquidierbarkeit der betrachteten Finanzinstrumente. Eine allgemeine Orientierung an den bankspezifischen Vorgaben von zehn Tagen dürfte dabei im Falle marktgängiger Wertpapiere ebenfalls angemessen sein.[1821]

Da es sich beim VaR um die Betrachtung zukünftiger Verluste am negativen Ende der Wahrscheinlichkeitsverteilung handelt, wird diese monetäre[1822] Risikokennzahl auch als einseitiges, verlustorientiertes bzw. Shortfall- oder Downside-Risikomaß bezeichnet;[1823] der Chancenaspekt bei symmetrischen Risiken wird entsprechend aus der Betrachtung ausgeblendet.[1824] Da sie sich auf die Wahrscheinlichkeitsverteilung zukünftiger Verluste bezieht, ist in der **Zukunftsorientierung** ein zentrales Merkmal dieses Verfahrens zu sehen.[1825]

Die **zeitliche Transformation** eines VaR-Wertes auf unterschiedliche Zeiträume ist hierbei sehr leicht ermittelbar. So kann bei gleichem Konfidenzniveau der VaR für eine Zeitperiode ***N*** aus dem täglichen VaR (*1-day* VaR) ermittelt werden, indem der tägliche VaR mit der Quadratwurzel von ***N*** multipliziert wird:[1826]

$$N - day\, VaR = 1 - day\, VaR \times \sqrt{N}$$

Diese Transformation ist jedoch nur unter der Voraussetzung korrekt, sofern die Veränderungen des Portfoliowerts an den (zukünftigen) folgenden Tagen einer unabhängigen identischen Normalverteilung mit einem Mittelwert von null („*…when the changes in the value of the portfolio on successive days have independent identical normal distributions with mean zero…*“) folgen; ansonsten erlaubt sie lediglich eine Näherung des N-day-VaR.[1827]

Mit Hilfe des VaR ist es möglich, die Auswirkungen mehrerer relevanter, unsichere Einflussgrößen (Risikofaktoren) – einschließlich etwaiger Korrelationen – auf das Ergebnis einer Risikoposition

1820 So auch Prokop (2008), S. 469. Anhand der Bestimmungen der Bank für Internationalen Zahlungsausgleich (BIZ) wird für die Bankenbrache in Bezug auf Handelsportfolien sogar von einem Konfidenzniveau von 99%iger Sicherheit bei einer Haltedauer von (nur) einem Tag ausgegangen. Vgl. Löw (2005b), S. 2179.

1821 Vgl. Prokop (2008), S. 469.

1822 Vgl. Kremers (2002), S. 122; Winter (2004b), S. 289.

1823 Vgl. Fürst/Henselmann/Klein (2009), S. 9-10; Winter (2004b), S. 289; Kremers (2002), S. 122.

1824 Vgl. Kremers (2002), S. 122.

1825 Vgl. Kremers (2002), S. 123.

1826 Vgl. Hull (2007), S. 203; Bühn/Klauck (2006), S. 19.

1827 Vgl. Hull (2007), S. 203.

simultan zu berücksichtigen und im Ergebnis das Risiko dabei nur anhand von einer einzigen Kennzahl zu quantifizieren.[1828] Entsprechend wird der zentrale Vorteil in der Verwendung des VaR für Berichterstattungszwecke in der **leichten Vermittelbarkeit** gegenüber den Berichtsadressaten gesehen,[1829] da er selbst von Nichtfachleuten leicht nachzuvollziehen,[1830] d.h. vielmehr seine Entwicklung im Zeitablauf leicht zu interpretieren sein dürfte.

Da sich der **VaR** an durch Preisrisiken verursachten Marktwertänderungen über eine kurze Frist orientiert, eignet er sich idealerweise **als Risikomaß für direkt handelbare Marktrisiken**.[1831] Eine Anwendung in Industrie- und Handelsunternehmen bietet sich im Vergleich zu Finanzdienstleistern insbesondere deshalb an, da sie i.d.R. vergleichsweise einfach strukturierte Wertpapiere bzw. Finanzinstrumente halten, für die sich die dazu nötige Datenerhebung entsprechend einfacher gestalten dürfte.[1832]

Um die in der Vergangenheit erstellten VaR-Werte, die ja einer Art Vorhersage entsprechen, ex post angesichts der dann realisierten Marktparameter verifizieren zu können, stellt das sogenannte ***backtesting*** eine Art „*reality check*" dar.[1833] Vereinfacht gestaltet sich ein *backtesting* bspw. bei einem eintägigen VaR mit einem Konfidenzniveau von 99% so, dass nach sogenannten *exceptions*, d.h. Überschreitungen des VaR-Werts in der Vergangenheit, gesucht wird. Sofern sich diese *exceptions* in der Vergangenheit für exakt 1% der Tage (bezogen auf den betrachteten historischen Gesamtzeitraum) zeigen, wurde der VaR korrekt berechnet. Sofern sich *exceptions* jedoch in mehr als 1% der Tage ereignet haben, unterschätzt der VaR das der Risikoposition inhärente Risiko und vice versa.[1834] Entsprechend ist die Güte eines VaR-Werts nur retrospektiv ermittelbar.

Weitere at-Risk-Kennzahlen stellen der Credit-at-Risk, der Earning-at-Risk, der Earning per Share-at-Risk sowie der **Cashflow-at-Risk** (CfaR) dar.[1835] Letztere behält zwar (wie auch die anderen) das grundlegende Konzept des VaR bei, ist jedoch im Unterschied dazu zur Risikomessung über einen längeren Zeitraum[1836] ausgerichtet und hat nicht den Marktwert sondern Cashflows (finanzieller Überschuss) zur Zielgröße, die von Industrie- und Handelsunternehmen insbesondere zur Planung und Bewertung von Investitionen herangezogen werden. Er kann m.a.W. auch als das „auf Stromgrößen basierende Äquivalent des Value at Risk"[1837] bezeichnet werden. Dieses Risikomaß

[1828] Vgl. Fürst/Henselmann/Klein (2009), S. 11 m.w.N.
[1829] Im Ergebnis auch Prokop (2008), S. 476; Portmann (1999), S. 119-120.
[1830] Vgl. Rau-Bredow (2001), S. 1.
[1831] Vgl. Stephan (2006), S. 178.
[1832] Vgl. Kremers (2002), S. 172.
[1833] Vgl. Kremers (2002), S. 170; Hull (2007), S. 208; Wolke (2008), S. 52-54.
[1834] Vgl. Jorion (2001), S. 130-132; Hull (2007), S. 208.
[1835] Vgl. Stephan (2006), S. 178-181.
[1836] Mehrere Monate bis hin zu mehreren Jahren.
[1837] Duch (2005), S. 131.

trägt damit insbesondere den in Industrie- und Handelsunternehmen bestehenden realwirtschaftlichen bzw. betrieblichen Risiken aus den Bereichen Beschaffung, Produktion und Absatz Rechnung, die i.d.R. weder handelbar noch kurzfristig liquidierbar sind und deren Marktwerte sich nicht ohne Probleme bestimmen lassen.[1838] Da sich die hier betrachteten Angaben des IFRS 7 jedoch ausschließlich auf (handelbare) Marktrisiken beziehen, soll der CfaR nachfolgend nicht weiter thematisiert werden.

Zur **Messung des VaR** – wie auch der anderen at-Risk-Kennzahlen[1839] – bestehen grundsätzlich mehrere Möglichkeiten, die jedoch unterschiedlich komplex und mit individuellen Schwierigkeiten behaftet sind.

Da sich die einzelnen Methoden mit Blick auf die aufzunehmenden Risikoszenarien, die Modellierung der individuellen Risikofaktoren und die Handhabung von Risikoverbundeffekten bzw. Korrelationen teilweise stark unterscheiden, öffnen sich entsprechend **bilanzpolitische Gestaltungsspielräume**, da jede Methode prinzipiell zu anderen Ergebnissen führt.[1840]

Die nachfolgenden Ausführungen geben einen kurzen Überblick über das Grundmodell sowie die jeweiligen Vorzüge und Nachteile der drei in der Praxis zu Berichterstattungszwecken gemäß IFRS 7 herangezogenen Methoden. Auf eine eingehende formale Darstellung und Herleitung dieser Methoden wird aus Platzgründen verzichtet.[1841]

4.7.4.2.2.2. Überblick über die Messmethoden

Zur Ermittlung des VaR können grundsätzlich drei Messmethoden herangezogen werden: (1) der Varianz-Kovarianz-Ansatz, (2) die Historische Simulation sowie (3) die Monte-Carlo-Simulation.[1842] Die **grundlegende Vorgehensweise** bei der **Berechnung des VaR** ist jedoch unabhängig vom gewählten Ermittlungsverfahren stets dieselbe:

(1) Ermittlung der **Risikoparameter**;

(2) Festlegung der **Beziehung** zwischen den Risikoparametern und den Preisen;

(3) Entwicklung von **Szenarien** für die künftige Preisentwicklung (Einzeltitel- oder Portfolioebene) resultierend in **Wahrscheinlichkeitsverteilungen**; sowie

(4) **Bestimmung des VaR** auf Basis eines bestimmten Konfidenzniveaus.[1843]

1838 Vgl. Stephan (2006), S. 178.

1839 Vgl. Stephan (2006), S. 181.

1840 Vgl. Fürst/Henselmann/Klein (2009), S. 11-12.

1841 Für eine ausführliche Darstellung der Konzepte der einzelnen Messmethoden siehe bspw. Fürst/Henselmann/Klein (2009), S. 11-26; Prokop (2008), S. 469-476; Linsmeier/Pearson (2000), S. 50-57.

1842 Vgl. Linsmeier/Pearson (2000), S. 50.

1843 Vgl. Kremers (2002), S. 127-128; ebenso Wolf (2003), S. 207.

Nachfolgend werden die zentralen Besonderheiten der einzelnen Methoden dargestellt, wobei die Wahl einer geeigneten Methoden aufgrund ihrer jeweils spezifischen Stärken und Schwächen sicherlich von der Situation, in der sie angewendet werden soll, bedingt ist.[1844]

4.7.4.2.2.3. Varianz-Kovarianz-Ansatz zur Messung des VaR

Der *delta-normal approach*[1845] bzw. der **Varianz-Kovarianz-Ansatz** basiert grundlegend auf der Annahme einer **multivariaten Normalverteilung** der Renditen der dem Schätzverfahren zugrundeliegenden Risikofaktoren eines bestimmten Portfolios bzw. einer bestimmten Risikoposition.[1846] Die Gesamtrisikoposition setzt sich dabei **linear** aus den einzelnen Risikofaktoren zusammen.[1847] Entsprechend bietet sich die Anwendung dieses Verfahrens vornehmlich dann an, wenn zwischen den Veränderungen der Risikoparameter und den Marktwertveränderungen lineare Zusammenhänge bestehen.[1848]

Zur Risikomessung werden hierbei zunächst zum einen die zu einem Vektor $\vec{\delta}$ zusammengefassten Gewichte der einzelnen Risikofaktoren (Delta-Positionen) benötigt. Zum anderen ist die Kovarianzmatrix $\underline{\sigma}$ der Risikofaktoren zu ermitteln. Mit Hilfe des Vektors der Delta-Positionen sowie der Kovarianzmatrix[1849] kann im Anschluss die Varianz der gesamten Risikoposition $\sigma_i{}^2$ unmittelbar als Verktorprodukt berechnet werden:[1850]

$$\sigma_i{}^2 = \vec{\delta}^t \, \underline{\sigma} \, \vec{\delta}$$

Um den VaR zu ermitteln, muss anschließend die Standardabweichung der Risikoposition σ_i mit α[1851] multipliziert werden. Die Normalverteilungshypothese gilt dabei aufgrund der Linearitätsannahme nicht nur für die einzelnen Risikofaktoren, sondern auch für die gesamte Risikoposition *i*.[1852]

Die **Vorteile** des Varianz-Kovarianz-Ansatzes liegen dabei insbesondere in seiner **einfachen Implementierbarkeit** sowie seiner **schnellen Berechnungszeit**.[1853] Die benötigten Daten sind häufig ohne größeren Aufwand von öffentlich zugänglichen Quellen beziehbar. Es werden auch keine

1844 So auch Stephan (2006), S. 181.

1845 Die Gewichte der einzelnen Risikofaktoren innerhalb dieses linearen Ansatzes werden als Delta-Positionen bezeichnet. Vgl. Rau-Bredow (2001), S. 5.

1846 Vgl. Linsmeier/Pearson (2000), S. 53.

1847 Vgl. Rau-Bredow (2001), S. 5.

1848 Vgl. Kremers (2002), S. 164.

1849 Die Kovarianzmatrix bzw. die zu ihrer Ermittlung notwendigen Volatilitäten und Korrelationen der einzelnen Risikofaktoren werden in der Praxis häufig auf der Basis historischer Marktdaten geschätzt. Die dazu notwendigen Daten können neben einer eigenen Erhebung bspw. auch kostenlos über *RiskMetrics*, ein Tochterunternehmen von *J.P. Morgan*, bezogen werden. Vgl. Rau-Bredow (2001), S. 6.

1850 Vgl. Rau-Bredow (2001), S. 5. Mit *t* in der Formel für „transponiert".

1851 Bei einem Konfidenzniveau von 97,5% gilt etwa α (97,5%) = 1,95996. Vgl. für den Zusammenhang VaR = $\alpha\ \sigma$ die Ausführungen in Kapitel 4.7.4.2.2.1.

1852 Vgl. Rau-Bredow (2001), S. 5.

1853 Vgl. Jorion (2001), S. 220.

komplexen Simulations- und Preismodelle benötigt, da keine vollständige Neubewertung stattfindet.[1854]

In der praktischen Anwendung ergeben sich **Probleme** jedoch vor allem aus der **Linearitätsannahme** sowie der unterstellten **Normalverteilungshypothese** der einzelnen Risikofaktoren bzw. der betrachteten Gesamtposition.[1855] Erstere trifft dann nicht zu, wenn die Gesamtrisikoposition Optionen beinhaltet, zweitere ist nicht haltbar, da realiter extreme Ausschläge insbesondere an den Rändern von Verteilungen bestimmter Risikofaktoren (*fat tails*) auf den Finanzmärkten wesentlich häufiger vorkommen, als die Normalverteilung unterstellen würde.[1856] Auf Basis empirischer Ergebnisse zeigt sich dies insbesondere bei Marktrisikopositionen.[1857] Aufgrund der Normalverteilungsannahme kommt es bei der Berechnung des VaR somit zu einer systematischen Unterschätzung der Risiken.[1858] Aufbauend auf dieser Kritik wird daher empfohlen, auf diese Art ermittelte VaR-Werte durch sogenannte ***stress test*** zu flankieren (vgl. hierzu insbesondere Kapitel 4.7.4.2.2.7.).[1859]

4.7.4.2.2.4. Historische Simulation zur Messung des VaR

Die **Historische Simulation** stellt ein nichtparametrisches Verfahren zur Schätzung des VaR dar,[1860] da sie gänzlich ohne Annahmen über die tatsächliche Verteilung der einzelnen Risikofaktoren auskommt.[1861] Wie der Name dieser Methode schon besagt, wird die zur Erstellung einer hypothetischen zukünftigen Renditeverteilung (Gesamtrisikoposition) benötigte Reihe an Marktszenarien, die bestimmten Ausprägungen der zugrundeliegenden Risikofaktoren entsprechen, anhand von historischen Marktrealisationen dieser Risikofaktoren gewonnen.[1862]

Dazu ist jedoch zunächst ein **historischer Referenzzeitraum** zu bestimmen, über den hinweg die historischen Daten erhoben werden. Betrachtet man n Perioden während dieses Zeitraums und passt man die aktuell gehaltene Risikoposition für jede dieser Perioden an die historischen Veränderungen der betrachteten Risikofaktoren an, gelangt man zu n hypothetischen Risikopositionen bzw. Renditeausprägungen.[1863] Nun werden diese historischen Renditeverteilungen in eine Rangordnung gebracht, bei der nun bspw. unter der Annahmen von $n = 100$ und einem Konfidenzintervall von

1854 Vgl. Kremers (2002), S. 163.
1855 Vgl. Rau-Bredow (2001), S. 8; Jorion (2001), S. 220-221.
1856 Vgl. Jorion (2001), S. 220-221; Großmann (2006), S. 74; Bühn/Klauck (2006), S. 20; Rau-Bredow (2001), S. 8.
1857 Vgl. Großmann (2006), S. 74.
1858 Vgl. Bühn/Klauck (2006), S. 20.
1859 Vgl. Rau-Bredow (2001), S. 8.
1860 Vgl. Prokop (2008), S. 470.
1861 Vgl. Rau-Bredow (2001), S. 9.
1862 Vgl. Linsmeier/Pearson (2000), S. 50; Rau-Bredow (2001), S. 9.
1863 Vgl. Linsmeier/Pearson (2000), S. 50.

95% die schlechtesten 5%, d.h. die schlechtesten fünf Werte der Reihenfolge zu streichen sind. Anhand des anschließend an letzter Stelle stehenden Wertes lässt sich dann der VaR bestimmen.[1864]

Sofern die benötigten historischen Datensätze vorliegen, handelt es sich bei der Historischen Simulation wie auch beim Varianz-Kovarianz-Ansatz um eine relativ **einfach zu implementierende Methode** zur Ermittlung de VaR.[1865] Daran anknüpfend ist jedoch anzumerken, dass es jedoch häufig nicht möglich ist, eine ausreichende Anzahl an **Vergangenheitsdaten** zu erheben, um die Historische Simulation sinnvoll durchführen zu können. Häufig fehlen Vergangenheitsdaten für einen länger zurückliegenden Zeitraum sogar gänzlich.[1866]

Anhand der Historischen Simulation werden darüber hinaus **Nichtlinearitäten** sowie **nichtnormale Verteilungen** der betrachteten Risikofaktoren **implizit berücksichtigt**; entsprechend wird auch **Extremereignissen**, sogenannten *fat tails*, Rechnung getragen.[1867]

Die zentrale **Kritik** an dieser Methode rührt daher, dass sich vergangenen Entwicklungen grundsätzlich nur sehr eingeschränkt dazu eignen, **verlässliche Aussagen über zukünftige Entwicklungen** treffen zu können.[1868] Die Historische Simulation verwendet aber ausschließlich nur den *einen „sample path“* historischer Daten.[1869]

Ein weiteres Problem besteht in diesem Zusammenhang darin, dass **alle historischen Daten gleichgewichtet** in die Berechnung des VaR eingehen. Folglich wird alten Daten dieselbe Relevanz beigemessen wie aktuellen, was dazu führen kann, dass bspw. der Wegfall alter Daten aus der Berechnung im Zeitablauf (bei einem fixen historischen Betrachtungsfenster) den VaR-Wert erheblich ändern kann.[1870]

Zudem erweist sich die Durchführung der Historischen Simulation für große Portfolios mit komplizierten Strukturen[1871] oder für die Berechnung sehr hoher Konfidenzniveaus[1872] als sehr beschwerlich, da eine große Menge historischer Daten benötigt wird, um ein Ergebnis akzeptabler Güte erzielen zu können.

1864 Ähnlich Linsmeier/Pearson (2000), S. 52; Fürst/Henselmann/Klein (2009), S. 15.
1865 Vgl. Jorion (2001).
1866 Vgl. Jorion (2001), S. 223-224; im Ergebnis auch Stephan (2006), S. 193.
1867 Vgl. Jorion (2001), S. 223.
1868 Vgl. Hager (2004), S. 138; Duch (2005), S. 116; Kremers (2002), S. 156; ähnlich Hull (2007), S. 230.
1869 Vgl. Jorion (2001), S. 223.
1870 Vgl. Jorion (2001), S. 224.
1871 Vgl. Jorion (2001), S. 224.
1872 Vgl. Boudokh/Richardson/Whitelaw (1998), S. 64.

4.7.4.2.2.5. Monte-Carlo-Simulation zur Messung des VaR

Im Gegensatz zur Historischen Simulation[1873], bei der die Szenarien unmittelbar aus historischen Beobachtungswerten generiert werden,[1874] wird bei Anwendung der Monte-Carlo-Simulation die benötigte Reihe an Marktszenarien anhand eines Zufallszahlengenerators erzeugt. Zur Kalibrierung dieses Generators sind dabei bestimmte Annahmen über die Verteilung der Risikofaktoren zu treffen.[1875] Nachdem, wie bei allen anderen Ermittlungsverfahren des VaR, zunächst das betrachtete Portfolio abgegrenzt, die Risikofaktoren bestimmt sowie der Beobachtungszeitraum, die Haltedauer und das Konfidenzniveau festgelegt worden sind,[1876] ist dann dazu eine Verteilung zu wählen, von der das bilanzierende Unternehmen davon ausgeht, dass sie die zukünftig möglichen Veränderungen der betrachteten Risikofaktoren adäquat abbildet bzw. approximiert.[1877] Neben Normalverteilungen[1878] können dabei auch jedwede anderen denkbaren Verteilungen zur Anwendung kommen.

Mit Hilfe dieser Annahmen werden nun anhand des Zufallszahlengenerators i.d.R. tausende hypothetische Änderungen der einzelnen Risikofaktoren erzeugt, anhand derer sich wiederum tausende hypothetische zukünftige Renditeausprägungen der betrachteten Gesamtrisikoposition erzeugen lassen. Die Verteilung dieser Renditeausprägung wird anschließend dazu verwendet, den VaR der betrachteten Gesamtrisikoposition zu bestimmen.[1879]

Die Monte Carlo-Simulation stellt dabei bei weitem die „*most powerful method*“[1880] zur Ermittlung des VaR dar. So ist sie gegenüber den anderen Methoden u.a. in der Lage, eine vergleichsweise große Bandbreite an Risiken (bspw. nichtlineare Preisrisiken, das Volatilitätsrisiko und sogar das Modelrisiko) mit einzubeziehen und bleibt dabei flexibel genug, auch Extremereignisse, die bereits erwähnten *fat tails*, zu berücksichtigen.[1881]

Einen ersten zentralen Kritikpunkt stellt dabei jedoch die **Subjektivität bei der Kalibrierung** (Wahl der zugrundegelegten Verteilung) des Zufallszahlengenerators im Rahmen der Monte-Carlo-Simulation dar.[1882]

1873 Die Analogie der Monte-Carlo-Simulation zur Historischen Simulation besteht darin, dass die Bewertung der möglichen Szenarien auf der Basis von simulierten Schwankungen der einzelnen Risikoparameter erfolgt. Vgl. Kremers (2002), S. 158.

1874 Vgl. Kremers (2002), S. 158.

1875 Vgl. Kremers (2002), S. 157-158; Rau-Bredow (2001), S. 9.

1876 Vgl. Kremers (2002), S. 158.

1877 Vgl. Linsmeier/Pearson (2000), S. 56; Kremers (2002), S. 158.

1878 Vgl. Duch (2005), S. 117; Rau-Bredow (2001), S. 9; Kremers (2002), S. 158, 165.

1879 Vgl. Linsmeier/Pearson (2000), S. 56. Für eine detaillierte Darstellung dieser Vorgehensweise siehe Kremers (2002), S. 159-162.

1880 Jorion (2001), S. 225.

1881 Vgl. Jorion (2001), S. 225.

1882 So auch Fürst/Henselmann/Klein (2009), S. 19; 25.

Darüber hinaus ist unter **Praktikabilitäts-** sowie **Kostengesichtspunkten** insbesondere die vergleichsweise hohe Komplexität dieser Methode v.a. unter den Aspekten der Berechnungsdauer sowie des Aus- bzw. Aufbaus der dazu nötigen System-Infrastruktur sowie der erforderlichen Fähigkeiten der Mitarbeiter zu bemängeln.[1883]

4.7.4.2.2.6. Vergleich der Messmethoden

Nachfolgende Tabelle[1884] dient dem Vergleich der einzelnen Messmethoden des VaR. Stärken und Schwächen[1885] der einzelnen Ansätze, die größtenteils bisher noch nicht im Rahmen vorliegender Untersuchung benannt wurden, sind unmittelbar ersichtlich.

Beurteilungskriterien	**Varianz-Kovarianz-Ansatz**	**Simulationsverfahren**	
		Historische Simulation	**Monte-Carlo-Simulation**
Verfahren	analytisch/parametrisch	simulativ/numerisch	
Datenbasis und Verteilungsannahmen	i.d.R. Normalverteilung der stetigen Risikofaktoren; linearer Einfluss der Risikofaktoren	historische Verteilung der (stetigen) Risikofaktoren	beliebige Verteilungen, auch in Anlehnung an historische Verteilungen; häufig Annahme einer Normalverteilung
Ermittlung der Ausprägung des Portfoliowerts	Berechnung von Parametern unter Einbezug historischer Schwankungen	Berechnung auf Grundlage historischer Veränderungen der Risikofaktoren	Zufallszahlengenerator zur Ermittlung der Schwankungen der Risikofaktoren (Zufallszahlen fließen dazu zuvor in kalibrierte Prozesse ein, um die Verteilung der Risikofaktoren zu simulieren)
Erfassung von Extremwerten	eher schlecht möglich, da i.d.R. eine Normalverteilung zugrunde gelegt wird	erfasst potentielle Extremwerte, sofern diese in der Datenhistorie enthalten sind	abhängig von der vorgenommenen Modellierung
Komplexität des Verfahrens	mittel, da Korrelationen der Linearkombinationsregel ermittelt werden müssen	gering, da Korrelationen, Nichtlinearitäten und Verteilungen implizit berücksichtigt werden	hoch, da neben den Korrelationen auch geeignete Verteilungen (Parameter) zu ermitteln sind
Implementierung	einfach, sofern die relevanten Risikofaktoren von verfügbarer Standard-Software abgedeckt werden; andernfalls in Abhängigkeit von der Komplexität der Instrumente und der Verfügbarkeit an Daten schwierig	einfach, sofern historische Daten der relevanten Risikofaktoren vorliegen	einfach, sofern die relevanten Risikofaktoren von verfügbarer Standard-Software abgedeckt werden; andernfalls sehr schwierig
Berechnungsgeschwindigkeit	hoch	hoch	langsam, außer für relativ kleine Portfolios
Kommunizierbarkeit in der Rechnungslegung	mittel, da intersubjektiv nachprüfbar	gut, da objektiv	schwach, da abhängig von Datengrundlage teilweise sehr subjektiv
Korrekte Berücksichtigung von Optionen	nein, lediglich approximativ (nur für eine kurze Halteperiode eines Portfolios mit einem geringen Anteil an Optionen)	nein, lediglich approximativ (nur für eine kurze Halteperiode eines Portfolios mit einem geringen Anteil an Optionen)	ja, unabhängig vom Anteil der Optionen am Gesamtportfolio; Laufzeiteffekte können berücksichtigt werden
Berücksichtigung alternativer Szenarios	stark eingeschränkt, da Normalverteilungsannahme bindend	nicht möglich	uneingeschränkt möglich

1883 Vgl. Jorion (2001), S. 226; ähnlich Hager (2004), S. 158-159; Stephan (2006), S. 194.

1884 In Anlehnung an Kremers (2002), S. 167-168; Fürst/Henselmann/Klein (2009), S. 24; Prokop (2008), S. 478; Linsmeier/Pearson (2000), S. 58; Duch (2005), S. 125-126; Jorion (2001), S. 230.

1885 Einige Vor- und Nachteile wurden aus Platzgründen teilweise noch nicht in den vorangegangen Ausführungen erwähnt.

Beurteilungskriterien	Varianz-Kovarianz-Ansatz	Simulationsverfahren	
		Historische Simulation	Monte-Carlo-Simulation
Zukunftsbezug	schwach, da i.d.R. auf historischen Daten basierend	schwach, da stets auf historischen Daten basierend	stark, sofern keine zu starke Anlehnung an historische Daten erfolgt
Fehlerhafte VaR-Ermittlung, sofern Vergangenheit atypisch	ja, sofern keine alternativen Korrelatinen/Standardabweichungen zu den historischen Korrelationen/Standardabweichungen verwendet werden	ja	ja, sofern keine alternativen Verteilungen zur historischen Verteilung verwendet werden
Sind alternative Analysen unter anderen Annahmen möglich	die Untersuchung alternativer Annahmen über Korrelationen/Standardabweichungen ist einfach; Untersuchung alternativer Annahmen über die Verteilung der Risikofaktoren (keine Normalverteilung) ist nicht möglich	nein	ja
Quantifizierbarkeit von Risiken	primär finanzwirtschaftliche Risiken		alle Risiken können theoretisch erfasst werden
Besondere Vorteile	theoretisch gut fundiert; einfache Rechentechnik; kein (im Vergleich zur Historischen Simulation) umfangreiches historisches Datenmaterial erforderlich	keine Verteilungsannahme oder Korrelationen erforderlich; leicht verständlich	potentielle Genauigkeit abhängig von den verwendeten Bewertungsfunktionen und Verteilungen; verschiedene Verteilungsformen anwendbar; kein (im Vergleich zur Historischen Simulation) umfangreiches historisches Datenmaterial erforderlich; hohe Flexibilität
Besondere Nachteile	hoher Implementierungsaufwand; ungenau bei nicht-linearen Bewertungszusammenhängen; schiefe und kurtotische Verteilungen werden i.d.R. nicht berücksichtigt	Repräsentativität des Beobachtungszeitraums erforderlich; umfangreiche historische Daten erforderlich	lange Rechenzeiten; hoher Implementierungsaufwand; erhebliches Modellrisiko
Geeignete Anwendungsgebiete	konstante Portfoliozusammensetzung und lineare Bewertungszusammenhänge; stationäre Prozesse; Top-Down-Ansatz auf aggregierter Portfolioebene oder für Geschäftseinheiten	konstante Portfoliozusammensetzung und geringe Zeitablaufeffekte	bedeutender Anteil an Derivaten, insb. Optionspositionen; erhebliche Instabilität der Sensitivitäten und Korrelationen; Zusammenwirken vieler verschiedener Risikofaktoren; insbesondere bei nicht-linearen Zusammenhängen sowie einer geringen Zeithistorie der Datenbasis; bspw. auch bei mean-reverting-Prozessen
Besonders ungeeignete Anwendungsgebiete	große Portfolios; nicht-lineare Bewertungszusammenhänge; Positionen in illiquiden oder exotischen Märkten; instabile Korrelationen	Ausreißer im Beobachtungszeitraum; bedeutender Anteil an Derivaten	einfache, lineare Positionen (zu großer Aufwand); sehr große Portfolios mit heterogener Struktur
Problembereiche für die Risikopublizität gemäß IFRS 7	Normalverteilungsannahme (bei Schiefe und Kurtosis realer Renditverteilungen) sowie Linearität bei vielen Risikofaktoren nicht gegeben	Annahme zeitstabiler Verhältnisse nicht haltbar; Verfügbarkeit historischer Beobachtungen häufig begrenzt	hohe Komplexität verbunden mit einem hohen Kalibrierungs- und Rechenaufwand; Gefahr hoher Subjektivität (Akzeptanz)

Die vorangegangenen Ausführungen zeigen deutliche Schwächen des VaR-Konzepts auf, deren Ausprägungen und Ursachen sich jedoch je nach der gewählten Methode zur Ermittlung des VaR deutlich unterscheiden können.

In **Extremsituationen** am Markt kann bei der VaR-Ermittlung jedoch nicht mehr von normalen Marktbedingungen ausgegangen werden, die allerdings maßgeblich für dessen Aussagegehalt sind.[1886] Idealerweise könnten dann zusätzlich sogenannte ***stress tests*** zur Anwendung kommen, die die Auswirkungen extremer Änderungen der Marktparameter auf ein bestimmtes Portfolio untersuchen.[1887] In der aktuellen Literatur werden bspw. mit dem ***Expected Shortfall*** (ES) bzw. dem ***Conditional Value-at-Risk*** (CVaR)[1888], dem ***Lower Partial Moment One***[1889] sowie der Anwendung der **Extremwertheorie**[1890] und der Modellierung von Abhängigkeiten mittels **Copulae**[1891] alternative Risikokennzahlen bzw. Risikoquantifizierungsverfahren diskutiert, die (in Ergänzung) weitgehend imstande sind, die modellimmanenten Defizite[1892] des klassichen VaR auszugleichen. Siehe hierzu insbesondere die Ausführungen im nachfolgenden Kapitel.

Doch wie bereits erwähnt, verlangt IFRS 7 (bisher) explizit keine Offenlegung einer auf Basis von *stress tests* ermittelten Risikodarstellung bzw. -einschätzung noch jedweder backtesting-Ergebnisse.[1893] Im Einklang damit beklagen *Fürst/Henselmann/Klein* die schlechte Kommunizierbarkeit bspw. des CVaR.[1894] M.E. erscheint dieser Vorwurf auch mit Blick auf den Vergleich mit dem VaR jedoch zum einen als konzeptionell kaum begründbar. Zum anderen wäre eine verpflichtende Flankierung des VaR durch bestimmte Stressmaße im Rahmen der Berichterstattung m.E. durchaus zu begrüßen, wird so doch eine detailliertere Einschätzung der Risikolage durch die Bilanzadressaten möglich, insbesondere was potentiell existenzbedrohende worst-case-Szenarien anbelangt.

4.7.4.2.2.7. ***Stress tests*** als sinnvolle Flankierung des VaR

Da at-Risk-Kennzahlen, wie bereits erwähnt, diverse Schwachstellen aufweisen und Risiken hierbei lediglich während normaler Geschäftsbedingungen sinnvoll quantifiziert werden können,[1895] bietet

1886 Vgl. Bühn/Klauck (2006), S. 12-13; Großmann (2006), S. 74.

1887 So auch Scharpf/Luz (2000), S. 144-145; Bühn/Klauck (2006), S. 21-22.

1888 Vgl. Stephan (2006), S. 209. Die beiden Begriffe ES und CVaR werden in der Literatur weitgehend synonym verwandt. Vgl. Großmann (2006), S. 77. Weitere Synonyme sind "*mean excess loss*", "*beyond VaR*" und "*tail VaR*". Vgl. Yamai/Yoshiba (2002), S. 60.

1889 Vgl. Stephan (2006), S. 209.

1890 Vgl. Großmann (2006), S. 79-89.

1891 Vgl. Großmann (2006), S. 89-95.

1892 Einschränkend sei an dieser Stelle angemerkt, dass das Hauptdefizit aller Risikomaße – die Annahme, dass die aus Vergangenheitsdaten abgeleiteten Verteilungsannahmen und Parameterschätzungen die Zukunft repräsentieren – jedoch durch *kein* Risikomaß, auch die an dieser Stelle vorgeschlagenen, behoben wird.

1893 Vgl. Löw (2005b), S. 2179.

1894 Vgl. Fürst/Henselmann/Klein (2009), S. 27.

1895 Vgl. Bühn/Klauck (2006), S. 12-13; 18. *Bühn/Klauck* beschäftigen sich grundsätzlich mit *stress tests* in Banken. Ihre Empfehlungen sind grundsätzlich aber auch auf Industrie- und Handelsunternehmen übertragbar. Großmann weist in diesem Zusammenhang auf das Scheitern des Hedge Fonds *Long-Term-Capital-Management* (LTCM) im Jahre 1998 hin, das wesentlich auf einer unzureichenden Anwendung des VaR im Rahmen des Risikomanagements basierte. Vgl. Großmann (2006), S. 75.

sich hinsichtlich des potentiellen Eintretens extremer Ereignisse[1896] eine **Flankierung** dieser Risikomaße durch sogenannte ***stress tests*** bzw. **worst-case-Simulationen** an.[1897] Deren Grundstruktur sowie die zentralen Vorteile sollen nachfolgend in groben Zügen dargestellt werden.

Prinzipiell wird anhand von *stress tests* analysiert, wie sich seltene, aber durchaus plausible Stressereignisse – diese weisen im Rahmen des VaR-Konzepts meist eine zu geringe, fast bei null liegende Wahrscheinlichkeit auf, um vom VaR erfasst zu werden[1898] – auf die Portfolien bzw. Risikopositionen eines Unternehmen auswirken,[1899] m.a.W.: „*Stress testing is a way of taking into account extreme events that are virtually impossible according to the probability distributions assumed for market variables, but do occur from time to time*"[1900]. Dabei sollte grundsätzlich beachtet werden, dass *stress tests* die zugrundeliegenden ökonomischen Zusammenhänge sinnvoll abbilden und hinreichend plausibel sind.[1901]

Eine Klassifizierung von *stress tests* findet sich etwa bei *Bühn/Klauck*, die grundsätzlich **Univariate Tests** (Sensitivitätsanalysen) und **Multivariate Tests** (Szenarioanalysen) unterscheiden.[1902] Bei den **Sensitivitätsanalysen** handelt es sich um dieselben Verfahren wie bei den bereits im Zusammenhang mit IFRS 7.40 angesprochenen einfaktoriellen Sensitivitätsanalysen. Für Zwecke des *stress testing* besteht der Unterschied lediglich darin, dass hierzu keine „zu erwartenden" – wie von IFRS 7 verlangt –, sondern extreme, aber dennoch plausible Veränderungen des jeweils betrachteten Risikofaktors vorgenommen werden.[1903] Die **Szenarioanalysen** werden von *Bühn/Klauck* in (1) Historische Szenarien, (2) Hypothetische Szenarien sowie (3) Hybridszenarien unterteilt.[1904] Im Prinzip entsprechen diese Szenarioanalysen den im Zusammenhang mit IFRS 7.41 angesprochenen mehrfaktoriellen Sensitivitätsanalysen, mit dem Unterschied, dass analog zu den oben genannten Sensitivitätsanalysen zu stress testing-Zwecken insbesondere die Auswirkungen von Schocks bzw. extremen Veränderungen der involvierten Risikofaktoren untersucht werden.[1905]

1896 Vgl. Großmann (2006), S. 73.

1897 Vgl. Bühn/Klauck (2006), S. 12-13; 21-22; Scharpf/Luz (2000), S. 144-145; Jorion (2001), S. 231-235; ähnlich Hull (2007), S. 212.

1898 Vgl. Hull (2007), S. 212.

1899 Vgl. Bühn/Klauck (2006), S. 13.

1900 Hull (2007), S. 212.

1901 Vgl. Bühn/Klauck (2006), S. 13-14.

1902 Vgl. Bühn/Klauck (2006), S. 18.

1903 Vgl. Bühn/Klauck (2006), S. 14-15.

1904 Vgl. Bühn/Klauck (2006), S. 15-18.

1905 Vgl. Bühn/Klauck (2006), S. 15.

Dabei lassen die in der Praxis bereits vielfach eingesetzten *stress tests* wie bspw. hypothetische Szenarien oder Sensitivitätsanalysen jedoch allzu oft die Frage offen, welche Eintrittswahrscheinlichkeiten extrem seltenen Ereignissen überhaupt zuzuschreiben sind.[1906]

In der aktuellen Literatur werden mit dem **Expected Shortfall** (ES) bzw. dem **Conditional Value-at-Risk** (CVaR)[1907], dem **Lower Partial Moment One**[1908] sowie der Anwendung der **Extremwertheorie**[1909] und der Modellierung von Abhängigkeiten mittels **Copulae**[1910] vor diesem Hintergrund alternative Risikokennzahlen bzw. Risikoquantifizierungsverfahren vorgeschlagen, die dieses Defizit ausgleichen sollen.

Der **ES** bzw. **CVaR** ist dabei als das populärste Beispiel der **kohärenten Risikomaße** anzuführen, denen der VaR aufgrund seiner Nicht-Subadditivität nicht angehört.[1911] Als kohärent[1912] kann ein Risikomaß dann bezeichnet werden, wenn es die Eigenschaften der Subadditivität, positiven Homogenität, Monotonie sowie Translationsinvarianz kumulativ erfüllt.[1913]

Verbal definiert sich der CVaR als "eine absolute Größe [...] [, die] den Verlust in Geldeinheiten [mißt], der bei Überschreiten des VaR-Quantils der Verlustfunktion erwartet wird"[1914]; m.a.W. stellt der CVaR „zu einem vorgegebenen Konfidenzniveau [...] [*z*] de[n] Erwartungswert der Realisationen, die den Value-at-Risk unterschreiten"[1915] dar. Dies setzt allerdings voraus, dass die Verlustverteilung innerhalb des VaR-Quantils auf Basis der vorliegenden Daten hinreichend modelliert werden kann, um dem daraus generierten CVaR hinreichende statistische Signifikanz zuschreiben zu können.[1916]

Per definitionem stellt sich der $ES(X)$ bzw. $CVaR(X)$ formal folgendermaßen dar, wobei X eine Zufallsvariable darstellt, die den Verlust eines betrachteten Portfolios bzw. einer Risikoposition beschreibt und $VaR_z(X)$ den Value-at-Risk zum Konfidenzniveau $(1 - z)$ darstellt:[1917]

$$ES_z(X) = [-X| - X \geq VaR_z(X)]$$

1906 Vgl. Großmann (2006), S. 73.

1907 Vgl. Stephan (2006), S. 209. Die beiden Begriffe ES und CVaR werden in der Literatur weitgehend synonym verwandt. Vgl. Großmann (2006), S. 77. Weitere Synonyme sind "*mean excess loss*", "*beyond VaR*" und "*tail VaR*". Vgl. Yamai/Yoshiba (2002), S. 60.

1908 Vgl. Stephan (2006), S. 209.

1909 Vgl. Großmann (2006), S. 79-89.

1910 Vgl. Großmann (2006), S. 89-95.

1911 Vgl. Großmann (2006), S. 96.

1912 Von lat. cohaerere, d.h. „zusammenhängend".

1913 Für eine eingehendere Erläuterung dieser Anforderungen siehe Kremer (2008), S. 34-35; Fürst/Henselmann/Klein (2009), S. 26-27 sowie für deren erstmaliges Postulat Artzner, et al. (1998).

1914 Theiler (2002), S. 111; Großmann (2006), S. 77.

1915 Bonke (2007), S. 80.

1916 Vgl. Großmann (2006), S. 77; Bonke (2007), S. 85.

1917 Vgl. Yamai/Yoshiba (2002), S. 60.

Da der CVaR den bedingten Erwartungswert bei Überschreiten des VaR darstellt, knüpft er an ein zentrales Manko des VaR an, weil dieser das Ausmaß der Verluste jenseits des *1-z* Quantils eben nicht mehr erfasst. Daher kommt dem CVaR insbesondere für den Fall nicht normalverteilter Zufallsvariablen mit sogenannten *fat tails* eine hohe Bedeutung als Risikomaßzahl zu, da das Risiko bei alleiniger Analyse anhand des VaR ansonsten unterschätzt würde.[1918] Darüber hinaus stellt der CVaR, anders als der VaR, ein kohärentes Risikomaß dar.[1919]

Mit dem ***Lower Partial Moment One*** (LPM_1)[1920] besteht darüber hinaus ein weiteres Risikomaß für den Ersatz bzw. die Ergänzung des VaR. Generell quantifizieren der LPM_1 bzw. allgemein die Lower Partial Moments dabei die Fläche unter der Verteilungsfunktion bis zu einem bestimmten, festzulegenden Zielergebnis ***t*** (*target*)[1921] und stellen somit – gleichermaßen wie der VaR – Downside-Risikomaße[1922] dar.

Der LPM_1 firmiert dabei auch unter der Bezeichnung „Misserfolgserwartung“, „Ausfallerwartung“ oder „Downside-Erwartung“ und stellt gegenüber den **Lower Partial Moments nullter Ordnung**[1923], welche die Wahrscheinlichkeit messen, *dass* ein Wert unterhalb von *t* realisiert wird (Verlust- oder Ausfallwahrscheinlichkeit), eine Transformation von einem Wahrscheinlichkeitswert hin zu einem (Misserfolgs-)Erwartungswert dar. Somit wird anhand des LPM_1 der Erwartungswert einer negativen Abweichung vom Zielwert *t* quantifiziert; m.a.W. „misst […] [er] die durchschnittliche negative Abweichung vom Zielwert“[1924] *t*.[1925]

Formal definiert sich der LPM_1 für das Zielergebnis *t* wie folgt:[1926]

$$\boldsymbol{LPM_1(t) = \int_c^t (t-x)\, f(x)\, dx}$$

[1918] Vgl. hierzu sowie zu einer weitergehenden kritischen Auseinandersetzung mit dem CVaR Bonke (2007), S. 84.

[1919] Vgl. für eine Analyse der Kohärenz-Eigenschaften des CVaR Bonke (2007), S. 82-84.

[1920] Der zentrale Unterschied zwischen dem CVaR und dem LPM_1 besteht dabei darin, dass beim CVaR die betrachtete Grenze – in Form des VaR – von der betrachteten Risikoposition abhängt. Beim LPM_1 wird hingegen ein konstantes Zielergebnis *t* als Grenze angenommen. Vgl. Bonke (2007), S. 87-88.

[1921] Die Höhe des Zielwerts hängt dabei wesentlich von der Bewertung des Entscheidungsträgers ab. Vgl. Bonke (2007), S. 66.

[1922] Vgl. Bonke (2007), S. 62.

[1923] Der Lower Partial Moment nullter Ordnung wird – abhängig von der Festlegung des Zielwerts *t* – auch als Verlustwahrscheinlichkeit (Wahrscheinlichkeit des Unterschreitens der Grenze zwischen Verlust und Gewinn), Ruinwahrscheinlichkeit (Wahrscheinlichkeit der Unterschreitens eines existenzbedrohenden Verlusts) oder auch als Ausfallwahrscheinlichkeit (Wahrscheinlichkeit des Unterschreitens eines festgesetzten Zielwerts) bezeichnet. Vgl. Bonke (2007), S. 64. Der Unterschied zwischen dem VaR und dem LPM_0 besteht dabei darin, dass der LPM_0 die Wahrscheinlichkeit der Unterschreitung des exogen vorgegebenen Zielergebnisses *t* misst, der VaR hingegen aber gerade diese Unterschreitung zu einem exogen vorgegebenen Konfidenzniveau *1-z* (Wahrscheinlichkeit) meist anhand einer monetären Größe quantifiziert. Vgl. Bonke (2007), S. 86-87.

[1924] Bonke (2007), S. 66.

[1925] Vgl. Bonke (2007), S. 64-66.

[1926] Vgl. Guthoff/Pfingsten/Wolf (1998), S. 136-137.

Dabei misst der LPM_1 den erwarteten *shortfall* bzw. die *shortfall expectation* (erwartete Zielverfehlung) vom Zielergebnis.[1927] Dieses Risikomaß bezieht also nur diejenigen Argumentwerte (Ergebnisse) mit ihren entsprechenden Eintrittswahrscheinlichkeiten ein, die links vom Zielergebnis angesiedelt sind.[1928] Oberhalb dieser Grenze $\boldsymbol{t}$ wird das Zielergebnis erreicht, der *shortfall* ist hierbei gleich null. Eine Kompensation der Ergebnisse unterhalb von $\boldsymbol{t}$ durch Ergebnisse oberhalb von $\boldsymbol{t}$ ist somit ausgeschlossen.[1929]

Der zusätzliche Rechenaufwand bei Anwendung des LPM_1 ggü. dem VaR ist dabei als marginal zu betrachten, wird doch lediglich ein weiterer zusätzlicher Rechenschritt benötigt, ohne dass dabei über die bei der Ermittlung des VaR benötigten Informationen hinausgehend weitere Daten erhoben werden müssten.[1930]

Allgemein formuliert gestalten sich die Lower Partial Moments vom Grad $\boldsymbol{n}$ und dem Zielwert $\boldsymbol{t}$ folgendermaßen:[1931]

$$\boldsymbol{LPM_n(t) = \int_c^t (t-x)^n \, f(x) \, dx}$$

Häufig wird zur Risikomessung neben dem LPM_0 sowie dem LPM_1 auch noch der LPM_2 verwendet, da dieser als ebenfalls „ökonomisch sinnvoll interpretierbar“[1932] gilt.[1933] Die Lower Partial Moments zweiter Ordnung quantifizieren dabei den Erwartungswert der quadrierten negativen Abweichung vom festgelegten Zielwert t und messen damit die sogenannte Downside-Varianz. Da hierbei größere Abweichungen vom Zielwert t stärker gewichtet werden als vergleichsweise geringe diesbezügliche Unterschreitungen, wird eine nichtlineare Risikoauffassung des Entscheidungsträgers i.S.e. höheren Risikoaversion zum Ausdruck gebracht.[1934]

Laut *Stephan* liegt das **zentrale Problem** bei der Anwendung dieser Kennzahlen (LPM_1) in der Berichterstattungspraxis jedoch in deren **Kommunizierbarkeit**; entsprechend könnten **Verständnis-** und **Akzeptanzprobleme** bei den Adressaten die Folge sein.[1935] Er spricht insofern von einem „Trade Off zwischen Kommunizierbarkeit im Unternehmen [sowie im besonderen Maße ggü. der

---

1927 Vgl. Guthoff/Pfingsten/Wolf (1998), S. 136.

1928 Vgl. Guthoff/Pfingsten/Wolf (1998), S. 145.

1929 Vgl. Guthoff/Pfingsten/Wolf (1998), S. 136-137.

1930 Vgl. Guthoff/Pfingsten/Wolf (1998), S. 144.

1931 Vgl. Guthoff/Pfingsten/Wolf (1998), S. 145. Die Transformation des *Lower Partial Moment Zero* (LPM_0) in einen VaR-Wert ist dabei problemlos möglich, was die enge Verwandtschaft der beiden Konzepte verdeutlicht. Vgl. Guthoff/Pfingsten/Wolf (1998), S. 147-148; 150.

1932 Bonke (2007), S. 64.

1933 Lower Partial Moments höherer Ordnung entziehen sich laut *Bonke* einer ökonomisch sinnvollen Interpretation. Vgl. Bonke (2007), S. 64.

1934 Vgl. Bonke (2007), S. 66-67.

1935 Vgl. Stephan (2006), S. 209.

Außenwelt] (at Risk-Kennzahlen) und Erfüllung wünschenswerter Eigenschaften (alternative Risikomaße)"[1936].

Obwohl eine Ergänzung von at-Risk-Kennzahlen durch *stress tests* vornehmlich im Rahmen der unternehmensinternen Berichterstattung vorgeschlagen[1937] und in der Praxis offensichtlich teilweise auch bereits so umgesetzt wird[1938], empfiehlt sich m.E. dennoch eine (obligatorische) Offenlegung im Rahmen der externen Berichterstattung, insbesondere um die Angabe von VaR-Werten besser einbetten bzw. ergänzen zu können. Zumindest was den CVaR sowie den LPM_1 anbelangt, dürften aufgrund des prinzipiell einfach nachvollziehbaren Aussagegehalts dieser Kennzahlen, m.E. keine Kommunikationsprobleme im Rahmen der externen Berichterstattung zu erwarten sein. Die unter Abbildung 41 dargestellte Grafik veranschaulicht zusammenfassend die Risikokennzahlen VaR (absolut und relativ), CVaR sowie LPM_1.[1939]

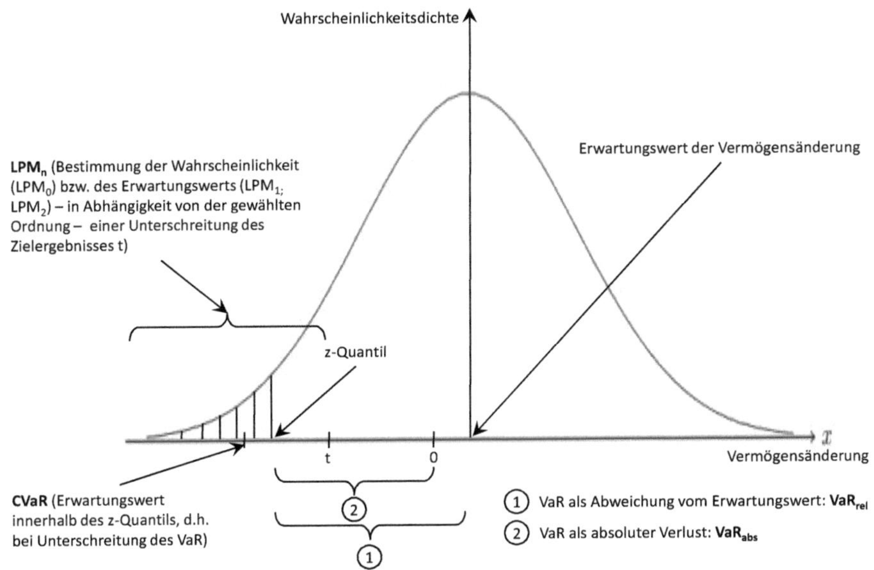

Abbildung 41: Grafische Veranschaulichung des VaR (absolut und relativ), des CVaR sowie des LPM

[1936] Stephan (2006), S. 209.

[1937] Vgl. Bühn/Klauck (2006), S. 21 22.

[1938] Vgl. hierzu exemplarisch die Ausführungen im GB 2009 der *RWE AG*, S. 98: „[…] Unsere Risikoanalyse stützt sich jedoch nicht nur auf die Höhe des VaR. Wir beziehen in *stress tests* kontinuierlich auch Extremszenarien in die Betrachtung mit ein, ermitteln, welchen Einfluss diese auf Liquidität und Ertragslage haben können, und steuern gegen, wenn die Risiken zu hoch sind.[…]".

[1939] Grafik in Anlehnung an Stephan (2006), S. 177.

Nachfolgend werden mit der Extremwerttheorie (*extreme value theory* (EVT)) sowie dem Konzept der Copula darüber hinaus zwei Vorgehensweisen vorgestellt, die freiwillig von den Unternehmen bei der VaR-Ermittlung zu deren Verbesserung eingesetzt werden könnten. Per Standard dürften sie allerdings m.E. kaum explizit vorschreibbar sein.

Die **Extremwerttheorie** beschäftigt sich „mit der Häufigkeit und Größenordnung von extremalen Ereignissen sehr geringer Wahrscheinlichkeit“[1940]. Sie hat also explizit die Enden (*tails*) von Verteilungen zum Untersuchungsgegenstand,[1941] womit sie insbesondere dem Interessenbereich des Risikomanagements gerecht wird, indem speziell die potentiell die Existenz des Unternehmens gefährdenden, extremen Ausschläge bzw. Verluste in Bezug auf bestimmte, vom Unternehmen abzugrenzende Risikopositionen oder auch in Bezug auf das gesamte betrachtete Unternehmen an sich gezielt bewertet werden.[1942] Die EVT erfreut sich insbesondere in der Modellierung von Zeitreihen finanzieller Vermögenswerte und im Risikomanagement ganz allgemein während der letzten zehn Jahre wachsender Beliebtheit.[1943]

Prinzipiell wird hierbei versucht, das Beste aus der Problematik zu machen, dass Datensätze, die sich auf extreme Ereignisse beziehen lassen, nur in geringem Umfang verfügbar sind. Werden solche Extremereignisse bereits als Stress-Szenarien bzw. als Elemente eines stress testing-Prozesses interpretiert, ist es mittels der EVT möglich, die Zuordnung einer Wahrscheinlichkeit inklusive Konfidenzintervall für dieses abzuschätzende Ereignis vorzunehmen.[1944]

Mittels der EVT ist es dabei möglich, die Aussagekraft bestehender VaR-Werte zu verbessern.[1945] Der **zentrale Vorteil** einer Anwendung der EVT ist somit darin zu sehen, dass sie ein einheitliches Rahmenwerk liefert, um den VaR bzw. den CVaR mit dem *stress testing* zu kombinieren.[1946]

Ein weiteres Verfahren, das der besseren Einschätzung der Abhängigkeit zwischen stochastischen Größen, d.h. der hier betrachteten Risikofaktoren dient, ist das bereits 1959 von *Sklar* eingeführte Konzept der **Copula**, welches in Theorie und Praxis seit kurzem wieder zusehends Anwendung

---

1940 Großmann (2006), S. 79.

1941 Vgl. Hull (2007), S. 224. Für eine kurze Einführung in die EVT siehe ebenda, S. 224-227.

1942 Vgl. Zeder (2007), S. 18-19.

1943 Vgl. Großmann (2006), S. 79.

1944 Vgl. Jorion (2001), S. 252; Großmann (2006), S. 79.

1945 Vgl. Hull (2007), S. 224.

1946 Vgl. Großmann (2006), S. 79. Der große Vorzug einer derart kombinierten Anwendung liegt insbesondere daran, dass die EVT (1) ein parametrischer Verfahren darstellt, d.h. auch „*out-of-sample*“-Berechnungen des VaR bzw. des CVaR sind für hohe Konfidenzniveaus möglich, (2) im Rahmen der EVT a priori kein besonderes Verteilungsmodell für die Rendite-Zeitreihen zur Anwendung kommt (keine unterstellte Normalverteilung) sowie (3) die EVT explizit das Risiko spezifischer Schocks modelliert, da sie auf die Erfassung solch extremer Ereignisse ausgerichtet ist. Vgl. ebenda.

findet.[1947] Da sich hinsichtlich Renditeschwankungen die Normalverteilungsannahme und in diesem Zusammenhang insbesondere die lineare Korrelation der einzelnen Risikofaktoren[1948] sowie das diesbezügliche Postulat einer multivariat verteilten Abhängigkeitsstruktur inzwischen kaum noch aufrechterhalten lassen, erscheint es geboten, die gesamte, mehrdimensionale Abhängigkeitsstruktur genauer zu beschreiben. Dies ist insbesondere dann angezeigt, wenn seltene Extremereignisse betrachtet werden sollen, die aneinander gekoppelt sind.[1949]

Mittels des Konzepts der Copula, die eine gemeinsame Verteilungsfunktion eines Vektors gleichverteilter Zufallsvariablen darstellt, wird versucht, eben dies zu bewerkstelligen.[1950] Per definitionem stellt eine Copula folgendes dar: „*A copula returns the joint probability of events as a function of the marginal probabilities of each event.*"[1951] Sie ermöglicht demnach die Berechnung einer gemeinsamen Verteilung betrachteter Risikofaktoren auf der Grundlage der marginalen Verteilungen der einzelnen Risikofaktoren. Ihre Anwendung gestaltet sich dabei insbesondere deshalb als sinnvoll, da die eindimensionalen Randverteilungen der Zufallsvariablen separat von ihren Abhängigkeiten modelliert werden können.[1952]

Für einen Zufallsvektor $\boldsymbol{X}$ der Größe $\boldsymbol{n}$ mit den kumulierten Grenzdichtefunktionen (cdf[1953]) $\boldsymbol{F_i}$ beschreibt die Copula mit einer cdf von $\boldsymbol{C}(\cdot)$ die kumulierte Wahrscheinlichkeit für das Ereignis $\boldsymbol{x}$ folgendermaßen:[1954]

$$\boldsymbol{P(X \leq x) = C(F_1(x_1), \ldots, F_n(x_n))}$$

In der Praxis können Copulae einen wichtigen Beitrag bei der Simulation von Zufallsvariablen für die Durchführung von Monte-Carlo-Simulationen oder bei der Generierung von Stress-Szenarien liefern. Die Zufallsvariablen unterliegen den bekannten eindimensionalen Randverteilungen, die jedoch im Rahmen des Copula-Konzepts unterschiedlichen Abhängigkeitsstrukturen unterworfen werden. Gelingt die Simulation dieser Zufallsvariablen, dann ist ihre weitere Verwendung in der jeweiligen Zielanwendung, bspw. einer VaR-Kalkulation, möglich.[1955] Insofern können Copula bei der VaR-Ermittlung die bisherige Annahme der linearen Kombination ersetzen.[1956] Denkbar ist

---

1947 Vgl. Großmann (2006), S. 89-90 sowie für eine umfassende Einführung in die Anwendung von Copulae im finanzwirtschaftlichen Bereich Jouanin/Riboulet/Roncalli (2004), S. 273-301.

1948 Zur Kritik der Linearitätsannahme vgl. Großmann (2006), S. 89-90.

1949 Vgl. Großmann (2006), S. 89.

1950 Vgl. Großmann (2006), S. 90.

1951 Kole/Koedijk/Verbeek (2006), S. 4.

1952 Vgl. Kole/Koedijk/Verbeek (2006), S. 4.

1953 Aus dem Englischen: *cumulative density function*.

1954 Vgl. Kole/Koedijk/Verbeek (2006), S. 4.

1955 Vgl. Großmann (2006), S. 92.

1956 Vgl. Großmann (2006), S. 96-97.

hierbei eine Kombination der EVT und der Copula-Theorie bspw. für die Berechnung des VaR eines Aktienportfolios mittels einer Monte-Carlo-Simulation.[1957]

4.7.5. Erhebung des Benchmark

4.7.5.1. Aufbau der Analyse und Datenerhebung

Im Rahmen der vorliegenden Analyse[1958] der Offenlegung ein- und mehrfaktorieller Sensitivitätsanalysen wurden alle im Zeitraum vom 01.01.2007 bis zum 31.12.2009 im DAX-30 geführten Nicht-Finanzdienstleister[1959] einbezogen.[1960] Das nachfolgend unter Abbildung 42 aufgeführte Schaubild[1961] zeigt in komprimierter Form die von den ausgewählten DAX-Unternehmen angewandten ein- und mehrfaktoriellen Sensitivitätsanalysen.

4.7.5.2. Ergebnisse der Analyse

Die Erhebung verdeutlicht, dass zur Messung von Marktpreisrisiken primär **einfaktorielle Sensitivitätsanalysen** offengelegt werden.[1962]

Zur Messung des **Währungsrisikos** wird von den Unternehmen – sofern bereitgestellt – einmütig eine Schwankung von +/-10%[1963] der betrachteten Wechselkurse berichtet.[1964]

[1957] Vgl. Großmann (2006), S. 93.

[1958] Die nachfolgende empirische Untersuchung lehnt sich konzeptionell an die Untersuchung von *Fürst/Henselmann/Klein* an. Doch sowohl der Umfang der einbezogenen Unternehmen als auch insbesondere die vorliegenden Ergebnisse weichen von dieser Untersuchung teilweise deutlich ab.

[1959] Der Geschäftsbericht 2007 der *Siemens AG* (Geschäftsjahr vom 01.10.2006-30.09.2007) wurde aufgrund der vorzeitigen Anwendung der IFRS, d.h. insbesondere auch des IFRS 7, in die Untersuchung mit einbezogen. Die Geschäftsberichte 2007 bzw. 2006/2007 der *Infineon Technologies AG* sowie der *ThyssenKrupp AG* wurden trotz eines mit *Siemens* übereinstimmemden Geschäftsjahrs mangels einer vorzeitigen Anwendung der IFRS bzw. IFRS 7 außen vor gelassen.

[1960] Um die Vergleichbarkeit der Abschlüsse im Zeitablauf zu gewährleisten, wurden sowohl Unternehmen, die während dieses Zeitraums aus dem DAX-30 ausgeschieden sind, als auch solche Unternehmen, die während dieses Zeitraums in den DAX-30 (neu) aufgenommen wurden, einbezogen.

[1961] Die im Schaubild verwendeten Abkürzungen haben folgende Bedeutung: Rz. = Referenzzeitraum; Hd = Haltedauer; K = keine Messung vorgenommen bzw. keine Messdaten angegeben; S = einfaktorielle Sensitivitätsanalyse; H = Historische Simulation; V = Varianz-Kovarianz-Ansatz; M = Monte-Carlo-Simulation; k. M. g. = keine Methode genannt; d = Tage (*days*); m = Monate (*months*); y = Jahre (*years*); C = Berechnung (*calculation*; immer in Verbindung mit einem X; will heißen: betragsmäßige Angabe wird zwar nicht gemacht, die unternehmensinterne Berechnung des VaR erfolgt aber anhand der mit C markierten Methode); bps = Basispunkte. Die angegebenen Methoden-Parameter unter „Daten" beziehen sich stets auf die jeweils links davon markierten Methoden zur Risikomessung.

[1962] *Ernst & Young* gelangt in diesem Zusammenhang im Rahme einer IFRS 7-Studie zu dem Ergebnis, dass die dort betrachteten Unternehmen insbesondere mit den beiden Anforderungen (1) Beschränkung einfaktorieller Sensitivitätsanalysen auf die Auswirkungen auf die GuV und das Eigenkapital (damit sind bspw. keine Fair Value-Sensitivitätsanalysen gemeint) sowie (2) Umfang der in die Sensitivitätsanalysen einzubeziehenden Instrumente (Beschränkung auf Finanzinstrumente; Nicht-Finanzinstrumente wie bspw. erwartete Transaktionen, feste Verpflichtungen oder *own use executory contracts* sind ausgeschlossen) große Schwierigkeiten haben; eine äußerst heterogene Offenlegung in diesem Punkt und damit verbundene Schwierigkeiten in der zwischenbetrieblichen Vergleichbarkeit bis hin zu einer Unmöglichkeit des Vergleichs sind die Folgen in der Praxis. Vgl. Ernst & Young Global Limited (2008), S. 96-97.

[1963] Obwohl überwiegend beides, sowohl die hypothetische Zu- als auch die Abnahme des Wechselkurses offengelegt wird, berichten einige Unternehmen nur die hypothetische Zu– *oder* Abnahme der betrachteten Wechselkurse um 10%.

Das **Zinsrisiko** wird zumeist durch eine Schwankung des Zinsniveaus um +/-100 bps[1965] ausgedrückt.[1966] Allein die *Fresenius Medical Care AG & Co. KGaA* als auch die *Fresenius SE* messen das Zinsrisiko anhand einer Erhöhung der Referenzzinssätze um 50 bps.[1967]

Das **Aktienkursrisiko** wird sowohl anhand einer Schwankung der zugrundeliegenden Anteile um +/-10%[1968] als auch anhand einer Variation um +/-20% angegeben.

Zur Bemessung des **Warenpreisrisikos** finden die folgenden Schwankungsbreiten Anwendung: +/-10%, +/-20%, -73/+252% sowie -71%/+214%[1969].[1970]

Die *Salzgitter AG* legt als einziges Unternehmen die Auswirkungen einer Schwankung des **„sonstigen Preisrisikos“** kombiniert bzgl. Rohstoffpreise und Börsenindices um +/-10% offen.

Umfassende Erläuterungen zu den den vorgenommenen **einfaktoriellen Sensitivitätsanalysen** (bzgl. des Zins- und Währungsrisikos) zugrundeliegenden **Annahmen** finden sich vor diesem Hintergrund etwa bei der *SAP AG*[1971].

Trotz einer fehlenden uneingeschränkt homogenen Risikoquantifizierung, sind bei den einfaktoriellen Sensitivitätsanalysen, wie aus den obigen Ausführungen hervorgeht, hinsichtlich der angelegten **Schwankungsbreiten** durchaus gewissen **Konventionen erkennbar**. Derartige einfaktorielle Analysen werden dabei von den in die Untersuchung einbezogenen Unternehmen im Rahmen der externen Berichterstattung **überwiegend** zur Messung des **Währungs-** und **Zinsrisikos** herangezogen, **etwas weniger häufig** zur Messung des **Aktienkurs-** und **Warenpreisrisikos**[1972].

1964 Zu diesem Ergebnis gelangen auch Ernst & Young Global Limited (2008), S. 97-98 sowie KPMG LLP (2008), S. 12.

1965 Wie bei der Messung des Währungsrisikos werden neben sowohl einer entsprechenden Zu- *als auch* Abnahme, von einigen Unternehmen lediglich die Zu- *oder* Abnahme offengelegt. Dies gilt im Folgenden ebenfalls sowohl für das Aktienkurs- als auch das Warenpreisrisiko.

1966 Zu diesem Ergebnis gelangt auch Ernst & Young Global Limited (2008), S. 97; 103.

1967 Zu einem ähnlichen Ergebnis – relative Verwendung der Schwankungsbreiten +/-100 bps sowie +/-50 bps – gelangt auch KPMG LLP (2008), S. 12.

1968 Zu dem Ergebnis einer generellen Verwendung einer Schwankungsbreite von +/-10% für das Aktienpreisrisiko gelangt in einer IFRS 7-Studie ebenfalls Ernst & Young Global Limited (2008), S. 97, 104.

1969 Die letzten beiden beziehen sich auf Metallpreise, vgl. *ThyssenKrupp AG*, GBs 2007/2008 sowie 2008/2009.

1970 Ein ähnlich heterogenes Bild zeichnet die Auswertung der verwendeten Schwankungsbreiten für das Warenpreisrisiko im Rahmen einer IFRS 7-Studie von *Ernst & Young*. Vgl. hierzu Ernst & Young Global Limited (2008), S. 108.

1971 Vgl. GB 2009 der *SAP AG*, S. 219-221.

1972 Letztere Risiken werden vielfach gar nicht gemessen bzw. sind nicht existent.

Unternehmen	Jahr	Offenlegung und Art der Risikomessung											
		Währungsrisiko						Zinsrisiko					
		K	S	VaR H	VaR V	VaR M	Daten	K	S	VaR H	VaR V	VaR M	Daten
adidas AG	2007		X				+/-10% (Euro ggü. USD, GBP, JPY)		X				+/-100 bps
	2008		X				+/-10% (Euro ggü. USD, GBP, JPY; USD ggü. JPY)		X				+/-100 bps
	2009		X				+/-10% (Euro ggü. USD, GBP, JPY; USD ggü. JPY)		X				+/-100 bps
ALTANA AG	2007		X				+/-10% (Fremdwährungsrisiko aus USD und JPY)		X				+/-100 bps
	2008		X				+/-10% (Fremdwährungsrisiko aus USD und JPY)		X				+/-100 bps
	2009		X				+/-10% (Fremdwährungsrisiko aus USD und JPY)		X				+/-100 bps
BASF SE	2007		X				-10% (alle Währungen ggü. der jeweils funkt. Währung)		X				+100 bps
	2008		X				-10% (alle Währungen ggü. der jeweils funkt. Währung)		X				+100 bps
	2009		X				-10% (alle Währungen ggü. der jeweils funkt. Währung)		X				+100 bps
Bayer AG	2007		X				-10% (Euro ggü. sämtlichen Fremdwährungen)		X				+100 bps
	2008		X				-10% (Euro ggü. sämtlichen Fremdwährungen)		X				+100 bps
	2009		X				-10% (Euro ggü. sämtlichen Fremdwährungen)		X				+100 bps
Beiersdorf AG	2007		X				+/-10% (Euro ggü. sämtlichen Währungen)	X					K
	2008		X				+/-10% (Euro ggü. sämtlichen Währungen)		X				+/-100 bps
	2009		X				+/-10% (Euro ggü. sämtlichen Währungen)		X				+/-100 bps
BMW AG	2007			CfaR (M)			Kn. 95%; Hd = k.A.; Rz.: K			X			Kn. 99%; Hd = 3 m; Rz.: K
	2008			CfaR (M)			Kn. 95%; Hd = k.A.; Rz.: K			X			Kn. 99%; Hd = 3 m; Rz.: K
	2009			CfaR (M)			Kn. 95%; Hd = k.A.; Rz.: K			X			Kn. 99%; Hd = 3 m; Rz.: K
Continental AG	2007		X				+10% (Euro)		X				+/-100 bps
	2008		X				+/-10% (jeweils funkt. Währung ggü. der Fremdwährung)		X				+/-100 bps
	2009		X				+/-10% (jeweils funkt. Währung ggü. der Fremdwährung)		X				+/-100 bps
Daimler AG	2007				X		Kn. 99%; Hd = 5 d; Rz.: K				X		Kn. 99%; Hd = 5 d; Rz.: K
	2008				X		Kn. 99%; Hd = 5 d; Rz.: K				X		Kn. 99%; Hd = 5 d; Rz.: K
	2009				X		Kn. 99%; Hd = 5 d; Rz.: K				X		Kn. 99%; Hd = 5 d; Rz.: K
Deutsche Börse AG	2007						VaR (M) zusammen für das Währungs-, Zins- und Aktienkursrisiko: Kn. 99%; Hd = 12 m; Rz.: K						
	2008						VaR (M) zusammen für das Währungs-, Zins- und Aktienkursrisiko: Kn. 99%; Hd = 12 m; Rz.: K						
	2009						VaR (M) zusammen für das Währungs-, Zins- und Aktienkursrisiko: Kn. 99%; Hd = 12 m; Rz.: K						
Deutsche Lufthansa AG	2007		X				+/-10%		X				+/-100 bps
										X			Kn. 99%; Hd = 10 d; Rz.: K (Schuldscheindarlehen)
	2008		X				+/-10%		X				+/-100 bps
										X			Kn. 99%; Hd = 10 d; Rz.: K (Schuldscheindarlehen)
	2009		X				+/-10%		X				+/-100 bps
										X			Kn. 99%; Hd = 10 d; Rz.: K (Schuldscheindarlehen)
Deutsche Post AG	2007		X				+/-10% (Euro ggü. sämtlichen Währungen)		X				+/-100 bps
	2008		X				+/-10% (Euro ggü. sämtlichen Währungen)		X				+/-100 bps
	2009		X				+/-10% (Euro ggü. sämtlichen Währungen)		X				+/-100 bps
Deutsche Telekom AG	2007		X				+/-10% (Euro ggü. sämtlichen Währungen, insb. USD)		X				+/-100 bps
	2008		X				+/-10% (Euro ggü. sämtlichen Währungen, insb. USD, GBP)		X				+/-100 bps
	2009		X				+/-10% (Euro ggü. sämtlichen Währungen, insb. USD, GBP)		X				+/-100 bps
E.ON AG	2007				X (n/a)		Kn. 99%; Hd = 1 d; Rz.: K		X				+/-100 bps
	2008				X (n/a)		Kn. 99%; Hd = 1 d; Rz.: K		X				+/-100 bps
	2009				X (n/a)		Kn. 99%; Hd = 1 d; Rz.: K		X				+100 bps
Fresenius Medical Care AG & Co. KGaA	2007		X				-10% (Wechselkurse aller ungesicherten Währungspositionen)		X				+50 bps
	2008		X				-10% (Wechselkurse aller ungesicherten Währungspositionen)		X				+50 bps
	2009		X				-10% (Wechselkurse aller ungesicherten Währungspositionen)		X				+50 bps
Fresenius SE	2007		X				-10% (Wechselkurse aller offenen Währungspositionen)		X				+50 bps
	2008		X				-10% (Wechselkurse aller offenen Währungspositionen)		X				+50 bps
	2009		X				-10% (Wechselkurse aller offenen Währungspositionen)		X				+50 bps
Henkel AG & Co. KGaA	2007				X		Kn. 95%; Hd = 1 m; Rz.: K		X				+100 bps
	2008				X		Kn. 95%; Hd = 1 m; Rz.: K		X				+100 bps
	2009				X		Kn. 95%; Hd = 1 m; Rz.: K		X				+100 bps
Infineon Technologies AG (01.10.-30.09.)	2007/ 2008		X				+/-10% (Euro ggü. diversen Fremdwährungen)		X				+/-100 bps
	2008/ 2009		X				+/-10% (Euro ggü. diversen Fremdwährungen)		X				+/-100 bps

Abbildung 42: Erhebung der Umsetzung von IFRS 7.40-.41 in der Praxis der DAX-30 Nicht-Finanzdienstleister (2007-2009)

Aktienkursrisiko						Warenpreisrisiko					
K	S	VaR H	VaR V	VaR M	Daten	K	S	VaR H	VaR V	VaR M	Daten
X					K	X					K
X					K	X					K
X					K	X					K
	X				+/-10% (Börsenkurs gehaltener Wertpapiere)	X					K
	X				+/-10% (Börsenkurs gehaltener Wertpapiere)	X					K
	X				+/-10% (Börsenkurs gehaltener Wertpapiere)	X					K
	X				-10% (Beteiligungen)				X		Kn. 95%; Hd = 1 d; Rz.: K
	X				-10% (Beteiligungen)				X		Kn. 95%; Hd = 1 d; Rz.: K
	X				-10% (Beteiligungen)				X		Kn. 95%; Hd = 1 d; Rz.: K (Warenderivate); Kn. 99%; Hd = 1 d; Rz.: K (Edelmetallhandelspositionen)
X					K		X				-20% (Rohstoff-, Energiepreise)
X					K		X				-20% (Rohstoff-, Energiepreise)
X					K		X				-20% (Rohstoff-, Energiepreise)
X					K	X					K
X					K	X					K
X					K	X					K
X					K	X					K
X					K	X					K
X					K	X					K
X					K	X					K
X					K	X					K
X					K	X					K
X			C		Messung, aber keine Offenlegung, da Risiko unbedeutend	X					K
X			C		Messung, aber keine Offenlegung, da Risiko unbedeutend					X	Kn. 99%; Hd = 5 d; Rz.: K
X			C		Messung, aber keine Offenlegung da Risiko unbedeutend					X	Kn. 99%; Hd = 5 d; Rz.: K
						X					K
						X					K
						X					K
X					K		X				+/-10% (Treibstoffpreis)
X					K		X				+/-10% (Treibstoffpreis)
X					K		X				+/-10% (Treibstoffpreis)
X					K		X				+/-10% (Treibstoffpreis)
X					K	X					K
X					K		X				+/-10% (Kerosin-, (Schiffs-)Dieselpreis)
X					K	X					K
X					K	X					K
X					K	X					K
			X (n/a)		Kn. 98%; Hd = 3 m; Rz.: K				X (n/a)		Kn. 95%; Hd = 5 d; Rz.: K (Eigenhandelsportfolio)
									PaR		Kn. 95%; Hd = K; Rz.: K (Systemportfolio)
			X (n/a)		Kn. 98%; Hd = 3 m; Rz.: K				X (n/a)		Kn. 95%; Hd = 5 d; Rz.: K (Eigenhandelsportfolio)
									PaR		Kn. 95%; Hd = 3 y; Rz.: K (Systemportfolio)
			X (n/a)		Kn. 98%; Hd = 3 m; Rz.: K				X (n/a)		Kn. 95%; Hd = 5 d; Rz.: K (Eigenhandelsportfolio)
									PaR		Kn. 95%; Hd = 3 y; Rz.: K (Systemportfolio)
X					K	X					K
X					K	X					K
X					K	X					K
X					K	X					K
X					K	X					K
X					K	X					K
X					K	X					K
X					K	X					K
X					K	X					K
X					K	X					K
für das Preisrisiko, dass sich **nicht** aus dem Zins- und Währungsrisiko ergibt, separate Sensitivitätsanalyse; +/- 5% (relevante Marktpreise)											
X					K	X					K
für das Preisrisiko, dass sich **nicht** aus dem Zins- und Währungsrisiko ergibt, separate Sensitivitätsanalyse; +/- 5% (relevante Marktpreise)											

Unternehmen	Jahr	Offenlegung und Art der Risikomessung											
		Währungsrisiko						Zinsrisiko					
		K	S	VaR H	VaR V	VaR M	Daten	K	S	VaR H	VaR V	VaR M	Daten
K+S AG	2007		X				Wechselkurs jeweils 2 USD-Cent vor der jeweiligen Knock-out-Grenze bestimmter Derivate; +/-10% (Kassakurse der zur Sicherung von USD-Eingängen eingesetzten Optionen)		X				+/-100 bps
	2008		X				+/-10% (Kassakurse der zur Sicherung von USD-Eingängen eingesetzten Optionen)		X				+/-100 bps
	2009		X				+/-10% (Kassakurse der zur Sicherung von USD-Eingängen eingesetzten Optionen)		X				+/-100 bps
Linde AG	2007				X		Kn. 95%; Hd = 12 m; Rz.: K		X				+/-100 bps
	2008				X		Kn. 97,5%; Hd = 12 m; Rz.: K		X				+/-100 bps
	2009				X		Kn. 97,5%; Hd = 12 m; Rz.: K		X				+/-100 bps
MAN SE	2007		X				-10% (alle Fremdwährungen ggü. dem Euro)		X				+100 bps
	2008		X				-10% (alle Fremdwährungen ggü. dem Euro)		X				+100 bps
	2009		X				-10% (alle Fremdwährungen ggü. dem Euro)		X				+100 bps
Merck KGaA	2007		X				+10% (Euro ggü. bestimmten Fremdwährungen)		X				+100 bps
	2008		X				+10% (Euro ggü bestimmten Fremdwährungen)		X				+100 bps
	2009		X				+10% (Euro ggü bestimmten Fremdwährungen)		X				+100 bps
METRO AG	2007		X				+/-10% (Euro ggü. bestimmten Fremdwährungen)		X				+/-100 bps
							zwar Messung des VaR (V) zusammen für das Währungs- und Zinsrisiko, aber keine Offenlegung: Kn. 99%; Hd = 10 d; Rz.: 100 d						
	2008		X				+/-10% (Euro ggü. bestimmten Fremdwährungen)		X				+/-100 bps
							zwar Messung des VaR (V) zusammen für das Währungs- und Zinsrisiko, aber keine Offenlegung: Kn. 99%; Hd = 10 d; Rz.: 100 d						
	2009		X				+/-10% (Euro bzw. USD ggü. bestimmten (Fremd)Währungen)		X				+/-100 bps
							zwar Messung des VaR (V) zusammen für das Währungs- und Zinsrisiko, aber keine Offenlegung: Kn. 99%; Hd = 10 d; Rz.: 100 d						
RWE AG	2007			X			Kn. 95%; Hd = 1 d; Rz.: K			X			Kn. 95%; Hd = 1 d; Rz.: K
	2008			X			Kn. 95%; Hd = 1 d; Rz.: K			X			Kn. 95%; Hd = 1 d; Rz.: K
	2009			X			Kn. 95%; Hd = 1 d; Rz.: K			X			Kn. 95%; Hd = 1 d; Rz.: K
SALZGITTER AG	2007		X				+/-10% (jeweils funktionale Währung ggü. der Fremdwährung)		X				+/-100 bps
	2008		X				+/-10% (jeweils funktionale Währung ggü. der Fremdwährung)		X				+/-100 bps
	2009		X				+/-10% (jeweils funktionale Währung ggü. der Fremdwährung)		X				+/-100 bps
SAP AG	2007			X (n/a)			Kn. 99%; Hd = 10 d; Rz.: K	X					K
	2008		X				+/-10% (Euro ggü. allen wesentlichen Währungen, CAD, CHF); zwar Messung des VaR (H), aber keine Offenlegung		X				+/-100 bps
	2009		X				+/-10% (Euro ggü. allen wesentlichen Währungen, CHF); zwar Messung des VaR (H), aber keine Offenlegung		X				+100/-20 bps (-20 bps aufgrund des niedrigen Zinsniveaus)
Siemens AG (01.10.-30.09.)	2007		X				+10% Euro (Fremdwährungszu- > Fremdwährungsabflüsse)		X				+100 bps (+ oder -10% entscheidet sich, ob Finanzmittelüberhang auf der Anlage- oder der Aufnahmeseite)
	2008		X				-10% Euro (Fremdwährungszu- < Fremdwährungsabflüsse)		X				+100 bps (+ oder -10% entscheidet sich, ob Finanzmittelüberhang auf der Anlage- oder der Aufnahmeseite)
	2009				X		Kn. 99,5%; Hd = 10 d; Rz.: K				X		Kn. 99,5%; Hd = 10 d; Rz.: K
ThyssenKrupp AG (01.10.-30.09.)	2007/ 2008		X				+/-10% (Euro ggü USD)		X				+/-100 bps
	2008/ 2009		X				+/-10% (Euro ggü USD)		X				+100/-20 bps (-20 bps aufgrund des niedrigen Zinsniveaus)
TUI AG	2007		X				+/-10% (Euro; USD; GBP)		X				+/-100 bps
	2008		X				+/-10% (Euro; USD; GBP)		X				+/-100 bps
	2009		X				+/-10% (Euro; GBP)		X				+/-100 bps
Volkswagen AG	2007		X				+/-10% (diverse funktionale Währungen)		X				+/-100 bps
				X			Kn. 99%; Hd = 10 d; Rz.:250 d			X			Kn. 99%; Hd = 10 d; Rz.:250 d
							VaR (H) zusammen für das Währungs- und Zinsrisiko: Kn. 99%; Hd = 10 d; Rz.:250 d						
	2008		X				+/-10% (diverse funktionale Währungen)		X				+/-100 bps
				X			Kn. 99%; Hd = 10 d; Rz.:250 d			X			Kn. 99%; Hd = 10 d; Rz.:250 d
							VaR (H) zusammen für das Währungs- und Zinsrisiko: Kn. 99%; Hd = 10 d; Rz.:250 d						
	2009		X				+/-10% (diverse funktionale Währungen)		X				+/-100 bps
				X			Kn. 99%; Hd = 10 d; Rz.:250 d			X			Kn. 99%; Hd = 10 d; Rz.:250 d
							VaR (H) zusammen für das Währungs- und Zinsrisiko: Kn. 99%; Hd = 10 d; Rz.:250 d						

Aktienkursrisiko						Warenpreisrisiko					
K	S	VaR			Daten	K	S	VaR			Daten
		H	V	M				H	V	M	
	X				+/-10% (Aktienkurse)	X					K
X					K		X				+/-10% (Referenzindex für die Frachtensicherung; Ölpreis)
X					K		X				+/-10% (Referenzindex für die Frachtensicherung; Ölpreis)
X					K	X					keine Offenlegung, Risiko unwesentlich
X					K	X					keine Offenlegung, Risiko unwesentlich
X					K	X					keine Offenlegung, Risiko unwesentlich
	X				-20% (Beteiligung)	X					K
X					K	X					K
X					K	X					K
X					K	X					K
X					K	X					K
	X				+/-10%	X					K
X					K	X					K
X					K	X					K
X					K	X					K
		X			Kn. 95%; Hd = 1 d; Rz.: K			X			Kn. 95%; Hd = 1 d; Rz.: K
		X			Kn. 95%; Hd = 1 d; Rz.: K			X			Kn. 95%; Hd = 1 d; Rz.: K
		X			Kn. 95%; Hd = 1 d; Rz.: K			X			Kn. 95%; Hd = 1 d; Rz.: K
+/-10% (Rohstoffpreise und Börsenindices) für das „Sonstige Preisirisiko“											
+/-10% (Rohstoffpreise und Börsenindices) für das „Sonstige Preisirisiko“											
+/-10% (Rohstoffpreise und Börsenindices) für das „Sonstige Preisirisiko“											
	X				-20% (Beteiligungen)	X					K
	X				+/-20% (Beteiligungen)	X					K
	X				+/-20% (Beteiligungen)	X					K
	X				-20% (Anlageportfolio)	X					K
	X				-20% (Anlageportfolio)	X					K
			X		Kn. 99,5%; Hd = 10 d; Rz.: K	X					K
X					K		X				max -73%/ max +252% (Metallpreise)
X					K		X				max -71%/ max +214% (Metallpreise)
	X				+/-10% (Call Spread; abhängig vom Aktienkurs TUI)		X				+/-10% (Treibstoffpreise)
X					K		X				+/-10% (Treibstoffpreise)
X					K		X				+/-10% (Treibstoffpreise)
	X				+/-10% (Spezialfonds)		X				+/-10% (Metallpreise)
	X				+/-10% (Spezialfonds)		X				+/-10% (Metall-, Kohle, CO2-Zertifikate-Preise)
	X				+/-10% (Spezialfonds)		X				+/-10% (Metall-, Kohle, CO2-Zertifikate-Preise)

Letzteres gilt auch für die Anwendung **mehrfaktorieller Sensitivitätsanalysen**, die in der Praxis zunehmend[1973] – v.a. in Form des VaR – umgesetzt werden. Mit Blick auf die Erhebung ist jedoch unmittelbar erkennbar, dass sich **weder hinsichtlich des betrachteten Zeithorizonts, noch hinsichtlich des Konfidenzniveaus** ein eindeutiger unternehmensübergreifender **Standard herausgebildet** hat.[1974]

Das **Konfidenzniveau** wurde im Zeitraum 2007-2009 – 85 Geschäftsberichte betrachtend – in insgesamt 70 Fällen[1975] angegeben, die unterstellte **Haltedauer** in 63 Fällen[1976]. Beide Werte nehmen dabei die nachfolgenden dargestellten Ausprägungen an; die unternehmensindividuelle Kombination von Zeithorizont und Konfidenzniveau ist jedoch nur obiger Erhebung entnehmbar:

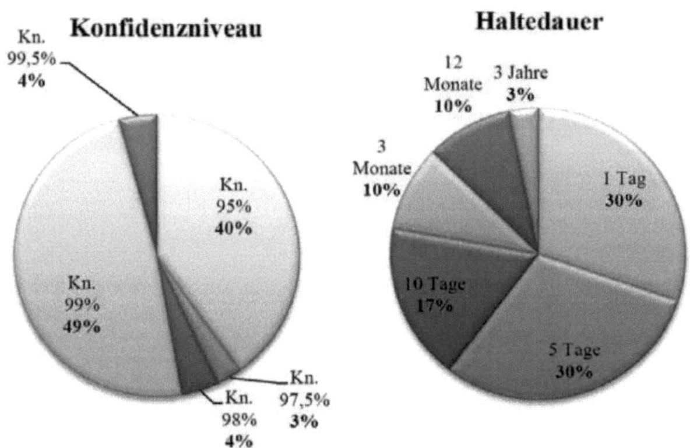

Eine Offenlegung des **historischen Referenzzeitraums** findet lediglich durch die *Volkswagen AG*[1977] statt.

Zur Messung speziell des VaR wird

- die **Historische Simulation** 29 mal,
- der **Varianz-Kovarianz-Ansatz** 21 mal sowie
- die **Monte-Carlo-Simulation** 8 mal

1973 Lediglich die *SAP AG* änderte die Messung des Währungsrisikos von 2007 auf 2008 durch den Ersatz des VaR durch eine einfaktorielle Sensitivitätsanalyse. Da sich der intern nach wie vor gemessene VaR dabei neben sämtlichen Finanzinstrumenten auch auf geplante konzerninterne Transaktionen bezieht, die nicht in den Anwendungsbereich von IFRS 7 fallen, verzichtet die *SAP AG* auf dessen Angabe. Die Aussage von *Fürst/Henselmann/Klein*, der Wechsel finde „ohne Angabe von Gründen“ statt, ist somit nicht haltbar. Vgl. Fürst/Henselmann/Klein (2009), S. 30.

1974 So auch Fürst/Henselmann/Klein (2009), S. 29.

1975 Verteilung der angegebenen Konfidenzniveaus: 99% (34 Mal), gefolgt von 95% (28 Mal), 99,5 %(3 Mal), 98% (3 Mal) und 97,5% (2 Mal).

1976 Verteilung der angegebenen Haltedauern: 1 Tag (19 Mal), 10 Tage (19 Mal), 5 Tage (11 Mal), 3 Monate (6 Mal), 12 Monate (6 Mal) sowie 3 Jahre (2 Mal).

1977 Die *Volkswagen AG* wendet die Historische Simulation zur Messung des VaR an.

angewendet. In 10 Fällen findet sich keine (eindeutige) Angabe der verwendeten Ermittlungsmethode.

Die *Deutsche Börse AG* legt einen gemeinsam für das Währungs-, Zins- und Aktienkursrisiko gemessenen VaR offen. Bei der *Volkswagen AG* beschränkt sich der berichtete „gemeinsame" VaR auf das Währungs- und Zinsrisiko[1978].

Eingehende Erläuterungen des Konzepts der Risikomaßzahl VaR finden sich dabei äußerst selten – die *Deutsche Börse AG*[1979] stellt hierbei eine Ausnahme dar. Üblicherweise bewegt sich der inhaltliche Aussagegehalt zur Erläuterung der VaR-Methode jedoch auf einem vergleichsweise geringen Niveau, bspw. bei der *RWE AG*[1980].

Neben dem VaR kommen bei den in die Untersuchung einbezogenen Unternehmen auch die mehrfaktoriellen Sensitivitätsanalysen des Profit-at-Risk[1981] sowie des CfaR[1982] zum Einsatz.

4.7.5.3. Betrachtung des Aussagegehalts der offengelegten Sensitivitätsanalysen sowie Ausblick

Die empirische Erhebung suggeriert auf den ersten Blick eine befriedigende, insbesondere standardkonforme Umsetzung von IFRS 7.40-.41. Führt man sich jedoch den Aussagegehalt der berichteten Informationen vor dem theoretischen Hintergrund der Ermittlung der offengelegten Risikowerte vor Augen, ist dieses Bild schnell getrübt.

Die Anwendung der **einfaktoriellen Sensitivitätsanalysen** gestaltet sich indes noch vergleichsweise homogen, werden doch die im Rahmen der Berichterstattung zugrundegelegten Variationen der jeweiligen Risikoparameter von den betrachteten Unternehmen weitgehend uniform gewählt. Allerdings betrachten diese einfaktoriellen Risikomaße generell keine Abhängigkeiten der involvierten Risikoparameter, was ihren Aussagegehalt teilweise sehr beschränkt und entsprechend den Sinn deren verpflichtender Angabe im Rahmen der externen Berichterstattung gemäß IFRS 7.40 m.E. somit als äußerst fraglich erscheinen lässt.

Bis auf die *Linde AG* (Verfeinerung des Konfidenzintervalls von 95% auf 97,5%) sowie die *SAP AG* (VaR für das Währungsrisiko allein in 2007) wenden zwar alle betrachteten Unternehmen, die **mehrfaktorielle Sensitivitätsanalysen** offenlegen, diese sowie die dazu nötigen individuellen Pa-

---

1978 Auch die *METRO AG* misst einen derartigen „gemeinsamen" VaR, legt ihn jedoch nicht offen.
1979 Vgl. GB 2009 der *Deutsche Börse AG*, S. 94-95 (Lagebericht).
1980 Vgl. GB 2009 der *RWE AG*, S. 98 (Lagebericht) sowie S. 192 (Anhang).
1981 Anwendung durch die *E.ON AG* zur Messung des Warenpreisrisikos (2007-2009). Den Profit-at-Risk (PaR) definiert *E.ON* „als die maximal zu erwartende negative Wertänderung des Portfolios […] wenn die offene Position schnellstmöglich geschlossen wird." Vgl. hierzu Geschäftsbericht Teil II/II, Finanzbericht 2009 der *E.ON AG*, S. 135.
1982 Anwendung durch die *BMW AG* zur Messung des Währungsrisikos (2007-2009).

rameter stetig über den betrachteten Zeitraum hinweg an. Dies scheint zunächst der **unternehmensspezifischen Vergleichbarkeit** der angegebenen Risikowerte im Zeitablauf zuträglich.

Eine **unternehmensübergreifende Vergleichbarkeit der VaR-Werte** ist hingegen jedoch allein schon aufgrund der diesbezüglich fast durchweg inkonsistenten Verwendung unterschiedlicher Parameter, Daten, Annahmen sowie Ermittlungsmethoden ausgeschlossen. Diese Heterogenität in der Anwendung des VaR und die daraus resultierenden, in der Höhe äußerst unterschiedlichen VaR-Werte (theoretisch für dieselbe Risikoposition), sind auch das Ergebnis anderer empirischer Untersuchungen in unterschiedlichen Branchen und Regionen.[1983]

Betrachtet man die Ergebnisse der Erhebung, erscheinen die **zu den VaR-Methoden angegebenen Parameter und Ermittlungsannahmen zudem nicht ausreichend** für eine adäquate (isolierte) Einschätzung bzw. Analyse der einzelnen berichteten VaR-Werte.[1984] Denn obwohl der VaR auf den ersten Blick als triviales Risikomaß erscheinen mag, darf nicht darüber hinweggetäuscht werden, dass er nur dann sinnvoll beurteilt werden kann, wenn die zu seiner Ermittlung notwendigen Prämissen vollständig bekannt sind. Ansonsten besteht die Gefahr, dass sich die Bilanzadressaten u.U. in einer Art **Scheinsicherheit** hinsichtlich der **Risikoeinschätzung** wägen. So werden ungeachtet der Ermittlungsmethode neben rudimentären Ausführungen zum Aussagegehalt eines VaR-Risikomaßes lediglich Konfidenzintervall und Haltedauer angegeben,[1985] was letztlich auch der unternehmenspezifischen Vergleichbarkeit den Boden entzieht, da die Vielzahl der restlichen Variablen nicht zugänglich ist.

Im Ergebnis sind die berichteten VaR-Werte somit weit davon entfernt, ausreichend interpretiert werden zu können. Freiwillige Angaben seitens der Unternehmen, die imstande wären diesen Mangel ausreichend zu heilen, fehlen durchweg.

Ergänzend sei an dieser Stelle auf die Untersuchung von *Schmidt* verwiesen, der ausführt, dass verhaltenswissenschaftliche Studien darauf hinweisen, „dass Angabepflichten, die *nur* Verlustwahrscheinlichkeiten und –ausmaß umfassen, der Art, wie Investoren Risiken wahrnehmen, nicht entsprechen."[1986] Derartige Angaben könnten entsprechend in **systematischen Fehleinschätzungen**

[1983] Vgl. stellvertretend etwa die Studie von Beder (1995).

[1984] Zu diesem Ergebnis gelangt auch Becker, et al. (2006), S. 23.

[1985] Im Falle der Anwendung der Historischen Simulation ist dieser Mangel besonders offensichtlich, fehlt doch außer im Falle der *Volkswagen AG* durchgehend die Angabe des historischen Referenzzeitraums. Des Weiteren wäre bspw. auch zu kritisieren, dass bei Anwendung der Monte-Carlo-Simulation keine Offenlegung bzw. Nennung der zugrundegelegten Verteilungsannahmen erfolgt.

[1986] Schmidt (2005), S. 124 m.w.N. (Hervorhebungen im Original).

resultieren, da für eine ökonomische Einschätzung neben Verlust- auch die Gewinnmöglichkeiten von gleicher Relevanz sind.[1987]

Konform mit IFRS 7.41(a) sowie IFRS 7.B20 merkt *Jorion* in diesem Zusammenhang passend an: „*VaR measures are only useful insofar as users grasp their limitations.*"[1988]. Doch noch nicht einmal diese Informationen, die für das grundlegende Verständnis und die richtige Einschätzung der VaR-Werte benötigt werden, sind in den meisten Fällen den jeweiligen Anhangangaben zu entnehmen.[1989] *Linsmeier/Pearson* beschreiben das VaR-Konzept vor diesem Hintergrund zutreffend als: „*VaR is not a panacea.*"[1990]. Stellt sich angesichts der teilweise gravierenden Probleme bei der Anwendung von Sensitivitätsanalysen und dem Ergebnis der empirischen Untersuchung die Frage, ob, und wenn ja, inwiefern dies weitere Konsequenzen für die Berichterstattung nach IFRS 7 haben sollte?

Nun könnte ein **Lösungsansatz dieser Problematik** bspw. darin bestehen, die zur VaR-Ermittlung herangezogenen **Parameter**, **Daten**, **Annahmen** und **Methoden vollumfänglich** im Rahmen der **(freiwilligen) Offenlegung**, bspw. auf der Website[1991] des berichterstattenden Unternehmens, verfügbar zu machen, was einer **extensiven Ausübung des Management Approach** gleich käme. Nur so wäre eine sinnvolle (isolierte) Interpretation der individuellen VaR-Werte erst möglich. Auch wäre den Unternehmen anzuraten, die VaR-Ermittlung selbst zu verbessern und dies dann auch zu berichten. Mit der Extremwerttheorie sowie dem Konzept der Copula wurden bereits zwei Vorgehensweisen vorgestellt, die diesem Zweck gereichen können.

1987 Vgl. Schmidt (2005), S. 125 m.w.N.

1988 Jorion (2001), S. 29.

1989 Die *Siemens AG* weist allerdings auf gewisse Beschränkungen der Aussagekraft des VaR-Konzepts hin: „Obwohl der VaR ein bedeutendes Konzept zur Messung von Marktpreisrisiken ist, können die Annahmen, auf denen das Modell basiert, zu einigen Einschränkungen führen. Eine 10 Tage Haltedauer unterstellt, dass es möglich ist, die Risiken innerhalb dieser Periode zu neutralisieren. Dies stellt eine in den meisten Fällen realistische Annahme dar, die aber nicht erfüllt sein kann, sollten für einen anhaltenden Zeitraum illiquide Märkte vorliegen. Ein Konfidenzniveau von 99,5 % macht keine Angaben zu den Verlusten, die über dieses Konfidenzniveau hinaus auftreten können. Innerhalb des Modells existiert eine statistische Wahrscheinlichkeit von 0,5 %, dass Verluste eintreten, die den berechneten VaR übersteigen. Bei der Verwendung von historischen Daten als Basis für die Abschätzung des statistischen Verhaltens der relevanten Märkte, und damit der Quantifizierung der möglichen Bandbreite der zukünftigen Ergebnisse aus diesem statistischen Verhalten, besteht die Möglichkeit, dass nicht alle möglichen Entwicklungen abgedeckt sind. Dies gilt im Besonderen für das Auftreten außergewöhnlicher Ereignisse. Vgl. GB 2009 der *Siemens AG*, S. 218. *Ernst & Young* gelangt in einer IFRS 7-Studie zu dem Ergebnis, dass ca. lediglich die Hälfte der dort einbezogenen Unternehmen auf die beschränkte Aussagekraft des VaR hinweist. Vgl. Ernst & Young Global Limited (2008), S. 112.

1990 Linsmeier/Pearson (2000), S. 62; ebenso Jorion (2001), S. 29.

1991 Dazu würde ein entsprechender Verweis im Jahresabschluss bzw. im Anhang bspw. in Form einer Internetadresse genügen. Der Vorteil würde hierbei darin bestehen, dass in den Geschäftsbericht i.S. der Vermeidung eines *information overload* keine weiteren Informationen aufgenommen werden müssten und die Verfügbarkeit der VaR-Werte für den interessierten Bilanzleser jederzeit gewährleistet wäre. Da die zur VaR-Ermittlung benötigten Daten jedoch häufig von kommerziellen Anbietern bezogen werden (bspw. *RiskMetrics Group*), müsste diese Lösung, insbesondere die Veröffentlichung der Ermittlungsdaten, vorab unter rechtlichen Gesichtspunkten gewürdigt werden.

Ein erster Ansatzpunkt für eine **konkrete Ausgestaltung** der **Transparenz-Lösung** könnte m.E. das von der *Deutschen Bundesbank* vorgeschlagene und nachfolgend dargestellte Tableau liefern, das bankenspezifisch, aufbauend auf den Vorschriften der 3. Säule von Basel II sowie § 330 Absatz 2 Nummer 2 E-SolvV, neben der Angabe des VaR zum Bilanzstichtag auch diesbezüglich unterjährige VaR-Werte (höchster Wert, niedrigster Wert sowie Durchschnittswert) fordert.[1992] So weist etwa die *Daimler AG* eine derart differenzierte Darstellung des VaR bereits aus:[1993]

Risikoposition	VaR zum Ende der Berichtsperiode	unterjährige VaR-Werte		
		höchster Wert	niedrigster Wert	Durchschnitt der Berichtsperiode
Währungsrisiko				
Zinsrisiko				
etc.				

Auch wenn dabei die berichteten VaR-Werte unternehmensübergreifend nicht vergleichbar sind und auch eine komplette Nachvollziehbarkeit der Ermittlung der berichteten Werte nicht gewährleistet ist, so bekommen die Bilanzadressaten doch zumindest einen tiefergehenden Einblick in die **Entwicklung des VaR** bestimmter Risikopositionen **im Zeitablauf**.

Die *Deutsche Bundebank* weist des Weiteren auch darauf hin, dass hinsichtlich einer retrospektiven **Verifikation der bereits berichteten VaR-Werte** (1) Vergleiche der VaR-Schätzungen mit den tatsächlich eingetretenen Gewinnen und Verlusten sowie (2) eine Analyse bedeutender „Ausreißer" im Rahmen von VaR-Backtest-Verfahren offen zu legen sind (Basel II, Säule 3)[1994] – beides Angaben, die bisher von IFRS 7 nicht gefordert werden, m.E. jedoch ebenfalls einen Informationsmehrwert im Zuge der freiwilligen Berichterstattung generieren würden.

Letztlich würde diese „**Transparenz-Lösung**" – unabhängig von ihrem konkreten Grad der inhaltlichen Ausgestaltung – jedoch nur *ein* Manko im Umgang mit dem VaR lösen. Denn wie die obigen Ausführungen zu den drei in der Praxis verwendeten Ermittlungsmethoden offenbaren, ergeben sich bei diesem Risikomaß – auch bei vollständiger Offenlegung aller zur seiner Interpretation notwen-

---

1992 Die Grafik wurde dabei für Zwecke vorliegender Untersuchung insofern angepasst, als dass sich die Tabelle der *Deutsche Bundesbank* auf „Handelsbestandsportfolien" bezieht, diese Tabelle jedoch m.E. auch auf andere Risikopositionen („Risikoposition" in Grafik) angewandt werden kann.

1993 Vgl. GB 2009 der *Daimler AG*, S. 239-240 für das Wechselkurs- (aus derivativen Finanzinstrumenten), das Zinsänderungs- sowie das Rohstoffpreisrisiko (aus derivativen Finanzinstrumenten). Augenscheinlich bei diesen Angaben ist jedoch auch insbesondere die inhaltliche Parallele zu den nach IFRS 7.IG20 geforderten Angaben (Angabe des höchsten, niedrigsten sowie durchschnittlichen Ausmaßes eines bestimmten Risikos, sofern die zum Abschlussstichtag angegebenen quantitativen Daten für diese Risikoexposition eines Unternehmens nicht repräsentativ für die Berichtsperiode sind (siehe hierzu insbesondere Kapitel 4.4.)). Obwohl die Nicht-Repräsentativität der jeweiligen Risikopositionen zum Ende der jeweiligen Berichtsperioden durch die *Daimler AG* so nicht explizit benannt wird, drängt sich der Eindruck einer Erfüllung des in IFRS 7.IG20 kodifizierten Sachverhalts doch auf.

1994 Vgl. Deutsche Bundesbank (November 2006), S. 76, Tabelle 11e.

digen Daten – weitere (aus der obigen Modellauflistung hervorgehende) modellimmanente Probleme, die ebenfalls einer Lösung bedürften.

Das zentrale Argument für eine Verwendung der mehrfaktoriellen Sensitivitätsanalyse des VaR im Rahmen der unternehmensinternen Risikosteuerung sowie (darauf aufbauend) in der externen Berichterstattung dürfte lauten, dass es sich um eine einfach zu vermittelnde, eindimensionale sowie leicht interpretierbare Risikokennzahl für einzelne Finanzinstrumente oder Portfolios handelt,[1995] auch wenn der VaR dabei nur eine selektive, ausschnittsweise Darstellung der Risikolage des berichterstattenden Unternehmen liefern kann.[1996] Es wird jedoch letztlich nur die Wahrscheinlichkeit bereitgestellt, mit der eine bestimmte Verlustschwelle für einen zugrundegelegten Betrachtungszeitraum nicht überschritten wird; die Wahrscheinlichkeit eines Maximalverlusts i.S. einer worst case-Betrachtung wird nicht geliefert.[1997] Insofern ist m.E. ein entscheidender **Mangel an Entscheidungsnützlichkeit** des VaR für den Bilanzadressaten zu konstatieren,[1998] da es auf realen Märkten durchaus auch zu extremen Wertausprägungen kommen kann. Die seit Ende 2007 herrschende Finanzmarktkrise lehrt dies eindrucksvoll. Eine (freiwillige) Ergänzung des VaR durch bspw. die bereits erwähnten Risikomaße wäre dabei in der Lage, diesen Mangel zu reduzieren („VaR-Flankierung“).

Unabhängig von der Güte der Ermittlung des VaR geht grundsätzlich mit der „Verdichtung der Verlustverteilung auf einen einzigen Wert“ ebenfalls ein erheblicher Informationsverlust einher.[1999] Zuvorderst leidet darunter wie auch im Fall der Anwendung einfaktorieller Sensitivitätsanalysen wiederum die Vergleichbarkeit der dabei offengelegten Daten unterschiedlicher Unternehmen.[2000]

Kritik ist am VaR-Konzept auch insofern zu üben, als dass die zur Ermittlung des VaR notwendige **Bestimmung** von **Konfidenzniveau**, **Haltedauer**, **Referenzzeitraum**[2001] sowie generell die **Auswahl** der dabei **verwendeten Methode**[2002] maßgeblich im **Ermessen des Bilanzierenden** liegt und damit erhebliche bilanzpolitische Spielräume eröffnet. Darunter leidet insbesondere auch die zwischenbetriebliche Vergleichbarkeit der berichteten Risikowerte erheblich, die auch durch eine

1995 Vgl. Prokop (2008), S. 476; Portmann (1999), S. 119-120.
1996 Vgl. Prokop (2008), S. 476.
1997 Vgl. Prokop (2008), S. 477. Der VaR kann entsprechend sowohl für Gewinnverteilungen, die lediglich moderate Verluste oberhalb der gewählten Verlustschwelle erwarten lassen, als auch für asymmetrische Gewinnverteilungen, die eine erhöhte Wahrscheinlichkeit für extreme Verluste aufweisen, denselben Wert annehmen. Da den Bilanzadressaten damit möglicherweise Informationen vorenthalten werden, die durchaus in sein Investitionskalkül einfließen würden, ist der VaR insofern als ungenügend entscheidungsnützlich zu bewerten. Vgl. ähnlich auch Prokop (2008), S. 477.
1998 Vgl. Prokop (2008), S. 477.
1999 Vgl. Prokop (2008), S. 476.
2000 Vgl. Prokop (2008), S. 476.
2001 Vgl. Prokop (2008), S. 476.
2002 Vgl. Fürst/Henselmann/Klein (2009), S. 11-12.

vollständige Offenlegung der VaR-Ermittlungsdaten häufig nicht zu heilen sein wird – ein direkter Vergleich ist praktisch unmöglich.[2003]

Die **Grenzen des IFRS 7 immanenten *Management Approach*** treten an diesem Punkt deutlich zu Tage, denn welchen Wert haben Risikokennzahlen, die von den Bilanzadressaten weder unternehmensübergreifend verglichen, geschweige denn deren zugrundeliegenden Prämissen und damit ihr Aussagegehalt vollständig nachvollzogen werden können?

Die Frage nach den Möglichkeiten einer entsprechenden Standardisierung, d.h. „*[t]he need for a uniform VAR methodology*“[2004], stellt sich an dieser Stelle unmittelbar. Als Vorbild könnte hierbei bspw. die dahingehende Standardisierung durch die Solvabilitätsverordnung (SolvV) für Finanzdienstleister zu Zwecken der Ermittlung der Risikobeträge für die Eigenmittelunterlegung gereichen. Eine Möglichkeit zur **Linderung** insbesondere der **Vergleichbarkeits-Problematik** könnte insofern in der **verbindlichen Vorgabe bestimmter VaR-Parameter** wie bspw. Konfidenzniveau und Haltedauer seitens des Standardsetters[2005] bestehen. Auch die Anwendung eines bestimmten VaR-Ermittlungsverfahrens (bspw. historische Simulation) samt bestimmter spezifischer Vorgaben zu dessen Kalibrierung (bspw. historischer Referenzzeitraum) könnten entsprechend obligatorisch gemacht werden.

Problematisch dürfte eine solche „**Standard-Lösung**“ jedoch hinsichtlich der **Abgrenzung** der mit einem solch standardisierten VaR-Verfahren zu quantifizierenden **Risikoposition** sein. Für das Währungsrisiko dürfte bspw. kein Gesamt-VaR über alle Währungsrisikopositionen gebildet werden, da darunter wiederum die Vergleichbarkeit leiden würde. Die separate Anwendung eines spezifischen VaR auf schärfer abgegrenzte Währungsrisikopositionen, bspw. alle Positionen, die einem €/$-Wechselkursrisiko unterliegen, dürfte hierbei i.S.e. **Erhöhung der Granularität** der berichteten VaR-Werte angeraten sein.

Doch auch ein gewisser Grad an Standardisierung der VaR-Berechnung löst die den einzelnen VaR-Ermittlungsmethoden inhärenten Probleme letztlich nicht vollständig, was m.E. zukünftig im Rahmen der Berichterstattung auf jeden Fall explizit klarzustellen sein müsste.

Zusammenfassend lassen es die Ergebnisse vorliegender Untersuchung notwendig erscheinen, eine verstärkte (freiwillige) Offenlegung („Transparenz-Lösung“) sowie eine (freiwillige) Standardisierung seiner Ermittlung („Standard-Lösung“) bei gleichzeitiger (freiwilliger) Ergänzung des VaR durch weitere Risikomaße („VaR-Flankierung“) als durchaus gangbare Verbesserungen der IFRS 7-

---

[2003] Ähnlich Fürst/Henselmann/Klein (2009), S. 28.

[2004] Beder (1995), S. 12. *Beder* bezieht sich bei ihren Ausführungen jedoch speziell auf die Vereinheitlichung des VaR für Zwecke einer besseren Bestimmbarkeit der Eigenkapitalunterlegung bei Banken.

[2005] Eine verbindliche Vorgabe wäre auch durch diverse Branchenverbände- und organisationen denkbar.

Berichterstattung in Erwägung zu ziehen, um dadurch eine bessere Vergleichbarkeit, Nachvollziehbarkeit und Einbettung der berichteten VaR-Werte zu erreichen. Diese Lösungswege könnten m.E. zunächst auf **freiwilliger Basis** seitens der Unternehmen erfolgen, würden sich aber sicherlich auch **als Grundlage für die Formulierung obligatorischer Angabepflichten** durch den Standardsetter IASB eignen.[2006]

Würde einer freiwilligen Verbesserung des Status Quo nicht ausreichend entsprochen, wäre m.E. entsprechend das IASB aufgefordert, eine diesbezüglich weitergehende Extension sowie Standardisierung der Pflichtangaben sowie der hierbei zu verwendenden Parameter herbeizuführen. Die bloße Möglichkeit zur Angabe mehrfaktorieller Sensitivitätsanalyse gemäß IFRS 7.41 sowie der ihr zugrunde liegende Management Approach wären ansonsten mangels Sinnhaftigkeit der tatsächlich berichteten Angaben grundsätzlich in Frage zu stellen. Eine Vorgabe bestimmter Parameter durch das IASB würde dem Gedanken des Management Approach allerdings grundsätzlich zuwiderlaufen, da die bereits existierenden internen Risikowerte in den allermeisten Fällen nicht weiter verwendet werden könnten.

Sowohl bei isolierter als auch bei gleichzeitiger Umsetzung der vorgestellten Lösungsvorschläge dürfte die Berichterstattung von Risikomaßen nach IFRS 7 i.S.e. Erhöhung der Entscheidungsnützlichkeit m.E. wesentlich aufgewertet werden. Hinsichtlich einer ggf. erforderlichen weitergehenden Regulierung der betrachteten Angabepflichten durch das IASB wäre jedoch in jedem Fall den Kosten, die im Zuge der Aufstellung neuer Pflichtangaben bei den Unternehmen anfallen würden, Rechnung zu tragen. Die nachfolgend unter Abbildung 43 aufgeführte Grafik fasst die möglichen **Verbesserungsmöglichkeiten** von IFRS 7 bei der **Berichterstattung von Sensitivitätsanalysen** zusammen.

2006 Eine freiwillige Umsetzung der „Standard-Lösung" durch die Unternehmen wäre etwa anhand einer Vereinheitlich der VaR-Ermittlung durch diverse Branchenverbände und –oganisationen denkbar.

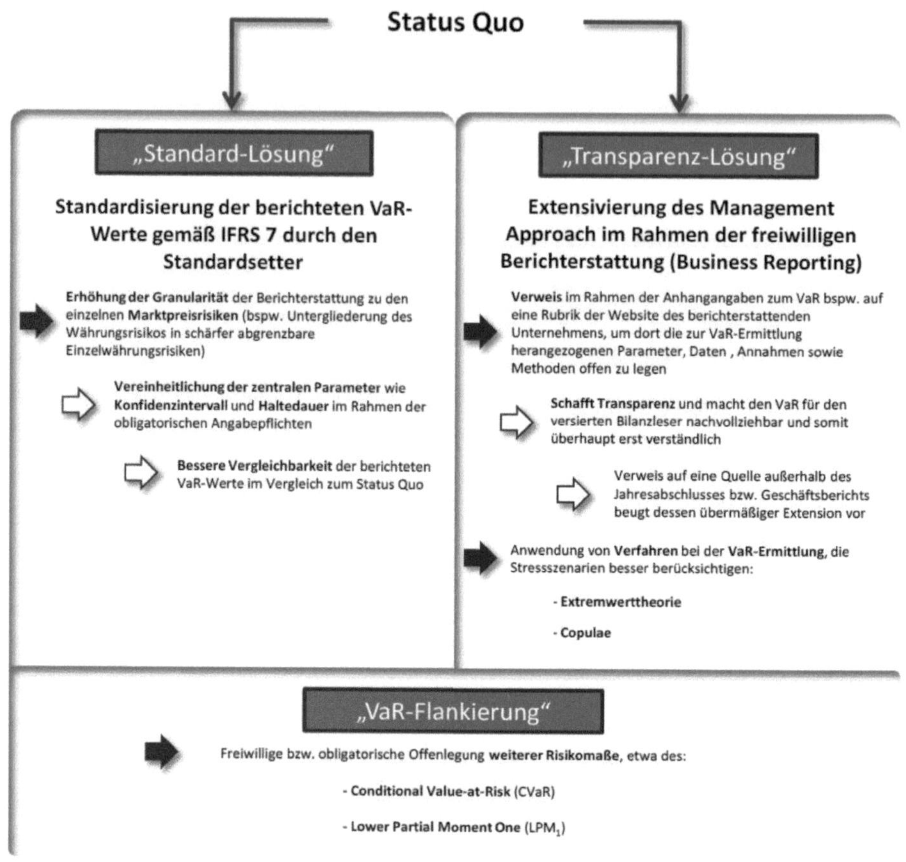

Abbildung 43: Mögliche Vorgehensweisen zur Verbesserung der Berichterstattung von Sensitivitätsanalysen gemäß IFRS 7.40-.41

Vor dem Hintergrund des Aussagegehalts der derzeit berichteten Informationen zu den Risikomaßen gemäß IFRS 7.40-.41 stellt sich jedoch gleichzeitig unmittelbar die Frage, ob bei einer Beibehaltung des Status Quo in der Berichterstattungspraxis nicht gar auch eine vollständige Abschaffung dieser IFRS 7-Regelungen erwogen werden sollte. In Anbetracht eines offensichtlich krassen Missverhältnisses zwischen dem **Nutzen** der berichteten Risikowerte, der in Form der Entscheidungsnützlichkeit gegen Null tendieren oder sogar schädlich durch die Erzeugung einer Art **Scheinsicherheit** sein dürfte, und den doch teilweise erheblichen **Kosten** bei der Durchführung ein- und mehrfaktorieller Sensitivitätsanalysen liegt dieser Gedanke mehr als nahe. M.E. sollte jedoch grundsätzlich einer weitergehenden Standardisierung von IFRS 7.40-.41 i.S.e. Weiterentwicklung der einschlägigen Rechnungslegungsstandards u.a. anhand der zuvor vorgeschlagenen Maßnahmen

Priorität eingeräumt werden, finden insbesondere mehrfaktorielle Sensitivitätsanalysen doch auch im Rahmen der unternehmensinternen Steuerung von Nicht-Finanzdienstleistern zunehmend Akzeptanz.

5. Systematische Unterlassung bestimmter Angabepflichten gemäß IFRS 7 durch die untersuchten Nicht-Finanzdienstleister – Gründe und mögliche Konsequenzen

5.1. Angabepflichten aufgrund der Anwendung der Fair Value-Option

Zielsetzung der Angabepflichten in IFRS 7.9-.11 ist es, bonitätsinduzierte Veränderungen bestimmter Finanzinstrumente, die erfolgswirksam zum Fair Value erfasst werden, zu vermitteln.[2007] Dabei stellen diese Angabepflichten allesamt auf die Möglichkeit der Ausübung der in IAS 39.9(b)[2008] kodifizierten Fair Value-Option – einer wahlweisen Designation als *As at Fair Value through Profit or Loss* – bestimmter finanzieller Vermögenswerte und bestimmter finanzieller Verbindlichkeiten ab.

Gemäß IAS 39.9(b) in der finalen Version[2009] der Fair Value-Option dürfen finanzielle Vermögenswerte und finanzielle Verbindlichkeiten ausschließlich zum Zeitpunkt der erstmaligen Erfassung nur unter den nachfolgend genannten Bedingungen der Kategorie *As at Fair Value through Profit or Loss* zugeordnet werden:

- Designation führt dazu, dass eine **Ansatz- und Bewertungsinkongruenz** (*accounting mismatch*) **eliminiert** oder **erheblich verringert** wird (IAS 39.9(b)(i));[2010]
- die **Handhabung** und die **Performance-Messung** eines Portfolios finanzieller Vermögenswerte und/oder finanzieller Verbindlichkeiten erfolgt **auf Fair Value-Basis** entsprechend einer dokumentierten Risikomanagement- oder Anlagestrategie. Dabei werden die auf dieser Basis ermittelten Informationen intern den Personen in Schlüsselpositionen[2011] des Unternehmens zur Verfügung gestellt (IAS 39(b)(ii));[2012]
- sofern ein Vertrag **ein oder mehrere eingebettete Derivate** enthält, kann das gesamte hybride (zusammengesetzte) Instrument unter bestimmten Bedingungen (IAS 39.11A(a)-(b))[2013]

2007 Vgl. von Oertzen (2009), S. 161, Rz. 222.

2008 (b) unter der Rubrik "*Definitions of four categories of financial instruments*" in IAS 39.9.

2009 Zur Entwicklungshistorie der Fair Value-Option vgl. insbesondere Eckes/Weigel (2006), S. 415-416; Kuhn/Scharpf/Albrecht (2006), S. 13-17.

2010 Vgl. hierzu insbesondere auch Eckes/Weigel (2006), S. 417-418.

2011 Bspw. der Geschäftsführung, dem Aufsichtsrat (*entity's board of directors*) oder dem Vorsitzenden der Geschäftsleitung (*chief executive officer*). Vgl. IAS 39.9(b)(ii).

2012 Vgl. hierzu insbesondere auch Eckes/Weigel (2006), S. 418-419.

2013 So ist eine Designation als *As at Fair Value through Profit or Loss* nicht möglich, sofern (1) das/die eingebettete/n Derivat/e die ansonsten anfallenden Zahlungsströme aus dem Basisvertrag nur unerheblich verändert bzw. verändern (IAS 39.11A(a)) oder sofern (2) es sich bei dem/den eingebetteten Derivat/en um ein Derivat bzw. Derivate handelt, für das/die im Rahmen der erstmaligen Beurteilung eines vergleichbaren strukturierten (zusammengesetzten) Instruments ohne oder nur mit geringem Aufwand ersichtlich ist, dass eine getrennte Bilanzierung unzulässig ist (IAS 39.11A(b)).

als finanzieller Vermögenswert oder finanzielle Verbindlichkeit der Kategorie *As at Fair Value through Profit or Loss* zugeordnet werden (IAS 39.11A; IAS 39.9(b)).[2014]

Die Anwendung der Fair Value-Option in den vorgenannten Fällen soll dabei einerseits eine **Erhöhung der Relevanz der Abschlussinformationen** sowie andererseits eine **Komplexitätsreduktion** oder **Erhöhung der Zuverlässigkeit der Bewertung** bewirken.[2015]

Laut *Brücks/Kerkhoff/Stauber* dürfte sich insbesondere bei Industrie- und Handelsunternehmen – anders als bei Banken und ähnlichen Finanzdienstleistern – die Anwendung der Fair Value-Option angesichts der restriktiven Voraussetzungen sowie der eingeschränkten Anwendungsmöglichkeiten als äußerst selten herausstellen an.[2016] Diese Vermutung kann entsprechend durch vorliegende Untersuchung bestätigt werden – im Berichtsjahr 2009 machen lediglich die *Beiersdorf AG*[2017] sowie die *Deutsche Post AG*[2018] im Rahmen der DAX-30 Nicht-Finanzdienstleister von einer Anwendung der Fair Value-Option Gebrauch.[2019]

5.2. Angabepflichten zur Umkategorisierung von Finanzinstrumenten

Ursprünglich waren die Angabepflichten zu den Umwidmungen bzw. Umgliederungen zwischen den Bewertungskategorien des IAS 39 (*reclassifications*) ausschließlich in IAS 7.12 geregelt. Die originären Regelungen zu den bilanziellen Umgliederungen (alleinige Regelung vor dem 01.07.2008) fanden sich in IAS 39.50-.54 a.F.[2020], deren Inhalt[2021] sich aber samt Änderungen an IFRS 7.12 sowie Einführung eines neuen IFRS 7.12A mit den im Zuge der Finanzmarktkrise 2007-

2014 Vgl. hierzu insbesondere auch Eckes/Weigel (2006), S. 419-420.

2015 Vgl. Kuhn/Scharpf/Albrecht (2006), S. 14 m.w.N.

2016 Vgl. Brücks/Kerkhoff/Stauber (2006b), S. 432.

2017 Vgl. GB 2009 der *Beiersdorf AG*, S. 91.

2018 Vgl. GB 2009 der *Deutsche Post AG*, S. S. 139; 182-185; 186-187.

2019 Zum gleichen Ergebnis einer seltenen Anwendung bei Nicht-Finanzdienstleistern kommend vgl. Ernst & Young Global Limited (2008), S. 10-11.

2020 Für die alten Angabepflichten zu Umgliederungen zwischen den Bewertungskategorien nach IFRS 7, die i.d.R. nur Umwidmungen zwischen den Kategorien *held-to-maturity investments* und *available-for-sale* betrafen, vgl. etwa Scharpf/Kuhn/Paa (2005), S. 8-9; detaillierter Kuhn/Scharpf/Albrecht (2006), S. 610-612.

2021 Durch die umfassende Änderung von IAS 39.50 ist unter Bewertungsaspekten nun zu beachten, dass finanzielle Vermögenswerte stets mit ihrem beizulegenden Zeitwert am Tag der Umgliederung gemäß IAS 39.50B und D (aus *Held-for-Trading* heraus) umzukategorisieren sind. Für bereits in der Gewinn- und Verlustrechnung realisierte Gewinne und Verluste ist eine Rücknahme nicht zulässig. Der beizulegende Zeitwert bildet sodann die neuen (fortgeführten) Anschaffungskosten (IAS 39.50C und F).
Umgliederungen gemäß IAS 39.50E (aus *Available-for-Sale* heraus) sind stets zum beizulegenden Zeitwert des finanziellen Vermögenswerts am Tag der Umgliederung vorzunehmen. Bereits zuvor im OCI gemäß IAS 39.55(b) erfasste Gewinne und Verluste sind entsprechend IAS 39.54 zu erfassen (IAS 39.50F).
Sofern FK-Instrumente gemäß IAS 39.50B, D oder E umgegliedert werden, ist nach IAS 39.AG8 für den Fall, dass vom Unternehmen anschließend höhere zukünftige Zahlungsströme als bisher erwartet werden, keine Anpassung des Buchwerts des Instruments vorzunehmen. Vielmehr ist der Effektivzinssatz anzupassen und prospektiv anzuwenden. Somit wird die Differenz zwischen den ursprünglich erwarteten Zahlungsströmen und den nach neuer Schätzung höheren Zahlungsströmen über die erwartete Laufzeit des FK-Instruments erfolgswirksam erfasst.
Im Allgemeinen sind nach IAS 39.AG8 Änderungen der erwarteten Zahlungsströme als einmalig erfolgswirksame Anpassung des Buchwerts des finanziellen Vermögenswerts oder der finanziellen Verbindlichkeit vorzunehmen. Der Buchwert wird hierbei neu berechnet, indem der Barwert der erwarteten zukünftigen Zahlungsströme mit dem ursprünglichen Effektivzinssatz des Finanzinstruments ermittelt wird.

2009 am 13.10.2008 vom IASB verabschiedeten *Amendments to IAS 39 and IFRS 7: Reclassification of Financial Instruments*[2022] wesentlich geändert hat. Gemäß den neuen Umkategorisierungsvorschriften sind nun nachfolgend aufgeführte Möglichkeiten, Umgliederungen zwischen den Bewertungskategorien vornehmen, statthaft[2023]:

	Zielkategorie				
Ursprungs-kategorie	*Held-for-Trading*	*As at Fair Value through Profit or Loss*	*Loans and Receivables*	*Held-to-Maturity Investments*	*Available-for-Sale*
Held-for-Trading		NEIN	JA* (IAS 39.50(c) i.V.m IAS 39.50D und .50F)	JA* (IAS 39.50(c) i.V.m IAS 39.50B und .50C)	JA* (IAS 39.50(c) i.V.m IAS 39.50B und .50C)
As at Fair Value through Profit or Loss	NEIN		NEIN	NEIN	NEIN
Loans and Receivables	NEIN	NEIN		NEIN	NEIN
Held-to-Maturity Investments	NEIN	NEIN	NEIN		JA
Available-for-Sale	NEIN	NEIN	JA* (IAS 39.50(c) i.V.m IAS 39.50E und .50F)	JA	

* die mit einem Asterisk versehenen Felder markieren die neu durch das *Amendment* geschaffenen Möglichkeiten zur Umgliederung zwischen den Bewertungskategorien

Anlass für diese vergleichsweise unüblich schnellen Anpassungen, ohne dabei den ansonsten stets erforderlichen *due process* des IASB zu durchlaufen, waren Bedenken, dass insbesondere europäische Finanzdienstleister[2024] vor dem Hintergrund der Finanzmarktkrise bei fortgesetzter Fair Value-Bewertung bestimmter Finanzinstrumente[2025] einem Wettbewerbsnachteil gegenüber ihren Mitbewerbern, die nach US GAAP bilanzieren, unterliegen würden.[2026] Mit den Anpassungen von IAS 39 und IFRS 7 sollte daher schnellstmöglich eine Annäherung an US GAAP erreicht werden, da für nach US GAAP bilanzierende Finanzdienstleister bereits die Möglichkeit bestand[2027], unter außer-

2022 Siehe für die am 13.10.2008 erschienenen Regelungen International Accounting Standards Board (Oktober 2008) sowie für die diesbezüglichen Änderungen zum Inkrafttreten und den Übergangsvorschriften vom 27.11.2008 International Accounting Standards Board (November 2008).

2023 Abbildung in Anlehnung an Eckes, et al. (2009), S. 266.

2024 Das IASB reagierte mit den Änderungen zu den Vorschriften zur Umkategorisierung von Finanzinstrumenten insbesondere auf politischen Druck seitens der EU. Vgl. Theile (2009b), S. 322, Rn. 1803.

2025 Vgl. Theile (2009b), S. 322, Rn. 1803.

2026 Vgl. Deloitte (2008), S. 1; ähnlich Eckes, et al. (2009), S. 265-266.

2027 SFAS 115 erlaubt die Umgliederung von Wertpapieren aus der trading-Kategorie heraus nur unter „*rare circumstances*". SFAS 65 erlaubt die Umgliederung eines Darlehens aus der Kategorie *Held-for-Sale* heraus, sofern das Unternehmen die Absicht und Fähigkeit hat, den finanziellen Vermögenswert für die absehbare Zukunft oder bis zur Endfälligkeit zu halten. Vgl. BC104A der *Amendments to IAS 39 and IFRS 7: Reclassification of Financial Instruments*.

gewöhnlichen Umständen die Bewertungsmethodik zu ändern und damit den Fokus auf den langfristigen Charakter dieser Investments zu richten.

Vor diesem Hintergrund überrascht es nicht, dass die in die vorliegende Untersuchung einbezogenen Nicht-Finanzdienstleister des DAX-30, anders als die entsprechend gelisteten Finanzdienstleister[2028], von den neuen Umkategorisierungsmöglichkeiten bislang keinerlei Gebrauch gemacht haben. Der zentrale Grund ist m.E. darin zu sehen, dass Finanzinstrumente der Kategorie *held-for-trading* von diesen Unternehmen vorwiegend zur Risikoabsicherung und nicht – wie von einigen Finanzdienstleistern – auch zu spekulativen Zwecken gehalten werden.

5.3. Angabepflichten zu Ausbuchungen

IFRS 7.13 regelt die Angabevorschriften zur Ausbuchung finanzieller Vermögenswerte[2029]. Obwohl ein Unternehmen einen finanziellen Vermögenswert zivilrechtlich veräußert hat, kann sich gemäß IAS 39.15-.37 (komplexer mehrstufiger Ansatz[2030]) die Situation ergeben, dass eine teilweise oder gar vollständige Ausbuchung des finanziellen Vermögenswerts nicht erfolgen darf.[2031] Entsprechend ist es trotz der Veräußerung bzw. des Abgangs des finanziellen Vermögenswerts möglich, dass nicht alle **wesentliche Chancen und Risiken** („*…substantially al the risks and rewards…*") transferiert worden sind, was eine weitergehende (teilweise) Bilanzierung des Vermögenswerts nach sich zieht (IAS 39.20(b)).[2032] Dabei sind gemäß IFRS 7.13 hinsichtlich nicht (vollständig) ausgebuchter finanzieller Vermögenswerte diverse Angaben je Klasse (IFRS 7.6) finanzieller Vermögenswerte offen zu legen.

Angesichts der bei den analysierten DAX-30 Nicht-Finanzdienstleistern vergleichsweise selten erfolgten Offenlegung[2033] der in IFRS 7.13 kodifizierten Angabepflichten wurde eine Analyse der wenigen berichteten dahingehenden Inhalte im Rahmen vorliegender Untersuchung unterlassen.

[2028] Vgl. zur teilweise äußerst extensiven Ausübung der neuen Umkategorisierungsmöglichkeiten etwa die GBs 2009 der *Allianz SE*, S. 332, der *Commerzbank AG*, S. 248-249 sowie der *Deutsche Bank AG*, S. 19-21 und S. 215-217.

[2029] Zur Ausbuchung finanzieller Verbindlichkeiten fordert IFRS 7.13 keine Angaben. Vgl. Kuhn/Scharpf/Albrecht (2006), S. 613; Scharpf (2006), S. 17.

[2030] Vgl. hierzu für einen schematischen Überblick IAS 39.AG36 (Prüfschema) sowie Kuhn/Scharpf/Albrecht (2006), S. 187.

[2031] Dazu kommt es vor allem beim Verkauf von Forderungen (bspw. Asset-Backed-Securities-Transaktionen unter Zuhilfenahme von *Special Purpose Entities* (Zweckgesellschaften)), bei Wertpapierpensions- und -leihgeschäften als auch beim *bondstripping* sowie ähnlichen Transaktionen. Vgl. Scharpf (2006), S. 17.

[2032] Im Fall der Übertragung der wesentlichen Chancen und Risiken ist der finanzielle Vermögenswert auszubuchen. Weiterhin bestehende Rechte und Pflichten sind jedoch als Vermögenswerte oder Verbindlichkeiten weiter separat zu erfassen (IAS 39.20(a)).

[2033] Vgl. für Beispiele einer Anwendung von IFRS 7.13 die GBs 2009 der *Daimler AG*, S. 205, der *MAN SE*, S. 126; 131 sowie der *ThyssenKrupp AG*, S. 206. Bei den genannten Beispielen handelt es sich mit Abstand um die ausführlichsten Angaben gemäß IFRS 7.13 aller in die Untersuchung einbezogenen DAX-30 Nicht-Finanzdienstleister.

Zudem werden die bisherigen Pflichtangaben zu ausgebuchten finanziellen Vermögenswerten nur noch innerhalb der IFRS-Jahresabschlüsse 2010 offenzulegen sein, denn im April 2009 veröffentlichte das IASB einen **Standardentwurf** (Exposure Draft ED/2009/3*)* mit dem Titel ***„Derecognition – Proposed amendments to IAS 39 and IFRS 7***", welcher Vorschläge zur Verbesserung der Anforderungen des IAS 39 zur bilanziellen Ausbuchung finanzieller Vermögenswerte und finanzieller Verbindlichkeiten sowie der damit korrespondierenden Angabepflichten des IFRS 7, speziell IFRS 7.13, unterbreitet. Aufgrund ihrer bisherigen hohen Komplexität und der daraus resultierenden schweren Anwendbarkeit in der Praxis sieht das IASB eine Verbesserung insbesondere der diesbezüglichen Vorschriften in IAS 39 als dringend geboten an. Darüber hinaus soll auf diesem Wege gewährleistet werden, dass die Bilanzadressaten mehr Informationen über die verbleibende Risikoposition eines bilanzierenden Unternehmens im Zusammenhang mit übertragenen finanziellen Vermögenswerten erhalten. Auch die Konvergenzbestrebungen zwischen den IFRS und den US GAAP stehen im Mittelpunkt dieser Bemühungen.[2034] Nicht zuletzt hat auch die Finanzkrise 2007-2009 Anlass für eine derartige Verbesserung der existierenden Ausbuchungsregelungen gegeben.

Nach ausgiebigen Konsultationen mit der interessierten Öffentlichkeit beschloss das IASB am 20.09.2010 vorläufig, hinsichtlich der neuen IFRS 7-Regelungen zu den Ausbuchungen die dahingehenden, in der IASB Sitzung vom März 2010 beschlossenen Vorschriften als *Amendment* zu IFRS 7 vom Mitarbeiterstab des IASB finalisieren zu lassen.[2035] Die neuen Regelungen, welche in ihrer finalen Form vom IASB am 07.10.2010 unter dem Titel *Disclosures – Transfers of Financial Assets* veröffentlicht wurden, sollen sodann verpflichtend für Geschäftsjahre , die am oder nach dem 01.01.2011 beginnen, in Kraft treten. Da diese Angabepflichten jedoch noch keine Umsetzung in der Praxis erfahren haben, wird auf eine Erläuterung der neuen Kodifikationen im Rahmen vorliegender Untersuchung verzichtet.

5.4. Angabepflichten zu hybriden (zusammengesetzten) Finanzinstrumenten

Sofern ein Unternehmen ein i.S.v. IAS 32.28 **hybrides** bzw. **zusammengesetztes Finanzinstrument** emittiert hat, das (1) sowohl eine Fremdkapital- als auch eine Eigenkapitalkomponente enthält sowie (2) gleichzeitig mehrere eingebettete Derivate[2036] beinhaltet, (3) deren Wertentwicklungen voneinander abhängen („*...has multiple embedded derivatives whose values are interdepen-*

2034 Vgl. hierzu auch die Ausführungen des IASB auf der diesbezüglichen Internetseite http://www.ifrs.org/Current+Projects/IASB+Projects/Derecognition/Derecognition.htm.

2035 Vgl. hierzu auch die Ausführungen des IASB auf der diesbezüglichen Internetseite http://www.ifrs.org/Current+Projects/IASB+Projects/Derecognition/Meeting+Summaries+and+Observer+Notes/Meeting+Summaries+and+Observer+Notes.htm.

2036 Kündigungs- sowie Wandlungsrechte stellen eine häufige Form eingebetteter Derivate dar. Vgl. Scharpf (2006), S. 22.

dent…“),[2037] so hat das Unternehmen das Vorliegen dieser Merkmale anzugeben. Die kumulative Erfüllung aller drei voranstehend genannten Bedingungen ist dabei notwendige Voraussetzung für die Pflicht zur Angabe gemäß IFRS 7.17.[2038]

In Ermangelung einer Berichterstattung gemäß IFRS 7.17 durch die in die Untersuchung einbezogenen Unternehmen, konnte eine dahingehende Anwendungsanalyse nicht durchgeführt werden. Ein Grund für die offensichtlich fehlende Existenz von in den Anwendungsbereich von IFRS 7.13 fallenden Instrumenten bei den im DAX-30 gelisteten Nicht-Finanzdienstleistern könnte m.E. darin zu sehen sein, dass die betrachteten Unternehmen nur unwesentliche Bestände an solchen Finanzinstrumenten halten und daher eine entsprechende Offenlegung als nicht geboten erachten.

5.5. Angabepflichten zu *Day 1 Profits/Losses*

Hinsichtlich der Angaben zu den Fair Values von Finanzinstrumenten führte IFRS 7 ggü. IAS 32 als einzige neue Angabepflicht IFRS 7.28 – Angaben zu den „*day 1 profits and losses*“ – ein.[2039]

Entsprechend sind Angaben für den Fall bestehender Wertdifferenzen zwischen dem Fair Value von Finanzinstrumenten bei deren Anschaffung, ermittelt auf Basis eines Marktpreises, und dem zum gleichen Zeitpunkt auf Basis einer Bewertungstechnik ermittelten Fair Value zu machen.

Ist der Markt für ein Finanzinstrument nicht aktiv, so ist der beizulegende Zeitwert des Finanzinstruments vom Unternehmen mittels einer Bewertungstechnik (*valuation technique*) zu ermitteln.[2040] Der beste Nachweis für einen beizulegenden Zeitwert („*…best evidence of fair value…*“) bei Anschaffung bzw. beim erstmaligen Ansatz ist grundlegend der **Transaktionspreis**, d.h. der beizulegende Zeitwert der hingegebenen oder erhaltenen Gegenleistung („*…consideration given or received…*“), es sei denn, die Voraussetzungen in IAS 39.AG74-.AG79[2041] werden erfüllt. Entsprechend kann sich eine **Differenz** zwischen dem **beizulegenden Zeitwert** (Transaktionspreis) beim **erstmaligen Ansatz** und dem Fair Value, der zu diesem Zeitpunkt unter Verwendung einer Bewertungstechnik (*valuation technique*) ermittelt werden würde, ergeben.

Diese in IFRS 7.28 genannten Differenzen werden auch als ***Day-1-Profits*** bzw. ***Day-1-Losses*** bezeichnet.[2042] Nach Auffassung der h.M. ist eine diesbezügliche Erfolgsrealisierung am Zugangstag

---

2037 Als Beispiel nennt IFRS 7.17 kündbare Wandelschuldverschreibungen („*…such as a callable convertible debt instrument…*“).

2038 Entsprechend scheidet eine Angabe nach IFRS 7.17 für Plain Vanilla-Wandelanleihen aus. Vgl. Scharpf (2006), S. 22.

2039 Vgl. Ernst & Young Global Limited (2008), S. 19.

2040 Siehe hierzu IAS 39.AG74-.AG79.

2041 IAS 39.AG74-.AG79 zeigen die Ermittlung des Fair Value von Finanzinstrumenten mittels Bewertungsmodellen (*valuation technique*) sowie daran anknüpfende bilanzielle Konsequenzen auf, sofern für diese Instrumente kein „aktiver Markt“ (mehr) vorliegt.

2042 Vgl. Scharpf (2006), S. 34.

nicht zulässig.[2043] Gemäß IAS 39.AG76A ist ein Gewinn oder Verlust eines Finanzinstruments nach seinem erstmaligen Ansatz im Rahmen der Folgebewertung nur insoweit zu erfassen, wie er durch die Änderung eines bzw. mehrerer Faktoren (einschließlich des Faktors Zeit) entstanden ist, den die Marktteilnehmer bei der Preisfestsetzung (Fair Value) berücksichtigen würden.[2044]

Die Angabepflichten in IFRS 7.28 sind vorwiegend für Finanzdienstleister von Bedeutung, sind jedoch insbesondere auch von Unternehmen, die aktiv Handelsgeschäfte betreiben (bspw. signifikanter Handel mit Rohstoffen oder Energie), zu beachten. Meist sind entsprechend all jene Unternehmen von IFRS 7.28 betroffen, welche einen wesentlichen Bestand an Finanzinstrumenten besitzen, die „Level 3-Fair Values"[2045] aufweisen.[2046]

Da von den im Rahmen vorliegender Untersuchung betrachteten Unternehmen lediglich acht Unternehmen Bestände an Finanzinstrumenten der Stufe 3 aufweisen, diese betragsmäßig jedoch vergleichsweise gering ausfallen,[2047] lässt sich m.E. entsprechend auch die gänzliche Nicht-Anwendung von IFRS 7.28 im Rahmen des Samples erklären.

2043 Vgl. Scharpf (2006), S. 34.

2044 Vgl. Scharpf (2006), S. 34; ähnlich Eckes/Flick (2008), S. 462, Tz. 59, die unter diesen Umständen entgegen der h.M. neben einer sukzessiven auch eine sofortige vollständige Vereinnahmung in der GuV als möglich ansehen.

2045 Vgl. zu den Angabepflichten bzgl. Fair Values in Stufe 3 Kapitel 3.5.3.2.1.

2046 Vgl. Ernst & Young Global Limited (2008), S. 19; 24, wobei *Ernst & Young* zu dem Ergebnis gelangt, dass nur wenige Unternehmen, obwohl mehrere von der Angabepflicht IFRS 7.28 betroffen sind, dieser auch tatsächlich nachkommen.

2047 Vgl. hierzu Kapitel 3.5.3.2.2.2.

6. IFRS 7-Musterbericht sowie zentrale Schlussfolgerungen der Untersuchung

6.1. Zusammenhänge innerhalb des Musterberichts

Nachfolgendes Schaubild gibt einen Überblick über die Zusammenhänge der in den einzelnen Kapiteln vorliegender Untersuchung entwickelten Benchmark-Tableaus.[2048]

[2048] Die Benchmark-Tableaus zum Hedge Accounting sind aus Gründen der Übersichtlichkeit nicht beinhaltet.

Angaben zur Bedeutung von Finanzinstrumenten im Jahresabschluss

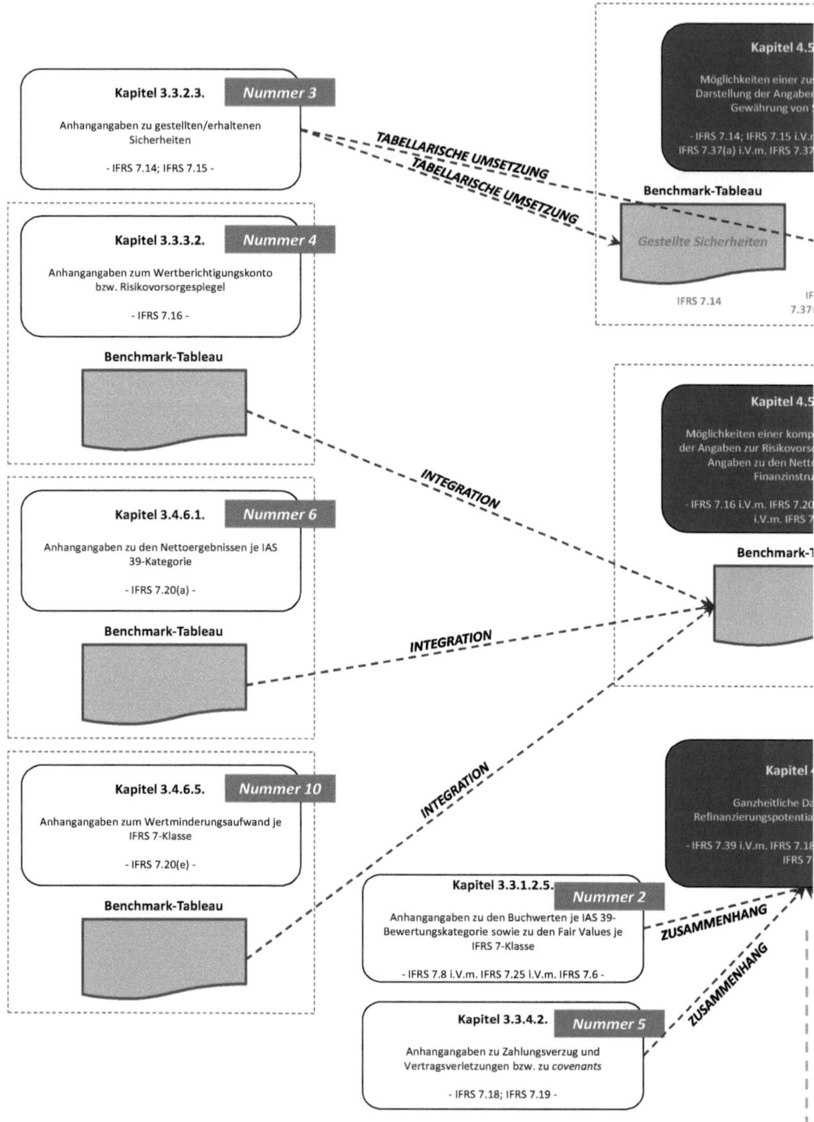

Abbildung 44: Zusammenhänge zwischen den in vorliegender Untersuchung entwickelten Benchmark-Tableaus

Angaben zu Art und Ausmaß der Risiken aus Finanzinstrumenten

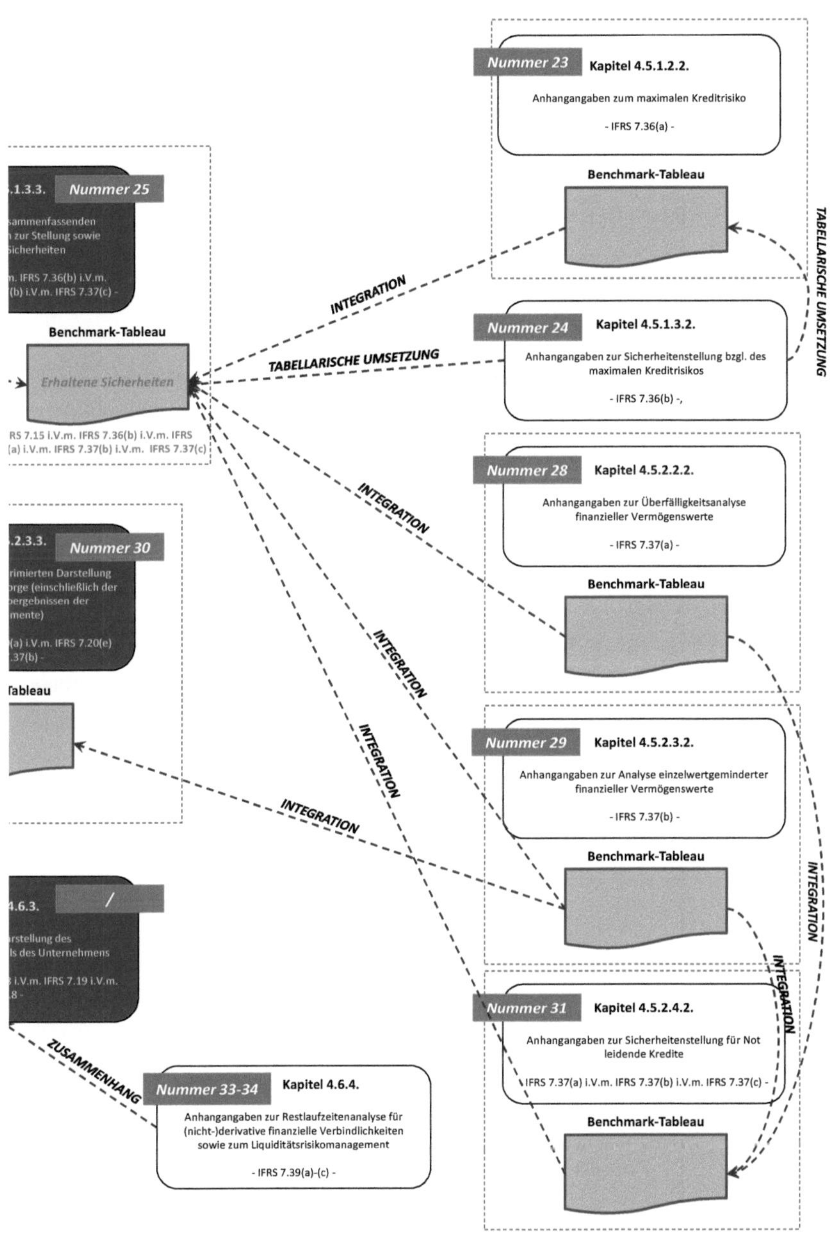

6.2. Musterbericht sowie zentrale Schlussfolgerungen für die Angaben zur Bedeutung von Finanzinstrumenten im Jahresabschluss

Dieses Kapitel fasst die in den Unterkapiteln des **3. Kapitels** entwickelten **Benchmark-Tableaus** und sonstigen **Empfehlungen** in Form eines Musterberichts komprimiert zusammen. Darüber hinaus werden hier die **wichtigsten Schlussfolgerungen** wiederholt. Die Nummerierung der einzelnen Abschnitte dient der besseren Verweismöglichkeit. Für Details zu den entwickelten Benchmarks sei jeweils auf die Lektüre der angegebenen Unterkapitel verwiesen.

---

1. Bildung von IFRS 7-Klassen (IFRS 7.6)

→ *siehe Kapitel 3.2.2.*

- Hinsichtlich der gemäß IFRS 7.6 geforderten **Klassenbildung** für bestimmte IFRS 7-Angaben sowie der Möglichkeit zur **Überleitung der angegebenen Klassen** auf die damit im Zusammenhang stehenden Bilanzposten ist anzumerken, dass sich eine Vielzahl der untersuchten Unternehmen um eine eindeutigere **explizite Klassenabgrenzung und –benennung** bemühen sollte – oftmals fehlen ausreichend klare Bezeichnungen vollständig. Entsprechend ist es zu empfehlen, die Art der Klassenbildung im Anhang bzw. an einer anderen Stelle des Jahresabschlusses explizit und von anderen Informationen eindeutig abgegrenzt offenzulegen. Sofern für unterschiedliche Angaben eine unterschiedliche Klassenbildung zugrunde gelegt wird, sollte darauf ebenfalls explizit hingewiesen werden.
- Zudem gelingt bei einigen wenigen der betrachteten Unternehmen die geforderte **Bilanzüberleitung** von den Klassen auf die entsprechenden Bilanzposten nicht, was die so bereitgestellten Angaben als nicht standardkonform ausweist.
- Beiden obigen Anforderungen – eindeutige Klassenbildung sowie entsprechende Bilanzüberleitung – kommt eine elementare Bedeutung zu, wenn es darum geht, die Informationen in Bilanz und Anhang sinnvoll zu verknüpfen.

2. Anhangangaben zu den Buchwerten je IAS 39-Bewertungskategorie sowie zu den Fair Values je IFRS 7-Klasse[2049] (IFRS 7.8 i.V.m. IFRS 7.25 i.V.m. IFRS 7.6)

→ *siehe Kapitel 3.3.1.2.5.*

- Hinsichtlich der Offenlegung der Angaben gemäß IFRS 7.8 – Ausweis der **Buchwerte der Finanzinstrumente** gemäß der Kategorisierung des IAS 39 – zeigt sich ein deutliches Potential einer sinnvollen, gemeinsamen Berichterstattung im Rahmen *eines* Tableaus zusammen mit den Angabepflichten gemäß IFRS 7.25 i.V.m. IFRS 7.6 – Ausweis der **Fair Values der Finanzinstrumente** je IFRS 7-Klasse –, um u.a. eine zuverlässige Darstellung bestehender **stiller Reserven bzw. Lasten** im Zuge des jeweiligen Vergleichs von Buchwert und Fair Value der betreffenden Finanzinstrumente zu gewährleisten.
- Das **Benchmark-Tableau** auf den nachfolgenden beiden Seiten gereicht für eine Umsetzung von IFRS 7.8 i.V.m. IFRS 7.25 i.V.m. IFRS 7.6 und zeigt entsprechend die Möglichkeit einer dahingehenden Standardisierung auf.
- Die Angaben in diesem Tableau zur Kategorie *Available-for-Sale Financial Assets* sind darüber hinaus für die umfassende Darstellung des Refinanzierungspotentials des Unternehmens von Bedeutung (siehe hierzu Kapitel 4.6.3.).

[2049] Die Angabe der Klassen sollte dabei vom bilanzierenden Unternehmen m.E. wahlweise entweder als weitergehende Differenzierung der Bilanzposten (Zeilenposten) oder als weitergehende Differenzierung der Bewertungskategorien (Spaltenposten) erfolgen; die zweite Option ist im Tableau „rot" hervorgehoben (sollte diese Option der Darstellung gewählt werden, sind die Klassen-Angaben in den Zeilenposten zu streichen). Die diesbezügliche Wahl der Darstellung dürfte i.d.R. davon abhängen, ob sich die Klassenbildung primär an den Bilanzposten oder an den Bewertungsmaßstäben der Finanzinstrumente orientiert.

	Zu (fortgeführten) Anschaffungskosten									
	Loans and Receivables				*Held-to-Maturity Investments*				*Other Liabilities*	
	Klasse		**Klasse**		**Klasse**		**Klasse**			
AKTIVA	Buchwert	Fair Value	Buchwert	Fair Value	Buchwert	Fair Value	Buchwert	Fair Value	Buchwert	Fair Value
Bilanzposten										
Klasse										
Klasse										
Bilanzposten										
Klasse										
Klasse										
Bilanzposten										
Klasse										
Klasse										
Summe je Klasse										
Buchwert je Kategorie										
Fair Value je Kategorie										
Summe										
Summe Buchwert je Mindest-Bewertungsklasse										
Summe Fair Value je Mindest-Bewertungsklasse										
PASSIVA										
Bilanzposten										
Klasse										
Klasse										
Bilanzposten										
Klasse										
Klasse										
Bilanzposten										
Klasse										
Klasse										
Summe je Klasse										
Buchwert je Kategorie										
Fair Value je Kategorie										
Summe										
Summe Buchwert je Mindest-Bewertungsklasse										
Summe Fair Value je Mindest-Bewertungsklasse										

Zum Fair Value								Finanzinstrumente außerhalb von IFRS 7			Summe	
As at Fair Value through Profit or Loss (financial assets and financial liabilities)				Als Sicherungs-instrumente designierte Derivate		*Available-for-Sale Financial Assets*		Ansatz nach IAS 17	Andere			
Trading		Fair Value-Option										
…												
Buchwert	Fair Value	Buchwert	Fair Value	Buchwert	Fair Value	Buchwert	Fair Value	Buchwert	Buchwert	Fair Value	Buchwert	Fair Value

3. Anhangangaben zu gestellten/erhaltenen Sicherheiten (IFRS 7.14 und IFRS 7.15)

→ *siehe Kapitel 3.3.2.3.*

- Die Offenlegung zu den gestellten und erhaltenen Sicherheiten gemäß IFRS 7.14-.15 stellt sich als äußerst fragmentiert im Rahmen der betrachteten Jahresabschlüsse dar. Für die Angaben gemäß IFRS 7.14 (gestellte Sicherheiten) und IFRS 7.15 (erhaltene Sicherheiten) ist daher grundsätzlich eine ***zusammenhängende*** **verbale Darstellung** zu empfehlen.
- Ein die Angaben gemäß IFRS 7.14 und IFRS 7.15 einbeziehender ***übergreifender*** **Benchmark** wird darüber hinaus in Nummer 25 bzw. Kapitel 4.5.1.3.3. bereitgestellt.

4. Anhangangaben zum Wertberichtigungskonto bzw. Risikovorsorgespiegel (IFRS 7.16)

→*siehe Kapitel 3.3.3.2.*

- Hinsichtlich der von IFRS 7 geforderten Angaben zur Risikovorsorge gemäß IFRS 7.16 stellt sich im Rahmen der Benchmark-Analyse zunächst die Frage nach einer Standardisierung des dazu offenzulegenden Risikovorsorge- bzw. Wertberichtigungsspiegels.
- Nachfolgendes **Benchmark-Tableau** gereicht für eine entsprechend *isolierte* Umsetzung von IFRS 7.16.
- Obwohl bzgl. IFRS 7.16 eine *isolierte* Lösung anhand eines erhobenen Benchmark bereitgestellt werden kann, so ergeben sich doch mit Blick auf die Angabepflichten zu den Nettoergebnissen der Kategorien an Finanzinstrumenten (IFRS 7.20(a)), des zu berichtenden Wertminderungsaufwands je Klasse von Finanzinstrumenten (IFRS 7.20(e)) sowie der risikobezogenen Angabepflichten einer Analyse wertgeminderter Vermögenswerte (IFRS 7.37(b)) weitergehende Potentiale eines gemeinsamen tabellarischen Ausweises, der von den berichterstattenden Unternehmen i.S.e. komprimierten Darstellung genutzt werden kann. Ein entsprechend die Angaben gemäß IFRS 7.16 einbeziehender ***übergreifender*** **Benchmark** wird in Nummer 30 bzw. Kapitel 4.5.2.3.3. bereitgestellt.

	Einzelwertberichtigungen											Portfoliowertberichtigungen											Wertberichtigungen Gesamt		
		Zuführungen			Auflösungen								Zuführungen			Auflösungen									
	Stand zum Geschäftsjahresbeginn	erfolgswirksam	nicht erfolgswirksam	Inanspruchnahme	erfolgswirksam	nicht erfolgswirksam	Änderungen des Konsolidierungskreises	Währungsumrechnungseffekte	Sonstige Veränderungen	**Einzelwertberichtigungsaufwand GESAMT**	**Stand zum Geschäftsjahresende**	**Stand zum Geschäftsjahresbeginn**	erfolgswirksam	nicht erfolgswirksam	Inanspruchnahme	erfolgswirksam	nicht erfolgswirksam	Änderungen des Konsolidierungskreises	Währungsumrechnungseffekte	Sonstige Veränderungen	**Portfoliowertberichtigungsaufwand GESAMT**	**Stand zum Geschäftsjahresende**	Stand zum Geschäftsjahresbeginn	Ergebniswirksame Veränderung im Geschäftsjahr	Stand zum Geschäftsjahresende
Klassen gemäß IFRS 7																									
Forderungen aus Lieferungen und Leistungen																									
Forderungen aus Finanzdienstleistungen																									
Übrige Finanzanlagen	Vornahme EWB per Direktabschreibung																								
Sonstige Forderungen und sonstige Vermögenswerte																									

5. Anhangangaben Angaben zu Zahlungsverzug und Vertragsverletzungen (IFRS 7.18 und IFRS 7.19)

→ *siehe Kapitel 3.3.4.2.*

- Hinsichtlich **IFRS 7.18** – **Angaben** zum **Zahlungsverzug** bzw. zu den **Zahlungsstörungen** im Zusammenhang mit eigenen finanziellen Verbindlichkeiten sowie anderen Darlehensvereinbarungen – konnte im Rahmen der Untersuchung **kein Benchmark** ermittelt werden; eine Anwendung dieser Norm fand im Betrachtungszeitraum 2007-2009 faktisch nicht statt.
- Mit Blick auf **IFRS 7.19** sollten m.E. **über diese Norm hinaus** insbesondere zur besseren Einschätzung des **Liquiditätsrisikos** des bilanzierenden Unternehmens **erläuternde Angaben** zu bestimmten bestehenden, noch nicht verletzten **Financial Covenants** offengelegt werden (siehe hierzu auch Nummer 34 bzw. Kapitel 4.6.4.2.). Nachfolgende Checkliste dient dazu, entsprechend solche Financial Covenants zu identifizieren[2050] – die dann anschließend im Anhang (freiwillig) verbal zu beschreiben wären –, bei denen ein Verstoß zu einer **im Ermessen des Gläubigers stehenden vorzeitigen Rückzahlung** des Darlehensbetrags führen würde.

Art der Financial Covenants	Kreditverträge*		
	Kreditvertrag A	Kreditvertrag B	Kreditvertrag C
Eigenkapitelquote			
Mindesteigenkapitalausstattung (Minimum Tangible Net Worth)			
Beschränkung der zinstragenden Verbindlichkeiten (Total Net Debt)			
Verschuldungsgradklausel (Debt Equity Ratio oder auch Gearing Ratio)			
Liquiditätskennzahlen			
Current Ratio			
Quick Ratio			
Zinsdeckungsklausel (Interest Cover Ratio)			
Cash Flow Cover Ratio (Schuldendienstdeckungsgrad)			
Leverage Ratios			
Total Leverage Ratio			
Senior Leverage Ratio			
Beleihungsgrad (Loan to Value Ratio)			
Anlagedeckungsgrad			
CAPEX (Capital Expenditure)			
Monitoring Covenants			
Vorlage von Bilanzen			
Kontinuität der Bilanzierungs- und Bewertungsmethoden			
Weitere Financial Covenants...			

* nur Kreditverträge, bei denen die Verletzung einer der nachstehend aufgelisteten Financial Covenants zu einer vorzeitigen Rückzahlung des Darlehensbetrags führt

- Zur **umfassenden Darstellung des Refinanzierungspotentials** des bilanzierenden Unternehmens bietet sich ein **gemeinsamer Ausweis** der Angaben zu den Zahlungsverzügen und

[2050] Nachfolgende Checkliste beinhaltet die am häufigsten verwendeten Financial Covenants. Eine abschließende Auflistung ist nicht möglich, da die Ausgestaltung von Financial Covenants im Einzelfall u.a. von der Anzahl der in einen Kreditvertrag aufgenommenen Covenants, der Eigenart des jeweiligen Rechtsgeschäfts sowie der Bonität des Kreditnehmers abhängt. Vgl. Runge (2010), S. 35.

Vertragsverletzungen gemäß **IFRS 7.18-.19** insbesondere mit den Angaben zum Liquiditätsrisiko gemäß **IFRS 7.39** an (siehe Kapitel 4.6.3.).

6. Anhangangaben zu den Nettoergebnissen je IAS 39-Bewertungskategorie (IFRS 7.20(a))

→ *siehe Kapitel 3.4.6.1.*

- Die Angabepflichten zur Erfolgsrechnung (IFRS 7.20(a)-(e)) erlauben teilweise (siehe hierzu auch die Nummern 7 und 10) die Entwicklung von Benchmark-Tableaus, welche in ihrer konkreten Darstellungsform im Anhang auch tabellarisch ineinander überführt werden können – auf die Ausweis- und Standardisierungsmöglichkeiten der Angabepflichten gemäß IFRS 7.20(a) zusammen mit den Angabepflichten des IFRS 7 zur Risikovorsorge wird in Nummer 30 bzw. Kapitel 4.5.2.3.3. hingewiesen.
- Speziell die Analyse der Umsetzung der Angaben gemäß IFRS 7.20(a) zu den Nettogewinnen und –verlusten je Kategorie von Finanzinstrumenten lässt jedoch weitergehende Verbesserungspotentiale erkennen.
- Nachfolgendes **Benchmark-Tableau** gereicht für eine *isolierte* Umsetzung von IFRS 7.20(a).

Bewertungskategorien gemäß IAS 39	Zinsen (und Dividenden)	Bewertung zum beizulegenden Zeitwert	Währungsumrechnung	Wertberichtigung/ Wertaufholung	Erfolgsneutral im Eigenkapital erfasste Veränderung des beizulegenden Zeitwerts	Erfolgsneutral aus dem Eigenkapital umgegliedert	Beteiligungen	Abgänge	Nettogewinne	Nettoverluste	Nettoergebnis
At Fair Value through Profit or Loss											
Held for Trading											
anhand Fair Value Option designiert											
Held-to-maturity Investments											
Loans and Receivables											
Available-for-sale											
Other Financial Liabilities											
GESAMT											

- Des Weiteren ist bei den meisten der betrachteten Unternehmen eine Überleitung der entsprechend berichteten Nettoergebnisse auf die damit **zusammenhängenden GuV-Posten** nicht möglich bzw. wird nicht ergänzend bereitgestellt. Entsprechend ist es zu empfehlen, eine solche **verbale Überleitung** zusätzlich anzugeben.
- Ein die Angaben gemäß IFRS 7.20(a) einbeziehender ***übergreifender* Benchmark** wird in Nummer 30 bzw. Kapitel 4.5.2.3.3. bereitgestellt.

7. Anhangangaben zu den Gesamtzinserträgen und -aufwendungen (IFRS 7.20(b))

→ *siehe Kapitel 3.4.6.2.*

- Nachfolgendes **Benchmark-Tableau** integriert die Angabepflichten gemäß IFRS 7.20(b) in das Benchmark-Tableau zur *isolierten* Umsetzung von IFRS 7.20(a) (siehe hierzu auch Nummer 6 bzw. Kapitel 3.4.6.1.).

Bewertungskategorien gemäß IAS 39	Zinsen (und Dividenden)	Zinserträge	Zinsaufwendungen	Bewertung zum beizulegenden Zeitwert	Währungsumrechnung	Wertberichtigung/ Wertaufholung	Erfolgsneutral im Eigenkapital erfasste Veränderung des beizulegenden Zeitwerts	Erfolgsneutral aus dem Eigenkapital umgegliedert	Beteiligungen	Abgänge	Nettogewinne	Nettoverluste	Nettoergebnis
At Fair Value through Profit or Loss													
Held for Trading													
anhand Fair Value Option designiert													
Held-to-maturity Investments													
Loans and Receivables													
Available-for-sale													
Other Financial Liabilities													
GESAMT													

8. Anhangangaben zu den Provisionserträgen und –aufwendungen, die nicht Bestandteil der Effektivverzinsung sind (IFRS 7.20(c))

→ *siehe Kapitel 3.4.6.3.*

- Mangels fehlender Integrationsmöglichkeiten in eine Matrixdarstellung gemäß IFRS 7.20(a) ist es zu empfehlen, diese Angaben stets separat anhand einer **verbalen Erläuterung** oder einer **tabellarischen Aufstellung** und im Nachgang an die anderen Informationen gemäß IFRS 7.20 offen zu legen. Als Beispiel hierfür kann etwa folgende Passage aus dem Geschäftsbericht 2009 der *Volkswagen AG* gereichen.

> ***Volkswagen AG*:**
> „Im Geschäftsjahr 2009 wurden 5 Mio. € (Vorjahr: 9 Mio. €) als Aufwand und 3 Mio. € (Vorjahr: 3 Mio. €) als Ertrag für Gebühren und Provisionen erfasst, die nicht im Rahmen der Effektivzinsmethode berücksichtigt wurden.“[2051]

[2051] Vgl. GB 2009 der *Volkswagen AG*, S. 241.

9. Anhangangaben zu den vereinnahmten Zinserträgen aus wertgeminderten finanziellen Vermögenswerten (IFRS 7.20(d))

→ *siehe Kapitel 3.4.6.4.*

- Mangels fehlender Integrationsmöglichkeiten in eine Matrixdarstellung gemäß IFRS 7.20(a) ist es zu empfehlen, diese Angaben stets separat anhand einer **verbalen Erläuterung oder** einer **tabellarischen Aufstellung** und im Nachgang an die anderen Informationen gemäß IFRS 7.20 offen zu legen. Als Beispiel hierfür kann wiederum eine Passage aus dem Geschäftsbericht 2009 der *Volkswagen AG* gereichen.

> ***Volkswagen AG*:**
> „[...] Die Zinserträge aus wertgeminderten finanziellen Vermögenswerten beliefen sich im Geschäftsjahr auf 69 Mio. € (Vorjahr: 82 Mio. €).“[2052]

10. Anhangangaben zum Wertminderungsaufwand je IFRS 7-Klasse (IFRS 7.20(e))

→ *siehe Kapitel 3.4.6.5.*

- Nachfolgendes **Benchmark-Tableau** integriert den Benchmark zu IFRS 7.20(e) in das Benchmark-Tableau zur *isolierten* Umsetzung von IFRS 7.20(a) i.V.m. IFRS 7.20(b) (siehe hierzu auch Nummer 7 bzw. Kapitel 3.4.6.2.).

Bewertungskategorien gemäß IAS 39	Zinsen (und Dividenden)	Zinserträge	Zinsaufwendungen	Bewertung zum beizulegenden Zeitwert	Währungsumrechnung	Wertberichtigung	Wertaufholung	Erfolgsneutral im Eigenkapital erfasste Veränderung des beizulegenden Zeitwerts	Erfolgsneutral aus dem Eigenkapital umgegliedert	Beteiligungen	Abgänge	Nettogewinne	Nettoverluste	Nettoergebnis
At Fair Value through Profit or Loss														
Held for Trading														
anhand Fair Value Option designiert														
Held-to-maturity Investments														
Loans and Receivables														
Available-for-sale														
Other Financial Liabilities														
GESAMT														
Klassen gemäß IFRS 7*														
Zum Fair Value bewertete Finanzinstrumente														
Zu fortgeführten Anschaffungskosten beweretete Finanzinstrumente														
Finanzinstrumente nicht im Anwendungsbereich von IFRS 7														
GESAMT														

* Eine Differenzierung nach Klassen gemäß IFRS 7 ist anzugeben, sofern keine Identität von Klassen und IAS 39-Bewertungskategorien vorliegt; die Klassen in der Tabelle sind beispielhaft gewählt

[2052] Vgl. GB 2009 der *Volkswagen AG*, S. 241.

- Ein die Angaben gemäß IFRS 7.20(e) einbeziehender ***übergreifender*** **Benchmark** wird in Nummer 30 bzw. Kapitel 4.5.2.3.3. bereitgestellt.

11. Anhangangaben zur Beschreibung der Hedge-Arten (IFRS 7.22(a))

→ *siehe Kapitel 3.5.2.5.1.*

- Mit Blick auf die sonstigen, zum Jahresabschluss geforderten Angaben beinhalten m.E. insbesondere die **Angabepflichten zum Hedge Accounting** gemäß IFRS 7.22-.24 **großes Potential für eine weitergehende Standardisierung** sowie **inhaltliche Ergänzungen** (siehe hierzu im Weiteren auch die Nummern 12-18). Zunächst schöpfen die bilanzierenden Unternehmen m.E. derzeit nicht das volle Potential einer übersichtlichen, grafischen Darstellung der diesbezüglich geforderten Offenlegungsinhalte aus – der hierzu identifizierte Benchmark ist insofern bewusst um eine strukturierte, grafische Standardisierung bemüht.
- Speziell hinsichtlich IFRS 7.22(a) ist es zu empfehlen, die im Unternehmen zur bilanziellen Absicherung eingesetzten **Hedge-Arten** (Fair Value Hedge; Fair Value Portfolio Hedges; Cash Flow Hedges; Hedges of a Net Investment in a Foreign Operation) **detailliert** anhand verbaler Ausführungen im Anhang **zu beschreiben**. Als Beispiel hierfür kann etwa folgende Passage aus dem Geschäftsbericht 2009 der *Deutsche Telekom AG* gereichen.

***Deutsche Telekom AG*:**

„Ein **Fair Value Hedge** dient der Besicherung der beizulegenden Zeitwerte von in der Bilanz angesetzten Vermögenswerten, in der Bilanz angesetzten Verbindlichkeiten oder noch nicht in der Bilanz angesetzten festen Verpflichtungen. Jede Veränderung des beizulegenden Zeitwerts, des als Sicherungsinstrument eingesetzten Derivats, ist erfolgswirksam in der Gewinn- und Verlustrechnung zu erfassen; der Buchwert des Grundgeschäfts ist um den auf das besicherte Risiko entfallenden Gewinn oder Verlust erfolgswirksam anzupassen (Basis Adjustment). Die Anpassungen des Buchwerts werden erst ab Auflösung der Hedge-Beziehung amortisiert.

Mittels eines **Cash-Flow Hedge** werden künftige Zahlungsströme aus in der Bilanz angesetzten Vermögenswerten und Verbindlichkeiten, aus festen Verpflichtungen (im Fall von Währungsrisiken) oder aus mit hoher Wahrscheinlichkeit eintretenden geplanten Transaktionen gegen Schwankungen abgesichert. Zur Absicherung des Währungsrisikos einer bilanzunwirksamen festen Verpflichtung nutzt die Deutsche Telekom das Wahlrecht und bilanziert diese nicht als Fair Value Hedge, sondern als Cash-Flow Hedge. Liegt ein Cash-Flow Hedge vor, wird der effektive Teil der Wertänderung des Sicherungsinstruments bis zur Erfassung des Ergebnisses aus dem gesicherten Grundgeschäft erfolgsneutral im Eigenkapital (Sicherungsrücklage) erfasst; der ineffektive Teil der Wertänderung des Sicherungsinstruments ist erfolgswirksam zu erfassen. Führt die Absicherung einer erwarteten Transaktion später zur Erfassung von finanziellen oder nicht finanziellen Vermögenswerten bzw. Verbindlichkeiten, so verbleiben die mit der Sicherungsmaßnahme verbundenen kumulierten Gewinne und Verluste zunächst im Eigenkapital und sind später in denselben Perioden erfolgswirksam zu erfassen, in denen der erworbene finanzielle Vermögenswert bzw. die übernommene finanzielle Verbindlichkeit das Periodenergebnis beeinflusst. Die Deutsche Telekom hat sich somit bei der Absicherung von geplanten Transaktionen mit Entstehung von nicht finanziellen

Bilanzpositionen gegen das Wahlrecht zur Anpassung des Erstbuchwerts (Basis Adjustment) entschieden.

Wird eine Nettoinvestition in eine ausländische Einheit durch einen **Hedge of a Net Investment in a Foreign Operation** besichert, werden alle Wertänderungen des effektiven Teils des eingesetzten Sicherungsinstruments gemeinsam mit dem Ergebnis aus der Fremdwährungsumrechnung der besicherten Investition erfolgsneutral im Eigenkapital erfasst; auf den ineffektiven Teil entfallenden Gewinne und Verluste werden sofort erfolgswirksam erfasst. Erst mit dem Abgang des Investments werden die zuvor kumuliert im Eigenkapital erfassten Bewertungsänderungen des Sicherungsinstruments und die Umrechnungsergebnisse des Grundgeschäfts erfolgswirksam in der Gewinn- und Verlustrechnung erfasst.[2053]

12. Anhangangaben zur Beschreibung der Finanzinstrumente, die als Sicherungsinstrumente designiert sind (IFRS 7.22(b))

→ *siehe Kapitel 3.5.2.5.2.*

- Da die im Rahmen der Untersuchung betrachteten Unternehmen zur bilanziellen Absicherung lediglich sogenannte **Plain Vanilla-Produkte** einsetzen, wird einmütig auf eine **nähere Beschreibung** dieser Instrumente **verzichtet**, was m.E. als ausreichend zu betrachten ist, müssten doch die Funktionsweisen und Merkmale von Plain Vanilla-Instrumenten auch unter den Abschlussadressaten hinreichend bekannt sein.
- Im Umkehrschluss wäre es bei vorliegender bilanzieller Absicherung mittels **komplexer, nicht-standardisierter Instrumente** zu empfehlen, deren nähere **verbale Beschreibung** bereitzustellen.

13. Anhangangaben zu den Fair Values der designierten Sicherungsinstrumente (IFRS 7.22(b))

→ *siehe Kapitel 3.5.2.5.3.*

- Nachfolgendes **Benchmark-Tableau** zur Offenlegung der Fair Values designierter Sicherungsinstrumente gemäß IFRS 7.22(b) (Derivate-Spiegel) ist dem Geschäftsbericht 2009 der *Deutsche Post AG*[2054] entlehnt und enthält neben den **positiven** als auch **negativen Fair Values** der Sicherungsinstrumente auch deren **Nominalwerte** und **Fälligkeiten**.

[2053] Vgl. GB 2009 der *Deutsche Telekom AG*, S. 143-144.
[2054] Vgl. GB 2009 der *Deutsche Post AG*, S. 180.

Derivative Finanzinstrumente

MIO €	2008		2009				Marktwerte 2009 nach Fälligkeit											
							Vermögen						Schulden					
	Nominal-wert	Marktwert	Nominal-wert	Marktwert Vermögen	Marktwert Schulden	Marktwert Gesamt	Bis 1 Jahr	Bis 2 Jahre	Bis 3 Jahre	Bis 4 Jahre	Bis 5 Jahre	> 5 Jahre	Bis 1 Jahr	Bis 2 Jahre	Bis 3 Jahre	Bis 4 Jahre	Bis 5 Jahre	> 5 Jahre
Zinsbezogene Produkte																		
Zins-Swaps	1.197	−8	1.182	75	−24	51	0	0	49	0	26	0	0	0	0	0	0	−24
davon Cashflow Hedges	354	−42	340	18	−24	−6	0	0	0	0	18	0	0	0	0	0	0	−24
davon Fair Value Hedges	843	34	842	57	0	57	0	0	49	0	8	0	0	0	0	0	0	0
davon zu Handelszwecken	0	0	0	0	0	0	0	0	0	0	0	0	0	0	0	0	0	0
Sonstige	0	0	0	0	0	0	0	0	0	0	0	0	0	0	0	0	0	0
	1.197	**−8**	**1.182**	**75**	**−24**	**51**	**0**	**0**	**49**	**0**	**26**	**0**	**0**	**0**	**0**	**0**	**0**	**−24**
Währungsbezogene Geschäfte																		
Devisentermingeschäfte	5.927	−284	2.423	9	−49	−40	9	0	0	0	0	0	−35	−9	−4	−1	0	0
davon Cashflow Hedges	961	27	737	3	−31	−28	3	0	0	0	0	0	−17	−9	−4	−1	0	0
davon Net Invest. Hedges	0	0	0	0	0	0	0	0	0	0	0	0	0	0	0	0	0	0
davon zu Handelszwecken	4.966	−311	1.686	6	−18	−12	6	0	0	0	0	0	−18	0	0	0	0	0
Devisenoptionen	460	11	275	4	−3	1	4	0	0	0	0	0	−3	0	0	0	0	0
davon Cashflow Hedges	460	11	275	4	−3	1	4	0	0	0	0	0	−3	0	0	0	0	0
Devisen-Swaps	4.604	183	2.079	17	−21	−4	17	0	0	0	0	0	−19	−2	0	0	0	0
davon Cashflow Hedges	261	23	169	0	−4	−4	0	0	0	0	0	0	−2	−2	0	0	0	0
davon zu Handelszwecken	4.343	160	1.910	17	−17	0	17	0	0	0	0	0	−17	0	0	0	0	0
Cross-Currency Swaps	269	−28	240	10	−21	−11	0	0	0	0	10	0	0	−7	−14	0	0	0
davon Cashflow Hedges	193	−9	183	10	−7	3	0	0	0	0	10	0	0	−7	0	0	0	0
davon Fair Value Hedges	76	−19	57	0	−14	−14	0	0	0	0	0	0	0	0	−14	0	0	0
davon zu Handelszwecken	0	0	0	0	0	0	0	0	0	0	0	0	0	0	0	0	0	0
	11.260	**−118**	**5.017**	**40**	**−94**	**−54**	**30**	**0**	**0**	**0**	**10**	**0**	**−57**	**−18**	**−18**	**−1**	**0**	**0**
Rohstoffpreisbezogene Geschäfte																		
Rohstoffpreis-Swaps	0	0	16	1	0	1	1	0	0	0	0	0	0	0	0	0	0	0
davon Cashflow Hedges	0	0	16	1	0	1	1	0	0	0	0	0	0	0	0	0	0	0
Aktienpreisbezogene Geschäfte																		
Aktienoptionen	0	0	2.596	669	−22	647	0	0	669	0	0	0	0	0	−22	0	0	0
davon zu Handelszwecken	0	0	2.596	669	−22	647	0	0	669	0	0	0	0	0	−22	0	0	0

- Der Vorteil dieser Darstellung ist darin zu sehen, dass zum einen neben den Fair Values auch die **Beziehungen** zwischen den einzelnen **Sicherungsinstrumenten** bzw. (den daraus abgeleiteten) **gesicherten Positionen**[2055] und den diesbezüglich angewendeten **Hedge-Arten** i.S.d. in der Literatur empfohlenen Angabe von IFRS 7.22(a) i.V.m. IFRS 7.22(c) sehr übersichtlich und umfassend dargestellt werden.
- Ebenfalls sind die **Fälligkeiten** der **Sicherungsinstrumente** ablesbar, was zwar auf freiwilliger Basis erfolgt, allerdings mit der Angabepflicht gemäß IFRS 7.23(a) – Angabe der Laufzeit von Grundgeschäften – korrespondiert (siehe hierzu auch Nummer 15 bzw. Kapitel 3.5.2.5.5.).
- Darüber hinaus stellt dieser Benchmark aufgrund der freiwilligen Offenlegung der **Nominalwerte** der Sicherungsinstrumente auch eine hohe Transparenz hinsichtlich des **Ausma-**

2055 „Zinsbezogene Produkte“ (= Zinsänderungsrisiko); „Währungsbezogene Geschäfte“ (= Währungsrisiko) sowie „Rohstoffpreisbezogene Geschäfte“ (= Rohstoffpreisänderungsrisiko).

ßes eines **Einsatzes** (sowie diesbezüglicher Veränderungen) von **Derivaten** in und außerhalb eines Hedge Accounting her.

14. Anhangangaben zur Art der zu besichernden Risiken (IFRS 7.22(c))

→ *siehe Kapitel 3.5.2.5.4.*

- Wird der Benchmark aus Nummer 13 bzw. Kapitel 3.5.2.5.3. angewendet, ergeben sich die zu **besichernden Risiken mittelbar** aus dem **Benchmark-Tableau**.
- Darüber hinausgehende **verbale Beschreibungen** der zu besichernden Risiken, die insbesondere auf dahingehende, unternehmensindividuelle Besonderheiten eingehen, sind ggf. jedoch zusätzlich zu dieser übersichtsartigen Darstellung anzuraten.
- Zusätzlich ist hierbei die **(erneute/parallele) Offenlegung** der Angaben gemäß IFRS 7.22(c) im Rahmen der allgemeinen qualitativen sowie quantitativen Angaben gemäß IFRS 7.33(a) bzw. IFRS 7.34(a) zum Umfang der einzelnen im Unternehmen bestehenden Risikopositionen zu empfehlen. Dadurch gelingt u.U. die Beschreibung besser, welcher Teil der grundsätzlich im Unternehmen bestehenden Risikoexpositionen tatsächlich im Rahmen eines Hedge Accounting abgesichert wird und welche Risiken bilanziell ungesichert bleiben.

15. Anhangangaben zu den erwarteten Zahlungsströmen sowie GuV-Wirkungen für die im Rahmen von Cash Flow Hedges designierten Grundgeschäfte und Sicherungsinstrumente sowie zur Entwicklung der Cash Flow Hedge-Rücklage (IFRS 7.23(a) i.V.m. IFRS 7.23(c)-(e))

→ *siehe Kapitel 3.5.2.5.5.*

- Sinnvolle Erweiterung bieten sich m.E. insbesondere mit Blick auf die Offenlegung der **Laufzeiten bzw. der zukünftig erwarteten Zahlungsströme** der im Rahmen eines Hedge Accounting designierten **Sicherungsinstrumente** an – die **Laufzeiten bzw. zukünftig erwarteten Zahlungsströme** der entsprechenden **Grundgeschäfte** werden nach der h.M. gemäß IFRS 7.23(a) bereits verlangt. Im Ergebnis wird dem Bilanzadressaten so ein deutlich besserer Einblick in ein vom Unternehmen angewandtes Hedge Accounting vermittelt.
- Nachfolgendes **Benchmark-Tableau** gereicht für eine entsprechende Umsetzung von IFRS 7.23(a) i.V.m. IFRS 7.23(c)-(e) (Nummer 17 bzw. Kapitel 3.5.2.5.7. beinhaltet ein separates Tableau für die Umsetzung von IFRS 7.23(c)-(e)).

Im Rahmen von Cash Flow Hedges designierte Sicherungsinstrumente und Grundgeschäfte	2009											2010		2011		2012-2014		2015-2019		2020 ff.		GESAMT	
	Buchwert zum 31.12.2009	Beizulegender Zeitwert zum 31.12.2009	Betrag, der während der Berichtsperiode direkt im EK erfasst wurde	Betrag, der während der Berichtsperiode vom EK in die GuV umgebucht wurde					Betrag, der dem EK entnommen und und die Anschaffungskosten oder den sonstigen Buchwert eines/r nicht-finanziellen/r Vermögenswerts oder Verbindlichkeit (jeweils eine mit hoher Wahrscheinlichkeit erwartete Transaktion) umgebucht wurde	cashflows	p&l	cashflows	p&l	cashflows	p&l	cashflows	p&l	cashflows	p&l	cashflows	p&l	cashflows	p&l
				Umsatzerlöse	Umsatzkosten	Zinsergebnis	Ergebnis aus aufgegebenen Aktivitäten	...															
Derivative Sicherungsinstrumente																							
Devisenderivate																							
Zinsderivate																							
Warenderivate																							
...																							
GESAMT																							
Nicht-derivative Sicherungsinstrumente																							
Fremdwährungsforderungen																							
Fremdwährungsverbindlichkeiten																							
...																							
GESAMT																							
Grundgeschäfte																							
Forderungen																							
Anleihen																							
nicht bilanzierte feste Kaufverpflichtung																							
...																							
GESAMT																							

- Die **Anwendung** dieses **Benchmark-Tableaus** separat für jede **einzelne abgesicherte Risikoart** bzw. gar separat für wesentliche **einzelne Sicherungsgeschäfte** würde dabei zu einer noch transparenteren Darstellung des Hedge Accounting führen und ist daher zu empfehlen.

- Darüber hinaus sind die Angabepflichten zum Hedge Accounting an dieser Stelle sicherlich weiter inhaltlich ausbaufähig – u.a. belegen dies auch die Vorschläge des IASB zur Änderung des Hedge Accounting im Zuge der Einführung von IFRS 9 eindrücklich. Insbesondere besteht mit einer umfassenden verbalen als auch tabellarischen Darstellung der (zukünftigen) **Sicherungsstrategie** bzgl. bestimmter Risikopositionen, bspw. anhand der Offenlegung von **Sicherungsraten** (*hedge ratios*) und einer **detaillierten Disaggregation** der entsprechenden Volumina von Grundgeschäft(en) und Sicherungsinstrument(en), großes Potential zur Verbesserung einer entscheidungsnützlichen Informationsvermittlung bzgl. des Hedge Accounting.

16. Anhangangaben zum Nicht-Eintritt geplanter Transaktionen (IFRS 7.23(b))

→ *siehe Kapitel 3.5.2.5.6.*

- Zur Umsetzung von IFRS 7.23(b) ist es zu empfehlen, neben den aus dem Eigenkapital erfolgswirksam **umgegliederten Beträgen** ebenfalls die **abgebrochene, geplante Transaktion** selbst, als auch die **Gründe** für den Abbruch **verbal zu beschreiben**. Als vergleichsweise ausführliches Beispiel hierfür kann etwa folgende Passage aus dem Geschäftsbericht 2009 der *ThyssenKrupp AG* gereichen.

> ***ThyssenKrupp AG***:
> „Der Abbruch von Cash-Flow-Hedges führte im laufenden Geschäftsjahr durch Umgliederung aus den kumulierten erfolgsneutralen Eigenkapitalveränderungen in die Gewinn- und Verlustrechnung zu einem Ergebnis von 84 (i. Vj. 1) Mio €. Diese ursprünglich ergebnisneutral behandelten Schwankungen der beizulegenden Zeitwerte von Derivaten wurden zu dem Zeitpunkt ergebniswirksam realisiert, als die Durchführung der abgesicherten zukünftigen Transaktionen in Form währungsgesicherter Umsatzerlöse und Rohstoffbezüge nicht länger als wahrscheinlich angesehen wurde. Ursächlich hierfür war im Wesentlichen der durch die Wirtschaftskrise bedingte Rückgang von Rohstoffeinkäufen."[2056]

17. Anhangangaben zur Erfassung von Gewinnen und Verlusten von Sicherungsinstrumenten in Cash Flow Hedges (IFRS 7.23(c)-(e))

→ *siehe Kapitel 3.5.2.5.7.*

- Nachfolgendes **Benchmark-Tableau** gereicht für eine *isolierte* Umsetzung von IFRS 7.23(c)-(e).

[2056] Vgl. GB 2009 der *ThyssenKrupp AG*, S. 226.

Entwicklung der Cashflow Hedge-Rücklage (IFRS 7.23(c)-(e))		2009	2008
Unrealisierten Gewinne und Verluste aus der Bewertung von Derivaten, die erfolgsneutral in der Cashflow Hedge-Rücklage erfasst wurden		GESAMT	GESAMT
	Unrealisierte Gewinne		
	Unrealisierte Verluste		
Aus der Cashflow Hedge-Rücklage in die Gewinn- und Verlustrechnung umgegliederte Gewinne und Verluste		GESAMT	GESAMT
	Umsatzerlöse		
	Umsatzkosten		
	Zinsergebnis		
	Ergebnis aus aufgegebenen Aktivitäten		
Aus der Cashflow Hedge-Rücklage in die Anschaffungskosten oder den sonstigen Buchwert umgegliederte Gewinne und Verluste		GESAMT	GESAMT
	Posten 1		
	Posten 2		

- Obwohl viele Unternehmen diese Angaben auch in der Gesamtergebnisrechnung bzw. dem Eigenkapitalspiegel präsentieren, ist eine **separate Offenlegung im Anhang** zu empfehlen.
- Ein die Angaben gemäß IFRS 7.23(c)-(e) einbeziehender ***übergreifender*** **Benchmark** wird in Nummer 15 bzw. Kapitel 3.5.2.5.5. sowie in Nummer 18 bzw. Kapitel 3.5.2.5.8. bereitgestellt.

18. Anhangangaben zu den Ineffektivitäten aus Sicherungsbeziehungen (IFRS 7.23(b))

→ *siehe Kapitel 3.5.2.5.8.*

- In Anbetracht der Uneinheitlichkeit der nach IFRS 7.24(a)-(c) berichteten Informationen ist ein **zusammengefasster Ausweis der Ineffektivitäten** aller Hedge-Arten zu empfehlen, der jeweils nach den einzelnen abgesicherten Risikoexpositionen differenziert. Entsprechend können unmittelbar Rückschlüsse auf die **Güte** eines vom Unternehmen angewandten **Hedge Accounting** gezogen werden.
- Wie im nachfolgenden **Benchmark-Tableau** zur Umsetzung von IFRS 7.24(a)-(c) veranschaulicht, ist auch eine Integration des Benchmark-Tableaus aus Nummer 17 bzw. Kapitel 3.5.2.5.7. problemlos möglich.

Ineffektivitäten der angewandten Hedge-Arten (IFRS 7.24(a)-(c)) sowie Entwicklung der Cashflow Hedge-Rücklage (IFRS 7.23(c)-(e)	2009	2008
Fair Value Hedges		
Währungssicherung		
erfolgswirksam erfasste Gewinne und Verluste der Sicherungsinstrumente		
erfolgswirksam erfasste Gewinne und Verluste der Grundgeschäfte		
erfolgswirksam erfasste Ineffektivitäten (Saldo)		
Zinssicherung		
erfolgswirksam erfasste Gewinne und Verluste der Sicherungsinstrumente		
erfolgswirksam erfasste Gewinne und Verluste der Grundgeschäfte		
erfolgswirksam erfasste Ineffektivitäten (Saldo)		
Marktpreissicherung		
erfolgswirksam erfasste Gewinne und Verluste der Sicherungsinstrumente		
erfolgswirksam erfasste Gewinne und Verluste der Grundgeschäfte		
erfolgswirksam erfasste Ineffektivitäten (Saldo)		
Ineffektivitäten Fair Value Hedges		
erfolgswirksam erfasste Gewinne und Verluste der Sicherungsinstrumente		
erfolgswirksam erfasste Gewinne und Verluste der Grundgeschäfte		
erfolgswirksam erfasste Ineffektivitäten (Saldo)		
Cashflow Hedges		
Währungssicherung		
Unrealisierten Gewinne und Verluste aus der Bewertung von Derivaten, die erfolgsneutral in der Cashflow Hedge-Rücklage erfasst wurden	GESAMTBETRAG	GESAMTBETRAG
Unrealisierte Gewinne		
Unrealisierte Verluste		
Aus der Cashflow Hedge-Rücklage in die Gewinn- und Verlustrechnung umgegliederte Gewinne und Verluste	GESAMTBETRAG	GESAMTBETRAG
Umsatzerlöse		
Umsatzkosten		
Zinsergebnis		
Ergebnis aus aufgegebenen Aktivitäten		
...		
Aus der Cashflow Hedge-Rücklage in die Anschaffungskosten oder den sonstigen Buchwert umgegliederte Gewinne und Verluste	GESAMTBETRAG	GESAMTBETRAG
Posten 1		
Posten 2		
erfolgswirksam erfasste Ineffektivitäten		
Marktpreissicherung		
Unrealisierten Gewinne und Verluste aus der Bewertung von Derivaten, die erfolgsneutral in der Cashflow Hedge-Rücklage erfasst wurden	GESAMTBETRAG	GESAMTBETRAG
Unrealisierte Gewinne		
Unrealisierte Verluste		
Aus der Cashflow Hedge-Rücklage in die Gewinn- und Verlustrechnung umgegliederte Gewinne und Verluste	GESAMTBETRAG	GESAMTBETRAG
Umsatzerlöse		
Umsatzkosten		
Zinsergebnis		
Ergebnis aus aufgegebenen Aktivitäten		
...		
Aus der Cashflow Hedge-Rücklage in die Anschaffungskosten oder den sonstigen Buchwert umgegliederte Gewinne und Verluste	GESAMTBETRAG	GESAMTBETRAG
Posten 1		
Posten 2		
erfolgswirksam erfasste Ineffektivitäten		
Ineffektivitäten Cashflow Hedges		
erfolgswirksam erfasste Ineffektivitäten (Saldo)		
Hedges of a Net Investment in a Foreign Operation		
Ineffektivitäten Hedges of a Net Investment in a Foreign Operation		
erfolgswirksam erfasste Ineffektivitäten (Saldo)		

19. Anhangangaben zur Ermittlung der berichteten Fair Values (IFRS 7.27)

→ *siehe Kapitel 3.5.3.2.2.1.*

- Die Forderung, sämtliche zur Berechnung der berichteten Fair Values nötigen Daten bzw. Annahmen im Rahmen angewandter Bewertungstechniken offen zu legen, würde m.E. zu einer erheblichen Überstrapazierung des Umfangs des Anhang führen. Zudem würde die

Komplexität der dazu nötigen Angaben dem Informationsbedarf insbesondere der nicht-institutioneller Bilanzadressaten wohl kaum gerecht werden.

- Es ist daher zu empfehlen, sich hinsichtlich der Umsetzung von IFRS 7.27 an den in Kapitel 3.5.3.2.2.1. **dargelegten Beispielen** zu **orientieren**, auch wenn dadurch keine Verifikation der berichteten Fair Values durch den Bilanzadressaten möglich ist.

---

20. Anhangangaben zur Fair Value-Hierarchie (IFRS 7.27A i.V.m. IFRS 7.27B)

→ *siehe Kapitel 3.5.3.2.2.2.*

- Mit Blick auf die im Zuge der Finanzmarktkrise neu eingeführten Offenlegungserfordernisse zur Einstufung der Fair Values von Finanzinstrumenten in eine **Fair Value-Hierarchie** gemäß IFRS 7.27A i.V.m. IFRS 7.27B ist im Ergebnis die **verpflichtende Angabe** des in IFRS 7.IG13A kodifizierten **„Standard-Benchmark"** zu empfehlen. Obwohl auch die identifizierten verbalen Erläuterungen zur Fair Value-Hierarchie die Angabepflichten grundsätzlich erfüllen dürften, sollte dieser Schritt letztlich in Erwägung gezogen werden, da nur auf diese Weise eine umfassende, **zwischenbetriebliche** sowie **intertemporale Vergleichbarkeit** hinsichtlich der offengelegten Ermittlungsgüte der Fair Values sichergestellt werden kann.
- Nachfolgendes Schaubild zeigt den **Standard-Benchmark** gemäß IFRS 7.IG13A und IFRS 7.IG13B.

IFRS 7.IG13A

Assets measured at fair value				
		Fair value measurement at end of the reporting period using:		
		Level 1	Level 2	Level 3
Description	31 Dec 20X2	CU million	CU million	CU million
Financial assets at fair value through profit or loss				
Trading securities	100	40	55	5
Trading derivatives	39	17	20	2
Available-for-sale financial assets				
Equity investments	75	30	40	5
Total	214	87	115	12

(Note: For liabilities, a similar table might be presented.)

IFRS 7.IG13B

Assets measured at fair value based on Level 3				
	Fair value measurement at the end of the reporting period			
	Financial assets at fair value through profit or loss		Available-for-sale financial assets	Total
	Trading securities	Trading derivatives	Equity investments	
	CU million	CU million	CU million	CU million
Opening balance	6	5	4	15
Total gains or losses				
in profit or loss	(2)	(2)	–	(4)
in other comprehensive income	–	–	(1)	(1)
Purchases	1	2	2	5
Issues	–	–	–	–
Settlements	–	(1)	–	(1)
Transfers out of Level 3	–	(2)	–	(2)
Closing balance	5	2	5	12
Total gains or losses for the period included in profit or loss for assets held at the end of the reporting period	(1)	(1)	–	(2)

(Note: For liabilities, a similar table might be presented.)

continued...

...continued

Gains or losses included in profit or loss for the period (above) are presented in trading income and in other income as follows:

	Trading income
Total gains or losses included in profit or loss for the period	(4)
Total gains or losses for the period included in profit or loss for assets held at the end of the reporting period	(2)

(Note: For liabilities, a similar table might be presented.)

21. Anhangangaben zur Unterlassung der Angaben zu den Fair Values (IFRS 7.29 i.V.m. IFRS 7.30)

→ *siehe Kapitel 3.5.3.3.2.*

- In Kapitel 3.5.3.3.2. wird die Umsetzung von IFRS 7.29 anhand eines kompakten und vergleichsweise aussagekräftigen **Beispiels** aus dem Geschäftsbericht 2009 der *Daimler AG* empfohlen.

Daimler AG:

Zur Veräußerung verfügbare finanzielle Vermögenswerte.
Die Eigenkapitalanteile setzen sich wie folgt zusammen:

in Millionen €	2009	31. Dezember 2008
Zum beizulegenden Zeitwert bewertete Eigenkapitalanteile	385	193
Zu Anschaffungskosten bewertete Eigenkapitalanteile	699	551
	1.084	744

Im Berichtsjahr wurden zu Anschaffungskosten bewertete Eigenkapitalanteile mit einem Buchwert in Höhe von 8 (2008: 35; 2007: 5) Mio. € veräußert. Der dabei realisierte Verlust belief sich auf 7 (2008: Gewinn von 12; 2007: Gewinn von 90) Mio. €. Für die zum 31. Dezember 2009 ausgewiesenen Anteile bestand keine Veräußerungsabsicht."[2057]

[...]

"**Übrige finanzielle Vermögenswerte.** Die zur Veräußerung verfügbaren finanziellen Vermögenswerte beinhalten:

[...]

– Zu Anschaffungskosten bewertete Eigenkapitalanteile. Für zu Anschaffungskosten bewertete Eigenkapitalanteile konnten keine beizulegenden Zeitwerte ermittelt werden, da Börsen- oder Marktwerte nicht vorhanden waren. Hierbei handelt es sich um Anteile an nicht börsennotierten Unternehmen, bei denen keine Indikatoren einer dauerhaften Wertminderung zum Bilanzstichtag vorlagen und für die beizulegende Zeitwerte nicht verlässlich bestimmbar sind. In diesen Fällen wurde angenommen, dass die beizulegenden Zeitwerte den Buchwerten entsprechen."[2058]

2057 Vgl. GB 2009 der *Daimler AG*, S. 206.
2058 Vgl. GB 2009 der *Daimler AG*, S. 231.

6.3. Musterbericht sowie zentrale Schlussfolgerungen für die Angaben zu Art und Ausmaß der Risiken aus Finanzinstrumenten

Dieses Kapitel fasst die in den Unterkapiteln des **4. Kapitels** entwickelten **Benchmark-Tableaus** und sonstigen **Empfehlungen** in Form eines Musterberichts komprimiert zusammen. Darüber hinaus werden hier die **wichtigsten Schlussfolgerungen** wiederholt. Die Nummerierung der einzelnen Abschnitte dient der besseren Verweismöglichkeit. Für Details zu den entwickelten Benchmarks sei jeweils auf die Lektüre der angegebenen Unterkapitel verwiesen.

---

22. Anhangangaben zu Risikokonzentrationen (IFRS 7.34(c))

→ *siehe Kapitel 4.3.2.*

- Entscheidungsnützliche Informationen über vorliegende **Konzentrationen von Kredit-. Währungs- und Liquiditätsrisiken** konnten im Rahmen der Untersuchung kaum identifiziert werden. Werden Angaben gemacht, mangelt es jedoch insbesondere an einer Quantifizierung bestehender Risikokonzentrationen.
- Es ist daher zu empfehlen, die Angaben zu bestehenden **Risikokonzentrationen** nicht nur verbal vorzunehmen, sondern sie zusätzlich auch **quantitativ** zu belegen, wie es nachfolgendes Beispiel der *adidas AG* zu Kreditrisikokonzentrationen veranschaulicht.

> ***adidas AG***:
>
> „Auch wenn sich die Finanzmärkte im Jahr 2009 stabilisiert haben, sind wir weiterhin der Meinung, dass die Wahrscheinlichkeit von Kreditrisiken aus diesen Positionen sowie deren potenzielle finanzielle Auswirkungen als mittel einzuschätzen sind. Dennoch gehen wir davon aus, dass die Risikokonzentration gering ist, da wir unsere Investmentgeschäfte auf mehr als 24 Banken verteilen.
>
> Zum 31. Dezember 2009 war keine Bank für mehr als 19 % unseres Investmentgeschäfts verantwortlich, wobei die durchschnittliche Konzentration, einschließlich der kurzfristigen Bankeinlagen von Tochtergesellschaften bei lokalen Banken, bei 1 % lag. Daraus resultiert ein maximales Risiko von 158 Mio. € bei Ausfall einer einzelnen Bank. Zudem hielten wir derivative Finanzinstrumente mit einem positiven Marktwert von 55 Mio. €. Das maximale Risiko gegenüber einer einzelnen Bank aus solchen Vermögenswerten belief sich auf 4 Mio. € und die durchschnittliche Konzentration lag bei 3 %.“[2059]

---

23. Anhangangaben zum maximalen Kreditrisiko (IFRS 7.36(a) und IFRS 7.36(b))

→ *siehe Kapitel 4.5.1.2.2.*

- Allgemein erlauben die speziellen Angabepflichten des IFRS 7 zum **Kreditrisiko** mangels einer einheitlichen unternehmensübergreifenden Berichterstattung die Postulierung gleich mehrerer Benchmarks.

[2059] Vgl. GB 2009 der adidas AG, S. 149.

- Speziell die Offenlegung des **maximalen Kreditrisikos** anhand des ermittelten, tabellarischen Benchmarks sollte entsprechend die Angabe der diesbezüglichen Sicherheiten mit einbeziehen, um auch unter ökonomischen Gesichtspunkten eine sinnvolle Einschätzung des Kreditrisikos durch die Bilanzadressaten zu gewährleisten.
- Nachfolgendes **Benchmark-Tableau** gereicht für eine Umsetzung von IFRS 7.36(a) und IFRS 7.36(b) (bzgl. IFRS 7.36(b) siehe auch Nummer 24 bzw. Kapitel 4.5.1.3.2.).

Klassen nach IFRS 7	siehe auch Anmerkung im Konzern-anhang	Maximale Risiko-position 31.12.2009 (IFRS 7.36(a))	Sicherheiten zum 31.12.2009 (IFRS 7.36(b))	Netto-position zum 31.12.2009	Maximale Risiko-position 31.12.2008 (IFRS 7.36(a))	Sicherheiten zum 31.12.2008 (IFRS 7.36(b))	Netto-position zum 31.12.2008
in Millionen €							
Liquide Mittel							
Forderungen aus Finanzdienstleistungen							
Forderungen aus Lieferungen und Leistungen							
Derivative Finanzinstrumente, die in ein Hedge Accounting einbezogen sind (nur Vermögenswerte)							
Derivative Finanzinstrumente, die nicht in ein Hedge Accounting einbezogen sind (nur Vermögenswerte)							
Kreditzusagen							
Sonstige Forderungen und Vermögenswerte							
Summe							

- Eine **weitergehende verbale Erläuterung** dieses Tableaus kann dabei durchaus sinnvoll sein, um bspw. die Anforderungen des IFRS 7.36(a), die bei der Ermittlung des maximalen Kreditrisikos zugrunde zu legen sind, den Bilanzadressaten ergänzend bereitzustellen.
- An dieser Stelle sei auch auf die Möglichkeit eines **gemeinsamen Ausweises der Sicherheiten** bzgl. des maximalen Kreditrisikos (IFRS 7.36(b)) zusammen mit den Angaben zu Sicherheiten für die im Unternehmen bestehenden Not leidenden Kredite (IFRS 7.37(c)) sowie den Angabepflichten zum Jahresabschluss hinsichtlich der gestellten und erhaltenen Sicherheiten (IFRS 7.14-.15) hingewiesen. Speziell die Offenlegung zu den gestellten und erhaltenen Sicherheiten gemäß IFRS 7.14-.15 stellt sich, wie bereits erwähnt, dabei zunächst als äußerst fragmentiert im Rahmen der betrachteten Jahresabschlüsse dar. Da jedoch inhaltlich Berührpunkte zu den im Rahmen der Risikoberichterstattung nach IFRS 7 bestehenden Angabepflichten existieren, bietet sich m.E. entsprechend eine gemeinsame Offenlegung aus Gründen einer dadurch verbesserten Übersichtlichkeit an. Für den die Angaben gemäß IFRS 7.36(b) entsprechend einbeziehenden *übergreifenden* Benchmark siehe Nummer 25 bzw. Kapitel 4.5.1.3.3.

24. Anhangangaben zur Sicherheitenstellung bzgl. des maximalen Kreditrisikos (IFRS 7.36(b))

→ *siehe Kapitel 4.5.1.3.2.*

- Neben der bereits in Nummer 23 bzw. Kapitel 4.5.1.2.2. erfolgten Integration der Angaben gemäß IFRS 7.36(b) in ein Benchmark-Tableau, ist eine weitergehende **verbale Erläuterung** der vom Unternehmen **akzeptierten Sicherheiten bzw. Kreditverbesserungen** gemäß IFRS 7.36(b) für ein Verständnis der Kreditrisikoposition des bilanzierenden Unternehmens **unabdingbar**.
- Über derart verbale Ausführungen hinausgehend ist es jedoch zusätzlich zu empfehlen, die einzelnen Arten von Sicherheiten bzw. Kreditverbesserungen auch **betragsmäßig** anhand der **Fair Values bzw. deren Schätzungen** (exakt) zu **quantifizieren**.
- Ein die Angaben gemäß IFRS 7.36(b) einbeziehender ***übergreifender*** **Benchmark** wird in Nummer 25 bzw. Kapitel 4.5.1.3.3. bereitgestellt.

25. Mögliche Anhangangaben zu einer zusammenfassenden Darstellung der Angaben zur Stellung sowie Gewährung von Sicherheiten (IFRS 7.14; IFRS 7.15 i.V.m. IFRS 7.36(b) i.V.m. IFRS 7.37(a) i.V.m. IFRS 7.37(b) i.V.m. IFRS 7.37(c))

→ *siehe Kapitel 4.5.1.3.3.*

- Was die **gestellten Sicherheiten** anbelangt, gereicht nachfolgendes **Benchmark-Tableau** zum einen für eine Umsetzung von IFRS 7.14 hinsichtlich der **als Sicherheiten gestellten** ***finanziellen*** **Vermögenswerte**, bezieht dabei zum anderen jedoch übergreifend auch die **als Sicherheiten gestellten** ***nicht-finanziellen*** **Vermögenswerte** mit ein; für letztere finden sich die einschlägigen Regelungen in IAS 2.36(h) (für Verbindlichkeiten gestellte Sicherheiten in Form von Vorräten), IAS 16.74(a) (für Verbindlichkeiten gestellte Sicherheiten in Form von Sachanlagen) sowie IAS 24.20(h) (zu nahe stehenden Personen und Unternehmen bestehende Sicherheiten); i.d.R. führt diese Fragmentierung der Normen in der Praxis bisher dazu, dass ein gemeinsamer Ausweis dieser Sachverhalte unterbleibt.

	Buchwerte der einzelnen Klassen/ wesentlichen Posten	Fair Values der einzelnen Klassen/ wesentlichen Posten	Stellung finanzieller Vermögenswerte als Sicherheiten für einzelne Klassen/wesentliche Posten					Stellung nicht-finanzieller Vermögenswerte als Sicherheiten für einzelne Klassen/wesentliche Posten				
			Art der Sicherheit	Buchwert			*nachrichtlich (Schätzung) Fair Value*	Art der Sicherheit	Buchwert			*nachrichtlich (Schätzung) Fair Value*
				Fair Value	fortgeführte Anschaffungs-kosten	Anschaffungs-kosten			Fair Value	fortgeführte Anschaffungs-kosten	Anschaffungs-kosten	
Klassen finanzieller Verbindlichkeiten gemäß IFRS 7												
Verbindlichkeiten gegenüber Kreditinstituten GESAMT			Anzahlungen					Bürgschaften				
			Wertpapiere					Grundpfandrechte				
								Sicherungsübereignungen				
			GESAMT					GESAMT				
Verbindlichkeiten Y1 gegenüber Bank X1			Anzahlungen					Grundpfandrechte				
Verbindlichkeit Y2 gegenüber Bank X2			Wertpapiere					Grundpfandrechte				
Restverbindlichkeiten			Wertpapiere					Sicherungsübereignungen				
								Bürgschaften				
Verbindlichkeiten aus Lieferungen und Leistungen GESAMT			Forderungen aus Lieferungen und Leistungen					Vorräte				
			Wertpapiere					Sachanlagen				
			GESAMT					GESAMT				
Verbindlichkeiten gegenüber Zulieferer Z1			Forderungen aus Lieferungen und Leistungen					Vorräte				
Verbindlichkeiten gegenüber Zulieferer Z2			-					Sachanlagen				
Restverbindlichkeiten			Wertpapiere					-				
...												
nicht-finanzielle Verbindlichkeiten												
			Bürgschaften									
			Grundpfandrechte									
...												
Eventualverbindlichkeiten												
			Sicherungsübereignungen									
			Bürgschaften									
...												

- Über IFRS 7.14 hinausgehend, ordnet obiges Benchmark-Tableau die als Sicherheiten gestellten finanziellen sowie nicht-finanziellen Vermögenswerte den einzelnen Klassen finanzieller Verbindlichkeiten sowie dem Bestand nicht-finanzieller Verbindlichkeiten und Eventualverbindlichkeiten als auch den in Bezug auf diese Gruppierungen wesentlichen Einzelposten zu.
- Was die **hereingenommenen Sicherheiten** anbelangt, gereicht nachfolgendes **Benchmark-Tableau** für die übergreifende Umsetzung von IFRS 7.15 i.V.m. IFRS 7.36(b) i.V.m. IFRS 7.37(a) i.V.m. IFRS 7.37(b) i.V.m. IFRS 7.37(c).
- Wie bereits in Kapitel 4.5.1.3. hinsichtlich der Sicherheiten in Bezug auf das maximale Kreditrisiko gemäß IFRS 7.36(b) erörtert, scheinen die vom Standard in diesem Punkt geforderten verbalen Angaben konzeptionell gegenüber IFRS 7.37(c) und IFRS 7.15 (und IFRS 7.14) insoweit als unzureichend, als dass keinerlei **wertmäßige Angaben** gefordert werden, auf Basis derer der **Umfang hereingenommener Sicherheiten** bestimmt bzw. eingeschätzt werden könnte. Nachfolgendes Tableau korrigiert diesen Umstand indem zumindest die Angabe von Schätzungen der Fair Values sämtlicher hereingenommener Sicherheiten – sofern dies analog IFRS 7.37(c) nicht undurchführbar ist – obligatorisch ist.
- Analog dem für die Umsetzung von IFRS 7.14 vorgeschlagenen Tableau sollte bei der Darstellung der hereingenommenen Sicherheiten zwischen ***finanziellen*** und ***nicht-finanziellen* Sicherheiten** unterschieden werden.

Weder überfällige noch einzelwertberichtigte finanzielle Vermögenswerte

Klassen gemäß IFRS 7	Buchwert der Finanzinstrumente	Besicherung der einzelnen Klassen mittels finanzieller Vermögenswerte: Art der Sicherheit	Besicherung der einzelnen Klassen mittels finanzieller Vermögenswerte: (Schätzung) Fair Value	Besicherung der einzelnen Klassen mittels nicht-finanzieller Vermögenswerte: Art der Sicherheit	Besicherung der einzelnen Klassen mittels nicht-finanzieller Vermögenswerte: (Schätzung) Fair Value
Forderungen aus Lieferungen und Leistungen GESAMT		Forderungen aus Lieferungen und Leistungen		Bürgschaften Grundpfandrechte	
Forderungen aLuL gegenüber Kunde X1				Bürgschaften	
Forderungen aLuL gegenüber Kunde X2				Bürgschaften	
Restforderungen aLuL		Forderungen aus Lieferungen und Leistungen			
Forderungen aus Finanzdienstleistungen GESAMT				Grundpfandrechte Bürgschaften	
Forderungen aLuL gegenüber Kunde Y1				Grundpfandrechte	
Forderungen aLuL gegenüber Kunde Y2				Bürgschaften	
Restforderungen aF				Grundpfandrechte	
Forderungen aus dem Kreditkartegeschäft GESAMT				Bürgschaften	
...					
...					
GESAMT					

Überfällige finanzielle Vermögenswerte, die nicht einzelwertberichtigt sind – Überfälligkeitsanalyse

Klassen gemäß IFRS 7	weniger als 30 Tage	30 bis 59 Tage	60 bis 89 Tage	90 bis 119 Tage	120-149 Tage	150 bis 179 Tage	180 bis 209 Tage	210 bis 239 Tage	240 bis 269 Tage	270 bis 299 Tage	300 bis 329 Tage	330 bis 359 Tage	mehr als 360 Tage
Forderungen aus Lieferungen und Leistungen GESAMT													
Forderungen aLuL gegenüber Kunde X1													
Forderungen aLuL gegenüber Kunde X2													
Restforderungen aLuL													
Forderungen aus Finanzdienstleistungen GESAMT													
Forderungen aLuL gegenüber Kunde Y1													
Forderungen aLuL gegenüber Kunde Y2													
Restforderungen aF													
Forderungen aus dem Kreditkartegeschäft GESAMT													
...													
...													
GESAMT													

Überfällige finanzielle Vermögenswerte, die nicht einzelwertberichtigt sind – Besicherung

Klassen gemäß IFRS 7	Buchwert der Finanzinstrumente	Besicherung der einzelnen Klassen mittels finanzieller Vermögenswerte: Art der Sicherheit	Besicherung der einzelnen Klassen mittels finanzieller Vermögenswerte: (Schätzung) Fair Value	Besicherung der einzelnen Klassen mittels nicht-finanzieller Vermögenswerte: Art der Sicherheit	Besicherung der einzelnen Klassen mittels nicht-finanzieller Vermögenswerte: (Schätzung) Fair Value
Forderungen aus Lieferungen und Leistungen GESAMT		Forderungen aus Lieferungen und Leistungen		Bürgschafte Sicherungsübereignungen	
Forderungen aLuL gegenüber Kunde X1				Sicherungsübereignungen	
Forderungen aLuL gegenüber Kunde X2		Forderungen aus Lieferungen und Leistungen			
Restforderungen aLuL				Sicherungsübereignungen	
Forderungen aus Finanzdienstleistungen GESAMT				Sicherungsübereignungen Bürgschaften	
Forderungen aLuL gegenüber Kunde Y1				Sicherungsübereignungen	
Forderungen aLuL gegenüber Kunde Y2				Bürgschafte	
Restforderungen aF				Sicherungsübereignungen	
Forderungen aus dem Kreditkartegeschäft GESAMT				Bürgschaften	
...					
...					
GESAMT					

Einzelwertberichtigte finanzielle Vermögenswerte – Einzelwertberichtigungen

Klassen gemäß IFRS 7	Stand zum Geschäftsjahresbeginn	Zuführungen: erfolgswirksam	Zuführungen: nicht erfolgswirksam	Inanspruchnahme	Auflösungen: erfolgswirksam	Auflösungen: nicht erfolgswirksam	Änderungen des Konsolidierungskreises	Währungsumrechnungseffekte	Sonstige Veränderungen	Einzelwertberichtigungsaufwand GESAMT	Stand zum Geschäftsjahresende
Forderungen aus Lieferungen und Leistungen GESAMT											
Forderungen aLuL gegenüber Kunde X1											
Forderungen aLuL gegenüber Kunde X2											
Restforderungen aLuL											
Forderungen aus Finanzdienstleistungen GESAMT											
Forderungen aLuL gegenüber Kunde Y1											
Forderungen aLuL gegenüber Kunde Y2											
Restforderungen aF											
Forderungen aus dem Kreditkartegeschäft GESAMT											
...	Vornahme EWB per Direktabschreibung										
...											
GESAMT											

Einzelwertberichtigte finanzielle Vermögenswerte – Besicherung; GESAMT

Klassen gemäß IFRS 7	Buchwert der Finanzinstrumente	Besicherung der einzelnen Klassen: Art der Sicherheit	Besicherung der einzelnen Klassen: (Schätzung) Fair Value	Besicherung der einzelnen Klassen mittels nicht-finanzieller Vermögenswerte: Art der Sicherheit	Besicherung der einzelnen Klassen mittels nicht-finanzieller Vermögenswerte: (Schätzung) Fair Value	GESAMT: Buchwert
Forderungen aus Lieferungen und Leistungen GESAMT				Bürgschaften Wertpapiere Sicherungsübereignungen		
Forderungen aLuL gegenüber Kunde X1				Wertpapiere		
Forderungen aLuL gegenüber Kunde X2				Bürgschaften		
Restforderungen aLuL				Bürgschaften		
Forderungen aus Finanzdienstleistungen GESAMT				Wertpapiere Bürgschaften		
Forderungen aLuL gegenüber Kunde Y1				Wertpapiere		
Forderungen aLuL gegenüber Kunde Y2				Bürgschaften		
Restforderungen aF				Bürgschaften		
Forderungen aus dem Kreditkartegeschäft GESAMT				Bürgschaften		
...						
...						
GESAMT						

26. Anhangangaben zu nicht Not leidenden Vermögenswerten (IFRS 7.36(c))

→ *siehe Kapitel 4.5.1.4.2.*

- Hinsichtlich der Offenlegung von Informationen zu den im Unternehmen bestehenden **nicht Not leidenden Vermögenswerten** (IFRS 7.36(c)) scheint m.E. insbesondere eine umfangreich erläuterte Offenlegung **externer Ratings** zu einer sinnvollen Einschätzung des beinhalteten Kreditrisikos zu führen, was daher auch durchaus im Rahmen zukünftiger Standardanpassungen durch das IASB verpflichtend normiert werden könnte – nur wenige der betrachteten Unternehmen stellen hierzu entscheidungsnützliche Informationen bereit. Bis zu einer eventuellen Anpassung der Normen ist es daher zu empfehlen, den Angaben gemäß IFRS 7.36(c) **nicht nur verbal** nachzukommen, sondern die zur Anwendung kommenden **externen Rating-Scores** je Position nicht Not leidender Vermögenswerte auch detailliert zu **quantifizieren**, um insbesondere eine (zwischenbetrieblich vergleichbare) Einschätzung der entsprechenden Bonitätsstrukturen zu ermöglichen. Als Beispiel hierfür kann etwa folgende Passage aus dem Geschäftsbericht 2009 der *METRO AG* gereichen.

METRO AG:

„Im Zuge des Risikomanagements von Geldanlagen und derivativen Finanzinstrumenten sind für alle Geschäftspartner der METRO Group Mindestanforderungen an die Bonität und zudem individuelle Höchstgrenzen für das Engagement festgelegt. Grundlage ist dabei eine in den Treasury-Richtlinien festgeschriebene Limitsystematik, die im Wesentlichen auf den Einstufungen internationaler Rating-Agenturen oder auf internen Bonitätsprüfungen basiert. Jedem Kontrahenten der METRO Group wird ein individuelles Limit zugewiesen, dessen Einhaltung fortlaufend in Treasury-Systemen überwacht wird.

In der nachfolgenden Tabelle ist eine Einteilung der Geschäftspartner in Rating-Klassen dargestellt:

Rating-Klassen			Volumen in %					
			Geldanlagen					
Einstufung	Moody's	Standard & Poor's	Deutschland	Westeuropa ohne D.	Osteuropa	Asien und Übrige	Derivate mit positiven Marktwerten	Gesamt
Investment-Grade	Aaa	AAA	0,0	0,2	0,0	0,0	0,0	
	Aa1 bis Aa3	AA+ bis AA-	20,5	15,4	0,4	1,0	0,1	
	A1 bis A3	A+ bis A-	20,3	21,8	4,8	0,6	0,4	
	Baa1 bis Baa3	BBB+ bis BBB-	4,7	1,7	2,1	0,0	0,0	94,0
Non-Investment-Grade	Ba1 bis Ba3	BB+ bis BB-	0,1	0,0	1,2	0,1	0,0	
	B1 bis B3	B+ bis B-	0,0	0,0	0,4	0,2	0,0	
	C	C	0,0	0,0	0,0	0,0	0,0	2,0
Kein Rating			2,1	1,8	0,1	0,0	0,0	4,0
Gesamt			**47,7**	**40,9**	**9,0**	**1,9**	**0,5**	**100,0**

Aus der Tabelle ist ersichtlich, dass per Stichtag rund 94,0 Prozent des Anlagevolumens inklusive der positiven Marktwerte von Derivaten bei Kontrahenten mit einer Investment-Grade-Einstufung, die somit eine gute bis sehr gute Bonität aufweisen, platziert wurden. Bei Kontrahenten, die bisher noch kein international anerkanntes Rating aufweisen, handelt es sich größtenteils um renommierte Finanzinstitute, deren Bonität aufgrund eigener Analysen als einwandfrei betrachtet werden kann. Die METRO Group ist auch in Ländern vertreten, deren Finanzinstitute aufgrund ihrer eigenen

Länder-Ratings keine Investment-Grade-Einstufung erreichen. Eine Zusammenarbeit mit diesen Instituten ist aus länderspezifischen Gründen sowie aus Kosten- und Effizienzgesichtspunkten notwendig. Der Anteil am Gesamtvolumen liegt hier bei rund 2,0 Prozent."[2060]

- Die Offenlegung **unternehmensinterner Ratings** sollte m.E. jedoch nach wie vor **allein** auf **fakultativer Basis** erfolgen, dürften interne Ratingmodelle von den in die Untersuchung einbezogenen und sicherlich auch von den darüber hinausgehend existierenden Nicht-Finanzdienstleistern zum einen sowieso nicht flächendeckend angewendet werden. Zum anderen ist eine unternehmensübergreifende Vergleichbarkeit der dabei berichteten Informationen ohnehin per se ausgeschlossen.

27. Anhangangaben zur Neuverhandlung von Konditionen (IFRS 7.36(d))

→ *siehe Kapitel 4.5.1.5.2.*

- Es ist zu empfehlen, sich zur Umsetzung von IFRS 7.36(d) an den in Kapitel 4.5.1.5.2. **gezeigten Beispielen** zu **orientieren**. Weitere Empfehlungen können aufgrund der Einfachheit der Norm nicht ausgesprochen werden. Als Beispiel sei an dieser Stelle etwa folgende Passage aus dem Geschäftsbericht 2009 der *Volkswagen AG* angeführt.

***Volkswagen AG*:**[2061]

BUCHWERTE DER FINANZINSTRUMENTE, BEI DENEN ZUR VERMEIDUNG EINER ÜBERFÄLLIGKEIT VERTRAGSÄNDERUNGEN VORGENOMMEN WURDEN

Mio. €	31.12.2009	31.12.2008
Zu fortgeführten Anschaffungskosten bewertet		
Forderungen aus Finanzdienstleistungen	1.330	849
Forderungen aus Lieferungen und Leistungen	21	–
Sonstige Forderungen	0	–
Zum Fair Value bewertet	–	–
	1.351	**849**

28. Anhangangaben zur Überfälligkeitsanalyse finanzieller Vermögenswerte (IFRS 7.37(a))

→ *siehe Kapitel 4.5.2.2.2.*

- Speziell hinsichtlich der Offenlegung der **Überfälligkeitsanalyse** gemäß IFRS 7.37(a) zeigt sich anhand der Erhebung der Praxisanwendung Bedarf für eine **Standardisierung der da-**

2060 Vgl. GB 2009 der *METRO AG*, S. 190-191.
2061 Vgl. GB 2009 der *Volkswagen AG*, S. 275.

bei berichteten Zeitbänder zur Einordnung der überfälligen aber nicht wertgeminderten finanziellen Vermögenswerte.

- Nachfolgendes **Benchmark-Tableau** gereicht für eine entsprechende *isolierte* Umsetzung von IFRS 7.37(a).

	Buchwert der Finanzinstrumente	Überfällige finanzielle Vermögenswerte, die nicht einzelwertberichtigt sind												
		weniger als 30 Tage	30 bis 59 Tage	60 bis 89 Tage	90 bis 119 Tage	120-149 Tage	150 bis 179 Tage	180 bis 209 Tage	210 bis 239 Tage	240 bis 269 Tage	270 bis 299 Tage	300 bis 329 Tage	330 bis 359 Tage	mehr als 360 Tage
Klassen gemäß IFRS 7														
Forderungen aus Lieferungen und Leistungen														
Forderungen aus Finanzdienstleistungen														
...														
...														
GESAMT														

- Ein die Angaben gemäß IFRS 7.37(a) einbeziehender ***übergreifender*** **Benchmark** wird in Nummer 25 bzw. Kapitel 4.5.1.3.3. sowie in Nummer 31 bzw. Kapitel 4.5.2.4.2. bereitgestellt.

29. Anhangangaben zur Analyse einzelwertgeminderter finanzieller Vermögenswerte (IFRS 7.37(b))

→ *siehe Kapitel 4.5.2.3.2.*

- Nachfolgendes Benchmark-Tableau gereicht für eine *isolierte* Umsetzung von IFRS 7.37(b).
- Wie aus diesem Benchmark-Tableau ersichtlich, ist es, um ein entscheidungsnützliches bzw. insbesondere auch **ökonomisch sinnvolles Bild** des im Unternehmen notwendigen Einzelwertberichtigungsbedarfs zu vermitteln, zu empfehlen, ebenfalls die gemäß IFRS 7.IG29(a) – **Buchwert vor Abzug der Wertberichtigung** – und IFRS 7.IG29(b) – die **Art** sowie den **Fair Value hereingenommener Sicherheiten** oder **anderer sonstiger Kreditverbesserungen** – empfohlenen Angaben offen zu legen.

Klassen gemäß IFRS 7	Buchwerte der finanziellen Vermögenswerte vor Wertberichtigung	Einzelwertberichtigungen: Stand zum Geschäftsjahresbeginn	Zuführungen: erfolgswirksam	Zuführungen: nicht erfolgswirksam	Inanspruchnahme	Auflösungen: erfolgswirksam	Auflösungen: nicht erfolgswirksam	Änderungen des Konsolidierungskreises	Währungsumrechnungseffekte	Sonstige Veränderungen	Einzelwertberichtigungsaufwand GESAMT	Stand zum Geschäftsjahresende	Buchwerte der einzelwertberichtigten finanziellen Vermögenswerte	Besicherung der einzelnen Klassen: Art der Sicherheit	Besicherung der einzelnen Klassen: Fair Value
Forderungen aus Lieferungen und Leistungen														Bürgschaften	
														Grundpfandrechte	
														Sicherungsübereignungen	
Forderungen aus Finanzdienstleistungen														Bürgschaften	
...		Vornahme EWB per Direktabschreibung													
...															

- Die Angaben zu den einzelwertgeminderten, finanziellen Vermögenswerten (IFRS 7.37(b)) können dabei wiederum, in eine **komprimierte Darstellung der Risikovorsorge** des Unternehmens einbezogen werden, die neben den allgemeinen Angaben zur Risikovorsorge (IFRS 7.16) auch noch die Angaben zum Wertminderungsaufwand je Klasse von Finanzinstrumenten (IFRS 7.20(e)) sowie evtl. auch die Angaben zu den Nettoergebnissen aus Finanzinstrumenten (IFRS 7.20(a)) beinhaltet. Ein die Angaben gemäß IFRS 7.37(b) entsprechend einbeziehender ***übergreifender*** **Benchmark** wird in Nummer 30 bzw. Kapitel 4.5.2.3.3. bereitgestellt.
- Auch Nummer 25 bzw. Kapitel 4.5.1.3.3. sowie Nummer 31 bzw. Kapitel 4.5.2.4.2. liefern jeweils eine **alternative, *übergreifende* Darstellungsmöglichkeit**, die ebenfalls die gemäß IFRS 7.37(b) geforderte Analyse einzelwertberichtigter finanzieller Vermögenswerte mit einbezieht.

---

30. Mögliche Anhangangaben zu einer komprimierten Darstellung der Angaben zur Risikovorsorge und zu den Nettoergebnissen aus Finanzinstrumenten (IFRS 7.16 i.V.m. IFRS 7.20(a) i.V.m. IFRS 7.20(e) i.V.m. IFRS 7.37(b))

→ *siehe Kapitel 4.5.2.3.3.*

- Nachfolgendes **Benchmark-Tableau** gereicht für eine *übergreifende* Umsetzung von IFRS 7.16 i.V.m. IFRS 7.20(a) i.V.m. IFRS 7.20(e) i.V.m. IFRS 7.37(b).

	Kategorie gemäß IAS 39	Zinsen (und Dividenden)	Aus der Folgebewertung																													Beteiligungen	Abgänge	Nettogewinne	Nettoverluste	Nettoergebnis
			Bewertung zum beizulegenden Zeitwert	Währungsumrechnung	Einzelwertberichtigungen											Portfoliowertberichtigungen											Wertberichtigungen Gesamt			Erfolgsneutral im Eigenkapital erfasste Veränderung des beizulegenden Zeitwerts	Erfolgswirksam aus dem Eigenkapital umgegliedert					
					Stand zum Geschäftsjahresbeginn	Zuführungen erfolgswirksam	Zuführungen nicht erfolgswirksam	Inanspruchnahme	Auflösungen erfolgswirksam	Auflösungen nicht erfolgswirksam	Änderungen des Konsolidierungskreises	Währungsumrechnungseffekte	Sonstige Veränderungen	Einzelwertberichtigungsaufwand GESAMT	Stand zum Geschäftsjahresende	Stand zum Geschäftsjahresbeginn	Zuführungen erfolgswirksam	Zuführungen nicht erfolgswirksam	Inanspruchnahme	Auflösungen erfolgswirksam	Auflösungen nicht erfolgswirksam	Änderungen des Konsolidierungskreises	Währungsumrechnungseffekte	Sonstige Veränderungen	Portfoliowertberichtigungsaufwand GESAMT	Stand zum Geschäftsjahresende	Stand zum Geschäftsjahresbeginn	Ergebniswirksame Veränderung im Geschäftsjahr	Stand zum Geschäftsjahresende							
Klassen gemäß IFRS 7																																				
Forderungen aus Lieferungen und Leistungen	L&R																																			
Forderungen aus Finanzdienstleistungen	L&R																																			
...	...				Vornahme EWB per Direktabschreibung																															
...	...																																			
Kategorien gemäß IAS 39																																				
Held-to-Maturity Investments																																				
Loans and Receivables																																				
Available-for-Sale Financial Assets																																				
At Fair Value through Profit or Loss Financial Assets and Financial Liabilities																																				
Financial Liabilities measured at Amortised Cost																																				
Überleitung auf GuV (in Bezug auf die vorgenannten Kategorien)																																				
Betriebsergegnis																																				
Zinsergebnis																																				
...																																				

- Der Umfang offengelegter Informationen über die **Kriterien**, anhand derer das berichterstattende Unternehmen einen etwaigen **Wertminderungsaufwand** auf einer objektiven Basis ermittelt, fällt insgesamt äußerst gering aus. Eine unternehmensspezifische, über den Standardtext eindeutig hinausgehende Präzisierung und Individualisierung dieser Wertminderungsindikatoren (IFRS 7.B5(f)) findet sich bei keinem der betrachteten Unternehmen.
- In Anbetracht der weitgehenden Kongruenz der in Kapitel 4.5.2.3.3. beispielhaft aufgezeigten Umsetzung der Wertminderungskriterien in der Praxis mit den in IAS 39 explizit aufgeführten Wertminderungskriterien wäre es daher m.E. sinnvoll, wenn die Unternehmen sich entsprechend um einen **höheren Grad Präzisierung und Individualisierung der Wertminderungskriterien** bemühen würden, was ein klareres Bild des entsprechenden Risikomanagements des jeweiligen Unternehmens kommunizieren würde – andernfalls würde auch der schlichte Verweis auf IAS 39.59 genügen.

31. Anhangangaben zur Sicherheitenstellung für Not leidende Kredite (IFRS 7.37(a) i.V.m. IFRS 7.37(b) i.V.m. IFRS 7.37(c))

→ *siehe Kapitel 4.5.2.4.2.*

- Nachfolgendes **Benchmark-Tableau** gereicht für eine *übergreifende* Umsetzung von IFRS 7.37(a) i.V.m. IFRS 7.37(b) i.V.m. IFRS 7.37(c).
- Ergänzend ist dieses Tableau um die betragsmäßige Angabe der nicht Not leidenden finanziellen Vermögenswerte je IFRS 7-Klasse erweitert, um ein **vollständiges, klassenbasiertes Bild vom Kreditrisikoprofil** des bilanzierenden Unternehmens komprimiert bereitzustellen.
- Eine darüber hinausgehende Erweiterung des nachfolgenden Benchmark-Tableaus in Form eines ***übergreifenden*** **Benchmarks** findet sich in Nummer 25 bzw. Kapitel 4.5.1.3.3. was die Sicherheitenstellung für den Bestand an nicht Not leidenden finanziellen Vermögenswerten sowie die Sicherheitenstellung mittels nicht-finanzieller Vermögenswerte anbelangt.

		Überfällige finanzielle Vermögenswerte, die nicht einzelwertberichtigt sind																Einzelwertberichtigte finanzielle Vermögenswerte														GESAMT
	Buchwerte der weder überfälligen noch einzelwert-berichtigten finanziellen Vermögenswerte	Überfälligkeitsanalyse													Buchwert der Finanzinstrumente	Besicherung der einzelnen Klassen		Einzelwertberichtigungen											Buchwert der Finanzinstrumente	Besicherung der einzelnen Klassen		Buchwert
Klassen gemäß IFRS 7		weniger als 30 Tage	30 bis 59 Tage	60 bis 89 Tage	90 bis 119 Tage	120-149 Tage	150 bis 179 Tage	180 bis 209 Tage	210 bis 239 Tage	240 bis 269 Tage	270 bis 299 Tage	300 bis 329 Tage	330 bis 359 Tage	mehr als 360 Tage		Art der Sicherheit	(Schätzung) Fair Value	Stand zum Geschäftsjahresbeginn	Zuführungen erfolgswirksam	Zuführungen nicht erfolgswirksam	Inanspruchnahme	Auflösungen erfolgswirksam	Auflösungen nicht erfolgswirksam	Änderungen des Konsolidierungskreises	Währungsumrechnungseffekte	Sonstige Veränderungen	Einzelwertberichtigungsaufwand GESAMT	Stand zum Geschäftsjahresende		Art der Sicherheit	(Schätzung) Fair Value	
Forderungen aus Lieferungen und Leistungen																Bürgschaften														Bürgschaften		
																Grundpfandrechte														Grundpfandrechte		
																Sicherungsübereignungen														Sicherungsübereignungen		
Forderungen aus Finanzdienstleistungen																Bürgschaften														Bürgschaften		
...																		Vornahme EWB per Direktabschreibung														
...																																
GESAMT																																

32. Anhangangaben zur Verwertung von Sicherheiten und sonstigen erhaltenen Kreditverbesserungen (IFRS 7.38))

→ *siehe Kapitel 4.5.3.2.*

- Sofern von den bilanzierenden Unternehmen das in Nummer 25 bzw. Kapitel 4.5.1.3.3. empfohlene **Benchmark-Tableau bzgl. hereingenommener Sicherheiten** verwendet wird, kann von verbalen Ausführungen mit Blick auf die Erfüllung von IFRS 7.38(a) abgesehen werden und durch das **Hinzufügen einer weiteren Spalte „in Anspruch genommene Sicherheiten"** die Darstellung der hereingenommenen Sicherheiten (i.S.v. IFRS 7.15 i.V.m. IFRS 7.36(b) i.V.m. IFRS 7.37(a) i.V.m. IFRS 7.37(b) i.V.m. IFRS 7.37(c)) ergänzt werden, um IFRS 7.38(a) gerecht zu werden.
- Als Beispiel für die Umsetzung von IFRS 7.38(a) anhand von verbalen Ausführungen kann etwa folgende Passage aus dem Geschäftsbericht 2009 der *BMW AG* gereichen.

> ***BMW AG***:
>
> "Wird ein vorher als Sicherheit gehaltener Vermögensgegenstand erworben, so durchläuft er einen mehrstufigen Prozess zur Sicherstellung und Verwertung in Abhängigkeit von den rechtlichen Rahmenbedingungen in den einzelnen Märkten. Da es sich bei diesen Vermögensgegenständen im Wesentlichen um Fahrzeuge handelt, sind sie über die Handelsorganisation jederzeit in Zahlungsmittel umwandelbar."[2062]
>
> [...]
>
> „Der geschätzte Marktwert der Sicherheiten, die für wertberichtigte Forderungen gehalten werden, beträgt zum Bilanzstichtag 15.600 Mio. Euro (2008: 14.570 Mio. Euro). Dabei handelt es sich im Wesentlichen um Fahrzeuge. Der Bilanzansatz der Vermögenswerte, die als Sicherheiten gehalten und aufgrund eines Zahlungsausfalls in Anspruch genommen wurden, beträgt 40 Mio. Euro (2008: 44 Mio. Euro)."[2063]

33. Anhangangaben zur Restlaufzeitenanalyse für (nicht-)derivative finanzielle Verbindlichkeiten (IFRS 7.39(a)-(b))

→ *siehe Kapitel 4.6.4.1.*

- Hinsichtlich der Angabepflichten zum **Liquiditätsrisiko** bietet sich insbesondere eine Standardisierung der geforderten **Restlaufzeitenanalyse** nicht-derivativer (IFRS 7.39(a)) sowie derivativer (IFRS 7.39(b)) finanzieller Verbindlichkeiten an. Hierbei dürfte v.a. die **Vereinheitlichung** der dabei anzulegenden **Laufzeitbänder** entscheidend für die Erleichterung eines zwischenbetrieblichen Vergleichs sein, wobei jedoch stets ein gewisser Detaillierungs-

[2062] Vgl. GB 2009 der *BMW AG*, S. 126.

[2063] Vgl. GB 2009 der *BMW AG*, S. 103, wobei die ersten beiden Sätze dieses Absatzes sich auf die Erfüllung von IFRS 7.37(c) beziehen. Vgl. hierzu die Ausführungen in Kapitel 4.5.2.4.

grad gewährleistet werden sollte. Derzeit werden Laufzeitbänder äußerst unterschiedlicher Granularität berichtet. So sollten die Laufzeitbänder der Restlaufzeitenanalyse für (nicht-)derivative finanzielle Verbindlichkeiten m.E. mindestens – entweder direkt oder durch Summation von Zeitscheiben feinerer Granularität – die Granularität [< 1], [> 1 < 2], [> 2 < 3], [> 3 < 4], [> 4 < 5] sowie [> 5] i.S.e. „gemeinsamen Nenners" aufweisen.

- Des Weiteren ist eine **Differenzierung** der anzugebenden Zahlungsströme in **Zins- und Tilgungszahlungen** zu empfehlen, wobei die Zinszahlungen **getrennt** nach **fixen** und **variablen Zinszahlungen** angegeben werden sollten.
- Nachfolgender **Benchmark**, der dem Geschäftsbericht 2009 der *Bayer AG*[2064] entlehnt ist, gereicht dabei für eine entsprechende Umsetzung von IFRS 7.39(a)-(b), wobei die **Zinszahlungen** noch in ihre **variablen** und **fixen Bestandteile** differenziert werden müssten.

[2064] Vgl. GB 2009 der *Bayer AG*, S. 236-237.

Fälligkeitsanalyse der Finanzinstrumente

	31.12.2009	Cashflows Jan–März 2010		Cashflows Apr–Dez 2010	
	Buchwert	Zinsen	Tilgung	Zinsen	Tilgung
	in Mio €	in Mio €	in Mio €	in Mio €	in Mio €
Finanzverbindlichkeiten					
Anleihen / Schuldscheindarlehen	8.301	36	-	356	375
Verbindlichkeiten gegenüber Kreditinstituten	3.251	26	367	76	439
Restliche Verbindlichkeiten	728	9	107	18	41
Verbindlichkeiten aus Lieferungen und Leistungen	2.571	-	2.435	-	122
Sonstige Verbindlichkeiten					
Verbindlichkeiten aus Zinsabgrenzung	255	222	-	21	-
Restliche Verbindlichkeiten	778	2	540	2	73
Verbindlichkeiten aus Derivaten					
Derivate mit bilanzieller Sicherungsbeziehung	272	37	23	1	12
Derivate ohne bilanzielle Sicherungsbeziehung	446	14	50	29	50
Forderungen aus Derivaten					
Derivate mit bilanzieller Sicherungsbeziehung	218	-9	38	93	68
Derivate ohne bilanzielle Sicherungsbeziehung	402	-9	22	23	27
Darlehenszusagen	-	-	-	-	490
Finanzgarantien	-	-	12	-	-

	31.12.2008	Cashflows Jan–März 2009		Cashflows Apr–Dez 2009	
	Buchwert	Zinsen	Tilgung	Zinsen	Tilgung
	in Mio €	in Mio €	in Mio €	in Mio €	in Mio €
Finanzverbindlichkeiten					
Anleihen / Schuldscheindarlehen	10.729	48	460	462	1.600
Verbindlichkeiten gegenüber Kreditinstituten	4.438	34	610	82	799
Restliche Verbindlichkeiten	868	4	185	22	126
Verbindlichkeiten aus Lieferungen und Leistungen	2.377	-	2.280	-	97
Sonstige Verbindlichkeiten					
Verbindlichkeiten aus Zinsabgrenzung	321	202	-	102	-
Restliche Verbindlichkeiten	1.036	2	633	10	197
Verbindlichkeiten aus Derivaten					
Derivate mit bilanzieller Sicherungsbeziehung	395	5	2	13	31
Derivate ohne bilanzielle Sicherungsbeziehung	540	-51	64	92	181
Forderungen aus Derivaten					
Derivate mit bilanzieller Sicherungsbeziehung	248	-	148	1	-
Derivate ohne bilanzielle Sicherungsbeziehung	468	-56	171	81	92

[Tabelle 4.90]

	Cashflows 2011		Cashflows 2012		Cashflows 2013		Cashflows 2014		Cashflows 2015–2019		Cashflows nach 2019	
	Zinsen	Tilgung	Zinsen	Tilgung	Zinsen	Tilgung	Zinsen	Tilgung	Zinsen	Tilgung	Zinsen	Tilgung
	in Mio €	in Mio €	in Mio €	in Mio €	in Mio €	in Mio €	in Mio €	in Mio €	in Mio €	in Mio €	in Mio €	in Mio €
	392	650	364	2.338	243	1.075	195	1.550	282	2.066	137	243
	42	1.113	52	160	48	152	43	181	42	837	-	-
	26	77	23	37	18	201	11	56	39	145	15	69
	-	4	-	10	-	-	-	1	-	-	-	-
	-	-	12	-	-	-	-	-	-	-	-	-
	2	18	1	47	-	4	-	2	-	2	-	93
	20	28	15	29	4	4	13	-	14	123	-	-
	166	28	86	3	12	-	7	-	16	1	-	-
	29	-	30	-	2	-	-13	-	-7	-	-	-
	162	62	85	2	11	2	4	1	11	6	-	3
	-	-	-	-	-	-	-	-	-	-	-	-
	-	-	-	-	-	-	-	-	-	-	-	-

	Cashflows 2010		Cashflows 2011		Cashflows 2012		Cashflows 2013		Cashflows 2014–2018		Cashflows nach 2018	
	Zinsen	Tilgung	Zinsen	Tilgung	Zinsen	Tilgung	Zinsen	Tilgung	Zinsen	Tilgung	Zinsen	Tilgung
	in Mio €	in Mio €	in Mio €	in Mio €	in Mio €	in Mio €	in Mio €	in Mio €	in Mio €	in Mio €	in Mio €	in Mio €
	309	379	305	400	286	2.356	163	1.079	359	1.929	159	251
	106	274	55	1.433	43	121	31	131	52	1.067	-	3
	25	35	24	75	23	31	19	219	45	182	15	22
	-	-	-	-	-	-	-	-	-	-	-	-
	-	-	17	-	-	-	-	-	-	-	-	-
	10	42	2	20	1	19	-	1	-	4	-	120
	3	24	4	27	76	24	5	-	39	150	-	-
	55	47	27	59	-	41	11	47	9	27	-	-
	1	3	-	-	87	-	-	-	11	-	-	-
	77	75	27	-	-	-	7	-	3	-	-	-

34. Anhangangaben zum Liquiditätsrisikomanagement (IFRS 7.39(c))

→ *siehe Kapitel 4.6.4.2.*

- Aufgrund der **Individualität** der gemäß IFRS 7.39(c) **geforderten Angaben**, eröffnen sich **kaum Möglichkeiten** einer sinnvollen **Standardisierung** anhand eines Benchmarks. Gewisse Anhaltspunkte für eine Umsetzung von IFRS 7.39(c) in der Praxis liefert Kapitel 4.6.4.2. dennoch.
- Zur besseren Einschätzung des Liquiditätsrisikos der bilanzierenden Unternehmen erscheint darüber hinaus die erläuternde Angabe bestehender **Financial Covenants** als äußerst sinnvoll, obwohl eine derartige Offenlegung standardseitig bisher nicht gefordert wird (siehe hierzu auch Nummer 5 bzw. Kapitel 3.3.4.2.).
- Zur **umfassenden Darstellung des Refinanzierungspotentials** des bilanzierenden Unternehmens bietet sich generell, wie bereits erwähnt, ein **gemeinsamer Ausweis** sämtlicher Angaben zum Liquiditätsrisiko gemäß **IFRS 7.39**, zu den Angaben zu den Zahlungsverzügen und Vertragsverletzungen gemäß **IFRS 7.18-.19** sowie gemäß **IFRS 7.8** zum Bestand der finanziellen Vermögenswerte, die kurzfristig zum Fair Value veräußerbar sind, an (siehe hierzu Kapitel 4.6.3.).

35. Anhangangaben zum Marktrisiko (IFRS 7.40-.42)

→ *siehe Kapitel 4.7.5.*

- Den Abschluss vorliegender Untersuchung bildet eine Erhebung zur Umsetzung der Angabepflichten zum **Marktpreisrisiko** (IFRS 7.40-.42), das von den berichterstattenden Unternehmen entweder anhand von einfaktoriellen (IFRS 7.40) oder anhand von mehrfaktoriellen (IFRS 7.41) Sensitivitätsanalysen offen zu legen ist.
- Insbesondere die **Bereitstellung *entscheidungsnützlicher* Informationen** anhand der Offenlegung **mehrfaktorieller Sensitivitätsanalysen** – die Offenlegung der Risikomaßzahl **Value-at-Risk** (VaR) scheint hierbei den momentanen *state-of-the-art* in Sachen externer Risikoberichterstattung zu verkörpern – **scheitert** dabei m.E. jedoch grundsätzlich, da insbesondere die Methodik sowie die Annahmen zur Bestimmung dieser Sensitivitätsanalysen von den Unternehmen auf Basis des **Management Approach** unternehmensindividuell festgelegt werden können. Die Offenlegung entscheidungsnützlicher Informationen kann somit kaum gelingen, beschränkt sich der Erkenntnisgewinn seitens der Bilanzadressaten hierbei doch weitgehend auf die Tatsache, *dass* bestimmte Sensitivitätsanalysen angewandt werden. Dieser Umstand ist weitgehend darauf zurückzuführen, dass aufgrund der **Diver-**

genzen hinsichtlich der **zur VaR-Messung verwendeten Methoden, Annahmen und Parameter** – sofern diese überhaupt explizit genannten werden – sowie auch aufgrund der **Heterogenität** der mit dem VaR gemessenen **Bestände an Finanzinstrumenten** eine (intertemporale) unternehmensindividuelle, geschweige denn zwischenbetriebliche Einschätzung und Vergleichbarkeit der berichteten VaR-Werte schlichtweg nicht gelingen kann. Es besteht zudem die Gefahr, dass sich die Bilanzadressaten angesichts der berichteten Risikowerte in einer Art **Scheinsicherheit** wiegen, im Zuge derer die Risikolage des Unternehmens u.U. unterschätzt wird.

- Sofern eine freiwillige Festlegung der Unternehmen auf gewisse Standards zur Ermittlung der Sensitivitätsanalysen zukünftig unterbleiben sollte, dürfte daher eine **standardseitig verpflichtende Festlegung eines gewissen Rahmens an Methodik** sowie der dabei zugrundezulegenden **Annahmen** das Mittel der Wahl sein, diesen offensichtlichen Missstand teilweise zu beheben („Standard-Lösung“).
- Auch die obligatorische **Offenlegung weiterer Risikomaßzahlen** wie etwa des Conditional Value-at-Risk (CVaR) oder des Lower Partial Moment One (LPM_1) könnte hierbei für eine bessere Einbettung des VaR im Sinne einer dadurch verbesserten, differenzierteren Einschätzung der Risikolage des Unternehmens durch die Bilanzadressaten gereichen („VaR-Flankierung“).
- Letztlich sollte seitens der bilanzierenden Unternehmen auch eine **tiefergehende Transparenz** hinsichtlich der Ermittlung von Risikokennzahlen angestrebt werden, um die Entscheidungsnützlichkeit der berichteten Informationen zu erhöhen bzw. überhaupt erst zu gewährleisten („Transparenz-Lösung“).
- Entsprechend ist das IASB m.E. dazu aufgefordert, die diesbezüglichen Angabepflichten zu überdenken und entsprechend zu überarbeiten, was insofern auch einen **weiteren Forschungsbedarf** erkennen lässt.

7. Thesenförmige Zusammenfassung

Die Ergebnisse vorliegender Untersuchung lassen sich wie folgt zusammenfassen:

1. Die vorliegende Arbeit zeigt den grundlegenden **Zusammenhang** zwischen den Themenkomplexen **Risikomanagement, externer Risikoberichterstattung** (nach IFRS) sowie **Corporate Governance** auf. Zunächst besteht per Gesetz eine **faktische Pflicht** für börsennotierte Aktiengesellschaften zur **Einrichtung eines angemessenen Risikomanagementsystems** im Unternehmen. Die **Risikoberichterstattung** ist dabei als ein das Risikomanagement **flankierender Prozess** zu verstehen. Für börsennotierte Aktiengesellschaften ist die externe Risikoberichterstattung in Abhängigkeit von den anzuwendenden Rechnungslegungsstandards für den Lagebericht und/oder für den Anhang gesetzlich vorgeschrieben.
2. **Corporate Governance** wird im Rahmen vorliegender Untersuchung als eine **Regulativinstitution des Interessenausgleichs** zwischen den Anteilseignern und der Geschäftsleitung eines Unternehmens verstanden. Sie beinhaltet dabei in der Außenperspektive den Umgang mit und den Einsatz von sämtlichen Mechanismen der marktlichen Kontrolle. Da die **externe (Risiko)Berichterstattung** i.d.S. ein zentrales Element einer effektiven Corporate Governance darstellt, ergibt sich unmittelbar die **Fragestellung nach der praktischen Umsetzung der Berichterstattungsanforderungen**. Um vor dem Hintergrund dieses Teilaspekts eine effektive Corporate Governance sicherzustellen, beschäftigt sich die vorliegende Untersuchung **beschränkt auf** den Bereich der (Risiko)Berichterstattung gemäß **IFRS 7** zu Finanzinstrumenten zentral mit Fragestellungen der **praktischen Umsetzung** dieser Norm sowie Möglichkeiten einer Standardisierung anhand von branchenübergreifenden Benchmarks für **Nicht-Finanzdienstleister**.
3. Die Anwendung von IFRS 7 zur Ermittlung von Benchmarks wird im Rahmen vorliegender Untersuchung sowohl unter theoretischen als auch unter praktischen Aspekten gewürdigt. Um letzteres bewerkstelligen zu können, wurden **für ausgewählte Paragraphen von IFRS 7 Erhebungen hinsichtlich deren Umsetzung in der Praxis** der DAX-30 Nicht-Finanzdienstleister durchgeführt. Generell ist hierbei zu konstatieren, dass die Ergebnisse dieser Auswertungen eine **großteils heterogene Handhabung der Berichterstattungsanforderungen** belegen – etablierte **Konventionen** einer IFRS 7-Berichterstattung sind zuweilen **nur in Ansätzen erkennbar**. Dieser Umstand ist i.V.m. der noch nicht allzu lang zurückliegenden erstmaligen Anwendung von IFRS 7 im Jahr 2007 insbesondere auf **Unterschiede** in der **Darstellung**, **Qualität** und **Detailtiefe** der offengelegten Informationen zurückzuführen, die wiederum teilweise auf den zahlreichen, von IFRS 7 eingeräumten **Gestaltungsspielräumen** beru-

hen. Diese Divergenzen haben zwar seit der Erstanwendung des Standards im Jahr 2007 bis ins Jahr 2009 tendenziell abgenommen, sind aber immer noch als signifikant zu bezeichnen.

4. Insbesondere die ***tabellarische* Offenlegung von Informationen**, die m.E. bei vielen, insbesondere den quantitativen IFRS 7-Angabepflichten aus Gründen einer übersichtlicheren und aussagefähigeren Darstellung angezeigt scheint, wird meist äußerst unterschiedlich gehandhabt oder häufig ganz unterlassen, was v.a. die **zwischenbetriebliche** sowie **intertemporale Vergleichbarkeit** der berichteten Informationen deutlich **erschwert** oder **teilweise gar unmöglich** macht.
5. Hinsichtlich einiger bestimmter Angabepflichten des IFRS 7 **scheitert** eine **Erhebung allgemeingültiger Benchmarks** einerseits bereits an der Gewährung von Gestaltungsspielräumen bzw. Unzulänglichkeiten der konkreten Standardkodifizierung und/oder dem zur Anwendung kommenden Management Approach – als Beispiele seien hier die zusammenfassenden quantitativen als auch qualitativen Risikoangaben gemäß IFRS 7.33 und IFRS 7.34(a) sowie die Angaben zu Sensitivitätsanalysen gemäß IFRS 7.40 und IFRS 7.41 genannt. Es bestehen entsprechend teilweise deutlich erkennbare Schwachpunkte des Standards, die bereits unter theoretischen Aspekten nicht zu überzeugen vermögen.
6. Ein solches Scheitern kann andererseits jedoch teilweise auch schlichtweg auf eine **unzureichende** bzw. **nicht stattfindende Anwendung** bestimmter **IFRS 7-Normen** durch die in die Untersuchung einbezogenen Nicht-Finanzdienstleister zurückgeführt werden – hier sei etwa auf die an die Ausübung der Fair Value-Option anknüpfenden Angaben verwiesen.
7. Auf der anderen Seite **liefert IFRS 7** in weiten Teilen einen durchaus **sinnvollen theoretischen Unterbau** für die Anhang-Berichterstattung zu Finanzinstrumenten. Für die **Mehrzahl der in IFRS 7.8-.30 bzw. IFRS 7.33-.42 kodifizierten Vorschriften** kann die **Entwicklung von Benchmarks** anhand der sowohl empirisch-induktiven als auch theoretisch-deduktiven Vorgehensweise entsprechend als **positiv beschieden** werden.
8. Da, wie bereits erwähnt, die derzeitige Normierung des Standards durch das IASB m.E. nicht bei allen Vorschriften des IFRS 7 gleichermaßen sachgerecht erscheint, beinhalten die im Rahmen der Benchmark-Ermittlung unterbreiteten Empfehlungen darüber hinaus auch teilweise Angaben, die von den Unternehmen nach derzeitiger Rechtslage im Rahmen der **freiwilligen Berichterstattung** offengelegt werden könnten, um so eine entscheidungsnützlichere Darstellung der berichteten Informationen zu gewährleisten. Dies trifft bspw. auf die Berichterstattung zu gestellten und erhaltenen Sicherheiten, den Ausweis von Informationen zu bestehenden Covenants sowie die Offenlegung von Sensitivitätsanalysen zum Marktpreisrisiko zu.
9. Über die einzelnormbezogene Ermittlung von Benchmarks hinaus konnte für drei Themenkomplexe – (1) Darstellung der Angaben zur Stellung sowie Gewährung von Sicherheiten, (2)

Darstellung der Angaben zur Risikovorsorge und (3) zusammenhängende Darstellung des Refinanzierungspotentials des Unternehmens – ein die jeweiligen Einzelnormen **zusammenfassendes, übergreifendes Benchmark-Tableau** entwickelt bzw. auf einen **sinnvollen gemeinsamen Ausweis** der jeweiligen Einzelnormen hingewiesen werden.

10. Mit zunehmender Erfahrung im Umgang mit den Angabepflichten gemäß IFRS 7 werden sich m.E. zukünftig sicherlich – deutlicher als bisher – allgemeingültige Benchmarks insbesondere auch i.S.e. höheren zwischenbetrieblichen Konsistenz etablieren. Um diese Entwicklung zu beschleunigen, stellt **vorliegende Arbeit** eine geeignete Grundlage dar, eine **entscheidungsnützliche Standardisierung der Umsetzung von IFRS 7** im Rahmen der Finanzberichterstattung von **Nicht-Finanzdienstleistern** zu fördern. Teilweise wird m.E. das IASB jedoch nicht umhin kommen, bei der einen oder anderen Normierung nachzubessern, damit eine sinnvolle Berichterstattung gewährleistet werden kann.

11. Ein **weitergehender Bedarf** zur **Ermittlung von IFRS 7-Benchmarks** wird sich zukünftig zwangsläufig auch aufgrund der Tatsache eines vom IASB angestrebten vollständigen Ersatzes von *IAS 39 Financial Instruments*: *Recognition and Measurement* durch einen neuen Finanzinstrumente-Standard **IFRS 9** ergeben, welcher bestimmte Sachverhalte hinsichtlich der Bilanzierung von Finanzinstrumenten grundlegend ändern wird, woraus insbesondere Auswirkungen auf die Angaben zum Jahresabschluss gemäß IFRS 7 zu erwarten sind. Im Mittelpunkt der Betrachtungen dürften hierbei insbesondere die neuen Vorschläge zur Reduzierung der Bewertungskategorien für finanzielle Vermögenswerte, zur Bemessung und Erfassung von Wertminderungen sowie zum Hedge Accounting stehen. Darüber hinaus könnte diese grundlegende **Revision** m.E. jedoch ebenfalls **dazu genutzt werden**, die identifizierten **Schwachstellen** hinsichtlich der **Angabepflichten zur Risikoberichterstattung gemäß IFRS 7 an das IASB zu adressieren**.

Anhang

Die unter http://www.eul-verlag.de/pdf-wz/9783844101829_Anhang.pdf abrufbare Erhebung vermittelt basierend auf einer Analyse der Geschäftsberichte 2009 der in die Untersuchung einbezogenen DAX-30 Nicht-Finanzdienstleister die vollständige Offenlegung der Angabepflichten gemäß IFRS 7.22-.24 zum Hedge Accounting.[2065]

Es ist darauf hinzuweisen, dass eine Befüllung der Spalte „IFRS 7.22(b)" (Beschreibung der als Sicherungsinstrumente designierten Finanzinstrumente) nicht mit Sicherheit darauf hinweisen kann, dass die angegebenen Sicherungsinstrumente tatsächliche im Rahmen eines Hedge Accounting designiert sind. Vielmehr dürfte eine dahingehende Kennzeichnung in der Tabelle sowohl Instrumente betreffen, die im Rahmen eines Hedge Accounting als Sicherungsinstrumente designiert sind, als auch solche Instrumente, die nicht in ein Hedge Accounting einbezogen sind, aber dennoch, obwohl sie „offen" bilanziert werden, im Rahmen von *natural hedges* eingesetzt werden. Eine diesbezüglich eindeutige Abgrenzung ist mangels ausreichender Informationen in den GBs nicht möglich.

2065 Die Abkürzungen in der Tabelle haben die folgende Bedeutung: CFH = Cash Flow Hedge; I = die Auszüge aus den GBs „implizieren" eine entsprechende Spaltenmarkierung; pr. = prospektive Angabe (Bezug auf künftige Berichtsperioden); PV = Plain Vanilla; V = verbale Ausführungen (inkl. Betragsnennungen); X = Werte in tabellarischer Auflistung.

Literaturverzeichnis

Ackermann, Rolf/Brück, Mario/Esterhazy, Yvonne/Große Halbour, Andreas/Ramthun, Christan/Wettach, Silke (2008): Finanzkrise: Wer muss noch büßen?, in: Wirtschaftswoche, Heft-Nr. 14, S. 22.

AKEU (2002): Grundsätze für das Value Reporting, Arbeitskreis Externe Unternehmensrechnung der Schmalenbach-Gesellschaft, Köln, in: DB, Heft-Nr. 45, S. 2337–2340.

Alvarez, Manuel (2004): Segmentberichterstattung und Segmentanalyse, 1. Aufl., Wiesbaden, zugl.: Augsburg, Univ., Diss., 2003.

Ankenbrand, Hendrik (28.08.2002): Raffe, raffe, Häusle baue, in: SPIEGEL ONLINE, abrufbar unter: http://www.spiegel.de/wirtschaft/0,1518,210610,00.html, zuletzt geprüft am: 08.10.2009.

Ansoff, Harry (1976): Managing Surprise and Discontinuity: Strategic Response to Weak Signals, in: zfbf, 28. Jg., S. 129–152.

Artzner, Philippe/Delbaen, Freddy/Eber, Jean-Marc/Heath, David (1998): Coherent Measures of Risk, abrufbar unter: http://www.math.ethz.ch/~delbaen/ftp/preprints/CoherentMF.pdf, zuletzt geprüft am: 12.12.2010.

Assmann, Heinz-Dieter (1995): Corporate Governance, Eine Vorbemerkung zu den Beiträgen von Edward B. Rock und Eddy Wymeersch (in diesem Heft S. 291 bzw. 299), in: AG, 40. Jg., S. 289–290.

Baetge, Jörg/Dörner, Dietrich/Kleekämper, Heinz/Wollmert, Peter/Kirsch, Hans-Jürgen (2006): Rechnungslegung nach IFRS, Kommentar auf der Grundlage des deutschen Bilanzrechts, 2. Aufl., Stuttgart.

Baetge, Jörg/Jerschensky, Andreas (1999): Frühwarnsysteme als Instrumente eines effizienten Risikomanagement und -Controlling, in: Controlling, 10. Jg., Heft-Nr. 4/5, S. 171–176.

Baetge, Jörg/Kirsch, Hans-Jürgen/Thiele, Stefan (2011): Bilanzen, 11., aktualisierte Aufl., Düsseldorf.

Baetge, Jörg/Kirsch, Hans-Jürgen/Thiele, Stefan (2007): Bilanzen, 9., aktualisierte Aufl., Düsseldorf.

Ballwieser, Wolfgang (2003): Controlling und Risikomanagement: Aufgaben des Vorstands, in: Hommelhoff, Peter/Hopt, Klaus J./von Werder, Axel (Hrsg.), Handbuch Corporate Governance, Leitung und Überwachung börsennotierter Unternehmen in der Rechts- und Wirtschaftspraxis, Köln, S. 429–440.

Ballwieser, Wolfgang/Kuhner, Christoph (1994): Rechnungslegungsvorschriften und wirtschaftliche Stabilität, Bergisch Gladbach.

Baron, David (1976): Flexible Exchange Rates, Forward Markets and the Level of Trade, in: American Economic Review, 66. Jg., S. 253–266.

Bassen, Alexander (2002): Institutionelle Investoren und Corporate Governance, European Business School, Habil.-Schr./02 u.d.T.: Bassen, Alexander: Einflussnahme institutioneller Investoren auf Corporate Governance und Unternehmensführung unter besonderer Berücksichtigung börsennotierter Wachstumsunternehmen – Oestrich-Winkel, 2001., Analyse der Einflussnahme unter besonderer Berücksichtigung börsennotierter Wachstumsunternehmen, 1. Aufl., Wiesbaden.

Becht, Marco/Bolton, Patrick/Röell, Ailsa (2002): Corporate Governance and Control, Updated August 2005, Finance Working Paper N°. 02/2002, Brüssel, *European Corporate Governance Institute, abrufbar unter:* http://ssrn.com/abstract_id=343461, zuletzt geprüft am: 21.07.2009.

Becker, Winfried/Bruns, Christian/Hense, Heinz Hermann/Kretschik, Klaus/Raab, Michael/Sawazki, Wolfgang (2006): Kapitel IV: IFRS und Finanzanalyse, in: Baetge, Jörg/Dörner, Dietrich/Kleekämper, Heinz/Wollmert, Peter/Kirsch, Hans-Jürgen (Hrsg.), Rechnungslegung nach IFRS, Kommentar auf der Grundlage des deutschen Bilanzrechts, 10. Erg-.Lfg. (17.12.2009), 2. Aufl., Stuttgart, S. 1–48.

Beder, Tanya (1995): VAR: Seductive but Dangerous, in: FAJ, 51. Jg., Heft-Nr. 5, S. 12–24.

Benecke, Birka (2000): Internationale Rechnungslegung und Management Approach, Bilanzierung derivativer Finanzinstrumente und Segmentberichterstattung, Wiesbaden.

Berens, Wolfgang/Darius, Petra/Schmitting, Walter (1997): Die Verwendung von Graphiken in Geschäftsberichten – Eine empirische Studie, Aachen.

Berle, Adolf/Means, Gardiner (1933): The modern corporation and private property, New York.

Berrar, Carsten (2001): Die Entwicklung der Corporate Governance in Deutschland im internationalen Vergleich, 1. Aufl., Baden-Baden, zugl.: München, Univ., Diss., 2001.

Beyer, Stephanie (2008): IFRS: Finanzinstrumente, Bilanzierung, Darstellung, Ausweis, Berlin.

Bitz, Horst (2000): Abgrenzung des Risiko-Frühwarnsystems i.e.S. nach KonTraG zu einem umfassenden Risiko-Managementsystem im betriebswirtschaftlichen Sinn, in: BFuP, Heft-Nr. 3, S. 231–241.

Bitz, Michael (1981): Entscheidungstheorie, München.

Bitz, Michael (1993): Grundlagen des finanzwirtschaftlich orientierten Risikomanagements, in: Gebhardt, Günther/Gerke, Wolfgang/Steiner, Manfred (Hrsg.), Handbuch des Finanzmanagements, Instrumente und Märkte der Unternehmensfinanzierung, München, S. 641–668.

Bloss, Michael/Ernst, Dietmar/Häcker, Joachim/Eil, Nadine (2009): Von der Subprime-Krise zur Finanzkrise, Immobilienblase: Ursachen, Auswirkungen, Handlungsempfehlungen, München.

Blum, Ulrich/Dudley, Leonard/Leibbrand, Frank/Weiske, Andreas (2005): Angewandte Institutionenökonomik, Theorien, Modelle, Evidenz, 1. Aufl., Wiesbaden.

Böcking, Hans-Joachim (1998): Zum Verhältnis von Rechnungslegung und Kapitalmarkt: Vom "financial accounting" zum "business reporting", in: zfbf-Sonderheft, 50. Jg., Heft-Nr. 40, S. 17–53.

Böcking, Hans-Joachim/Wesner, Peter (2004): Value Reporting und Corporate Governance, - Anreizkompatible Vergütung, Performancemessung und Unternehmensüberwachung -, in: WPg-Sonderheft, S. 98–107.

Bonin, Christoph (2004): Finanzinstrumente im IFRS-Abschluss - Planung grundlegender Neuerungen der Angabepflichten durch ED 7 Financial Instruments: Disclosures, in: DB, 57. Jg., Heft-Nr. 30, S. 1569–1573.

Bonke, Thomas (2007): Quantitative Risikosteuerung in der Investitionsplanung auf Basis des Conditional-Value-at-Risk, Hamburg, zugl.: Hohenheim, Univ., Diss., 2007.

Boudokh, Jacob/Richardson, Matthew/Whitelaw, Robert (1998): The Best of Both Worlds: A Hybrid Approach to Calculating Value at Risk, in: Risk, Heft-Nr. 5, S. 64–67.

Boulkab, Rachid/Marxfeld, Jan/Wagner, Claus-Peter (2008): Asset Backed Commercial Paper Condiuts, Struktur, Risiken und Bilanzierung, in: IRZ, Heft-Nr. 11, S. 497–505.

Braun, Herbert (1984): Risikomanagement: eine spezifische Controllingaufgabe, Darmstadt.

Brebeck, Frank/Hermann, Dagmar (1997): Zur Forderung des KonTraG-Entwurfs nach einem Frühwarnsystem und zu den Konsequenzen für die Jahres- und Konzernabschlußprüfung, in: WPg, 50. Jg., Heft-Nr. 12, S. 381–391.

Breid, Volker (1995): Aussagefähigkeit agencytheoretischer Ansätze im Hinblick auf die Verhaltenssteuerung von Entscheidungsträgern, in: zfbf, Heft-Nr. 9, S. 821–854.

Brötzmann, Ingo (2004): Bilanzierung von güterwirtschaftlichen Sicherungsbeziehungen nach IAS 39 zum Hedge Accounting, Düsseldorf, zugl.: Münster (Westf.), Univ., Diss., 2005.

Brücks, Michael/Kerkhoff, Guido/Stauber, Jürgen (2006a): IFRS 7: Darstellung und Umsetzungsaspekte (Teil 1), in: Der Konzern, Heft-Nr. 5, S. 363–378.

Brücks, Michael/Kerkhoff, Guido/Stauber, Jürgen (2006b): IFRS 7: Darstellung und Umsetzungsaspekte (Teil 2), in: Der Konzern, Heft-Nr. 6, S. 423–444.

Brühwiler, Bruno (2007): Risikomanagement als Führungsaufgabe, Unter Berücksichtigung der neuesten internationalen Standardisierung, 2., vollst. überarb. Aufl., Bern.

Brüggemann, Benedikt (2007): Die Berichterstattung im Anhang des IFRS-Abschlusses, Düsseldorf, zugl.: Münster (Westf.), Univ., Diss., 2007.

Bruns, Hans-Georg/Renner, Wolfgang (2001): Finanzpolitische SEC-Berichterstattung in der Form 20-F - "Operating and Financial Review and Prospects" (OFR), in: BFuP, Heft-Nr. 1, S. 7–26.

Buchheim, Regine/Schmidt, Martin (2005): IFRS 7: Angaben zu Finanzinstrumenten - Darstellung und Würdigung, in: KoR, Heft-Nr. 10, S. 397–407.

Bühn, Andreas/Klauck, Kai-Oliver (2006): Stresstests - Einführung und Grundlagen, in: Klauck, Kai-Oliver/Stegmann, Claus (Hrsg.), Stresstests in Banken, Von Basel II bis ICAAP, Stuttgart, S. 11–22.

Busse von Colbe, Walther (1993): Die Entwicklung des Jahresabschlusses als Informationsinstrument, in: zfbf-Sonderheft, 45. Jg., Heft-Nr. 32, S. 11–29.

Cadbury Committee (01.12.1992): Report of the Committee on the Financial Aspects of Corporate Governance, London, abrufbar unter: http://www.ecgi.org/codes/documents/cadbury.pdf, zuletzt geprüft am: 09.10.2009.

CEBS (15.12.2009): Framework for Consolidated Financial Reporting (FINREP), Templates, abrufbar unter: http://www.c-ebs.org/Publications/Standards-Guidelines/CEBS-Revised-Guidelines-on-Financial-Reporting.aspx, zuletzt geprüft am: 25.03.2009.

CEPS (Juni 1995): Corporate Governance in Europe, CEPS Working Report No. 12, Report of a CEPS Working Party, *Centre for European Policy Studies, abrufbar unter:* http://www.ecgi.org/codes/documents/ceps_june1995.pdf, zuletzt geprüft am: 09.10.2009.

Coase, Ronald (1960): The Problem of Social Cost, in: Journal of Law & Economics, Heft-Nr. 3, S. 1–44.

Coenenberg, Adolf/Haller, Axel/Schultze, Wolfgang (2009): Jahresabschluss und Jahresabschlussanalyse, Betriebswirtschaftliche, handelsrechtliche, steuerrechtliche und internationale Grundsätze; HGB, IFRS, US-GAAP, 21., überarb. Aufl., Stuttgart.

Committee of Sponsoring Organizations of the Treadway Commission (2004): Enterprise Risk Management - Integrated Framework (2004), COSO ERM, Fundstelle: http://www.cpa2biz.com/AST/Main/CPA2BIZ_Primary/InternalControls/COSO/PRDOVR~PC-990015/PC-990015.jsp, abrufbar unter: http://www.cpa2biz.com/AST/Main/CPA2BIZ_Primary/InternalControls/COSO/PRDOVR~PC-990015/PC-990015.jsp, zuletzt geprüft am: 23.11.2009.

Conrow, Edmund (2000): Effective risk management, Some keys to success, Reston, Va.

Coombes, Paul/Watson, Mark (2000): Three surveys on corporate governance, in: The McKinsey Quarterly, Heft-Nr. 4, S. 74–77.

Copeland, Thomas/Weston, John (1988): Financial theory and corporate policy, 3. ed., Reading, Mass.

Copeland, Thomas/Weston, John/Shastri, Kuldeep (2005): Financial Theory and Corporate Policy, 4. ed., Reading, Mass.

Deloitte (2008): Amendments to IAS 39 & IFRS 7 – reclassification of financial assets, October 2008 – Special edition, IAS Plus, abrufbar unter: http://www.deloitte.com/assets/Dcom-Ireland/Local%20Assets/Documents/ie_IASplus_Nov08.pdf, zuletzt geprüft am: 11.01.2010.

Denk, Robert/Exner-Merkelt, Karin/Ackerl, Erwin (2005): Corporate Risk Management, Unternehmensweites Risikomanagement als Führungsaufgabe, Wien.

Deutsche Bundesbank (November 2006): Anwendungsbeispiele des Fachgremiums "Offenlegungsanforderungen" zur Umsetzung der quantitativen Anforderungen nach Teil 5 der Solvabilitätsverordnung (SolvV) i. V. m. Basel II Säule 3, Deutsche Bundesbank, abrufbar unter: http://www.bundesbank.de/download/bankenaufsicht/pdf/anwendungsbeispiel_saeule_3.pdf, zuletzt geprüft am: 24.03.2010.

Deutscher Bundesrat (07.11.1997): Entwurf eines Gesetzes zur Kontrolle und Transparenz im Unternehmensbereich (KonTraG), RegE KonTraG 07.11.1997, Fundstelle: BR-Drs. 872/97, abrufbar unter: http://www.dcgn.de/laws/1997_kontrag_entwurf.pdf, zuletzt geprüft am: 30.11.2009.

Deutscher Bundestag (28.01.1998): Entwurf eines Gesetzes zur Kontrolle und Transparenz im Unternehmensbereich (KonTraG), RegE KonTraG 28.01.1998, Fundstelle: BT-Drs. 13/9712, abrufbar unter: http://dip21.bundestag.de/dip21/btd/13/097/1309712.pdf, zuletzt geprüft am: 30.11.2009.

Deutscher Standardisierungsrat (DSR) (19.10.2004): DRSC Comment Letter ED 7 - Financial Instruments, Deutsches Rechnungslegungs Standards Committee e.V. (DRSC), abrufbar unter: http://www.standardsetter.de/drsc/docs/press_releases/cl_ED%207_181004_final.pdf, zuletzt geprüft am: 06.07.2010.

Deutsches Institut für Interne Revision (IIR) (2001): IIR Revisionsstandard Nr. 2 - Prüfung des Risikomanagement durch die Interne Revision, IIR Revisionsstandard Nr. 2, abrufbar unter: http://www.diir.de/fileadmin/downloads/allgemein/Revisionsstandard_Nr._2.pdf, zuletzt geprüft am: 23.11.2009.

Dobler, Michael (2004): Risikoberichterstattung, Eine ökonomische Analyse, Frankfurt am Main.

Dobler, Michael (2005): Zur Verbindung von Risikomanagement und Risikopublizität, Prozess, Regulierung, Empirie, in: ZfCM, 49. Jg., Heft-Nr. 2, S. 144–152.

Dörner, Dietrich/Horváth, Péter/Kagermann, Henning (2000): Praxis des Risikomanagements, Grundlagen, Kategorien, branchenspezifische und strukturelle Aspekte, Stuttgart.

Duch, Jan (2005): Risikoberichterstattung mit Cash-Flow at Risk-Modellen, Ökonomische Analyse einer Risikoquantifizierung im Risikobericht, Frankfurt am Main.

Dumas, Bernard (1978): The Theory of the Trading Firm Revisited, in: Journal of Finance, 33. Jg., S. 1019–1029.

Dutzi, Andreas (2005): Der Aufsichtsrat als Instrument der Corporate Governance, Ökonomische Analyse der Veränderungen im Corporate-Governance-System börsennotierter Aktiengesellschaften, 1. Aufl., Wiesbaden, zugl.: Frankfurt am Main, Univ., Diss., 2005.

Eckes, Burkhard/Fentz, Volker/Flick, Peter/Hoeren, Christoph/Totzek, Alfred/Weigel, Wolfgang (2009): Bilanzanalyse-Kommentar nach IFRS, Bonitätsbeurteilung auf Basis internationaler Rechnungslegungsvorschriften, 2. Aufl., Heidelberg.

Eckes, Burkhard/Flick, Caroline (2008): Fair Value gleich Fair Value? Gegenüberstellung der Vorschriften unter US-GAAP und IFRS, in: KoR, Heft-Nr. 7-8, S. 456–466.

Eckes, Burkhard/Sittmann-Haury, Caroline (2004): ED IFRS 7 "Financial Instruments: Disclosures", - Offenlegungsvorschriften für Finanzinstrumente und Auswirkungen aus der Ablösung von IAS 30 für Kreditinstitute -, in: WPg, Heft-Nr. 21, S. 1195–1201.

Eckes, Burkhard/Weigel, Wolfgang (2006): Die Fair Value-Option, - Auslegungsfragen und Anwendungsmöglichkeiten in der Kreditwirtschaft -, in: KoR, Heft-Nr. 6, S. 415–423.

Eisele, Wolfgang (2002): Technik des betrieblichen Rechnungswesens, Buchführung und Bilanzierung, Kosten- und Leistungsrechnung, Sonderbilanzen, 7., vollst. überarb. und erw. Aufl., München.

Emmerich, Gerhard (1999): Risikomanagement in Industrieunternehmen, in: zfbf, 51. Jg., Heft-Nr. 11, S. 1075–1089.

Erlei, Mathias/Leschke, Martin/Sauerland, Dirk (2007): Neue Institutionenökonomik, 2., überarb. und erw. Aufl., Stuttgart.

Ernst & Young Global Limited (2008): Observations on the implementation of IFRS 7 in corporate entities, abrufbar unter:
http://www.ey.com/Publication/vwLUAssets/IFRS_7_Corporate_Entities/$FILE/pdf_IFRS7.pdf, zuletzt geprüft am: 17.11.2010.

Escher-Weingart, Christina (1999): Die gewandelte Rolle des Wirtschaftsprüfers als Partner des Aufsichtsrats nach den Vorschriften des KonTraG, in: NZG, Heft-Nr. 19, S. 909–919.

Europäische Kommission (27.01.2006): Verordnung (EG) Nr. 108/2006 der Kommission vom 11.01.2006 zur Änderung der Verordnung (EG) Nr. 1725/2003 der Kommission betreffend die Übernahme bestimmter internationaler Rechnungslegungsstandards in Übereinstimmung mit der Verordnung (EG) Nr. 1606/2002 des Europäischen Parlaments und des Rates im Hinblick auf IFRS 1, 4, 6 und 7, IAS 1, 14, 17, 32, 33 und 39 sowie IFRIC 6, Fundstelle: Amtsblatt Nr. L 24 vom 27.01.2006, S. 1-36.

Europäische Kommission (01.12.2009): Verordnung (EG) Nr. 1165/2009 der Kommission vom 27.11.2009, Fundstelle: Amtsblatt Nr. L 314/21 vom 01.12.2009, S. 1-6.

Europäisches Parlament und Rat (11.09.2002): Verordnung (EG) Nr. 1606/2002 des Europäischen Parlaments und des Rates vom 19. Juli 2002 betreffend die Anwendung internationaler Rechnungslegungsstandards, IAS-Verordnung (1606/2002), Fundstelle: Amtsblatt Nr. L 243 vom 11.09.2002, S. 1-4.

Ewert, Ralf (1986): Rechnungslegung, Gläubigerschutz und Agency-Probleme, Wiesbaden.

Ewert, Ralf/Wagenhofer, Alfred (2008): Interne Unternehmensrechnung, 7., überarb. Aufl., Berlin.

Fama, Eugene (1978): The Effects of a Firm's Investment and Financing Decision on the Welfare of Its Security Holders, in: American Economic Review, 68. Jg., S. 272–284.

Farny, Dieter (1979): Grundfragen des Risk-Management, in: Goetzke, Wolfgang/Bürgel, Hans D/Sieben, Günter (Hrsg.), Risk Management - Strategien zur Risikobeherrschung, Bericht von d. 5. Kölner BFuP-Tagung am 5. u. 6. Okt. 1978 in Leverkusen, 5, Köln, S. 11–37.

Fasse, Friedrich-Wilhelm (1995): Risk-Management im strategischen internationalen Marketing, Hamburg, zugl.: Duisburg, Univ., Diss., 1995.

FAZ.NET (11.07.2002): Enron, Worldcom, Merck, Qwest - das Vertrauen ist dahin, in: FAZ.NET, abrufbar unter: http://www.faz.net/s/RubF3F7C1F630AE4F8D8326AC2A80BDBBDE/Doc~EBC3DD70A494E4A4E934AD8449F4E1AF5~ATpl~Ecommon~Scontent.html?rss_googlefeed_finanzen, zuletzt geprüft am: 08.10.2009.

Federmann, Rudolf (2010): Bilanzierung nach Handelsrecht, Steuerrecht und IAS/IFRS, Gemeinsamkeiten, Unterschiede und Abhängigkeiten, 12., völlig neu bearb. und wesentl. erw. Aufl., Berlin.

Fey, Gerd (1995): Corporate Governance - Unternehmensüberwachung bei deutschen Aktiengesellschaften, in: DStR, Heft-Nr. 34, S. 1320–1327.

Filipiuk, Bogna (2008): Transparenz der Risikoberichterstattung, Anforderungen und Umsetzung in der Unternehmenspraxis, 1. Aufl., Wiesbaden.

Financial Stability Forum (07.04.2008): Report of the Financial Stability Forum on Enhancing Market and Institutional Resilience, abrufbar unter: http://www.financialstabilityboard.org/publications/r_0804.pdfhttp://www.financialstabilityboard.org/publications/r_0804.pdf, zuletzt geprüft am: 20.09.2010.

FINANZ BETRIEB (2008): Finanzmarkt-Report, Finanzmarktkrise in erster Linie Resultat unzureichender Risikomanagementsysteme, in: FB, Heft-Nr. 10, S. 691.

Fleischer, Holger/Ekkenga, Jens (2006): Handbuch des Vorstandsrechts, München.

Förschle, Gerhart/Glaum, Martin/Mandler, Udo (1998): Gesetz zur Kontrolle und Transparenz im Unternehmensbereich: Umfrage unter Führungskräften börsennotierter Unternehmungen, in: DB, Heft-Nr. 18, S. 889–895.

Franke, Günter/Hax, Herbert (2004): Finanzwirtschaft des Unternehmens und Kapitalmarkt, 5., überarb. Aufl., Berlin.

Frankfurter Wertpapierbörse (2009): Börsenordnung für die Frankfurter Wertpapierbörse, BörsO FWB, vom 12.10.2009, abrufbar unter: http://deutsche-boerse.com/INTERNET/EXCHANGE/zpd.nsf/KIR+Web+Publikationen/HAMN-52CDY7/$FILE/FWB01_09-10-12.pdf?OpenElement, zuletzt geprüft am: 18.10.2010.

Franks, Julian/Mayer, Colin (1995): Ownership and Control, in: Siebert, Horst (Hrsg.), Trends in business organization: do participation and cooperation increase competitiveness?, International Workshop, Tübingen, S. 171–195.

Franks, Julian/Mayer, Colin (2001): Ownership and Control of German Corporations, in: The Review of Financial Studies, 14. Jg., S. 943–977.

Freidank, Carl-Christian/Velte, Patrick (2007): Einfluss der Corporate Governance auf das Controlling und Reporting, in: Freidank, Carl-Christian/Altes, Peter (Hrsg.), Rechnungslegung und Corporate Governance, Reporting, Steuerung und Überwachung der Unternehmen im Umbruch, Berlin, S. 19–65.

Freiling, Claus/Lück, Wolfgang (1986): Interne Überwachung und Jahresabschlussprüfung, in: zfbf, 38. Jg., Heft-Nr. 12, S. 996–1006.

Frese, Erich (1993): Führung, Organisation und Unternehmensverfassung, in: Wittmann, Waldemar/Kern, Werner/Köhler, Richard/Küpper, Hans-Ulrich/von Wysocki, Klaus (Hrsg.), Handwörterbuch der Betriebswirtschaftslehre, Teilband 1 A-H, 5., völlig neu gestaltete Aufl., Stuttgart, S. 1283–1299.

Fürst, Benedikt/Henselmann, Klaus/Klein, Martin (2009): Marktpreisrisiko-Reporting bei Nichtfinanzinstituten nach IFRS 7, Working Papers in Accounting Valuation Auditing Nr. 2009-5, Empirische Befunde zum Einsatz von Value-at-Risk und Sensitivitätsanalysen bei kapitalmarktorientierten Unternehmen, Friedrich-Alexander-Universität Erlangen-Nürnberg, Lehrstuhl für Rechnungswesen und Prüfungswesen, abrufbar unter: http://www.pw.wiso.uni-erlangen.de/Main/veroef/arbeitspapiere/pdf/Working%20Paper%202009-5%20Marktpreisrisiko-Reporting%20nach%20IFRS%207.pdf, zuletzt geprüft am: 22.03.2010.

Gassen, Joachim/Schwedler, Christina (2008): Survey: The View of European Professional Investors and their Advisors – Attitudes towards Fair Value and Other Measurement Concepts: An Evaluation of their Decision-usefulness, hrsg. v. DRSC u.a., Berlin 2008, abrufbar unter: http://www.standardsetter.de/drsc/docs/press_releases/080411_fairvalue-studie.pdf, zuletzt geprüft am: 08.08.2011.

Gebhardt, Günther (2000): Risikomanagement und Rechnungslegung - ein Kernproblem in der Diskussion zur Bilanzierung von Finanzinstrumenten, in: zfbf-Sonderheft, Heft-Nr. 45, S. 69–94.

Gelhausen, Hans-Friedrich (2002): Wirtschaftsprüfung und corporate governance, Der Beitrag von Rechnungslegung und Abschlussprüfung zu einer wirksamen Unternehmensüberwachung, Düsseldorf.

Gerdes, Ann-Kristin/Wolz, Matthias (2009): Mangelnde Risikotransparenz als Ursache vor der Finanzmarktkrise - Hat das externe Rechnungswesen versagt?, in: FB, Heft-Nr. 5, S. 264–272.

Gerke, Wolfgang (2001): Agency-Theorie, in: Gerke, Wolfgang (Hrsg.), Handwörterbuch des Bank- und Finanzwesens, ; Bd. 6, 3., völlig überarb. und erw. Aufl., Stuttgart, S. 24–36.

Gilbert, Ulrich (2007): Vertrauen als Gegenstand der ökonomischen Theorie, Ausgewählte theoretische Perspektiven, empirische Einsichten und neue Erkenntnisse, in: ZfM, 2. Jg., Heft-Nr. 60-107.

Gilgenberg, Bernhard/Weiss, Jochen (2009): Die "Zeitwertfalle" - Bilanzierung von Finanzinstrumenten im Spannungsfeld der gegenwärtigen Finanzmarktkrise, in: KoR, Heft-Nr. 3, S. 182–186.

Gjesdal, Frøystein (1981): Accounting for Stewardship, in: Journal of Accounting Research, 19. Jg., Heft-Nr. 1, S. 208–231.

Gladen, Werner (2008): Performance Measurement, Controlling mit Kennzahlen, 4., überarb. Aufl., Wiesbaden.

Glaum, Martin/Förschle, Gerhard (2000): Finanzwirtschaftliches Risikomanagement deutscher Industrie- und Handelsunternehmen, Frankfurt am Main.

Göbel, Elisabeth (2002): Neue Institutionenökonomik, Konzeption und betriebswirtschaftliche Anwendungen, Stuttgart.

Gorton, Gary (September 2008): The Panic of 2007, Working Paper 14358, NBER WORKING PAPER SERIES, *National Bureau Of Economic Research.*

Götz, Heinrich (1997): Die Pflicht des Aufsichtsrats zur Haftbarmachung von Vorstandsmitgliedern - Besprechung des ARAG-Urteils des BGH, in: NJW, Heft-Nr. 49, S. 3275–3278.

Greenspan, Alan (08.05.2003): Remarks by Chairman Alan Greenspan, Corporate governance, 2003 Conference on Bank Structure and Competition, Chicago, Illinois, abrufbar unter: http://www.federalreserve.gov/boarddocs/speeches/2003/20030508/default.htm, zuletzt geprüft am: 08.10.2009.

Große, Jan-Velten (2011): IFRS 13 „Fair Value Measurement" – Was sich (nicht) ändert, in: KoR, Heft-Nr. 6/2011, S. 286-296.

Großmann, Stefan (2006): Aktuelle stochastische Methoden zur Anwendung im Rahmen von Stresstests, in: Klauck, Kai-Oliver/Stegmann, Claus (Hrsg.), Stresstests in Banken, Von Basel II bis ICAAP, Stuttgart, S. 71–97.

Grünberger, David/Klein, Heiner (2008): Offenlegung im Bankabschluss, Basel II Säule 3 und IFRS; Synergien und Praxishinweise, Herne.

Grundmann, Stefan/Mülbert, Peter (2001): ECLR Corporate Governance - Europäische Perspektiven, Symposium zum 60. Geburtstag von Klaus J. Hopt am 1./2. September 2000 in Mainz, in: ZGR, Heft-Nr. 2, S. 215–223.

Guthoff, Anja/Pfingsten, Andreas/Wolf, Juliane (1998): Der Einfluß einer Begrenzung des Value at Risk oder des Lower Partial Moment One auf die Risikoübernahme, in: Oehler, Andreas (Hrsg.), Credit Risk und Value-at-Risk Alternativen, Herausforderungen für das Risk-Management, Stuttgart, S. 111–153.

Hachmeister, Dirk (2002): Corporate Governance, in: Ballwieser, Wolfgang/Coenenberg, Adolf Gerhard/Wysocki, Klaus von (Hrsg.), Handwörterbuch der Rechnungslegung und Prüfung, Bd. 8, 3., überarb. und erw. Aufl., Stuttgart, S. 487–504.

Hachmeister, Dirk (2005): Unternehmenswertsteigerung durch Risikomanagement auf der Unternehmensebene, in: ZfCM, 49. Jg., Heft-Nr. 2, S. 134–142.

Hager, Peter (2004): Corporate Risk Management, Cash Flow at Risk und Value at Risk, 1. Aufl., Frankfurt am Main, zugl.: Siegen, Univ., Diss., 2004.

Hart, Oliver (1995a): Corporate Governance: Some Theory And Implications, in: The Economic Journal, S. 678–689.

Hart, Oliver (1995b): Firms, contracts, and financial structure, Oxford.

Hartung, Sven (2002): Anhang und Lagebericht im Spannungsfeld zwischen Bilanztheorie und Bilanzpolitik – eine theoretische und empirische Analyse –, Aachen, zugl.: Lüneburg, Univ., Diss., 2001.

Heller, André (1998): PER - RAG, in: Heller, André (Hrsg.), Brockhaus - die Enzyklopädie, In vierundzwanzig Bänden, 20., überarb. und aktualisierte Aufl., Leipzig.

Helten, Elmar (1984): Strategische Unternehmensplanung und Risk Management, in: Gaugler, Eduard/Jacobs, Otto H./Kieser, Alfred (Hrsg.), Strategische Unternehmensführung und Rechnungslegung, Stuttgart, S. 15–29.

Heuser, Paul J. (2009):A Internationale Normen statt HGB-Rechnungslegung – I. Konzeption kapitalmarktorientierter Rechnungslegung nach IFRS, in: Heuser, Paul J./Theile, Carsten (Hrsg.), IFRS-Handbuch, Einzel- und Konzernabschluss, 4., neu bearb. Aufl., Köln, S. 1–58.

Hillier, David/Grinblatt, Mark/Titman, Sheridan (2008): Financial markets and corporate strategy, European ed., London u.a.

Hirschman, Albert (1970): Exit, voice and loyalty, Responses to decline in firms, organizations, and states, Cambridge, Mass.

Hitz, Jörg-Markus (2005): Rechnungslegung zum fair value, Konzeption und Entscheidungsnützlichkeit, Frankfurt am Main.

Hoffmann, Wolf-Dieter/Lüdenbach, Norbert (2007): Die bilanzielle Abbildung der Hypothekenkrise und die Zukunft des Bilanzrechts, in: DB, 60. Jg., Heft-Nr. 41, S. 2213–2219.

Homburg, Carsten/Stephan, Jörg (2004): Kennzahlenbasiertes Risikocontrolling in Industrie- und Handelsunternehmen, in: ZfCM, 48. Jg., Heft-Nr. 5, S. 313–325.

Horváth, Péter (2006): Controlling, 10., vollst. überarb. Aufl., München.

Hull, John (2007): Risk management and financial institutions, Upper Saddle River, NJ.

IASB Expert Advisory Panel (Oktober 2008): Measuring and disclosing the fair value of financial instruments in markets that are no longer active, International Accounting Standards Committee Foundation, London, abrufbar unter: http://www.iasb.org/NR/rdonlyres/0E37D59C-1C74-4D61-A984-8FAC61915010/0/IASB_Expert_Advisory_Panel_October_2008.pdf, zuletzt geprüft am: 20.09.2010.

Institut der Wirtschaftsprüfer (10.12.2007): Positionspapier des IDW zu Bilanzierungs- und Bewertungsfragen im Zusammenhang mit der Subprime-Krise, abrufbar unter: http://www.google.de/url?sa=t&source=web&cd=1&ved=0CBgQFjAA&url=http%3A%2F%2Fwww.idw.de%2Fidw%2Fdownload%2FSubprime-Positionspapier.pdf%3Fid%3D424920&rct=j&q=Positionspapier%20des%20IDW%20zu%20Bilanzierungs-%20und%20Bewertungsfragen%20im%20Zusammenhang%20mit%20der%20Subprime-Krise&ei=oK93TYPeMYr5sgal8umHBQ&usg=AFQjCNHmkiTJ2fCz2TnyKok6zuruM4sEow&cad=rja, zuletzt geprüft am: 07.01.2011.

Institute of International Finance (17.07.2008): Final Report of the IIF Committee on Market Best Practices: Principles of Conduct and Best Practice Recommendations, Financial Services Industry Response to the Market Turmoil of 2007-2008, abrufbar unter: http://www.iif.com/events/events+56.php, zuletzt geprüft am: 27.09.2010.

International Accounting Standards Board (27.10.2005): DISCUSSION PAPER - Management Commentary, DP Management Commentary, abrufbar unter: http://www.ifrs.org/NR/rdonlyres/53DC9B3B-34A5-400F-B4B5-4F2FF24F231E/0/EDManagementCommentary.pdf, zuletzt geprüft am: 14.07.2010.

International Accounting Standards Board (Oktober 2008): Reclassification of Financial Assets - Amendments to IAS 39 Financial Instruments: Recognition and Measurement and IFRS 7 Financial Instruments: Disclosures, IAS 39 & IFRS 7 Amendments - Reclassification, abrufbar unter: http://www.iasb.org/NR/rdonlyres/BE8B72FB-B7B8-49D9-95A3-CE2BDCFB915F/0/AmdmentsIAS39andIFRS7.pdf, zuletzt geprüft am: 11.01.2010.

International Accounting Standards Board (November 2008): Reclassification of Financial Assets - Effective Date and Transition - Amendments to IAS 39 Financial Instruments: Recognition and Measurement and IFRS 7 Financial Instruments: Disclosures, IAS 39 & IFRS 7 Amendments - Reclassification - Effective Date and Transition, abrufbar unter: http://www.iasb.org/NR/rdonlyres/595E2B2D-6434-44DC-82B7-E5B5F848E46C/0/Amendments_to_IAS_39_IFRS7.pdf, zuletzt geprüft am: 11.01.2010.

International Accounting Standards Board (23.06.2009): EXPOSURE DRAFT - Management Commentary, ED - Management Commentary, abrufbar unter: http://www.ifrs.org/NR/rdonlyres/1CAEA05A-0651-42B8-A40A-6ED23E46A876/0/DPManagementCommentary.pdf, zuletzt geprüft am: 14.07.2010.

International Accounting Standards Board (Oktober 2010): Who we consult, abrufbar unter: http://www.ifrs.org/NR/rdonlyres/A9708702-32FA-49A9-B469-FC6BAF6136E9/0/HOWWECONSULTFINALvb.PDF, zuletzt geprüft am: 30.07.2011.

International Accounting Standards Board (Mai 2011): Who we are and what we do, abrufbar unter: http://www.ifrs.org/NR/rdonlyres/F9EC8205-E883-4A53-9972-AD95BD28E0B5/0/WhoWeAreEnglishMay2011.pdf, zuletzt geprüft am: 30.07.2011.

International Organization of Securities Commissions (Mai 2009): REPORT ON THE SUBPRIME CRISIS, TECHNICAL COMMITTEE OF THE INTERNATIONAL ORGANIZATION OF SECURITIES COMMISSIONS, FINAL REPORT, abrufbar unter: http://www.iosco.org/library/pubdocs/pdf/IOSCOPD273.pdf, zuletzt geprüft am: 10.10.2010.

J. P. Morgan/Reuters (17.12.1996): RiskMetricsTM - Technical Document, 4. Aufl., New York, abrufbar unter: http://www.riskmetrics.com/system/files/private/td4e.pdf, zuletzt geprüft am: 15.09.2010.

Jansen, Sven/Wittrock, Carsten (1996): Risikomanagement auf Gesamtbankebene, in: Der langfristige Kredit, Heft-Nr. 11, S. 627–633.

Jensen, Michael (1986): Agency Costs of Free Cash Flow, Corporate Finance, and Takeovers, in: American Economic Review, 76. Jg., Heft-Nr. 2, S. 323–329.

Jensen, Michael/Meckling, William (1976): Theory of the Firm: Managerial Behavior, Agency Costs and Ownership Structure, in: Journal of Financial Economics, 3. Jg., Heft-Nr. 4, S. 305–360.

Jorion, Philippe (2001): Value at risk, The new benchmark for managing financial risk, 2. ed., New York.

Jouanin, Jean-Frédéric/Riboulet, Gael/Roncalli, Thierry (2004): Financial Applications of Copula Functions, in: Szegö, Giorgio (Hrsg.), Risk measures for the 21st century, Chichester, S. 273–301.

Kajüter, Peter (2009): Risikomanagement als Controllingaufgabe im Rahmen der Corporate Governance, in: Wagenhofer, Alfred (Hrsg.), Controlling und Corporate Governance-Anforderungen, Konzepte, Maßnahmen, Umsetzungen, Berlin, S. 109–130.

Kasperzak, Rainer (2003): Publizität und Unternehmensnetzwerke, Grundlagen und Gestaltungsmöglichkeiten, Berlin.

Kästle, Martina (2003): Rechtsfragen der Verwendung von Covenants in Kreditverträgen, Köln, zugl.: Frankfurt (Main), Univ., Diss., 2002.

Keasey, Kevin/Thompson, Steve/Wright, Mike (2005a): Corporate governance, Accountability, enterprise and international comparisons, Chichester.

Keasey, Kevin/Thompson, Steve/Wright, Mike (2005b): Introduction, in: Keasey, Kevin/Thompson, Steve/Wright, Mike (Hrsg.), Corporate governance, Accountability, enterprise and international comparisons, Chichester, S. 1–19.

Kiener, Stefan (1990): Die Principal-Agent-Theorie aus informationsökonomischer Sicht, Heidelberg.

Kindler, Peter (1998): Unternehmerisches Ermessen und Pflichtenbindung, Voraussetzung und Geltendmachung der Vorstandshaftung in der Aktiengesellschaft, in: ZHR, 162. Jg., S. 101–119.

Kirchner, Christian (2000): Der Wettbewerbsfaktor "Entscheidungsnützlichkeit von Rechnungslegungsinformationen": eine institutionenökonomische Analyse, in: zfbf-Sonderheft, Heft-Nr. 45, S. 41–68.

Kirchner, Christian (2002): Publizität, in: Ballwieser, Wolfgang/Coenenberg, Adolf Gerhard/Wysocki, Klaus von (Hrsg.), Handwörterbuch der Rechnungslegung und Prüfung, Bd. 8, 3., überarb. und erw. Aufl., Stuttgart, S. 1938–1950.

Knöringer-Fröhlich, Nicole (2006): Die Bedeutung des Deutschen Corporate Governance Kodex im Deutschen Aktienrecht, Berlin, zugl.: Passau, Univ., Diss., 2006.

Kole, Erik/Koedijk, Kees C. G./Verbeek, Marno (2006): Selecting Copulas for Risk Management, abrufbar unter: http://papers.ssrn.com/sol3/papers.cfm?abstract_id=676966, zuletzt geprüft am: 09.11.2010.

KPMG (2007): Offenlegung von Finanzinstrumenten und Risikoberichterstattung nach IFRS 7, Analyse der Offenlegungsvorschriften für Finanzinstrumente nach IFRS 7 sowie zum Kapital nach IAS 1, Stuttgart.

KPMG LLP (2008): Financial Reporting Supplement, IFRS 7 - a survey of disclosures in practice, London.

Krapp, Michael (2000): Kooperation und Konkurrenz in Prinzipal-Agent-Beziehungen, 1. Aufl., Wiesbaden.

Kreitmeier, Florian (2001): Corporate governance, Aufsichtsgremien und Unternehmensstrategien, München, zugl.: München, Univ., Diss., 2001 u.d.T.: Kreitmeier, Florian: Aufsichtsgremien und Unternehmensstrategien.

Kremer, Jürgen (2008): Value at Risk und kohärente Risikomaße, abrufbar unter: http://www.rheinahrcampus.de/fileadmin/studiengaenge/diplwima/dokumente/Risikomanagement.PDF, zuletzt geprüft am: 25.05.2010.

Kremers, Markus (2002): Risikoübernahme in Industrieunternehmen: Der Value-at-Risk als Steuerungsgröße für das industrielle Risikomanagement, dargestellt am Beispiel des Investitionsrisikos, Sternenfels, zugl.: Kaiserslautern, Univ., Diss., 2002.

Kruschwitz, Lutz (2003): Investitionsrechnung, 9., neu bearb. Aufl., München.

Kruschwitz, Lutz (2004): Finanzierung und Investition, 4., überarb. und erw. Aufl., München.

Krystek, Ulrich (2003): Corporate Governance und Vertrauen, in: von Werder, Axel/Wiedmann, Harald (Hrsg.), Internationalisierung der Rechnungslegung und Corporate Governance, Festschrift für Professor Dr. Klaus Pohle, Stuttgart, S. 291–319.

Kübler, Friedrich (1995): Institutioneller Gläubigerschutz oder Kapitalmarkttransparenz?, Rechtsvergleichende Überlegungen zu den "stillen Reserven", in: ZHR, 159. Jg., S. 550–566.

Kübler, Friedrich/Assmann, Heinz-Dieter (2006): Gesellschaftsrecht, Die privatrechtlichen Ordnungsstrukturen und Regelungsprobleme von Verbänden und Unternehmen, 6., neu bearb. und erw. Aufl., Heidelberg.

Kuhn, Steffen/Paa, Christian (2005): Neue Offenlegungsvorschriften nach IFRS 7 Financial Instruments: Disclosures sowie geänderte Angabepflichten zum Kapital nach IAS 1, in: DB, 58. Jg., Heft-Nr. 37, S. 1977–1983.

Kuhn, Steffen/Scharpf, Paul/Albrecht, Thomas (2006): Rechnungslegung von Financial Instruments nach IFRS, IAS 32, IAS 39 und IFRS 7, 3., überarb. und erw. Aufl., Stuttgart.

Kunz, Hendrik (2009): Geschäftsbereichssteuerung auf der Basis des VaR, in: FB, Heft-Nr. 4, S. 170–180.

Küpper, Hans-Ulrich (2008): Controlling, Konzeption, Aufgaben, Instrumente, 5., überarb. Aufl., Stuttgart.

Küting, Karlheinz/Weber, Claus-Peter/Boecker, Corinna (2006): Die Bilanzanalyse, Beurteilung von Abschlüssen nach HGB und IFRS, 8., grundlegend überarb. Aufl., Stuttgart.

Lannoo, Karel (1999): A European Perspective on Corporate Governance, in: Journal of Common Market Studies, 37. Jg., Heft-Nr. 2, S. 269–294.

Laux, Helmut (2006): Wertorientierte Unternehmenssteuerung und Kapitalmarkt, Fundierung finanzwirtschaftlicher Entscheidungskriterien und (Anreize für) deren Umsetzung, 2., vollständig neu bearbeitete Auflage., Berlin, Heidelberg.

Laux, Helmut (2007): Entscheidungstheorie, Mit 12 Tabellen, 7., überarb. und erw. Aufl., Berlin.

Leffson, Ullrich (1987): Die Grundsätze ordnungsmäßiger Buchführung, 7., rev. u. erw. Aufl., Düsseldorf.

Leffson, Ulrich (1988): Wirtschaftsprüfung, 4., vollst. überarb. und erw. Aufl., Wiesbaden.

Lentfer, Thies (2005): Einflüsse der internationalen Corporate Governance-Diskussion auf die Überwachung der Geschäftsführung, Eine kritische Analyse des deutschen Aufsichtsratssystems, 1. Aufl., Wiesbaden.

Liebwein, Peter (2000): Strukturierung von Rückversicherungsentscheidungen – Ein entscheidungstheoretisches Modell der Risikopolitik von Versicherungsunternehmen, Karlsruhe, zugl.: München, Univ., Diss., 1998.

Linsmeier, Thomas/Pearson, Neil (2000): Value at Risk, in: FAJ, 56. Jg., Heft-Nr. 2, S. 47–67.

Loitz, Rüdiger/Weber, Thomas (2008): Herausforderungen bei der Anhangerstellung nach IFRS - eine empirische Untersuchung, in: DB, 61. Jg., Heft-Nr. 40, S. 2149–2155.

Löw, Edgar (2005a): IFRS 7 - Financial Instruments : Disclosures, in: WPg, 58. Jg., Heft-Nr. 24, S. 1337–1352.

Löw, Edgar (2005b): Neue Offenlegungsanforderungen zu Finanzinstrumenten und Risikoberichterstattung nach IFRS 7, in: BB, 60. Jg., Heft-Nr. 2175-2184.

Löw, Edgar (2006): Ausweisfragen in Bilanz und Gewinn- und Verlustrechnung bei Financial Instruments, in: KoR, 6. Jg., Heft-Nr. 3 (Beilage 1).

Lück, Wolfgang (1998): Elemente eines Risiko-Managementsystems, - Die Notwendigkeit eines Risiko-Managementsystems durch den Entwurf eines Gesetzes zur Kontrolle und Transparenz im Unternehmensbereich (KonTraG) -, in: DB, Heft-Nr. 1/2, S. 8–14.

Lüdenbach, Norbert (2009): § 28 Finanzinstrumente, in: Lüdenbach, Norbert/Hoffmann, Wolf-Dieter (Hrsg.), Haufe IFRS-Kommentar, Das Standardwerk, 7. Aufl., Freiburg.

Luhmann, Niklas (2000): Vertrauen, Ein Mechanismus der Reduktion sozialer Komplexität, 4. Aufl., Stuttgart.

Lutter, Marcus (2001): Vergleichende Corporate Governance – Die deutsche Sicht, in: ZGR, S. 224–237.

Luttermann, Claus (1999): Bilanzrecht in den USA und internationale Konzernrechnungslegung, Tübingen.

MacMinn, Richard (1987): Forward Markets, Stock Markets, and the Theory of the Firm, in: Journal of Finance, 42. Jg., Heft-Nr. 5, S. 1167–1185.

Manne, Henry (1965): Mergers and the Market for Corporate Control, in: The Journal of Political Economy, 73. Jg., Heft-Nr. 2, S. 110–120.

Markowitz, Harry (1997): Portfolio selection, Efficient diversification of investments, 2. ed., reprinted., Cambridge, Mass.

Marris, Robin (1963): A Model of Managerial Enterprise, in: Quarterly Journal of Economics, 77. Jg., S. 185–209.

Marris, Robin (1964): The economic theory of "managerial" capitalism, New York.

Marten, Kai-Uwe/Quick, Reiner/Ruhnke, Klaus (2007): Wirtschaftsprüfung, Grundlagen des betriebswirtschaftlichen Prüfungswesens nach nationalen und internationalen Normen, 3., überarb. Aufl., Stuttgart.

Martin, Thomas/Bär, Thomas (2002): Grundzüge des Risikomanagements nach KonTraG, Das Risikomanagementsystem zur Krisenfrüherkennung nach § 91 Abs. 2 AktG, München.

Meinhövel, Harald (1999): Defizite der Principal-Agent-Theorie, Lohmar.

Merkt, Hanno (2001): Unternehmenspublizität, Univ., Habil.-Schr., Hamburg, 2000, Offenlegung von Unternehmensdaten als Korrelat der Marktteilnahme, Tübingen.

Mikus, Barbara (2001): Risiken und Risikomanagement - ein Überblick, in: Götze, Uwe/Henselmann, Klaus/Mikus, Barbara (Hrsg.), Risikomanagement, Heidelberg, S. 3–28.

Milla, Aslan (2009): Internationale Rechnungslegung und Berichterstattung, IBM Cognos Finance Forum 2009, Konsequenzen aus der Finanzmarktkrise, abrufbar unter: http://www.cognos.com/at/financeforum2009/pdf/Dr_Milla-PwC.pdf, zuletzt geprüft am: 23.04.2009.

Modigliani, Franco/Miller, Merton (1958): The Cost of Capital, Corporation Finance, and the Theory of Investment, in: American Economic Review, 48. Jg., S. 261–297.

Monks, Robert/Minow, Nell (2004): Corporate Governance, 3. ed., [Nachdr.], Malden, Mass.

Moxter, Adolf (1976): Fundamentalgrundsätze ordnungsmäßiger Rechenschaft, in: Baetge, Jörg/Moxter, Adolf/Schneider, Dieter/Leffson, Ulrich (Hrsg.), Bilanzfragen, Festschrift zum 65. Geburtstag von Ulrich Leffson, Düsseldorf, S. 87–100.

Moxter, Adolf (2003): Grundsätze ordnungsgemäßer Rechnungslegung, Düsseldorf.

Müßig, Anke (2006): Bilanzielle Risikovorsorge und außerbilanzielle Risikoberichterstattung, Das Verhältnis von Lagebericht und Management Commentary zum Jahresabschluß nach HGB und IFRS, 1. Aufl., Wiesbaden.

Nagy, Ronald (2002): Corporate Governance in der Unternehmenspraxis – Akteure, Instrumente und Organisation des Aufsichtsrates, 1. Aufl., Wiesbaden, zugl.: Wien, Wirtschaftsuniv., Diss., 2002.

Nippa, Michael/Grigoleit, Jens (2006): Corporate Governance ohne Vertrauen? Ökonomische Konsequenzen der Agency-Theorie, *Technische Universität Bergakademie Freiberg, Fakultät für Wirtschaftswissenschaften, abrufbar unter:* http://www.econstor.eu/bitstream/10419/27095/1/511432801.PDF, zuletzt geprüft am: 28.09.2010.

O'Brien, Justin (2006): The Politics of Symbolism: Sarbanes-Oxley in Context, in: Ali, Paul U./Gregoriou, Greg N. (Hrsg.), International corporate governance after Sarbanes-Oxley, Hoboken, NJ, S. 9–25.

OECD (2004): OECD Principles of Corporate Governance 2004, abrufbar unter: http://www.oecd.org/dataoecd/32/18/31557724.pdf, zuletzt geprüft am: 03.09.2010.

Oehler, Andreas/Unser, Matthias (2002): Finanzwirtschaftliches Risikomanagement, Mit 17 Tabellen, 2., verb. Aufl., Berlin.

Oxley, Michael (2007): The Sarbanes-Oxley Act of 2002 - Restoring Investor Confidence, in: Current Issues in Auditing, Heft-Nr. 1, S. C1-C2.

Paarz, Michael (2007): Investororientierte Bankrechnungslegung nach IFRS, Eine Analyse des IFRS 7 unter Berücksichtigung des Konzepts der Marktdisziplin nach Basel II, Düsseldorf.

Pahlke, Anne-Kathrin (2002): Risikomanagement nach KonTraG - Überwachungspflichten und Haftungsrisiken für den Aufsichtsrat, in: NJW, Heft-Nr. 23, S. 1680–1688.

Pellens, Bernhard (2001): Publizität, in: Gerke, Wolfgang (Hrsg.), Handwörterbuch des Bank- und Finanzwesens, ; Bd. 6, 3., völlig überarb. und erw. Aufl., Stuttgart, S. 1742–1754.

Pellens, Bernhard (2007): Rechnungslegungssysteme, in: Köhler, Richard/Küpper, Hans U/Pfingsten, Andreas (Hrsg.), Handwörterbuch der Betriebswirtschaft (HWB), ; 1, 6., vollst. neu bearb. Aufl., Stuttgart, S. 1544–1553.

Pellens, Bernhard/Sawazki, Wolfgang/Zimmermann, Ralf (23.09.2008): Accounting does matter, IFRS-Fair Value Accounting: Fluch oder Segen?, Frankfurt am Main, Oppenheim Research GmbH.

Peto, Rudolf (2008): Makroökonomik und wirtschaftspolitische Anwendung, 13., vollst. überarb. und erw. Aufl., München.

Picot, Gerhard (2001): Überblick über die Kontrollmechanismen im Unternehmen nach KonTraG, in: Lange, Knut W./Wall, Friederike (Hrsg.), Risikomanagement nach dem KonTraG, Aufgaben und Chancen aus betriebswirtschaftlicher und juristischer Sicht, München, S. 5–37.

Piekenbrock, Dirk (2008): Einführung in die Volkswirtschaftslehre und Mikroökonomie, Heidelberg.

Pistor, Katharina (2003): Corporate Governance durch Mitbestimmung und Arbeitsmärkte, in: Hommelhoff, Peter/Hopt, Klaus J./von Werder, Axel (Hrsg.), Handbuch Corporate Governance,

Leitung und Überwachung börsennotierter Unternehmen in der Rechts- und Wirtschaftspraxis, Köln, S. 157–175.

Portmann, Thomas (1999): Zeithorizontverhalten von Lower Partial Moments, Bern, zugl.: St. Gallen, Univ., Diss., 1999, u.d.T.: Portmann, Thomas: Lower Partial Moments unter besonderer Berücksichtigung ihres Zeithorizontverhaltens.

Prahalad, Coimbatore (1997): Corporate Governane Or Corporate Value Added?: Rethinking The Primacy Of Shareholder Value, in: Chew, Donald H. (Hrsg.), Studies in international corporate finance and governance systems, A comparison of the US, Japan, and Europe, New York, S. 46–56.

Pratt, John/Zeckhauser, Richard (1985): Principals and Agents: An Overview, in: Pratt, John W./Zeckhauser, Richard J. (Hrsg.), Principals and agents, The structure of business, Boston, Massachusetts, S. 1–35.

Prigge, Cord (2006): Inhaltliche Redundanzen in Konzernlagebericht und IFRS-Konzernanhang, in: KoR, Heft-Nr. 4, S. 252–258.

Prigge, Stefan (1999): Corporate Governance, in: DBW, 59. Jg., S. 148–151.

Pritsch, Gunnar/Hommel, Ulrich (1997): Hedging im Sinne des Aktionärs, Ökonomische Erklärungsansätze für das unternehmerischen Risikomanagement, in: DBW, 57. Jg., Heft-Nr. 5, S. 672–693.

Prokop, Jörg (2008): Sensitivitätsanalyse und Value at Risk als Instrumente des Marktpreisrisiko-Reporting nach IFRS 7, in: BFuP, 60. Jg., Heft-Nr. 5, S. 464–480.

PwC (2010): Manual of accounting - Financial Instruments 2010, Kingston upon Thames.

Rappaport, Alfred/Klien, Wolfgang (1999): Shareholder value, Ein Handbuch für Manager und Investoren, 2., vollst. überarb. und aktualisierte Aufl., Stuttgart.

Rau-Bredow, Hans (2001): Überwachung von Marktpreisrisiken durch Value at Risk, in: WiSt, S. 315–319.

Rechnungslegungs Interpretations Committee (10.12.2007): BEWERTUNG VON FINANZINSTRUMENTEN, - zur Vorgehensweise nach IAS 39 angesichts der sog. "Subprime-Krise" unter besonderer Berücksichtigung der Kriterien für das Vorliegen eines "aktiven Marktes"-, Questions and Answers (Q&A), Deutsches Rechnungslegungs Standards Committee e.V. (DRSC), abrufbar unter: http://www.standardsetter.de/drsc/docs/press_releases/071210_RIC_QA_Impairment%20FI_FV.pdf, zuletzt geprüft am: 18.12.2010.

Regierungskommission Deutscher Corporate Governance Kodex (2010): Deutscher Corporate Governance Kodex, DCGK, vom 26. Mai 2010, abrufbar unter: http://www.corporate-governance-code.de/ger/download/kodex_2010/D_CorGov_Endfassung_Mai_2010.pdf, zuletzt geprüft am: 28.09.2010.

Reichmann, Thomas (2001): Die Balanced Chance- and Risk-Card. Eine Erweiterung der Balanced Scorecard, in: Lange, Knut W./Wall, Friederike (Hrsg.), Risikomanagement nach dem KonTraG, Aufgaben und Chancen aus betriebswirtschaftlicher und juristischer Sicht, München, S. 282–303.

Richter, Rudolf/Furubotn, Eirik/Streissler, Monika (2003): Neue Institutionenökonomik, Eine Einführung und kritische Würdigung, 3., überarb. und erw. Aufl., Tübingen.

Ringleb, Henrik-Michael/Kremer, Thomas/Lutter, Marcus/von Werder, Axel (2008): Kommentar zum Deutschen Corporate Governance Kodex, Kodex-Kommentar, 3. Aufl., München.

Romero, Simon/Atlas, Riva (22.06.2002): WORLDCOM'S COLLAPSE: THE OVERVIEW; WORLDCOM FILES FOR BANKRUPTCY; LARGEST U.S. CASE, in: New York Times, S. A12, abrufbar unter: http://www.nytimes.com/2002/07/22/us/worldcom-s-collapse-the-overview-worldcom-files-for-bankruptcy-largest-us-case.html#, zuletzt geprüft am: 08.10.2009.

Ronen, Joshua (1979): The Dual Role Of Accounting: A Financial Economic Perspective, in: Bicksler, James L (Hrsg.), Handbook of financial economics, Amsterdam, S. 415–454.

Rudolph, Bern (2008): Lehren aus den Ursachen und dem Verlauf der internationalen Finanzkrise., in: zfbf, 60. Jg., S. 713–741.

Ruhnke, Klaus (2008): Rechnungslegung nach IFRS und HGB, Lehrbuch zur Theorie und Praxis der Unternehmenspublizität mit Beispielen und Übungen, 2., überarb. und erw. Aufl., Stuttgart.

Runge, Julia C. (2010): Covenants in Kreditverträgen, Grenzen der Einflussnahme von Kreditgebern, Köln, zugl.: Hamburg, Univ., Diss., 2009.

Russ, Wolfgang (1986): Der Anhang als dritter Teil des Jahresabschlusses, Eine Analyse der bisherigen und der künftigen Erläuterungsvorschriften für die Aktiengesellschaft, 2., überarb. Aufl., Bergisch Gladbach.

Scharpf, Paul (1997): Die Sorgfaltspflichten des Geschäftsführers einer GmbH, - Pflicht zur Einrichtung eines Risikomanagement- und Überwachungssystems aufgrund der geplanten Änderungen des AktG auch für den GmbH-Geschäftsführer -, in: DB, 50. Jg., Heft-Nr. 15, S. 737–743.

Scharpf, Paul (2006): IFRS 7 Financial Instruments: Disclosures, - Eine Erläuterung zu den neuen Angabepflichten für Finanzinstrumente -, in: KoR Beilage, Heft-Nr. 2, S. 3–54.

Scharpf, Paul/Kuhn, Steffen/Paa, Christian (2005): Die Angabevorschriften des IFRS 7, Ernst & Young AG, abrufbar unter: http://www.ax-net.de/inhalt/standards/ifrs_7/ifrs7eu.pdf.pdf, zuletzt geprüft am: 12.01.2010.

Scharpf, Paul/Luz, Günther (2000): Risikomanagement, Bilanzierung und Aufsicht von Finanzderivaten, 2., überarb. und erw. Aufl., Stuttgart.

Schierenbeck, Henner (2000): Risk-Controlling in der Praxis, Rechtliche Rahmenbedingungen und geschäftspolitische Konzeptionen in Banken, Versicherungen und Industrie, Stuttgart.

Schierenbeck, Henner/Lister, Michael/Kirmße, Stefan (2008): Ertragsorientiertes Bankmanagement, Band 2: Risiko-Controlling und integrierte Rendite-/Risikosteuerung, 9. Aufl., Wiesbaden.

Schildbach, Thomas (2009): Der handelsrechtliche Jahresabschluss, 9., vollst. überarb. Aufl., Herne.

Schmidt, Martin (2007): Herausforderung IFRS 7, Risikoorientierte Berichterstattung entspricht dem Zeitgeist, in: ST, Heft-Nr. 11, S. 845–848.

Schmidt, Martin (2005):Rechnungslegung von Finanzinstrumenten – Abbildungskonzeption aus Sicht der Bilanztheorie, der empirischen Kapitalmarktforschung und der Abschlussprüfung, 1. Aufl., Wiesbaden, zugl.: Berlin, Freie Univ., Diss., 2005.

Schneider, Dieter (1988): Grundsätze anzreizverträglicher innerbetrieblicher Erfolgsrechnung zur Steuerung und Kontrolle von Fertigungs- und Vertriebsentscheidungen, in: ZfB, 58. Jg., Heft-Nr. 11, S. 1181–1192.

Schneider, Uwe (2000): Kapitalmarktorientierte Corporate Governance-Grundsätze, in: DB, Heft-Nr. 48, S. 2413–2417.

Schneider, Uwe/Strenger, Christian (2000): Die "Corporate Governance-Grundsätze" der Grundsatzkommission Corporate Governance (German Panel on Corporate Governance), in: AG, Heft-Nr. 3, S. 106–113.

Schön, Stephan (2011): Quantifizierung des Marktpreisrisikos auf Basis von Sensitivitätsanalysen nach IFRS 7 – Aussagegehalt sowie Umsetzung in der Praxis der DAX-30-Handels- und Industrieunternehmen von 2007 bis 2009, in: WPg, 64. Jg., Heft-Nr. 7, S. 310-319.

Schön, Stephan/Cortez, Benjamin (2009a): Finanzmarktkrise als Vertrauenskrise, Special Purpose Entities und Ratingagenturen als Ursache von Informationsasymmetrien an den internationalen Finanzmärkten, in: IRZ, Heft-Nr. 1, S. 11–17.

Schön, Stephan/Cortez, Benjamin (2009b): Hedge-Effektivität nach IAS 39, - Grundlagen, Vergleich mit SFAS 133 sowie zukünftige Entwicklungen -, in: KoR, 9. Jg., Heft-Nr. 7/8, S. 413–425.

Securities and Exchange Commission (11.07.2007): Acceptance From Foreign Private Issuers of Financial Statements Prepared in Accordance With International Financial Reporting Standards Without Reconciliation to U.S. GAAP; Proposed Rule, SEC Proposed Rule No. 33–8818, Fundstelle: Federal Register / Vol. 72, No. 132 / Wednesday, July 11, 2007 / Proposed Rules.

Securities and Exchange Commission (15.11.2007): SEC Takes Action to Improve Consistency of Disclosure to U.S. Investors in Foreign Companies, abrufbar unter: http://www.sec.gov/news/press/2007/2007-235.htm, zuletzt geprüft am: 15.10.2009.

Securities and Exchange Commission (04.01.2008): Acceptance From Foreign Private Issuers of Financial Statements Prepared in Accordance With International Financial Reporting Standards Without Reconciliation to U.S. GAAP; Final Rule, SEC Final Rule No. 33–8879, Fundstelle: Federal Register / Vol. 73, No. 3 / Friday, January 4, 2008 / Rules and Regulations.

Shiller, Robert (05.03.2009): Shiller: It's The Psychology, Stupid, in: The Guru Investor, 2009, abrufbar unter: http://theguruinvestor.com/2009/03/05/shiller-its-the-psychology-stupid/, zuletzt geprüft am: 15.06.2009.

Shleifer, Andrei/Vishny, Robert (1997): A Survey of Corporate Governance, in: The Journal of Finance, 52. Jg., S. 737–783.

Smith, Adam (1974): Der Wohlstand der Nationen, Eine Untersuchung seiner Natur und seiner Ursachen, 5. Aufl., München.

Solomon, Jill/Solomon, Aris/Norton, Simon/Joseph, Nathan (2000): A Conceptual Framework For Corporate Risk Disclosure Emerging From The Agenda For Corporate Governance Reform, in: BAR, 32. Jg., S. 447–478.

Sommer, Rainer (2009): Die Subprime-Krise und ihre Folgen, Von faulen US-Krediten bis zur Kernschmelze des internationalen Finanzsystems, 2., aktualisierte und erw. Aufl., Hannover.

Stauber, Jürgen (2009): Finanzinstrumente im IFRS-Abschluss von Nicht-Banken, Ein konkreter Leitfaden zur Bilanzierung und Offenlegung, 1. Aufl., Wiesbaden.

Steiger, Max (2000): Institutionelle Investoren im Spannungsfeld zwischen Aktienmarktliquidität und Corporate Governance, 1. Aufl., Baden-Baden, zugl.: Erlangen-Nürnberg, Univ., Diss., 1999.

Steiger, Max (2001): Corporate Governance, in: Gerke, Wolfgang (Hrsg.), Handwörterbuch des Bank- und Finanzwesens, ; Bd. 6, 3., völlig überarb. und erw. Aufl., Stuttgart, S. 530–540.

Stephan, Jörg (2006): Finanzielle Kennzahlen für Industrie- und Handelsunternehmen – Eine wert- und risikoorientierte Perspektive, 1. Aufl., Wiesbaden, zugl.: Köln, Univ., Diss., 2006.

Swoboda, Peter (1982): Heterogene Information und Kapitalstruktur der Unternehmung, in: zfbf, 34. Jg., S. 705–727.

Theile, Carsten (2009a):B. Rahmenkonzept und Rechnungslegungsmethoden für den IFRS-Abschluss – II. Abschlussgrundsätze (Rahmenkonzept, IAS 1), in: Heuser, Paul J./Theile, Carsten (Hrsg.), IFRS-Handbuch, Einzel- und Konzernabschluss, 4., neu bearb. Aufl., Köln, S. 62–72.

Theile, Carsten (2009b):C. Ansatz und Bewertung von Bilanzposten sowie Angabepflichten – IX. Finanzielle Vermögenswerte (IAS 39, IAS 32; IFRS 7), in: Heuser, Paul J./Theile, Carsten (Hrsg.), IFRS-Handbuch, Einzel- und Konzernabschluss, 4., neu bearb. Aufl., Köln, S. 321–385.

Theiler, Ursula (2002): Optimierungsverfahren zur Risk-, Return-Steuerung der Gesamtbank, 1. Aufl., Wiesbaden, zugl.: München, Univ., Diss., 2001.

Titzrath, Alfons (1997): Corporate Governance: Vertragen sich die deutsche Unternehmensverfassung und das Shareholder Value-Prinzip?, in: ZfB Ergänzungsheft, 67. Jg., Heft-Nr. 4, S. 31–41.

Troßmann, Ernst/Baumeister, Alexander/Werkmeister, Clemens (2008): Management-Fallstudien im Controlling, 2. Aufl., München.

Tweedie, David (14.02.2002): STATEMENT OF SIR DAVID TWEEDIE CHAIRMAN, INTERNATIONAL ACCOUNTING STANDARDS BOARD BEFORE THE COMMITTEE ON BANKING, HOUSING AND URBAN AFFAIRS OF THE UNITED STATES SENATE WASHINGTON, D.C. FEBRUARY 14, 2002 abrufbar unter: http://www.iasplus.com/resource/020214dt.pdf, zuletzt geprüft am: 30.07.2011.

Vater, Hendrik (2010): Financial Covenants im IFRS-Abschluss, in: PiR, 6. Jg., Heft-Nr. 5, S. 128-133.

Vielmeyer, Uwe (2004): Risikoorientierte Unternehmenspublizität, Frankfurt am Main.

Vogler, Matthias/Gundert, Martin (1998): Einführung von Risikomanagementsystemen, Hinweise zur Ausgestaltung, in: DB, 51. Jg., Heft-Nr. 48, S. 2377–2383.

Volkart, Rudolf (2008): Corporate Finance, Grundlagen von Finanzierung und Investition, 4., verb. Aufl., Zürich.

von Keitz, Isabel (2005): Praxis der IASB-Rechnungslegung, Best practice von 100 IFRS-Anwendern, 2., überarb. Aufl., Stuttgart.

von Oertzen, Cornelia (2009): § 3 Finanzinstrumente, in: Bohl, Werner/Riese, Joachim/Schlüter, Jörg (Hrsg.), Beck'sches IFRS-Handbuch, Kommentierung der IFRS/IAS, 3., vollst. überarb. und erw. Aufl., München, S. 93–180.

von Randow, Philipp (1996): Derivate und Corporate Governance, Arbeitspapier 3196, Eine gesellschafts- und kapitalmarktrechtliche Studie, abrufbar unter: http://www.jura.uni-frankfurt.de/ifawz1/baums/Bilder_und_Daten/Arbeitspapiere/paper32.pdf, zuletzt geprüft am: 18.12.2010.

von Werder, Axel (2003): Ökonomische Grundfragen der Corporate Governance, in: Hommelhoff, Peter/Hopt, Klaus J./von Werder, Axel (Hrsg.), Handbuch Corporate Governance, Leitung und Überwachung börsennotierter Unternehmen in der Rechts- und Wirtschaftspraxis, Köln, S. 3–27.

Wagenhofer, Alfred (2001): Rechnungslegung, in: Jost, Peter-Jürgen (Hrsg.), Die Prinzipal-Agenten-Theorie in der Betriebswirtschaftslehre, Stuttgart, S. 439–486.

Wagenhofer, Alfred/Ewert, Ralf (2007): Externe Unternehmensrechnung, Mit 6 Tabellen, 2., überarb. und erw. Aufl., Berlin.

Wall, Friederike (2001): Betriebswirtschaftliches Risikomanagement im Lichte des KonTraG, in: Lange, Knut W./Wall, Friederike (Hrsg.), Risikomanagement nach dem KonTraG, Aufgaben und Chancen aus betriebswirtschaftlicher und juristischer Sicht, München, S. 207–235.

Walsh, Vivian/Gram, Harvey (1980): Classical and neoclassical theories of general equilibrium, Historical origins and mathematical structure, New York.

Weber, Dieter (2009): Risikopublizität von Kreditinstituten, Integrative Umsetzung der Transparenzanforderungen, 1. Aufl., Wiesbaden.

Weber, Jürgen/Weißenberger, Barbara/Liekweg, Armin (2001): Risk Tracking & Reporting, Ein umfassender Ansatz unternehmerischen Chancen- und Risikomanagements, in: Götze, Uwe/Henselmann, Klaus/Mikus, Barbara (Hrsg.), Risikomanagement, Heidelberg.

Weber, Manfred (08.05.2009): Verlorenes Vertrauen zurückgewinnen, Symposium "Deutsche Fragen - Kraftakt Krisenbewältigung: Was hilft, was ist finanzierbar, was gerecht?", Bundesverband

Deutscher Banken, abrufbar unter: http://www.bankenverband.de/channel/101417/art/2709/index.html, zuletzt geprüft am: 13.05.2009.

Weimer, Jeroen/Pape, Joost (1999): A Taxonomy of Systems of Corporate Governance, in: Corporate Governance - An Internationale Review, 7. Jg., S. 152–166.

Weißenberger, Barbara/Maier, Michael (2006): Der Management Approach in der IFRS-Rechnungslegung: Fundierung der Finanzberichterstattung durch Informationen aus dem Controlling, in: DB, 59. Jg., Heft-Nr. 39, S. 2077–2083.

Werner, Thomas/Padberg, Thomas/Kriete, Thomas (2005): IFRS-Bilanzanalyse, Grundlagen, Vorgehensweise, Fallbeispiele, 1. Aufl., Stuttgart.

Winter, Heike (2004a): Risikomanagement und effektive Corporate Governance, Das Spannungsfeld von wertorientierter Unternehmenssteuerung und externer Rechnungslegung, Wiesbaden.

Winter, Peter (2004b): Cashflow at Risk als Instrument des industriellen Risikomanagements, in: WiSt, Heft-Nr. 5, S. 289–294.

Withus, Karl-Heinz (2009): Neue Anforderungen nach BilMoG zur Beschreibung der wesentlichen Merkmale des Internen Kontroll- und Risikomanagementsystems im Lagebericht kapitalmarktorientierter Unternehmen, in: KoR, Heft-Nr. 7-8, S. 440–451.

Witt, Peter (2001): Corporate Governance, in: Jost, Peter-Jürgen (Hrsg.), Die Prinzipal-Agenten-Theorie in der Betriebswirtschaftslehre, Stuttgart, S. 85–115.

Witt, Peter (2003): Corporate Governance-Systeme im Wettbewerb, 1. Aufl., Wiesbaden.

Wittmann, Edgar (2001): Risikomanagement als Bestandteil des Planungs- und Kontrollsystems, in: Lange, Knut W./Wall, Friederike (Hrsg.), Risikomanagement nach dem KonTraG, Aufgaben und Chancen aus betriebswirtschaftlicher und juristischer Sicht, München, S. 259–281.

Wittmann, Waldemar (1959): Unternehmung und unvollkommene Information: unternehmerische Voraussicht - Ungewißheit und Planung, Köln.

Wolf, Klaus (2003): Risikomanagement im Kontext der wertorientierten Unternehmensführung, 1. Aufl., Wiesbaden.

Wolke, Thomas (2008): Risikomanagement, 2., vollst. überarb. und erw. Aufl., München.

Wüstemann, Jens (2002): Normdurchsetzung in der deutschen Rechnungslegung - Enforcement nach dem Vorbild der USA?, in: BB, 57. Jg., S. 718–725.

Wygoda, Stephan (2005): Risiko als Chance: Risikomanagement als Ansatz innovativer Unternehmensentwicklung – eine managementtheoretische Analyse, Berlin, zugl.: Bayreuth ,Univ., Diss., 2004.

Yamai, Yasuhiro/Yoshiba, Toshinao (2002): On the Validity of Value-at-Risk: Comparative Analyses with Expected Shortfall, *Institute for Monetary and Economic Studies, Bank of Japan, abrufbar unter:* http://www.imes.boj.or.jp/english/publication/mes/2002/me20-1-3.pdf, zuletzt geprüft am: 25.05.2010.

Zeder, Markus (2007): Extreme Value Theory im Risikomanagement, Zürich, zugl.: Zürich, Univ., Diss., 2005.

Zingales, Luigi (2008): Corporate Governance, in: Durlauf, Steven N. (Hrsg.), The new Palgrave dictionary of economics online, 2. Aufl., Basingstoke.

Verwendete Standards, Gesetze und ähnliche Bestimmungen

International Accounting Standards Board: International Financial Reporting Standards (IFRSs®) including International Accounting Standards (IASs®) and Interpretations as at 1 January 2009, London.

IDW RS HFA 24 – IDW Stellungnahme zur Rechnungslegung: Einzelfragen zu den Angabepflichten des IFRS 7 zu Finanzinstrumenten (Stand: 27.11.2009), erschienen in: IDW Fachnachrichten Nr. 1-2/2010.

Die **Geschäftsberichte/Konzernjahresabschlüsse** der in die Untersuchung einbezogenen/nicht-einbezogenen DAX-30 Unternehmen sind abrufbar unter:

Einbezogene Unternehmen	Geschäftsbericht/Konzernjahresabschluss abrufbar unter
adidas AG	http://www.adidas-group.com/de/investorrelations/reports/annualreports.aspx
ALTANA AG	http://www.altana.com/press-news/publications.html
BASF SE	http://www.basf.com/group/corporate/de/investor-relations/news-publications/reports/index
BAYER AG	http://www.investor.bayer.de/berichte/geschaeftsberichte/
Beiersdorf AG	http://www.beiersdorf.de/Investor_Relations/Finanzberichte.html?TG=News
BMW AG	http://www.bmwgroup.com/d/nav/index.html?../0_0_www_bmwgroup_com/home/home.html&source=overview
Continental AG	http://report.conti-online.com/pages/content/content_de.html
Daimler AG	http://www.daimler.com/investor-relations/berichte-und-kennzahlen/berichte
Deutsche Börse AG	http://deutsche-boerse.com/dbag/dispatch/de/kir/gdb_navigation/investor_relations/30_Reports_and_Figures/30_Annual_Reports/20_Archive
Deutsche Lufthansa AG	http://investor-relations.lufthansa.com/de/finanzberichte/geschaeftsbericht/2009.html
Deutsche Post AG	http://www.dp-dhl.com/de/investoren/publikationen/geschaeftsberichte.html
Deutsche Telekom AG	http://www.telekom.com/dtag/cms/content/dt/de/29656
E.ON AG	http://www.eon.com/de/corporate/20173.jsp
Fresenius Medical Care AG & Co. KGaA	http://www.fmc-ag.de/2032.htm
Fresenius SE	http://www.fresenius.de/internet/fag/de/faginpub.nsf/Content/Gesch%C3%A4ftsberichte
Henkel AG & Co. KGaA	http://www.henkel.de/investor-relations/geschaeftsbericht-10402.htm
Infineon Technologies AG	http://www.infineon.com/cms/de/corporate/investor/reporting/
K+S AG	http://www.k-plus-s.com/de/archiv/finanzberichte.html
Linde AG	http://www.the-linde-group.com/en/news_and_media/media_centre/publications/index.aspx
MAN AG	http://www.man.de/MAN/de/Investor_Relations/Finanzberichte_und_Praesentationen/Geschaeftsberichte
Merck KGaA	http://www.merck.de/de/investoren/corporate_governance/jaehrliches_dokument/jaehrliches_dokument.html
METRO AG	http://www.metrogroup.de/internet/site/metrogroup/node/14919/Lde/index.html
RWE AG	http://www.rwe.com/web/cms/de/280030/rwe/investor-relations/berichte/archiv/
Salzgitter AG	http://www.salzgitter-ag.de/de/Investor_Relations/News_Publikationen/Berichte/
SAP AG	http://www.sap.com/germany/about/investor/reports/2007-2011/index.epx
Siemens AG	http://www.siemens.com/investor/de/finanzpublikationen_events/geschaeftsberichte.htm
ThyssenKrupp AG (2006/2007)	http://www.thyssenkrupp.com/de/investor/geschaeftsberichte.html
TUI AG	http://www.tui-group.com/de/ir/finanzpublikationen
Volkswagen AG	http://www.volkswagenag.com/vwag/vwcorp/info_center/de/publications/publications.standard.acq/icr-2annual_reports/index.html
Nicht-einbezogene Unternehmen	**Geschäftsbericht/Konzernjahresabschluss abrufbar unter**
Allianz SE	https://www.allianz.com/de/investor_relations/berichte_und_finanzdaten/geschaeftsbericht/archiv/index.html
Commerzbank AG	https://www.commerzbank.de/de/hauptnavigation/aktionaere/service/archive/unternehmensberichterstattung/2009_8/u_berichte_09_01.html
Deutsche Bank AG	http://www.deutsche-bank.de/ir/de/content/berichte_2009.htm
Deutsche Postbank	https://ir.postbank.de/cgi-bin/show.ssp?id=3100&companyName=postbank&language=German#
Hypo Real Estate Holding AG	http://www.hyporealestate.com/857.php
Münchener Rückversicherungs-Gesellschaft AG	http://www.munichre.com/de/ir/publications/reports/default.aspx

Rechnungslegung und Wirtschaftsprüfung

Herausgegeben von Prof. (em.) Dr. Dr. h. c. Jörg Baetge, Münster, Prof. Dr. Hans-Jürgen Kirsch, Münster, und Prof. Dr. Stefan Thiele, Wuppertal

Band 37
Matthias Knabe
Die Berücksichtigung von Insolvenzrisiken in der Unternehmensbewertung
Lohmar – Köln 2012 • 292 S. • € 59,- (D) • ISBN 978-3-8441-0126-3

Band 38
Alexander Budzinski
Der Börsenkurs im Squeeze Out-Verfahren
Lohmar – Köln 2012 • 272 S. • € 58,- (D) • ISBN 978-3-8441-0155-3

Band 39
Gerrit Lütkeschümer
Die Berücksichtigung von Finanzierungsrisiken bei der Ermittlung von Eigenkapitalkosten in der Unternehmensbewertung
Lohmar – Köln 2012 • 280 S. • € 58,- (D) • ISBN 978-3-8441-0156-0

Band 40
Christian Weber
Rechnungslegung und Lizenzierung im deutschen Profifußball
Lohmar – Köln 2012 • 300 S. • € 59,- (D) • ISBN 978-3-8441-0164-5

Band 41
Yasmine Bassen
Internationale Rechnungslegung von Nonprofit-Organisationen
Lohmar – Köln 2012 • 276 S. • € 58,- (D) • ISBN 978-3-8441-0167-6

Band 42
Stephan G. Schön
Praxis der IFRS 7-Berichterstattung bei Nicht-Finanzdienstleistern
Lohmar – Köln 2012 • 540 S. • € 75,- (D) • ISBN 978-3-8441-0182-9

JOSEF EUL VERLAG